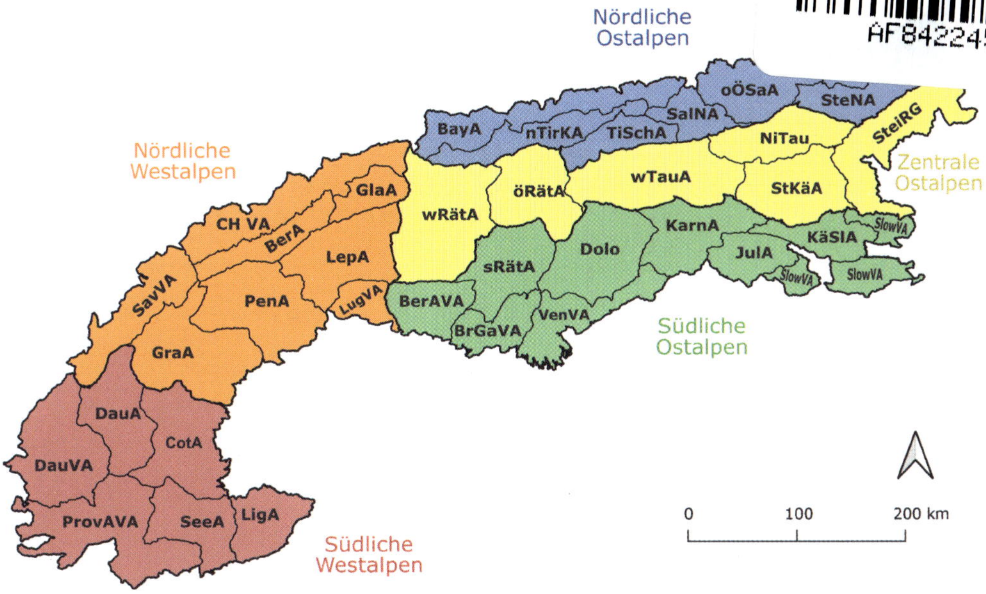

Naturräumliche Gliederung der Alpen nach SOIUSA (Marazzi 2005).

BayA:	Bayerische Alpen	KäSlA:	Kärntnerisch-Slowenische Alpen	SalNA:	Salzburger Nordalpen
BerA:	Berner Alpen i. w. S.	LepA:	Lepontinische Alpen	SavVA:	Savoyer Voralpen
BerAVA:	Bergamasker Alpen und Voralpen	LigA:	Ligurische Alpen	SeeA:	Seealpen
BrGaVA:	Brescianer und Gardasee-Voralpen	LugVA:	Luganer Voralpen	SlowVA:	Slowenische Voralpen
CH VA:	Schweizer Voralpen	NiÖVA:	Niederösterreichische Voralpen	sRätA:	Südliche Rätische Alpen
CotA:	Cottische Alpen	NiTau:	Niedere Tauern	SteiRG:	Steirisches Randgebirge
DauA:	Dauphiné-Alpen	nTirKA:	Nordtiroler Kalkalpen	SteNA:	Steirische Nordalpen
DauVA:	Dauphiné-Voralpen	oÖSaA:	Oberösterreichisch-Salzkammerguter Alpen	StKäA:	Steirisch-Kärntnerische Alpen
Dolo:	Dolomiten	öRätA:	Östliche Rätische Alpen	TiSchA:	Tiroler Schieferalpen
GlaA:	Glarner Alpen i. w. S.	PenA:	Penninische Alpen	VenVA:	Venetische Voralpen
GraA:	Grajische Alpen	ProvAVA:	Provenzalische Alpen und Voralpen	wRätA:	Westliche Rätische Alpen
JulA:	Julische Alpen i. w. S.			wTauA:	Westliche Tauernalpen
KarnA:	Karnische und Gailtaler Alpen				

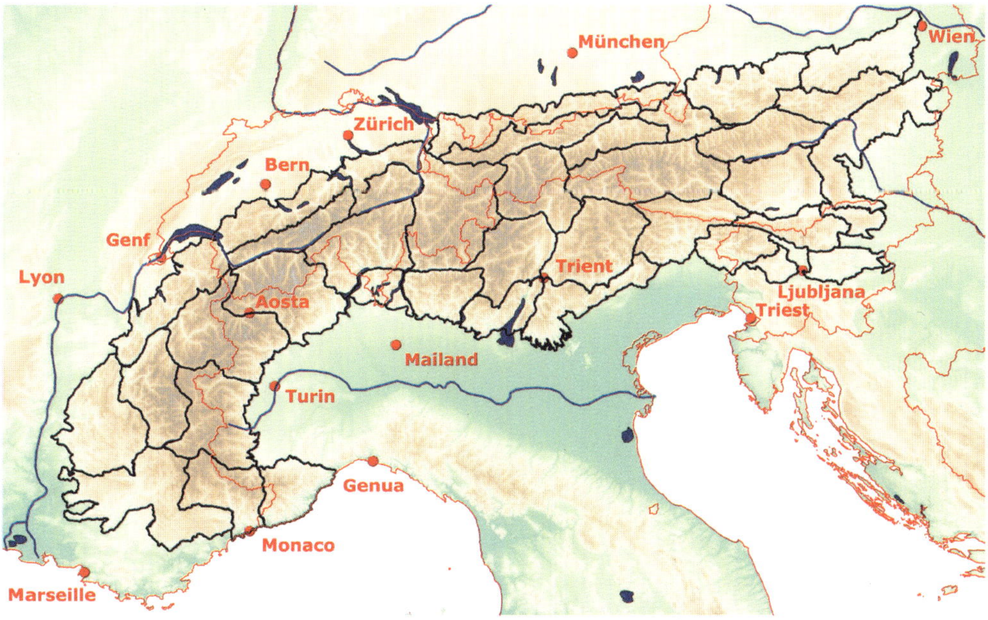

Auf einen Blick

552 Enziangewächse

Gentiana: meist mehrjährige Kräuter. KRONE: meist mit langer Kronröhre, mit kahlem Schlund, im QS ± faltig, meist mit kurzen Anhängseln in den Buchten der Kelchzipfel. FRUCHTKNOTEN: allmählich in den Griffel verschmälert…

Gentiana lutea L. schwach giftig

Gelber Enzian *Gentianaceae*
V–VIII ⁎ K(5) [C(5–9) A5] G(2)

40–180 cm hoch. PFLANZEN: mehrjährig. BLÜTENSTAND: **knäuelig**, in ährenartigem Gesamtblütenstand. BLÜTEN: **offen ausgebreitet bis glockig trichterförmig, gelblich**. KRONE: ***ohne* deutlich entwickelte Kronröhre**. KRONBLÄTTER: **…**

Im Gebiet kommen 3 Unterarten vor: subsp. *lutea*, subsp. *symphyandra* und subsp. *vardjanii* (vgl. S. 720).

- **subalpine u. alpine Rasen**, Schutt- u. Felsfluren, Zwergstrauchheiden, **Staudenfluren**, Legföhrengebüsche, Extensivgrünland u. Magerrasen, colline u. montane Gehölze, Wälder; Zier- o. Nutzpflanze
- an nährstoffarmen Standorten
- einheimisch

deutscher Name der Familie*

wissenschaftlicher Name

Gattungsmerkmale

deutscher Name

Giftigkeit

wissenschaftlicher Name der Familie

Blütezeit (Monate)

Blütenformel

Bestimmungsmerkmale, Unterscheidungsmerkmale zu ähnlichen Arten sind fett gedruckt

Angaben zu Unterarten

Verbreitung in den Alpen

Verbreitung in europäischen Gebirgen
- F: Gebirge der Färöer,
- G: Gebirge auf Grönland,
- I: Gebirge auf Island,
- K: Kaukasus,
- S: Gebirge auf Spitzbergen

Lebensräume, Hauptvorkommen sind fett gedruckt

Angaben zum Standort

Status (in den Alpen)

- einheimisch
- Vorkommen unsicher
- vom Menschen eingeführt

Höhenstufen
- n: nival
- a: alpin
- s: subalpin
- m: montan
- c: collin
- Hauptvorkommen
- Nebenvorkommen

wissenschaftlicher Name der Familie und weitere Angaben zur Systematik (z. B. Unterfamilien, Sektionen etc.)*

wichtige Bestimmungsmerkmale

* Wenn die vier auf der Seite dargestellten Arten zu verschiedenen Familien (Unterfamilien etc.) gehören, werden Angaben zur ersten und letzten Art gemacht

Die Abbildungen zu den Arten befinden sich an derselben Position wie der Text auf der linken Seite

Alpenflora

Die Arten der alpinen Höhenstufe erkennen und bestimmen

VERLAG ANTON PUSTET

Inhalt

Vorwort

Mit dem Erscheinen der Flora Alpina von David Aeschimann, Konrad Lauber, Daniel Martin Moser und Jean Paul Theurillat wurde 2004 ein Meilenstein für die Kenntnis der pflanzlichen Biodiversität der Alpen gelegt. Erstmals wurden in einer modernen Flora sämtliche in den Alpen vorkommenden Taxa mit durchwegs exzellenten Fotos und einheitlichen Verbreitungskarten für die gesamten Alpen vorgestellt. In den seitdem vergangenen 20 Jahren wurden jedoch, v. a. basierend auf molekulargenetischen Studien, zahlreiche Arten und Unterarten (›Taxa‹) neu beschrieben und die vorhandene Gliederung mancher Artengruppen überarbeitet. Auch die Kenntnisse zur geografischen Verbreitung der Arten haben sich, nicht zuletzt aufgrund von Rasterfeldkartierungen, öffentlich zugänglichen Datenbanken wie GBIF (Global Biodiversity Information Facility), oder Citizen-Science-Projekten zur Pflanzenbestimmung verbessert.

In diesem Buch werden die für die Alpen typischen Arten und Unterarten vorgestellt und dabei viele der in den letzten Jahren neu beschriebenen Taxa berücksichtigt. Die Beschränkung auf ›typische‹ Arten, das sind zum einen die Arten der alpinen Stufe und zum anderen die nur in den Alpen vorkommenden (endemischen) Arten, ermöglicht es einerseits, diese Flora in einem Band herauszugeben und setzt andererseits den Fokus auf die für den Naturschutz besonders wichtigen Pflanzenarten.

Spezielles Augenmerk wurde auf die Darstellung der geografischen Verbreitung der Arten gelegt, die in zwei Karten erfolgt: Die inneralpine Verbreitung wird in 36 Naturräumen beschrieben und die Verteilung innerhalb Europas in 36 Gebirgen bzw. Gebirgsgruppen. Trotz der enorm verbesserten Datengrundlage sind die in diesem Buch gemachten Angaben zur Verbreitung aber immer noch mit Unsicherheiten behaftet und teilweise unvollständig. Dies gilt insbesondere für Artengruppen wie z. B. *Noccaea*, die aufgrund unterschiedlicher taxonomischer Konzepte in den verschiedenen Regionen unterschiedlich behandelt wurden bzw. deren Gliederung in letzter Zeit stärker verändert wurde, aber auch für weniger intensiv untersuchte Gebiete, wie z. B. die Venetischen Voralpen, die Slowenischen Voralpen oder die Dinarischen Gebirge. Nichtsdestotrotz erscheint es sinnvoll, die Verbreitungsangaben auf eine naturräumliche Basis zu stellen, um zu einem besseren Verständnis der Verbreitung der Alpenpflanzen zu kommen.

Ein Dankeschön gebührt an dieser Stelle Luise Ehrendorder-Schratt und Markus Hofbauer (Universität Wien), die aktuelle Verbreitungsdaten für Österreich zur Verfügung stellten.

Die Pflanzenarten werden überwiegend mit wissenschaftlichen Zeichnungen dargestellt, die aus mehr als 120 historischen Florenwerken und wissenschaftlichen Publikationen zusammengetragen wurden und häufig von den führenden Wissenschaftler:innen und Illustrator:innen des 17., 18., 19. und frühen 20. Jahrhunderts stammen. Ihnen, aber auch den Privatpersonen und Organisationen, welche diese Abbildungen der Öffentlichkeit zugänglich gemacht haben, gilt mein ganz besonderer Dank, denn ohne sie wäre dieses Buch nicht realisierbar gewesen. Wenn keine geeigneten historischen Abbildungen vorhanden waren, z. B. bei den in den letzten Jahrzehnten neu beschriebenen Arten, wurden aktuelle wissenschaftliche Zeichnungen oder Fotografien lebender Pflanzen bzw. von Herbarmaterial verwendet. Bruno Foggi (Universität Florenz) stellte großzügigerweise zahlreiche teilweise noch unveröffentlichte Illustrationen von Arten der Gattungen *Festuca*, *Patzkea* und *Leucopoa* zur Verfügung. Ihm gilt mein ganz besonderer Dank. Julia Hartman, Marianne Magauer und Michaela Sonnleitner stellten ebenfalls unveröffentlichte Illustrationen zur Verfügung. Fotos für mehrere Arten wurden von Davide Onofri, Ernst Vitek, Uwe Grabner, Michaela Sonnleitner, Christian Berg, Ljaž, Flavien Saboureau, Milan Chytry, Roland Greinwald und Norbert Sauberer bereitgestellt und Fotos einzelner Arten stammen von zahlreichen weiteren Botaniker:innen. Auch Ihnen gilt mein herzlicher Dank. Die Quellen bzw. Bildautor:innen sind im Einzelnen im Bildquellenverzeichnis aufgeführt, an dieser Stelle sollen die wichtigsten historischen Florenwerke aber auch genannt werden:

von Schlechtendal, D. F. L. (1840ff): Flora von Deutschland. Jena: Mauke. – Abbildungen überwiegend aus der von E. Hallier herausgegebenen 5. Auflage (1880ff). Gera: Köhler.

Sturm, J. (1796ff): Flora von Deutschland in Abbildungen nach der Natur. Nürnberg: Sturm. – Abbildungen überwiegend aus der 2. Auflage (1900ff). Stuttgart: Lutz.

Hartinger, A. & K. W. von Dalla Torre (1806ff): Atlas der Alpenflora. München: Deutscher Alpenverein (auch folgende Auflagen).

Bonnier, G. E. M. (Begr.) (1912–1935): Flore complète illustrée en couleurs de France, Suisse et Belgique. 13 Bände. Neuchatel: Delachaux.

Reichenbach, H.G.L. (1850–1912): Icones florae Germanicae et Helveticae. 2. Auflage. 24 Bände. Leipzig: Hofmeister.

Insgesamt werden in diesem Buch mehr als 1 600 Arten und Unterarten beschrieben und mehr als 1 220 Taxa mit Bildern und Verbreitungskarten vorgestellt. Die Bestimmung bis zur Gattung erfolgt mit Hilfe klassischer Bestimmungsschlüssel, bei denen man sich bei jedem Bestimmungsschritt zwischen zwei Antworten eines Fragepaares entscheiden kann. Die Arten (und Unterarten) können dann anhand der Abbildungen und Merkmalstexte, in denen die wesentlichen Bestimmungsmerkmale hervorgehoben sind, identifiziert werden.

Ernst Vitek (Wien) gab wertvolle Hinweise zu Gattung *Euphrasia* und Bruno Foggi zur Gattung *Festuca*.

Schließlich gilt mein Dank dem Anton Pustet Verlag, insbesondere Michaela Schachner und Anja Zachhuber für die immer angenehme und unkomplizierte Zusammenarbeit sowie Christin Albert, die Design und Layout dieser Flora wieder einmal hervorragend umgesetzt hat.

Bottrop, im August 2024
Oliver Tackenberg

Einleitung

Auswahl der Arten

In dieser Flora werden in den Alpen vorkommende Gefäßpflanzen, also Bärlappe, Farn- und Samenpflanzen vorgestellt. Die Auswahl berücksichtigt zum einen die Taxa, die nur in den Alpen vorkommen, dort also endemisch sind. Zum anderen werden die für die alpine Stufe typischen Taxa vorgestellt, die also einen Verbreitungsschwerpunkt in den Lebensräumen oberhalb der Waldgrenze haben oder dort zumindest regelmäßig anzutreffen sind.

In den Artbeschreibungen werden normalerweise Arten vorgestellt und Unterarten im Kapitel ›Weitere Taxa‹ beschrieben. Bei den sich meist ungeschlechtig (apomiktisch) fortpflanzenden, taxonomisch problematischen und in der Bestimmung außerordentlich schwierigen Artengruppen *Alchemilla* – Frauenmantel und *Taraxacum* – Löwenzahn werden die Sektionen aufgeführt. Bei *Hieracium* – Habichtskraut und *Pilosella* – Mausohr-Habichtskraut werden die ›Hauptarten‹ vorgestellt. Insgesamt werden in diesem Buch so mehr als 1 600 Taxa berücksichtigt.

Gliederung des Pflanzenreichs

Nomenklatur und Systematik

Die wissenschaftliche Benennung der pflanzlichen Sippen (Taxa) erfolgt gemäß den Regeln der binären Nomenklatur, deren Grundzüge im 18. Jahrhundert von Carl von Linné aufgestellt wurden (vgl. Turland et al. 2018). Der Name einer Art besteht demnach aus zwei Teilen: dem Namen der Gattung (z. B. *Gentiana* für die Gattung der Enziane) und einem Art-Epitheton (z. B. *verna* für den Frühlingsenzian). Außerdem wird ein Autor:innen-Name angegeben, mit dem die Wissenschaftler:innen benannt werden, welche die Art unter diesem Namen beschrieben haben (z. B. ›L.‹ für Carl von Linné). Der vollständige gültige wissenschaftliche Name des Frühlingsenzians ist demnach *Gentiana verna* L. Der Autor:innen-Name wird zuweilen auch weggelassen.

Die meisten Arten wurden im Laufe der Zeit unter verschiedenen Namen (Synonymen) beschrieben. So wurde der Frühlingsenzian auch als *Gentiana angulosa* M. Bieb beschrieben. Die in dieser Flora verwendeten wissenschaftlichen Namen richten sich, von sehr wenigen Ausnahmen abgesehen, nach den Angaben der Euro+Med Datenbank (Euro+Med 2006ff). Dort (noch) nicht anerkannte Taxa werden in dieser Flora demzufolge nicht berücksichtigt. Dies hat einerseits zur Folge, dass einige der ›ganz neu‹ beschriebenen Taxa in diesem Buch nicht enthalten sind, bietet aber andererseits den Vorteil, dass nur von unabhängigen Expert:innen anerkannte Taxa in einem kohärenten taxonomischen System vorgestellt werden.

Die deutschen Namen orientieren sich an den in der Flora Alpina (Aeschimann et al. 2004) aufgeführten Namen. Bei dort nicht aufgeführten Taxa wurde ein Name aus einem der gängigen deutschsprachigen Florenwerke (z. B. Fischer et al. 2008, Lauber et al. 2024, Parolly & Rohwer 2019) übernommen oder ein neuer Name gebildet, wobei unterschiedliche Schreibweisen vereinheitlicht wurden. Um zu vermeiden, dass die Unterarten denselben Namen wie die Art haben, wurden die typischen Unterarten i. d. R. mit dem Zusatz ›Eigentlich‹ versehen, z. B. ›Eigentlicher Frühlingsenzian‹ für *Gentiana verna* subsp. *verna*.

Im Register sind neben den gültigen wissenschaftlichen Namen auch die gebräuchlichsten Synonyme und der in diesem Buch verwendete deutsche Name aufgeführt.

Die Art stellt die Grundeinheit der biologischen Systematik dar. Um die Vielzahl der Arten zu ordnen, wird ein hierarchisches System verwendet, dessen wichtigste in der Botanik gebräuchliche Rangstufen im Folgenden am Beispiel des Frühlingsenzians aufgeführt werden:

Abteilung - *Tracheophyta* (Gefäßpflanzen)
- die wissenschaftlichen Namen enden auf *-phyta*

Unterabteilung - *Spermatophytina* (Samenpflanzen)
- die wissenschaftlichen Namen enden auf *-phytina*

Klasse - *Magnoliopsida II* (Zweikeimblättrige)
- die wissenschaftlichen Namen enden auf *-opsida*

Ordnung - *Gentianales* (Enzianartige)
- die wissenschaftlichen Namen enden auf *-ales*

Familie - *Gentianaceae* (Enziangewächse)
- die wissenschaftlichen Namen enden auf *-ceae*

Gattung - *Gentiana* (Enziane)

Sektion - *Gentiana* sect. *Calathianae*

Art - *Gentiana verna* L. (Frühlingsenzian)
- binäre Nomenklatur

Unterart - *Gentiana verna* subsp. *verna* (Eigentlicher Frühlingsenzian)
- Artname und Name der Unterart

Zur Untergliederung von artenreichen Familien oder Gattungen werden außerdem weitere taxonomische Stufen (v. a. Triben, Untergattungen und Aggregate) verwendet, die aus detaillierten Studien zu diesen Artengruppen (vgl. Kapitel ›Literatur‹) zusammengestellt wurden. Die wesentlichen Rangstufen werden in der Kopfzeile angezeigt.

Über die Grundzüge dieses hierarchischen Systems besteht, vor allem aufgrund molekularer Untersuchungen, mittlerweile in vielen Punkten Einigkeit. Zur Zuordnung und Untergliederung einzelner Gruppen gibt es aber weiterhin unterschiedliche Auffassungen und Klassifikationen. Die Einordnung der Taxa in das pflanzensystematische System folgt bis zu den Familien weitestgehend den Angaben der Euro+Med Datenbank (Euro+Med 2006ff). Die Anordnung der Familien und höheren taxonomischen Einheiten orientiert sich für die Bedecktsamer am APG IV System (Angiosperm Phylogeny Group 2016). Darin wird die Rangstufe ›Klade‹ benutzt. Dabei handelt es sich um ranglose monophyletische Abstammungsgemeinschaften. Für die Nacktsamer wird das System von Christenhusz et al. (2011) verwendet und für die Farne das System der Pteridophyte Phylogeny Group (2016).

In der nachfolgenden Liste stehen die in diesem Buch berücksichtigten Familien und höheren taxonomischen Rangstufen. Um eine Vorstellung von der alpinen Biodiversität zu vermitteln, sind im Kapitel ›Bestimmen der Gattungen‹ die Anzahl der Gattungen pro Familie und die Anzahl der Arten pro Gattung angegeben. Diese Angaben werden jeweils gemacht für die Taxa, die 1) in Europa und dem Mittelmeergebiet (sensu Euro+Med 2006ff) vorkommen, 2), die im gesamten Alpenraum unter Berücksichtigung aller Höhenstufen vorkommen und 3), die in diesem Buch berücksichtigt werden.

Übersicht der Familien und höheren Rangstufen

Abteilung *Tracheophyta* - Gefäßpflanzen
Unterabteilung *Lycopodiophytina* - Bärlappe
Klasse *Lycopodiopsida* - Bärlappflanzen
Ordnung *Lycopodiales* - Bärlappartige
Familie *Lycopodiaceae* - Bärlappgew.
Ordnung *Isoetales* - Brachsenkrautartige
Familie *Isoetaceae* - Brachsenkrautgew.
Ordnung *Selaginellales* - *Moosfarnartige*
Familie *Selaginellaceae* - Moosfarngew.
Unterabteilung *Pteridophytina* - Farnpflanzen
Klasse *Polypodiopsida* - Tüpfelfarnähnliche
Unter-Klasse *Equisetidae*
Ordnung *Equisetales* - Schachtelhalmartige
Familie *Equisetaceae* - Schachtelhalmgew.
Unter-Klasse *Ophioglossidae*
Ordnung *Ophioglossales* - Natternzungenartige

Familie *Ophioglossaceae* – Natternzungenfarngew.
Unter-Klasse *Polypodiidae*
Ordnung *Polypodiales* – Tüpfelfarnartige
Unter-Ordnung *Pteridineae*
Familie *Pteridaceae* – Saumfarngew.
Unter-Ordnung *Aspleniineae*
Familie *Cystopteridaceae* – Blasenfarngew.
Familie *Aspleniaceae* – Streifenfarngew.
Familie *Woodsiaceae* – Wimperfarngew.
Familie *Athyriaceae* – Frauenfarngew.
Familie *Thelypteridaceae* – Sumpffarngew.
Unter-Ordnung *Polypodiineae*
Familie *Dryopteridaceae* – Wurmfarngew.
Familie *Polypodiaceae* – Tüpfelfarngew.
Unterabteilung *Spermatophytina* – Samenpflanzen
Klade *Acrogymnospermae* – Nacktsamer i. w. S.
Unter-Klasse *Gnetidae*
Ordnung *Ephedrales*
Familie *Ephedraceae* – Meerträubelgew.
Unter-Klasse *Pinidae*
Ordnung *Pinales* – Kiefernartige
Familie *Pinaceae* – Kieferngew.
Ordnung *Cupressales* – Zypressenartige
Familie *Cupressaceae* – Zypressengew.
Klade *Angiosperms* – Bedecktsamer
Klade *Core Angiosperms*
Klade Monocots – Einkeimblättrige
Ordnung *Alismatales* – Froschlöffelartige
Familie *Tofieldiaceae* – Simsenliliengew.
Familie *Juncaginaceae* – Dreizackgew.
Familie *Potamogetonaceae* – Laichkrautgew.
Ordnung *Liliales* – Lilienartige
Familie *Melanthiaceae* – Germergew.
Familie *Colchicaceae* – Zeitlosengew.
Familie *Liliaceae* – Liliengew.
Ordnung *Asparagales* – Spargelartige
Familie *Asparagaceae* – Spargelgew.
Familie *Amaryllidaceae* – Amaryllisgew.
Familie *Iridaceae* – Schwertliliengew.
Familie *Orchidaceae* – Knabenkrautgew.
Klade *Commelinids*
Ordnung *Poales* – Grasartige
Familie *Typhaceae* – Rohrkolbengew.
Familie *Juncaceae* – Binsengew.
Familie *Cyperaceae* – Sauergräser
Familie *Poaceae* – Süßgräser
Klade *Dicots* – Zweikeimblättrige i. w. S.
Klade *Eudicots*
Ordnung *Ranunculales* – Hahnenfußartige
Familie *Papaveraceae* – Mohngew.
Familie *Ranunculaceae* – Hahnenfußgew.
Klade *Core Eudicots*
Klade *Pentapetalae*
Klade *Superrosids*
Ordnung *Saxifragales* – Steinbrechartige
Familie *Grossulariaceae* – Stachelbeergew.
Familie *Saxifragaceae* – Steinbrechgew.
Familie *Crassulaceae* – Dickblattgew.
Klade *Rosids*
Klade *Eurosids*
Klade *Fabids*
Ordnung *Fabales* – Schmetterlingsblütige
Familie *Fabaceae* – Schmetterlingsblütengew.
Familie *Polygalaceae* – Kreuzblumengew.
Ordnung *Rosales* – Rosenartige
Familie *Rosaceae* – Rosengew.
Familie *Rhamnaceae* – Kreuzdorngew.
Ordnung *Fagales* – Buchenartige
Familie *Betulaceae* – Birkengew.
Ordnung *Celastrales* – Baumwürgerartige
Familie *Celastraceae* – Spindelbaumgew.
Ordnung *Malpighiales* – Malpighienartige
Familie *Hypericaceae* – Hartheugew.
Familie *Violaceae* – Veilchengew.
Familie *Salicaceae* – Weidengew.
Familie *Euphorbiaceae* – Wolfsmilchgew.
Familie *Linaceae* – Leingew.
Klade *Malvids*
Ordnung *Geraniales* – Storchschnabelartige
Familie *Geraniaceae* – Storchschnabelgew.
Ordnung *Myrtales* – Myrtenartige
Familie *Onagraceae* – Nachtkerzengew.
Ordnung *Malvales* – Malvenartige
Familie *Thymelaeaceae* – Spatzenzungengew.
Familie *Cistaceae* – Zistrosengew.
Ordnung *Brassicales* – Kreuzblütenartige
Familie *Brassicaceae* – Kreuzblütengew.
Klade *Superasterids*
Ordnung *Santalales* – Sandelartige
Familie *Santalaceae* – Sandelgew.
Ordnung *Caryophyllales* – Nelkenartige
Familie *Plumbaginaceae* – Bleiwurzgew.
Familie *Polygonaceae* – Knöterichgew.
Familie *Caryophyllaceae* – Nelkengew.
Familie *Amaranthaceae* – Fuchsschwanzgew.
Familie *Montiaceae* – Quellkrautgew.
Klade *Asterids*
Ordnung *Ericales* – Heidekrautartige
Familie *Primulaceae* – Primelgew.
Familie *Ericaceae* – Heidekrautgew.
Klade *Lamiids*
Ordnung *Gentianales* – Enzianartige
Familie *Rubiaceae* – Rötegew.

→ *Fortsetzung auf der nächsten Seite*

Familie *Gentianaceae* - Enziangew.
Ordnung *Boraginales* - Raublattartige
Familie *Boraginaceae* - Raublattgew.
Ordnung *Lamiales* - Lippenblütlerartige
Familie *Plantaginaceae* - Wegerichgew.
Familie *Lentibulariaceae* - Wasserschlauchgew.
Familie *Lamiaceae* - Lippenblütengew.
Familie *Orobanchaceae* - Sommerwurzgew.
Klade *Campanulids*
Ordnung *Asterales* - Asternartige
Familie *Campanulaceae* - Glockenblumengew.
Familie *Asteraceae* - Korbblütengew.
Ordnung *Dipsacales* - Kardenartige
Familie *Adoxaceae* - Moschuskrautgew.
Familie *Caprifoliaceae* - Geißblattgew.
Ordnung *Apiales* - Doldenblütlerartige
Familie *Apiaceae* - Doldengew.

Floristischer Status

Mit einer Ausnahme (*Papaver croceum* – Altai-Mohn, der als verwilderte Zierpflanze aus Asien auch in der alpinen Stufe anzutreffen ist) sind alle in diesem Buch berücksichtigten Arten in den Alpen heimisch. Einige Arten wurden jedoch vom Menschen als Zier- oder Nutzpflanzen in andere Gebirge eingebracht und konnten sich dort in der Natur etablieren, so z. B. *Astrantia major* – Große Sterndolde in Teilen Skandinaviens. Bei manchen Arten hat der Mensch das Verbreitungsgebiet auch innerhalb der Alpen vergrößert. Beispielsweise kommt *Pseudofumaria lutea* – Gelber Scheinerdrauch natürlicherweise nur in den zentralen Südalpen vor. Als Zierpflanze wird er im gesamten Alpenraum (und darüber hinaus) kultiviert und verwildert stellenweise.

Die Angaben zum Floristischen Status basieren vor allem auf Daten aus Euro+Med (2006ff) und Aeschimann et al. (2004) sowie den im Kapitel ›Verbreitung‹ genannten Quellen.

Endemiten

Taxa, die natürlicherweise nur in den Alpen vorkommen, werden als Endemiten (der Alpen) bezeichnet. Die in dieser Flora berücksichtigten endemischen Sippen stehen in der nachfolgenden Liste. Taxa, die fast ausschließlich in den Alpen und nur mit vergleichsweise wenigen Vorkommen in direkt angrenzenden Gebieten anzutreffen sind, werden als ›subendemisch‹ bezeichnet. Die sich überwiegend apomiktisch fortpflanzenden Gattungen *Alchemilla, Rubus, Taraxacum, Hieracium* und *Pilosella* sind in dieser Liste nicht berücksichtigt.

Die Angaben beziehen sich auf die Abgrenzung der Taxa nach dem System von Euro+Med (2006ff) und können deshalb von anderen Angaben abweichen. Beispielsweise wird der Status von *Odontites lanceolatus* – Lanzettblättriger Zahntrost hier als einheimisch angegeben, weil die subsp. *olotensis* in den Pyrenäen und Südwesteuropäischen Gebirgen vorkommt, während *Odontites lanceolatus* subsp. *lanceolatus* eine endemische Unterart der Alpen ist. Sieht man die subsp. *olotensis* aber als eigenständige Art *Odontites cebennensis* H.J. Coste & Soulié an, wie dies beispielsweise die Flora Iberica (Castroviejo et al. 1986ff) macht, wäre auch die Art *Odontites lanceolatus* in den Alpen endemisch. Ein weiteres Beispiel, wie unterschiedliche taxonomische Konzepte die Abgrenzung endemischer Arten beeinflussen, zeigt *Campanula praesignis* Beck – Rax-Glockenblume. Nach der Exkursionsflora für Österreich (Fischer et al. 2008) ist sie ein Endemit der Niederösterreichischen Kalkalpen. Euro+Med (2006ff) erkennt diese Art aber nicht an, sondern schließt sie in *Campanula rotundifolia* ein, sodass sie auch in der folgenden Liste nicht aufgeführt wird.

Achillea atrata - Schwarzrandige Schafgarbe: endemisch
Achillea clusiana - Clusius' Schafgarbe: endemisch
Achillea erba-rotta - Einfachblättrige Schafgarbe: endemisch
Achillea erba-rotta subsp. *erba-rotta* - Eigentliche Einfachblättrige Schafgarbe: endemisch
Achillea erba-rotta subsp. *moschata* - Moschus-Schafgarbe: endemisch
Achillea nana - Zwerg-Schafgarbe: endemisch
Achillea oxyloba subsp. *oxyloba* - Eigentliche Dolomiten-Schafgarbe: endemisch
Acis fabrei - Fabres Knotenblume: endemisch

Acis nicaeensis – Nizza-Knotenblume: endemisch
Aconitum angustifolium – Schmalblättriger Eisenhut: endemisch
Aconitum degenii subsp. *valesiacum* – Walliser Eisenhut: endemisch
Aconitum pilipes – Garten-Eisenhut: endemisch
Adenostyles leucophylla – Filziger Alpendost: endemisch
Allium insubricum – Piemonteser Lauch: endemisch
Allium kermesinum – Rotvioletter Lauch: endemisch
Allium narcissiflorum – Narzissenblütiger Lauch: endemisch
Allium scaberrimum – Rauer Lauch: subendemisch, auch in der Provence u. im Zentralmassiv
Alyssum cognense – Cogne-Steinkraut: endemisch
Alyssum neglectum – Übersehenes Steinkraut: endemisch
Alyssum orophilum – Südalpen-Steinkraut: endemisch
Alyssum rossetii – Rossetti-Steinkraut: endemisch
Alyssum wulfenianum – Wulfens Steinkraut: endemisch, die Vorkommen in den Dinarischen Gebirgen gehören nach Magauer et al. (2014) zu *A. montanum* s. l.
Alyssum wulfenianum subsp. *ovirense* – Karawanken-Steinkraut: endemisch, die Vorkommen in den Dinarischen Gebirgen gehören nach Magauer et al. (2014) zu *A. montanum* s. l.
Alyssum wulfenianum subsp. *wulfenianum* – Eigentliches Wulfen- Steinkraut: endemisch
Androsace adfinis – Fleischroter Mannsschild: endemisch
Androsace adfinis subsp. *adfinis* – Eigentlicher Fleischroter Mannsschild: endemisch
Androsace adfinis subsp. *brigantiaca* – Briançon-Mannsschild: endemisch
Androsace adfinis subsp. *puberula* – Flaumiger Fleischroter Mannsschild: endemisch
Androsace alpina – Alpen-Mannsschild: endemisch
Androsace brevis – Charpentiers Mannsschild: endemisch
Androsace chaixii – Chaix' Mannsschild: endemisch
Androsace delphinensis – Dauphiné-Mannsschild: endemisch
Androsace hausmannii – Hausmanns Mannsschild: endemisch
Androsace pubescens – Weichhaariger Mannsschild: endemisch
Androsace saussurei – Mont-Blanc-Mannsschild: endemisch
Androsace vesulensis – Monte-Viso-Mannsschild: endemisch
Androsace vitaliana subsp. *sesleri* – Seslers Goldprimel: endemisch
Androsace wulfeniana – Wulfens Mannsschild: endemisch
Antennaria carpatica subsp. *helvetica* – Alpen-Katzenpfötchen: endemisch
Anthemis cretica subsp. *gerardiana* – Gerards Hundskamille: endemisch (?), evtl. auch im Zentralmassiv u. in der Provence
Aquilegia einseleana – Einseles Akelei: endemisch
Arabidopsis pedemontana – Piemonteser Schaumkresse: endemisch
Arabis allionii – Allionis Gänsekresse: endemisch
Arabis caerulea – Bläuliche Gänsekresse: endemisch
Arabis pumila – Zwerg-Gänsekresse: endemisch
Arenaria ciliata subsp. *bernensis* – Berner Sandkraut: endemisch
Arenaria cinerea – Graues Sandkraut: endemisch
Arenaria huteri – Huters Sandkraut: endemisch
Artemisia campestris subsp. *alpina* – Alpen-Beifuß: endemisch
Artemisia genipi – Schwarze Edelraute: endemisch
Artemisia genipi subsp. *genipi* – Eigentliche Schwarze Edelraute: endemisch
Artemisia glacialis – Gletscher-Edelraute: endemisch
Artemisia nivalis – Schnee-Edelraute: endemisch
Artemisia vallesiaca – Walliser Wermut: endemisch
Asperula hexaphylla – Sechsblättriger Meier: endemisch
Asperula rupicola – Piemonteser Meier: endemisch

→ *Fortsetzung auf der nächsten Seite*

Asplenium adulterinum subsp. *presolanense* – Presolana-Streifenfarn: endemisch
Asplenium jahandiezii – Jahandiezies Streifenfarn: endemisch
Asplenium seelosii subsp. *seelosii* – Eigentlicher Dolomiten-Streifenfarn: endemisch
Astragalus vesicarius subsp. *pastellianus* – Monte-Pastello-Tragant: endemisch
Astrantia bavarica – Bayerische Sterndolde: endemisch
Athamanta turbith subsp. *turbith* – Eigentliche Feinblättrige Augenwurz: endemisch
Athamanta vestina – Val-Vestino-Augenwurz: endemisch
Ballota frutescens – Strauchige Schwarznessel: endemisch
Berardia lanuginosa – Berardie: endemisch
Biscutella brevicaulis – Kurzstängliges Brillenschötchen: endemisch
Biscutella ossolana – Ossola-Brillenschötchen: endemisch
Brassica repanda subsp. *glabrescens* – Kahler Kohl: subendemisch, die größere der beiden bekannten Vorkommen kommt wenige Kilometer außerhalb der Alpen in den Schotterflächen der Magredi del Cellina vor (vgl. Lega et al. 2012)
Brassica repanda subsp. *repanda* – Eigentlicher Ausgebreiteter Kohl: endemisch
Braya alpina – Alpen-Schotenkresse: endemisch
Bupleurum alpigenum – Alpen-Hasenohr: endemisch
Bupleurum petraeum – Felsen-Hasenohr: endemisch
Callianthemum anemonoides – Anemonen-Schmuckblume: endemisch
Callianthemum kernerianum – Kerners Schmuckblume: endemisch
Campanula alpestris – Westalpen-Glockenblume: subendemisch, auch im Apennin
Campanula carnica – Karnische Glockenblume: subendemisch, auch in den Dinarischen Gebirgen
Campanula cenisia – Mont-Cenis Glockenblume: endemisch
Campanula cespitosa – Rasige Glockenblume: subendemisch, auch in den Dinarischen Gebirgen
Campanula elatines – Piemonteser Glockenblume: endemisch
Campanula elatinoides – Insubrische Glockenblume: endemisch
Campanula excisa – Ausgeschnittene Glockenblume: endemisch
Campanula isophylla – Kap-Noli-Glockenblume: endemisch
Campanula morettiana – Dolomiten-Glockenblume: endemisch
Campanula petraea – Felsen-Glockenblume: endemisch
Campanula pulla – Dunkle Glockenblume: endemisch
Campanula raineri – Rainers Glockenblume: endemisch
Campanula sabatia – Savona-Glockenblume: endemisch
Campanula zoysii – Zoys' Glockenblume: endemisch
Carduus aurosicus – Aurouze-Distel: endemisch
Carduus defloratus subsp. *rhaeticus* – Rätische Alpen-Distel: endemisch
Carduus defloratus subsp. *summanus* – Dickblättrige Alpen-Distel: subendemisch (?), vermutlich auch in den Dinarischen Gebirgen
Carduus litigiosus subsp. *horridissimus* – Vielstachlige Streit-Distel: subendemisch, auch in der Provence
Carduus nutans subsp. *alpicola* – Alpine Nickende Distel: endemisch
Carduus nutans subsp. *platylepis* – Flachschuppige Nickende Distel: endemisch
Carex baldensis – Monte-Baldo-Segge: endemisch
Carex fimbriata – Fransen-Segge: endemisch
Carex norvegica subsp. *pusteriana* – Pustertaler Segge: endemisch
Centaurea dichroantha – Zweifarbige Flockenblume: endemisch, in Friaul-Julisch Venetien auch in präalpinen Wildflüssen
Centaurea jacea subsp. *julica* – Julische Flockenblume: subendemisch, evtl. in den Dinarischen Gebirgen
Centaurea jordaniana – Jordans Flockenblume: endemisch
Centaurea jordaniana subsp. *aemilii* – Burnats Flockenblume: endemisch
Centaurea jordaniana subsp. *balbisiana* – Balbis Flockenblume: endemisch
Centaurea jordaniana subsp. *jordaniana* – Eigentliche Jordan Flockenblume: endemisch
Centaurea jordaniana subsp. *verguinii* – Verguins Flockenblume: endemisch
Centaurea leucophaea subsp. *controversa* – Umstrittene Blassbraune Flockenblume: endemisch
Centaurea rhaetica – Rätische Flockenblume: endemisch
Centaurea valesiaca – Walliser Flockenblume: endemisch

Cephalaria alpina – Alpen-Schuppenkopf: subendemisch, auch im Jura
Cerastium carinthiacum – Kärntner Hornkraut: endemisch
Cerastium carinthiacum subsp. *austroalpinum* – Südalpen-Hornkraut: endemisch
Cerastium carinthiacum subsp. *carinthiacum* – Eigentliches Kärntner Hornkraut: endemisch
Cerastium julicum – Julisches Hornkraut: endemisch
Cerastium lineare – Piemonteser Hornkraut: endemisch
Cerastium pedunculatum – Langstieliges Hornkraut: endemisch
Cerastium subtriflorum – Armblütiges Hornkraut: subendemisch, auch in den Dinarischen Gebirgen
Chaerophyllum elegans – Zierlicher Kälberkropf: endemisch
Cherleria rupestris – Felsen-Miere: endemisch
Cirsium carniolicum subsp. *carniolicum* – Eigentliche Krainer Kratzdistel: endemisch
Cirsium spinosissimum – Alpen-Kratzdistel: endemisch
Cochlearia excelsa – Alpen-Löffelkraut: endemisch
Coincya richeri – Richers Lacksenf: endemisch
Cotoneaster delphinensis – Dauphiné-Zwergmispel: subendemisch, auch in der Provence
Cotoneaster raboutensis – Rabou-Zwergmispel: endemisch
Crepis froelichiana subsp. *froelichiana* – Eigentlicher Frölich- Pippau: endemisch
Crepis rhaetica – Rätischer Pippau: endemisch
Crepis terglouensis – Triglav-Pippau: endemisch
Crocus versicolor – Bunter Krokus: subendemisch, auch in der Provence u. im Zentralmassiv
Cytisus ardoinii – Ardoinos Geißklee: endemisch
Cytisus emeriflorus – Bergamasker Geißklee: endemisch
Cytisus hirsutus subsp. *pumilus* – Kleiner Behaarter Zwergginster: endemisch
Cytisus sauzeanus – Sauzes Geißklee: endemisch
Dactylis glomerata subsp. *reichenbachii* – Reichenbachs Knäuelgras: endemisch
Daphne petraea – Felsen-Seidelbast: endemisch
Daphne striata – Gestreifter Seidelbast: endemisch
Delphinium apolanum – Osttiroler Rittersporn: endemisch
Delphinium dubium – Zweifelhafter Rittersporn: endemisch
Delphinium elatum subsp. *austriacum* – Österreichischer Rittersporn: endemisch
Delphinium elatum subsp. *helveticum* – Schweizer Rittersporn: endemisch
Delphinium elatum subsp. *macropetalum* – Deferegger Hoher Rittersporn: endemisch
Delphinium elatum subsp. *polatschekii* – Polatschecks Hoher Rittersporn: endemisch
Delphinium elatum subsp. *tiroliense* – Tiroler Rittersporn: endemisch
Descurainia tanacetifolia subsp. *tanacetifolia* – Eigentliche Rainfarnrauke: endemisch
Dianthus alpinus – Ostalpen-Nelke: endemisch
Dianthus furcatus subsp. *dissimilis* – Unähnliche Gabel-Nelke: endemisch
Dianthus furcatus subsp. *furcatus* – Eigentliche Gabel-Nelke: endemisch
Dianthus furcatus subsp. *lereschii* – Leresches Gabel-Nelke: endemisch
Dianthus pavonius – Pfauen-Nelke: endemisch
Dianthus sternbergii – Sternbergs Nelke: endemisch
Dianthus subacaulis – Kurzstielige Nelke: subendemisch, auch im Zentralmassiv
Doronicum cataractarum – Gießbach-Gämswurz: endemisch
Doronicum glaciale – Gletscher-Gämswurz: endemisch
Doronicum glaciale subsp. *calcareum* – Kalk-Gletscher-Gämswurz: endemisch
Doronicum glaciale subsp. *glaciale* – Eigentliche Gletscher-Gämswurz: endemisch
Draba dolomitica – Dolomiten-Felsenblümchen: endemisch
Draba hoppeana – Hoppes Felsenblümchen: endemisch
Draba ladina – Engadiner Felsenblümchen: endemisch
Draba sauteri – Sauters Felsenblümchen: endemisch
Draba stellata – Sternhaar-Felsenblümchen: endemisch
Ephedra distachya subsp. *helvetica* – Schweizer Meerträubchen: endemisch
Epilobium fleischeri – Kies-Weidenröschen: endemisch
Epipactis helleborine subsp. *leutei* – Leutes Sumpfwurz: endemisch
Erigeron glabratus subsp. *candidus* – Koralpen-Berufkraut: endemisch

→ *Fortsetzung auf der nächsten Seite*

Erigeron neglectus – Verkanntes Berufkraut: endemisch
Erodium rodiei – Rodiés Reiherschnabel: endemisch
Eryngium spinalba – Weißstachelige Mannstreu: endemisch
Erysimum jugicolum – Piemonteser Schöterich: subendemisch, auch im Apennin
Erysimum montosicolum – Berg-Schöterich: endemisch
Erysimum rhaeticum – Schweizer Schöterich: subendemisch, auch im Apennin u. in der Provence
Erysimum sylvestre subsp. *aurantiacum* – Orangefarbiger Schöterich: endemisch
Euphorbia austriaca – Österreichische Wolfsmilch: endemisch
Euphorbia hyberna subsp. *canuti* – Canutis Wolfsmilch: endemisch
Euphorbia saxatilis – Felsen-Wolfsmilch: endemisch
Euphorbia triflora subsp. *kerneri* – Kerners Wolfsmilch: endemisch
Euphorbia variabilis – Veränderliche Wolfsmilch: endemisch
Euphorbia variabilis subsp. *valliniana* – Vallinos Wolfsmilch: endemisch
Euphorbia variabilis subsp. *variabilis* – Eigentliche Veränderliche Wolfsmilch: endemisch
Euphrasia christii – Christs Augentrost: endemisch
Euphrasia cisalpina – Tessiner Augentrost: endemisch
Euphrasia inopinata – Unerwarteter Augentrost: endemisch
Euphrasia portae – Portas Augentrost: endemisch
Euphrasia portae subsp. *portae* – Eigentlicher Porta-Augentrost: endemisch
Euphrasia sinuata – Buchten-Augentrost: endemisch
Euphrasia tricuspidata – Dreispitziger Augentrost: endemisch
Euphrasia ultima – Ortler-Augentrost: endemisch
Festuca acuminata – Zugespitzter Schwingel: endemisch
Festuca alpestris – Voralpen-Schwingel: endemisch
Festuca austrodolomitica – Süddolomiten-Schwingel: endemisch
Festuca bauzanina – Bozen-Schwingel: endemisch
Festuca breistrofferi – Breistroffers Schwingel: endemisch
Festuca calva – Glatter Bunt-Schwingel: endemisch
Festuca eggleri – Egglers Schwingel: endemisch
Festuca flavescens – Gelblicher Schwingel: endemisch
Festuca guinochetii – Guinochets' Schwingel: endemisch
Festuca intercedens – Mittlerer Felsen-Schwingel: endemisch
Festuca luedii – Lüdis Schwingel: endemisch
Festuca melanopsis – Schwärzlicher Schwingel: endemisch
Festuca norica – Norischer Schwingel: endemisch
Festuca pseudovaria – Schein-Bunt-Schwingel: endemisch
Festuca rhaetica – Rätischer-Schwingel: endemisch
Festuca rupicaprina – Gämsen-Schwingel: endemisch
Festuca scabriculmis – Rauhalm-Schwingel: endemisch
Festuca ticinensis – Tessiner Schwingel: endemisch
Festuca versicolor subsp. *brachystachys* – Kurzähriger Schwingel: endemisch
Festuca versicolor subsp. *pallidula* – Blasser Schwingel: endemisch
Festuca winnebachensis – Winnebach-Schwingel: endemisch
Fritillaria burnatii – Burnats Schachblume: endemisch
Fritillaria involucrata – Piemonteser Schachblume: subendemisch, auch in der Provence
Fritillaria tubaeformis – Alpen-Schachblume: endemisch
Fritillaria tubaeformis subsp. *moggridgei* – Moggridges Alpen-Schachblume: endemisch
Fritillaria tubaeformis subsp. *tubaeformis* – Eigentliche Alpen-Schachblume: endemisch
Galeopsis reuteri – Reuters Hohlzahn: endemisch
Galium baldense – Monte-Baldo-Labkraut: endemisch
Galium margaritaceum – Perlschnur-Labkraut: endemisch
Galium megalospermum – Schweizer Labkraut: endemisch
Galium meliodorum – Honig-Labkraut: endemisch
Galium montis-arerae – Arera-Labkraut: endemisch
Galium noricum – Norisches Labkraut: endemisch

Galium pseudohelveticum – Westalpen-Labkraut: endemisch
Galium saxosum – Stein-Labkraut: endemisch
Galium tendae – Tende-Labkraut: endemisch
Galium truniacum – Traunsee-Labkraut: endemisch
Gentiana bavarica – Bayerischer Enzian: endemisch
Gentiana brentae – Brenta-Enzian: endemisch
Gentiana burseri subsp. *actinocalyx* – Gelapptkelchiger Enzian: endemisch
Gentiana burseri subsp. *villarsii* – Villars' Enzian: endemisch
Gentiana froelichii – Karawanken-Enzian: endemisch
Gentiana froelichii subsp. *froelichii* – Eigentlicher Karawanken-Enzian: endemisch
Gentiana froelichii subsp. *zenarii* – Silvia Zenaris Enzian: endemisch
Gentiana ligustica – Ligurischer Enzian: endemisch
Gentiana lutea subsp. *symphyandra* – Verwachsenstaubblättriger Enzian: subendemisch, auch im Apennin
Gentiana lutea subsp. *vardjanii* – Vardjans Enzian: endemisch
Gentiana pumila subsp. *delphinensis* – Dauphiné-Enzian: endemisch
Gentiana rostanii – Rostans Enzian: endemisch
Gentiana terglouensis – Triglav-Enzian: endemisch
Gentiana terglouensis subsp. *schleicheri* – Schleichers Enzian: endemisch
Gentiana terglouensis subsp. *terglouensis* – Eigentlicher Triglav-Enzian: endemisch
Gentianella engadinensis – Engadiner Fransenenzian: endemisch
Gentianella insubrica – Insubrischer Fransenenzian: endemisch
Gentianella nana – Zwerg-Fransenenzian: endemisch
Gentianella pilosa – Behaarter Fransenenzian: endemisch
Gentianella ramosa – Reichästiger Fransenenzian: endemisch
Geranium rivulare – Bach-Storchschnabel: endemisch
Gymnadenia archiducis-joannis – Erzherzog-Johann-Männertreu: endemisch
Gymnadenia buschmanniae – Adolfine Buschmanns Männertreu: endemisch
Gymnadenia corneliana – Cornelia Rudios Männertreu: endemisch
Gymnadenia lithopolitanica – Kamnik-Männertreu: endemisch
Gymnadenia stiriaca – Steirisches Männertreu: endemisch
Gymnadenia widderi – Widders Männertreu: subendemisch, auch im Apennin
Gypsophila papillosa – Warziges Gipskraut: endemisch
Hedysarum boutignyanum – Boutigny-Süßklee: endemisch
Hedysarum hedysaroides subsp. *exaltatum* – Hoher Alpen-Süßklee: endemisch
Helianthemum lunulatum – Ligurisches Sonnenröschen: endemisch
Helictochloa adsurgens subsp. *ausserdorferi* – Ausserdorfers Wiesenhafer: endemisch
Helictochloa praeusta subsp. *pseudoviolacea* – Violetter Alpen-Wiesenhafer: endemisch
Helictotrichon parlatorei – Parlatores Wiesenhafer: endemisch
Helictotrichon petzense – Karawanken-Wiesenhafer: endemisch
Helictotrichon sempervirens – Immergrüner Wiesenhafer: endemisch
Helictotrichon setaceum – Borstiger Wiesenhafer: endemisch
Helleborus niger subsp. *macranthus* – Großblütige Christrose: endemisch
Heracleum austriacum – Österreichischer Bärenklau: endemisch
Heracleum austriacum subsp. *austriacum* – Eigentlicher Österreichischer Bärenklau: endemisch
Heracleum austriacum subsp. *siifolium* – Merkblättriger Bärenklau: endemisch
Heracleum pumilum – Zwerg-Bärenklau: endemisch
Hesperis inodora – Geruchslose Nachtviole: endemisch
Holosteum umbellatum subsp. *hirsutum* – Behaarte Spurre: endemisch
Hormathophylla ligustica – Ligurisches Steinkraut: endemisch
Hornungia alpina subsp. *austroalpina* – Südalpen-Gamskresse: endemisch
Hypochaeris facchiniana – Facchinis Ferkelkraut: endemisch
Iberis aurosica – Auroze-Schleifenblume: endemisch

→ *Fortsetzung auf der nächsten Seite*

Iberis aurosica subsp. *aurosica* – Eigentliche Auroze-Schleifenblume: endemisch
Iberis aurosica subsp. *nana* – Zwerg-Schleifenblume: endemisch
Iris pallida subsp. *cengialti* – Cengio-Alto-Schwertlilie: endemisch
Jacobaea abrotanifolia subsp. *tiroliensis* – Tiroler Greiskraut: endemisch
Jacobaea disjuncta – Grünliches Greiskraut: endemisch
Jacobaea insubrica – Insubrisches Greiskraut: endemisch
Jacobaea norica – Norisches Greiskraut: endemisch
Jacobaea persoonii – Persoons Greiskraut: endemisch
Jacobaea uniflora – Einköpfiges Greiskraut: endemisch
Jovibarba globifera subsp. *allionii* – Allionis Fransenhauswurz: endemisch
Jovibarba globifera subsp. *arenaria* – Gewöhnliche Sand-Fransenhauswurz: endemisch
Jovibarba globifera subsp. *pseudohirta* – Behaarte Sand-Fransenhauswurz: endemisch
Knautia baldensis – Monte-Baldo-Witwenblume: endemisch
Knautia carinthiaca – Kärntner Witwenblume: endemisch
Knautia dipsacifolia subsp. *sixtina* – Savoyer Witwenblume: endemisch
Knautia mollis – Weiche Witwenblume: endemisch
Knautia norica – Norische Witwenblume: endemisch
Knautia persicina – Pfirsichrote Witwenblume: endemisch
Knautia ressmannii – Ressmanns Witwenblume: endemisch (?), evtl. auch in den Dinarischen Gebirgen
Knautia transalpina – Südalpen-Witwenblume: subendemisch, auch im Apennin
Knautia velutina – Samt-Witwenblume: endemisch
Koeleria cenisia – Mont-Cenis-Kammschmiele: endemisch
Koeleria hirsuta – Raue Kammschmiele: endemisch
Koeleria vallesiana subsp. *alpicola* – Westalpen-Kammschmiele: endemisch (?), evtl. auch in den Pyrenäen
Laserpitium halleri subsp. *halleri* – Eigentliches Haller-Laserkraut: endemisch
Laserpitium nitidum – Glänzendes Laserkraut: endemisch
Leontodon berinii – Berinis Löwenzahn: endemisch
Leontodon tenuiflorus – Schmalköpfiger Löwenzahn: endemisch
Leucanthemopsis alpina subsp. *pseudotomentosa* – Behaarte Alpenmargerite: endemisch
Leucanthemum atratum – Schwarzrand-Margerite: endemisch
Leucanthemum burnatii – Burnats Margerite: subendemisch, auch in der Provence
Leucanthemum cuneifolium – Keilblättrige Margerite: endemisch
Leucanthemum halleri – Hallers Schwarzrand-Margerite: endemisch
Leucanthemum lithopolitanicum – Kamnik-Schwarzrand-Margerite: endemisch
Leucanthemum virgatum – Strahlenlose Margerite: endemisch
Leucopoa laxa – Schlaffer Schwingel: endemisch
Leucopoa pulchella – Schöner Schwingel: subendemisch, auch im Jura u. den Dinarischen Gebirgen
Leucopoa pulchella subsp. *jurana* – Jura-Schwingel: subendemisch, auch im Jura
Leucopoa pulchella subsp. *pulchella* – Eigentlicher Schöner Schwingel: subendemisch, auch im Jura u. den Dinarischen Gebirgen
Ligusticum ferulaceum – Piemonteser Mutterwurz: subendemisch, auch im Jura
Lilium pomponium – Pompone-Lilie: endemisch
Linaria tonzigii – Bergamasker Leinkraut: endemisch
Luzula glabrata – Kahle Hainsimse: endemisch
Matthiola fruticulosa subsp. *valesiaca* – Walliser Levkoje: subendemisch, auch im Apennin
Medicago pironae – Pironas Schneckenklee: endemisch
Micromeria marginata – Alpen-Bergminze: endemisch
Minuartia cherlerioides – Mannsschild-Miere: endemisch
Minuartia cherlerioides subsp. *cherlerioides* – Eigentliche Mannsschild-Miere: endemisch
Minuartia cherlerioides subsp. *rionii* – Rions-Miere: endemisch
Minuartia grignensis – Grigna-Miere: endemisch
Moehringia bavarica – Steirische Nabelmiere: subendemisch, auch in den Dinarischen Gebirgen, evtl. in den Südosteuropäischen Gebirgen
Moehringia concarenae – Concarena Nabelmiere: endemisch

Moehringia dielsiana – Diels' Nabelmiere: endemisch
Moehringia diversifolia – Verschiedenblättrige Nabelmiere: endemisch
Moehringia glaucovirens – Graugrüne Nabelmiere: endemisch
Moehringia insubrica – Insubrische Nabelmiere: endemisch
Moehringia intermedia – Mittlere Nabelmiere: endemisch, auch in der Provence
Moehringia lebrunii – Lebruns Nabelmiere: endemisch
Moehringia markgrafii – Markgrafs Nabelmiere: endemisch
Moehringia sedoides – Fetthennen-Nabelmiere: endemisch
Moehringia villosa – Zottige Nabelmiere: endemisch
Molopospermum peloponnesiacum subsp. *bauhini* – Bauhins Striemensame: endemisch (?), evtl. in den Dinarischen Gebirgen
Myosotis gallica – Französisches Vergissmeinnicht: endemisch
Noccaea alpestris – Alpen-Täschelkraut: endemisch
Noccaea cepaeifolia – Dickblatt-Täschelkraut: endemisch
Noccaea corymbosa – Doldentraubiges Täschelkraut: endemisch
Noccaea minima – Voralpen-Täschelkraut: endemisch (?), evtl. auch im Apennin
Noccaea rotundifolia – Rundblättriges Täschelkraut: endemisch
Noccaea sylvia – Matterhorn-Täschelkraut: endemisch
Odontarrhena argentea – Silbergraues Steinkraut: endemisch
Odontites lanceolatus subsp. *lanceolatus* – Eigentlicher Lanzettblättriger Zahntrost: endemisch
Onobrychis arenaria subsp. *taurerica* – Tauern-Esparsette: endemisch
Onosma helvetica – Schweizer Lotwurz: endemisch
Oreochloa seslerioides – Blaugrasartiges Kopfgras: endemisch
Oxytropis campestris subsp. *tyroliensis* – Tiroler Alpen-Spitzkiel: endemisch
Oxytropis foetida – Klebriger Spitzkiel: endemisch
Oxytropis halleri subsp. *velutina* – Samtiger Spitzkiel: endemisch
Oxytropis helvetica – Schweizer Spitzkiel: endemisch
Oxytropis jacquinii – Berg-Spitzkiel: subendemisch, auch im Jura
Oxytropis triflora – Dreiblütiger Spitzkiel: endemisch
Paederota bonarota – Blaues Mänderle: endemisch
Papaver alpinum – Alpen-Mohn: endemisch
Papaver aurantiacum – Rätischer Alpen-Mohn: endemisch
Papaver occidentale – Westlicher Alpen-Mohn: endemisch
Papaver sendtneri – Sendtners Alpen-Mohn: endemisch
Papaver victoris – Viktor Petkovšeks Alpen-Mohn: endemisch
Pedicularis acaulis – Stängelloses Läusekraut: subendemisch, auch in den Dinarischen Gebirgen
Pedicularis asplenifolia – Farnblättriges Läusekraut: endemisch
Pedicularis elongata – Langähriges Läusekraut: endemisch
Pedicularis elongata subsp. *elongata* – Eigentliches Langähriges Läusekraut: endemisch
Pedicularis elongata subsp. *julica* – Julisches Läusekraut: endemisch
Pedicularis gyroflexa – Gedrehtes Läusekraut: endemisch
Pedicularis portenschlagii – Zweiblütiges Läusekraut: endemisch
Pedicularis recutita – Gestutztes Läusekraut: endemisch
Pedicularis rosea subsp. *rosea* – Eigentliches Rosarotes Läusekraut: endemisch
Pedicularis rostratocapitata subsp. *glabra* – Glattes Kopfiges Läusekraut: endemisch
Pedicularis rostratospicata subsp. *helvetica* – Schweizer Läusekraut: endemisch
Peucedanum rablense – Raibler Haarstrang: endemisch
Physoplexis comosa – Schopfrapunzel: endemisch
Phyteuma betonicifolium – Betonienblättrige Rapunzel: subendemisch, auch im Apennin
Phyteuma cordatum – Seealpen-Rapunzel: endemisch
Phyteuma hedraianthifolium – Rätische Rapunzel: endemisch
Phyteuma humile – Niedrige Rapunzel: endemisch
Phyteuma michelii – Westalpen-Rapunzel: endemisch
Phyteuma persicifolium – Pfirsichblättrige Rapunzel: subendemisch, auch in den Dinarischen Gebirgen

→ *Fortsetzung auf der nächsten Seite*

Phyteuma scheuchzeri subsp. *scheuchzeri* – Eigentliche Scheuchzer-Rapunzel: endemisch
Phyteuma sieberi – Dolomiten-Rapunzel: endemisch
Pinguicula grandiflora subsp. *rosea* – Rosa-Fettkraut: endemisch
Pinguicula leptoceras – Dünnsporniges Fettkraut: endemisch
Pinguicula poldinii – Poldinis Fettkraut: endemisch
Potentilla delphinensis – Dauphiné-Fingerkraut: endemisch
Potentilla grammopetala – Schmalkronblättriges Fingerkraut: endemisch
Potentilla saxifraga – Steinbrech-Fingerkraut: endemisch
Potentilla valderia – Valdieri-Fingerkraut: endemisch
Primula albensis – Monte-Alben-Primel: endemisch
Primula allionii – Allionis Primel: endemisch
Primula carniolica – Krainer Primel: subendemisch, auch in den Dinarischen Gebirgen
Primula clusiana – Clusius' Primel: endemisch
Primula daonensis – Val-Daone Primel: endemisch
Primula glaucescens – Blaugrüne Primel: endemisch
Primula glutinosa – Klebrige Primel: endemisch
Primula marginata – Berandete Primel: subendemisch, auch im Apennin
Primula spectabilis – Prächtige Primel: endemisch
Primula tyrolensis – Tiroler Primel: endemisch
Primula villosa – Zottige Primel: endemisch
Primula wulfeniana subsp. *wulfeniana* – Eigentliche Wulfen-Primel: endemisch
Prunus brigantina – Briançon-Pflaume: endemisch
Pseudofumaria lutea – Gelber Scheinerdrauch: endemisch
Pulmonaria carnica – Karawanken-Lungenkraut: endemisch
Pulmonaria kerneri – Kerners Lungenkraut: endemisch
Pulmonaria stiriaca – Steirisches Lungenkraut: subendemisch, auch in den Dinarischen Gebirgen
Pulsatilla alpina subsp. *cottianaea* – Cottische Alpen-Küchenschelle: endemisch
Pulsatilla alpina subsp. *schneebergensis* – Schneeberger Alpen-Küchenschelle: endemisch
Pulsatilla halleri subsp. *halleri* – Eigentliche Haller-Küchenschelle: endemisch
Pulsatilla halleri subsp. *styriaca* – Steirische Küchenschelle: endemisch
Ranunculus alpestris subsp. *traunfellneri* – Traunfellners Hahnenfuß: endemisch
Ranunculus bilobus – Zweilappiger Hahnenfuß: endemisch
Ranunculus venetus – Venezianischer Hahnenfuß: endemisch
Ranunculus villarsii – Villars' Hahnenfuß: endemisch
Rhaponticum heleniifolium – Alantblättrige-Bergscharte: endemisch
Rhaponticum heleniifolium subsp. *bicknellii* – Bicknells Bergscharte: endemisch
Rhaponticum heleniifolium subsp. *heleniifolium* – Eigentliche Alantblättrige-Bergscharte: endemisch
Rhaponticum scariosum – Lamarcks Bergscharte: endemisch
Rhaponticum scariosum subsp. *rhaponticum* – Gewöhnliche Bergscharte: endemisch
Rhaponticum scariosum subsp. *scariosum* – Eigentliche Lamarck-Bergscharte: endemisch
Rhinanthus antiquus – Bergamasker Klappertopf: endemisch
Rhinanthus carinthiacus – Kärntner Klappertopf: endemisch
Rhinanthus pampaninii – Pampaninis Klappertopf: subendemisch, auch in den Dinarischen Gebirgen
Rhizobotrya alpina – Zwergkugelschötchen: endemisch
Rhodothamnus chamaecistus – Zwergalpenrose: subendemisch, auch in den Dinarischen Gebirgen
Rosa rhaetica – Rätische Rose: endemisch
Rosa uriensis – Uri-Rose: endemisch
Salix caesia – Blaugrüne Weide: endemisch
Salix glaucosericea – Seiden-Weide: endemisch
Salix hegetschweileri – Hegetschweilers Weide: endemisch
Salix laggeri – Flaum-Weide: endemisch
Salix mielichhoferi – Tauern-Weide: endemisch

Salvia saccardiana – Saccardos Salbei: endemisch, auch in den Dinarischen Gebirgen
Sanguisorba dodecandra – Bergamasker Wiesenknopf: endemisch
Saponaria lutea – Gelbes Seifenkraut: endemisch
Saussurea depressa – Niedrige Alpenscharte: endemisch
Saxifraga aphylla – Stängelblattloser Steinbrech: endemisch
Saxifraga arachnoidea – Spinnweb-Steinbrech: endemisch
Saxifraga berica – Colli-Berici-Steinbrech: endemisch in den Monte Berici, wenige Kilometer südlich der Venetischen Voralpen
Saxifraga biflora – Großblütiger Steinbrech: endemisch
Saxifraga burseriana – Bursers Steinbrech: endemisch
Saxifraga cochlearis – Löffelblättriger Steinbrech: endemisch
Saxifraga cuneifolia subsp. *cuneifolia* – Eigentlicher Keilblättriger Steinbrech: subendemisch, auch im Apennin
Saxifraga depressa – Fassaner Steinbrech: endemisch
Saxifraga diapensioides – Diapensien-Steinbrech: endemisch
Saxifraga exarata subsp. *carniolica* – Krainer Steinbrech: endemisch
Saxifraga exarata subsp. *delphinensis* – Dauphiné Steinbrech: endemisch
Saxifraga exarata subsp. *exarata* – Eigentlicher Furchen-Steinbrech: endemisch
Saxifraga facchinii – Facchinis Steinbrech: endemisch
Saxifraga florulenta – Argentera-Steinbrech: endemisch
Saxifraga hohenwartii – Hohenwarths Steinbrech: endemisch
Saxifraga hostii – Host-Steinbrech: subendemisch, auch in den Dinarischen Gebirgen
Saxifraga hostii subsp. *hostii* – Eigentlicher Host-Steinbrech: subendemisch, auch in den Dinarischen Gebirgen
Saxifraga hostii subsp. *rhaetica* – Rätischer Steinbrech: endemisch
Saxifraga moschata subsp. *allionii* – Allionis Moschus-Steinbrech: endemisch (?), evtl. auch im Apennin
Saxifraga muscoides – Flachblättriger Steinbrech: endemisch
Saxifraga mutata subsp. *mutata* – Eigentlicher Safrangelber Steinbrech: endemisch
Saxifraga oppositifolia subsp. *blepharophylla* – Wimperblättriger Steinbrech: endemisch
Saxifraga oppositifolia subsp. *rudolphiana* – Rudolphis Steinbrech: endemisch
Saxifraga paradoxa – Seltsamer Steinbrech: endemisch
Saxifraga pedemontana subsp. *pedemontana* – Eigentlicher Piemonteser Steinbrech: endemisch
Saxifraga presolanensis – Presolana-Steinbrech: endemisch
Saxifraga retusa subsp. *augustana* – Aostatal-Steinbrech: endemisch
Saxifraga seguieri – Seguiers Steinbrech: endemisch
Saxifraga squarrosa – Sparriger Steinbrech: endemisch
Saxifraga styriaca – Steirischer Steinbrech: endemisch
Saxifraga tenella – Zarter Steinbrech: subendemisch, auch in den Dinarischen Gebirgen
Saxifraga tombeanensis – Tombea-Steinbrech: endemisch
Saxifraga valdensis – Waldenser Steinbrech: endemisch
Saxifraga vandellii – Vandellis Steinbrech: endemisch
Scabiosa vestina – Val-Vestino-Skabiose: endemisch
Schlagintweitia intybacea – Weißliches Habichtskraut: subendemisch, auch in den Vogesen
Scorzoneroides montaniformis – Nordostalpen-Schuppenlöwenzahn: endemisch
Sedum alsinefolium – Mierenblättriger Mauerpfeffer: endemisch
Sedum fragrans – Wohlriechender Mauerpfeffer: endemisch
Sempervivum calcareum – Kalk-Hauswurz: endemisch, auch in der Provence
Sempervivum dolomiticum – Dolomiten-Hauswurz: endemisch
Sempervivum grandiflorum – Großblütige Hauswurz: endemisch
Sempervivum montanum subsp. *stiriacum* – Steirische Berg-Hauswurz: endemisch

→ *Fortsetzung auf der nächsten Seite*

Sempervivum pittonii – Serpentin-Hauswurz: endemisch
Sempervivum wulfenii – Wulfens Hauswurz: endemisch
Sempervivum wulfenii subsp. *juvanii* – Juvanis Hauswurz: endemisch
Sempervivum wulfenii subsp. *wulfenii* – Eigentliche Wulfen-Hauswurz: endemisch
Senecio fontanicola – Quell-Greiskraut: endemisch, wohl auch im Flachland (selten)
Seseli annuum subsp. *carvifolium* – Kümmelblättriger Bergfenchel: endemisch
Sesleria leucocephala – Weißköpfiges Blaugras: endemisch
Sesleria ovata – Eiköpfiges Blaugras: endemisch
Sesleria sphaerocephala – Kugelköpfiges Blaugras: endemisch
Silene campanula – Glocken-Leimkraut: endemisch
Silene cordifolia – Herzblättriges Leimkraut: endemisch
Silene elisabethae – Großblütiges Leimkraut: endemisch
Silene vallesia subsp. *vallesia* – Eigentliches Walliser Leimkraut: endemisch
Soldanella austriaca – Österreichisches Alpenglöckchen: endemisch
Soldanella hungarica subsp. *major* – Großes Alpenglöckchen: endemisch
Soldanella minima – Kleinstes Alpenglöckchen: subendemisch, auch in den Dinarischen Gebirgen
Soldanella minima subsp. *minima* – Eigentliches Kleinstes Alpenglöckchen: subendemisch, auch in den Dinarischen Gebirgen
Spiraea decumbens – Niederliegender Spierstrauch: endemisch, auch in den Dinarischen Gebirgen, zuweilen kultiviert u. verwildert
Spiraea decumbens subsp. *decumbens* – Eigentlicher Niederliegender Spierstrauch: endemisch
Spiraea decumbens subsp. *tomentosa* – Hacquets Spierstrauch: subendemisch, auch in den Dinarischen Gebirgen
Stipa styriaca – Steirisches Federgras: endemisch
Tephroseris balbisiana – Balbis Greiskraut: subendemisch, auch im Apennin
Tephroseris integrifolia subsp. *serpentini* – Serpentin-Greiskraut: endemisch
Tephroseris longifolia subsp. *pseudocrispa* – Cividale-Greiskraut: endemisch
Teucrium lucidum – Glänzender Gamander: endemisch
Thymus praecox subsp. *widderi* – Widders Thymian: endemisch
Trifolium saxatile – Felsen-Klee: endemisch
Trisetum argenteum – Silber-Grannenhafer: subendemisch, auch in den Dinarischen Gebirgen
Valeriana celtica – Keltischer Baldrian: endemisch
Valeriana celtica subsp. *celtica* – Eigentlicher Keltischer Baldrian: endemisch
Valeriana celtica subsp. *norica* – Norischer Baldrian: endemisch
Valeriana elongata – Ostalpen-Baldrian: endemisch
Valeriana excelsa subsp. *versifolia* – Verschiedenblättriger Kriech-Baldrian: endemisch
Valeriana saxatilis subsp. *saxatilis* – Eigentlicher Felsen-Baldrian: endemisch
Valeriana supina – Zwerg-Baldrian: endemisch
Veronica chamaedrys subsp. *micans* – Glanz Gamander-Ehrenpreis: endemisch
Viola calcarata subsp. *calcarata* – Eigentliches Langsporniges Stiefmütterchen: endemisch
Viola calcarata subsp. *cavillieri* – Cavilliers Stiefmütterchen: subendemisch, auch im Apennin
Viola calcarata subsp. *villarsiana* – Villars' Stiefmütterchen: endemisch
Viola cenisia – Mont-Cenis-Stiefmütterchen: endemisch
Viola comollia – Comollis Stiefmütterchen: endemisch
Viola culminis – Guglielmo-Stiefmütterchen: endemisch
Viola dubyana – Dubys Stiefmütterchen: endemisch
Viola laricicola – Lärchenwald-Veilchen: endemisch
Viola pinnata – Fieder-Veilchen: endemisch (?), evtl. auch in den Dinarischen Gebirgen
Viola valderia – Valdieri-Stiefmütterchen: endemisch
Xerolekia speciosissima – Prächtige Telekie: endemisch

Die meisten Endemiten kommen in den südlichen Alpen in Gebieten vor, die während der letzten Eiszeit eisfrei waren, so dass die Arten dort überdauern konnten (Abbildung 2-1, vgl. auch Kapitel ›Die Alpen‹).

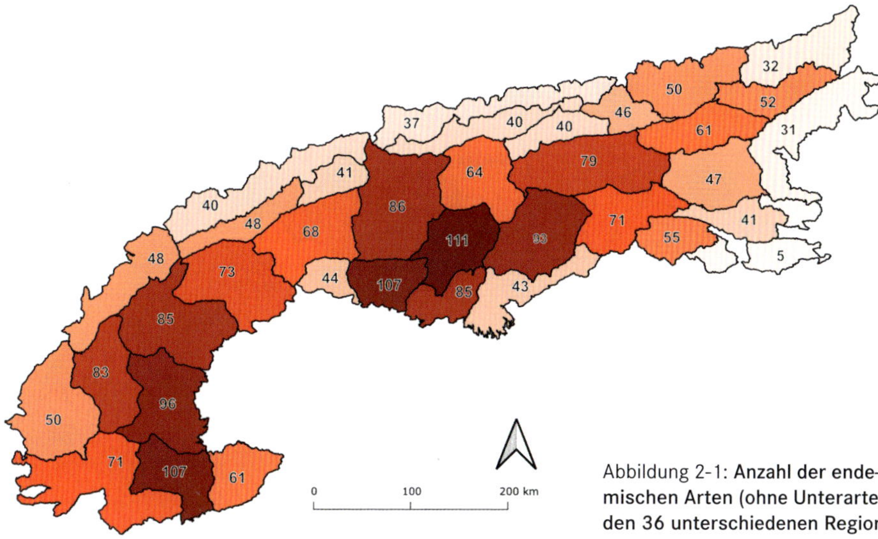

Abbildung 2-1: **Anzahl der endemischen Arten (ohne Unterarten) in den 36 unterschiedenen Regionen der Alpen.** Die Regionen werden im nächsten Kapitel vorgestellt.

Verbreitung

Die Verbreitung der Taxa wird in diesem Buch jeweils anhand von zwei Karten dargestellt. Die erste Karte zeigt dabei die Verbreitung innerhalb der Alpen, die zweite Karte die Verbreitung innerhalb der Gebirge Europas.

Während in Österreich und Deutschland die Alpen üblicherweise in West- und Ostalpen gegliedert werden, wird in Frankreich und Italien eine Dreiteilung in West-, Zentral- und Ostalpen bevorzugt. Ein Versuch, eine einheitliche, auf geografischen – also naturräumlichen – Kriterien beruhende, Untergliederung zu schaffen, ist die **SOIUSA**, ein Akronym aus dem italienischen **S**uddivisione **O**rografica **I**nternazionale **U**nificata del **S**istema **A**lpino – Internationale vereinheitlichte orographische Einteilung der Alpen (Marazzi 2005). Nach diesem hierarchischen System werden die Alpen in zwei Teile (West- und Ostalpen), fünf Sektoren (Südliche Westalpen, Nördliche Westalpen, Nördliche Ostalpen, Zentrale Ostalpen, Südliche Ostalpen) und 36 Abschnitte gegliedert (vgl. Abbildung 2-2, Kapitel ›Räumliche Gliederung‹). Die weitere Untergliederung umfasst 132 Unterabschnitte, 333 Obergruppen, 870 Gruppen und 1 670 Untergruppen.

Neben den von der SOIUSA verwendeten Bezeichnungen wird in diesem Buch der Begriff ›Zentralalpen‹ verwendet, um die Verbreitung von Arten zu beschreiben, die an der Grenze von West- u. Ostalpen vorkommen. Mit ›südliche‹ bzw. ›nördliche‹ Alpen sind die Gebiete südlich bzw. nördlich des Alpenhauptkammes gemeint.

Im Rahmen dieses Buch wird das Vorkommen der Pflanzen in den 36 SOIUSA-Sektoren angegeben (Abbildung 2-3). Dabei wird nur zwischen Vorkommen und Nicht-Vorkommen unterschieden, da Angaben zur Häufigkeit aufgrund der heterogenen Datenlage kaum miteinander vergleichbar wären. Insofern die Datengrundlage es zuließ, sind innerhalb der Alpen nur natürliche Vorkommen dargestellt, während Vorkommen, die in Zusammenhang mit der Ausbreitung durch den Menschen stehen, nicht dargestellt sind.

In einer zweiten Karte wird die Verbreitung der Arten innerhalb der Gebirge Europas (sowie in Grönland) dargestellt. Grundlage dafür ist ein weltweites räumlich explizites hierarchisches Inventar der Gebirge des Global Mountain Biodiversity Assessment (Snethlage et al. 2022). Für die Karten in diesem Buch wurden die nahe an den Alpen liegenden Gebirge dabei feiner aufgelöst, während die weiter entfernten zu Gruppen zusammengefasst wurden. Beispielsweise wurden alle Gebirge der Iberischen Halbinsel, mit Ausnahme der Pyrenäen, zur Gruppe ›Südwesteuropäische Gebirge‹ vereinigt (vgl. Abbildung 2-4). Einige dieser Gebirgsgruppen bestehen aus mehreren räumlich voneinander getrennten Teilgebieten (z. B. die Gebirge der Britischen Inseln). Auch wenn eine Art in nur einem dieser Teilgebiete vorkommt, sind auf der Karte trotzdem alle Teilgebiete entsprechend eingefärbt.

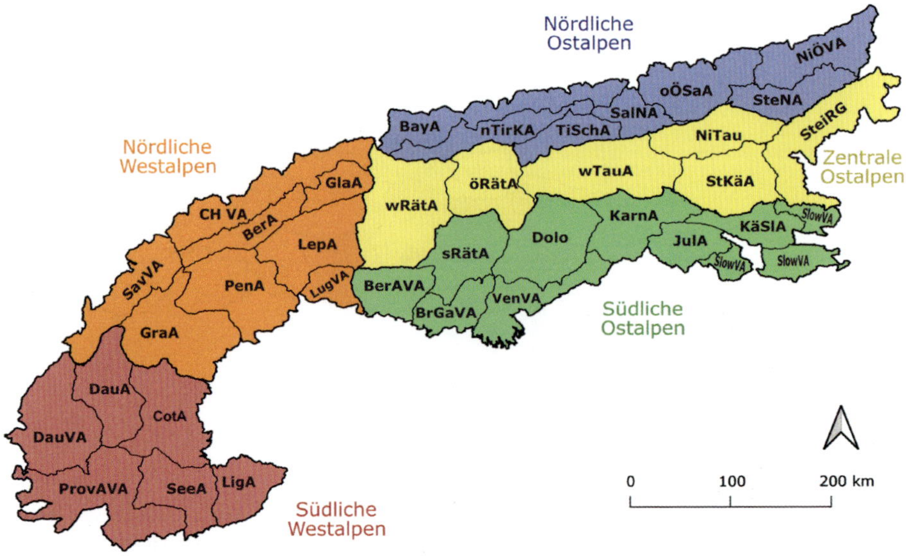

BayA:	Bayerische Alpen	KarnA:	Karnische und Gailtaler Alpen	SalNA:	Salzburger Nordalpen
BerA:	Berner Alpen i. w. S.	KäSlA:	Kärntnerisch-Slowenische Alpen	SavVA:	Savoyer Voralpen
BerAVA:	Bergamasker Alpen und Voralpen	LepA:	Lepontinische Alpen	SeeA:	Seealpen
BrGaVA:	Brescianer und Gardasee-Voralpen	LigA:	Ligurische Alpen	SlowVA:	Slowenische Voralpen
CH VA:	Schweizer Voralpen	LugVA:	Luganer Voralpen	sRätA:	Südliche Rätische Alpen
CotA:	Cottische Alpen	NiÖVA:	Niederösterreichische Voralpen	SteiRG:	Steirisches Randgebirge
DauA:	Dauphiné-Alpen	NiTau:	Niedere Tauern	SteNA:	Steirische Nordalpen
DauVA:	Dauphiné-Voralpen	nTirKA:	Nordtiroler Kalkalpen	StKäA:	Steirisch-Kärntnerische Alpen
Dolo:	Dolomiten	oÖSaA:	Oberösterreichisch-Salzkammerguter Alpen	TiSchA:	Tiroler Schieferalpen
GlaA:	Glarner Alpen i. w. S.	öRätA:	Östliche Rätische Alpen	VenVA:	Venetische Voralpen
GraA:	Grajische Alpen	PenA:	Penninische Alpen	wRätA:	Westliche Rätische Alpen
JulA:	Julische Alpen i. w. S.	ProvAVA:	Provenzalische Alpen und Voralpen	wTauA:	Westliche Tauernalpen

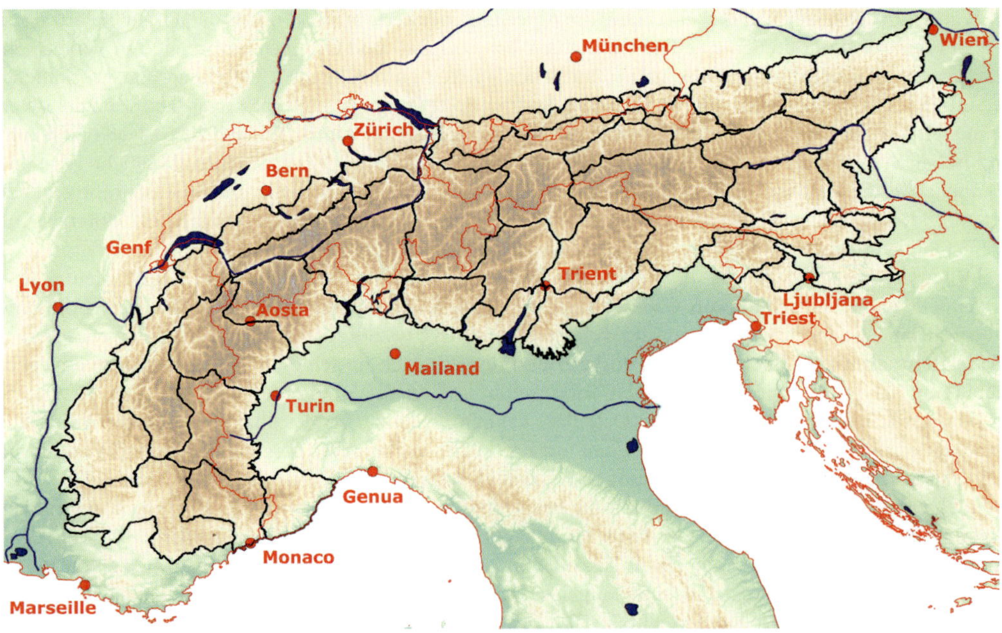

Abbildung 2-2: **Naturräumliche Gliederung der Alpen nach SOIUSA (Marazzi 2005).** Oben: Grenzen der 5 Sektoren und 36 Abschnitte. Unten: Topografische Karte mit Landesgrenzen und größeren Städten (rot), Gewässern (blau) sowie den Grenzen der SOIUSA-Sektoren (schwarz).

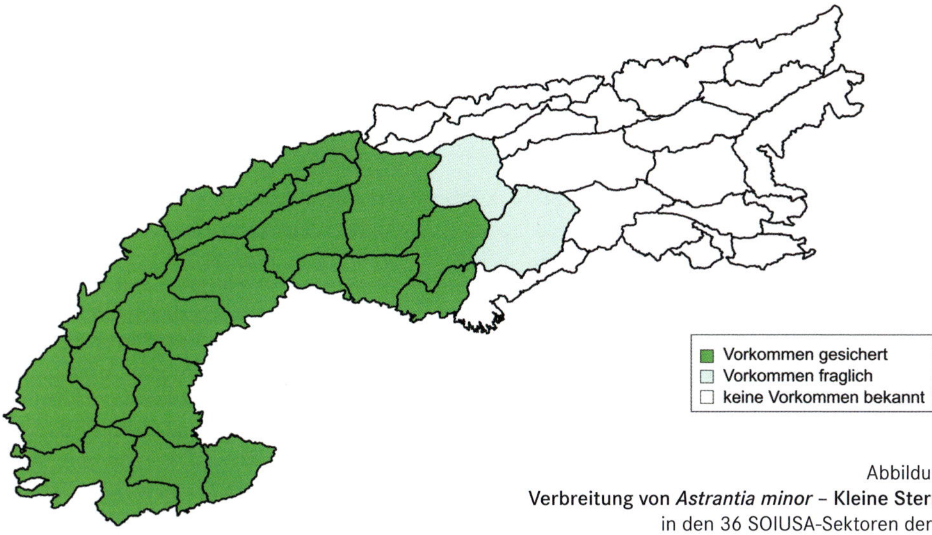

Abbildung 2-3:
Verbreitung von *Astrantia minor* – Kleine Sterndolde
in den 36 SOIUSA-Sektoren der Alpen.

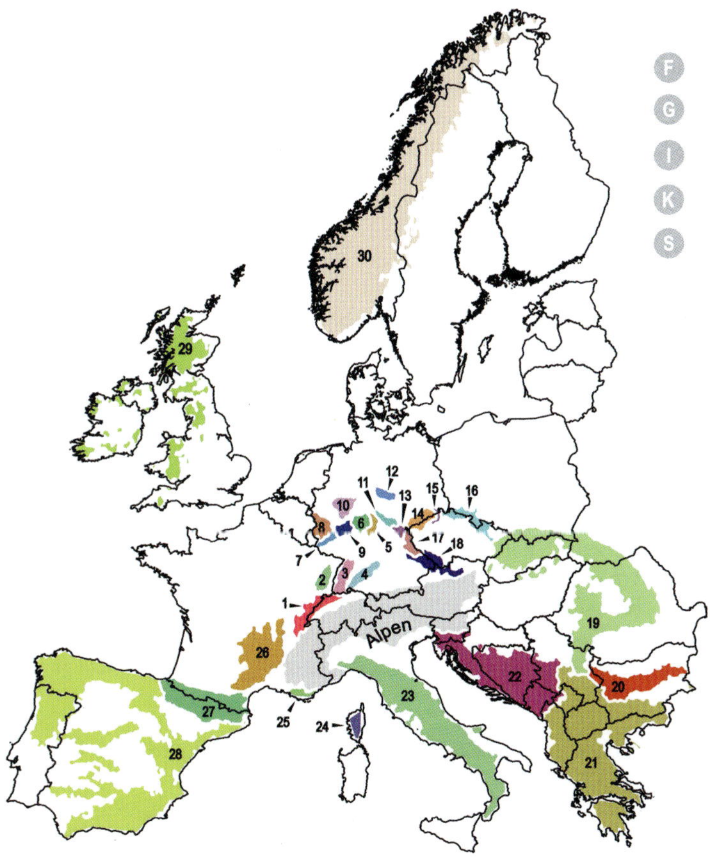

Abbildung 2-4: **Europäische Gebirge** (vereinfachte Darstellung nach Snethlage et al. 2022). Die fünf außerhalb des Kartenausschnitts gelegenen Gebirge werden nur mit dem jeweiligen Buchstabensymbol dargestellt.

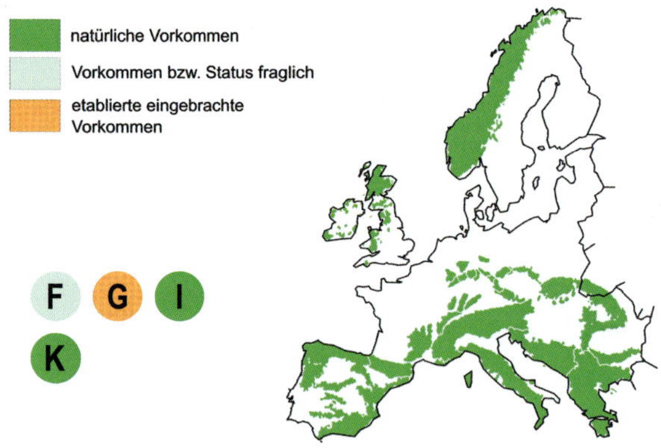

Abbildung 2-5: **Verbreitung von *Bromus hordeaceus* – Weiche Trespe in Europa. G:** Gebirge auf Grönland; **I:** Gebirge auf Island; **F:** Gebirge der Färöer; **K:** Kaukasus

In den europäischen Verbreitungskarten werden natürliche Vorkommen und dauerhaft etablierte Vorkommen von vom Menschen eingebrachten Arten berücksichtigt (vgl. Abbildung 2-5). Kultivierte oder nur sporadisch auftretende Vorkommen werden nicht dargestellt. Die fünf mit Buchstaben bezeichneten Gebirge werden aus Platzgründen in den Verbreitungskarten nur mit dem jeweiligen Buchstabensymbol dargestellt. Auch sind Vorkommen außerhalb der Gebirge aufgrund der geringen Größe der Karte nicht darstellbar. Es kommen aber nur relativ wenige der berücksichtigten Arten im Flachland fernab der Alpen vor.

Für die Zusammenstellung der Angaben zur Verbreitung wurden eine Vielzahl unterschiedlichster Quellen gesichtet. Neben Spezialliteratur zu einzelnen Arten, Artengruppen und Regionalfloren (siehe Kapitel ›Literatur‹) sind die wichtigsten Quellen: Aeschimann et al. (2004), AG FAB (2022ff), AG Flora Italiana (2020ff), AG Floristische Kartierung Österreichs (2024), Association Tela Botanica (2020ff), Böcher et al. (1978), Bundesamt für Naturschutz (2003ff), Castroviejo et al. (1986ff), Department of Botany and Zoology of the Masaryk University Brno (2024f), Eliáš et al. (2015), Euro+Med (2006ff), Fabiszewski & Kwiatkowski (2002), GBIF (2020ff), Info Flora (2020ff), Lauber et al. (2024), Naturmuseum Südtirol (2022ff), Netzwerk Phytodiversität Deutschland & Bundesamt für Naturschutz (2013), Ramos-Gutiérrez et al. (2021), Schratt-Ehrendorfer et al. (2022), Société de la Flore Valdôtaine (2022ff), Tison & de Foucalt (2014) und Wohlgemuth et al. (1999ff).

Vorkommen

Die Angaben, in welchen Lebensräumen und unter welchen Standort- bzw. Umweltbedingungen eine Pflanze vorkommt, liefern wichtige Hinweise zur Biologie und Ökologie der Taxa, können aber auch bei der Bestimmung helfen. Eine ausführliche Darstellung der alpinen Lebensräume, Vegetationstypen und Standortfaktoren, inkl. der klimatischen Besonderheiten der Höhenstufen findet sich z. B. bei Ellenberg & Leuschner (2010). Lebensräume, die für die alpine und subalpine Stufe typisch sind, werden im Folgenden mit einem Bild vorgestellt.

Lebensräume

Die Angaben in diesem Buch beschreiben das Vorkommen der Taxa in 17 Lebensraumtypen. Sie beziehen sich vor allem auf das Vorkommen der Arten innerhalb der Alpen und decken sowohl Haupt- als auch Nebenvorkommen ab. Die Hauptvorkommen sind in den Texten durch Fettdruck hervorgehoben. Wenn weitere Vorkommen in einfach anzusprechenden Lebensräumen wie z. B. Salzwiesen oder Trittfluren liegen, werden diese zusätzlich aufgeführt. Für die Zusammenstellung der Lebensräume wurden neben eigenen Beobachtungen vor allem Angaben aus Aeschimann et al. (2004), Delarze et al. (2015), Ellenberg et al. (1992), Korneck et al. (1998) und Mucina et al. (2016) ausgewertet.

- **subalpine o. alpine Rasen**: natürliche von Gräsern oder Seggen dominierte Rasen oberhalb der geschlossenen Waldgrenze (Abbildungen 2-6 und 2-7)
- **Schutt o. Felsfluren**: Vegetation auf Schutt- u. Geröllhalden oder an Felsspalten (Abbildungen 2-8 und 2-9)
- **Alluvionen**: Vegetation ›junger‹ Böden, in der alpinen Stufe v. a. auf Kies- und Schotterfluren entlang von Fließgewässern und auf Schwemmkegeln sowie auf Murgängen und Gletschervorfeldern (Abbildung 2-10)
- **Schneetälchen**: (auch Schneebodenrasen): Vegetation an aufgrund des Reliefs lange vom Schnee bedeckten Standorten mit kurzer, i. d. R. weniger als vier Monate dauernder, Vegetationsperiode (Abbildung 2-11)

- **Zwergstrauchheiden**: von i. d. R. < 1 m hohen Sträuchern dominierte Vegetation. In der subalpinen und alpinen Stufe sind dies vor allem Heidekrautgewächse wie *Rhododendron* – Alpenrose, *Vaccinium* – Heidel-, Preisel- u. Moorbeere, *Arctostaphylos* – Bärentraube, *Empetrum* – Krähenbeere und *Loiseleuria* – Gämsheide (Abbildung 2-12)
- **Staudenfluren**: von hohen, meist mehrjährigen krautigen Pflanzen (z. B. *Peucedanum ostruthium* – Meisterwurz oder *Lactuca alpina* – Alpen-Milchlattich) dominierte Vegetation, zuweilen auch mit hohen dicht wachsenden Gräsern (z. B. *Calamagrostis villosa* – Wolliges Reitgras). An Viehlagerplätzen (›Lägerfluren‹) oft mit *Rumex alpinus* – Alpen-Ampfer (Abbildung 2-13)
- **Grünerlengebüsche**: von *Alnus viridis* – Grünerle dominierte Gebüsche (Abbildung 2-14)
- **Legföhrengebüsche**: von *Pinus mugo* subsp. *mugo* – Legföhre dominierte Gebüsche (Abbildung 2-15)
- **Gewässer**: von Wasser- oder Sumpfpflanzen dominierte Vegetation an Still- oder Fließgewässern (Abbildungen 2-16 und 2-17)
- **Quellfluren**: Vegetation an Quellen (Abbildung 2-17)
- **Moore o. Seggenriede**: Vegetation auf sehr feuchten bis nassen Standorten, deren Böden einen hohen Humusanteil aufweisen (Abbildung 2-18)
- **trockenfallende Ufer**: periodisch trockenfallende und wieder überschwemmte Uferbereiche, die immer wieder neu besiedelt werden können; z. B. Schlammfluren an Gewässern mit wechselnden Wasserständen, periodisch überflutete und trockenfallende Schwemmflächen an Fließgewässern
- **Extensivgrünland o. Magerrasen**: mit geringer Besatzdichte beweidetes oder 1–2-mal jährlich gemähtes Grünland, nicht oder wenig gedüngt, von der planaren bis zur montanen (subalpinen) Stufe
- **Wirtschaftsgrünland**: mit höherer Besatzdichte beweidetes oder mindestens 2-mal jährlich gemähtes und in der Regel gedüngtes Grünland, von der planaren bis zur montanen (subalpinen) Stufe. Kommen Arten sowohl in Extensivgrünland o. Magerrasen als auch im Wirtschaftsgrünland vor, werden diese Angaben in der Artbeschreibung als ›Grünland‹ zusammengefasst.
- **Wälder**: Wälder, Gehölze und Gebüsche der planaren bis montanen Höhenstufe
- **Macchien o. Garrigues**: immergrüne Gebüschformationen der mediterranen Vegetationszone, die meist durch Übernutzung von Steineichenwäldern entstanden sind
- **Ruderalvegetation**: an regelmäßig vom Menschen gestörten Standorten, z. B. an Straßen, Wegen, auf Skipisten oder in der Umgebung von Almhütten

Abbildung 2-6:
Tiefgründiger alpiner Rasen mit *Anthyllis vulneraria* – Echter Wundklee, *Pulsatilla alpina* subsp. *apiifolia* – Gelbe Alpen-Küchenschelle, *Anemonastrum narcissiflorum* – Narzissenblütiges Windröschen und *Trollius europaeus* – Trollblume (Geißspitze, Rätikon, Westliche Rätische Alpen, ca. 2 200 m).

Abbildung 2-7: **Flachgründige alpine Rasen.**
Links: Polsterseggenrasen mit *Carex firma* über Kalkgestein (Gottesacker, Kleinwalsertal, Bayerische Alpen, ca. 1 950 m). Rechts: Krummseggenrasen mit *Carex curvula* über saurem Ausgangsgestein (Fuorcla da Grialetsch, Westliche Rätische Alpen, ca. 2 500 m).

Abbildung 2-8: **Typische Arten alpiner Schuttfluren.**
Adenostyles alpina - Kahler Alpendost (oben links), *Geum reptans* - Kriechende Berg-Nelkenwurz (oben rechts), *Linaria alpina* - Alpen-Leinkraut (unten links), *Papaver alpinum* agg. - Alpen-Mohn (unten rechts).

Abbildung 2-9: **Felspaltenfluren.**
Links: *Sempervivum montanum* subsp. *stiriacum* - Steirische Berg-Hauswurz mit zahlreichen Flechten, die auf Felsen in der alpinen Stufe hohe Deckungen erreichen können (Zirbitzkogel, Lavanttaler Alpen, ca. 2 250 m). Rechts: *Moehringia lebrunii* - Lebruns Nabelmiere (Gorges du Verdon, Provenzalische Alpen und Voralpen, ca. 850 m) als Beispiel für die zahlreichen endemischen Arten der Alpen, die in Felspaltenfluren der collinen und montanen Stufe der südlichen Alpen vorkommen.

Abbildung 2-10: **Alluvionen.**
Links: Junger Schwemmkegel. Rechts: Mit dichter Vegetation bewachsene Alluvionen in einem relativ flachen Talabschnitt.

Abbildung 2-11:
Schneebodenrasen mit *Crocus vernus* subsp. *albiflorus* – Alpen-Frühlings-Krokus. Im Vordergrund ein (grüner) subalpiner Rasen, der schon länger schneefrei ist (ca. 1 km südwestlich des Passo Dassana, Brescianer und Gardasee-Voralpen, ca. 1 900 m, 20.05.2024).

Abbildung 2-12:
Zwergstrauchheide mit *Rhododendron ferrugineum* – Rostblättrige Alpenrose (oberes Muranzina-Tal, Westliche Rätische Alpen, ca. 2 300 m).

Abbildung 2-13: **Staudenfluren.** Links: Hochstaudenflur mit *Adenostyles alliariae* – Grauer Alpendost und *Peucedanum ostruthium* – Meisterwurz in der subalpinen Stufe oberhalb des Schlegeisspeichers (Westliche Tauernalpen, ca. 2 100 m). Rechts: Nährstoffreiche Lägerflur mit *Rumex alpinus* – Alpen-Ampfer (Schachen, Wettersteingebirge, Bayerische Alpen, ca. 1 800 m).

Abbildung 2-14: **Grünerlengebüsche**. Links: *Alnus viridis* - Grünerle wächst hier überwiegend auf den Hängen, in den meisten Tälchen sind die Störungen durch Lawinen oder Murengänge selbst für die Grünerle zu intensiv, dort wächst krautige Vegetation. Rechts: Typische Wuchsform der Grünerle mit hangabwärts gebogenen Ästen. Die elastischen Äste werden bei Lawinenabgängen zu Boden gedrückt und brechen nur selten (beide Abbildungen: Fellhorn, Kleinwalsertal, Bayerische Alpen, ca. 1 600 m).

Abbildung 2-15: **Legföhrengebüsche.** Links: Bestände von *Pinus mugo* subsp. *mugo* - Legföhre (Oedenwinkelkees, Westliche Tauernalpen, ca. 2 200 m). Rechts: Legföhre mit mächtiger Basis (Gottesacker, Kleinwalsertal, Bayerische Alpen, ca. 1 800 m).

Abbildung 2-16: **Stillgewässer**. Links: Verlandender Schlappoldsee (Fellhorn-Osthang, Bayerische Alpen, ca. 1 700 m). Rechts: Alpine Kleingewässer auf dem Fellhorngrat in ca. 1 900 m.

Abbildung 2-17: **Fließgewässer**. Links: Bach im Vallone del Marguareis (Ligurische Alpen, ca. 1850 m). Rechts: Überrieselte Felsen im Hochtal des Rio dell'Alpetto (Monviso-Alpen, ca. 2 100 m). Die Übergänge zu Quellfluren sind hier fließend.

Abbildung 2-18: **Moore.** links: Durchströmungsmoor (Hochwies, Oberes Dießbachtal, Berchtesgadener Alpen, Salzburger Nordalpen, ca. 1850 m). Rechts: Verlandungsmoor mit *Eriophorum scheuchzeri* – Scheuchzers Wollgras an einem See in der Nähe der Fuorcla da Grialetsch (Südliche Rätische Alpen, ca. 2500 m).

Standort

Die Angaben zum Standort führen wichtige Umweltbedingungen der Standorte auf, an denen die Taxa typischerweise vorkommen. Berücksichtigt werden dabei Nährstoffgehalt, pH-Wert bzw. Kalkgehalt und Feuchte des Bodens. Wenn relevant, werden auch Angaben zu Salz- und Schwermetallgehalten der Standorte gemacht.

Um diese Angaben möglichst übersichtlich zu halten, werden nur Besonderheiten (z. B. ›an trockenen Standorten‹) aufgeführt. Kommen die Taxa hingegen auf mittleren Standorten vor oder haben eine breite ökologische Amplitude, wird dies nicht gesondert aufgeführt. Für die Zusammenstellung der Standortangaben wurden neben eigenen Beobachtungen vor allem Angaben aus Aeschimann et al. (2004), Bundesamt für Naturschutz (2003ff), Dengler et al. (2023), Ellenberg et al. (1992), Landolt et al. (2010) und Müller et al. (2021) ausgewertet.

Höhenstufe

Die Angaben zu den Höhenstufen beschreiben den Verbreitungsschwerpunkt der Arten in den Alpen. Die Arten können somit vereinzelt auch außerhalb der aufgeführten Höhenstufen angetroffen werden, z. B. finden sich einige Arten der alpinen Stufe auch in den Schotterfluren der Wildflüsse in tieferen Lagen. Andere Arten werden als Zierpflanzen kultiviert und sind stellenweise auch im Flachland verwildert. Für die Zusammenstellung der Angaben wurden neben eigenen Beobachtungen vor allem Angaben aus Aeschimann et al. (2004), Ellenberg et al. (1992), Fischer et al. (2008), Info Flora (2012ff), Oberdorfer et al. (2001), Müller et al. (2021) sowie Verbreitungsdaten von Bundesamt für Naturschutz (2003ff) und GBIF (2020ff) ausgewertet und den folgenden Höhenstufen zugeordnet:

planar: die Höhenstufe des Flachlandes. Sie reicht bis maximal 300 m und ist in den Alpen allenfalls in Randlagen zu finden und wird in den Artbeschreibungen deshalb nicht dargestellt.

collin: die Höhenstufe des Hügellandes. Sie ist in den Alpen in Tälern von etwa 300 m bis 800 m ausgebildet.

montan: die Höhenstufe des Berglandes, in der natürlicherweise Wälder dominieren. Sie reicht in den Alpen von etwa 700 m bis 1 850 m.

subalpin: die Höhenstufe im Bereich der Waldgrenze, in der oft Zwergsträucher dominieren. Sie ist in den Alpen zwischen etwa 1 500 m und 2 200 m zu finden.

alpin: die Höhenstufe oberhalb der geschlossenen Waldgrenze, in der auf entsprechenden Standorten alpine Rasen mit einer ± geschlossenen Vegetationsdecke zu finden sind. Sie ist in den Alpen oberhalb von 1 800 m bis 2 200 m zu finden und reicht bis in eine Höhe von 2 400 bis 2 900 m.

nival: die Höhenstufe, in der auch auf günstigen Standorten keine geschlossene Vegetationsdecke mehr zu finden ist. Sie beginnt in den Alpen oberhalb von etwa 2 400 m bis 2 900 m.

Abbildung 2-19:
Vorkommen von *Saxifraga stellaris* – Sternblütiger Steinbrech in den Höhenstufen der Alpen.
m: montan; **s**: subalpin; **a**: alpin; **n**: nival; das unterste (hier leere) Quadrat steht für die colline Höhenstufe (**c**).

Das Vorkommen der Arten in den Höhenstufen ist als Grafik dargestellt, wobei die fünf berücksichtigten Höhenstufen als Quadrate dargestellt und mit dem jeweiligen Anfangsbuchstaben bezeichnet sind. Die Hauptvorkommen der Arten sind dunkelgrün und Nebenvorkommen hellgrün dargestellt. Der in Abbildung 2-19 beispielhaft dargestellte *Saxifraga stellaris* – Sternblütiger Steinbrech kommt demnach in den Alpen typischerweise von der montanen bis zur nivalen Stufe vor und hat seinen Verbreitungsschwerpunkt in der subalpinen und alpinen Stufe.

Naturschutz

In Roten Listen wird die Gefährdungssituation von Tier- und Pflanzenarten (sowie von Lebensräumen und Biotopen) aufgrund menschlicher Aktivitäten wie Veränderungen der Landnutzung, Biotopzerstörung oder Klimawandel eingeschätzt. Leider gibt es keine gemeinsame Rote Liste für die Arten der Alpen, sondern nur eine Vielzahl von Roten Listen für einzelne Staaten oder Regionen, die im Rahmen dieses Buches nicht dargestellt werden können.

Genauso ist der gesetzliche Schutz der wildlebenden Tier- und Pflanzenarten sowie ihrer Lebensräume in den einzelnen Staaten unterschiedlich geregelt und kann hier nicht wiedergegeben werden. Im Allgemeinen ist es jedoch verboten, wildlebende Pflanzen ohne vernünftigen Grund von ihrem Standort zu entnehmen, sie zu nutzen oder ihre Lebensstätten ohne vernünftigen Grund zu beeinträchtigen oder zu zerstören. Für eine ganze Reihe von Arten gibt es in den meisten Ländern darüberhinausgehende, oft sehr weitreichende Schutzvorschriften.

Angaben zur Giftigkeit

Sind Sie nicht ganz sicher, dass eine Pflanze ungiftig ist, sollten Sie diese nicht verzehren und im Zweifelsfall auch Berührungen vermeiden. In diesem Buch sind giftige Arten zwar – soweit bekannt – als solche gekennzeichnet (vgl. Frohne & Pfänder 2004, GIZ Bonn 2020ff, Institut für Veterinärpharmakologie und -toxikologie 2020ff), von vielen Arten liegen allerdings kaum belastbare Informationen zu ihrer Giftigkeit vor. Deshalb bedeutet ein fehlender Hinweis auf die Giftigkeit nicht unbedingt, dass die betreffende Art tatsächlich ungiftig ist. Bei manchen Pflanzen sind auch nur Teile giftig, während andere Teile per se oder erst nach Erhitzen ungiftig sind, beispielsweise die Kartoffel. Sollten sie vermuten, giftige Teile einer Pflanze gegessen zu haben, können Sie sich an einen der in den meisten Ländern existierenden Giftnotrufe wenden, wo Ihnen speziell ausgebildete Mediziner:innen weiterhelfen.

Morphologie der Pflanzen

Grundbauplan

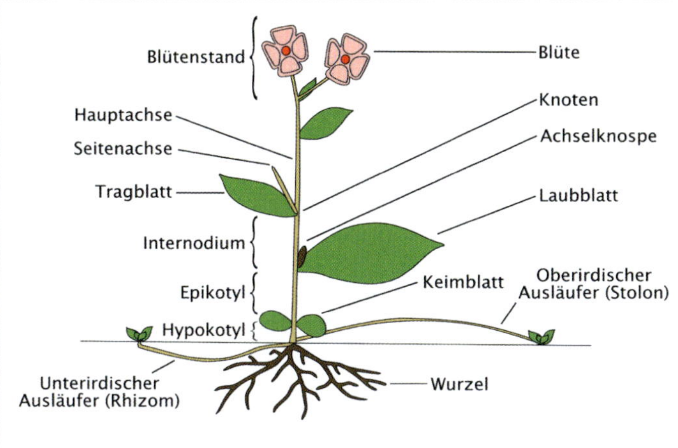

Abbildung 3-1: **Bau der Blütenpflanzen**

Die Gefäßpflanzen (*Tracheophyta*) werden auch als **Kormophyten** bezeichnet, da sie nach einem einheitlichen Grundbauplan, dem **Kormus**, organisiert sind. Der Kormus ist aus den drei Grundorganen **Sprossachse**, **Wurzel** und **Blatt** aufgebaut (Abbildung 3-1).

Im Gegensatz dazu sind die **Thallophyten** (Algen, Moose, aber auch die Gametophyten der Bärlappe und Farnpflanzen) einfacher organisiert und insbesondere nicht in Sprossachse, Blatt und Wurzel gegliedert.

Die Sprossachse der Kormophyten kann sich verzweigen oder aus Wurzeln sprießen. Wurzeln können sowohl an der Sprossachse entspringen (sprossbürtige Wurzeln) als auch als Seitenwurzeln an älteren Wurzeln gebildet werden. Blätter sitzen immer an der Sprossachse, während Wurzeln blattlos sind. Blüten zählen damit nicht zu den drei Grundorganen von Pflanzen i. e. S., sondern sind aus Blättern aufgebaute Kurzsprosse.

Durch Variationen des Grundbauplans können Kormophyten unterschiedlichste Wuchsformen realisieren, die von wenige Millimeter großen Wasserlinsen bis hin zu 100 m hohen Mammutbäumen reichen.

Sprossachse

Die Sprossachse ist eines der drei Grundorgane der Kormophyten. Die **Hauptachse** wird auch als **Stängel**, Schaft oder in verholztem Zustand als **Stamm** bezeichnet. Die **Seitenachsen** werden als Zweige oder Äste bezeichnet. In Bodennähe wachsende Sprossachsen, die überwiegend horizontal wachsen, sind **Ausläufer** (Abbildung 3-1). Wachsen die Ausläufer oberhalb der Erdoberfläche, handelt es sich um Stolone (z. B. bei *Fragaria* – Erdbeere), während unterirdisch wachsende Ausläufer als **Rhizome** bezeichnet werden (z. B. bei *Anemone nemorosa* – Buschwindröschen).

Bei einigen Gehölzarten lassen sich Kurztriebe und Langtriebe unterscheiden (Abbildung 3-2). Als **Kurztrieb** wird dabei der Sprossabschnitt bezeichnet, dessen Längenwachstum im Vergleich zum **Langtrieb** stark reduziert ist (z. B. bei *Ginkgo* oder *Prunus* – Kirsche). Blätter bzw. Blüten stehen an Kurztrieben deshalb dicht gedrängt.

Abbildung 3-2:
Kurz- und Langtriebe

Blätter und Samen stehen bei *Ginkgo* dicht gedrängt an den verdickten Kurztrieben, die dünneren Langtriebe sind weitgehend unbeblättert.

Bei den Samenpflanzen erfolgt die Verzweigung der Sprossachse aus den Achseln von Tragblättern (**axilläre Verzweigung**), sodass **Hauptachse** und **Seitenachse** unterschieden werden können. Wird das Wachstum durch die Hauptachse (bzw. Endknospe) fortgesetzt, spricht man von **monopodialem Wachstum** (z. B. bei *Fagus* – Buche oder *Picea* – Fichte). Setzen die Seitenzweige (bzw. Seitenknospen) das Wachstum fort, handelt es sich um **sympodiales Wachstum** (z. B. bei *Tilia* – Linde).

Wuchsform

Bäume haben eine verholzte, aufrecht wachsende Sprossachse, den **Stamm**, der sich erst im oberen Bereich verzweigt und eine **Krone** ausbildet (z. B. bei *Fagus* – Buche). Im Gegensatz dazu sind **Sträucher** von Grund an verzweigt oder wachsen mit mehreren Stämmen, sodass eine Gliederung in Stamm und Krone nicht erkennbar ist (z. B. bei *Corylus avellana* – Gewöhnliche Hasel). Wenn die Wuchshöhe unter ca. 100 cm bleibt, handelt es sich um **Zwergsträucher**. **Halbsträucher** sind nur an der Basis verholzt. Ihre oberen, endständigen Sprossabschnitte sterben während der ungünstigen Jahreszeit ab und werden in der nächsten Vegetationsperiode neu gebildet (z. B. bei *Vaccinium myrtillus* – Blaubeere). **Krautige Pflanzen** sind oberirdisch nicht verholzt, haben zum Teil aber unterirdische verholzte Organe.

Kletterpflanzen stützen sich mithilfe von speziellen Organen wie Ranken (z. B. bei *Vitis* – Wein), Haftwurzeln (z. B. bei *Hedera* – Efeu), Kletterhaaren (z. B. bei *Humulus lupulus* – Gewöhnlicher Hopfen) oder einer windenden Sprossachse (z. B. bei *Calystegia* – Zaunwinde) an anderen Pflanzen ab, um in die Höhe zu wachsen. Verholzende Kletterpflanzen werden als Lianen bezeichnet (z. B. *Clematis vitalba* – Gewöhnliche Waldrebe).

Horstpflanzen sind durch zahlreiche, aufrecht wachsende Sprossachsen gekennzeichnet, die dicht gedrängt zusammenstehen. Meist handelt es sich dabei um grasartige Pflanzen (z. B. *Festuca ovina* – Schafschwingel oder *Carex paniculata* – Rispen-Segge). **Polsterpflanzen** sind niedrigwüchsige Pflanzen, deren Sprossachsen dicht gedrängt stehen und eine kompakte Einheit bilden, die insbesondere unter extremem Klima Schutz bietet (z. B. *Saxifraga oppositifolia* – Roter Steinbrech). Rasig wachsende Pflanzen (z. B. *Deschampsia flexuosa* – Rasenschmiele) haben eine niederliegende Sprossachse oder Ausläufer.

Von **Rosetten** spricht man, wenn die Laubblätter dicht gedrängt am Grunde der Sprossachse angeordnet sind. Die Blattstellung in der Rosette ist meist wechsel- oder gegenständig, durch das unterdrückte Längenwachstum der Sprossachse stehen die Blätter allerdings häufig scheinbar wirtelig (siehe auch Abbildung 3-4). Bei den **Rosettenpflanzen** i. e. S. ist nur eine grundständige Rosette vorhanden und die Sprossachse ist, bis auf zuweilen vorhandene Hochblätter, blattlos (z. B. bei *Taraxacum* – Löwenzahn). Bei den **Halbrosettenpflanzen** ist eine Rosette vorhanden, zudem aber auch die Sprossachse beblättert (z. B. bei *Verbascum* – Königskerze).

Lebensform

Pflanzen haben eine Reihe von Anpassungen entwickelt, um die ungünstige Jahreszeit, in alpinen Lebensräumen ist das der Winter, zu überdauern (Abbildung 3-3). Nach Raunkiær (1934) unterscheidet man hierbei die folgenden Lebensformen:

Phanerophyten: Die Erneuerungsknospen befinden sich mehr als 25–50 cm über dem Erdboden und damit in der Regel oberhalb einer winterlichen Schneedecke. Es handelt sich um verholzte Pflanzen, also Bäume (z. B. *Fagus sylvatica* – Rotbuche), Sträucher (z. B. *Corylus avellana* – Gewöhnliche Hasel) oder Lianen (z. B. *Hedera helix* – Gewöhnlicher Efeu).

Chamaephyten: Die Erneuerungsknospen befinden sich oberhalb des Erdbodens, aber unterhalb von 25–50 cm und sind damit an entsprechenden Standorten zumindest zeitweise durch eine Schneedecke vor extremen Frost geschützt. Die Pflanzen haben ein zumindest teilweise ausdauerndes Sprosssystem, das entweder komplett verholzt ist (Zwergsträucher: z. B. *Erica* – Heide), nur an der Basis verholzt ist (Halbsträucher: z. B. *Vaccinium myrtillus* – Blaubeere) oder krautig bleibt (krautige Chamaephyten: z. B. *Galeobdolon luteum* – Goldnessel).

Hemikryptophyten: Die Erneuerungsknospen befinden sich am Erdboden und sind in der Regel durch Blatt- und Sprossreste sowie eine Streuschicht geschützt. Es handelt sich um ausdauernde (zwei- bis mehrjährige) krautige Pflanzen, deren oberirdische Sprossabschnitte während der ungünstigen Jahreszeit absterben (z. B. *Alopecurus pratensis* – Wiesen-Fuchsschwanzgras).

Geophyten: Die Erneuerungsknospen befinden sich im Erdboden. Es handelt sich um ausdauernde (zwei- bis mehrjährige) krautige Pflanzen, deren oberirdische Sprossabschnitte während der ungünstigen Jahreszeit absterben (z. B. *Anemone nemorosa* – Buschwindröschen).

Therophyten: Diese Pflanzen überdauern die ungünstige Jahreszeit als Samen, während die Mutterpflanzen komplett absterben. Es handelt sich um kurzlebige bis einjährige, auch überwinternd einjährige Pflanzen (z. B. *Hordeum* – Gerste).

Hydrophyten: Es handelt sich um Wasserpflanzen, die entweder frei im Wasser schwimmen (z. B. *Lemna* – Wasserlinse) oder im Boden verankert sind (z. B. *Nymphaea* – Seerose). Die Überdauerungsknospen befinden sich im oder am Gewässerboden.

Abbildung 3-3: **Lebensformen nach Raunkiær.** Die Erneuerungsknospen sind rot eingezeichnet.

Speicherorgane

Viele mehrjährige Pflanzen bilden spezielle Speicherorgane aus, in die am Ende der Vegetationsperiode Nährstoffe eingelagert werden, sodass diese am Anfang der nächsten Vegetationsperiode schnell mobilisiert werden können. Die Speicherorgane können von allen Grundorganen (Wurzeln, Sprossachsen, Blättern) gebildet werden.

Die **Knollen** von *Orchis* – Knabenkraut und die Speicherwurzeln von *Ficaria* – Scharbockskraut sind umgewandelte Wurzeln, die der Nährstoffspeicherung und vegetativen Vermehrung dienen. Sind sowohl Wurzeln als auch Sprossachse an der Ausbildung der Speicherorgane beteiligt, spricht man von **Rüben**, z. B. bei *Daucus* – Möhre oder *Beta vulgaris* subsp. *vulgaris* – Futterrübe. Ist das Hypokotyl (der Sprossabschnitt zwischen Wurzel und Keimblättern) als Speicherorgan angelegt, spricht man von einer **Hypokotylknolle** (z. B. bei *Beta vulgaris* subsp. *rapaceae* – Rote Beete). **Sprossknollen** findet man bei *Brassica oleracea* var. *gongylodes* – Kohlrabi und als Speicherorgane ausgebildete Ausläufer bei *Iris* – Schwertlilie oder *Solanum tuberosum* – Kartoffel.

Zur Nährstoffspeicherung umgewandelte Blätter findet man in Zwiebeln. Sind die verdickten Blätter an einer verkürzten Sprossachse in konzentrischen Ringen angeordnet, handelt es sich um eine Schalenzwiebel (z. B. bei Allium cepa – Küchenzwiebel), überdecken sie sich dachziegelartig, handelt es sich um eine Schuppenzwiebel (z. B. bei Lilium martagon – Türkenbund).

Schuppen, Haare, Stacheln & Dornen

An Sprossachsen und Blättern, seltener an Wurzeln, findet man häufig Auswüchse der Epidermis. Sind diese flächig ausgebildet, werden sie als **Schuppen** oder **Spreuschuppen** bezeichnet (z. B. an den Rhizomen und Blattstielen von *Dryopteris* – Wurmfarn), während lang gestreckte Auswüchse als **Haare** bezeichnet werden. **Einfache Haare** bestehen aus einer Zelle, die weder geteilt noch untergegliedert ist. Steif von der Spreite abstehende Haare werden als **Borsten** bezeichnet (z. B. an der Sprossachse von *Heracleum sphondylium* – Wiesenbärenklau). Als **Wimpern** bezeichnet man elastische Haare, die mehr oder weniger gerade vom Blattrand abstehen (z. B. bei *Bromus erectus* – Aufrechte Trespe). Krause Haare werden auch **Wollhaare** genannt (z. B. an den Blättern von *Potentilla collina* – Hügel-Fingerkraut). **Gliederhaare** bestehen aus mehreren Zellen (z. B. im Blütenstand von *Medicago arabica* – Arabischer Schneckenklee). **Gabelhaare** sind an der Spitze gabelig geteilt (z. B. bei *Camelina microcarpa* – Kleinfrüchtiger Leindotter). **Sternhaare** sind an ihrem Ende in mehrere Abschnitte aufgespalten (z. B. an den Blättern von *Quercus* – Eiche oder bei *Hippophaë* – Sanddorn).

Drüsenhaare bestehen meist aus einem Stiel und einem sekretgefüllten Köpfchen (z. B. bei Drosera – Sonnentau), seltener handelt es sich um stiellose Drüsenhaare (z. B. bei Primula glutinosa – Klebrige Primel). Brennhaare verursachen durch Freisetzung chemischer Wirkstoffe oder Widerhaken ein Jucken oder Brennen auf der Haut: Sie dienen vor allem dem Schutz vor Pflanzenfressern (z. B. bei Urtica – Brennnessel).

Bei spitzen, harten Auswüchsen handelt es sich um Stacheln oder Dornen. Stacheln werden von der Epidermis und subepidermalen Schichten gebildet (z. B. bei Rosa – Rose), während Dornen komplett umgewandelte Organe oder Organteile sind (z. B. Sprossdornen bei Prunus spinosa – Schlehe oder (Neben-)Blattdornen bei Robinia – Robinie).

Wurzeln

Wurzeln sind nicht beblättert. Sie dienen primär der Aufnahme von Wasser und Nährstoffen sowie der Verankerung der Pflanzen im Boden. Hierzu ist die Wurzeloberfläche oft enorm vergrößert, was zum einen durch zahlreiche **Wurzelhaare**, zum anderen durch die feine Verzweigung der Wurzeln erreicht wird.

Blattstellung und -anordnung

Die Blattstellung beschreibt die Anordnung der Blätter an der Sprossachse (Abbildung 3-4). Bei der **wechselständigen Blattstellung** steht an jedem Knoten nur ein Blatt. Dabei wird unterschieden zwischen der **spiraligen Blattstellung** (z. B. bei *Salix* – Weide), bei der die Blätter in Spiralen an der Sprossachse angeordnet sind, und der **zweizeiligen Blattstellung**, bei der die Blätter in zwei Zeilen am Spross stehen (z. B. bei *Taxus* – Eibe). Bei der **gegenständigen Blattstellung** (dekussierte Blattstellung) stehen sich an jedem Knoten zwei Blätter in einem 180°-Winkel gegenüber, die Blätter an aufeinanderfolgenden Knoten stehen meist in einem 90°-Winkel zueinander (**gekreuzt-gegenständige Blattstellung**, z. B. bei *Lamium* – Taubnessel). Bei der **wirteligen Blattstellung (quirlige Blattstellung)** stehen an jedem Knoten mehr als zwei Blätter (z. B. bei *Galium odoratum* – Waldmeister).

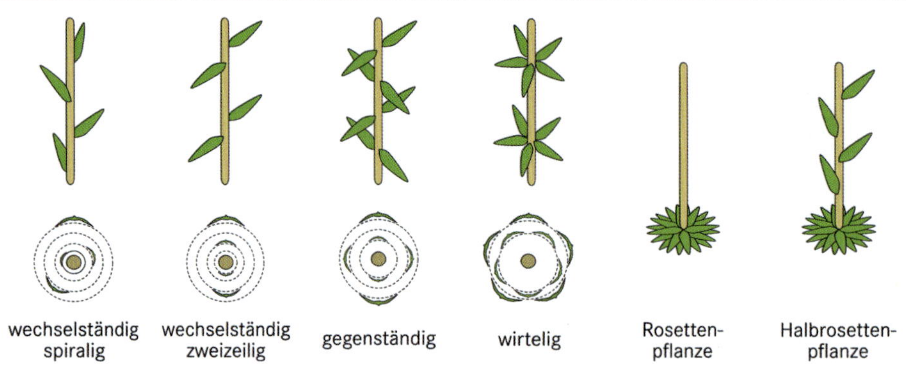

Abbildung 3-4: **Blattstellung**

Die Ansatzstellen der Blätter an der Sprossachse werden als **Knoten (Nodien)** bezeichnet und die dazwischenliegenden Abschnitte als **Internodien** (Abbildung 3-5). Diese Gliederung ist z. B. bei den **Halmen** der *Poaceae* – Süßgräser besonders deutlich ausgebildet: Hier sind die Knoten verdickt und das Internodium hohl.

Blätter

Blätter treten in einer großen morphologischen Vielfalt auf und übernehmen neben ihrer primären Funktion, der Fotosynthese, eine Vielzahl weiterer Aufgaben. Die Blätter werden dabei in einer charakteristischen **Blattfolge** gebildet (Tabelle 3-1, Abbildung 3-5).

Blätter, in deren Achsel ein Seitenspross steht, werden als **Tragblätter** bezeichnet, Tragblätter von Blüten nennt man auch **Deckblätter**.

Vorblätter sind die ersten Blätter an einem Seitenspross, die sich oft durch eine charakteristische Blattstellung auszeichnen. Bei den meisten Einkeimblättrigen findet sich nur ein Vorblatt, das an der dem Hauptspross zugewandten Seite des Seitensprosses steht (**adossiertes Vorblatt**), bei Zweikeimblättrigen finden sich meist zwei Vorblätter, die gegenständig angeordnet sind und seitlich am Seitenspross stehen (**transversale Vorblätter**).

Tabelle 3-1: **Blatttypen der Blattfolge**

Keimling	**Keimblätter**	Keimblätter (Kotyledonen) sind die ersten Blätter einer Pflanze, die bereits im Embryo angelegt werden. Sie sind meist einfacher gebaut als die folgenden Blätter und dienen bei einigen Arten der Nährstoffspeicherung (z. B. als Speicherkotyledonen bei *Vicia faba* - Saubohne). Bei den Einkeimblättrigen ist meist ein Keimblatt entwickelt, bei den Zweikeimblättrigen sind es typischerweise zwei.
	Primärblätter	Als Primärblätter werden die ersten, auf das Keimblatt folgenden, oft einfach gebauten Laubblätter bezeichnet.
vegetative Zone	**Folgeblätter**	Als Folgeblätter (Laubblätter) werden die ›normal‹ entwickelten Laubblätter bezeichnet, die sich nach den Keimblättern und Primärblättern entwickeln und die normalerweise vornehmlich der Fotosynthese dienen.
	Niederblätter	Als Niederblätter werden einfach gebaute, oft schuppenartige Blätter außerhalb des Blütenstandes bezeichnet, z. B. an Ausläufern (z. B. bei *Fragaria* - Erdbeere) oder in Zwiebeln (z. B. bei *Allium* - Lauch)
	Knospenschuppen	Knospenschuppen sind die meist kleinen, schuppenförmigen Blätter, welche Knospen vor Kälte, Trockenheit und mechanischen Belastungen schützen.
Blütenstand	**Hochblätter**	Hochblätter (Brakteen) sind Blätter im Bereich der Blüten oder Blütenstände, die sich in Farbe, Größe oder Morphologie deutlich von den Laubblättern unterscheiden. Hochblätter können klein und einfach gebaut sein (z. B. die Hüllchenblätter bei vielen *Apiaceae* - Doldengewächsen) aber auch groß und auffällig gefärbt (z. B. die weiße Spatha um den Blütenstand von *Arum* - Aronstab).
	Perigonblätter	Wenn innerer und äußerer Kreis der Blütenhüllblätter gleich gestaltet sind oder nur ein Kreis von Blütenhüllblättern vorhanden ist, werden die Blütenhüllblätter als Perigonblätter (Tepalen) bezeichnet (z. B. bei *Lilium* - Lilie).
	Kelchblätter	Als Kelchblätter (Sepalen) werden die äußeren, meist grünen und unauffälligen Blütenhüllblätter bezeichnet, wenn die inneren und äußeren Blütenhüllblätter unterschiedlich gestaltet sind (z. B. bei *Rosa* - Rose).
Blüten	**Kronblätter**	Als Kronblätter (Petalen) werden die inneren, meist auffällig gefärbten Blütenhüllblätter bezeichnet, wenn die inneren und äußeren Blütenhüllblätter unterschiedlich gestaltet sind (z. B. bei *Rosa* - Rose).
	Staubblätter	Ein Staubblatt (Stamen) ist ein hochspezialisiertes Blatt innerhalb der Blüte von Samenpflanzen, in welchem sich die Pollen entwickeln. Es ist typischerweise in Staubfaden (Filament) und Staubbeutel (Anthere) gegliedert.
	Fruchtblätter	Das Fruchtblatt (Karpell) ist ein schlauchförmig verwachsenes Blatt innerhalb der Blüte von Bedecktsamern, in dessen Inneren die Samenanlagen entstehen. Bei den Nacktsamern fehlen Fruchtblätter, die Samen werden auf der Oberfläche von Samenschuppen gebildet.

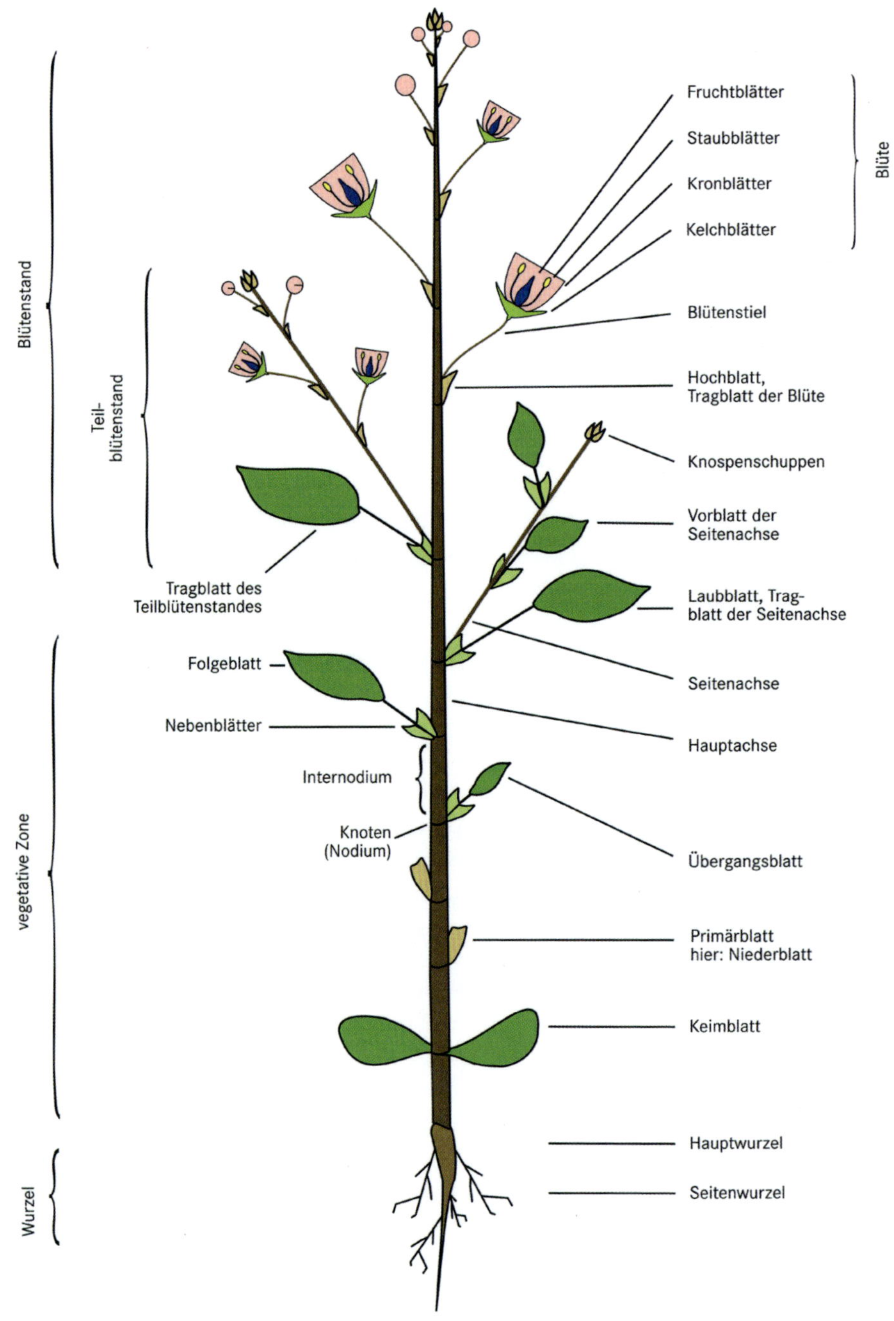

Abbildung 3-5: **Stellung von Blättern und Sprossachsen (Blattfolge)**

Morphologie der Blätter

Bei vielen Blättern lassen sich zwei Abschnitte unterscheiden, die als Unterblatt und Oberblatt bezeichnet werden (Tabelle 3-2, Abbildung 3-6). Das **Oberblatt** umfasst den **Blattstiel** (der bei vielen Arten fehlt) sowie die **Blattspreite**. Das **Unterblatt** umfasst den **Blattgrund**, der als die Sprossachse umfassende **Blattscheide** ausgebildet sein kann und die nur bei manchen Artengruppen vorhandenen **Nebenblätter** (**Stipeln**).

Tabelle 3-2: **Grundbauplan von Blättern**

Oberblatt	**Blattspreite**	Als Spreite bezeichnet man den flächig ausgebildeten Abschnitt von Laubblättern, welcher vor allem der Fotosynthese dient.
	Blattstiel	Der Blattstiel befindet sich zwischen Sprossachse bzw. Blattgrund und Spreite und ist meist schmal-lineal und deutlich von der Spreite abgesetzt (z. B. bei *Acer* – Ahorn). Bei anderen Arten geht der Blattstiel allmählich in die Spreite über (z. B. bei *Taraxacum* – Löwenzahn) oder fehlt komplett (z. B. bei den *Poaceae* – Süßgräsern).
Unterblatt	**Blattgrund**	Als Blattgrund wird der basale Abschnitt von Blättern bezeichnet, der den Übergang zur Sprossachse bildet (vgl. Abbildung 3-7). Der Blattgrund kann an der Sprossachse **herablaufen** (z. B. bei *Echium* – Natternkopf und anderen *Boraginaceae* – Raublattgewächsen) oder mit dem gegenüberliegenden Blatt **verwachsen** sein (z. B. bei *Lonicera caprifolium* – Echtes Geißblatt). Ist der Blattgrund mit der Sprossachse verwachsen und umgibt sie allseitig, spricht man von **durchwachsenen Blättern** (z. B. bei *Bupleurum rotundifolium* – Rundblättriges Hasenohr). Umgibt der Blattgrund zumindest teilweise die Sprossachse, ist aber nicht mit dieser verwachsen, handelt es sich um **Öhrchen** (z. B. bei *Triticum* – Weizen).
	Blattscheide	Eine Blattscheide umgibt die Sprossachse als häutige Scheide. Sie ist nur bei manchen Artengruppen ausgebildet, so z. B. den *Poaceae* – Süßgräsern.
	Ligula	Bei den meisten *Poaceae* – Süßgräsern findet sich am Übergang zwischen Blattscheide und Spreite ein **Blatthäutchen**, das als Ligula bezeichnet wird.
	Nebenblätter	Nebenblätter sind (meist) blattartige Auswüchse am Übergang zur Sprossachse. Sie werden nur bei einigen Artengruppen ausgebildet (z. B. bei *Salix* – Weide oder vielen *Fabaceae* – Schmetterlingsblütlern). Zuweilen sind die Nebenblätter auch zu Dornen umgewandelt (z. B. bei *Robinia* – Robinie).

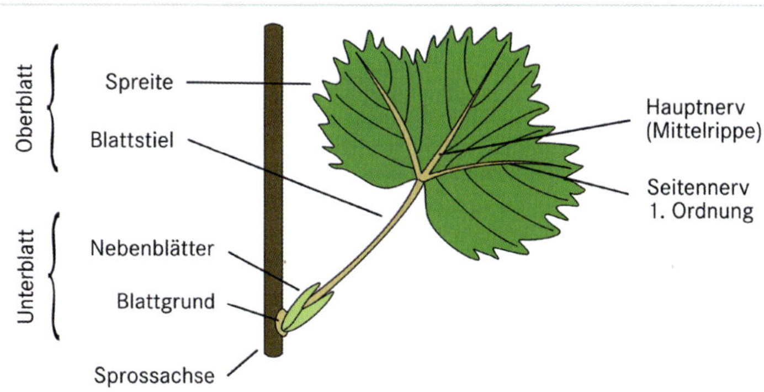

Abbildung 3-6: **Grundbauplan von Blättern**

Abbildung 3-7: **Blattgrund**

Spreite

Abbildung 3-8 und Tabelle 3-3 geben eine Übersicht der wichtigsten Begriffe, die in den Artbeschreibungen verwendet werden, um die Blätter zu beschreiben.

Bei **ungeteilten (einfachen) Blättern** besteht die Spreite aus einem zusammenhängenden flächigen Abschnitt (z. B. bei *Tulipa* – Tulpe), der bei manchen Arten gelappt ist (z. B. bei *Quercus* – Eiche). Bei **geteilten** bzw. **zusammengesetzten** Blättern besteht sie aus mehreren flächigen Abschnitten (**Fiederblättchen**), welche durch die stielartige **Blattspindel** (**Rhachis**) miteinander verbunden sind (z. B. bei *Rosa* – Rose). **Fiederspaltige** (**fiederteilige**) Blätter bilden eine Übergangsform zwischen ungeteilten und geteilten Blättern.

Eine Übersicht der wichtigsten Begriffe zur Beschreibung der Form der Spreite gibt Abbildung 3-9. Die wichtigsten Merkmale des Querschnittes der Spreite werden in Abbildung 3-10 dargestellt.

Abbildung 3-8: **Blattmorphologie**

Tabelle 3-3: **Blattmorphologie**

ungeteilt (einfach)	**ganzrandig**	Bei einem ganzrandigen Blatt ist der Rand glatt, es fehlen Zähne oder tiefere Einschnitte (z. B. bei *Fagus* - Buche).
	gezähnt	Ein gezähnter Blattrand hat Einschnitte, die nicht tiefer als ca. 25 % der Breite der Spreite reichen. Es wird unterschieden zwischen **gekerbtem Blattrand** (mit stumpfen bzw. abgerundeten Zähnen, z. B. bei *Glechoma hederacea* - Efeu-Gunderman) und **gesägtem Blattrand** (mit spitzen Zähnen, z. B. bei *Carpinus* - Hainbuche). Bei unterschiedlich großen Zähnen spricht man von einem **doppelt gezähnten Blattrand** (z. B. bei *Corylus avellana* - Gewöhnliche Hasel).
	gelappt	Eine gelappte Spreite ist durch Buchten oder Einschnitte gegliedert. Die Spreite bildet dabei eine zusammenhängende Einheit und ist *nicht* in separate Fiederblättchen unterteilt (z. B. bei *Quercus robur* - Stiel-Eiche). Im Unterschied zu Blättern mit gezähntem Rand sind die Einschnitte tiefer und erreichen mindestens ca. 25 % der Spreitenbreite. Eine **handförmig (fingerförmig) gelappte Spreite** ist durch Buchten gegliedert, die wie die Finger einer Hand von einem Punkt ausgehen. Die Spreite bildet eine zusammenhängende Einheit und ist *nicht* in separate Fiederblättchen aufgeteilt (z. B. bei *Acer campestre* - Feldahorn).
fiederspaltig - fiederteilig		Als fiederspaltig oder fiederteilig werden Blätter bezeichnet, deren Einschnitte (fast) bis zur Blattmitte reichen, die aber keine deutliche Gliederung in Fiederblättchen erkennen lassen. Die Rhachis unterscheidet sich nicht (kaum) von der Spreite (z. B. bei *Artemisia campestris* - Feld-Beifuß). Die Übergänge zu gelappten und gefiederten Blättern sind fließend.
geteilt (zusammengesetzt)	**gefiedert**	Eine gefiederte Spreite ist in separate Fiederblättchen aufgeteilt, die an einer länglich entwickelten Rhachis stehen. Bei einer **unpaarig gefiederten Spreite** ist die Endfieder vorhanden (z. B. bei *Fraxinus* - Esche), während bei einer **paarig gefiederten Spreite** die Endfieder fehlt oder zu Ranken oder Dornen umgewandelt ist (z. B. bei *Vicia* - Wicke).
	unterbrochen gefiedert	Bei einer unterbrochen gefiederten Spreite sind große und kleine Fiederblättchen abwechselnd an der Rhachis angeordnet (z. B. bei *Filipendula* - Mädesüß oder *Agrimonia* - Odermennig).
	gefingert	Bei fingerförmig (handförmig) geteilten (gefingerten) Spreiten gehen die Fiederblättchen wie die Finger einer Hand strahlig von einem Punkt aus (z. B. bei *Aesculus* - Rosskastanie).
	mehrfach gegliedert	Bei mehrfach gefiederten Spreiten sind die Fiederblättchen erster Ordnung mindestens ein weiteres Mal gefiedert. Z. B. hat *Chaerophyllum temulum* - Hecken-Kälberkropf 2-3-fach gefiederte Blätter.

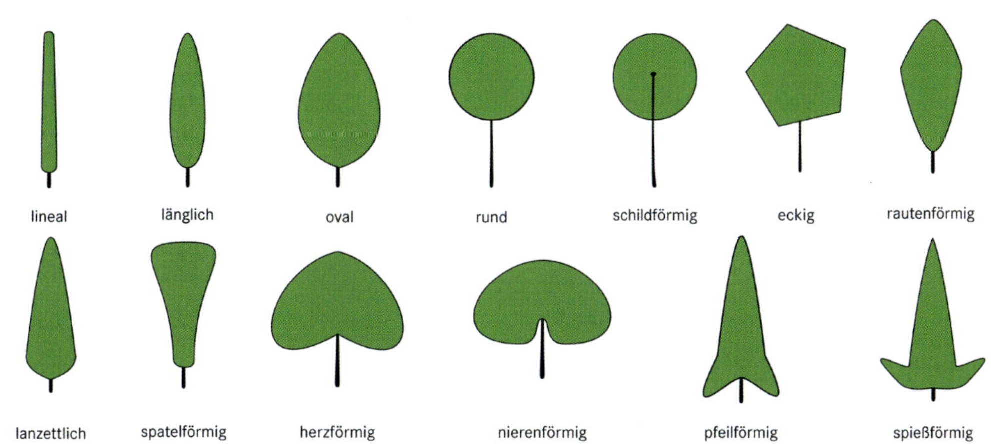

Abbildung 3-9: **Blattformen**

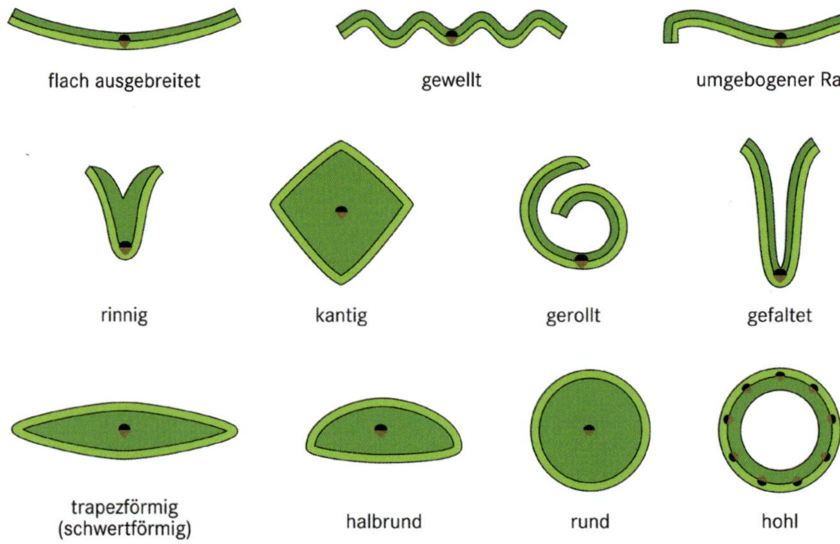

Abbildung 3-10: **Blattquerschnitte.** Die Unter- bzw. Außenseite der Blätter ist hellgrün und die Mittelrippe bzw. der Hauptnerv als schwarz-brauner Kreis dargestellt

Nervatur

Als Nervatur wird die Gesamtheit der **Nerven** (**Adern**) eines Blattes bezeichnet (Abbildung 3-11). In den Nerven verlaufen die **Leitbündel**. Man unterscheidet Blätter mit Fiedernervatur (bei den meisten Zweikeimblättrigen), Parallelnervatur (bei den meisten Einkeimblättrigen) und dichotomer Nervatur (bei vielen Farnen und Nacktsamern).

Bei der **Parallelnervatur** sind die Nerven des Blattes zueinander parallel ausgerichtet und haben keine (sichtbaren) Verzweigungen oder Querverbindungen. Bei der **Fiedernervatur** sind die Nerven des Blattes ein- bis mehrfach verzweigt (bei vielen Zweikeimblättrigen, z. B. *Quercus* – Eiche). Wenn betont werden soll, dass deutliche Querverbindungen zwischen den Nerven erkennbar sind, verwendet man den Begriff **Netznervatur**. Der mittlere Blattnerv ist in der Regel größer als die übrigen, weist Festigungsgewebe auf und wird als **Mittelrippe** bezeichnet.

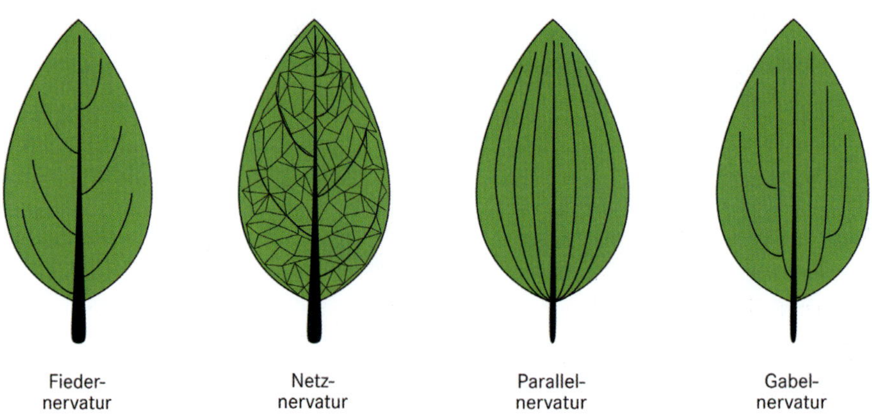

Abbildung 3-11: **Blattnervatur**

Blüten

Farben

Viele Pflanzenarten haben eine charakteristische Blütenfarbe, die das Erkennen der Art erleichtert. Das Verwenden der Blütenfarbe als sicheres Bestimmungsmerkmal ist allerdings problematisch, weil die Farbe je nach Lichtverhältnissen unterschiedlich wirken kann und die Benennung feiner Farbunterschiede, im Gegensatz zu den vielen anderen Bestimmungsmerkmalen, kaum standardisierbar ist. Beispielsweise sind die Grenzen zwischen dunkelgelb, goldgelb, dottergelb, kräftig gelb, grünlich-gelb, beige, gelb, hellgelb, weißlich-gelblich (alles Begriffe, die in Bestimmungsbüchern verwendet werden, um Gelbtöne zu beschreiben) fließend und werden von Betrachter:innen unterschiedlich aufgefasst.

Die Blütenfarben werden in diesem Buch deshalb mit möglichst wenigen Farbnamen beschrieben. So werden mit ›gelblich‹ beispielsweise alle Farbtöne zusammengefasst, die eine gelbe Farbkomponente enthalten. Nur wenn es für die Unterscheidung nahe verwandter Taxa notwendig ist, werden auch genauere Bezeichnungen verwendet z. B. um den Unterschied zwischen dunkelgelb und hellgelb anzusprechen. Im Einzelnen werden die folgenden Begriffe für Farben verwendet, die sich in der Regel auf die Farbe der Kron- bzw. Perigonblätter beziehen:

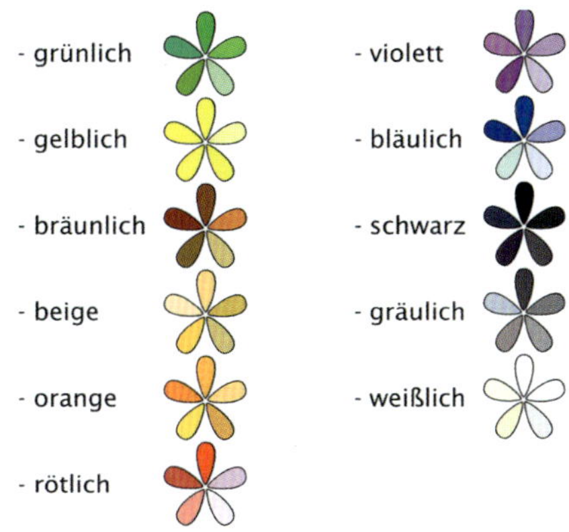

Morphologie der Blüten

Die Blüten der Samenpflanzen sind Kurzsprosse, also Sprossachsen mit reduziertem Längenwachstum, die der sexuellen Reproduktion und Vermehrung dienen. Sie bestehen typischerweise aus einer sterilen **Blütenhülle** sowie **Staubblättern** und **Fruchtblättern**.

Die Blütenblätter sind dabei immer in der gleichen Reihenfolge an der **Blütenachse** angeordnet (Abbildung 3-12): an der Basis (außen) stehen zunächst die Kelchblätter, gefolgt von den Kronblättern und den Staubblättern, während die Fruchtblätter im Zentrum der Blüte (distal) stehen. In reduzierten bzw. eingeschlechtigen Blüten fehlen einzelne oder mehrere der Organkreise.

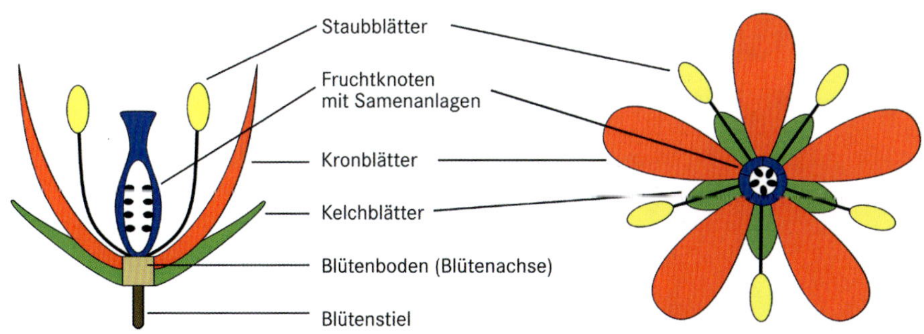

Abbildung 3-12: **Bauplan von Blüten** in Längsschnitt (links) und Aufsicht (rechts)

Die Blütenblätter stehen bei den meisten Pflanzenarten **wirtelig** an der Blütenachse, insbesondere bei ursprünglichen Gruppen können aber auch alle (z. B. bei *Magnolia* – Magnolie) oder einige Blütenblätter (z. B. die Fruchtblätter bei *Sagittaria* – Pfeilkraut) **spiralig** angeordnet sein.

Der **Blütenboden** (auch **Blütenachse**) ist meist kurz und tritt kaum in Erscheinung. Bei einigen Arten ist er aber krug- bis becherförmig ausgebildet und wird dann als **Blütenbecher**, **Achsenbecher** oder **Hypanthium** bezeichnet (z. B. bei *Prunus* – Kirsche oder *Rosa* – Rose; siehe auch Abbildung 3-18). Bei anderen Arten ist er verlängert (z. B. bei *Myosurus* – Mäuseschwänzchen) oder kegelförmig und fleischig (z. B. bei *Fragaria* – Erdbeere).

Durch **radiärsymmetrische Blüten** (Abbildung 3-13) lassen sich mehr als zwei Symmetrieebenen legen (z. B. bei *Lilium* – Lilie), **disymmetrische Blüten** haben zwei senkrecht zueinanderstehende Symmetrieebenen (z. B. bei *Erysimum* – Schöterich und anderen *Brassicaceae* – Kreuzblütlern). **Zygomorphe Blüten** weisen genau eine Symmetrieebene auf (z. B. bei *Lamium* – Taubnessel). **Drehsymmetrische** Blüten haben asymmetrische Blütenblätter, sodass sie sich nur durch Drehen zur Deckung bringen lassen (z. B. *Vinca* – Immergrün).

Asymmetrische Blüten, die keine Symmetrie aufweisen, sind relativ selten (z. B. bei Valeriana officinalis – Arznei-Baldrian, aufgrund eines seitlichen, sackartigen Sporns).

Blütenhülle

Die Blütenhülle (Perianth) wird von den **Blütenhüllblättern** gebildet; das sind die sterilen, äußeren Blütenblätter (Abbildung 3-12, Abbildung 3-15).

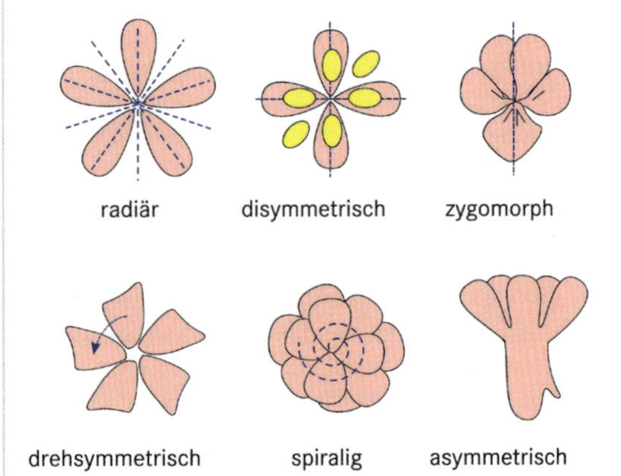

Abbildung 3-13: **Symmetrie von Blüten**

Wenn die Blütenhülle aus sich farblich oder morphologisch unterscheidenden **Kelchblättern** (meist grünlich) *und* **Kronblättern** (meist auffallend gefärbt) aufgebaut ist, spricht man von einem **heterochlamydeischen Perianth** (z. B. bei *Rosa* – Rose). Um ein **Perigon** handelt es sich hingegen, wenn Kelch- und Kronblätter ± gleichartig gestaltet sind (**homochlamydeisches Perianth**, z. B. bei *Tulipa* – Tulpe) oder wenn nur ein Kreis von Blütenhüllblättern vorhanden ist (haplochlamydeisches bzw. einfaches Perianth, z. B. bei *Scleranthus* – Knäuel). Die **Perigonblätter** (**Tepalen**) sind dann entweder alle kronblattartig gefärbt oder kelchblattartig.

Insbesondere bei windbestäubten Arten kann die Blütenhülle komplett fehlen (z. B. bei *Populus* – Pappel) oder zu kleinen Schuppen oder Spelzen reduziert sein (z. B. bei *Quercus* – Eiche oder den *Poaceae* – Süßgräsern). Zuweilen sind auch kronblattartige, sterile Staubblätter (Staminodien oder Nektarblätter am Aufbau der Blütenhülle beteiligt (z. B. bei einigen *Ranunculaceae* – Hahnenfußgewächsen).

Um die große Vielfalt an Formen und Spezialisierungen im Bereich der Blütenhülle zu beschreiben, existiert eine Vielzahl von Fachbegriffen (vgl. Abbildung 3-14):

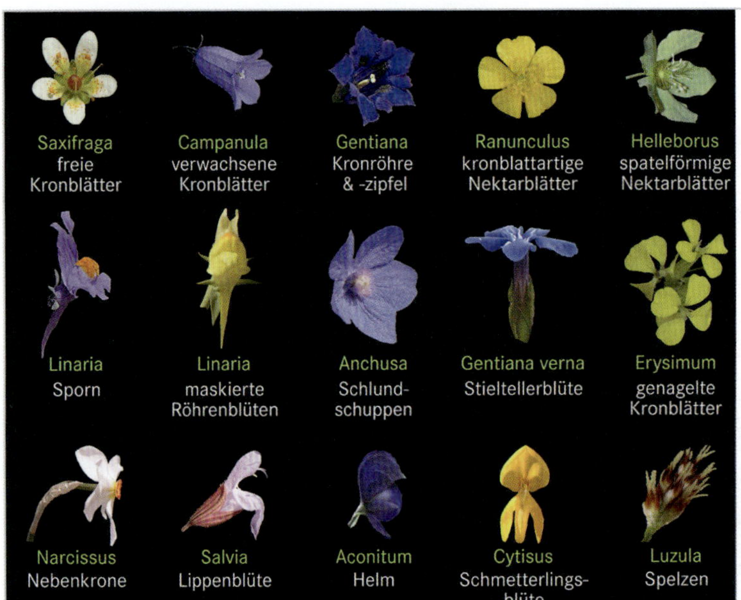

Abbildung 3-14: **Blütenmorphologie.** Erläuterungen im Text

Abbildung 3-15: **Blütenhülle.** Symbole und Farben wie in Abbildung 3-12.

Die Blütenhüllblätter können **frei**, das heißt *nicht* miteinander verwachsen (z. B. bei *Saxifraga* – Steinbrech) oder miteinander verwachsen (z. B. bei *Campanula* – Glockenblume) sein. Oft umfasst die Verwachsung dabei nur einen Teil der Blütenhüllblätter, sodass basal eine **Röhre** und distal freie **Zipfel** entstehen (z. B. bei *Gentiana* – Enzian).

Blütenblätter, die Nektar produzieren, werden als **Nektarblätter** (**Honigblätter**) bezeichnet. Sie können von verschiedenen Blütenorganen gebildet werden und unterschiedlich aussehen: so sind die Nektarblätter z. B. bei *Ranunculus* – Hahnenfuß flach und kronblattartig, während sie bei *Helleborus* – Nieswurz schüsselförmig vertieft und spatelförmig sind. Als **Sporn** bezeichnet man eine fadenförmige bis sackartige Ausstülpung an der Basis von Blütenblättern, an deren Grund meist Nektardrüsen sitzen (z. B. bei *Linaria* – Leinkraut).

Den Übergangsbereich zwischen **Kronröhre** und **Kronzipfeln** bezeichnet man als **Schlund**. Bei einer **maskierten Röhrenblüte** ist der Schlund durch Auswüchse der Kronblätter verschlossen, sodass der Nektar nicht direkt zugänglich ist (z. B. bei *Linaria* – Leinkraut). Als **Gaumen** wird eine Aufwölbung der Unterlippe bezeichnet, die den Schlund komplett (z. B. bei *Linaria vulgaris* – Gewöhnliches Leinkraut) oder teilweise (z. B. bei *Chaenorhinum minus* – Kleines Leinkraut) verschließt. Schuppenartige Strukturen, Haare, Falten oder Auswüchse am Übergangsbereich zwischen Kronröhre und Kronzipfeln werden als **Schlundschuppen** bezeichnet (z. B. bei *Anchusa* – Ochsenzunge).

Wenn die Zipfel ± in einem 90°-Winkel von der Kronröhre abstehen, sodass eine ebene ›Landefläche‹ für bestäubende Insekten entsteht, spricht man von **Stieltellerblüten** (z. B. bei *Gentiana verna* – Frühlings-Enzian).

Als **genagelt** bezeichnet man Blütenhüllblätter, deren basales Ende, der **Nagel**, schmal und lang gezogen ist und dadurch stielartig wirkt, während das distale Ende, die **Platte**, breit und flächig ausgebildet ist (z. B. bei *Erysimum* – Schöterich).

Als **Nebenkrone** werden Auswüchse der Oberseite der Kronblätter bezeichnet. Man findet sie am Übergang zwischen Nagel und Platte (z. B. bei *Narcissus* – Narzisse).

Bei vielen zygomorphen Blüten bilden die Kron- bzw. Perigonblätter eine **Lippenblüte**. Dabei sind die oberen Blütenhüllblätter zur **Oberlippe** und die unteren zur **Unterlippe** verwachsen (z. B. bei *Salvia* – Taubnessel). Als **Helm** bezeichnet man eine deutlich gewölbte Oberlippe, die über den anderen Blütenorganen steht (z. B. bei *Aconitum* – Eisenhut).

Eine **Schmetterlingsblüte** ist eine zygomorphe Blüte, bei der die seitlichen Kronblätter (**Flügel**) seitlich von den beiden unteren (**Schiffchen**) und dem oberen (**Fahne**) abstehen (z. B. bei *Cytisus scoparius* – Besenginster).

Spelzen sind kleine, trockene, pergamentartige Blätter im Bereich der Blüten (z. B. die Perigonblätter bei Luzula – Hainsimse) oder des Blütenstandes (z. B. die Hüllspelzen an der Basis der Ährchen der *Poaceae* – Süßgräser).

Staubblätter

Das **Staubblatt** (**Stamen**) ist ein von einem Blatt abzuleitendes Organ innerhalb der Blüte, in welchem sich die Pollen entwickeln (Abbildung 3-16). Ein Staubblatt ist typischerweise in **Staubfaden** (**Filament**) und **Staubbeutel** (**Antheren**) gegliedert. Die Staubbeutel bestehen aus zwei **Theken**, welche durch ein steriles Mittelstück (**Konnektiv**) miteinander verbunden sind. Jede Theka besteht wiederum aus **2 Pollensäcken**.

Staminodien sind sterile Staubblätter, in denen sich kein Pollen entwickelt. Die Staubbeutel können dabei verkümmert sein oder komplett fehlen (z. B. bei *Parnassia palustris* – Sumpf-Herzblatt). Staminodien, die Nektar produzieren, werden auch als **Nektarblätter** bezeichnet.

Die Gesamtheit der Staubblätter einer Blüte wird als **Androeceum** bezeichnet. Bei den meisten Pflanzenarten sind die Staubblätter frei (d. h. nicht miteinander verwachsen), sie können aber auch miteinander oder mit anderen Blütenorganen verwachsen sein. Bei *Malva* – Malve

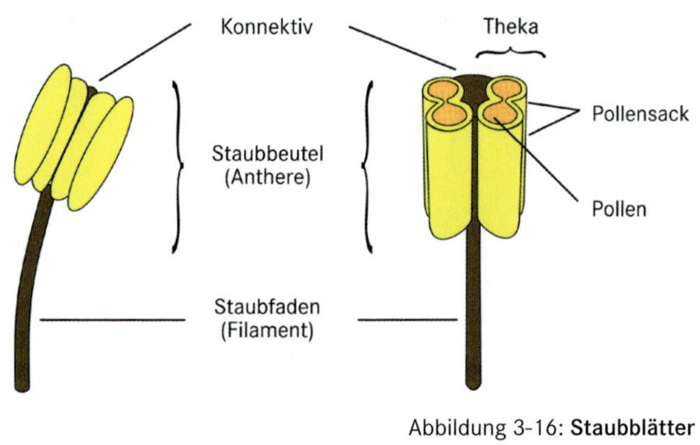

Abbildung 3-16: **Staubblätter**

sind z. B. die Staubfäden miteinander verwachsen, während bei den *Asteraceae* – Korbblütengewächsen die Staubbeutel zu einer Röhre verkleben. Die Staubfäden können auch mit den Kronblättern verwachsen (z. B. bei *Gentiana* – Enzian).

Bei den *Orchidaceae* – Orchideengewächsen verwachsen Staubblätter und Fruchtblätter zu einem säulenartigen Gebilde, dem Gymnostemium. Der Pollen verklebt hier zu einem Pollinium genannten Paket, welches meist zusammen mit Stiel und einem Klebkörper von Insekten ausgebreitet wird.

Fruchtblätter

Das **Fruchtblatt (Karpell, Carpell)** ist ein schlauchförmig verwachsenes, von einem Blatt abzuleitendes Organ innerhalb der Blüte von Bedecktsamern, in dessen Inneren die **Samenanlagen** entstehen. Ein Fruchtblatt oder mehrere miteinander verwachsene Fruchtblätter bilden den **Stempel (Pistill)**, der meist in Fruchtknoten, Griffel und Narbe differenziert ist (Abbildung 3-17).

Der **Fruchtknoten** ist der basale, bauchige Abschnitt, in dem sich die Plazenta mit den Samenanlagen befindet. Als **Griffel** wird ein verlängerter Abschnitt zwischen Fruchtknoten und Narbe bezeichnet (z. B. bei *Crocus* – Krokus), der aber auch fehlen oder sehr kurz und unscheinbar sein kann (z. B. bei *Tulipa* – Tulpe). Die **Narbe** ist der (fast immer) distale Abschnitt des Stempels, welcher der Aufnahme der Pollen dient. Narbe oder Griffel sind häufig in mehrere Äste geteilt, die in der Regel der Anzahl der beteiligten Fruchtblätter entsprechen (z. B. bei *Tulipa* – Tulpe).

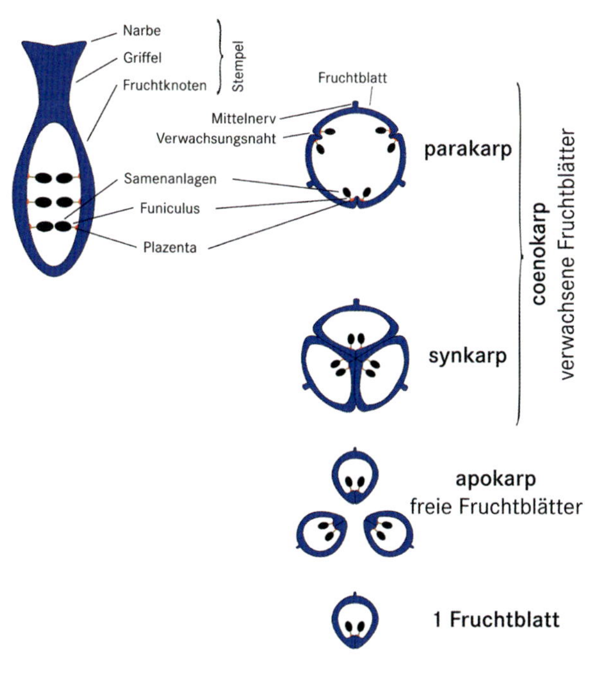

Abbildung 3-17:
Fruchtknoten. Längsschnitt (links), Querschnitte (rechts)

Die Gesamtheit der Fruchtblätter einer Blüte wird als **Gynoeceum** bezeichnet. Blüten können nur ein Fruchtblatt enthalten (z. B. bei den *Fabaceae* – Schmetterlingsblütlern oder bei *Consolida* – Rittersporn), bei den meisten Arten sind aber mehrere Fruchtblätter in einer Blüte zu finden (Abbildung 3-17). Die Fruchtblätter können frei, das heißt nicht miteinander verwachsen sein (**apokarpes** bzw. **chorikarpes Gynoeceum**, z. B. bei *Geum* – Nelkenwurz) oder sie sind miteinander verwachsen und bilden ein **mehrblättriges (coenokarpes) Gynoeceum** aus. Dieses kann **einfächrig (parakarp)** (z. B. bei *Viola* – Veilchen) oder **mehrfächrig (synkarp)** (z. B. bei *Allium* – Lauch) sein. Sind mehrere Fächer vorhanden, entspricht die Anzahl der Fächer meist der Anzahl der beteiligten Fruchtblätter. Bei einigen Artengruppen werden in die Fruchtknoten während der Fruchtreife allerdings **falsche Scheidewände** eingezogen (z. B. bei den *Lamiaceae* – Lippenblütengewächsen). In diesen Fällen ist die Anzahl der Fruchtfächer doppelt so hoch wie die Anzahl der Fruchtblätter.

Bei einem **oberständigen Fruchtknoten** (Abbildung 3-18) liegt die Basis des Fruchtknotens oberhalb der Ansatzstelle der Blütenhüllblätter (z. B. bei *Lilium* – Lilie). Bei einem **unterständigen Fruchtknoten** liegt die Ansatzstelle der Blütenhüllblätter oberhalb des Fruchtknotens (z. B. bei *Galanthus* – Schneeglöckchen). Bei einem mittelständigen Fruchtknoten ist der Fruchtknoten teilweise in den Blütenboden eingesenkt (z. B. bei *Saxifraga bryoides* – Moos-Steinbrech). Zuweilen werden auch Fruchtknoten, die von einer krugförmigen Blütenachse umgeben sind, als mittelständig bezeichnet (z. B. bei *Prunus* – Kirsche). Ist der Blütenboden röhrenförmig verlängert und ragt deutlich über den Fruchtknoten hinaus, spricht man von einem **Hypanthium** (z. B. bei *Epilobium* – Weidenröschen).

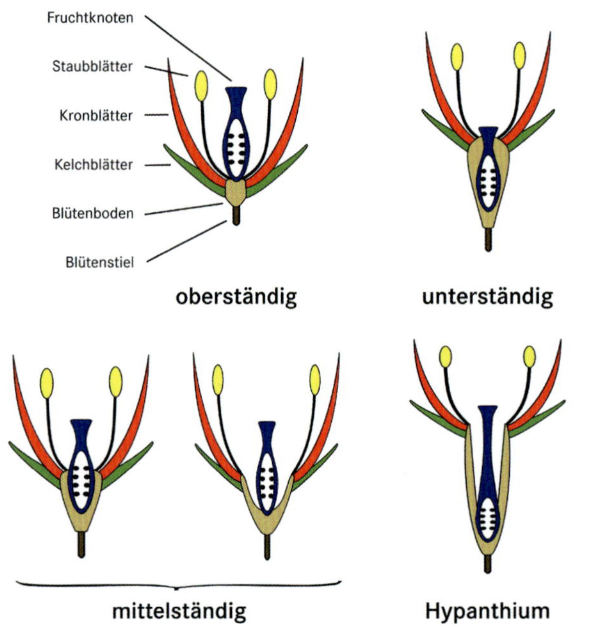

Abbildung 3-18:
Stellung des Fruchtknotens

Blütenformeln

Die für die Bestimmung wichtigsten Merkmale der Blüte werden bei den Bedecktsamern in einer Blütenformel zusammengefasst. Beispielsweise lautet die Blütenformel eines typischen Lippenblütlers:

↓ K(5) [C(5) A4] G($\underline{2}$)

Dabei wird als erstes die Symmetrie der Blüten angegeben, die bei stark reduzierten Blüten häufig weggelassen wird:

∗: radiärsymmetrische Blüte, mit mehr als 2 Symmetrieachsen
+: disymmetrische Blüte, mit 2 Symmetrieachsen
↓: zygomorphe Blüte, mit 1 Symmetrieachse
@: Blüte mit spiraliger Anordnung der Organe
ϟ: asymmetrische Blüten

Anschließend werden die Organkreise der Blüte von außen nach innen mit einem Großbuchstaben aufgeführt.

K: Kelch
C: Krone (Corolla)
P: Perigon (Blütenhülle nicht in Kelch und Krone gegliedert)
A: Androeceum (Gesamtheit der Staubblätter)
G: Gynoeceum (Gesamtheit der Fruchtblätter)

Hinter dem Buchstaben jedes Organkreises steht eine Zahl, die angibt, aus wie vielen Blättern der jeweilige Organkreis gebildet wird. K5 bedeutet also, dass der Kelch von 5 Blättern gebildet wird. Bei mehr als 10 Blättern pro Organkreis wird das Symbol ∞ verwendet. Ist die Anzahl der Blätter nicht fixiert, wird eine Spanne angegeben, z. B. P7–9. Fehlt ein Organkreis komplett oder sind die Organe sehr stark abgewandelt (z. B. die zu einem Pappus umgewandelten Kelchblätter bei vielen *Asteraceae* – Korbblütlern wird der betreffende Buchstabe in der Blütenformel zuweilen weggelassen.

Verwachsungen werden mit Klammern angezeigt. Sind die Organe eines Blütenkreises untereinander verwachsen, wird die betreffende Zahl mit runden Klammern umgeben. Bei G(5) handelt es sich also um einen verwachsenen Fruchtknoten, der von 5 Fruchtblättern gebildet wird. Sind mehrere Organkreise miteinander verwachsen, wird dies durch eckige Klammern angezeigt. Bei [P(4) A4] sind die 4 Perigonblätter untereinander und zusätzlich mit den 4 untereinander freien Staubblättern verwachsen.

Bei den Kronblättern kann man die Verwachsung meist leicht erkennen, indem man an einem einzelnen Kronblatt zieht: löst sich dieses dabei einzeln (und unbeschädigt) vom Blütenboden, sind die Kronblätter frei. Lösen sich hingegen alle Kronblätter gemeinsam vom Blütenboden, sind sie miteinander verwachsen. Bei den Kelchblättern ist diese Unterscheidung nicht immer eindeutig zu treffen, da sie basal oft fast übergangslos in die Blütenachse übergehen.

Für den Fruchtknoten wird zusätzlich die Stellung durch Unter- bzw. Überstreichungen angegeben, z. B.

$G\overline{6}$: unterständiger Fruchtknoten aus 6 freien Fruchtblättern
$G(\underline{2})$: oberständiger Fruchtknoten aus 2 verwachsenen Fruchtblättern
$G(\overline{\underline{5}})$: mittelständiger Fruchtknoten aus 5 verwachsenen Fruchtblättern

Bei eingeschlechtigen Blüten wird die Blütenformel getrennt für die männlichen (♂) und weiblichen (♀) Blüten angegeben. Beispielsweise hat Corylus avellana – Hasel die Blütenformel:

♂ A4 | ♀ P(2–4) $G(\underline{2})$

Blütenstände

Wenn die Tragblätter der Blüten laubblattartig entwickelt sind, stehen die Blüten einzeln in der Achsel von Laubblättern. Die Pflanze kann dabei durchaus mehrblütig sein.

Besitzt eine Pflanze mehrere Blüten *und* sind ihre Tragblätter nicht laubblattartig ausgebildet, spricht man von Blütenständen. Zur Charakterisierung und Typisierung der Blütenstände wird vor allem der Verzweigungstyp der Sprossachse im Bereich des Blütenstandes herangezogen, es werden aber auch die Längen von Haupt- und Seitenachsen bzw. Blütenstielen berücksichtigt (Abbildung 3-19, Tabelle 3-4). Im Rahmen der Artbeschreibungen wird in diesem Buch außerdem der Begriff ›Knäuel‹ für dicht stehende, meist blattachselständige Blütenstände verwendet. Tatsächlich handelt es sich dabei häufig um Zymen oder Thyrsen.

Tabelle 3-4: **Blütenstände**

Stehen die **Blüten einzeln in den Achseln von Laubblättern** (z. B. bei *Papaver* – Mohn) oder hat die ganze Pflanze nur **eine Blüte** (z. B. bei *Tulipa* – Tulpe), handelt es sich um keinen Blütenstand i. e. S.

Blütenstände mit ungestielten (sitzenden) Blüten.

- In **Ähren** sitzen die Blüten einzeln und ungestielt an der unverzweigten Hauptachse (z. B. bei *Plantago major* – Breit-Wegerich). Bei **Ährengräsern** stehen anstelle der Blüten Ährchen (z. B. bei *Elymus* – Quecke).
- In **Kolben** sitzen die Blüten ungestielt an einer verdickten Hauptachse (z. B. bei *Zea* – Mais).
- **Zapfen** sind ährenartige Fruchtstände, bei denen die Früchte ungestielt an einer holzigen, meist verdickten Hauptachse sitzen (z. B. bei *Alnus* – Erle).
- **Köpfchen** sind dichtblütige, oft kugelige bis eiförmige Blütenstände, die meist endständig an der Sprossachse stehen (z. B. bei *Jasione* – Sandglöckchen).
- Als **Körbchen** werden dichtblütige, scheiben- bis köpfchenförmige Blütenstände bezeichnet, bei denen die Blüten von einer gemeinsamen Hülle aus meist grünlichen, dicht stehenden Hochblättern (**Hüllkelch**) umgeben sind (z. B. bei *Helianthus* – Sonnenblume und anderen *Asteraceae* – Korbblütengewächsen).

Bei **Blütenständen mit gestielten Blüten** sind zwischen den (zuweilen fehlenden) Tragblättern und den untersten Blütenblättern (typischerweise Kelchblätter) Blütenstiele ausgebildet.

- **Monopodiale (racemöse)** Blütenstände haben eine durchgehende Hauptachse.
  - Bei **einfachen Blütenständen** ist nur die Hauptachse des Blütenstands verzweigt, sodass neben der Hauptachse nur Seitenachsen erster Ordnung (die Blütenstiele) zu finden sind.
    - **Trauben** sind endständige, einfache, racemöse Blütenstände, bei denen die Blüten gestielt und einzeln an der unverzweigten Hauptachse stehen (z. B. bei *Sinapis* – Senf und anderen *Brassicaceae* – Kreuzblütlern). Bei **Traubengräsern** stehen anstelle der Blüten Ährchen (zuweilen bei *Bromus hordeaceus* – Weiche Trespe).

→ *Fortsetzung auf der nächsten Seite*

Dolden sind endständige, racemöse, einfach verzweigte Blütenstände, bei denen mehrere gestielte Blüten in den Achseln von (zuweilen fehlenden) wirteligen Hochblättern stehen (z. B. bei *Hedera* - Efeu).

Bei **zusammengesetzten Blütenständen** sind die Seitenachsen erster Ordnung wiederum verzweigt, sodass Seitenachsen höherer Ordnung existieren.

Rispen sind mehrfach verzweigte, racemöse Blütenstände mit gestielten Blüten (z. B. bei *Syringa* - Flieder). Bei **Rispengräsern** stehen anstelle der Blüten Ährchen (z. B. bei *Poa* - Rispengras). Bei **Ährenrispengräsern** ist die Rispe sehr dicht und kurzästig (z. B. bei *Alopecurus* - Fuchsschwanzgras).

Spirren (Trichterrispen) sind rispig verzweigte Blütenstände, bei denen die unteren Seitenachsen des Blütenstandes verlängert sind und die oberen deutlich überragen, sodass ein Trichter entsteht (z. B. bei *Filipendula* - Mädesüß oder vielen *Juncaceae* - Binsengewächsen).
Schirmrispen sind rispig verzweigte Blütenstände, die durch Streckung der Seitenachsen eine ebene bis leicht gewölbte Oberfläche aufweisen (z. B. bei *Sambucus nigra* - Schwarzer Holunder oder *Achillea* - Schafgarbe).

Doppeldolden (zusammengesetzte Dolden) sind mehrfach verzweigte Blütenstände, die aus Dolden aufgebaut sind, bei denen anstelle der Blüten Dolden (Döldchen), stehen (z. B. bei den meisten *Apiaceae* - Doldengewächsen).

Bei **sympodialen Blütenständen (Zymen)** endet die Hauptachse mit einer Blüte, während das Wachstum des Blütenstandes von Seitenachsen fortgesetzt wird. Sympodiale Blütenstände werden auch als Zymen bezeichnet.

Bei **Monochasien** wird das Wachstum von einer Seitenachse fortgesetzt.

Bei **Wickeln** stehen die Seitenachsen abwechselnd links und rechts von der Hauptachse (z. B. bei *Echium* - Natternkopf).

Bei **Schraubeln** stehen die Seitenachsen immer auf einer Seite der Hauptachse, sodass meist ein einseitig überhängender Blütenstand entsteht (z. B. bei *Myosotis* - Vergissmeinnicht).

Bei **Dichasien** wird das Wachstum von zwei Seitenachsen fortgesetzt (z. B. bei *Stellaria* - Sternmiere).

Bei **Pleiochasien** wird das Wachstum von mehreren Seitenachsen fortgesetzt (z. B. bei *Euphorbia* - Wolfsmilch).

Thyrsen sind zusammengesetzte Blütenstände, bei denen mehrere Zymen an einer monopodial wachsenden Hauptachse stehen (z. B. bei *Salvia* - Salbei und anderen Lippenblütengewächsen).

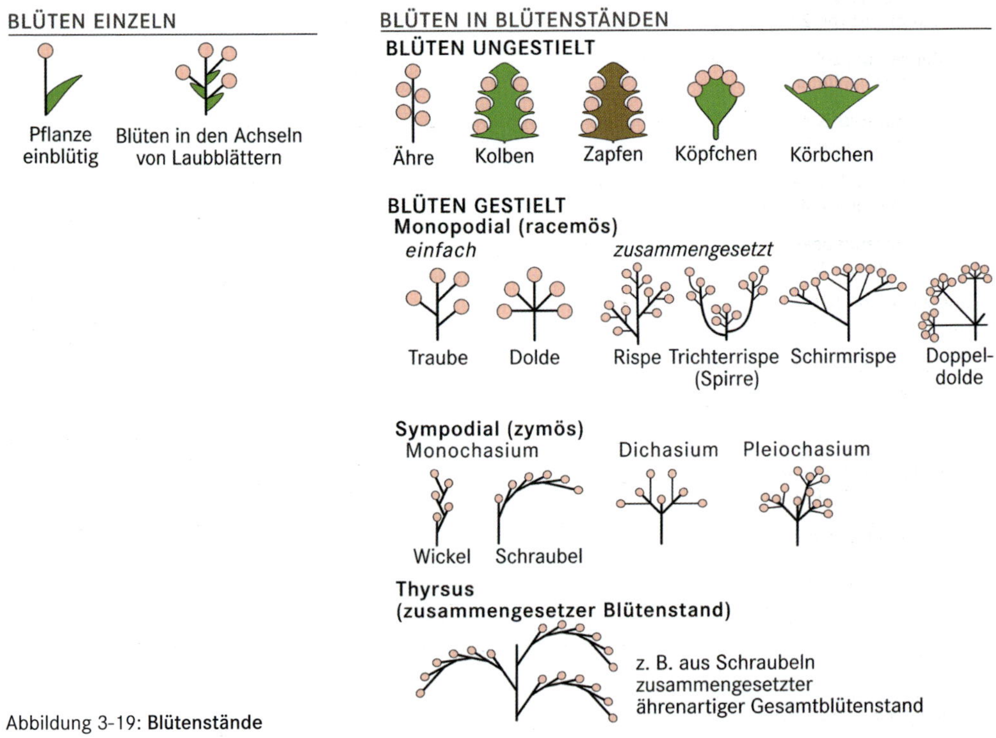

Abbildung 3-19: **Blütenstände**

Früchte

Die Blüte von Bedecktsamern im Zustand der Samenreife bezeichnet man als **Frucht**: Sie enthält die **Samen**, welche von der **Fruchtwand** (**Perikarp**) umgeben sind. Das Perikarp lässt sich häufig in ein innen gelegenes **Endokarp**, ein in der Mitte gelegenes **Mesokarp** und ein außen liegendes **Exokarp** gliedern.

Um die Vielfalt der unterschiedlichen Früchte zu beschreiben, werden Morphologie und Öffnungsverhalten der Fruchtwand sowie Anzahl und Verwachsung der Fruchtblätter herangezogen (Abbildung 3-20, Tabelle 3-5).

Entwickelt sich die Frucht aus einem apokarpen Gynoeceum zu mehreren nicht fest miteinander verbundenen und sich unabhängig ausbreitenden Teilen (z. B. bei *Geum* – Nelkenwurz) oder zerfällt die Frucht während der Fruchtreife in mehrere Teile (**Spaltfrüchte** bzw. **Zerfallsfrüchte**, z. B. bei den *Apiaceae* – Doldengewächsen oder *Malva* – Malve) werden die einzelnen Teile als **Früchtchen**, **Teilfrüchte** oder **Einzelfrüchte** bezeichnet. Basierend auf der Morphologie der Fruchtwand werden **Nüsschen** (z. B. bei *Fragaria* – Erdbeere), **Steinfrüchtchen** (z. B. bei *Rubus* – Brombeere) oder **Beerchen** (z. B. bei *Phytolacca* – Kermesbeere) unterschieden.

Tabelle 3-5: **Früchte**

Öffnungsfrüchte: Bei Öffnungsfrüchten (Streufrüchten) öffnet sich während der Reifung die Fruchtwand und die Samen werden freigesetzt.

Balg: Ein Balg wird aus einem Fruchtblatt gebildet und öffnet sich nur an der Bauchnaht. Dabei kann es sich sowohl um die Öffnungsfrucht eines einblättrigen Gynoeceums (z. B. bei *Consolida* - Rittersporn) als auch um die Teilfrucht eines apokarpen Gynoeceums (z. B. bei *Trollius* - Trollblume) handeln.

Hülse: Eine Hülse wird von einem Fruchtblatt gebildet, welches sich an Bauchnaht und Rückennaht öffnet (z. B. bei Robinie und anderen *Fabaceae* - Schmetterlingsblütlern).

Schote: Als Schote wird die Öffnungsfrucht bei den *Brassicaceae* - Kreuzblütlern bezeichnet. Diese besteht aus vier Fruchtblättern: zwei schmale Fruchtblätter sind fertil und bilden einen Rahmen (Rapellum), an dem die Plazenta mit den Samenanlagen sitzt. Die zwei breiten Fruchtblätter sind steril und lösen sich zur Fruchtreife meist als Klappen von der Frucht. Die meistens ausgebildete Scheidewand wird nicht von einem Fruchtblatt gebildet und deshalb als falsche Scheidewand bezeichnet. Es wird zwischen der Schote i. e. S. (Frucht mindestens 3-mal so lang wie breit, z. B. bei *Erysimum* - Schöterich) und dem Schötchen (Frucht höchstens 3-mal so lang wie breit, z. B. bei *Thlaspi* - Hellerkraut) unterschieden. Nach einer älteren Auffassung wird die Schote nur von 2 Fruchtblättern gebildet.

Kapsel: Kapseln sind Öffnungsfrüchte, die aus mehreren Fruchtblättern bestehen und sich während der Fruchtreife öffnen.

Spaltkapsel: Bei Spaltkapseln entstehen während der Fruchtreife an den Seiten der Fruchtwand Spalten bzw. Risse (z. B. bei *Iris* - Iris).

Deckelkapsel: Deckelkapseln öffnen sich, indem der obere Teil der Kapsel, meist entlang einer vordefinierten Naht, abfällt (z. B. bei *Anagallis* - Gauchheil).

Porenkapsel: Bei Porenkapseln entstehen Löcher in der Fruchtwand (z. B. bei *Papaver* - Mohn) oder *Campanula* - Glockenblume.

Schließfrüchte: Bei Schließfrüchten bleiben die Samen von der Fruchtwand eingeschlossen. Die Samen werden zusammen mit der Frucht ausgebreitet.

Nuss: Eine Nuss ist eine Frucht mit hartem (holzigem) Perikarp (z. B. die Eichel bei *Quercus* - Eiche). Auch bei den **Karyopsen** der *Poaceae* - Süßgräser und den **Achänen** der *Asteraceae* - Korbblütengewächse handelt es sich fast immer um Nüsse.

Steinfrucht: Eine Steinfrucht hat ein häutchenartiges Exokarp, ein fleischiges Mesokarp und ein hartes Endokarp. Der zentrale Kern, der aus Endokarp und dem Samen besteht, wird als **Steinkern** bezeichnet (z. B. bei *Prunus* - Kirsche und anderem Steinobst).

Beere: Eine Beere ist eine Schließfrucht mit fleischig-saftigem Fruchtfleisch (z. B. bei *Ribes* - Johannisbeere). Ist die äußere Schicht der Fruchtwand derb und hart, spricht man von **Panzerbeeren** oder Kürbisfrüchten (z. B. bei vielen *Cucurbitaceae* - Kürbisgewächsen).

Spaltfrüchte: Bei einer Spaltfrucht (Zerfallsfrucht) zerfällt die zunächst zusammenhängende Frucht bei der Fruchtreife in mehrere Teilfrüchte, die in der Regel unabhängig voneinander ausgebreitet werden. Man unterscheidet **Spaltfrüchte** (z. B. bei den *Apiaceae* - Doldengewächsen oder *Acer* - Ahorn), **Klausen** (z. B. bei den *Lamiaceae* - Lippenblütengewächsen), **Gliederhülsen** (z. B. bei *Coronilla* - Kronwicke) und **Gliederschoten** (z. B. bei *Raphanus raphanistrum* - Acker-Rettich).

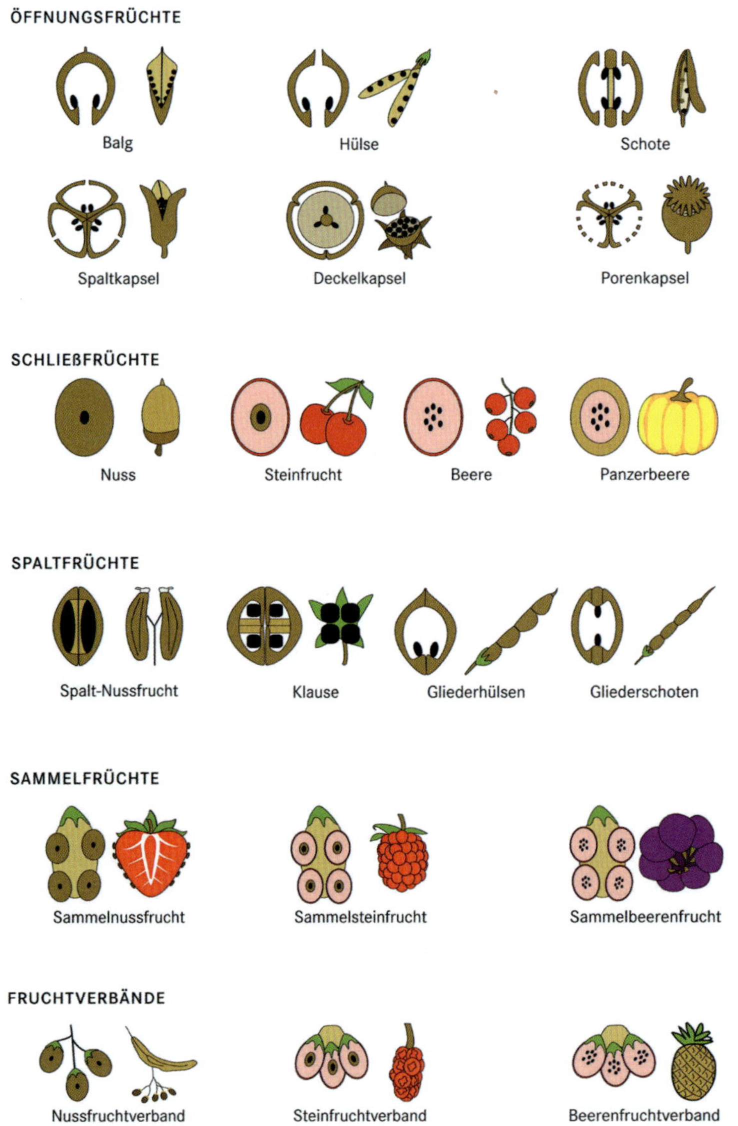

Abbildung 3-20: **Früchte**

Sind an der Ausbildung einer Frucht weitere Blütenteile beteiligt (z. B. der fleischige Blütenboden bei *Malus* – Apfel) spricht man von **Scheinfrüchten.** Bei **Sammelfrüchten** verwachsen die zunächst freien Fruchtblätter während der Fruchtreife miteinander, sodass sie eine strukturelle Einheit bilden und in der Regel gemeinsam ausgebreitet werden (z. B. **Sammelnussfrucht** bei *Fragaria* – Erdbeere, **Sammelsteinfrucht** bei *Rubus* – Brombeere oder **Sammelbeerenfrucht** bei *Phytolacca* – Kermesbeere). Bilden die Früchte mehrerer Blüten eine strukturelle Einheit, handelt es sich um einen **Fruchtverband** (z. B. **Nussfruchtverband** bei *Tilia* – Linde, **Steinfruchtverband** bei *Morus* – Maulbeere oder **Beerenfruchtverband** bei *Ananas* – Ananas).

Samen

Samen sind typischerweise aus **Embryo, Nährgewebe** und **Samenschale (Testa)** aufgebaut. Sie entwickeln sich nach Bestäubung und Befruchtung aus der Samenanlage, die sich bei den Bedecktsamern im Fruchtblatt und bei den Nacktsamern auf der Samenschuppe befindet. Die Ansatzstelle des Samenstiels (**Funiculus**) am Samen wird als **Nabel** (**Hilum**) bezeichnet. Bei vielen Arten ist der Nabel auch noch an ausgestreuten Samen durch eine andere Farbe oder Oberflächenstruktur gut erkennbar (z. B. bei *Brassica napus* – Raps).

Die Schale der Samen wird als **Testa** bezeichnet. Meist ist sie hart und schützt den Samen. Nur bei wenigen Arten ist sie in morphologisch unterscheidbare Schichten gegliedert, die dann als **Sarcotesta** (fleischige Schicht) und **Sklerotesta** (verholzte Schicht) bezeichnet werden (z. B. bei *Ginkgo*).

Der Embryo besteht aus **Keimblättern** (**Kotyledonen**), **Keimstängel** (**Hypokotyl**) und **Keimwurzel** (**Radicula**).

Bei den meisten Arten ist das Nährgewebe als **Endosperm** anzusprechen, welches genetische Information von beiden Eltern enthält, also aus befruchteten Zellen entstanden ist. Wird das Nährgewebe nur von Zellen der Mutterpflanze (genauer des Nucellus) gebildet, spricht man von **Perisperm** (z. B. bei vielen *Caryophyllaceae* – Nelkengewächsen). Das Nährgewebe kann auch komplett fehlen, vor allem bei winzigen windausgebreiteten Samen (z. B. bei den *Orchidaceae* – Orchideengewächsen).

Morphologie spezieller Artengruppen

Grasartige

Der Verwandtschaftskreis der Grasartigen (*Poales*) wird überwiegend von drei großen Pflanzenfamilien gebildet: den *Poaceae* – Süßgräsern, *Cyperaceae* – Sauergräsern und *Juncaceae* – Binsengewächsen. Außerdem gehören die *Typhaceae* – Rohrkolbengewächse (inkl. *Sparganiaceae* – Igelkolbengewächse) zu diesem Verwandtschaftskreis, der durch unauffällige, windbestäubte Blüten und ungeteilte Blätter mit einer linealen bis länglichen Spreite gekennzeichnet ist. Solche ›grasartigen‹ Merkmale weisen allerdings auch einige weitere Pflanzengruppen auf, die nicht näher mit den *Poales* verwandt sind: z. B. einige *Plantago*-Arten – Wegeriche. Die wichtigsten Unterscheidungsmerkmale der Süßgräser, Sauergräser und Binsengewächse sind in Tabelle 3-6 zusammengefasst.

Tabelle 3-6: **Merkmale von Gräsern, Sauergräsern und Binsen**

	Juncaceae **Binsengewächse**	*Cyperaceae* **Sauergräser**	*Poaceae* **Süßgräser**
Stängel	rund ohne Knoten	3-kantig ohne Knoten	rund mit Knoten; Internodien: hohl
Blätter	*Juncus*: borstig, kahl *Luzula*: flach, behaart	± flach bis doppelt gefaltet	± flach, gefaltet o. borstig
Blattstellung	2-zeilig	3-zeilig	2-zeilig
Früchte	3- bis vielsamige Kapsel	1-samige Nuss, bei *Carex* mit Hülle (Utriculus)	1-samige Nuss (Karyopse)
Blüten	6-zähliges Perigon zwittrig ∗ P6 A6 G($\underline{3}$)	ohne Blütenhülle 1-geschlechtig o. zwittrig ♂ ∗ A2–3 | ♀ ∗ G($\underline{2–3}$)	stark umgewandelt meist zwittrig ↯ P(2)+2 A2–3 G($\underline{2–3}$)
Teilblütenstände	Blüten einzeln o. knäuelig genähert	Blüten in Ährchen	Blüten in Ährchen
Blütenstände	Rispen (bzw. Spirren)	Trauben o. Ähren	meist Rispen o. Ähren

Die Blüten der *Poaceae* – Süßgräser (Abbildung 3-21) sind windbestäubt und weichen als reduzierte und hochspezialisierte Blüten stark vom „normalen" Blütenbauplan ab. Nach einer gängigen Interpretation steht an der Basis der Süßgrasblüte die **Deckspelze**, die als Tragblatt der Blüte gedeutet wird und damit nicht zur Blüte im engeren Sinne gehört. Das unterste Blütenorgan ist eine (meist zweispitzige) **Vorspelze**, die als zwei miteinander verwachsene Perigonblätter des äußeren Kreises gedeutet wird. Das dritte Perigonblatt fehlt. Als nächste Organe kommen 2 (3) **Schwellkörper** (**Lodiculae**), die durch Aufnahme bzw. Abgabe von Wasser das Öffnen und Schließen der Blüten bewirken. Die Schwellkörper werden als umgewandelte Perigonblätter des inneren Kreises gedeutet. Darüber folgen 3 (2) Staubblätter und ein oberständiger, einsamiger Fruchtknoten, der aus 2 (3) Fruchtblättern gebildet wird und 2 (3) endständige Narben aufweist. Die Blüten sind in **Ährchen** angeordnet, an deren Basis 2 (1) Hüllspelzen stehen. Die Ährchen sind wiederum in Blütenständen höherer Ordnung angeordnet, meist handelt es sich um Ähren oder Rispen.

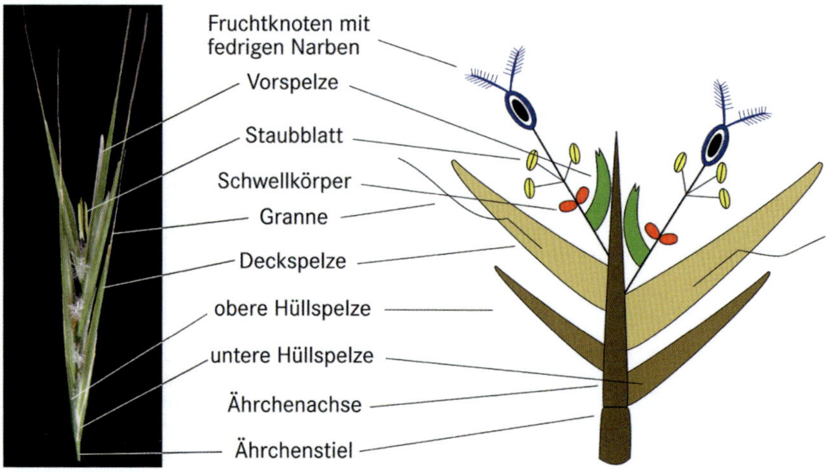

Abbildung 3-21 **Blüten und Ährchen der Süßgräser.** Foto eines 4-blütigen *Bromus*-Ährchens und Schemazeichnung eines 2-blütigen Ährchen

Bärlappe und Farnpflanzen

Lycopodiophytina – Bärlappe und *Pteridophytina* – Farnpflanzen zählen zu den **Sporenpflanzen**, die sich durch Sporen vermehren. Sporen sind Zellen, aus denen ohne Befruchtung ein Nachkomme entstehen kann. Die Sporen werden in mehrzelligen Behältern, den Sporangien gebildet, die an Blättern entstehen (Abbildung 3-22).

Bei den Farnen i. e. S. sind die **Sporangien** meist auf der Blattunterseite, seltener am Rand von Blättern angeordnet. Bei den Schwimmfarnen befinden sich die Sporangien in Sporokarpien, die an der Basis der Blätter sitzen. Bei den Schachtelhalmen finden sich die Sporangien an den Enden der Sprossachsen auf der Unterseite von tischförmigen Sporophyllen. Bei den Bärlappgewächsen sitzen die Sporangien auf der Oberseite von blättchenartigen **Sporophyllen**, die meist in endständigen Sporophyllständen (die einer Blüte entsprechen) angeordnet sind.

Wenn die sporenproduzierenden Blätter in nennenswertem Umfang Fotosynthese betreiben, werden sie als **Sporo-Trophophylle** bezeichnet. Tritt die Fotosynthese in den Hintergrund, handelt es sich um **Sporophylle** i. e. S. und bei den Fotosynthese-betreibenden Blättern um **Trophophylle**.

Bei den meisten Sporenpflanzen sind alle Sporen gleich gebaut (Isosporie), bei anderen (z. B. *Selaginella* – Moosfarn und *Lycopodium* – Bärlapp) gibt es hingegen zwei Typen von Sporen (Heterosporie). Die größeren Sporen nennt man Makro- oder Megasporen. Sie werden in einem Megasporangium an einem Megasporophyll gebildet. Die kleinen Sporen heißen Mikrosporen. Sie werden in einem Mikrosporangium an einem Mikrosporophyll gebildet.

Aus den Sporen keimt die nächste Generation, der **Gametophyt**. Die Gametophyten sind meist klein und als Thallus organisiert. Sie bilden Gameten, das sind Zellen, aus denen nach einer Befruchtung ein Nachkomme entsteht. Dieser Nachkomme ist die eigentliche Farnpflanze, die als **Sporophyt** wieder Sporen produziert. Bei den Bärlappen und Farnpflanzen wechseln sich damit zwei Generationen ab, es liegt ein **Generationswechsel** vor. Die dominierende Generation ist der als Kormus organisierte Sporophyt.

Ein ähnlicher Generationswechsel liegt prinzipiell auch bei den Samenpflanzen vor, die Nachkommen ursprünglicher Farnpflanzen sind. Der Gametophyt tritt bei den Samenpflanzen aber nicht mehr als eigenständige Generation in Erscheinung, sondern ist auf wenige Zellen im Pollen bzw. Nucellus des Fruchtblattes reduziert. Das Fruchtblatt der Bedecktsamer und die Samenschuppe der Nacktsamer entsprechen einem Megasporophyll und der Nucellus einem Megasporangium. Die Staubblätter entsprechen einem Mikrosporophyll und eine Theka einem Mikrosporangium.

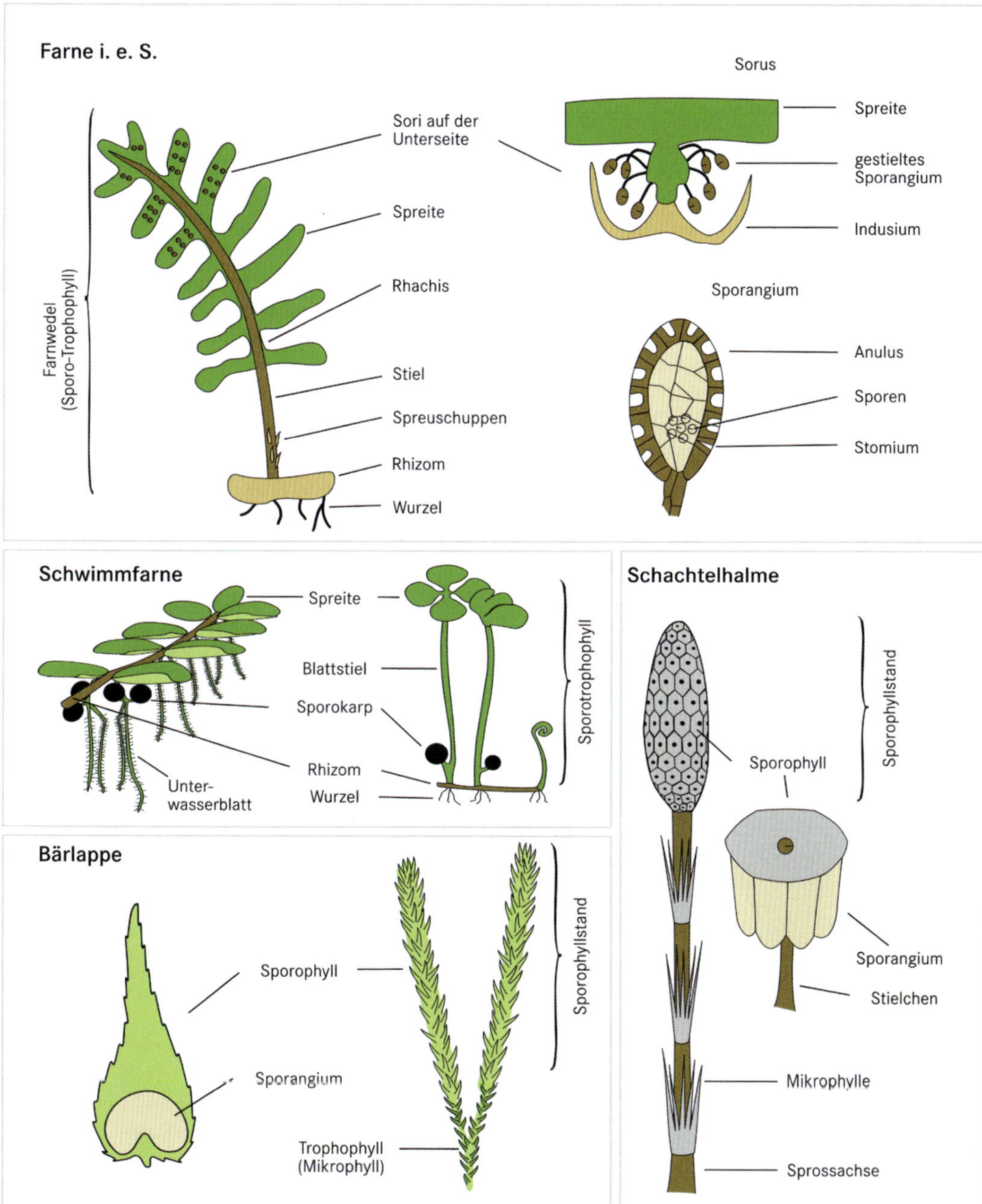

Abbildung 3-22: **Farne und Bärlappe**

Die Alpen

Die Auffaltung der Alpen zu einem Hochgebirge begann vor ca. 135 Mio. Jahren (am Ende des Jura), hatte ihre Hauptphase vor 30 bis 35 Mio. Jahren (im Tertiär) und dauert bis heute weiter an. Durch die Kollision des sich nach Norden bewegenden Afrikanischen Kontinents mit Europa wurde dabei ein ehemals über 1 000 km breiter Bereich (überwiegend Ozean) auf weniger als 100 km zusammengeschoben und aufgefaltet. In den Alpen sind deshalb heute Gesteine direkt nebeneinander zu finden, die in unterschiedlichen Erdzeitaltern entstanden sind und ursprünglich mehrere 100 km weit voneinander entfernt gebildet wurden.

Es würde an dieser Stelle zu weit führen, auch nur einen groben Überblick über die Geologie der Alpen geben zu wollen (vgl. hierzu zu z. B. Pfiffner 2024), es soll jedoch kurz auf das Vorkommen von kalkhaltigen und nicht-kalkhaltigen Gesteinen bzw. Sedimenten eingegangen werden, da dieses für das Vorkommen bzw. die Verbreitung von Pflanzen wichtig ist. Diese beiden Substrate unterscheiden sich in Hinblick auf den Nährstoff- und Wasserhaushalt stark und viele Pflanzenarten und Vegetationstypen kommen entweder auf kalkhaltigen (basischen) Böden *oder* nicht-kalkhaltigen (sauren) Böden vor (vgl. hierzu auch Ellenberg & Leuschner 2010). In den Ostalpen kommen Kalkgesteine vor allem am Nord- und Südrand vor, während sie in den Westalpen vor allem am Nordwestrand und im Süden zu finden sind (vgl. Abbildung 4-1).

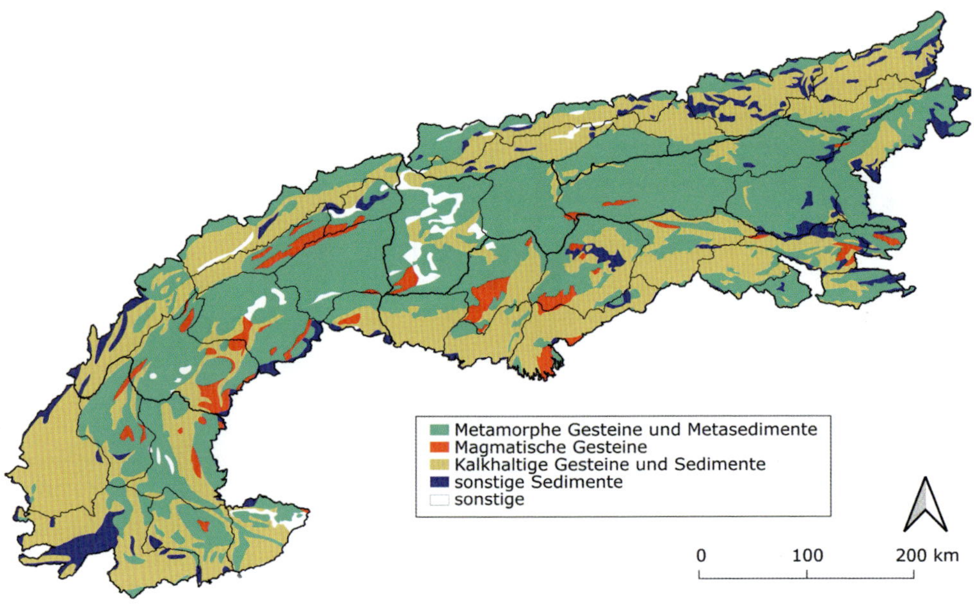

Abbildung 4-1: **Geologische Karte der Alpen.** Daten basierend auf Bundesanstalt für Geowissenschaften und Rohstoffe (2003), Gesteinsklassifizierung stark vereinfacht nach British Geological Survey (2020).

Neben den geologischen Prozessen spielen die Eiszeiten eine entscheidende Rolle für das heutige Erscheinungsbild der Alpen und die Verteilung der Pflanzenarten. In den letzten 800 000 Jahren hat es in den Alpen mehr als 15 Eiszeiten gegeben, die zu zyklischen und großflächigen Vorstößen und Rückzügen der Gletscher führten. Der letzte Zyklus begann vor etwa 120 000 Jahren und die maximale Ausdehnung der Gletscher wurde vor 29 000–14 000 Jahre erreicht (Seguinot et al. 2018). Während dieser Zeit waren große Teile der Alpen eisbedeckt und alle heute in diesen Gebieten vorkommenden Pflanzen- und Tierarten sind seitdem neu eingewandert. Vor allem am südlichen Rand der Alpen und in den Östlichen Alpen gab es aber auch Bereiche, die selbst während der maximalen Ausdehnung der Gletscher eisfrei waren (vgl. Abbildung 4-2) und in denen Pflanzen und Tiere in den Alpen die Eiszeit überdauern konnten. In diesen seit mehreren 100 000 Jahren eisfreien Bereichen finden sich heute die meisten Endemiten der Alpen (siehe folgende Kapitel).

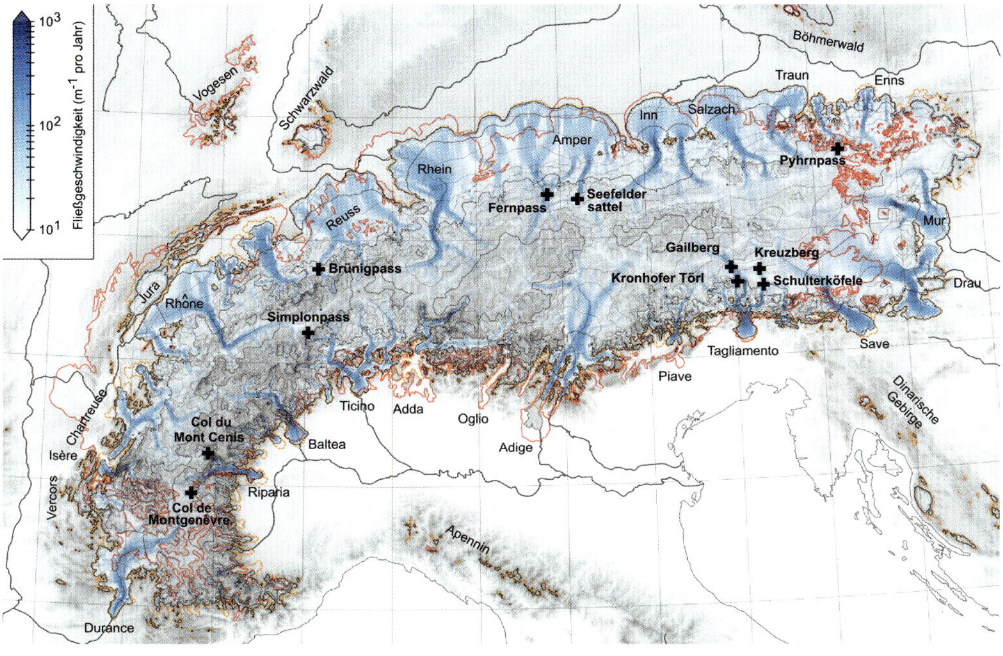

Abbildung 4-2: **Maximale Vergletscherung der Alpen und benachbarter Gebirge während der letzten Eiszeit.** Aus Seguinot et al. (2018), verändert. Modellierte Topographie des Grundgesteins (grau), Topographie der Eisoberfläche (200 m Konturen) und Geschwindigkeit der Eisoberfläche (blau) vor 24 570 Jahren, entsprechend der modellierten maximalen Eisbedeckung während des Letzteiszeitlichen Maximums. Außerdem sind die modellierte Eisausdehnung (gestrichelte orangefarbene Linie), die geomorphologische Rekonstruktion (durchgezogene rote Linie) und einige wichtige Eisflüsse über Bergpässe (Kreuze) dargestellt.

Räumliche Gliederung

In den folgenden Kapiteln werden die 36 SOIUSA-Abschnitte kurz vorgestellt. Dabei werden auch die im jeweiligen Abschnitt vorkommenden endemischen Arten genannt, die in maximal einem weiterem SOIUSA-Abschnitt vorkommen. Wenn bei einem Abschnitt keine Arten erwähnt werden, können dort trotzdem weit verbreitete endemische Arten der Alpen, wie z. B. *Gentiana bavarica* – Bayerischer Enzian oder *Cirsium spinosissimum* – Alpen-Kratzdistel vorkommen (vgl. Abbildung 2-1).

Südliche Westalpen

Abbildung 4-3: Karte der Südlichen Westalpen. Abkürzungen der SOIUSA-Abschnitte wie in Abbildung 2-2.

Ligurische Alpen

Die Ligurischen Alpen bilden das Ende des sich im Süden nach Osten krümmenden Alpenbogens und grenzen ans Mittelmeer. Sie liegen fast ausschließlich in den italienischen Regionen Ligurien und Piemont, nur der westlichste Teil im französischen Departement Alpes-Maritimes.

Der im Westen liegende Unterabschnitt, die Marguareis-Alpen, werden unterteilt in die nördlich gelegene Marguareis-Mongioie-Kette mit den höchsten Bergen des Gebietes (Punta Marguareis: 2 661 m) und die Saccarello-Gruppe im Süden. Die Ligurischen Voralpen sind der östliche Unterabschnitt. Entlang einer geologischen Senke (am Colle di Cadibona oberhalb von Savona) gehen sie in den Apennin über.

Weite Bereiche der Ligurischen Alpen sind durch kalkhaltige Gesteine geprägt.

Während des Letzteiszeitlichen Maximums waren vor allem die zentralen Bereiche der Marguareis-Mongioie-Kette vereist, während weite Teile der Saccarello-Gruppe und der Ligurischen Voralpen eisfrei waren und sich heute durch einen großen Reichtum an Endemiten auszeichnen. Endemische Arten der Ligurischen Alpen sind *Moehringia lebrunii* – Lebruns Nabelmiere, *Campanula sabatia* – Savona-Glockenblume und *Campanula isophylla* – Kap-Noli-Glockenblume. Auch in den Seealpen kommen vor: *Saxifraga cochlearis* – Löffelblättriger Steinbrech, *Viola valderia* – Valdieri-Stiefmütterchen, *Helianthemum lunulatum* – Ligurisches Sonnenröschen, *Hesperis inodora* – Geruchslose Nachtviole, *Moehringia sedoides* – Fetthennen-Nabelmiere, *Primula allionii* – Allionis Primel, *Galium tendae* – Tende-Labkraut, *Micromeria marginata* – Alpen-Bergminze, *Phyteuma cordatum* – Seealpen-Rapunzel und *Jacobaea persoonii* – Persoons Greiskraut.

Abbildung 4-4: **Blick vom Monte Saccarello nach Nordwesten**

Seealpen

Die Seealpen i. w. S. umfassen die südlichsten Ausläufer der Alpen und liegen überwiegend in Frankreich (Departements Alpes-Maritimes, Alpes-de-Haute-Provence). Im Osten nehmen Italien (Piemont) und im Süden das Fürstentum Monaco kleinere Flächenanteile ein.

Den südlichen Unterabschnitt, der bis ans Mittelmeer reicht, bilden die Nizza-Voralpen, in denen kalkhaltige Gesteine dominieren. Den nördlichen und deutlich größeren Unterabschnitt mit den höchsten Gipfeln (Monte Argentera: 3 297 m) bilden die Seealpen i. e. S. Hier finden sich neben kalkhaltigen Gesteinen auch Granite, Gneise und Sandsteine.

Während des Letzteiszeitlichen Maximums waren die Nizza Voralpen in weiten Teilen eisfrei und auch die Seealpen i. e. S. waren im Süden nicht vollständig vergletschert, so dass sich hier zahlreiche Endemiten finden. Mit 107 endemischen Arten zählen die Seealpen zu den fünf endemitenreichsten Unterabschnitten der Alpen. In den Nizza-Voralpen findet sich die endemische *Acis nicaeensis* – Nizza-Knotenblume (wenige Vorkommen auch in den direkt angrenzenden östlichsten Gebieten der Provenzalischen Alpen). Weitere endemische Arten der Seealpen sind *Saxifraga florulenta* – Argentera-Steinbrech, *Saxifraga pedemontana* – Piemonteser Steinbrech, *Potentilla valderia* – Valdieri-Fingerkraut (evtl. auch in den Ligurischen Alpen), *Viola argenteria* – Argentera-Stiefmütterchen, *Silene cordifolia* – Herzblättriges Leimkraut, *Centaurea jordaniana* – Jordans Flockenblume. Auch in den Ligurischen Alpen kommen vor: *Saxifraga cochlearis* – Löffelblättriger Steinbrech, *Viola valderia* – Valdieri-Stiefmütterchen, *Helianthemum lunulatum* – Ligurisches Sonnenröschen, *Hesperis inodora* – Geruchslose Nachtviole, *Moehringia sedoides* – Fetthennen-Nabelmiere, *Primula allionii* – Allionis Primel, *Galium tendae* – Tende-Labkraut, *Micromeria marginata* – Alpen-Bergminze, *Phyteuma cordatum* – Seealpen-Rapunzel und *Jacobaea persoonii* – Persoons Greiskraut. Auch in den Provenzalischen Alpen und Voralpen kommen vor: *Arenaria cinerea* – Graues Sandkraut, *Pinguicula longifolia* – Langblättriges Fettkraut und *Leucanthemum burnatii* – Burnats Margerite. *Pinguicula arvetii* – Arvetis Fettkraut kommt auch in den Cottischen Alpen vor.

Abbildung 4-5: **Blick von der Cime de la Bonette nach Osten auf Monte Argentera (rechts) und Monviso in den Cottischen Alpen (in der Bildmitte)**

Provenzalische Alpen und Voralpen

Die Provenzalischen Alpen und Voralpen sind der südwestliche und mit ca. 8 800 km² auch der größte Abschnitt der Alpen. Sie liegen in den französischen Departements Alpes-Maritimes, Alpes-de-Haute-Provence, Var, Vaucluse und Drôme. Der höchste Berg, der Tête de l'Estrop (2 961 m) befindet sich im Nordosten des Gebietes im Unterabschnitt Provenzalische Alpen.

Den westlichsten Teil der Provenzalischen Alpen und Voralpen bilden die Vaucluse-Voralpen, in denen sich der Mont Ventoux befindet. An dessen südlichen Ausläufern wächst die endemische *Acis fabrei* – Fabres-

Knotenblume. Die Grenze zwischen den Digne-Voralpen und den östlich gelegenen Grasse-Voralpen wird u. a. von den Gorges du Verdon gebildet, an deren steilen Felswänden die Endemiten *Asplenium jahandiezii* – Jahandiezies Streifenfarn und *Moehringia intermedia* – Mittlere Nabelmiere vorkommen.

Weite Teile des Gebietes werden durch kalkhaltige Gesteine geprägt, es kommen aber auch tonige und sandige Sedimentgesteine vor.

Während des Letzteiszeitlichen Maximums waren weite Teile der Provenzalischen Voralpen eisfrei. Nur die Provenzalischen Alpen waren in großen Teilen vereist und im Tal der Durance gab es einen großen Talgletscher. Ein weiterer Endemit der Provenzalischen Voralpen ist *Erodium rodiei* – Rodiés Reiherschnabel, der nur auf einem Bergmasssiv in der Nähe von Saint-Vallier-de-Thiey vorkommt. Auch in den Seealpen kommen vor: *Arenaria cinerea* – Graues Sandkraut, *Pinguicula longifolia* – Langblättriges Fettkraut und *Leucanthemum burnatii* – Burnats Margerite. *Alyssum cuneifolium* – Keilblättriges Steinkraut kommt auch in den Dauphiné-Voralpen vor.

Abbildung 4-6: **Blick von Methamis nach Norden auf den Mont Ventoux**

Cottische Alpen

Die Cottischen Alpen liegen südwestlich von Turin an der Grenze zwischen Italien (Piemont) und Frankreich (Alpes-de-Haute-Provence, Hautes-Alpes, Savoie). In den Cottischen Alpen liegen mehr als 50 Dreitausender, die höchste Erhebung ist der Monviso (auch Monte Viso: 3 841 m), an dessen Hängen der längste Fluss Italiens, der Po, entspringt.

Die Unterabschnitte der Cottischen Alpen sind die Monviso-Alpen (im Süden), die Monginevro-Alpen (zentral) und die Moncenisio-Alpen (im Norden). Deren namensgebender Berg, der Mont Cenis, liegt allerdings in den sich nordöstlich anschließenden Grajischen Alpen.

Die zentralen Bereiche sind durch Marmor und weitere kalkhaltige Gesteine geprägt, während östlich und westlich davon auch metamorphe Gesteine (Schiefer, Gneise, Sandsteine) zu finden sind. Vereinzelt, so am Monviso, finden sich auch Basalte.

Während des Letzteiszeitlichen Maximums waren die westlich gelegenen Bereiche und die Täler der Cottischen Alpen größtenteils mit Gletschern bedeckt, während viele der östlich gelegenen Berggipfel eisfrei waren. Mit 96 endemischen Arten zählen die Cottischen Alpen zu den fünf endemitenreichsten Unterabschnitten der Alpen. Endemiten sind *Arabidopsis pedemontana* – Piemonteser Schaumkresse und *Androsace vesulensis* – Monte-Viso-Mannsschild. Auch in den Grajischen Alpen kommen vor: *Aethionema thomasianum* – Thomas' Steintäschel, *Cerastium lineare* – Piemonteser Hornkraut und *Campanula elatines* – Piemonteser Glockenblume. *Isatis allionii* – Alpen-Waid kommt auch in den Dauphiné-Alpen vor und *Pinguicula arvetii* – Arvetis Fettkraut auch in den Seealpen.

Abbildung 4-7: **Blick von Ostana nach Westen auf den Monviso**

Dauphiné-Alpen

Die Dauphiné-Alpen liegen nordöstlich von Gap in den französischen Departments Hautes-Alpes, Isère und Savoie. Höchster Berg ist der Barre des Écrins mit 4 102 m, in dessen Umgebung sich großflächig vergletscherte Bereiche befinden. Weitere 25 Gipfel der Dauphiné-Alpen sind über 3 000 m hoch.

Die Dauphiné-Alpen werden in sieben relativ kleine Unterabschnitte unterteilt: die Grande Rousses-Aiguilles d'Arves-Kette, die Belledonne-Kette, das Écrins-Pelvoux-Massiv, das Taillefer-Massiv, das Champsaur-Massiv, das Embrunais-Massiv sowie die Östlichen Berge von Gap.

Das Gebiet ist durch einen kleinräumigen Wechsel von metamorphen Gesteinen (Sandsteine, Gneise, Schiefer, Amphibolite) und kalkhaltigen Gesteinen geprägt. Vereinzelt, so am Barre des Écrins, finden sich auch Granite.

Während des Letzteiszeitlichen Maximums waren große Teile der Dauphiné-Alpen mit Eis bedeckt. Eine endemische Art der Dauphiné-Alpen ist *Androsace delphinensis* – Dauphiné-Mannsschild. *Isatis allionii* – Alpen-Waid kommt auch in den Cottischen Alpen vor und *Alyssum cuneifolium* – Keilblättriges Steinkraut in den Provenzalischen Alpen und Voralpen.

Abbildung 4-8: **Blick vom Jardin du Lautaret nach Westen auf den Glacier du Lautaret unterhalb des Pic Gaspard (Écrins-Pelvoux-Massiv).** Der Botanische Garten wird von der Université Grenoble Alpes betrieben und zählt zu artenreichsten Alpenpflanzengärten. Im Vordergrund *Cephalaria alpina* – Alpen-Schuppenkopf.

Dauphiné-Voralpen

Die Dauphiné-Voralpen liegen südwestlich von Grenoble und bilden dort den westlichen Rand der französischen Alpen in den Departments Vaucluse, Drôme, Alpes-de-Haute-Provence, Hautes-Alpes und Isère. Höchster Berg mit 2 790 m ist der Grand Tête de l'Obiou in den östlich gelegenen Devoluy-Voralpen.

Im Nordwesten liegen die Vercors-Voralpen, die durch schroffe Kalksteinwände und karstige Hochflächen gekennzeichnet sind. Weitere Unterabschnitte der Dauphiné-Voralpen sind die Westlichen Voralpen von Gap, die Diois-Voralpen und die Baronnies-Voralpen.

Es dominieren kalkhaltige Gesteine, nur vereinzelt finden sich nicht-kalkhaltige Sedimente.

Während des Letzteiszeitlichen Maximums waren vor allem die östlichen Gebiete der Dauphiné-Voralpen großflächig mit Eis bedeckt, während im Westen zunehmend eisfreie Bereiche zu finden waren. Endemische Arten der Dauphiné-Voralpen sind *Cytisus sauzeanus* – Sauzes Geißklee (evtl. auch in den Dauphiné-Alpen), *Arenaria purpurascens* – Purpur-Sandkraut und *Carduus aurosicus* – Aurouze-Distel.

Abbildung 4-9: **Blick vom Econdus (Vercors Voralpen) nach Nordosten**

Nördliche Westalpen

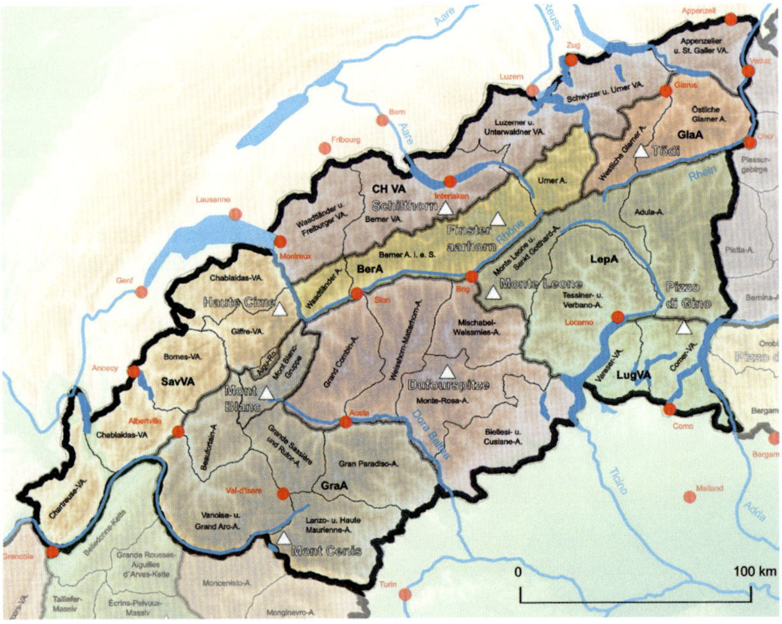

Abbildung 4-10: **Karte der Nördlichen Westalpen.** Abkürzungen der SOIUSA-Abschnitte wie in Abbildung 2-2.

Grajische Alpen
Die Grajischen Alpen liegen im Grenzgebiet von Frankreich (Savoie, Haute-Savoie), Italien (Piemont, Aostatal), und der Schweiz (Wallis) und umfassen die höchsten Gipfel der Alpen. Höchster Berg, zugleich höchster Berg der Alpen, ist der Mont Blanc mit 4805 m. Mehr als 40 weitere Gipfel sind über 4000 m hoch und weit mehr als 100 über 3000 m.

Die Grajischen Alpen werden in 6 Unterabschnitte gliedert: die Lanzo- und Haute Maurienne-Alpen, die Vanoise- und Grand Arc-Alpen, die Grande Sassière und Rutor-Alpen, die Gran Paradiso-Alpen, die Beaufortain-Alpen sowie die Mont Blanc-Gruppe.

Im Gebiet gibt es einen kleinräumigen Wechsel von metamorphen Gesteinen (Sandsteine, Gneise, Schiefer, Quarzite), kalkhaltigen Gesteinen und magmatischen Gesteinen (Granite, Diorite, Ultramafische Gesteine).

Während des Letzteiszeitlichen Maximums waren die Grajischen Alpen großflächig vergletschert. Nur im Südwesten, am Alpenrand, gab es größere eisfreie Bereiche. Eine endemische Art der Grajischen Alpen ist *Androsace saussurei* – Mont-Blanc-Mannsschild. Auch in den Cottischen Alpen kommen vor: *Aethionema thomasianum* – Thomas' Steintäschel, *Cerastium lineare* – Piemonteser Hornkraut und *Campanula elatines* – Piemonteser Glockenblume. Auch in den Penninischen Alpen kommen vor: *Alyssum cognense* – Cogne-Steinkraut, *Alyssum rossetii* – Rossetti-Steinkraut und *Odontarrhena argentea* – Silbergraues Steinkraut.

Abbildung 4-11: **Blick über den Lac des Chéserys (Aiguilles-Rouges-Kette, Savoyer Voralpen) auf die Mont Blanc-Gruppe** von der Aiguille Verte (links) bis zum Mont Blanc (rechts).

Savoyer Voralpen

Die Savoyer Voralpen werden untergliedert in die Giffre-Voralpen , die Aiguilles-Rouges-Kette, die Chablaidas-Voralpen, die Bornes-Voralpen, die Bauges-Voralpen und die Chartreuse-Voralpen.

Vorherrschende Gesteine sind kalkhaltige Gesteine, außerdem finden sich Sandsteine sowie nicht-kalkhaltige Sedimente.

Während des Letzteiszeitlichen Maximums waren die Savoyer Voralpen in großen Teilen vergletschert. Nur am nördlichen Alpenrand gab es größere eisfreie Bereiche.

Abbildung 4-12: **Blick von Montreux über den Genfer See auf die Chablaidas-Voralpen**

Penninische Alpen

Die Penninischen Alpen (auch Walliser Alpen) liegen zwischen dem westlichen Rhonetal in der Schweiz (Wallis) und dem Aostatal in Italien (Regionen Piemont, Aostatal). Zwischen dem Aostatal und dem Lago Maggiore bilden sie den südlichen Alpenrand. Höchster Berg ist die zentral gelegene Dufourspitze (Monte Rosa) mit 4634 m, weitere 40 Gipfel sind über 4000 m hoch und zahlreiche über 3000 m. In den Hochlagen finden sich großflächig vergletscherte Bereiche.

Die fünf Unterabschnitte sind die Grand Combin-Alpen, die Weisshorn-Matterhorn-Alpen, die Monte-Rosa-Alpen, die Biellesi- und Cusiane-Alpen sowie die Mischabel-Weissmies-Alpen.

In den Penninischen Alpen finden sich vor allem metamorphe Gesteine (Gneise, Phyllite, Schiefer, Sandsteine) und an wenigen Stellen magmatische Gesteine (v. a. Basalte und Ultramafische Gesteine).

Während des Letzteiszeitlichen Maximums waren die Penninischen Alpen großflächig vergletschert. Nur im Süden, am Alpenrand, gab es größere eisfreie Bereiche. Endemische Arten der Penninischen Alpen sind *Phyteuma humile* – Niedrige Rapunzel (evtl. auch in benachbarten Abschnitten) und *Artemisia nivalis* – Schnee-Edelraute. Auch in den Grajischen Alpen kommen vor: *Alyssum cognense* – Cogne-Steinkraut, *Alyssum rossetii* – Rossetti-Steinkraut und *Odontarrhena argentea* – Silbergraues Steinkraut. *Biscutella ossolana* – Ossola-Brillenschötchen kommt auch in den Lepontinischen Alpen vor.

Abbildung 4-13: **Blick von der Furkastraße nach Süden auf den Muttgletscher am Nordhang des Gross Muttenhorn (Monte Leone und Sankt Gotthard-Alpen).** Rechts das obere Rhonetal (Grenze zwischen den Penninischen Alpen und Berner Alpen) mit dem Gletschervorfeld des Rhonegletschers (Berner Alpen i. w. S.). Der Furkapass (Europäische Hauptwasserscheide Rhein / Rhone) liegt links.

Lepontinische Alpen

Die Lepontinischen Alpen liegen südlich des östlichen Rhonetales in der Schweiz (Tessin, Graubünden, Wallis, Uri) und Italien (Piemont, Lombardei). Am Lago Maggiore reichen sie bis an den südlichen Rand der

Alpen. Höchster Berg ist der Monte Leone im Nordwesten mit 3 552 m. Mehr als 20 weitere Gipfel sind über 3 000 m hoch.

Die Lepontinischen Alpen werden in die Unterabschnitte Monte Leone und Sankt Gotthard-Alpen (im Nordwesten), Adula-Alpen (im Nordosten) sowie die Tessiner- und Verbano-Alpen (im Süden) untergliedert.

Im Gebiet dominieren metamorphe Gesteine (Gneise, Phyllite, Sandsteine), im Rhonetal und am südlichen Rand finden sich auch Granite.

Während des Letzteiszeitlichen Maximums waren die Lepontinischen Alpen in großen Teilen vergletschert, nur im Süden (am Nordufer des heutigen Lago Maggiore) gab es größere eisfreie Bereiche. *Biscutella ossolana* – Ossola-Brillenschötchen kommt auch in den Penninischen Alpen vor.

Abbildung 4-14: **Blick vom Oberalppass nach Südwesten auf den Rein da Tuna, welcher einer der Quellflüsse des Vorderrheins ist.** Das Vorderrheintal bildet die Grenze zwischen den Lepontinischen Alpen und den Glarner Alpen.

Luganer Voralpen

Die Luganer Voralpen sind mit ca. 1 800 km² der kleinste Abschnitt der Alpen und bilden zwischen Lago Maggiore und Comer See ihren südlichen Rand. Sie liegen auf dem Gebiet von Italien (Lombardei) und der Schweiz (Tessin). Höchster Berg ist der Pizzo di Gino im Norden mit 2 245 m.

Sie werden untergliedert in die östlich gelegenen Comer-Voralpen und westlich gelegenen Vareser-Voralpen.

In den nördlichen Gebieten dominieren metamorphe Gesteine (Gneise, Schiefer), während am südlich gelegenen Alpenrand kalkhaltige Gesteine, magmatische Gesteine (Rhyolithe) sowie nicht-kalkhaltige Sedimente zu finden sind.

Während des Letzteiszeitlichen Maximums waren die nördlichen Bereiche großflächig vergletschert, während im Süden zumindest einige Bergmassive eisfrei waren. In den Luganer Voralpen kommen 44 endemische Arten vor. Berücksichtigt man jedoch die geringe Flächengröße, zählen die Luganer Voralpen zu den fünf Unterabschnitten mit der höchsten Anzahl endemischer Arten pro Quadratkilometer. *Euphrasia cisalpina* – Tessiner Augentrost kommt auch in den Westlichen Rätischen Alpen vor und *Xerolekia speciosissima* – Prächtige Telekie auch in den Bergamasker Alpen und Voralpen.

Abbildung 4-15: **Blick vom Monte Genoroso nach Nordwesten.** Links Lugano und der Luganer See.

Berner Alpen

Die Berner Alpen i. w. S. liegen nördlich des Rhonetales in den Schweizer Kantonen Bern, Wallis und Waadt. Höchster Berg ist das Finsteraarhorn mit 4 274 m, acht weitere Gipfel sind höher als 4 000 m und mehr als 200 über 3 000 m.

In den Berner Alpen i. e. S. finden sich großflächig vergletscherte Bereiche, darunter auch der längste Gletscher der Alpen, der Große Aletschgletscher am Fuße von Eiger, Mönch und Jungfrau. Weitere Unterabschnitte sind die (Westlichen) Urner Alpen und die Waadtländer Alpen.

Im Westen dominieren kalkhaltige Gesteine, während sich im Osten metamorphe Gesteine (Gneise, Phyllite) und magmatische Gesteine (Granite) abwechseln.

Während des Letzteiszeitlichen Maximums waren die Berner Alpen praktisch vollständig mit Eis bedeckt.

Abbildung 4-16: **Blick von der Oberaletschhütte auf Oberaletschgletscher und Beichfirn in den Berner Alpen i. e. S.**

Glarner Alpen

Die Glarner Alpen i. w. S. liegen im Nordosten der Schweiz in den Kantonen Graubünden, Glarus, Schwyz, St. Gallen und Uri und bilden mit ca. 2 100 km² den zweitkleinsten Abschnitt der Alpen. Höchster Berg ist der Tödi (Piz Russein) mit 3 612 m, mehr als 50 weitere Gipfel sind über 3 000 m hoch.

Die Glarner Alpen werden untergliedert in die Westlichen Glarner Alpen (Oberalpstock-Clariden-Glärnisch-Alpen) und die Östlichen Glarner Alpen (Tödi-Sardona-Tamina-Alpen).

Im Gebiet wechseln sich kalkhaltige Gesteine, magmatische Gesteine (Granite) und metamorphe Gesteine (Sandsteine, Tonsteine, Gneise) sowie nicht-kalkhaltige Sedimente ab.

Während des Letzteiszeitlichen Maximums waren die Glarner Alpen praktisch vollständig mit Eis bedeckt.

Abbildung 4-17: **Blick von der Messhaldaspitz (Rätikon, Westlich Rätische Alpen) über das Rheintal auf die Östlichen Glarner Alpen (etwas links Bildmitte).** Rechts der Bildmitte sind zwischen Rheintal und Seeztal die östlichsten Ausläufer der Schweizer Voralpen (Appenzeller und St. Galer Voralpen) zu sehen.

Schweizer Voralpen

Die Schweizer Voralpen bilden östlich des Genfer Sees den Nordrand der Schweizer Alpen. Sie liegen auf dem Gebiet der Kantone Waadt, Freiburg, Bern, Luzern, Obwalden, Nidwalden, Schwyz, Glarus, Zug, Appenzell Ausserrhoden und Appenzell Innerrhoden sowie zu einem kleinen Teil in Österreich (Vorarlberg). Mit ca. 210 km weisen sie die zweitgrößte Ost-West-Ausdehnung aller Abschnitte auf. Höchster Berg ist das nahe der Grenze zu den Berner Alpen gelegene Schilthorn mit 2 970 m.

Die Schweizer Voralpen werden von West nach Ost untergliedert in die Waadtländer und Freiburger Voralpen, die Berner Voralpen, die Luzerner und Unterwaldner Voralpen, die Schwyzer und Urner Voralpen sowie die Appenzeller und St. Galler Voralpen.

Am nördlichen Rand der Berner Alpen finden sich v. a. metamorphe Gesteine (Sandsteine), im zentralen Bereich dominieren kalkhaltige Gesteine und im südlichen Bereich wechseln sich magmatische Gesteine (Granite) und metamorphe Gesteine (Gneise, Phyllite) ab.

Während des Letzteiszeitlichen Maximums waren große Teile der Schweizer Voralpen von Gletschern bedeckt, nur einzelne Bergmassive am Alpenrand sowie einige Gebiete zwischen den Gletscherzungen waren eisfrei.

Abbildung 4-18: **Blick vom Rochers de Naye (bei Montreux) nach Nordosten in die Waadtländer und Freiburger Voralpen.** Der sich in der Nähe befindende Botanische Garten La Rambertia zählt sicherlich zu den am schönsten gelegenen Alpengärten.

Nördliche Ostalpen

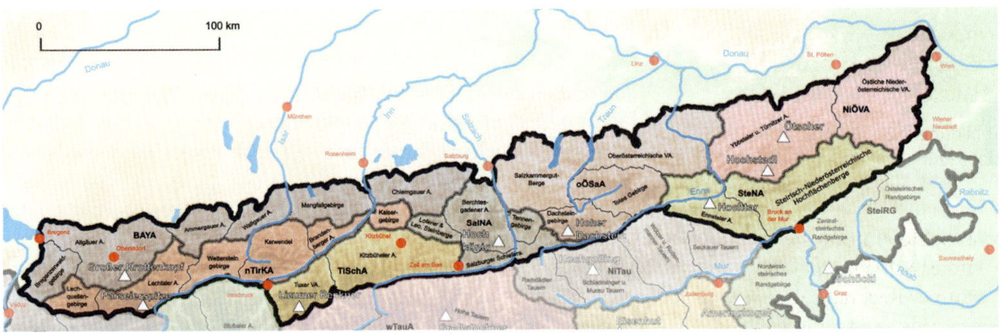

Abbildung 4-19: **Karte der Nördlichen Ostalpen.** Abkürzungen der SOIUSA-Abschnitte wie in Abbildung 2-2.

Nordtiroler Kalkalpen

Die Nordtiroler Kalkalpen erstrecken sich zwischen Bludenz und Kufstein und weisen mit ca. 205 km die drittgrößte Ost-West-Ausdehnung aller Abschnitte auf. Sie liegen in Österreich (Tirol, Vorarlberg) sowie zu einem kleineren Anteil in Deutschland (Bayern). Höchster Berg ist die Parseierspitze mit 3 036 m.

Die Nordtiroler Kalkalpen werden von West nach Ost untergliedert in das Lechquellengebirge, die Lechtaler Alpen, das Wettersteingebirge mit Mieminger Kette, das Karwendel, die Brandenberger Alpen mit Rofangebirge und das Kaisergebirge.

Kalkhaltige Gesteine dominieren im gesamten Gebiet. Nicht-kalkhaltige Sedimente finden sich nur vereinzelt und metamorphe Gesteine vor allem am Südrand.

Abbildung 4-20: **Blick aus dem Kistenbachtal nach Nordwesten auf die Erlspitzgruppe im Karwendel.** Foto: Jakob Tackenberg.

Während des Letzteiszeitlichen Maximums waren die Nordtiroler Kalkalpen praktisch vollständig mit Eis bedeckt. *Euphrasia sinuata* – Buchten-Augentrost kommt auch in den Tiroler Schieferalpen vor.

Bayerische Alpen

Die Bayerischen Alpen werden von West nach Ost untergliedert in das Bregenzerwaldgebirge, die Allgäuer Alpen (mit Tannheimer Bergen), die Ammergauer Alpen, die Wallgauer Alpen, das Mangfallgebirge und die Chiemgauer Alpen.

Am Nordrand der Bayerischen Alpen dominieren metamorphe Gesteine (Sandsteine, Tonsteine), im Süden dominieren kalkhaltige Gesteine. An mehreren Stellen sind auch nicht-kalkhaltige Sedimente zu finden.

Während des Letzteiszeitlichen Maximums waren die Bayerischen Alpen großflächig vergletschert. Nur am Alpenrand ragten einige Bergmassive und die Bereiche zwischen den großen Gletscherzungen aus dem Eis heraus.

Abbildung 4-21: **Blick vom Fellhorngrat nach Westen über das Kleinwalsertal auf Hohen Ifen und Gottesackerplateau in den Allgäuer Alpen**

Tiroler Schieferalpen

Die Tiroler Schieferalpen liegen in den österreichischen Bundesländern Tirol und Salzburg. Höchster Berg ist der Lizumer Reckner (Tuxer Voralpen) mit 2 884 m.

Sie werden untergliedert in die westlich gelegenen Tuxer Voralpen (auch Tuxer Nordalpen) und die östlich gelegenen Kitzbüheler Alpen.

Es dominieren metamorphe Gesteine (Phyllite, Gneise, Sandsteine), während kalkhaltige Gesteine nur stellenweise zu finden sind, so z. B. im Bereich des Lizumer Reckner. Die Tiroler Schieferalpen sind in weiten Teilen durch relativ sanfte Formen gekennzeichnet, die eine großflächige Almwirtschaft erlauben (›Tiroler Grasberge‹).

Während des Letzteiszeitlichen Maximums waren die Tiroler Schieferalpen praktisch vollständig vergletschert. *Euphrasia sinuata* – Buchten-Augentrost kommt auch in den Nordtiroler Kalkalpen vor.

Abbildung 4-22: **Tiroler Schieferalpen nördlich von Königsleiten**

Salzburger Nordalpen

Die Salzburger Nordalpen liegen südwestlich von Salzburg in Österreich (Salzburg, Tirol und zu einem kleinen Teil in der Steiermark) und Deutschland (Bayern). Mit ca. 2 300 km² sind sie der drittkleinste Abschnitt der Alpen. Höchster Berg ist der Hochkönig mit 2 941 m.

Die Unterabschnitte sind von West nach Ost die Loferer und Leoganger Steinberge, die Berchtesgadener Alpen, das Tennengebirge und im Süden die Salzburger Schieferalpen.

Kalkhaltige Gesteine dominieren in den meisten Gebieten, nur im Unterabschnitt Salzburger Schieferalpen dominieren metamorphe Gesteine (Phyllite). Randlich finden sich auch nicht-kalkhaltige Sedimente.

Während des Letzteiszeitlichen Maximums waren die Salzburger Nordalpen großflächig vergletschert. Allenfalls am Alpenrand ragten einige Bergmassive aus dem Eis heraus.

Abbildung 4-23: **Blick vom Nordhang des Hundstein (Salzburger Schieferalpen) nach Norden auf die Berchtesgadener Alpen**

Oberösterreichisch-Salzkammerguter Alpen

Die Oberösterreichisch-Salzkammerguter Alpen bilden zwischen Salzburg und Kirchdorf an der Krems den Nordrand der Alpen und liegen in den österreichischen Bundesländern Oberösterreich, Steiermark und Salzburg. Höchster Berg ist der im Südwesten des Gebietes gelegene Hohe Dachstein mit 2995 m. In den Tälern sind zahlreiche Seen zu finden.

Die Oberösterreichisch-Salzkammerguter Alpen werden untergliedert in das Dachsteingebirge (im Südwesten), die Salzkammergut-Berge (im Nordwesten), das Tote Gebirge (im Südosten) und die Oberösterreichischen Voralpen (im Nordosten).

Am Nordrand dominieren metamorphe Gesteine (Tonsteine), im Süden sind sowohl kalkhaltige Gesteine als auch nicht-kalkhaltige Sedimente zu finden.

Während des Letzteiszeitlichen Maximums waren die Oberösterreichisch-Salzkammerguter Alpen großflächig vergletschert. Einige der höheren Bergmassive, Bergmassive am Alpenrand und die Bereiche zwischen den großen Gletscherzungen waren allerdings eisfrei.

Abbildung 4-24: **Blick vom Traweng (Priel-Gruppe im Toten Gebirge) nach Südwesten.** Im Hintergrund das vergletscherte Dachsteingebirge, im Vordergrund die Tauplitzalm.

Steirische Nordalpen

Die Steirischen Nordalpen erstrecken sich über mehr als 130 km von der Pyhrn bis an den Ostrand der Alpen bei Ternitz. Sie liegen in den österreichischen Bundesländern Steiermark, Niederösterreich und Oberösterreich. Höchster Berg ist der Hochtor mit 2369 m.

Die Steirischen Nordalpen werden untergliedert in die Ennstaler Alpen (mit Haller Mauern, Gesäuse und Eisenerzer Alpen) und die Steirisch-Niederösterreichischen Hochflächenberge (mit Hochschwab-Gruppe, Mürzsteger Alpen und Rax-Schneeberg-Kette).

Im Norden des Gebietes dominieren kalkhaltige Gesteine, im Süden metamorphe Gesteine (Phyllite, Gneise, Schiefer).

Während des Letzteiszeitlichen Maximums waren die Steirischen Nordalpen großflächig vergletschert. Nur einige der höheren Bergmassive ragten, vor allem in Norden des Gebietes, aus dem Eis heraus. Endemische Arten sind *Alyssum neglectum* – Übersehenes Steinkraut und *Scorzoneroides montaniformis* – Nordostalpen-Schuppenlöwenzahn.

Abbildung 4-25: **Blick vom Südhang der Windgrube (Steirisch-Niederösterreichische Hochflächenberge) nach Westen.** Im Hintergrund die Hochschwabgruppe, rechts das Schönleitenhaus.

Niederösterreichische Voralpen

Die Niederösterreichischen Voralpen liegen überwiegend in Niederösterreich und zu kleineren Teilen in Oberösterreich, der Steiermark und Wien. Höchster Berg ist der im Südwesten gelegene Hochstadl mit 1 919 m.

Die Niederösterreichischen Voralpen werden untergliedert in die westlich gelegenen Ybbstaler und Türnitzer Alpen (mit Ybbstaler Alpen inkl. Ötscher, Türnitzer Alpen und Texing-Bergen) sowie die Östlichen Niederösterreichischen Voralpen (mit Wienerwald und Gutensteiner Alpen).

Am Nordrand des Gebietes dominieren metamorphe Gesteine (Tonsteine), im Süden sind kalkhaltige Gesteine und nicht-kalkhaltige Sedimente zu finden.

Während des Letzteiszeitlichen Maximums waren die westlichen Bereiche der Niederösterreichischen Voralpen großflächig vergletschert, wobei einige Bergmassive eisfrei waren. Die östlichen Bereiche waren hingegen weitgehend eisfrei. Eine endemische Art ist *Euphorbia saxatilis* – Felsen-Wolfsmilch (wenige Vorkommen auch in den Steirischen Nordalpen).

Abbildung 4-26: **Blick von Muhling (Alpenvorland) nach Süden auf den Ötscher (Ybbstaler Alpen)**

Zentrale Ostalpen

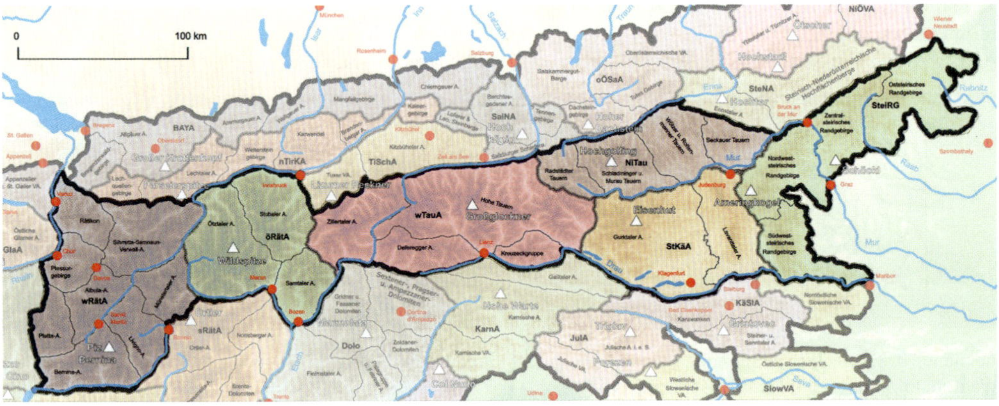

Abbildung 4-27: **Karte der Zentralen Ostalpen.** Abkürzungen der SOIUSA-Abschnitte wie in Abbildung 2.

Westliche Rätische Alpen

Die Westlichen Rätischen Alpen sind mit ca. 8 700 km² der zweitgrößte Abschnitt der Alpen. Sie liegen im zentralen Bereich der Alpen in Österreich (Vorarlberg, Tirol), Italien (Trentino-Südtirol, Lombardei) sowie der Schweiz (Graubünden). Außerdem liegt Liechtenstein komplett in den Westlichen Rätischen Alpen. Höchster Berg und einziger Viertausender der Ostalpen ist der Piz Bernina mit 4 049 m, in dessen Umgebung mehrere größere Gletscher zu finden sind.

Die Westlichen Rätischen Alpen werden untergliedert in die zentralen Albula-Alpen, die Platta-Alpen, die Bernina-Alpen, die Livigno-Alpen, die Münstertaler Alpen, die Silvretta-Samnaun-Verwall-Alpen, das Rätikon und das Plessurgebirge.

Am häufigsten sind im Gebiet metamorphe Gesteine (Gneise, Phyllite, Tonsteine, Sandsteine) anzutreffen, kalkhaltige Gesteine und nicht-kalkhaltige Sedimente sowie magmatische Gesteine (Granite) nehmen aber auch größere Flächen ein.

Während des Letzteiszeitlichen Maximums waren die Westlichen Rätischen Alpen praktisch vollständig vergletschert. Endemische Arten sind *Festuca rhaetica* – Rätischer-Schwingel und *Draba ladina* – Engadiner Felsenblümchen. *Euphrasia cisalpina* – Tessiner Augentrost kommt auch in den Luganer Voralpen vor.

Abbildung 4-28: **Blick von der Fuorcla da Grialetsch nach Südosten auf den Grialetschgletscher und dessen Vorfeld in den Albula-Alpen bei Davos**

Östliche Rätische Alpen

Die Östlichen Rätischen Alpen liegen südlich des Oberinntals in Österreich (Tirol) und Italien (Trentino-Südtirol). Höchster Berg ist die Wildspitze (Ötztaler Alpen) mit 3 768 m.

Sie werden untergliedert in die Ötztaler Alpen (im Westen), die Stubaier Alpen (im Nordosten) und die Sarntaler Alpen (im Südosten). In den beiden zuerst genannten Unterabschnitten finden sich großflächig vergletscherte Bereiche.

Im gesamten Gebiet dominieren metamorphe Gesteine (Gneise, Schiefer). Nur am Westrand sind auch kalkhaltige Gesteine zu finden.

Während des Letzteiszeitlichen Maximums waren die Östlichen Rätischen Alpen praktisch vollständig vergletschert. Eine endemische Art ist *Euphrasia inopinata* – Unerwarteter Augentrost.

Abbildung 4-29: **Blick von Hochgurgl ins obere Ötztal**

Westliche Tauernalpen

Die Westlichen Tauernalpen liegen zwischen Salzach und Drau in Österreich (Kärnten, Salzburg, Tirol) und Italien (Südtirol-Trentino) und bilden mit ca. 7 850 km² den drittgrößten Abschnitt der Alpen. Höchster Berg und zugleich höchster Berg Österreichs ist der Großglockner mit 3 798 m.

Die Westlichen Tauernalpen werden untergliedert in die Zillertaler Alpen, die Hohen Tauern, die Defereggter Alpen (Villgratner Berge) und die Kreuzeckgruppe. In den Hohen Tauern finden sich großflächig vergletscherte Bereiche, so auch der längste Gletscher der Ostalpen, die Pasterze.

Metamorphe Gesteine (Phyllite, Gneise, Schiefer) sind am häufigsten zu finden, kleinflächig treten aber auch magmatische Gesteine (Granite, Tonalite) auf. Am Südwestrand finden sich außerdem kalkhaltige Gesteine.

Während des Letzteiszeitlichen Maximums waren die Westlichen Tauernalpen praktisch vollständig vergletschert. Endemische Arten sind *Festuca winnebachensis* – Winnebach-Schwingel und *Delphinium apolanum* – Osttiroler Rittersporn.

Abbildung 4-30: **Blick über die Pasterze nach Westen mit Großglockner und Johannisberg (mittig) im Sommer 2017.** Seit 2005 hat die Pasterze mehr als 1 km an Länge eingebüßt.

Niedere Tauern

Die Niederen Tauern liegen komplett auf dem Gebiet von Österreich in den Bundesländern Steiermark und Salzburg. Höchster Berg ist der Hochgolling mit 2 863 m.

Die Niederen Tauern werden untergliedert in die Radstädter Tauern, die Schladminger und Murau Tauern, die Wölzer und Rottenmanner Tauern sowie die Seckauer Tauern.

Metamorphe Gesteine (Gneise, Schiefer, Amphibolite) sind im Gebiet am häufigsten zu finden. Kalkhaltige Gesteine finden sich im Westen und Osten und kleinflächig außerdem nicht-kalkhaltige Sedimente. Im Osten treten kleinflächig auch magmatische Gesteine (Ultramafische Gesteine) auf.

Während des Letzteiszeitlichen Maximums waren die Niederen Tauern im westlichen Bereich großflächig vergletschert, während im Osten mehrere Bergmassive aus dem Eis ragten und auch Täler eisfrei waren. Endemische Arten sind *Ranunculus crenatus* – Gekerbter Hahnenfuß und *Saxifraga styriaca* – Steirischer Steinbrech. *Cochlearia excelsa* – Alpen-Löffelkraut und *Cerastium eriophorum* – Wolliges Hornkraut kommen auch in den Steirisch-Kärntnerischen Alpen vor. Im Murtal, an der Grenze zwischen den Niederen Tauern, Steirisch-Kärntnerischen Alpen und dem Steirischen Randgebirge, liegen die wenigen bekannten Standorte der Endemiten *Stipa styriaca* – Steirisches Federgras und *Sempervivum pittonii* – Serpentin-Hauswurz.

Abbildung 4-31: **Blick von St. Martin am Grimming nach Westsüdwest auf die Schladminger Tauern**

Steirisch-Kärntnerische Alpen

Die Steirisch-Kärntnerischen Alpen liegen zwischen Mur und Drau in den österreichischen Bundesländern Kärnten, Steiermark und Salzburg. Höchster Berg ist der Eisenhut mit 2 441 m.

Die Steirisch-Kärntnerischen Alpen werden in die westlich gelegenen Gurktaler Alpen (mit den Kärntner Seen im Süden) und die östlich gelegenen Lavanttaler Alpen untergliedert.

Metamorphe Gesteine (Phyllite, Schiefer, Gneise) sind im Gebiet am häufigsten zu finden. Stellenweise treten aber auch kalkhaltige Gesteine und nicht-kalkhaltige Sedimente auf.

Während des Letzteiszeitlichen Maximums waren die Steirisch-Kärntnerischen Alpen großflächig vergletschert. Mehrere Bergmassive und einige Täler, vor allem im Osten, waren aber eisfrei. Endemische Arten der Steirisch-Kärntnerischen Alpen sind *Rhinanthus carinthiacus* – Kärntner Klappertopf und *Knautia carinthiaca* – Kärntner Witwenblume. *Cochlearia excelsa* – Alpen-Löffelkraut und *Cerastium eriophorum* – Wolliges Hornkraut kommen auch in den Niederen Tauern vor.

Abbildung 4-32: **Blick vom Lindersee am Zirbitzkogel nach Nordosten auf Scharfes Eck und Schlaferkogel.** Hinter dem Murtal (unter einer dichten Wolkendecke) die Seckauer Tauern.

Steirisches Randgebirge

Das Steirische Randgebirge umfasst die östlichsten Ausläufer der Alpen und liegt in Österreich (Steiermark, Niederösterreich, Burgenland, Kärnten), Slowenien (Region Vzhodna Slovenija – Östliches Slowenien) sowie mit wenigen Quadratkilometern auch in Ungarn (in der Region Nyugat-Dunántúl – Westtransdanubien). Mit ca. 145 km hat das ca. 6 800 km² große Steirische Randgebirge die größte Nord-Süd-Ausdehnung aller Alpenabschnitte. Höchster Berg ist der Ameringkogel mit 2 187 m.

Das Steirische Randgebirge wird untergliedert in das Nordweststeirische Randgebirge (mit Stubalpe, Packalpe, Gleinalpe und Westlichen Grazer Vorbergen), das Südweststeirische Randgebirge (mit Koralpe, Reinischkögel-Bergen und Poßruck), das Zentralsteirische Randgebirge (mit Fischbacher Alpe und Ostgrazer Bergland) und das Oststeirische Randgebirge (mit Wechsel-Joglland-Kette und Buckliger Welt).

Metamorphe Gesteine (Schiefer, Gneise, Phyllite) weisen den größten Flächenanteil auf, kalkhaltige Gesteine und nicht-kalkhaltige Sedimente sind aber auch häufig zu finden.

Während des Letzteiszeitlichen Maximums waren die zentralen (westlichen) Bereiche des Steirischen Randgebirges großflächig vergletschert, wobei auch hier einige Bergmassive aus dem Eis ragten. Im Süden und Osten des Gebietes waren größere Bereiche eisfrei.

Endemische Arten des Steirischen Randgebirges sind *Festuca eggleri* – Egglers Schwingel und *Saxifraga paradoxa* – Seltsamer Steinbrech (evtl. auch in direkt angrenzenden Gebieten) sowie *Doronicum cataractarum* – Gießbach-Gämswurz. Im Murtal, an der Grenze zwischen dem Steirischen Randgebirge und den Niederen Tauern liegen die wenigen bekannten Standorte von *Sempervivum pittonii* – Serpentin-Hauswurz.

Abbildung 4-33: **Blick vom Westgrat nach Osten in das Große Kar auf der Koralpe (rechts der Große Speikogel).** *Doronicum cataractarum* – Gießbach-Gämswurz kommt ausschließlich in diesem Gebiet vor.

Südliche Ostalpen

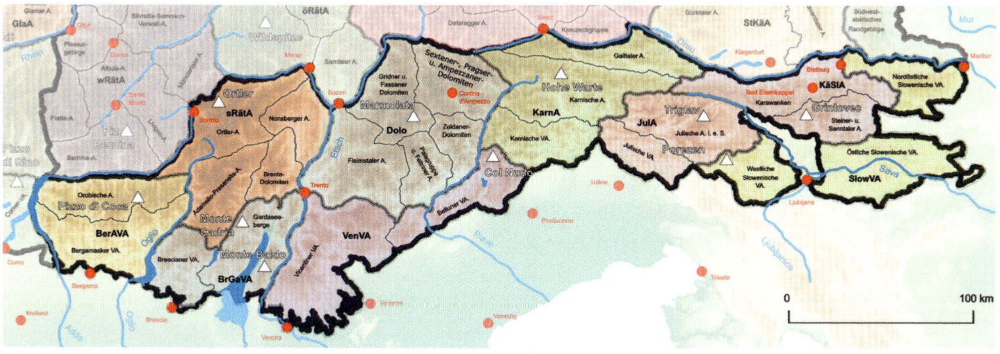

Abbildung 4-34: **Karte der Südlichen Ostalpen.** Abkürzungen der SOIUSA-Abschnitte wie in Abbildung 2.

Südliche Rätische Alpen

Die Südlichen Rätischen Alpen liegen in den italienischen Regionen Südtirol-Trentino und Lombardei. Höchster Berg ist der Ortler mit 3905 m.

Die Südlichen Rätischen Alpen werden untergliedert in die Ortler-Alpen (im Nordwesten), die Nonsberger Alpen (im Nordosten), die Adamello-Presanella-Alpen (im Südwesten) und die Brenta-Dolomiten (im Südosten).

Im Nordwesten der Südlichen Rätischen Alpen dominieren metamorphe Gesteine (Gneise, Phyllite, Schiefer, Granulite), im zentralen Bereich und Südwesten magmatische Gesteine (Granite, Rhyolithe, Tonalite) und im Süden und Osten kalkhaltige Gesteine.

Während des Letzteiszeitlichen Maximums waren die Südlichen Rätischen Alpen im Norden praktisch vollständig vergletschert. V. a. im Südosten, in den Brenta-Dolomiten, gab es auch eisfreie Bereiche. Mit

111 endemischen Arten sind die Südlichen Rätischen Alpen der endemitenreichste Unterabschnitte der Alpen. Endemiten sind *Gymnadenia buschmanniae* – Adolfine Buschmanns Männertreu, *Festuca bauzanina* – Bozen-Schwingel, *Festuca guinochetii* – Guinochets' Schwingel, *Gentiana brentae* – Brenta-Enzian und *Euphrasia ultima* – Ortler-Augentrost. *Saxifraga tombeanensis* – Tombea-Steinbrech kommt auch in den Brescianer und Gardasee-Voralpen vor.

Abbildung 4-35: **Blick vom Passo del Groste nach Norden auf die Pietra Grande in den Brenta-Dolomiten.** In diesem Gebiet finden sich zahlreiche Endemiten, z. B. *Gentiana brentae* und *Gymnadenia buschmannianae*.

Bergamasker Alpen und Voralpen

Die Bergamasker Alpen und Voralpen bilden den Südrand der Alpen bei Bergamo und liegen in der italienischen Region Lombardei. Mit ca. 3 400 km² zählen die Bergamasker Alpen und Voralpen zu den zehn kleinsten Abschnitten der Alpen. Höchster Berg ist der Pizzo di Coca mit 3 052 m.

Sie werden untergliedert in die nördlich gelegenen Orobischen Alpen (Bergamasker Alpen) und die südlich gelegenen Bergamasker Voralpen.

Im Norden dominieren metamorphe Gesteine (Sandsteine, Schiefer), im Süden kalkhaltige Gesteine.

Während des Letzteiszeitlichen Maximums war nur der nördliche Bereich großflächig vergletschert, während in den Bergamasker Voralpen große Bereiche eisfrei waren. Mit 107 endemischen Arten zählen die Bergamasker Alpen und Voralpen zu den fünf endemitenreichsten Unterabschnitten der Alpen. Berücksichtigt man die (geringe) Flächengröße, sind die Bergamasker Alpen und Voralpen zusammen mit den Brescianer und Gardasee-Voralpen der Unterabschnitt mit der höchsten Anzahl endemischer Arten pro Quadratkilometer. Endemische Arten der Bergamasker Alpen und Voralpen sind *Saxifraga presolanensis* – Presolana-Steinbrech (evtl. auch in den Brescianer und Gardasee-Voralpen), *Viola comollia* – Comollis Stiefmütterchen, *Minuartia grignensis* – Grigna-Miere, *Moehringia concarenae* – Concarena Nabelmiere (evtl. auch in den Brescianer und Gardasee-Voralpen), Moehringia dielsiana – Diels' Nabelmiere, *Primula albensis* – Monte-Alben-Primel und *Linaria tonzigii* – Bergamasker Leinkraut. Auch in den Brescianer und Gardasee-Voralpen kommen vor: *Moehringia insubrica* – Insubrische Nabelmiere und *Galium montis-arerae* – Arera-Labkraut. *Xerolekia speciosissima* – Prächtige Telekie kommt auch in den Luganer Voralpen vor.

Abbildung 4-36: **Blick vom Pizzo Arera (im Norden der Bergamasker Voralpen) nach Südwesten.** Etwas links der Bildmitte liegt der Monte Alben, im Hintergrund beginnt die Po-Ebene.

Brescianer und Gardasee-Voralpen

Die Brescianer und Gardasee-Voralpen bilden im Bereich von Gardasee und Lago d'Iseo den Südrand der Alpen und liegen in den italienischen Regionen Lombardei, Trentino-Südtirol und Venetien. Höchster Berg ist der Monte Cadria mit 2 254 m. Mit ca. 2 850 km² zählen die Brescianer und Gardasee-Voralpen zu den sieben kleinsten Abschnitten der Alpen.

Sie werden untergliedert in die westlich gelegenen Brescianer Voralpen und die östlich gelegenen Gardaseeberge.

In weiten Teilen der Brescianer und Gardasee-Voralpen dominieren kalkhaltige Gesteine. Stellenweise, z. B. im Bereich des Monte Baldo, sind auch metamorphe Gesteine (Sandsteine, Schiefer) zu finden und im äußersten Süden auch nicht-kalkhaltige Sedimente (Tonsteine).

Während des Letzteiszeitlichen Maximums war der Norden großflächig vergletschert, während im Süden große Bereiche eisfrei waren. In den Brescianer und Gardasee-Voralpen kommen 85 endemischer Arten. Berücksichtigt man die (geringe) Flächengröße, sind die Brescianer und Gardasee-Voralpen zusammen mit den Bergamasker Alpen und Voralpen der Unterabschnitt mit der höchsten Anzahl endemischer Arten pro Quadratkilometer. Endemische Arten sind *Callianthemum kernerianum* – Kerners Schmuckblume, *Daphne petraea* – Felsen-Seidelbast (evtl. auch in den Südlichen Rätischen Alpen), *Moehringia markgrafii* – Markgrafs Nabelmiere und *Gypsophila papillosa* – Warziges Gipskraut. Auch in den Bergamasker Alpen und Voralpen kommen vor: *Moehringia insubrica* – Insubrische Nabelmiere und *Galium montis-arerae* – Arera-Labkraut. *Saxifraga tombeanensis* – Tombea-Steinbrech kommt auch in den Südlichen Rätischen Alpen vor, *Hypochaeris facchiniana* – Facchinis Ferkelkraut auch in den Dolomiten.

Abbildung 4-37: **Blick vom Passo del Maniva (Brescianer Voralpen) nach Südosten in die Gardaseeberge**

Dolomiten

Die Dolomiten liegen in den italienischen Regionen Trentino-Südtirol und Venetien. Höchster Berg ist die zentral gelegene Marmolata am Punta Penia mit 3 343 m.

Die Dolomiten werden untergliedert in die Sextener-, Pragser- und Ampezzaner-Dolomiten, die Zoldaner-Dolomiten, die Palagruppe und Feltriner Alpen, die Fleimstaler Alpen sowie die Grödner- und Fassaner-Dolomiten.

Neben kalkhaltigen Gesteinen, welche die höchsten und markanten Gipfel bilden, finden sich im Gebiet auch nicht-kalkhaltige Sedimentgesteine, metamorphe Gesteine (Phyllite, Sandsteine, Rhyodacite) und magmatische Gesteine (Granit, Basalt).

Abbildung 4-38: **Blick vom Rifugio Fredarola (Grödner- und Fassaner-Dolomiten) nach Nordwesten auf die Langkofelgruppe (links), den Sas Bece (Vordergrund) und die Sellagruppe (rechts)**

Während des Letzteiszeitlichen Maximums waren die Dolomiten großflächig vergletschert. V. a. in den südlichen Bereichen, am Übergang zu den Venetischen Voralpen, waren größere Flächen eisfrei. Mit 93 endemischen Arten zählen die Dolomiten zu den fünf endemitenreichsten Unterabschnitten der Alpen. Endemiten sind *Festuca pseudovaria* – Schein-Bunt-Schwingel, *Saxifraga depressa* – Fassaner Steinbrech, *Saxifraga facchinii* – Facchinis Steinbrech, *Sempervivum dolomiticum* – Dolomiten-Hauswurz und *Rhizobotrya alpina* – Zwergkugelschötchen. *Arenaria huteri* – Huters Sandkraut und *Campanula morettiana* – Dolomiten-Glockenblume kommen auch in den Karnischen und Gailtaler Alpen vor und *Hypochaeris facchiniana* – Facchinis Ferkelkraut auch in den Brescianer und Gardasee-Voralpen.

Venetische Voralpen

Die Venetischen Voralpen bilden zwischen der Adige im Westen und dem Cellina im Osten den Südrand der Italienischen Alpen. In Ost-West-Richtung erstrecken sie sich über ca. 140 km und liegen in den Regionen Venetien, Trentino-Südtirol und Friaul-Julisch Venetien. Höchster Berg ist der im Osten des Gebietes gelegene Col Nudo mit 2472 m.

Sie werden untergliedert in die westlich gelegenen Vicentiner Voralpen und die östlich gelegenen Belluner Voralpen.

In weiten Teilen des Gebietes dominieren kalkhaltige Gesteine. Im Südwesten finden sich auch magmatische Gesteine (Andesite), im Nordosten und Südwesten metamorphe Gesteine (Sandsteine, Phyllite) und am Südrand auch nicht-kalkhaltige Sedimente (Sandsteine).

Während des Letzteiszeitlichen Maximums waren die nördlichen Bereiche der Venetischen Voralpen vergletschert, während die südlichen Bereiche eisfrei waren. Interessanterweise können für die Venetischen Voralpen keine Endemiten angegeben werden, die in maximal einem weiteren Abschnitt der Alpen vorkommen, obwohl weite Bereiche auch während der Eiszeit eisfrei waren. Dies könnte aber auch an der vergleichsweise schlechten Datengrundlage in diesem Gebiet liegen.

Abbildung 4-39: **Blick von Sequals (bei Pordenone in der Po-Ebene) nach Nordwesten auf die Belluneser Voralpen**

Karnische und Gailtaler Alpen

Die Karnischen und Gailtaler Alpen bilden zwischen dem Cellina im Westen und dem Tagliamento im Osten den Südrand der Italienischen Alpen. Von dort reichen sie bis ins Grenzgebiet zwischen Österreich (Tirol, Kärnten) und Italien (Friaul-Julisch Venetien, Venetien). Höchster Berg ist die Hohe Warte (Monte Coglians) mit 2780 m.

Sie werden untergliedert in die Gailtaler Alpen (im Norden), die Karnischen Alpen (zentral) und die Karnischen Voralpen (im Süden).

In weiten Teilen der Karnischen und Gailtaler Alpen dominieren kalkhaltige Gesteine. In den Gailtaler Alpen, den Karnischen Alpen und am Südrand des Gebietes finden sich aber auch metamorphe Gesteine (Sandsteine, Phyllite, Schiefer).

Während des Letzteiszeitlichen Maximums waren die nördlichen Bereiche der Karnischen und Gailtaler Alpen großflächig vergletschert, während in den südlichen Bereichen, vor allem in den Karnischen Voralpen, große Bereiche eisfrei waren.

Endemische Arten der Karnischen und Gailtaler Alpen sind *Aconitum angustifolium* – Schmalblättriger Eisenhut (evtl. auch in den Julischen Alpen), *Pinguicula poldinii* – Poldinis Fettkraut (evtl. auch in benachbarten Abschnitten) und *Pedicularis hoermanniana* – Hoermanns Läusekraut (evtl. auch in den Julischen Alpen). Auch in den Julischen Alpen kommen vor: *Noccaea cepaeifolia* – Dickblatt-Täschelkraut, *Cerastium julicum* – Julisches Hornkraut, *Cerastium subtriflorum* – Armblütiges Hornkraut und *Campanula zoysi* – Zoys'

Glockenblume. *Arenaria huteri* – Huters Sandkraut und *Campanula morettiana* – Dolomiten-Glockenblume kommen auch in den Dolomiten vor, *Saxifraga hohenwartii* – Hohenwarths Steinbrech auch in den Kärntnerisch-Slowenischen Alpen.

Abbildung 4-40: **Blick vom Bärenbadegg (Croda Nera) auf dem Hauptkamm der Karnischen Alpen nach Nordosten auf die Gailtaler Alpen.** Im Hintergrund sind schemenhaft die Hohen Tauern sichtbar. Foto: Moritz Tackenberg.

Julische Alpen

Die Julischen Alpen i. w. S. bilden westlich des Tagliamento den südlichen Rand der italienischen Alpen in der Region Friaul-Julisch Venetien. Von dort reichen sie bis nach Slowenien (Region Zahodna Slovenija – Westliches Slowenien). Höchster Berg der Julischen Alpen (und höchster Berg Sloweniens) ist der Triglav mit 2 864 m.

Sie werden untergliedert in die Julischen Alpen i. e. S. (im Nordosten) und die Julischen Voralpen (im Südwesten).

In den Julischen Alpen kommen kalkhaltige Gesteine großflächig vor, metamorphe Gesteine nehmen aber auch beträchtliche Flächenanteile ein.

Während des Letzteiszeitlichen Maximums waren die Julischen Alpen i. e. S. vor allem im Westen großflächig vergletschert, während im Osten auch größere eisfreie Bereiche zu finden waren. Die Julischen Voralpen waren größtenteils eisfrei. Eine endemische Art der Julischen Alpen ist *Medicago pironae* – Pironas Schneckenklee (evtl. auch in den Karnischen und Gailtaler Alpen). Auch in den Karnischen und Gailtaler Alpen kommen vor: *Noccaea cepaeifolia* – Dickblatt-Täschelkraut, *Cerastium julicum* – Julisches Hornkraut, *Cerastium subtriflorum* – Armblütiges Hornkraut und *Campanula zoysi* – Zoys' Glockenblume. *Moehringia villosa* – Zottige Nabelmiere kommt auch in den Slowenischen Voralpen vor.

Abbildung 4-41: **Blick vom Dobratsch (Gailtaler Alpen) nach Süden in die Julischen Alpen.** Der Gipfel des Triglav ist in der linken Bildhälfte zu sehen.

Kärntnerisch-Slowenische Alpen

Die Kärntnerisch-Slowenischen Alpen liegen in Österreich (Kärnten), Slowenien (Regionen Westliches Slowenien, Östliches Slowenien) und zu einem kleinen Teil auch in Italien (Friaul-Julisch Venetien). Höchster Berg ist der Grintovec mit 2 558 m.

Die Kärntnerisch-Slowenischen Alpen werden untergliedert in die nördlich gelegenen Karawanken und die südlich gelegenen Steiner- und Sanntaler-Alpen.

Im Gebiet wechseln sich kalkhaltige Gesteine, metamorphe Gesteine (v. a. Sandsteine, Schiefer), magmatische Gesteine (Tonalite) und nicht-kalkhaltige Sedimente kleinräumig ab.

Während des Letzteiszeitlichen Maximums waren die Kärntnerisch-Slowenischen Alpen vergletschert, es gab aber auch größere eisfreie Bereiche. Endemische Arten sind *Allium kermesinum* – Rotvioletter Lauch, *Helictotrichon petzense* – Karawanken-Wiesenhafer, *Draba aspera* – Raues Felsenblümchen, *Pulmonaria carnica* – Karawanken-Lungenkraut und *Leucanthemum lithopolitanicum* – Kamnik-Schwarzrand-Margerite. *Saxifraga hohenwartii* – Hohenwarths Steinbrech kommt auch in den Karnischen und Gailtaler Alpen vor.

Abbildung 4-42: **Blick von Unterschlossberg bei Köttmannsdorf nach Südwesten auf die Karawanken**

Slowenische Voralpen

Die Slowenischen Voralpen liegen überwiegend in Slowenien in den Regionen Westliches Slowenien und Östliches Slowenien. Ein kleiner Bereich (bei Bleiburg in Kärnten) liegt in Österreich und, der Vollständigkeit halber erwähnt, wenige Hektar in Kroatien (bei Mihanovićev Dol). Im Süden gehen die Slowenischen Voralpen fast übergangslos in die Dinarischen Gebirge über. Höchster Berg der Slowenischen Voralpen ist der im Westen gelegene Porezen mit 1 630 m.

Als einziger Abschnitt der Alpen bestehen die Slowenischen Voralpen aus drei nicht direkt aneinandergrenzenden Unterabschnitten, den Westlichen Slowenischen Voralpen, den Östlichen Slowenischen Voralpen und den Nordöstlichen Slowenischen Voralpen.

Am häufigsten kommen im Gebiet metamorphe Gesteine (v. a. Schiefer, Metagranite, Phyllite) vor, gefolgt von kalkhaltigen Gesteinen, nicht-kalkhaltigen Sedimenten und magmatischen Gesteinen (Tonalite).

Während des Letzteiszeitlichen Maximums waren die Westlichen und die Östlichen Slowenischen Voralpen weitgehend eisfrei, während die Nordöstlichen Slowenischen Voralpen in Teilen vergletschert waren. *Moehringia villosa* – Zottige Nabelmiere kommt auch in den Julischen Alpen vor.

Abbildung 4-43: **Blick von Tržič nach Südosten auf die Slowenischen Voralpen**

Hinweise zum Bestimmen

Die im Bestimmungsschlüssel und den Texten aufgeführten Merkmale beziehen sich auf ›**typische**‹ **Individuen zum Zeitpunkt der Blüte oder Fruchtreife.** Auf Extremstandorten, bei geschädigten Pflanzen oder früh in der Vegetationsperiode kann es zu Abweichungen von der typischen Wuchsform kommen. Deshalb ist es wichtig, wenn möglich immer mehrere Individuen zu untersuchen und sich an blühenden bis fruchtenden und typisch entwickelten Individuen zu orientieren.

Die in Monaten angegebene **Blühperiode** spiegelt die Hauptblütezeit wider, einzelne Individuen können auch außerhalb dieser Zeit blühen. Die angegebene **Wuchshöhe** gibt die maximale Höhe der Pflanzen inklusive von Blüten- bzw. Fruchtständen an.

Der Begriff ›**Blätter**‹ bezieht sich i. d. R. auf die Laubblätter. Angaben zur **Größe und Morphologie** der Blätter beziehen sich, soweit nicht anders angegeben, auf die mittleren Stängelblätter. Die **Anzahl der Stängelblätter** gibt die Anzahl der normal entwickelten Laubblätter am Stängel an. Blätter der grundständigen Blattrosette oder Schuppenblätter sind dabei in der Regel nicht inbegriffen. Blätter oder Blüten haben bei einigen Pflanzenarten einen charakteristischen Geruch. Um Blätter auf ihren Geruch zu überprüfen, kann man ein Blatt vorsichtig zwischen den Fingern zerreiben.

Die **Anzahl der Fruchtblätter** ist bei verwachsenblättrigen Fruchtknoten nicht immer leicht zu erkennen. Wenn mehrere Griffel, Griffeläste oder Narben vorhanden sind, entspricht deren Anzahl fast immer der Anzahl der Fruchtblätter. Wenn nur 1 Griffel vorhanden ist, sollte man den Fruchtknoten bzw. die Frucht quer durchschneiden. Sind im Querschnitt mehrere Kammern bzw. Zwischenwände ausgebildet, entspricht deren Anzahl meist der Anzahl der Fruchtblätter. Allerdings werden bei einigen Familien (z. B. den *Lamiaceae* – Lippenblütengewächsen), falsche Scheidewände in den Fruchtknoten eingezogen, sodass die Anzahl der Fruchtblätter dann nur halb so groß wie die Anzahl der Kammern ist.

Um Merkmale wie z. B. die Form von Haaren oder das Vorhandensein von Papillen sicher beurteilen zu können, wird eine Lupe mit mindestens 10-facher Vergrößerung benötigt.

Artbeschreibungen

Bei der Beschreibung der Arten werden möglichst wenig Abkürzungen (vgl. Abkürzungsverzeichnis in vorderem Einband) und Fachbegriffe verwendet. Die verwendeten Fachbegriffe werden im Kapitel ›**Morphologie der Pflanzen**‹ erklärt und sind in einem umfangreichen **Glossar** erläutert, in dem die Begriffe anhand bekannter Pflanzenarten veranschaulicht werden. Weiterhin stehen Verbreitungskarten, Angaben zu typischen Lebensräumen, Standorten und Höhenstufen, sowie Angaben zur Blütezeit und zur Giftigkeit zur Verfügung.

Für jede Art der Bedecktsamer wird die **Blütenformel** angegeben, die in der Regel ein wichtiges Merkmal der jeweiligen Familie bzw. Gattung ist. Um die beschreibenden Texte möglichst übersichtlich zu gestalten, werden darin nicht alle Merkmale der Art aufgeführt, sondern nur die wichtigsten Bestimmungsmerkmale. Diese ermöglichen das Identifizieren der Arten innerhalb der jeweiligen Gattung und Familie. Bei artenreichen Gattungen werden die gemeinsamen Merkmale in einem separaten Absatz vor der ersten Art genannt.

Besonders **charakteristische Merkmale (Differentialmerkmale)**, welche eine Art von nahe verwandten Sippen unterscheiden, sind durch Fettdruck hervorgehoben. In der Regel sind das die Differentialmerkmale zu Arten in derselben Gattung. Bei artenarmen Gattungen können zusätzlich Differentialmerkmale zu nahe verwandten Gattungen aufgeführt sein. Bei artenreichen Gattungen werden oft nur ausgewählte Differentialmerkmale aufgeführt und hervorgehoben, um die Texte übersichtlich zu halten. Wenn beispielsweise die meisten Arten einer Gattung kahle Blütenblätter haben und nur wenige Arten behaarte, ist das Merkmal ›behaart‹ fett gedruckt.

In den Texten werden die Merkmale immer in der gleichen Reihenfolge aufgeführt: Zunächst werden die Merkmale genannt, die sich auf die ganze Pflanze beziehen, gefolgt von Merkmalen des Blütenstandes, der Blüten, der Sprossachse und, sofern relevant, der unterirdischen Speicherorgane und Wurzeln. Den Abschluss bilden Merkmale der Blätter. Für die Erstellung der Merkmalstexte wurde, neben eigenen Beobachtungen an lebenden Pflanzen und Herbarmaterial, eine Vielzahl von Florenwerken sowie Spezialliteratur herangezogen (siehe Kapitel ›Literatur‹). Die Texte wurden anschließend mithilfe von Fotos und Abbildungen der Arten überprüft.

Eine wichtige Hilfe beim Bestimmen sind auch die **wissenschaftlichen Zeichnungen und Fotos.** Die historischen Abbildungen basieren auf Illustrationen aus aufwändig bebilderten wissenschaftlichen Floren und

Zeitschriften des 17., 18., 19. und frühen 20. Jahrhunderts. Die als Grundlage der Abbildungen verwendeten Werke sind im Bildquellenverzeichnis aufgelistet. Alle Abbildungen wurden überprüft, an die aktuelle Nomenklatur angepasst, bearbeitet und gesäubert. Einige Abbildungen wurden neu zusammengestellt und angeordnet. Außerdem wurden wichtige Erkennungsmerkmale der Arten mit roten Pfeilen markiert. Merkmale der Blattunterseite sind mit der Abkürzung ›*US*‹ gekennzeichnet, ›*OS*‹ bezeichnet die Blattoberseite.

Verwendung der Bestimmungsschlüssel

In den Bestimmungsschlüsseln sind alle Familien und Gattungen berücksichtigt, die in der alpinen Stufe vorkommen. Außerdem enthält der Schlüssel die Gattungen, die in den Alpen endemische Arten bzw. Unterarten enthalten. Der Versuch, ein nicht in diesem Buch berücksichtigtes Taxon mit diesen Schlüsseln zu bestimmen, wird zu fehlerhaften Ergebnissen führen, ohne das dies immer auf den ersten Blick ersichtlich ist. Deshalb sollte man mit diesen Schlüsseln nur Arten bestimmen, die aus der alpinen Stufe stammen.

Die Schlüssel sind dichotom aufgebaut, das heißt, man muss bei jedem Bestimmungsschritt zwischen zwei Antworten eines Fragepaares wählen. Die beiden Alternativen stehen immer direkt untereinander, die erste Frage ist mit einer vorangestellten fettgedruckten Zahl (der Schlüsselnummer) und die dazugehörige Alternative mit einem vorangestellten Strich (–) gekennzeichnet.

Um die Entscheidung für eine der beiden Alternativen zu erleichtern, werden bei den meisten Fragepaaren mehrere Pflanzenmerkmale genannt. Die wichtigen Merkmale stehen dabei am Anfang und Hilfsmerkmale sind grau gedruckt. Bevor man sich entscheidet, sollte man beide Alternativen komplett durchlesen, da die gegensätzlichen Formulierungen oft verdeutlichen, worauf es genau ankommt.

Wenn man sich für eine der beiden Auswahlmöglichkeiten entschieden hat, wird man mit dem rechts angeordneten Hinweis zum nächsten Bestimmungsschritt weitergeleitet. Steht am rechten Seitenrand der gewählten Alternative eine fettgedruckte Zahl, fährt man bei der entsprechenden Schlüsselnummer fort. Steht am rechten Rand der Hinweis auf eine andere Tabelle, beantwortet man als nächstes die erste Schlüsselnummer der betreffenden Tabelle. Steht dort ein fettgedruckter Gattungsname mit Seitenangabe, hat man die Gattung bestimmt und kann sich die zugehörigen Arten ab der betreffenden Seite anschauen. Ein normalgedruckter Pflanzenname ohne Seitenzahl verweist auf eine Pflanzengruppe, die nicht in den Artbeschreibungen dieser Flora enthalten ist.

Um das ›Zurückgehen‹ im Schlüssel zu erleichtern, finden sich in Klammern gesetzte Rücklaufnummern hinter der Schlüsselnummer, wenn der Verweis nicht von der unmittelbar vorangehenden Schlüsselnummer erfolgte.

Bestimmungsschlüssel

Bestimmung der Grossgruppen u. Familien, Sonderschlüssel

Tabelle 1: Hauptgruppen

1	Pflanze *ohne* Blüten, *ohne* Staub- u. Fruchtblätter. Vermehrung durch wenigzellige Sporen (Farne, Schachtelhalme u. Bärlappe). Pflanze krautig	Tabelle 2: Farnpflanzen S. 82
-	Pflanze mit Staub- u. Fruchtblättern in Blüten. Vermehrung durch Samen (Blütenpflanzen)	2
2	Stängel durchgehend verholzt. Baum- o. strauchförmig	Tabelle 3: Gehölze S. 83
-	Stängel krautig, zuweilen basal verholzt	3
3	Wasserpflanze mit Schwimm- o. Tauchblättern (freischwimmend o. unter Wasser wurzelnd)	Tabelle 4: Wasserpflanzen S. 85
-	Pflanze terrestrisch wachsend; wenn im Uferbereich: *ohne* Schwimm- o. Tauchblätter	4
4	Blätter ungeteilt, parallel-nervig. Krautige Pflanze mit 1 Keimblatt. Blüten fast immer mit 3-zähligen Blütenblattkreisen o. stark reduziert	Tabelle 5: Einkeimblättrige S. 85
-	Blätter meist fiedernervig. Pflanze meist mit 2 Keimblättern. Blüten meist mit > 3-zähligen Blütenblattkreisen; wenn 3-zählig: Blätter *nicht* parallelnervig (**Krautige Zweikeimblättrige**)	5
5	Blütenhülle aus Kelch- *oder* Kronblättern *oder* fehlend	Tabelle 6: S. 86
-	Blütenhülle in Kelch *und* Krone gegliedert	6
6	Kronblätter frei, sich einzeln von der Blütenachse lösend	Tabelle 7: S. 87
-	Kronblätter miteinander verwachsen, Krone als Ganzes abfallend	Tabelle 8: S. 88

Tabelle 2: Farnpflanzen - Bestimmung der Gattungen

Siehe auch Hinweise auf Seite 54

1	Blättchen < 1 cm lang, 1-nervig, ungeteilt	2
-	Blätter > 1 cm lang, mit mehreren Nerven, häufig gelappt bis gefiedert	5
2	Sporangien auf der Unterseite von schildförmigen Sporophyllen in endständigen Sporophyllständen. Quirlige, schuppenförmige Blättchen zu einer die Basis der grünen, rutenartigen Sprosse umgebenden Hülle verwachsen	*Equisetum* S. 114
-	Sporangien auf der Oberseite von blättchenartigen Sporophyllen. Habitus andersartig	3
3	Blättchen 1-3 mm lang. Pflanze zart, moosartig, < 10 (15) cm hoch. Sporen heterospor	Selaginella S. 114
-	Blättchen > 3 mm lang. Pflanze derber, *nicht* moosartig, bis 30 cm hoch. Sporen isospor	4
4	Sporophyllstände durchwachsen, diese unter- *und* oberhalb mit Trophophyllen. Pflanze *ohne* kriechende Grundachse, alle Sprosse ± aufrecht. Blättchen wechselständig, bis 10 mm lang	*Huperzia* S. 112
-	Sporophyllstände am Ende der Sprosse. Pflanze mit kriechender Grundachse, diese zuweilen unterirdisch	*Lycopodium* S. 112
5	(1) Blätter schmal-lineal, binsenartig	*Isoetes* S. 114
-	Blätter meist gelappt bis gefiedert; wenn ungeteilt: *nicht* binsenartig	6
6	Sporangien an rispen- o. ährenartigem Abschnitt an der Spitze von Sporotrophophyllen	*Botrychium* S. 116
-	Sporangien auf der Unterseite (seltener am Rand) von Sporotrophophyllen o. von Sporophyllen	7
7	Sporentragende u. sterile Wedel (etwas) unterschiedlich	8
-	Sporentragende u. sterile Wedel kaum unterschiedlich	9
8	Sporophylle deutlich länger gestielt als die Trophophylle. Indusium fehlend, Sori zumindest teilweise vom umgerollten Blattrand bedeckt	*Cryptogramma* S. 116
-	Sporophylle *nicht* deutlich länger gestielt als die Trophophylle. Indusium nierenförmig, Sori *nicht* vom Blattrand überdeckt	*Dryopteris* S. 126
9	(7) Indusien nierenförmig, bleibend	*Dryopteris* S. 126
-	Indusien *nicht* nierenförmig	10
10	Sori vom nach unten umgerollten Blattrand bedeckt	*Cryptogramma* S. 116
-	Sori *nicht* vom Blattrand bedeckt	11
11	Indusien seitlich inseriert	12
-	Indusien zentral inseriert o. fehlend	15
12	Sori u. Indusien schmal-lineal, meist > 5-mal so lang wie breit. Spreite meist < 30 cm lang; wenn länger: Blätter ungeteilt	*Asplenium* S. 118
-	Sori länglich, kommaförmig *oder* oval bis rund; meist < 5-mal so lang wie breit. Spreite meist > 30 cm lang, 2-3-fach gefiedert	13
13	Sori länglich bis kommaförmig. Wedel 2-3-fach gefiedert, 30-100 cm lang	*Athyrium* S. 124
-	Sori oval bis rund	14
14	Sori u. Indusien oval. Wedel < 50 cm lang	*Cystopteris* S. 118

- Sori länglich bis rund; Indusien früh abfallend. Wedel 50–150 cm lang, 2-fach gefiedert *Athyrium* S. 124
15 (11) Indusien zentral inseriert, bleibend 16
- Indusien fehlend bzw. früh abfallend 18
16 Indusien schildförmig, kreisrund, kahl. Basales Fiederpaar asymmetrisch, die zur Blattspitze gerichtete basale Fieder (leicht) vergrößert *Polystichum* S. 128
- Indusien nierenförmig o. fransig bewimpert 17
17 Indusien bewimpert, Unterseite des Wedels dadurch ± behaart. Wedel < 20 cm lang *Woodsia* S. 122
- Indusien *nicht* bewimpert. Wedel > 20 cm lang *Dryopteris* S. 126
18 (15) Wedel (tief) gelappt, derb, überwinternd grün. Sori groß, rund *Polypodium* S. 128
- Wedel 1–3-fach gefiedert. Fiederblättchen am Rand gezähnt bis buchtig, sommergrün 19
19 Wedel 2–3-fach gefiedert. Unterste Fieder deutlich größer als die folgenden *Gymnocarpium* S. 118
- Wedel 1-fach gefiedert. Unterste Fieder kaum größer als die folgenden *Phegopteris* S. 124

Tabelle 3: Gehölze – Bestimmung der Gattungen

In der Tabelle sind durchgehend verholzte Gehölze aufgeführt. Halbsträucher u. nur undeutlich verholzte Pflanzen werden nur in Einzelfällen genannt u. sind nach den Tabellen 6–8 zu bestimmen.

1 Nadelbaum bzw. -strauch. Samen *nicht* von Fruchtblättern eingeschlossen, in verholzten, seltener fleischigen Zapfen. Blätter lineal (nadelförmig) *oder* schuppenförmig u. die Äste bedeckend (Nacktsamer, Nadelbäume)..... 2
- Laubbaum o. Strauch mit in Fruchtblättern gebildeten Samen. Samen nur selten in verholzten Zapfen (*Alnus*)... 7
2 Rutenstrauch mit grünen Ästen u. reduzierten schuppenartigen Blättern. Samen von meist rötlichen Schuppenblättern umgeben *Ephedra* S. 128
- Strauch o. Baum mit grünen Blättern. Blätter schuppenförmig oder lineal (nadelförmig) 3
3 Blätter überwiegend gegenständig *Juniperus* S. 132
- Blätter wechselständig *oder* (fast) quirlig an Kurztrieben 4
4 Blätter sommergrün. Kurztriebe < 1 cm lang, mit > 15 (fast) quirligen Nadeln *Larix* S. 130
- Blätter immergrün 5
5 Gehölz mit beblätterten Kurz- u. Langtrieben. Blätter zu 2–5 in gemeinsamer Scheide *Pinus* S. 128
- Nadeln nur an Langtrieben 6
6 Zapfen fleischig, ± beerenartig, meist bläulich überlaufen. Blätter derb, stechend, meist zu dritt *Juniperus* S. 132
- Zapfen verholzend. Blätter wechselständig. Zapfen hängend, als Ganzes abfallend. Blätter *ohne* scheibenförmig verbreiterten Blattgrund *Picea* S. 130
7 (1) Blätter (meist) gegenständig 8
- Blätter (meist) wechselständig o. quirlig 15
8 Blätter gefiedert, mit deutlich voneinander getrennten Fiederblättchen. Kelch- u. Krone 5-blättrig. Rötliche (o. schwarze) Beeren. Meist strauchförmig *Sambucus* S. 690
- Blätter ungeteilt 9
9 Kronblätter verwachsen (Krone fällt als Ganzes ab) 10
- Kronblätter frei, sich einzeln von der Blütenachse lösend 13
10 Blüten zygomorph 11
- Blüten radiär 12
11 Blätter sommergrün. > 1 m hoher Strauch o. Liane. Staubblätter: 5. Fruchtknoten unterständig. Beeren zumindest basal miteinander verwachsen *Lonicera* S. 692
- Blätter immergrün. < 20 (40) cm hoher Strauch. Staubblätter: 4. Fruchtknoten oberständig, in 4 nussartige Teilfrüchte zerfallend. Staubblätter länger als die Kronröhre *Thymus* S. 564
12 (10) Kelch u. Krone 5-blättrig. Blüten zu mehreren am Stängelende. Blätter 0,3–0,8 cm lang *Loiseleuria* S. 502
- Kelch u. Krone 4-blättrig. Blüten einzeln in den Blattachseln. Blätter 0,1–0,4 cm lang *Calluna* S. 502
13 (9) Blätter immergrün, schuppenförmig, 0,1–0,4 cm lang. Blüten glockenförmig *Calluna* S. 502
- Blätter meist sommergrün; wenn winter- o. immergrün: Blätter *nicht* schuppenförmig, > 0,5 cm lang 14
14 Bis 10 cm hohe Polsterpflanze. Kronblätter klein, fädlich o. fehlend, kürzer als die Kelchblätter. Blüten meist weißlich. Blätter lineal bis länglich *Minuartia* S. 450
- Bis 30 cm hoher Strauch. Kronblätter breit-oval, länger als die Kelchblätter. Blüten gelblich o. weißlich. Blätter länglich bis ova *Helianthemum* S. 390
15 (7) Blätter ≥ 3-teilig gefingert 16
- Blätter ungeteilt, gelappt *oder* ≥ 5-teilig gefiedert (*nicht* gefingert) 17
16 Blüten radiär, weißlich bis rötlich, mit zahlreichen freien Staub- u. Fruchtblättern. Sammelsteinfrüchte. Blätter 3–7-teilig. Äste meist 2-jährig, schwach verholzt, fast immer mit Stacheln *Rubus* S. 338
- Zygomorphe Schmetterlingsblüten, mit verwachsenen Staub- u. Fruchtblättern. Öffnungsfrüchte *ohne* Fruchtfleisch. Blütenstände seitenständig, < 9-blütig. Blätter 3-teilig *Cytisus* S. 312
17 (15) Blätter gefiedert 18
- Blätter ungeteilt o. gelappt 21
18 Blüten zygomorph. Quer zur Längsachse zerfallende Spaltfrüchte. Blüten gelblich, in 2–5-blütigen doldenartigen Blütenständen. Blätter 5–13-teilig gefiedert *Hippocrepis* S. 316
- Blüten radiär. Früchte mit Fruchtfleisch 19
19 Pflanzen *ohne* Stacheln o. Dornen. Apfelartige Scheinfrüchte *Sorbus* S. 358
- Pflanzen mit Stacheln 20

20 Blütenachse schüssel- bis krugförmig, die Fruchtknoten umwachsend. Hagebutten. Nebenblätter mit dem Blattstiel verwachsen *Rosa* S. 336

- Blütenachse kegelförmig gewölbt. Sammelsteinfrüchte. Äste meist 2-jährig, schwach verholzt *Rubus* S. 338

21 (17) Blüten mit Kronblättern (meist auffällig gefärbt) *und* Kelchblättern (meist grünlich) 22

- Blütenhüllblätter alle ± gleichgestaltet (kron- *oder* kelchblattartig) *oder* fehlend 43

22 Kronblätter verwachsen (Krone fällt als Ganzes ab) 23

- Kronblätter frei, sich einzeln von der Blütenachse lösend) 32

23 Staubblätter: 10. Blätter meist immergrün; wenn sommergrün: Halbstrauch mit grünen, im QS scharfkantigen Ästen 24

- Staubblätter: < 10 27

24 Fruchtknoten unterständig. Blütenhülle 4-5-blättrig. Staubblätter 8-10. Beeren *Vaccinium* S. 506

- Fruchtknoten oberständig 25

25 Blüten kugelig bis krugförmig. Kronblätter nur distal eingeschnitten (< 20 % tief). Rötliche o. schwarze Steinfrüchte. Blüten weißlich, zuweilen rötlich überlaufen *Arctostaphylos* S. 500

- Blüten offen o. schüsselförmig bis glockig. Kronblätter tiefer eingeschnitten (> 20 % tief). Kapseln. Blüten rosa bis rötlich-violett 26

26 Kronzipfel fast bis zur Basis eingeschnitten. Spreite 0,5-1,2 cm lang *Rhodothamnus* S. 502

- Kronzipfel ± 30 % tief eingeschnitten. Spreite meist 2-4 cm lang *Rhododendron* S. 504

27 (23) Kelch 3-4-blättrig. Bis 60 cm hoher Strauch. Blätter schmal-lineal, < 1 cm lang, ganzrandig, immergrün. Blüten rosa bis rötlich. Kapseln *Erica* S. 504

- Kelch 5-blättrig 28

28 Blüten zygomorph. Krone 3-blättrig. Obere Kronblätter weißlich, unteres Kronblatt 4-lappig, gelblich *Polygala* S. 336

- Blüten radiär. Krone > 3-blättrig 29

29 Blätter immergrün 30

- Blätter sommergrün 31

30 Aufrechter Strauch, *ohne* Grundblattrosette. Blüten rötlich o. gelblich. Steinfrüchte *Daphne* S. 388

- Niederliegender Zwerg- o. Halbstrauch, mit Grundblattrosette. Blüten in endständigen gestielten köpfchenartigen Blütenständen, bläulich. Nüsse *Globularia* S. 552

31 (29) Stark verzweigter Halbstrauch mit grünen, im QS scharfkantigen Seitenästen. Blüten zu 1-2 in den Achseln der Laubblätter. Beeren, bläulich bis schwarz *Vaccinium* S. 506

- Wenig verzweigter Strauch. Blüten zu 1-7 in den Achseln der Blattnarben der vorjährigen Blätter. Steinfrüchte, rötlich, gelblich o. orange *Daphne* S. 388

32 (22) Kelch 3-blättrig. Krone 3-blättrig. < 50 hoher Strauch. Blätter immergrün, lineal, 0,3-1 cm lang, < 2 mm breit, unterseits mit weißer Furche *Empetrum* S. 504

- Kelch > 3-blättrig 33

33 Kelch 4-blättrig 34

- Kelch > 4-blättrig 36

34 Blüten mit ≤ 4 Staubblättern. < 0,5 m hoher Strauch, Blüten gelblich-grünlich u. Blätter am Rand gekerbt. Blätter ± oval, meist > 1 cm breit, meist 2-5 cm lang. Steinfrüchte, kugelig, dunkelblau bis schwarz *Rhamnus* S. 358

- Blüten mit ≥ 5 Staubblättern. < 1 m hoher Strauch 35

35 Fruchtknoten oberständig. Kapseln. Blätter schmal-lineal, < 0,4 cm lang, basal mit 2 abwärts-gerichteten Öhrchen. Blüten kurz gestielt, in traubenartigem Blütenstand *Calluna* S. 502

- Fruchtknoten unterständig. Beeren. Blätter länglich-oval bis 3-eckig, *ohne* Öhrchen, 0,3-2 cm lang. Blüten einzeln, lang gestielt *Vaccinium* S. 506

36 (33) Zygomorphe Schmetterlingsblüten. Hülsen *Cytisus* S. 312

- Blüten radiär 37

37 Staubblätter: 5. Blüten einzeln o. in ± überhängenden Trauben. Fruchtknoten unterständig. Beeren *Ribes* S. 280

- Staubblätter: > 5 38

38 Krone 7-9-blättrig. Niederliegender Strauch. Blätter immergrün, länglich-oval, am Rand gekerbt, unterseits dicht weiß-filzig behaart. Blüten weißlich, lang gestielt, mit zahlreichen freien Fruchtblättern. Griffel zur Fruchtzeit verlängert, dicht lang behaart *Dryas* S. 354

- Krone 5-blättrig. Meist aufrechter Strauch o. Baum; wenn niederliegend: Blätter schmal-lineal 39

39 Blüten mit > 10 freien Fruchtblättern. Blütenachse kegelförmig gewölbt. Sammelsteinfrüchte. Äste meist 2-jährig, schwach verholzt, meist mit Stacheln *Rubus* S. 338

- Blüten mit 1-5 Fruchtblättern. Blütenachse *nicht* kegelförmig gewölbt. Bälge, Steinfrüchte o. apfelartige Scheinfrüchte. Pflanze durchgehend verholzt, *ohne* Stacheln (zuweilen aber mit Dornen) 40

40 Blüten mit 1 oberständigem Fruchtknoten. Blütenachse krug- bis röhrenförmig, bei der Fruchtreife abfallend. Steinfrüchte. Blätter ungeteilt, ganzrandig o. gesägt *Prunus* S. 354

- Blüten mit 2-5 Fruchtknoten. Bälge o. apfelartige Scheinfrüchte 41

41 Strauch mit Bälgen *Spiraea* S. 356; S. 730

- Strauch o. Baum mit apfelartigen Scheinfrüchten 42

42 Blätter gelappt *Sorbus* S. 358

- Blätter ganzrandig. Blüten < 10 mm ⌀. Kronblätter nach innen gebogen. Früchte 2-5 samig *Cotoneaster* S. 356

43 (21) Blüten zwittrig. Bis 0,5 m hoher Strauch. Blätter beidseits mit je 2-5 Seitennerven. Steinfrüchte, kugelig, dunkelblau bis schwarz *Rhamnus* S. 358

- Blüten 1-geschlechtig 44

44 ♀ Blüten in dichten ährenartigen Kätzchen. Kapseln. Samen lang behaart. Blätter basal ± keilförmig verschmälert bis abgerundet, ± ganzrandig. Baum o. Strauch *Salix* S. 368
- ♀ Blüten *nicht* in dichten ährenartigen Kätzchen. Nüsse, Steinfrüchte *oder* beerenartige Fruchtverbände. Samen *nicht* lang behaart 45
45 Früchte mit Fruchtfleisch 46
- Früchte *ohne* Fruchtfleisch (Nüsse) 47
46 Rutenstrauch mit ± aufrechten grünen Ästen u. reduzierten schuppenartigen Blättern. Samen von meist rötlichen Schuppenblättern umgeben *Ephedra* S. 128
- Bis 0,5 m hoher Zwergstrauch mit grünen ± ovalen Laubblättern. Steinfrüchte kugelig, dunkelblau bis schwarz *Rhamnus* S. 358
47 (45) Nüsse in der Achsel von 3-lappigen *nicht* verholzten Schuppen. Ährenartige Fruchtstände *nicht* verholzt, reif zerfallend. Staubblätter gespalten. < 0,8 m hoher Zwergstrauch o. Baum (planar bis subalpin) *Betula* S. 358
- Früchte in der Achsel von 4–5-lappigen Schuppen. Zapfen verholzt, reif *nicht* zerfallend. Staubblätter *nicht* gespalten. Bis 4 m hoher Strauch o. Baum (planar bis montan) *Alnus* S. 358

Tabelle 4: Wasserpflanzen – Bestimmung der Gattungen

In der Tabelle werden Wasserpflanzen mit spezialisierten Schwimm- o. Tauchblättern aufgeführt.

1 Blüten mit Kronblättern (meist auffällig gefärbt) *und* Kelchblättern. Krone 5-blättrig, weißlich (oft mit gelben Grund) *Ranunculus* S. 268
- Blütenhüllblätter alle ± gleichgestaltet (kron- *oder* kelchblattartig) *oder* fehlend 2
2 Blüten mit mehreren freien Fruchtblättern 3
- Blüten mit 1 Fruchtblatt bzw. Fruchtknoten 5
3 Tauchblätter schmal lineal bis länglich 4
- Tauchblätter länglich-lanzettlich bis eiförmig. Blätter überwiegend wechselständig (im Blütenstand auch fast gegenständig) *Potamogeton* S. 134
4 Blätter mit lang röhrig verwachsenen Nebenblättern *Stuckenia* S. 134
- Nebenblätter nur basal verwachsen *Potamogeton* S. 134
5 (2) Blätter gegenständig, länglich-lanzettlich bis spatelförmig, < 2 cm lang *Callitriche* S. 546
- Blätter wechselständig, > 10 cm lang, länglich-lineal. Blüten 1-geschlechtig, grünlich, mit 3 Perigonblättern, in aus übereinanderstehenden kugeligen Teilblütenständen gebildeten Ähren o. Trauben *Sparganium* S. 158

Tabelle 5: Einkeimblättrige – Bestimmung der Familien

1 Am Gewässergrund wurzelnde Wasserpflanze mit an der Oberfläche schwimmenden o. flutenden Blättern........ 2
- Pflanze terrestrisch wachsend *oder* Wasserpflanze *ohne* Schwimmblätter 3
2 Blüten- bzw. Fruchtstände kolben- bis ährenartig. Schwimmblätter oft mit Verbindungsnerven *Potamogetonaceae* S. 92; S. 134
- Blütenstand aus übereinanderstehenden, kugeligen Teilblütenständen gebildete Ähre o. Traube. Obere Köpfchen ♂, untere ♀. Schwimmblätter lineal, > 10 cm lang *Typhaceae (Sparganium)* S. 93; S. 158
3 (1) Wasserpflanze mit Tauchblättern, allenfalls die Blüten aus dem Wasser ragend. Blüten- bzw. Fruchtstände kolben- bis ährenartig *Potamogetonaceae* S. 92; S. 134
- Pflanze terrestrisch wachsend; wenn im Wasser wurzelnd: *ohne* spezialisierte Schwimm- o. Tauchblätter, zumindest die blühenden Sprosse aus dem Wasser ragend 4
4 Blütenhülle fehlend o. stark reduziert. Blüten unscheinbar, *ohne* auffällig gefärbte Hochblätter 5
- Blüten mit ± auffällig gefärbten Blütenhüllblättern 9
5 Stängel im QS rund, meist in hohle Internodien u. verdickte Knoten gegliedert. Blüten in mehreren Ährchen (Süßgräser). Blütenhüllblätter fehlend o. spelzenartig. Spreitenbasis meist mit Haarkranz o. Blatthäutchen *Poaceae* S. 93; S. 196
- Habitus andersartig 6
6 Blütenstand endständig, aus übereinanderstehenden, kugeligen Teilblütenständen gebildete Ähre o. Traube. Obere Köpfchen ♂, untere ♀. Im Wasser o. Uferbereich *Typhaceae (Sparganium)* S. 93; S. 158
- Blütenstand andersartig 7
7 Blüten *ohne* Blütenhülle. Stängel im QS meist 3-kantig. Blätter 3-zeilig angeordnet. 1-samige Nüsse. Blüten in Ährchen, meist in traubenartigem Gesamtblütenstand *Cyperaceae* S. 93; S. 168
- Blüten mit 6 Perigonblättern. Stängel im QS meist rund. Blätter *nicht* 3-zeilig angeordnet. Kapseln, Bälge o. Spaltfrüchte 8
8 Blüten einzeln o. in Knäueln, in rispenartigem Gesamtblütenstand *Juncaceae* S. 93; S. 158
- Blütenstand trauben- bis ährenartig. Staubblätter *ohne* Staubfäden. Bälge o. Spaltfrüchte, kugelig o. länglich-lineal. Blütenstiele meist kürzer als die Perigonblätter *Juncaginaceae (Triglochin)* S. 91; S. 134
9 (4) Blüten zygomorph 10
- Blüten radiär 11
10 Griffeläste kronblattartig, auffällig gefärbt, länger als die Perigonblätter. Blätter derb, im QS trapezförmig. Rhizom dick, meist quer-gegliedert *Iridaceae (Iris)* S. 92; S. 146

- Griffeläste *nicht* kronblattartig. Staubblätter (1–2) u. Griffel zu säulenartigem Organ verwachsen. Samen wenigzellig, meist < 0,5 cm lang *Orchidaceae* S. 92; S. 148
11 (9) Fruchtknoten unterständig ... 12
- Fruchtknoten oberständig ... 13
12 Blüten mit 6 Staubblättern, weißlich *Amaryllidaceae (Acis)* S. 92; S. 142
- Staubblätter: 3 *Iridaceae* S. 92; S. 146
13 (11) Blüten in Quirlen, Dolden o. kugeligen Köpfchen *Amaryllidaceae (Allium)* S. 92; S. 142
- Blüten einzeln o. in ähren-, trauben- o. rispenartigen Blütenständen ... 14
14 Perigonröhre > 2 cm lang, aus der Zwiebel entspringend. Stängel 1–3-blütig, zur Blütezeit komplett unterirdisch ... 15
- Blüten allenfalls mit kurzer Röhre o. frei. Stängel meist > 3-blütig, auch während der Blütezeit oberirdisch ... 17
15 Pflanze im Sommer bis Herbst blühend, die Blätter im Frühsommer zusammen mit im Vorjahr angelegten Kapseln erscheinend. Staubblätter: 6. Blätter länglich-lanzettlich bis oval *Colchicaceae (Colchicum)* S. 92; S. 136
- Pflanze im Frühjahr blühend. Blätter ± gleichzeitig mit den Blüten erscheinend ... 16
16 Staubblätter: 6. Perigonblätter frei, Nägel ± röhrenartig angeordnet *Colchicaceae (Colchicum)* S. 92; S. 136
- Staubblätter: 3. Perigonblätter verwachsen *Iridaceae (Crocus)* S. 92; S. 146
17 (14) Blätter im QS trapezförmig, 2-zeilig angeordnet. Blüten weißlich bis gelblich, mit 3 Griffeln u. Narben *Tofieldiaceae (Tofieldia)* S. 91; S. 132
- Blätter im QS *nicht* trapezförmig, *nicht* 2-zeilig angeordnet ... 18
18 Alle Laubblätter in basaler Rosette *Asparagaceae (Paradisea, Convallaria)* S. 92; S. 140
- Stängel mit Laubblättern ... 19
19 Blüten mit 3 Griffeln, in endständigem trauben- bis rispenartigem Blütenstand, gelblich-grünlich o. weißlich, 6–18 mm lang. Blätter > 5 cm breit. Kapseln *Melanthiaceae (Veratrum)* S. 92; S. 134
- Blüten mit 1 (zuweilen undeutlichem) Griffel ... 20
20 Perigonblätter bis über die Hälfte verwachsen. Beeren. Blüten weißlich *Asparagaceae (Polygonatum, Convallaria)* S. 92; S. 140
- Perigonblätter frei o. nur basal verwachsen. Kapseln *Liliaceae* S. 92; S. 136

Tabelle 6: Krautige Zweikeimblättrige mit Perigon o. fehlender Blütenhülle (inkl. Halbsträucher) – Bestimmung der Familien

1 Wasserpflanze mit spezialisierten Schwimm- o. Tauchblättern Tabelle 4: Wasserpflanzen S. 85
- Pflanze terrestrisch wachsend; wenn im Uferbereich: *ohne* spezialisierte Schwimm- o. Tauchblätter ... 2
2 Fruchtknoten oberständig ... 3
- Fruchtknoten unterständig ... 18
3 Pflanze mit Milchsaft ... 4
- Pflanze *ohne* Milchsaft ... 5
4 Blüten 1-geschlechtig, *ohne* Blütenhülle, gemeinsam mit Hoch- u. Nektarblättern Scheinblüten bildend. Scheinblüten meist in doldenartigen (pleiochasialen) Blütenständen. Fruchtknoten 3-blättrig *Euphorbiaceae (Euphorbia)* S. 98; S. 378
- Blüten zwittrig, mit auffällig gefärbten Kronblättern (Kelch 2-blättrig, früh abfallend), einzeln o. in traubenartigen Blütenständen. Fruchtknoten > 3-blättrig *Papaveraceae (Papaver)* S. 95; S. 254
5 (3) Blüten überwiegend zwittrig. Perigonblätter frei ... 6
- Blüten (meist) 1-geschlechtig ... 17
6 Blüten gespornt. Staubblätter verwachsen *Papaveraceae (Pseudofumaria)* S. 95; S. 254
- Blüten *ohne* Sporn. Staubblätter frei ... 7
7 Blüten mit 4 Kelch-, 4 Kron- u. 6 (selten 2 o. 4) Staubblättern. Fruchtknoten meist 2-fächrig. Meist Öffnungsfrüchte mit (falscher) Scheidewand *Brassicaceae* S. 99; S. 392
- Blüten andersartig ... 8
8 Blüten zygomorph. Blätter gelappt o. fiederspaltig bis gefiedert *Ranunculaceae* S. 95; S. 254
- Blüten radiär ... 9
9 Blüten mit mehreren freien Fruchtblättern. Bälge o. Nüsschen. Blätter oft gelappt bis fiederspaltig *Ranunculaceae* S. 95; S. 254
- Blüten mit 1 Fruchtblatt bzw. Fruchtknoten ... 10
10 Blätter mit Nebenblättern ... 11
- Nebenblätter fehlen ... 13
11 Blätter gegenständig *Caryophyllaceae* S. 101; S. 438
- Blätter wechselständig ... 12
12 Nebenblätter als den Stängel umgebende, häutige Blattscheide ausgebildet *Polygonaceae* S. 100; S. 434
- Nebenblätter *nicht* scheidig verwachsen *Rosaceae (Alchemilla, Sanguisorba)* S. 97; S. 336
13 (10) Blüten mit ≥ 12 Staubblättern; wenn (selten) 6–12: Blüten weiß, 20–25 mm ⌀, Blätter länglich-lanzettlich bis spatelförmig, > 5-mal so lang wie breit *Ranunculaceae* S. 95; S. 254
- Blüten mit < 12 Staubblättern ... 14
14 Blätter überwiegend wechselständig o. wirtelig ... 15
- Blätter überwiegend gegenständig ... 16
15 Stängel mit häutiger Blattscheide *Polygonaceae* S. 100; S. 434
- Stängel *ohne* häutige Blattscheide *Amaranthaceae* S. 101; S. 476

16 (14) Perigonblätter kronblattartig, weißlich o. gelblich. Mit 2 kelchblattartigen Vorblättern direkt unterhalb den Blüten. Blüten mit 3–5 Staubblättern, weißlich o. grünlich *Montiaceae (Montia)* S. 102; S. 478

\- Perigon aus grünlichen Kelchblättern *Caryophyllaceae* S. 101; S. 438

17 (5) Blätter gefiedert. Blütenstand köpfchenartig, obere Blüten ♀, mittlere zwittrig, untere ♂ *Rosaceae (Sanguisorba)* S. 97; S. 336

\- Blätter ungeteilt *oder* gelappt. Stängel mit häutiger Blattscheide *Polygonaceae* S. 100; S. 434

18 (2) Blätter überwiegend gegenständig 19

\- Blätter überwiegend wechselständig o. quirlig 21

19 Blüten mit 8 Staubblättern, grünlich-gelblich, Pflanze < 15 cm hoch. Blätter rund bis nierenförmig, am Rand gekerbt *Saxifragaceae (Chrysosplenium)* S. 96; S. 280

\- Staubblätter: 2–5 20

20 Staubblätter: 5. Staubbeutel den Griffel röhrenförmig umgebend, sich nach innen öffnend *Asteraceae* S. 104; S. 608

\- Staubblätter: 2–4. Staubbeutel *nicht* röhrenförmig *Caprifoliaceae* S. 107; S. 692

21 (18) Perigonblätter verwachsen 22

\- Perigonblätter frei 25

22 Staubbeutel den Griffel röhrenförmig umgebend, sich nach innen öffnend. Blüten in von Hüllkelch umgebenem Köpfchen. Fruchtknoten mit 2 Narben *Asteraceae* S. 104; S. 608

\- Staubblätter frei. Staubbeutel *nicht* röhrenförmig 23

23 Fruchtknoten 2-blättrig, mit 2 Griffeln. Blüten in (zusammengesetzten) Dolden. Früchte meist in 2 Teilfrüchte zerfallend *Apiaceae* S. 107; S. 704

\- Fruchtknoten 3-blättrig, mit 1 Griffel. Blüten in Di- u. Pleiochasien. Früchte *nicht* in Teilfrüchte zerfallend........ 24

24 Staubblätter: 3. Kelchblätter zu gefiederten Haaren umgewandelt. Fedrig behaarte Nüsse. Untere Stängelblätter länglich-oval, gelappt bis gefiedert *Caprifoliaceae (Valeriana)* S. 107; S. 692

\- Staubblätter: 4–5. Kelchblätter fehlend. Nüsse *ohne* Haarkrone. Blätter ungeteilt, länglich-lineal *Santalaceae (Thesium)* S. 100; S. 434

25 (21) Staubblätter: 8. Blüten grünlich-gelblich. Pflanze < 15 cm hoch. Blätter rund bis nierenförmig, am Rand gekerbt *Saxifragaceae (Chrysosplenium)* S. 96; S. 280

\- Blüten mit 3–6 Staubblättern. Blätter quirlig, ungeteilt, meist lineal bis länglich-lanzettlich *Rubiaceae* S. 102; S. 506

Tabelle 7: Krautige Zweikeimblättrige mit Kelchblättern u. freien Kronblättern (inkl. Halbsträucher) – Bestimmung der Familien

1 Wasserpflanze mit spezialisierten Schwimm- o. Tauchblättern Tabelle 4: Wasserpflanzen S. 85

\- Pflanze terrestrisch wachsend; wenn im Uferbereich: *ohne* spezialisierte Schwimm- o. Tauchblätter 2

2 Staubblätter miteinander o. mit den Kronblättern verwachsen (bzw. an diesen entspringend) 3

\- Staubblätter frei 7

3 Fruchtknoten unterständig. Blätter quirlig, ungeteilt, meist lineal bis länglich-lanzettlich. Blüten radiär, mit 3–5 Staubblättern *Rubiaceae* S. 102; S. 506

\- Fruchtknoten oberständig. Blätter *nicht* quirlig 4

4 Blüten mit 4 Staubblättern, radiär. Blätter länglich-lineal, sitzend, ganzrandig, mit wenigen Nerven *Linaceae (Linum)* S. 98; S. 380

\- Blüten mit > 4 Staubblättern 5

5 Blüten mit 5 Staubblättern, zygomorph, mit 5 meist grünen, ± gleich großen Kelchblättern. Fruchtknoten 3-blättrig. Eiförmige bis kurz-zylindrische Kapseln. Pflanze meist < 30 cm hoch *Violaceae (Viola) Violaceae* S. 98; S. 362

\- Blüten mit > 5 Staubblättern 6

6 Blüten mit 6 Staubblättern, gespornt *Papaveraceae (Pseudofumaria)* S. 95; S. 254

\- Blüten mit 10 Staubblättern, *ohne* Sporn. Zygomorphe Schmetterlingsblüten mit Fahne, Flügel u. Schiffchen. Fruchtknoten 1-blättrig. Blätter mit Nebenblättern, meist gefiedert *Fabaceae* S. 96; S. 312

7 (2) Blüten mit mehreren freien Fruchtblättern 8

\- Blüten mit 1 Fruchtknoten 10

8 Blätter sukkulent, ungeteilt. Fruchtknoten basal meist mit schuppenförmigen Nektardrüsen. Blüten mit 1-mal *oder* 2-mal so vielen Staubblättern wie Kronblättern *Crassulaceae* S. 96; S. 302

\- Blätter *nicht* deutlich sukkulent; wenn schwach sukkulent: Blätter gelappt bis gefiedert 9

9 Blätter mit Nebenblättern *Rosaceae* S. 97; S. 336

\- Blätter *ohne* Nebenblätter *Ranunculaceae* S. 95; S. 254

10 (7) Fruchtknoten unterständig 11

\- Fruchtknoten oberständig 15

11 Basal verholzter Halbstrauch. Blätter wechselständig *Ericaceae (Vaccinium)* S. 102; S. 500

\- Pflanze krautig, allenfalls die unterirdischen Organe verholzt 12

12 Staubblätter: 10. Fruchtknoten mit 2 Griffeln *Saxifragaceae (Saxifraga)* S. 96; S. 280

\- Staubblätter: 2–8 13

13 Staubblätter: 2–4. Nüsse o. Spaltfrüchte. Blätter quirlig, ungeteilt, meist lineal bis länglich-lanzettlich. Kelch u. Krone 3–6-blättrig *Rubiaceae* S. 102; S. 506

\- Staubblätter: 5 o. 8. Kapseln 14

14	Blüten mit 5 Kelch-, 5 Kron- u. 5 Staubblättern. Fruchtknoten 2-3-blättrig *Campanulaceae* S. 104; S. 592	
-	Blüten mit 4 Kelch-, 4 Kron- u. 8 Staubblättern. Fruchtknoten 4-blättrig *Onagraceae (Epilobium)* S. 98; S. 384	
15	(10) Kelch 2-blättrig	16
-	Kelch > 2-blättrig	17
16	Pflanze mit Milchsaft. Blätter wechselständig, gelappt bis fiederspaltig. Krone 4-blättrig. Kelchblätter meist früh abfallend *Papaveraceae (Papaver)* S. 95; S. 254	
-	Pflanze *ohne* Milchsaft (zuweilen sukkulent). Blätter (fast) gegenständig, ungeteilt, ganzrandig. Blüten mit 3-5 Staubblättern *Montiaceae (Montia)* S. 102; S. 478	
17	(15) Blätter ungeteilt, zuweilen am Rand gesägt, gekerbt o. seicht gebuchtet	18
-	Blätter gelappt bis fiederspaltig *oder* gefiedert	29
18	Blüten mit 4 Kronblättern	19
-	Krone *nicht* 4-blättrig	20
19	Blätter wechselständig. Blüten mit 6 Staubblättern. Fruchtknoten 2-fächrig *Brassicaceae* S. 99; S. 392	
-	Blätter gegenständig o. quirlig, meist mit kurzer Blattscheide *Caryophyllaceae* S. 101; S. 438	
20	(18) Fruchtknoten 2-blättrig	21
-	Fruchtknoten > 2-blättrig	22
21	Staubblätter 2-10. Blätter gegenständig, ungeteilt, ganzrandig *Caryophyllaceae* S. 101; S. 438	
-	Staubblätter 10. Blätter meist wechselständig, meist gelappt bis gezähnt, oft sukkulent; wenn gegenständig: Polsterpflanze, Blüten rötlich-violett *Saxifragaceae (Saxifraga)* S. 96; S. 280	
22	(20) Fruchtknoten 3-blättrig	23
-	Fruchtknoten > 3-blättri	26
23	Blüten mit > 10 Staubblättern. Blätter gegenständig	24
-	Blüten mit < 10 Staubblättern	25
24	Kelch aus 5 ± gleich großen Kelchblättern. Fruchtknoten mit 3 Griffeln. Blüten gelblich. Blätter oft drüsig punktiert *Hypericaceae (Hypericum)* S. 98; S. 360	
-	Kelch aus 3 größeren u. 2 kleineren Kelchblättern. Fruchtknoten mit 1 Griffel. Blüten weißlich o. gelblich *Cistaceae (Helianthemum)* S. 99; S. 390	
25	(23) Blätter gegenständig *Caryophyllaceae* S. 101; S. 438	
-	Blätter wechselständig. Innere Perigonblätter grünlich, oft rötlich überlaufen, meist mit knorpelartigen Verdickungen (Schwielen) *Polygonaceae (Rumex)* S. 100; S. 434	
26	(22) Blätter gegenständig	27
-	Blätter wechselständig o. in basaler Rosette	28
27	Kapseln 8-10-fächrig. Blüten weißlich, basal gelblich. Kelch drüsig bewimpert *Linaceae (Linum)* S. 98; S. 380	
-	Kapseln 2-5-fächrig; wenn Blüten weißlich: basal *nicht* gelblich *Caryophyllaceae* S. 101; S. 438	
28	(26) Staubblätter 5. Stängel ± gleichmäßig bis zur Spitze beblättert *Linaceae (Linum)* S. 98; S. 380	
-	Staubblätter 10. Blätter überwiegend an der Stängelbasis, oft in basaler Rosette *Ericaceae (Monotropoideae)* S. 102; S. 500	
29	(17) Blüten mit 4 Kelch-, 4 Kron- u. 6 Staubblättern. Fruchtknoten 2-fächrig. Öffnungsfrüchte *Brassicaceae* S. 99; S. 392	
-	Blüten andersartig	30
30	Fruchtknoten mit 2 deutlich voneinander getrennten Griffeln *Saxifragaceae (Saxifraga)* S. 96; S. 280	
-	Fruchtknoten mit 1 Griffel, dieser allenfalls distal etwas eingeschnitten. Griffel sich reif verlängernd. Blätter mit Nebenblättern, im Umriss rund bis handförmig gelappt *oder* gefiedert. Blüten bläulich- bis rötlich-violett *Geraniaceae* S. 98; S. 382	

Tabelle 8: Krautige Zweikeimblättrige mit Kelchblättern u. verwachsenen Kronblättern (inkl. Halbsträucher) – Bestimmung der Familien

1	Wasserpflanze mit spezialisierten Schwimm- o. Tauchblättern Tabelle 4: Wasserpflanzen S. 85	
-	Pflanze terrestrisch wachsend; wenn im Uferbereich: *ohne* spezialisierte Schwimm- o. Tauchblätter	2
2	Blüten zygomorph, zuweilen durch basale Aussackung asymmetrisch	3
-	Blüten radiär	12
3	(1) Krone 3-blättrig. Unteres Kronblatt distal gezähnt bis gelappt. Blüten bläulich bis rötlich-violett. Blätter ungeteilt *Polygalaceae (Polygala)* S. 97; S. 336	
-	Krone 4- o. 5-blättrig	4
4	Fruchtknoten unterständig. Staubblätter *nicht* mit der Blütenhülle verwachsen	5
-	Fruchtknoten oberständig. Staubblätter mit der Blütenhülle verwachsen bzw. an dieser entspringend	7
5	Blüten in (zusammengesetzten) Dolden, radiär, Randblüten zuweilen vergrößert. Fruchtknoten 2-blättrig, mit 2 Griffeln. Früchte meist in 2 Teilfrüchte zerfallend *Apiaceae* S. 107; S. 704	
-	Blüten *nicht* in Dolden	6
6	Blätter gegenständig. 1-samige Nüsse. Fruchtknoten meist mit 1-kopfiger Narbe *Caprifoliaceae* S. 107; S. 692	
-	Blätter wechselständig bzw. in basaler Rosette. Kapseln. Fruchtknoten mit 2-3 fädlichen Narben *Campanulaceae (Physoplexis, Phyteuma)* S. 104; S. 592	

7 (4) Blätter ± klebrig-drüsig, breit-oval, alle in basaler Rosette, außer den Drüsen unbehaart. Blüten gespornt, einzeln, lang gestielt *Lentibulariaceae (Pinguicula)* S. 103; S. 554

\- Blätter meist *nicht* klebrig-drüsig; wenn klebrig: borstig behaart, Stängel mit Blättern ... 8

8 Fruchtknoten zumindest reif 4-fächrig, in 4 nussartige 1-samige Teilfrüchte zerfallend ... 9

\- Fruchtknoten 2-fächrig (selten 1- o. 3-fächrig). Mehrsamige Kapseln ... 10

9 Blätter überwiegend wechselständig *Boraginaceae* S. 103; S. 534

\- Blätter gegenständig. Griffel an der Basis der vertieften Scheidewände entspringend. Fruchtknoten von Anfang an 4-fächrig *Lamiaceae* S. 103; S. 558

10 (8) Blüten gespornt *Plantaginaceae (Linaria)* S. 103; S. 542

\- Blüten *ohne* Sporn ... 11

11 Blüten mit 2 fertilen Staubblättern *Plantaginaceae (Paederota, Veronica, Wulfenia)* S. 103; S. 542

\- Blüten mit 4 fertilen Staubblättern. Kelch 4-blättrig *Orobanchaceae* S. 104; S. 568

12 (2) Fruchtknoten unterständig ... 13

\- Fruchtknoten oberständig ... 15

13 Zumindest basal verholzter (Halb-)strauch. Blüten mit 8–10 Staubblättern *Ericaceae (Vaccinium)* S. 102; S. 500

\- Pflanze krautig. Blüten mit 5 Staubblättern ... 14

14 Fruchtknoten mit 2 von der Basis an getrennten Griffeln. Spaltfrüchte o. Nüsse. Blüten offen, mit ± ausgebreiteten Kronblättern, in (zusammengesetzten) Dolden, weißlich, rötlich überlaufen o. grünlich-gelblich *Apiaceae* S. 107; S. 704

\- Fruchtknoten mit 1 Griffel u. 2–3 Griffelästen bzw. Narben. Blüten glocken- bis trichterförmig, *nicht* in Dolden. Kapseln, sich mit Poren o. an der Seite öffnend. Blüten meist bläulich bis violett, selten gelblich o. weißlich *Campanulaceae (Campanula)* S. 104; S. 592

15 (12) Fruchtknoten 2-blättrig ... 16

\- Fruchtknoten > 2-blättrig. Alle Laubblätter in basaler Rosette. Stängel allenfalls mit kleinen Hochblättern ... 20

16 Fruchtknoten zumindest reif 4-fächrig, in vier 1-samige (selten in zwei 2-samige) Teilfrüchte zerfallend ... 17

\- Fruchtknoten 2-fächrig (selten 1- o. 3-fächrig). Kapseln ... 18

17 Blätter überwiegend wechselständig *Boraginaceae* S. 103; S. 534

\- Blätter überwiegend gegenständig *Lamiaceae* S. 103; S. 558

18 (16) Blüten in kugeligen Köpfchen auf langem Stiel, bläulich. Blätter immergrün. Stängel überwiegend basal beblättert, mit Grundblattrosette *Plantaginaceae (Globularia)* S. 103; S. 542

\- Blüten *nicht* in kugeligen Köpfchen auf langem Stiel ... 19

19 Blätter (fast) ganzrandig *Gentianaceae* S. 102; S. 514

\- Blätter am Rand deutlich (zuweilen entfernt) gezähnt. Krone gelblich mit rötlichen Punkten. Kelch 4-blättrig *Orobanchaceae (Tozzia)* S. 104; S. 568

20 (15) Fruchtknoten mit 5 fadenförmigen Griffeln bzw. Narben. Nüsse, 1-samig, behaart, vom bleibenden Kelch umgeben *Plumbaginaceae (Armeria)* S. 100; S. 434

\- Fruchtknoten mit 1 Griffel mit kopfiger Narbe. Kapseln, vielsamig *Primulaceae* S. 102; S. 478

Bestimmung der Gattungen

Um eine Vorstellung von der alpinen Biodiversität zu vermitteln, werden auf den folgenden Seiten die Anzahl der Gattungen pro Familie und die Anzahl der Arten pro Gattung angegeben. Diese Angaben werden jeweils gemacht für die Taxa, die a) in Europa und dem Mittelmeergebiet (sensu Euro+Med 2006ff) vorkommen, b) im gesamten Alpenraum unter Berücksichtigung aller Höhenstufen vorkommen und c) in diesem Buch berücksichtigt werden.

Beispielsweise kommen von der Familie der *Lycopodiaceae* (3 | 3 | 2) in Europa und dem Mittelmeergebiet drei Gattungen vor, die alle auch im Alpenraum verbreitet sind, während in diesem Buch (und somit in der alpinen Stufe) nur zwei Gattungen (*Huperzia* u. *Lycopodium*) vorkommen. Von der Gattung *Huperzia* (5 | 1 | 1) sind in Europa und dem Mittelmeergebiet fünf Arten bekannt, wovon eine im Alpenraum vorkommt und auch in der alpinen Stufe verbreitet ist.

Abteilung *Tracheophyta* - Gefäßpflanzen

Unterabteilung *Lycopodiophytina* - Bärlappe

Klasse *Lycopodiopsida* - Bärlappflanzen

Ordnung *Lycopodiales*

Familie *Lycopodiaceae* - Bärlappgewächse (3 | 3 | 2)

1 Sporophyllstände durchwachsen, unter- *und* oberhalb mit Trophophyllen. Pflanze *ohne* kriechende Grundachse, alle Sprosse bogig aufsteigend bis aufrecht. Blättchen wechselständig (5 | 1 | 1) *Huperzia* **S. 112**

\- Sporophyllstände am Ende der Sprosse. Pflanze mit kriechender Grundachse, diese zuweilen unterirdisch. Blättchen gegenständig, 4-zeilig angeordnet *oder* wechselständig (9 | 8 | 3) *Lycopodium* **S. 112**

Ordnung *Isoetales*

Familie *Isoetaceae* - Brachsenkrautgewächse (1 | 1 | 1)

(21 | 3 | 1) *Isoetes* **S. 114**

Ordnung *Selaginellales*

Familie *Selaginellaceae* - Moosfarngewächse (1 | 1 | 1)

(6 | 3 | 2) *Selaginella* **S. 114**

Unterabteilung *Pteridophytina* - Farnpflanzen

Klasse *Polypodiopsida*

Unterklasse *Equisetidae*

Ordnung *Equisetales*

Familie *Equisetaceae* - Schachtelhalmgewächse (1 | 1 | 1)

(13 | 9 | 2) *Equisetum* **S. 114**

Unterklasse *Ophioglossidae*

Ordnung *Ophioglossales*

Familie *Ophioglossaceae* - Natternzungenfarngewächse (2 | 2 | 1)

(7 | 6 | 2) *Botrychium* **S. 116**

Unterklasse *Polypodiidae*

Ordnung *Polypodiales* - Echte Farne

Familie *Pteridaceae* - Saumfarngewächse (11 | 6 | 1)

(3 | 1 | 1) *Cryptogramma* **S. 116**

Familie *Cystopteridaceae* - Blasenfarngewächse (2 | 2 | 2)

1 Indusien fehlend bzw. früh abfallend. Unterste Fieder der Wedel deutlich größer als die folgenden (3 | 2 | 1) *Gymnocarpium* **S. 118**

\- Indusien seitlich inseriert, oval. Unterste Fieder der Wedel kaum größer als die folgenden (3 | 3 | 1) *Cystopteris* **S. 118**

Familie *Aspleniaceae* – Streifenfarngewächse (1 | 1 | 1)

(39 | 17 | 8) *Asplenium* **S. 118**

Familie *Woodsiaceae* – Wimperfarngewächse (1 | 1 | 1)

(5 | 3 | 3) *Woodsia* **S. 122**

Familie *Athyriaceae* – Frauenfarngewächse (3 | 1 | 1)

(2 | 2 | 2) *Athyrium* **S. 124**

Familie *Thelypteridaceae* – Sumpffarngewächse (3 | 2 | 1)

(1 | 1 | 1) *Phegopteris* **S. 124**

Familie *Dryopteridaceae* – Wurmfarngewächse (5 | 3 | 2)

1 Indusien nierenförmig (31 | 10 | 4) *Dryopteris* **S. 126**
– Indusien schildförmig, kreisrund (9 | 4 | 1) *Polystichum* **S. 128**

Familie *Polypodiaceae* – Tüpfelfarngewächse (5 | 1 | 1)

(4 | 3 | 1) *Polypodium* **S. 128**

Unterabteilung *Spermatophytina* – Samenpflanzen

Klade *Acrogymnospermae*

Unterklasse *Gnetidae*

Ordnung *Ephedrales*

Familie *Ephedraceae* – Meerträubelgewächse (1 | 1 | 1)

(17 | 2 | 1) *Ephedra* **S. 128**

Unterklasse *Pinidae*

Ordnung *Pinales*

Familie *Pinaceae* – Kieferngewächse (7 | 6 | 3)

1 Nadeln sommergrün. Kurztriebe < 1 cm lang, mit > 15 (fast) quirligen Nadeln (4 | 1 | 1) *Larix* **S. 130**
– Nadeln wintergrün. Nadeln wechselständig *oder* Kurztriebe mit bis zu 5 Nadeln in gemeinsamer Scheide......... 2
2 Nadeln zu 2–5 in gemeinsamer Scheide (26 | 8 | 3) *Pinus* **S. 128**
– Nadeln einzeln, wechselständig, an Langtrieben. Zapfen hängend, als Ganzes abfallend. Nadeln mit kurzem am Ast herablaufendem Stiel (9 | 1 | 1) *Picea* **S. 130**

Ordnung *Cupressales*

Familie *Cupressaceae* – Zypressengewächse (13 | 4 | 1)

(14 | 5 | 2) *Juniperus* **S. 132**

Klade *Angiosperms*

Klade *Monocots* – Einkeimblättrige

Ordnung *Alismatales*

Familie *Tofieldiaceae* – Simsenliliengewächse (1 | 1 | 1)

(2 | 2 | 2) *Tofieldia* **S. 132**

Familie *Juncaginaceae* – Dreizackgewächse (2 | 1 | 1)

(5 | 1 | 1) *Triglochin* **S. 134**

Familie *Potamogetonaceae* - Laichkrautgewächse (9 | 4 | 2)

1 Nebenblätter lang-röhrig verwachsen (4 | 2 | 1) ***Stuckenia* S. 134**

- Nebenblätter nur basal verwachsen (25 | 18 | 1) ***Potamogeton* S. 134**

Ordnung *Liliales*

Familie *Melanthiaceae* - Germergewächse (3 | 2 | 1)

(3 | 3 | 2) ***Veratrum* S. 134**

Familie *Colchicaceae* - Zeitlosengewächse (2 | 1 | 1)

(96 | 5 | 2) ***Colchicum* S. 136**

Familie *Liliaceae* - Liliengewächse (7 | 7 | 5)

1 Blüten mit geknicktem Stiel, unter den Laubblättern hängend. Rötliche Beeren. Rhizomgeophyt (1 | 1 | 1) ***Streptopus* S. 140**

- Blüten *nicht* unter den Laubblättern hängend. Kapseln. Zwiebelgeophyt 2

2 Perigonblätter > 3 cm lang 3

- Perigonblätter < 2,5 cm lang 4

3 Staubfäden an der Basis der Staubbeutel ansetzend. Blätter lineal-lanzettlich. Blüten oft schachbrettartig gemustert (77 | 5 | 4) ***Fritillaria* S. 136**

- Staubfäden in der Mitte der Staubbeutel ansetzend. Blätter länglich-oval bis lanzettlich. Blüten *nicht* schachbrettartig gemustert (20 | 5 | 1) ***Lilium* S. 140**

4 (2) Perigonblätter gelblich, unterseits zuweilen grünlich (87 | 8 | 1) ***Gagea* S. 138**

- Perigonblätter weißlich, zuweilen rötlich überlaufen o. gestreift (1 | 1 | 1) ***Lloydia* S. 140**

Ordnung *Asparagales*

Familie *Asparagaceae* - Spargelgewächse (36 | 18 | 3)

1 Perigonblätter > 2,5 cm lang. Kapseln (2 | 1 | 1) ***Paradisea* S. 140**

- Perigonblätter < 2 cm lang. Beeren 2

2 Alle Laubblätter in basaler Rosette. Stängel von den Blattscheiden umschlossen. Blüten in *einer* > 6-blütigen endständigen Traube. Beeren rötlich (1 | 1 | 1) ***Convallaria* S. 142**

- Stängel mit Laubblättern, *nicht* von den Blattscheiden umschlossen. Blüten einzeln o. in mehreren 2-6-blütigen Trauben. Beeren bläulich bis schwarz (6 | 4 | 1) ***Polygonatum* S. 142**

Familie *Amaryllidaceae* - Amaryllisgewächse (15 | 6 | 2)

1 Pflanzen meist > 15 cm hoch. Blüten in meist > 10-blütigen Dolden; wenn Dolden < 10-blütig: Blütenstand mit Bulbillen. Fruchtknoten oberständig (374 | 31 | 7) ***Allium* S. 144**

- Pflanzen < 15 cm hoch. Blüten einzeln o. zu zweit. Fruchtknoten unterständig (9 | 2 | 2) ***Acis* S. 142**

Familie *Iridaceae* - Schwertliliengewächse (16 | 4 | 2)

1 Pflanze *ohne* oberirdischen Stängel. Perigonröhre > 2 cm lang, aus der Zwiebel entspringend. Alle Laubblätter in basaler Rosette, schmal-lineal (86 | 5 | 2) ***Crocus* S. 146**

- Pflanze mit oberirdisch entwickeltem Stängel. Blütenstand traubenartig. Perigonröhre fehlend o. < 2 cm lang. Griffeläste kronblattartig, auffällig gefärbt, länger als die Perigonblätter. Blätter im QS trapezförmig. Rhizom dick, meist quer-gegliedert (111 | 12 | 1) ***Iris* S. 148**

Familie *Orchidaceae* - Knabenkrautgewächse (31 | 25 | 7)

1 Blüten mit Sporn 2

- Blüten *ohne* Sporn 10

2 Fruchtknoten *nicht* gedreht, Lippe nach oben gerichtet. Blätter meist < 5 mm breit, schmal-lineal. Blüten in dichtem ± kugeligem Blütenstand, rötlich (22 | 13 | 11) ***Gymnadenia (G. sect. Nigritella)* S. 150**

- Fruchtknoten gedreht, Lippe dadurch nach unten gerichtet. Blätter > 5 mm breit 3

3 Lippe ungeteilt 4

- Lippe 2-4-lappig 5

4 Zumindest die unteren Deckblätter krautig, mit Netznervatur, grünlich, zuweilen rötlich überlaufen (34 | 7 | 2) ***Dactylorhiza* S. 150**

- Alle Deckblätter häutig-dünn, meist durchgehend rötlich gefärbt, meist kürzer als der Fruchtknoten, meist *ohne* Verbindungsnerven (21 | 9 | 1) ***Orchis* S. 150**

5 (3) Perigonblätter (außer der Lippe) mit keulenförmiger Spitze. Blüten rosa, mit dunkler Zeichnung in dichtem ± kugelförmigem Blütenstand (2 | 1 | 1) ***Traunsteinera* S. 156**

- Perigonblätter distal *nicht* keulenförmig verdickt 6

6 Sporn länger als der Fruchtknoten, fadenförmig (22 | 13 | 11) *Gymnadenia (G. sect. Gymnadenia)* **S. 150**
- Sporn maximal so lang wie der Fruchtknoten, *nicht* fadenförmig 7
7 Sporn 0,3–0,5-mal so lang wie der Fruchtknoten. Blüten gelblich- o. grünlich-weißlich. Perigonblätter 2–6 mm lang (1 | 1 | 1) *Pseudorchis* **S. 156**
- Sporn > 0,5-mal so lang wie der Fruchtknoten 8
8 Perigonblätter 2–6 mm lang. Blüten mit deutlichem Geruch, weißlich (22 | 13 | 11) *Gymnadenia (G. sect. Gymnadenia)* **S. 150**
- Perigonblätter 5–14 mm lang. Blüten *ohne* Geruch, meist rosa, rötlich o. violett, seltener gelblich o. weißlich 9
9 Zumindest die unteren Deckblätter krautig, mit Netznervatur, grünlich, zuweilen rötlich überlaufen. Stängel auch oben beblättert, meist *ohne* Grundblattrosette (34 | 7 | 2) *Dactylorhiza* **S. 150**
- Alle Deckblätter dünn, häutig, meist durchgehend rötlich gefärbt, meist kürzer als der Fruchtknoten, meist *ohne* Verbindungsnerven (21 | 9 | 1) *Orchis* **S. 150**
10 (1) Lippe durch eine Einschnürung in Vorder- u. Hinterglied gegliedert. Blüten gestielt, abstehend bis überhängend (48 | 11 | 1) *Epipactis* **S. 148**
- Lippe *ohne* Einschnürung bzw. Gliederung in Vorder- u. Hinterglied 11
11 Lippe mit 4 linealen ± gleich großen Lappen, grünlich-gelblich. Übrige Perigonblätter grünlich, oft bräunlich-rötlich überlaufen bzw. geadert (21 | 9 | 1) *Orchis* **S. 150**
- Lippe ungeteilt bis 3-lappig. Blätter schmal-lineal, < 3 mm breit. Blüten grünlich bis gelblich. Pflanze < 10 cm hoch (1 | 1 | 1) *Chamorchis* **S. 148**

Klade *Commelinids*

Ordnung *Poales* – Grasartige

Familie *Typhaceae* – Rohrkolbengewächse (2 | 2 | 1)

(9 | 7 | 2) *Sparganium* **S. 158**

Familie *Juncaceae* – Binsengewächse (2 | 2 | 2)

Siehe auch Hinweise ab Seite 53

1 Kapseln 3-samig. Blätter zumindest am Übergang zwischen Spreite u. Blattscheide lang behaart, ± flach ausgebreitet (41 | 19 | 11) *Luzula* **S. 164**
- Kapseln > 5-samig. Blätter kahl, im QS oft rinnig, rund o. stängelartig (82 | 28 | 10) *Juncus* **S. 158**

Familie *Cyperaceae* – Sauergräser (19 | 16 | 6)

Siehe auch Hinweise ab Seite 53

1 Blüten 1-geschlechtig 2
- Blüten zwittrig 3
2 Fruchtknoten u. Frucht von einer Hülle (Utriculus) eingehüllt. Blüten in mehreren Ähren (zuweilen 1 endständige Ähre). Stängel u. Blattscheiden meist deutlich 3-kantig (233 | 106 | 43) *Carex* **S. 170**
- Fruchtknoten u. Frucht in der Achsel von Tragblättern, *ohne* Hülle. Blüten in 1 endständigen Ähre aus 1–2-blütigen Ährchen. Stängel rund bis undeutlich 3-kantig. Pflanze horstförmig (6 | 2 | 2) *Kobresia* **S. 190**
3 (1) Pflanze mit 1 endständigem, ähren- bis köpfchenartigem Blütenstand 4
- Pflanze mit mehreren Ähren o. Köpfchen 7
4 Blüten mit ≥ 4 Perigonborsten an der Basis des Fruchtknotens, Perigonborsten mehrfach länger als der Fruchtknoten, weißlich 5
- Blüten *ohne* o. mit ≤ 6 Perigonborsten. Perigonborsten kürzer o. kaum länger als der Fruchtknoten, bräunlich-gräulich 6
5 Blüten mit > 10 Perigonborsten. Ähren (ohne Borsten) > 1 cm lang. Zumindest einige Laubblätter mit deutlich entwickelter Spreite (9 | 5 | 4) *Eriophorum* **S. 192**
- Blüten mit 4–6 Perigonborsten. Ähren (ohne Borsten) < 1 cm lang. Laubblätter allenfalls mit kurzer Spreite (3 | 3 | 3) *Trichophorum* **S. 194**
6 (4) Oberstes Laubblatt *ohne* Spreite, nur mit Blattscheide (19 | 8 | 1) *Eleocharis* **S. 168**
- Oberstes Laubblatt mit kurzer Spreite (3 | 3 | 3) *Trichophorum* **S. 194**
7 (3) Blüten mit > 10 weißlichen Perigonborsten, diese mehrfach länger als der Fruchtknoten (9 | 5 | 4) *Eriophorum* **S. 192**
- Blüten mit ≤ 6 schuppenförmigen Spelzen o. bräunlich-gräulichen Perigonborsten, diese kürzer o. kaum länger als der Fruchtknoten. Blüten 2-zeilig angeordnet. Stängel im QS ± abgeflacht. Blätter ± flach ausgebreitet, 2–4 mm breit, frischgrün (1 | 1 | 1) *Blysmus* **S. 192**

Familie *Poaceae* – Süßgräser (258 | 99 | 32)

Siehe auch Hinweise ab Seite 53

1 Pflanze mit *einer* endständigen Ähre (›Ährengräser‹) 2

- Blütenstand andersartig 6
2 Blätter der Erneuerungssprosse borstenförmig, *nicht* entfaltbar 3
- Blätter der Erneuerungssprosse ± flach ausgebreitet o. eingerollt, *ohne* Beschädigung entfaltbar, ausgebreitet meist > 2 mm breit 4
3 Ähre eiförmig bis kurz-zylindrisch, < 2 cm lang. Ährchen 2-zeilig angeordnet, 3-5-blütig. Spreiten behaart (3 | 2 | 2) *Oreochloa* **S. 216**
- Ähre schmal-zylindrisch, 2-12 cm lang. Ährchen einseitswendig, 1-blütig. Spreiten kahl (1 | 1 | 1) *Nardus* **S. 196**
4 (2) Ährchen mit der schmalen Seite an der Ährchenachse sitzend, mit 1 Hüllspelze (15 | 5 | 2) *Lolium* **S. 242**
- Ährchen mit der breiten Seite an der Ährchenachse sitzend, mit 2 Hüllspelzen 5
5 Deckspelzen unbegrannt. Pflanze mit langen unterirdischen Ausläufern (43 | 3 | 1) *Elytrigia* **S. 252**
- Deckspelzen mit Granne. Pflanze horstförmig, *ohne* Ausläufer (23 | 1 | 1) *Elymus* **S. 252**
6 (1) Pflanze mit 1 endständigen Ährenrispe (Rispe, mit *sehr* kurzen Seitenästen, in der die Ährchen *sehr* dicht u. kompakt stehen (›Ährenrispengräser‹) 7
- Pflanze mit Rispe o. Traube mit deutlich entwickelten Seitenästen (›Rispen- u. Traubengräser‹) 12
7 Blätter der Erneuerungssprosse < 2 mm breit, borstenförmig, *nicht* entfaltbar. Ährchen 2-4-blütig. Hüllspelzen fast so lang wie das Ährchen. Deckspelzen spitz, 3-nervig, unbegrannt (40 | 7 | 6) *Koeleria* **S. 208**
- Blätter der Erneuerungssprosse ± flach ausgebreitet o. eingerollt, *ohne* Beschädigung entfaltbar, ausgebreitet meist > 2 mm breit 8
8 Ährchen 1-blütig 9
- Ährchen 2- bis mehrblütig 10
9 Deckspelzen mit Granne (27 | 7 | 3) *Alopecurus* **S. 200**
- Deckspelzen unbegrannt. Hüllspelzen bewimpert, mit (kurzer) Grannenspitze. Ährchen stiefelknechtförmig (17 | 7 | 3) *Phleum* **S. 212**
10 (8) Blattscheiden offen, allenfalls in der basalen Hälfte verwachsen. Blätter mit gefalteter Knospenlage. Ligula < 1 mm lang. Blütenstand < 3 cm lang. Deckspelzen 3-5-spitzig, kahl bis kurz behaart (32 | 7 | 4) *Sesleria* **S. 216**
- Blattscheiden (fast) bis oben verwachsen. Blätter mit gefalteter Knospenlage 11
11 Ährchen 2-3-blütig, alle Blüten zwittrig. Grannen im distalen Drittel der Deckspelze entspringend. Ligula < 1 mm lang. Pflanze < 20 cm hoch (24 | 5 | 5) *Trisetum* **S. 214**
- Ährchen 3-blütig; die oberste Blüte zwittrig, die unteren ♂. Grannen ± in der Mitte der Spelze entspringend. Ligula 1-4 mm lang (9 | 3 | 2) *Anthoxanthum* **S. 200**
12 (6) Ligula als Haarkranz 13
- Ligula häutig o. fehlend 14
13 Blätter mit gefalteter Knospenlage. Stängel mit Knoten. Deckspelzen 3-spitzig. Blüten 4-7-blütig. Pflanze < 50 cm hoch (3 | 2 | 1) *Danthonia* **S. 252**
- Blätter mit gerollter Knospenlage. Stängel (scheinbar) ohne Knoten. Deckspelzen distal abgerundet. Blüten meist 2-4-blütig, Pflanze meist > 50 cm hoch (2 | 2 | 1) *Molinia* **S. 252**
14 (12) Ährchen 1-blütig 15
- Ährchen mehrblütig 22
15 Deckspelzen *ohne* Granne 16
- Deckspelzen begrannt 18
16 Blätter der Erneuerungssprosse < 2 mm breit, borstenförmig, *nicht* entfaltbar (37 | 10 | 6) *Agrostis* **S. 196**
- Blätter der Erneuerungssprosse ± flach ausgebreitet o. eingerollt, *ohne* Beschädigung entfaltbar, ausgebreitet meist > 2 mm breit 17
17 Blätter 6-15 mm breit, allenfalls undeutlich gerippt. Hüllspelzen breit-lanzettlich. Deckspelzen verhärtend. Kallus kahl (5 | 1 | 1) *Milium* **S. 218**
- Blätter 2-8 mm breit, oberseits (deutlich) gerippt. Hüllspelzen schmal-lanzettlich. Deckspelzen häutig. Kallus behaart (37 | 10 | 6) *Agrostis* **S. 196**
18 (15) Blätter der Erneuerungssprosse < 2 mm breit, borstenförmig, *nicht* entfaltbar 19
- Blätter der Erneuerungssprosse ± flach ausgebreitet o. eingerollt, *ohne* Beschädigung entfaltbar, ausgebreitet meist > 2 mm breit 20
19 Grannen > 5 cm lang. Deckspelzen mit in Reihen angeordneten kurzen Haaren (86 | 7 | 2) *Stipa* **S. 250**
- Grannen fehlend *oder* < 1 cm lang. Deckspelzen kahl (37 | 10 | 6) *Agrostis* **S. 196**
20 (18) Grannen > 5 cm lang. Deckspelzen mit in Reihen angeordneten kurzen Haaren (86 | 7 | 2) *Stipa* **S. 250**
- Grannen fehlend *oder* < 2 cm lang 21
21 Ährchenachse unterhalb der Blüte mit lang behaartem Fortsatz (23 | 6 | 2) *Calamagrostis* **S. 202**
- Ährchenachse *ohne* lang behaarten Fortsatz (37 | 10 | 6) *Agrostis* **S. 196**
22 (14) Blätter mit gefalteter Knospenlage 23
- Blätter mit gerollter Knospenlage 33
23 Deckspelzen mit Granne 24
- Deckspelzen unbegrannt 26
24 Blätter der Erneuerungssprosse < 2 mm breit, borstenförmig, *nicht* entfaltbar. Ährchen > 3-blütig. Grannen fehlend o. gerade, an der Spitze der Deckspelze inseriert (271 | 49 | 34) *Festuca* **S. 222**
- Blätter der Erneuerungssprosse ± flach ausgebreitet o. eingerollt, *ohne* Beschädigung entfaltbar, ausgebreitet meist > 2 mm breit 25
25 Unterer Knoten der Rispe meist mit ≥ 4 Ästen. Ährchenachse mit 3-6 mm langen Haaren. Ährchen 2-3-blütig. Blattunterseite meist behaart (1 | 1 | 1) *Avenula* **S. 204**

- Unterer Knoten der Rispe mit < 4 Ästen. Ährchenachse mit < 3 mm langen Haaren. Ährchen 3-6-blütig. Blattunterseite kahl (22 | 5 | 4) *Helictochloa* **S. 204**

26 (23) Blattgrund mit Öhrchen ... 27
- Blattgrund *ohne* Öhrchen ... 29

27 Blätter der Erneuerungssprosse < 2 mm breit, borstenförmig, *nicht* entfaltbar. Öhrchen nach oben gerichtet (271 | 49 | 34) *Festuca* **S. 222**
- Blätter der Erneuerungssprosse ± flach ausgebreitet o. eingerollt, *ohne* Beschädigung entfaltbar, ausgebreitet meist > 2 mm breit ... 28

28 Stängel basal verdickt. Ligula 2-3 mm lang. Öhrchen nach oben gerichtet (5 | 1 | 1) *Patzkea* **S. 240**
- Stängel basal *nicht* verdickt. Ligula fehlend. Öhrchen: sichelförmig, ± waagerecht ausgerichtet (9 | 4 | 2) *Leucopoa* **S. 220**

29 (26) Ährchen genähert in Knäueln, in rispenartigem Gesamtblütenstand. Deckspelzen am Kiel lang behaart. Ligula 5-10 mm lang (3 | 1 | 1) *Dactylis* **S. 220; S. 726**
- Ährchen meist einzeln; wenn in Knäueln: Ligula < 5 mm lang ... 30

30 Kallus kahl. Spreite oberseits gerippt. Samen mit länglichem Nabel. Ligula < 1,5 mm lang (9 | 4 | 2) *Leucopoa* **S. 220**
- Kallus behaart. Spreite *nicht* gerippt, zuweilen mit Doppelrinne. Samen mit rundlichem Nabel ... 31

31 Unterster Rispenast unverzweigt *oder* mit 1 Seitenast. Untere Hüllspelze 1-nervig, obere 3-nervig. Pflanze meist 1-jährig; wenn mehrjährig: Blätter < 10 cm lang, Ligula 1-2 mm lang, Deckspelze kahl (8 | 2 | 2) *Ochlopoa* **S. 242**
- Unterster Rispenast mit 2-4 Seitenästen. Beide Hüllspelzen 3-nervig. Pflanze mehrjährig ... 32

32 Ährchen unterhalb der Deckspelze (dicht) borstig behaart. Ährchen meist violett überlaufen. Spreite blau- bzw. graugrün (4 | 1 | 1) *Bellardiochloa* **S. 250**
- Ährchen unterhalb der Deckspelze (spärlich) weich behaart (96 | 21 | 12) *Poa* **S. 244**

33 (22) Blattgrund mit ± waagerecht ausgerichteten Öhrchen. Blütenstand rispenartig (8 | 4 | 1) *Schedonorus* **S. 220**
- Blattgrund *ohne* Öhrchen ... 34

34 Blattscheiden (fast) bis oben verwachsen. Hüllspelzen oval; die untere 3-5-nervig, ± so lang wie die obere (40 | 10 | 1) *Bromus* **S. 250**
- Blattscheiden aufreißend o. offen, allenfalls basal verwachsen ... 35

35 Blätter der Erneuerungssprosse < 2 mm breit, borstenförmig, *nicht* entfaltbar ... 36
- Blätter der Erneuerungssprosse ± flach ausgebreitet o. eingerollt, *ohne* Beschädigung entfaltbar, ausgebreitet meist > 2 mm breit ... 37

36 Grannen > 1 cm lang. Deckspelze 1-2-spitzig. Ährchen > 6 mm lang. Blätter oberseits gerippt (12 | 5 | 5) *Helictotrichon* **S. 206**
- Grannen < 0,8 cm lang. Deckspelze 4-spitzig. Ährchen 3-6 mm lang. Blätter auffallend glatt. Rispenäste meist geschlängelt (1 | 1 | 1) *Avenella* **S. 204**

37 (35) *Alle* Deckspelzen *ohne* Granne. Ährchen breit-herzförmig. Hüllspelzen breit, distal abgerundet, im QS stark gewölbt. Blattscheiden aufreißend. Rispenäste meist geschlängelt (4 | 3 | 1) *Briza* **S. 220**
- Zumindest einige Deckspelzen mit (zuweilen kurzer) Granne ... 38

38 Deckspelzen 4-spitzig; Blätter (sehr) rau. Pflanze horstförmig. Grannen < 6 mm lang (6 | 2 | 1) *Deschampsia* **S. 202**
- Deckspelze 2-spitzig. Grannen ± in der Mitte der Spitze der Deckspelze entspringend. Grannen 3-8 mm lang (24 | 5 | 5) *Trisetum* **S. 214**

Klade *Dicots*

Klade *Eudicots*

Ordnung *Ranunculales*

Familie *Papaveraceae* - Mohngewächse (20 | 8 | 2)

1 Blüten radiär. Pflanze mit Milchsaft (91 | 16 | 8) *Papaver* **S. 254**
- Blüten zygomorph. Pflanze *ohne* Milchsaft (2 | 2 | 1) *Pseudofumaria* **S. 254**

Familie *Ranunculaceae* - Hahnenfußgewächse (30 | 23 | 11)

Die Hahnenfußgewächse zeichnen sich durch ein große Vielfalt im Blütenbau aus. Bei einigen Gruppen gibt es fließende Übergänge zwischen Hoch- u. Blütenhüllblättern sowie zwischen Kelch- u. Kronblättern. Im Bereich der Kron- u. Staubblätter finden sich häufig Nektarblätter.

1 Blüten zygomorph ... 2
- Blüten radiär ... 4

2 Perigon aus großem 2-blättrigem Helm, 1 Sporn, u. 2 seitlichen in den Helm ragenden Nektarblättern bestehend (26 | 10 | 8) *Aconitum* **S. 258**
- Perigon *nicht* helmförmig. Blüten andersartig ... 3

3 Perigon mit 5 Spornen, 10-blättrig (57 | 5 | 3) *Aquilegia* **S. 254**
- Perigon mit 1 Sporn (98 | 4 | 3) *Delphinium* **S. 262**

4 (1) Blüten mit Kronblättern *und* Kelchblättern ... 5
- Blütenhüllblätter alle ± gleichgestaltet, kronblatt- *oder* kelchblattartig, zuweilen fehlend ... 6

5 Kronblätter 5, gelblich o. weißlich. Blätter ungeteilt o. 1-fach gelappt bis fiederspaltig (1050 | 45 | 21) *Ranunculus* **S. 268**
- Kronblätter 5-20, weißlich o. rosa. Blätter 1-2-fach fiederspaltig (3 | 3 | 3) *Callianthemum* **S. 264**
6 (4) Blüten kugelig, 15-40 mm ⌀. Kronblätter mit basaler Nektardrüse, gelb. Blätter handförmig gelappt bis gefingert (6 | 1 | 1) *Trollius* **S. 258**
- Blüten *nicht* kugelig. Kronblätter *ohne* Nektardrüse 7
7 Blätter ungeteilt, herz- bis nierenförmig, ganzrandig bis seicht gekerbt, glänzend, kahl (2 | 1 | 1) *Caltha* **S. 264**
- Blätter gelappt bis gefiedert *oder* handförmig gelappt bis gefingert 8
8 Bälge: < 6, > 1,5 cm ⌀. Nektarblätter becherförmig bis röhrig. Blätter tief handförmig-gelappt bis gefingert (13 | 5 | 1) *Helleborus* **S. 264**
- Nüsschen: meist > 6, < 1,5 cm ⌀. Nektarblätter staubblattartig o. fehlend 9
9 Blütenstände rispenartig. Pflanze *ohne* laubblattartige Hochblätter (19 | 7 | 4) *Thalictrum* **S. 256**
- Blüten lang gestielt, einzeln o. in Dolden. Pflanze mit 3 ± laubblattartigen Hochblättern unter dem Blütenstand 10
10 Nüsschen > 1 cm lang, lang geschnäbelt, dicht u. lang behaart (12 | 6 | 3) *Pulsatilla* **S. 266**
- Nüsschen < 1 cm lang, kurz geschnäbelt, kahl o. kurz behaart. Hochblätter sitzend. Blüten in > 3-blütigen Dolden (2 | 1 | 1) *Anemonastrum* **S. 266**

Klade *Core Eudicots*

Klade *Pentapetalae*

Klade *Superrosids*

Ordnung *Saxifragales*

Familie *Grossulariaceae* - Stachelbeergewächse (1 | 1 | 1)

(16 | 6 | 1) *Ribes* **S. 280**

Familie *Saxifragaceae* - Steinbrechgewächse (10 | 3 | 2)

1 Blüten mit 4-blättrigem Perigon u. 8 Staubblättern, grünlich-gelblich (6 | 2 | 1) *Chrysosplenium* **S. 280**
- Blüten mit 5 Kelchblättern, 5 Kronblättern u. 10 Staubblättern (159 | 52 | 45) *Saxifraga* **S. 280**

Familie *Crassulaceae* - Dickblattgewächse (15 | 6 | 5)

1 Blüten 1-geschlechtig. Pflanze 2-häusig. Blätter sitzend, ± flach ausgebreitet, länglich-oval bis rautenförmig, distal meist gesägt (2 | 1 | 1) *Rhodiola* **S. 312**
- Blüten zwittrig 2
2 Pflanze mit Grundblattrosette 3
- Pflanze *ohne* Grundblattrosette 4
3 Blüten mit 8-20 Kronblättern. Kronblätter ± flach ausgebreitet, spitz (49 | 8 | 8) *Sempervivum* **S. 308**
- Blüten mit 6 Kronblättern. Kronblätter aufrecht bis zusammenneigend, distal gezähnt. Blüten weißlich-gelblich (2 | 1 | 1) *Jovibarba* **S. 308**
4 (2) Blätter im QS rund o. halbrund, ganzrandig. Pflanze < 10 cm hoch (115 | 21 | 8) *Sedum* **S. 304**
- Blätter im QS ± flach, am Rand gezähnt. Meist > 10 cm hoch (8 | 4 | 1) *Hylotelephium* **S. 302**

Klade *Rosids*

Klade *Eurosids*

Klade *Fabids*

Ordnung *Fabales*

Familie *Fabaceae* - Schmetterlingsblütengewächse (133 | 42 | 14)

1 Verholzte Sträucher bzw. Zwergsträucher, seltener Halbsträucher 2
- Krautige Pflanze 5
2 Nebenblätter groß u. fiederblattartig, Stängelblätter dadurch scheinbar 5-teilig. Blüten meist rötlich-violett (63 | 10 | 1) *Ononis* **S. 328**
- Nebenblätter *nicht* fiederblattartig. Blätter 3-teilig o. > 5-teilig unpaarig gefiedert. Blüten meist gelblich........ 3
3 Blätter 3-teilig. Nebenblätter fehlen (62 | 9 | 4) *Cytisus* **S. 312**
- Blätter > 5-teilig unpaarig gefiedert. Nebenblätter vorhanden 4
4 Hülsenglieder hufeisenförmig gebogen. Obere Stängelblätter > 1 cm lang gestielt (28 | 2 | 1) *Hippocrepis* **S. 316**
- Hülsenglieder gerade bis schwach gebogen. Obere Stängelblätter sitzend o. < 1 cm lang gestielt (10 | 4 | 1) *Coronilla* **S. 314**
5 (1) Blätter paarig gefiedert, letztes Fiederblatt in Granne o. Ranke umgewandelt 6
- Blätter unpaarig gefiedert, letztes Fiederblatt flächig, seltener ungeteilt 7
6 Staubfadenröhre schief abgeschnitten (Filamente unterschiedlich lang verwachsen) (96 | 27 | 2) *Vicia* **S. 334**

- Staubfadenröhre gerade (alle Filamente gleich lang verwachsen) (74 | 24 | 1) *Lathyrus* **S. 334**

7 (5) Alle 10 Staubfäden röhrig verwachsen … 8

- Blüten mit 1 freien u. 9 röhrig verwachsenen Staubfäden … 9

8 Nebenblätter groß u. fiederblattartig, Stängelblätter dadurch scheinbar 5-teilig. Blüten rötlich-violett (63 | 10 | 1) *Ononis* **S. 328**

- Nebenblätter *nicht* fiederblattartig. Zumindest einige Stängelblätter mit > 5 Fiederblättchen. Blüten gelblich (26 | 2 | 1) *Anthyllis* **S. 314**

9 (7) Blätter mit 3 Fiederblättchen, zuweilen außerdem mit 2 großen basalen Nebenblättern … 10

- Blätter mit ≥ 5 Fiederblättchen … 12

10 Nebenblätter > 0,5-mal so lang wie die Fiederblättchen (91 | 8 | 2) *Lotus* **S. 316**

- Nebenblätter < 0,5-mal so lang wie die Fiederblättchen … 11

11 Früchte eiförmig bis zylindrisch. Kronblätter (scheinbar) miteinander u. mit den Staubblättern verwachsen, die reifen Früchte einhüllend, nach dem Verblühen *nicht* abfallend (129 | 36 | 10) *Trifolium* **S. 328**

- Früchte nierenförmig, sichelförmig o. schneckenförmig eingerollt. Kronblätter frei, nach dem Verblühen abfallend, die reifen Früchte *nicht* einhüllend (75 | 15 | 1) *Medicago* **S. 328**

12 (9) Früchte mit deutlicher Quergliederung, meist in Teilfrüchte zerfallend … 13

- Früchte *ohne* deutliche Quergliederung, *nicht* in Teilfrüchte zerfallend … 14

13 Blüten in verlängerten Trauben. Fruchtglieder im LS ± rundlich. Blüten rötlich o. weißlich-gelblich (41 | 3 | 2) *Hedysarum* **S. 326**

- Blüten in gestauchter ± doldenartiger Traube. Blüten gelb. Hülsenglieder im LS U-förmig gebogen (28 | 2 | 1) *Hippocrepis* **S. 316**

14 (12) Kelchzähne fast 2-mal so lang wie die Kelchröhre (80 | 5 | 2) *Onobrychis* **S. 326**

- Kelchzähne kaum länger als die Kelchröhre … 15

15 Schiffchenspitze abrupt zugespitzt, mit schmaler abgesetzter Spitze (45 | 10 | 9) *Oxytropis* **S. 316**

- Schiffchen abgerundet o. spitz, aber *nicht* abrupt zugespitzt (384 | 21 | 9) *Astragalus* **S. 322**

Familie *Polygalaceae* – Kreuzblumengewächse (1 | 1 | 1)

(78 | 14 | 3) *Polygala* **S. 336**

Ordnung *Rosales*

Familie *Rosaceae* – Rosengewächse (47 | 31 | 12)

1 Stängel verholzt; wenn schwach verholzt: mit Dornen bzw. Stacheln … 2

- Stängel krautig … 9

2 Blüten mit mehreren freien Fruchtblättern … 3

- Blüten mit 1 Fruchtknoten (dieser 1-blättrig *oder* aus mehreren verwachsenen Fruchtblättern bestehend … 6

3 Niederliegender Zwergstrauch, < 20 cm hoch. Blätter immergrün, am Rand gekerbt; unterseits dicht weißlich behaart. Blüten lang gestielt, weißlich. Griffel zur Fruchtzeit verlängert, dicht u. lang behaart (1 | 1 | 1) *Dryas* **S. 354**

- Aufrechter Strauch, > 20 cm hoch. Blätter sommergrün o. überwinternd grün … 4

4 Bälge. Stängel *ohne* Stacheln. Blüten weißlich (bei kultivierten Arten auch rötlich) (13 | 8 | 1) *Spiraea* **S. 356**

- Nüsse o. Früchte mit Fruchtfleisch (Hagebutten o. Sammelsteinfrüchte). (Halb-)Sträucher mit Stacheln … 5

5 Blütenachse schüssel- bis krugförmig. Sammelnussfrucht (Hagebutte), mit von fleischiger, krugförmiger Blütenachse umgebenen Nüsschen. Nebenblätter mit dem Blattstiel verwachsen (86 | 38 | 4) *Rosa* **S. 336**

- Blütenachse flach bis gewölbt. Sammelsteinfrüchte mit Fruchtfleisch. Nebenblätter *nicht* mit dem Blattstiel verwachsen (835 | 5 | 2) *Rubus* **S. 338**

6 (2) Fruchtknoten aus 1 Fruchtblatt bestehend, ober- o. mittelständig. Steinfrüchte o. Nüsse … 7

- Fruchtknoten aus mehreren Fruchtblättern, unterständig, mit der fleischig werdenden Blütenachse verwachsen. Apfelfrüchte … 8

7 > 1 m hoher Strauch o. Baum. Blüten weißlich, > 1 cm ⌀. Steinfrüchte (42 | 14 | 1) *Prunus* **S. 354**

- < 0,5 m hoher Strauch. Blüten grünlich-gelblich, < 0,5 cm ⌀. Nüsse (547 | 73 | 36) *Alchemilla* **S. 340**

8 (6) Blätter am Rand gezähnt. Kronblätter aufrecht bis ausgebreitet. Blütenstand meist > 20-blütig (199 | 8 | 1) *Sorbus* **S. 358**

- Blätter ganzrandig. Kronblätter nach innen gebogen. Blütenstand < 20-blütig (49 | 6 | 3) *Cotoneaster* **S. 356**

9 (1) Blüten mit 1 Fruchtknoten. Grundblätter im Umriss rund, buchtig bis handförmig gelappt *oder* gefingert (547 | 73 | 36) *Alchemilla* **S. 340**

- Blüten mit mehreren freien Fruchtblättern … 10

10 Blüten *ohne* Außenkelch … 11

- Blüten mit Außenkelch … 12

11 Pflanze *ohne* Stacheln. Blüten rötlich o. grünlich-gelblich, < 1 cm ⌀, sitzend, in ährenförmigen bis kopfigen Blütenständen. Früchte *ohne* Fruchtfleisch (15 | 4 | 2) *Sanguisorba* **S. 340**

- Pflanze fast immer mit Stacheln. Blüten > 1 cm ⌀, gestielt. Sammelsteinfrüchte mit Fruchtfleisch (835 | 5 | 2) *Rubus* **S. 338**

12 (10) Griffel zur Fruchtzeit verlängert, lang behaart. Blätter mit vergrößertem Endabschnitt, gelappt bis gefiedert. Blüten gelblich; wenn rötlich überlaufen: mit großen rotbraunen Kelchblättern (19 | 6 | 3) *Geum* **S. 352**

- Griffel zur Fruchtzeit *nicht* verlängert. Endabschnitt der Blätter *nicht* vergrößert … 13

13 Staubblätter: 4–10. Kronblätter 1–3 mm lang, kürzer als der Kelch, früh abfallend, gelblich-grünlich. Pflanze < 5 cm hoch (2 | 1 | 1) *Sibbaldia* **S. 352**
– Staubblätter: > 10 (selten weniger). Kronblätter > 3 mm lang. Grundblätter handförmig gelappt bis gefingert. Blüten mit (schwach) gewölbtem Blütenboden, meist mit > 8 Fruchtknoten. Griffel > 2-mal so lang wie der Fruchtknoten. Grundblätter 3–7-teilig (170 | 36 | 16) *Potentilla* **S. 344**

Familie *Rhamnaceae* – Kreuzdorngewächse (5 | 3 | 1)

(38 | 5 | 1) *Rhamnus* **S. 358**

Ordnung *Fagales*

Familie *Betulaceae* – Birkengewächse (5 | 5 | 2)

1 Fruchtstände *nicht* verholzt, zylindrisch, bei der Samenausbreitung zerfallend, aus 3-lappigen Schuppen bestehend. Staubblätter gespalten. < 0,8 m hoher Zwergstrauch o. Baum (planar bis subalpin) (12 | 4 | 1) *Betula* **S. 358**
– Verholzte Zapfen, kugelig bis eiförmig, bei der Samenausbreitung *nicht* zerfallend, aus 4–5-lappigen Schuppen bestehend. Staubblätter *nicht* gespalten. Bis 4 m hoher Strauch o. Baum (planar bis montan) (7 | 4 | 1) *Alnus* **S. 358**

Ordnung *Celastrales*

Familie *Celastraceae* – Spindelbaumgewächse (4 | 2 | 1)

(2 | 1 | 1) *Parnassia* **S. 360**

Ordnung *Malpighiales*

Familie *Hypericaceae* – Hartheugewächse (1 | 1 | 1)

(143 | 17 | 3) *Hypericum* **S. 360**

Familie *Violaceae* – Veilchengewächse (1 | 1 | 1)

(185 | 35 | 15) *Viola* **S. 362**

Familie *Salicaceae* – Weidengewächse (2 | 2 | 1)

(94 | 33 | 18) *Salix* **S. 368**

Familie *Euphorbiaceae* – Wolfsmilchgewächse (6 | 3 | 1)

(281 | 38 | 6) *Euphorbia* **S. 378**

Familie *Linaceae* – Leingewächse (3 | 2 | 1)

(99 | 15 | 1) *Linum* **S. 380**

Klade *Malvids*

Ordnung *Geraniales*

Familie *Geraniaceae* – Storchschnabelgewächse (5 | 2 | 2)

1 Schnabel der Früchte nach der Ausstreu aufwärtsgebogen. Grundblätter handförmig gelappt bis handförmig fiederspaltig (88 | 21 | 4) *Geranium* **S. 382**
– Schnabel der Früchte sich korkenzieherartig einrollend. Grundblätter gefiedert (68 | 7 | 1) *Erodium* **S. 382**

Ordnung *Myrtales*

Familie *Onagraceae* – Nachtkerzengewächse (6 | 4 | 1)

(42 | 18 | 8) *Epilobium* **S. 384**

Ordnung *Malvales*

Familie *Thymelaeaceae* – Spatzenzungengewächse (4 | 2 | 1)

(22 | 8 | 4) *Daphne* **S. 388**

Familie *Cistaceae* - Zistrosengewächse (4 | 4 | 1)

(103 | 8 | 3) *Helianthemum* **S. 390**

Ordnung *Brassicales*

Familie *Brassicaceae* - Kreuzblütengewächse (167 | 66 | 29)

1	Früchte > 3-mal so lang wie breit (Schoten)	2
-	Früchte < 3-mal so lang wie breit (Schötchen o. Nüsse)	21
2	Unterste Blätter gelappt bis fiederspaltig, gefiedert o. gefingert	3
-	Unterste Blätter ungeteilt, ganzrandig *oder* gezähnt bis seicht gebuchtet	13
3	Früchte mit 1 Einschnürung, meist < 5-mal so lang wie breit, < 5-samig. Grundblätter fiederspaltig, mit (fast) rechtwinklig abstehenden Abschnitten (2 | 1 | 1) *Rapistrum* **S. 400**	
-	Früchte *nicht* perlschnurartig gegliedert, allenfalls mit etwas hervortretenden Samen	4
4	Kronblätter kräftig gelb	5
-	Kronblätter *nicht* kräftig gelb; zuweilen fehlend	8
5	Reife Schoten höchstens so lang wie die Fruchtstiele, < 1 cm lang, *ohne* Schnabel (19 | 8 | 1) *Rorippa* **S. 424**	
-	Reife Schoten meist länger als die Fruchtstiele, meist > 1 cm lang; wenn kürzer: geschnäbelt	6
6	Blätter 2-3-fach gefiedert bis fiederspaltig. Blattlappen lineal. Blüten hellgelblich bis hellgrünlich (12 | 2 | 1) *Descurainia* **S. 418**	
-	Blätter 1-fach gefiedert, fiederspaltig o. buchtig gelappt	7
7	Fruchtklappen: 1-nervig. Schnabel < 10 mm lang (41 | 8 | 2) *Brassica* **S. 398**	
-	Fruchtklappen: 3-5-nervig. Schnabel > (10) 12 mm lang (6 | 2 | 2) *Coincya* **S. 400**	
8	(4) Blätter 2-3-fach gefiedert bis fiederspaltig. Blattlappen lineal. Blüten hellgelblich bis hellgrünlich (12 | 2 | 1) *Descurainia* **S. 418**	
-	Blätter 1-fach gefiedert, fiederspaltig o. buchtig gelappt	9
9	Krone weißlich-gelblich o. hellgelb. Mittlere Stängelblätter gezähnt o. gelappt bis gefiedert (19 | 8 | 1) *Rorippa* **S. 424**	
-	Krone rein weiß *oder* rötlich-violett, selten fehlend	10
10	Grundblätter aus deutlich voneinander getrennten Fiederblättchen bestehend, gefiedert o. gefingert (60 | 20 | 6) *Cardamine* **S. 422**	
-	Grundblätter mit ± zusammenhängender Spreite, ungeteilt, buchtig gelappt *oder* fiederspaltig	11
11	Kronblätter > 9 mm lang. Schoten > 2 mm breit. Narben deutlich 2-lappig (30 | 5 | 1) *Hesperis* **S. 416**	
-	Kronblätter < 9 mm lang. Schoten meist < 2 mm breit, Narben distal abgerundet o. spitz	12
12	Schoten im QS abgeflacht. Obere Stängelblätter (seicht) gelappt (13 | 4 | 2) *Arabidopsis* **S. 420**	
-	Schoten im QS rundlich bis kantig. Obere Stängelblätter tief gelappt bis fiederspaltig (5 | 1 | 1) *Murbeckiella* **S. 420**	
13	(2) Mittlere Stängelblätter basal herz- bis pfeilförmig	14
-	Mittlere Stängelblätter basal *nicht* herz- bis pfeilförmig; zuweilen fehlend o. mit kleinen Öhrchen an der Basis des Stiels	16
14	Blüten kräftig gelb (59 | 3 | 1) *Isatis* **S. 398**	
-	Blüten weißlich o. rötlich überlaufen	15
15	Blätter sitzend. Grundblätter < 2 cm breit (63 | 19 | 10) *Arabis* **S. 402**	
-	Blätter lang gestielt. Grundblätter 4-10 cm breit (60 | 20 | 6) *Cardamine* **S. 422**	
16	(13) Blüten gelb o. (selten) orange	17
-	Blüten weißlich *oder* rötlich-bläulich	18
17	Blätter mit 2-4-teiligen Gabelhaaren. Kelchblätter steif aufrecht (146 | 15 | 6) *Erysimum* **S. 430**	
-	Blätter kahl o. mit einfachen Haaren. Kelchblätter abstehend o. den Kronblättern anliegend (41 | 8 | 2) *Brassica* **S. 398**	
18	(16) Schoten distal 2-hockrig bis -lappig. Blätter ungeteilt bis gelappt, Spreite bzw. Blattabschnitte lineal bis länglich. Blüten rosa bis hellviolett (23 | 2 | 1) *Matthiola* **S. 416**	
-	Schoten distal spitz o. abgerundet	19
19	Samen im Fruchtfach (zuweilen undeutlich) 2-reihig angeordnet. Schote < 8-mal so lang wie breit. Blätter ungeteilt, ganzrandig bis seicht gezähnt (4 | 1 | 1) *Braya* **S. 416**	
-	Samen im Fruchtfach 1-reihig angeordnet. Schote > 8-mal so lang wie breit. Blätter gelappt bis gefiedert	20
20	Fruchtklappen mit deutlich hervorstehendem Mittelnerv. Grundblätter mit (wenigen) Gabelhaaren *und* einfachen Haaren, in einen kurzen Stiel verschmälert (13 | 4 | 2) *Arabidopsis* **S. 420**	
-	Fruchtklappen *ohne* deutlich hervorstehenden Mittelnerv. Grundblätter nur mit einfachen Haaren, gestielt o. in einen langen Stiel verschmälert (60 | 20 | 6) *Cardamine* **S. 422**	
21	(1) Kronblätter gelb, *ohne* dunkle Nervatur	22
-	Kronblätter meist weißlich o. rötlich-violett; selten grünlich-gelblich *oder* Krone fehlend	28
22	Unterste Blätter gelappt bis fiederspaltig, gefiedert o. gefingert	23
-	Unterste Blätter ungeteilt. Spreite ganzrandig *oder* gezähnt bis seicht gebuchtet	24
23	Grundblätter 2-fach fiederspaltig. Früchte 4-samig, geflügelt, kugelig bis eiförmig, 1-4 mm lang. Blätter behaart (42 | 13 | 1) *Lepidium* **S. 432**	
-	Grundblätter gezähnt bis gelappt. Früchte 1-samig, im QS rund bis kantig, meist eiförmig, 3-fächrig, obere Fächer leer. Obere Stängelblätter mit herzförmiger Basis, Blätter kahl o. mit (wenigen) einfachen Haaren. Schötchen kugelig bis länglich-eiförmig (19 | 8 | 1) *Rorippa* **S. 424**	

24 (22) Früchte im QS abgeflacht, von der Seite gesehen brillenförmig, meist in 2 Teilfrüchte zerfallend (52 | 7 | 3) ***Biscutella*** **S. 402**

\- Schötchen o. Nüsse, von der Seite gesehen oval bis breit lanzettlich 25

25 Früchte überhängend, breit geflügelt, meist 1-samige Nüsse (59 | 3 | 1) ***Isatis*** **S. 398**

\- Früchte *nicht* überhängend, meist ≥ 2-samig 26

26 Früchte im QS abgeflacht. Pflanzen mit basaler Rosette, oft ohne Stängelblätter; wenn mit Stängelblättern: diese am Rand gezähnt (83 | 16 | 14) ***Draba*** **S. 408**

\- Früchte im QS ± kugelig, kaum abgeflacht. Blätter ganzrandig 27

27 Kronblätter distal abgerundet, 2–3 (4) mm lang. Blütenstand meist aus mehreren Trauben bestehend (74 | 3 | 2) ***Odontarrhena*** **S. 428**

\- Kronblätter distal eingeschnitten, 3–6 mm lang. Blüten meist in einfachen Trauben (112 | 10 | 7) ***Alyssum*** **S. 424**

28 (21) Unterste Blätter gelappt bis fiederspaltig, gefiedert o. gefingert 29

\- Unterste Blätter ungeteilt, ganzrandig bis seicht gebuchtet 33

29 Bis 10 cm hohe Polsterpflanze. Blätter < 8 mm lang, gelappt bis fiederspaltig, 3–5-teilig. Blüten rötlich-violett (1 | 1 | 1) ***Petrocallis*** **S. 392**

\- Pflanze meist > 10 cm hoch; wenn kleiner: Blüten weißlich u. Pflanze *nicht* polsterförmig 30

30 Schötchen 3-eckig bis herzförmig. Stängel aufrecht, meist > 15 cm hoch. Obere Stängelblätter ungeteilt, ganzrandig (5 | 3 | 1) ***Capsella*** **S. 420**

\- Schötchen kugelig, eiförmig o. breit lanzettlich 31

31 Schötchen kugelig, 4–12-samig (1 | 1 | 1) ***Kernera*** **S. 392**

\- Schötchen eiförmig, oft abgeflacht 32

32 Schötchen ≥ 2-samig; wenn 2-samig: Grundblätter fiederspaltig u. Pflanze *ohne* Stängelblätter. Pflanze < 15 cm hoch (5 | 3 | 2) ***Hornungia*** **S. 418**

\- Schötchen 2-samig. Blätter ungeteilt. Pflanze mit Stängelblättern, meist > 15 cm hoch (42 | 13 | 1) ***Lepidium*** **S. 432**

33 (28) Kronblätter deutlich ungleich lang (29 | 9 | 2) ***Iberis*** **S. 416**

\- Alle Kronblätter ± gleich lang 34

34 Alle Laubblätter in basaler Rosette (83 | 16 | 14) ***Draba*** **S. 408**

\- Stängel mit Laubblättern 35

35 Pflanze kahl 36

\- Pflanze behaart 39

36 Schötchen ± kugelig. Blüten weißlich bis weißlich-gelblich (19 | 3 | 1) ***Cochlearia*** **S. 414**

\- Schötchen im QS deutlich abgeflacht 37

37 Griffel 0,7–3 mm lang (67 | 12 | 9) ***Noccaea*** **S. 394**

\- Griffel < 0,5 mm lang 38

38 Längere Staubfäden basal verbreitert bis geflügelt. Kronblätter rötlich-violett o. weißlich (46 | 2 | 2) ***Aethionema*** **S. 392**

\- Staubfäden ungeflügelt. Kronblätter weißlich (42 | 13 | 1) ***Lepidium*** **S. 432**

39 (35) Schötchen ± eiförmig, im QS ± abgeflacht. Grundblätter ungeteilt 40

\- Schötchen kugelig, im QS kaum abgeflacht 41

40 Schötchen > 4-samig. Pflanze krautig, meist ohne o. mit wenigen Stängelblättern; wenn ± gleichmäßig beblättert: Griffel < 1 mm lang (83 | 16 | 14) ***Draba*** **S. 408**

\- Schötchen 2–4-samig. Griffel 2–3 mm lang. Bis 20 cm hoher Zwergstrauch, mit zahlreichen Stängelblättern (10 | 1 | 1) ***Hormathophylla*** **S. 430**

41 (39) Pflanze 10–30 cm hoch. Grundblätter grob gezähnt bis fiederspaltig. Blütenstand *ohne* Tragblätter (1 | 1 | 1) ***Kernera*** **S. 392**

\- Pflanze < 5 cm hoch. Grundblätter ungeteilt, ganzrandig bis seicht gezähnt. Blütenstand mit Tragblättern (1 | 1 | 1) ***Rhizobotrya*** **S. 394**

Klade *Superasterids*

Ordnung *Santalales*

Familie *Santalaceae* – Sandelgewächse (4 | 2 | 1)

(43 | 6 | 2) ***Thesium*** **S. 434**

Ordnung *Caryophyllales*

Familie *Plumbaginaceae* – Bleiwurzgewächse (10 | 3 | 1)

(101 | 2 | 1) ***Armeria*** **S. 434**

Familie *Polygonaceae* – Knöterichgewächse (19 | 11 | 3)

1 Perigon 4-blättrig. Pflanze mit Grundblattrosette. Stängel meist unbeblättert, < 15 cm hoch. Blätter lang gestielt, nierenförmig. Blütenstand trauben- bis rispenartig, lockerblütig. Früchte breit geflügelt (1 | 1 | 1) ***Oxyria*** **S. 436**

\- Perigon 5–6-blättrig. Habitus andersartig 2

2 Perigon 6-blättrig. Innere Perigonblätter größer als die äußeren, oft mit knorpelartigen Verdickungen (Schwielen) (89 | 23 | 6) *Rumex* **S. 436**

\- Perigon 5-blättrig. Pflanze mit Grundblattrosette. Stängel mit wenigen, vor allem unten angeordneten Laubblättern, mit 1 endständigem ährenartigem Blütenstand (7 | 2 | 1) *Bistorta* **S. 434**

Familie *Caryophyllaceae* – Nelkengewächse (54 | 31 | 15)

1 Blätter mit Nebenblättern. Blüten knäuelig in den Blattachseln. Kronblätter klein o. fehlend. 1-samige Nüsse. Stängel zumindest basal niederliegend ... 2

\- Blätter *ohne* Nebenblätter ... 3

2 Tragblätter der Blüten länger als die Blüten, häutig o. mit breitem Hautrand, silbrig glänzend (56 | 3 | 2) *Paronychia* **S. 440**

\- Tragblätter der Blüten kürzer als die Blüten, krautig, grünlich (42 | 4 | 1) *Herniaria* **S. 438**

3 (1) 1-samige Nüsse. Perigon aus 5 Kelchblättern, gemeinsam mit der Nuss abfallend. Blütenboden röhren- bis becherförmig. Blüten mit 2 Fruchtblättern (9 | 4 | 1) *Scleranthus* **S. 440**

\- Kapseln. Blüten andersartig ... 4

4 Blüten mit 2 Griffeln (bzw. Fruchtblättern) ... 5

\- Blüten mit 3–5 Griffeln (bzw. Fruchtblättern) ... 8

5 Kelch u. Krone 4-blättrig. Staubblätter: 8 (28 | 14 | 13) *Moehringia* **S. 458**

\- Kelch u. Krone 5-blättrig. Staubblätter: 5 o. 10 ... 6

6 Pflanze mit (oft außenkelchartigen) Hochblättern unterhalb der Blüten (216 | 20 | 9) *Dianthus* **S. 464**

\- Pflanze *ohne* Hochblätter unterhalb der Blüten ... 7

7 Kelchblätter mit weißlichen trockenhäutigen Streifen. Platte der Kronblätter allmählich in den Nagel übergehend (88 | 4 | 2) *Gypsophila* **S. 470**

\- Kelch *ohne* trockenhäutige Streifen. Platte der Kronblätter abrupt in den Nagel verschmälert. Blüten mit Nebenkrone (30 | 4 | 2) *Saponaria* **S. 470**

8 (4) Blüten mit 3 Griffeln (bzw. Fruchtblättern) ... 9

\- Blüten mit 4–5 Griffeln (bzw. Fruchtblättern) ... 17

9 Kronblätter 2-spaltig, mindestens bis zur Mitte eingeschnitten ... 10

\- Kronblätter distal ganzrandig o. gezähnt, aber *nicht* tief eingeschnitten ... 11

10 Kelchblätter röhrig verwachsen (429 | 32 | 9) *Silene* **S. 472**

\- Kelchblätter frei. Früchte länglich bis zylindrisch. Kronblätter höchstens bis zur Mitte eingeschnitten. Zumindest die Blütenstiele mit (wenigen) Drüsenhaaren (102 | 20 | 11) *Cerastium* **S. 444**

11 (9) Blütenstände lang gestielt, doldenartig. Kronblätter distal gezähnt (4 | 1 | 1) *Holosteum* **S. 450**

\- Blütenstände *nicht* doldenartig ... 12

12 Kelchblätter röhrig verwachsen ... 13

\- Kelchblätter frei ... 14

13 Samen am Rand durch zahlreiche kleine Schuppen kammartig geflügelt. Kronblätter distal meist 4-zähnig, mit kleiner Nebenkrone (11 | 3 | 2) *Heliosperma* **S. 472**

\- Samen am Rand ungeflügelt, zuweilen pappilös (429 | 32 | 9) *Silene* **S. 472**

14 (12) Früchte mit so vielen Kapselzähnen wie Griffeln ... 15

\- Früchte mit 2-mal so vielen Kapselzähnen wie Griffeln ... 16

15 Kelchblätter distal ± abgerundet, ± kapuzenförmig gewölbt (14 | 5 | 5) *Cherleria* **S. 454**

\- Kelchblätter spitz. Blätter länglich-lineal, spitz (113 | 13 | 8) *Minuartia* **S. 450**

16 (14) Samen schwarz, glänzend, glatt, mit Elaiosom. Kapselzähne > 0,3-mal so lang wie die Kapsel (28 | 14 | 13) *Moehringia* **S. 458**

\- Samen matt, gekörnt, *ohne* Elaiosom. Kapselzähne < 0,3-mal so lang wie die Kapsel (122 | 10 | 8) *Arenaria* **S. 440**

17 (8) Kelchblätter frei (429 | 32 | 9) *Silene* **S. 472**

\- Kelchblätter röhrig verwachsen ... 18

18 Kronblätter > 30 % tief eingeschnitten. Kapseln ± zylindrisch (102 | 20 | 11) *Cerastium* **S. 444**

\- Kronblätter ungeteilt, distal zuweilen etwas eingeschnitten o. gezähnt. Blätter ± lineal. Blüten 4–5-zählig. Kronblätter zuweilen fehlend (19 | 8 | 2) *Sagina* **S. 464**

Familie *Amaranthaceae* – Fuchsschwanzgewächse (75 | 13 | 2)

1 Blätter basal meist deutlich spießförmig. Nüsse, vom bleibenden rötlichen ± fleischigem Perigon umschlossen. Blüten in ± kugeligen Knäueln (6 | 3 | 1) *Blitum* **S. 478**

\- Blätter basal ± keilförmig verschmälert, gerade *oder* seicht herzförmig. Auch ältere Blätter oberseits mehlig bestäubt, matt. Samen *nicht* komplett vom Perigon umschlossen (29 | 5 | 1) *Chenopodium* **S. 476**

Familie *Montiaceae* - Quellkrautgewächse (3 | 1 | 1)

(4 | 2 | 1) *Montia* **S. 478**

Klade *Asterids*

Ordnung *Ericales*

Familie *Primulaceae* - Primelgewächse (19 | 12 | 3)

1 Kronzipfel mit mehreren Fransen bzw. Lappen. Deckelkapseln. Spreite rund o. herz- bis nierenförmig, ganzrandig bis seicht gekerbt. Blüten glockig-trichterförmig, meist bläulich- bis rötlich-violett (18 | 6 | 5) *Soldanella* **S. 488**
- Kronzipfel distal stumpf o. spitz, allenfalls kurz gezähnt. Spaltkapseln. Spreite meist lineal-länglich, oval o. spatelig; wenn rundlich: am Rand grob gezähnt bis gelappt 2
2 Blüten mit meist gelblichen Schlundschuppen. Kronröhre kürzer als die Kronzipfel (41 | 20 | 17) *Androsace* **S. 492**
- Blüten *ohne* Schlundschuppen. Kronröhre länger als die Kronzipfel (52 | 24 | 21) *Primula* **S. 478**

Familie *Ericaceae* - Heidekrautgewächse (25 | 15 | 9)

1 Blätter gegenständig o. quirlig 2
- Blätter wechselständig 4
2 Blätter (fast) quirlig, Knoten 3-4-blättrig. Kronblätter bis weit über die Mitte verwachsen. Spreite < 2 mm breit, schmal-lineal (20 | 5 | 1) *Erica* **S. 504**
- Blätter gegenständig. Kronblätter (fast) frei 3
3 Blätter schuppenförmig, mit 2 abwärts gerichteten Öhrchen am Blattgrund, am Rand *nicht* umgerollt. Blüten mit 4 Kron- u. Kelchblättern sowie grünem Aussenkelch. Kelchblätter rosa, ± so lang wie die Krone (1 | 1 | 1) *Calluna* **S. 502**
- Blätter oval, *ohne* Öhrchen, am Rand nach unten gerollt. Blüten mit 5 Kron- u. Kelchblättern, *ohne* Aussenkelch. Kelchblätter grünlich, kürzer als die Krone (1 | 1 | 1) *Loiseleuria* **S. 502**
4 (1) Spreite < 1 cm lang, < 2 mm breit, lineal 5
- Spreite größer, *nicht* lineal 6
5 Zwergstrauch mit niederliegenden bis aufrechten Trieben. Krone u. Kelch 2-3-blättrig. Fruchtknoten oberständig. Blätter lineal (4 | 2 | 1) *Empetrum* **S. 504**
- Zwergstrauch mit lang kriechenden Trieben. Krone u. Kelch 4-5-blättrig. Fruchtknoten unterständig. Blätter oval bis lanzettlich (11 | 5 | 3) *Vaccinium* **S. 506**
6 (4) Fruchtknoten unterständig. Beeren (11 | 5 | 3) *Vaccinium* **S. 506**
- Fruchtknoten oberständig. Kapseln o. Steinfrüchte 7
7 Kronblätter (fast) komplett frei 8
- Kronblätter zu mehr als dem 0,3-fachen ihrer Länge verwachsen 9
8 Blüten einzeln, offen ausgebreitet, 12–25 mm ⌀ (2 | 1 | 1) *Rhodothamnus* **S. 502**
- Blüten in Trauben, glockig bis trichterförmig, meist < 15 mm ⌀. Pflanze nur mit grundständiger Blattrosette. Stängel *ohne* Laubblätter (7 | 4 | 2) *Pyrola* **S. 500**
9 (7) 20–40 cm hoher Zwergstrauch. Blätter 0,5–1,2 cm lang. Staubblätter länger als die Krone (2 | 1 | 1) *Rhodothamnus* **S. 502**
- Meist > 40 cm hoher Strauch. Blätter > 2 cm lang. Staubblätter höchstens so lang wie die Krone (15 | 3 | 2) *Rhododendron* **S. 504**

Klade *Lamiids*

Ordnung *Gentianales*

Familie *Rubiaceae* - Rötegewächse (22 | 6 | 2)

1 Krone weißlich o. gelblich, 4-blättrig (288 | 48 | 12) *Galium* **S. 508**
- Krone meist bläulich o. rötlich; wenn weißlich: Krone 3-blättrig (119 | 9 | 2) *Asperula* **S. 506**

Familie *Gentianaceae* - Enziangewächse (12 | 7 | 4)

1 Blüte (fast) *ohne* Kronröhre. Kronblätter fast bis zur Basis geteilt 2
- Blüten mit deutlich entwickelter Kronröhre. Kronblätter < 30 % geteilt 3
2 Pflanze > 15 cm hoch. Blütenstand trauben- bis rispenartig. Blüten 20–30 mm ⌀ (3 | 1 | 1) *Swertia* **S. 534**
- Pflanze < 15 cm hoch. Blüten einzeln, lang gestielt, 10–18 mm ⌀ (2 | 1 | 1) *Lomatogonium* **S. 532**
3 (1) Kronzipfel basal lang gefranst. Blüten bläulich, mit 4-zähligen Organkreisen (33 | 14 | 13) *Gentianella* **S. 526**
- Kronzipfel basal *nicht* gefranst. Blüten zuweilen im Schlund bärtig behaart 4
4 Schlund bärtig behaart (33 | 14 | 13) *Gentianella* **S. 526**
- Schlund *nicht* bärtig behaart (48 | 26 | 25) *Gentiana* **S. 514**

Ordnung *Boraginales*

Familie *Boraginaceae* - Raublattgewächse (72 | 24 | 8)

1 Pflanze kahl (7 | 2 | 2) *Cerinthe* **S. 534**

\- Pflanze behaart 2

2 Blüten *ohne* Schlundschuppen, behaarte Leisten o. Falten. Blüten gelblich. Kronröhre länger als die Kronzipfel (128 | 5 | 1) *Onosma* **S. 534**

\- Blüten mit Schlundschuppen, behaarten Leisten o. Falten 3

3 Klausen mit hakig gekrümmten Stacheln 4

\- Klausen *ohne* hakig gekrümmte Stacheln, zuweilen am Rand gezähnt 5

4 Klausen ± abgeflacht. Stacheln ± auf der gesamten Oberfläche der Klausen. Blüten bläulich- bis bräunlich-violett (21 | 5 | 1) *Cynoglossum* **S. 540**

\- Klausen 3-kantig. Stacheln nur an den Kanten der Klausen. Blüten hellblau (1 | 1 | 1) *Hackelia* **S. 538**

5 (3) Fruchtkelch deutlich aufgeblasen, ± abgeflacht, gezähnt. Stängel zumindest unten mit hakig gekrümmten Haaren (1 | 1 | 1) *Asperugo* **S. 538**

\- Fruchtkelch *nicht* aufgeblasen. Stängel *ohne* hakig gekrümmte Haare 6

6 Klausen am Rand deutlich gezähnt. < 5 cm hohe Polsterpflanze. Blüten blau, mit Tragblättern. Blütenstand 3-6-blütig (5 | 1 | 1) *Eritrichium* **S. 538**

\- Klausen am Rand glatt 7

7 Schlundschuppen deutlich entwickelt, gelblich. Blüten < 12 mm ⌀, meist bläulich, *ohne* Tragblätter (60 | 16 | 5) *Myosotis* **S. 540**

\- Schlundschuppen fehlend, undeutlich o. als Haarbüschel bzw. -leisten. Blüten meist > 12 mm ⌀, bläulich-rötlich-violett, mit Tragblättern (19 | 13 | 5) *Pulmonaria* **S. 536**

Ordnung *Lamiales*

Familie *Plantaginaceae* - Wegerichgewächse (31 | 18 | 7)

1 Blüten sitzend, in gestielten, dichtblütigen, meist endständigen Köpfchen o. Ähren. Blüten < 15 mm lang, (fast) radiär. Staubblätter: 4 2

\- Blütenstände andersartig; wenn ährenartig: Staubblätter 2 u. Blüten > 15 mm lang, zumindest kurz gestielt..... 3

2 Pflanze mit Hochblättern unter den Köpfchen. Kronblätter bläulich. 1-samige Nüsse (24 | 5 | 3) *Globularia* **S. 552**

\- Pflanze *ohne* Hochblätter unter den Köpfchen. Kronblätter *nicht* auffällig gefärbt, meist trockenhäutig. Deckelkapseln (76 | 14 | 6) *Plantago* **S. 542**

3 (1) Blüten 1-geschlechtig, *ohne* Blütenhülle, nur aus 1 Staubblatt bzw. dem 2-blättrigen Fruchtknoten bestehend, einzeln. Blätter gegenständig. Wasser- o. Sumpfpflanze (21 | 6 | 3) *Callitriche* **S. 546**

\- Staubblätter: 2-4. Blüten u. Habitus andersartig 4

4 Kronblätter mit deutlich entwickeltem Sporn an der Basis. Schlund durch Ausstülpungen der Unterlippe vollständig geschlossen. Blätter länglich-lineal, ungestielt (138 | 11 | 2) *Linaria* **S. 544**

\- Kronblätter *ohne* Sporn. Blüten mit 4 Staubblättern, davon 2 zuweilen *ohne* Staubbeutel (Staminodien)..... 5

5 Kelchblätter 4. Kronblätter 4. Kronröhre kürzer als die Zipfel (163 | 42 | 9) *Veronica* **S. 548**

\- Kelchblätter 5. Kronblätter 5. Kronröhre ≥ so lang wie die Zipfel 6

6 Alle Blätter in grundständiger Rosette. Blüten bläulich, in ± einseitswendiger Traube (4 | 1 | 1) *Wulfenia* **S. 548**

\- Stängel mit Laubblättern. Blüten gelblich o. bläulich-violett (2 | 2 | 2) *Paederota* **S. 546**

Familie *Lentibulariaceae* - Wasserschlauchgewächse (2 | 2 | 1)

(30 | 8 | 7) *Pinguicula* **S. 554**

Familie *Lamiaceae* - Lippenblütengewächse (57 | 31 | 14)

1 Krone (scheinbar) 1-lippig: Unterlippe deutlich entwickelt; Oberlippe fehlend *oder* sehr kurz u. unscheinbar..... 2

\- Krone mit deutlich entwickelter Ober- u. Unterlippe *oder* (fast) radiär 3

2 Kronröhre innen mit Haarring. Unterlippe 3-lappig (19 | 4 | 1) *Ajuga* **S. 566**

\- Kronblätter *ohne* Haarring. Unterlippe (scheinbar) 5-lappig (Oberlippe klein, tief 2-spaltig, der Unterlippe genähert) (172 | 11 | 3) *Teucrium* **S. 566**

3 (1) Staubblätter: 2 fertile (zuweilen außerdem 2 Staminoiden) 4

\- Staubblätter: 4 fertile 5

4 Spreite am Rand deutlich gesägt o. gekerbt. Oberlippe meist helmförmig (165 | 9 | 2) *Salvia* **S. 564**

\- Spreite ganzrandig. Oberlippe ± flach *oder* deutlich kürzer als die Unterlippe. Blüten gelblich mit rötlich-bräunlichem Rand (163 | 4 | 1) *Sideritis* **S. 558**

5 (3) Kelch zygomorph, ± 2-lippig 6

\- Kelch radiär, 5-zipfelig 10

6 Zumindest basal verholzter Zwergstrauch 7

\- Pflanze *nicht* verholzt 8

7 Untere Kelchzipfel schmäler u. deutlich länger als die 3 oberen (164 | 9 | 3) *Thymus* **S. 564**

\- Untere u. obere Kelchzipfel kaum unterschiedlich (54 | 1 | 1) *Micromeria* **S. 562**

8 (6) Kelch-Oberlippe mit schild- bis schüsselförmigem Anhängsel (55 | 5 | 1) *Scutellaria* **S. 568**

- Kelch-Oberlippe *ohne* solches Anhängsel 9
9 Tragblätter der Knäuel viel kleiner als die Laubblätter. Blätter der Grundblattrosette viel größer als die Stängelblätter. Krone mit ± flacher Oberlippe (1 | 1 | 1) ***Horminum*** **S. 562**
- Tragblätter der Knäuel ± so groß wie die Laubblätter *oder* Blüten einzeln (40 | 7 | 1) ***Clinopodium*** **S. 562**
10 (5) Unterlippe am Schlund mit nach oben aufgewölbten Höckern (11 | 8 | 1) ***Galeopsis*** **S. 558**
- Unterlippe *ohne* Höcker 11
11 Unterlippe mit kleinen fädlichen spitzen (zuweilen fehlenden) Seitenlappen; ihr Mittellappen 2-lappig (21 | 7 | 1) ***Lamium*** **S. 560**
- Unterlippe mit breiten distal abgerundeten Seitenlappen; ihr Mittellappen ungeteilt *oder* 2-lappig 12
12 Kelch 15-nervig. Mittlere Knäuel länger als ihre Tragblätter (83 | 3 | 1) ***Nepeta*** **S. 562**
- Kelch 5-10-nervig. Mittlere Knäuel kürzer als ihre Tragblätter 13
13 Knäuel 1-10 mm lang gestielt. Kelch mit 10 deutlich hervortretenden Nerven. Blüten rosa bis rötlich, Unterlippe weißlich gemustert (27 | 2 | 1) ***Ballota*** **S. 560**
- Knäuel sitzend. Kelch mit 5-10 Nerven; wenn 10-nervig: 5 stärkere u. 5 schwächere Nerven (155 | 13 | 4) ***Stachys*** **S. 558**

Familie *Orobanchaceae* - Sommerwurzgewächse (24 | 12 | 7)

1 Blätter fiederspaltig bis gefiedert (69 | 22 | 20) ***Pedicularis*** **S. 582**
- Spreite ungeteilt, zuweilen am Rand gezähnt, gegenständig 2
2 Spreite ganzrandig, basal selten mit wenigen kleinen Zähnen (32 | 11 | 6) ***Melampyrum*** **S. 568**
- Spreite am Rand gezähnt 3
3 Kelch zur Fruchtreife vergrößert, ± abgeflacht, distal verengt. Samen geflügelt (36 | 13 | 9) ***Rhinanthus*** **S. 568**
- Kelch *nicht* vergrößert. Samen ungeflügelt 4
4 Kronzipfel ± senkrecht von der Kronröhre abstehend; Blüten dadurch undeutlich 2-lippig, gelblich, mit rötlichenbräunlichen Punkten. 1-samige Nüsse (1 | 1 | 1) ***Tozzia*** **S. 580**
- Kronzipfel *nicht* von der Kronröhre abstehend, flach bis helmförmig. Blüten deutlich 2-lippig, andersfarbig. Kapseln 5
5 Blüten trübviolett. Krone lang röhrig mit kurzen Kronzipfeln, dicht drüsig behaart. Pflanze mehrjährig (3 | 1 | 1) ***Bartsia*** **S. 574**
- Blüten andersfarbig. Krone mit Kronröhre u. freien Kronzipfeln. Pflanze 1-jährig 6
6 Oberlippe kürzer als die Unterlippe. Unterlippe eingeschnitten bis 2-lappig. Stängelblätter grob gezähnt (77 | 19 | 14) ***Euphrasia*** **S. 574**
- Oberlippe mindestens so lang wie die Unterlippe. Unterlippe ungeteilt. Stängelblätter ganzrandig o. seicht gezähnt (30 | 6 | 1) ***Odontites*** **S. 582**

Klade *Campanulids*

Ordnung *Asterales*

Familie *Campanulaceae* - Glockenblumengewächse (20 | 6 | 3)

1 Kronzipfel oval bis 3-eckig, *nicht* miteinander verwachsen. Kapseln sich mit seitlichen Löchern öffnend. Staubfäden basal deutlich verbreitert (279 | 36 | 20) ***Campanula*** **S. 592**
- Kronzipfel schmal lineal, distal zumindest anfangs miteinander verklebt (bzw. verklebt). Blüten in dichtblütigen Ähren o. Köpfchen 2
2 Blüten (fast) sitzend. Kronblätter 10-16 mm lang. Kronzipfel zunächst miteinander verwachsen, später zumindest distal aufreißend (26 | 17 | 14) ***Phyteuma*** **S. 602**
- Blüten 2-5 mm lang gestielt. Kronblätter 16-20 mm lang. Kronzipfel: auch während der Blüte miteinander verwachsen (1 | 1 | 1) ***Physoplexis*** **S. 602**

Familie *Asteraceae* - Korbblütengewächse (347 | 111 | 45)

Die Länge der Achänen wird *ohne* Pappus angegeben. Größenangaben für das Köpfchen beziehen sich auf das gesamte Köpfchen inkl. Blüten u. Hüllkelch.

1 Köpfchen *nur* mit zygomorphen Zungenblüten. Zungen 5-zähnig (selten ± ganzrandig). Jüngere Organe mit bei Verletzungen austretendem Milchsaft 34
- Zentrale Blüten des Köpfchens als radiäre trichter-bis röhrenförmige Röhrenblüten ausgebildet; wenn mit randlichen Zungenblüten: diese mit 3-zähniger Zunge. Pflanze selten mit Milchsaft 2
2 Randblüten des Köpfchens als Zungenblüten ausgebildet 19
- Alle Blüten des Köpfchens als Röhrenblüten ausgebildet 3
3 Äußere Hüllblätter distal mit trockenhäutigem Anhängsel 4
- Äußere Hüllblätter *ohne* trockenhäutiges Anhängsel 5
4 Anhängsel der Hüllblätter fast ganzrandig. Randblüten *nicht* vergrößert, fertil (14 | 3 | 2) ***Rhaponticum*** **S. 618**
- Anhängsel der Hüllblätter gezähnt bis gelappt. Randblüten oft deutlich größer als die zentralen Blüten, meist steril. Randblüten violett, rötlich o. weißlich-gelblich, ± gleich gefärbt wie die zentralen Blüten (612 | 29 | 9) ***Centaurea*** **S. 614**
5 (3) Pflanze distelartig. Stängel o. Blätter stachelig 6

- Pflanze *nicht* distelartig; allenfalls die Hüllblätter stechend ... 8
6 Pappus mit verzweigten Haaren (157 | 20 | 3) *Cirsium* **S. 612**
- Pappus mit einfachen Haaren ... 7
7 Hüllblätter gelblich *oder* silbrig bis gräulich-weißlich; trockenhäutig. Innere Hüllblätter strahlig ausgebreitet, länger als die äußeren (32 | 6 | 1) *Carlina* **S. 614**
- Hüllblätter grünlich, *nicht* trockenhäutig. Innere Hüllblätter *nicht* strahlig ausgebreitet (68 | 12 | 5) *Carduus* **S. 610**
8 (5) Früchte *ohne* Pappus aus langen Haaren, zuweilen mit wenigen kurzen Borsten (104 | 19 | 9) *Artemisia* **S. 672**
- Früchte mit Pappus aus vielen langen Haaren ... 9
9 Pappus mit verzweigten Borsten. Blüten rötlich bis violett (11 | 4 | 4) *Saussurea* **S. 620**
- Pappus mit einfachen Borsten ... 10
10 Köpfchen mit Spreublättern o. -borsten. Köpfchen in wenigköpfigen Rispen (2 | 1 | 1) *Serratula* **S. 620**
- Köpfchen *ohne* Spreublätter o. -borsten ... 11
11 Blätter ungeteilt, ganzrandig, > 3-mal so lang wie breit ... 12
- Blätter am Rand gesägt bis fiederspaltig; wenn annähernd ganzrandig: < 3-mal so lang wie breit ... 15
12 Blätter kahl o. behaart, aber *nicht* filzig. Blätter > 5 mm breit. Köpfchen 2–6 mm ⌀. Hüllblätter 2- bis mehrreihig angeordnet: innere u. äußere (fast) gleich lang (54 | 12 | 6) *Erigeron* **S. 682**
- Blätter wenigstens unterseits dicht-filzig behaart ... 13
13 Köpfchen von sternförmig ausgebreiteten dicht-weißfilzigen Hochblättern umgeben, dicht gedrängt am Stängelende, (fast) sitzend (2 | 1 | 1) *Leontopodium* **S. 690**
- Köpfchen *nicht* von sternförmig ausgebreiteten dicht-weißfilzigen Hochblättern umgeben ... 14
14 Blüten 1-geschlechtig, Pflanze 1-häusig, mit 1 endständigem Blütenstand mit kurz gestielten Köpfchen bzw. Köpfchenknäuel (9 | 2 | 2) *Antennaria* **S. 686**
- Blüten zwittrig. Köpfchen in 1 o. mehreren meist länglichen, ährenartigen Blütenständen (25 | 5 | 4) *Gnaphalium* **S. 688**
15 (11) Pflanze mit 1 Köpfchen. Köpfchen 30–70 mm ⌀. Pflanze < 15 cm hoch. Blüten gelb (1 | 1 | 1) *Berardia* **S. 608**
- Pflanze mit mehreren Köpfchen; wenn 1-köpfig: Köpfchen < 30 mm ⌀ u. Blüten *nicht* gelb ... 16
16 Blätter *nicht* herz- o. nierenförmig. Blüten gelblich. Untere Stängelblätter buchtig gelappt, am Rand gezähnt, in den Buchten ± ganzrandig. Hüllblätter mit schwarzer Spitze (101 | 16 | 4) *Senecio* **S. 664**
- Blätter herz- bis nierenförmig. Blüten rötlich, violett o. weißlich ... 17
17 Stängel zur Blütezeit mit normal entwickelten Laubblättern (3 | 3 | 3) *Adenostyles* **S. 652**
- Stängel zur Blütezeit nur mit Schuppenblättern o. mit kleinen ganzrandigen Hochblättern. Laubblätter später erscheinend *oder* in basaler Rosette ... 18
18 Köpfchen in vielköpfiger Rispe oder Ähre. Grundblätter > 10 cm breit, mit oder nach den Blüten erscheinend (13 | 4 | 1) *Petasites* **S. 658**
- Pflanze mit 1 Köpfchen. Grundblätter < 5 cm breit, vor den Blüten erscheinend (3 | 3 | 2) *Homogyne* **S. 658**
19 (2) Stängel *ohne* Laubblätter, zuweilen mit kleinen Hochblättern. Alle Laubblätter in basaler Rosette ... 20
- Stängel mit Laubblättern ... 21
20 Grundblätter rund bis nierenförmig, nach den Blüten erscheinend. Zungenblüten gelblich. Köpfchenstiel mit zahlreichen Schuppenblättern, dick (1 | 1 | 1) *Tussilago* **S. 666**
- Grundblätter spatelförmig, vor den Blüten erscheinend. Zungenblüten weißlich. Köpfchenstiel unbeblättert (1 | 1 | 1) *Bellidiastrum* **S. 682**
21 (19) Untere Stängelblätter gegenständig. Pflanze mit Grundblattrosette. Zungen- u. Röhrenblüten gelblich. Köpfchen 40–90 mm ⌀ (3 | 1 | 1) *Arnica* **S. 690**
- Untere Stängelblätter wechselständig ... 22
22 Röhrenblüten gräulich bis weißlich (112 | 21 | 9) *Achillea* **S. 668**
- Röhrenblüten gelblich o. bräunlich ... 23
23 Zumindest die zentralen Früchte des Köpfchens mit Pappus aus vielen langen Haaren ... 24
- Alle Früchte *ohne* Pappus, zuweilen mit wenigen kurzen Borsten ... 31
24 Zungenblüten gelblich, bräunlich o. orange ... 25
- Zungenblüten weißlich o. rötlich bis bläulich ... 30
25 Hüllblätter 1-reihig, zuweilen mit Außenhülle ... 26
- Hüllblätter mehrreihig ... 28
26 Köpfchen *ohne* Außenhülle. Hüllblätter *ohne* schwarze Spitze. Blätter ungeteilt (11 | 5 | 3) *Tephroseris* **S. 666**
- Köpfchen mit ≥ 2-blättriger Außenhülle. Hüllblätter oft mit schwarzer Spitze ... 27
27 Spreite meist ungeteilt, *nicht* deutlich gestielt (Spreite zur Basis allenfalls verschmälert); wenn gelappt: Früchte anliegend behaart *oder* Zungenblüten zurückgerollt (101 | 16 | 4) *Senecio* **S. 664**
- Spreite meist tief gelappt bis fiederspaltig; wenn ungeteilt: Blätter lang gestielt, herzförmig *oder* Blattzähne zur Blattspitze gebogen u. mit Köpfchen mit 10–22 Zungenblüten. Früchte *nicht* anliegend behaart. Zungenblüten *nicht* zurückgerollt (47 | 16 | 9) *Jacobaea* **S. 658**
28 (25) Zungenblüten aufrecht, zunächst gelblich, später violett überlaufen, < 1,5-mal so lang wie die Röhrenblüten (54 | 12 | 6) *Erigeron* **S. 682**
- Zungenblüten ± ausgebreitet, gelblich, > 1,5-mal so lang wie die Röhrenblüten ... 29
29 Köpfchen mit > 12 Zungenblüten. Hüllblätter 2–3-reihig; äußere u. innere ± gleich lang (20 | 8 | 6) *Doronicum* **S. 654**

- Köpfchen mit < 12 Zungenblüten. Köpfchen in länglichen überhängenden Rispen. Stängelblätter am Rand gezähnt (15 | 3 | 1) *Solidago* **S. 686**

30 (24) Zungenblüten < 1 mm breit, schmal-lineal, mehrreihig *oder* kürzer als die Hülle (54 | 12 | 6) *Erigeron* **S. 682**

- Zungenblüten > 1 mm breit, länglich-lanzettlich, 1-reihig. Grundblätter basal ± keilförmig verschmälert, spatelförmig bis länglich-lanzettlich (5 | 2 | 1) *Aster* **S. 682**

31 (23) Zungenblüten gelblich o. orange. Pflanze < 60 cm hoch. Stängel 1-köpfig. Hüllblätter schmal lanzettlich, spitz. Frucht behaart. Blätter fein gezähnt (1 | 1 | 1) *Xerolekia* **S. 690**

- Zungenblüten weißlich, zuweilen rötlich überlaufen **32**

32 Köpfchenboden mit Spreublättern bzw. -borsten. Köpfchenboden kegelig bis zylindrisch. Früchte im QS rund bis 4-kantig. Blätter 2-fach fiederschnittig bis gefiedert (120 | 4 | 1) *Anthemis* **S. 676**

- Köpfchenboden *ohne* Spreublätter bzw. -borsten **33**

33 Obere Stängelblätter ganzrandig, lineal-lanzettlich. Pflanze < 15 cm hoch (6 | 1 | 1) *Leucanthemopsis* **S. 676**

- Obere Stängelblätter gezähnt bis gelappt. Pflanze meist > 15 cm hoch (43 | 13 | 9) *Leucanthemum* **S. 678**

34 (1) Zumindest einige Früchte deutlich geschnäbelt **35**

- Früchte *nicht* geschnäbelt **40**

35 Pappus mit verzweigten Borsten **36**

- Pappus mit einfachen Borsten **37**

36 Blätter ganzrandig, (scheinbar) parallelnervig. Hüllblätter 1-reihig, lang zugespitzt, fast so lang wie o. länger als die Blüten (73 | 4 | 1) *Tragopogon* **S. 652**

- Blätter fiedernervig, (zumindest basal) am Rand gesägt o. gelappt. Köpfchenboden mit Spreublättern bzw. -borsten (18 | 5 | 3) *Hypochaeris* **S. 640**

37 (35) Stängel hohl, unverzweigt, *ohne* Laub- o. Schuppenblätter. Pflanze mit 1 Köpfchen. Alle Laubblätter in basaler Rosette (1901 | 15 | 2) *Taraxacum* **S. 648**

- Stängel markig, verzweigt, mit Laub- o. Schuppenblättern. Pflanze meist mit mehreren Köpfchen **38**

38 Früchte unter dem Schnabel mit 5 krönchenartigen Zähnen. Stängel oben schwärzlich behaart (2 | 1 | 1) *Willemetia* **S. 628**

- Früchte *ohne* krönchenartige Zähne **39**

39 Köpfchen < 20-blütig. Früchte im QS etwas abgeflacht, dunkelbraun bis schwarz (55 | 11 | 1) *Lactuca* **S. 642**

- Köpfchen > 20-blütig. Früchte im QS rund bis 4-kantig, meist bräunlich (136 | 27 | 10) *Crepis* **S. 622**

40 (34) Pappus mit verzweigten Haaren **41**

- Pappus mit einfachen Haaren **44**

41 Blätter ganzrandig, lineal bis länglich, (scheinbar) parallelnervig. Pappushaare benachbarter Früchte meist miteinander verflochten (100 | 6 | 1) *Scorzonera* **S. 646**

- Blätter gezähnt bis fiederspaltig, netznervig. Pappushaare benachbarter Früchte *nicht* miteinander verflochten **42**

42 Stängel mit Laubblättern. Blätter tief-buchtig bis fiederspaltig, obere Stängelblätter auch ungeteilt. Blattlappen länglich-lineal (14 | 4 | 1) *Podospermum* **S. 648**

- Stängel *ohne* Laubblätter (allenfalls mit kleinen Hochblättern). Alle Laubblätter in basaler Rosette **43**

43 Hüllblätter u. Laubblätter mit einfachen Haaren *oder* kahl. Pflanze mit 1-8 Köpfchen. Köpfchen in Knospe ± aufrecht (25 | 5 | 4) *Scorzoneroides* **S. 644**

- Hüllblätter u. Laubblätter mit mehrästigen Gabel- u. Sternhaaren, meist auch mit einfachen Haaren. Pflanze mit 1-2 Köpfchen. Köpfchen in Knospe ± überhängend (36 | 8 | 3) *Leontodon* **S. 642**

44 (40) Früchte im QS ± abgeflacht. Blüten rötlich, violett o. bläulich. Blätter *nicht* borstig-stachelig gezähnt (55 | 11 | 1) *Lactuca* **S. 642**

- Früchte im QS rund bis 4-kantig **45**

45 Hüllblätter in mehreren Reihen angeordnet, sich überlappend, die äußeren kürzer als die inneren. Pappushaare spröde, leicht abbrechend, oft gräulich **46**

- Hüllblätter in 1-2 Reihen angeordnet. Pappushaare meist biegsam, rein weiß **48**

46 Achäne (ohne Pappus) 1-3 mm lang, distal (kurz) gezähnt. Blätter ganzrandig bis schwach gezähnt, allmählich verschmälert. Pflanze oft mit oberirdischen Ausläufern (233 | 43 | 9) *Pilosella* **S. 636**

- Achäne (ohne Pappus) meist 3-5 mm lang, distal ± gerade. Blätter gezähnt bis gelappt. Pflanze *ohne* oberirdische Ausläufer **47**

47 Pflanze klebrig-drüsig behaart. Blüten hellgelb. Stängelblätter *ohne* Öhrchen (3 | 1 | 1) *Schlagintweitia* **S. 628**

- Pflanze meist *nicht* klebrig-drüsig; wenn (schwach) klebrig-drüsig: Stängelblätter mit großen Öhrchen. Blüten gelb, seltener orange-rötlich (1944 | 169 | 16) *Hieracium* **S. 628**

48 (45) Blüten rötlich. Köpfchen 4-6-blütig, überhängend. Grundblätter mit großem 3-eckigem bis spießförmigem Endlappen u. wenigen kleineren Seitenlappen (3 | 1 | 1) *Prenanthes* **S. 646**

- Blüten gelblich. Köpfchen > 10-blütig, aufrecht **49**

49 Früchte distal ± gerade, mit ringförmigem Wulst. Pflanze blaugrün bereift. Blüten hellgelb (18 | 1 | 1) *Tolpis* **S. 626**

- Früchte distal verschmälert (136 | 27 | 10) *Crepis* **S. 622**

Ordnung *Dipsacales*

Familie *Adoxaceae* - Moschuskrautgewächse (3 | 3 | 1)

(8 | 3 | 1) *Sambucus* S. 690

Familie *Caprifoliaceae* - Geißblattgewächse (24 | 13 | 5)

1 Bis 1,5 m hoher Strauch. Beeren zumindest basal miteinander verwachsen, bläulich, schwarz o. rötlich. Blüten 2-lippig, > 10 mm lang (38 | 11 | 2) *Lonicera* S. 692
- Krautige Pflanze. Früchte *ohne* Fruchtfleisch ... 2
2 Blüten mit 3 Staubblättern, in lockerblütigen verzweigten Blütenständen. Krone basal ausgesackt. Früchte *mit* fedriger Haarkrone. Pflanze mehrjährig (44 | 15 | 8) *Valeriana* S. 700
- Blüten mit 4 Staubblättern, in dichtblütigen Köpfchen o. Ähren. Krone *nicht* ausgesackt ... 3
3 Früchte mit 8-16 Kelchborsten. Köpfchenboden *ohne* Spreublätter, mit Haaren (55 | 17 | 9) *Knautia* S. 692
- Früchte mit 4-5 Kelchborsten o. -zähnen. Köpfchenboden mit Spreublättern ... 4
4 Blüten mit 5 Kronblättern. Randblüten des Blütenstandes vergrößert (38 | 12 | 4) *Scabiosa* S. 698
- Blüten mit 4 Kronblättern. Randblüten des Blütenstandes kaum vergrößert. Blüten weißlich-gelblich (60 | 3 | 1) *Cephalaria* S. 696

Ordnung *Apiales*

Familie *Apiaceae* - Doldengewächse (173 | 64 | 15)

1 Pflanze distelartig. Blätter am Rand stachelig. Blüten in von stacheligen Hochblättern umgebenen Köpfchen (55 | 4 | 2) *Eryngium* S. 704
- Pflanze *nicht* distelartig ... 2
2 Alle Laubblätter ungeteilt. Spreite ganzrandig (108 | 15 | 5) *Bupleurum* S. 706
- Zumindest die mittleren Stängelblätter gelappt bis fiederspaltig *oder* gefiedert ... 3
3 Spreite handförmig gelappt bis gefingert. Blüten in einfacher Dolde. Dolde von > 7 Hochblättern umgeben. Teilfrüchte länglich-eiförmig, auf dem Rücken gerippt (9 | 4 | 3) *Astrantia* S. 704
- Blätter fiederspaltig *oder* 1- bis mehrfach gefiedert ... 4
4 Krone gelblich bis grünlich-gelblich ... 5
- Krone weißlich bis rötlich ... 10
5 Kelch fehlend bzw. als schmaler ± gerader Saum entwickelt. Blätter 1-2-fach gefiedert; Blattlappen breit-oval bis lanzettlich-rautenförmig (33 | 10 | 3) *Peucedanum* S. 718
- Kelch deutlich entwickelt, an den Blüten 5-zähnig, an den Teilfrüchten 2-3-zähnig ... 6
6 Hülle ≥ 3-blättrig ... 7
- Hülle fehlend o. 1-2-blättrig, selten zusätzlich mit 1-2 deutlich kleineren Blättern ... 9
7 Wenigstens einige Hüllblätter 3-lappig bis fiederspaltig. Blätter mit Stiel bis 100 cm lang. Stängel hohl. Blüten weißlich o. gelblich-grünlich (1 | 1 | 1) *Molopospermum* S. 712
- Hüllblätter ungeteilt ... 8
8 Blätter 2-fach 3-teilig gefiedert. Blattlappen > 5 mm breit, länglich-oval bis (schwach) herzförmig (22 | 8 | 6) *Laserpitium* S. 716
- Blätter 2-4-fach gefiedert, mehrteilig. Blattlappen 1-5 mm breit, lineal bis länglich (33 | 10 | 3) *Peucedanum* S. 718
9 (6) Blattlappen lineal bis länglich, 1-5 mm breit. Blätter 2-4-fach gefiedert (33 | 10 | 3) *Peucedanum* S. 718
- Blattlappen lanzettlich bis oval, > 5 mm breit. Blätter 1-3-fach gefiedert. Doppeldolde ± schirmförmig. Blätter gelappt bis gefiedert (44 | 4 | 3) *Heracleum* S. 722
10 (4) Blätter überwiegend 1-fach gefiedert o. 1-fach fiederspaltig ... 11
- Blätter überwiegend 2-3-fach gefiedert bis fiederspaltig ... 12
11 Teilfrüchte deutlich geflügelt (44 | 4 | 3) *Heracleum* S. 722
- Teilfrüchte ungeflügelt, zuweilen gerippt (52 | 6 | 3) *Pimpinella* S. 710
12 (10) Fruchtknoten behaart. Früchte behaart, im Alter zuweilen verkahlend ... 13
- Fruchtknoten u. Frucht kahl ... 17
13 Hülle fehlend o. 1-2-blättrig, selten zusätzlich mit 1-2 deutlich kleineren Hüllblättern ... 14
- Hülle ≥ 3-blättrig ... 15
14 Hüllchen ≥ 2-blättrig. Hüllchenblätter kelchartig verwachsen, länger als die Fruchtstiele. Doldenstrahlen behaart (65 | 11 | 2) *Seseli* S. 720
- Hüllchen fehlend o. 1-2-blättrig. Hüllchenblätter *nicht* miteinander verwachsen. Doldenstrahlen kahl (52 | 6 | 3) *Pimpinella* S. 710
15 (13) Teilfrüchte deutlich geflügelt (44 | 4 | 3) *Heracleum* S. 722
- Teilfrüchte ungeflügelt, zuweilen gerippt ... 16
16 Dolden 4-15-strahlig. Kronblätter behaart. Früchte lang behaart (12 | 3 | 3) *Athamanta* S. 712
- Dolden 15-50-strahlig. Kronblätter kahl. Früchte jung behaart, später verkahlend (65 | 11 | 2) *Seseli* S. 720
17 (12) Hülle fehlend o. 1-2-blättrig, selten zusätzlich mit 1-2 deutlich kleineren Hüllblättern ... 18
- Hülle ≥ 3-blättrig ... 23

18 Blüten meist 1-geschlechtig, meist mit grünlichem o. rötlichem Mittelstreif. Pflanze grau- bis blaugrün, kahl. Stängelbasis von abgestorbener Blattscheide umgeben (14 | 1 | 1) *Trinia* **S. 722**

- Blüten zwittrig 19

19 Blattlappen haarfein-fadenförmig, < 0,5 mm breit. Blätter intensiv aromatisch riechend (1 | 1 | 1) *Meum* **S. 710**

- Blattlappen > 0,5 mm breit 20

20 Blattlappen lineal, meist < 2 mm breit. Stängel markig, basal *ohne* Knolle. Blätter basal mit nebenblattartig abgesetztem, vielzipfeligem Fiederabschnitt, nach Kümmel riechend (22 | 1 | 1) *Carum* **S. 708**

- Blattlappen *nicht* lineal, meist > 2 mm breit 21

21 Blätter 1-2-fach 3-teilig gefiedert. Blattlappen länglich bis oval, am Rand gekerbt bis gelappt. Dolde 20-50-strahlig. Teilfrüchte breit geflügelt (33 | 10 | 3) *Peucedanum* **S. 718**

- Blätter *nicht* 3-teilig gefiedert 22

22 Teilfrüchte > 3-mal so lang wie breit, länglich-lineal (34 | 7 | 3) *Chaerophyllum* **S. 714**

- Teilfrüchte < 2-mal so lang wie breit, eiförmig bis kugelig. Stängel mit < 3 Stängelblättern. Hüllchenblätter meist mit Hautrand. Blüten oft rötlich überlaufen (12 | 4 | 3) *Ligusticum* **S. 708**

23 (17) Blattlappen haarfein-fadenförmig, < 0,5 mm breit. Blätter stark aromatisch riechend (1 | 1 | 1) *Meum* **S. 710**

- Blattlappen > 0,5 mm breit 24

24 Hüllblätter ungeteilt (22 | 8 | 6) *Laserpitium* **S. 716**

- Wenigstens einige Hüllblätter 3-lappig bis fiederspaltig 25

25 Pflanzen > 60 cm hoch. Blätter mit Stiel bis 100 cm lang. Stängel hohl. Blüten weißlich o. gelblich-grünlich (1 | 1 | 1) *Molopospermum* **S. 712**

- Pflanzen < 60 cm hoch. Blätter kleiner. Stängel markig. Blüten weißlich, zuweilen rötlich überlaufen (12 | 4 | 3) *Ligusticum* **S. 708**

Artbeschreibungen

Lycopodium clavatum L.

giftig

Keulen-Bärlapp *Lycopodiaceae*
VII–IX

Bis 30 cm hoch, rasig, mehrjährig. Sporophyllstände: **in Gruppen von 2–4 pro Spross, lang gestielt, deutlich vom sterilen Sproß abgesetzt**. Sporophylle: **herzförmig, lang zugespitzt, < 6 mm lang, kürzer als die Trophophylle, am ganzen Rand gezähnt**. Sporangien: einzeln, auf der Oberseite der Sporophylle. Stängel: bis 1 m lang, niederliegend, gabelig verzweigt. Blattstellung: vielzeilig bis spiralig. Blätter: länglich bis lanzettlich, 1-nervige Mikrophylle, 0,6–0,8 cm lang, **mit langer Haarspitze**.

- **subalpine o. alpine Rasen**, Schutt- o. Felsfluren, **Zwergstrauchheiden, Wälder**
- an nährstoffarmen, sauren Standorten
- einheimisch

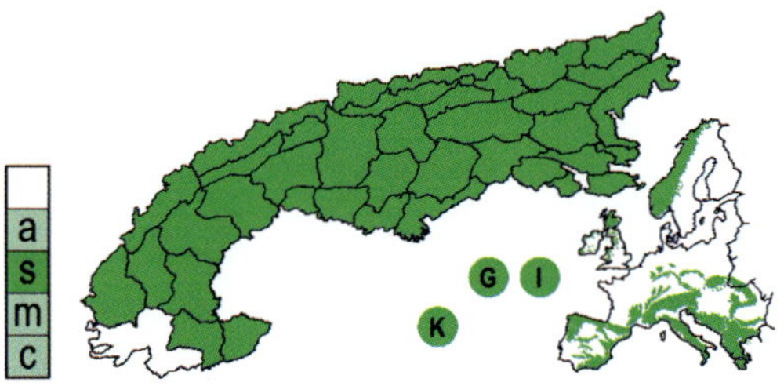

Lycopodium annotinum L.

Sprossender Bärlapp *Lycopodiaceae*
VII–X

Bis 30 cm hoch, mehrjährig. Sporophyllstände: **einzeln, ungestielt, deutlich vom sterilen Sproß abgesetzt**. Sporophylle: **breit herzförmig, kurz zugespitzt, < 4 mm lang, kürzer als die Trophophylle, am ganzen Rand gezähnt**. Sporangien: einzeln, auf der Oberseite der Sporophylle. Stängel: bis 3 m lang, niederliegend, gabelig verzweigt. Blattstellung: vielzeilig bis spiralig. Blätter: länglich bis lanzettlich, 1-nervige Mikrophylle, 0,7–0,9 cm lang, *ohne* Haarspitze.

In den Alpen nur die subsp. *annotinum*.

- Schutt- o. Felsfluren, Zwergstrauchheiden, Legföhrengebüsche, Moore o. Seggenriede, **Wälder**
- an nährstoffarmen, sauren Standorten
- einheimisch

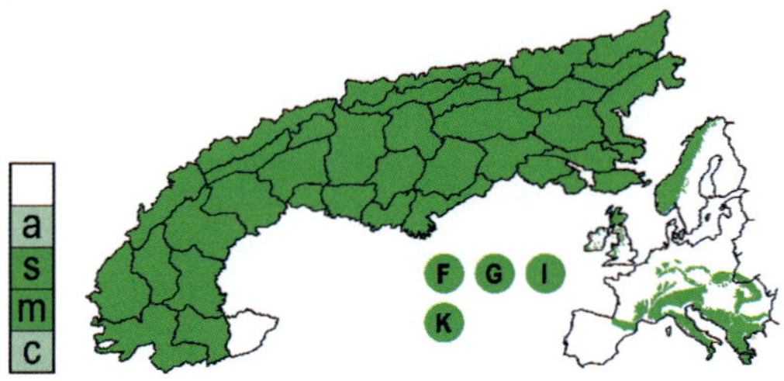

Lycopodium alpinum L.

Alpen-Flachbärlapp *Lycopodiaceae*
VII–X

Bis 15 cm hoch, mehrjährig. Sporophyllstände: **in Gruppen von 2–6 pro Spross, meist kurz gestielt**, nur undeutlich vom sterilen Sproß abgesetzt. Sporophylle: **klein, schuppenartig**. Sporangien: einzeln, auf der Oberseite der Sporophylle. Stängel: kriechend, vegetative Äste niederliegend, generative aufrecht, gabelig verzweigt, **im QS *nicht* abgeflacht**. Blattstellung: **4-zeilig**. Blätter: **dem Stängel anliegend, blau- bzw. graugrün**, 1-nervige Mikrophylle, 0,2–0,3 cm lang, Spitze der Seitenblätter allenfalls undeutlich umgebogen.

- subalpine o. alpine Rasen, Schutt- o. Felsfluren, **Zwergstrauchheiden**
- an nährstoffarmen, sauren Standorten
- einheimisch

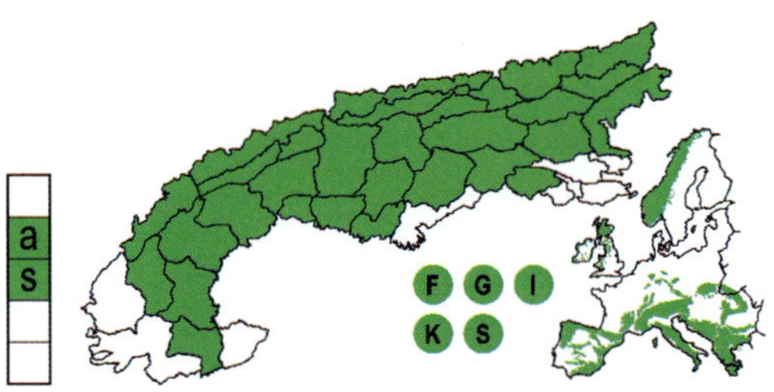

Huperzia selago (L.) Schrank & Mart.

giftig

Tannen-Teufelsklaue *Lycopodiaceae*
VI–X

Bis 30 cm hoch, mehrjährig. Sporophyllstände: **durchwachsen, einzeln, ungestielt**. Sporophylle: **länglich-lanzettlich, ganzrandig, den Trophophyllen ähnlich**. Sporangien: einzeln, auf der Oberseite der Sporophylle. Stängel: **aufrecht**, gabelig verzweigt. Blattstellung: vielzeilig bis spiralig. Blätter: länglich bis lanzettlich, 1-nervige Mikrophylle, 0,8–1 cm lang.

In den Alpen nur die subsp. *selago*.

- subalpine o. alpine Rasen, Schutt- o. Felsfluren, **Zwergstrauchheiden, Grünerlen- o. Legföhrengebüsche, Wälder**
- an sauren Standorten
- einheimisch

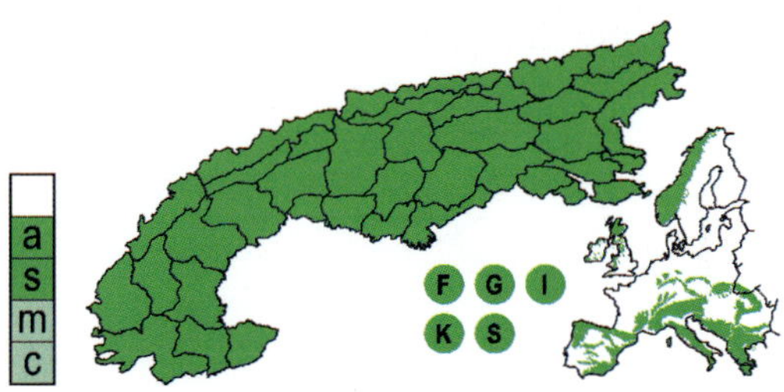

Isoetes lacustris L.

See-Brachsenkraut *Isoetaceae*

VI–X

Bis 40 cm hoch, mehrjährig. Sporophylle: binsenartige Mikrophylle. Sporangien: einzeln, auf der Oberseite nahe der Basis der Sporophylle, **teilweise von einem Häutchen bedeckt**. Sporen: heterospor, **Megasporen meist mit Leisten o. Höckern**, 0,5–0,7 mm ⌀, Mikrosporen glatt bis gefurcht. Blätter: **meist mit mehreren Hohlräumen, steif, dunkelgrün, ± undurchsichtig**, 8–25 cm lang, **3–5 mm ⌀.** Blattscheiden: **bräunlich, zart bis hinfällig.**

- **Gewässer**, trockenfallende Ufer
- an nährstoffarmen, zuweilen trockenfallenden Standorten
- einheimisch

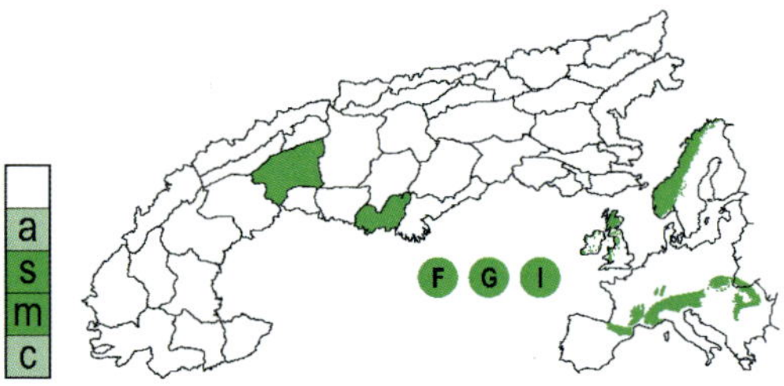

Selaginella helvetica (L.) Spring

Schweizer Moosfarn *Selaginellaceae*

V–VIII

Bis 10 cm hoch, mehrjährig. Sporophyllstände: einzeln, gestielt, meist > 2 cm lang, von den vegetativen Ästen verschieden. Sporophylle: **oval bis lanzettlich, abgerundet bis kurz zugespitzt, ± ganzrandig**, am Rand *nicht* bewimpert. Sporangien: einzeln, auf der Oberseite der Sporophylle. Sporen: in Mega- u. Mikrosporen differenziert. Stängel: < 30 cm lang, niederliegend, im QS deutlich abgeflacht. Blattstellung: **4-zeilig**. Blätter: die seitlichen größer als die oberen, **ganzrandig bis fein gezähnt**.

- **subalpine o. alpine Rasen, Schutt- o. Felsfluren**, Moore o. Seggenriede, Extensivgrünland o. Magerrasen, Wälder
- an nährstoffarmen, basenreichen Standorten
- einheimisch

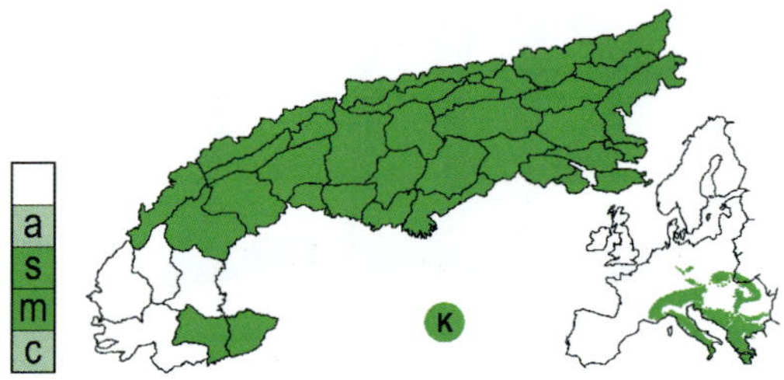

Selaginella selaginoides (L.) Schrank & Mart.

Dorniger Moosfarn *Selaginellaceae*

VI–IX

Bis 10 cm hoch, mehrjährig. Sporophyllstände: einzeln, gestielt, meist > 2 cm lang, von den vegetativen Ästen verschieden. Sporophylle: **lanzettlich, lang zugespitzt, am Rand gesägt bis bewimpert**. Sporangien: einzeln, auf der Oberseite der Sporophylle. Sporen: in Mega- u. Mikrosporen differenziert. Stängel: aufrecht, im QS *nicht* abgeflacht. Blattstellung: **vielzeilig bis spiralig**. Blätter: **alle ± gleich groß, am Rand bewimpert, am Rand gezähnt, Zähne meist länger als breit**.

- **subalpine o. alpine Rasen**, Alluvionen, Zwergstrauchheiden, **Moore o. Seggenriede**, Wälder
- an nährstoffarmen, kalkreichen Standorten
- einheimisch

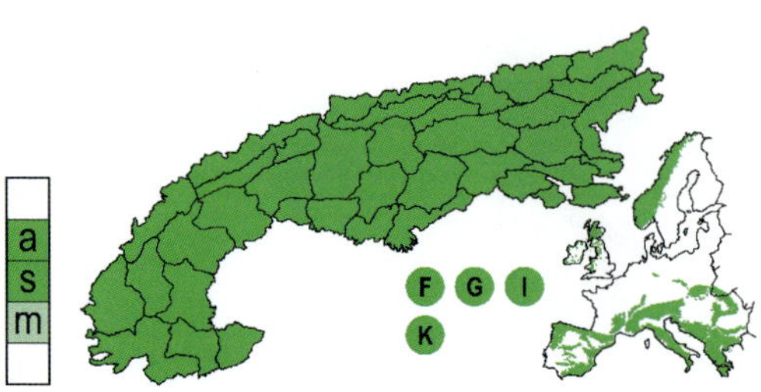

Equisetum arvense L.

schwach giftig

Acker-Schachtelhalm *Equisetaceae*

II–V

15–50 cm hoch, mehrjährig. Pflanzen: **mit verschieden gestalteten Sprossen, sporentragende Sprosse zuerst erscheinend, bleich bis bräunlich bleibend**. Sporophyllstände: endständig, einzeln, **distal abgerundet**. Sporangien: in Gruppen, auf der Unterseite der schildartigen Sporophylle. Stängel: mit quirlig angeordneten Seitenästen, **8–12-rippig, 2–5 mm ⌀**. Zentralhöhle: **klein, < 70 % des Stängeldurchmessers einnehmend, deutlich größer als die randlichen Höhlen**. Seitenäste: **meist 4-rippig**.

- Schutt- o. Felsfluren, Alluvionen, Zwergstrauchheiden, Staudenfluren, Moore o. Seggenriede, Grünland, Wälder, **Äcker, Ruderalvegetation**
- einheimisch

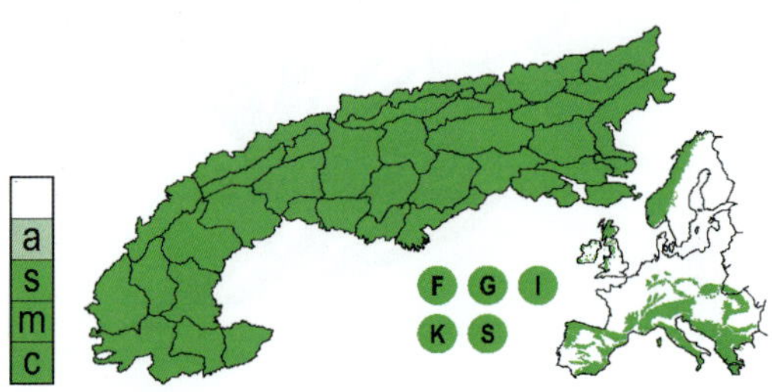

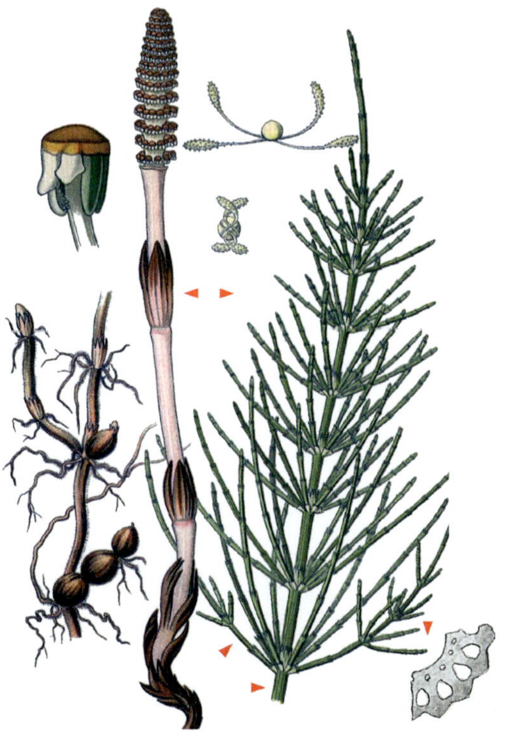

Equisetum variegatum F. Weber & D. Mohr

schwach giftig

Bunter Schachtelhalm *Equisetaceae*
III–IX

10–30 cm hoch, mehrjährig. PFLANZEN: **mit gleich gestalteten Sprossen**, generative u. vegetative Sprosse schnell ergrünend, gleichzeitig erscheinend. SPOROPHYLLSTÄNDE: endständig, einzeln, **spitz**. SPORANGIEN: in Gruppen, auf der Unterseite der schildartigen Sporophylle. STÄNGEL: ***ohne* quirlige Seitenäste, vor allem basal verzweigt, 8–16-rippig, 1–2 mm ⌀**. ZENTRALHÖHLE: **klein, < 60 % des Stängeldurchmessers einnehmend**. BLÄTTER: **zu oben erweiterter Scheide verwachsen, plötzlich in eine kurze Spitze verjüngt**.

- subalpine o. alpine Rasen, Alluvionen, Gewässer, trockenfallende Ufer, **Moore o. Seggenriede**
- an nährstoffarmen, basenreichen, nassen, oft überfluteten Standorten
- einheimisch

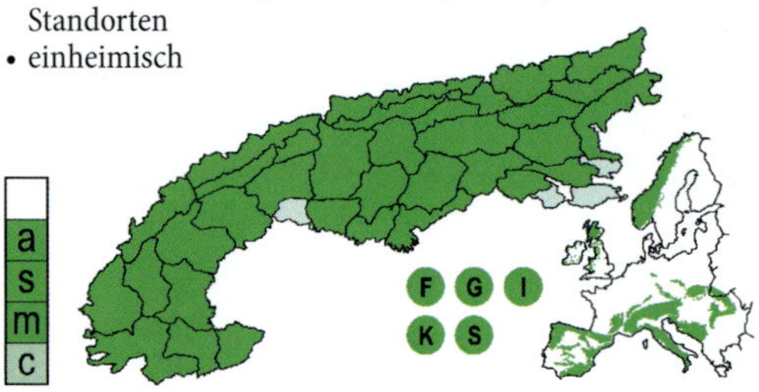

Botrychium lanceolatum (S. G. Gmel.) Ångstr.

Lanzettliche Mondraute *Ophioglossaceae*
V–VIII

Bis 15 cm hoch, mehrjährig. PFLANZEN: mit Sporo-Trophophyllen mit deutlich voneinander getrennten generativen u. vegetativen Abschnitten. SPORANGIEN: an einem rispenartigen Abschnitt an der Spitze der Wedel. BLÄTTER: **vegetativer Wedelteil 1–2-fach gefiedert**, in der distalen Hälfte des Stängels abzweigend, sitzend, **bis 5 cm lang**, kahl. FIEDERBLÄTTCHEN: lanzettlich, Mittelrippe deutlich entwickelt.

- **subalpine o. alpine Rasen**, Schutt- o. Felsfluren, **Extensivgrünland o. Magerrasen**
- an nährstoffarmen Standorten
- einheimisch

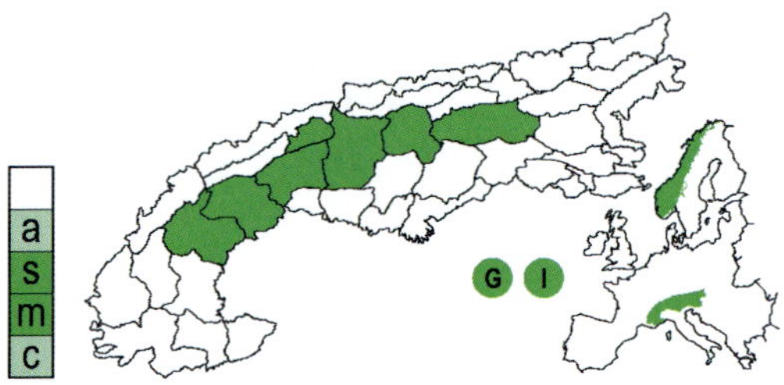

Botrychium lunaria (L.) Sw.

Echte Mondraute *Ophioglossaceae*
IV–VIII

Bis 30 cm hoch, mehrjährig. PFLANZEN: mit Sporo-Trophophyllen mit deutlich voneinander getrennten generativen u. vegetativen Abschnitten. SPORANGIEN: an einem rispenartigen Abschnitt an der Spitze der Wedel. BLÄTTER: **vegetativer Wedelteil 1-fach gefiedert**, in der distalen Hälfte des Stängels abzweigend, sitzend, **bis 30 cm lang**, länger als breit, kahl. FIEDERBLÄTTCHEN: **halbmond- bis nierenförmig**.

- **subalpine o. alpine Rasen**, Schutt- o. Felsfluren, **Zwergstrauchheiden**, Staudenfluren, **Extensivgrünland o. Magerrasen**, Wälder
- an nährstoffarmen Standorten
- einheimisch

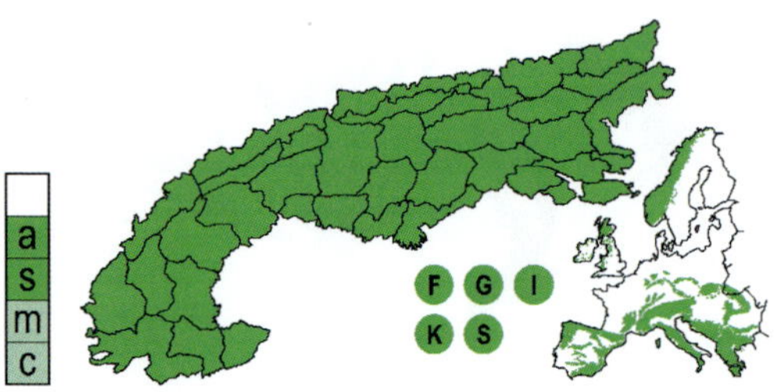

Cryptogramma crispa (L.) Hook.

Krauser Rollfarn *Pteridaceae*
VII–IX

15–30 cm hoch, mehrjährig. PFLANZEN: **mit (etwas) unterschiedlich gestalteten Sporo- u. Trophophyllen**, Sporophylle lang gestielt u. mit länglich-linealen Fiederblättchen, Fiederblättchen der Trophophylle oval bis rautenförmig. SPORANGIEN: auf der Unterseite der Wedel, **oft vom nach unten umgerollten Blattrand bedeckt**. INDUSIUM: fehlend. AUSLÄUFER: **kurz**, allenfalls basal niederliegend, 4–12 mm ⌀, **Wedel dadurch rosettig genähert**. BLÄTTER: **2–4-fach gefiedert**.

- **Schutt- o. Felsfluren**
- an nährstoffarmen, sauren Standorten
- einheimisch

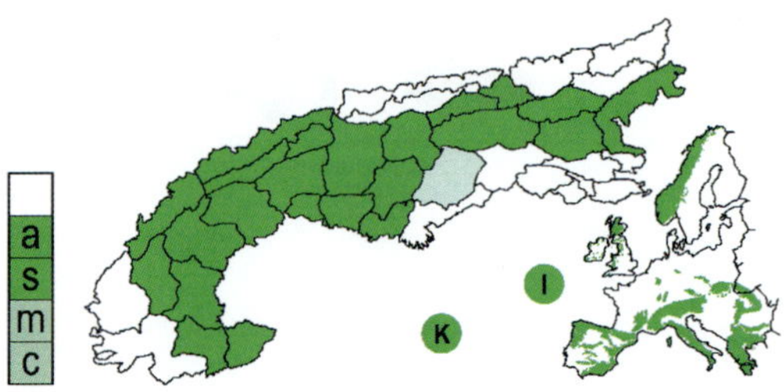

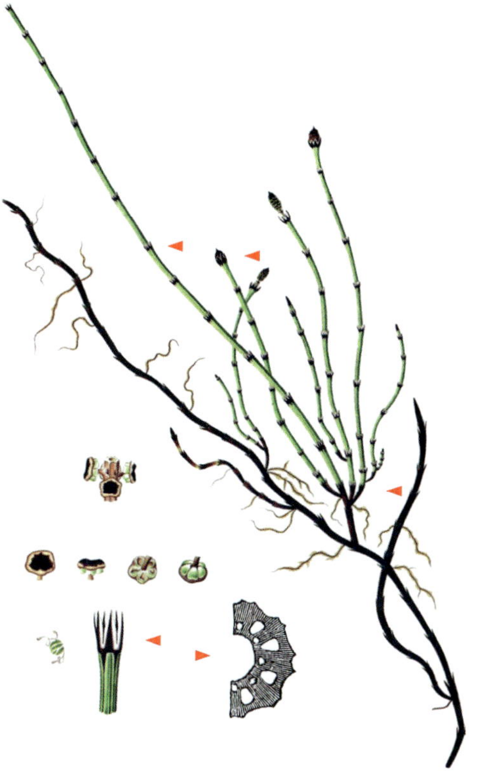

Cystopteris fragilis (L.) Bernh.

Zerbrechlicher Blasenfarn *Cystopteridaceae*
VI–X

Bis 60 cm hoch, mehrjährig. SPORANGIEN: auf der Unterseite der Wedel. INDUSIUM: seitlich inseriert, **± 3-eckig**. AUSLÄUFER: unterirdisch, **kurz, Wedel dadurch rosettig genähert**. BLATTSTIELE: **kürzer als die Spreite**. BLÄTTER: 2–3-fach gefiedert, bis 50 cm lang.

In den Alpen die subsp. *fragilis*, *alpina* u. *dickieana* (vgl. S. 724).

- **Schutt- o. Felsfluren**, Extensivgrünland o. Magerrasen, Wälder
- an kalkreichen Standorten
- einheimisch

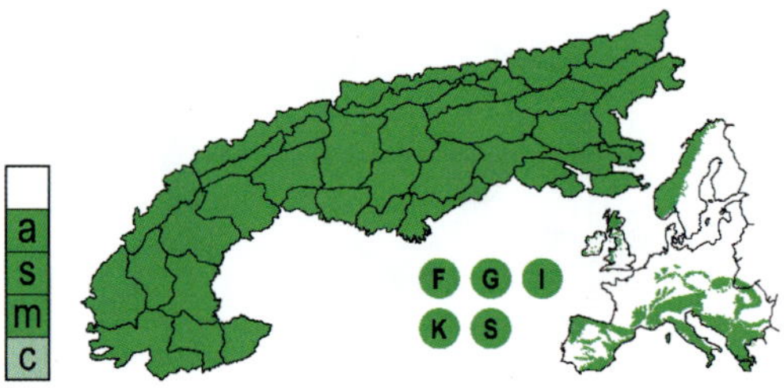

Gymnocarpium dryopteris (L.) Newman

Eichenfarn *Cystopteridaceae*
VI–IX

10–40 cm hoch, mehrjährig. SPORANGIEN: auf der Unterseite der Wedel. SORI: zuweilen randständig, **deutlich voneinander getrennt, rund bis oval**. INDUSIUM: **fehlend**. BLATTSTIELE: **2–3-mal so lang wie die Spreite, kahl**. BLÄTTER: 2–3-fach gefiedert, bis 50 cm lang, **kahl**.

- **Schutt- o. Felsfluren**, Staudenfluren, Grünerlen- o. Legföhrengebüsche, Wälder
- meist an sauren Standorten
- einheimisch

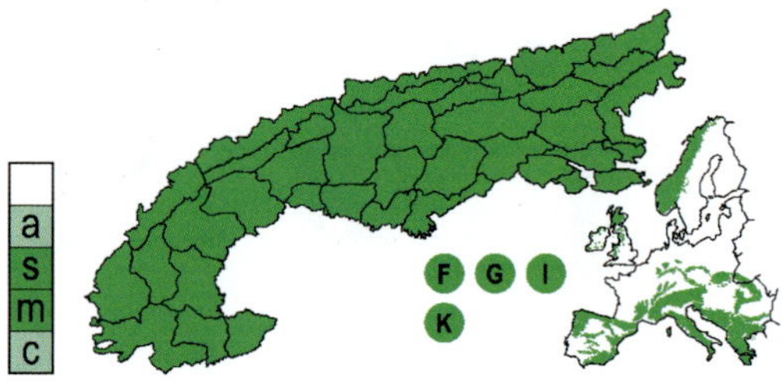

Asplenium adulterinum Milde

schwach giftig

Braungrünstieliger Streifenfarn *Aspleniaceae*
VI–IX

Bis 20 cm hoch, mehrjährig. SPORANGIEN: auf der Unterseite der Wedel. SORI: länglich. INDUSIUM: seitlich inseriert. BLATTSTIELE: **deutlich kürzer als die Spreite**, *nicht* geflügelt, **rotbräunlich bis dunkelbräunlich *oder* schwarz**, mit dunkelbraunen Spreuschuppen. BLÄTTER: **1-fach gefiedert**, bis 35 cm lang. RHACHIS: **basal bräunlich, distal grünlich**. FIEDERBLÄTTCHEN: 3–15 mm lang.

In den Alpen die subsp. *adulterinum* u. *presolanense* (endemisch) (vgl. S. 724).

- **Schutt- o. Felsfluren**
- an nährstoffarmen, serpentinhaltigen Standorten
- einheimisch

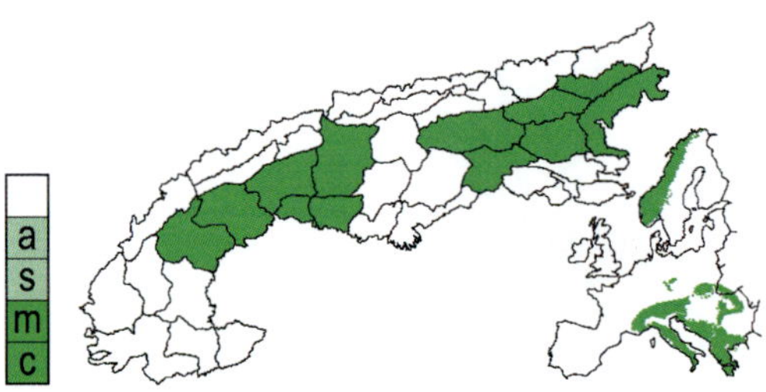

Asplenium fissum Willd.

schwach giftig

Zerschlitzter Streifenfarn *Aspleniaceae*
VI–X

10–25 cm hoch, mehrjährig. SPORANGIEN: auf der Unterseite der Wedel. SORI: länglich. INDUSIUM: seitlich inseriert. BLATTSTIELE: **mindestens so lang wie die Spreite, basal meist rötlich-bräunlich, distal oft grünlich**, mit hellbraunen Spreuschuppen mit dunklem Mittelstreifen. BLÄTTER: **3–4-fach gabelteilig gelappt, mit länglichen bis keilförmigen Blattabschnitten**. RHACHIS: **grünlich**. FIEDERBLÄTTCHEN: **< 1 mm breit, ganzrandig bis stumpf gekerbt**.

- **Schutt- o. Felsfluren**
- an nährstoffarmen, basenreichen Standorten
- einheimisch

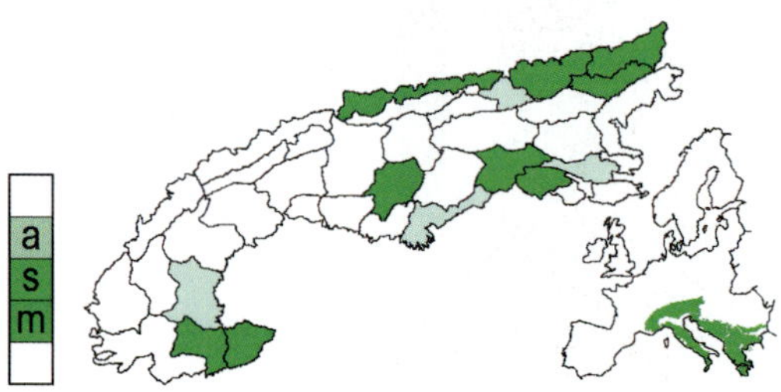

Asplenium jahandiezii (Litard.) Rouy

schwach giftig

Jahandiezies Streifenfarn *Aspleniaceae*

VI–X

Bis 15 cm hoch, mehrjährig. Sporangien: auf der Unterseite der Wedel. Sori: länglich. Indusium: seitlich inseriert. Blattstiele: kürzer als die Spreite, **oberseits überwiegend grünlich, allenfalls basal bräunlich**. Blätter: **tief gelappt bis 1-fach gefiedert, mit breit ovalen bis 4-eckigen Blattabschnitten**, 5–15 cm lang. Fiederblättchen: mit der Rhachis verwachsen, **> 3 mm breit**, 1,3–3-mal so lang wie breit.

- **Schutt- o. Felsfluren**
- an nährstoffarmen, kalkreichen Standorten
- endemisch

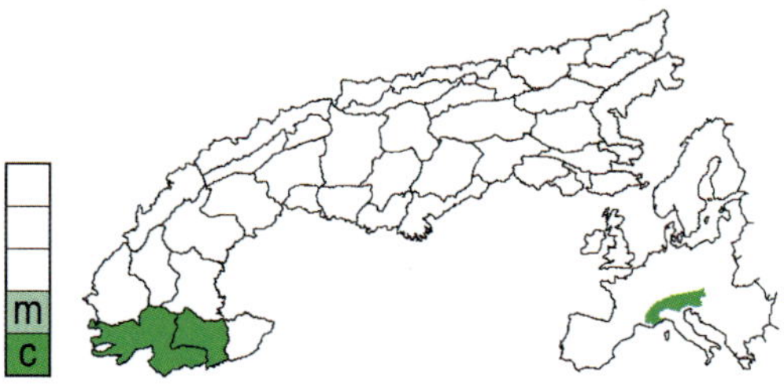

Asplenium ruta-muraria L.

schwach giftig

Gewöhnliche Mauerraute *Aspleniaceae*

VI–X

Bis 15 cm hoch, mehrjährig. Sporangien: auf der Unterseite der Wedel. Sori: länglich. Indusium: seitlich inseriert. Blattstiele: **mindestens so lang wie die Spreite**, überwiegend grünlich, nur basal bräunlich. Blätter: **2–3-fach gefiedert**. Rhachis: **grünlich**. Fiederblättchen: **oval bis keilförmig, > 3 mm breit**.

In den Alpen die subsp. *ruta-muraria* u. *dolomiticum* (vgl. S. 724).

- **Schutt- o. Felsfluren**
- an nährstoffarmen, kalkreichen, meist trockenen Standorten
- einheimisch

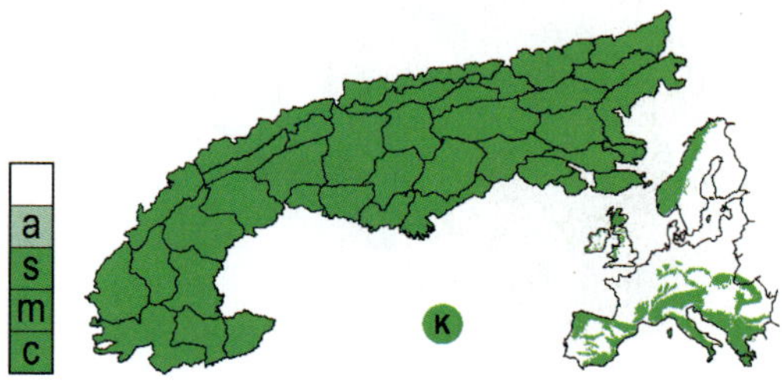

Asplenium seelosii Leyb.

schwach giftig

Dolomiten-Streifenfarn *Aspleniaceae*

VI–IX

Bis 10 cm hoch, mehrjährig. Sporangien: auf der Unterseite der Wedel. Sori: länglich. Indusium: seitlich inseriert. Blattstiele: **viel länger als die Spreite**, überwiegend grünlich. Blätter: **gelappt bis 1-fach gefiedert, mit länglich-lanzettlichen Blattabschnitten, 3-teilig**, behaart. Rhachis: grünlich. Fiederblättchen: distal gezähnt bis gelappt.

In den Alpen nur die endemische subsp. *seelosii*.

- **Schutt- o. Felsfluren**
- an nährstoffarmen, kalkreichen, meist trockenen Standorten
- einheimisch

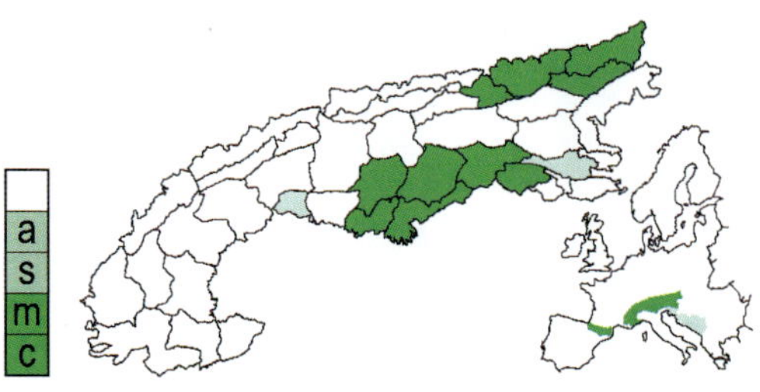

Asplenium septentrionale (L.) Hoffm.

schwach giftig

Nordischer Streifenfarn *Aspleniaceae*

VI–IX

Bis 15 cm hoch, mehrjährig. Sporangien: auf der Unterseite der Wedel. Sori: länglich. Indusium: seitlich inseriert. Blattstiele: **viel länger als die Spreite, allmählich in die Spreite übergehend**, basal bräunlich, darüber grünlich. Blätter: **tief gabelteilig gelappt bis gefiedert, mit lineal-lanzettlichen Blattabschnitten**. Rhachis: grünlich. Fiederblättchen: distal gezähnt bis gelappt.

In den Alpen nur die subsp. *septentrionale*.

- **Schutt- o. Felsfluren**
- an nährstoffarmen, sauren, meist trockenen Standorten
- einheimisch

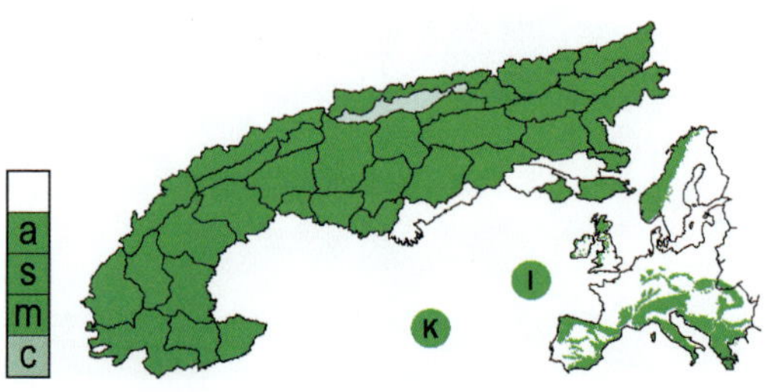

Asplenium trichomanes L.

schwach giftig

Braunstieliger Streifenfarn *Aspleniaceae*
VI–IX

Bis 30 cm hoch, mehrjährig. Sporangien: auf der Unterseite der Wedel. Sori: länglich. Indusium: seitlich inseriert. Blattstiele: **deutlich kürzer als die Spreite, schmal geflügelt, oberseits auf ganzer Länge rotbräunlich bis schwarz**, mit dunkelbraunen Spreuschuppen. Blätter: **1-fach gefiedert**. Rhachis: **auf ganzer Länge rotbraun bis schwarz**.

In der alpinen Stufe v. a. die subsp. *trichomanes* u. *quadrivalens* (vgl. S. 724).

- **Schutt- o. Felsfluren**, Wälder
- an nährstoffarmen Standorten
- einheimisch

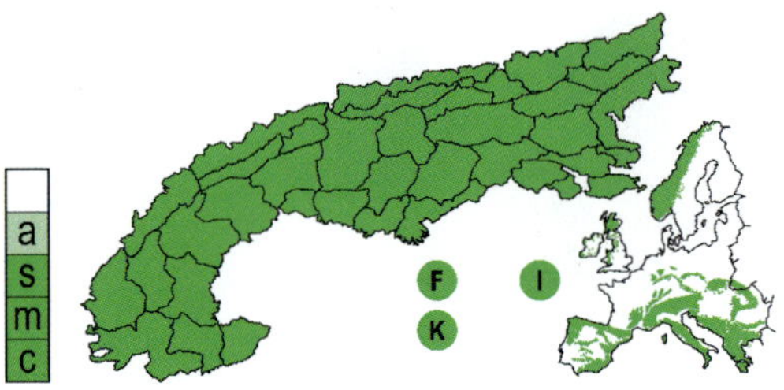

Asplenium viride Huds.

schwach giftig

Grünstieliger Streifenfarn *Aspleniaceae*
VI–IX

Bis 20 cm hoch, mehrjährig. Sporangien: auf der Unterseite der Wedel. Sori: länglich. Indusium: seitlich inseriert, bewimpert. Blattstiele: **deutlich kürzer als die Spreite**, *nicht* geflügelt, **oberseits überwiegend grünlich, allenfalls basal bräunlich.** Blätter: **1-fach gefiedert**, 5–20 cm lang. Rhachis: **überwiegend grünlich**. Fiederblättchen: kurz gestielt, lanzettlich bis oval, < 1,5-mal so lang wie breit.

- **Schutt- o. Felsfluren**, Wälder
- an kalkreichen Standorten
- einheimisch

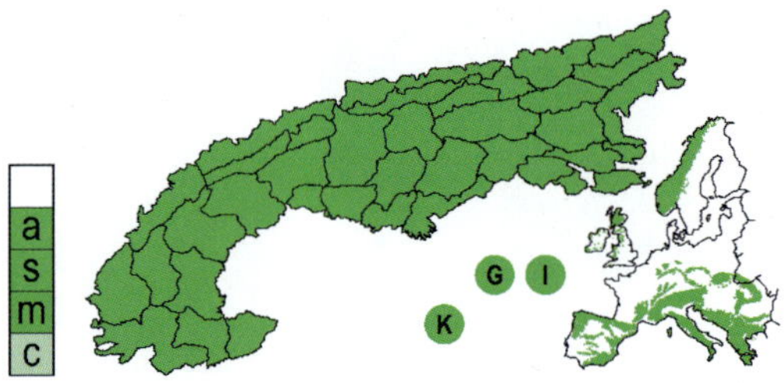

Woodsia alpina (Bolton) Gray

schwach giftig

Alpen-Wimperfarn *Woodsiaceae*
VI–IX

Bis 15 cm hoch, mehrjährig. Sporangien: auf der Unterseite der Wedel. Sori: oval. Indusium: zentral inseriert, fransig-wimpernartig. Blattstiele: kürzer als die Spreite, **rötlich bis bräunlich, mit länglichen Haaren, mit zahlreichen Spreuschuppen.** Blätter: 1–2-fach gefiedert, bis 20 cm lang, **v. a. am Rand mit zahlreichen länglichen bräunlichen u. weißen Haaren, mit zahlreichen Spreuschuppen.** Fiederblättchen: **die mittleren 1–1,5-mal so lang wie breit.**

- **Schutt- o. Felsfluren**
- an nährstoffarmen Standorten
- einheimisch

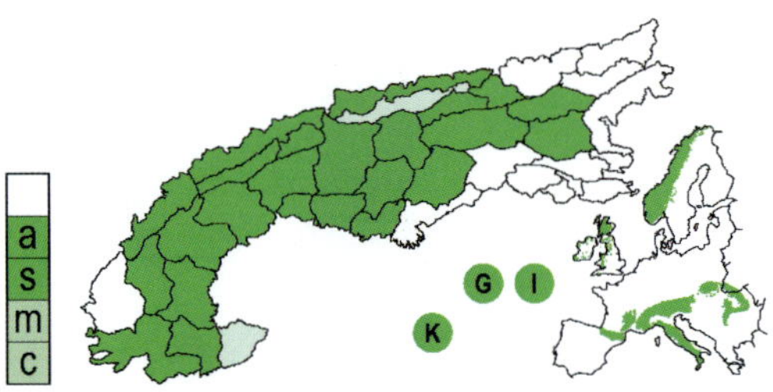

Woodsia ilvensis (L.) R. Br.

schwach giftig

Südlicher Wimperfarn *Woodsiaceae*
VI–IX

10–20 cm hoch, mehrjährig. Sporangien: auf der Unterseite der Wedel. Sori: oval. Indusium: zentral inseriert, fransig-wimpernartig. Blattstiele: kürzer als die Spreite, **rötlich bis bräunlich, mit länglichen Haaren, mit Spreuschuppen.** Blätter: 1–2-fach gefiedert, bis 20 cm lang, **mit wenigen länglichen bräunlichen u. weißen Haaren, mit wenigen Spreuschuppen.** Fiederblättchen: **die mittleren 2–2,5-mal so lang wie breit.**

- **Schutt- o. Felsfluren**
- an nährstoffarmen, sauren Standorten
- einheimisch

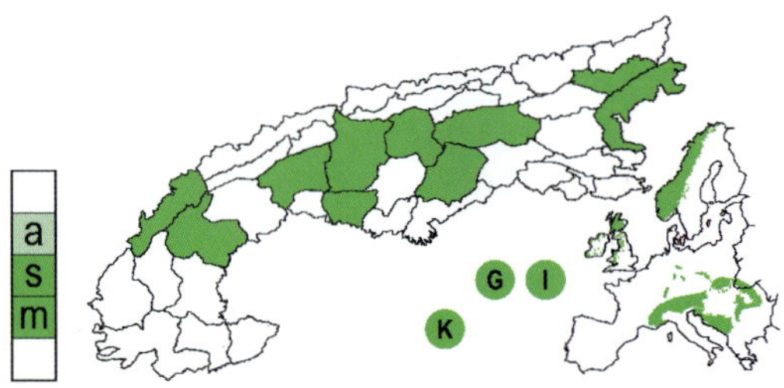

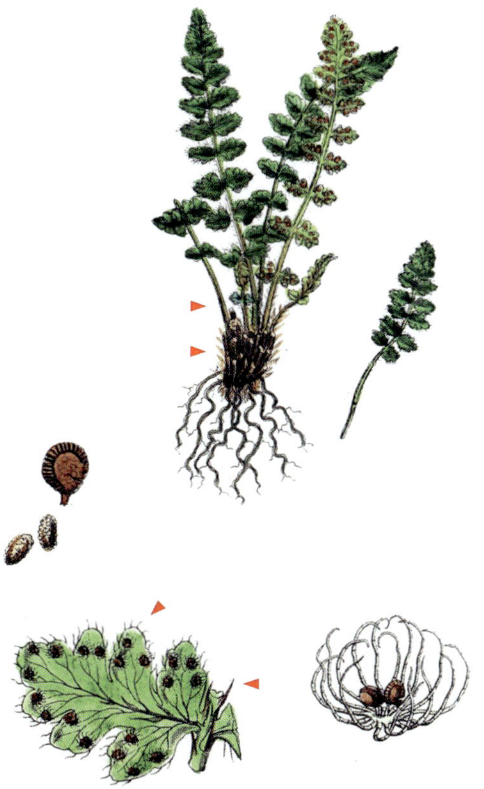

Woodsia pulchella Bertol.

schwach giftig

Zierlicher Wimperfarn *Woodsiaceae*
VI–IX

Bis 15 cm hoch, mehrjährig. Sporangien: auf der Unterseite der Wedel. Sori: oval. Indusium: zentral inseriert, fransig-wimpernartig. Blattstiele: kürzer als die Spreite, **überwiegend beige bis gelblich-grünlich, basal bräunlich bis schwarz, mit wenigen länglichen Haaren**, nur basal mit Spreuschuppen. Blätter: 1–2-fach gefiedert, bis 15 cm lang, **mit wenigen länglichen weißlichen Haaren**, *ohne* Spreuschuppen, **mit Drüsenhaaren**.

- **Schutt- o. Felsfluren**
- an nährstoffarmen, kalkreichen Standorten
- einheimisch

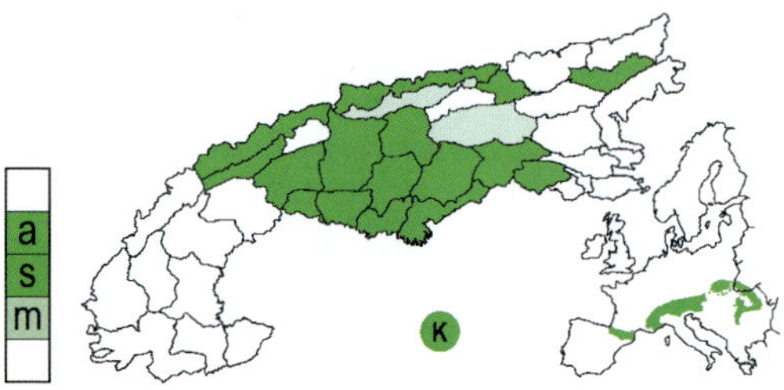

Athyrium distentifolium Opiz

Gebirgs-Frauenfarn *Athyriaceae*
VI–IX

50–150 cm hoch, mehrjährig. Sporangien: auf der Unterseite der Wedel. Sori: **zunächst länglich bis oval, später rundlich**. Indusium: seitlich inseriert, klein, **früh abfallend**. Blattstiele: kürzer als die Spreite. Blätter: 2-fach gefiedert, **bis 150 cm lang**. Rhachis: **mit schmalen Spreuschuppen**.

- Schutt- o. Felsfluren, Zwergstrauchheiden, **Staudenfluren, Grünerlen- o. Legföhrengebüsche**, Wälder
- einheimisch

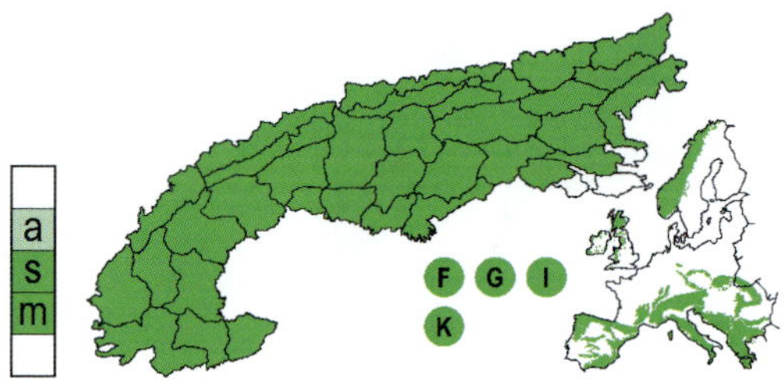

Athyrium filix-femina (L.) Roth

Wald-Frauenfarn *Athyriaceae*
VI–IX

30–100 cm hoch, mehrjährig. Sporangien: auf der Unterseite der Wedel. Sori: **länglich bis kommaförmig**. Indusium: seitlich inseriert, am Rand bewimpert, **bis zur Sporenreife erhalten bleibend**. Blattstiele: kürzer als die Spreite. Blätter: frischgrün, 2–3-fach gefiedert, **bis 100 cm lang**. Rhachis: **mit breiten Spreuschuppen**.

- **Schutt- o. Felsfluren**, **Staudenfluren**, **Grünerlen- o. Legföhrengebüsche**, Grünland, **Wälder**
- einheimisch

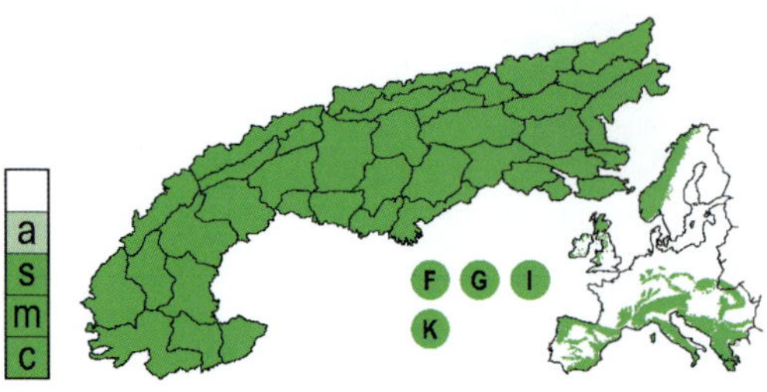

Phegopteris connectilis (Michx.) Watt

Buchenfarn *Thelypteridaceae*
VI–IX

15–30 cm hoch, mehrjährig. Sporangien: auf der Unterseite der Wedel. Sori: meist randständig. Indusium: **fehlend**. Ausläufer: lang, **Wedel einzeln stehend**. Blattstiele: **länger als die Spreite**. Blätter: **1-fach gefiedert, mit fiederspaltigen Fiederblättchen**, bis 40 cm lang, **meist < 2-mal so lang wie breit, basal breiter o. wenig schmäler als in der Mitte**, behaart.

- Schutt- o. Felsfluren, Staudenfluren, Grünerlen- o. Legföhrengebüsche, **Wälder**
- einheimisch

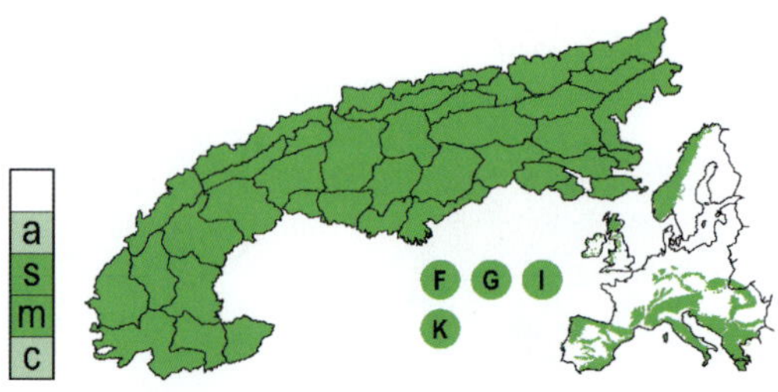

Dryopteris dilatata (Hoffm.) A. Gray

Breitblättriger Wurmfarn *Dryopteridaceae*
VI–IX

20–100 cm hoch, mehrjährig. Sporangien: auf der Unterseite der Wedel. Indusium: zentral inseriert, nierenförmig. Blattstiele: kürzer als die Spreite, **mit hellbraunen Spreuschuppen mit dunklem Mittelstreifen, mit gelblichen Drüsen**. Blätter: meist überwinternd grün, meist dunkelgrün, **2–3-fach gefiedert**, bis 150 cm lang, **basal mindestens so breit wie in der Mitte**; unterseits: **mit gelben Drüsen**. Rhachis: **mit gelben Drüsen**.

- Schutt- o. Felsfluren, Zwergstrauchheiden, Staudenfluren, Grünerlengebüsche, **Wälder**
- einheimisch

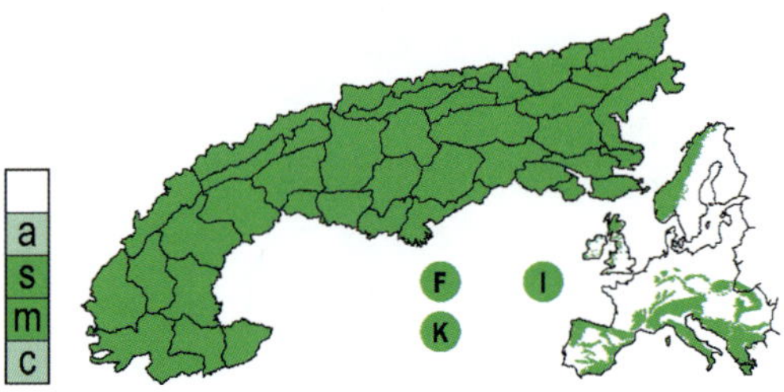

Dryopteris expansa (C. Presl) Fraser-Jenk. & Jermy

Blassgrüner Wurmfarn *Dryopteridaceae*
VI–X

30–180 cm hoch, mehrjährig. Sporangien: auf der Unterseite der Wedel. Indusium: zentral inseriert, nierenförmig. Blattstiele: kürzer als die Spreite, **mit rotbraunen Spreuschuppen mit dunklem Mittelstreifen, mit gelblichen Drüsen**. Blätter: meist sommergrün, meist frischgrün, **2–3-fach gefiedert**, bis 150 cm lang, **basal mindestens so breit wie in der Mitte**; unterseits: **mit gelben Drüsen**. Rhachis: **mit gelben Drüsen**.

- Schutt- o. Felsfluren, Zwergstrauchheiden, Staudenfluren, Grünerlen- o. Legföhrengebüsche, **Wälder**
- an nährstoffarmen, sauren Standorten
- einheimisch

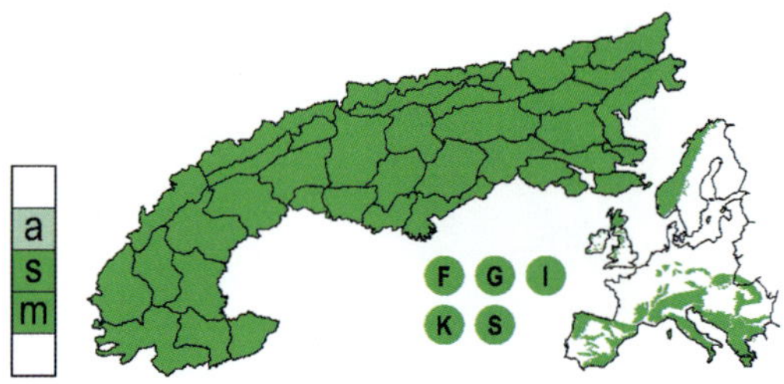

Dryopteris filix-mas (L.) Schott

giftig

Gewöhnlicher Wurmfarn *Dryopteridaceae*
VI–X

40–120 cm hoch, mehrjährig. Sporangien: auf der Unterseite der Wedel. Indusium: zentral inseriert, nierenförmig. Blattstiele: kürzer als die Spreite, **basal dicht mit einfarbigen Spreuschuppen besetzt**. Blätter: meist sommergrün, **1–2-fach gefiedert**, bis 150 cm lang, **basal schmäler als in der Mitte**. Rhachis: **mit wenigen, einfarbigen Spreuschuppen**.

- Schutt- o. Felsfluren, Zwergstrauchheiden, Staudenfluren, Grünerlen- o. Legföhrengebüsche, **Wälder**
- einheimisch

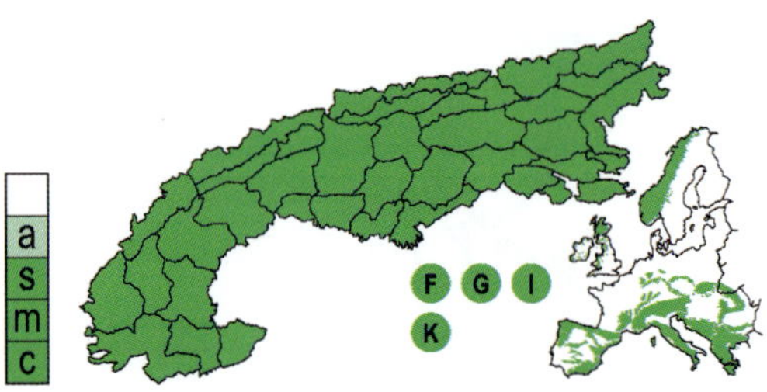

Dryopteris villarii (Bellardi) Schinz & Thell.

giftig

Starrer Wurmfarn *Dryopteridaceae*
VI–IX

15–60 cm hoch, mehrjährig. Sporangien: auf der Unterseite der Wedel. Indusium: zentral inseriert, nierenförmig. Blattstiele: kürzer als die Spreite, **nur spärlich mit einfarbigen (rotbraunen) Spreuschuppen besetzt, mit gelblichen Drüsen**. Blätter: meist sommergrün, **2-fach gefiedert**, bis 90 cm lang, **mit vielen gelben Drüsen**. Rhachis: **mit wenigen einfarbigen Spreuschuppen**. Fiederblättchen: **(tief) gelappt**, am Rand meist spitz gesägt.

- **Schutt- o. Felsfluren**, Staudenfluren, Grünerlen- o. Legföhrengebüsche
- an kalkreichen Standorten
- einheimisch

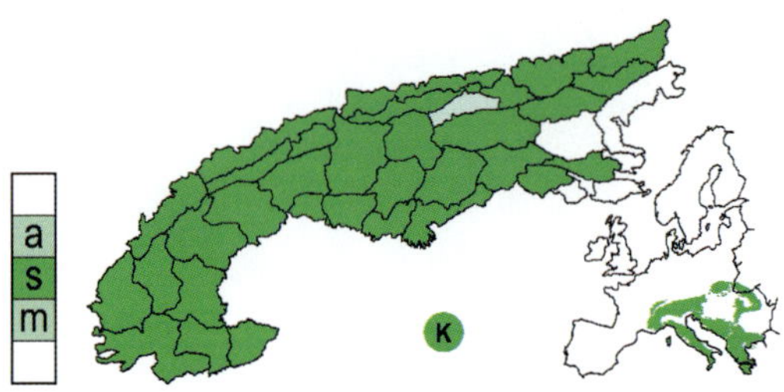

Polystichum lonchitis (L.) Roth

Lanzen-Schildfarn *Dryopteridaceae*
VI–X

10–50 cm hoch, mehrjährig. SPORANGIEN: auf der Unterseite der Wedel. SORI: in 2 Reihen angeordnet, sich zuweilen ± berührend. INDUSIUM: zentral inseriert, schildartig. AUSLÄUFER: kurz, **Wedel rosettig genährt**. BLATTSTIELE: < 7 cm lang. BLÄTTER: überwinternd grün, **derb**, **1-fach gefiedert**, bis 65 cm lang, basal schmäler als in der Mitte. FIEDERBLÄTTCHEN: **stachelig gezähnt**.

- **Schutt- o. Felsfluren**, Staudenfluren, Wälder
- an basenreichen Standorten
- einheimisch

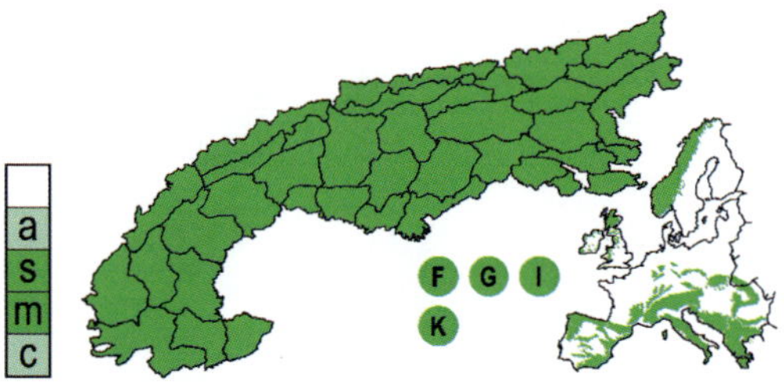

Polypodium vulgare L.

Gewöhnlicher Tüpfelfarn *Polypodiaceae*
VII–X

10–60 cm hoch, mehrjährig. SPORANGIEN: auf der Unterseite der Wedel. SORI: **rundlich**. INDUSIUM: fehlend. AUSLÄUFER: **Spreuschuppen 3–6 mm lang**. BLÄTTER: **im Frühsommer erscheinend**, gelappt bis fiederspaltig, länglich-lanzettlich bis oval, bis 30 cm lang, > 4-mal so lang wie breit, **Blattbuchten den Mittelnerv meist erreichend, Knorpelrand u. Mittelnerv sind deshalb direkt miteinander verbunden, Seitennerven des untersten Fiederblattes 1–3-mal gegabelt**. FIEDERBLÄTTCHEN: am Rand ± stumpf gekerbt.

- **Schutt- o. Felsfluren**, Wälder
- an nährstoffarmen, sauren Standorten
- einheimisch

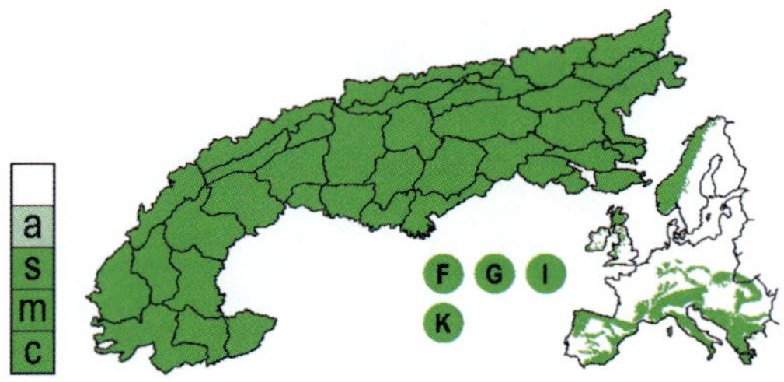

Ephedra distachya L.

giftig

Gewöhnliches Meerträubchen *Ephedraceae*
III–V

Strauchförmig, 30–100 cm hoch. PFLANZEN: 2-häusig. ♀ BLÜTEN: **zu 2**. ♂ BLÜTEN: **in 4–8-blütigen Quirlen**. SAMENSCHUPPEN: allenfalls basal miteinander verwachsen. SAMEN: auf der Oberseite von ± krugförmigen fleischigen rötlichen Schuppenblättern. SEITENÄSTE: **rutenförmig, mit bräunlichem Mark**. BLÄTTER: **schuppenartig, ± krautig, mit Hautrand u. grünlichem Mittelstreifen**, kahl.

In den Alpen nur die endemische subsp. *helvetica*.

- Schutt- o. Felsfluren, **Extensivgrünland o. Magerrasen**
- an nährstoffarmen, trockenen Standorten
- einheimisch

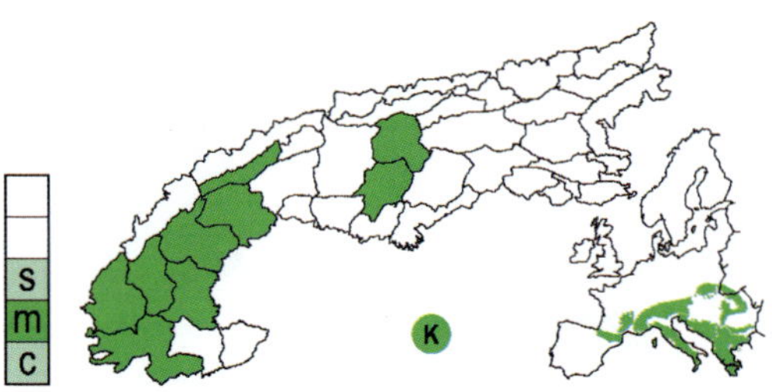

Pinus mugo Turra

schwach giftig

Berg-Föhre *Pinaceae*
IV–VII

Strauch- o. baumförmig, bis 15 m hoch. PFLANZEN: 1-häusig. ZAPFEN: (fast) kugelig, glänzend, **2–8 cm lang**. SAMEN: geflügelt. STÄNGEL: mit Kurz- u. Langtrieben. BLATTSTELLUNG: **2 Nadeln in gemeinsamer Scheide**. BLÄTTER: immergrün, im QS halbrund, allseits dunkelgrün, **1–8 cm lang**, **1,5–2 mm** ⌀. – Vgl. auch die nahe verwandte *P. uncinata*.

In den Alpen die subsp. *mugo* u. *rotundata* (vgl. S. 724).

- Schutt- o. Felsfluren, Zwergstrauchheiden, **Legföhrengebüsche**, **Moore o. Seggenriede**, Wälder
- an nährstoffarmen Standorten
- einheimisch

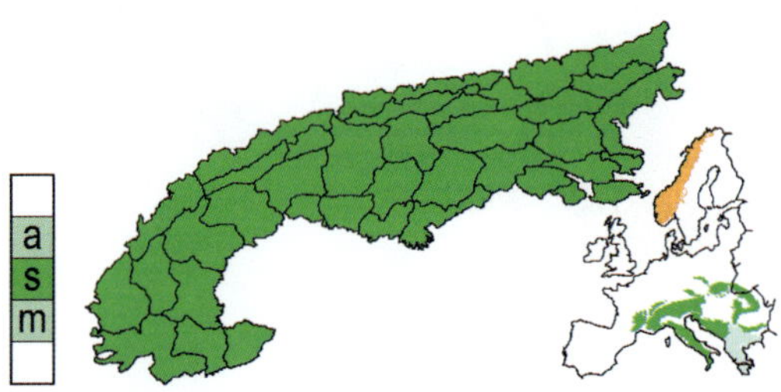

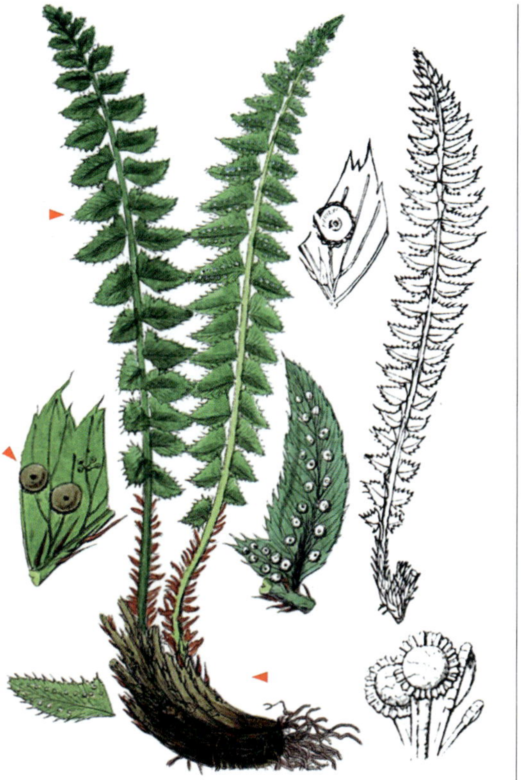

Pinus uncinata DC.

schwach giftig

Aufrechte Berg-Föhre *Pinaceae*

V–VIII

Meist baumförmig, bis 15 m hoch. Pflanzen: 1-häusig. Zapfen: Stiel gebogen u. exzentrisch inseriert, kugelig bis schief eiförmig, **basal deutlich asymmetrisch**, glänzend, **2–8 cm lang**. Samenschuppen: **verdickt, Schild mit deutlich hakenförmig gebogenem Fortsatz**. Samen: geflügelt. Stängel: mit Kurz- u. Langtrieben. Blattstellung: **2 Nadeln in gemeinsamer Scheide**. Blätter: immergrün, im QS halbrund, allseits dunkelgrün, **1–8 cm lang**, **1,5–2 mm** ⌀. – Vgl. auch die nahe verwandte *P. mugo*.

- Moore o. Seggenriede, **Wälder**
- an nährstoffarmen Standorten
- einheimisch

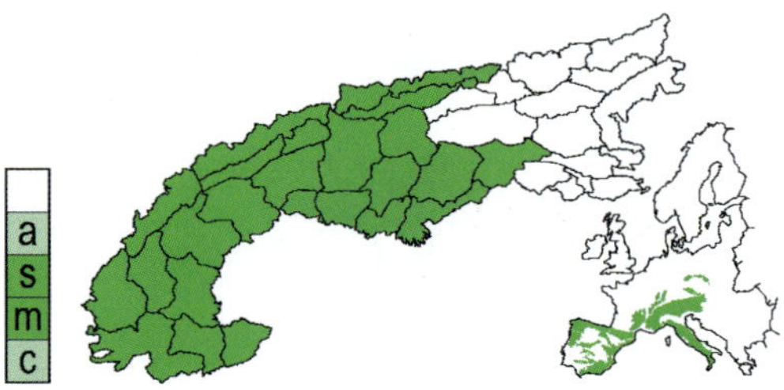

Pinus cembra L.

schwach giftig

Arve *Pinaceae*

V–VIII

Bis 30 m hoher Nadelbaum. Pflanzen: 1-häusig. Zapfen: **abstehend bis aufrecht**, Stiel < 5 mm lang, eiförmig, **5–10 cm lang**. Samen: ***ohne* Flügel**. Stängel: mit Kurz- u. Langtrieben. Jungtriebe: **dicht bräunlich bis gelblich behaart**. Blattstellung: **3–5 Nadeln in gemeinsamer Scheide**. Blätter: immergrün, im QS kantig, **steif**, **5–10 cm lang**.

- Grünerlen- o. Legföhrengebüsche, **Wälder**
- an nährstoffarmen Standorten
- einheimisch

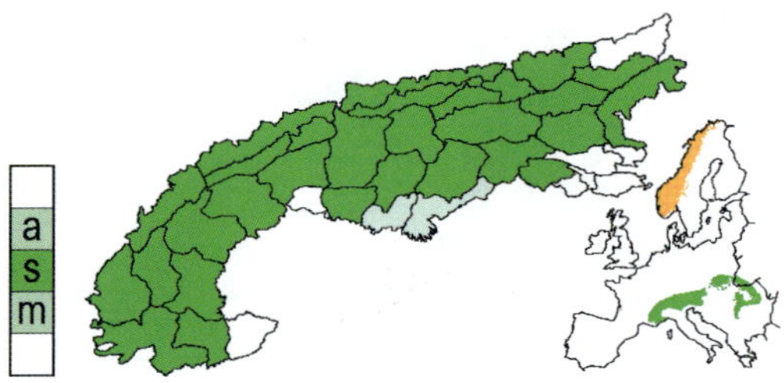

Larix decidua Mill.

Europäische Lärche *Pinaceae*

III–VII

Bis 35 m hoher sommergrüner Nadelbaum. Pflanzen: 1-häusig. Zapfen: **2–4 cm lang**. Samenschuppen: am Rand *nicht* nach unten gewölbt. Stängel: mit Kurz- u. Langtrieben. Jungtriebe: gelblich bis bräunlich. Blattstellung: **Nadeln an Langtrieben wechselständig, an Kurztrieben (scheinbar) quirlig, Kurztriebe mit 20–50 Nadeln**. Blätter: **sommergrün**, frischgrün, 1–3,5 cm lang.

In den Alpen nur die subsp. *decidua*.

- Grünerlen- o. Legföhrengebüsche, **Wälder**
- an nährstoffarmen Standorten
- einheimisch

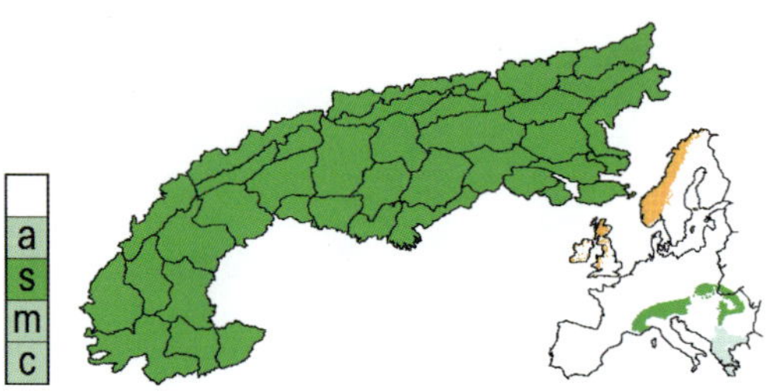

Picea abies (L.) H. Karst.

schwach giftig

Gewöhnliche Fichte *Pinaceae*

III–VI

Bis 50 m hoher Nadelbaum. Pflanzen: 1-häusig. Zapfen: überhängend, zylindrisch bis länglich-zugespitzt, **8–18 cm lang**, als Ganzes abfallend. Deckschuppen: **gezähnt**. Blattstellung: wechselständig, **Nadeln nur an Langtrieben**. Blattstiele: **verholzend, am Zweig verbleibend**. Blätter: immergrün, **im QS kantig**, dunkelgrün, harzig riechend, lineal, 1–3 cm lang, basal verschmälert, spitz; unterseits: ***ohne* auffallende Wachsstreifen**.

- Grünerlen- o. Legföhrengebüsche, Moore o. Seggenriede, **Wälder**
- einheimisch

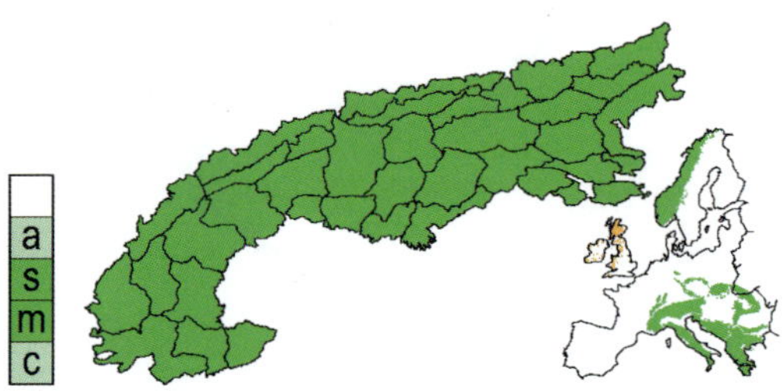

Juniperus communis L.

giftig

Gewöhnlicher Wacholder *Cupressaceae*
III–IX

Baum- o. strauchförmig, bis 20 m hoch. PFLANZEN: 1-häusig. STAUBBLÄTTER: 6–12. ♀ BLÜTEN: zu mehreren. ZAPFEN: **fleischig, bläulich,** 0,4–1,2 cm lang. SAMENSCHUPPEN: miteinander verwachsen. SAMEN: auf der Oberseite von fleischigen Schuppenblättern. STÄNGEL: aufrecht o. niederliegend. BLATTSTELLUNG: **überwiegend wirtelig zu dritt.** BLÄTTER: nadelförmig, immergrün, **blau- bzw. graugrün, starr, stechend;** OBERSEITS: **mit 1 hellem Wachsstreifen.**

In den Alpen die subsp. *communis* u. *nana* (vgl. S. 724).

- subalpine o. alpine Rasen, Schutt- o. Felsfluren, **Zwergstrauchheiden,** Legföhrengebüsche, Moore o. Seggenriede, Wälder
- meist an nährstoffarmen Standorten
- einheimisch

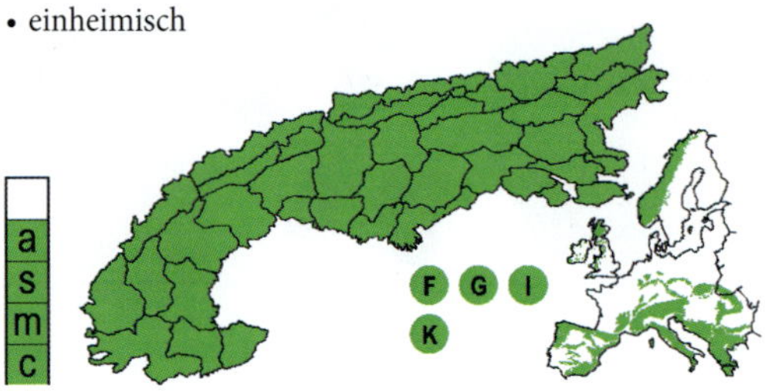

Juniperus sabina L.

stark giftig

Sadebaum *Cupressaceae*
III–VI

Strauch, bis 1,5 m hoch. PFLANZEN: 1-häusig. STAUBBLÄTTER: 6–12. ♀ BLÜTEN: zu mehreren. ZAPFEN: **fleischig, bläulich,** 0,4–0,6 cm lang. SAMENSCHUPPEN: miteinander verwachsen. SAMEN: auf der Oberseite von fleischigen Schuppenblättern. STÄNGEL: **niederliegend.** SEITENÄSTE: **< 1 mm** ⌀, im QS *nicht* abgeflacht. BLATTSTELLUNG: **gegenständig.** BLÄTTER: **alle schuppenförmig,** immergrün, **den Stängel komplett bedeckend, dunkelgrün,** 0,1–0,15 cm lang, distal abgerundet.

- subalpine o. alpine Rasen, Schutt- o. Felsfluren, Zwergstrauchheiden, Extensivgrünland o. Magerrasen, **Wälder**
- an nährstoffarmen, basenreichen, meist trockenen Standorten
- einheimisch

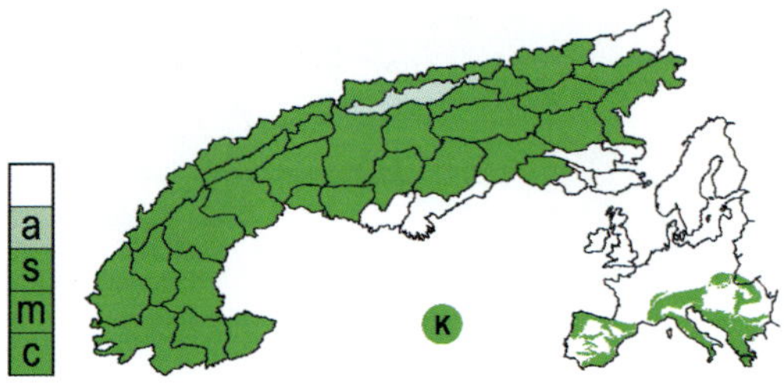

Tofieldia calyculata (L.) Wahlenb.

Gewöhnliche Simsenlilie *Tofieldiaceae*
V–VIII * P6 A6 G(1)

15–30 cm hoch, mehrjährig. BLÜTENSTAND: **länglich zylindrisch.** TRAGBLÄTTER DER BLÜTEN: **lanzettlich, distal ganzrandig.** VORBLÄTTER UNTER DEN BLÜTEN: **3-lappig, außenkelchartig.** BLÜTEN: **gelblich-grünlich.** PERIGONBLÄTTER: 1–4 mm lang. GRIFFEL: 3. FRÜCHTE: Kapseln. SPEICHERORGANE: Rhizome. STÄNGEL: mit grundständiger Blattrosette. BLATTSTELLUNG: wechselständig, Blätter ± 2-zeilig angeordnet. BLÄTTER: im QS schwertförmig, lineal bis lanzettlich, 2–16 cm lang. GRUNDBLÄTTER: **≥ 4-nervig.**

- **subalpine o. alpine Rasen,** Schutt- o. Felsfluren, Alluvionen, **Zwergstrauchheiden,** Staudenfluren, **Moore o. Seggenriede,** Extensivgrünland o. Magerrasen, Wälder
- an nährstoffarmen, basenreichen, feuchten bis nassen Standorten
- einheimisch

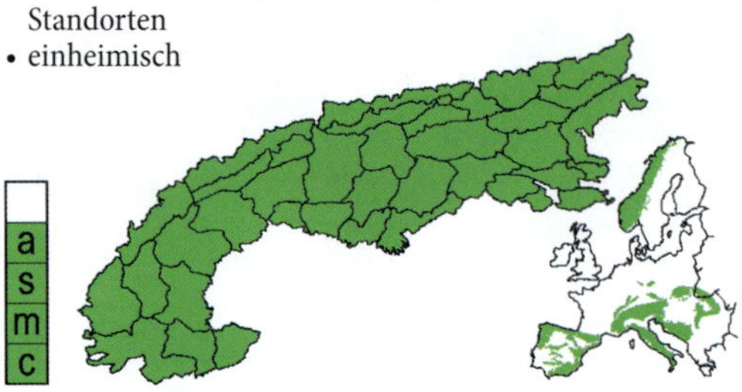

Tofieldia pusilla (Michx.) Pers.

Kleine Simsenlilie *Tofieldiaceae*
VI–VIII * P6 A6 G(1)

Bis 15 cm hoch, mehrjährig. BLÜTENSTAND: **kurz eiförmig.** TRAGBLÄTTER DER BLÜTEN: **klein, 3-lappig.** VORBLÄTTER UNTER DEN BLÜTEN: **fehlen.** BLÜTEN: **weißlich.** PERIGONBLÄTTER: 1–4 mm lang. GRIFFEL: 3. FRÜCHTE: Kapseln. SPEICHERORGANE: Rhizome. STÄNGEL: mit grundständiger Blattrosette. BLATTSTELLUNG: wechselständig, Blätter ± 2-zeilig angeordnet. BLÄTTER: im QS schwertförmig, lineal bis lanzettlich, 1–6 cm lang. GRUNDBLÄTTER: **3–4-nervig.**

In den Alpen nur die subsp. *pusilla*.

- subalpine o. alpine Rasen, Alluvionen, **Moore o. Seggenriede**
- an nährstoffarmen, kalkreichen, feuchten bis nassen Standorten
- einheimisch

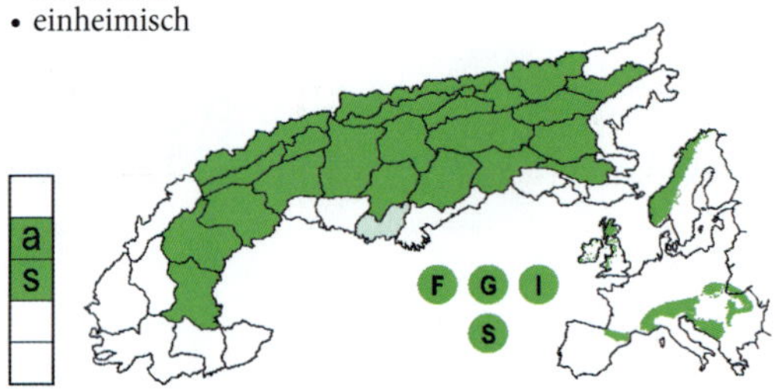

Triglochin palustris L.

Sumpf-Dreizack *Juncaginaceae*
IV–IX ∗ P6 A6 G(3)

15–40 cm hoch, mehrjährig. Blütenstand: **lockerblütig, 20–100-blütig**. Blüten: 1–3 mm ⌀, grünlich-gelblich, *nicht* rötlich überlaufen. Blütenstiele: kürzer als die Blüten. Staubfäden: **fehlend, Staubbeutel dadurch sitzend**. Griffel: kurz bis fehlend. Narben: **3**. Früchte: **3 Teilfrüchte pro Blüte, länglich-lineal**. Teilfrüchte: 5–12 mm lang. Stängel: mit grundständiger Blattrosette, *ohne* Laubblätter. Ausläufer: unter- o. oberirdisch, lang, dünn. Grundblätter: **meist ≥ 10**.

- **Moore o. Seggenriede, Grünland**
- an nährstoffarmen, nassen, zuweilen überfluteten Standorten
- einheimisch

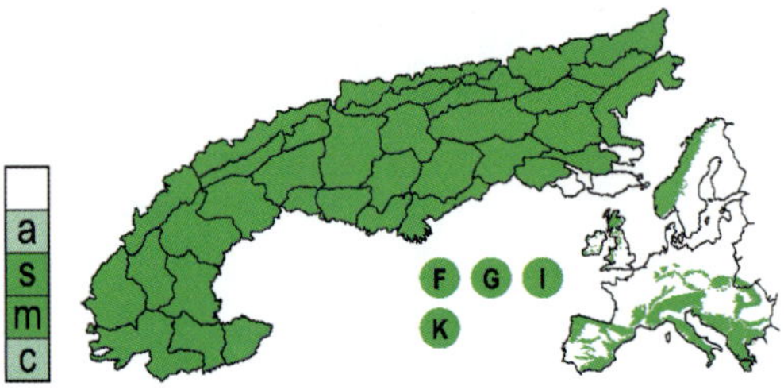

Potamogeton praelongus Wulfen

Langblättriges Laichkraut *Potamogetonaceae*
V–VIII ∗ A4 G4

Wasserpflanze, meist mehrjährig. Blütenstand: über der Wasseroberfläche. Blütenhülle: **durch 4 kronblattartige Staubblattanhängsel ersetzt**. Staubfäden: **fehlend**. Teilfrüchte: **im QS gekielt**, 4–5 mm lang. Stängel: 80–300 cm lang, meist verzweigt, im QS rundlich. Blätter: fiedernervig. Schwimmblätter: länglich-lanzettlich. Tauchblätter: **länglich bis eiförmig-lanzettlich, 5–25 mm breit**.

- **Gewässer**
- an basenreichen, dauerhaft überfluteten Standorten
- einheimisch

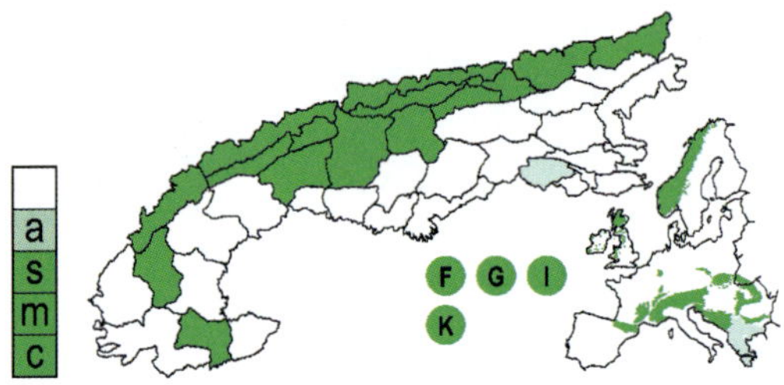

Stuckenia filiformis (Pers.) Börner

Fadenblättriges Laichkraut *Potamogetonaceae*
VI–VIII ∗ A4 G4

Wasserpflanze, mehrjährig. Blütenstand: über der Wasseroberfläche. Blütenhülle: **durch 4 kronblattartige Staubblattanhängsel ersetzt**. Staubfäden: **fehlend**. Teilfrüchte: (schief-)eiförmig bis kugelig, im QS rundlich. Stängel: 50–150 cm lang, meist verzweigt. Blätter: **lineal bis länglich lanzettlich, 0,1–1,5 mm breit**, fiedernervig. Blattscheiden: **zu > 50 % verwachsen**.

- **Gewässer**
- an dauerhaft überfluteten Standorten
- einheimisch

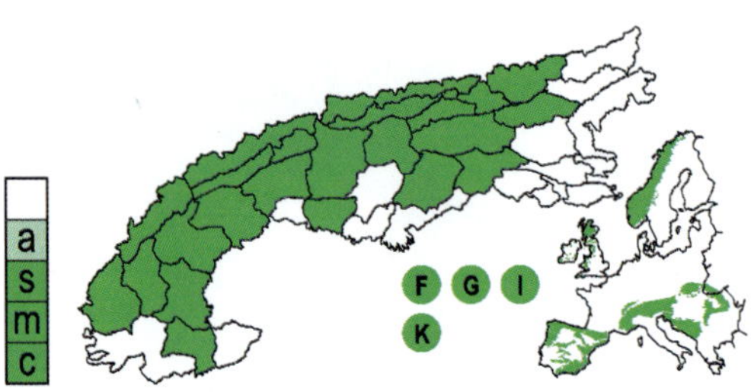

Veratrum album L.

stark giftig

Weißer Germer *Melanthiaceae*
V–VIII ∗ P6 A6 G(3)

50–150 cm hoch, mehrjährig. Pflanzen: 1-häusig. Blütenstand: rispenartig. Blüten: 1-geschlechtig *oder* ⚥, offen ausgebreitet bis schüsselförmig; **innen weißlich; innen oft grünlich geadert; außen grünlich**. Blütenstiele: 1–3 mm lang, kürzer als das Tragblatt. Perigonblätter: basal kurz verwachsen, 6–18 mm lang. Griffel: **3**. Narben: 3, fädlich. Früchte: Kapseln, **behaart**. Speicherorgane: Rhizome. Blattstellung: wechselständig (im Gegensatz zu *Gentiana lutea* mit ähnlichen Blättern). – Zuweilen wird *V. lobelianum* als Unterart einbezogen.

- **subalpine o. alpine Rasen**, Schutt- o. Felsfluren, **Staudenfluren**, Moore o. Seggenriede, **Grünland**, **Wälder**
- einheimisch

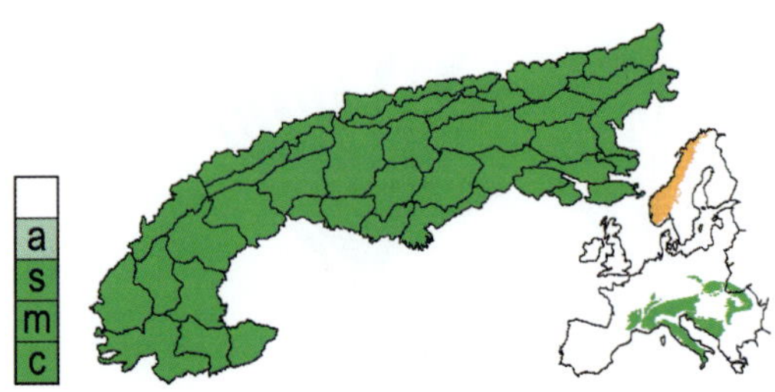

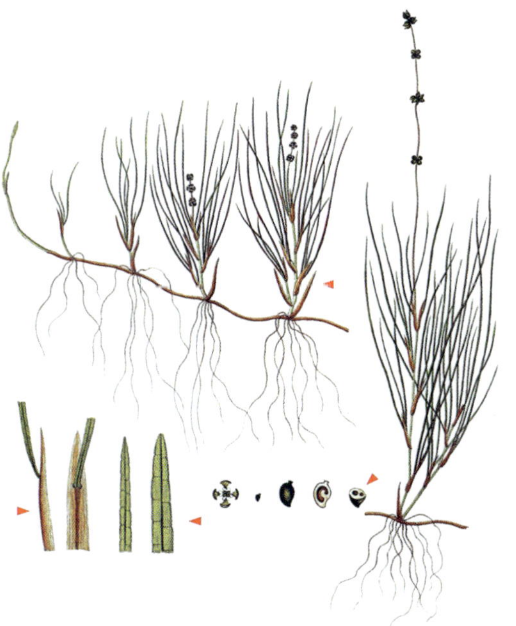

Veratrum lobelianum Bernh. stark giftig

Grünlicher Germer *Melanthiaceae*
V–VIII ∗ P6 A6 G(3)

50–180 cm hoch, mehrjährig. PFLANZEN: 1-häusig. BLÜTENSTAND: rispenartig. BLÜTEN: 1-geschlechtig *oder* ⚥, offen ausgebreitet bis schüsselförmig, **gelblich-grünlich**. BLÜTENSTIELE: 1–3 mm lang, kürzer als das Tragblatt. PERIGONBLÄTTER: basal kurz verwachsen, 6–18 mm lang. GRIFFEL: **3**. NARBEN: 3, fädlich. FRÜCHTE: Kapseln, **behaart**. SPEICHERORGANE: Rhizome. BLATTSTELLUNG: wechselständig (in Gegensatz zu *Gentiana lutea* mit ähnlichen Blättern). – Auch als Unterart von *V. album* aufgefasst.

- **subalpine o. alpine Rasen**, Schutt- o. Felsfluren, Zwergstrauchheiden, **Staudenfluren**, **Grünerlengebüsche**, Moore o. Seggenriede, **Grünland**, **Wälder**
- einheimisch

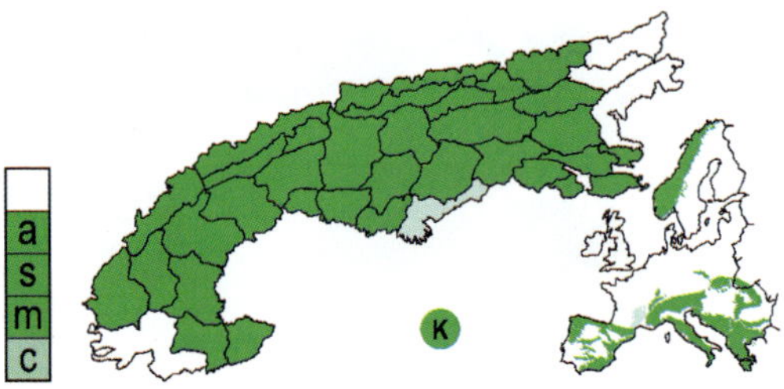

Colchicum alpinum DC. stark giftig

Alpen-Zeitlose *Colchicaceae*
VI–X ∗ P(6) A6 G(3)

Bis 40 cm hoch, mehrjährig, **im Herbst blühend**. BLÜTENSTAND: 1–3-blütig. BLÜTEN: **mit mehrere Zentimeter langer, im Boden beginnender Röhre**, hellrot bis violett. PERIGONBLÄTTER: Zipfel 15–30 mm lang. FRUCHTKNOTEN: **zur Blütezeit unterirdisch, Frucht an verlängertem Stiel**. GRIFFEL: 3. NARBEN: 3. STÄNGEL: **mit grundständiger Blattrosette**. GRUNDBLÄTTER: **zur Blütezeit fehlend, im Frühjahr erscheinend**.

- **subalpine o. alpine Rasen**, **Grünland**
- einheimisch

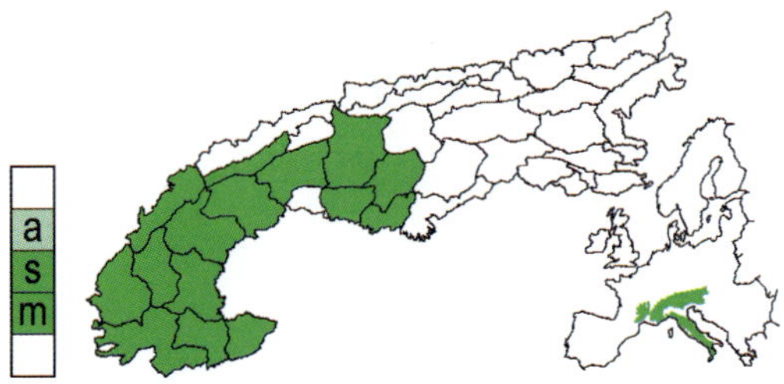

Colchicum bulbocodium Ker Gawl. stark giftig

Frühlings-Lichtblume *Colchicaceae*
II–IV ∗ P6 A6 G(3)

Bis 40 cm hoch, mehrjährig, **im Frühling blühend**. BLÜTENSTAND: 3–4-blütig. BLÜTEN: **Perigonblätter frei, Nägel ± röhrenartig angeordnet**, 20–90 mm ⌀, hellrot bis violett. FRUCHTKNOTEN: **zur Blütezeit unterirdisch, Frucht an verlängertem Stiel**. GRIFFEL: 1, nur distal in 3 Äste getrennt. NARBEN: 3. STÄNGEL: **mit grundständiger Blattrosette**. GRUNDBLÄTTER: **mit den Blüten erscheinend**.

In den Alpen nur die subsp. *bulbocodium*.

- **subalpine o. alpine Rasen**, **Grünland**, Wälder
- einheimisch

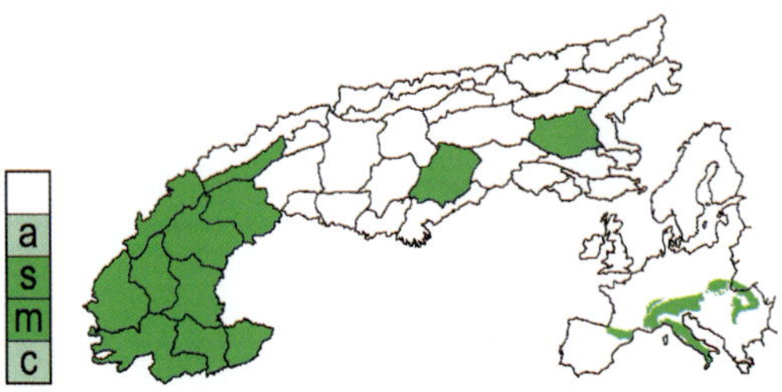

Fritillaria tubaeformis Gren. & Godr. giftig

Alpen-Schachblume *Liliaceae*
III–VI ∗ P6 A6 G(3)

15–50 cm hoch, mehrjährig. BLÜTEN: überhängend, gelblich o. dunkelrot. PERIGONBLÄTTER: basal kurz verwachsen, im QS fast rechtwinklig gebogen, **äußere meist 37–50 mm lang u. 13–22 mm breit**. NEKTARDRÜSEN: **länglich-linear**. NARBEN: fädlich, **viel kürzer als der Griffel**. FRÜCHTE: Kapseln. SPEICHERORGANE: Zwiebeln. STÄNGEL: **vor allem oben beblättert**. BLATTSTELLUNG: wechselständig. BLÄTTER: **10–32 mm breit**, distal ± abgerundet.

In den Alpen die subsp. *tubaeformis* (endemisch) u. *moggridgei* (endemisch) (vgl. S. 724).

- **subalpine o. alpine Rasen**, **Grünland**, Wälder
- meist an basenreichen Standorten
- endemisch

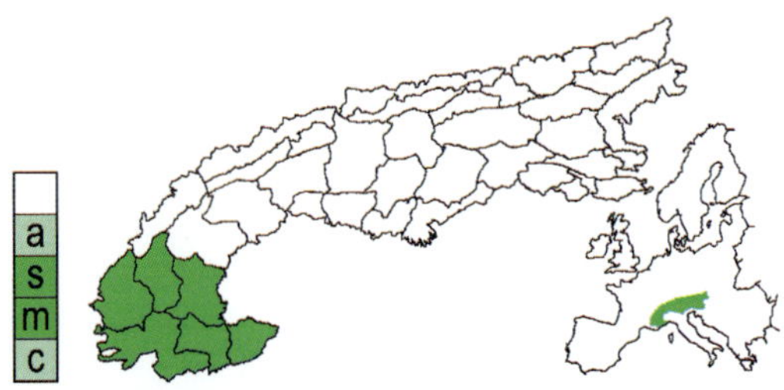

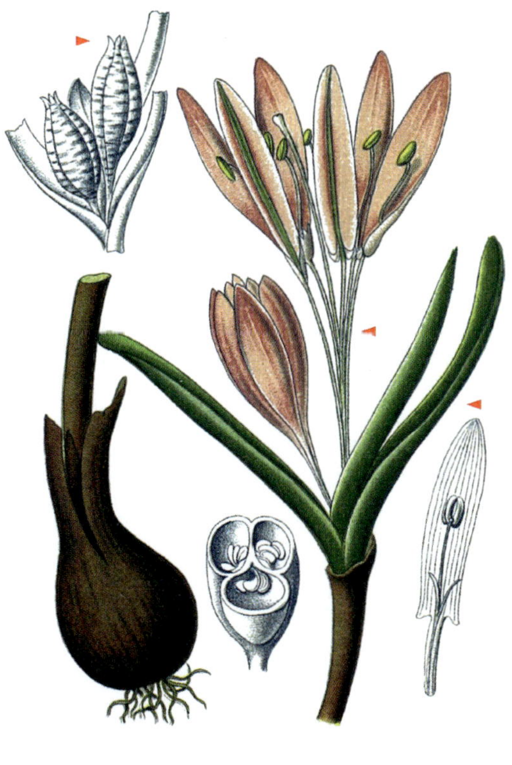

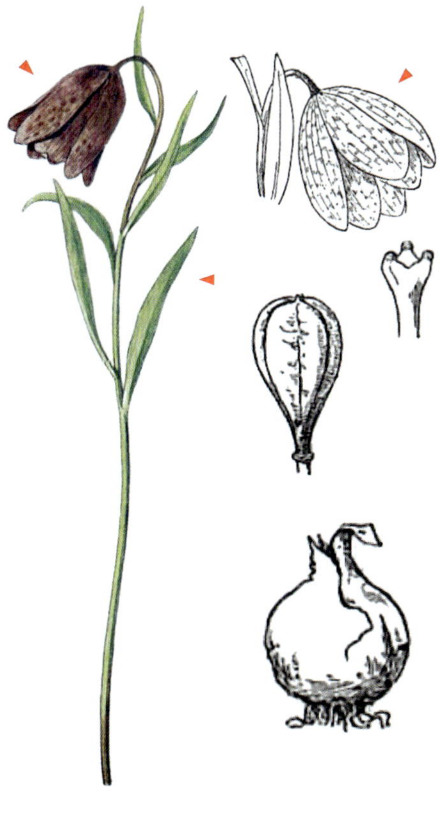

Fritillaria burnatii (Planch.) Backh. giftig

Burnats Schachblume *Liliaceae*
III–VI ∗ P6 A6 G(3)

15–50 cm hoch, mehrjährig. Blüten: überhängend, bräunlich bis rötlich, **mit hellen Flecken, schachbrettartig gemustert**. Perigonblätter: basal kurz verwachsen, im QS u-förmig gebogen, **äußere meist 25–42 mm lang u. 8–16 mm breit**. Nektardrüsen: **länglich-linear**. Narben: fädlich, **viel kürzer als der Griffel**. Früchte: Kapseln. Speicherorgane: Zwiebeln. Stängel: **± gleichmäßig beblättert**. Blattstellung: wechselständig. Blätter: **4–10 mm breit**, distal ± abgerundet.

- **subalpine o. alpine Rasen, Grünland**
- an basenreichen, feuchten bis nassen Standorten
- endemisch

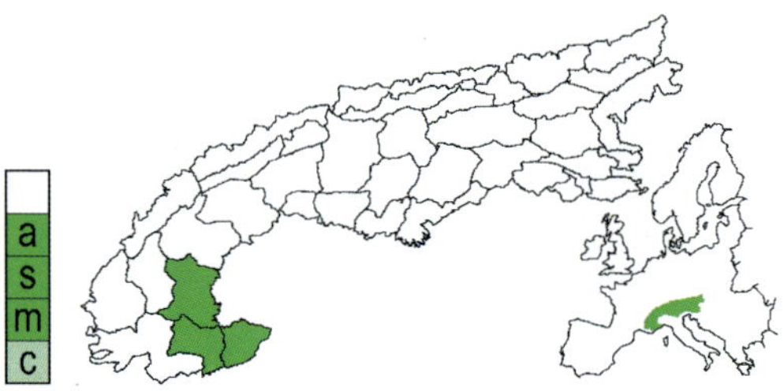

Fritillaria meleagris L. giftig

Perlhuhn-Schachblume *Liliaceae*
III–VI ∗ P6 A6 G(3)

15–50 cm hoch, mehrjährig. Blüten: überhängend, **bräunlich bis rötlich, mit hellen Flecken, schachbrettartig gemustert**. Perigonblätter: basal kurz verwachsen, 25–50 mm lang. Nektardrüsen: **länglich-linear**. Narben: fädlich, **viel kürzer als der Griffel**. Früchte: Kapseln. Speicherorgane: Zwiebeln. Stängel: **± gleichmäßig beblättert**. Blattstellung: wechselständig. Blätter: **4–10 mm breit**, ± spitz. – Verwilderte und natürliche Vorkommen oft schwer voneinander abzugrenzen, natürliche Vorkommen in den Alpen v. a. in den Ostalpen und den Schweizer Voralpen.

- **Grünland**
- an basenreichen, feuchten bis nassen, zuweilen überfluteten Standorten
- einheimisch

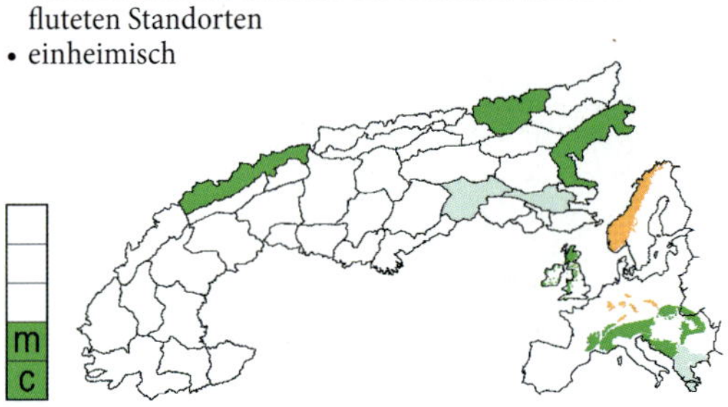

Fritillaria involucrata All. giftig

Piemonteser Schachblume *Liliaceae*
III–V ∗ P6 A6 G(3)

20–60 cm hoch, mehrjährig. Blüten: überhängend, **gelblich-grünlich, v. a. basal mit bräunlich-rötlichen Flecken**. Perigonblätter: basal kurz verwachsen, 30–45 mm lang. Nektardrüsen: **rundlich bis oval**. Narben: fädlich, **± so lang wie der Griffel**. Früchte: Kapseln. Speicherorgane: Zwiebeln. Stängel: mit Laubblättern. Blattstellung: **untere meist gegenständig, obere quirlig zu dritt**. Blätter: **2–10 mm breit**.

- **Schutt- o. Felsfluren, Extensivgrünland o. Magerrasen, Wälder**
- an nährstoffarmen, meist basenreichen Standorten
- einheimisch (subendemisch)

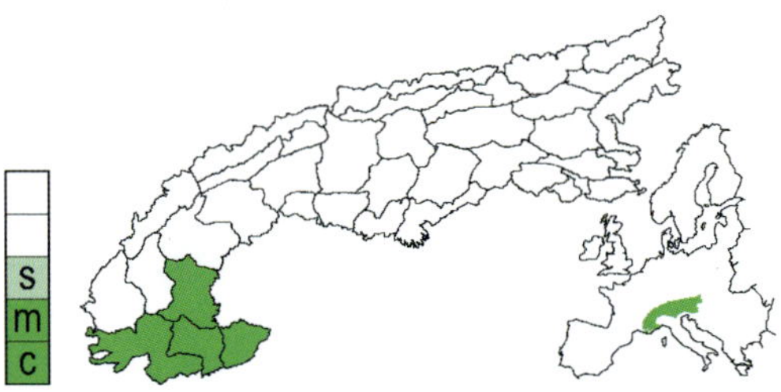

Gagea liotardii (Sternb.) Schult. & Schult. f.

Röhriger Gelbstern *Liliaceae*
V–VIII ∗ P6 A6 G(3)

Bis 20 cm hoch, mehrjährig. Blütenstand: 1–5-blütig; Tragblätter: laubblattartig. Blüten: außen gelblich; außen zuweilen mit grünlichem Mittelstreif. Blütenstiele: **behaart**. Perigonblätter: 10–20 mm lang, distal ± abgerundet. Narben: 3, kopfig. Früchte: Kapseln. Zwiebeln: **2 pro Stängel**, in gemeinsamer Hülle. Stängel: mit 1–2 Laubblättern. Blattstellung: Stängelblätter genähert, fast gegenständig. Grundblätter: 1–2, **2–4 mm breit, im QS halbrund, hohl**. Stängelblätter: flach ausgebreitet bis gerollt.

- **subalpine o. alpine Rasen**, Schneetälchen, **Grünland**
- meist an nährstoffarmen Standorten
- einheimisch

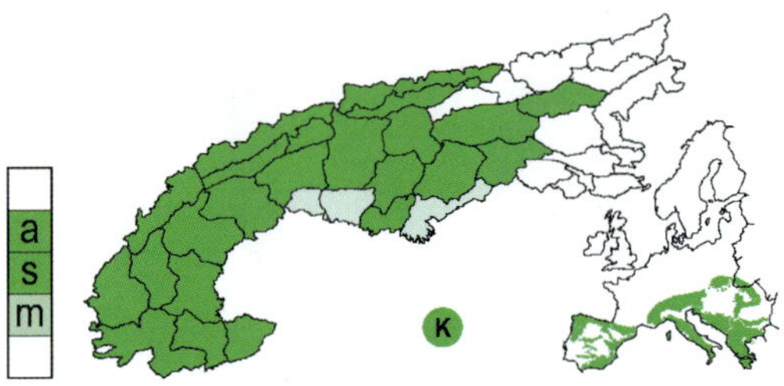

Lloydia serotina (L.) Rchb.

Späte Faltenlilie *Liliaceae*
VI–VIII ∗ P6 A6 G($\underline{3}$)

Bis 20 cm hoch, mehrjährig. Blütenstand: **meist 1-blütig**. Blüten: lang gestielt, ± **offen ausgebreitet**, **weißlich**, mit dunklen Adern. Perigonblätter: 8–25 mm lang. Narben: 3, kopfig. Früchte: **Kapseln**. Zwiebeln: **1 pro Stängel**. Stängel: krautig, **mit ≥ 2 Laubblättern**; unten: von abgestorbener Laubblattscheide umgeben. Grundblätter: **meist 2**, **1–2 mm breit**, **lineal**. mittlere Stängelblätter: länglich-lanzettlich, deutlich kürzer u. breiter als die Grundblätter.

- **subalpine o. alpine Rasen**, **Schutt- o. Felsfluren**, Zwergstrauchheiden
- an nährstoffarmen Standorten
- einheimisch

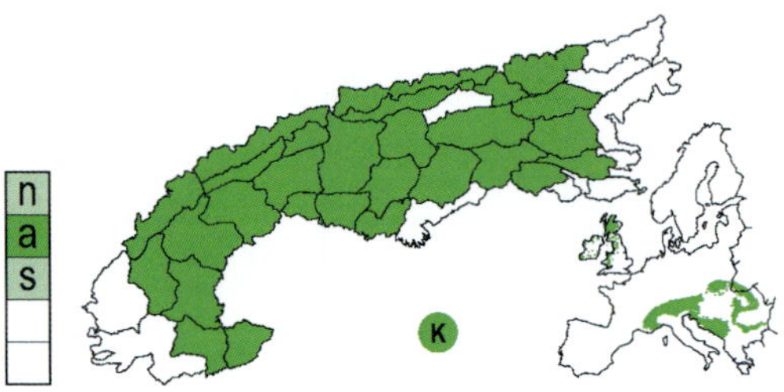

Lilium pomponium L.

giftig (für Tiere)

Pompone-Lilie *Liliaceae*
V–VII ∗ P6 A6 G($\underline{3}$)

20–100 cm hoch, mehrjährig. Blütenstand: Stängel 2–15-blütig. Blüten: **überhängend**, **Perigonblätter zu > 50 % zurückgerollt**, **rötlich**. Perigonblätter: 40–70 mm lang. Staubfäden: ± in der Mitte der Staubbeutel inseriert. Narben: 3, kopfig. Früchte: Kapseln. Speicherorgane: Zwiebeln. Stängel: mit Laubblättern. Blattstellung: meist wechselständig. Blätter: < 10 mm breit; unterseits: kahl.

- **subalpine o. alpine Rasen**, Schutt- o. Felsfluren, **Zwergstrauchheiden**, **Extensivgrünland o. Magerrasen**, **Wälder**
- meist an nährstoffarmen, oft basenreichen Standorten
- endemisch

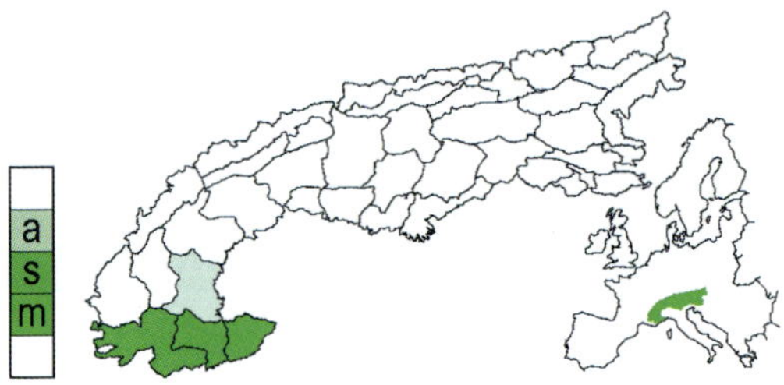

Streptopus amplexifolius (L.) DC.

Stängelumfassender Knotenfuß *Liliaceae*
V–VIII ∗ P6 A6 G($\underline{3}$)

30–100 cm hoch, mehrjährig. Blüten: offen ausgebreitet bis glockig-trichterförmig, **weißlich bis gelblich**. Blütenstiele: **mit den Laubblättern verwachsen**, **Blüten unter den Blättern hängend**. Perigonblätter: 3–10 mm lang. Narben: 3, kopfig. Früchte: **Beeren**, **rötlich**, glänzend. Speicherorgane: Rhizome. Stängel: **meist bogig überhängend**. Blattstellung: wechselständig, ± 2-zeilig. Blätter: sitzend, **oval bis herzförmig**, **basal stängelumfassend bis durchwachsen**, spitz.

- Schutt- o. Felsfluren, Alluvionen, Zwergstrauchheiden, **Staudenfluren**, **Grünerlengebüsche**, Grünland, **Wälder**
- einheimisch

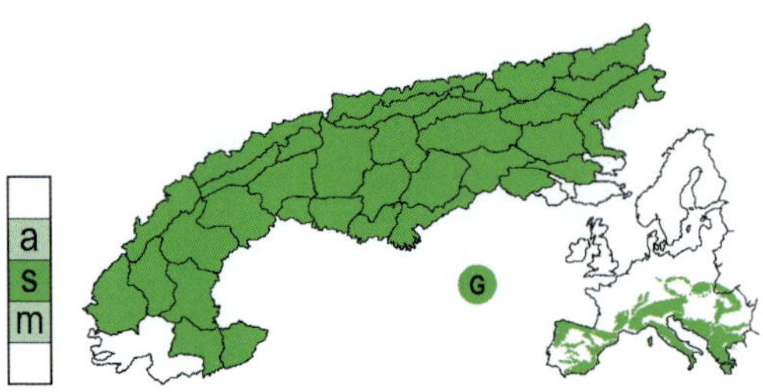

Paradisea liliastrum (L.) Bertol.

Weiße Trichterlilie *Asparagaceae*
V–VIII ∗ [P(6) A6] G($\underline{3}$)

30–50 cm hoch, mehrjährig. Pflanzen: kahl. Blütenstand: traubenartig, ± einseitswendig, 3–10-blütig. Blüten: oft (undeutlich) einseitswendig, kurz gestielt, **weißlich**. Perigonblätter: zumindest basal verwachsen, **30–50 mm lang**. Staubblätter: zumindest basal mit den Perigonblättern verwachsen. Staubbeutel: **Staubfäden mittig inseriert**. Früchte: Kapseln, 12–16 mm lang. Wurzeln: verdickt. Stängel: mit grundständiger Blattrosette, *ohne* Laubblätter. Blätter: im QS flach ausgebreitet, lineal bis lanzettlich, Spreite 10–25 cm lang, 2–10 mm breit.

- **subalpine o. alpine Rasen**, Zwergstrauchheiden, **Grünland**, **Wälder**
- einheimisch

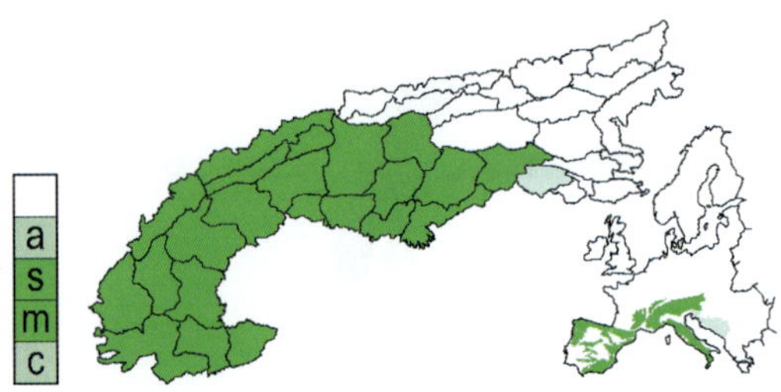

Convallaria majalis L.

stark giftig

Maiglöckchen *Asparagaceae*
IV–VI ∗ [P(6) A6] G($\underline{3}$)

10–20 cm hoch, mehrjährig. Blütenstand: **traubenartig, 4–12-blütig**. Blüten: **einseitswendig, glockig-trichterförmig**, duftend, **weißlich**. Perigonblätter: 5–12 mm lang; **Zipfel viel kürzer als die Perigonröhre**. Staubblätter: zumindest basal mit den Perigonblättern verwachsen. Früchte: **Beeren**, 2–6-samig, **rötlich**. Speicherorgane: Rhizome. Stängel: **mit 2–3 Laubblättern**. Blattstellung: wechselständig, die Blattscheiden der grundständigen Blätter einen Scheinstängel bildend. Blätter: länglich-lanzettlich, spitz.

- subalpine o. alpine Rasen, Schutt- o. Felsfluren, Zwergstrauchheiden, Staudenfluren, Legföhrengebüsche, **Wälder**
- meist an nährstoffarmen Standorten
- einheimisch

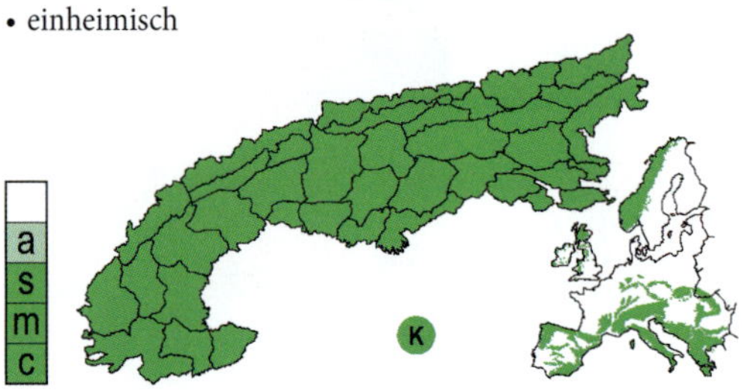

Polygonatum verticillatum (L.) All.

giftig

Quirl-Weißwurz *Asparagaceae*
IV–VII ∗ [P(6) A6] G($\underline{3}$)

30–80 cm hoch, mehrjährig. Blütenstand: **achselständige Trauben 2–7-blütig**. Tragblätter der Blüten: laubblattartig. Blüten: überhängend, glockig-trichterförmig bis langröhrig, **weißlich**. Blütenstiele: kahl. Perigonblätter: 5–10 mm lang. Staubblätter: zumindest basal mit den Perigonblättern verwachsen. Früchte: **Beeren, zunächst rötlich, später bläulich**. Speicherorgane: Rhizome. Stängel: **aufrecht**. Knoten: **3–7-blättrig**. Blätter: sitzend, **länglich bis lanzettlich**, 3–20 mm breit, basal verschmälert; unterseits: kahl.

- subalpine o. alpine Rasen, Schutt- o. Felsfluren, Zwergstrauchheiden, **Staudenfluren, Grünerlen- o. Legföhrengebüsche**, Grünland, **Wälder**
- einheimisch

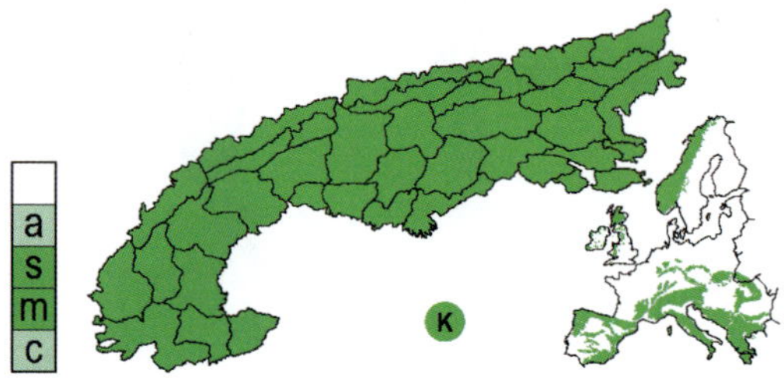

Acis fabrei (Quézel & Girerd) Lledó et al.

schwach giftig

Fabres Knotenblume *Amaryllidaceae*
III–V ∗ P6 A6 G($\overline{3}$)

4–8 cm hoch, mehrjährig. Blütenstand: **Stängel 1-blütig**. Hochblätter: **2**, häutig, unter dem Blütenstand. Blüten: überhängend, offen ausgebreitet bis glockig-trichterförmig, weißlich. Blütenstiele: 10–20 mm lang. Perigonblätter: **12–15 mm lang**. Früchte: Kapseln. Samen: mit Elaiosom. Speicherorgane: Zwiebeln. Stängel: mit grundständiger Blattrosette, *ohne* Laubblätter. Blätter: frischgrün, 1–3 mm breit.

- **subalpine o. alpine Rasen, Schutt- o. Felsfluren, Extensivgrünland o. Magerrasen**
- an nährstoffarmen, kalkreichen, meist trockenen Standorten
- endemisch

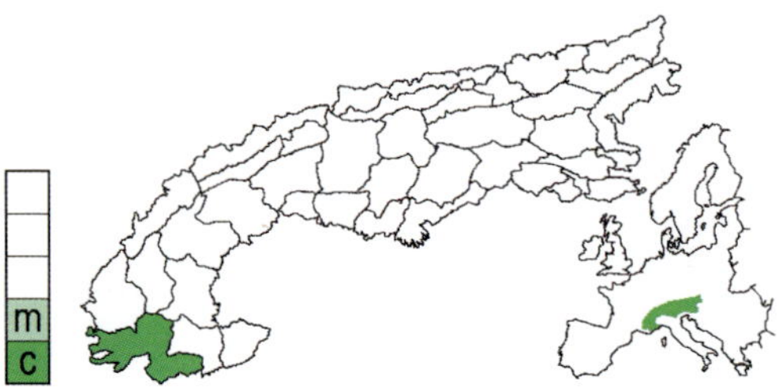

Acis nicaeensis (Ardoino) Lledó et al.

schwach giftig

Nizza-Knotenblume *Amaryllidaceae*
II–V ∗ P6 A6 G($\overline{3}$)

6–15 cm hoch, mehrjährig. Blütenstand: **Stängel 1–4-blütig**. Hochblätter: **2**, häutig, unter dem Blütenstand. Blüten: überhängend, offen ausgebreitet bis glockig-trichterförmig, weißlich. Blütenstiele: 10–20 mm lang. Perigonblätter: **7–12 mm lang**. Früchte: Kapseln. Samen: mit Elaiosom. Speicherorgane: Zwiebeln. Stängel: mit grundständiger Blattrosette, *ohne* Laubblätter. Blätter: frischgrün, 1–3 mm breit.

- **Schutt- o. Felsfluren, Extensivgrünland o. Magerrasen**, Macchien o. Garrigues
- an nährstoffarmen, kalkreichen, trockenen Standorten
- endemisch

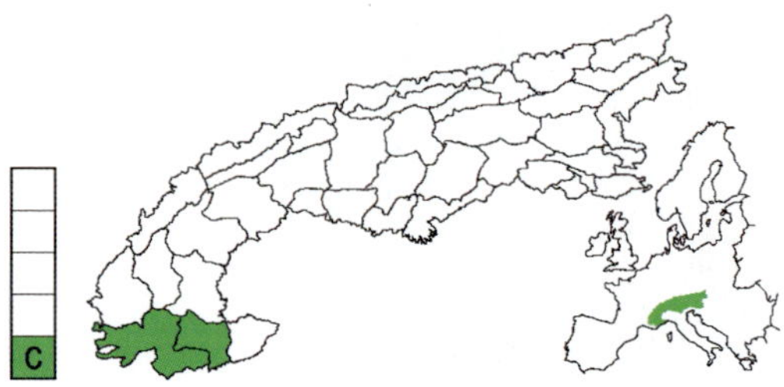

Allium: Zwiebelgeophyten mit oft charakteristischem Geruch. BLÜTENSTAND: doldenartig, oft auf langem Schaft, mit 1-2 häutigen Tragblättern unter den Dolden, den Blütenstand in Knospe meist einhüllend; zuweilen mit Brutzwiebeln. FRÜCHTE: 3-fächrige Spaltkapseln. SAMEN: schwarz. BLÜTENFORMEL: ∗ P(6) A6 G(3).

Allium insubricum Boiss. & Reut.

giftig (für Tiere)

Piemonteser Lauch *Amaryllidaceae*
VI–VIII ∗ P(6) A6 G(3)

10–40 cm hoch. DOLDEN: 3–6-strahlig, 1–5 cm ⌀. HOCHBLÄTTER: 1, < 20 mm lang. BLÜTEN: **überhängend**, rosa. PERIGONBLÄTTER: 10–18 mm lang. STAUBBLÄTTER: **deutlich kürzer als die Perigonblätter**. STÄNGEL: mit 3–6 Laubblättern (inkl. Grundblätter), **im QS ± abgeflacht**. BLÄTTER: **im QS flach ausgebreitet**.

- **subalpine o. alpine Rasen, Schutt- o. Felsfluren**, Zwergstrauchheiden
- an nährstoffarmen, kalkreichen Standorten
- endemisch

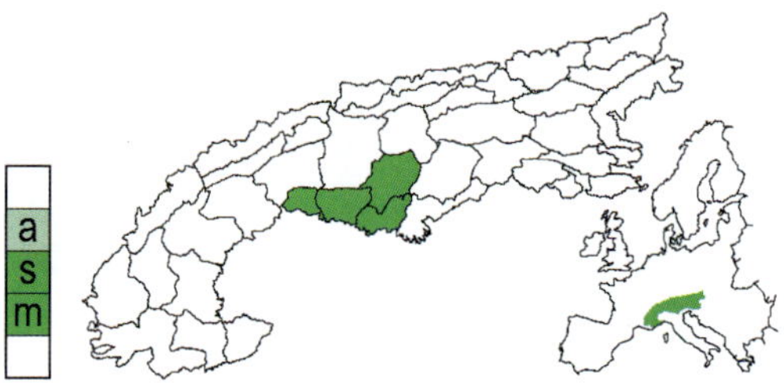

Allium narcissiflorum Vill.

giftig (für Tiere)

Narzissenblütiger Lauch *Amaryllidaceae*
III–VIII ∗ P(6) A6 G(3)

10–40 cm hoch. DOLDEN: 3–12-strahlig, 1–5 cm ⌀. HOCHBLÄTTER: 1, < 20 mm lang. BLÜTEN: **zunächst aufrecht, später überhängend**, rosa. PERIGONBLÄTTER: 10–18 mm lang. STAUBBLÄTTER: **deutlich kürzer als die Perigonblätter**. STÄNGEL: mit 3–6 Laubblättern (inkl. Grundblätter), **im QS ± abgeflacht**; UNTEN: **von abgestorbener Laubblattscheide umgeben**. BLÄTTER: **im QS flach ausgebreitet**.

- **subalpine o. alpine Rasen, Schutt- o. Felsfluren**
- an nährstoffarmen, kalkreichen Standorten
- endemisch

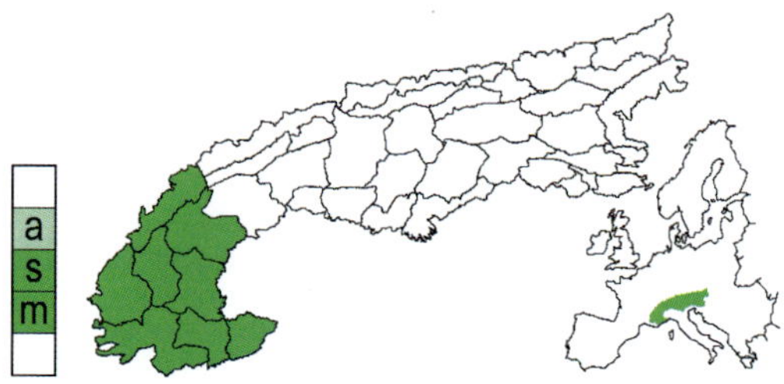

Allium victorialis L.

giftig (für Tiere)

Allermannsharnisch *Amaryllidaceae*
VI–IX ∗ P(6) A6 G(3)

30–80 cm hoch. BLÜTENSTAND: kugelig. DOLDEN: ≥ 12-strahlig, 3–5 cm ⌀. HOCHBLÄTTER: 2, beide ± gleich lang. BLÜTEN: grünlich-gelblich bis weißlich-gelblich. PERIGONBLÄTTER: 3–6 mm lang. STAUBBLÄTTER: **deutlich länger als die Perigonblätter**. ZWIEBELN: 35–70 mm lang. BLÄTTER: **mit Blattstiel bzw. stielartig verjüngter Spreite, Stiele 8–25 cm lang, im QS flach ausgebreitet, länglich bis oval, 20–100 mm breit**. UNTERE BLATTSCHEIDEN: > 25 % des Stängels bedeckend.

- **subalpine o. alpine Rasen**, Zwergstrauchheiden, **Staudenfluren**, Legföhrengebüsche, Grünland
- einheimisch

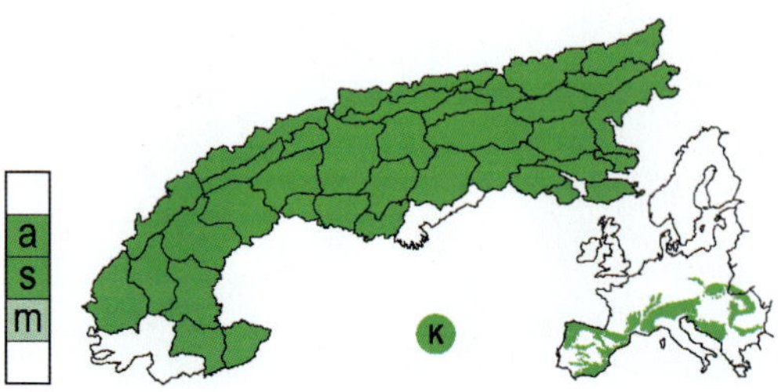

Allium kermesinum Rchb.

giftig (für Tiere)

Rotvioletter Lauch *Amaryllidaceae*
VII–IX ∗ P(6) A6 G(3)

15–50 cm hoch. DOLDEN: 8–20-strahlig, 1–2 cm ⌀. HOCHBLÄTTER: 2, **kürzer als der Blütenstand**. BLÜTEN: rosa bis rötlich. PERIGONBLÄTTER: 3–6 mm lang. STAUBBLÄTTER: **deutlich länger als die Perigonblätter**. FRÜCHTE: 4,5–5 mm lang. STÄNGEL: mit 3–4 Laubblättern (inkl. Grundblätter), **im QS undeutlich abgeflacht bis 2-kantig**. BLÄTTER: **im QS flach ausgebreitet bis rinnig**, 1–5 mm breit. UNTERE BLATTSCHEIDEN: < 25 % des Stängels bedeckend.

- **subalpine o. alpine Rasen, Schutt- o. Felsfluren**
- an nährstoffarmen, kalkreichen Standorten
- endemisch

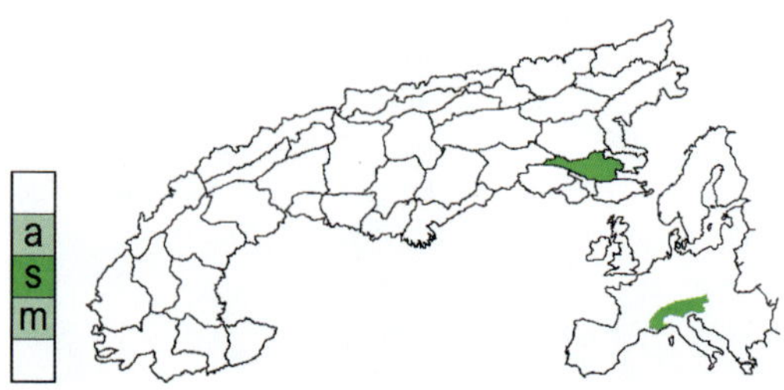

Allium strictum Schrad.

giftig (für Tiere)

Steifer Lauch *Amaryllidaceae*

V–IX ∗ P(6) A6 $G(\underline{3})$

15–50 cm hoch. HOCHBLÄTTER: 2, beide ± gleich lang. BLÜTEN: rötlich. PERIGONBLÄTTER: 4–6 mm lang. STAUBBLÄTTER: **deutlich länger als die Perigonblätter**. FRÜCHTE: Fruchtfächer mit je 2 Samen. ZWIEBELN: AUSSENHÜLLE: dunkelrot bis schwarz. TOCHTERZWIEBELN: klein. STÄNGEL: mit 2–5 Laubblättern (inkl. Grundblätter), im QS rundlich. BLÄTTER: **im QS flach ausgebreitet bis rinnig**, 2,5–5 mm breit; UNTERSEITS: **gekielt**. UNTERE BLATTSCHEIDEN: > 25 % des Stängels bedeckend.

- subalpine o. alpine Rasen, **Schutt- o. Felsfluren**
- meist an nährstoffarmen, oft trockenen Standorten
- einheimisch

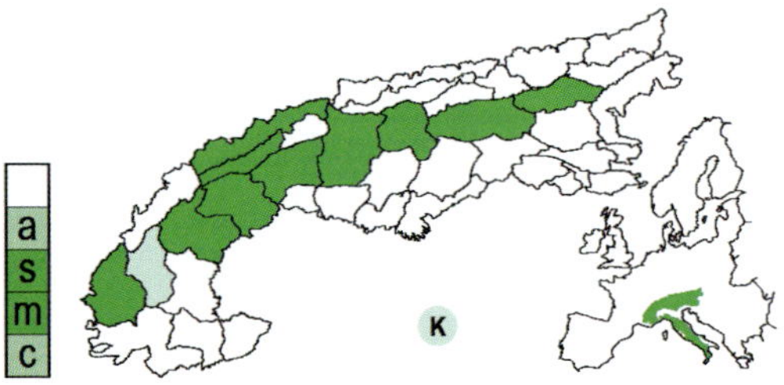

Allium schoenoprasum L.

giftig (für Tiere)

Schnittlauch *Amaryllidaceae*

V–IX ∗ P(6) A6 $G(\underline{3})$

15–50 cm hoch. BLÜTENSTAND: kugelig. DOLDEN: ≥ 12-strahlig, 1,5–5 cm ⌀. HOCHBLÄTTER: 2–3, beide ± gleich lang. BLÜTEN: meist rötlich bis rosa, selten weißlich. PERIGONBLÄTTER: 6–18 mm lang. STAUBBLÄTTER: **deutlich kürzer als die Perigonblätter**. ZWIEBELN: **< 6 mm** ⌀. STÄNGEL: **mit 1–2 Laubblättern (inkl. Grundblätter)**, im QS rundlich. BLÄTTER: **im QS halbrund bis rundlich**, **hohl**, *nicht* aufgeblasen, 1–6 mm ⌀.

In den Alpen nur die subsp. *schoenoprasum*.

- **subalpine o. alpine Rasen**, **Schutt- o. Felsfluren**, Alluvionen, Staudenfluren, **Moore o. Seggenriede**, **Grünland**, Wälder, Ruderalvegetation
- an nährstoffarmen, basenreichen Standorten
- einheimisch

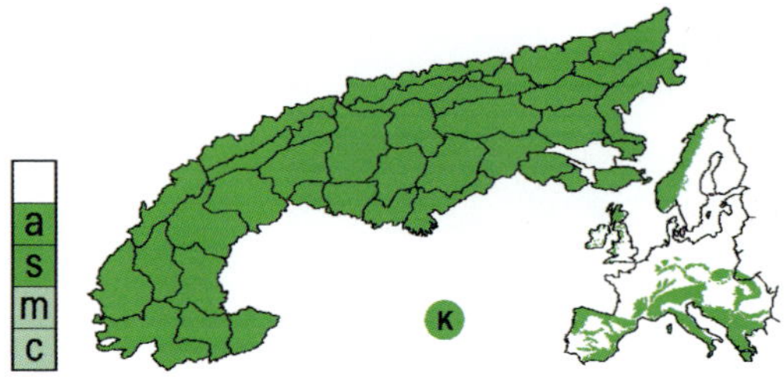

Allium scaberrimum M. Serres

giftig (für Tiere)

Rauer Lauch *Amaryllidaceae*

VI–VIII ∗ P(6) A6 $G(\underline{3})$

40–80 cm hoch. BLÜTENSTAND: kugelig. DOLDEN: ≥ 12-strahlig, 2–5 cm ⌀. HOCHBLÄTTER: 1–2. BLÜTEN: weiß. PERIGONBLÄTTER: **distal ± abgerundet**. STAUBBLÄTTER: **deutlich länger als die Perigonblätter**. STAUBFÄDEN DES INNEREN KREISES: **gezähnt, die Zähne mindestens so lang wie der Staubbeutel**, die des äußeren ± ungezähnt. FRUCHTKNOTEN: **mit 3 Nektardrüsen**. STÄNGEL: mit 3–5 Laubblättern (inkl. Grundblätter). BLÄTTER: **im QS flach ausgebreitet**, 4–12 mm breit, am Rand deutlich rau.

- **Brachflächen**, Äcker
- an nährstoffarmen, basenreichen Standorten
- einheimisch (subendemisch)

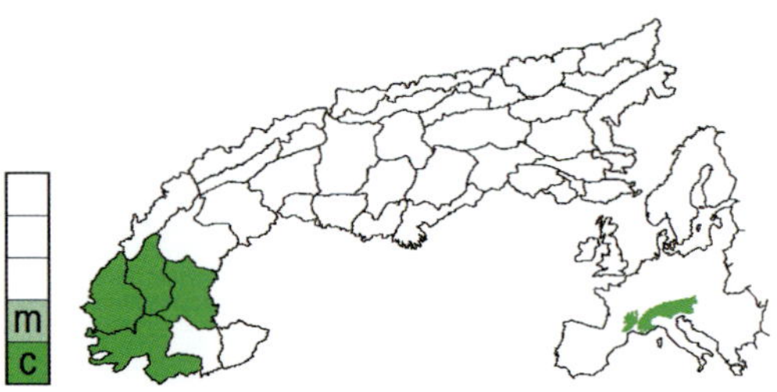

Crocus vernus (L.) Hill

schwach giftig

Gewöhnlicher Frühlings-Krokus *Iridaceae*

I–IV ∗ P(6) A3 $G(\overline{3})$

Bis 15 cm hoch, mehrjährig, im Frühjahr blühend. HOCHBLÄTTER: 2, unter den Blüten, häutig. BLÜTEN: **weißlich bis dunkelviolett**, Zipfel außen zuweilen gestreift. PERIGONBLÄTTER: mit mehrere Zentimeter langer Röhre; Zipfel 15–60 mm lang; Zipfel 5–20 mm breit. STAUBBEUTEL: gelblich. FRÜCHTE: Kapseln. KNOLLEN: ± kugelig. STÄNGEL: fast nur unterirdisch entwickelt. BLÄTTER: zur Blütezeit vorhanden, **± so lang wie die Blüten**, **meist 4–8 mm breit**; OBERSEITS: grünlich, oft mit weißlichem Mittelstreif.

In den Alpen die subsp. *vernus* u. *albiflorus* (vgl. S. 724).

- subalpine o. alpine Rasen, Alluvionen, Staudenfluren, **Grünland**, **Wälder**, Ruderalvegetation
- meist an nährstoffarmen, oft sauren Standorten
- einheimisch

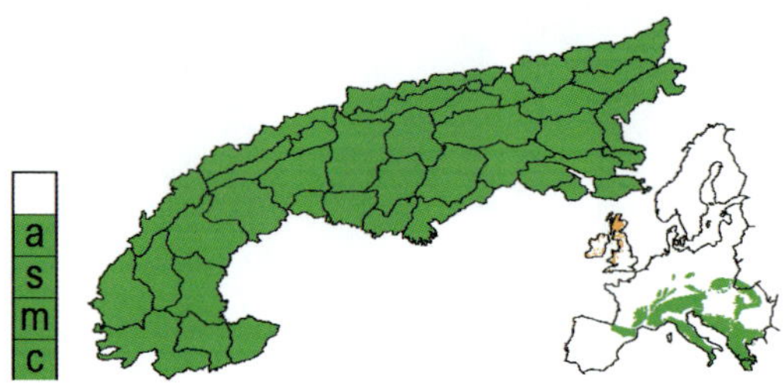

Crocus versicolor Ker Gawl. schwach giftig

Bunter Krokus *Iridaceae*

II–IV ∗ P(6) A3 $G(\overline{3})$

Bis 10 cm hoch, mehrjährig, im Frühjahr blühend. Hochblätter: 2, unter den Blüten, häutig, **unterschiedlich breit**. Blüten: **weißlich bis rötlich-violett, Zipfel außen rötlich-violett gestreift**. Perigonblätter: mit mehrere Zentimeter langer Röhre, distal ± abgerundet; **Zipfel 25–40 mm lang**; **Zipfel 7–12 mm breit**. Staubbeutel: gelblich. Griffel: meist länger als die Staubblätter. Früchte: Kapseln. Knollen: ± kugelig. Stängel: fast nur unterirdisch entwickelt. Blätter: zur Blütezeit vorhanden, **kürzer als die Blüten**, **1–3 mm breit**; oberseits: **graugrün**.

- **Extensivgrünland o. Magerrasen**, Wälder, **Macchien o. Garrigues**
- an nährstoffarmen, meist basenreichen Standorten
- einheimisch (subendemisch)

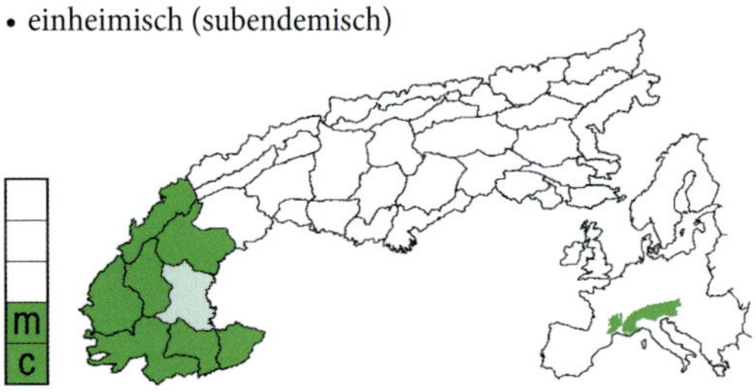

Iris pallida Lam.

Blassviolette Schwertlilie *Iridaceae*

IV–VII ∗ P(6) A3 $G(\overline{3})$

30–120 cm hoch, mehrjährig. Hochblätter: **zur Blütezeit ± trockenhäutig**. Blüten: violett. Perigonblätter: **die äußeren u. inneren unterschiedlich gestaltet**. Äussere Perigonblätter: **auf der Oberseite mit dicht behaartem Streifen**. Staubbeutel: ± so lang wie die Staubfäden. Griffel: **mit kronblattartigen u. auffallend gefärbten Ästen**. Früchte: Kapseln. Ausläufer: unterirdisch. Blätter: im QS schwertförmig. – Subsp. *cengialti* in den südlichen Alpen endemisch, subsp. *pallida* häufig verwildert.

In den Alpen die subsp. *pallida* u. *cengialti* (endemisch) (vgl. S. 724).

- **subalpine o. alpine Rasen**, **Schutt- o. Felsfluren**, **Extensivgrünland o. Magerrasen**, Wälder, Ruderalvegetation
- meist an basenreichen Standorten
- einheimisch

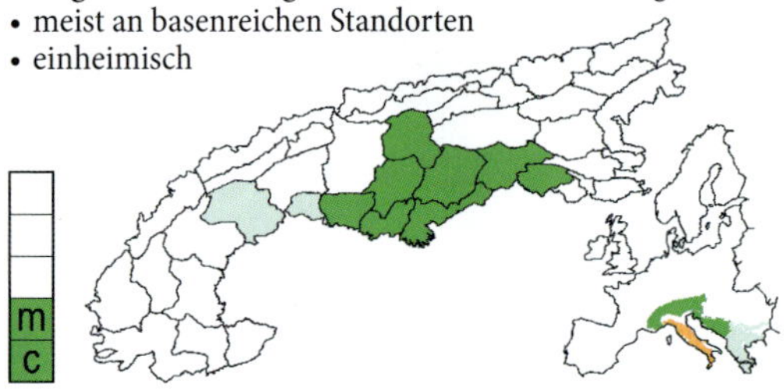

Epipactis helleborine (L.) Crantz

Breitblättrige Sumpfwurz *Orchidaceae*

V–VIII ↓ P6 [A1 $G(\overline{3})$]

15–100 cm hoch, mehrjährig. Blüten: oft überhängend, gestielt, grünlich bis rötlich-bräunlich; außen oft rötlich überlaufen; Lippe oft rötlich. Lippe: **durch eine Einschnürung 2-teilig**; Vorderes Lippenglied: breit oval, distal ganzrandig; hinteres Lippenglied: *ohne* Seitenlappen. Staubfäden: kurz bis fehlend. Fruchtknoten: ± kahl. Gymnostemium: kugelig-eiförmig, freistehend. Tragblätter der mittleren Blüten: länger als der Fruchtknoten. Blätter: beidseits grünlich, das größte > 6 cm lang, 20–70 mm breit.

In den Alpen die subsp. *helleborine*, *leutei* (endemisch) u. *orbicularis* (vgl. S. 724).

- Schutt- o. Felsfluren, **Alluvionen**, **Staudenfluren**, **Wälder**
- an basenreichen Standorten
- einheimisch

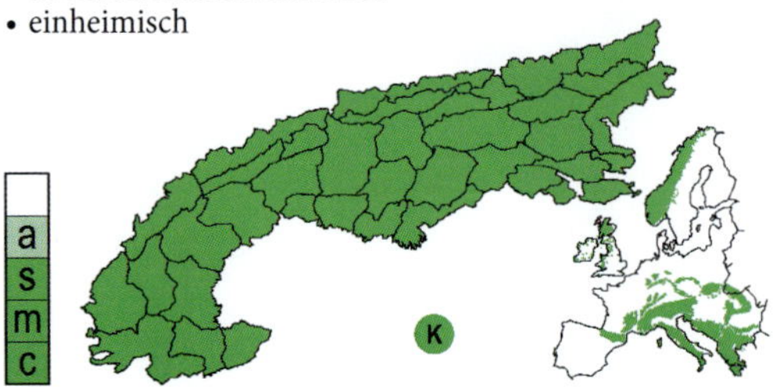

Chamorchis alpina (L.) Rich.

Zwergorchis *Orchidaceae*

VI–IX ↓ P6 [A1 $G(\overline{3})$]

Bis 10 cm hoch, rasig, mehrjährig. Blüten: **mit Helm, grünlich-gelblich**; **Helm oft rötlich überlaufen**. Lippe: **ungeteilt bis 3-lappig**, Seitenlappen zuweilen (fast) fehlend; Mittellappen: **viel länger u. breiter als die Seitenlappen**.

- **subalpine o. alpine Rasen**, Moore o. Seggenriede
- an nährstoffarmen, kalkreichen Standorten
- einheimisch

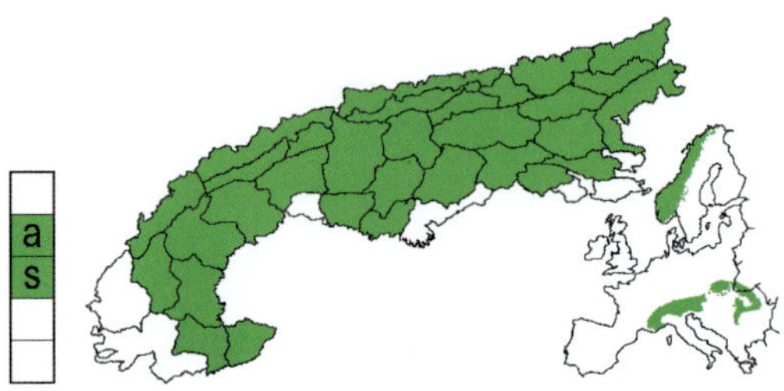

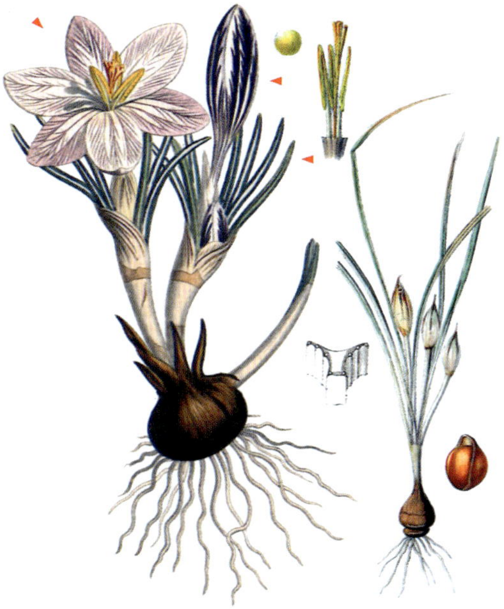

Orchis mascula (L.) L.

Manns-Orchis *Orchidaceae*
IV–VI ↓ P6 [A1 G($\overline{3}$)]

15–50 cm hoch, mehrjährig. Tragblätter der Blüten: **± häutig, dünn, meist kürzer als der Fruchtknoten**, oft rötlich-violett überlaufen, **1-nervig**. Blüten: rötlich-violett; **Lippe meist gemustert**. Lippe: **3–4-lappig**; Mittellappen: (undeutlich) 2-spaltig, mittig zuweilen mit kleinem Zahn. Sporn: zylindrisch-länglich, **11–20 mm lang**. Stängel: vor allem unten beblättert, mit ≤ 3 Laubblättern. Blätter: **in der Mitte am breitesten**.

In den Alpen die subsp. *mascula* u. *speciosa* (vgl. S. 725).

- **subalpine o. alpine Rasen**, **Zwergstrauchheiden**, Legföhrengebüsche, **Grünland**, **Wälder**
- an nährstoffarmen, basenreichen Standorten
- einheimisch

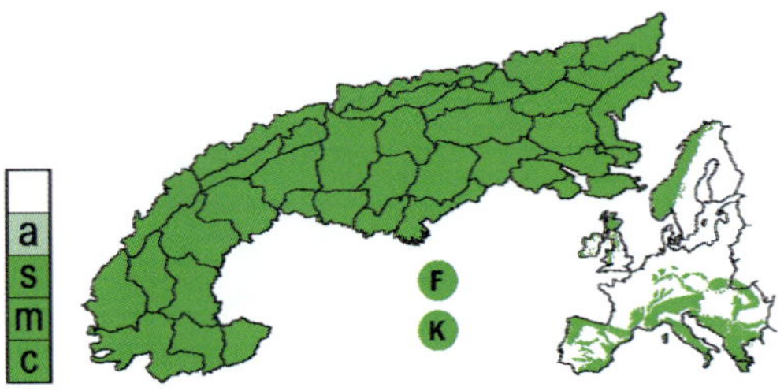

Dactylorhiza maculata (L.) Soó

Geflecktes Knabenkraut *Orchidaceae*
IV–IX ↓ P6 [A1 G($\overline{3}$)]

10–60 cm hoch, mehrjährig. Tragblätter der Blüten: **zumindest die unteren krautig, mit ± deutlicher Nervatur, länger als der Fruchtknoten**. Blüten: mit Helm, rötlich-violett. Lippe: **breit oval bis rundlich**. Sporn: < 10 mm lang. Knollen: länglich, verzweigt. Stängel: **mit 4–12 Laubblättern**. Blätter: **oft schwarz-violett gefleckt, meist in der distalen Hälfte am breitesten**.

In der (sub-) alpinen Stufe v. a. die subsp. *maculata*.

- subalpine o. alpine Rasen, Schutt- o. Felsfluren, Alluvionen, Zwergstrauchheiden, **Staudenfluren**, **Moore o. Seggenriede**, **Grünland**, **Wälder**
- an nährstoffarmen, wechselfeuchten bis nassen Standorten
- einheimisch

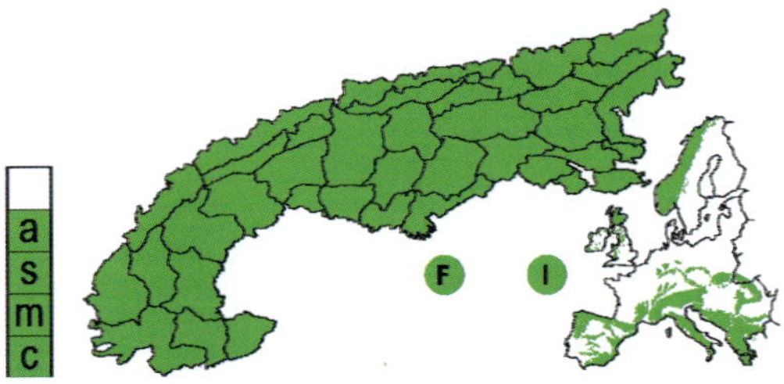

Dactylorhiza viridis (L.) R. M. Bateman & al.

Grüne Hohlzunge *Orchidaceae*
IV–VII ↓ P6 [A1 G($\overline{3}$)]

10–25 cm hoch, mehrjährig. Tragblätter der Blüten: **zumindest die unteren krautig, mit ± deutlicher Nervatur**. Blüten: mit Helm, **grünlich-gelblich**, zuweilen rötlich überlaufen. Lippe: **länglich-lineal**, 5–15 mm lang, **ungeteilt bis 3-zähnig**. Sporn: < 5 mm lang, meist kürzer als der Fruchtknoten.

- **subalpine o. alpine Rasen**, **Zwergstrauchheiden**, Staudenfluren, **Grünland**, Wälder
- an nährstoffarmen Standorten
- einheimisch

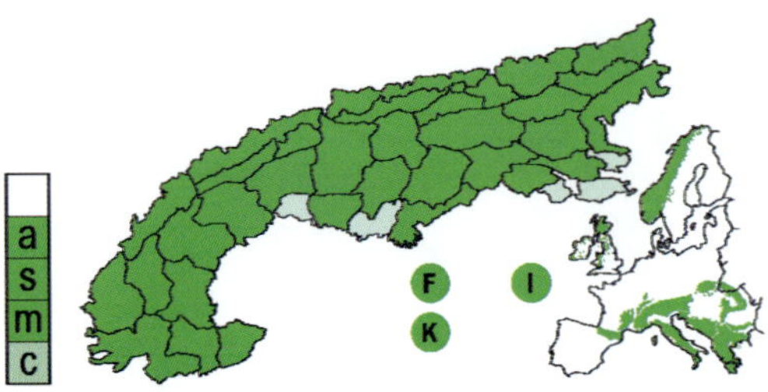

Gymnadenia odoratissima (L.) Rich.

Wohlriechende Handwurz *Orchidaceae*
V–VIII ↓ P6 [A1 G($\overline{3}$)]

10–30 cm hoch, mehrjährig. Blütenstand: **länglich-zylindrisch**, > 3-mal so lang wie breit, Stängel 30–50-blütig. Blüten: gespornt, **mit Helm**, 2–6 mm lang, intensiv duftend, rosa bis violett. Helm: distal abgerundet. Lippe: nach unten gerichtet, **3-lappig**; Mittellappen: **deutlich länger als die Seitenlappen**, distal ± spitz. Sporn: **4–8 mm lang, 0,5–1-mal so lang wie der Fruchtknoten**. Blätter: länglich bis lanzettlich.

- **subalpine o. alpine Rasen**, **Schutt- o. Felsfluren**, Alluvionen, **Legföhrengebüsche**, **Moore o. Seggenriede**, **Grünland**, **Wälder**
- an nährstoffarmen, kalkreichen Standorten
- einheimisch

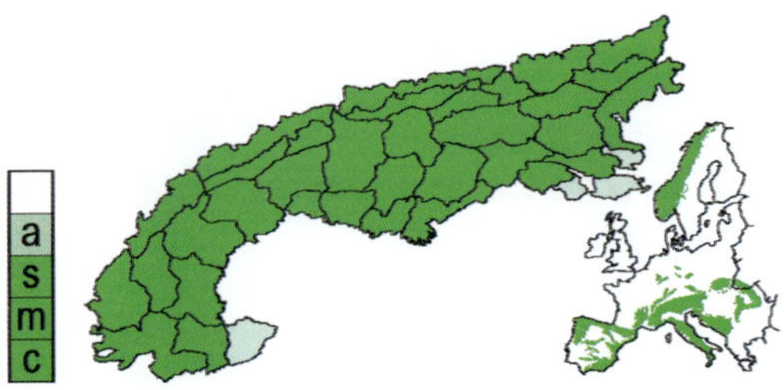

Gymnadenia conopsea (L.) R. Br.

Mücken-Handwurz *Orchidaceae*
IV–VIII ↓ P6 [A1 $G(\overline{3})$]

20–100 cm hoch, mehrjährig. Blütenstand: **länglich-zylindrisch**, 4–12 cm lang, > 3-mal so lang wie breit, Stängel 30–50-blütig. Blüten: gespornt, **mit Helm**, 2–6 mm lang, schwach duftend, rötlich-violett. Helm: distal abgerundet. Lippe: nach unten gerichtet, **3-lappig**; Mittellappen: **± so lang wie die Seitenlappen**, distal ± abgerundet. Sporn: **lang, ± fadenförmig, 10–25 mm lang, ± 2-mal so lang wie der Fruchtknoten**. Blätter: länglich bis lanzettlich, **meist 5–12 mm breit**.

- **subalpine o. alpine Rasen**, Zwergstrauchheiden, **Legföhrengebüsche, Moore o. Seggenriede, Grünland, Wälder**
- an basenreichen Standorten
- einheimisch

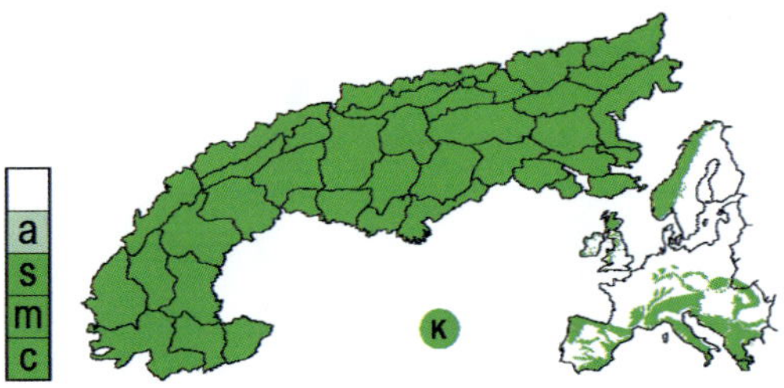

Gymnadenia rhellicani (Teppner & E. Klein) Teppner & E. Klein

Schwarzes Männertreu *Orchidaceae*
VI–IX ↓ P6 [A1 $G(\overline{3})$]

Bis 25 cm hoch, mehrjährig. Blütenstand: **eiförmig, länger als breit**, dichtblütig. Blüten: **meist dunkelrot bis bräunlich**, selten heller, **in Knospe fast schwarz**. innere Perigonblätter: < 0,8-mal so breit wie die äußeren. Lippe: **nach oben gerichtet, vorderer Abschnitt flach, an den unteren Blüten (ohne Sporn) 5–7 mm lang**, ± 4-mal so lang wie der Sporn, ungeteilt. Sporn: ± 1–1,5 mm lang, viel kürzer als der Fruchtknoten. Tragblätter der unteren Blüten: **zumindest eins distal durch zahlreiche Papillen rau**.

- **subalpine o. alpine Rasen**, Zwergstrauchheiden, Grünland, Wälder
- an nährstoffarmen, basenreichen Standorten
- einheimisch

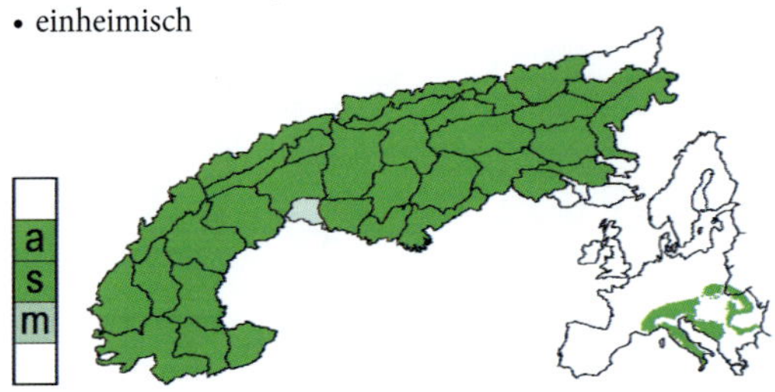

Gymnadenia austriaca (Teppner & E. Klein) P. Delforge

Österreichisches Männertreu *Orchidaceae*
VI–IX ↓ P6 [A1 $G(\overline{3})$]

Bis 25 cm hoch, mehrjährig. Blütenstand: **kugelig bis halbkugelig, ± so lang wie breit**, dichtblütig. Blüten: **rötlich bis bräunlich**, zuweilen heller, in Knospe fast schwarz. innere Perigonblätter: < 0,8-mal so breit wie die äußeren. Lippe: **nach oben gerichtet, vorderer Abschnitt flach, an den unteren Blüten (ohne Sporn) 6,5–10 mm lang**, ± 5–6-mal so lang wie der Sporn, ungeteilt. Sporn: ± 1–1,2 mm lang, viel kürzer als der Fruchtknoten. Tragblätter der unteren Blüten: **distal glatt**.

- **subalpine o. alpine Rasen**
- an nährstoffarmen, basenreichen Standorten
- einheimisch

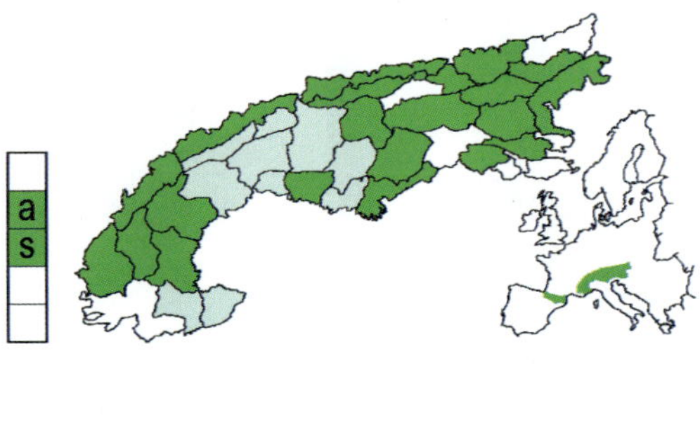

Gymnadenia corneliana (Beauverd) Teppner & E. Klein

Cornelia Rudios Männertreu *Orchidaceae*
VI–VIII ↓ P6 [A1 $G(\overline{3})$]

Bis 25 cm hoch, mehrjährig. Blütenstand: dichtblütig. Blüten: weit geöffnet, **rosarot**, basale heller. Lippe: **nach oben gerichtet**, Einschnürung in der basalen Hälfte, **an den unteren Blüten (ohne Sporn) 8,5–9,5 mm lang**, ungeteilt; vorderes Lippenglied: **breiter als das hintere**; hinteres Lippenglied: etwas bauchig erweitert, **± 2 mm breit**. Sporn: meist < 1,5 mm lang, viel kürzer als der Fruchtknoten.

- **subalpine o. alpine Rasen**, Wälder
- an nährstoffarmen, kalkreichen Standorten
- endemisch

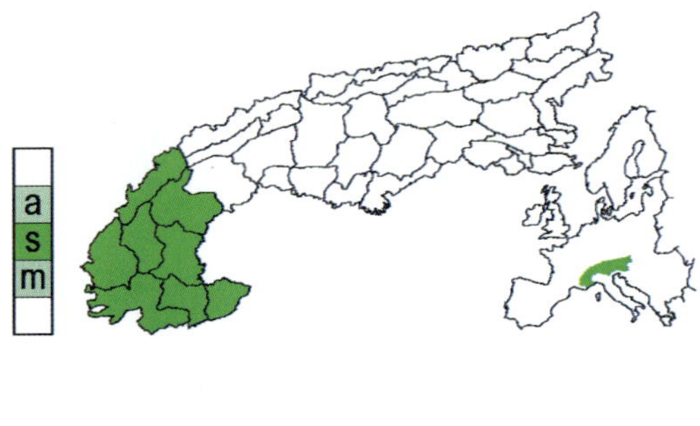

Gymnadenia lithopolitanica (Ravnik) Teppner & E. Klein

Kamnik-Männertreu *Orchidaceae*

VI–VII ↓ P6 [A1 $G(\overline{3})$]

Bis 25 cm hoch, mehrjährig. Blütenstand: dichtblütig. Blüten: weit geöffnet, **hellrosa bis hellviolett**. Lippe: **nach oben gerichtet**, Einschnürung nahe der Basis, **an den unteren Blüten (ohne Sporn) 6,5–8,5 mm lang**, ungeteilt; vorderes Lippenglied: **breiter als das hintere**; hinteres Lippenglied: etwas bauchig erweitert, **± 2 mm breit**. Sporn: meist < 1,5 mm lang, viel kürzer als der Fruchtknoten.

- **subalpine o. alpine Rasen**
- an nährstoffarmen, kalkreichen Standorten
- endemisch

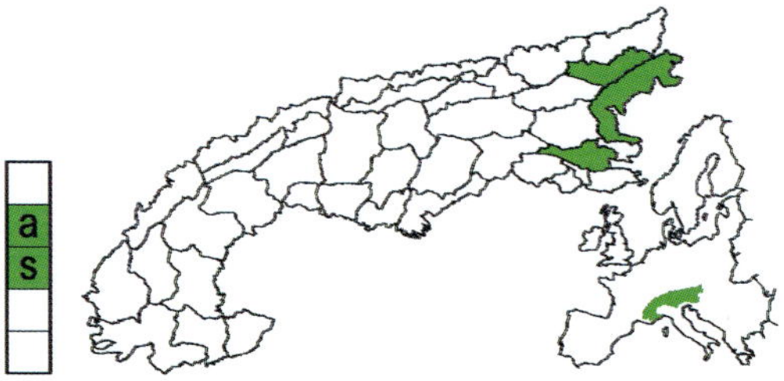

Gymnadenia rubra Wettst.

Rotes Männertreu *Orchidaceae*

VI–VIII ↓ P6 [A1 $G(\overline{3})$]

Bis 25 cm hoch, mehrjährig. Blütenstand: meist länger als breit, dichtblütig. Tragblätter der Blüten: zumindest am Rand rötlich bis violett überlaufen. Blüten: **dunkelrot**. innere Perigonblätter: **0,7–1-mal so breit wie die äußeren**. Äussere Perigonblätter: 1,3–1,6 mm breit. Lippe: **oberhalb der Basis deutlich verschmälert, nach oben gerichtet, vorderer Abschnitt tütenförmig zusammengerollt, an den unteren Blüten (ohne Sporn) 7–8 mm lang**, ungeteilt. Sporn: meist < 1,5 mm lang, viel kürzer als der Fruchtknoten. – Formenreiche Sippe, mittlerweile oft in mehrere Arten unterteilt: *G. bicolor*, *G. dolomitensis*, *G. minuata* u. *G. minor* (vgl. WFO 2020ff).

- **subalpine o. alpine Rasen**, Grünland
- an nährstoffarmen, basenreichen Standorten
- einheimisch

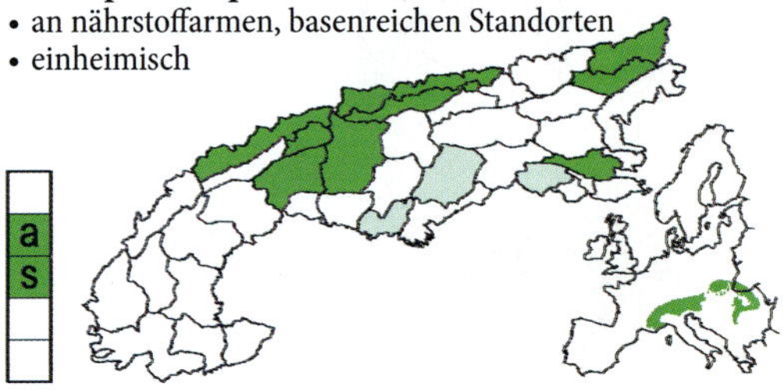

Gymnadenia archiducis-joannis (Teppner & E. Klein) Teppner & E. Klein

Erzherzog-Johann-Männertreu *Orchidaceae*

VI–VIII ↓ P6 [A1 $G(\overline{3})$]

Bis 25 cm hoch, mehrjährig. Blütenstand: **kugelig bis kurz eiförmig**, dichtblütig. Blüten: **halb geschlossen**, schwach duftend, **dunkelrosa bis fleischfarben**. Lippe: **oberhalb der Basis deutlich verschmälert, nach oben gerichtet, vorderer Abschnitt tütenförmig zusammengerollt, an den unteren Blüten (ohne Sporn) 7,5–8,5 mm lang**, 3–4 mm breit, ungeteilt. Sporn: meist < 1,5 mm lang, viel kürzer als der Fruchtknoten.

- **subalpine o. alpine Rasen**
- an nährstoffarmen, kalkreichen Standorten
- endemisch

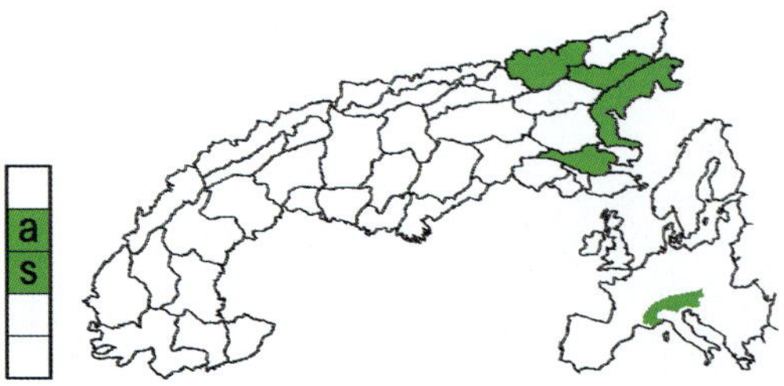

Gymnadenia buschmanniae (Teppner & Ster) Teppner & E. Klein

Adolfine Buschmanns Männertreu *Orchidaceae*

VI–VIII ↓ P6 [A1 $G(\overline{3})$]

Bis 25 cm hoch, mehrjährig. Blütenstand: **kugelig bis kurz eiförmig**, dichtblütig. Tragblätter der Blüten: durch Papillen rau. Blüten: geöffnet, schwach duftend, **rötlich bis kräftig fleischfarben**. Lippe: **oberhalb der Basis deutlich verschmälert, nach oben gerichtet, vorderer Abschnitt flach, an den unteren Blüten (ohne Sporn) 5,9–7,7 mm lang**, 2,5–3,8 mm breit, ungeteilt. Sporn: meist < 1,5 mm lang, viel kürzer als der Fruchtknoten.

- **subalpine o. alpine Rasen**
- an nährstoffarmen, basenreichen Standorten
- endemisch

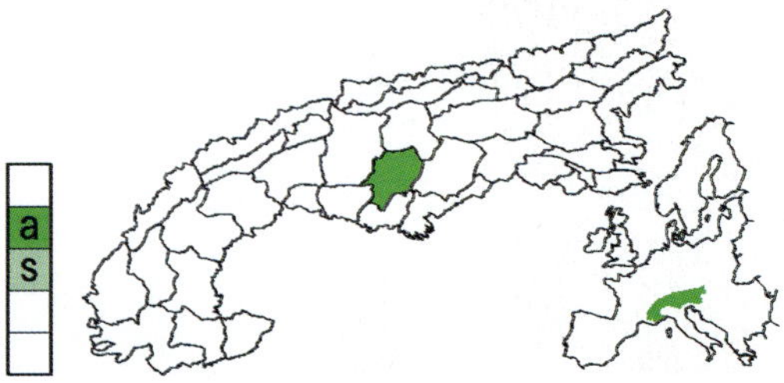

Gymnadenia stiriaca (Rech.) Teppner & E. Klein

Steirisches Männertreu *Orchidaceae*

VI–VII ↓ P6 [A1 G($\overline{3}$)]

Bis 25 cm hoch, mehrjährig. BLÜTENSTAND: dichtblütig. TRAGBLÄTTER DER BLÜTEN: zumindest am Rand rötlich bis violett überlaufen. BLÜTEN: auffallend gemustert; **Perigonblätter basal rosa-violett; Perigonblätter distal weißlich bis hellrosa.** LIPPE: **oberhalb der Basis deutlich verschmälert, nach oben gerichtet**, Einschnürung in der basalen Hälfte, **an den unteren Blüten (ohne Sporn) 5,5–6,5 mm lang**, 3,5–4 mm breit, ungeteilt. SPORN: meist < 1,5 mm lang, viel kürzer als der Fruchtknoten.

- **subalpine o. alpine Rasen**
- an nährstoffarmen, basenreichen Standorten
- endemisch

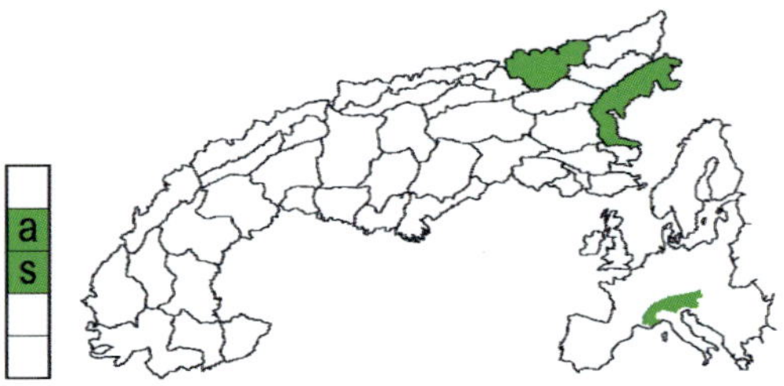

Gymnadenia widderi (Teppner & E. Klein) Teppner & E. Klein

Widders Männertreu *Orchidaceae*

VI–VIII ↓ P6 [A1 G($\overline{3}$)]

Bis 25 cm hoch, mehrjährig. BLÜTENSTAND: **eiförmig bis kurz zylindrisch**, dichtblütig. BLÜTEN: weit geöffnet, **hellviolett bis weißlich.** LIPPE: **oberhalb der Basis deutlich verschmälert, nach oben gerichtet, vorderer Abschnitt tütenförmig zusammengerollt**, Einschnürung ± in der Mitte, **an den unteren Blüten (ohne Sporn) 6–9 mm lang**, ungeteilt; VORDERES LIPPENGLIED: **so breit o. etwas schmäler als das hintere**; HINTERES LIPPENGLIED: stark bauchig erweitert, **± 3 mm breit.** SPORN: meist < 1,5 mm lang, viel kürzer als der Fruchtknoten.

- **subalpine o. alpine Rasen**
- an nährstoffarmen, basenreichen Standorten
- einheimisch (subendemisch)

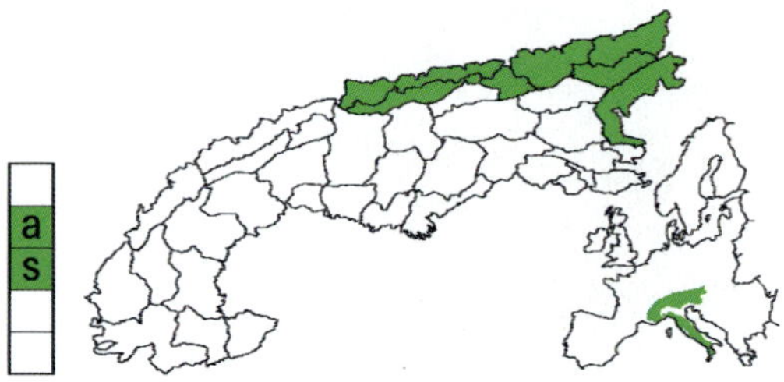

Pseudorchis albida (L.) Á. Löve & D. Löve

Weißzüngel *Orchidaceae*

V–VIII ↓ P6 [A1 G($\overline{3}$)]

Bis 25 cm hoch, mehrjährig. BLÜTEN: **gespornt, mit Helm, 3–6 mm ⌀, 2–6 mm lang, gelblich-grünlich bis weißlich.** HELM: distal abgerundet. LIPPE: **3-zähnig bis 3-lappig.** SPORN: 2–3 mm lang, 0,3–0,5-mal so lang wie der Fruchtknoten.

In den Alpen die subsp. *albida* u. *tricuspis* (vgl. S. 725).

- **subalpine o. alpine Rasen, Zwergstrauchheiden**, Grünland, Wälder
- an nährstoffarmen Standorten
- einheimisch

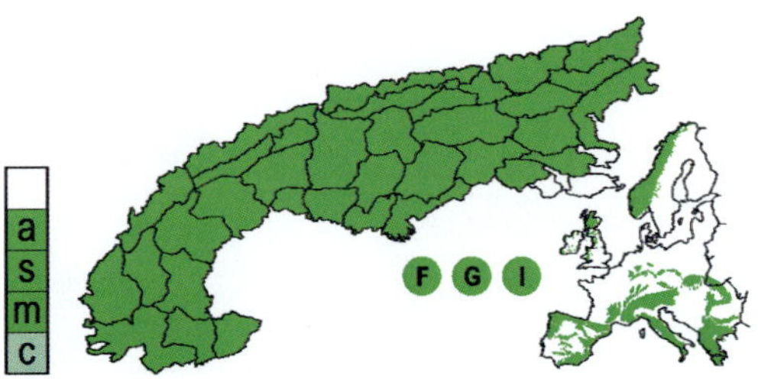

Traunsteinera globosa (L.) Rchb.

Kugelorchis *Orchidaceae*

V–VIII ↓ P6 [A1 G($\overline{3}$)]

30–60 cm hoch, mehrjährig. BLÜTENSTAND: **(halb-) kugelig**, oft breiter als lang. BLÜTEN: **gespornt, obere Perigonblätter zur Spitze hin plötzlich verschmälert**, rosa bis rötlich, mit dunklen Flecken. LIPPE: 3-lappig. SPORN: 2–3 mm lang, < 0,8-mal so lang wie der Fruchtknoten. FRÜCHTE: Kapseln. BLÄTTER: länglich-lanzettlich.

- **subalpine o. alpine Rasen**, Legföhrengebüsche, Moore o. Seggenriede, **Grünland**, Wälder
- an basenreichen Standorten
- einheimisch

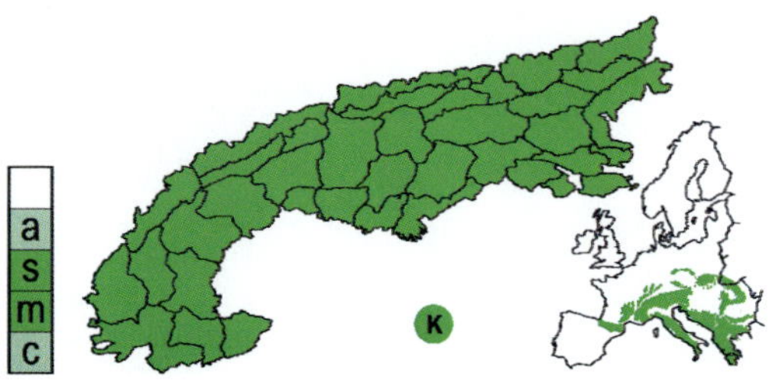

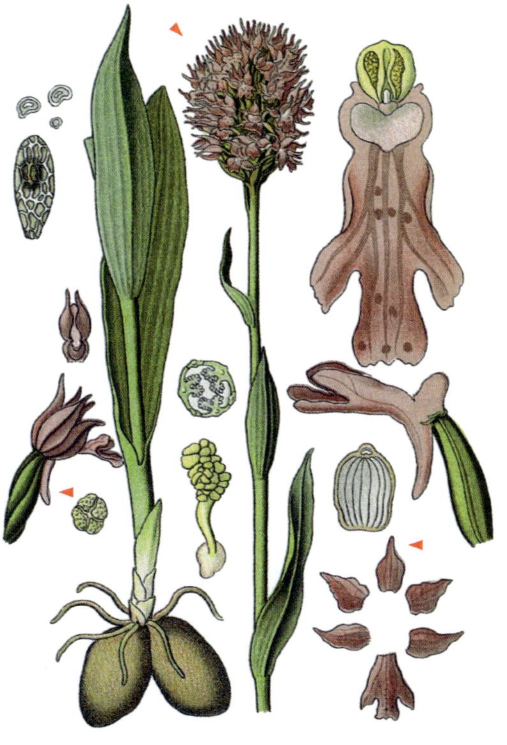

Sparganium angustifolium Michx.

Schmalblättriger Igelkolben *Typhaceae*
V–IX ♂ ∗ P3 A2–10 | ♀ ∗ P3 G(1–2)

Im Boden wurzelnde Wasserpflanze, flutende Stängel bis 180 cm lang, mehrjährig. PFLANZEN: 1-häusig. BLÜTENSTAND: endständig, aus übereinanderstehenden kugeligen Teilblütenständen gebildete **Ähre o. Traube, oben mit 2–6 ♂ Köpfchen**, untere Köpfchen ♀. PERIGONBLÄTTER: dünn, faden- bis schuppenförmig. NARBEN: **fädlich**. STEINKERN: glatt. STÄNGEL: **meist unverzweigt**. BLATTSTELLUNG: wechselständig. BLÄTTER: **meist flutend, im QS basal ± flach ausgebreitet, distal *ohne* Kiel**, lineal, meist 2–6 mm breit.

- **Gewässer**, trockenfallende Ufer
- an nährstoffarmen, sauren, nassen, zuweilen trockenfallenden Standorten
- einheimisch

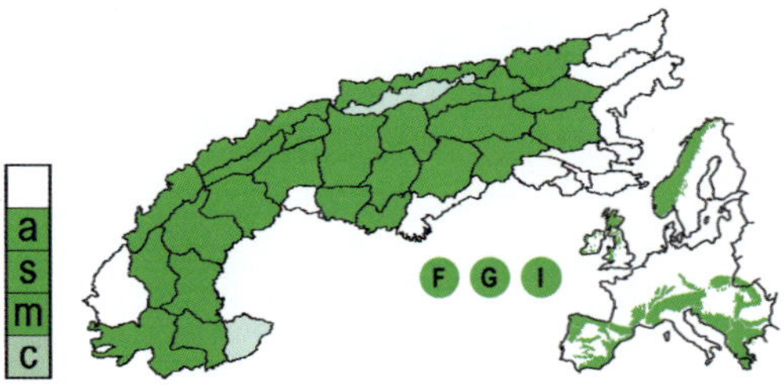

Sparganium hyperboreum Beurl.

Nordischer Igelkolben *Typhaceae*
VI–VIII ♂ ∗ P3 A2–10 | ♀ ∗ P3 G(1–2)

Im Boden wurzelnde Wasserpflanze, 10–40 cm hoch, mehrjährig. PFLANZEN: 1-häusig. BLÜTENSTAND: endständig, aus übereinanderstehenden kugeligen Teilblütenständen gebildete **Doppeltraube, oben mit 1 ♂ Köpfchen**, untere Köpfchen ♀. PERIGONBLÄTTER: faden- bis schuppenförmig. NARBEN: **abgeflacht bis kugelig**. STEINKERN: glatt. STÄNGEL: **meist verzweigt**. BLATTSTELLUNG: wechselständig. BLÄTTER: **meist flutend, im QS basal rinnig bis kantig, distal gekielt**, lineal, 1–6 mm breit.

- **Gewässer**
- an nährstoffarmen, dauerhaft überfluteten Standorten
- einheimisch

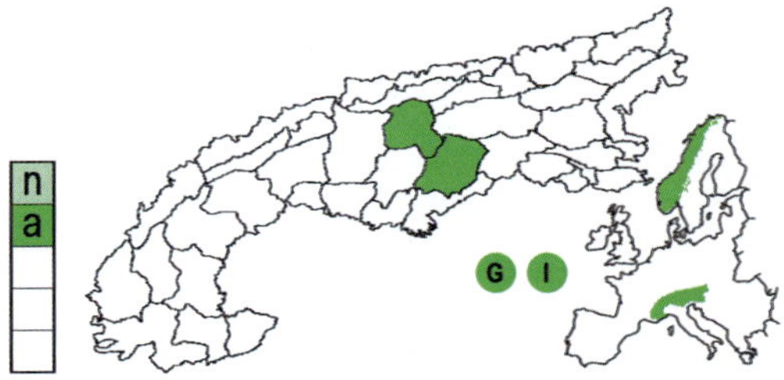

Juncus: Pflanzen grasartig. PERIGON: spelzenartig. FRÜCHTE: Spaltkapseln, vielsamig, meist 3-fächrig. STÄNGEL: rundlich. KNOTEN: fehlen. BLÄTTER: wechselständig, oft stängelartig, im QS oft rundlich, kahl. BLÜTENFORMEL: ∗ P6 A6 G(3).

Juncus monanthos Jacq.

Einblütige Binse *Juncaceae*
VI–IX ∗ P6 A6 G(3)

Bis 25 cm hoch. BLÜTENSTAND: **(scheinbar) seitenständig, Blüten in einem (zuweilen mehreren) Köpfchen**; TRAGBLÄTTER: 2–3, meist nur 1 deutlich länger als der Blütenstand, borstenförmig. KÖPFCHEN: **1–3-blütig**. PERIGONBLÄTTER: **4–5 mm lang**, spitz. FRÜCHTE: **allmählich zugespitzt**. SAMEN: mit häutigen Anhängseln. BLÄTTER: im QS rinnig bis rundlich. ÖHRCHEN: **lang, spitz, oft zerschlitzt**. GRUNDBLÄTTER: **zumindest die oberen mit 5–10 cm langer borstenförmiger Spreite**.

- **subalpine o. alpine Rasen, Schutt- o. Felsfluren**
- an nährstoffarmen, basenreichen Standorten
- einheimisch

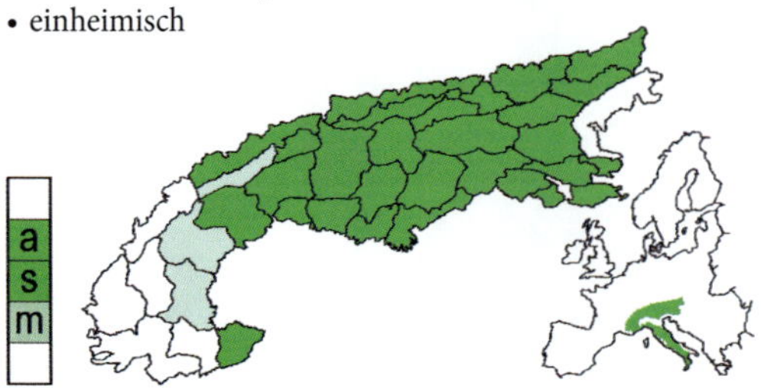

Juncus trifidus L.

Dreiblatt-Binse *Juncaceae*
VI–IX ∗ P6 A6 G(3)

Bis 25 cm hoch. BLÜTENSTAND: **(scheinbar) seitenständig, Blüten in einem (zuweilen mehreren) Köpfchen**; TRAGBLÄTTER: 2–3, meist 3 deutlich länger als der Blütenstand, borstenförmig. KÖPFCHEN: **2–4-blütig**. PERIGONBLÄTTER: **2–4 mm lang, spitz**. FRÜCHTE: **plötzlich zugespitzt**. SAMEN: mit häutigen Anhängseln. BLÄTTER: im QS rinnig bis rundlich. ÖHRCHEN: **lang, spitz, oft zerschlitzt**. GRUNDBLÄTTER: **spreitenlos *oder* mit bis 2 cm langer zu Stachelspitze reduzierter Spreite**.

- **subalpine o. alpine Rasen, Schutt- o. Felsfluren**, Alluvionen, Zwergstrauchheiden
- an nährstoffarmen, sauren Standorten
- einheimisch

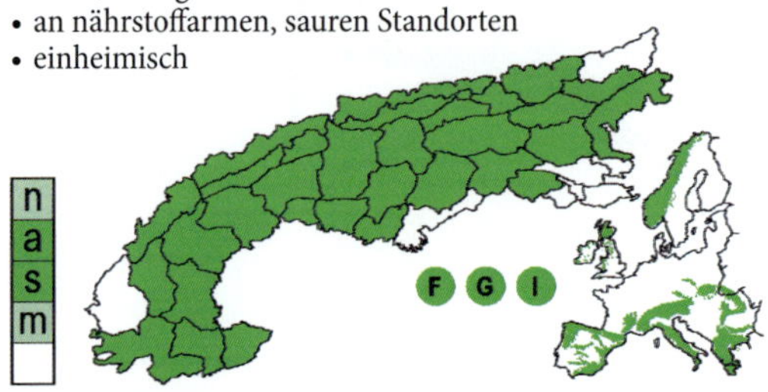

Juncus biglumis L.

Zweiblütige Binse *Juncaceae*
VI–IX ∗ P6 A6 G(3)

Bis 20 cm hoch. Blütenstand: Blüten in *einem* Köpfchen; Tragblätter: **länger als der Blütenstand**. Köpfchen: **meist 2-blütig**. Perigonblätter: **spitz**. Früchte: **distal ausgerandet**, oft mit aufgesetzter Spitze. Samen: mit häutigen Anhängseln. Blätter: im QS rinnig bis rundlich.

- **Alluvionen**
- an kalkreichen, meist nassen Standorten
- einheimisch

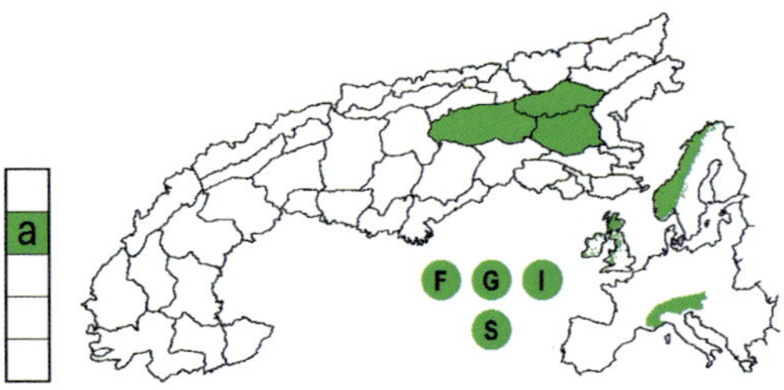

Juncus castaneus Sm.

Kastanienbraune Binse *Juncaceae*
VI–IX ∗ P6 A6 G(3)

10–40 cm hoch. Blütenstand: **Blüten in einem o. mehreren Köpfchen**; Tragblätter: **länger als der Blütenstand**. Köpfchen: meist 2 pro Stängel, **2–6-blütig**. Perigonblätter: **schwarz-bräunlich, kürzer als die Kapsel, spitz**. Staubbeutel: 1–1,5 mm lang. Früchte: distal abgerundet, oft mit aufgesetzter Spitze. Samen: mit häutigen Anhängseln. Blätter: im QS rinnig bis rundlich.

In den Alpen nur die subsp. *castaneus*.

- **Alluvionen, Moore o. Seggenriede**
- an nährstoffarmen, nassen Standorten
- einheimisch

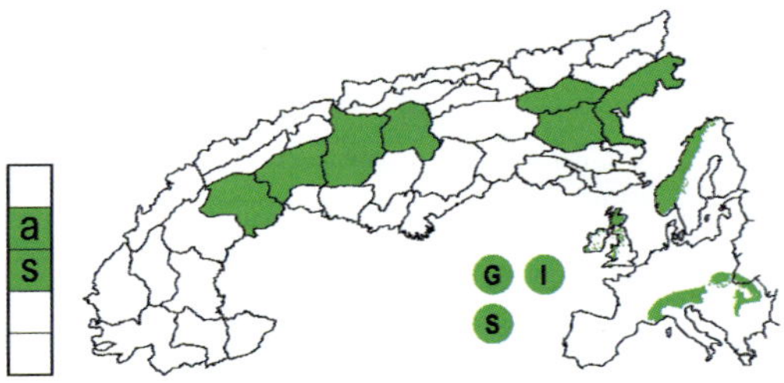

Juncus triglumis L.

Dreiblütige Binse *Juncaceae*
VI–IX ∗ P6 A6 G(3)

Bis 15 cm hoch. Blütenstand: **Blüten in *einem* Köpfchen**; Tragblätter: **kürzer als der Blütenstand**. Köpfchen: 2–5-blütig, dichtblütig. Perigonblätter: bräunlich-rötlich, **kürzer als die Kapsel, distal abgerundet**. Samen: länglich-eiförmig, 2–3 mm lang, mit häutigen Anhängseln. Stängel: aufrecht. Blätter: **im QS zusammengerollt bis rinnig**. Öhrchen: **abgerundet**.

In den Alpen nur die subsp. *triglumis*.

- **Alluvionen**, Staudenfluren, **Moore o. Seggenriede**
- an nährstoffarmen, nassen, zuweilen überfluteten Standorten
- einheimisch

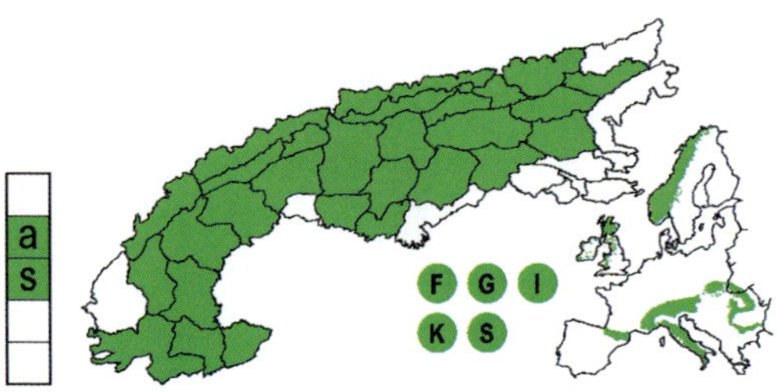

Juncus alpinoarticulatus Chaix

Alpen-Binse *Juncaceae*
VI–IX ∗ P6 A6 G(3)

20–50 cm hoch. Blütenstand: **Blüten in Köpfchen, die in einer Rispe angeordnet sind**. Köpfchen: meist entfernt stehend. Perigonblätter: innere u. äußere ± gleich lang, **kürzer als die Kapsel, distal abgerundet**. Früchte: glänzend, distal abgerundet, oft mit aufgesetzter Spitze. Stängel: aufrecht. Blätter: **im QS meist rundlich, mit quer gekammertem Mark**.

In den Alpen nur die subsp. *alpinoarticulatus*.

- **Alluvionen, Staudenfluren, trockenfallende Ufer, Moore o. Seggenriede, Grünland**
- an nährstoffarmen, basenreichen, nassen, zuweilen überfluteten Standorten
- einheimisch

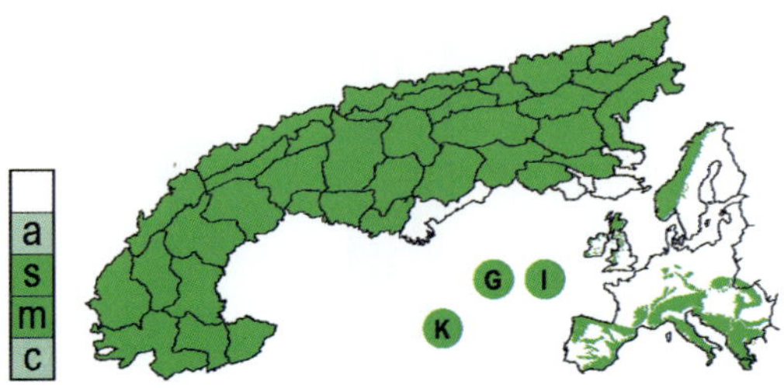

Juncus articulatus L.

Glieder-Binse *Juncaceae*
VI–IX ∗ P6 A6 G(3)

20–50 cm hoch. Blütenstand: **Blüten in Köpfchen, die in einer Rispe angeordnet sind.** Köpfchen: meist entfernt stehend. Perigonblätter: innere u. äußere ± gleich lang, **kürzer als die Kapsel.** Äussere Perigonblätter: spitz. Früchte: **spitz,** 1–3-fächrig. Stängel: basal zuweilen niederliegend. Blätter: im QS rinnig bis rundlich, **mit quer gekammertem Mark.**

In den Alpen nur die subsp. *articulatus*.

- Schutt- o. Felsfluren, **Alluvionen, Staudenfluren, trockenfallende Ufer, Moore o. Seggenriede, Grünland,** Ruderalvegetation
- an nährstoffarmen, basenreichen, nassen, zuweilen überfluteten Standorten
- einheimisch

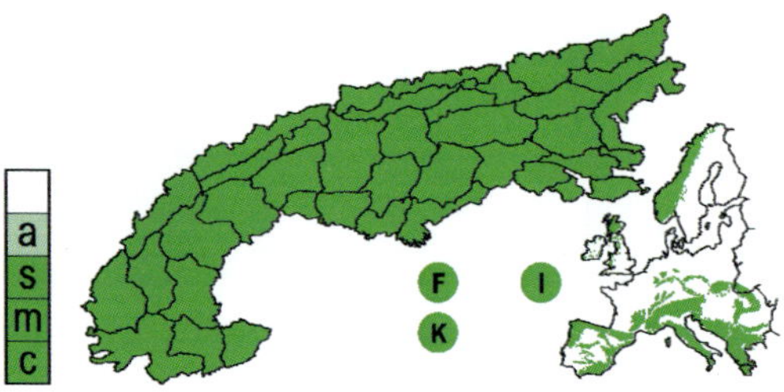

Juncus arcticus Willd.

Arktische Binse *Juncaceae*
VI–IX ∗ P6 A6 G(3)

10–40 cm hoch. Blütenstand: **(scheinbar) seitenständig, Blüten in einer (zuweilen köpfchenartigen) Rispe angeordnet;** Tragblätter: **den Stängel fortsetzend, > 2-mal so lang wie der Blütenstand.** Spirren: 3–8-blütig. Perigonblätter: 4–5 mm lang, **etwas kürzer als die Kapsel, spitz.** Früchte: **rot- bis dunkelbraun,** oft mit aufgesetzter Spitze. Stängel: *ohne* Laubblätter, **1,5–2,5 mm** ⌀. Ausläufer: lang, kaum verzweigt. Blätter: im QS rinnig bis rundlich.

In den Alpen nur die subsp. *arcticus*.

- **Alluvionen, Moore o. Seggenriede**
- an nährstoffarmen Standorten
- einheimisch

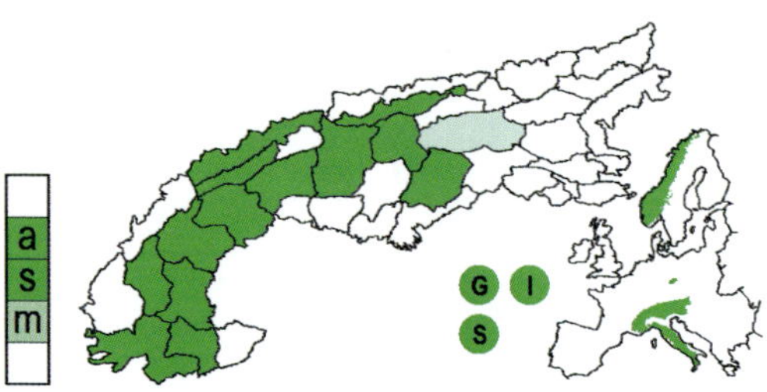

Juncus filiformis L.

Faden-Binse *Juncaceae*
V–IX ∗ P6 A6 G(3)

15–50 cm hoch. Blütenstand: **(scheinbar) seitenständig, Blüten einzeln, in einer Rispe angeordnet;** Tragblätter: **den Stängel fortsetzend, > 2-mal so lang wie der Blütenstand.** Spirren: **≤ 12-blütig.** Perigonblätter: 2,5–3,5 mm lang, **± so lang wie die Kapsel.** Früchte: **bräunlich bis gelblich,** distal abgerundet. Stängel: *ohne* Laubblätter, **0,8–1,5 mm** ⌀. Ausläufer: lang, kaum verzweigt, **Stängel ± in einer Reihe angeordnet.** Blätter: **im QS meist rundlich.**

- subalpine o. alpine Rasen, Alluvionen, **Moore o. Seggenriede, Grünland**
- an nährstoffarmen, nassen, zuweilen überfluteten Standorten
- einheimisch

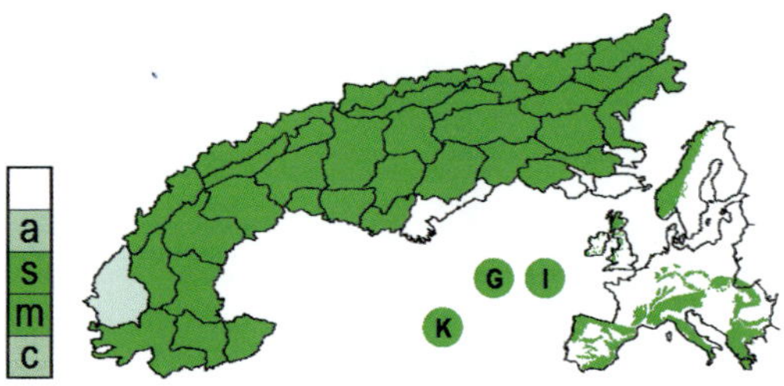

Juncus jacquinii L.

Jacquins Binse *Juncaceae*
VI–X ∗ P6 A6 G(3)

10–25 cm hoch. Blütenstand: **(scheinbar) seitenständig, Blüten in einer köpfchenartigen Spirre, mit dicht stehenden Blüten,** (scheinbar) gestielt; Tragblätter: **den Stängel fortsetzend.** Spirren: **4–15-blütig.** Perigonblätter: **4–10 mm lang, länger als die Kapsel, spitz.** Stängel: *ohne* Laubblätter. Blätter: **im QS meist rundlich.**

- **subalpine o. alpine Rasen,** Alluvionen, Moore o. Seggenriede
- an nährstoffarmen, sauren Standorten
- einheimisch

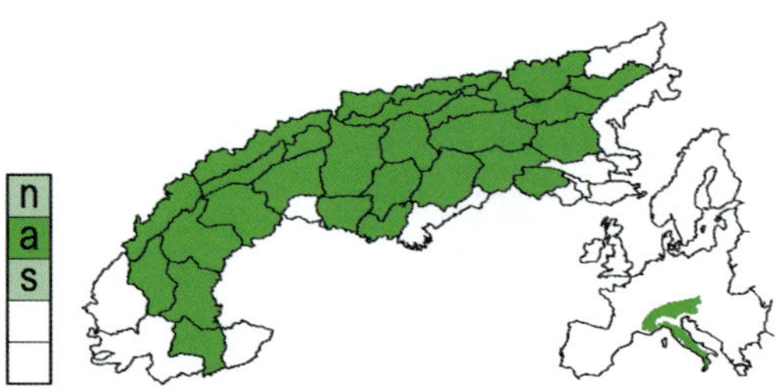

Luzula: grasartig. Perigon: spelzenartig. Früchte: Spaltkapseln, 3-samig, 1-fächrig. Samen: mit Elaiosom. Blätter: wechselständig, meist 3-zeilig angeordnet, im QS flach ausgebreitet bis rinnig, zumindest an der Blattbasis behaart, mit geschlossener Blattscheide. Blütenformel: ∗ P6 A6 G(3).

Luzula glabrata (Hoppe) Desv.

Kahle Hainsimse *Juncaceae*
V–VII ∗ P6 A6 G(3)

15–30 cm hoch. Blütenstand: **Blüten in wenigblütigen Köpfchen, die in einer Rispe stehen**; Tragblätter: **kürzer als der Blütenstand**. Köpfchen: 2–6-blütig. Perigonblätter: bräunlich. Früchte: ± kugelig, zuweilen mit aufgesetzter Spitze. Samen: 1–2 mm lang. Elaiosom: < 0,3 mm lang. Blätter: **kahl bis spärlich bewimpert**. Grundblätter: **6–10 mm breit**.

- **subalpine o. alpine Rasen**, **Schutt- o. Felsfluren**, Schneetälchen, **Zwergstrauchheiden**, Staudenfluren, **Grünland**
- an basenreichen Standorten
- endemisch

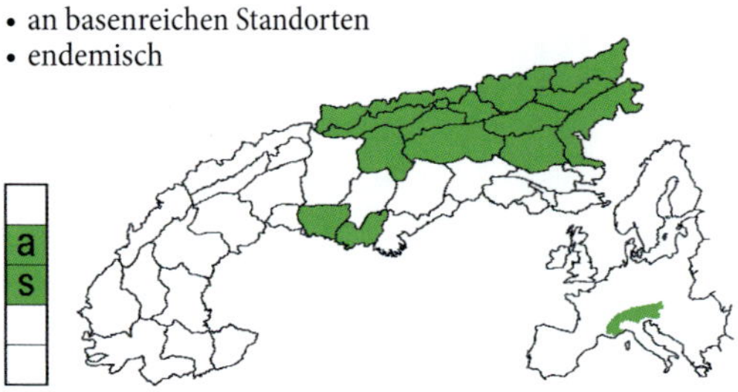

Luzula alpinopilosa (Chaix) Breistr.

Braune Hainsimse *Juncaceae*
V–VIII ∗ P6 A6 G(3)

10–50 cm hoch. Blütenstand: **Blüten in wenigblütigen Köpfchen, die in einer Rispe stehen**; Tragblätter: **kürzer als der Blütenstand**. Köpfchen: 2–6-blütig. Staubbeutel: **3–4-mal so lang wie die Staubfäden**. Samen: 1,1–1,5 mm lang. Elaiosom: < 0,3 mm lang. Grundblätter: **1–8 mm breit, kahl bis spärlich bewimpert**.

In den Alpen nur die subsp. *alpinopilosa* (inkl. subsp. *candollei*).

- **subalpine o. alpine Rasen**, **Schutt- o. Felsfluren**, **Alluvionen**, Schneetälchen, Zwergstrauchheiden, **Staudenfluren**, Grünerlengebüsche
- an nährstoffarmen, sauren Standorten
- einheimisch

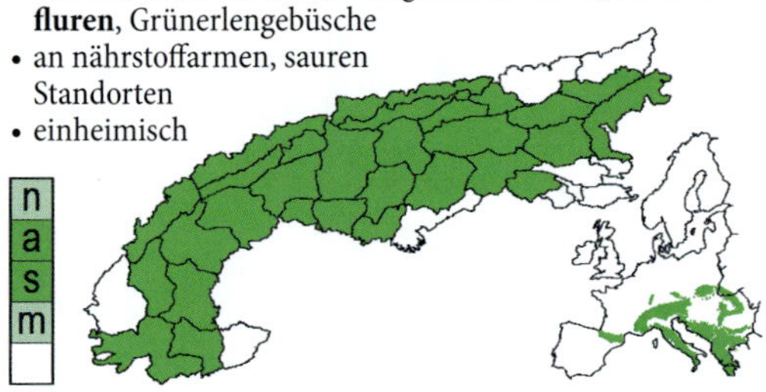

Luzula lutea (All.) DC.

Gelbe Hainsimse *Juncaceae*
III–VI ∗ P6 A6 G(3)

10–20 cm hoch. Blütenstand: **Blüten in dichten, kugeligen bis kurz zylindrischen Köpfchen**, Köpfchen rispenartig angeordnet; Tragblätter: **kürzer als der Blütenstand**. Köpfchen: 6–10-blütig. Perigonblätter: **meist hellbraun bis gelblich**. Staubbeutel: **± so lang wie die Staubfäden**. Elaiosom: < 0,3 mm lang. Blätter: kahl bis spärlich bewimpert. Grundblätter: **3–6 mm breit**.

- **subalpine o. alpine Rasen**, **Schutt- o. Felsfluren**, Schneetälchen, **Zwergstrauchheiden**
- an trockenen Standorten
- einheimisch

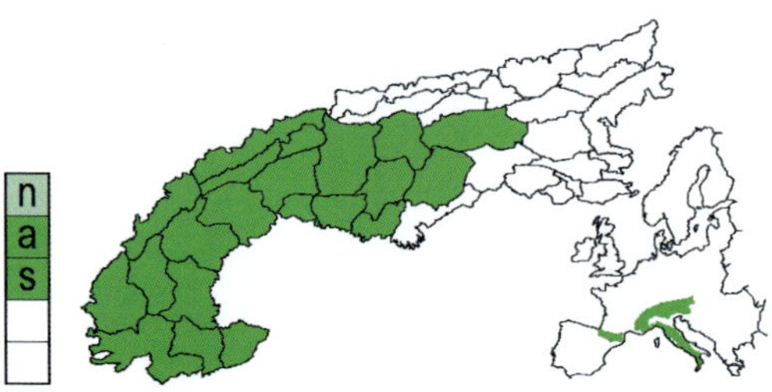

Luzula luzuloides (Lam.) Dandy & Wilmott

Weißliche Hainsimse *Juncaceae*
V–VIII ∗ P6 A6 G(3)

30–80 cm hoch. Blütenstand: **Blüten in wenigblütigen Köpfchen, die in einer Rispe stehen**; Tragblätter: **mindestens so lang wie der Blütenstand**. Köpfchen: 2–12-blütig. Perigonblätter: **± so lang wie die Kapsel**. Samen: 1–1,4 mm lang. Elaiosom: < 0,3 mm lang. Grundblätter: **3–6 mm breit**.

In den Alpen die subsp. *luzuloides* u. *rubella* (vgl. S. 725).

- **Zwergstrauchheiden**, **Staudenfluren**, **Wälder**
- an sauren Standorten
- einheimisch

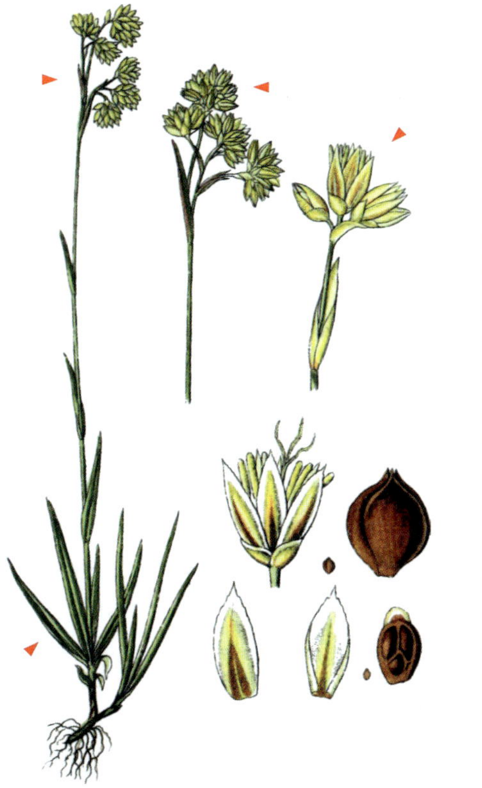

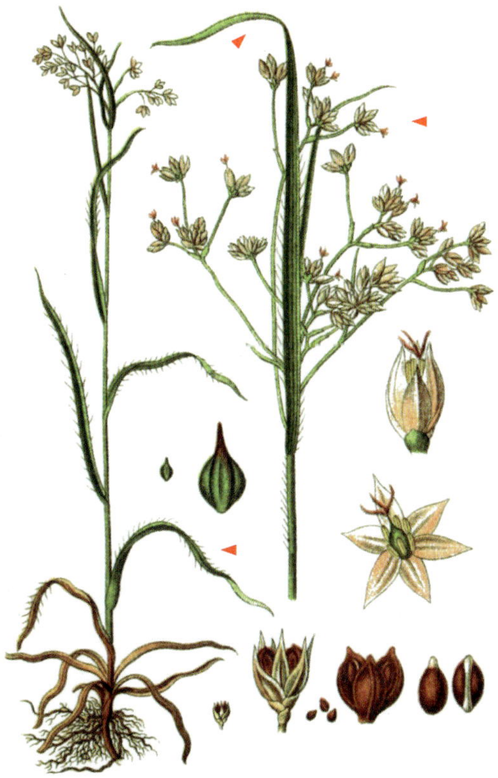

Luzula nivea (Nathh.) DC.

Schneeweiße Hainsimse *Juncaceae*

V–VIII ∗ P6 A6 G($\underline{3}$)

40–100 cm hoch. BLÜTENSTAND: **Blüten in Köpfchen, die in einer mehrfach verzweigten Rispe stehen**; TRAGBLÄTTER: **mindestens so lang wie der Blütenstand**. KÖPFCHEN: 6–25-blütig. PERIGONBLÄTTER: **weißlich, zuweilen mit grünlichem Mittelnerv, ± 2-mal so lang wie die Kapsel**. SAMEN: 1,2–1,8 mm lang. ELAIOSOM: < 0,3 mm lang. AUSLÄUFER: lang.

- Schutt- o. Felsfluren, **Zwergstrauchheiden**, **Staudenfluren**, Grünerlengebüsche, Grünland, **Wälder**
- an sauren Standorten
- einheimisch

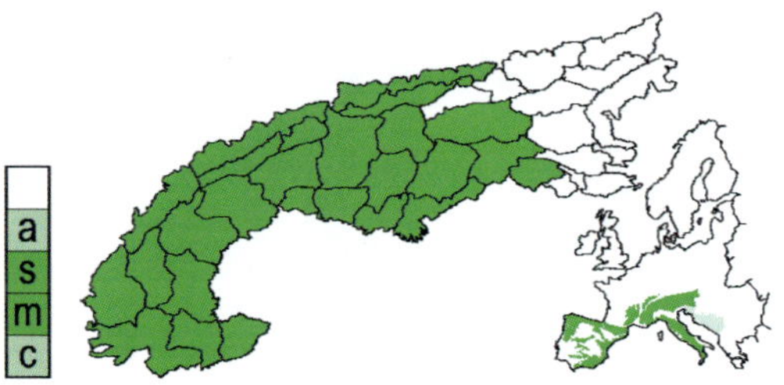

Luzula sylvatica (Huds.) Gaudin

Wald-Hainsimse *Juncaceae*

IV–VII ∗ P6 A6 G($\underline{3}$)

20–100 cm hoch. BLÜTENSTAND: **Blüten in wenigblütigen Köpfchen, die in einer Rispe stehen**; TRAGBLÄTTER: **kürzer als der Blütenstand**. KÖPFCHEN: 2–6-blütig. PERIGONBLÄTTER: bräunlich. SAMEN: 1,2–2 mm lang. ELAIOSOM: < 0,3 mm lang. BLÄTTER: dicht u. lang bewimpert. GRUNDBLÄTTER: **4–20 mm breit**.

In den Alpen die subsp. *sylvatica* u. *sieberi* (vgl. S. 725).

- subalpine o. alpine Rasen, **Zwergstrauchheiden**, **Staudenfluren**, **Legföhrengebüsche**, **Wälder**
- einheimisch

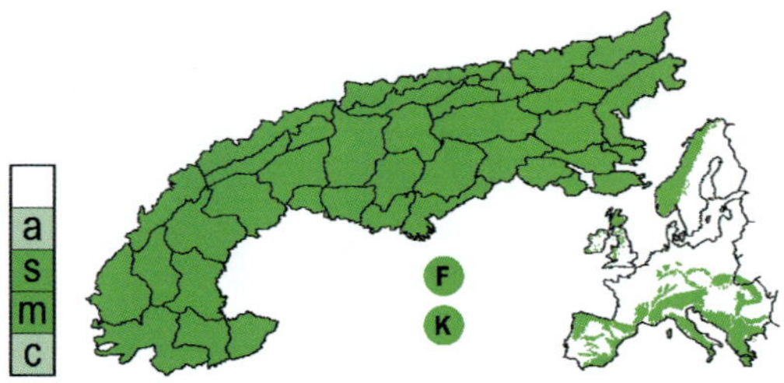

Luzula alpina Hoppe

Alpen-Hainsimse *Juncaceae*

III–VI ∗ P6 A6 G($\underline{3}$)

10–40 cm hoch, horstförmig. BLÜTENSTAND: **Blüten in dichten, kugeligen bis kurz zylindrischen Köpfchen**, Köpfchen rispenartig angeordnet; TRAGBLÄTTER: ± kahl. KÖPFCHEN: **5–8 pro Stängel**, 6–15-blütig. PERIGONBLÄTTER: meist hellbraun, **innere u. äußere ± gleich lang**, allmählich zugespitzt. STAUBBEUTEL: < 2,5-mal so lang wie die Staubfäden. SAMEN: 0,8–1,4 mm lang. ELAIOSOM: 0,3–0,4 mm lang. GRUNDBLÄTTER: **4–8 mm breit**.

- **subalpine o. alpine Rasen**, **Zwergstrauchheiden**, Grünland
- an sauren Standorten
- einheimisch

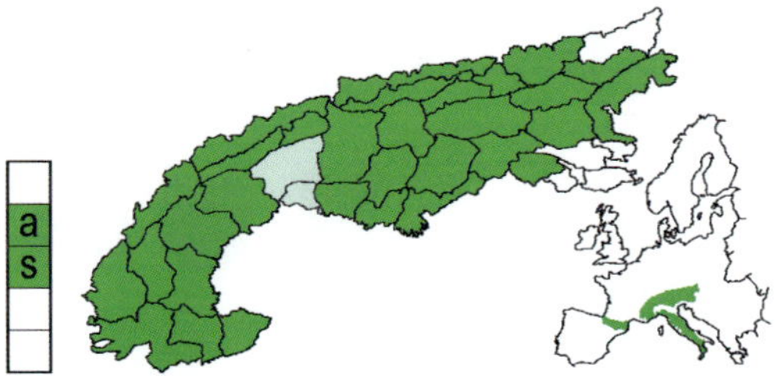

Luzula pediformis (Chaix) DC.

Nickende Hainsimse *Juncaceae*

V–VIII ∗ P6 A6 G($\underline{3}$)

30–60 cm hoch, lockerrasig. BLÜTENSTAND: **Blüten in dichten, kugeligen bis kurz zylindrischen Köpfchen**, Köpfchen rispenartig angeordnet, Gesamtblütenstand 2–6 cm lang; TRAGBLÄTTER: **meist länger als der Blütenstand**, mit lang bewimperter Spreite. KÖPFCHEN: **meist ≥ 8 pro Stängel**, 6–15-blütig. PERIGONBLÄTTER: meist dunkelbraun. STÄNGEL: krautig; UNTEN: **von abgestorbener Laubblattscheide umgeben**. GRUNDBLÄTTER: **4–8 mm breit**, ± flach ausgebreitet.

- **subalpine o. alpine Rasen**, **Schutt- o. Felsfluren**, **Zwergstrauchheiden**, Grünland
- an nährstoffarmen Standorten
- einheimisch

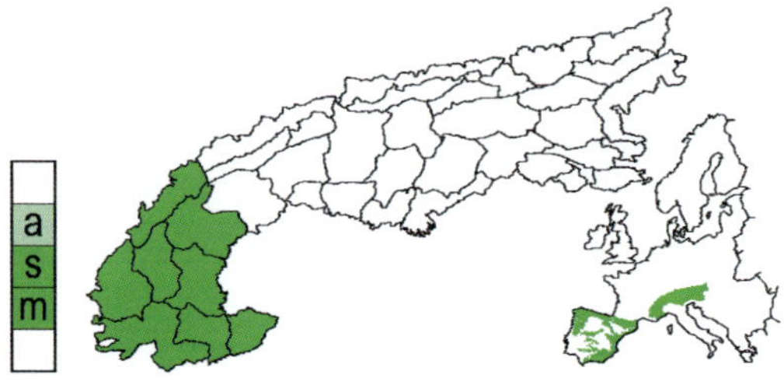

Luzula spicata (L.) DC.

Ährige Hainsimse *Juncaceae*
V–IX ∗ P6 A6 G(3)

Bis 30 cm hoch, dichtrasig. Blütenstand: **Blüten in dichten, kugeligen bis kurz zylindrischen Köpfchen**, Köpfchen rispenartig angeordnet, Gesamtblütenstand 1–2 cm lang; Tragblätter: **meist kürzer als der Blütenstand**, mit lang bewimperter Spreite. Köpfchen: 6–12-blütig. Perigonblätter: bräunlich. Samen: 1–1,2 mm lang. Elaiosom: < 0,3 mm lang. Grundblätter: **1–3 mm breit, rinnig bis gefaltet**.

In den Alpen die subsp. *spicata* u. *conglomerata* (vgl. S. 725).

- **subalpine o. alpine Rasen, Schutt- o. Felsfluren**, Alluvionen
- an nährstoffarmen Standorten
- einheimisch

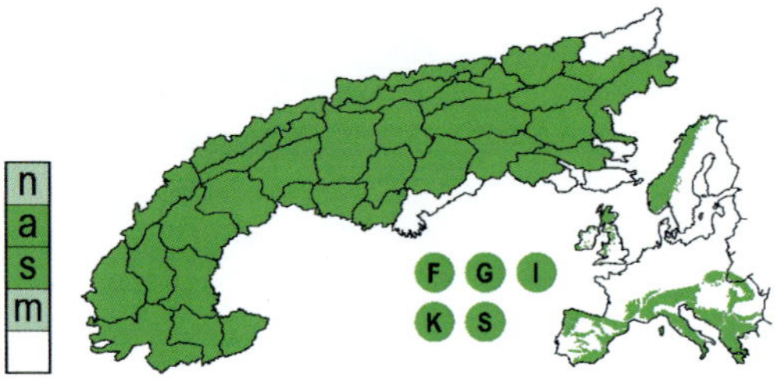

Luzula multiflora (Ehrh.) Lej.

Vielblütige Hainsimse *Juncaceae*
III–IX ∗ P6 A6 G(3)

15–40 cm hoch, dichtrasig. Blütenstand: **Blüten in dichten, kugeligen bis kurz zylindrischen Köpfchen**, Köpfchen rispenartig angeordnet; Tragblätter: ± kahl. Köpfchen: **5–12 pro Stängel**, 6–20-blütig. Perigonblätter: gelb- bis hellbraun, **innere u. äußere ± gleich lang**. Staubbeutel: < 2,5-mal so lang wie die Staubfäden. Samen: 0,8–1,4 mm lang. Elaiosom: 0,3–0,4 mm lang. Grundblätter: **3–5 mm breit**.

In den Alpen nur die subsp. *multiflora*.

- **subalpine o. alpine Rasen, Zwergstrauchheiden, Staudenfluren, Moore o. Seggenriede, Extensivgrünland o. Magerrasen, Wälder**
- meist an sauren Standorten
- einheimisch

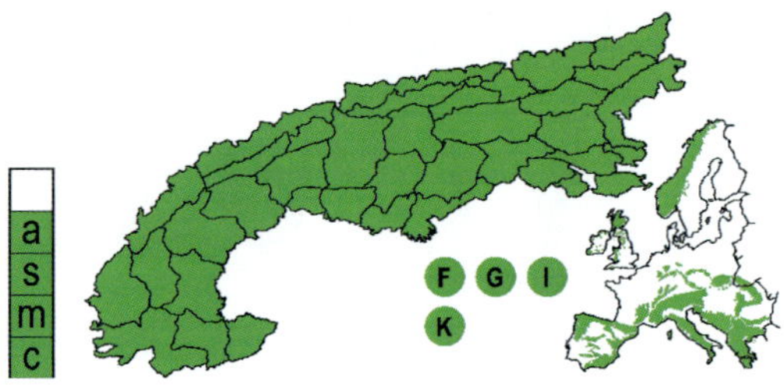

Luzula sudetica (Willd.) Schult.

Sudeten-Hainsimse *Juncaceae*
V–IX ∗ P6 A6 G(3)

10–40 cm hoch, dichtrasig. Blütenstand: **Blüten in dichten, kugeligen bis kurz zylindrischen Köpfchen**, Köpfchen rispenartig angeordnet; Tragblätter: ± kahl. Köpfchen: **2–6 pro Stängel**, 6–15-blütig. Perigonblätter: bräunlich bis schwarz, **innere meist etwas kürzer o. anders geformt als die äußeren**. Staubbeutel: **< 2,5-mal so lang wie die Staubfäden**. Samen: 0,8–1,2 mm lang. Elaiosom: 0,1–0,2 mm lang. Grundblätter: **2–4 mm breit**.

- **subalpine o. alpine Rasen**, Zwergstrauchheiden, **Moore o. Seggenriede, Extensivgrünland o. Magerrasen**
- an nährstoffarmen, sauren Standorten
- einheimisch

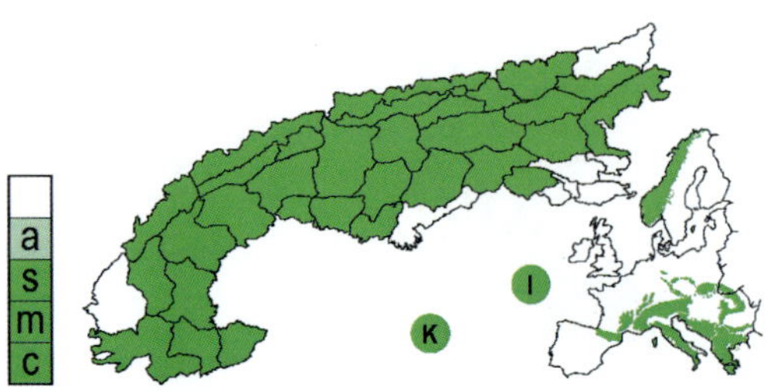

Eleocharis quinqueflora (Hartmann) O. Schwarz

Wenigblütige Sumpfbinse *Cyperaceae*
IV–VII ∗ A3 G(3)

Wasser- o. Sumpfpflanze, bis 15 cm hoch, mehrjährig. Blütenstand: **1 endständiges Ährchen**. Ährchen: **3–7-blütig, 4–8 mm lang**. Perigonborsten: 4–6. Narben: **3**. Früchte: 1,8–2,2 mm lang, mit Längsrippen. Stängel: im QS rundlich, ≤ 4-rippig, 0,5–1,5 mm ⌀. obere Stängelblätter: ***ohne* o. mit kurzer Spreite**.

- Quellfluren, trockenfallende Ufer, **Moore o. Seggenriede, Wälder**
- an nährstoffarmen, kalkreichen, nassen, zuweilen überfluteten Standorten
- einheimisch

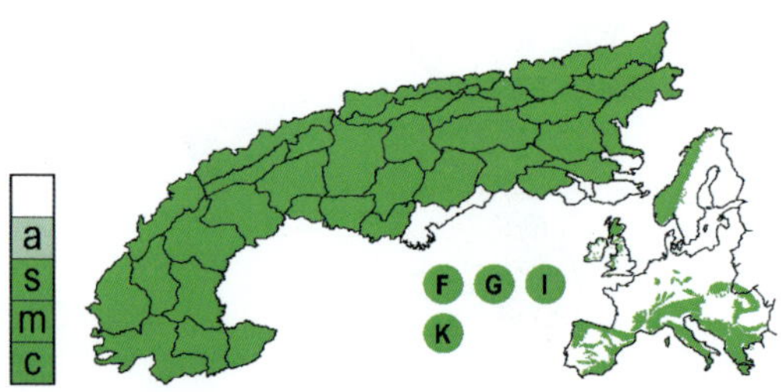

Carex microglochin Wahlenb.

Grannen-Segge *Cyperaceae*
IV–VIII ♂ ∗ A3 | ♀ ∗ G(3)

Bis 15 cm hoch, mehrjährig. Blütenstand: **1 endständige Ähre**, distal mit ♂ Blüten, basal mit ♀ Blüten, **5–12-blütig**. Ährchen: **Achse der 1-blütigen Ährchen verlängert u. grannenartig aus dem Utriculus ragend**. Tragblätter der Blüten: **früher als die nach unten abstehenden Schläuche abfallend**. Narben: **3**. Tragblätter der ♀ Blüten: bräunlich. Utriculus: im LS länglich-oval, 3–5 mm lang. Stängel: **im QS rundlich**. Blätter: im QS meist rinnig, höchstens so lang wie der Blütenstand.

- **Alluvionen, trockenfallende Ufer, Moore o. Seggenriede**
- an nährstoffarmen, basenreichen, nassen, zuweilen überfluteten Standorten
- einheimisch

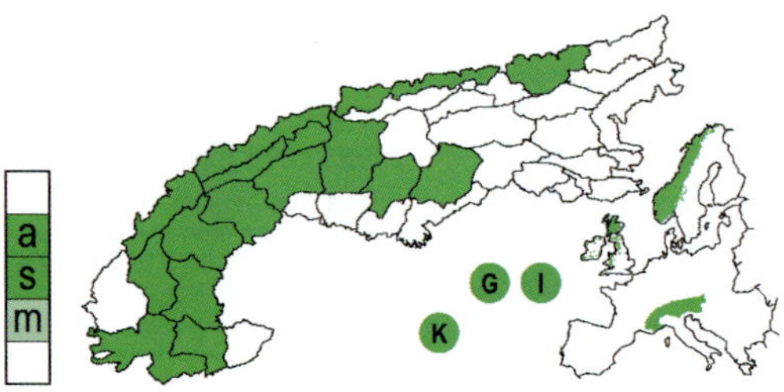

Carex curvula All.

Krumm-Segge *Cyperaceae*
VI–IX ♂ ∗ A3 | ♀ ∗ G(3)

Bis 20 cm hoch, horstförmig, mehrjährig. Blütenstand: **mehrere dichtgedrängte Ährchen (köpfchenartig), gleichährig, < 2 cm lang**. Narben: **3**. Tragblätter der ♀ Blüten: bräunlich bis gelblich. Utriculus: im LS länglich, 5–8 mm lang; Schnabel: lang. Blätter: **die Spitze oft gebogen u. vertrocknet**.

In den Alpen die subsp. *curvula* u. *rosae* (vgl. S. 725).

- **subalpine o. alpine Rasen, Schutt- o. Felsfluren,** Schneetälchen, **Zwergstrauchheiden**
- an nährstoffarmen Standorten
- einheimisch

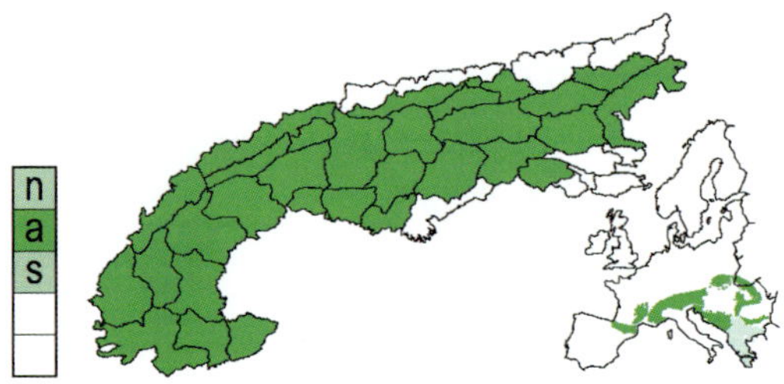

Carex baldensis L.

Monte-Baldo-Segge *Cyperaceae*
V–VIII ♂ ∗ A3 | ♀ ∗ G(3)

15–30 cm hoch, horstförmig, mehrjährig. Blütenstand: **mehrere dichtgedrängte Ährchen (köpfchenartig), gleichährig**; Tragblätter: laubblattartig, starr. Ährchen: **länglich-eiförmig**. Narben: **3**. Tragblätter der ♀ Blüten: **zunächst weißlich später hellbraun**. Utriculus: im LS rundlich bis oval, 4–5 mm lang, höchstens so lang wie sein Tragblatt.

- **subalpine o. alpine Rasen, Schutt- o. Felsfluren**, Alluvionen, Legföhrengebüsche, **Extensivgrünland o. Magerrasen**, Wälder
- an nährstoffarmen, kalkreichen Standorten
- endemisch

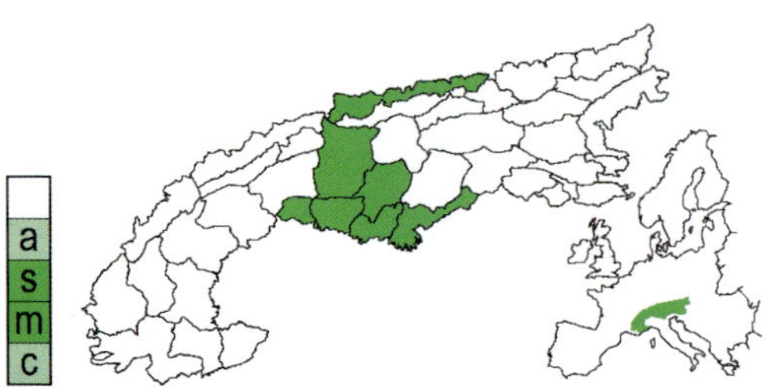

Carex rupestris All.

Felsen-Segge *Cyperaceae*
V–VIII ♂ ∗ A3 | ♀ ∗ G(3)

Bis 15 cm hoch, mehrjährig. Blütenstand: **1 endständige Ähre**, distal mit ♂ Blüten, basal mit ♀ Blüten, **1–1,5 cm lang, 3–10-blütig**. Tragblätter der Blüten: **später als die aufrecht abstehenden Schläuche abfallend**. Narben: **3**. Utriculus: im LS oval, 2–4 mm lang, höchstens so lang wie sein Tragblatt, ***ohne* o. mit < 5 undeutlichen Nerven, im QS stumpf 3-kantig** bis abgeflacht. Früchte: **aufrecht bis waagerecht abstehend**. Blätter: **1–2 mm breit**. Untere Blattscheiden: **rötlich bis bräunlich**.

- **subalpine o. alpine Rasen**, Schutt- o. Felsfluren
- an nährstoffarmen Standorten
- einheimisch

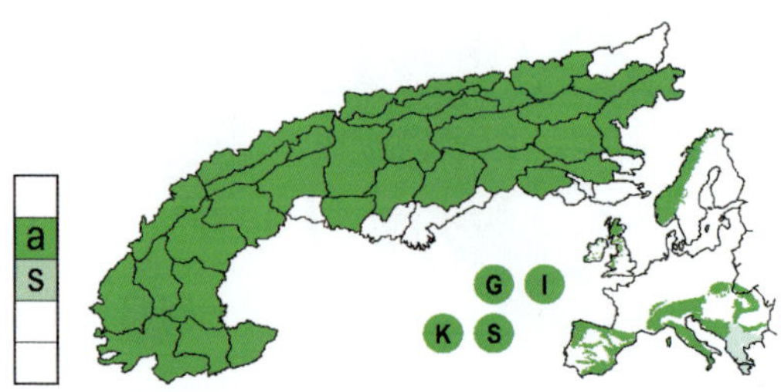

Carex foetida All.

Schneetälchen-Segge *Cyperaceae*
VI–X ♂ ∗ A3 | ♀ ∗ G(2)

Bis 30 cm hoch, mehrjährig. Blütenstand: **mehrere dichtgedrängte Ährchen (köpfchenartig), gleichährig, 0,5–1,5 cm lang.** Ährchen: untere mit ♀, obere mit ♂ *und* ♀ Blüten. Narben: **2.** Utriculus: im LS oval, 3–4 mm lang, bräunlich. Ausläufer: unterirdisch. Blätter: im QS flach ausgebreitet, **2–3 mm breit.**

- subalpine o. alpine Rasen, Alluvionen, **Schneetälchen**
- meist an sauren Standorten
- einheimisch

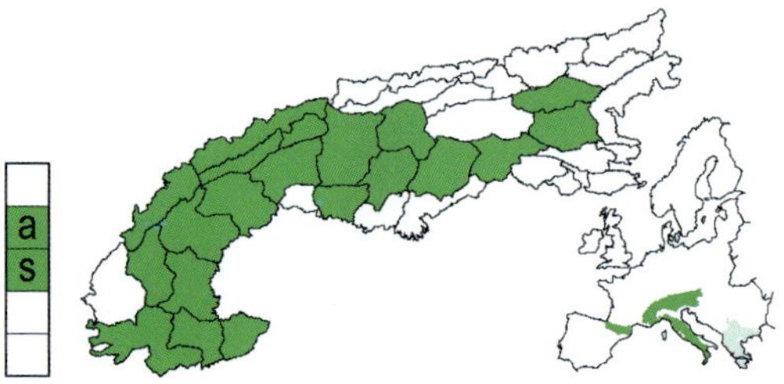

Carex maritima Gunnerus

Binsen-Segge *Cyperaceae*
VI–IX ♂ ∗ A3 | ♀ ∗ G(2)

Bis 15 cm hoch, mehrjährig. Blütenstand: **mehrere dichtgedrängte Ährchen (köpfchenartig), gleichährig, 0,5–1,5 cm lang.** Ährchen: untere mit ♀, obere mit ♂ *und* ♀ Blüten. Narben: **2.** Utriculus: im LS oval, 3–5 mm lang, etwas länger als das Tragblatt, gelblich bis bräunlich, Schnabel oft dunkler. Ausläufer: unterirdisch. Blätter: im QS meist rinnig, **< 1,5 mm breit.**

- subalpine o. alpine Rasen, **Schutt- o. Felsfluren, Alluvionen**
- an nährstoffarmen, nassen, zuweilen überfluteten Standorten
- einheimisch

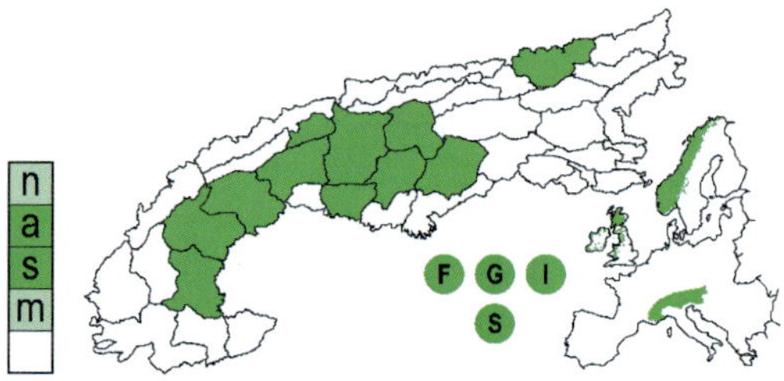

Carex leporina L.

Hasenfuß-Segge *Cyperaceae*
V–VIII ♂ ∗ A3 | ♀ ∗ G(2)

20–60 cm hoch, horstförmig, mehrjährig. Blütenstand: **mehrere Ährchen, die ährenartig angeordnet sind, gleichährig,** 1–4 cm lang. Ährchen: einander genähert, **kugelig bis eiförmig,** 5–12 mm lang. Tragblätter der unteren Ährchen: **kürzer als diese.** Narben: **2.** Tragblätter der ♀ Blüten: hellbraun, **mit häutigem Rand.** Utriculus: im LS oval, **geflügelt,** 3–6 mm lang, **im QS abgeflacht bis plankonvex.** Blätter: 1–6 mm breit.

- Zwergstrauchheiden, **Grünland,** Wälder
- an sauren Standorten
- einheimisch

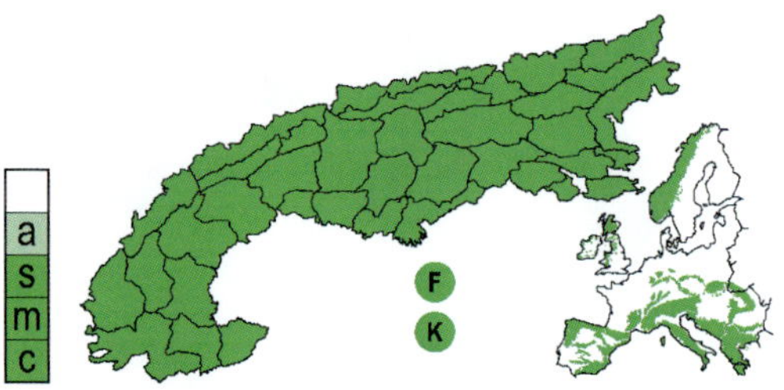

Carex echinata Murray

Stern-Segge *Cyperaceae*
IV–VII ♂ ∗ A3 | ♀ ∗ G(2)

10–40 cm hoch, mehrjährig. Blütenstand: **mehrere Ährchen, die ährenartig angeordnet sind, gleichährig, 1–3 cm lang.** Ährchen: einander genähert, **eiförmig bis kurz zylindrisch,** 4–8 mm lang. Narben: **2.** Tragblätter der ♀ Blüten: bräunlich, **mit häutigem Rand.** Utriculus: im LS oval, **im QS abgeflacht bis plankonvex;** Schnabel: **am Rand rau.** Stängel: **oben rau.** Blätter: **< 2 mm breit.**

- **Staudenfluren, trockenfallende Ufer, Moore o. Seggenriede,** Grünland, Wälder
- an nährstoffarmen, sauren, wechselfeuchten bis nassen Standorten
- einheimisch

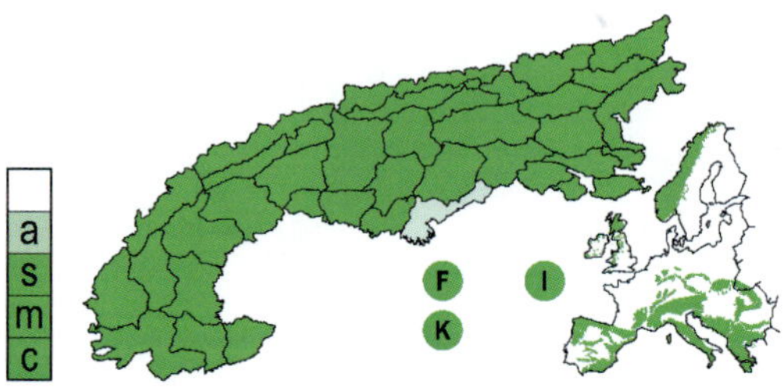

Carex davalliana Sm.

Davalls Segge *Cyperaceae*
IV–VII ♂ ∗ A3 | ♀ ∗ G($\underline{2}$)

10–40 cm hoch, horstförmig, mehrjährig. Pflanzen: **meist 2-häusig.** Blütenstand: **1 endständige Ähre, 1-geschlechtig,** ♂ Ähren selten auch mit einzelnen ♀ Blüten, ± 1,5 cm lang. Narben: **2.** Utriculus: im LS länglich, 3–5 mm lang. Stängel: **oben rau.**

- Alluvionen, **Moore o. Seggenriede**
- an nährstoffarmen, kalkreichen, nassen Standorten
- einheimisch

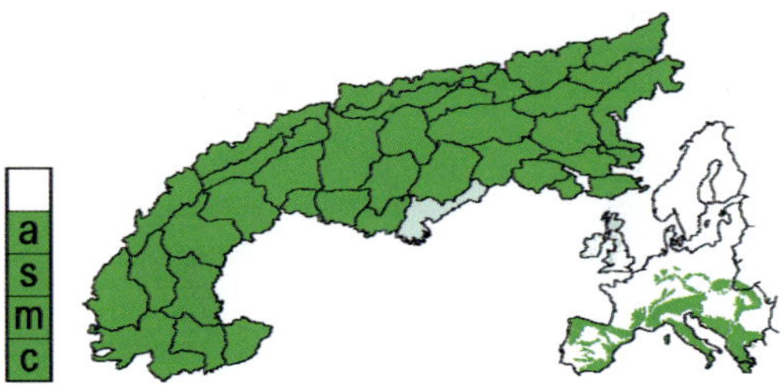

Carex dioica L.

Zweihäusige Segge *Cyperaceae*
IV–VII ♂ ∗ A3 | ♀ ∗ G($\underline{2}$)

Bis 40 cm hoch, mehrjährig. Pflanzen: **2-häusig.** Blütenstand: **1 endständige Ähre, 1-geschlechtig,** < 1,5 cm lang. Narben: **2.** Utriculus: im LS oval, 3–4 mm lang. Blätter: im QS meist rinnig.

- **Moore o. Seggenriede**
- an nährstoffarmen, nassen Standorten
- einheimisch

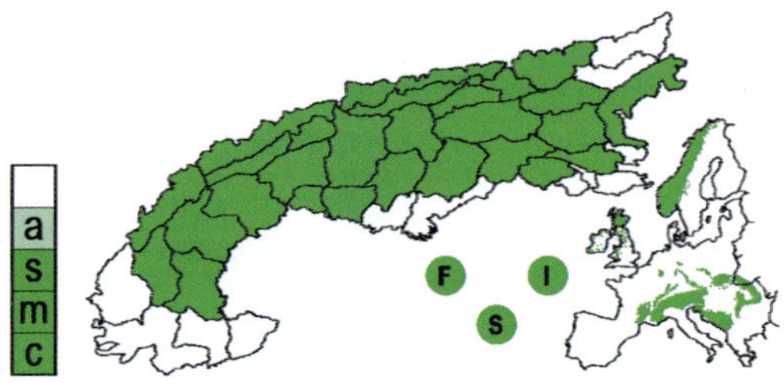

Carex brunnescens (Pers.) Poir.

Bräunliche Segge *Cyperaceae*
VI–VIII ♂ ∗ A3 | ♀ ∗ G($\underline{2}$)

15–40 cm hoch, mehrjährig. Blütenstand: **mehrere Ährchen, die ährenartig angeordnet sind, gleichährig,** 1–5 cm lang. Ährchen: untere locker stehend, **kugelig bis eiförmig,** 3–5 mm lang. Narben: **2.** Tragblätter der ♀ Blüten: bräunlich, **mit häutigem Rand.** Utriculus: im LS oval, 2–4 mm lang, länger als das Tragblatt, **im QS stumpf 3-kantig bis rundlich.** Stängel: **oben rau,** frischgrün. Blätter: 1–3 mm breit.

- **subalpine o. alpine Rasen, Zwergstrauchheiden, Grünerlengebüsche, Moore o. Seggenriede, Wälder**
- an nährstoffarmen, sauren, wechselnassen Standorten
- einheimisch

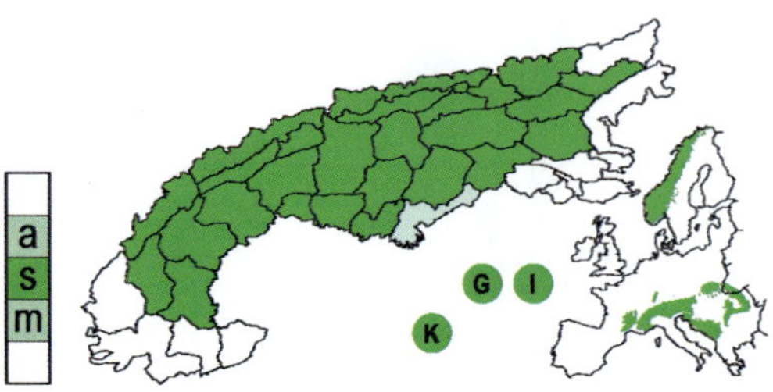

Carex lachenalii Schkuhr

Lachenals Segge *Cyperaceae*
VI–VIII ♂ ∗ A3 | ♀ ∗ G($\underline{2}$)

Bis 20 cm hoch, mehrjährig. Blütenstand: **mehrere Ährchen, die ährenartig angeordnet sind, gleichährig.** Ährchen: untere dicht stehend, < 10 mm lang. Tragblätter der unteren Ährchen: **kürzer als der Blütenstand.** Narben: **2.** Utriculus: im LS oval bis länglich, 3–4 mm lang, (dunkel) braun; Schnabel: 0,7–1 mm lang. Stängel: oben glatt. Blätter: **1–2 mm breit.**

- **Alluvionen, Schneetälchen,** Moore o. Seggenriede
- an nährstoffarmen Standorten
- einheimisch

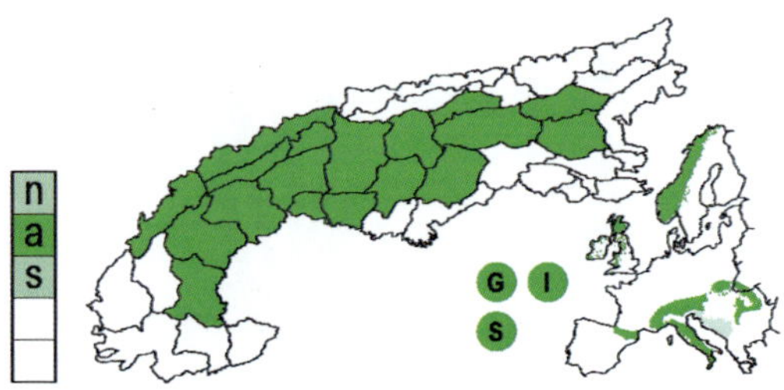

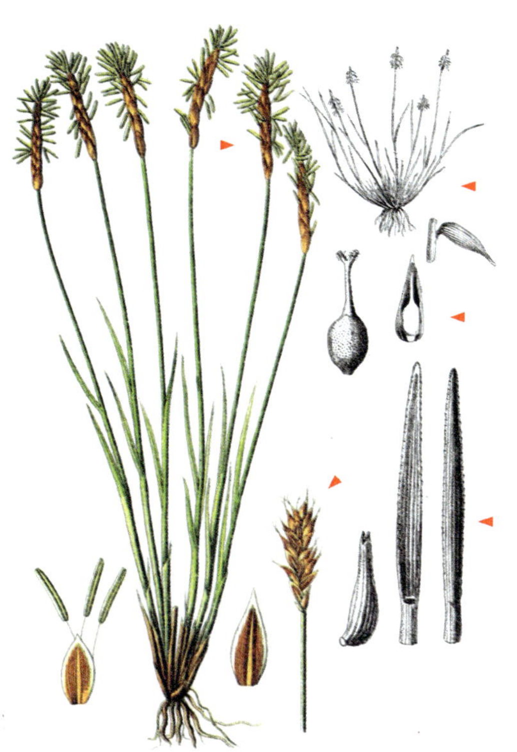

Carex liparocarpos Gaudin

Glanz-Segge *Cyperaceae*
III–VI ♂ ∗ A3 | ♀ ∗ G(3)

Bis 30 cm hoch, mehrjährig. Blütenstand: **mehrere Ährchen, die ähren- bis traubenartig angeordnet sind, verschiedenährig.** ♀ Ährchen: meist 3–10-blütig. untere Ährchen: **gestielt.** Tragblätter der unteren Ährchen: **kürzer als der Blütenstand,** Blattscheide 5–10 mm lang. Narben: **3.** Tragblätter der ♀ Blüten: hellbraun. Utriculus: im LS rundlich bis oval, mit kurzer Spitze, 3–4 mm lang, **glänzend.** Blätter: **2–3 mm breit.**

In den Alpen nur die subsp. *liparocarpos.*

- Schutt- o. Felsfluren, Alluvionen, **Extensivgrünland o. Magerrasen,** Wälder
- an trockenen Standorten
- einheimisch

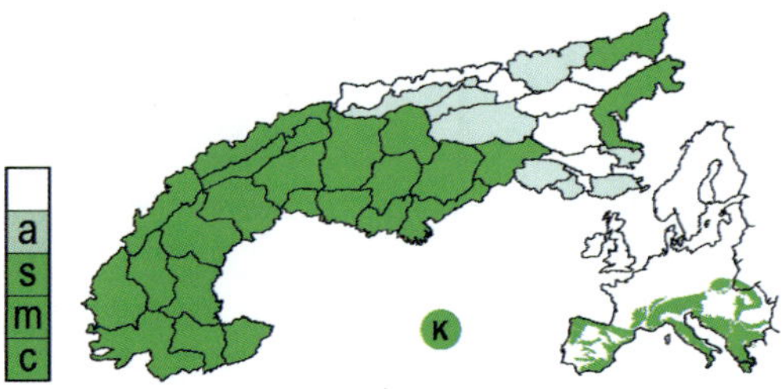

Carex ericetorum Pollich

Heide-Segge *Cyperaceae*
III–VI ♂ ∗ A3 | ♀ ∗ G(3)

10–30 cm hoch, mehrjährig. Blütenstand: **mehrere Ährchen, die ährenartig angeordnet sind, verschiedenährig.** ♀ Ährchen: 5–15 mm lang. ♂ Ährchen: länglich bis zylindrisch. untere Ährchen: **sitzend bis kurz gestielt.** Tragblätter der unteren Ährchen: **kürzer o. wenig länger als diese,** überwiegend mit trockenhäutiger Spreite. Narben: **3.** Tragblätter der ♀ Blüten: oval, **distal oft fransig bewimpert, schwarz bis rotbraun, mit häutigem Rand.** Utriculus: im LS oval, 2–3 mm lang, **behaart, 2–3-nervig.** Ausläufer: lang. Blätter: 2–4 mm breit.

- **subalpine o. alpine Rasen,** Alluvionen, **Zwergstrauchheiden, Legföhrengebüsche, Extensivgrünland o. Magerrasen, Wälder**
- an nährstoffarmen, basenreichen Standorten
- einheimisch

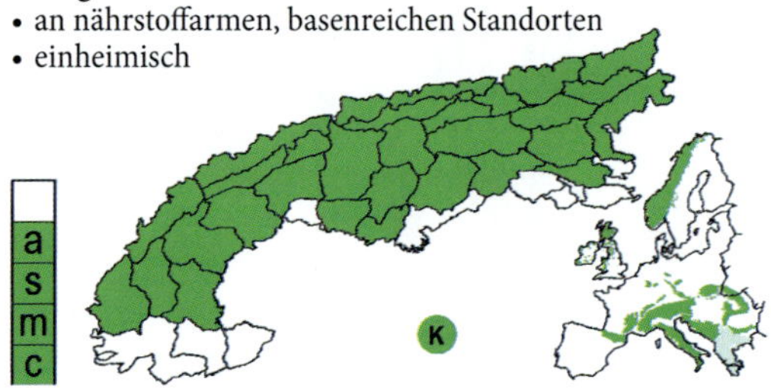

Carex atrofusca Schkuhr

Schwarzrote Segge *Cyperaceae*
VI–IX ♂ ∗ A3 | ♀ ∗ G(3)

10–30 cm hoch, mehrjährig. Blütenstand: **mehrere Ährchen, die traubenartig angeordnet sind, verschiedenährig.** ♀ Ährchen: eiförmig, meist 8–15 mm lang. untere Ährchen: **überhängend,** > 1 cm lang gestielt. Tragblätter der unteren Ährchen: **kürzer als diese,** oft mit trockenhäutiger Spreite. Narben: **3.** Tragblätter der ♀ Blüten: breit lanzettlich bis oval, **schwarz.** Utriculus: 3–5 mm lang, **schwarz bis dunkelbraun.** Blätter: 1–6 mm breit.

- **Alluvionen,** Staudenfluren, Quellfluren, **Moore o. Seggenriede**
- an nährstoffarmen Standorten
- einheimisch

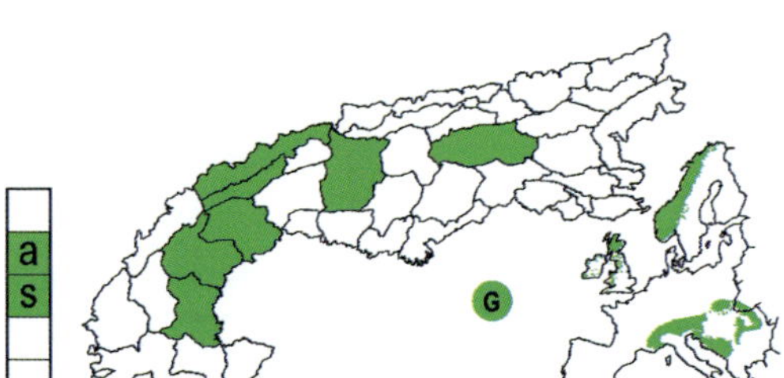

Carex austroalpina Bech.

Südalpen-Segge *Cyperaceae*
V–VII ♂ ∗ A3 | ♀ ∗ G(3)

Bis 25 cm hoch, **horstförmig,** mehrjährig. Blütenstand: **mehrere Ährchen, die ähren- bis traubenartig angeordnet sind, verschiedenährig.** untere Ährchen: **sitzend bis kurz gestielt.** Narben: **3.** Tragblätter der ♀ Blüten: bräunlich bis schwarz. Utriculus: **am Rand rau bis gezähnt,** 3–4,5 mm lang, **schwarz bis dunkelbraun,** behaart; Schnabel: lang. Ausläufer: kurz bis fehlend. Blätter: im QS flach ausgebreitet, **1,5–2 mm breit.**

- **subalpine o. alpine Rasen, Schutt- o. Felsfluren, Zwergstrauchheiden,** Staudenfluren, **Extensivgrünland o. Magerrasen, Wälder**
- an nährstoffarmen, basenreichen Standorten
- einheimisch

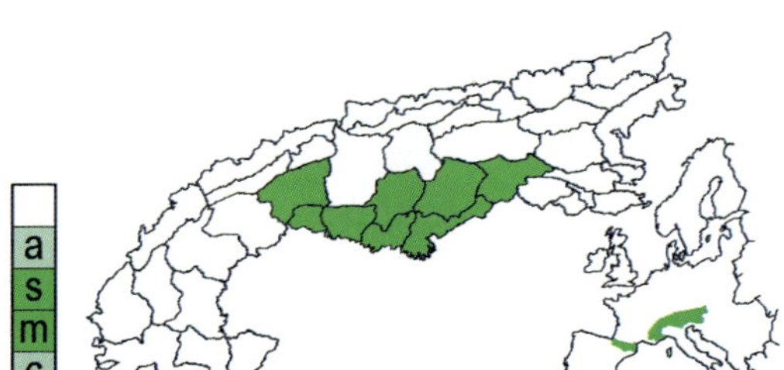

Carex brachystachys Schrank

Kurzährige Segge *Cyperaceae*
V–IX ♂ * A3 | ♀ * G(3)

15–40 cm hoch, mehrjährig. Blütenstand: **mehrere Ährchen, die traubenartig angeordnet sind, verschiedenährig.** ♀ Ährchen: lang gestielt, 10–20 mm lang, 2–5 mm ⌀. ♂ Ährchen: länglich bis zylindrisch. untere Ährchen: **oft überhängend.** endständiges Ährchen: *♂ oder ⚥*. Narben: **3.** Tragblätter der ♀ Blüten: **dunkelbraun bis rotbraun.** Utriculus: im LS länglich, **am Rand glatt,** 3–6 mm lang, **mit deutlicher Nervatur;** Schnabel: lang. Blätter: im QS meist rinnig, **0,5–2 mm breit.**

- **Schutt- o. Felsfluren,** Quellfluren
- an nährstoffarmen, kalkreichen, meist feuchten bis nassen Standorten
- einheimisch

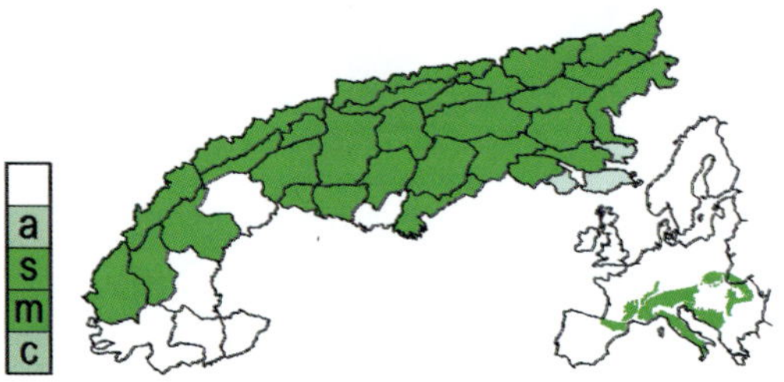

Carex ferruginea Scop.

Rost-Segge *Cyperaceae*
V–X ♂ * A3 | ♀ * G(3)

25–60 cm hoch, **lockerrasig,** mehrjährig. Blütenstand: **mehrere Ährchen, die traubenartig angeordnet sind, verschiedenährig.** ♀ Ährchen: lang gestielt, 10–30 mm lang, 2–5 mm ⌀. Narben: **3.** Tragblätter der ♀ Blüten: **rotbraun.** Utriculus: im LS länglich, **am Rand rau bis gezähnt,** 3–5 mm lang, **distal behaart, basal kahl, im QS scharf 3-kantig;** Schnabel: **am Rand rau bis bewimpert.** Stängel: **die Blattscheiden durchstoßend.** Blätter: 1–3 mm breit. untere Stängelblätter: **mit reduzierter Spreite.** untere Blattscheiden: **rötlich bis bräunlich.**

- **subalpine o. alpine Rasen, Schutt- o. Felsfluren,** Alluvionen, Staudenfluren, Grünerlen- o. Legföhrengebüsche, Grünland, Wälder
- an basenreichen Standorten
- einheimisch

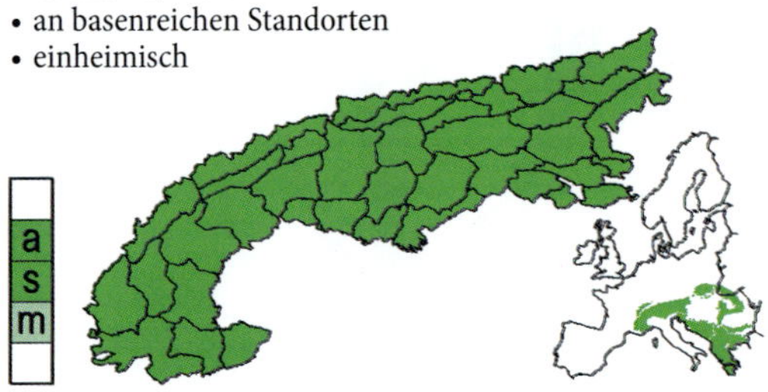

Carex fimbriata Schkuhr

Fransen-Segge *Cyperaceae*
VI–IX ♂ * A3 | ♀ * G(3)

10–40 cm hoch, mehrjährig. Blütenstand: **mehrere Ährchen, die ähren- bis traubenartig angeordnet sind, verschiedenährig.** ♀ Ährchen: **das unterste kurz gestielt, die oberen sitzend,** alle ± aufrecht. Narben: **3.** Tragblätter der ♀ Blüten: bräunlich bis schwarz. Blätter: im QS flach ausgebreitet, **2–4 mm breit.**

- **subalpine o. alpine Rasen, Schutt- o. Felsfluren,** Alluvionen, Schneetälchen, **Zwergstrauchheiden**
- an nährstoffarmen Standorten
- endemisch

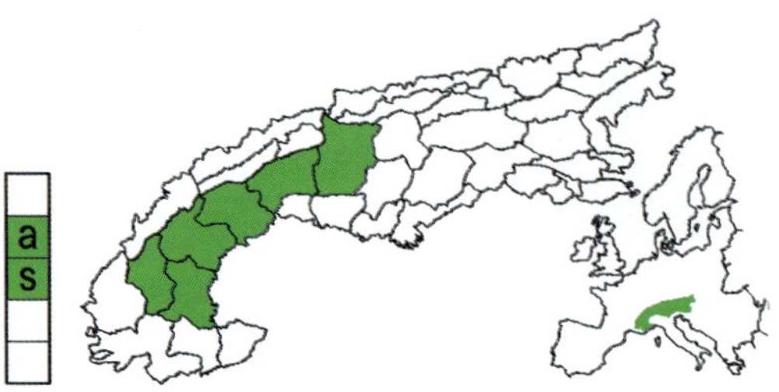

Carex firma Host

Polster-Segge *Cyperaceae*
V–IX ♂ * A3 | ♀ * G(3)

Bis 20 cm hoch, polsterförmig, mehrjährig. Blütenstand: **mehrere Ährchen, die traubenartig angeordnet sind, verschiedenährig.** Ährchen: zumindest die unteren locker stehend. ♀ Ährchen: 5–10 mm lang. untere Ährchen: gestielt. Narben: **3.** Tragblätter der ♀ Blüten: **(schwarz-)braun bis rötlich.** Utriculus: im LS länglich, am Rand rau, 3–5 mm lang, länger als das Tragblatt; Schnabel: lang, **am Rand rau bis bewimpert.** Blätter: **starr, stechend, bis 8 cm lang,** kürzer als der Blütenstand, 2–3 mm breit.

- **subalpine o. alpine Rasen, Schutt- o. Felsfluren,** Alluvionen
- an nährstoffarmen, kalkreichen Standorten
- einheimisch

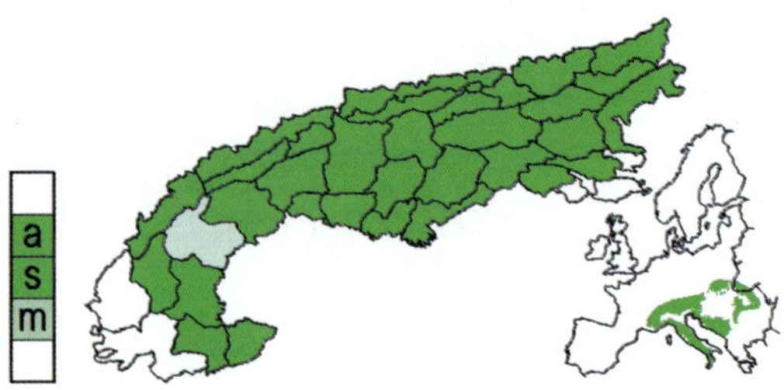

Carex frigida All.

Eis-Segge *Cyperaceae*
V–IX ♂ ∗ A3 | ♀ ∗ G(3)

10–40 cm hoch, mehrjährig. Blütenstand: **mehrere Ährchen, die traubenartig angeordnet sind, verschiedenährig.** Ährchen: locker stehend. ♀ Ährchen: 12–40 mm lang, 5–10 mm ⌀. Untere Ährchen: **überhängend**. Tragblätter der unteren Ährchen: **länger als diese**. Narben: **3**. Tragblätter der ♀ Blüten: **schmal lanzettlich, dunkelbraun bis rotbraun.** Utriculus: im LS länglich, **gekielt**, 5–7 mm lang, **schwarz bis dunkelbraun, am Kiel abstehend behaart**; Schnabel: lang, **am Rand rau bis bewimpert**. Stängel: **oben rau**. Blätter: 2–4 mm breit.

- subalpine o. alpine Rasen, Schutt- o. Felsfluren, **Quellfluren, trockenfallende Ufer**, Moore o. Seggenriede
- an nährstoffarmen, basenreichen, feuchten bis nassen, zuweilen überfluteten Standorten
- einheimisch

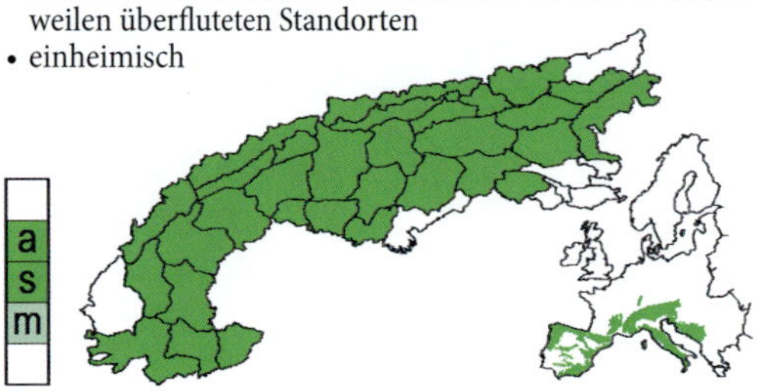

Carex fuliginosa Schkuhr

Ruß-Segge *Cyperaceae*
V–IX ♂ ∗ A3 | ♀ ∗ G(3)

10–30 cm hoch, mehrjährig. Blütenstand: **mehrere Ährchen, die traubenartig angeordnet sind, verschiedenährig.** ♀ Ährchen: 10–20 mm lang. ♂ Ährchen: **kegelförmig, distal verbreitert.** Untere Ährchen: gestielt. Narben: **3**. Tragblätter der ♀ Blüten: **dunkelbraun bis rotbraun, mit häutigem Rand**. Utriculus: im LS länglich, 4–6 mm lang, **schwarz bis dunkelbraun**; Schnabel: lang, **am Rand rau bis bewimpert**. Blätter: 1–5 mm breit.

In den Alpen nur die subsp. *fuliginosa*.

- subalpine o. alpine Rasen, **Schutt- o. Felsfluren**, trockenfallende Ufer
- an nährstoffarmen, sauren, feuchten bis nassen Standorten
- einheimisch

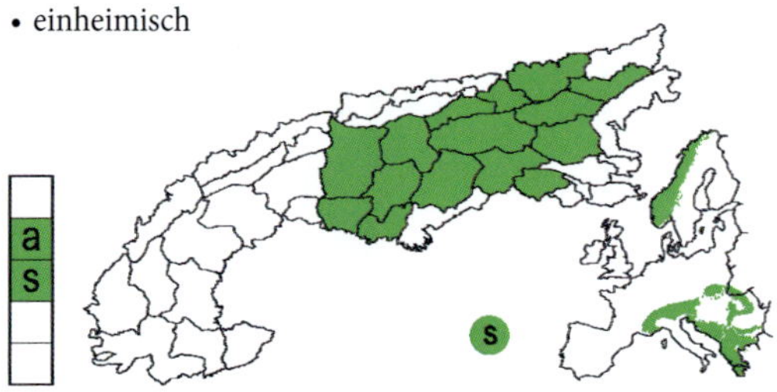

Carex mucronata All.

Stachelspitzige Segge *Cyperaceae*
IV–IX ♂ ∗ A3 | ♀ ∗ G(2)

10–30 cm hoch, horstförmig, mehrjährig. Blütenstand: **mehrere Ährchen, die ährenartig angeordnet sind, verschiedenährig.** Ährchen: einander genähert. ♀ Ährchen: 3–10-blütig, 5–10 mm lang. Untere Ährchen: **sitzend bis kurz gestielt**. Tragblätter der unteren Ährchen: **Blattscheide < 5 mm lang**. Narben: **2**. Tragblätter der ♀ Blüten: **dunkelbraun bis rotbraun, mit häutigem Rand**. Utriculus: im LS oval, 3–5 mm lang, **behaart**; Schnabel: lang, **deutlich vom Utriculus abgesetzt, am Rand rau bis bewimpert**. Blätter: im QS meist rinnig, **< 1 mm breit**.

- **subalpine o. alpine Rasen, Schutt- o. Felsfluren**, Alluvionen, Extensivgrünland o. Magerrasen
- an nährstoffarmen, kalkreichen, meist trockenen Standorten
- einheimisch

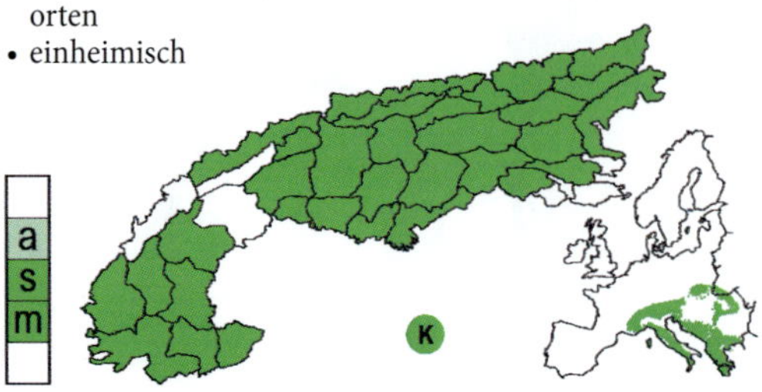

Carex sempervirens Vill.

Horst-Segge *Cyperaceae*
V–IX ♂ ∗ A3 | ♀ ∗ G(3)

15–40 cm hoch, horstförmig, mehrjährig. Blütenstand: **mehrere Ährchen, die traubenartig angeordnet sind, verschiedenährig.** ♀ Ährchen: 10–20 mm lang, 2–5 mm ⌀. ♂ Ährchen: 2–6. Untere Ährchen: **oft überhängend**. Tragblätter der unteren Ährchen: **kürzer als diese**. Narben: **3**. Tragblätter der ♀ Blüten: **(schwarz-)braun bis rötlich**. Utriculus: **am Rand bewimpert**, 4–6 mm lang, **distal behaart, basal kahl**; Schnabel: lang, **am Rand rau bis bewimpert**. Blätter: 1–3 mm breit.

In den Alpen nur die subsp. *sempervirens*.

- **subalpine o. alpine Rasen**, Schutt- o. Felsfluren, Zwergstrauchheiden, **Extensivgrünland o. Magerrasen**, Wälder
- an basenreichen Standorten
- einheimisch

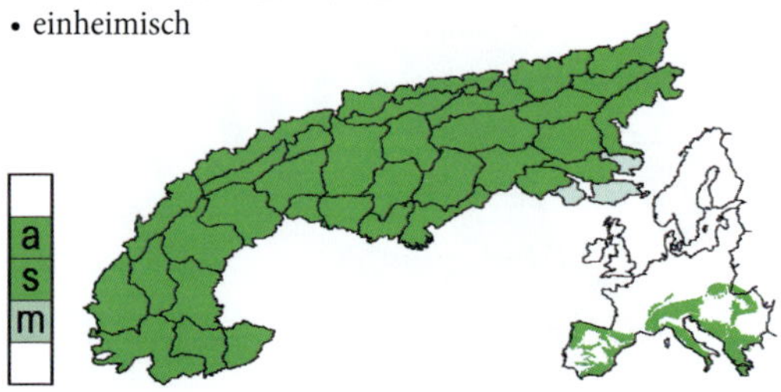

Carex flacca Schreb.

Blaugrüne Segge *Cyperaceae*
IV–VIII ♂ ∗ A3 | ♀ ∗ G(3)

20–60 cm hoch, mehrjährig. Blütenstand: **mehrere Ährchen, die traubenartig angeordnet sind, verschiedenährig.** ♀ Ährchen: lang gestielt, > 25-blütig, 12–60 mm lang. ♂ Ährchen: 1–6. Tragblätter der unteren Ährchen: **länger als der Blütenstand.** Narben: **3.** Utriculus: im LS oval, 2–4 mm lang. Blätter: **blau- bzw. graugrün,** 2–6 mm breit, am Rand rau.

In der alpinen Stufe v. a. subsp. *flacca*.

- **Moore o. Seggenriede**, Wälder
- an kalkreichen Standorten
- einheimisch

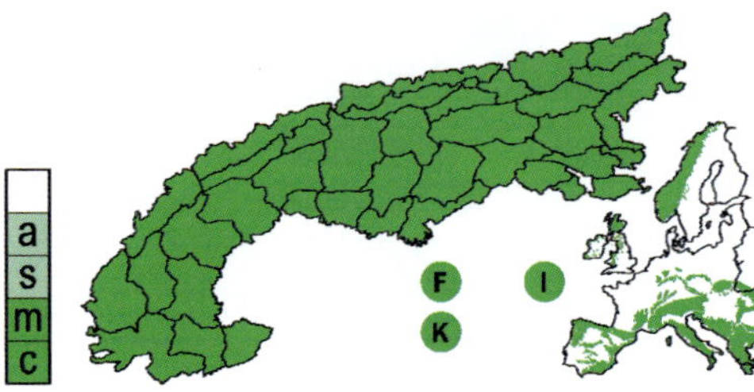

Carex caryophyllea Latourr.

Frühlings-Segge *Cyperaceae*
III–VI ♂ ∗ A3 | ♀ ∗ G(3)

Bis 30 cm hoch, mehrjährig. Blütenstand: **mehrere Ährchen, die traubenartig angeordnet sind, verschiedenährig.** Ährchen: die oberen einander genähert. ♀ Ährchen: 5–15 mm lang. ♂ Ährchen: kegelförmig. Tragblätter der unteren Ährchen: **kürzer o. wenig länger als diese, stachelspitzig.** Narben: **3.** Tragblätter der ♀ Blüten: grünlich bis hellbraun, **mit häutigem Rand.** Utriculus: im LS oval, 2–3 mm lang, **behaart, im QS scharf 3-kantig.** Blätter: kürzer als der Blütenstand, 1–3 mm breit. untere Blattscheiden: bräunlich.

- **subalpine o. alpine Rasen**, Zwergstrauchheiden, **Grünland**, Wälder
- an nährstoffarmen Standorten
- einheimisch

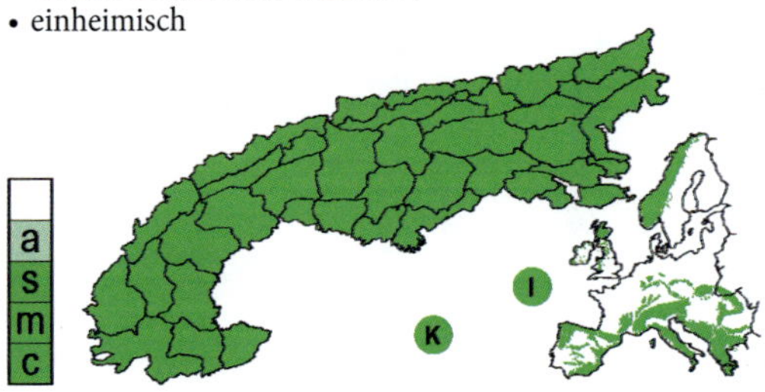

Carex humilis Leyss.

Erd-Segge *Cyperaceae*
III–VI ♂ ∗ A3 | ♀ ∗ G(3)

Bis 15 cm hoch, horstförmig, mehrjährig. Blütenstand: mehrere Ährchen, die ähren- bis traubenartig angeordnet sind, **verschiedenährig.** ♀ Ährchen: gestielt, 2–6-blütig. untere Ährchen: **unterstes (scheinbar) sitzend, Stiel von Blattscheide eingeschlossen.** Tragblätter der unteren Ährchen: mit (halb-)stängelumfassender Blattscheide. Narben: **3.** Tragblätter der ♀ Blüten: **stachelspitzig.** Utriculus: im LS rundlich bis oval, 2–3 mm lang, **behaart.** Blätter: im QS meist rinnig, **länger als der Blütenstand,** 1–3 mm breit.

- subalpine o. alpine Rasen, **Schutt- o. Felsfluren, Extensivgrünland o. Magerrasen, Wälder, Macchien o. Garrigues**
- an nährstoffarmen, basenreichen, trockenen Standorten
- einheimisch

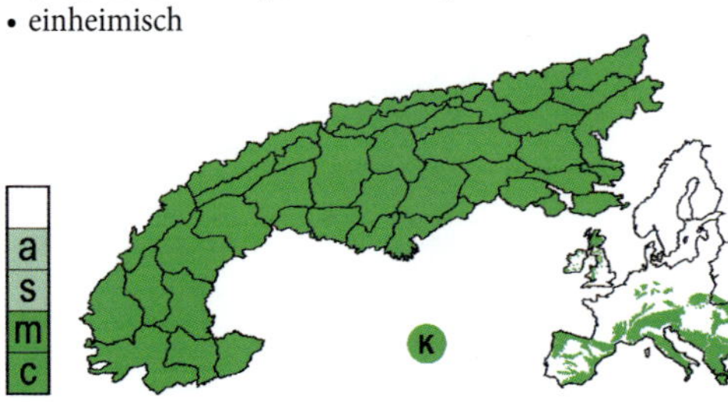

Carex ornithopoda Willd.

Vogelfuß-Segge *Cyperaceae*
VI–IX ♂ ∗ A3 | ♀ ∗ G(3)

Bis 15 cm hoch, horstförmig, mehrjährig. Blütenstand: mehrere Ährchen, die ähren- bis traubenartig angeordnet sind, **verschiedenährig, oberste ♀ Ähre die endständige ♂ Ähre erreichend.** Ährchen: einander genähert. ♀ Ährchen: kurz gestielt, 2–8-blütig, 5–15 mm lang. ♂ Ährchen: sitzend bis kurz gestielt. Tragblätter der unteren Ährchen: **± *ohne* Spreite**, mit (halb-)stängelumfassender Blattscheide. Narben: **3.** Utriculus: 2–3 mm lang, länger als das Tragblatt, **behaart.** – Inkl. *C. ornithopodioides*.

- **subalpine o. alpine Rasen, Schutt- o. Felsfluren, Schneetälchen**, Legföhrengebüsche, **Extensivgrünland o. Magerrasen, Wälder**
- an kalkreichen, meist trockenen Standorten
- einheimisch

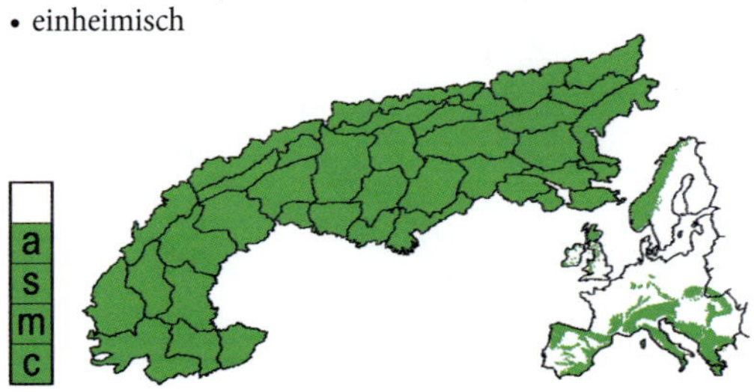

Carex panicea L.

Hirse-Segge *Cyperaceae*
IV–VII ♂ ∗ A3 | ♀ ∗ G(3)

10–50 cm hoch, mehrjährig. Blütenstand: **mehrere Ährchen, die traubenartig angeordnet sind, verschiedenährig**. Ährchen: gestielt, locker stehend. ♀ Ährchen: ≥ 5-blütig, 10–30 mm lang. Tragblätter der unteren Ährchen: **meist länger als diese**. Narben: **3**. Utriculus: 3–5 mm lang. Blätter: **blau- bzw. graugrün**, 2–5 mm breit.

- Alluvionen, Staudenfluren, **Moore o. Seggenriede, Grünland**
- an wechselfeuchten bis nassen Standorten
- einheimisch

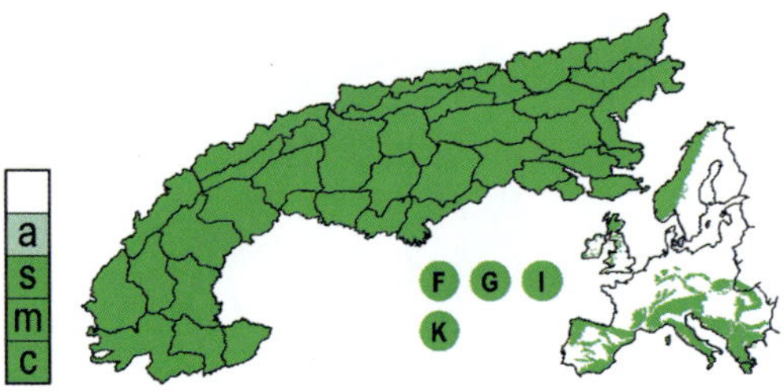

Carex vaginata Tausch

Scheiden-Segge *Cyperaceae*
V–VIII ♂ ∗ A3 | ♀ ∗ G(3)

15–40 cm hoch, mehrjährig. Blütenstand: **mehrere Ährchen, die traubenartig angeordnet sind, verschiedenährig**. Ährchen: gestielt, locker stehend. ♀ Ährchen: < 15-blütig, 10–25 mm lang. untere Ährchen: ♀. Tragblätter der unteren Ährchen: **kürzer als diese**. endständiges Ährchen: unten ♂, oben ♀. Narben: **3**. Utriculus: im LS oval, 2–4 mm lang, **mit deutlicher Nervatur**. Stängel: 1–2 mm ⌀. Blätter: 3–6 mm breit.

- subalpine o. alpine Rasen, **Alluvionen, Zwergstrauchheiden**, trockenfallende Ufer, **Moore o. Seggenriede**
- an nährstoffarmen, nassen, meist überfluteten Standorten
- einheimisch

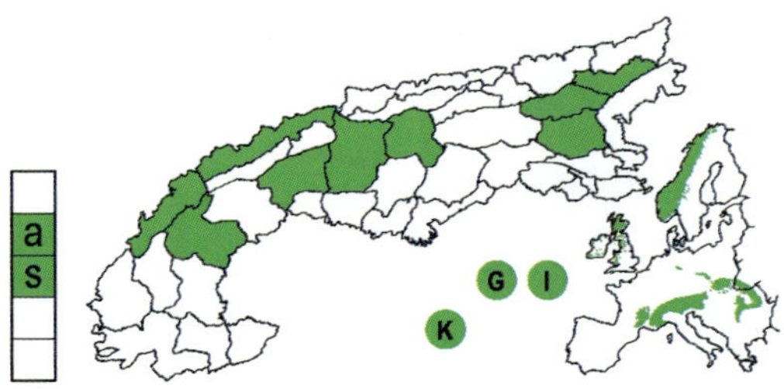

Carex bicolor All.

Zweifarbige Segge *Cyperaceae*
VI–VIII ♂ ∗ A3 | ♀ ∗ G(3)

Bis 20 cm hoch, mehrjährig. Blütenstand: **mehrere Ährchen, die ähren- bis traubenartig angeordnet sind, verschiedenährig**. Ährchen: gestielt, meist einander genähert. ♀ Ährchen: eiförmig bis kurz zylindrisch, 5–10 mm lang. untere Ährchen: ♀, gestielt. endständiges Ährchen: unten ♂, oben ♀. Narben: **2**. Tragblätter der ♀ Blüten: **dunkelbraun, Mittelnerv meist grünlich**. Utriculus: im LS rundlich bis oval, 2–3 mm lang, **etwas länger als das Tragblatt, gräulich-grünlich**. Blätter: im QS flach ausgebreitet, **blau- bzw. graugrün, 1–3 mm breit**.

- **Alluvionen, Moore o. Seggenriede**
- an nährstoffarmen Standorten
- einheimisch

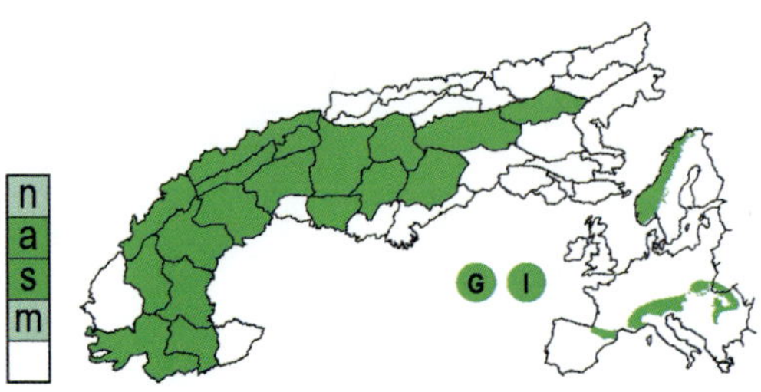

Carex atrata L.

Geschwärzte Segge *Cyperaceae*
V–IX ♂ ∗ A3 | ♀ ∗ G(3)

10–60 cm hoch, mehrjährig. Blütenstand: **mehrere Ährchen, die traubenartig angeordnet sind, verschiedenährig**. ♀ Ährchen: 10–40 mm lang. untere Ährchen: ♀, gestielt. endständiges Ährchen: unten ♂, oben ♀. Narben: **3**. Tragblätter der ♀ Blüten: **schwarz bis rotbraun**. Utriculus: im LS rundlich bis oval, 3–5 mm lang; Schnabel: **deutlich vom Utriculus abgesetzt**. Blätter: 3–12 mm breit.

In den Alpen die subsp. *atrata* u. *aterrima* (vgl. S. 725).

- **subalpine o. alpine Rasen**, Schutt- o. Felsfluren, Schneetälchen, **Zwergstrauchheiden, Staudenfluren**, Grünerlen- o. Legföhrengebüsche, Moore o. Seggenriede, Grünland
- an nährstoffarmen Standorten
- einheimisch

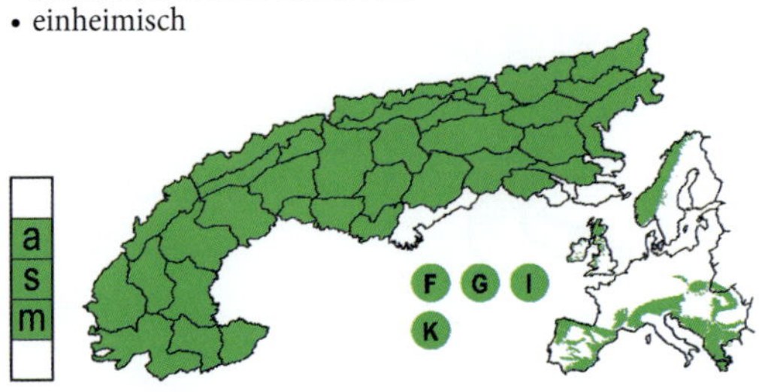

Carex norvegica Retz.

Norwegische Segge *Cyperaceae*
V–IX ♂ ∗ A3 | ♀ ∗ G(3)

Bis 40 cm hoch, mehrjährig. BLÜTENSTAND: **mehrere Ährchen, die ähren- bis köpfchenartig angeordnet sind, verschiedenährig.** ♀ ÄHRCHEN: **(fast) kugelig)**, 3–6 mm lang. UNTERE ÄHRCHEN: ♀, **sitzend bis kurz gestielt.** ENDSTÄNDIGES ÄHRCHEN: unten ♂, oben ♀. NARBEN: **3.** TRAGBLÄTTER DER ♀ BLÜTEN: **schwarz, mit hellem häutigem Rand.** UTRICULUS: im LS oval, **(etwas) länger als das Tragblatt, grünlich bis gelblich-bräunlich, distal dunkelbraun bis schwarz.** BLÄTTER: 1,5–5 mm breit.

In den Alpen die subsp. *norvegica* u. *pusteriana* (endemisch) (vgl. S. 725).

- subalpine o. alpine Rasen, **Schutt- o. Felsfluren, Staudenfluren, Moore o. Seggenriede**, Grünland
- an nährstoffarmen, sauren, nassen, zuweilen überfluteten Standorten
- einheimisch

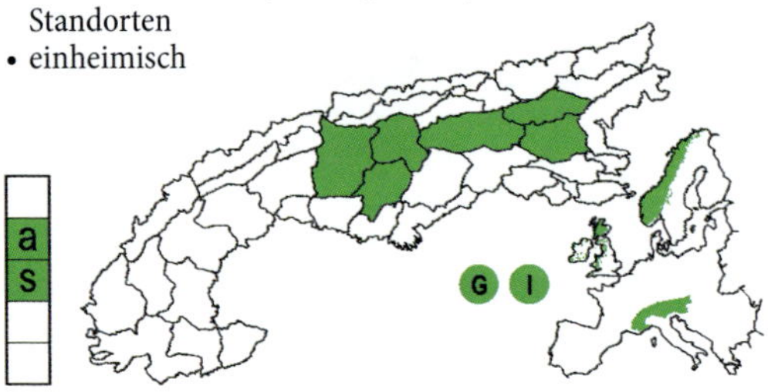

Carex parviflora Host

Kleinblütige Segge *Cyperaceae*
VI–IX ♂ ∗ A3 | ♀ ∗ G(3)

Bis 25 cm hoch, mehrjährig. BLÜTENSTAND: **mehrere Ährchen, die ähren- bis köpfchenartig angeordnet sind, verschiedenährig.** ♀ ÄHRCHEN: eiförmig bis kurz zylindrisch, 5–10 mm lang, 3–6 mm ⌀. UNTERE ÄHRCHEN: ♀, **sitzend bis kurz gestielt.** TRAGBLÄTTER DER UNTEREN ÄHRCHEN: **kürzer o. wenig länger als der Blütenstand.** ENDSTÄNDIGES ÄHRCHEN: unten ♂, oben ♀. NARBEN: **3.** TRAGBLÄTTER DER ♀ BLÜTEN: **schwarz bis rotbraun.** UTRICULUS: im LS oval, 2–4 mm lang, **dunkelrot bis schwarz.** STÄNGEL: **oben rau.** BLÄTTER: 1–4 mm breit.

- **subalpine o. alpine Rasen, Schutt- o. Felsfluren, Schneetälchen**
- an kalkreichen Standorten
- einheimisch

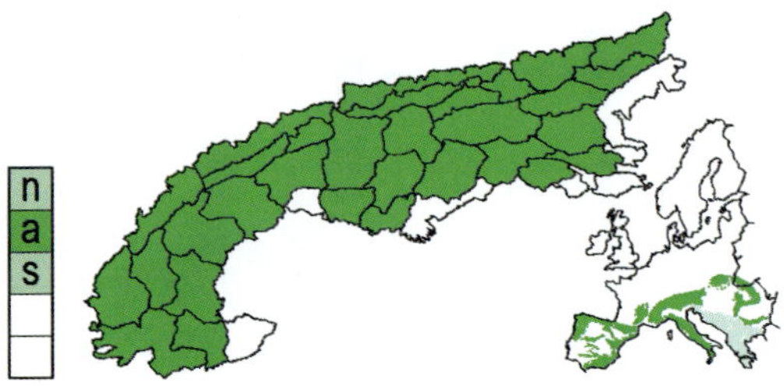

Carex capillaris L.

Haarstielige Segge *Cyperaceae*
IV–VIII ♂ ∗ A3 | ♀ ∗ G(3)

Bis 30 cm hoch, horstförmig, mehrjährig. BLÜTENSTAND: **mehrere Ährchen, die traubenartig angeordnet sind, verschiedenährig, oberste ♀ Ähre die endständige ♂ Ähre erreichend.** ♀ ÄHRCHEN: 5–12-blütig, 5–15 mm lang. UNTERE ÄHRCHEN: **überhängend.** NARBEN: **3.** TRAGBLÄTTER DER ♀ BLÜTEN: grünlich bis hellbraun. UTRICULUS: im LS oval, 2–4 mm lang. STÄNGEL: **meist an der Seite einer ausdauernden Blattrosette entspringend.** BLÄTTER: < 2,5 mm breit.

In den Alpen nur die subsp. *capillaris*.

- **subalpine o. alpine Rasen, Alluvionen**, Zwergstrauchheiden, trockenfallende Ufer, **Moore o. Seggenriede**, Grünland
- an nährstoffarmen, basenreichen, feuchten bis nassen, zuweilen überfluteten Standorten
- einheimisch

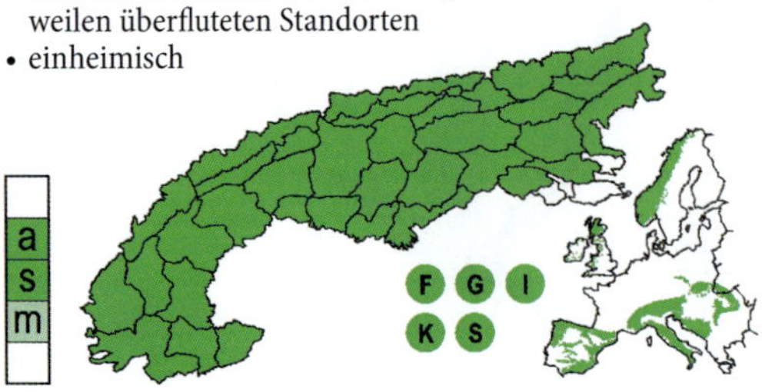

Carex flava L.

Große Gelb-Segge *Cyperaceae*
IV–X ♂ ∗ A3 | ♀ ∗ G(3)

Bis 60 cm hoch, horstförmig, mehrjährig. BLÜTENSTAND: **mehrere Ährchen, die ähren- bis traubenartig angeordnet sind, verschiedenährig.** ♀ ÄHRCHEN: 10–15 mm lang, **8–15 mm** ⌀. GRIFFEL: Griffeläste früh abfallend. NARBEN: **3.** TRAGBLÄTTER DER ♀ BLÜTEN: spitz, grünlich bis hellbraun. UTRICULUS: im LS oval, 5–7 mm lang, **gelblich-grünlich bis hellbraun**; SCHNABEL: 0,5–1-mal so lang wie der Utriculus, **distal (etwas) gebogen.** BLÄTTER: 2–7 mm breit. LIGULA: 0,5–1 mm lang.

- Alluvionen, **Staudenfluren**, Moore o. Seggenriede, **Grünland, Wälder**
- an nährstoffarmen, kalkreichen, nassen, zuweilen überfluteten Standorten
- einheimisch

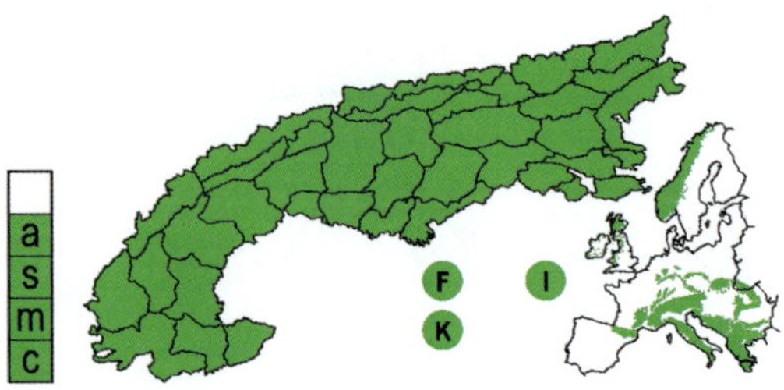

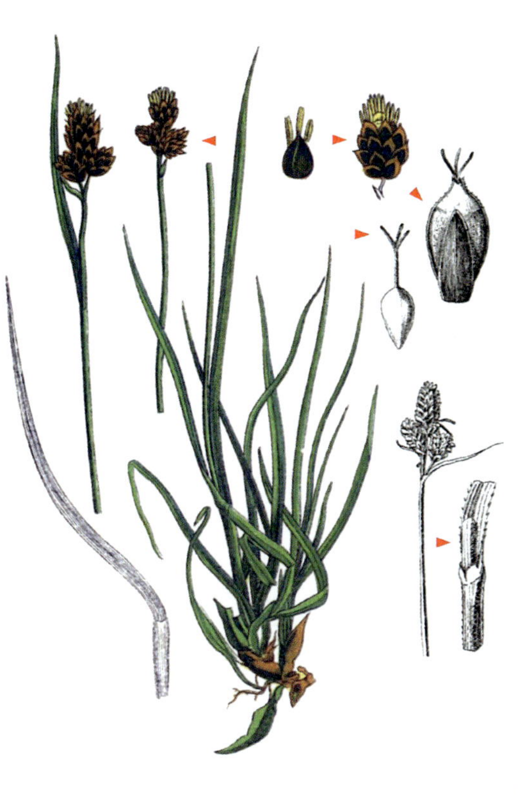

Carex halleriana Asso

Grundblütige Segge *Cyperaceae*
III–VI ♂ ∗ A3 | ♀ ∗ G(3)

10–30 cm hoch, horstförmig, mehrjährig. BLÜTENSTAND: mehrere Ährchen, die ähren- bis traubenartig angeordnet sind, **verschiedenährig**. ♀ ÄHRCHEN: 4–6-blütig, 3–12 mm lang. ♂ ÄHRCHEN: sitzend bis kurz gestielt. UNTERE ÄHRCHEN: **unterstes ± grundständig, *sehr* lang gestielt**. TRAGBLÄTTER DER UNTEREN ÄHRCHEN: mit (halb-)stängelumfassender Blattscheide. NARBEN: **3**. UTRICULUS: im LS oval, 4–5 mm lang, **mit deutlicher Nervatur, im QS scharf 3-kantig**. BLÄTTER: höchstens so lang wie der Blütenstand.

In den Alpen nur die subsp. *halleriana*.

- **Schutt- o. Felsfluren**, Alluvionen, Staudenfluren, **Extensivgrünland o. Magerrasen, Wälder, Macchien o. Garrigues**
- an basenreichen, meist trockenen Standorten
- einheimisch

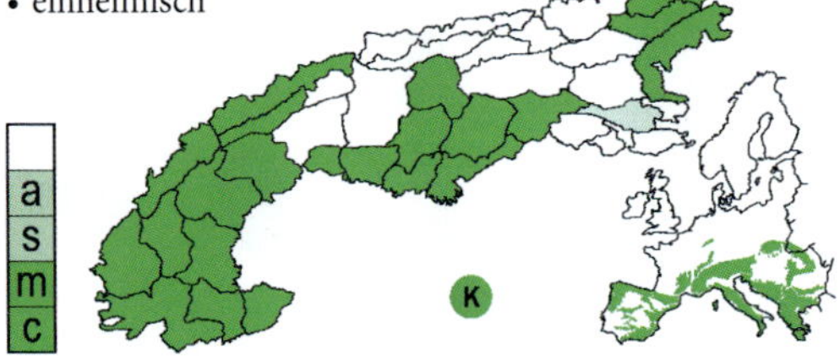

Carex rostrata Stokes

Schnabel-Segge *Cyperaceae*
IV–VII ♂ ∗ A3 | ♀ ∗ G(3)

30–80 cm hoch, mehrjährig. BLÜTENSTAND: **mehrere Ährchen, die traubenartig angeordnet sind, verschiedenährig**. ♀ ÄHRCHEN: kurz gestielt, **bis 100 mm lang, 6–10 mm ⌀**. ♂ ÄHRCHEN: 2–4. NARBEN: **3**. UTRICULUS: im LS rundlich bis oval, **aufgeblasen**, 4–12 mm lang, **gelblich-grünlich, 5–9-nervig, im QS stumpf 3-kantig bis rundlich**; SCHNABEL: lang, die beiden Spitzen nach außen spreizend. STÄNGEL: im QS stumpf 3-kantig. BLÄTTER: **blau- bzw. graugrün, meist (etwas) länger als der Blütenstand**, 2–10 mm breit. UNTERE BLATTSCHEIDEN: netzartig zerfasernd.

- Alluvionen, **Staudenfluren, Moore o. Seggenriede**, Grünland, Wälder
- an nährstoffarmen, sauren, feuchten, zuweilen überfluteten Standorten
- einheimisch

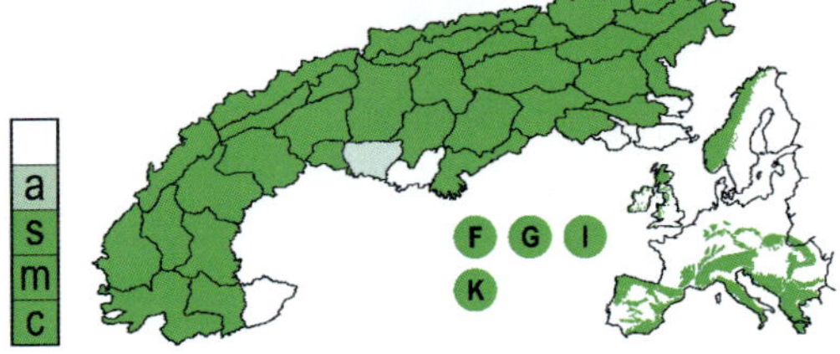

Carex pallescens L.

Bleiche Segge *Cyperaceae*
IV–VIII ♂ ∗ A3 | ♀ ∗ G(3)

20–50 cm hoch, mehrjährig. BLÜTENSTAND: mehrere Ährchen, die ähren- bis traubenartig angeordnet sind, **verschiedenährig**. ÄHRCHEN: einander genähert. ♀ ÄHRCHEN: 5–30 mm lang. UNTERE ÄHRCHEN: **sitzend bis kurz gestielt**. TRAGBLÄTTER DER UNTEREN ÄHRCHEN: **meist länger als der Blütenstand**. NARBEN: **3**. TRAGBLÄTTER DER ♀ BLÜTEN: grünlich bis hellbraun. UTRICULUS: im LS oval bis länglich, 2–3 mm lang, **gelblich-grünlich, 2–3-nervig, im QS scharf 3-kantig**. STÄNGEL: **oben rau**. BLÄTTER: 2–4 mm breit, **behaart**. UNTERE BLATTSCHEIDEN: **behaart**.

- **subalpine o. alpine Rasen**, Alluvionen, Zwergstrauchheiden, **Staudenfluren, Moore o. Seggenriede, Grünland, Wälder**
- einheimisch

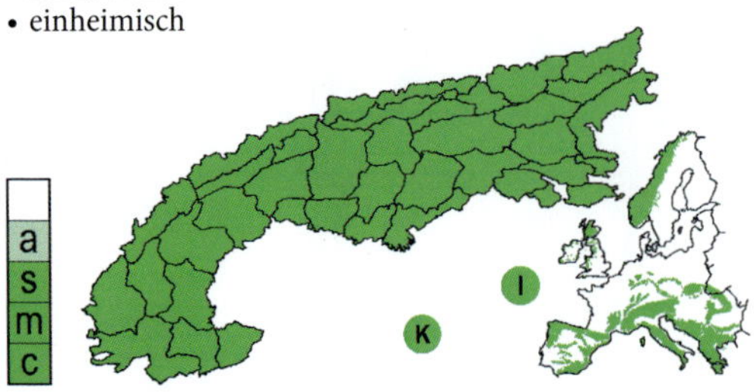

Carex limosa L.

Schlamm-Segge *Cyperaceae*
V–VIII ♂ ∗ A3 | ♀ ∗ G(3)

20–50 cm hoch, mehrjährig. BLÜTENSTAND: **mehrere Ährchen, die traubenartig angeordnet sind, verschiedenährig**. ♀ ÄHRCHEN: < 25-blütig, 5–20 mm lang. UNTERE ÄHRCHEN: **überhängend**. TRAGBLÄTTER DER UNTEREN ÄHRCHEN: **länger als diese**, mit (halb-)stängelumfassender Blattscheide. NARBEN: **3**. UTRICULUS: im LS rundlich bis oval, 3–5 mm lang, **≥ 5-nervig, im QS scharf 3-kantig**. STÄNGEL: **oben rau**. BLÄTTER: **blau- bzw. graugrün**, 1–2 mm breit.

- **Moore o. Seggenriede**
- an nährstoffarmen, sauren, nassen, zuweilen überfluteten Standorten
- einheimisch

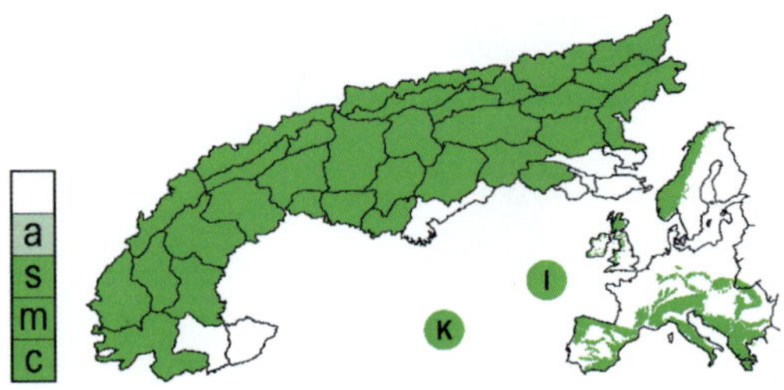

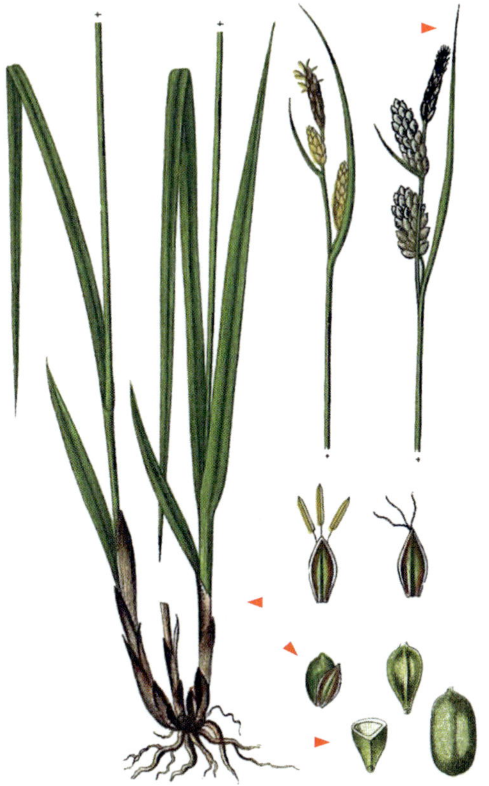

Carex magellanica Lam.

Riesel-Segge *Cyperaceae*
IV–IX ♂ ∗ A3 | ♀ ∗ G(3)

10–30 cm hoch, mehrjährig. Blütenstand: **mehrere Ährchen, die traubenartig angeordnet sind, verschiedenährig.** ♀ Ährchen: < 25-blütig, 6–15 mm lang. untere Ährchen: **überhängend.** Tragblätter der unteren Ährchen: **± so lang wie der Blütenstand,** mit (halb-)stängelumfassender Blattscheide. Narben: **3.** Tragblätter der ♀ Blüten: länglich-lanzettlich, grannenspitzig. Utriculus: im LS rundlich bis oval, 2–3 mm lang, **im QS scharf 3-kantig.** Blätter: 2–4 mm breit.

In den Alpen nur die subsp. *irrigua*.

- **Quellfluren, Moore o. Seggenriede**
- an nährstoffarmen, sauren, nassen Standorten
- einheimisch

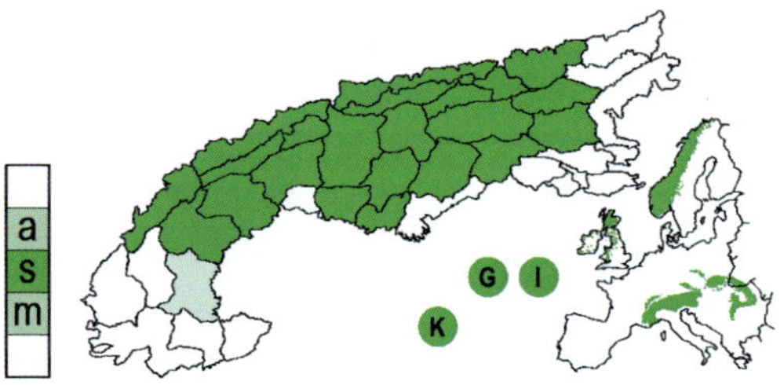

Carex bigelowii Schwein.

Starre Segge *Cyperaceae*
V–VIII ♂ ∗ A3 | ♀ ∗ G(2)

10–30 cm hoch, mehrjährig. Blütenstand: mehrere Ährchen, die ähren- bis traubenartig angeordnet sind, **verschiedenährig,** 3–12 cm lang. ♀ Ährchen: 8–50 mm lang. Narben: **2.** Tragblätter der ♀ Blüten: **schwarz, mit grünem Mittelstreifen.** Utriculus: im LS oval, 2–3 mm lang, **im QS abgeflacht.** Stängel: 1,5–3 mm ⌀. Blätter: **blau- bzw. graugrün,** kürzer als der Blütenstand, 4–8 mm breit.

In den Alpen nur die subsp. *dacica*.

- **subalpine o. alpine Rasen,** Zwergstrauchheiden, Staudenfluren
- an nährstoffarmen, sauren Standorten
- einheimisch

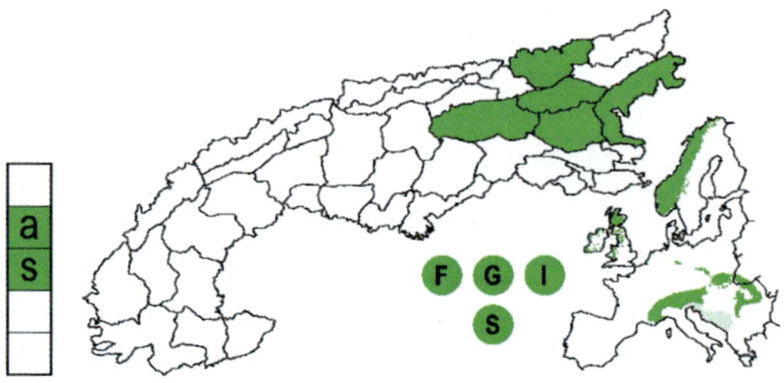

Carex nigra (L.) Reichard

Wiesen-Segge *Cyperaceae*
IV–VII ♂ ∗ A3 | ♀ ∗ G(2)

Bis 50 cm hoch, mehrjährig. Blütenstand: mehrere Ährchen, die ähren- bis traubenartig angeordnet sind, **verschiedenährig,** 3–12 cm lang. ♀ Ährchen: 8–25 mm lang. ♂ Ährchen: 1–2. Tragblätter der unteren Ährchen: **kürzer o. wenig länger als der Blütenstand.** Narben: **2.** Tragblätter der ♀ Blüten: **schwarz, mit grünem Mittelstreifen.** Utriculus: im LS oval, 2–3 mm lang, **mit deutlicher Nervatur, im QS abgeflacht.** Stängel: **oben rau.** Blätter: kürzer als der Blütenstand, 1–4 mm breit; oberseits: **blau- bzw. graugrün,** matt; unterseits: frischgrün, meist glänzend.

- subalpine o. alpine Rasen, Alluvionen, **Moore o. Seggenriede, Grünland,** Wälder
- an nährstoffarmen, sauren, wechselfeuchten bis nassen Standorten
- einheimisch

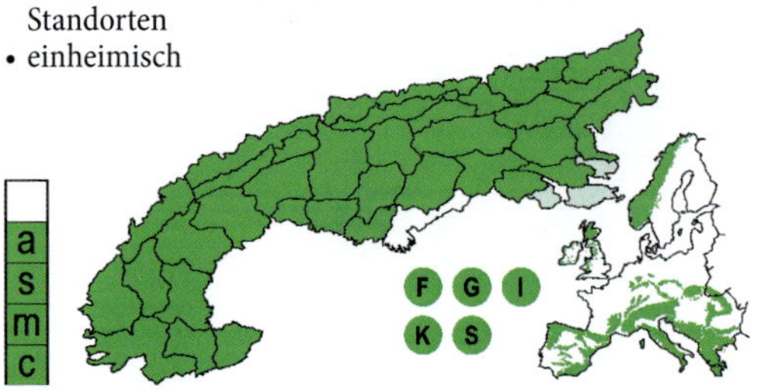

Kobresia myosuroides (Vill.) Fiori

Nacktried *Cyperaceae*
V–VIII ♂ ∗ A3 | ♀ ∗ G(3)

10–30 cm hoch, dichtrasig, mehrjährig. Blütenstand: **1 endständige Ähre, zylindrisch, aus ± 10 je 2-blütigen Ährchen bestehend.** Ährchen: **aus je 1 ♂ u. 1 ♀ Blüte bestehend.** Tragblätter der Blüten: **nicht verwachsen.** Narben: **3.** Stängel: im QS rundlich bis undeutlich 3-kantig. Blätter: **± so lang wie der Blütenstand.**

- **subalpine o. alpine Rasen,** Schutt- o. Felsfluren, Alluvionen
- an nährstoffarmen Standorten
- einheimisch

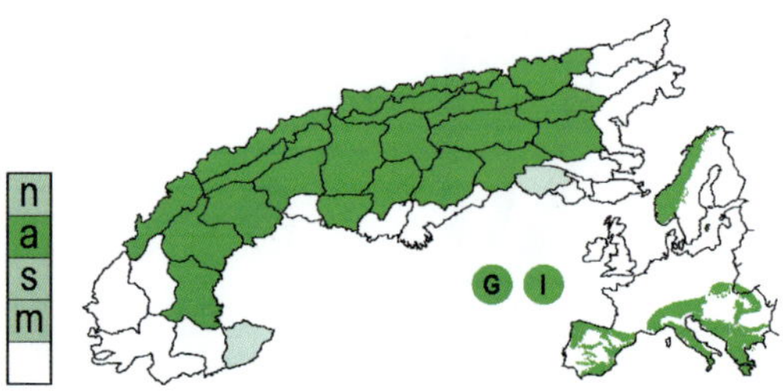

Kobresia simpliciuscula (Wahlenb.) Mack.

Schuppenried *Cyperaceae*
VI–VIII ♂ * A3 | ♀ * G(3)

Bis 20 cm hoch, horstförmig, mehrjährig. Blütenstand: **1 endständige Ähre, distal mit ♂ Blüten, basal mit ♀ Blüten, länglich ei- bis kegelförmig, Ähre 4–5-blütig, aus 1-blütigen Ährchen bestehend.** Tragblätter der Blüten: **basal zu einer kurzen Röhre verwachsen, oben frei.** Narben: **3.** Stängel: im QS rundlich bis undeutlich 3-kantig. Blätter: im QS rinnig bis rundlich, **kürzer als der Blütenstand.**

- **subalpine o. alpine Rasen**, Schutt- o. Felsfluren, **Alluvionen, Staudenfluren, trockenfallende Ufer, Moore o. Seggenriede**
- an nährstoffarmen, basenreichen, nassen, zuweilen überfluteten Standorten
- einheimisch

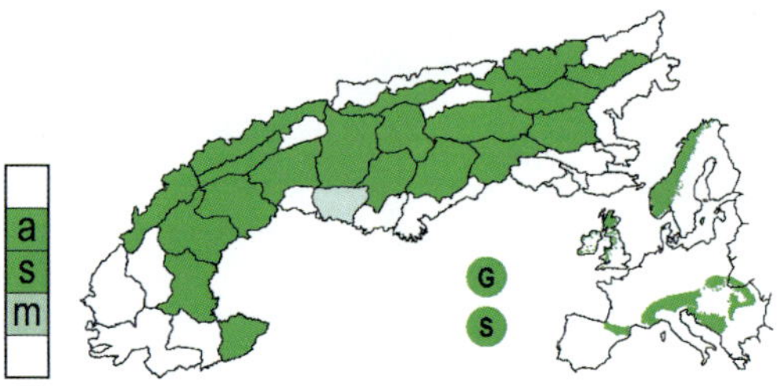

Blysmus compressus (L.) Link

Platthalm-Quellried *Cyperaceae*
V–VIII * A3 G(2)

10–40 cm hoch, mehrjährig. Blütenstand: mehrere Ährchen, diese in einer dichtblütigen eiförmigen bis kurz zylindrischen Ähre angeordnet, Ährchen 2-zeilig angeordnet. Ährchen: **5–12 pro Ähre, 6–8-blütig.** Tragblätter der Blüten: bräunlich. Perigonborsten: **3–6, mit zur Basis gerichteten Häkchen.** Narben: 2. Stängel: aufrecht, **im QS (undeutlich) abgeflacht**, frischgrün. Blätter: **im QS flach ausgebreitet, 2–4 mm breit**, distal rau; unterseits: **gekielt.**

- Staudenfluren, **trockenfallende Ufer, Moore o. Seggenriede, Grünland**, Wälder, Ruderalvegetation, Salzwiesen, Trittfluren
- an nährstoffarmen, basenreichen, feuchten bis nassen Standorten
- einheimisch

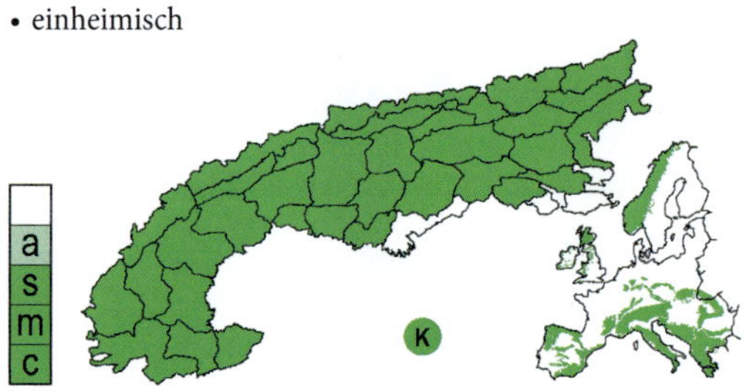

Eriophorum angustifolium Honck.

Schmalblättriges Wollgras *Cyperaceae*
III–VI * A3 G(3)

30–60 cm hoch, rasig, mehrjährig. Blütenstand: **mehrere Ährchen, in einer einfachen, zuweilen kopfigen Spirre.** Ährchenstiele: **glatt.** Ährchen: **3–8,** 10–22 mm lang. Perigonborsten: ≥ 8, als lange, weiße Flughaare ausgebildet. Narben: 3. Stängel: **im QS rundlich.** Blätter: **im QS rinnig bis rundlich, 2–8 mm breit, mit 2–10 cm langer 3-kantiger Spitze.** obere Blattscheiden: **deutlich aufgeblasen.**

- **Quellfluren, trockenfallende Ufer, Moore o. Seggenriede**
- an nährstoffarmen, nassen, zuweilen überfluteten Standorten
- einheimisch

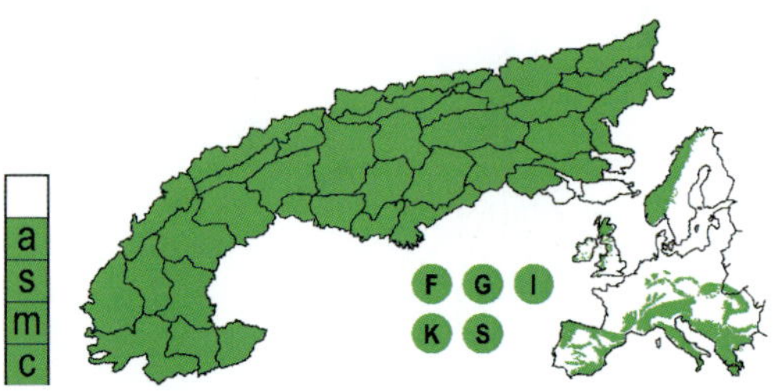

Eriophorum latifolium Hoppe

Breitblättriges Wollgras *Cyperaceae*
III–VI * A3 G(3)

30–60 cm hoch, horstförmig, mehrjährig. Blütenstand: **mehrere Ährchen, in einer einfachen, zuweilen kopfigen Spirre.** Ährchenstiele: **rau.** Ährchen: **4–12,** 6–10 mm lang. Perigonborsten: ≥ 8, als lange, weiße Flughaare ausgebildet. Narben: 3. Stängel: **im QS 3-kantig.** Blätter: **im QS flach ausgebreitet, 3–10 mm breit, mit 1–2 cm langer 3-kantiger Spitze.** obere Blattscheiden: anliegend.

- **Moore o. Seggenriede**, Extensivgrünland o. Magerrasen
- an nährstoffarmen, kalkreichen, nassen, oft überfluteten Standorten
- einheimisch

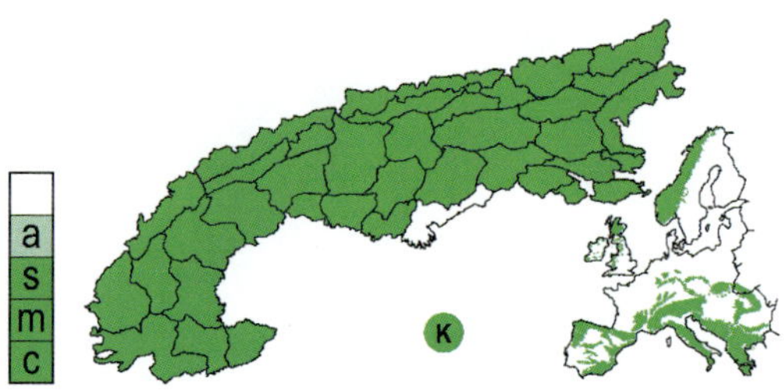

Eriophorum scheuchzeri Hoppe

Scheuchzers Wollgras *Cyperaceae*
V–IX ∗ A3 G(3)

10–30 cm hoch, rasig, mehrjährig. BLÜTENSTAND: **1 endständiges Ährchen**. PERIGONBORSTEN: ≥ 8, als lange, weiße Flughaare ausgebildet. NARBEN: 3. STÄNGEL: **im QS rundlich**. OBERE STÄNGELBLÄTTER: *ohne* o. mit kurzer Spreite, **am Rand glatt**. OBERE BLATTSCHEIDEN: anliegend.

- **trockenfallende Ufer**, **Moore o. Seggenriede**
- an nährstoffarmen, nassen, zuweilen überfluteten Standorten
- einheimisch

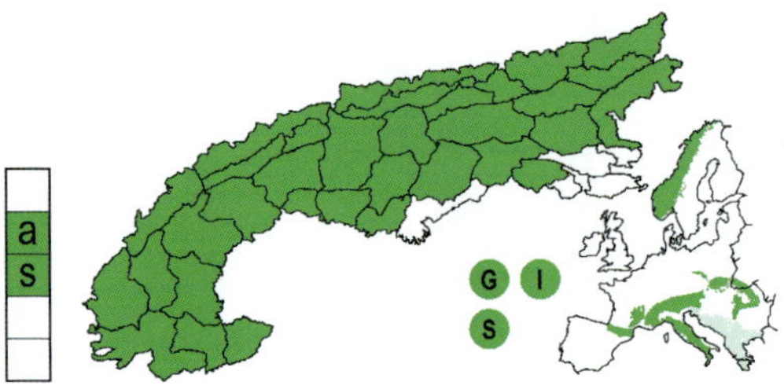

Eriophorum vaginatum L.

Scheiden-Wollgras *Cyperaceae*
III–V ∗ A3 G(3)

30–60 cm hoch, horstförmig, mehrjährig. BLÜTENSTAND: **1 endständiges Ährchen**. PERIGONBORSTEN: ≥ 8, als lange, weiße Flughaare ausgebildet. NARBEN: 3. STÄNGEL: **im QS 3-kantig**. OBERE STÄNGELBLÄTTER: *ohne* o. mit kurzer Spreite, **am Rand rau**. OBERE BLATTSCHEIDEN: **deutlich aufgeblasen**.

- Zwergstrauchheiden, **Moore o. Seggenriede**, **Wälder**
- an nährstoffarmen, sauren, nassen, zuweilen überfluteten Standorten
- einheimisch

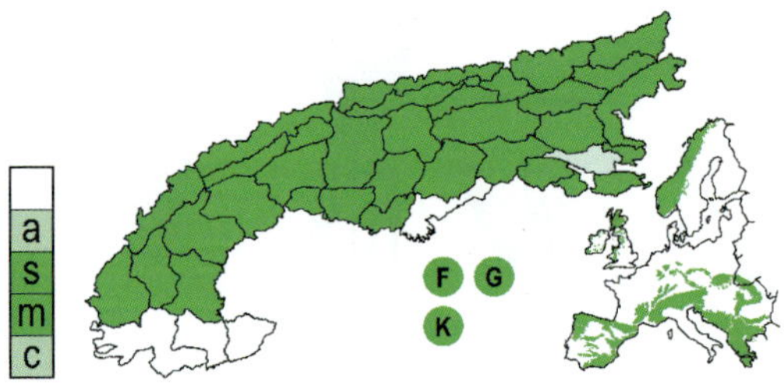

Trichophorum alpinum (L.) Pers.

Alpen-Haarbinse *Cyperaceae*
III–VI ∗ A3 G(3)

10–30 cm hoch, dichtrasig, mehrjährig. BLÜTENSTAND: **1 endständiges Ährchen**. ÄHRCHEN: 8–12-blütig. PERIGONBORSTEN: **4–6, weiß, reif viel länger als der Fruchtknoten**. NARBEN: 3. STÄNGEL: **im QS 3-kantig, oben rau**. OBERE STÄNGELBLÄTTER: *ohne* o. mit kurzer Spreite.

- **Moore o. Seggenriede**
- an nährstoffarmen, sauren, nassen, zuweilen überfluteten Standorten
- einheimisch

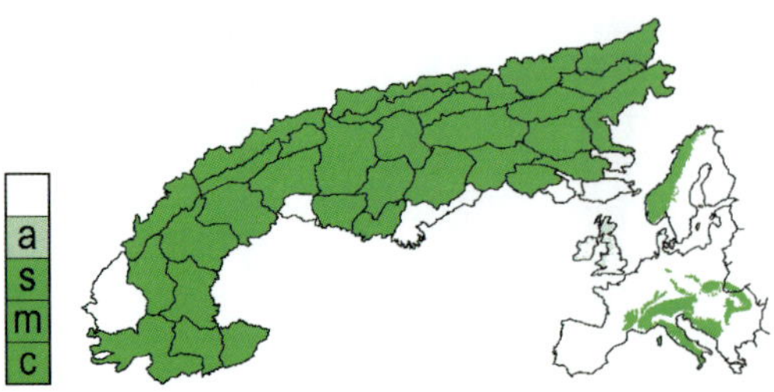

Trichophorum cespitosum (L.) Hartm.

Rasige Haarbinse *Cyperaceae*
IV–VII ∗ A3 G(3)

10–40 cm hoch, horstförmig, mehrjährig. BLÜTENSTAND: **1 endständiges Ährchen**. ÄHRCHEN: **3–20-blütig, 4–10 mm lang**. PERIGONBORSTEN: **bräunlich, reif kaum länger als der Fruchtknoten**. NARBEN: 3. STÄNGEL: **im QS rundlich, oben glatt**. OBERE STÄNGELBLÄTTER: *ohne* o. mit kurzer Spreite.

In den Alpen nur die subsp. *cespitosum*.

- subalpine o. alpine Rasen, Zwergstrauchheiden, **Moore o. Seggenriede**, Wälder
- an nährstoffarmen, sauren, nassen, zuweilen überfluteten Standorten
- einheimisch

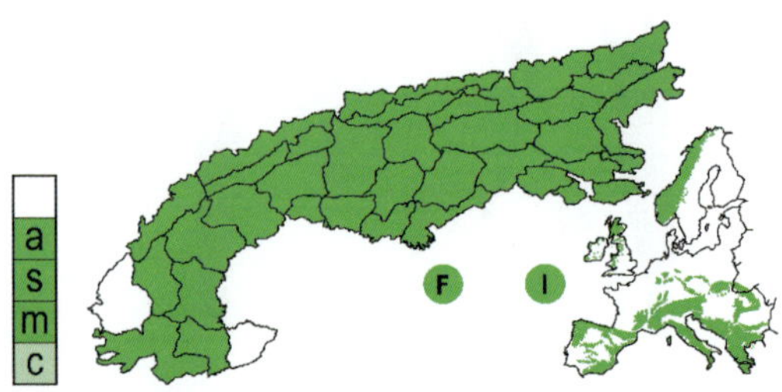

Trichophorum pumilum (Vahl) Schinz & Thell.

Zwerg-Haarbinse *Cyperaceae*
IV–VII ∗ A3 G(3)

Bis 15 cm hoch, dichtrasig, mehrjährig. Blütenstand: **1 endständiges Ährchen.** Perigonborsten: **fehlend.** Narben: 3. obere Stängelblätter: *ohne* o. mit kurzer Spreite.

- subalpine o. alpine Rasen, **Alluvionen**, Staudenfluren, **Moore o. Seggenriede**
- an nährstoffarmen, nassen Standorten
- einheimisch

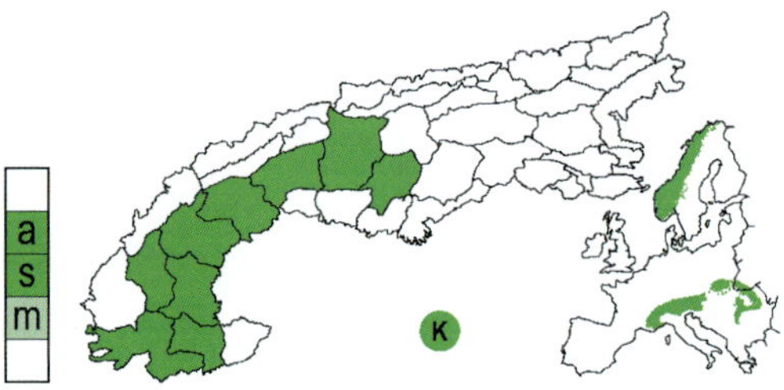

Nardus stricta L.

Borstgras *Poaceae*
IV–VII ♃ A3 G(2)

10–30 cm hoch, horstförmig, mehrjährig. Blütenstand: **ährenartig**, 3–10 cm lang, < 2 cm ⌀. Ährchen: **einzeln an der Ährenachse, 1-blütig**, 5–9 mm lang. Hüllspelzen: **1–2, sehr klein, schuppenartig.** Deckspelzen: 5–9 mm lang, **mit 10–30 mm langer Grannenspitze.** Blätter: in Knospenlage gerollt, bis 15 cm lang, < 2 mm breit. Ligula: < 3 mm lang. Blätter der Erneuerungssprosse: **mit borstenförmiger Spreite.** untere Blattscheiden: **derb, bleibend.**

- **subalpine o. alpine Rasen**, Schutt- o. Felsfluren, Schneetälchen, **Zwergstrauchheiden**, Moore o. Seggenriede, **Grünland**, Wälder
- an nährstoffarmen, sauren Standorten
- einheimisch

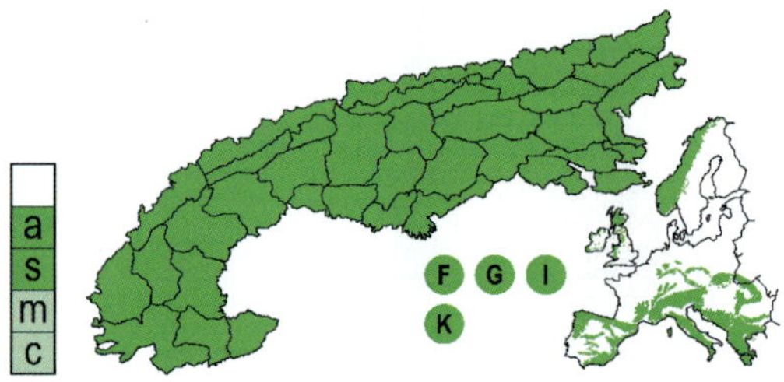

Agrostis: Blütenstand: rispenartig. Ährchen: 1-blütig. Hüllspelzen: 2, länglich-lanzettlich, ± so lang wie das Ährchen. Deckspelzen: lanzettlich. Blätter: oberseits meist gerippt.

Agrostis alpina Scop.

Alpen-Straußgras *Poaceae*
VI–X ♃ A3 G(2)

10–20 cm hoch. Blütenstand: **unterster Knoten mit 2–3 Seitenästen.** Ährchenstiele: **von hakig gebogenen Haaren rau.** Kallus: Haare ± 0,2-mal so lang wie die Deckspelze. Deckspelzen: 2–3 mm lang, **mit zwei < 0,3 mm langen Grannenspitzen**; Granne: **im basalen Drittel entspringend.** Vorspelzen: **< 0,2-mal so lang wie die Deckspelze.** Blätter: **in Knospenlage gefaltet, < 2 mm breit.** Ligula: **1–2 mm lang.** Blätter der Erneuerungssprosse: mit borstenförmiger Spreite.

- **subalpine o. alpine Rasen, Schutt- o. Felsfluren, Alluvionen**, Zwergstrauchheiden
- an nährstoffarmen, basenreichen Standorten
- einheimisch

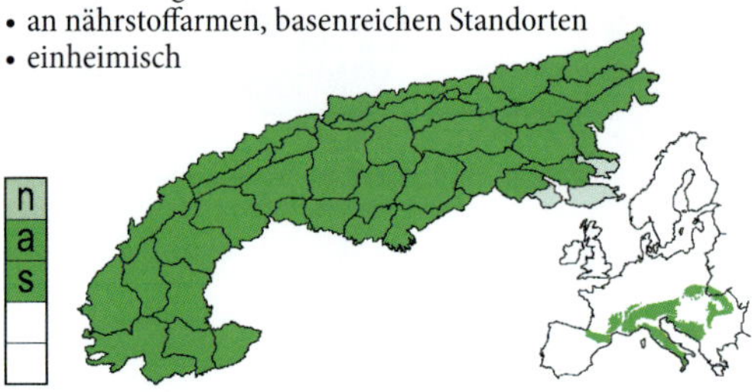

Agrostis schleicheri Jord. & Verl.

Schleichers Straußgras *Poaceae*
VI–X ♃ A3 G(2)

20–40 cm hoch. Blütenstand: **unterster Knoten mit 2–3 Seitenästen.** Ährchenstiele: **von hakig gebogenen Haaren rau.** Kallus: Haare ± 0,2-mal so lang wie die Deckspelze. Deckspelzen: 3–4 mm lang, **mit zwei 0,4–0,7 mm langen Grannenspitzen**; Granne: **im basalen Drittel entspringend.** Vorspelzen: **< 0,2-mal so lang wie die Deckspelze.** Blätter: **in Knospenlage gefaltet, < 1 mm breit.** Ligula: **1–3 mm lang.** Blätter der Erneuerungssprosse: mit borstenförmiger Spreite.

- **subalpine o. alpine Rasen, Schutt- o. Felsfluren, Alluvionen**
- an nährstoffarmen, basenreichen Standorten
- einheimisch

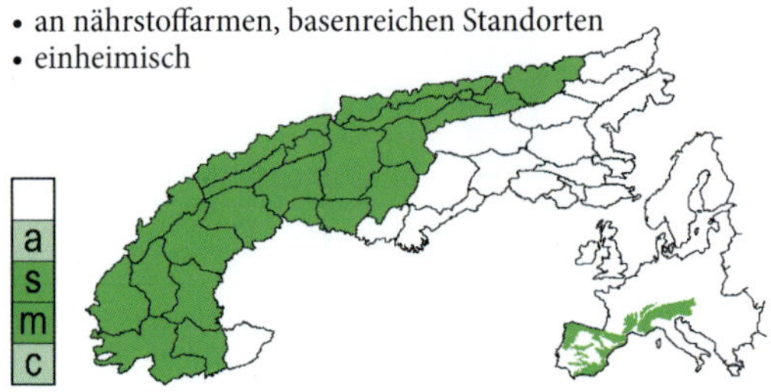

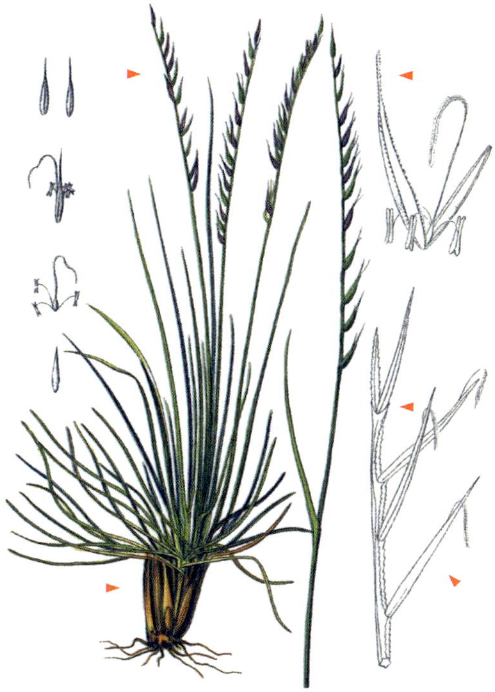

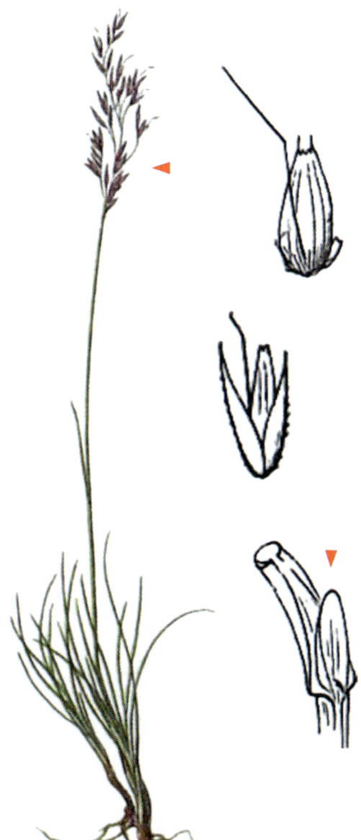

Agrostis stolonifera L.

Kriechendes Straußgras *Poaceae*
V–VIII ♃ A3 G(2)

10–100 cm hoch. Kallus: Haare ± 0,2-mal so lang wie die Deckspelze, zuweilen kahl. Deckspelzen: 1–3 mm lang, meist unbegrannt. Vorspelzen: **0,5–1-mal so lang wie die Deckspelze.** Ausläufer: lang. Blätter: in Knospenlage gerollt, **2–6 mm breit**; oberseits: kahl bis spärlich behaart, etwas rau. Ligula: **2–6 mm lang.**

Formenreiche Sippe.

- **Alluvionen, trockenfallende Ufer, Grünland,** Wälder, **Ruderalvegetation,** Trittfluren, Salzwiesen
- an feuchten bis nassen Standorten
- einheimisch

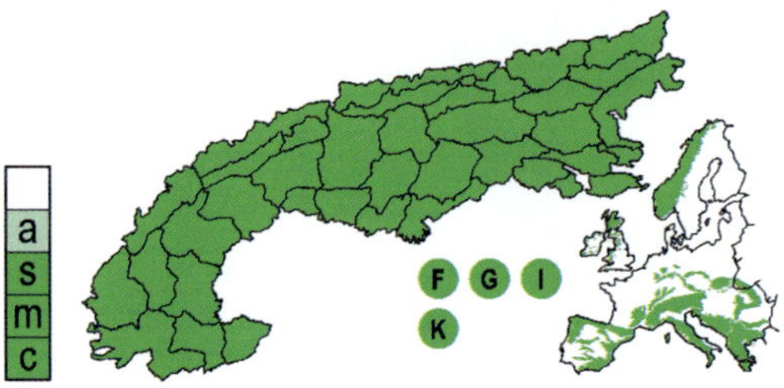

Agrostis capillaris L.

Haar-Straußgras *Poaceae*
V–VIII ♃ A3 G(2)

20–80 cm hoch. Kallus: Haare ± 0,2-mal so lang wie die Deckspelze, zuweilen kahl. Deckspelzen: 1–3 mm lang, unbegrannt bis kurz grannenspitzig. Vorspelzen: **0,5–1-mal so lang wie die Deckspelze.** Blätter: in Knospenlage gerollt, **2–5 mm breit**; oberseits: kahl bis spärlich behaart. Ligula: **< 1 mm lang.**

Formenreiche Sippe.

- **subalpine o. alpine Rasen, Alluvionen, Zwergstrauchheiden, Staudenfluren, Moore o. Seggenriede, Grünland, Wälder,** Ruderalvegetation
- an nährstoffarmen Standorten
- einheimisch

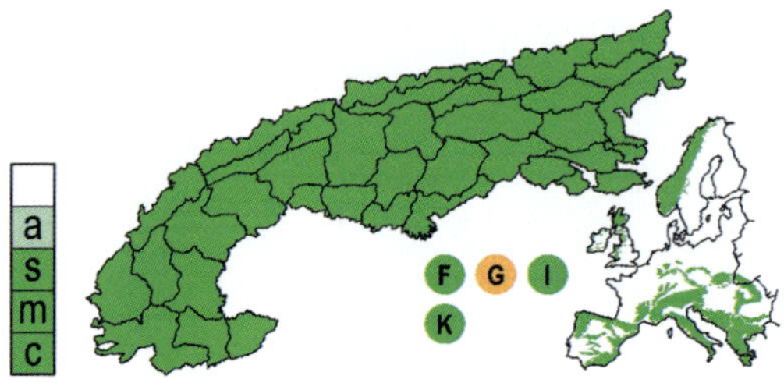

Agrostis rupestris All.

Felsen-Straußgras *Poaceae*
VI–IX ♃ A3 G(2)

Bis 20 cm hoch. Ährchenstiele: **kahl, glatt.** Kallus: Haare ± 0,2-mal so lang wie die Deckspelze, zuweilen kahl. Deckspelzen: 1–3 mm lang; Granne: **im basalen Drittel entspringend, 2–4 mm lang,** gekniet. Vorspelzen: **< 0,2-mal so lang wie die Deckspelze.** Blätter: in Knospenlage gerollt, **< 1 mm breit.** Ligula: **1–2 mm lang.** Blätter der Erneuerungssprosse: mit borstenförmiger Spreite.

In den Alpen nur die subsp. *rupestris.*

- **subalpine o. alpine Rasen, Schutt- o. Felsfluren, Alluvionen, Zwergstrauchheiden,** Ruderalvegetation
- an nährstoffarmen, sauren Standorten
- einheimisch

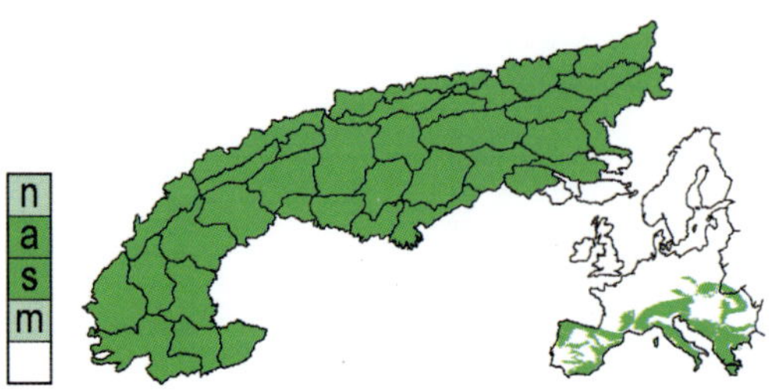

Agrostis schraderiana Bech.

Schilf-Straußgras *Poaceae*
VI–IX ♃ A3 G(2)

30–80 cm hoch. Kallus: **Haare 0,3–0,5-mal so lang wie die Deckspelze.** Deckspelzen: 2–3 mm lang, unbegrannt bis kurz grannenspitzig. Vorspelzen: **< 0,2-mal so lang wie die Deckspelze.** Blätter: in Knospenlage gerollt, **2–5 mm breit.** Ligula: **2–3 mm lang.**

- **subalpine o. alpine Rasen, Schutt- o. Felsfluren,** Alluvionen, **Zwergstrauchheiden, Staudenfluren, Grünerlengebüsche, Wälder**
- an nährstoffarmen Standorten
- einheimisch

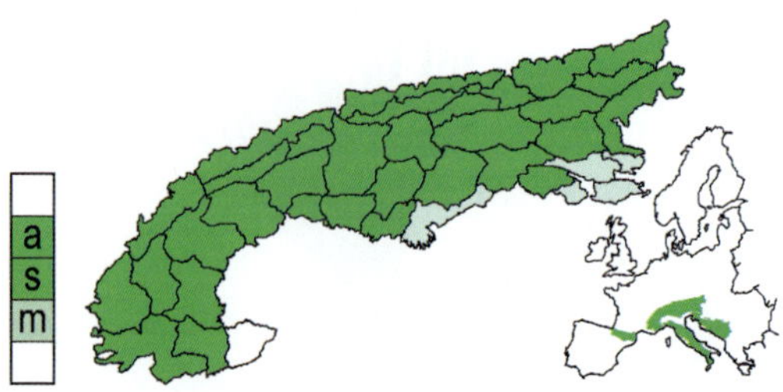

Alopecurus aequalis Sobol.

Rotgelbes Fuchsschwanzgras *Poaceae*
IV–X ♃ A3 G(2)

10–25 cm hoch, 1- bis mehrjährig. BLÜTENSTAND: ährenrispenartig, 2–8 cm lang. ÄHRCHEN: 1-blütig, 2–3 mm lang. HÜLLSPELZEN: im unteren Drittel verwachsen, gekielt, spitz. DECKSPELZEN: GRANNE: **± in der Mitte entspringend, 1–2 mm lang**, kürzer als die Hüllspelzen. VORSPELZEN: fehlend. STÄNGEL: basal meist niederliegend, an den Knoten einwurzelnd. BLÄTTER: in Knospenlage gerollt, 2–5 mm breit. LIGULA: 2–5 mm lang. OBERE BLATTSCHEIDEN: zuweilen etwas aufgeblasen.

- Staudenfluren, **trockenfallende Ufer**, Grünland, Wälder
- an nährstoffreichen, nassen, oft überfluteten Standorten
- einheimisch

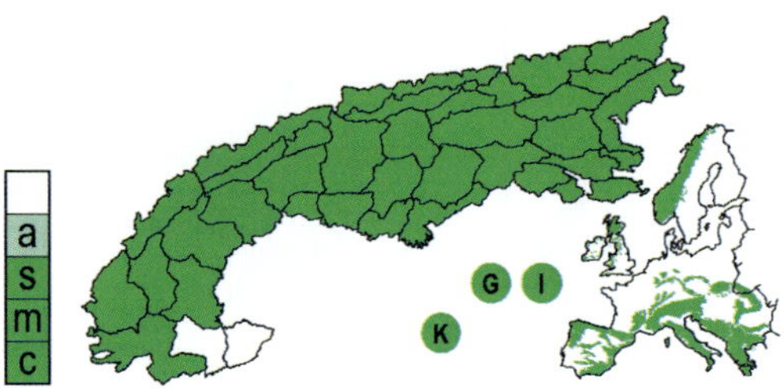

Alopecurus gerardi Vill.

Alpen-Fuchsschwanzgras *Poaceae*
VI–X ♃ A3 G(2)

10–50 cm hoch, mehrjährig. BLÜTENSTAND: ährenrispenartig, **1–3 cm lang**. ÄHRCHEN: 1-blütig. HÜLLSPELZEN: im unteren Drittel verwachsen, gekielt, **grannenspitzig**. DECKSPELZEN: GRANNE: **im basalen Drittel entspringend, 0,5–2 mm lang**, kürzer als die Hüllspelzen. VORSPELZEN: **vorhanden**. STÄNGEL: basal zuweilen niederliegend. BLÄTTER: in Knospenlage gerollt, 1–5 mm breit. LIGULA: 1–2 mm lang.

In den Alpen nur die subsp. *gerardi*.

- **subalpine o. alpine Rasen**, Schutt- o. Felsfluren, **Schneetälchen**
- an nährstoffarmen Standorten
- einheimisch

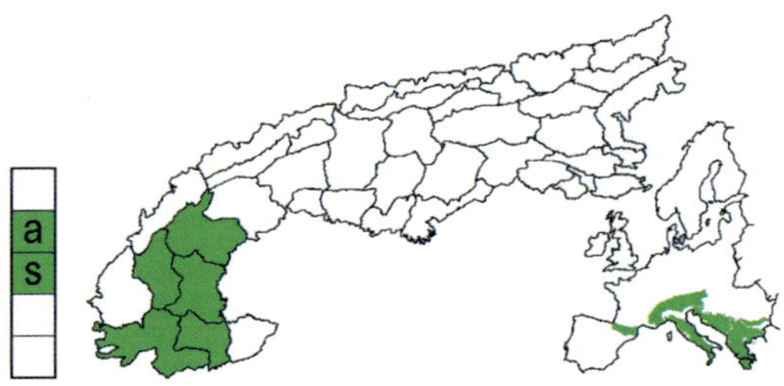

Alopecurus pratensis L.

Wiesen-Fuchsschwanzgras *Poaceae*
IV–VII ♃ A3 G(2)

30–100 cm hoch, mehrjährig. BLÜTENSTAND: ährenrispenartig, 2–10 cm lang, 0,6–1,5 cm ⌀. ÄHRCHEN: 1-blütig, 4–6 mm lang. HÜLLSPELZEN: im unteren Drittel verwachsen, gekielt, spitz. DECKSPELZEN: GRANNE: **im basalen Drittel entspringend, 6–10 mm lang**. VORSPELZEN: fehlend. STÄNGEL: aufrecht. BLÄTTER: in Knospenlage gerollt, 3–8 mm breit. LIGULA: 1–3 mm lang.

In den Alpen nur die subsp. *pratensis*.

- Alluvionen, Zwergstrauchheiden, Staudenfluren, **Grünland**, **Ruderalvegetation**
- an nährstoffreichen Standorten
- einheimisch

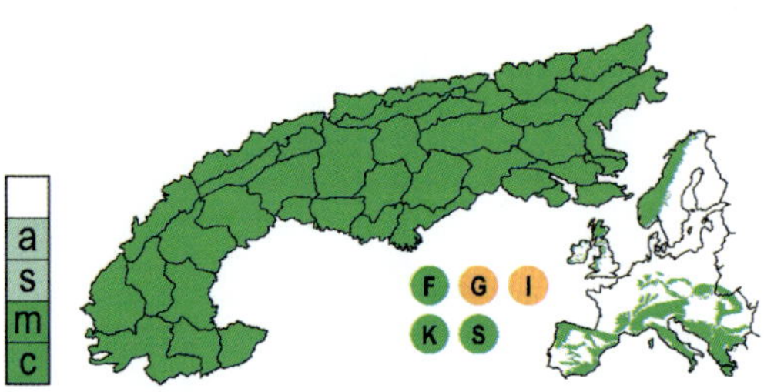

Anthoxanthum odoratum L.

schwach giftig

Gewöhnliches Ruchgras *Poaceae*
IV–VII ♃ A3 G(2)

15–50 cm hoch, **mehrjährig**. BLÜTENSTAND: rispen- bis ährenrispenartig, 2–10 cm lang. ÄHRCHEN: 3-blütig, 6–9 mm lang, die oberste Blüte ⚥, die unteren ♂. DECKSPELZEN: **am unbegrannten Blütchen kahl, die begrannten bis zur Spitze ± bräunlich behaart, nur am Rand kahl**; GRANNE: ± in der Mitte entspringend, die längere gekniet u. aus dem Ährchen ragend. BLÄTTER: **im QS flach ausgebreitet**, blau- bzw. graugrün, bis 30 cm lang, 2–8 mm breit, **am Rand behaart**; UNTERSEITS: **matt.**

- Alluvionen, Zwergstrauchheiden, **Staudenfluren**, Moore o. Seggenriede, **Grünland**, **Wälder**, **Ruderalvegetation**
- an nährstoffarmen Standorten
- einheimisch

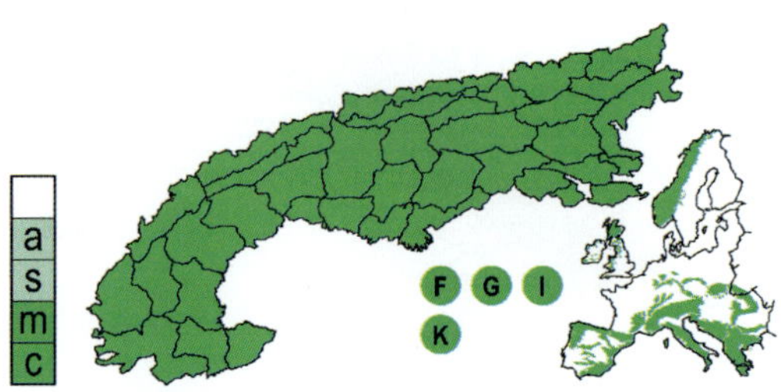

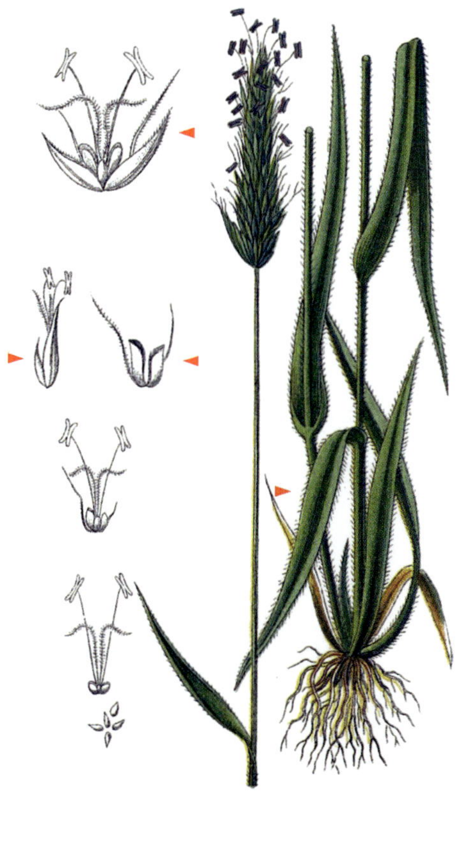

Anthoxanthum alpinum Á. Löve & D. Löve

schwach giftig

Alpen-Ruchgras *Poaceae*
III–VIII ♄ A3 G(2)

20–80 cm hoch, **mehrjährig**. Blütenstand: rispen- bis ährenrispenartig, 1–5 cm lang. Ährchen: 3-blütig, 6–9 mm lang, die oberste Blüte ⚥, die unteren ♂. Deckspelzen: **am unbegrannten Blütchen distal spärlich ± bräunlich behaart, die begrannten distal kahl**; Granne: ± in der Mitte entspringend, die längere gekniet u. aus dem Ährchen ragend. Blätter: **meist nach oben eingerollt**, blau- bzw. graugrün, bis 10 cm lang, 2–6 mm breit, **auch am Rand kahl**; unterseits: **glänzend**.

- **subalpine o. alpine Rasen, Schutt- o. Felsfluren,** Schneetälchen, Zwergstrauchheiden, Moore o. Seggenriede, Wälder
- an nährstoffarmen, sauren Standorten
- einheimisch

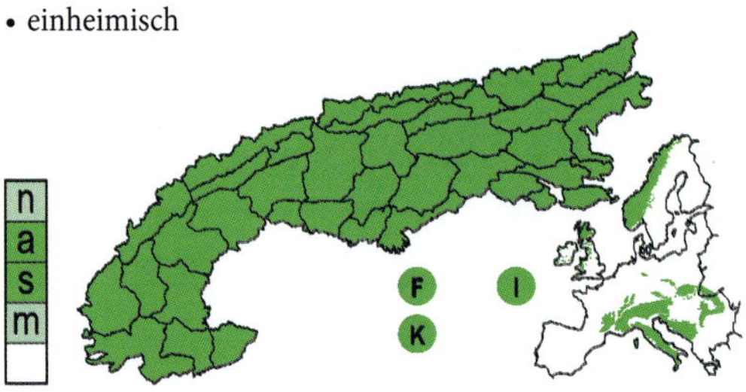

Calamagrostis varia (Schrad.) Host

Berg-Reitgras *Poaceae*
VI–IX ♄ A3 G(2)

40–100 cm hoch, **horstförmig**, mehrjährig. Blütenstand: rispenartig. Ährchen: 1-blütig, Achse unterhalb der Blüte mit lang behaartem Fortsatz. Hüllspelzen: länglich-lanzettlich, ± so lang wie das Ährchen. Deckspelzen: **derb, grünlich**; Granne: im basalen Drittel entspringend, **4–5 mm lang, länger als die Deckspelze, die Hüllspelze kaum überragend, gekniet**. Blätter: in Knospenlage gerollt, 3–8 mm breit; oberseits: **kahl**; unterseits: **matt**. Blattscheiden: distal mit einem Haarbüschel. Ligula: 2–4 mm lang.

In den Alpen nur die subsp. *varia*.

- **subalpine o. alpine Rasen, Schutt- o. Felsfluren, Alluvionen, Zwergstrauchheiden, Staudenfluren, Legföhrengebüsche,** Extensivgrünland o. Magerrasen, **Wälder**
- an nährstoffarmen, basenreichen Standorten
- einheimisch

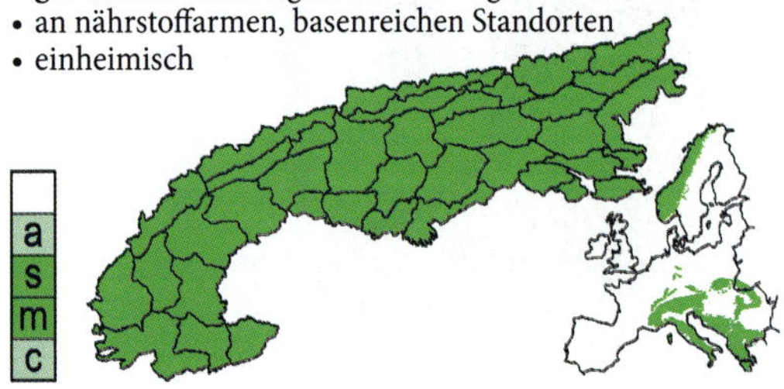

Calamagrostis villosa (Chaix) J. F. Gmel.

Wolliges Reitgras *Poaceae*
VI–IX ♄ A3 G(2)

60–120 cm hoch, **rasig**, mehrjährig. Blütenstand: rispenartig. Ährchen: 1-blütig, Achse unterhalb der Blüte mit lang behaartem Fortsatz. Hüllspelzen: länglich-lanzettlich, ± so lang wie das Ährchen. Deckspelzen: **häutig, durchscheinend**; Granne: im basalen Drittel entspringend, **< 2 mm lang, kürzer als die Deckspelze, gerade**. Stängel: unter den Knoten oft mit Haarbüscheln. Blätter: in Knospenlage gerollt, 3–8 mm breit; oberseits: **behaart**; unterseits: **glänzend**. Blattscheiden: distal mit einem Haarbüschel. Ligula: 2–4 mm lang.

- Schutt- o. Felsfluren, **Zwergstrauchheiden, Staudenfluren, Grünerlen- o. Legföhrengebüsche, Wälder**
- an nährstoffarmen, sauren Standorten
- einheimisch

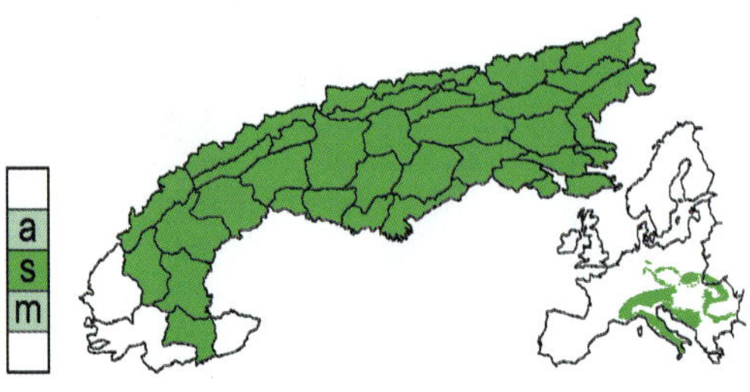

Deschampsia cespitosa (L.) P. Beauv.

Rasen-Schmiele *Poaceae*
IV–X ♄ A3 G(2)

30–100 cm hoch, horstförmig, mehrjährig. Blütenstand: rispenartig. Ährchen: 1–3-blütig, 2–8 mm lang. Hüllspelzen: untere: 1–3-nervig; obere: 3–5-nervig. Deckspelzen: 4-spitzig, meist 5-nervig; Granne: im basalen Drittel entspringend, (undeutlich) gekniet. Blätter: bis 60 cm lang, **2–7 mm breit, sehr rau**; oberseits: gerippt. Blätter der Erneuerungssprosse: **6–10-furchig, Furchen oft heller durchscheinend**, mit ≥ 7 Sklerenchymsträngen, Sklerenchymstränge auch auf der Oberseite der Blätter.

In der alpinen Stufe v. a. die subsp. *cespitosa*.

- **Alluvionen, trockenfallende Ufer, Moore o. Seggenriede, Grünland,** Wälder, Ruderalvegetation
- an feuchten bis nassen, auch zuweilen überschwemmten Standorten
- einheimisch

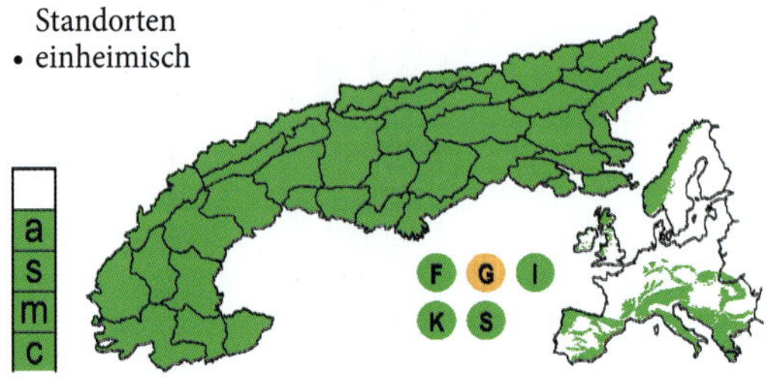

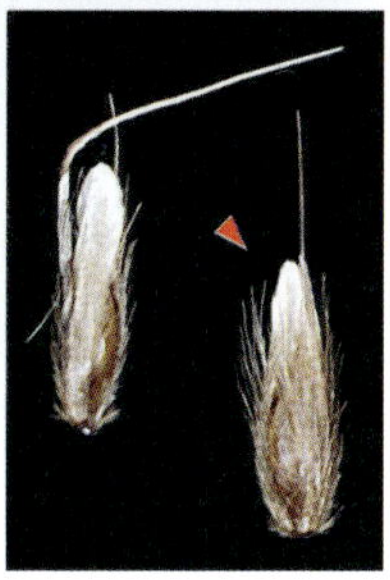

Avenella flexuosa (L.) Drejer

Draht-Schmiele *Poaceae*
V–IX ♄ A3 G(2)

20–60 cm hoch, rasig, mehrjährig. Blütenstand: rispenartig. Ährchen: 2-blütig, 3–6 mm lang. Hüllspelzen: untere: 1–3-nervig; obere: 3–5-nervig. Deckspelzen: 3–6 mm lang, 4-spitzig, meist 5-nervig; Granne: im basalen Drittel entspringend, **5–8 mm lang, die Deckspelze um 1–3 mm überragend**, (undeutlich) gekniet. Blätter: **< 1 mm breit, sehr glatt**. Ligula: **1–3 mm lang**. Blätter der Erneuerungssprosse: **mit borstenförmiger Spreite**.

In den Alpen nur die subsp. *flexuosa*.

- **subalpine o. alpine Rasen**, Schutt- o. Felsfluren, **Zwergstrauchheiden**, **Staudenfluren**, Grünerlen- o. Legföhrengebüsche, Moore o. Seggenriede, **Grünland**, **Wälder**
- an nährstoffarmen, sauren Standorten
- einheimisch

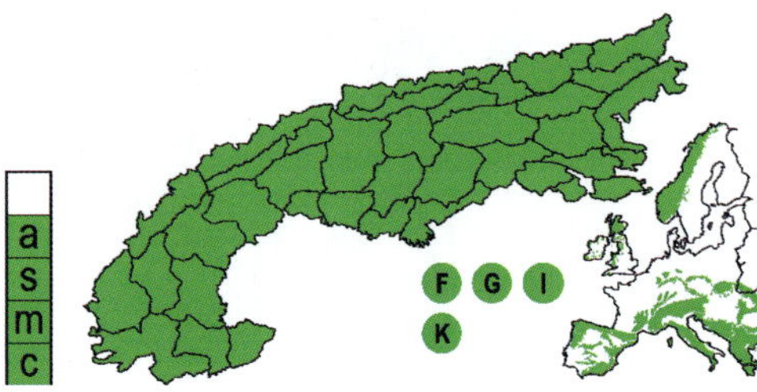

Avenula pubescens (Huds.) Dumort.

Flaumiger Wiesenhafer *Poaceae*
IV–VII ♄ A3 G(2)

30–100 cm hoch, mehrjährig. Blütenstand: rispenartig. Ährchen: **2–4-blütig, mit 3–6 mm langen Haaren**. Hüllspelzen: länglich-lanzettlich; untere: 1–3-nervig; obere: 3–5-nervig. Deckspelzen: Granne: ± in der Mitte entspringend, 10–25 mm lang, gekniet, **basal verdreht**. Vorspelzen: kahl, **mit mittigen Kielen**. Stängel: unten: im QS rundlich. Blätter: in Knospenlage gefaltet, **2–8 mm breit**; oberseits: **behaart**. Blattscheiden: **± bis oben verwachsen**. Ligula: 5–8 mm lang, spitz.

In den Alpen die subsp. *pubescens* u. *laevigata* (vgl. S. 725).

- **subalpine o. alpine Rasen**, Schutt- o. Felsfluren, **Grünland**, Wälder, Ruderalvegetation
- meist an trockenen Standorten
- einheimisch

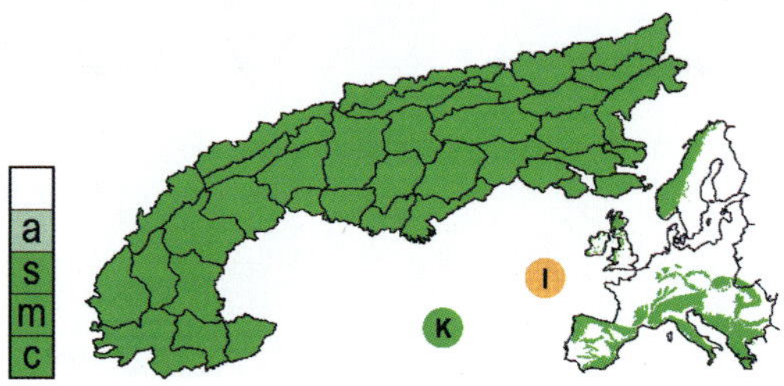

Helictochloa: mehrjährig. Blütenstand: rispenartig. Hüllspelzen: länglich-lanzettlich; untere: 1-3-nervig; obere: 3-5-nervig. Deckspelzen: meist 5-nervig; Granne: ± in der Mitte der Spelze entspringend, gekniet, basal verdreht. reife Ährchen: die Blütchen einzeln abfallend. Blätter: in Knospenlage gefaltet; oberseits: oft mit Doppelrinne, ungerippt. Ligula: spitz. Blätter der Erneuerungssprosse: im QS v-förmig gefaltet.

Helictochloa adsurgens (Simonk.) Romero Zarco

Mittlerer Wiesenhafer *Poaceae*
V–VIII ♄ A3 G(2)

25–80 cm hoch, rasig. Ährchen: 3–5-blütig, **15–30 mm lang**. Stängel: unten: **im QS (etwas) abgeflacht**. Blätter: **2–9 mm breit**. Ligula: **4–8 mm lang**. Blätter der Erneuerungssprosse: 2–9 mm ⌀.

In den Alpen die subsp. *adsurgens* u. *ausserdorferi* (endemisch) (vgl. S. 725).

- **subalpine o. alpine Rasen**, Schutt- o. Felsfluren, **Zwergstrauchheiden**, Staudenfluren, Grünerlengebüsche, **Extensivgrünland o. Magerrasen**, **Wälder**
- an nährstoffarmen, meist sauren Standorten
- einheimisch

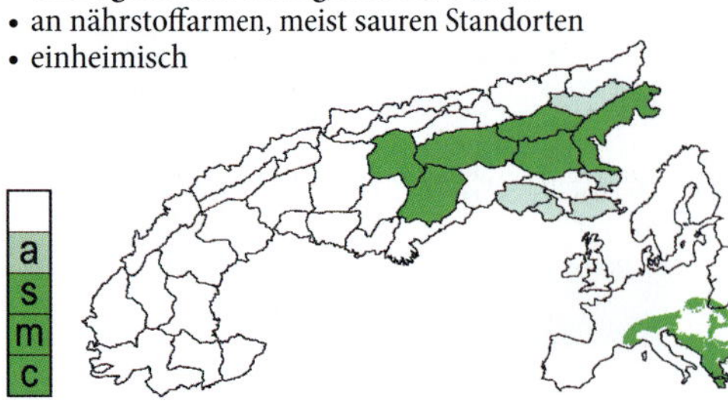

Helictochloa praeusta (Rchb.) Romero Zarco

Alpen-Wiesenhafer *Poaceae*
V–VIII ♄ A3 G(2)

Horstförmig. Ährchen: 3–6-blütig, **15–30 mm lang**. Deckspelzen: basal grünlich; Granne: 10–16 mm lang. Stängel: unten: im QS rundlich. Blätter: **2–6 mm breit**. Blätter der Erneuerungssprosse: 1,5–3 mm ⌀.

In den Alpen die subsp. *praeusta* u. *pseudoviolacea* (endemisch) (vgl. S. 725).

- **subalpine o. alpine Rasen**, Schutt- o. Felsfluren, Extensivgrünland o. Magerrasen
- an nährstoffarmen, meist basenreichen Standorten
- einheimisch

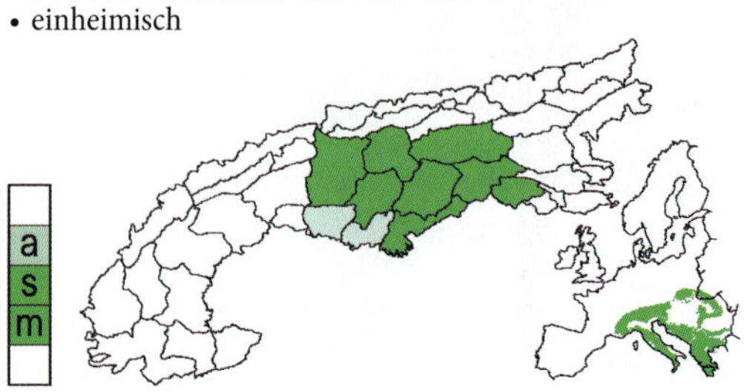

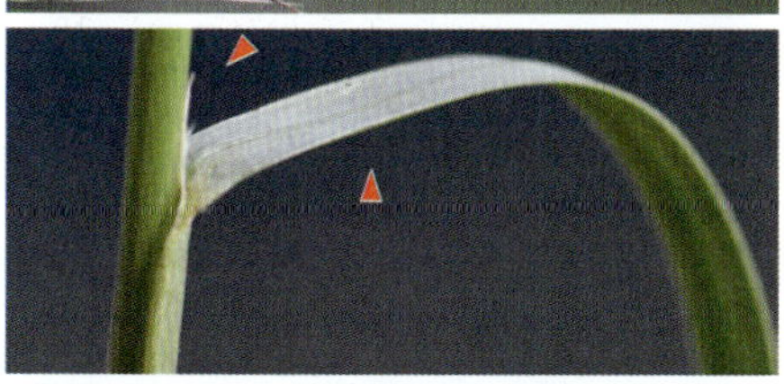

Helictochloa pratensis (L.) Romero Zarco

Echter Wiesenhafer *Poaceae*
IV–VII ϟ A3 G(2)

30–80 cm hoch, horstförmig. Ährchen: 3–5-blütig, **15–30 mm lang**. Deckspelzen: basal grünlich, **10–16 mm lang**; Granne: 12–22 mm lang. Vorspelzen: **9–12 mm lang**, am Rand bewimpert, mit randlichen Kielen. Stängel: unten: im QS rundlich. Blätter: **2–3 mm breit**. Blattscheiden: offen. Ligula: **3–5 mm lang**. Blätter der Erneuerungssprosse: 2–4 mm ⌀.

In den Alpen nur die subsp. *pratensis*.

- subalpine o. alpine Rasen, Schutt- o. Felsfluren, Staudenfluren, **Grünland**, Wälder
- an nährstoffarmen, meist trockenen Standorten
- einheimisch

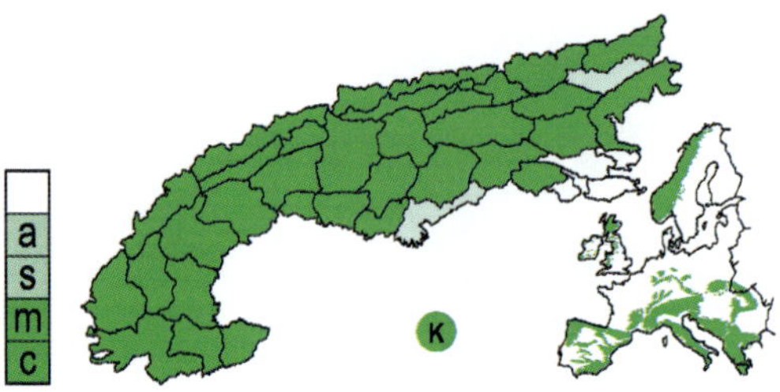

Helictochloa versicolor (Vill.) Romero Zarco

Bunter Wiesenhafer *Poaceae*
VI–IX ϟ A3 G(2)

15–40 cm hoch. Ährchen: 3–6-blütig, **10–13 mm lang**. Deckspelzen: **basal bräunlich o. violett, 8–11 mm lang**; Granne: 10–16 mm lang. Vorspelzen: **7–9 mm lang**, am Rand bewimpert, mit randlichen Kielen. Blätter: **2–5 mm breit, am Rand knorpelig, hell**. Blattscheiden: in der basalen Hälfte verwachsen. Ligula: **2–4 mm lang**. Blätter der Erneuerungssprosse: 2–4 mm ⌀.

In den Alpen nur die subsp. *versicolor*.

- **subalpine o. alpine Rasen**, Schutt- o. Felsfluren, **Zwergstrauchheiden**
- an nährstoffarmen, sauren Standorten
- einheimisch

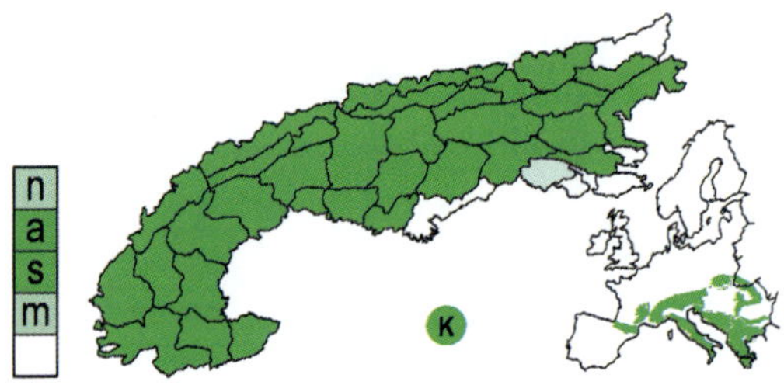

Helictotrichon: mehrjährig. Blütenstand: rispenartig. Hüllspelzen: länglich-lanzettlich; untere: 1-3-nervig; obere: 3-5-nervig. Deckspelzen: meist 7-nervig; Granne: ± in der Mitte der Spelze entspringend, gekniet. Blätter: in Knospenlage gerollt; oberseits: gerippt. Blätter der Erneuerungssprosse: mit borstenförmiger Spreite, im QS ± u-förmig gebogen.

Helictotrichon parlatorei (Woods) Pilg.

Parlatores Wiesenhafer *Poaceae*
VI–IX ϟ A3 G(2)

40–150 cm hoch, horstförmig. Ährchen: **8–12 mm lang**. Deckspelzen: **7–9 mm lang**; Granne: 10–15 mm lang. reife Ährchen: **als Ganzes aus den Hüllspelzen fallend**. Blätter der Erneuerungssprosse: 1–2 mm ⌀, **Ligula kahl, 3–8 mm lang**.

- **subalpine o. alpine Rasen**, Schutt- o. Felsfluren, Legföhrengebüsche
- an nährstoffarmen, kalkreichen Standorten
- endemisch

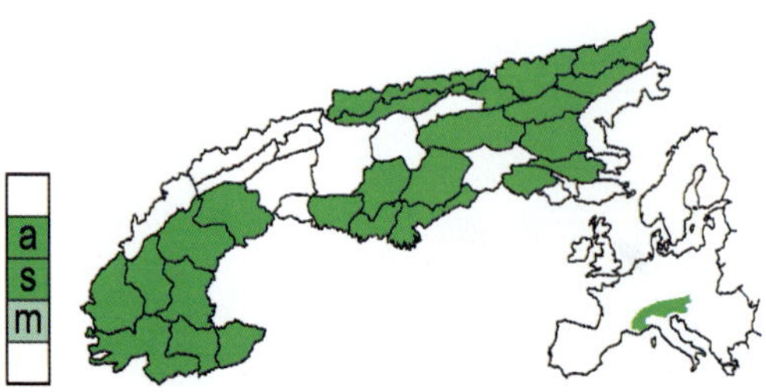

Helictotrichon petzense H. Melzer

Karawanken-Wiesenhafer *Poaceae*
VI–VIII ϟ A3 G(2)

10–40 cm hoch. Blütenstand: meist 4–10 cm lang. Ährchenstiele: rau. Ährchen: **12–15 mm lang**. Kallus: Haare ± 0,5-mal so lang wie die Deckspelze. Deckspelzen: Granne: 18–22 mm lang. reife Ährchen: die Blütchen einzeln abfallend. Stängel: behaart. Blätter der Erneuerungssprosse: **Ligula bewimpert, < 1,5 mm lang**.

- **subalpine o. alpine Rasen, Schutt- o. Felsfluren**
- an nährstoffarmen, sauren Standorten
- endemisch

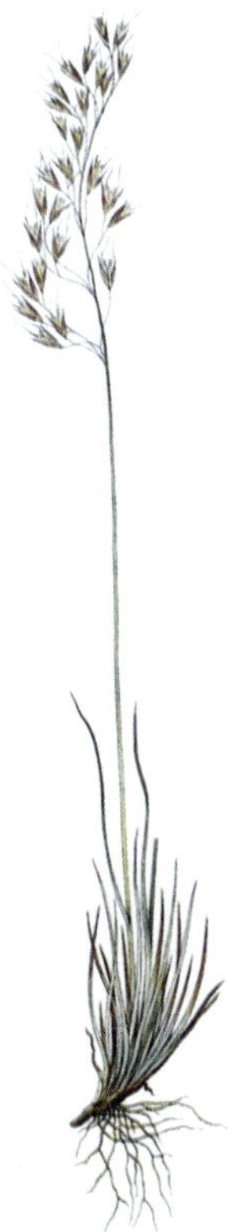

Helictotrichon sedenense (DC.) Holub

Seyner Wiesenhafer *Poaceae*
VI–VIII ♃ A3 G(2)

30–90 cm hoch. Blütenstand: meist 6–25 cm lang. Kallus: Haare < 0,3-mal so lang wie die Deckspelze, Haare 2–2,5 mm lang. reife Ährchen: die Blütchen einzeln abfallend. Blätter: unterseits: hell gestreift. Blätter der Erneuerungssprosse: mit mehreren Sklerenchymsträngen, **Ligula bewimpert, < 1,5 mm lang**.

In den Alpen nur die subsp. *sedenense*.

- **subalpine o. alpine Rasen, Schutt- o. Felsfluren**, Alluvionen, **Extensivgrünland o. Magerrasen**
- an nährstoffarmen Standorten
- einheimisch

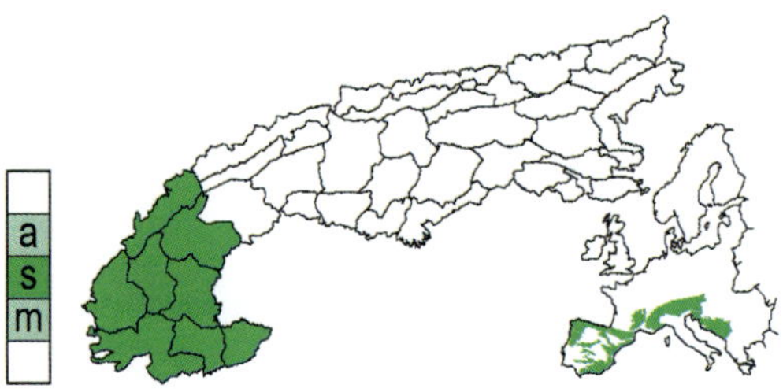

Helictotrichon sempervirens (Vill.) Pilg.

Immergrüner Wiesenhafer *Poaceae*
V–VIII ♃ A3 G(2)

40–120 cm hoch. Blütenstand: meist 6–25 cm lang. Kallus: Haare < 0,3-mal so lang wie die Deckspelze, Haare 2,5–4 mm lang. reife Ährchen: **als Ganzes aus den Hüllspelzen fallend**. Blätter: unterseits: einfarbig. Blätter der Erneuerungssprosse: mit durchgehender Sklerenchymscheide, **Ligula bewimpert, < 1,5 mm lang**.

- **subalpine o. alpine Rasen, Schutt- o. Felsfluren, Extensivgrünland o. Magerrasen**
- an nährstoffarmen, kalkreichen Standorten
- endemisch

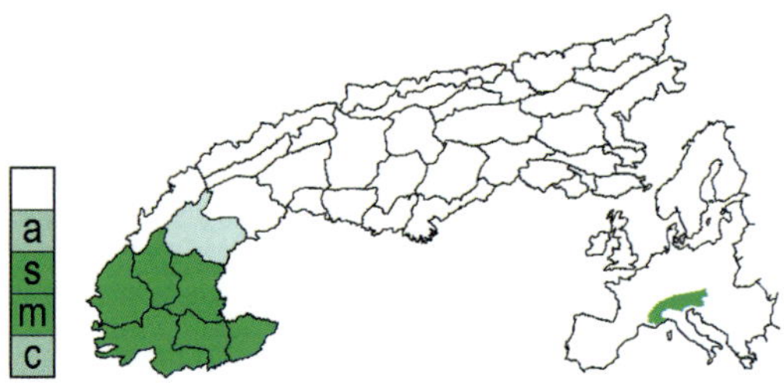

Helictotrichon setaceum (Vill.) Henrard

Borstiger Wiesenhafer *Poaceae*
V–VIII ♃ A3 G(2)

20–60 cm hoch. Blütenstand: meist 4–10 cm lang. Ährchenstiele: glatt. Ährchen: **8–12 mm lang**. Kallus: Haare ± 0,5-mal so lang wie die Deckspelze. Deckspelzen: Granne: 12–18 mm lang. reife Ährchen: die Blütchen einzeln abfallend. Stängel: kahl. Blätter der Erneuerungssprosse: < 1 mm ⌀, **Ligula bewimpert, < 1,5 mm lang**.

- **subalpine o. alpine Rasen, Schutt- o. Felsfluren**
- an nährstoffarmen, sauren Standorten
- endemisch

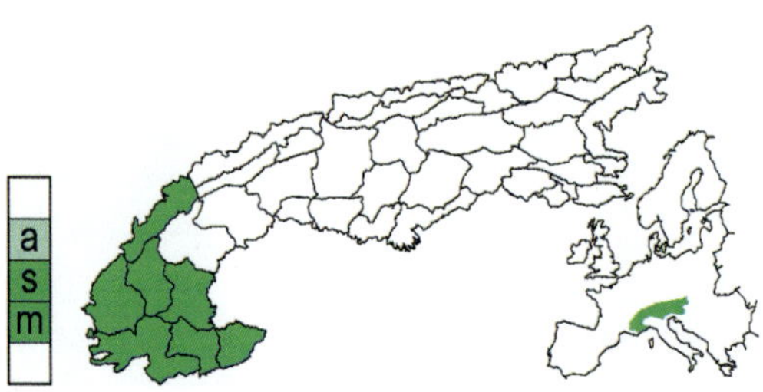

> ***Koeleria***: mehrjährig. Blütenstand: (rispen- bis) ährenrispenartig. Ährchen: 2-3-blütig. Hüllspelzen: ± so lang wie das Ährchen, spitz. Deckspelzen: 3-nervig. Blätter: in Knospenlage gerollt. oberseits: gerippt. Ligula: < 1 mm lang.

Koeleria pyramidata (Lam.) P. Beauv.

Pyramiden-Kammschmiele *Poaceae*
V–VIII ♃ A3 G(2)

25–80 cm hoch, rasig. Blütenstand: 5–15 cm lang. Ährchen: **5–8 mm lang**. Hüllspelzen: spitz. Deckspelzen: 4–6 mm lang, spitz, unbegrannt. Blätter: **2–4 mm breit**, am Rand bewimpert; oberseits: **kahl**. Ligula: < 1 mm lang. untere Blattscheiden: meist in Längsstreifen zerfasernd.

In den Alpen die subsp. *pyramidata* u. *montana* (vgl. S. 726).

- subalpine o. alpine Rasen, Staudenfluren, **Extensivgrünland o. Magerrasen**, Wälder, Ruderalvegetation
- an nährstoffarmen, trockenen Standorten
- einheimisch

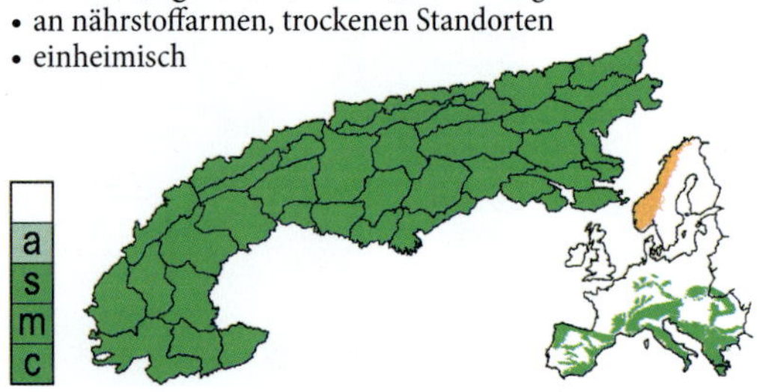

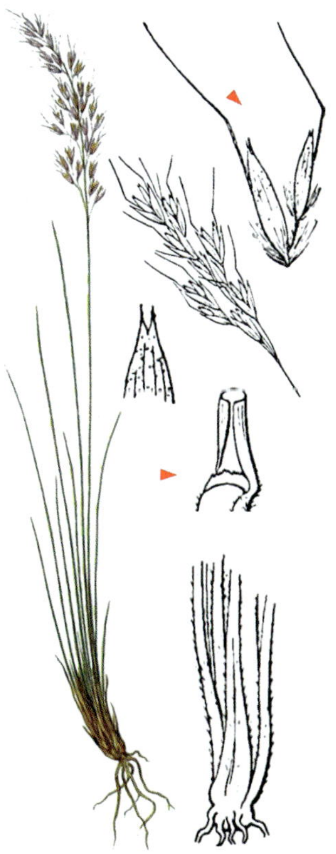

Koeleria macrantha (Ledeb.) Schult.

Großblütige Kammschmiele *Poaceae*
IV–VII ϟ A3 G(2)

20–50 cm hoch, horstförmig. Blütenstand: 5–15 cm lang. Ährchen: **2–6 mm lang**. Hüllspelzen: spitz. Deckspelzen: 4–5 mm lang, spitz, zuweilen rau, unbegrannt. Blätter: im QS meist flach ausgebreitet, **< 2 mm breit**, am Rand *nicht* bewimpert; oberseits: **behaart**. Ligula: < 1 mm lang. untere Blattscheiden: meist in Längsstreifen zerfasernd, behaart.

Formenreiche Sippe.

- subalpine o. alpine Rasen, **Extensivgrünland o. Magerrasen**, Wälder
- an nährstoffarmen, basenreichen, meist trockenen Standorten
- einheimisch

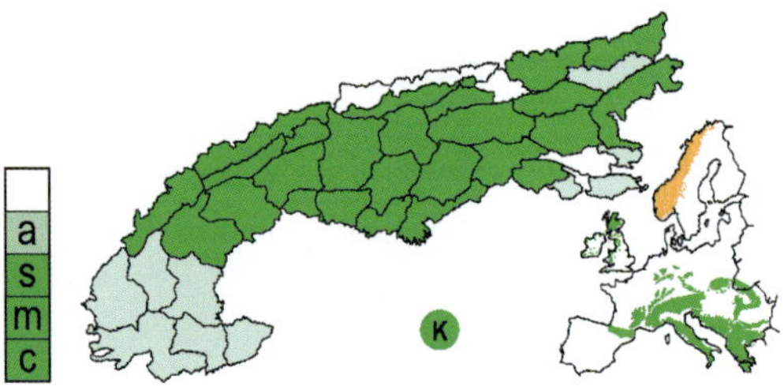

Koeleria eriostachya Pančić

Wollige Kammschmiele *Poaceae*
VI–IX ϟ A3 G(2)

30–50 cm hoch, horstförmig. Blütenstand: 6–9 cm lang. Ährchen: 6–8 mm lang. Hüllspelzen: spitz. Deckspelzen: **distal abgerundet**, **behaart**, unbegrannt. Blätter: im QS meist flach ausgebreitet. Ligula: < 1 mm lang. untere Blattscheiden: meist in Längsstreifen zerfasernd.

- **subalpine o. alpine Rasen**, **Schutt- o. Felsfluren**, **Extensivgrünland o. Magerrasen**
- an trockenen Standorten
- einheimisch

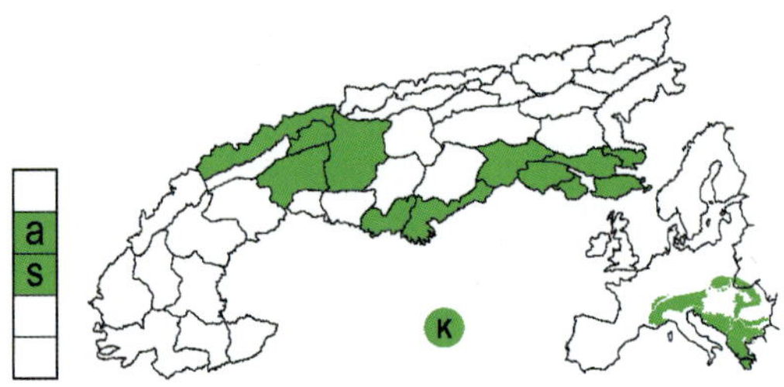

Koeleria cenisia Reut. ex E. Rev.

Mont-Cenis-Kammschmiele *Poaceae*
VI–IX ϟ A3 G(2)

Bis 25 cm hoch. Blütenstand: **1–3 cm lang**. Ährchen: 4–7 mm lang. Deckspelzen: **2-spitzig**, **kahl**, **begrannt**; Granne: **0,5–1 mm lang**. Stängel: krautig; oben: **kahl**. Blätter: im QS meist zusammengerollt, **0,5–1 mm breit**. Ligula: ± 1 mm lang. untere Blattscheiden: meist netzartig zerfasernd.

- **subalpine o. alpine Rasen**, **Schutt- o. Felsfluren**, Alluvionen, Extensivgrünland o. Magerrasen
- an nährstoffarmen, kalkreichen, trockenen Standorten
- endemisch

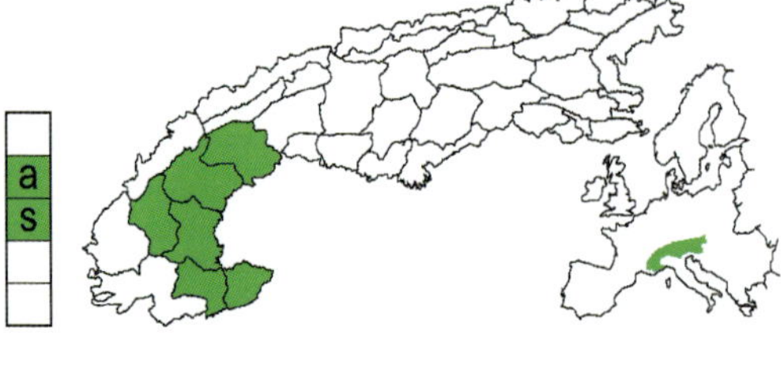

Koeleria hirsuta (DC.) Gaudin

Raue Kammschmiele *Poaceae*
V–IX ϟ A3 G(2)

10–30 cm hoch. Blütenstand: **2–5 cm lang**. Ährchen: 4–7 mm lang. Deckspelzen: **2-spitzig**, **behaart**, **begrannt**; Granne: **1–3 mm lang**. Stängel: krautig; unten: **von abgestorbener Laubblattscheide umgeben**, **± stark verdickt**; oben: **dicht behaart**. Blätter: im QS meist zusammengerollt, **0,5–2 mm breit**. Ligula: ± 2 mm lang. untere Blattscheiden: meist netzartig zerfasernd.

- **subalpine o. alpine Rasen**, **Schutt- o. Felsfluren**, Alluvionen
- an nährstoffarmen Standorten
- endemisch

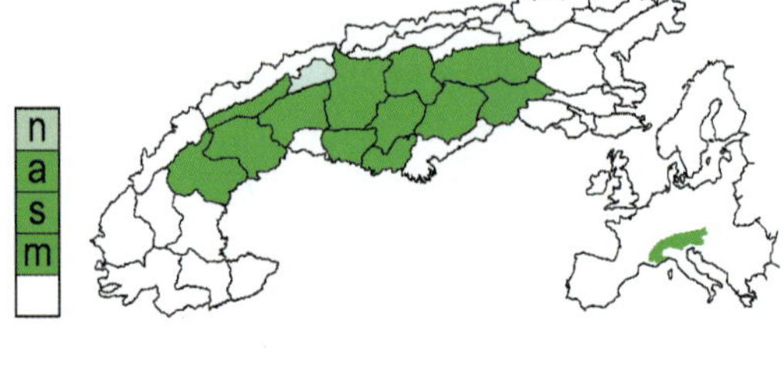

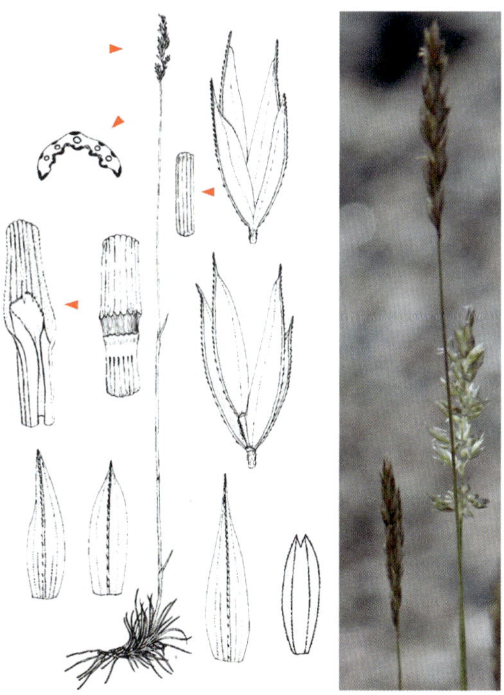

Koeleria vallesiana (Honck.) Gaudin

Walliser Kammschmiele *Poaceae*
IV–VII ♃ A3 G(2)

10–40 cm hoch, horstförmig. Blütenstand: **2–8 cm lang**. Ährchen: 4–6 mm lang. Deckspelzen: 4–6 mm lang, spitz, unbegrannt. Stängel: krautig; unten: **von abgestorbener Laubblattscheide umgeben, stark verdickt**. Blätter: im QS meist zusammengerollt, **1–3 mm breit**; oberseits: **kahl**, am Rand rau. Ligula: < 1 mm lang. untere Blattscheiden: meist netzartig zerfasernd, kahl.

In den Alpen die subsp. *vallesiana* u. *alpicola* (vgl. S. 726).

- subalpine o. alpine Rasen, Schutt- o. Felsfluren, **Extensivgrünland o. Magerrasen, Macchien o. Garrigues**
- an nährstoffarmen, basenreichen, trockenen Standorten
- einheimisch

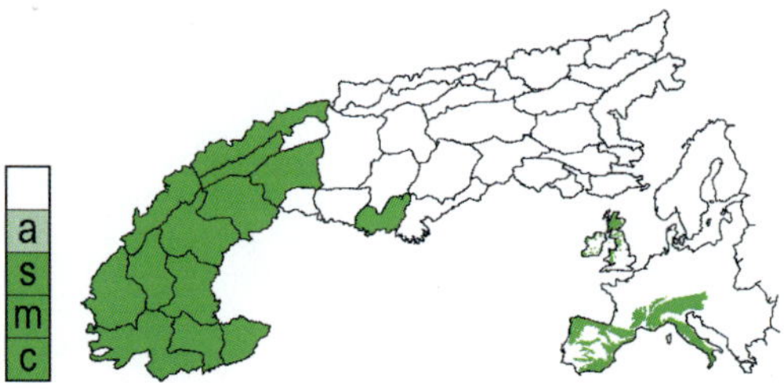

> ***Phleum***: Blütenstand: ährenrispenartig. Ährchen: 1-blütig. Hüllspelzen: 2, meist grannenspitzig u. stiefelknechtförmig. Deckspelzen: unbegrannt. Blätter: in Knospenlage gerollt. Öhrchen: fehlen. Ligula: häutig.

Phleum alpinum L.

Gewöhnliches Alpen-Lieschgras *Poaceae*
VI–IX ♃ A3 G(2)

10–30 cm hoch. Blütenstand: **beim Umbiegen *nicht* lückig**, 1–6 cm lang. Hüllspelzen: **mit kurzen Haaren *und* 1 mm langen Wimpern auf dem Kiel**; Grannenspitze: 2–5 mm lang, **rau bzw. mit sehr kurzen Haaren**. Deckspelzen: 2–3 mm lang. Ligula: 2–3 mm lang. untere Blattscheiden: **kahl**. obere Blattscheiden: **oft aufgeblasen**.

- subalpine o. alpine Rasen, Schutt- o. Felsfluren, Alluvionen, Schneetälchen, **Moore o. Seggenriede**
- an feuchten bis nassen Standorten
- einheimisch

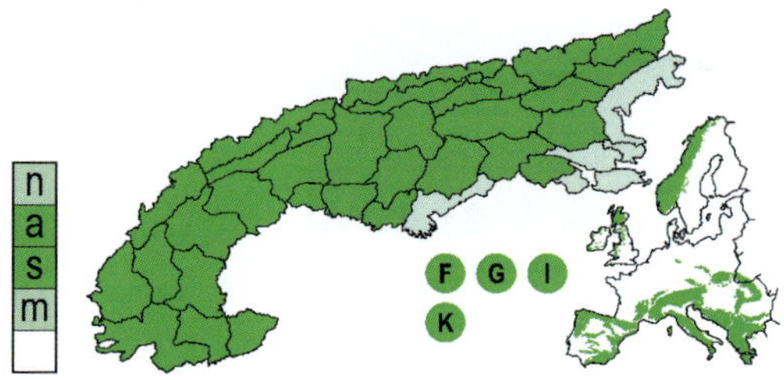

Phleum rhaeticum (Humphries) Rauschert

Rätisches Alpen-Lieschgras *Poaceae*
VI–IX ♃ A3 G(2)

20–50 cm hoch. Blütenstand: **beim Umbiegen *nicht* lückig, 1–6 cm lang**. Hüllspelzen: **mit kurzen Haaren *und* 1 mm langen Wimpern auf dem Kiel**; Grannenspitze: lang u. allmählich zugespitzt, 2–5 mm lang, **unten dicht mit 0,5–1 mm langen Wimpern besetzt, oben kurz behaart**. Deckspelzen: 2–3 mm lang. Ligula: 1–2 mm lang. untere Blattscheiden: **kahl**. obere Blattscheiden: **oft aufgeblasen**.

- **subalpine o. alpine Rasen**, Alluvionen, Schneetälchen, Staudenfluren, **Grünland**, Ruderalvegetation
- oft an nährstoffreichen Standorten
- einheimisch

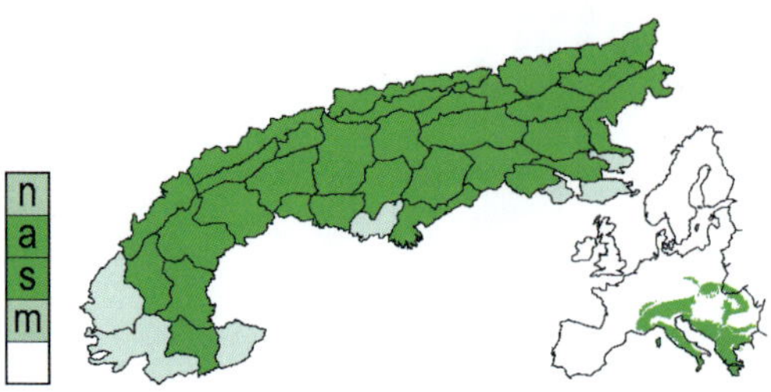

Phleum hirsutum Honck.

Raues Lieschgras *Poaceae*
VI–IX ♃ A3 G(2)

30–60 cm hoch. Blütenstand: **beim Umbiegen lückig**, 2–10 cm lang. Hüllspelzen: **mit kurzen Haaren *und* 0,3–0,6 mm langen Wimpern auf dem Kiel**; Grannenspitze: **kurz, plötzlich zugespitzt**, 1–2 mm lang, **unten mit längeren Haaren, oben rau**. Deckspelzen: 2–4 mm lang. Ligula: 1–4 mm lang. untere Blattscheiden: **behaart**.

- **subalpine o. alpine Rasen**, Schutt- o. Felsfluren, Alluvionen, Staudenfluren, Grünland, Wälder
- an basenreichen Standorten
- einheimisch

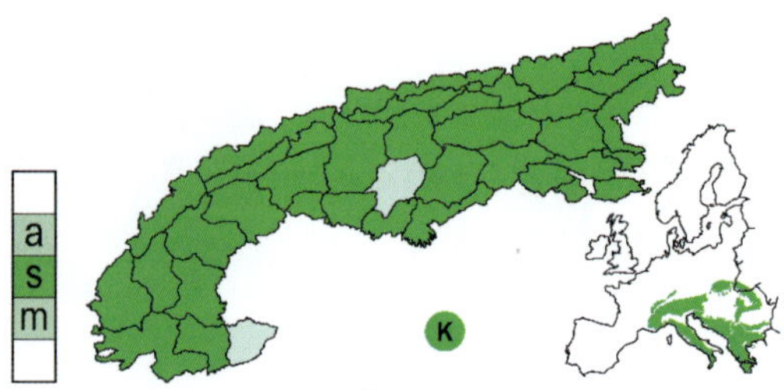

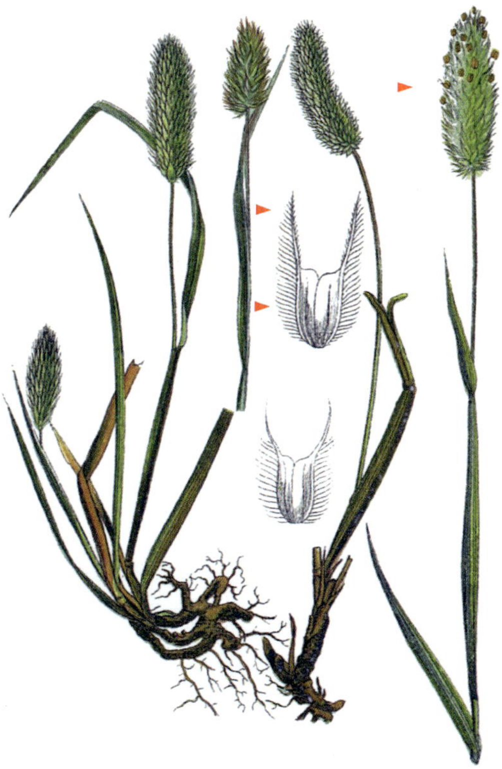

Trisetum distichophyllum (Vill.) P. Beauv.

Zweizeiliger Grannenhafer *Poaceae*
VI–IX ♃ A3 G(2)

10–30 cm hoch, mehrjährig. Blütenstand: **rispenartig, 2–8 cm lang**. Ährchen: 3–4-blütig. Kallus: **Haare 2,5–4 mm lang**, bis zur Granne reichend. Hüllspelzen: spitz; untere: 1–3-nervig; obere: 3–5-nervig. Deckspelzen: 2-spitzig, meist 5-nervig; Granne: gekniet. Blattstellung: **auffallend 2-zeilig**. Blätter: in Knospenlage gerollt, starr, 2–4 mm breit. Ligula: < 1 mm lang.

In den Alpen nur die subsp. *distichophyllum* (inkl. subsp. *brevifolium*, vgl. Barberá et al. 2017).

- subalpine o. alpine Rasen, **Schutt- o. Felsfluren**, Alluvionen, Extensivgrünland o. Magerrasen
- an nährstoffarmen, kalkreichen Standorten
- einheimisch

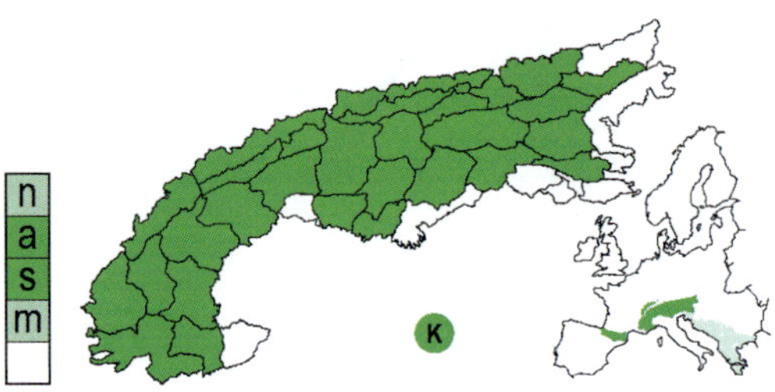

Trisetum argenteum (Willd.) Roem. & Schult.

Silber-Grannenhafer *Poaceae*
VI–IX ♃ A3 G(2)

Bis 30 cm hoch, mehrjährig. Blütenstand: **rispenartig, meist 2–8 cm lang**. Ährchen: 2–4-blütig. Kallus: **Haare 1–2,5 mm lang**, die Granne *nicht* erreichend. Hüllspelzen: spitz; untere: 1–3-nervig; obere: 3–5-nervig. Deckspelzen: 2-spitzig, meist 5-nervig; Granne: gekniet. Blattstellung: **auffallend 2-zeilig**. Blätter: in Knospenlage gerollt, weich, 2–4 mm breit.

- subalpine o. alpine Rasen, **Schutt- o. Felsfluren**, Alluvionen
- an nährstoffarmen, oft basenreichen Standorten
- einheimisch (subendemisch)

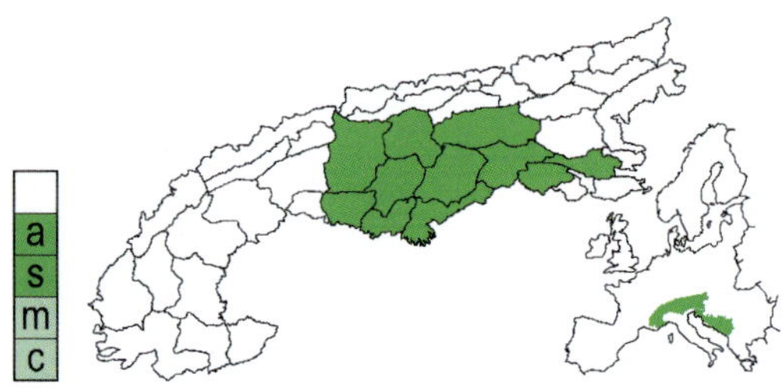

Trisetum flavescens (L.) P. Beauv.

Gewöhnlicher Goldhafer *Poaceae*
IV–VII ♃ A3 G(2)

30–120 cm hoch, mehrjährig. Blütenstand: **rispenartig, 5–20 cm lang**. Ährchenstiele: **rau**. Ährchen: 2–3-blütig. Kallus: Haare < 1 mm lang. Hüllspelzen: spitz; untere: 1–3-nervig; obere: 3–5-nervig. Deckspelzen: 2-spitzig, meist 5-nervig; Granne: gekniet. Fruchtknoten: kahl. Stängel: meist mit > 2 sichtbaren Knoten. Blätter: in Knospenlage gerollt, 2–10 mm breit. Ligula: < 2 mm lang.

In den Alpen die subsp. *flavescens* u. *purpurascens* (vgl. S. 726).

- **subalpine o. alpine Rasen**, Alluvionen, Staudenfluren, **Grünland**, Wälder, **Ruderalvegetation**
- einheimisch

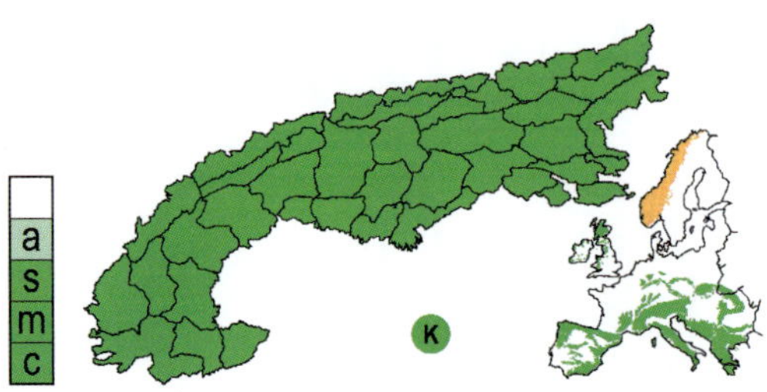

Trisetum alpestre (Host) P. Beauv.

Alpen-Grannenhafer *Poaceae*
V–VII ♃ A3 G(2)

10–40 cm hoch, mehrjährig. Blütenstand: **rispenartig**. Ährchenstiele: **glatt**. Ährchen: 2–4-blütig. Kallus: behaart. Hüllspelzen: spitz; untere: 1–3-nervig; obere: 3–5-nervig. Deckspelzen: 2-spitzig, meist 5-nervig; Granne: gekniet. Fruchtknoten: **behaart**. Stängel: **meist mit 2 sichtbaren Knoten**. Blätter: in Knospenlage gerollt, 1–3 mm breit.

In den Alpen nur die subsp. *alpestre*.

- **subalpine o. alpine Rasen, Schutt- o. Felsfluren, Extensivgrünland o. Magerrasen**
- an nährstoffarmen, meist kalkreichen Standorten
- einheimisch

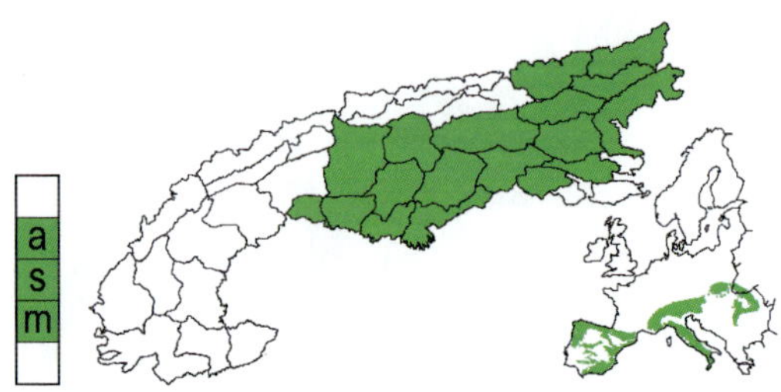

Trisetum spicatum (L.) K. Richt.

Ähriger Grannenhafer *Poaceae*
VI–IX ♃ A3 G(2)

10–20 cm hoch, mehrjährig. Blütenstand: **ährenrispenartig, 1–3 cm lang,** 0,5–1 cm ⌀. Ährchen: 2–3-blütig. Kallus: Haare < 1 mm lang. Hüllspelzen: spitz; untere: 1–3-nervig; obere: 3–5-nervig. Deckspelzen: 2-spitzig, meist 5-nervig; Granne: gekniet. Stängel: oben: behaart. Blätter: in Knospenlage gerollt, 1–3 mm breit. Ligula: < 1 mm lang.

In den Alpen nur die subsp. *ovatipaniculatum*.

- subalpine o. alpine Rasen, **Schutt- o. Felsfluren**, Alluvionen
- an nährstoffarmen, basenreichen Standorten
- einheimisch

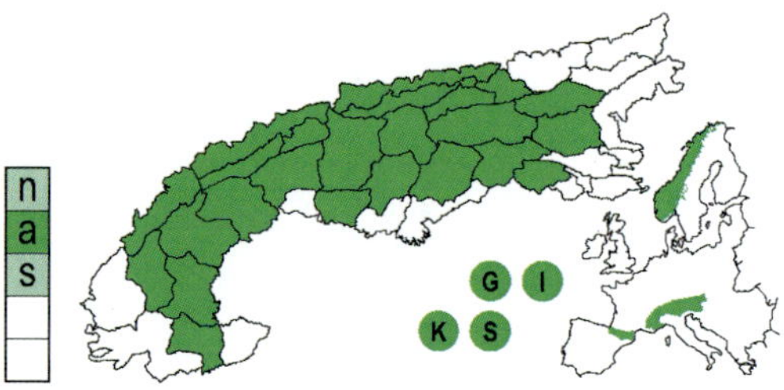

Oreochloa disticha (Wulfen) Link

Zweizeiliges Kopfgras *Poaceae*
VI–IX ♃ A3 G(2)

10–20 cm hoch, horstförmig, mehrjährig. Blütenstand: ähren- bis ährenrispenartig, eiförmig, einseitswendig o. im QS abgeflacht, **0,5–1,5 cm lang**. Ährchen: ± 2-zeilig angeordnet, **3-5-blütig**. Hüllspelzen: untere u. obere unterschiedlich lang, **spitz**, 1–3-nervig. Deckspelzen: **mit 0,5 mm langer Grannenspitze**, 5–7-nervig, behaart. Blätter: **im QS zusammengerollt bis rinnig, derb, < 1 mm breit**. Blattscheiden: **behaart**. Ligula: **3–5 mm lang**.

In den Alpen nur die subsp. *disticha*.

- **subalpine o. alpine Rasen**, Schutt- o. Felsfluren, Zwergstrauchheiden
- an nährstoffarmen, sauren Standorten
- einheimisch

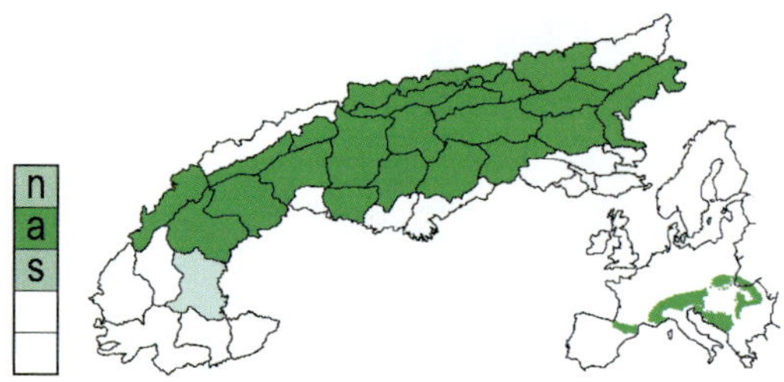

Oreochloa seslerioides (All.) K. Richt.

Blaugrasartiges Kopfgras *Poaceae*
VI–IX ♃ A3 G(2)

10–40 cm hoch, horstförmig, mehrjährig. Blütenstand: ähren- bis ährenrispenartig, eiförmig, einseitswendig o. im QS abgeflacht, 0,5–1,5 cm lang. Ährchen: ± 2-zeilig angeordnet, **5–7-blütig**. Hüllspelzen: untere u. obere unterschiedlich lang, **distal abgerundet**, 1–3-nervig. Deckspelzen: **distal abgerundet**, 5–7-nervig, kahl. Blätter: **im QS meist flach ausgebreitet, weich**, 1–2 mm breit. Blattscheiden: **kahl**. Ligula: **1–2 mm lang**.

- **subalpine o. alpine Rasen, Schutt- o. Felsfluren**, Alluvionen, **Zwergstrauchheiden**
- an nährstoffarmen, sauren Standorten
- endemisch

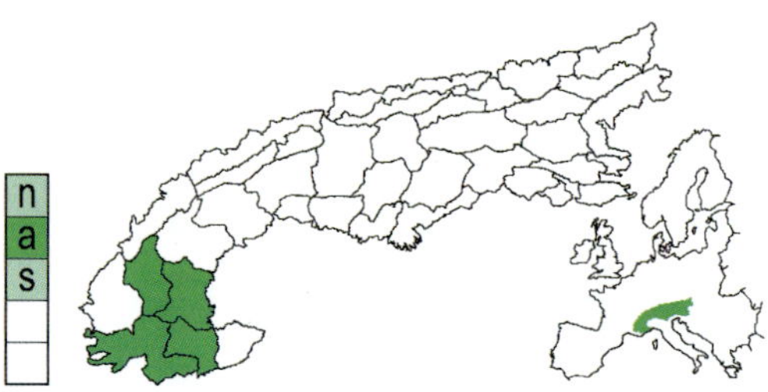

Sesleria caerulea (L.) Ard.

Kalk-Blaugras *Poaceae*
III–VI ♃ A3 G(2)

Bis 40 cm hoch, horstförmig, mehrjährig. Blütenstand: ährenrispenartig, **eiförmig**, basal 2 leere Schuppenblätter, **1–3 cm lang**. Ährchen: 2–3-blütig, 4–7 mm lang. Deckspelzen: 4–5 mm lang, **mit 4 Zähnen u. 1 Granne**. Vorspelzen: **mit kurzer Grannenspitze**. Stängel: krautig; unten: *ohne* abgestorbene Laubblattscheide. Blätter: im QS meist flach ausgebreitet, in Knospenlage gefaltet; oberseits: grünlich, **kahl**. Blattscheiden: **± bis oben verwachsen**. Obere Stängelblätter: < 3 cm lang.

In den Alpen nur die subsp. *caerulea*.

- **subalpine o. alpine Rasen, Schutt- o. Felsfluren**, Alluvionen, Zwergstrauchheiden, Legföhrengebüsche, Moore o. Seggenriede, Grünland, Wälder
- an kalkreichen Standorten
- einheimisch

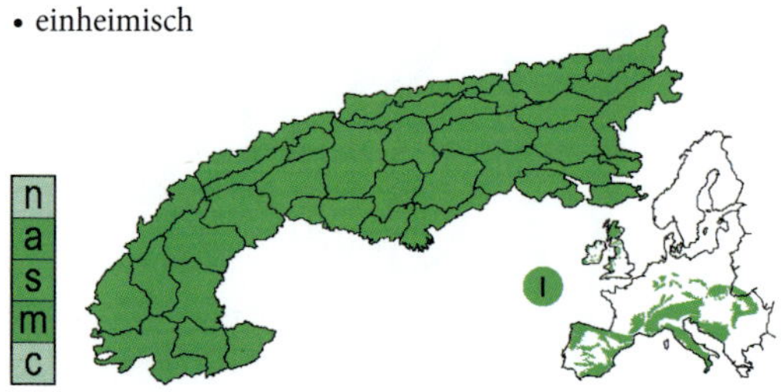

Sesleria ovata (Hoppe) A. Kern.

Eiköpfiges Blaugras *Poaceae*
VI–IX ♃ A3 G(2)

Bis 10 cm hoch, horstförmig, mehrjährig. BLÜTENSTAND: ährenrispenartig, ± **kugelig**, basal 2 leere Schuppenblätter, **0,5–1 cm lang**. ÄHRCHEN: 2–3-blütig, 3–4 mm lang. DECKSPELZEN: **2–2,5 mm lang, 5-grannig**; GRANNE: 1–3 mm lang. VORSPELZEN: **mit 1–2 mm langer Granne**. BLÄTTER: in Knospenlage gefaltet, **< 2 mm breit**; OBERSEITS: **mit büschelig angeordneten Haaren**. BLATTSCHEIDEN: **offen**.

- **subalpine o. alpine Rasen, Schutt- o. Felsfluren**
- an nährstoffarmen, basenreichen Standorten
- endemisch

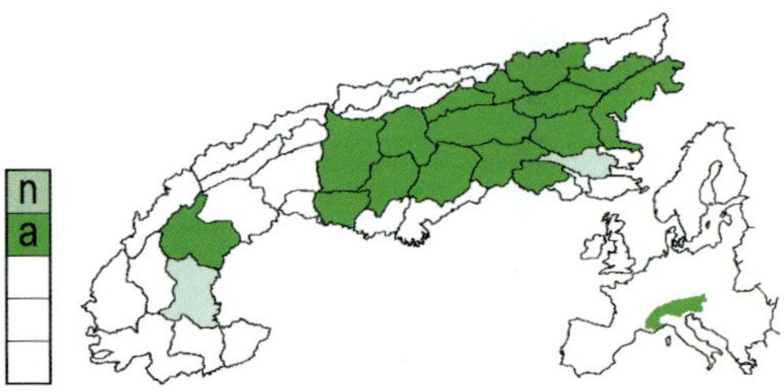

Sesleria sphaerocephala Ard.

Kugelköpfiges Blaugras *Poaceae*
VI–IX ♃ A3 G(2)

Bis 20 cm hoch, horstförmig, mehrjährig. BLÜTENSTAND: ährenrispenartig, ± **kugelig**, basal 2 leere Schuppenblätter, **0,5–0,7 cm lang**, hellgräulich bis hellbläulich. ÄHRCHEN: 3–4-blütig, 5–12 mm lang. DECKSPELZEN: 3–5 mm lang, **mit 3–4 kurzen Zähnen u. 1 Granne**; GRANNE: < 1 mm lang. BLÄTTER: in Knospenlage gefaltet, **< 2 mm breit**. BLATTSCHEIDEN: **offen**.

- **subalpine o. alpine Rasen, Schutt- o. Felsfluren**
- an nährstoffarmen, kalkreichen Standorten
- endemisch

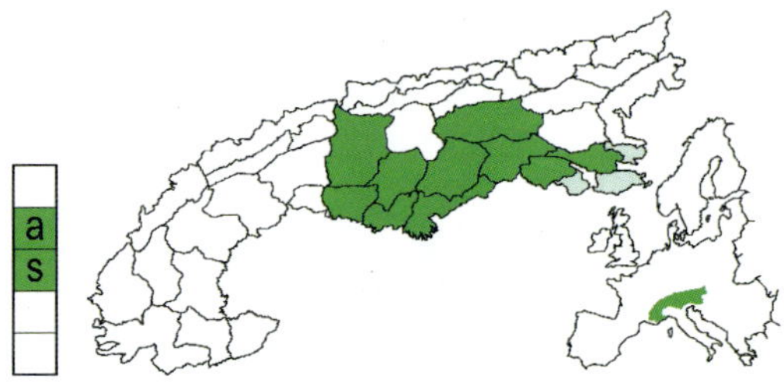

Sesleria leucocephala DC.

Weißköpfiges Blaugras *Poaceae*
IV–VII ♃ A3 G(2)

Bis 20 cm hoch, horstförmig, mehrjährig. BLÜTENSTAND: ährenrispenartig, ± **kugelig**, basal 2 leere Schuppenblätter, **0,8–1,5 cm lang**, weißlich-gelblich. ÄHRCHEN: 3–4-blütig, 5–12 mm lang. DECKSPELZEN: 3–5 mm lang, **mit 3–4 kurzen Zähnen**, *ohne* Granne. BLÄTTER: in Knospenlage gefaltet, **< 2 mm breit**. BLATTSCHEIDEN: **offen**.

- **subalpine o. alpine Rasen, Schutt- o. Felsfluren**
- an nährstoffarmen, kalkreichen Standorten
- endemisch

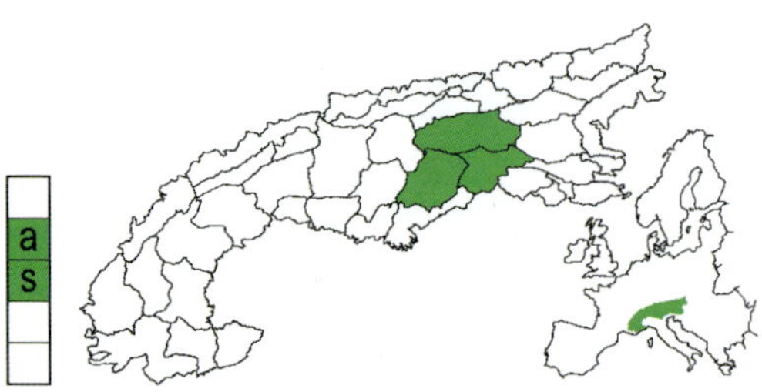

Milium effusum L.

Waldhirse *Poaceae*
IV–VIII ♃ A3 G(2)

50–120 cm hoch, mehrjährig. BLÜTENSTAND: **rispenartig**. ÄHRCHEN: **1-blütig**, 3–4 mm lang. HÜLLSPELZEN: **breit lanzettlich, ± so lang wie das Ährchen, spitz**. DECKSPELZEN: **verhärtend, oval**, 2–3 mm lang, unbegrannt. BLÄTTER: in Knospenlage gerollt, bis 30 cm lang. LIGULA: **3–9 mm lang**.

In den Alpen die subsp. *effusum* u. *alpicola* (vgl. S. 726).

- **subalpine o. alpine Rasen**, Zwergstrauchheiden, **Staudenfluren, Grünerlengebüsche, Wälder**
- einheimisch

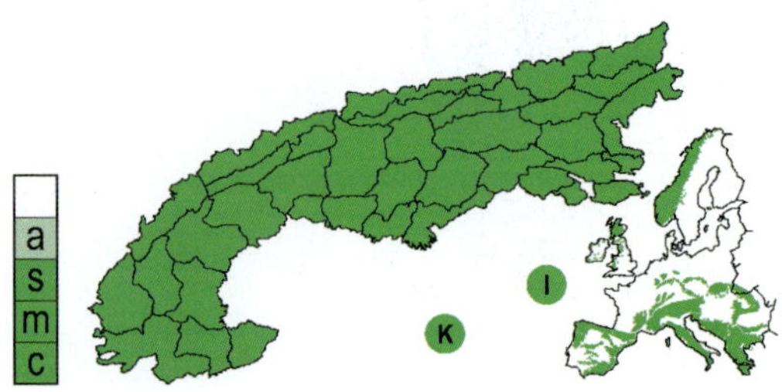

Briza media L.

Mittleres Zittergras *Poaceae*
IV–VII ♃ A3 G(2)

20–60 cm hoch, mehrjährig. Blütenstand: **rispenartig**, Rispenäste oft geschlängelt. Ährchen: **3–15-blütig, ± herzförmig**, 4–7 mm lang. Hüllspelzen: breit oval, 2–4 mm lang, **distal abgerundet, stark gewölbt**, 3–5-nervig, kahl. Deckspelzen: 3–5 mm lang, 7–9-nervig, unbegrannt. Ausläufer: lang. Blätter: in Knospenlage gerollt, bis 15 cm lang, 2–4 mm breit. Blattscheiden: aufreißend. Ligula: 1–2 mm lang.

In den Alpen nur die subsp. *media*.

- Zwergstrauchheiden, Moore o. Seggenriede, **Extensivgrünland o. Magerrasen**
- an nährstoffarmen Standorten
- einheimisch

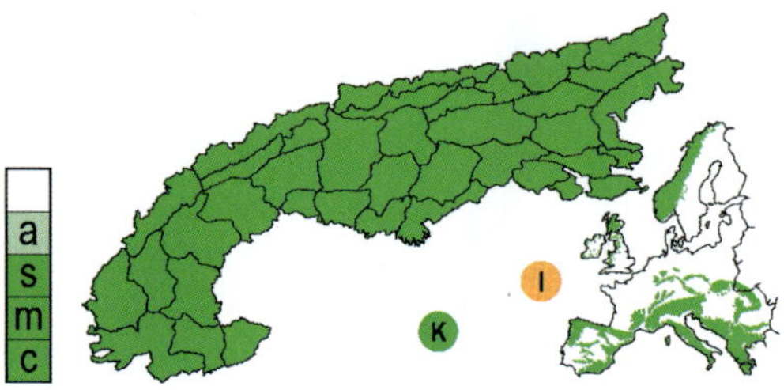

Dactylis glomerata L.

Gewöhnliches Knäuelgras *Poaceae*
IV–VIII ♃ A3 G(2)

50–150 cm hoch, mehrjährig. Blütenstand: rispenartig, **Ährchen in dichten Knäueln**. Ährchen: 2–5-blütig, 5–9 mm lang, im QS v-förmig, abgeflacht. Hüllspelzen: gekielt, behaart u. auf dem Kiel bewimpert; untere: meist 1-nervig; obere: 3-nervig. Deckspelzen: gekielt, 4–7 mm lang, meist 5-nervig, kurz begrannt. Blätter: **in Knospenlage gefaltet, bis 50 cm lang**, 2–15 mm breit. Blattscheiden: im QS abgeflacht, aufreißend. Ligula: 2–10 mm lang.

In den Alpen die subsp. *glomerata*, *reichenbachii* (endemisch) u. *slovenica* (vgl. S. 726).

- subalpine o. alpine Rasen, **Schutt- o. Felsfluren**, Alluvionen, **Staudenfluren, Grünland, Wälder, Macchien o. Garrigues, Ruderalvegetation**
- einheimisch

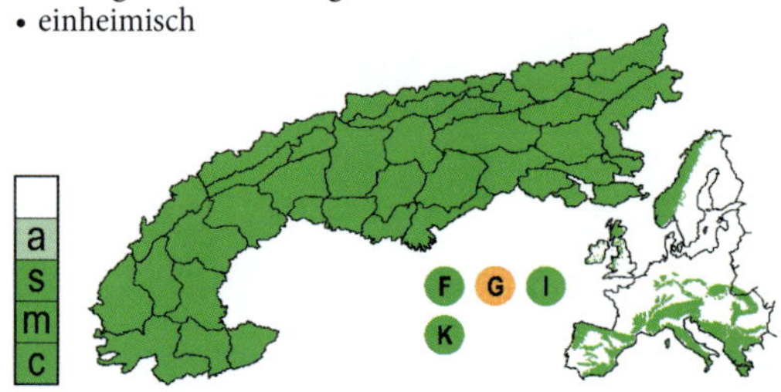

Leucopoa laxa (Host) H. Scholz & Foggi

Schlaffer Schwingel *Poaceae*
VI–IX ♃ A3 G(2)

30–70 cm hoch, mehrjährig. Blütenstand: rispenartig. Hüllspelzen: < 0,5-mal so lang wie das Ährchen. Deckspelzen: spitz, meist 5-nervig, unbegrannt. Blätter: in Knospenlage gerollt; oberseits: gerippt. Öhrchen: **fehlen**. Ligula: **0,5–1,5 mm lang**. Blätter der Erneuerungssprosse: die Blattscheiden basal durchbrechend u. außerhalb wachsend, **flach ausgebreitet**. Stängelblätter: **flach ausgebreitet**.

- **Schutt- o. Felsfluren**
- endemisch

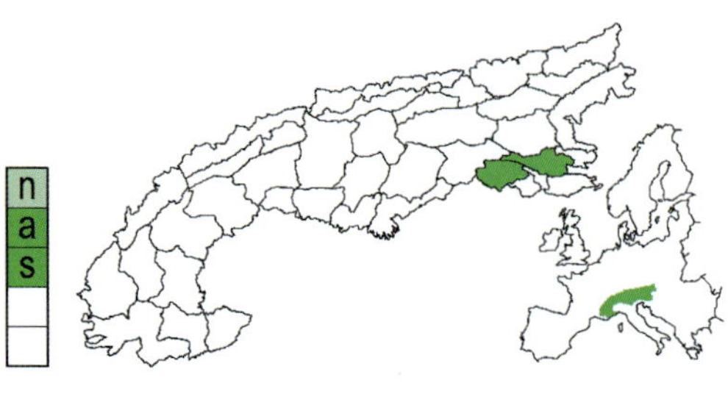

Leucopoa pulchella (Schrad.) H. Scholz & Foggi

Schöner Schwingel *Poaceae*
VI–IX ♃ A3 G(2)

20–60 cm hoch, mehrjährig. Blütenstand: rispenartig. Ährchen: meist rötlich-gelblich überlaufen, **3–5-blütig**. Deckspelzen: spitz, meist 5-nervig, unbegrannt. Blätter: grünlich, **2–4 mm breit**; oberseits: gerippt. Blattscheiden: **zu > 30 % verwachsen**. Öhrchen: **sichelförmig, ± waagerecht stehend**. Ligula: **fehlend**. Blätter der Erneuerungssprosse: die Blattscheiden basal durchbrechend u. außerhalb wachsend, ≥ **10-furchig**. untere Blattscheiden: **rasch zerfallend**, meist dunkelbraun.

In den Alpen die subsp. *pulchella* u. *jurana* (vgl. S. 726).

- **subalpine o. alpine Rasen, Schutt- o. Felsfluren**, Alluvionen, **Staudenfluren**, Grünerlengebüsche
- an basenreichen Standorten
- einheimisch (subendemisch)

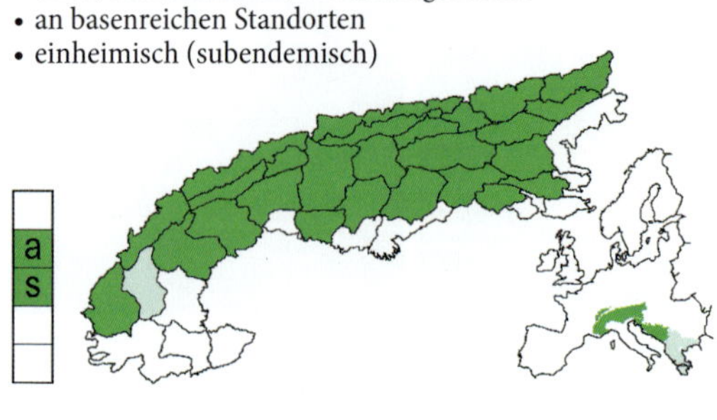

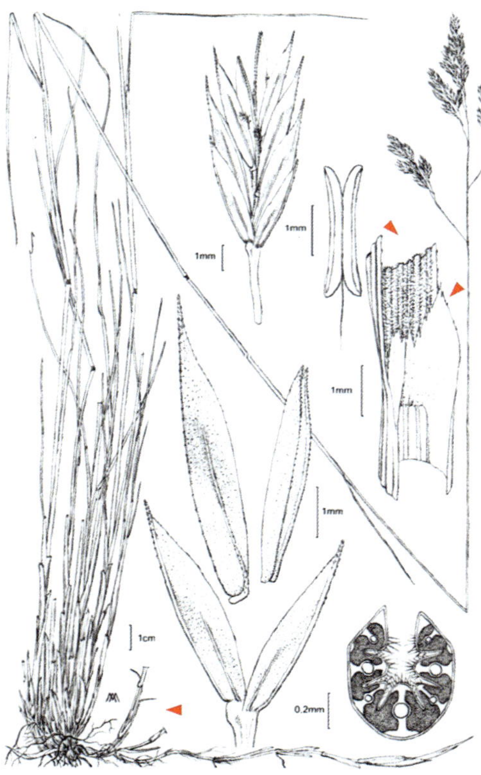
1mm
1mm
1mm
1mm
1cm
0.2mm

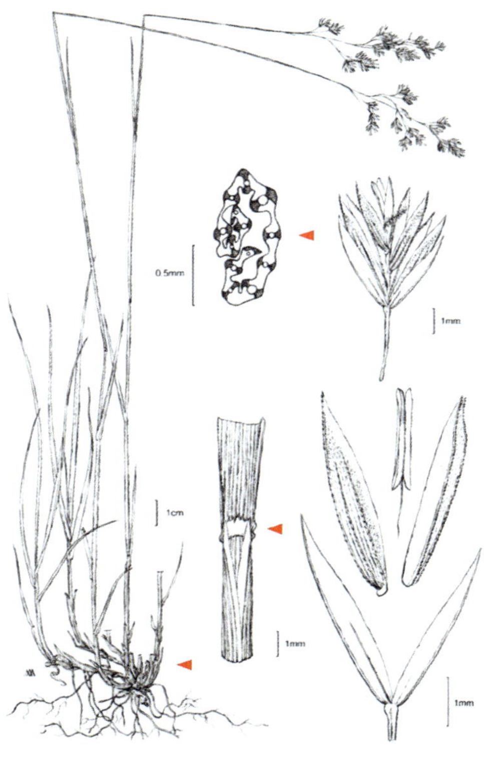
0.5mm
1mm
1cm
1mm
1mm

***Festuca*:** mehrjährig. Blütenstand: rispenartig. Hüllspelzen: 2. Deckspelzen: meist 5-nervig. Blätter: oberseits meist gerippt, meist borstenförmig oder zusammengerollt. Öhrchen: fehlend o. nach oben gerichtet.

Festuca airoides Lam.

Kleiner Schwingel *Poaceae*
V–VIII ♃ A3 G(2)

10–30 cm hoch, **horstförmig**. Ährchen: 3–4-blütig. Deckspelzen: Granne: < 2 mm lang. reife Ährchen: **zuweilen zu Laubsprossen auswachsend**. Blattscheiden: zu > 30 % verwachsen, glatt. Öhrchen: **abgerundet, nach oben gerichtet**. Ligula: < 0,3 mm lang. Blätter der Erneuerungssprosse: **mit 7 Leitbündeln, mit 3–5 getrennten Sklerenchymsträngen** *oder* **einer durchgehenden Sklerenchymscheide**.

- **subalpine o. alpine Rasen, Schutt- o. Felsfluren**, Wälder
- an nährstoffarmen, sauren Standorten
- einheimisch

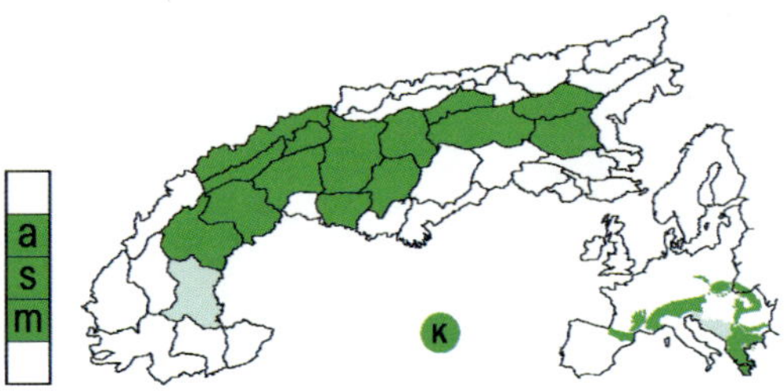

Festuca breistrofferi Chas & al.

Breistroffers Schwingel *Poaceae*
V–IX ♃ A3 G(2)

20–50 cm hoch, **horstförmig**. Ährchen: 3–8-blütig. Deckspelzen: begrannt. Blattscheiden: allenfalls basal verwachsen. Öhrchen: **abgerundet, nach oben gerichtet**. Ligula: < 0,3 mm lang. Blätter der Erneuerungssprosse: **mit 1 durchgehenden Sklerenchymscheide**.

- Schutt- o. Felsfluren, **Extensivgrünland o. Magerrasen**
- an nährstoffarmen, kalkreichen, trockenen Standorten
- endemisch

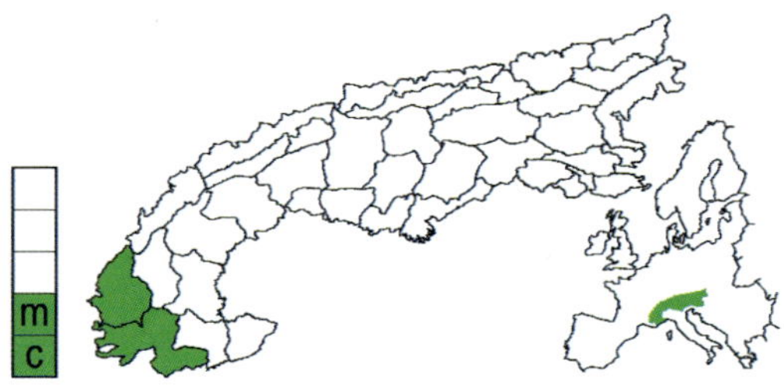

Festuca bauzanina (Pils) S. Arndt

Bozen-Schwingel *Poaceae*
IV–IX ♃ A3 G(2)

40–80 cm hoch, **horstförmig**. Ährchen: 6–12 mm lang. Ausläufer: fehlend. Blattscheiden: allenfalls in der basalen Hälfte verwachsen. Öhrchen: **abgerundet, nach oben gerichtet**. Ligula: < 0,3 mm lang. Blätter der Erneuerungssprosse: **0,6–1,1 mm ⌀, mit 3–7 Leitbündeln, mit 1 durchgehenden Sklerenchymscheide**.

- **Schutt- o. Felsfluren, Wälder**
- an nährstoffarmen, kalkreichen, trockenen Standorten
- endemisch

Festuca rhaetica (S. Arndt) Landolt

Rätischer Schwingel *Poaceae*
IV–IX ♃ A3 G(2)

40–80 cm hoch, **horstförmig**. Ährchen: 6–12 mm lang. Ausläufer: fehlend. Blattscheiden: allenfalls in der basalen Hälfte verwachsen. Öhrchen: **abgerundet, nach oben gerichtet**. Ligula: < 0,3 mm lang. Blätter der Erneuerungssprosse: **0,6–1,1 mm ⌀, mit 5–7 Leitbündeln, meist mit 3 Sklerenchymsträngen**.

- **Schutt- o. Felsfluren, Wälder**
- an nährstoffarmen, kalkreichen, trockenen Standorten
- endemisch

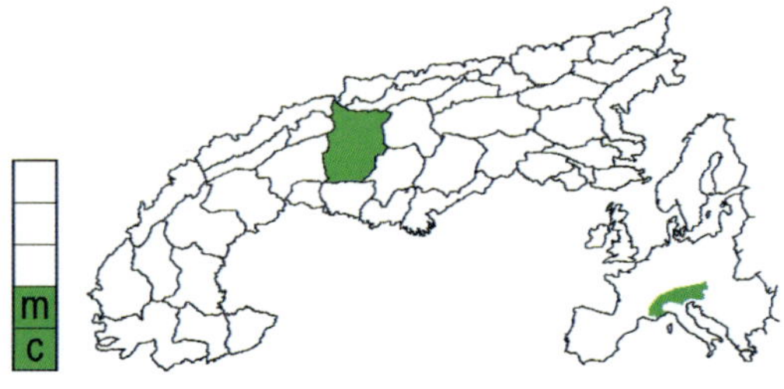

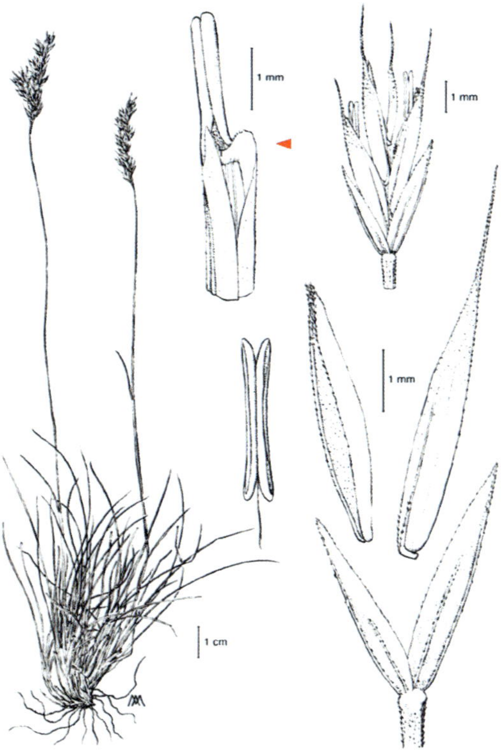
1 mm
1 mm
1 mm
1 cm

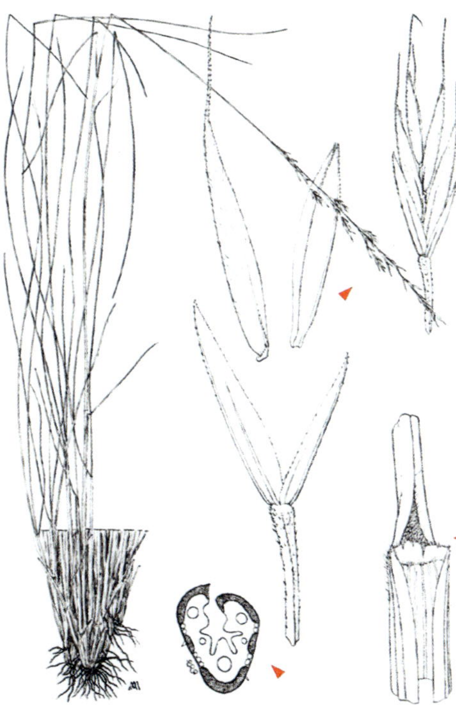

Festuca guinochetii (Bidault) S. Arndt

Guinochets' Schwingel *Poaceae*
IV–IX ♄ A3 G(2)

40–80 cm hoch, **horstförmig**. Ährchen: 6–12 mm lang. Deckspelzen: begrannt. Blattscheiden: zu > 30 % verwachsen. Öhrchen: **abgerundet, nach oben gerichtet**. Blätter der Erneuerungssprosse: **0,6–1,1 mm ⌀, mit 5–7 Leitbündeln, mit 3–5 Sklerenchymsträngen, davon 3 größere**. untere Blattscheiden: meist netzartig zerfasernd.

- **Schutt- o. Felsfluren, Wälder**
- an nährstoffarmen, kalkreichen, trockenen Standorten
- endemisch

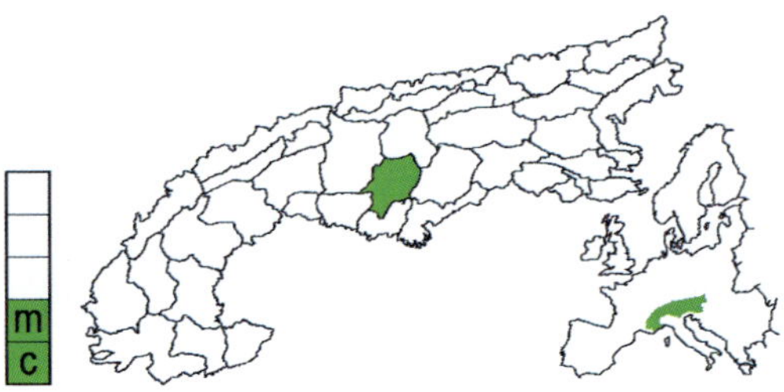

Festuca eggleri Tracey

Egglers Schwingel *Poaceae*
V–IX ♄ A3 G(2)

10–30 cm hoch, **horstförmig**. Ährchen: 3–8-blütig. Deckspelzen: begrannt. Blattscheiden: basal verwachsen. Öhrchen: **abgerundet, nach oben gerichtet**. Ligula: < 0,3 mm lang. Blätter der Erneuerungssprosse: **im QS gekielt, meist 0,2–0,6 mm ⌀**, mit 1 durchgehenden Sklerenchymscheide.

- Schutt- o. Felsfluren, **Extensivgrünland o. Magerrasen, Wälder**
- an nährstoffarmen, serpentinhaltigen Standorten
- endemisch

Festuca laevigata Gaudin

Glatter Schwingel *Poaceae*
V–VIII ♄ A3 G(2)

20–80 cm hoch, **horstförmig**. Ährchen: 3–9-blütig. Hüllspelzen: obere: länglich-lanzettlich, lang zugespitzt. Deckspelzen: Granne: 2–3 mm lang. Blätter: meist blau- bzw. graugrün. Blattscheiden: basal verwachsen. Öhrchen: **abgerundet, nach oben gerichtet**. Ligula: < 0,3 mm lang. Blätter der Erneuerungssprosse: weich, im QS abgeflacht, **meist 0,5–0,9 mm ⌀, mit 7–11 Leitbündeln, meist mit 1 durchgehenden Sklerenchymscheide**.

In der alpinen Stufe v. a. die subsp. *laevigata*.

- **subalpine o. alpine Rasen, Schutt- o. Felsfluren**, Legföhrengebüsche, **Extensivgrünland o. Magerrasen**, Wälder
- an nährstoffarmen, trockenen Standorten
- einheimisch

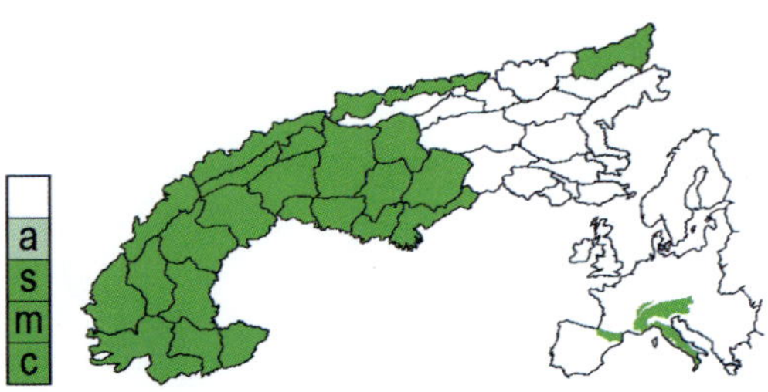

Festuca ticinensis (Markgr.-Dann.) Markgr.-Dann.

Tessiner Schwingel *Poaceae*
IV–VIII ♄ A3 G(2)

30–60 cm hoch, **horstförmig**. Ährchenstiele: rau. Ährchen: 3–8-blütig. Deckspelzen: Granne: < 0,5-mal so lang wie die Deckspelze. Blattscheiden: offen. Öhrchen: **abgerundet, nach oben gerichtet**. Ligula: < 0,3 mm lang. Blätter der Erneuerungssprosse: **meist 0,5–0,9 mm ⌀, mit 1 durchgehenden Sklerenchymscheide**.

- **Schutt- o. Felsfluren, Extensivgrünland o. Magerrasen**
- an nährstoffarmen, kalkreichen, trockenen Standorten
- endemisch

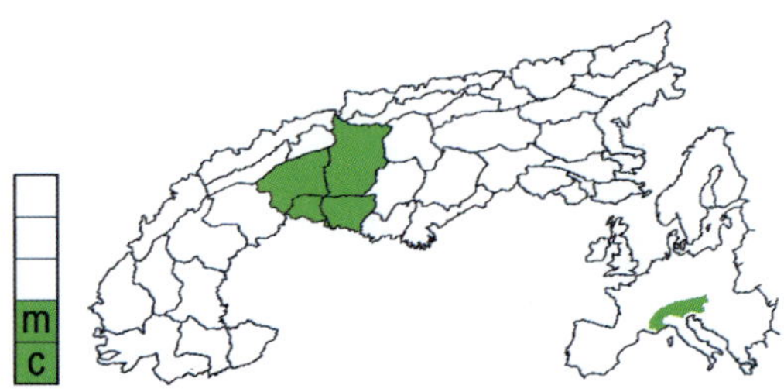

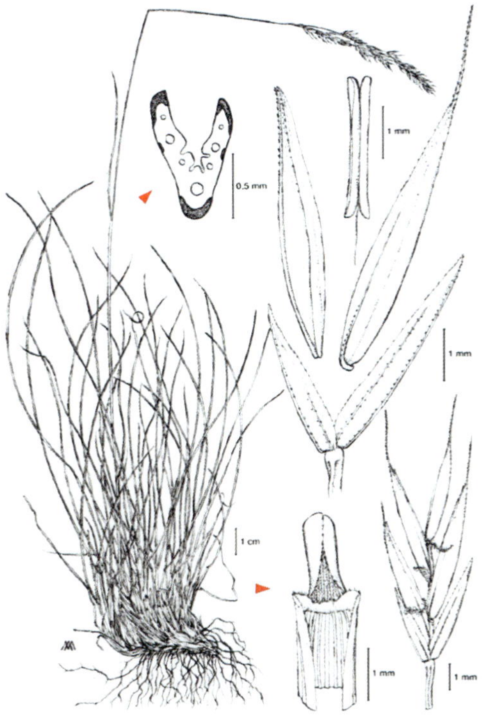
1 mm
0.5 mm
1 mm
1 cm
1 mm
1 mm

1 mm
1 mm
1 cm
0.5 mm
1 mm

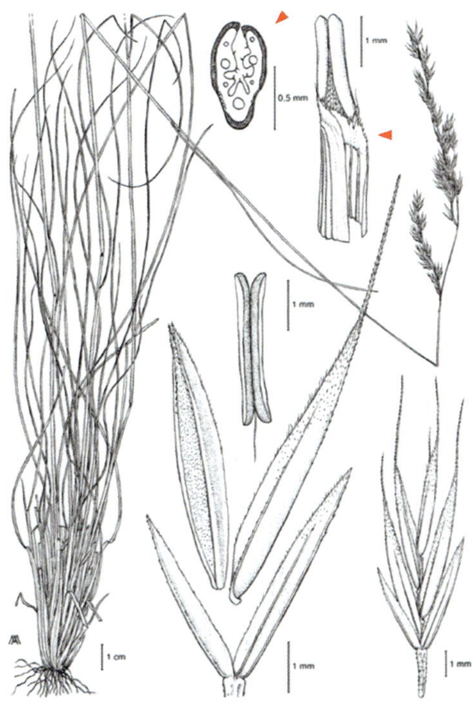
1 mm
0.5 mm
1 mm
1 cm
1 mm
1 mm

Festuca vivipara (L.) Sm.

Brutknospen-Schwingel *Poaceae*
V–VIII ♃ A3 G(2)

10–80 cm hoch, **horstförmig**. Blütenstand: **meist mit zu Laubsprossen auswachsende Blütchen.** Ährchen: ≤ 8-blütig. Deckspelzen: begrannt. Blattscheiden: allenfalls basal verwachsen. Öhrchen: **abgerundet, nach oben gerichtet**. Ligula: < 0,3 mm lang. Blätter der Erneuerungssprosse: **mit 1 durchgehenden Sklerenchymscheide**.

- **subalpine o. alpine Rasen**, Schutt- o. Felsfluren, Zwergstrauchheiden, Ruderalvegetation
- an nährstoffarmen Standorten
- einheimisch

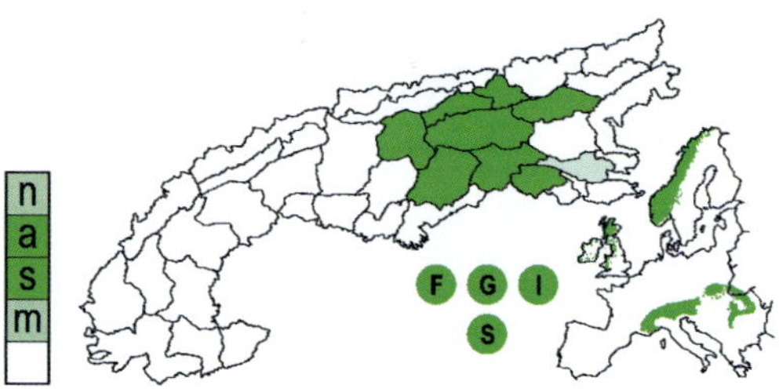

Festuca rubra L.

Rot-Schwingel *Poaceae*
V–VIII ♃ A3 G(2)

25–60 cm hoch, **rasig**. Ährchen: 3–9-blütig. Deckspelzen: Granne: < 1 mm lang. Früchte: kahl. Ausläufer: unterirdisch. Blattscheiden: zu > 30 % verwachsen. Öhrchen: fehlen. Ligula: < 0,3 mm lang. Blätter der Erneuerungssprosse: **mit 7–9 Leitbündeln, mit 5–11 Sklerenchymsträngen**.

In den Alpen die subsp. *rubra* u. *juncea* (vgl. S. 726).

- **subalpine o. alpine Rasen**, Schutt- o. Felsfluren, Alluvionen, Zwergstrauchheiden, **Staudenfluren**, Moore o. Seggenriede, **Grünland**, Wälder, **Ruderalvegetation**
- meist an nährstoffarmen Standorten
- einheimisch

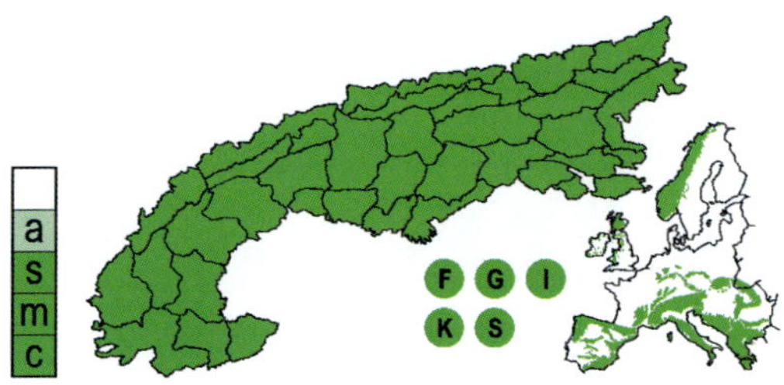

Festuca heteromalla Pourr.

Flachblättriger Schwingel *Poaceae*
V–VIII ♃ A3 G(2)

40–100 cm hoch, **rasig**. Ährchen: 5–11-blütig. Deckspelzen: Granne: < 1 mm lang. Früchte: kahl. Ausläufer: unterirdisch, lang. Blattscheiden: zu > 30 % verwachsen. Öhrchen: fehlen. Ligula: < 0,3 mm lang. Blätter der Erneuerungssprosse: **mit 9–13 Leitbündeln, mit 5–7 Sklerenchymsträngen**.

- Alluvionen, **Staudenfluren**, Grünerlengebüsche, **Grünland**, **Wälder**, Ruderalvegetation
- einheimisch

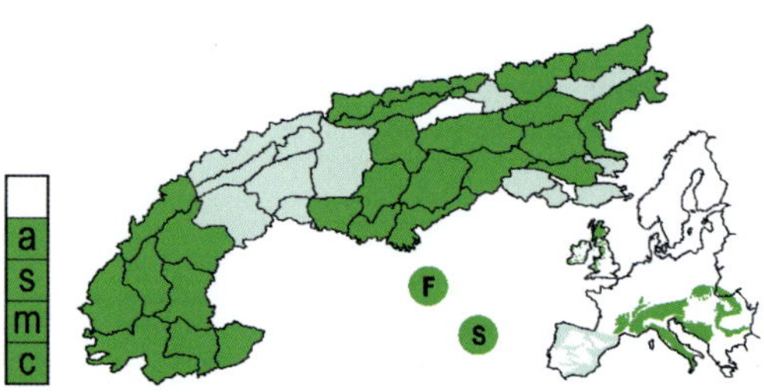

Festuca trichophylla (Gaudin) K. Richt.

Haarblättriger Schwingel *Poaceae*
V–IX ♃ A3 G(2)

30–80 cm hoch, **rasig**. Ährchen: 5–7-blütig. Deckspelzen: Granne: < 2 mm lang. Früchte: kahl. Ausläufer: unterirdisch. Blattscheiden: zu > 30 % verwachsen. Öhrchen: fehlen. Ligula: < 0,3 mm lang. Blätter der Erneuerungssprosse: **im QS 6-kantig, meist < 1 mm ⌀, mit 5 Leitbündeln, mit 7 Sklerenchymsträngen**.

In den Alpen die subsp. *trichophylla* u. *asperifolia* (vgl. S. 726).

- **subalpine o. alpine Rasen**, Schutt- o. Felsfluren, **Zwergstrauchheiden**, Staudenfluren, **Moore o. Seggenriede**, **Grünland**, Wälder, Ruderalvegetation
- an nährstoffarmen Standorten
- einheimisch

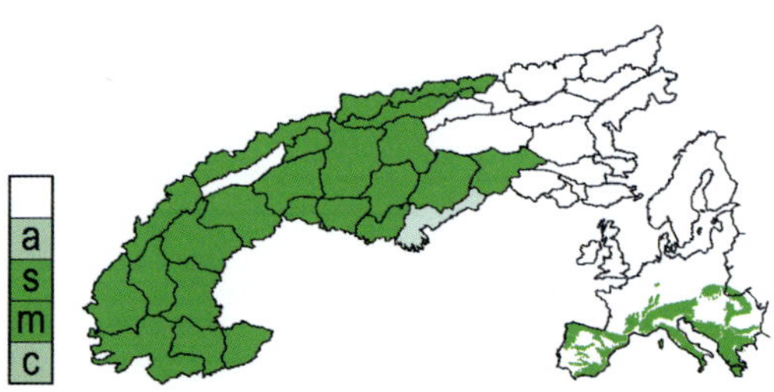

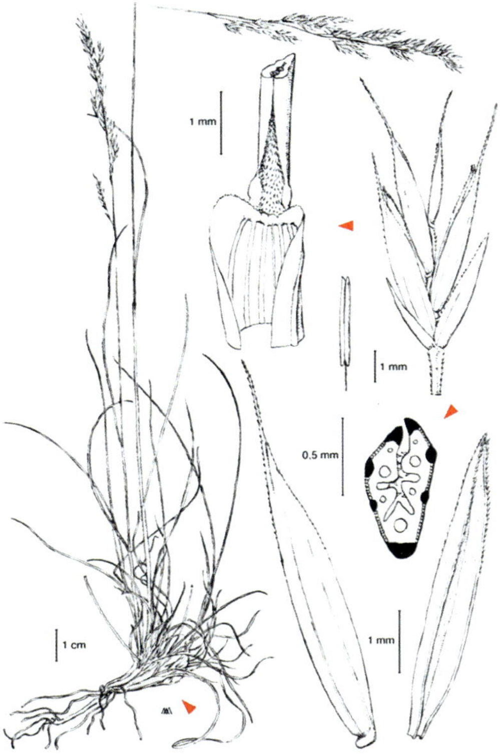
1 mm
1 mm
0.5 mm
1 cm
1 mm

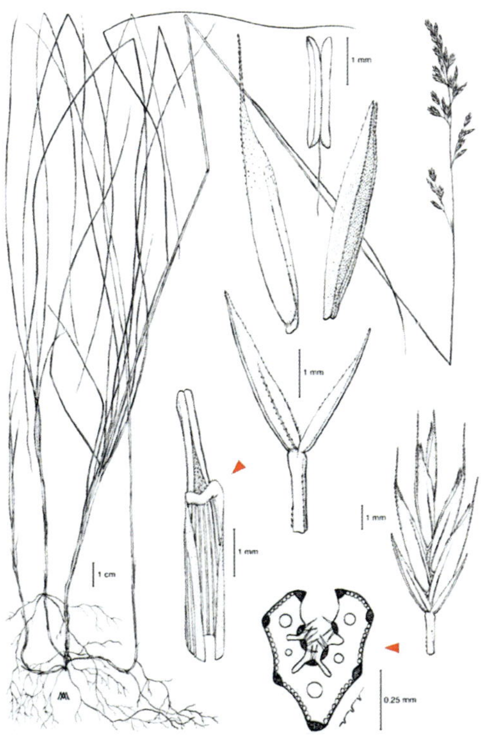
1 mm
1 mm
1 mm
1 mm
1 cm
0.25 mm

Festuca nigrescens Lam.

Horst-Schwingel *Poaceae*
V–IX ♃ A3 G(2)

30–80 cm hoch, **horstförmig**. Ährchen: 3–8-blütig. Deckspelzen: Granne: 1–4 mm lang. Fruchtknoten: kahl. Früchte: kahl. Stängel: oben: **rau bis kurz behaart**. Ausläufer: unterirdisch, kurz. Blätter: Stängelblätter dunkelgrün. Blattscheiden: zu > 30 % verwachsen. Öhrchen: fehlen. Ligula: < 0,3 mm lang. Blätter der Erneuerungssprosse: **mit 5–7 Leitbündeln, mit 7–9 Sklerenchymsträngen**. untere Blattscheiden: **behaart**.

- **subalpine o. alpine Rasen**, Schutt- o. Felsfluren, Zwergstrauchheiden, Staudenfluren, Moore o. Seggenriede, **Grünland**, Wälder, Ruderalvegetation
- an nährstoffarmen Standorten
- einheimisch

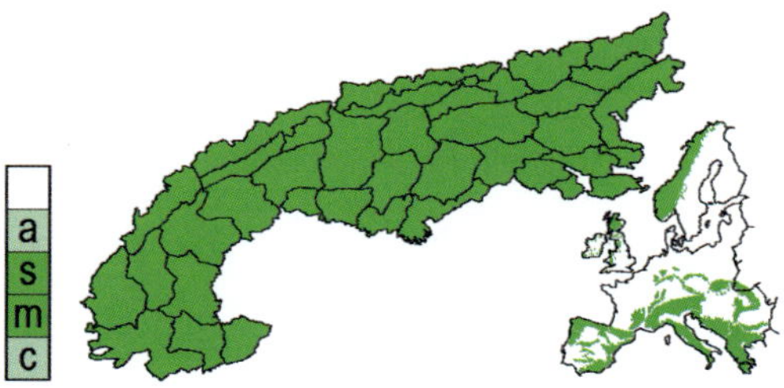

Festuca varia Haenke

Gewöhnlicher Bunt-Schwingel *Poaceae*
VI–IX ♃ A3 G(2)

20–60 cm hoch, **horstförmig**. Blütenstand: 3–7 cm lang. Deckspelzen: Granne: 3–7 mm lang. Vorspelzen: rau. Blätter: unterste meist < 0,25-mal so lang wie die obersten. Ligula: **breit oval**, 0,6–1,4 mm lang, distal abgerundet. Blätter der Erneuerungssprosse: **meist 0,5–0,9 mm ⌀**, mit 7–9 Leitbündeln, **mit einer durchgehenden Sklerenchymscheide auf der Blattunterseite**.

- **subalpine o. alpine Rasen**, Schutt- o. Felsfluren
- an nährstoffarmen, oft sauren Standorten
- einheimisch (endemisch?)

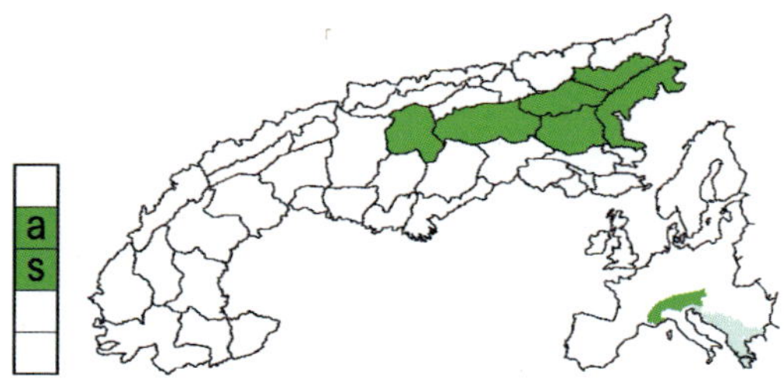

Festuca acuminata Gaudin

Zugespitzter Schwingel *Poaceae*
VI–IX ♃ A3 G(2)

20–60 cm hoch, **horstförmig**. Blütenstand: 4–7 cm lang. Deckspelzen: Granne: 4–7 mm lang. Blätter: unterste meist < 0,25-mal so lang wie die obersten. Ligula: **länglich-lanzettlich**, 0,7–1,4 mm lang, **spitz**. Blätter der Erneuerungssprosse: **meist 0,4–0,9 mm ⌀**, mit 7–9 Leitbündeln, **mit einer durchgehenden Sklerenchymscheide auf der Blattunterseite**.

- subalpine o. alpine Rasen, **Schutt- o. Felsfluren, Extensivgrünland o. Magerrasen**
- an nährstoffarmen, sauren, trockenen Standorten
- endemisch

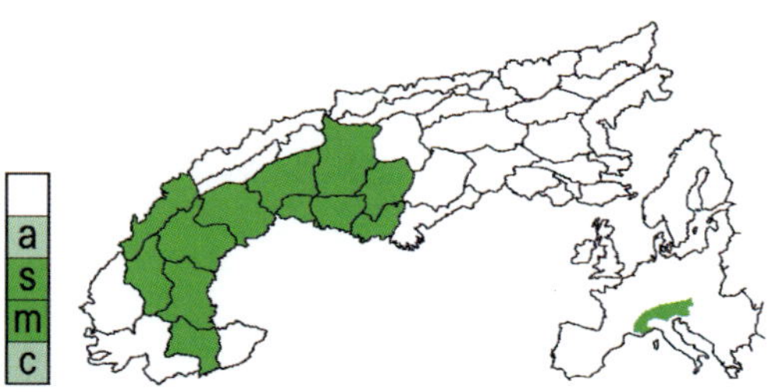

Festuca alpestris Roem. & Schult.

Voralpen-Schwingel *Poaceae*
VI–IX ♃ A3 G(2)

20–60 cm hoch, **horstförmig**. Blütenstand: < 9 cm lang. Deckspelzen: begrannt. Fruchtknoten: dicht behaart. Stängel: oben: **rau bis kurz behaart**. Ligula: **länglich-lanzettlich, 3-nervig, 2–6 mm lang, spitz**. Blätter der Erneuerungssprosse: **0,6–0,9 mm ⌀**, mit 7–9 Leitbündeln, **mit einer durchgehenden Sklerenchymscheide auf der Blattunterseite**.

- **subalpine o. alpine Rasen, Schutt- o. Felsfluren**, Zwergstrauchheiden, Extensivgrünland o. Magerrasen, Wälder
- an nährstoffarmen, kalkreichen Standorten
- endemisch

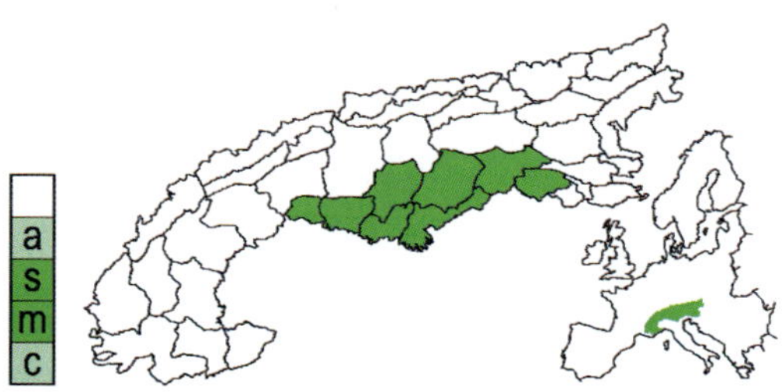

Festuca calva (Hack.) K. Richt.

Glatter Bunt-Schwingel *Poaceae*
VI–VIII ♃ A3 G(2)

20–60 cm hoch, **horstförmig**. BLÜTENSTAND: < 9 cm lang. DECKSPELZEN: begrannt. BLÄTTER: unterste meist < 0,25-mal so lang wie die obersten. LIGULA: oval, 0,5–1,5 mm lang, distal abgerundet. BLÄTTER DER ERNEUERUNGSSPROSSE: starr, **0,4–1 mm** ⌀, **mit 9–11 Leitbündeln, mit einer durchgehenden Sklerenchymscheide auf der Blattunterseite, Sklerenchym auch auf der Oberseite zumindest einiger Blätter**.

- **subalpine o. alpine Rasen, Schutt- o. Felsfluren**
- an nährstoffarmen, sauren, trockenen Standorten
- endemisch

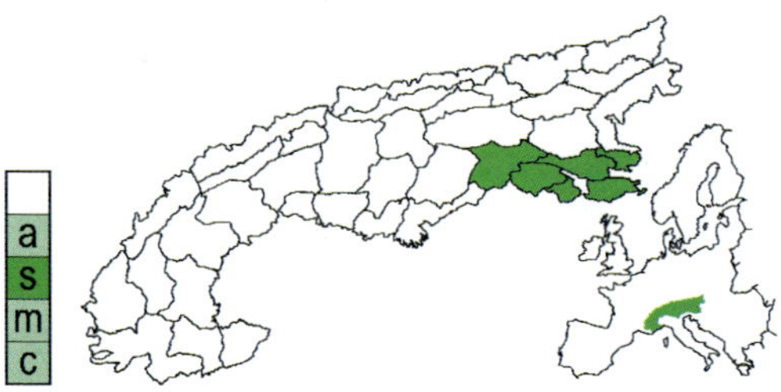

Festuca flavescens Bellardi

Gelblicher Schwingel *Poaceae*
IV–VIII ♃ A3 G(2)

20–60 cm hoch, **horstförmig**. BLÜTENSTAND: < 9 cm lang. DECKSPELZEN: begrannt. STÄNGEL: OBEN: **rau bis kurz behaart**. LIGULA: meist 0,5–1 mm lang, distal abgerundet. BLÄTTER DER ERNEUERUNGSSPROSSE: weich, **0,3–0,8 mm** ⌀, **meist mit 5 Leitbündeln, mit 3–7 Sklerenchymsträngen**, seltener mit einer durchgehenden Sklerenchymscheide auf der Blattunterseite.

- subalpine o. alpine Rasen, Schutt- o. Felsfluren, Zwergstrauchheiden, **Staudenfluren**, **Wälder**
- an nährstoffarmen Standorten
- endemisch

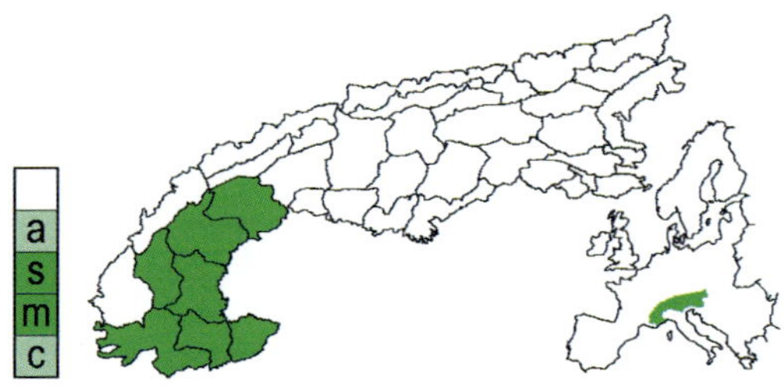

Festuca pseudovaria Vetter

Handel-Mazettis Schwingel *Poaceae*
VI–IX ♃ A3 G(2)

10–25 cm hoch, **horstförmig**. BLÜTENSTAND: < 9 cm lang. DECKSPELZEN: begrannt. LIGULA: < 1 mm lang, distal abgerundet. BLÄTTER DER ERNEUERUNGSSPROSSE: **0,5–1,2 mm** ⌀, mit 5–9 Leitbündeln, **mit einer durchgehenden Sklerenchymscheide auf der Blattunterseite**.

- **subalpine o. alpine Rasen**, Schutt- o. Felsfluren
- an nährstoffarmen, oft sauren Standorten
- endemisch

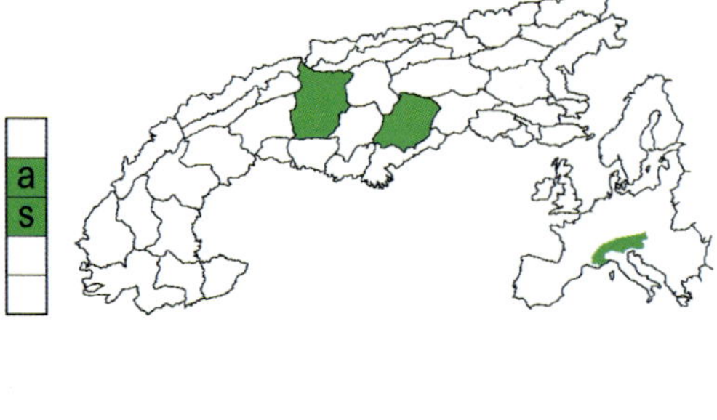

Festuca winnebachensis (Wallossek & Markgr.-Dann.) Foggi & al.

Winnebach-Schwingel *Poaceae*
VI–IX ♃ A3 G(2)

30–60 cm hoch, **horstförmig**. BLÜTENSTAND: 4–6 cm lang. DECKSPELZEN: GRANNE: 4–6 mm lang. LIGULA: 0,8–1,3 mm lang, distal abgerundet. BLÄTTER DER ERNEUERUNGSSPROSSE: **0,6–1,1 mm** ⌀, mit 7–9 Leitbündeln, **mit einer durchgehenden Sklerenchymscheide auf der Blattunterseite**.

- **subalpine o. alpine Rasen**, Schutt- o. Felsfluren, Extensivgrünland o. Magerrasen
- meist an sauren, oft trockenen Standorten
- endemisch

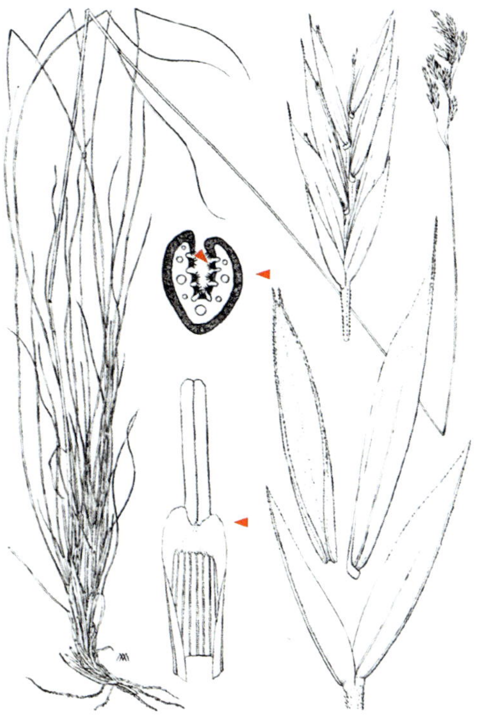

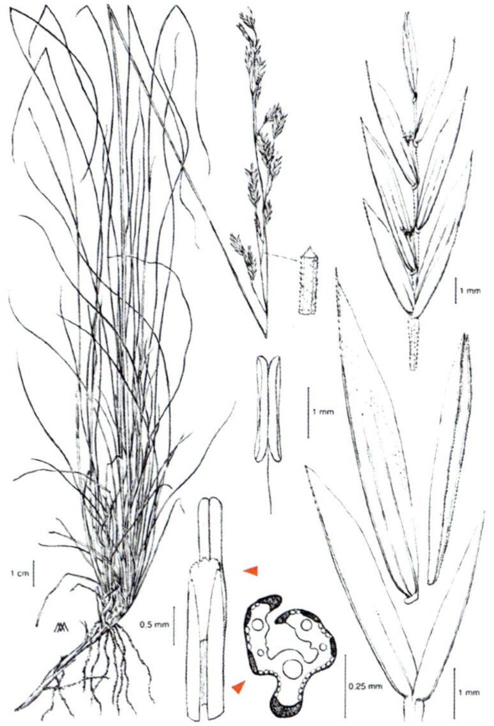
1 mm
1 mm
1 cm
0.5 mm
0.25 mm
1 mm

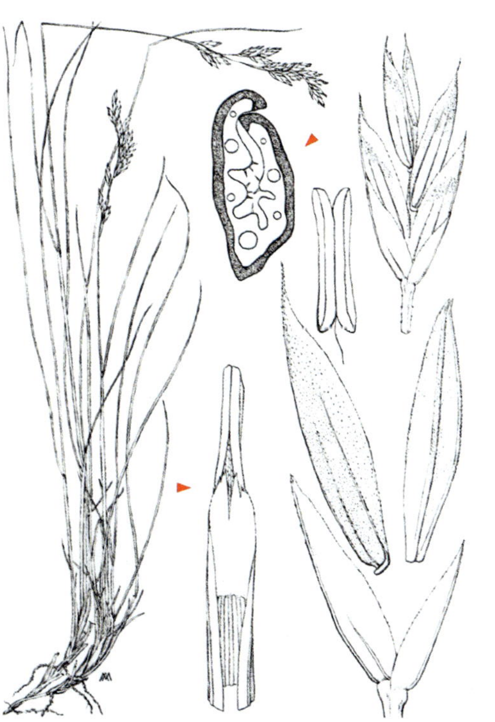

1 mm
1 cm
1 mm
1 mm

Festuca quadriflora Honck.

Niedriger Schwingel *Poaceae*
VI–IX ♃ A3 G(2)

10–25 cm hoch, **horstförmig**. BLÜTENSTAND: < 9 cm lang. ÄHRCHEN: 3–5-blütig. DECKSPELZEN: GRANNE: < 2 mm lang. BLÄTTER: **frischgrün bis blau- bzw. graugrün**. BLATTSCHEIDEN: zu > 30 % verwachsen. LIGULA: < 0,3 mm lang, distal abgerundet. BLÄTTER DER ERNEUERUNGSSPROSSE: **0,3–0,8 mm ⌀, mit 5–7 Leitbündeln, meist mit 5–7 Sklerenchymsträngen**. – (= *F. pumila* Chaix).

- **subalpine o. alpine Rasen, Schutt- o. Felsfluren**
- an nährstoffarmen, basenreichen Standorten
- einheimisch

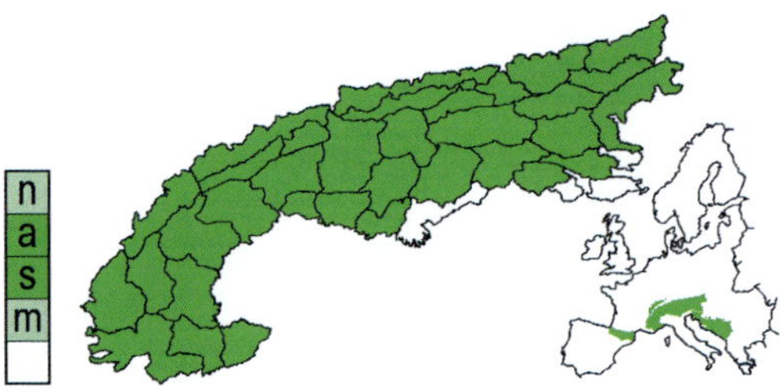

Festuca scabriculmis (Hack.) K. Richt.

Rauhalm-Schwingel *Poaceae*
VI–IX ♃ A3 G(2)

20–60 cm hoch, **horstförmig**. BLÜTENSTAND: 3–6 cm lang. DECKSPELZEN: GRANNE: 3–6 mm lang. STÄNGEL: OBEN: **rau bis kurz behaart**. LIGULA: meist 1–1,5 mm lang, distal abgerundet. BLÄTTER DER ERNEUERUNGSSPROSSE: starr, **0,4–0,7 mm** ⌀, meist mit 7 Leitbündeln, **mit einer durchgehenden Sklerenchymscheide auf der Blattunterseite**.

- **subalpine o. alpine Rasen, Schutt- o. Felsfluren**
- an nährstoffarmen, oft sauren Standorten
- endemisch

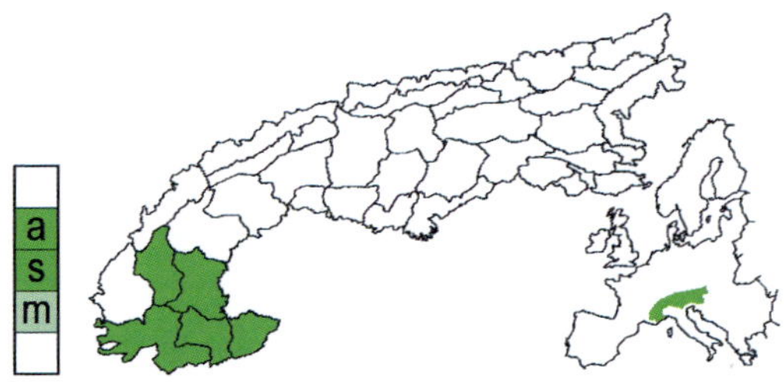

Festuca luedii (Markgr.-Dann.) Foggi & al.

Lüdis Schwingel *Poaceae*
VI–VIII ♃ A3 G(2)

20–60 cm hoch, **horstförmig**. BLÜTENSTAND: 4–9 cm lang. DECKSPELZEN: GRANNE: 4–9 mm lang. LIGULA: 0,4–1,6 mm lang, distal abgerundet. BLÄTTER DER ERNEUERUNGSSPROSSE: **0,5–0,9 mm** ⌀, meist mit 7 Leitbündeln, **mit einer durchgehenden Sklerenchymscheide auf der Blattunterseite**.

- **subalpine o. alpine Rasen, Schutt- o. Felsfluren**
- an nährstoffarmen, oft sauren Standorten
- endemisch

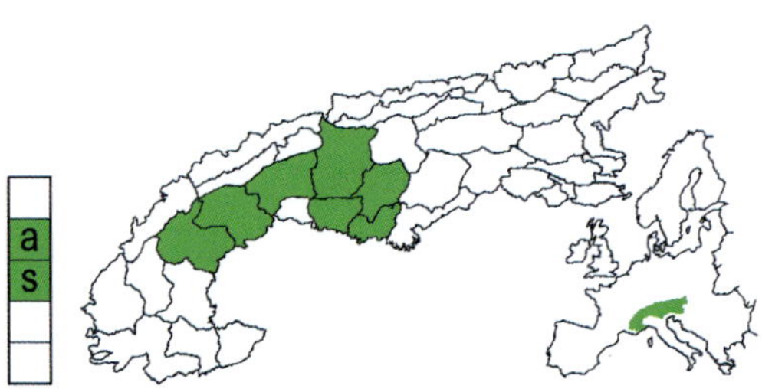

Festuca versicolor Tausch

Verschiedenfarbiger Bunt-Schwingel *Poaceae*
V–VIII ♃ A3 G(2)

Bis 40 cm hoch, **horstförmig**. BLÜTENSTAND: < 9 cm lang. DECKSPELZEN: begrannt. VORSPELZEN: zumindest basal dicht behaart. BLÄTTER: unterste meist 0,25–0,5-mal so lang wie die obersten. LIGULA: 0,5–0,8 mm lang, distal abgerundet. BLÄTTER DER ERNEUERUNGSSPROSSE: **0,5–1,1 mm** ⌀, mit 7–9 Leitbündeln, **mit einer durchgehenden Sklerenchymscheide auf der Blattunterseite**.

In den Alpen die subsp. *brachystachys* (endemisch) u. *pallidula* (endemisch) (vgl. S. 726).

- **subalpine o. alpine Rasen, Schutt- o. Felsfluren, Extensivgrünland o. Magerrasen**
- an nährstoffarmen, kalkreichen Standorten
- einheimisch

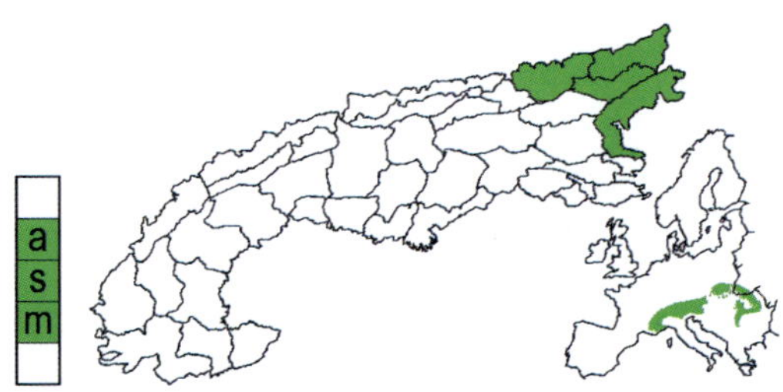

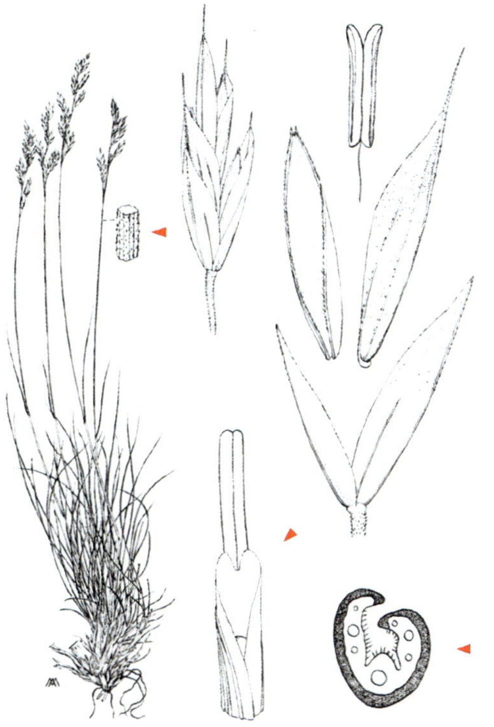

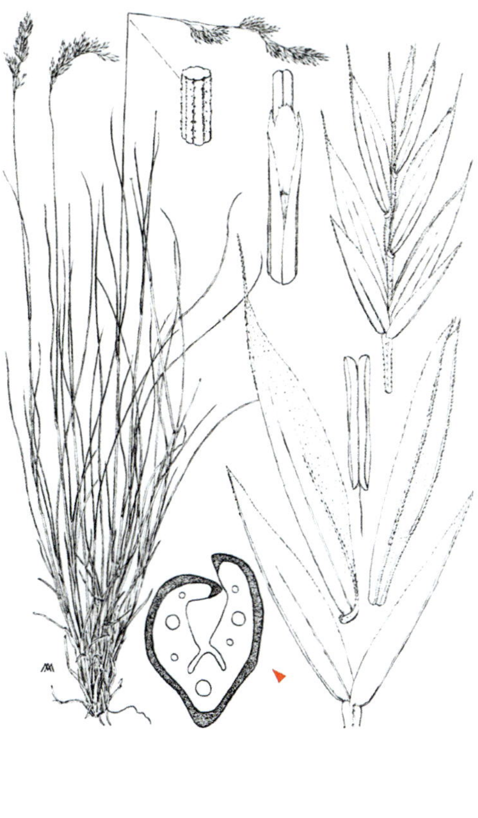

Festuca violacea Gaudin

Violetter Schwingel *Poaceae*
V–IX ♃ A3 G(2)

15–40 cm hoch, **horstförmig**. Ährchen: meist dunkelviolett überlaufen, 4–6-blütig. Hüllspelzen: obere: länglich-lanzettlich, spitz. Deckspelzen: Granne: 1–2 mm lang. Früchte: distal (spärlich) behaart. Stängel: oben: zuweilen rau bis kurz behaart. Blattscheiden: ± bis oben verwachsen. Ligula: < 0,3 mm lang, distal gerade. Blätter der Erneuerungssprosse: **die Blattscheiden basal durchbrechend u. außerhalb wachsend, < 0,4 mm ⌀, mit 5–7 Leitbündeln**, mit 5–9 Sklerenchymsträngen.

In den Alpen nur die subsp. *violacea*.

- **subalpine o. alpine Rasen**, Schutt- o. Felsfluren, Schneetälchen
- einheimisch

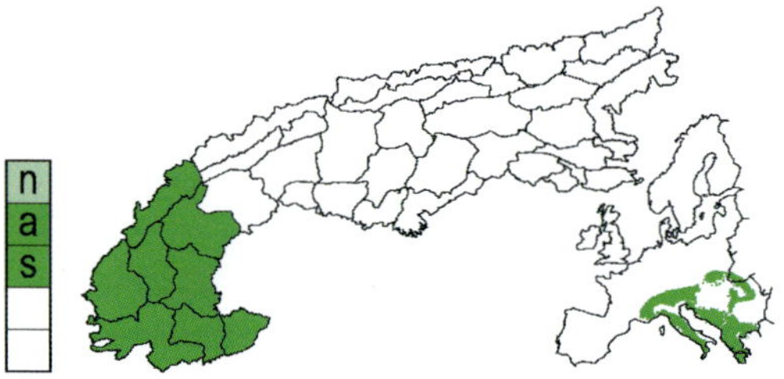

Festuca melanopsis Foggi & al.

Schwärzlicher Schwingel *Poaceae*
VI–IX ♃ A3 G(2)

20–40 cm hoch, **horstförmig**. Blütenstand: 6–9 cm lang. Ährchen: meist dunkelviolett überlaufen, 4–7-blütig. Hüllspelzen: obere: 3–6 mm lang, länglich-lanzettlich, lang zugespitzt. Deckspelzen: Granne: 2–4 mm lang. Früchte: distal (spärlich) behaart. Blattscheiden: netzartig zerfasernd, ± bis oben verwachsen. Ligula: < 0,3 mm lang, distal gerade. Blätter der Erneuerungssprosse: **die Blattscheiden basal durchbrechend u. außerhalb wachsend, 0,4–0,8 mm ⌀, mit 5 Leitbündeln, mit 7 Sklerenchymsträngen**. – (= *F. nigricans* (Hack.) K. Richt.).

- **subalpine o. alpine Rasen, Schutt- o. Felsfluren**, Grünland, Ruderalvegetation
- an nährstoffarmen Standorten
- endemisch

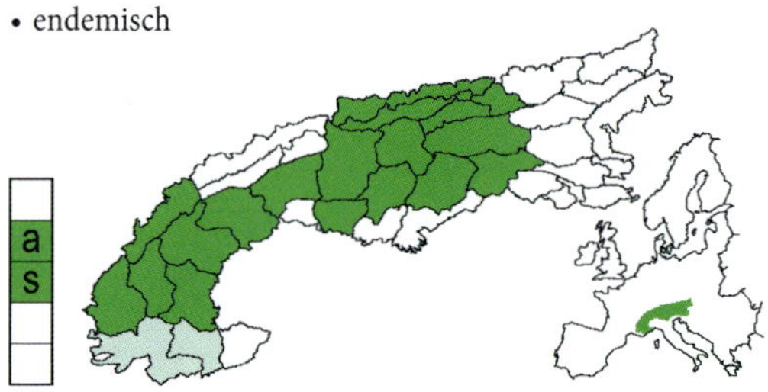

Festuca nitida Schult.

Glanz-Schwingel *Poaceae*
VI–IX ♃ A3 G(2)

10–40 cm hoch, **horstförmig**. Ährchen: meist dunkelviolett überlaufen. Hüllspelzen: obere: länglich-lanzettlich, spitz. Deckspelzen: Granne: < 1 mm lang. Früchte: auch distal dicht behaart. Stängel: oben: **rau bis kurz behaart**. Blattscheiden: ± bis oben verwachsen. Ligula: < 0,3 mm lang, distal gerade. Blätter der Erneuerungssprosse: **die Blattscheiden basal durchbrechend u. außerhalb wachsend, < 0,4 mm ⌀, mit 5–7 Leitbündeln**, mit 5–9 Sklerenchymsträngen.

In den Alpen nur die subsp. *nitida*.

- **subalpine o. alpine Rasen, Schutt- o. Felsfluren**, Legföhrengebüsche, Wälder, Ruderalvegetation
- an nährstoffarmen, kalkreichen Standorten
- einheimisch

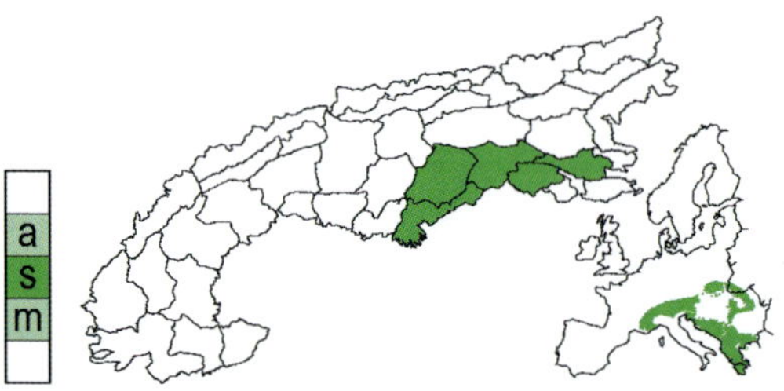

Festuca norica (Hack.) K. Richt.

Norischer Schwingel *Poaceae*
VI–IX ♃ A3 G(2)

30–50 cm hoch, **horstförmig**. Ährchen: meist dunkelviolett überlaufen, 4–5-blütig, 7–10 mm lang. Deckspelzen: 4–7 mm lang; Granne: 1–3 mm lang. Früchte: distal (spärlich) behaart. Blattscheiden: derb, nur in der basalen Hälfte verwachsen, **basal mit Längsfurche, nicht-verwachsene Ränder nach innen gebogen**. Ligula: < 0,3 mm lang, distal gerade. Blätter der Erneuerungssprosse: **die Blattscheiden basal durchbrechend u. außerhalb wachsend, 0,6–0,7 mm ⌀, mit 7–9 Leitbündeln, mit 11–13 Sklerenchymsträngen, auch auf der Oberseite der Blätter**.

- **subalpine o. alpine Rasen, Schutt- o. Felsfluren**, Extensivgrünland o. Magerrasen
- an nährstoffarmen, kalkreichen Standorten
- endemisch

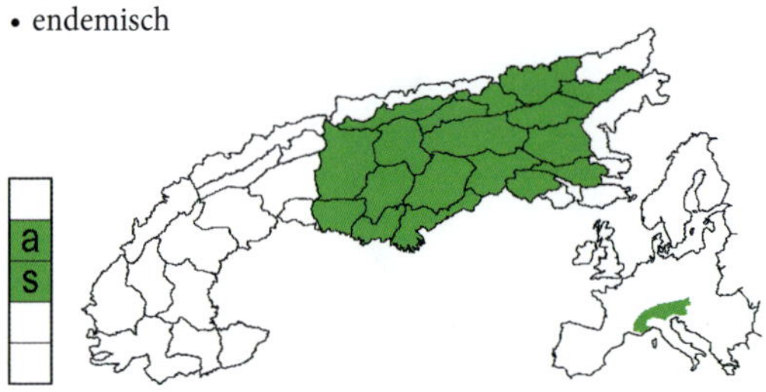

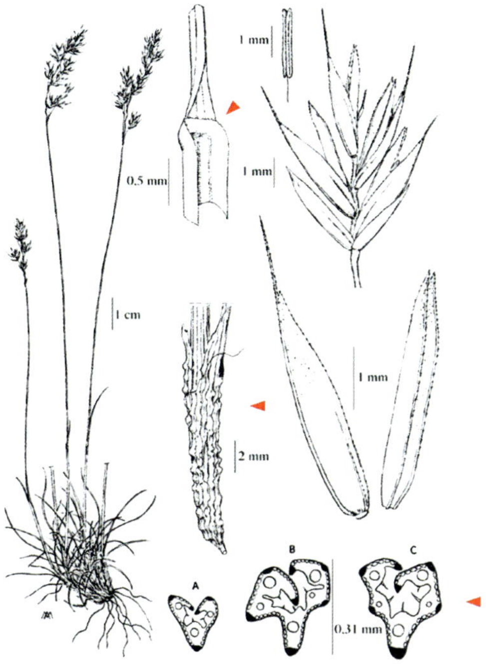
1 mm
0,5 mm
1 mm
1 cm
1 mm
2 mm
A
B
C
0,31 mm

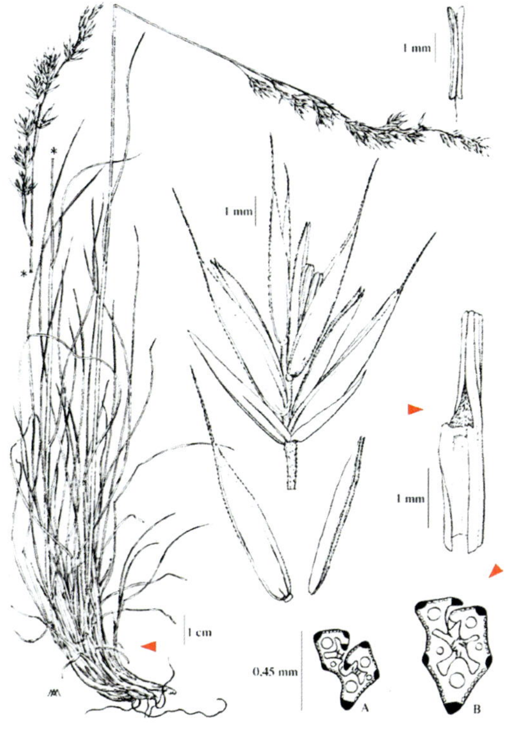
1 mm
1 mm
1 mm
1 cm
0,45 mm
A
B

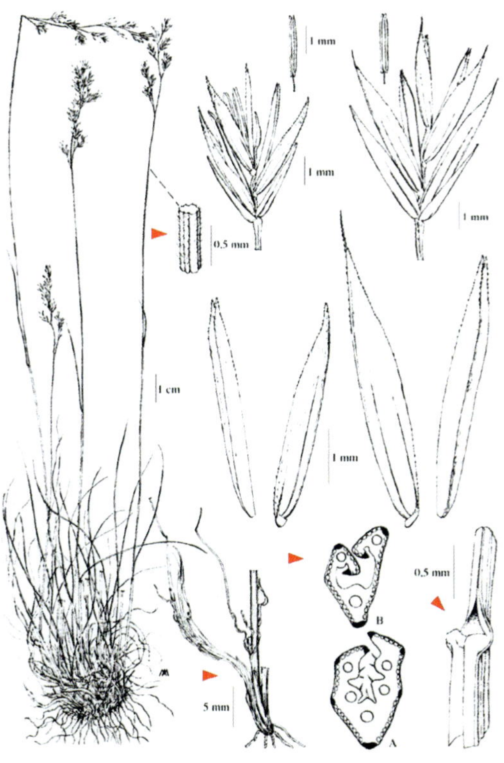
1 mm
1 mm
1 mm
0,5 mm
1 cm
1 mm
0,5 mm
B
A
5 mm

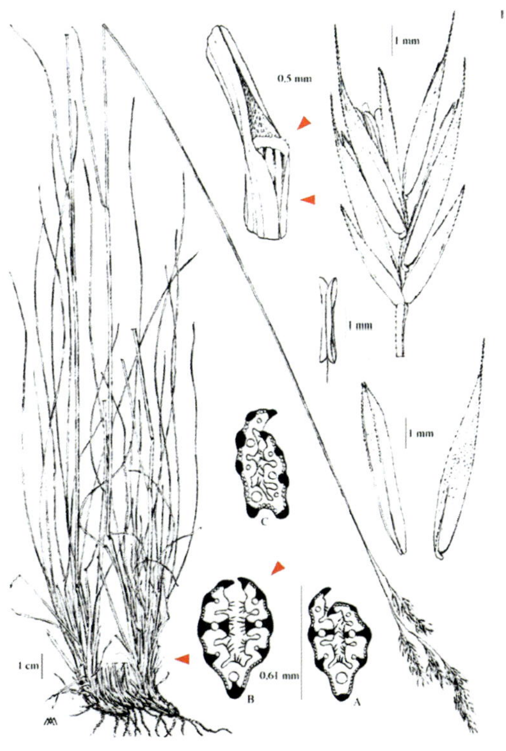
1 mm
0,5 mm
1 mm
1 mm
C
1 cm
0,61 mm
B
A

Festuca picturata Pils

Gescheckter Schwingel *Poaceae*
VI–IX ♃ A3 G(2)

10–40 cm hoch, **horstförmig**. Ährchen: meist dunkelviolett überlaufen, 6–8 mm lang. Hüllspelzen: obere: oval-lanzettlich, abgerundet, selten mit kurzer Spitze. Deckspelzen: begrannt. Vorspelzen: auf den Kielen bewimpert. Stängel: oben: **rau bis kurz behaart**. Blattscheiden: ± bis oben verwachsen. Ligula: < 0,3 mm lang, distal gerade. Blätter der Erneuerungssprosse: **die Blattscheiden basal durchbrechend u. außerhalb wachsend**, derb, **0,4–0,8 mm ⌀, mit 5–7 Leitbündeln**, mit 5–9 Sklerenchymsträngen.

- **subalpine o. alpine Rasen, Schutt- o. Felsfluren**, Zwergstrauchheiden, Staudenfluren
- an nährstoffarmen, sauren Standorten
- einheimisch

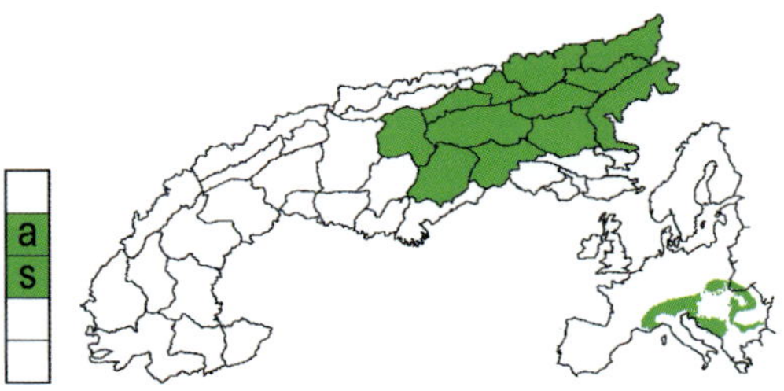

Festuca halleri All.

Hallers Schwingel *Poaceae*
V–VIII ♃ A3 G(2)

Bis 40 cm hoch, **horstförmig**. Blütenstand: **unterer Rispenast mit < 3 Ährchen**. Deckspelzen: lanzettlich; Granne: > 0,5-mal so lang wie die Deckspelze. Staubbeutel: 2–3 mm lang. Blattscheiden: ± bis oben verwachsen. Öhrchen: **abgerundet, nach oben gerichtet**. Blätter der Erneuerungssprosse: **meist 0,3–0,6 mm ⌀, mit 5–7 Leitbündeln, mit 3–7 Sklerenchymsträngen, davon 3 größere**. untere Blattscheiden: meist netzartig zerfasernd.

In den Alpen nur die subsp. *halleri*.

- **subalpine o. alpine Rasen, Schutt- o. Felsfluren**, Alluvionen, Zwergstrauchheiden, Ruderalvegetation
- an nährstoffarmen Standorten
- einheimisch

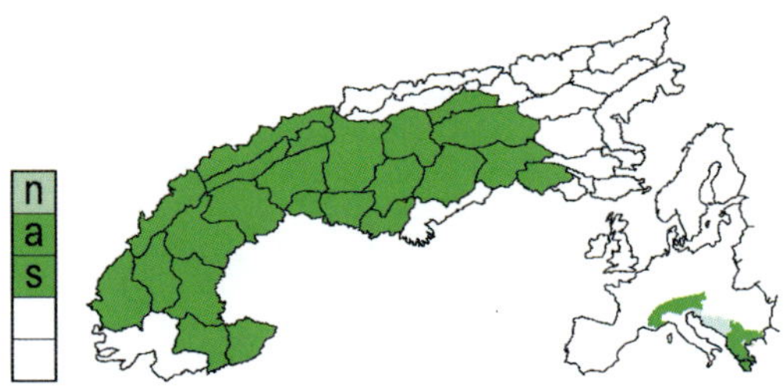

Festuca plonkae Foggi & Signorini

Saint-Yves' Schwingel *Poaceae*
V–VIII ♃ A3 G(2)

10–30 cm hoch, **horstförmig**. Blütenstand: 2–5 cm lang, **unterer Rispenast mit < 3 Ährchen**. Hüllspelzen: obere: 4–5 mm lang, 3-nervig. Deckspelzen: Granne: 2–3 mm lang. Blattscheiden: zu > 30 % verwachsen. Öhrchen: **abgerundet, nach oben gerichtet**. Ligula: < 0,3 mm lang. Blätter der Erneuerungssprosse: **meist 0,3–0,6 mm ⌀, mit 3–7 Leitbündeln, mit 5–7 Sklerenchymsträngen, davon 3 größere**. untere Blattscheiden: meist netzartig zerfasernd, kahl bis spärlich behaart.

- **subalpine o. alpine Rasen, Schutt- o. Felsfluren**
- an nährstoffarmen, meist sauren Standorten
- einheimisch

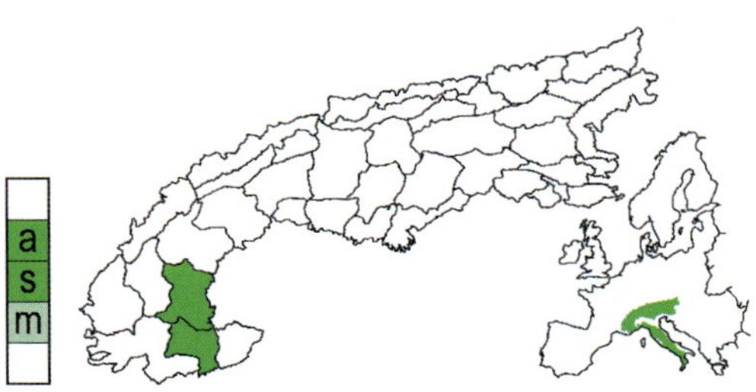

Festuca alpina Suter

Alpen-Schwingel *Poaceae*
V–VIII ♃ A3 G(2)

Bis 10 cm hoch, horstförmig. Blütenstand: **unterer Rispenast mit < 3 Ährchen**. Ährchen: 2–4-blütig. Deckspelzen: lanzettlich; Granne: 2–4 mm lang, > 0,5-mal so lang wie die Deckspelze. Staubbeutel: 0,8–1,2 mm lang. Blattscheiden: zu > 30 % verwachsen. Öhrchen: **abgerundet, nach oben gerichtet**. Ligula: < 1 mm lang. Blätter der Erneuerungssprosse: **meist 0,3–0,5 mm ⌀, mit 3–5 Leitbündeln, mit 3–7 Sklerenchymsträngen, davon 3 größere**. untere Blattscheiden: meist netzartig zerfasernd.

In den Alpen nur die subsp. *alpina* (inkl. subsp. *riverae*).

- **subalpine o. alpine Rasen, Schutt- o. Felsfluren**
- an nährstoffarmen, kalkreichen Standorten
- einheimisch

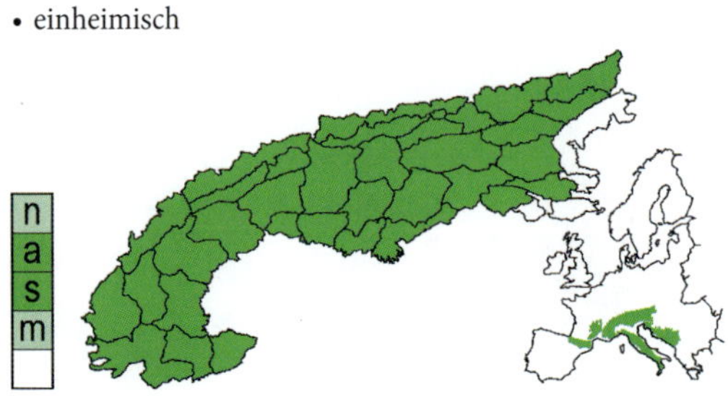

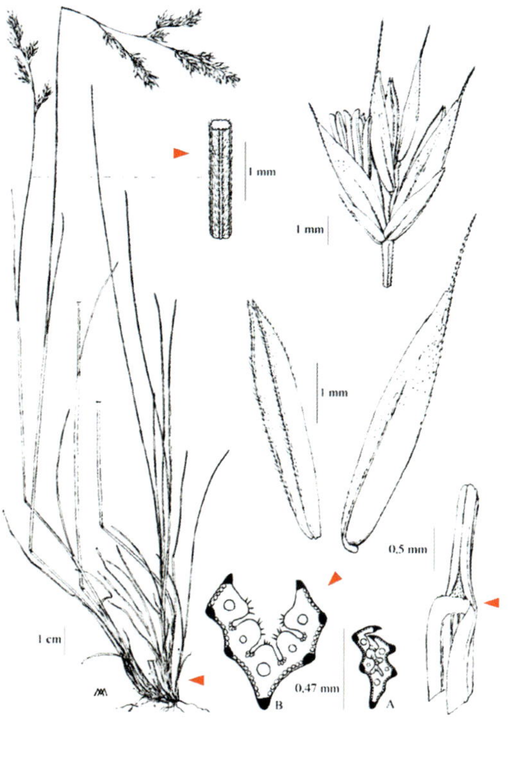
1 mm
1 mm
1 mm
0,5 mm
1 cm
0,47 mm
B
A

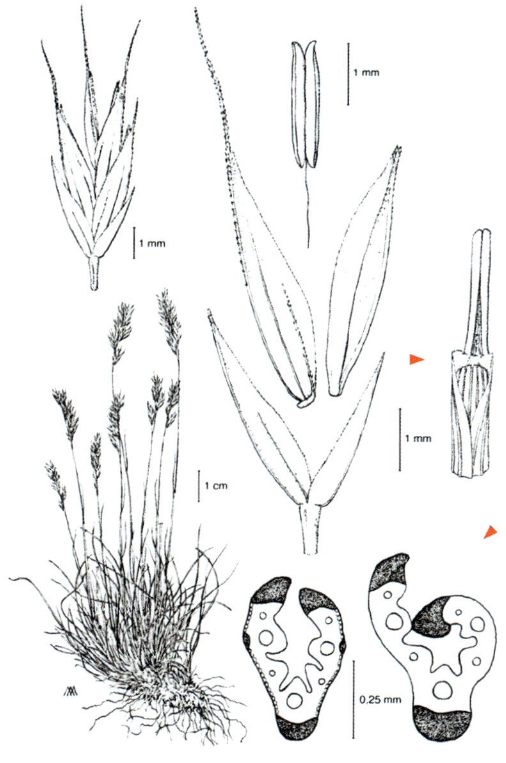
1 mm
1 mm
1 cm
1 mm
0,25 mm

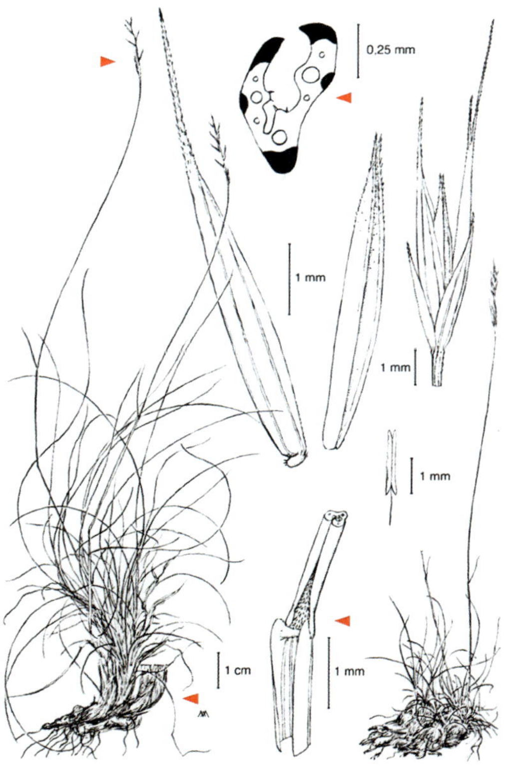
0,25 mm
1 mm
1 mm
1 mm
1 cm
1 mm

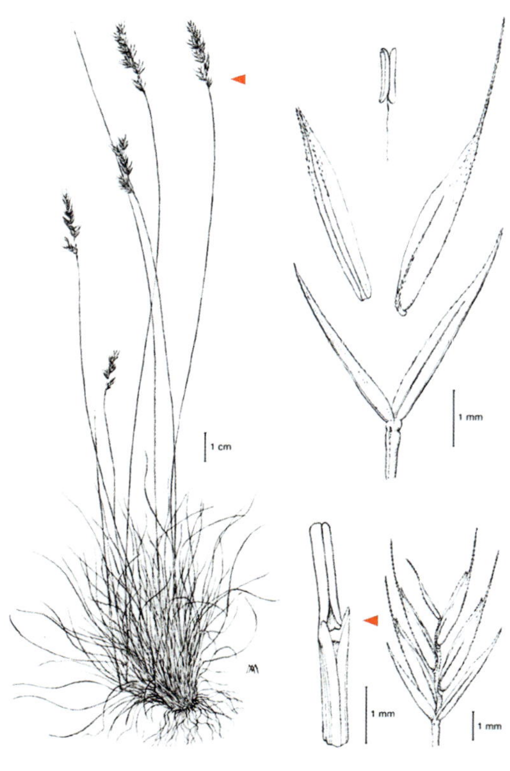
1 cm
1 mm
1 mm
1 mm

Festuca austrodolomitica Pils & Prosser

Süddolomiten-Schwingel *Poaceae*
V–VIII ♃ A3 G(2)

Bis 40 cm hoch, **horstförmig**. DECKSPELZEN: lanzettlich, begrannt. BLATTSCHEIDEN: zu > 30 % verwachsen. ÖHRCHEN: **abgerundet, nach oben gerichtet**. BLÄTTER DER ERNEUERUNGSSPROSSE: **meist 0,3–0,6 mm ⌀, mit 3–5 Leitbündeln, mit 3–7 Sklerenchymsträngen, davon 3 größere**. UNTERE BLATTSCHEIDEN: meist netzartig zerfasernd.

- **Schutt- o. Felsfluren, Schneetälchen**
- an nährstoffarmen, kalkreichen Standorten
- endemisch

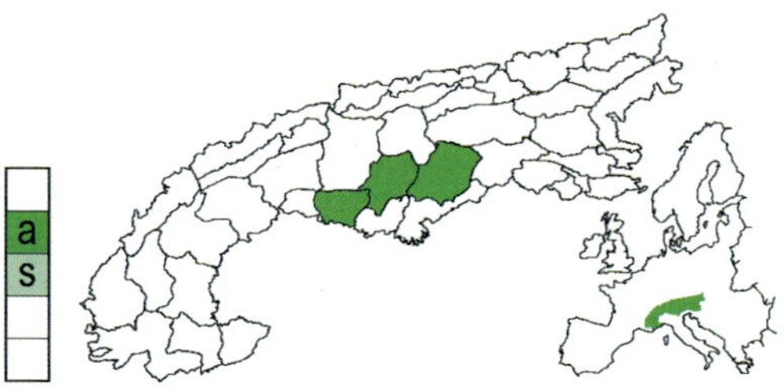

Festuca intercedens (Hack.) Bech.

Mittlerer Felsen-Schwingel *Poaceae*
V–VII ♃ A3 G(2)

Bis 40 cm hoch, **horstförmig**. BLÜTENSTAND: **unterer Rispenast mit < 3 Ährchen**. DECKSPELZEN: lanzettlich; GRANNE: ≤ 0,6-mal so lang wie die Deckspelze. STAUBBEUTEL: 1–1,5 mm lang. BLATTSCHEIDEN: zu > 30 % verwachsen. ÖHRCHEN: **abgerundet, nach oben gerichtet**. BLÄTTER DER ERNEUERUNGSSPROSSE: **meist 0,3–0,6 mm ⌀, mit 5–7 Leitbündeln, mit 3–7 Sklerenchymsträngen, davon 3 größere**. UNTERE BLATTSCHEIDEN: meist netzartig zerfasernd.

- subalpine o. alpine Rasen, **Schutt- o. Felsfluren**, Alluvionen, Ruderalvegetation
- an nährstoffarmen Standorten
- endemisch

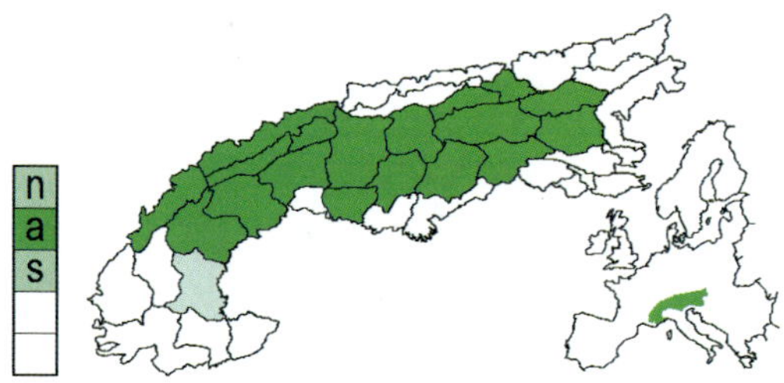

Festuca pseudodura Steud.

Hart-Schwingel *Poaceae*
VI–VIII ♃ A3 G(2)

Bis 40 cm hoch, **horstförmig**. BLÜTENSTAND: 3–9 cm lang, **unterer Rispenast mit ≥ 3 Ährchen**. ÄHRCHENSTIELE: kahl bis spärlich kurzhaarig. ÄHRCHEN: meist (hell) violett überlaufen. HÜLLSPELZEN: untere u. obere unterschiedlich lang. DECKSPELZEN: lanzettlich, begrannt. BLATTSCHEIDEN: zu > 75 % verwachsen. ÖHRCHEN: **abgerundet, nach oben gerichtet**. BLÄTTER DER ERNEUERUNGSSPROSSE: **meist 0,5–1,1 mm ⌀, meist mit 3 Leitbündeln, mit 3 Sklerenchymsträngen**. UNTERE BLATTSCHEIDEN: meist netzartig zerfasernd.

- subalpine o. alpine Rasen, **Schutt- o. Felsfluren**
- an nährstoffarmen, oft sauren Standorten
- einheimisch

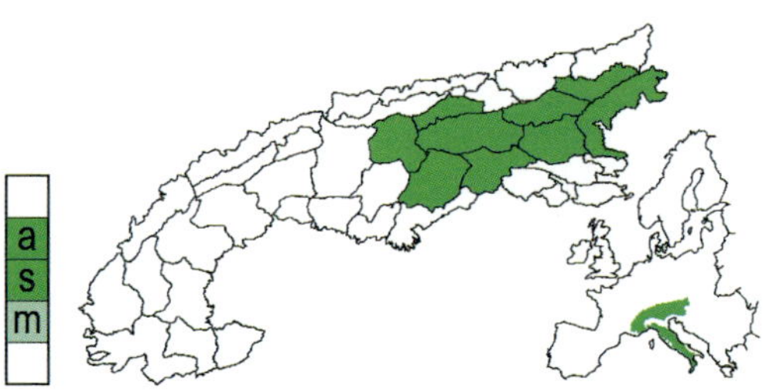

Festuca rupicaprina (Hack.) A. Kern.

Gämsen-Schwingel *Poaceae*
V–VIII ♃ A3 G(2)

10–20 cm hoch, **horstförmig**. BLÜTENSTAND: **unterer Rispenast mit < 3 Ährchen**. ÄHRCHEN: meist dunkelrot-violett schwarz, 4–6-blütig. DECKSPELZEN: lanzettlich; GRANNE: < 2 mm lang, > 0,25–5-mal so lang wie die Deckspelze. STAUBBEUTEL: 2–3 mm lang. FRÜCHTE: kahl. BLATTSCHEIDEN: zu > 30 % verwachsen. ÖHRCHEN: **abgerundet, nach oben gerichtet**. LIGULA: < 0,3 mm lang. BLÄTTER DER ERNEUERUNGSSPROSSE: **meist 0,3–0,6 mm ⌀, meist mit 5 Leitbündeln, mit 3–7 Sklerenchymsträngen, davon 3 größere**. UNTERE BLATTSCHEIDEN: meist netzartig zerfasernd.

- **subalpine o. alpine Rasen, Schutt- o. Felsfluren**, Alluvionen
- an nährstoffarmen, kalkreichen Standorten
- endemisch

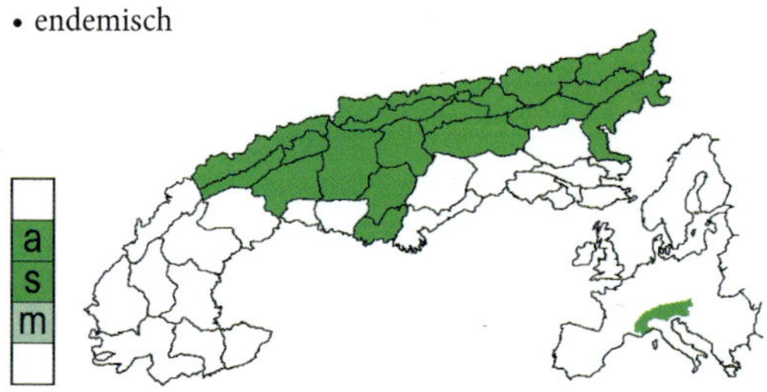

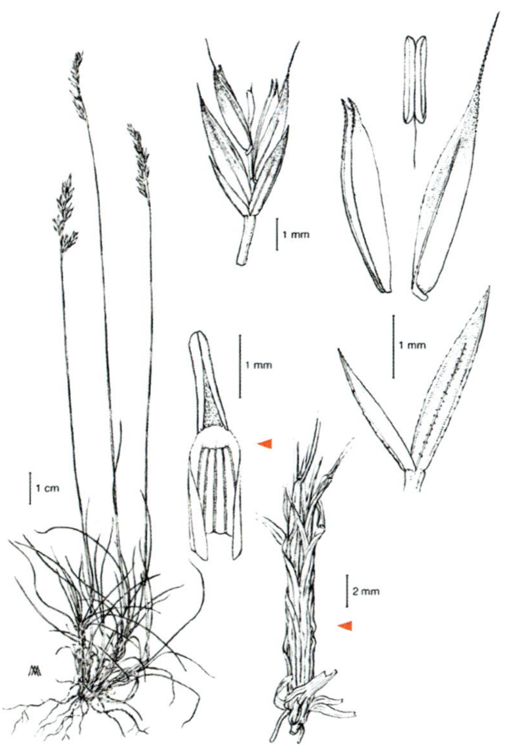
1 mm
1 mm
1 mm
1 cm
2 mm

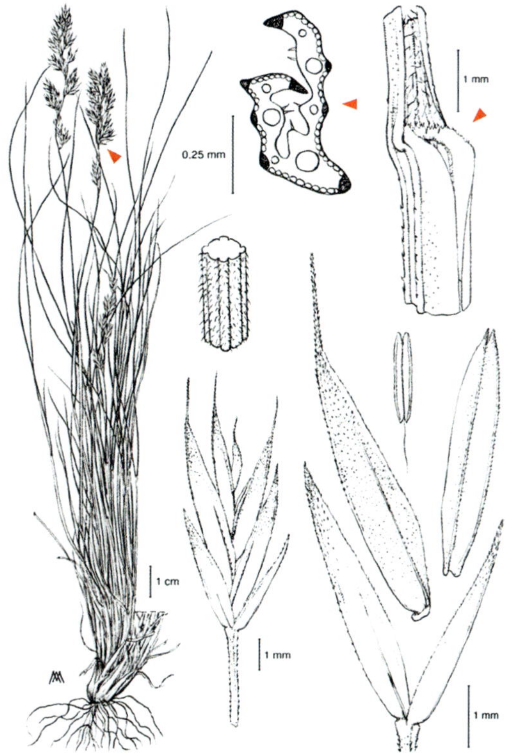
1 mm
0.25 mm
1 cm
1 mm
1 mm

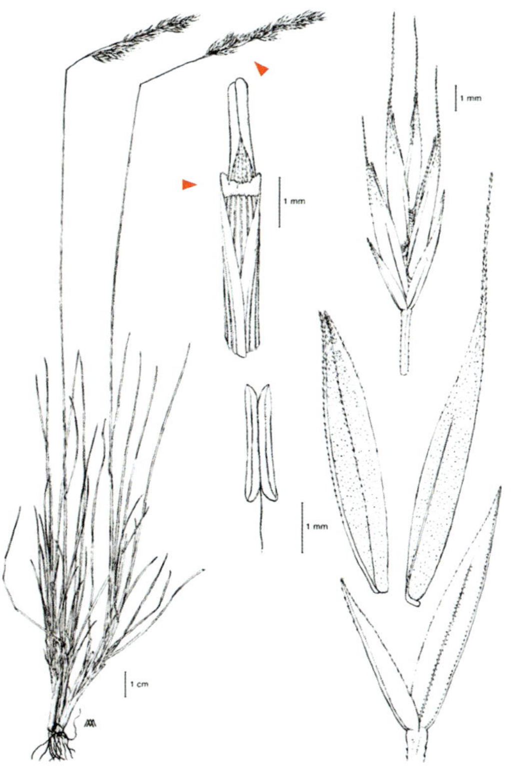
1 mm
1 mm
1 mm
1 cm

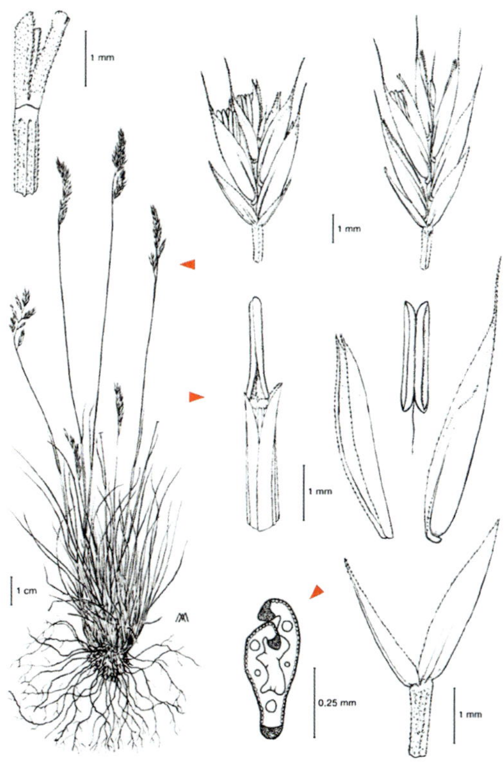
1 mm
1 mm
1 mm
1 cm
0.25 mm
1 mm

Festuca stenantha (Hack.) K. Richt.

Schmalrispiger Schwingel *Poaceae*
V–VIII ♃ A3 G(2)

Bis 40 cm hoch, **horstförmig**. BLÜTENSTAND: 3–9 cm lang, **unterer Rispenast mit ≥ 3 Ährchen**. ÄHRCHENSTIELE: **(dicht) kurz behaart**. HÜLLSPELZEN: untere u. obere (fast) gleich lang. DECKSPELZEN: **gleichmäßig verschmälert**, begrannt. BLATTSCHEIDEN: zu > 30 % verwachsen. ÖHRCHEN: **abgerundet, nach oben gerichtet**. BLÄTTER DER ERNEUERUNGSSPROSSE: **meist 0,3–0,7 mm ⌀, meist mit 3 Leitbündeln, mit 3 Sklerenchymsträngen**. UNTERE BLATTSCHEIDEN: meist netzartig zerfasernd.

- subalpine o. alpine Rasen, **Schutt- o. Felsfluren**, Extensivgrünland o. Magerrasen
- an nährstoffarmen, kalkreichen, meist trockenen Standorten
- einheimisch

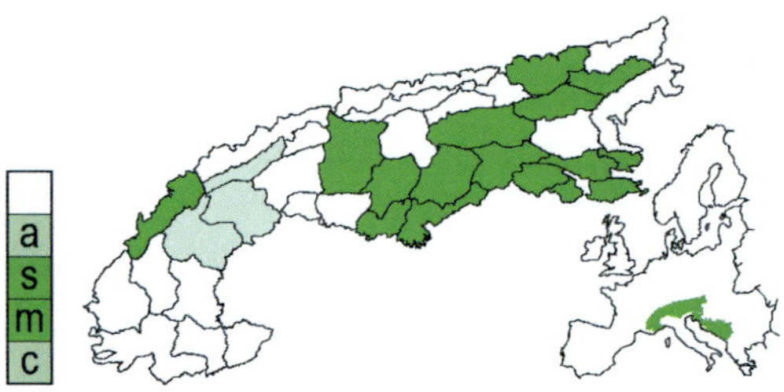

Festuca heterophylla Lam.

Verschiedenblättriger Schwingel *Poaceae*
V–IX ♃ A3 G(2)

60–100 cm hoch, horstförmig. ÄHRCHEN: 3–6-blütig. DECKSPELZEN: GRANNE: 3–6 mm lang. FRÜCHTE: **am oberen Ende behaart**. BLÄTTER: **Stängelblätter ausgebreitet, deutlich von denen der Erneuerungssprosse verschieden, bis 4 mm breit**. BLATTSCHEIDEN: ± bis oben verwachsen. ÖHRCHEN: **fehlen**. LIGULA: < 0,3 mm lang. BLÄTTER DER ERNEUERUNGSSPROSSE: **meist 0,2–0,6 mm ⌀, mit 3–5 Leitbündeln, mit 3–5 Sklerenchymsträngen**.

- **Staudenfluren, Wälder**
- an nährstoffarmen, meist trockenen Standorten
- einheimisch

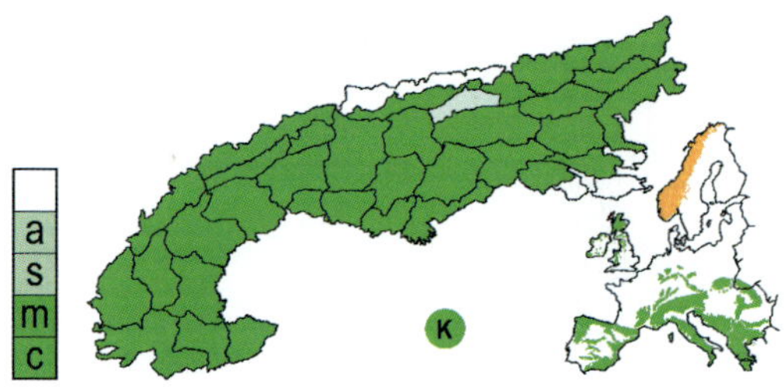

Patzkea paniculata (L.) G. H. Loos

Goldbrauner Schwingel *Poaceae*
V–VIII ♃ A3 G(2)

50–120 cm hoch, horstförmig, mehrjährig. BLÜTENSTAND: rispenartig. DECKSPELZEN: spitz, meist 5-nervig, **unbegrannt**. FRUCHTKNOTEN: mit langen Haaren. STÄNGEL: UNTEN: **(etwas) verdickt**. BLÄTTER: **im QS flach ausgebreitet, in Knospenlage gefaltet**, 2–3,5 mm breit; OBERSEITS: gerippt. ÖHRCHEN: **nach oben gerichtet**. BLÄTTER DER ERNEUERUNGSSPROSSE: **flach ausgebreitet**.

In den Alpen nur die subsp. *paniculata*.

- **subalpine o. alpine Rasen**, Schutt- o. Felsfluren, Grünland, Ruderalvegetation
- einheimisch

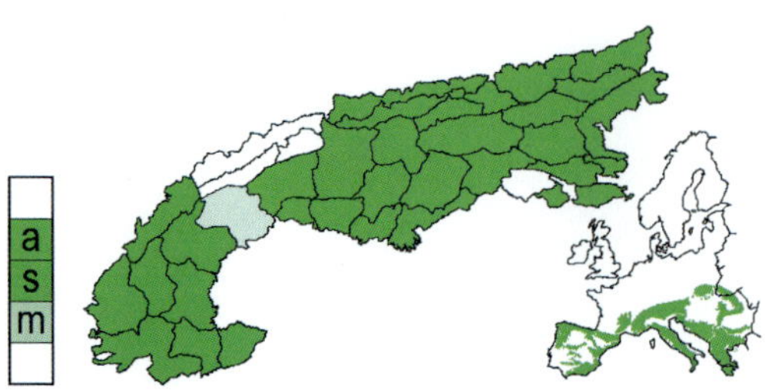

Schedonorus pratensis (Huds.) P. Beauv.

Wiesen-Schwingel *Poaceae*
V–VIII ♃ A3 G(2)

30–100 cm hoch, **horstförmig**, mehrjährig. BLÜTENSTAND: rispenartig. ÄHRCHEN: **7–12-blütig**, 8–20 mm lang. DECKSPELZEN: 5–9 mm lang, 1–2-spitzig, meist 5-nervig; GRANNE: < 4 mm lang o. fehlend, gerade. BLÄTTER: im QS flach ausgebreitet, **in Knospenlage gerollt, bis 30 cm lang**; OBERSEITS: gerippt. ÖHRCHEN: **sichelförmig**, kahl. LIGULA: < 1 mm lang. BLÄTTER DER ERNEUERUNGSSPROSSE: **flach ausgebreitet**. – Die Gattung *Schedonorus* wird nach neueren Untersuchungen in *Lolium* integriert (vgl. WFO 2020ff).

In den Alpen die subsp. *pratensis* u. *apenninus* (vgl. S. 726).

- Schutt- o. Felsfluren, Alluvionen, **Staudenfluren, Grünerlengebüsche, Grünland**, Wälder, Ruderalvegetation
- oft an nährstoffreichen Standorten
- einheimisch

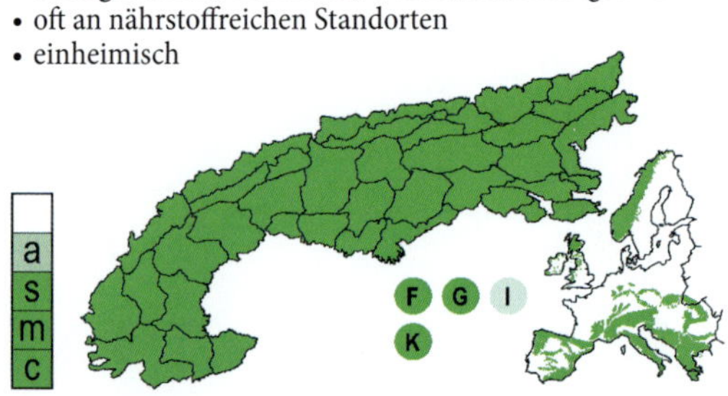

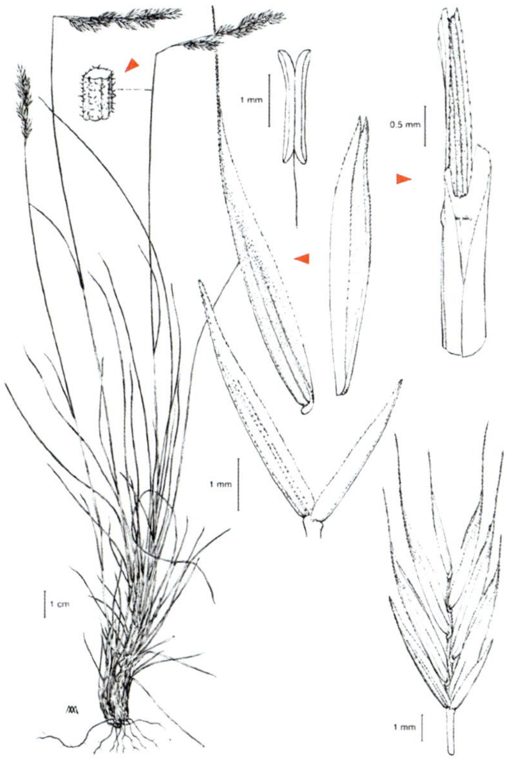
1 mm
0.5 mm
1 mm
1 cm
1 mm

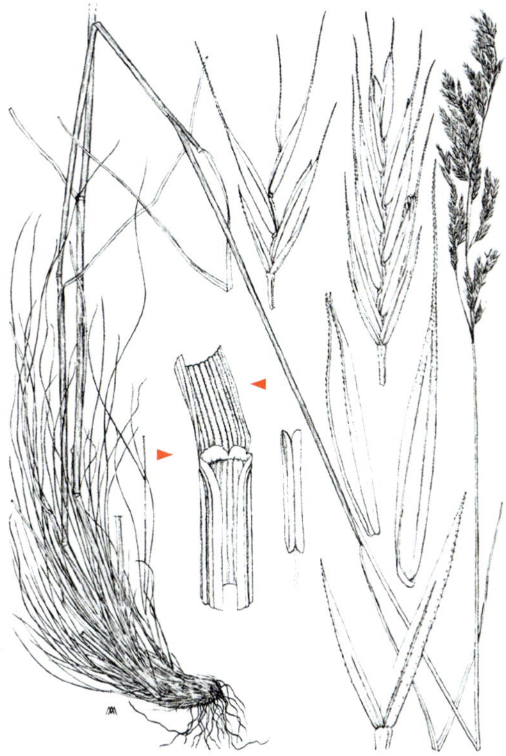

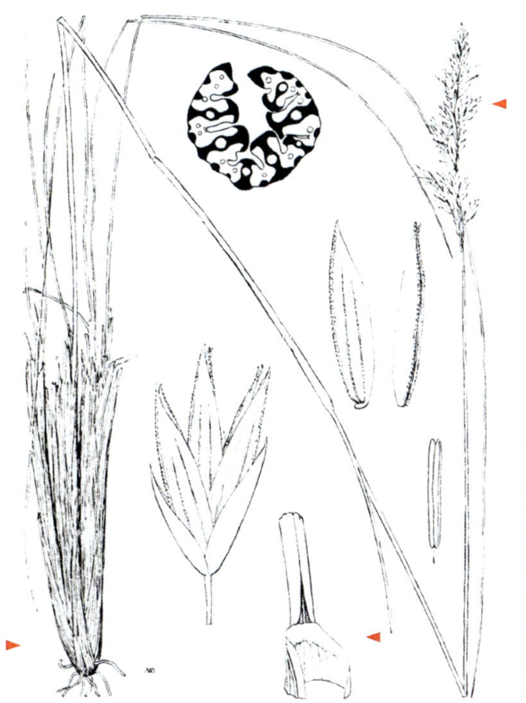

Lolium multiflorum Lam.

giftig (für Tiere)

Vielblütiger Lolch *Poaceae*

V–IX ↯ A3 G(2)

30–100 cm hoch, mehrjährig. Blütenstand: ährenartig, 10–30 cm lang. Ährchen: einzeln an der Ährenachse, **die schmale Seite zur Ährenachse gerichtet, meist 11–20-blütig**, 8–30 mm lang. Hüllspelzen: 1, < **0,5-mal so lang wie das Ährchen**. Deckspelzen: 5–8 mm lang, > 4-mal so lang wie breit, **meist begrannt**; Granne: < 12 mm lang. reife Ährchen: die Blütchen einzeln abfallend. Blätter: **in Knospenlage gerollt**, bis 30 cm lang, 3–8 mm breit. Öhrchen: sichelförmig, (halb-)stängelumfassend. Ligula: 1–3 mm lang.

- Staudenfluren, **Grünland**, Ruderalvegetation
- an nährstoffreichen Standorten
- einheimisch

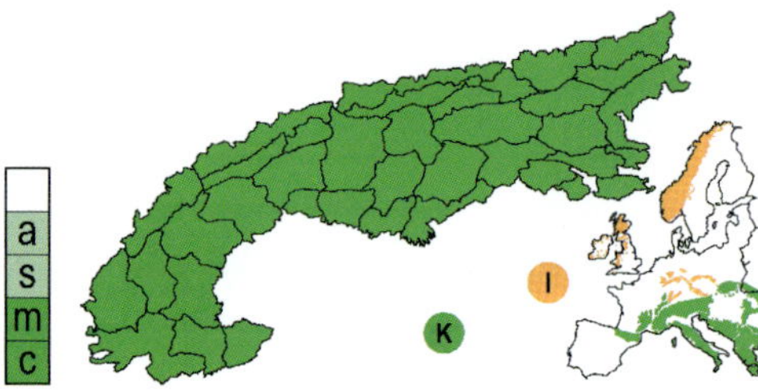

Lolium perenne L.

giftig (für Tiere)

Ausdauernder Lolch *Poaceae*

IV–X ↯ A3 G(2)

10–60 cm hoch, mehrjährig. Blütenstand: ährenartig, 5–30 cm lang. Ährchen: einzeln an der Ährenachse, **die schmale Seite zur Ährenachse gerichtet, 4–10-blütig**, 6–20 mm lang. Hüllspelzen: 1, **± 0,75-mal so lang wie das Ährchen**. Deckspelzen: 4–9 mm lang, > 4-mal so lang wie breit, meist *ohne* Granne. reife Ährchen: die Blütchen einzeln abfallend. Blätter: **in Knospenlage gefaltet**, bis 30 cm lang, 2–4 mm breit. Öhrchen: meist vorhanden, sichelförmig. Ligula: 1–2 mm lang.

In den Alpen nur die subsp. *perenne*.

- Alluvionen, Staudenfluren, **Grünland**, **Äcker**, **Ruderalvegetation**, Trittfluren
- einheimisch

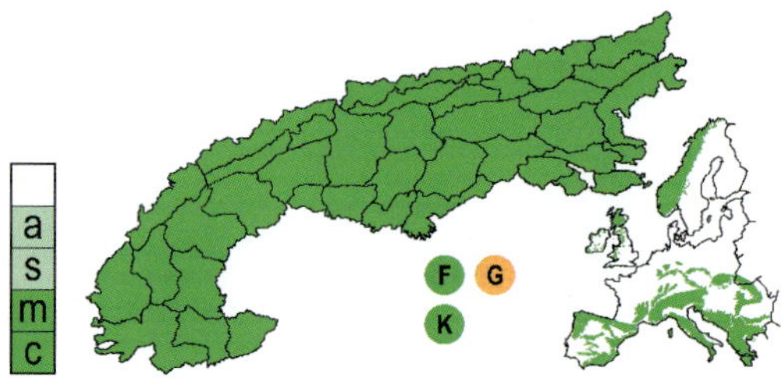

Ochlopoa annua (L.) H. Scholz

Einjähriges Rispengras *Poaceae*

I–XII ↯ A3 G(2)

Bis 30 cm hoch, meist 1-jährig. Blütenstand: rispenartig. Ährchen: im QS v-förmig, abgeflacht. Kallus: kahl. Hüllspelzen: gekielt; untere: 1-nervig; obere: 3-nervig. Deckspelzen: meist 5-nervig, behaart, unbegrannt. Vorspelzen: Kiel auf ganzer Länge mit 0,2–0,3 mm langen Haaren. Staubbeutel: **ungeöffnet 0,7–1,2 mm lang, geöffnet 0,4–0,8 mm lang**. Blätter: in Knospenlage gefaltet. Ligula: **an den Rändern der Blattscheiden herablaufend**, 1–3 mm lang.

In der alpinen Stufe v. a. die subsp. *annua*.

- Alluvionen, Grünland, Wälder, **Äcker**, **Ruderalvegetation**, Trittfluren
- an nährstoffreichen Standorten
- einheimisch

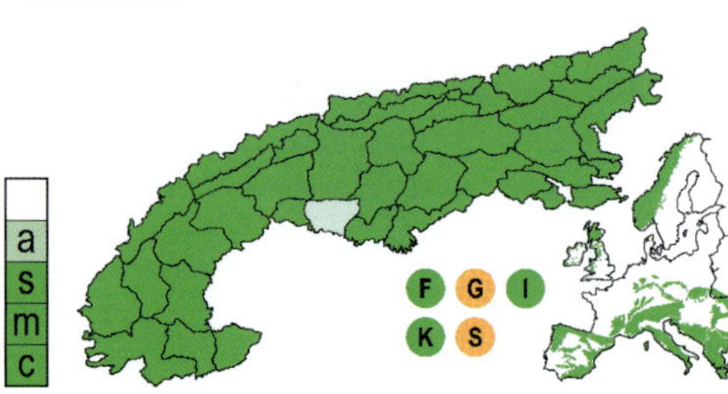

Ochlopoa supina (Schrad.) H. Scholz & Valdés

Läger-Rispengras *Poaceae*

III–VII ↯ A3 G(2)

Bis 30 cm hoch, **mehrjährig**. Blütenstand: rispenartig. Ährchen: im QS v-förmig, abgeflacht. Kallus: kahl. Hüllspelzen: gekielt; untere: 1-nervig; obere: 3-nervig. Deckspelzen: meist 5-nervig, behaart, unbegrannt. Vorspelzen: Kiel auf ganzer Länge mit 0,2–0,3 mm langen Haaren. Staubbeutel: **ungeöffnet 1,8–2,2 mm lang, geöffnet 1,2–1,6 mm lang**. Blätter: in Knospenlage gefaltet. Ligula: **an den Rändern der Blattscheiden *nicht* herablaufend**, 1–2 mm lang.

- subalpine o. alpine Rasen, Alluvionen, Schneetälchen, **Staudenfluren**, **Grünland**, **Ruderalvegetation**, Trittfluren,
- einheimisch

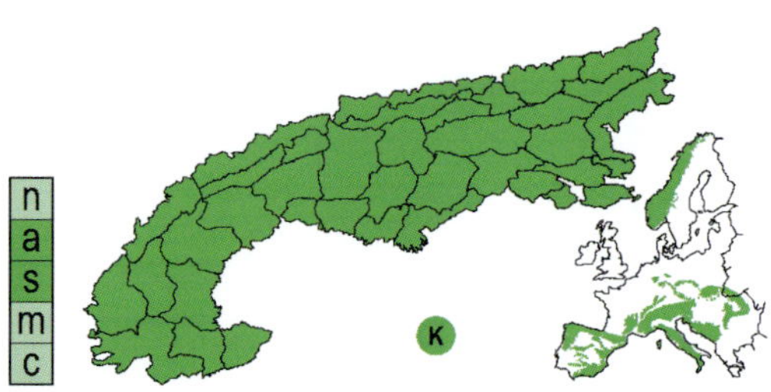

Poa: Blütenstand: rispenartig. Ährchen: im QS v-förmig, seitlich zusammengedrückt. Hüllspelzen: 2, gekielt. Deckspelzen: meist 5-nervig, unbegrannt. Spreite: oft mit 2 Längsfurchen neben dem Mittelnerv. Blattscheiden: aufreißend. Öhrchen: fehlen.

Poa pumila Host

Niederes Rispengras *Poaceae*
V–VIII ♃ A3 G(2)

Bis 25 cm hoch. Blütenstand: **unterster Knoten mit 1–3 Ästen**. Deckspelzen: **nur auf den Nerven behaart**. Vorspelzen: Kiel allenfalls basal behaart. Stängel: **durch bleibende Blattscheiden verdickt**. Blätter: **< 1,5 mm breit**. Ligula: **1–2 mm lang**.

- subalpine o. alpine Rasen, **Schutt- o. Felsfluren, Extensivgrünland o. Magerrasen**
- an nährstoffarmen, kalkreichen, trockenen Standorten
- einheimisch

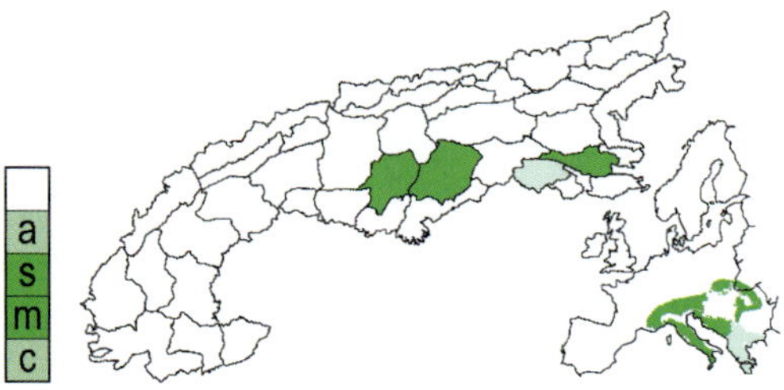

Poa molinerii Balb.

Trocken-Rispengras *Poaceae*
V–IX ♃ A3 G(2)

Bis 30 cm hoch. Blütenstand: **unterster Knoten mit 1–3 Ästen**. Ährchen: im QS kaum abgeflacht. Deckspelzen: **auch zwischen den Nerven behaart**. Vorspelzen: Kiel allenfalls basal behaart. Stängel: **durch bleibende Blattscheiden verdickt**. Blätter: **im QS gefaltet, blau- bzw. graugrün, meist < 2,5 mm breit**. Ligula: **1–2 mm lang**.

- subalpine o. alpine Rasen, Alluvionen, **Extensivgrünland o. Magerrasen**, Wälder, Ruderalvegetation
- an trockenen Standorten
- einheimisch

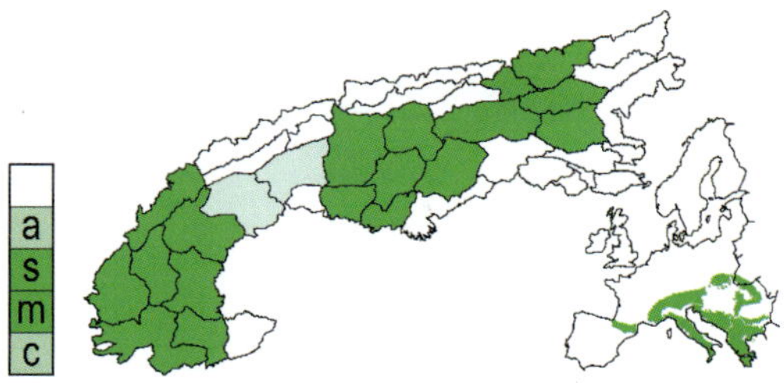

Poa alpina L.

Alpen-Rispengras *Poaceae*
V–IX ♃ A3 G(2)

20–50 cm hoch, horstförmig. Blütenstand: **Ährchen in Knäueln, unterster Knoten mit 1–3 Ästen**. Kallus: **kahl**. Deckspelzen: **nur auf den Nerven behaart**. Vorspelzen: Kiel behaart. reife Ährchen: **oft zu Laubsprossen auswachsend**. Stängel: **durch bleibende Blattscheiden verdickt**. Blätter: **2–5 mm breit**. Ligula: **2–5 mm lang, spitz**.

In den Alpen nur die subsp. *alpina*.

- **subalpine o. alpine Rasen**, Schutt- o. Felsfluren, Alluvionen, **Schneetälchen, Zwergstrauchheiden**, Grünerlengebüsche, **Grünland**, Ruderalvegetation, Trittfluren
- einheimisch

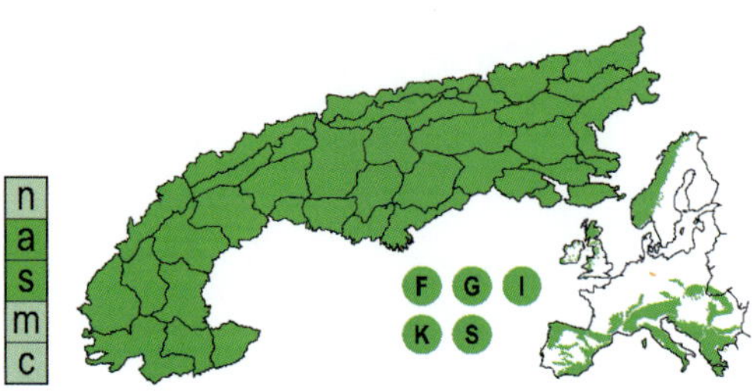

Poa perconcinna J. R. Edm.

Niedliches Rispengras *Poaceae*
III–IX ♃ A3 G(2)

Bis 15 cm hoch. Blütenstand: **unterster Knoten mit 1–2 Ästen**. Hüllspelzen: **in der basalen Hälfte am breitesteten**. Deckspelzen: **basal kahl**. Vorspelzen: Kiel allenfalls basal behaart. Stängel: **basal knollig verdickt**. Ligula: **spitz**. Grundblätter: zur Blütezeit oft vergilbt. o. abgestorben. Blätter der Erneuerungssprosse: die Blattscheiden basal durchbrechend u. außerhalb wachsend.

- subalpine o. alpine Rasen, Schutt- o. Felsfluren, **Extensivgrünland o. Magerrasen**, Ruderalvegetation
- an trockenen Standorten
- einheimisch

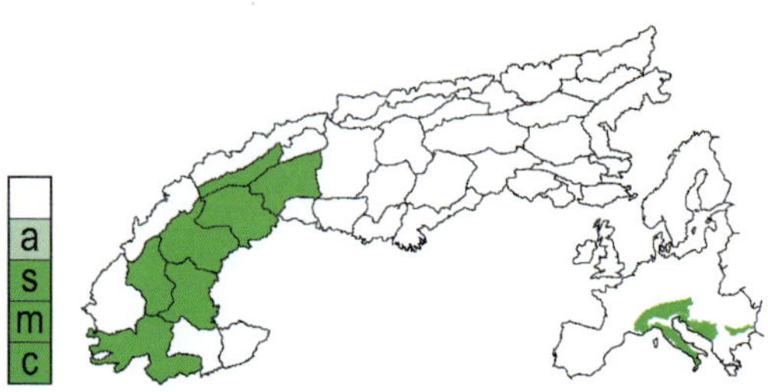

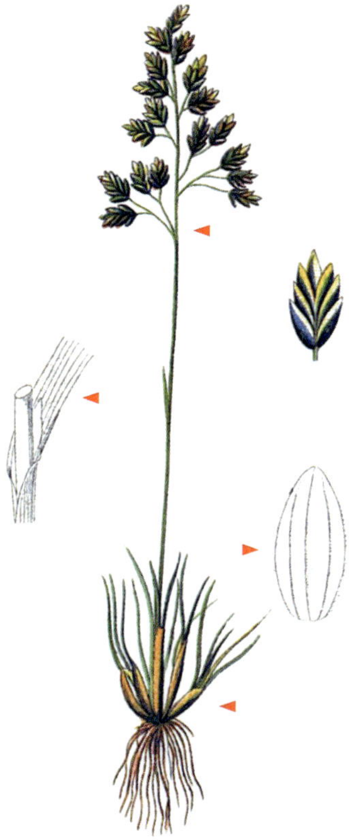

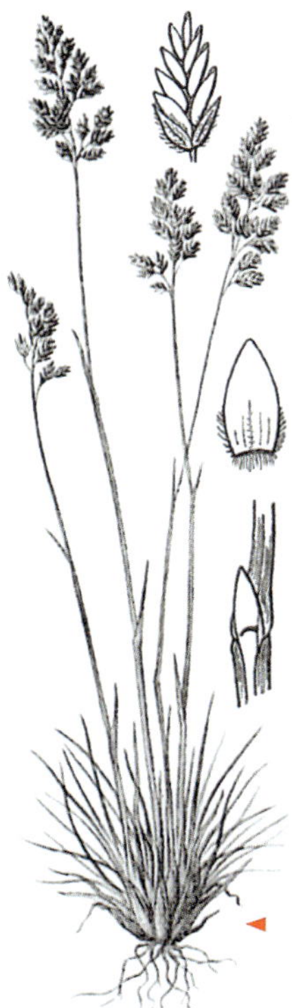

Poa cenisia All.

Mont-Cenis-Rispengras *Poaceae*
V–IX ♃ A3 G(2)

20–40 cm hoch, rasig. Blütenstand: lockerblütig, **unterster Knoten mit 1–2 Ästen**. Ährchenstiele: rau. Kallus: **mit langen Wollhaaren**. Deckspelzen: behaart. Vorspelzen: Kiel allenfalls basal behaart. Blattstellung: **2-zeilig**. Blätter: 2–3 mm breit. Ligula: **4–10 mm lang, spitz**. Blätter der Erneuerungssprosse: die Blattscheiden basal durchbrechend u. außerhalb wachsend.

- **Schutt- o. Felsfluren**, Alluvionen
- an basenreichen Standorten
- einheimisch

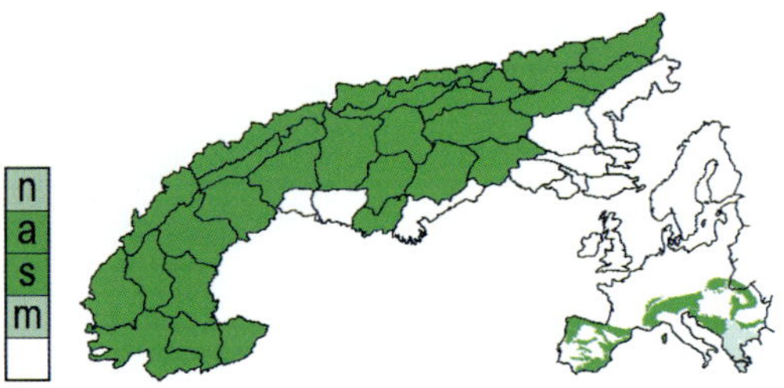

Poa chaixii Vill.

Wald-Rispengras *Poaceae*
V–VIII ♃ A3 G(2)

50–120 cm hoch. Blütenstand: dichtblütig, **unterster Knoten mit 2–8 Ästen**; Seitenäste: **kurz**. Kallus: **kahl**. Deckspelzen: **kahl**. Vorspelzen: Kiel allenfalls basal behaart. Blätter: frisch- bis dunkelgrün, **5–10 mm breit**. Blattscheiden: **auch am Stängel abgeflacht, gekielt**. Ligula: **< 1 mm lang**, distal gerade bis abgerundet. Blätter der Erneuerungssprosse: die Blattscheiden basal durchbrechend u. außerhalb wachsend. obere Blattscheiden: rau.

- subalpine o. alpine Rasen, **Zwergstrauchheiden, Staudenfluren, Grünerlengebüsche, Grünland, Wälder**
- an sauren Standorten
- einheimisch

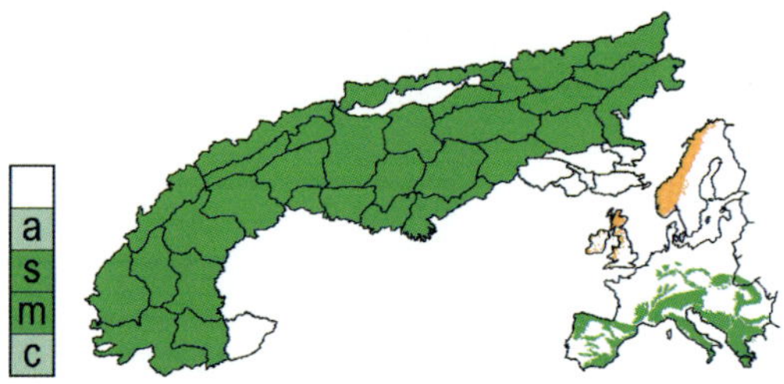

Poa glauca Vahl

Blaugrünes Rispengras *Poaceae*
VI–IX ♃ A3 G(2)

10–80 cm hoch. Blütenstand: ± 2-mal so lang wie breit, lockerblütig, **unterster Knoten mit 2–8 Ästen**; Seitenäste: **Rispenäste kurz, steif abstehend**. Ährchenstiele: rau. Ährchen: **Achse rau**. Kallus: **kahl**. Deckspelzen: behaart. Vorspelzen: Kiel allenfalls basal behaart. Blätter: **blau- bzw. graugrün**, 1–3 mm breit. Ligula: **1–2 mm lang**, distal gerade bis abgerundet. Blätter der Erneuerungssprosse: die Blattscheiden basal durchbrechend u. außerhalb wachsend.

In den Alpen nur die subsp. *glauca*.

- subalpine o. alpine Rasen, **Schutt- o. Felsfluren**, Alluvionen, Ruderalvegetation
- an basenreichen Standorten
- einheimisch

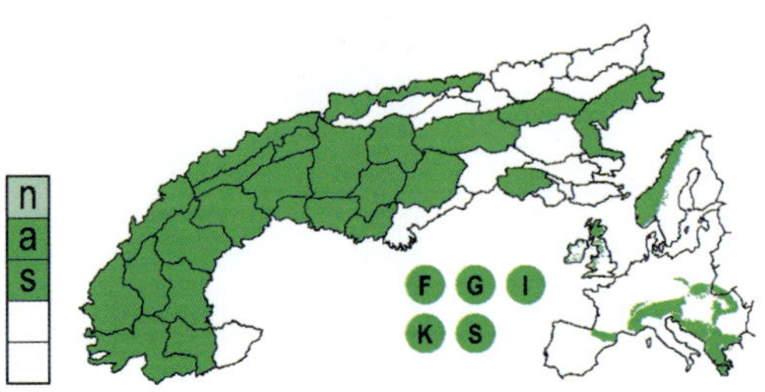

Poa laxa Haenke

Schlaffes Rispengras *Poaceae*
VI–IX ♃ A3 G(2)

Bis 20 cm hoch. Blütenstand: **unterster Knoten mit 3–5 Ästen**. Ährchenstiele: kantig, **glatt**. Kallus: **mit Wollhaaren**. Deckspelzen: behaart. Vorspelzen: Kiel allenfalls basal behaart. Blätter: **1–2 mm breit**. Ligula: **2–3 mm lang**. Blätter der Erneuerungssprosse: die Blattscheiden basal durchbrechend u. außerhalb wachsend. obere Blattscheiden: den obersten Knoten einhüllend.

In den Alpen nur die subsp. *laxa*.

- **Schutt- o. Felsfluren**, Alluvionen
- an nährstoffarmen, sauren Standorten
- einheimisch

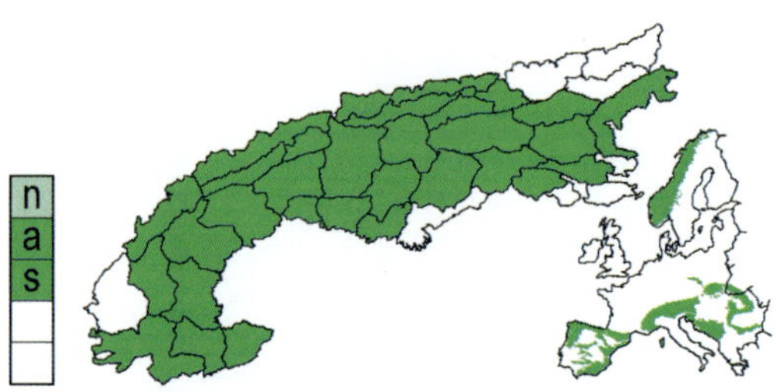

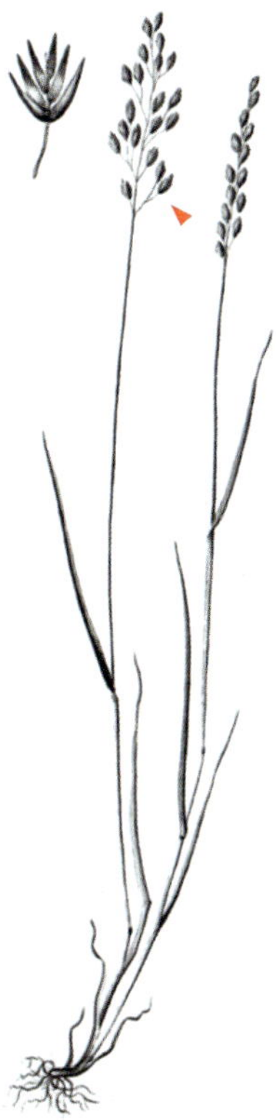

Poa minor Gaudin

Kleines Rispengras *Poaceae*
VI–IX ♃ A3 G(2)

Bis 25 cm hoch, horstförmig. Blütenstand: **unterster Knoten mit 1–2 Ästen**. Ährchenstiele: rundlich, **glatt**. Kallus: **mit wenigen langen Wollhaaren**. Deckspelzen: behaart. Vorspelzen: Kiel allenfalls basal behaart. Blätter: **1–2 mm breit**. Ligula: **2–3 mm lang, spitz**. Blätter der Erneuerungssprosse: die Blattscheiden basal durchbrechend u. außerhalb wachsend. obere Blattscheiden: den obersten Knoten *nicht* einhüllend.

- subalpine o. alpine Rasen, **Schutt- o. Felsfluren**, Alluvionen
- an basenreichen Standorten
- einheimisch

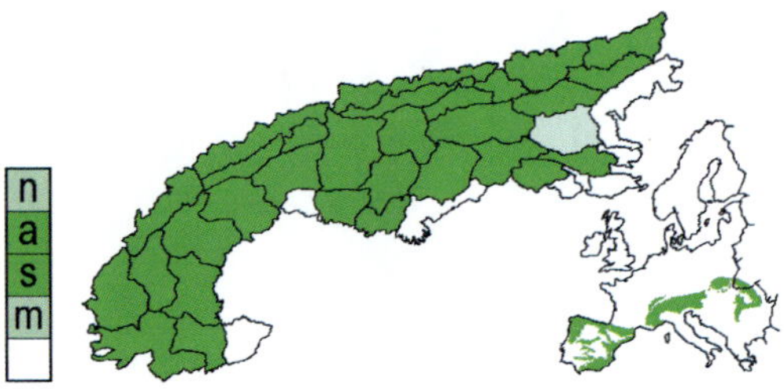

Poa nemoralis L.

Hain-Rispengras *Poaceae*
V–VIII ♃ A3 G(2)

30–80 cm hoch. Blütenstand: **unterster Knoten mit 2–8 Ästen**. Ährchenstiele: rau. Ährchen: **Achse kurz behaart**. Kallus: **mit wenigen langen Wollhaaren**. Deckspelzen: behaart. Vorspelzen: Kiel allenfalls basal behaart. Blätter: **dunkelgrün**, 1–3 mm breit. Ligula: **< 0,5 mm lang**, distal gerade bis abgerundet. Blätter der Erneuerungssprosse: die Blattscheiden basal durchbrechend u. außerhalb wachsend. obere Stängelblätter: **steif vom Halm abstehend**.

In den Alpen nur die subsp. *nemoralis*.

- subalpine o. alpine Rasen, **Schutt- o. Felsfluren**, Alluvionen, **Staudenfluren**, **Wälder**
- einheimisch

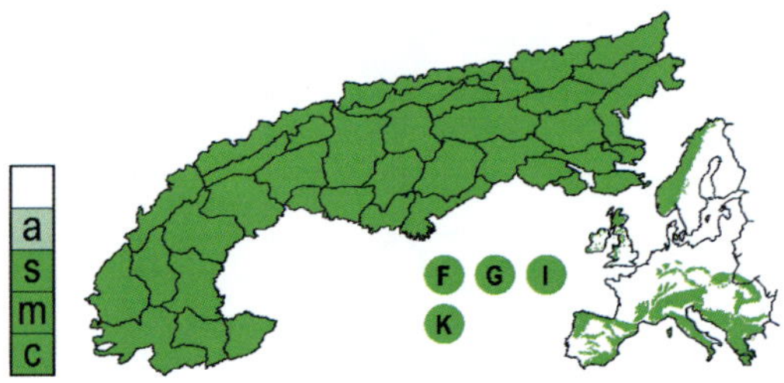

Poa pratensis L.

Wiesen-Rispengras *Poaceae*
IV–IX ♃ A3 G(2)

Bis 100 cm hoch. Blütenstand: lockerblütig. Ährchenstiele: rau. Kallus: **mit langen Wollhaaren**. Deckspelzen: behaart. Vorspelzen: Kiel allenfalls basal behaart. Blätter: 2–5 mm breit. Ligula: am Rand herablaufend, **an den Rändern der Blattscheiden herablaufend**, von der Seite sichtbar, **1–2 mm lang**, distal gerade bis abgerundet. Blätter der Erneuerungssprosse: die Blattscheiden basal durchbrechend u. außerhalb wachsend.

In den Alpen nur die subsp. *pratensis* (die subsp. *jordanii* ist *P. angustifolia* zuzurechnen, vgl. Tison & de Foucalt 2014).

- subalpine o. alpine Rasen, Schutt- o. Felsfluren, Staudenfluren, **Grünland**, Wälder, Ruderalvegetation, Trittfluren
- einheimisch

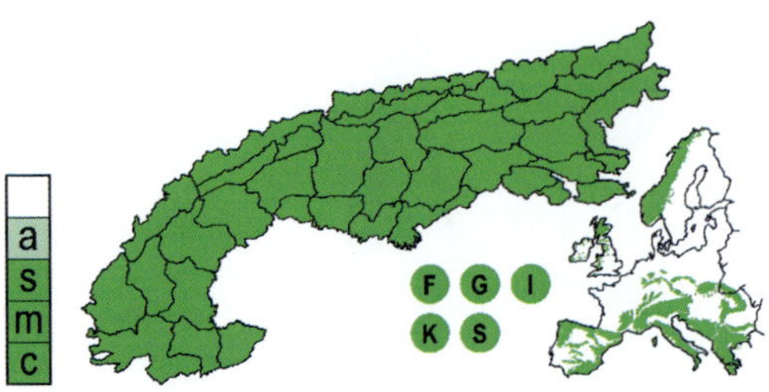

Poa angustifolia L.

Schmalblättriges Rispengras *Poaceae*
III–VII ♃ A3 G(2)

15–100 cm hoch. Blütenstand: **± zusammengezogen, unterster Knoten mit 2–8 Ästen**. Ährchenstiele: rau. Kallus: **mit langen Wollhaaren**. Hüllspelzen: **untere u. obere unterschiedlich lang**; untere: **1-nervig**. Deckspelzen: behaart. Vorspelzen: Kiel allenfalls basal behaart. Blätter: blau- bzw. graugrün. Ligula: **1–2 mm lang**, distal gerade bis abgerundet. Grundblätter: **im QS meist rinnig o. rundlich, 0,5–1 mm breit**. Blätter der Erneuerungssprosse: die Blattscheiden basal durchbrechend u. außerhalb wachsend, **mit borstenförmiger Spreite**, < 2 mm ⌀.

- Schutt- o. Felsfluren, Staudenfluren, **Grünland**, Wälder, **Ruderalvegetation**, Trittfluren
- an nährstoffarmen Standorten
- einheimisch

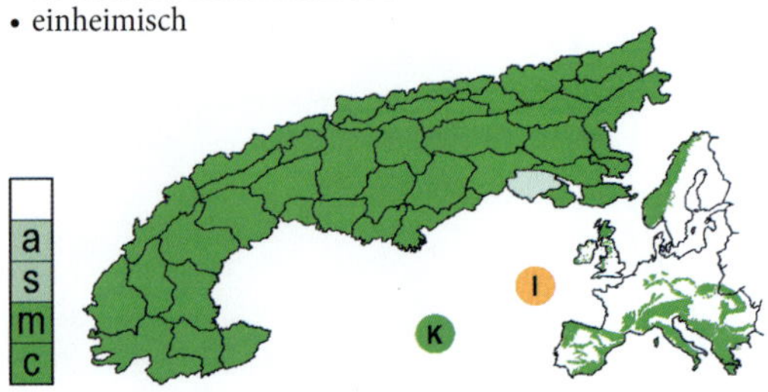

Bellardiochloa variegata (Lam.) Kerguélen

Violettes Rispengras *Poaceae*
VI–IX ♃ A3 G(2)

20–50 cm hoch, mehrjährig. Blütenstand: rispenartig. Ährchen: **violett gemustert**, 3–4-blütig, 5–7 mm lang, im QS v-förmig, abgeflacht, **unterhalb der Deckspelze borstig behaart**. Hüllspelzen: untere u. obere gleich lang, gekielt, 3-nervig. Deckspelzen: spitz, grannenspitzig, 5-nervig, behaart, unbegrannt. Blätter: **im QS zusammengerollt bis rinnig**, in Knospenlage gefaltet, **blau- bzw. graugrün, kahl**. Blattscheiden: aufreißend. Öhrchen: fehlen. Ligula: **3–7 mm lang**.

In den Alpen nur die subsp. *variegata*.

- **subalpine o. alpine Rasen**, Schutt- o. Felsfluren, Zwergstrauchheiden
- einheimisch

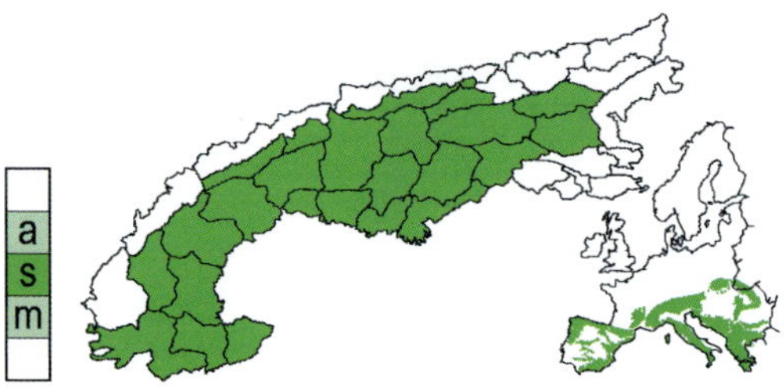

Stipa pennata L.

Echtes Federgras *Poaceae*
IV–VII ♃ A3 G(2)

40–80 cm hoch, mehrjährig. Blütenstand: rispenartig. Ährchen: 1-blütig, **30–50 mm lang**. Kallus: basal hakenförmig gebogen. Deckspelzen: die obersten 3–6 mm ± kahl; Granne: **bis 35 cm lang**; Untergranne: **mit 3–7 mm langen Haaren**. Blätter: in Knospenlage gerollt, **bis 50 cm lang, < 1 mm breit**, distal mit einem Büschel 1–3 mm langer Haare; unterseits: behaart. Ligula: 3–5 mm lang.

- subalpine o. alpine Rasen, **Schutt- o. Felsfluren**, Zwergstrauchheiden, Staudenfluren, **Extensivgrünland o. Magerrasen**, Wälder
- an nährstoffarmen, basenreichen, trockenen Standorten
- einheimisch

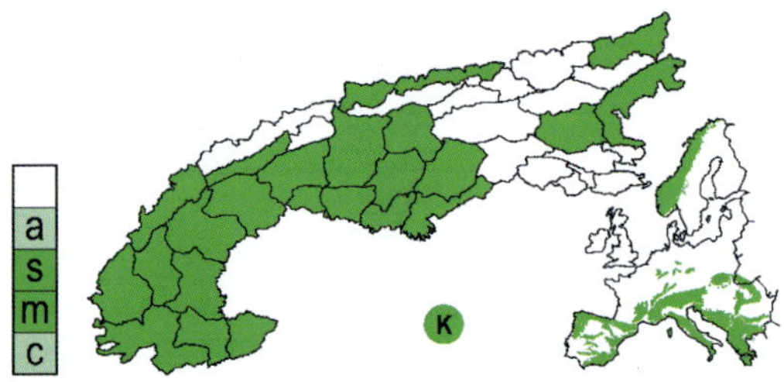

Stipa styriaca Martinovský

Steirisches Federgras *Poaceae*
IV–VI ♃ A3 G(2)

30–80 cm hoch, mehrjährig. Blütenstand: rispenartig. Ährchen: 1-blütig, **40–60 mm lang**. Kallus: basal hakenförmig gebogen. Hüllspelzen: ± so lang wie das Ährchen, 5–7-nervig. Deckspelzen: auch distal behaart; Granne: **bis 30 cm lang**; Untergranne: **mit 3–7 mm langen Haaren**. Blätter: in Knospenlage gerollt, **60–120 cm lang, bis 3 mm breit**, distal mit einem Büschel 1–3 mm langer Haare, durch Stachelhaare rau. Ligula: 3–7 mm lang.

- **Schutt- o. Felsfluren, Extensivgrünland o. Magerrasen**
- an nährstoffarmen, trockenen Standorten
- endemisch

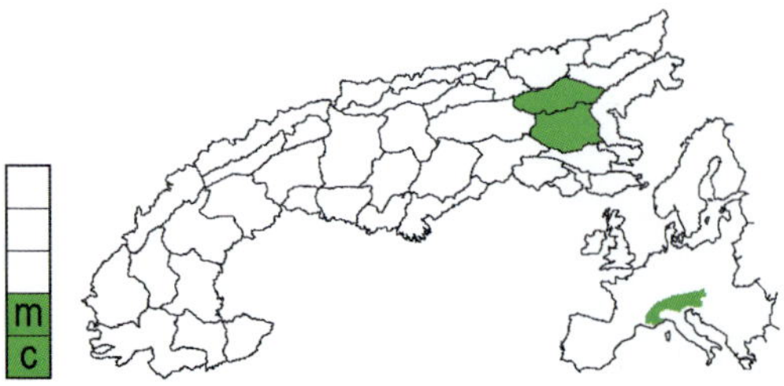

Bromus hordeaceus L.

Weiche Trespe *Poaceae*
IV–IX ♃ A3 G(2)

Bis 80 cm hoch, 1-jährig. Blütenstand: rispenartig. Hüllspelzen: **oval, deutlich kürzer als das Ährchen**; untere: 3–5-nervig; obere: 5–9-nervig. Deckspelzen: **7–9-nervig**; Granne: im distalen Drittel entspringend. Fruchtknoten: **mit dicht behaartem Anhängsel**. Blätter: in Knospenlage gerollt, < 5 mm breit, behaart. Blattscheiden: **± bis oben verwachsen**. Ligula: < 3 mm lang. untere Blattscheiden: behaart. obere Blattscheiden: **meist behaart**.

In der alpinen Stufe v. a. die subsp. *hordeaceus*.

- **Grünland**, Äcker, **Ruderalvegetation**
- einheimisch

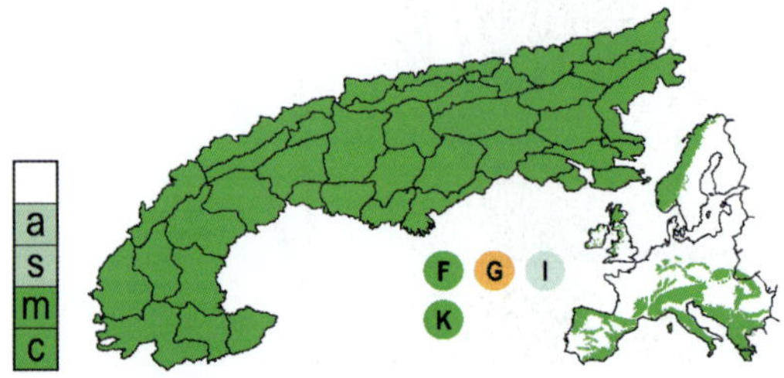

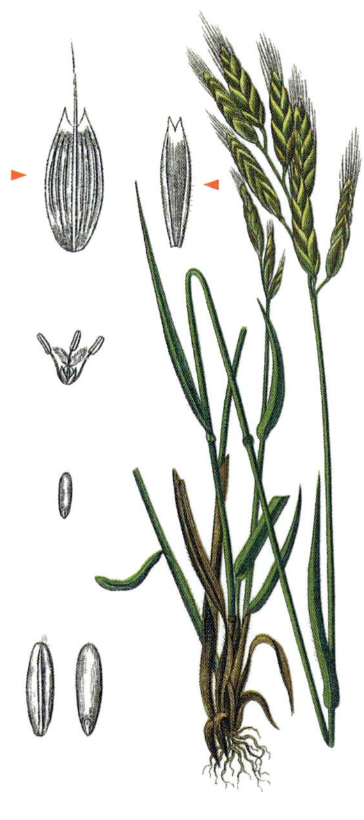

Elymus caninus (L.) L.

Hunds-Quecke *Poaceae*
V–VIII ♃ A3 G(2)

50–120 cm hoch, horstförmig, mehrjährig. Blütenstand: ährenartig, 5–20 cm lang, **Ährenachse von hakig gebogenen Haaren rau**. Ährchen: **die breite Seite zur Ährenachse gerichtet**, 2–6-blütig, 10–14 mm lang. Hüllspelzen: lanzettlich, 7–10 mm lang, **spitz**, **3–5-nervig**. Deckspelzen: 9–12 mm lang, **begrannt**; Granne: **6–18 mm lang**. Blätter: in Knospenlage gerollt, 3–12 mm breit; oberseits: behaart, gerippt; unterseits: **dunkelgrün**, **glänzend**, kahl. Öhrchen: meist vorhanden, sichelförmig. Ligula: < 2 mm lang.

- Schutt- o. Felsfluren, **Alluvionen**, **Staudenfluren**, **Wälder**, Ruderalvegetation
- an nährstoffreichen Standorten
- einheimisch

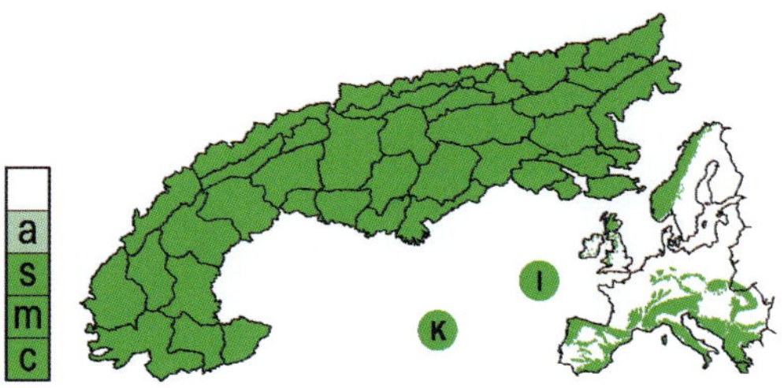

Elytrigia repens (L.) Nevski

Kriechende Quecke *Poaceae*
IV–VIII ♃ A3 G(2)

30–140 cm hoch, rasig, mehrjährig. Blütenstand: ährenartig, 4–20 cm lang. Ährchen: die breite Seite zur Ährenachse gerichtet, 3–8-blütig, 10–20 mm lang. Hüllspelzen: lanzettlich, 7–14 mm lang, spitz, 5–7-nervig; untere: 5–7-nervig. Deckspelzen: 8–12 mm lang, begrannt; Granne: 2–10 mm lang. Ausläufer: lang. Blätter: in Knospenlage gerollt, weich, bis 30 cm lang, 3–15 mm breit; oberseits: behaart, mit durch breite flache Furchen getrennte Rippen. Öhrchen: sichelförmig. Ligula: < 1 mm lang.

In den Alpen nur die subsp. *repens*.

- Schutt- o. Felsfluren, **Alluvionen**, Staudenfluren, **Grünland**, Wälder, **Äcker**, **Ruderalvegetation**, Salzwiesen, Trittfluren
- einheimisch

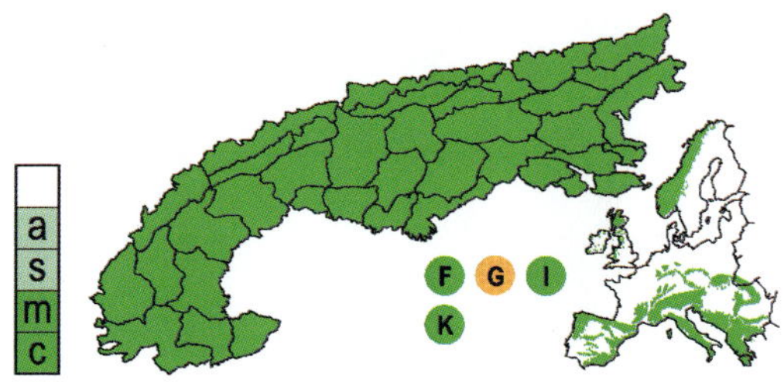

Danthonia decumbens (L.) DC.

Dreizahngras *Poaceae*
V–VIII ♃ A3 G(2)

15–50 cm hoch, mehrjährig. Blütenstand: **trauben- bis rispenartig**. Ährchen: 4–7-blütig, **6–12 mm lang**, Achse kurz behaart bis kahl. Deckspelzen: häutig, 4–6 mm lang, **3-spitzig**, meist 9-nervig, **unbegrannt**. Blätter: in Knospenlage gefaltet, bis 15 cm lang, 1–3 mm breit; oberseits: behaart. Ligula: **als Haarkranz ausgebildet**.

In den Alpen die subsp. *decumbens* u. *decipiens* (vgl. S. 726).

- subalpine o. alpine Rasen, **Zwergstrauchheiden**, Staudenfluren, **Moore o. Seggenriede**, **Grünland**, Wälder
- an nährstoffarmen Standorten
- einheimisch

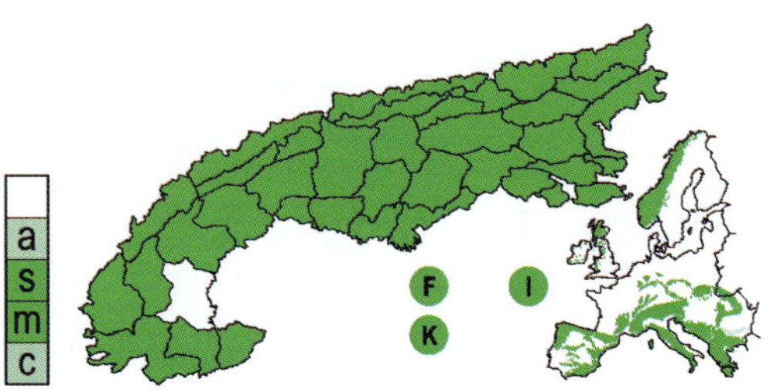

Molinia caerulea (L.) Moench

Blaues Pfeifengras *Poaceae*
VI–X ♃ A3 G(2)

Bis 1 m hoch, horstförmig, mehrjährig. Blütenstand: rispenartig. Ährchenstiele: kurz behaart. Ährchen: 2–5-blütig, meist 4–6 mm lang, Achse kurz behaart bis kahl. Deckspelzen: **3–4 mm lang**, **distal abgerundet**, 3-nervig, unbegrannt. Knoten: **alle basal, dadurch am Halm scheinbar fehlend**. Blätter: in Knospenlage gerollt, bis 50 cm lang, 2–12 mm breit. Ligula: **als Haarkranz ausgebildet**.

- Staudenfluren, **Moore o. Seggenriede**, **Grünland**, **Wälder**
- an nährstoffarmen Standorten
- einheimisch

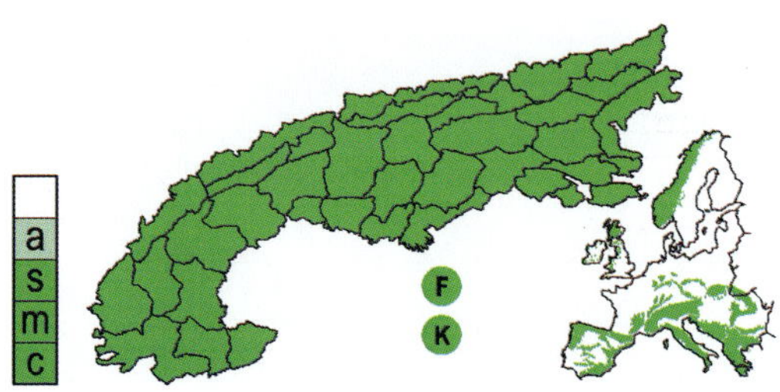

Pseudofumaria lutea (L.) Borkh.

Gelber Scheinerdrauch *Papaveraceae*

IV–X ↓ K2 C4 A(6) G(2)

10–40 cm hoch, mehrjährig. Blütenstand: traubenartig. Tragblätter der Blüten: ungeteilt. Blüten: **gespornt**, 10–25 mm lang, **kräftig gelb**. Kelch: früh abfallend. Staubblätter: jeweils 3 miteinander verwachsen. Früchte: 2-klappige Spaltkapseln. Samen: schwarz, glänzend. Stängel: meist zu mehreren bzw. basal verzweigt; unten: *ohne* Knolle. Blattstiele: *nicht* geflügelt. Blätter: 2-fach gefiedert; oberseits: frischgrün. – Endemisch in den zentralen südlichen Alpen, auch außerhalb der Alpen häufig kultiviert und stellenweise verwildert.

- **Schutt- o. Felsfluren**, Ruderalvegetation
- an kalkreichen Standorten
- endemisch

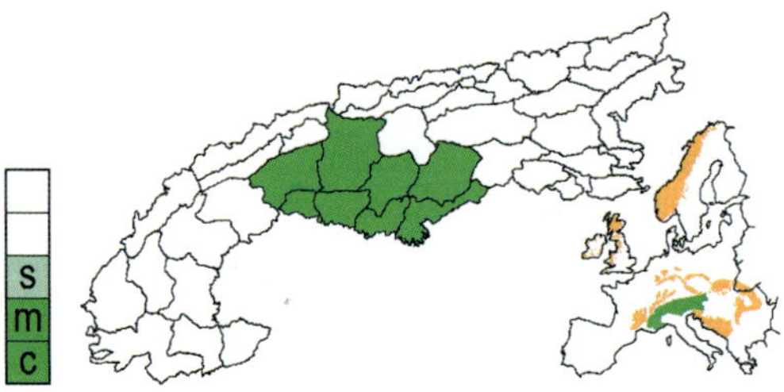

Papaver alpinum agg.

schwach giftig

Artengruppe Alpen-Mohn *Papaveraceae*

VI–IX ∗ K2 C4 A∞ G(4–7)

Bis 20 cm hoch, mehrjährig. Pflanzen: mit Milchsaft. Blütenstand: **Stängel 1-blütig**. Blüten: lang gestielt, **gelblich, orange *oder* weißlich**. Kelch: früh abfallend. Kelchblätter: borstig behaart. Narben: **meist 5**. Früchte: Porenkapseln. Stängel: **mit grundständiger Blattrosette, *ohne* Laubblätter, meist mit hellen Haaren**. Blätter: **1–3-fach fiederspaltig, mit vielen Blattabschnitten**.

Die in den Alpen vorkommenden Taxa (*P. alpinum*, *P. aurantiacum*, *P. ernesti-mayeri*, *P. kerneri*, *P. occidentale*, *P. sendtneri*, *P. victoris*) lassen sich nach Schönswetter et al. (2009) weder morphologisch noch molekulargenetisch sicher voneinander unterscheiden. Auf eine weitere Untergliederung wird hier verzichtet.

- **Schutt- o. Felsfluren**, Alluvionen
- an nährstoffarmen Standorten
- einheimisch

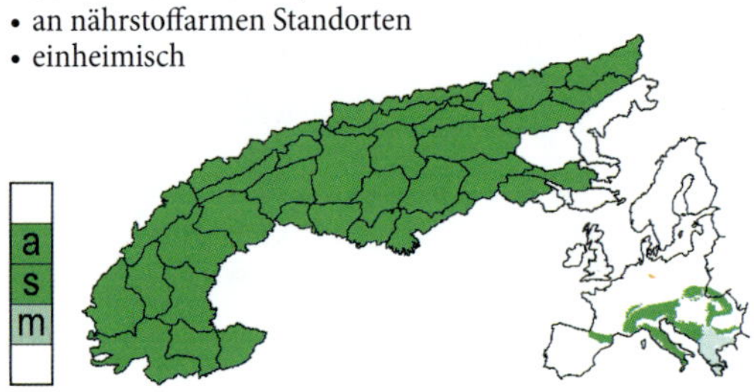

Papaver croceum Ledeb.

schwach giftig

Altai-Mohn *Papaveraceae*

VI–IX ∗ K2 C4 A∞ G(6–11)

15–40 cm hoch, mehrjährig. Pflanzen: mit Milchsaft. Blütenstand: **Stängel 1-blütig**. Blüten: lang gestielt, **gelblich, orange *oder* weißlich**. Kelch: früh abfallend. Kelchblätter: borstig behaart. Narben: **6–11**. Früchte: Porenkapseln, **eiförmig bis kurz zylindrisch**. Stängel: **mit grundständiger Blattrosette, *ohne* Laubblätter, meist mit dunklen Haaren**. Blätter: **meist tief fiederspaltig, mit wenigen Blattabschnitten**.

- **Schutt- o. Felsfluren**, Staudenfluren, Ruderalvegetation
- eingeführt, urspr. aus Asien

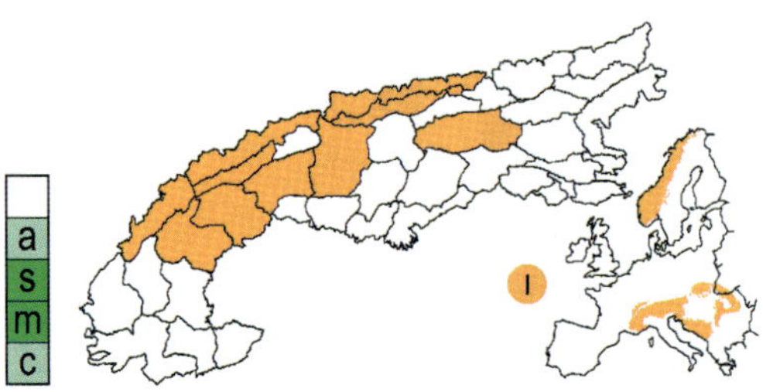

***Aquilegia*:** mehrjährige Kräuter. Perigonblätter: die inneren gespornt u. mit basalen Nektarien. Sporn: meist hakenförmig gebogen. Fruchtblätter: allenfalls basal etwas verwachsen. Früchte: Bälge.

Aquilegia einseleana F. W. Schultz

giftig

Einseles Akelei *Ranunculaceae*

V–VIII ↓ P10 A∞ G4–6

15–40 cm hoch. Blütenstand: **1–3-blütig**. Blüten: **meist 20–40 mm ⌀, bläulich-violett**. Perigonblätter: **äußere (ungespornte) 15–25 mm lang**. Sporn: **10–15 mm lang**, ± so lang wie die Platte der Nektarblätter. Stängel: meist unverzweigt, **2–3 mm** ⌀; oben: **mit langen Drüsenhaaren**. Ausläufer: 2–4 mm ⌀. untere Blattscheiden: **2–6 mm lang**.

- subalpine o. alpine Rasen, **Schutt- o. Felsfluren**, Staudenfluren, Legföhrengebüsche, Wälder
- an kalkreichen Standorten
- endemisch

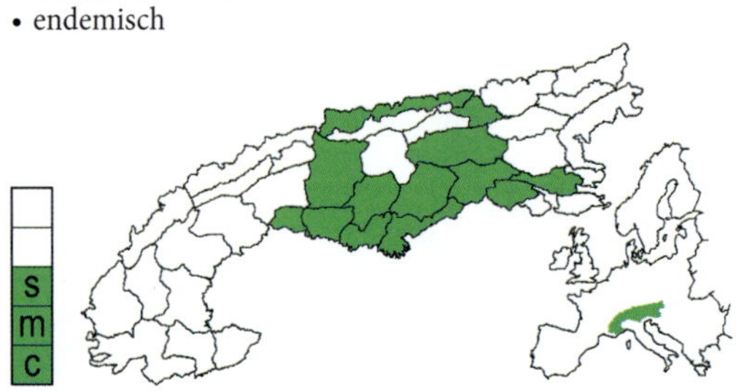

Aquilegia alpina L.

giftig

Alpen-Akelei *Ranunculaceae*
V–IX ↓ P10 A∞ G4–6

20–80 cm hoch. Blütenstand: **1-3-blütig**. Blüten: **meist 50–80 mm ⌀, (hell) bläulich**. Perigonblätter: **äußere (ungespornte) 35–50 mm lang**. Sporn: **19–25 mm lang**, ± so lang wie die Platte der Nektarblätter. Staubblätter: **< 2 mm länger als die inneren Perigonblätter**. Stängel: meist unverzweigt, **2–6 mm** ⌀; oben: mit langen Haaren, ***ohne* Drüsenhaare**. Ausläufer: 6–16 mm ⌀. untere Blattscheiden: 8–16 mm lang.

- **subalpine o. alpine Rasen**, Schutt- o. Felsfluren, Zwergstrauchheiden, **Staudenfluren**, Grünerlen- o. Legföhrengebüsche, Grünland, **Wälder**
- einheimisch

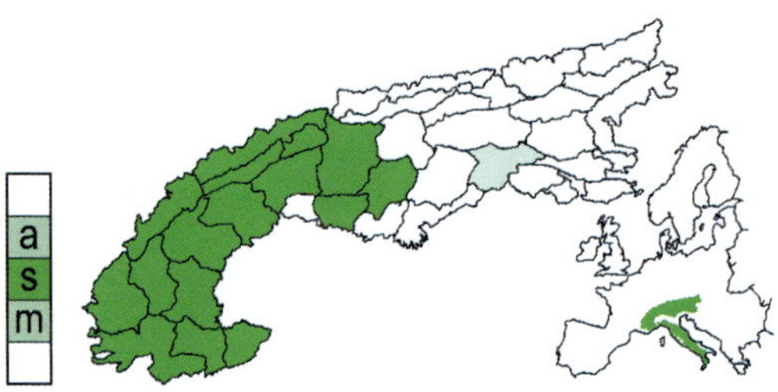

Aquilegia atrata W. D. J. Koch

giftig

Schwarzviolette Akelei *Ranunculaceae*
V–VIII ↓ P10 A∞ G4–6

30–80 cm hoch. Blütenstand: **3-10-blütig**. Blüten: **meist 40–60 mm ⌀, meist bräunlich bis rötlich-violett**. Perigonblätter: **äußere (ungespornte) 15–30 mm lang**. Sporn: **12–25 mm lang**, länger als die Platte der Nektarblätter. Staubblätter: **> 5 mm länger als die inneren Perigonblätter**. Stängel: meist verzweigt, **2–6 mm** ⌀; oben: ***ohne* Drüsenhaare**. Ausläufer: 6–16 mm ⌀. untere Blattscheiden: 8–16 mm lang.

- subalpine o. alpine Rasen, Zwergstrauchheiden, **Staudenfluren**, Grünland, **Wälder**
- an nährstoffarmen, basenreichen Standorten
- einheimisch

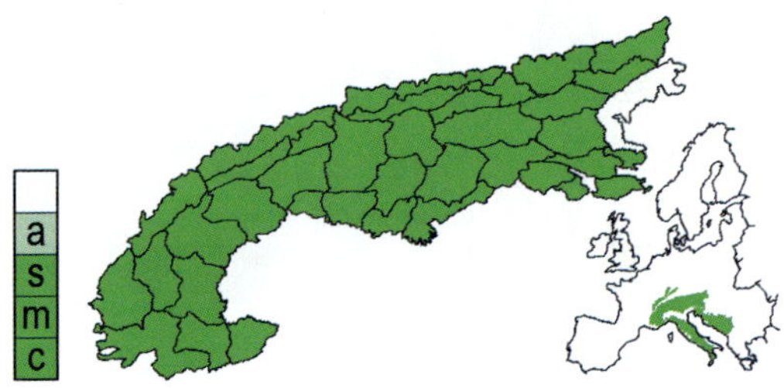

Thalictrum alpinum L.

Alpen-Wiesenraute *Ranunculaceae*
VI–IX ∗ P4–5 A∞ G4–8

Bis 15 cm hoch, mehrjährig. Blütenstand: **traubenartig**, Blüten einzeln, *nicht* gruppenweise genähert. Blüten: **überhängend**; Perigonblätter bräunlich-rötlich. Perigonblätter: **< 2 mm lang**. Staubblätter: mindestens so lang wie die Perigonblätter. Staubfäden: **violett**. Früchte: Nüsschen, **± sitzend**, **1–3 mm lang**, im QS gerippt. Stängel: **mit grundständiger Blattrosette, *ohne* Laubblätter**, selten mit 1 Blatt. Blätter: 1–2-fach gefiedert. Fiederblättchen: rautenförmig bis oval, 2–4 mm breit, an den mittleren Stängelblättern 0,8–1,5-mal so lang wie breit.

- **subalpine o. alpine Rasen**, Schutt- o. Felsfluren, Zwergstrauchheiden, Moore o. Seggenriede
- an nährstoffarmen Standorten
- einheimisch

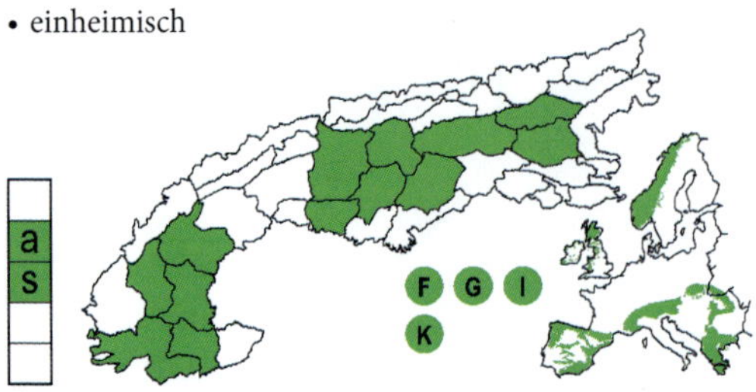

Thalictrum aquilegiifolium L.

Akeleiblättrige Wiesenraute *Ranunculaceae*
IV–VIII ∗ P4–5 A∞ G4–8

40–120 cm hoch, mehrjährig. Blütenstand: rispenartig, **Blüten gruppenweise genähert**. Blüten: **± aufrecht**; Perigonblätter gelblich-grünlich o. weißlich. Perigonblätter: **< 2 mm lang**. Staubblätter: mindestens so lang wie die Perigonblätter. Staubfäden: **violett, distal verdickt**. Früchte: Nüsschen, **deutlich gestielt**, **5–9 mm lang**, **im QS 3-kantig geflügelt**. Blätter: 1–3-fach gefiedert. Fiederblättchen: länglich-lanzettlich bis rautenförmig, an den mittleren Stängelblättern < 2-mal so lang wie breit.

- Schutt- o. Felsfluren, Alluvionen, **Staudenfluren**, **Grünerlengebüsche**, Grünland, Wälder
- an basenreichen, feuchten bis nassen, zuweilen überfluteten Standorten
- einheimisch

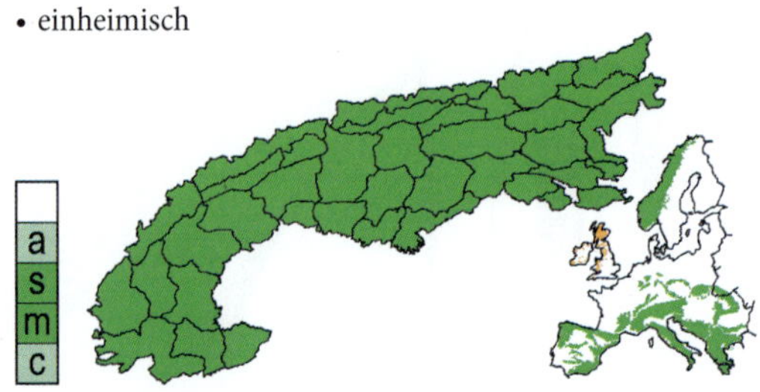

Thalictrum minus L.

Kleine Wiesenraute *Ranunculaceae*
IV–VIII ∗ P4–5 A∞ G4–8

30–120 cm hoch, mehrjährig. Blütenstand: rispenartig, Blüten einzeln, *nicht* gruppenweise genähert. Blüten: **überhängend**; Perigonblätter gelblich-grünlich o. weißlich. Perigonblätter: **3–6 mm lang**. Staubblätter: mindestens so lang wie die Perigonblätter. Staubfäden: **gelblich-grünlich**. Früchte: Nüsschen, ± **sitzend**, **3–5 mm lang**, im QS gerippt. Blätter: 1–3-fach gefiedert. Fiederblättchen: lanzettlich bis oval, 5–30 mm breit, an den mittleren Stängelblättern 0,8–1,5-mal so lang wie breit.

In der alpinen Stufe v. a. die subsp. *minus*.

- **Staudenfluren**, Extensivgrünland o. Magerrasen, **Wälder**
- an basenreichen, meist trockenen Standorten
- einheimisch

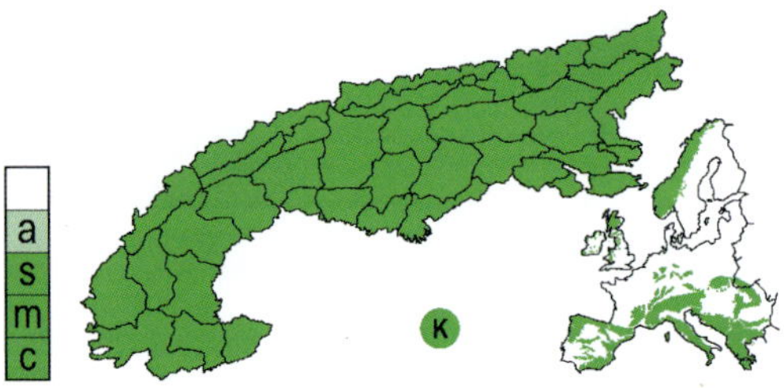

Thalictrum foetidum L.

Stinkende Wiesenraute *Ranunculaceae*
V–IX ∗ P4–5 A∞ G4–8

20–70 cm hoch, mehrjährig. Blütenstand: rispenartig, Blüten einzeln, *nicht* gruppenweise genähert. Blüten: **überhängend**; Perigonblätter gelblich-grünlich o. weißlich. Perigonblätter: 3–6 mm lang. Staubblätter: mindestens so lang wie die Perigonblätter. Staubfäden: **violett**, **distal etwas verdickt**. Früchte: Nüsschen, ± sitzend, **3–5 mm lang**, im QS gerippt. Fiederblättchen: 2–5 mm breit, an den mittleren Stängelblättern 0,8–1,5-mal so lang wie breit.

- Schutt- o. Felsfluren, Staudenfluren, **Extensivgrünland o. Magerrasen**, Wälder
- an trockenen Standorten
- einheimisch

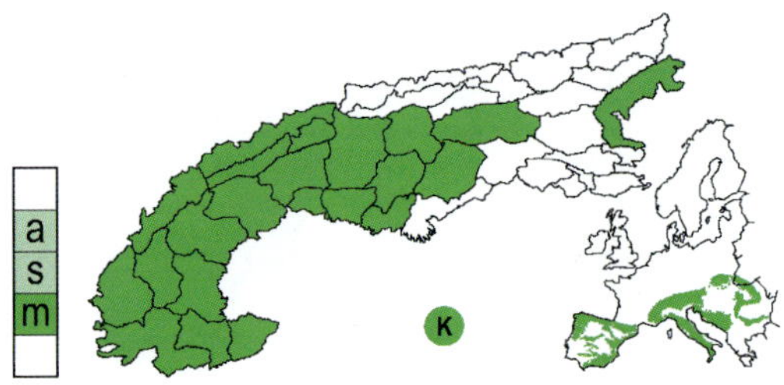

Trollius europaeus L.

giftig

Europäische Trollblume *Ranunculaceae*
IV–VII ∗ P6–15 A∞ G∞

20–120 cm hoch, mehrjährig. Blüten: einzeln o. zu wenigen, ± **kugelig**, **15–40 mm ⌀**, **gelb**. Nektarblätter: 5–10, gelb, lanzettlich bis spatelförmig, mit abgesetztem Stiel. Früchte: **Bälge**. Blätter: **handförmig gelappt bis gefingert**, **kahl**. Grundblätter: lang gestielt.

In den Alpen nur die subsp. *europaeus*.

- subalpine o. alpine Rasen, Staudenfluren, **Grünland**, Wälder
- meist an feuchten bis nassen Standorten
- einheimisch

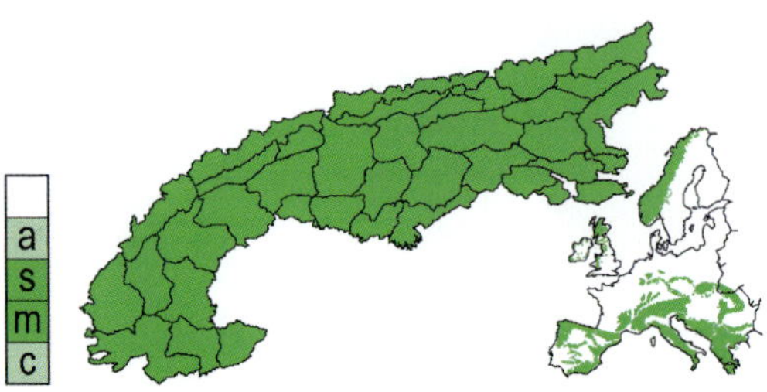

Aconitum napellus L.

stark giftig

Blauer Eisenhut *Ranunculaceae*
V–IX ↓ P5 A∞ G3–5

20–220 cm hoch, mehrjährig. Vorblätter unter den Blüten: **lanzettlich**, **1–2 mm lang**, **behaart**. Blüten: bläulich-violett. Blütenstiele: **dicht behaart**, *ohne* Drüsenhaare. Perigonblätter: die oberen beiden helmförmig u. 2 röhrenförmige Nektarblätter umschließend, **außen dicht behaart**. Helm: **kaum höher als breit**, 18–32 mm lang. Nektarblätter: lang gestielt, **mit gebogenem Stiel**. Staubblätter: **behaart**. Früchte: Bälge. Samen: **schwarz**. Stängel: ± geflügelt. Blätter: unterseits: *ohne* deutliche Netznervatur.

In den Alpen die subsp. *lusitanicum* u. *vulgare* (vgl. S. 727).

- subalpine o. alpine Rasen, **Staudenfluren**, Grünerlen- o. Legföhrengebüsche, trockenfallende Ufer, Grünland, **Wälder**
- an nährstoffreichen, feuchten bis nassen Standorten
- einheimisch

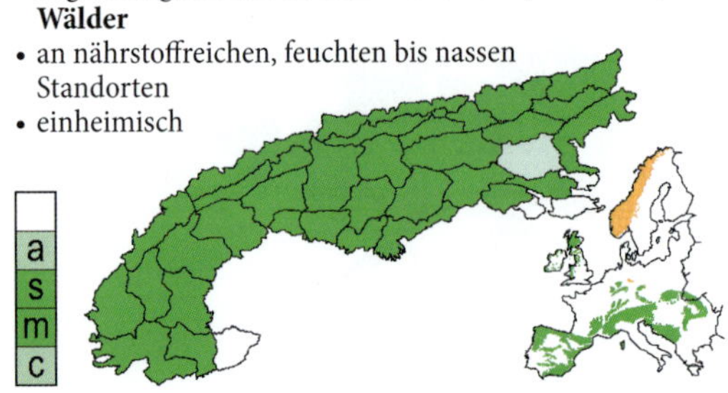

Aconitum angustifolium Rchb.

stark giftig

Schmalblättriger Eisenhut *Ranunculaceae*

VI–VIII ↓ P5 A∞ G2–3

50–150 cm hoch, mehrjährig. BLÜTEN: bläulich-violett. BLÜTENSTIELE: **mit Drüsenhaaren**. PERIGONBLÄTTER: die oberen beiden helmförmig u. 2 röhrenförmige Nektarblätter umschließend, **außen kahl**. HELM: **kaum höher als breit**. NEKTARBLÄTTER: kahl, lang gestielt. STAUBBLÄTTER: **meist kahl, zuweilen spärlich behaart**. FRUCHTKNOTEN: **2–3**, kahl o. mit Haarleiste. FRÜCHTE: Bälge. SAMEN: **dunkelbraun**.

- subalpine o. alpine Rasen, **Schutt- o. Felsfluren**, **Staudenfluren**, **Wälder**
- an kalkreichen, trockenen Standorten
- endemisch

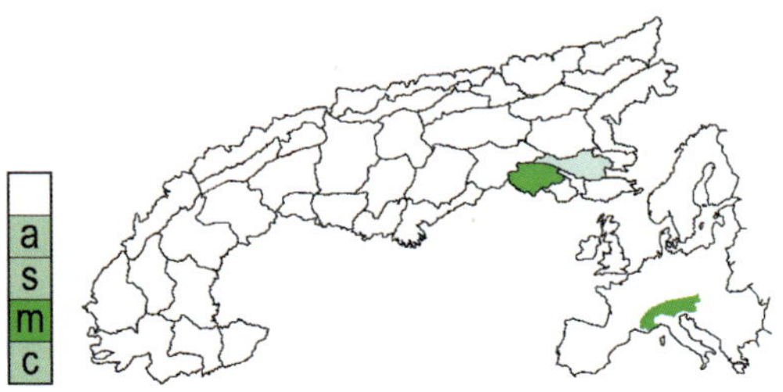

Aconitum burnatii Gáyer

stark giftig

Burnats Eisenhut *Ranunculaceae*

VI–VIII ↓ P5 A∞ G2–3

40–160 cm hoch, mehrjährig. BLÜTEN: bläulich-violett. BLÜTENSTIELE: **mit Drüsenhaaren**. PERIGONBLÄTTER: die oberen beiden helmförmig u. 2 röhrenförmige Nektarblätter umschließend, **außen behaart**. HELM: **kaum höher als breit**. NEKTARBLÄTTER: meist behaart, lang gestielt. STAUBBLÄTTER: **behaart**. FRUCHTKNOTEN: **2–3**. FRÜCHTE: Bälge. SAMEN: **schwarz**.

In den Alpen nur die subsp. *burnatii*.

- **subalpine o. alpine Rasen**, **Staudenfluren**
- an nährstoffreichen Standorten
- einheimisch

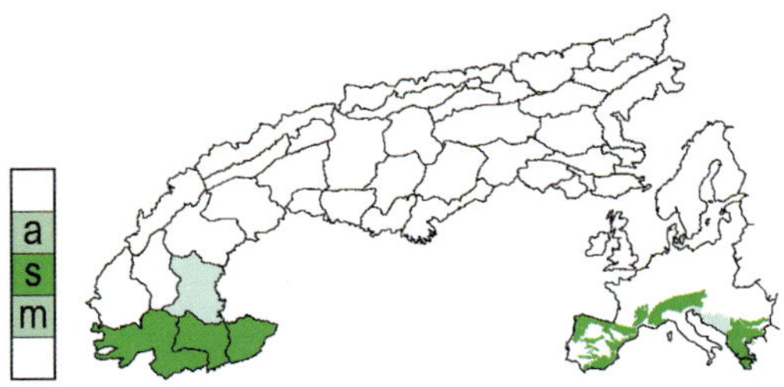

Aconitum tauricum Wulfen

stark giftig

Tauern-Eisenhut *Ranunculaceae*

VII–X ↓ P5 A∞ G3–5

10–90 cm hoch, mehrjährig. VORBLÄTTER UNTER DEN BLÜTEN: **lineal, 2–8 mm lang**, kahl *oder* bewimpert. BLÜTEN: bläulich-violett. BLÜTENSTIELE: kahl. PERIGONBLÄTTER: die oberen beiden helmförmig u. 2 röhrenförmige Nektarblätter umschließend, **außen kahl**. HELM: **kaum höher als breit**, 12–20 mm lang. NEKTARBLÄTTER: behaart, lang gestielt, **mit gebogenem Stiel**. FRÜCHTE: Bälge. SAMEN: **dunkelbraun**. STÄNGEL: ± geflügelt.

- **subalpine o. alpine Rasen**, **Staudenfluren**
- an basenreichen Standorten
- einheimisch

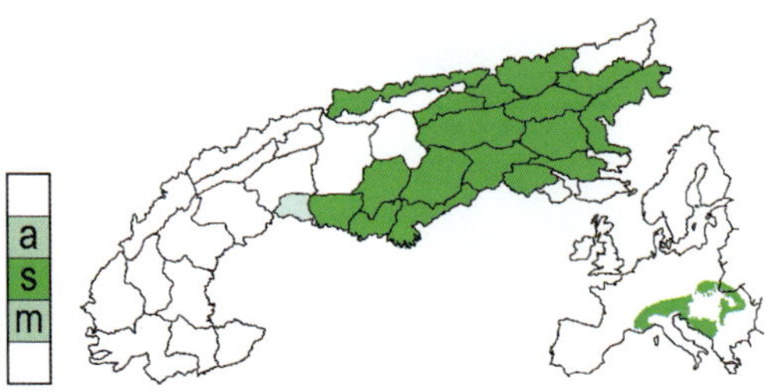

Aconitum variegatum L.

stark giftig

Bunter Eisenhut *Ranunculaceae*

VI–X ↓ P5 A∞ G3–5

50–250 cm hoch, mehrjährig. BLÜTEN: bläulich-violett. BLÜTENSTIELE: kahl o. behaart. PERIGONBLÄTTER: die oberen beiden helmförmig u. 2 röhrenförmige Nektarblätter umschließend, **außen kahl**. HELM: **1,5–2-mal höher als breit**. SPORN: **zurückgebogen**. NEKTARBLÄTTER: kahl, lang gestielt, **mit geradem Stiel**. FRUCHTKNOTEN: kahl. FRÜCHTE: Bälge. SAMEN: **bräunlich**. STÄNGEL: oft zickzackförmig gebogen. BLÄTTER: UNTERSEITS: **deutlich netznervig**.

- Schutt- o. Felsfluren, Alluvionen, **Staudenfluren**, Grünerlen- o. Legföhrengebüsche, Wälder
- an basenreichen, feuchten, zuweilen überfluteten Standorten
- einheimisch

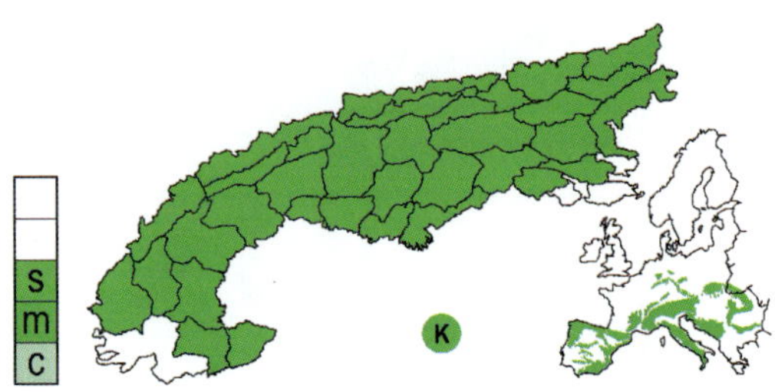

US

Aconitum degenii Gáyer

stark giftig

Rispiger Eisenhut *Ranunculaceae*

VI–X ↓ P5 A∞ G3–5

60–250 cm hoch, mehrjährig. Vorblätter unter den Blüten: lanzettlich bis spatelförmig. Blüten: bläulich-violett. Blütenstiele: **mit Drüsenhaaren**. Perigonblätter: die oberen beiden helmförmig u. 2 röhrenförmige Nektarblätter umschließend, **außen behaart**. Helm: **kaum höher als breit**. Sporn: **± gerade**. Nektarblätter: lang gestielt, **mit gebogenem Stiel**. Früchte: Bälge. Samen: **bräunlich**. Stängel: oft zickzackförmig gebogen. Blätter: unterseits: **deutlich netznervig**.

In den Alpen die subsp. *degenii* u. *valesiacum* (endemisch) (vgl. S. 727).

- Alluvionen, **Staudenfluren**, Grünerlen- o. Legföhrengebüsche, Wälder
- an nährstoffreichen Standorten
- einheimisch

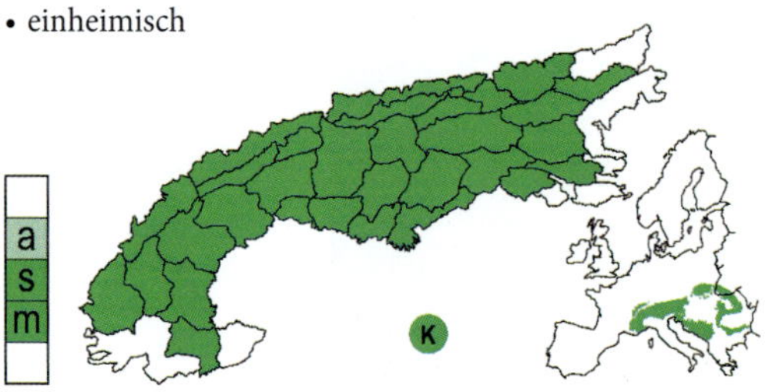

Aconitum pilipes (Rchb.) Gáyer

stark giftig

Garten-Eisenhut *Ranunculaceae*

VI–X ↓ P5 A∞ G3–5

30–150 cm hoch, mehrjährig. Blüten: bläulich-violett. Blütenstiele: kahl o. behaart. Perigonblätter: die oberen beiden helmförmig u. 2 röhrenförmige Nektarblätter umschließend, **außen drüsig behaart**. Helm: **1,5–2-mal höher als breit**. Sporn: **zurückgebogen**. Nektarblätter: behaart, lang gestielt, **mit geradem Stiel**. Staubblätter: **meist behaart**. Fruchtknoten: **behaart**. Früchte: Bälge. Samen: **bräunlich**. Stängel: oft zickzackförmig gebogen. Blätter: unterseits: **deutlich netznervig**.

- Schutt- o. Felsfluren, Alluvionen, Staudenfluren, Grünerlen- o. Legföhrengebüsche, **Wälder**
- an nährstoffreichen Standorten
- endemisch

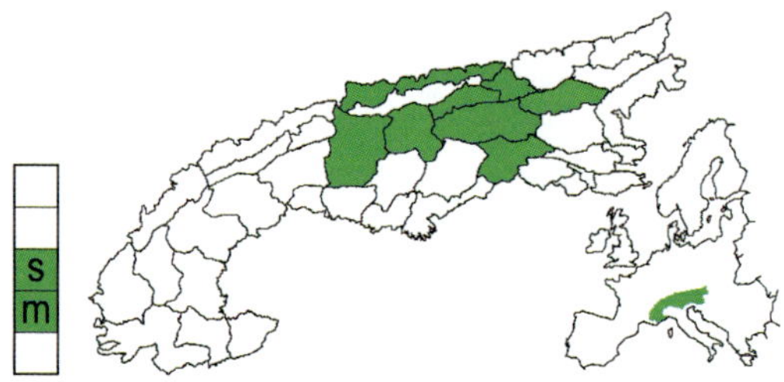

Aconitum lycoctonum L.

stark giftig

Gelber Eisenhut *Ranunculaceae*

V–IX ↓ P5 A∞ G3–5

40–150 cm hoch, mehrjährig. Blüten: **gelblich**, in Nord- u. Osteuropa auch violett. Helm: **± 3-mal so hoch wie breit**. Nektarblätter: lang gestielt. Früchte: Bälge. Samen: **schwarz**.

In den Alpen die subsp. *neapolitanum* u. *vulparia* (vgl. S. 727).

- Zwergstrauchheiden, **Staudenfluren**, Wälder
- an nährstoffreichen Standorten
- einheimisch

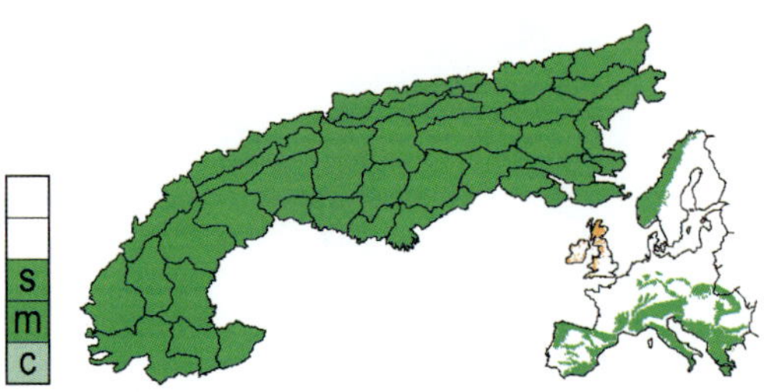

Delphinium elatum L.

schwach giftig

Hoher Rittersporn *Ranunculaceae*

V–VIII ↓ P5 A∞ G3–5

60–150 cm hoch, mehrjährig. Blüten: **Perigonblätter meist bläulich-violett**. Perigonblätter: das obere gespornt u. 2 röhrenförmige Nektarblätter umschließend. Nektarblätter: schwarz bis schwärzlich-braun *oder* bläulich *oder* gelblich-weißlich. Fruchtblätter: allenfalls basal etwas verwachsen. Früchte: Bälge, kahl bis spärlich behaart. Stängel: **oben mit abstehenden Haaren *oder* kahl**. Blätter: handförmig gelappt. Blattabschnitte: > 4 mm breit.

In den Alpen die subsp. *elatum*, *austriacum* (endemisch), *helveticum* (endemisch), *macropetalum* (endemisch), *polatschekii* (endemisch) u. *tiroliense* (endemisch) (vgl. S. 727).

- Schutt- o. Felsfluren, Alluvionen, **Staudenfluren**, Grünland
- an nährstoffreichen Standorten
- einheimisch

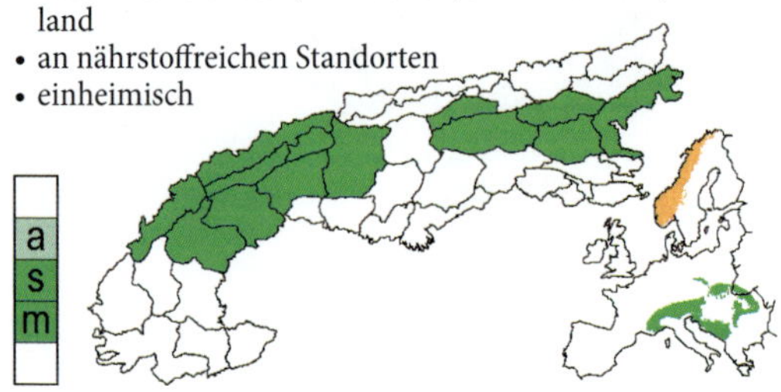

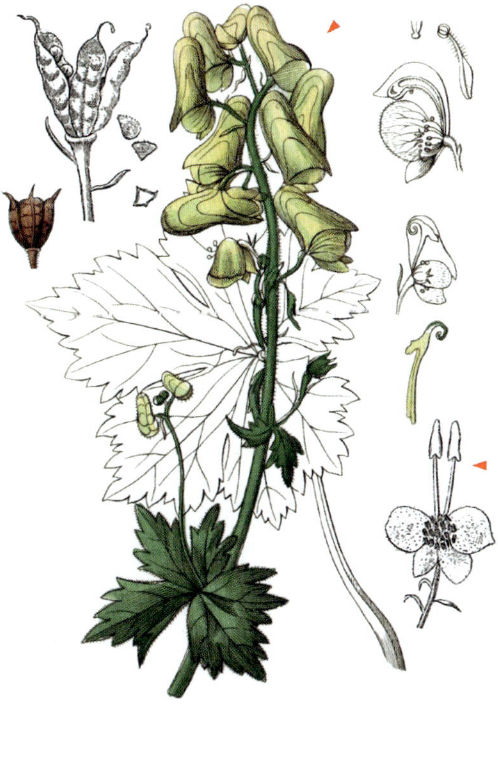

Delphinium dubium (Rouy & Foucaud) Pawł.

schwach giftig

Zweifelhafter Rittersporn *Ranunculaceae*

V–VIII ↓ P5 A∞ G3–5

40–200 cm hoch, mehrjährig. Blüten: **Perigonblätter bläulich**. Blütenstiele: **meist kurz behaart**. Perigonblätter: das obere gespornt u. 2 röhrenförmige Nektarblätter umschließend. Nektarblätter: **schwarz bis schwärzlich-braun**. Fruchtblätter: allenfalls basal etwas verwachsen. Früchte: Bälge, kahl bis spärlich behaart. Stängel: **oben mit kurzen anliegenden Haaren**. Blätter: handförmig gelappt. Blattabschnitte: > 4 mm breit.

- subalpine o. alpine Rasen, **Schutt- o. Felsfluren**, Alluvionen, Zwergstrauchheiden, **Staudenfluren**, Grünerlengebüsche
- an nährstoffreichen Standorten
- endemisch

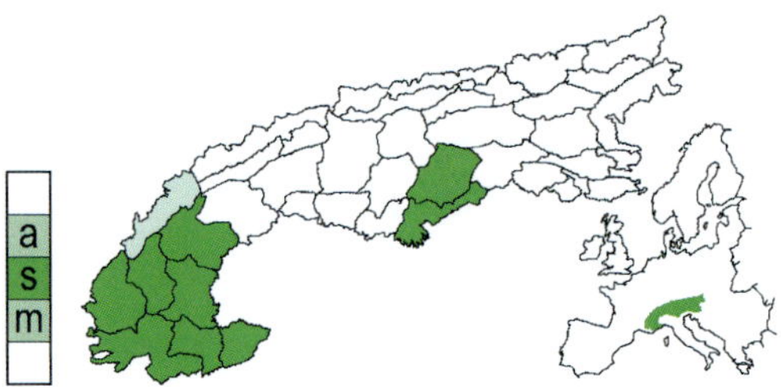

Helleborus niger L.

stark giftig

Christrose *Ranunculaceae*

XII–III ∗ P5 A∞ G2–5

15–40 cm hoch, mehrjährig. Blüten: **offen ausgebreitet, 50–90 mm ⌀, weißlich**, zuweilen rötlich überlaufen. Perigonblätter: derb. Nektarblätter: 8–20, zwischen den Perigon- u. Staubblättern, becherförmig bis röhrig. Fruchtblätter: allenfalls basal etwas verwachsen. Früchte: Bälge. Stängel: nicht bis wenig verzweigt, mit grundständiger Blattrosette, ***ohne* Laubblätter**. Blätter: überwinternd grün, tief-gelappt bis gefingert o. gefiedert.

In den Alpen die subsp. *niger* u. *macranthus* (endemisch) (vgl. S. 727).

- Legföhrengebüsche, **Wälder**
- an basenreichen Standorten
- einheimisch

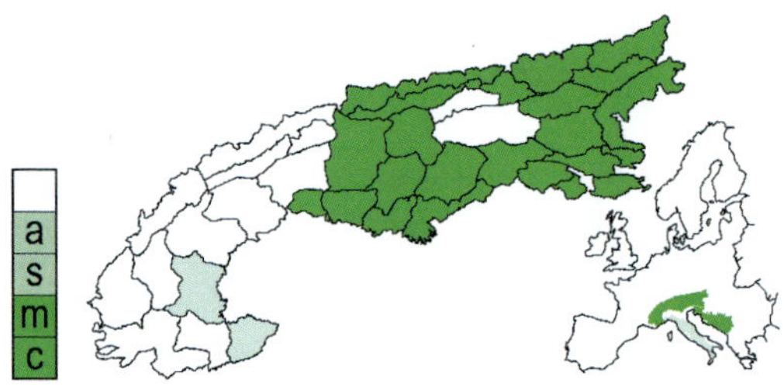

Caltha palustris L.

giftig

Sumpf-Dotterblume *Ranunculaceae*

III–VI ∗ P5 A∞ G∞

15–40 cm hoch, mehrjährig. Blüten: einzeln o. zu wenigen, **20–50 mm ⌀, gelb**. Fruchtblätter: allenfalls basal etwas verwachsen. Früchte: **Bälge**. Stängel: **hohl**; unten: mit kräftigem Rhizom. Blätter: **glänzend, herz- bis nierenförmig, kahl**. Grundblätter: lang gestielt. Stängelblätter: kurz gestielt bis sitzend.

- **Staudenfluren, Quellfluren, trockenfallende Ufer, Moore o. Seggenriede, Grünland**, Wälder
- an nassen, zuweilen überfluteten Standorten
- einheimisch

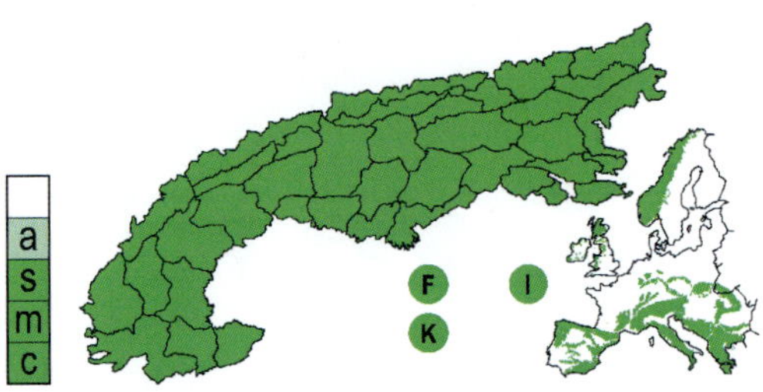

Callianthemum anemonoides (J. Zahlbr.) Endl.

schwach giftig

Anemonen-Schmuckblume *Ranunculaceae*

III–V ∗ K5 C10–20 A∞ G∞

Bis 25 cm hoch, mehrjährig. Blüten: **20–30 mm ⌀**, weißlich bis rosa. Krone: **10–20-blättrig**. Kronblätter: **oval bis länglich-lanzettlich, > 2-mal so lang wie breit**, mit basaler Nektardrüse. Früchte: Nüsschen, **4–6 mm lang**, 1,5–2,5 mm ⌀. Blätter: tief-gelappt bis gefiedert. Grundblätter: zur Blütezeit fehlend o. sich entfaltend, frischgrün.

- Schutt- o. Felsfluren, **Wälder**
- an nährstoffarmen, kalkreichen Standorten
- endemisch

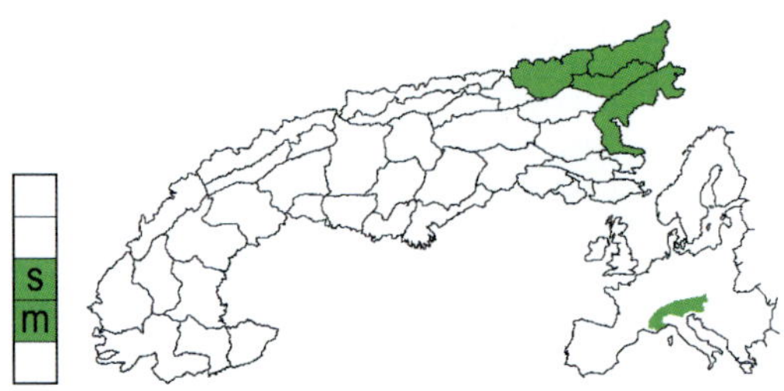

Callianthemum coriandrifolium Rchb. schwach giftig

Koriander-Schmuckblume *Ranunculaceae*
V–VIII ∗ K5 C5–15 A∞ G$\underline{\infty}$

10–25 cm hoch, mehrjährig. Blüten: **30–50 mm** ⌀, weißlich bis rosa. Krone: **5–15-blättrig**. Kronblätter: **breit oval**, **1–2-mal so lang wie breit**, mit basaler Nektardrüse. Früchte: Nüsschen, **2–4 mm lang**, 2–3 mm ⌀. Blätter: tief-gelappt bis gefiedert. Grundblätter: zur Blütezeit ± voll entwickelt, blau- bzw. graugrün.

- **subalpine o. alpine Rasen**, Schutt- o. Felsfluren, Schneetälchen, Legföhrengebüsche
- an nährstoffarmen Standorten
- einheimisch

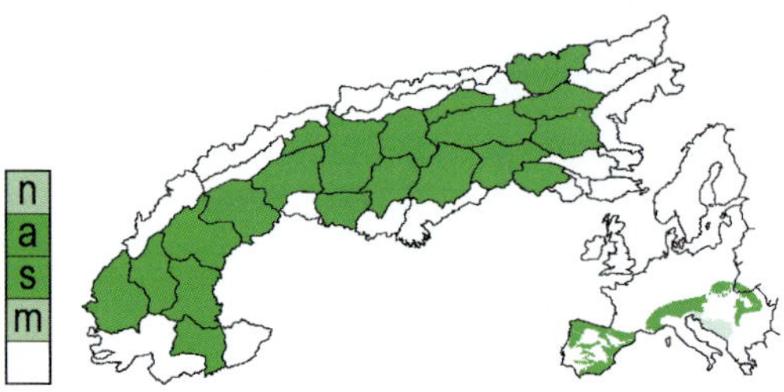

Callianthemum kernerianum A. Kern. schwach giftig

Kerners Schmuckblume *Ranunculaceae*
V–VII ∗ K5 C5–15 A∞ G$\underline{\infty}$

Bis 10 cm hoch, mehrjährig. Blüten: **20–30 mm** ⌀, weißlich bis rosa. Krone: **5–15-blättrig**. Kronblätter: **oval bis länglich-lanzettlich**, **> 2-mal so lang wie breit**, mit basaler Nektardrüse. Früchte: Nüsschen, **3–4 mm lang**, 2–3 mm ⌀. Blätter: tief-gelappt bis gefiedert. Grundblätter: zur Blütezeit fehlend o. sich entfaltend.

- **subalpine o. alpine Rasen, Schutt- o. Felsfluren**
- an nährstoffarmen, kalkreichen Standorten
- endemisch

Anemonastrum narcissiflorum (L.) Holub schwach giftig

Narzissenblütiges Windröschen *Ranunculaceae*
IV–VIII ∗ P5–9 A∞ G$\underline{\infty}$

10–60 cm hoch, mehrjährig. Blütenstand: **doldenartig**, **2–8-blütig**. Hochblätter: **etwas von den Blüten entfernt**, wirtelig, **gefiedert, laubblattartig, sitzend**. Blüten: lang gestielt, **weißlich**. Früchte: Nüsschen, < 10 mm lang, kurz geschnäbelt, **kahl**.

In den Alpen nur die subsp. *narcissiflorum*.

- **subalpine o. alpine Rasen**, Staudenfluren, Legföhrengebüsche, Extensivgrünland o. Magerrasen
- an basenreichen Standorten
- einheimisch

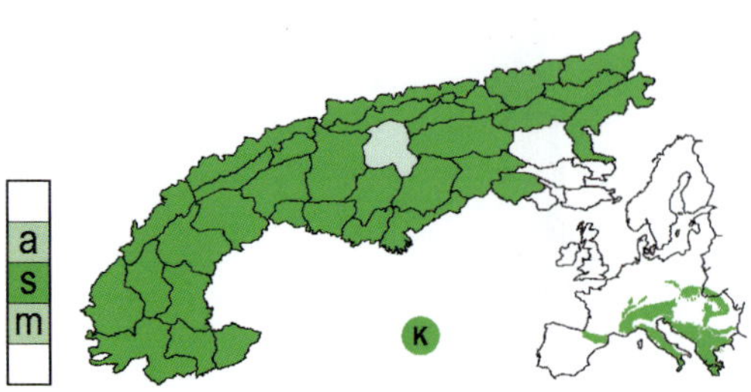

Pulsatilla alpina (L.) Delarbre giftig

Alpen-Küchenschelle *Ranunculaceae*
IV–VIII ∗ P6 A∞ G$\underline{\infty}$

15–70 cm hoch, mehrjährig. Hochblätter: wirtelig, gefiedert, mit reduzierter Spreite, gestielt, basal *nicht* zu einer Scheide verwachsen. Blüten: **offen ausgebreitet**, 30–90 mm ⌀, weißlich *oder* hellgelb, zuweilen bläulich bis rötlich überlaufen. Nektarblätter: fehlen. Früchte: Nüsschen, lang geschnäbelt, vor allem am Schnabel dicht behaart. Grundblätter: sommergrün, **2–3-fach gefiedert, mit zahlreichen schmalen Blattabschnitten.**

In den Alpen die subsp. *alpina*, *alba*, *apiifolia*, *austroalpina*, *cottianaea* (endemisch), *millefoliata* u. *schneebergensis* (endemisch) (vgl. S. 727).

- **subalpine o. alpine Rasen**, **Schutt- o. Felsfluren**, **Zwergstrauchheiden**, Staudenfluren, Legföhrengebüsche, Grünland, **Wälder**
- an nährstoffarmen Standorten
- einheimisch

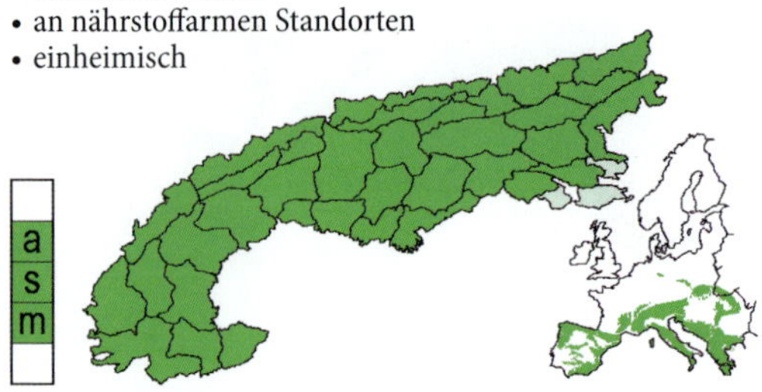

Pulsatilla halleri (All.) Willd.

giftig

Hallers Küchenschelle — *Ranunculaceae*

III–V — ∗ P6 A∞ G$\underline{\infty}$

Bis 30 cm hoch, mehrjährig. HOCHBLÄTTER: wirtelig, gefiedert, mit reduzierter Spreite, sitzend bis kurz gestielt, **mit verwachsener Blattscheide**. BLÜTEN: **glockig-trichterförmig bis ausgebreitet, rötlich bis violett**. NEKTARBLÄTTER: zwischen den Perigon- u. Staubblättern, staubblattartig. FRÜCHTE: Nüsschen, lang geschnäbelt, vor allem am Schnabel dicht behaart. GRUNDBLÄTTER: sommergrün, 1–3-fach gefiedert, **mit 3–5-teiligen Fiederblättern**.

In den Alpen die subsp. *halleri* (endemisch) u. *styriaca* (endemisch) (vgl. S. 727).

- **subalpine o. alpine Rasen**, Schutt- o. Felsfluren, **Extensivgrünland o. Magerrasen**, **Wälder**
- an trockenen Standorten
- einheimisch

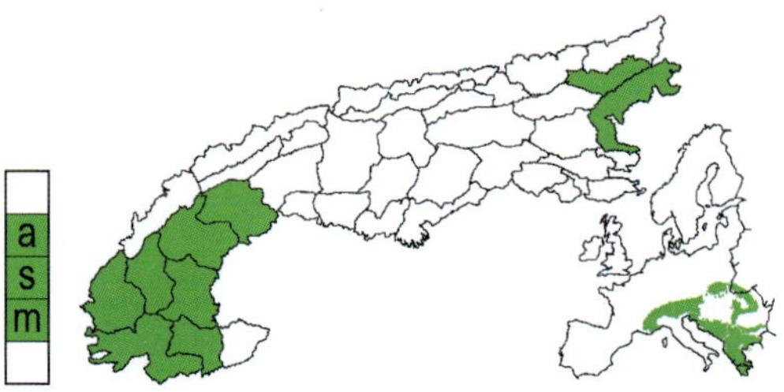

Pulsatilla vernalis (L.) Mill.

giftig

Frühlings-Küchenschelle — *Ranunculaceae*

III–VI — ∗ P6 A∞ G$\underline{\infty}$

Bis 30 cm hoch, mehrjährig. HOCHBLÄTTER: wirtelig, gefiedert, mit reduzierter Spreite, sitzend bis kurz gestielt, **mit verwachsener Blattscheide**. BLÜTEN: **glockig-trichterförmig bis ausgebreitet, innen gelblich-weißlich, außen rötlich-bräunlich behaart**. NEKTARBLÄTTER: zwischen den Perigon- u. Staubblättern, staubblattartig. FRÜCHTE: Nüsschen, lang geschnäbelt, vor allem am Schnabel dicht behaart. GRUNDBLÄTTER: überwinternd grün, **1-fach gefiedert, mit wenigen lanzettlichen Blattabschnitten**.

- **subalpine o. alpine Rasen**, Zwergstrauchheiden, Wälder
- an nährstoffarmen Standorten
- einheimisch

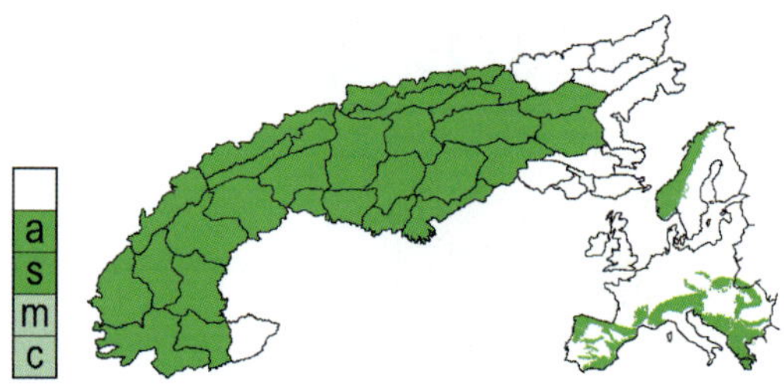

***Ranunculus*:** Kräuter. BLÜTEN: gelblich *o.* weißlich. KRONBLÄTTER: mit bedeckter (u. a. subg. *Ranunculus*) *oder* offener (subg. *Batrachium*: Wasserpflanzen) Nektardrüse. FRÜCHTE: 1-samige Nüsschen. BLÄTTER: meist wechselständig. BLÜTENFORMEL: ∗ K5 C5 A∞ G$\underline{\infty}$.

Ranunculus trichophyllus Chaix

giftig

Haarblättriger Wasserhahnenfuß — *Ranunculaceae*

IV–IX — ∗ K5 C5 A8–15 G$\underline{\infty}$

Im Boden wurzelnde Wasserpflanze, allenfalls die Blüten aus dem Wasser ragend, 1- bis mehrjährig. BLÜTEN: **5–15 mm ⌀**, weißlich, **basal gelblich**. KRONBLÄTTER: **3–6 mm lang**. FRÜCHTE: **eiförmig, > 1,5 mm lang, kahl bis spärlich behaart**. SCHWIMMBLÄTTER: **fehlen**. TAUCHBLÄTTER: tief geteilt, mit schmal linealen Blattabschnitten, **Blattabschnitte unregelmäßig angeordnet**.

In der alpinen Stufe v. a. die subsp. *eradicatus*.

- **Gewässer**
- an basenreichen, dauerhaft überfluteten Standorten
- einheimisch

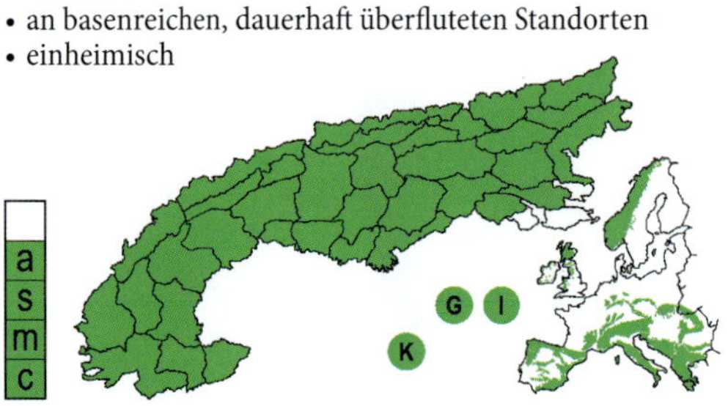

Ranunculus peltatus Schrank

giftig

Schild-Wasserhahnenfuß — *Ranunculaceae*

IV–IX — ∗ K5 C5 A10–40 G$\underline{\infty}$

Wasser- o. Sumpfpflanze, 1- bis mehrjährig. BLÜTEN: weißlich, **basal gelblich**. SCHWIMMBLÄTTER: gestielt, ungeteilt bis gelappt, rundlich bis nierenförmig, am Rand stumpf gekerbt, **meist 5–7-lappig, zu < 66 % eingeschnitten**. TAUCHBLÄTTER: mit schmal linealen Blattabschnitten, **außerhalb des Wassers meist steif abstehend**.

In der alpinen Stufe v. a. die subsp. *peltatus*.

- **Gewässer**
- an dauerhaft überfluteten Standorten
- einheimisch

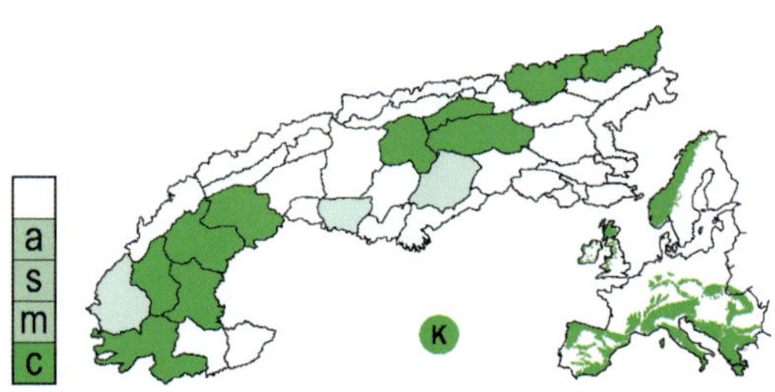

Ranunculus glacialis L.

giftig

Gletscher-Hahnenfuß *Ranunculaceae*

VI–VIII ∗ K5 C5 A∞ G$\underline{\infty}$

Bis 15 cm hoch, mehrjährig. BLÜTEN: **weißlich, oft rötlich überlaufen**. KRONE: derb, **auch nach dem Blühen bleibend**. STÄNGEL: basal niederliegend. GRUNDBLÄTTER: schwach sukkulent, **fiederspaltig bis 2-fach gefiedert, 3-teilig, glänzend**.

- **Schutt- o. Felsfluren**, Schneetälchen, Moore o. Seggenriede
- an nährstoffarmen, sauren Standorten
- einheimisch

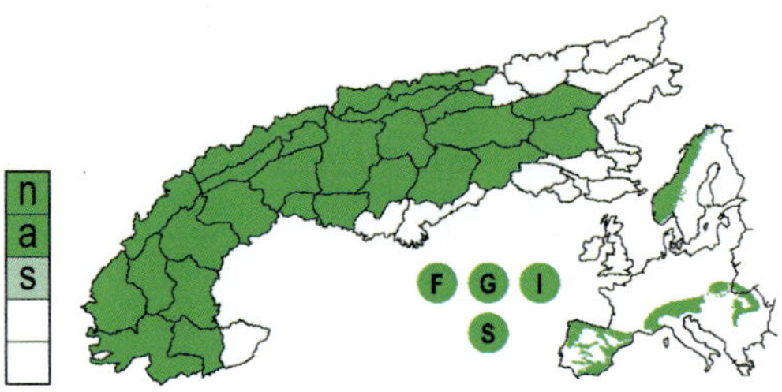

Ranunculus alpestris L.

giftig

Alpen-Hahnenfuß *Ranunculaceae*

V–IX ∗ K5 C5 A∞ G$\underline{\infty}$

Bis 15 cm hoch, mehrjährig. BLÜTEN: **weißlich**. BLÜTENSTIELE: **kantig-gefurcht**. KRONE: nach dem Blühen abfallend. GRUNDBLÄTTER: 3–5-teilig.

In den Alpen die subsp. *alpestris* u. *traunfellneri* (endemisch) (vgl. S. 728).

- subalpine o. alpine Rasen, **Schutt- o. Felsfluren, Schneetälchen**
- an nährstoffarmen, basenreichen Standorten
- einheimisch

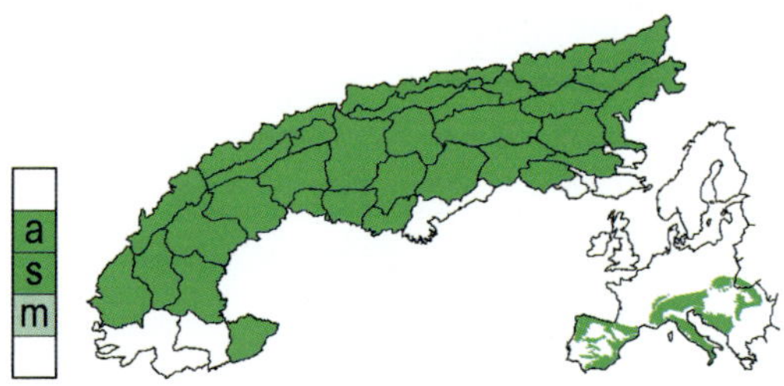

Ranunculus bilobus Bertol.

giftig

Zweilappiger Hahnenfuß *Ranunculaceae*

VI–VIII ∗ K5 C5 A∞ G$\underline{\infty}$

Bis 15 cm hoch, mehrjährig. PFLANZEN: fast kahl. BLÜTEN: einzeln o. zu wenigen, 20–25 mm ⌀, **weißlich**. KRONBLÄTTER: **distal ausgerandet**. GRUNDBLÄTTER: ungeteilt bis undeutlich 3-lappig, **am Rand gezähnt, unterseits mit deutlich hervortretenden Nerven**. STÄNGELBLÄTTER: ungeteilt bis 3-lappig.

- **subalpine o. alpine Rasen, Schutt- o. Felsfluren,** Schneetälchen
- an kalkreichen Standorten
- endemisch

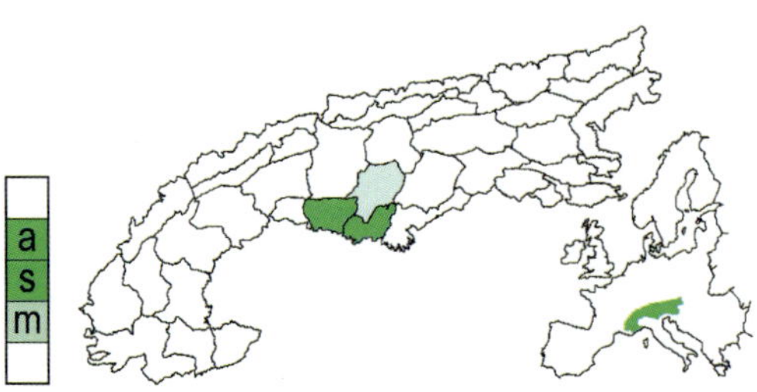

Ranunculus crenatus Waldst. & Kit.

giftig

Gekerbter Hahnenfuß *Ranunculaceae*

V–IX ∗ K5 C5 A∞ G$\underline{\infty}$

Bis 15 cm hoch, mehrjährig. PFLANZEN: fast kahl. BLÜTEN: einzeln o. zu wenigen, 20–25 mm ⌀, **weißlich**. KRONBLÄTTER: **distal abgerundet**. GRUNDBLÄTTER: ungeteilt bis undeutlich 3-lappig, **am Rand gezähnt, unterseits *ohne* deutlich hervortretende Nerven**. STÄNGELBLÄTTER: ungeteilt bis 3-lappig.

- subalpine o. alpine Rasen, Schutt- o. Felsfluren, **Schneetälchen**
- an sauren Standorten
- einheimisch

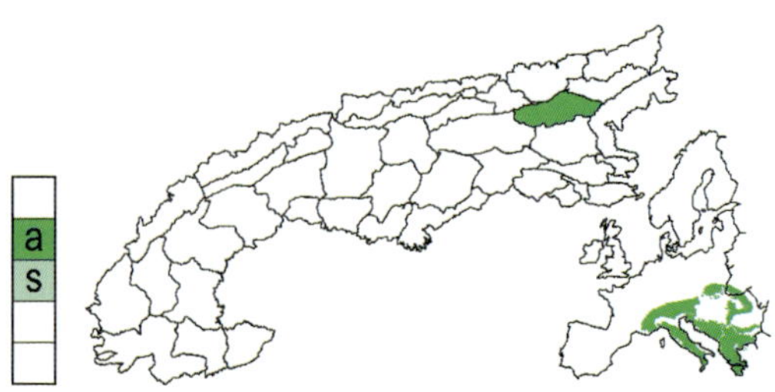

US

US

Ranunculus aconitifolius L.

giftig

Eisenhutblättriger Hahnenfuß *Ranunculaceae*

IV–VIII ∗ K5 C5 A∞ G$\underline{\infty}$

20–60 cm hoch, mehrjährig. Blüten: 10–25 mm ⌀, **weißlich**. Blütenstiele: **meist < 3-mal so lang wie das gegenüberliegende Blatt, meist behaart**. Krone: nach dem Blühen abfallend. Blätter: handförmig gelappt bis gefingert. Grundblätter: **gefingert**.

- **subalpine o. alpine Rasen**, **Staudenfluren**, **trockenfallende Ufer**, Moore o. Seggenriede, **Grünland**, **Wälder**
- an feuchten bis nassen Standorten
- einheimisch

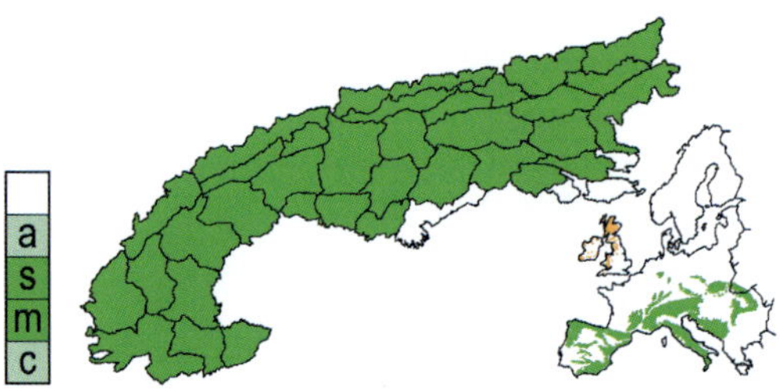

Ranunculus platanifolius L.

giftig

Platanenblättriger Hahnenfuß *Ranunculaceae*

IV–VIII ∗ K5 C5 A∞ G$\underline{\infty}$

40–120 cm hoch, mehrjährig. Blüten: 10–25 mm ⌀, **weißlich**. Blütenstiele: **meist > 3-mal so lang wie das gegenüberliegende Blatt**, **± kahl**. Krone: nach dem Blühen abfallend. Blätter: handförmig gelappt bis gefingert. Grundblätter: **gefingert**.

- Staudenfluren, Legföhrengebüsche, **Wälder**
- einheimisch

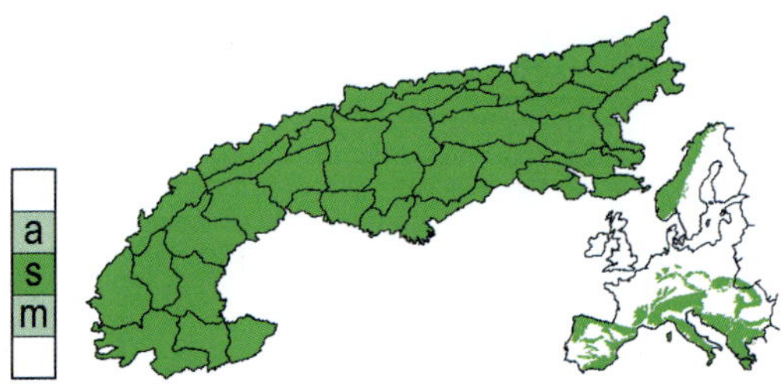

Ranunculus seguieri Vill.

giftig

Séguiers Hahnenfuß *Ranunculaceae*

V–VII ∗ K5 C5 A∞ G$\underline{\infty}$

Bis 20 cm hoch, mehrjährig. Pflanzen: zunächst weißhaarig, später verkahlend. Blütenstand: **dicht weißhaarig**. Blüten: einzeln o. zu wenigen, 20–25 mm ⌀, **weißlich**. Blätter: gelappt bis gefingert. Grundblätter: **gelappt bis 2-fach-fiederspaltig**, 3–5-teilig, spitz.

In den Alpen nur die subsp. *seguieri*.

- **Schutt- o. Felsfluren**
- an nährstoffarmen, kalkreichen, feuchten bis nassen Standorten
- einheimisch

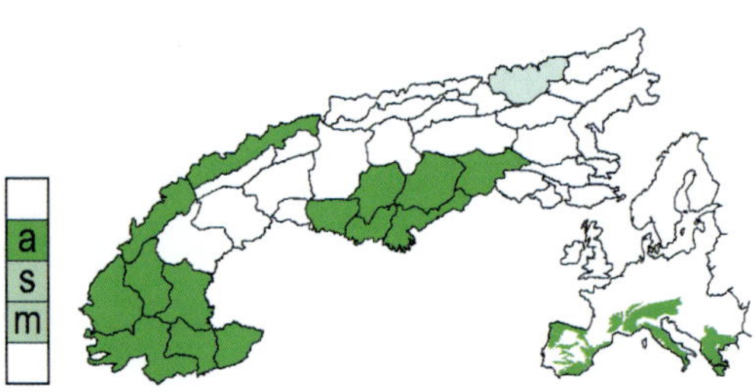

Ranunculus kuepferi Greuter & Burdet

giftig

Kuepfers Hahnenfuß *Ranunculaceae*

IV–VII ∗ K5 C5 A∞ G$\underline{\infty}$

Bis 15 cm hoch, mehrjährig. Blüten: einzeln o. zu wenigen, 20–25 mm ⌀, **weißlich**. Kronblätter: zuweilen fehlend o. deformiert. Staubblätter: zuweilen weniger. Fruchtknoten: zuweilen weniger o. steril. Blätter: **ungeteilt**, länglich-lanzettlich bis spatelförmig, **> 5-mal so lang wie breit**, **ganzrandig**.

In den Alpen die subsp. *kuepferi* u. *orientalis* (vgl. S. 728).

- **subalpine o. alpine Rasen**, Zwergstrauchheiden, Grünland
- an nährstoffarmen, meist sauren Standorten
- einheimisch

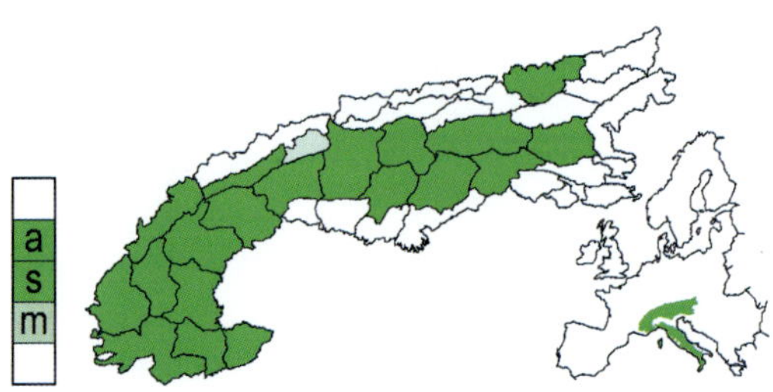

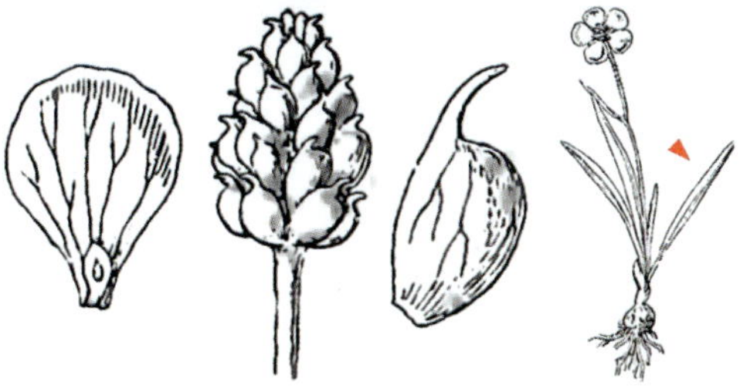

Ranunculus parnassiifolius L. giftig

Herzblättriger Hahnenfuß *Ranunculaceae*
V–VIII ∗ K5 C5 A∞ G∞

Bis 40 cm hoch, mehrjährig. BLÜTEN: 20–25 mm ⌀, **weißlich**. KRONE: nach dem Blühen abfallend. STÄNGEL: basal niederliegend. BLÄTTER: **herzförmig, > 1,5-mal so lang wie breit, ± ganzrandig**. GRUNDBLÄTTER: lang gestielt. STÄNGELBLÄTTER: sitzend.

In den Alpen nur die subsp. *heterocarpus*.

- **Schutt- o. Felsfluren**
- an kalkreichen Standorten
- einheimisch

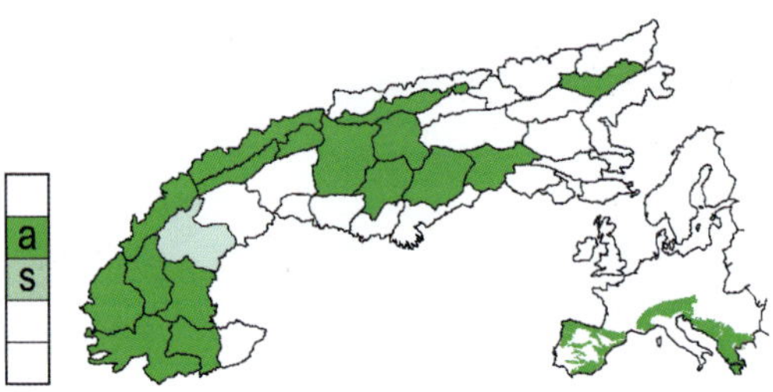

Ranunculus hybridus Biria giftig

Bastard-Hahnenfuß *Ranunculaceae*
V–VIII ∗ K5 C5 A∞ G∞

Bis 15 cm hoch, mehrjährig. BLÜTENSTAND: 1–2-blütig. BLÜTEN: gelblich. BLÜTENSTIELE: im QS rundlich, *nicht* gefurcht. FRÜCHTE: im QS kaum abgeflacht, kahl. GRUNDBLÄTTER: **10–40 mm breit, breiter als lang, ungeteilt bis gelappt, blau- bzw. graugrün, basal ganzrandig, distal grob gezähnt bis gelappt**. UNTERE STÄNGELBLÄTTER: kurz gestielt bis sitzend, **basal (fast) ganzrandig, distal mit 3–10 großen Zähnen o. Lappen**.

- **subalpine o. alpine Rasen, Schutt- o. Felsfluren**, Legföhrengebüsche, Wälder
- an kalkreichen Standorten
- einheimisch

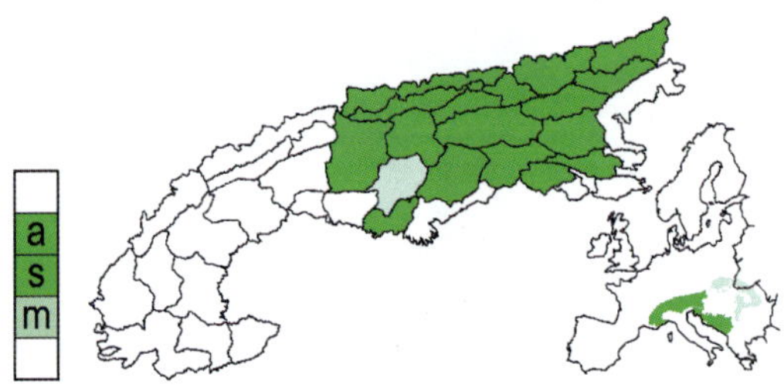

Ranunculus thora L. stark giftig

Schildblatt-Hahnenfuß *Ranunculaceae*
V–VII ∗ K5 C5 A∞ G∞

10–40 cm hoch, mehrjährig. BLÜTENSTAND: 1–5-blütig. BLÜTEN: gelblich. BLÄTTER: kahl. GRUNDBLÄTTER: **zur Blütezeit noch fehlend, 50–150 mm breit, (etwas) breiter als lang, ungeteilt, rundlich bis nierenförmig, blau- bzw. graugrün, ringsum fein gezähnt**. UNTERE STÄNGELBLÄTTER: sitzend, **ringsum mit vielen kleinen Zähnen**.

- **subalpine o. alpine Rasen**, Schutt- o. Felsfluren, Legföhrengebüsche
- an kalkreichen Standorten
- einheimisch

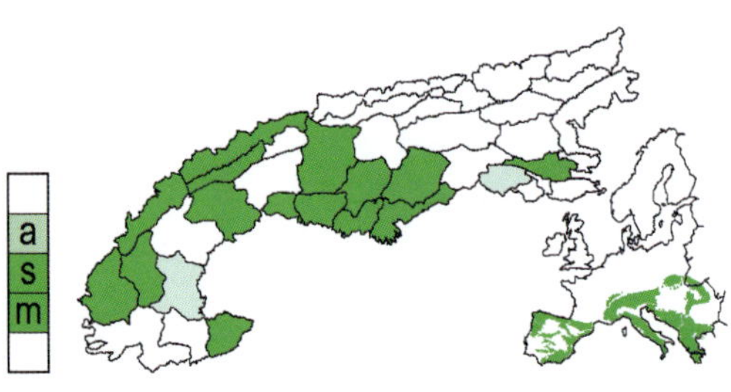

Ranunculus pygmaeus Wahlenb. giftig

Zwerg-Hahnenfuß *Ranunculaceae*
VI–VIII ∗ K5 C5 A∞ G∞

Bis 10 cm hoch, mehrjährig. BLÜTENSTAND: **meist 1-blütig**. BLÜTEN: **5–10 mm ⌀**, hellgelb. FRÜCHTE: im QS kaum abgeflacht, kahl. BLÄTTER: kahl. GRUNDBLÄTTER: **länger als breit, grob gezähnt bis fiederspaltig**, meist 3-teilig.

- Schutt- o. Felsfluren, **Schneetälchen**
- an nährstoffarmen, meist sauren Standorten
- einheimisch

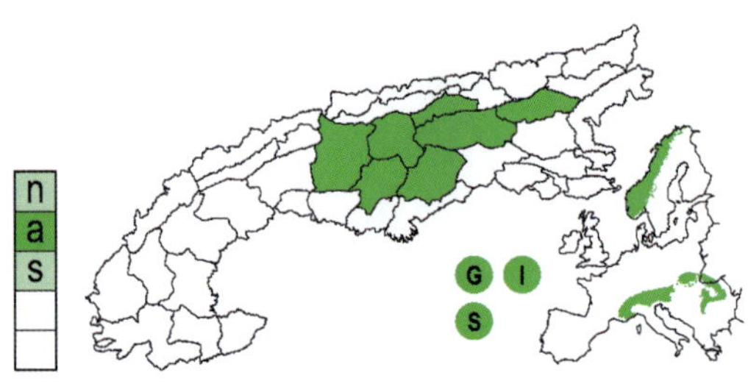

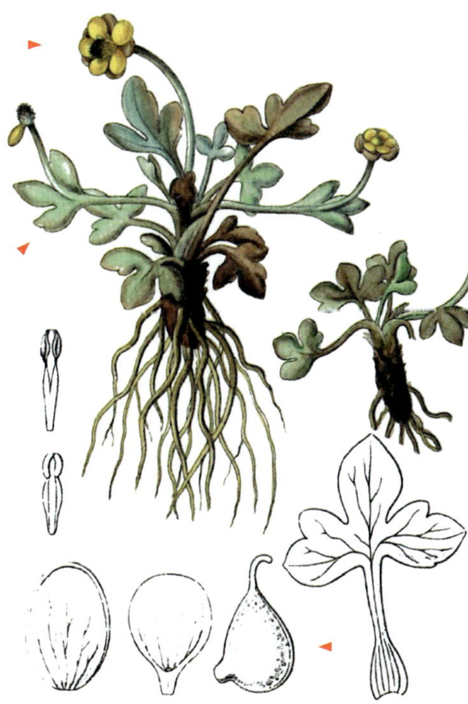

Ranunculus acris L.

giftig

Scharfer Hahnenfuß *Ranunculaceae*

IV–X ∗ K5 C5 A∞ G∞

30–120 cm hoch, mehrjährig. Blüten: 10–40 mm ⌀, gelblich. Blütenstiele: **im QS rundlich, *nicht* gefurcht**. Blütenboden: **kahl**. Kelchblätter: behaart. Früchte: kahl; Schnabel: gerade bis undeutlich gebogen. Stängel: kahl *oder* anliegend behaart. Blattstiele: **meist anliegend behaart**. Blätter: meist anliegend behaart. Grundblätter: gelappt bis fiederspaltig, 3–5-teilig, **Mittellappen sitzend u. mit den seitlichen verbunden**.

In den Alpen die subsp. *acris* u. *friesianus* (vgl. S. 728).

- subalpine o. alpine Rasen, Staudenfluren, Moore o. Seggenriede, **Grünland**
- einheimisch

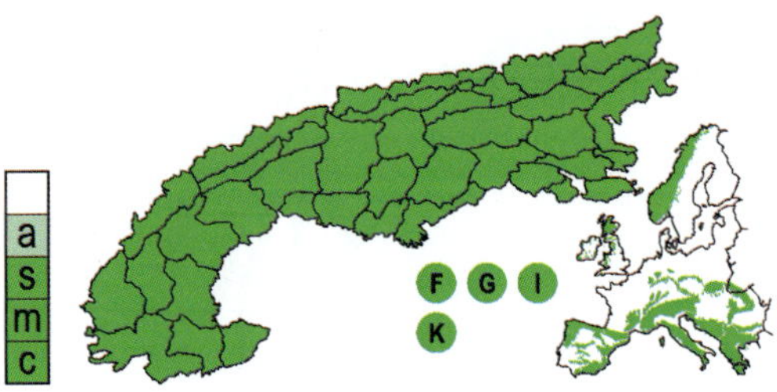

Ranunculus montanus Willd.

giftig

Berg-Hahnenfuß *Ranunculaceae*

IV–IX ∗ K5 C5 A∞ G∞

Bis 30 cm hoch, mehrjährig. Blüten: gelblich. Blütenboden: **nur distal behaart**. Kronblätter: **distal meist abgerundet**. Früchte: 20–60 Teilfrüchte pro Blüte, kahl; Schnabel: gebogen bis hakenförmig, **0,1–0,25-mal so lang wie die Frucht**. Blätter: Spreite nicht-entfalteter Laubblätter ± aufrecht, **kahl bis spärlich behaart**. Grundblätter: Blattabschnitte zu < 50 % eingeschnitten, 3–5-teilig. obere Stängelblätter: Blattabschnitte lineal bis länglich-lanzettlich, **2–8-mal so lang wie breit, in der distalen Hälfte am breitesten**.

- **subalpine o. alpine Rasen**, Schutt- o. Felsfluren, Staudenfluren, Legföhrengebüsche, Moore o. Seggenriede, **Grünland**, Wälder
- an basenreichen Standorten
- einheimisch

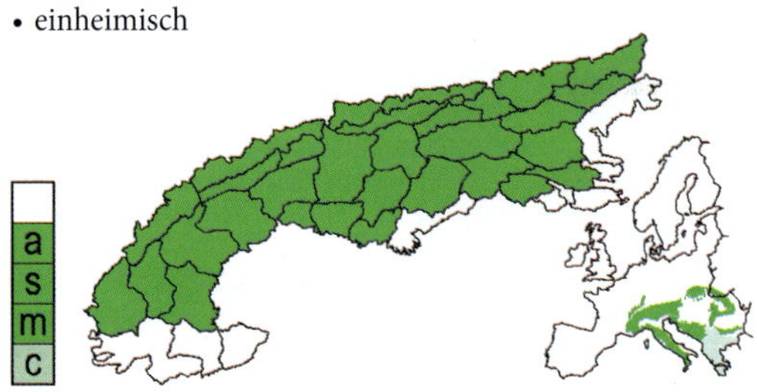

Ranunculus breyninus Crantz

giftig

Raxalpe-Hahnenfuß *Ranunculaceae*

IV–VII ∗ K5 C5 A∞ G∞

10–60 cm hoch, mehrjährig. Blüten: gelblich. Blütenboden: **vollständig behaart**. Kronblätter: **distal meist ausgerandet**. Früchte: 35–80 Teilfrüchte pro Blüte, kahl; Schnabel: gebogen bis hakenförmig, **0,1–0,25-mal so lang wie die Frucht**. Blätter: **Spreite nicht-entfalteter Laubblätter nach unten gebogen, behaart**. Grundblätter: gelappt bis fiederspaltig, 3–5-teilig, im Umriss ± 5-eckig. obere Stängelblätter: Blattabschnitte lineal bis länglich-lanzettlich, **10–20-mal so lang wie breit**.

- subalpine o. alpine Rasen, **Schutt- o. Felsfluren**, Legföhrengebüsche, Wälder
- an basenreichen Standorten
- einheimisch

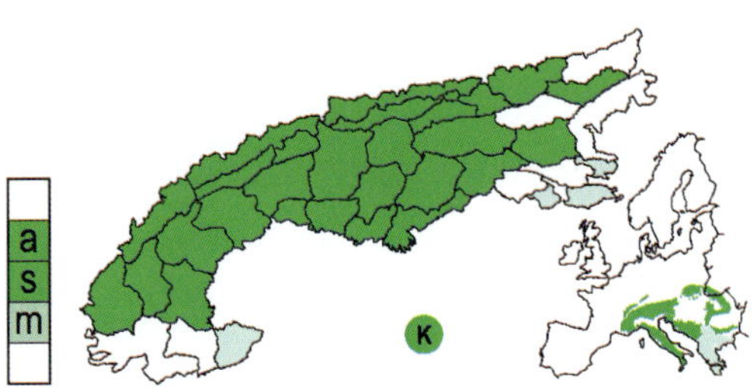

Ranunculus carinthiacus Hoppe

giftig

Kärntner Hahnenfuß *Ranunculaceae*

III–VIII ∗ K5 C5 A∞ G∞

Bis 20 cm hoch, mehrjährig. Blüten: gelblich. Blütenboden: **nur distal behaart**. Kronblätter: **distal meist abgerundet**. Früchte: 20–60 Teilfrüchte pro Blüte, kahl; Schnabel: gebogen bis hakenförmig, **< 0,1-mal so lang wie die Frucht**. Blätter: Spreite nicht-entfalteter Laubblätter ± aufrecht, **kahl**. Grundblätter: Blattabschnitte zu > 50 % eingeschnitten, 3–5-teilig. obere Stängelblätter: Blattabschnitte lineal bis länglich-lanzettlich, **6–15-mal so lang wie breit**.

- **subalpine o. alpine Rasen**, Legföhrengebüsche, Extensivgrünland o. Magerrasen, Wälder
- an basenreichen Standorten
- einheimisch

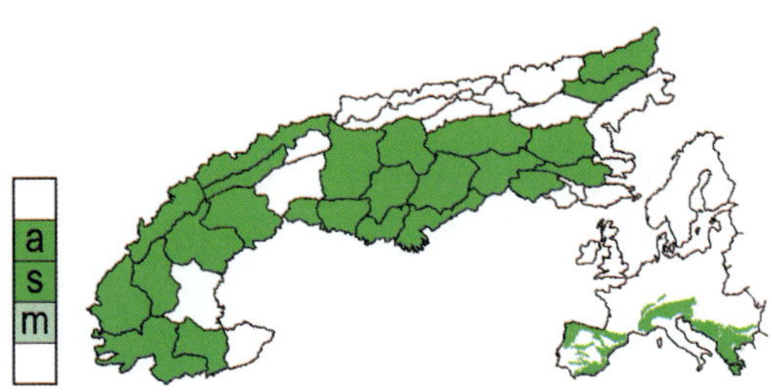

Ranunculus venetus Landolt

giftig

Venezianischer Hahnenfuß *Ranunculaceae*
IV–VIII ∗ K5 C5 A∞ G∞

Bis 60 cm hoch, mehrjährig. Blüten: gelblich. Blütenboden: **nur distal behaart**. Früchte: kahl; Schnabel: gebogen bis hakenförmig, **0,1–0,25-mal so lang wie die Frucht**. Blätter: Spreite nicht-entfalteter Laubblätter ± aufrecht, **behaart**. Grundblätter: gelappt bis fiederspaltig, 3–5-teilig, im Umriss ± 5-eckig. obere Stängelblätter: Blattabschnitte lineal bis länglich-lanzettlich, **4–8-mal so lang wie breit**.

- **subalpine o. alpine Rasen**, Schutt- o. Felsfluren, **Grünland**, Wälder
- an nährstoffreichen, basenreichen Standorten
- endemisch

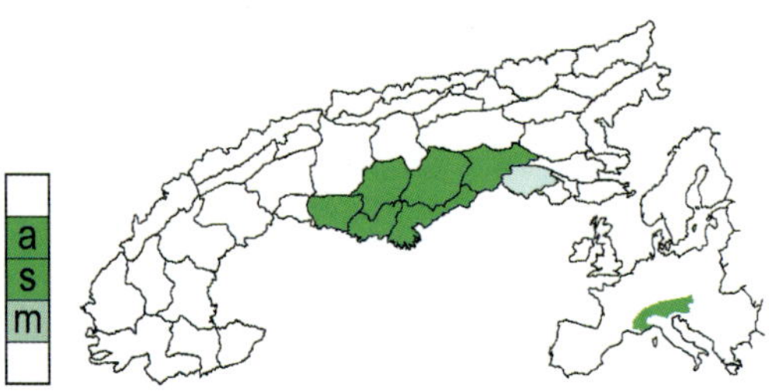

Ranunculus villarsii DC.

giftig

Villars' Hahnenfuß *Ranunculaceae*
IV–VIII ∗ K5 C5 A∞ G∞

Bis 20 cm hoch, mehrjährig. Blüten: gelblich. Blütenboden: **nur distal behaart**. Kronblätter: **distal meist abgerundet**. Früchte: 20–60 Teilfrüchte pro Blüte, kahl; Schnabel: gebogen bis hakenförmig, **0,1–0,25-mal so lang wie die Frucht**. Blätter: Spreite nicht-entfalteter Laubblätter ± aufrecht, **dicht behaart**. Grundblätter: gelappt bis fiederspaltig, 3–5-teilig, im Umriss ± 5-eckig. obere Stängelblätter: Blattabschnitte lineal bis länglich-lanzettlich, **< 7-mal so lang wie breit, in der basalen Hälfte am breitesten**.

- **subalpine o. alpine Rasen**, Zwergstrauchheiden, Staudenfluren, Grünerlengebüsche, **Grünland**, Wälder
- an nährstoffarmen, sauren Standorten
- endemisch

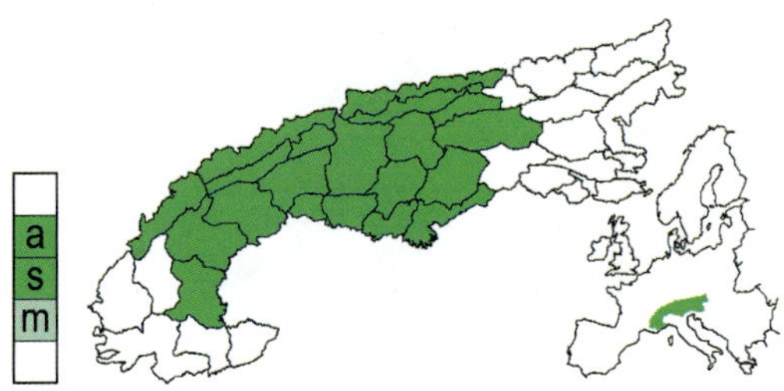

Ranunculus bulbosus L.

giftig

Knolliger Hahnenfuß *Ranunculaceae*
IV–VIII ∗ K5 C5 A∞ G∞

10–50 cm hoch, mehrjährig. Blüten: gelblich. Blütenstiele: **kantig-gefurcht**. Kelchblätter: **abstehend bis zurückgeschlagen**. Früchte: kahl; Schnabel: gebogen. Wurzeln: ***meist* knollig verdickt**. Stängel: unten: **meist abstehend behaart**; oben: **meist anliegend behaart**. Blätter: meist behaart. Grundblätter: **gelappt bis tief-fiederspaltig, 3-teilig, Mittellappen sitzend, mit den seitlichen (undeutlich) verbunden**.

In den Alpen die subsp. *bulbosus* u. *aleae* (vgl. S. 728).

- subalpine o. alpine Rasen, Staudenfluren, **Grünland**, Wälder, Ruderalvegetation
- meist an trockenen Standorten
- einheimisch

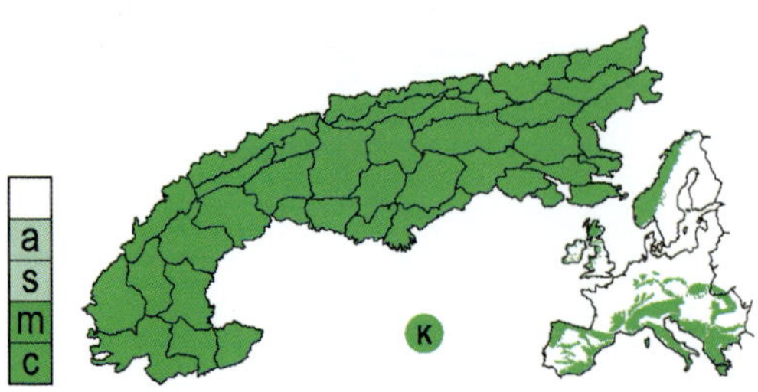

Ranunculus auricomus coll.

giftig

Gold-Hahnenfuß *Ranunculaceae*
III–VI ∗ K5 C5 A∞ G∞

Bis 80 cm hoch, mehrjährig. Blüten: 10–35 mm ⌀, gelblich. Blütenstiele: **im QS rundlich, *nicht* gefurcht**. Früchte: 3–5 mm lang, **behaart**. Stängel: **kahl *oder* anliegend behaart**. Blätter: **Grund- u. Stängelblätter verschieden gestaltet, länger als breit**, kahl o. anliegend behaart. Grundblätter: **lang gestielt, im Umriss meist rundlich bis nierenförmig**. untere Stängelblätter: **ringsum gezähnt**.

Mehrere Hundert schwer bestimmbare Taxa, deren Verbreitung oft nur ungenügend bekannt ist.

- **subalpine o. alpine Rasen**, Alluvionen, Staudenfluren, Moore o. Seggenriede, **Grünland**, **Wälder**
- einheimisch

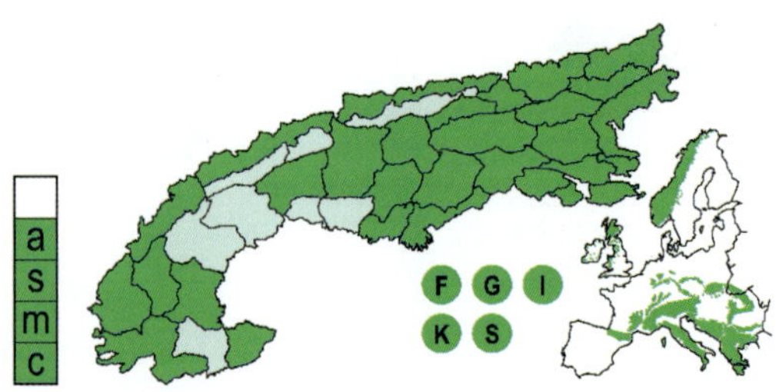

Ribes petraeum Wulfen

Felsen-Johannisbeere *Grossulariaceae*
III–VI ∗ K5 C5 A5 G($\underline{2}$)

Strauch, 100–200 cm hoch. BLÜTENSTAND: traubenartig, überhängend. TRAGBLÄTTER DER BLÜTEN: kürzer als die Stiele der Blüten. BLÜTENACHSE: glockig bis schüsselförmig. KRONBLÄTTER: am Rand des Achsenbechers entspringend, deutlich kürzer als die Kelchblätter, meist grünlich. KELCHBLÄTTER: **grünlich bis rötlich, bewimpert**. FRÜCHTE: Beeren, < 8 mm ⌀, **rötlich**. BLATTSTELLUNG: wechselständig. BLATTSTIELE: **länger als die halbe Spreitenlänge**. BLÄTTER: gelappt; OBERSEITS: **mit einzelnen Drüsen**; UNTERSEITS: grünlich.

- **Schutt- o. Felsfluren, Staudenfluren, Grünerlen- o. Legföhrengebüsche, Wälder**
- einheimisch

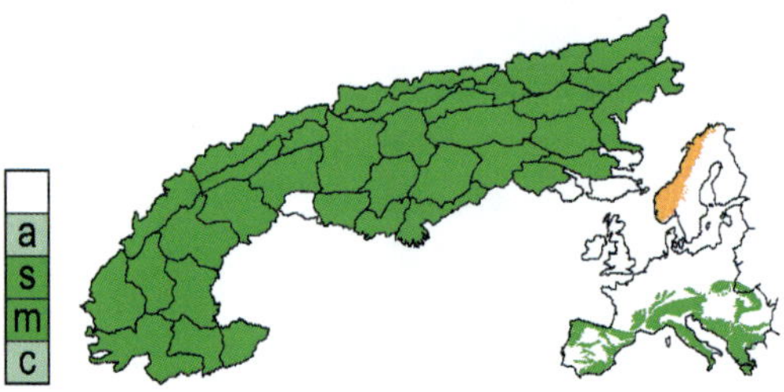

Chrysosplenium alternifolium L.

Wechselblättriges Milzkraut *Saxifragaceae*
III–VI ∗ P4 A8 G($\underline{2}$)

10–20 cm hoch, mehrjährig. BLÜTEN: grünlich-gelblich. BLÜTENACHSE: ± schüsselförmig. BLÜTENHÜLLE: **von den Kelchblättern gebildetes Perigon**. PERIGONBLÄTTER: basal in die ± schüsselförmige Blütenachse übergehend. FRÜCHTE: Kapseln. STÄNGEL: ± aufrecht, basal *ohne* niederliegende sterile Triebe, im QS 3-kantig. BLÄTTER: **rundlich bis nierenförmig, am Rand grob gekerbt**. GRUNDBLÄTTER: BLATTSTIELE: **länger als die Spreite**. MITTLERE STÄNGELBLÄTTER: **wechselständig**.

- Schutt- o. Felsfluren, **Staudenfluren, Grünerlengebüsche, Quellfluren, trockenfallende Ufer**, Grünland, **Wälder**
- an feuchten bis nassen, zuweilen überfluteten Standorten
- einheimisch

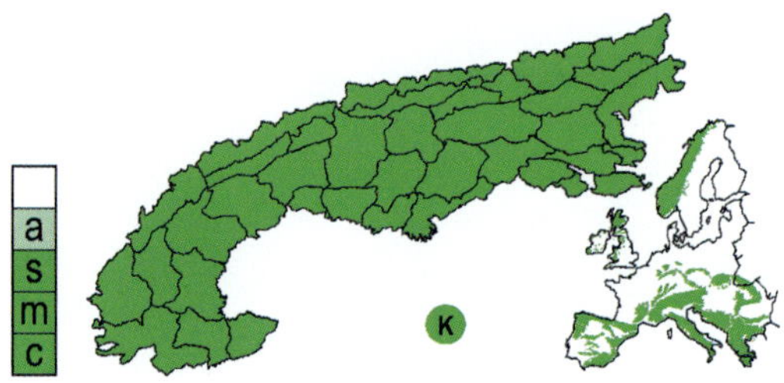

Saxifraga: KELCHBLÄTTER: basal in die ± schüsselförmige Blütenachse übergehend. FRUCHTKNOTEN: oft ± mittelständig. FRÜCHTE: Kapseln. BLÄTTER: oft derb o. sukkulent, meist wechselständig. BLÜTENFORMEL: ∗ K5 C5 A10 G($\underline{2}$).

Saxifraga carpatica Sternb.

Karpaten-Steinbrech *Saxifragaceae*
VI–VIII ∗ K5 C5 A10 G($\underline{2}$)

Bis 10 cm hoch, mehrjährig. PFLANZEN: **mit Rosettentrieben in den Achseln der (basalen) Laubblätter**. BLÜTENSTAND: **≤ 8-blütig**. BLÜTEN: **weißlich**, oft mit dunklen Nerven. KRONBLÄTTER: 4–8 mm lang. FRUCHTKNOTEN: zu < 30 % in den Achsenbecher eingesenkt. GRUNDBLÄTTER: **lang gestielt, weich**, 10–30 mm breit, **breiter als lang, distal 5–7-lappig**, am Rand kahl.

- **Schutt- o. Felsfluren**
- an sauren Standorten
- einheimisch

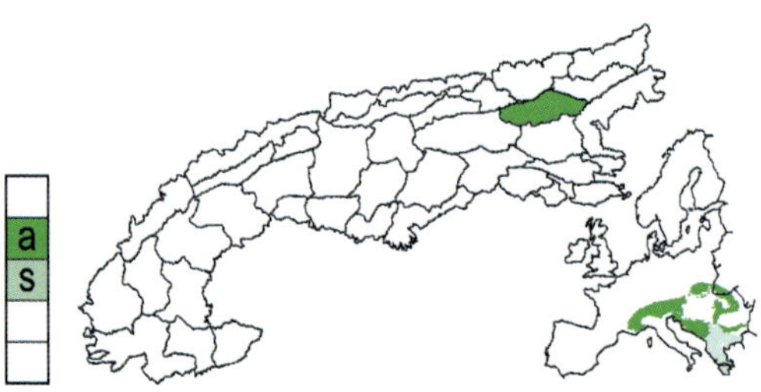

Saxifraga callosa Sm.

Dickblättriger Steinbrech *Saxifragaceae*
IV–VIII ∗ K5 C5 A10 G($\underline{2}$)

10–60 cm hoch, mehrjährig. BLÜTENSTAND: **vielblütig**, untere Rispenäste > 3-blütig. BLÜTEN: **weißlich, zuweilen mit mehreren rötlichen Punkten pro Kronblatt**. KRONBLÄTTER: 6–10 mm lang. GRUNDBLÄTTER: 1,5–10 cm lang, 2–8 mm breit, **länglich bis lanzettlich, ganzrandig bis stumpf gekerbt, mit Kalkdrüsen**.

In den Alpen nur die subsp. *callosa*.

- **Schutt- o. Felsfluren**
- an nährstoffarmen, kalkreichen Standorten
- einheimisch

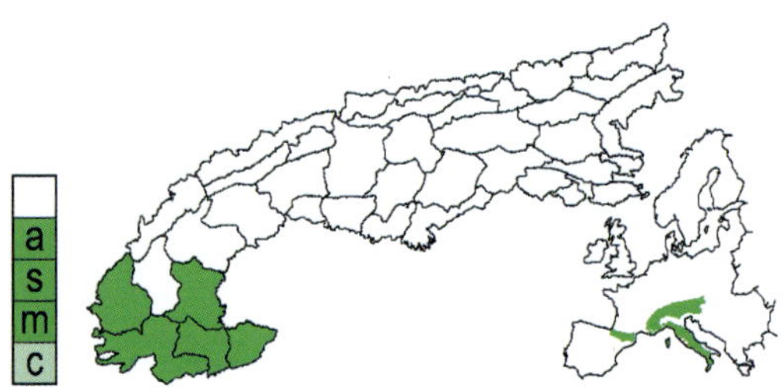

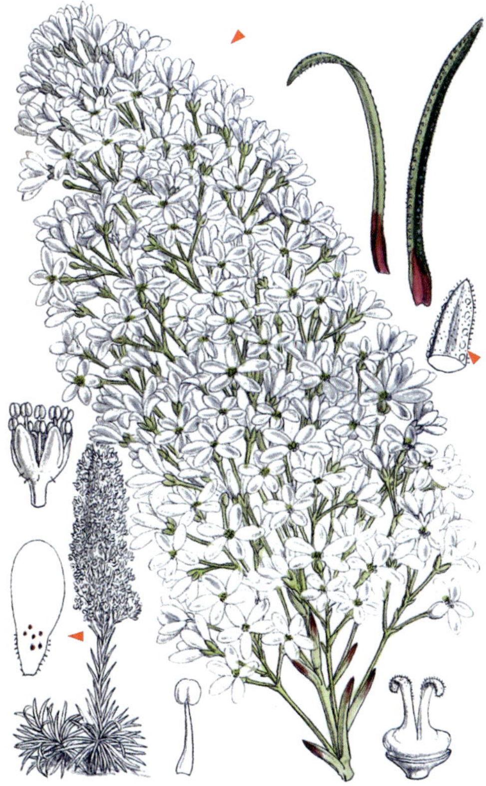

Saxifraga cernua L.

Nickender Steinbrech *Saxifragaceae*
VI–VIII ∗ K5 C5 A10 G($\overline{\underline{2}}$)

Bis 30 cm hoch, mehrjährig. PFLANZEN: **mit Rosettentrieben in den Achseln der meisten Laubblätter.** BLÜTENSTAND: **≤ 8-blütig.** BLÜTEN: **weißlich.** KRONBLÄTTER: 4–8 mm lang. FRUCHTKELCH: **aufrecht abstehend.** FRUCHTKNOTEN: zu < 30 % in den Achsenbecher eingesenkt. GRUNDBLÄTTER: **weich,** 10–30 mm breit, **breiter als lang, distal 5–7-lappig,** am Rand kahl.

- **Schutt- o. Felsfluren,** Schneetälchen, **Staudenfluren**
- an nährstoffreichen, basenreichen Standorten
- einheimisch

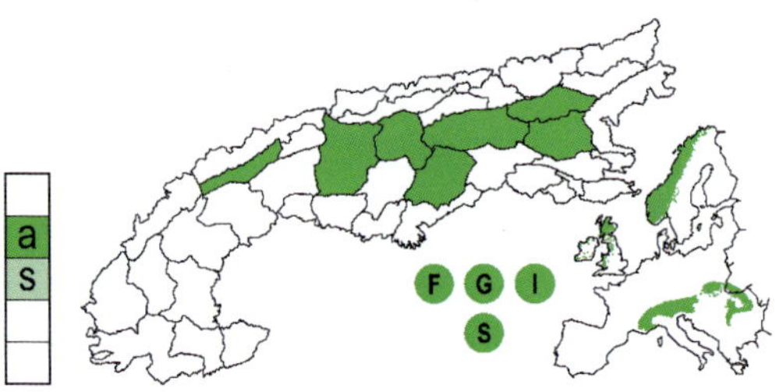

Saxifraga cotyledon L.

Pracht-Steinbrech *Saxifragaceae*
IV–VIII ∗ K5 C5 A10 G($\overline{\underline{2}}$)

30–80 cm hoch, mehrjährig. BLÜTENSTAND: drüsig behaart, **vielblütig;** SEITENÄSTE: **die längsten 12–25-blütig.** BLÜTEN: **weißlich, zuweilen mit 1 rötlichen Punkt pro Kronblatt.** KRONBLÄTTER: 4–12 mm lang. STÄNGEL: mit grundständiger Blattrosette. GRUNDBLÄTTER: **derb, starr,** 8–16 mm breit, **spatelförmig, am ganzen Rand gezähnt, mit Kalkdrüsen.**

- **Schutt- o. Felsfluren**
- an nährstoffarmen, sauren Standorten
- einheimisch

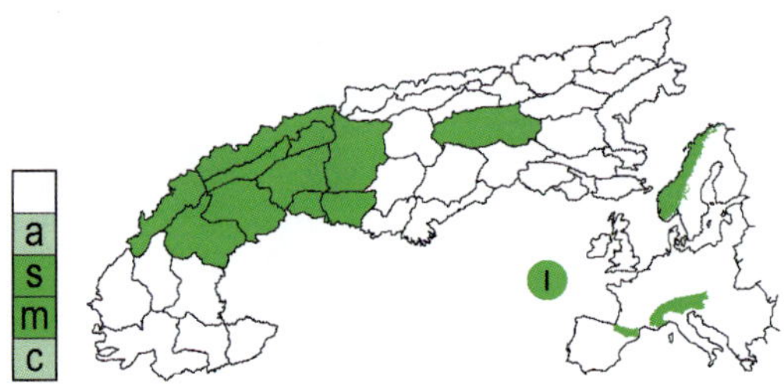

Saxifraga crustata Vest

Krusten-Steinbrech *Saxifragaceae*
IV–VIII ∗ K5 C5 A10 G($\overline{\underline{2}}$)

10–30 cm hoch, mehrjährig. BLÜTENSTAND: **2–12-blütig,** untere Rispenäste 1–3-blütig. BLÜTEN: **weißlich.** KRONBLÄTTER: 4–8 mm lang. GRUNDBLÄTTER: 0,8–3,5 cm lang, 1,5–2 mm breit, **länglich bis lanzettlich, ganzrandig bis stumpf gekerbt, mit Kalkdrüsen.**

- **subalpine o. alpine Rasen, Schutt- o. Felsfluren**
- an nährstoffarmen, kalkreichen, trockenen Standorten
- einheimisch

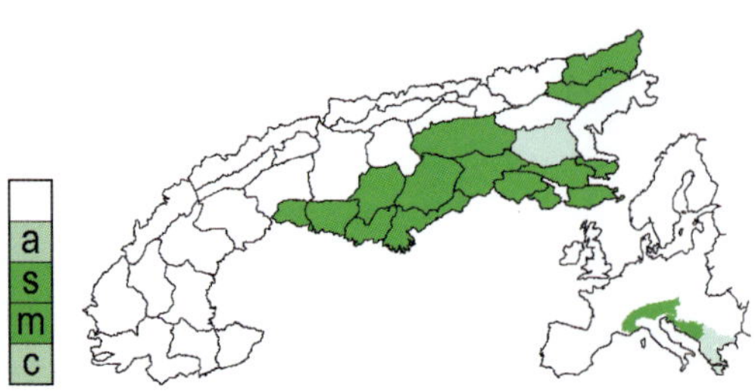

Saxifraga hostii Tausch

Host-Steinbrech *Saxifragaceae*
IV–VIII ∗ K5 C5 A10 G($\overline{\underline{2}}$)

20–60 cm hoch, mehrjährig. BLÜTENSTAND: drüsig behaart, **vielblütig;** SEITENÄSTE: **4–14-blütig.** BLÜTEN: **weißlich, oft mit mehreren rötlichen Punkten pro Kronblatt.** KRONBLÄTTER: 4–10 mm lang. STÄNGEL: **vor allem distal verzweigt,** mit grundständiger Blattrosette. GRUNDBLÄTTER: **derb, starr,** 2–10 cm lang, 2–12 mm breit, **länglich bis lanzettlich, am ganzen Rand gezähnt, mit Kalkdrüsen.**

In den Alpen die subsp. *hostii* u. *rhaetica* (endemisch) (vgl. S. 728).

- subalpine o. alpine Rasen, **Schutt- o. Felsfluren**
- an nährstoffarmen, basenreichen Standorten
- einheimisch (subendemisch)

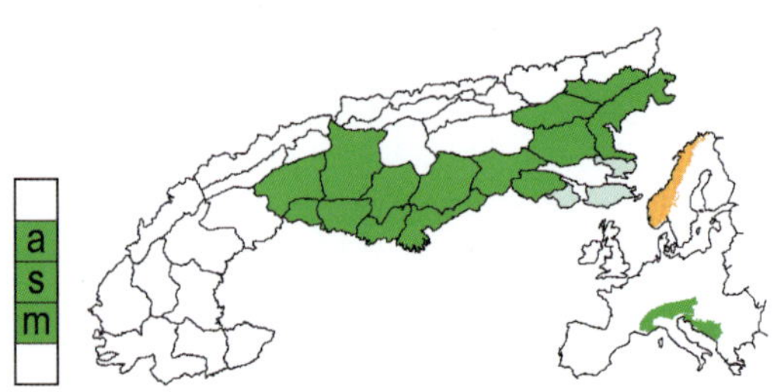

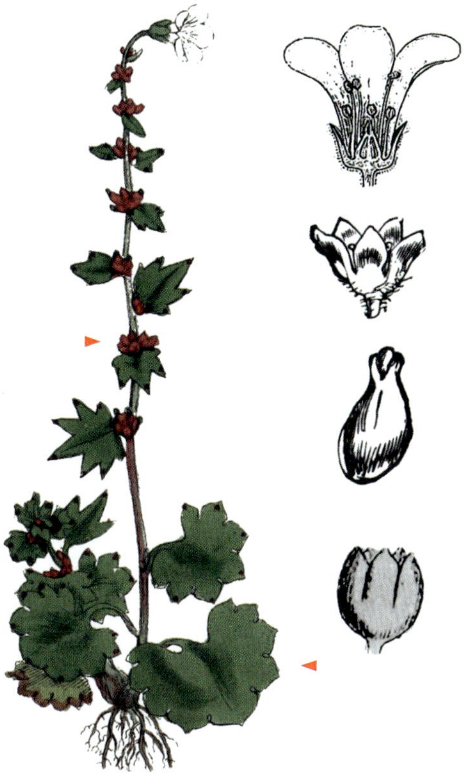

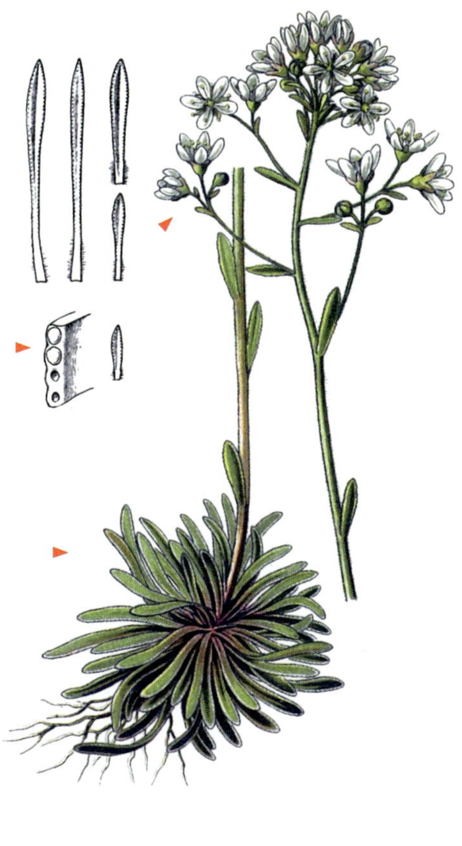

Saxifraga paniculata Mill.

Trauben-Steinbrech *Saxifragaceae*
V–VIII ∗ K5 C5 A10 G($\underline{\overline{2}}$)

15–30 cm hoch, mehrjährig. BLÜTENSTAND: drüsig behaart, **vielblütig**; SEITENÄSTE: **1–6-blütig**. BLÜTEN: **weißlich, zuweilen mit mehreren rötlichen Punkten pro Kronblatt**. STÄNGEL: **vor allem distal verzweigt**, mit grundständiger Blattrosette. GRUNDBLÄTTER: **derb, starr**, meist 1–6 cm lang, 2–8 mm breit, **länglich bis lanzettlich, am ganzen Rand gezähnt, mit Kalkdrüsen**.

- **subalpine o. alpine Rasen, Schutt- o. Felsfluren, Extensivgrünland o. Magerrasen**, Wälder
- an nährstoffarmen, kalkreichen, meist trockenen Standorten
- einheimisch

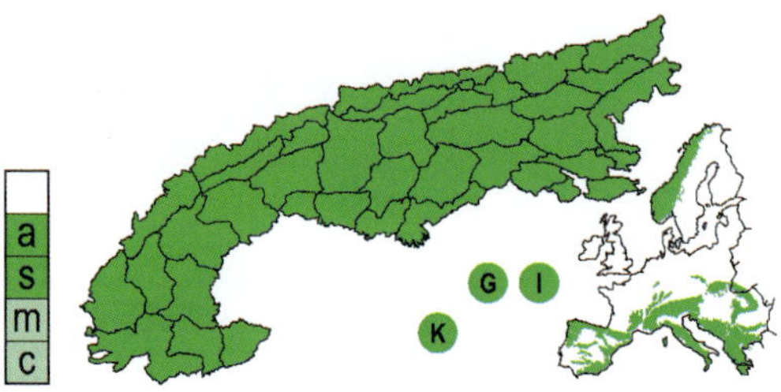

Saxifraga valdensis DC.

Waldenser Steinbrech *Saxifragaceae*
VI–VIII ∗ K5 C5 A10 G($\underline{\overline{2}}$)

Bis 15 cm hoch, mehrjährig. BLÜTENSTAND: drüsig behaart, Drüsenhaare 0,2–0,5 mm lang, **4–14-blütig**. BLÜTEN: **weißlich**. KRONBLÄTTER: 4–6 mm lang. GRUNDBLÄTTER: < 1 cm lang, **spatelförmig**, mit 5–9 ± Kalkdrüsen. MITTLERE STÄNGELBLÄTTER: **bis 1 cm lang, länger als die Grundblätter**.

- **Schutt- o. Felsfluren**
- an nährstoffarmen, kalkreichen Standorten
- endemisch

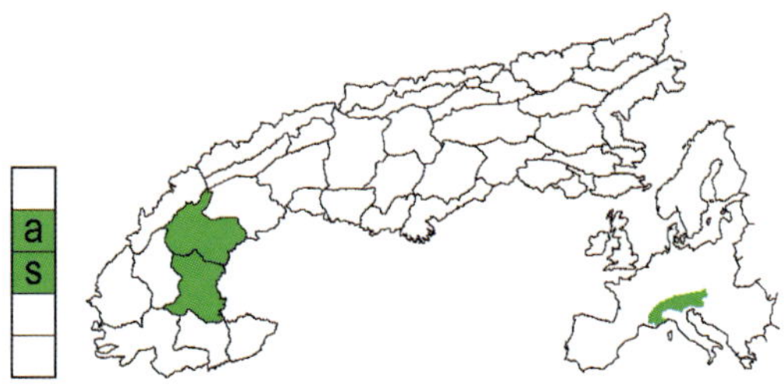

Saxifraga cuneifolia L.

Keilblättriger Steinbrech *Saxifragaceae*
V–VII ∗ K5 C5 A10 G($\underline{\overline{2}}$)

10–20 cm hoch, mehrjährig. BLÜTENSTAND: SEITENÄSTE: **1–2-blütig**. BLÜTEN: **weißlich**, zuweilen mit 1 orangen Punkt pro Kronblatt. FRUCHTKELCH: **zurückgeschlagen**. FRUCHTKNOTEN: zu < 30 % in den Achsenbecher eingesenkt. STÄNGEL: mit grundständiger Blattrosette, allenfalls mit 1–2 kleinen Hochblättern. AUSLÄUFER: lang, am Ende oft mit Blattrosetten. BLÄTTER: UNTERSEITS: meist rötlich überlaufen. GRUNDBLÄTTER: weich, oval bis 3-eckig, **mit hellem Knorpelrand, nur distal stumpf gekerbt, kahl**.

In den Alpen die subsp. *cuneifolia* u. *robusta* (vgl. S. 728).

- Schutt- o. Felsfluren, Zwergstrauchheiden, Grünerlengebüsche, **Wälder**
- an nährstoffarmen, meist sauren Standorten
- einheimisch

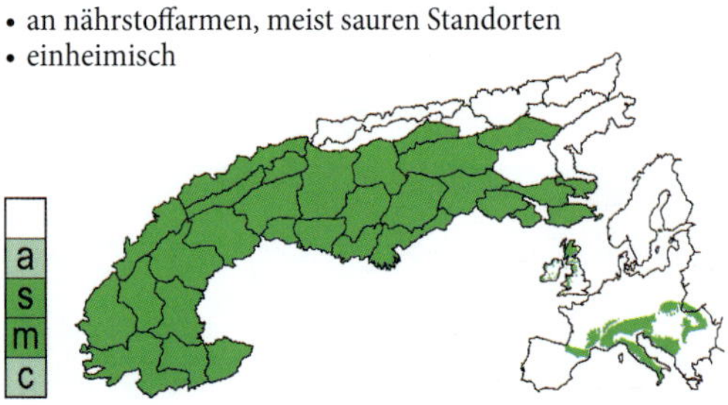

Saxifraga exarata Vill.

Furchen-Steinbrech *Saxifragaceae*
VI–VIII ∗ K5 C5 A10 G($\underline{\overline{2}}$)

Bis 15 cm hoch, polsterförmig, mehrjährig. BLÜTENSTAND: **4–8-blütig**. BLÜTEN: **gelblich-weißlich**, selten rötlich überlaufen. KRONBLÄTTER: 3–6 mm lang, 1,5–2-mal so lang wie die Kelchblätter, meist < 1,5-mal so lang wie breit. FRUCHTKELCH: **aufrecht abstehend**. FRUCHTKNOTEN: zu > 50 % in den Achsenbecher eingesenkt. GRUNDBLÄTTER: weich, ungeteilt oder 3–5-teilig, drüsig behaart, **oberseits gefurcht**. – Vgl. auch *S. moschata*.

In den Alpen die subsp. *exarata* (endemisch), *carniolica* (endemisch) u. *delphinensis* (endemisch) (vgl. S. 728).

- **subalpine o. alpine Rasen, Schutt- o. Felsfluren**
- an nährstoffarmen, sauren Standorten
- einheimisch

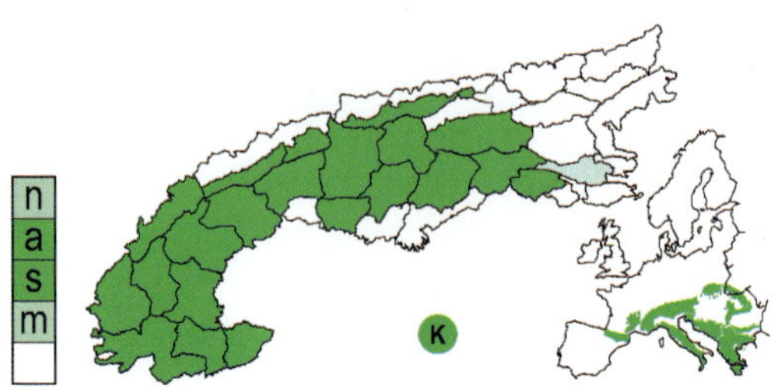

os

Saxifraga rotundifolia L.

Rundblättriger Steinbrech *Saxifragaceae*

V–X ∗ K5 C5 A10 G($\underline{2}$)

15–60 cm hoch, mehrjährig. Blütenstand: **≥ 10-blütig**. Blüten: **weißlich, mit mehreren gelblichen *und* rötlichen Punkten pro Kronblatt.** Kronblätter: ± 2-mal so lang wie die Kelchblätter. Fruchtkelch: **aufrecht abstehend**. Fruchtknoten: zu < 30 % in den Achsenbecher eingesenkt. Grundblätter: weich, 3–6 cm breit, **breiter als lang, rundlich bis nierenförmig, basal ausgerandet, stumpf gekerbt**, am Rand kahl.

In den Alpen nur die subsp. *rotundifolia*.

- Schutt- o. Felsfluren, Alluvionen, **Staudenfluren, Grünerlen- o. Legföhrengebüsche, Wälder**
- an basenreichen Standorten
- einheimisch

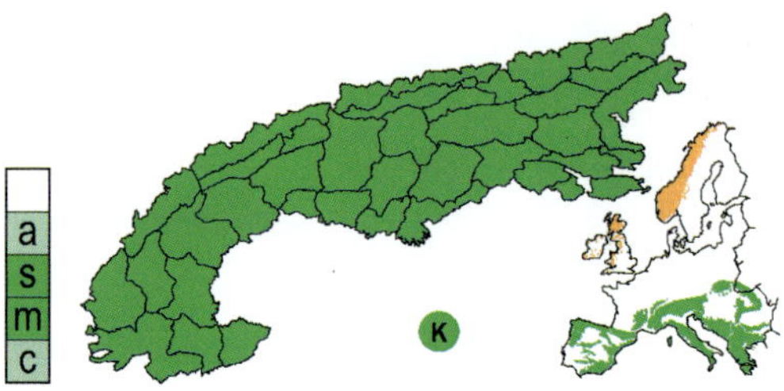

Saxifraga aizoides L.

Bach-Steinbrech *Saxifragaceae*

V–X ∗ K5 C5 A10 G($\underline{2}$)

Bis 30 cm hoch, mehrjährig. Blütenstand: **2–10-blütig**. Blüten: **meist gelblich**, seltener orange bis rötlich, **mit mehreren rötlichen Punkten pro Kronblatt**. Fruchtkelch: **aufrecht abstehend**. Stängel: ***ohne* grundständige Blattrosette**. Grundblätter: **sukkulent**, 1–2,5 cm lang, 2–4 mm breit, lineal bis lanzettlich, **distal mit einer rundlicher Vertiefung**, am Rand kurz bewimpert.

- **subalpine o. alpine Rasen, Schutt- o. Felsfluren**, Alluvionen, **Staudenfluren, Quellfluren, trockenfallende Ufer, Moore o. Seggenriede**
- an nährstoffarmen, nassen, zuweilen überfluteten Standorten
- einheimisch

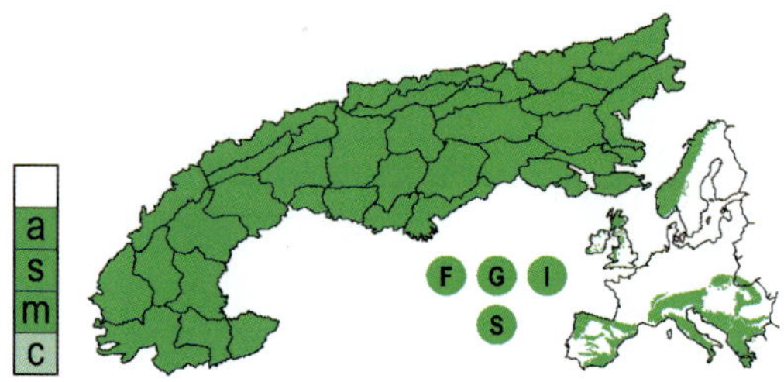

Saxifraga biflora All.

Großblütiger Steinbrech *Saxifragaceae*

VI–VIII ∗ K5 C5 A10 G($\underline{2}$)

Bis 25 cm hoch, lockerrasig, mehrjährig. Blütenstand: **2–10-blütig**. Blüten: **rötlich-violett**. Kronblätter: 4–8 mm lang, ± so lang wie die Kelchblätter, 1–4 mm breit. Kelchblätter: **auf der Fläche u. am Rand drüsig behaart**. Stängel: zumindest basal niederliegend. Blattstellung: **gegenständig**. Grundblätter: **sukkulent**, 0,4–1 cm lang, 4–10 mm breit, **< 1,5-mal so lang wie breit, oval bis rundlich**. – Inkl. var. *kochii* (= *S. biflora* x *oppositifolia*).

- **Schutt- o. Felsfluren**
- an nährstoffarmen, basenreichen Standorten
- endemisch

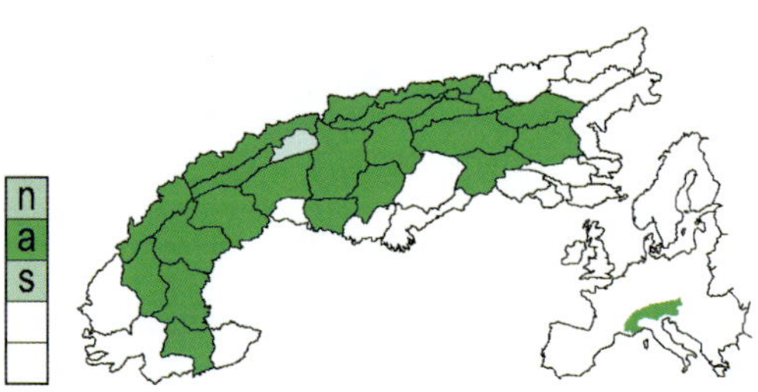

Saxifraga caesia L.

Blaugrüner Steinbrech *Saxifragaceae*

V–IX ∗ K5 C5 A10 G($\underline{2}$)

Bis 10 cm hoch, polsterförmig, mehrjährig. Blütenstand: kahl o. drüsig behaart, Drüsenhaare < 0,2 mm lang, **2–8-blütig**. Blüten: lang gestielt, **weißlich**. Kronblätter: 3–6 mm lang. Grundblätter: **derb, starr**, 0,4–0,6 cm lang, 0,7–1,5 mm breit, **lanzettlich bis spatelförmig, blau- bzw. graugrün, die distale Hälfte deutlich zurückgebogen**, mit 5–7 ± Kalkdrüsen.

- **subalpine o. alpine Rasen, Schutt- o. Felsfluren**
- an nährstoffarmen, kalkreichen, meist trockenen Standorten
- einheimisch

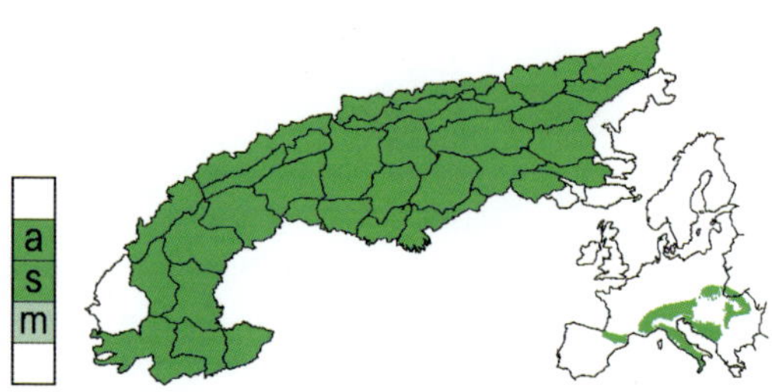

Saxifraga cochlearis Rchb.

Löffelblättriger Steinbrech *Saxifragaceae*
IV–VIII ∗ K5 C5 A10 G($\underline{2}$)

Bis 40 cm hoch, mehrjährig. BLÜTENSTAND: **vielblütig**. BLÜTEN: **weißlich**. KRONBLÄTTER: 6–12 mm lang. GRUNDBLÄTTER: 0,5–2 cm lang, **spatelförmig, distal deutlich verbreitert, ganzrandig bis stumpf gekerbt**, distal abgerundet, **mit Kalkdrüsen**.

- **Schutt- o. Felsfluren**
- an nährstoffarmen, basenreichen Standorten
- endemisch

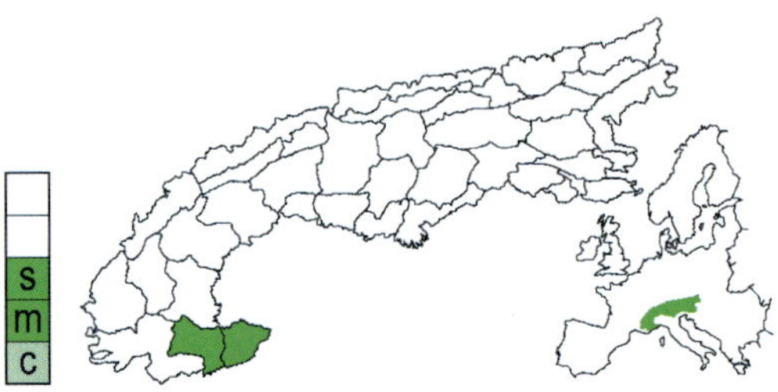

Saxifraga diapensioides Bellardi

Diapensien-Steinbrech *Saxifragaceae*
V–VII ∗ K5 C5 A10 G($\underline{2}$)

Bis 10 cm hoch, mehrjährig. BLÜTENSTAND: drüsig behaart, **2–10-blütig**. BLÜTEN: **weißlich**. KRONBLÄTTER: 6–10 mm lang. GRUNDBLÄTTER: 0,8–1,5 cm lang, 1–2 mm breit, allmählich zugespitzt, **länglich bis lanzettlich, mit Kalkdrüsen**.

- **Schutt- o. Felsfluren**
- an nährstoffarmen, kalkreichen, trockenen Standorten
- endemisch

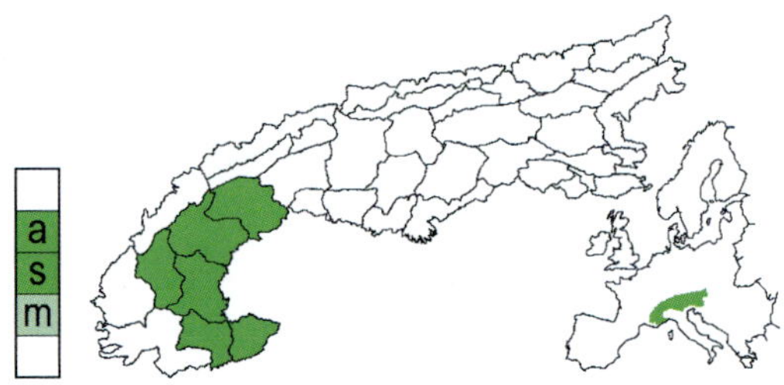

Saxifraga florulenta Moretti

Argentera-Steinbrech *Saxifragaceae*
VI–VIII ∗ K5 C5 A10 G($\underline{2}$)

10–30 cm hoch, mehrjährig. PFLANZEN: **drüsig behaart**. BLÜTENSTAND: drüsig behaart, **vielblütig**. BLÜTEN: Endblüten zuweilen vergrößert, **weißlich bis hellrot**. KRONBLÄTTER: 4–8 mm lang. STÄNGEL: **basal verholzt**, mit grundständiger Blattrosette; UNTEN: **von abgestorbener Laubblattscheide umgeben**. GRUNDBLÄTTER: 3–8 cm lang, **länglich bis lanzettlich, dunkelgrün, mit hellem Knorpelrand, am Rand bewimpert, mit stechender Spitze**.

- **Schutt- o. Felsfluren**
- an sauren Standorten
- endemisch

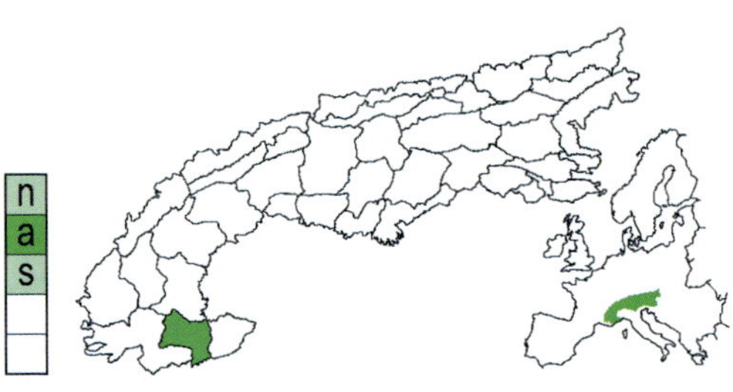

Saxifraga mutata L.

Safrangelber Steinbrech *Saxifragaceae*
V–VIII ∗ K5 C5 A10 G($\underline{2}$)

15–30 cm hoch, mehrjährig. BLÜTENSTAND: lockerblütig, **vielblütig**. BLÜTEN: **gelblich-orange**. KRONBLÄTTER: 6–12 mm lang, 1–2 mm breit. STÄNGEL: mit grundständiger Blattrosette. GRUNDBLÄTTER: **(undeutlich) sukkulent**, 1–8 cm lang, 6–16 mm breit, **länglich bis spatelförmig, mit hellem Knorpelrand, am ganzen Rand gezähnt o. bewimpert, am Rand zuweilen mit undeutlich vertieften Kalkdrüsen**.

In den Alpen nur die endemische subsp. *mutata*.

- **Schutt- o. Felsfluren**, Moore o. Seggenriede
- an nährstoffarmen, kalkreichen, feuchten bis nassen Standorten
- einheimisch

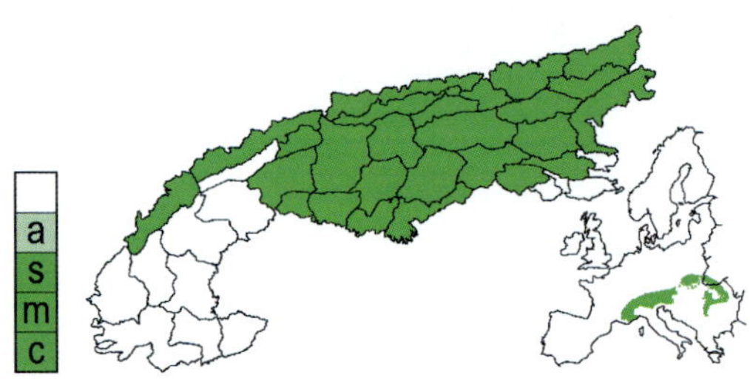

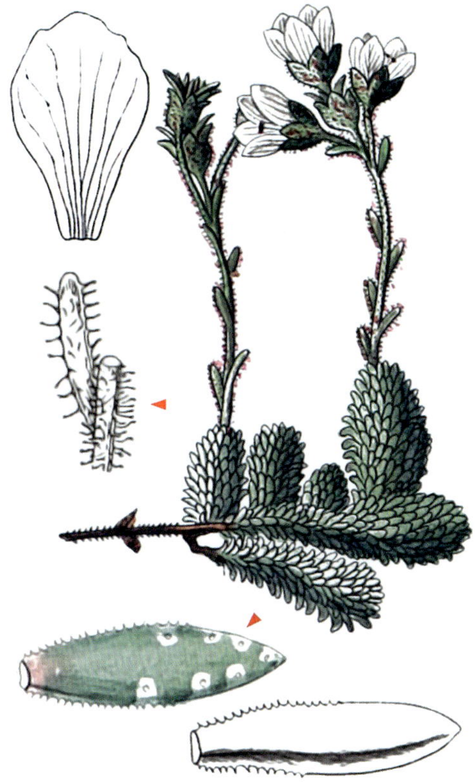

Saxifraga oppositifolia L.

Gegenblättriger Steinbrech *Saxifragaceae*

IV–VII ∗ K5 C5 A10 G($\underline{2}$)

Bis 5 cm hoch, mehrjährig. Blütenstand: **1-2-blütig**. Blüten: **meist rötlich-violett**. Kronblätter: meist 4–12 mm lang. Blattstellung: **gegenständig**. Blätter: Spreite bis 0,5 cm lang. Grundblätter: < 0,5 cm lang, **3-eckig bis länglich-oval**. - Am Dom (Mischabel-Weissmies-Alpen, Penninische Alpen) bis 4 505 m ü. NN (vgl. Körner 2011).

In den Alpen die subsp. *oppositifolia*, *blepharophylla* (endemisch) u. *rudolphiana* (endemisch) (vgl. S. 728).

- **subalpine o. alpine Rasen**, **Schutt- o. Felsfluren**, Alluvionen
- an nährstoffarmen Standorten
- einheimisch

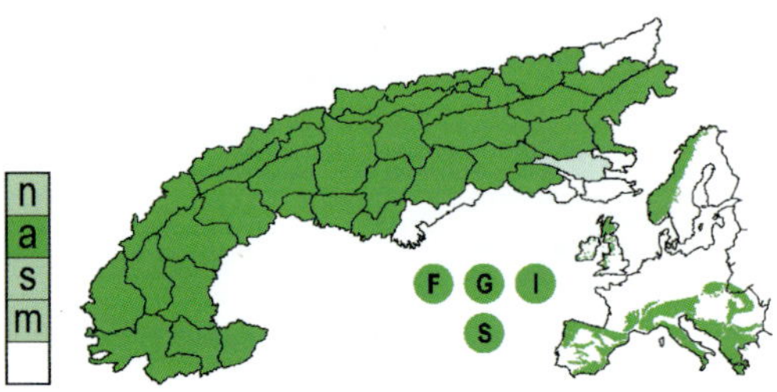

Saxifraga retusa Gouan

Gestutzter Steinbrech *Saxifragaceae*

IV–VIII ∗ K5 C5 A10 G($\underline{2}$)

Bis 20 cm hoch, mehrjährig. Blütenstand: **1-2-blütig**. Blüten: **rötlich-violett**. Kelchblätter: am Rand kahl. Stängel: zumindest basal niederliegend. Blattstellung: **gegenständig**. Grundblätter: **die distale Hälfte deutlich zurückgebogen, mit 3–5 Kalkdrüsen**.

In den Alpen die subsp. *retusa* u. *augustana* (endemisch) (vgl. S. 728).

- **Schutt- o. Felsfluren**
- an nährstoffarmen Standorten
- einheimisch

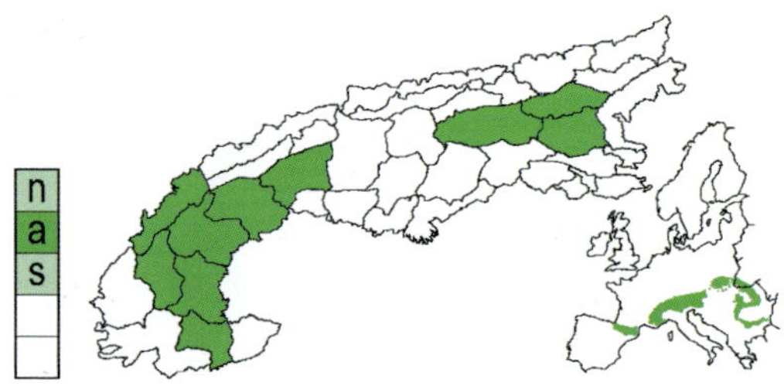

Saxifraga squarrosa Sieber

Sparriger Steinbrech *Saxifragaceae*

V–VIII ∗ K5 C5 A10 G($\underline{2}$)

Bis 10 cm hoch, mehrjährig. Blütenstand: v. a. basal drüsig behaart, **1-5-blütig**. Blüten: kurz gestielt, **weißlich**. Grundblätter: 0,2–0,4 cm lang, 0,5–1 mm breit, **länglich bis lanzettlich**, **frischgrün bis dunkelgrün**, allenfalls an der Spitze zurückgebogen, mit 1–3 (5) Kalkdrüsen.

- subalpine o. alpine Rasen, **Schutt- o. Felsfluren**
- an nährstoffarmen, kalkreichen Standorten
- endemisch

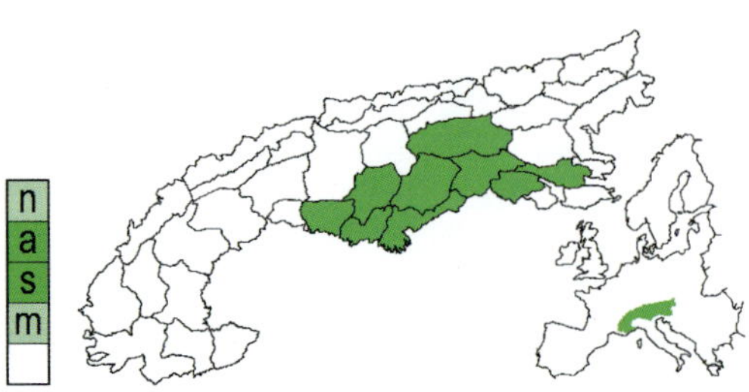

Saxifraga tombeanensis Engl.

Tombea-Steinbrech *Saxifragaceae*

VI–VIII ∗ K5 C5 A10 G($\underline{2}$)

Bis 5 cm hoch, polsterförmig, mehrjährig. Blütenstand: drüsig behaart, **2-3-blütig**. Blüten: **weißlich**. Kronblätter: 8–14 mm lang. Grundblätter: < 0,5 cm lang, **blau- bzw. graugrün**, **mit hellem Knorpelrand**, **grannenartig zugespitzt**, drüsig behaart, **mit Kalkdrüsen**.

- **Schutt- o. Felsfluren**
- an nährstoffarmen, kalkreichen Standorten
- endemisch

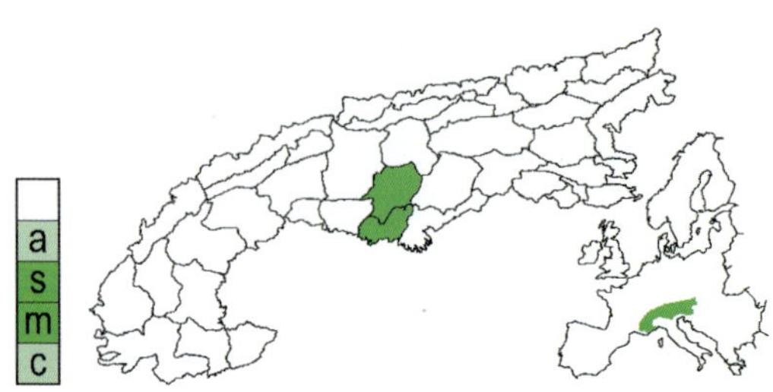

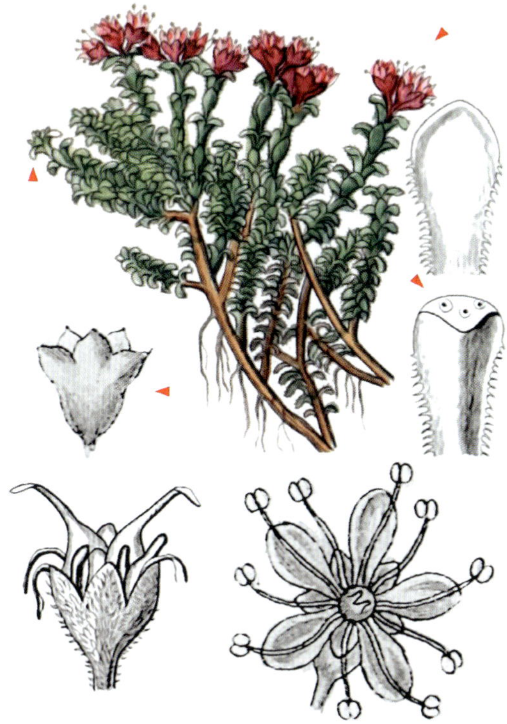

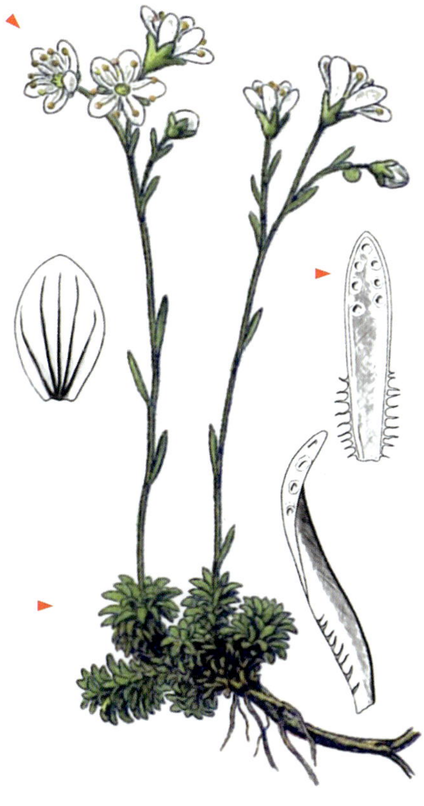

Saxifraga vandellii Sternb.

Vandellis Steinbrech *Saxifragaceae*
V–VIII ∗ K5 C5 A10 G($\overline{\underline{2}}$)

Bis 10 cm hoch, polsterförmig, mehrjährig. BLÜTENSTAND: drüsig behaart, **3–8-blütig**. BLÜTEN: **weißlich**. KRONBLÄTTER: 3–5 mm lang. GRUNDBLÄTTER: 0,4–1 cm lang, 1–3 mm breit, **grannenartig zugespitzt, mit Kalkdrüsen**.

- **Schutt- o. Felsfluren**
- an nährstoffarmen, kalkreichen, meist trockenen Standorten
- endemisch

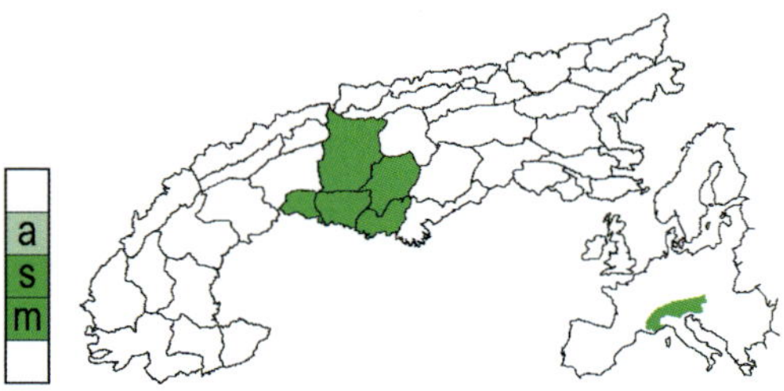

Saxifraga sedoides L.

Mauerpfeffer-Steinbrech *Saxifragaceae*
VI–IX ∗ K5 C5 A10 G($\overline{\underline{2}}$)

Bis 5 cm hoch, ± lockerrasig, mehrjährig. BLÜTENSTAND: meist 1–6 cm lang, **1–3-blütig**. BLÜTEN: meist einzeln, **meist hellgelb bis grünlich**. KRONBLÄTTER: lanzettlich bis oval, 1–3 mm lang, **kürzer als die Kelchblätter, schmäler als die Kelchblätter**, spitz. STAUBBEUTEL: **gelb**. STÄNGEL: zumindest basal niederliegend. GRUNDBLÄTTER: schwach sukkulent, **ganzrandig, meist mit kurzer stechender Spitze**, selten 3-spitzig, drüsig behaart. OBERE STÄNGELBLÄTTER: **ungeteilt**, länglich-lanzettlich, **lang zugespitzt**.

- **Schutt- o. Felsfluren**, Schneetälchen
- an nährstoffarmen, basenreichen Standorten
- einheimisch

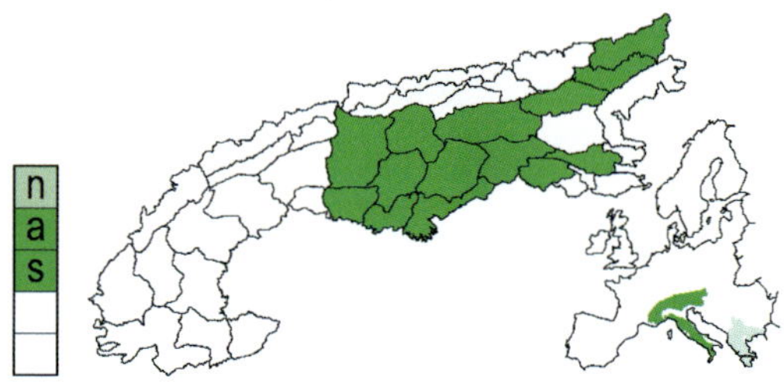

Saxifraga hohenwartii Vest

Hohenwarths Steinbrech *Saxifragaceae*
VI–IX ∗ K5 C5 A10 G($\overline{\underline{2}}$)

Bis 5 cm hoch, mehrjährig. BLÜTENSTAND: meist 1–6 cm lang, **2–6-blütig**. BLÜTEN: **meist hellgelb bis grünlich, distal zuweilen orange bis rötlich überlaufen**. KRONBLÄTTER: lineal bis länglich-lanzettlich, mindestens so lang wie die Kelchblätter. STAUBBEUTEL: **orange**. STÄNGEL: zumindest basal niederliegend. OBERE STÄNGELBLÄTTER: **ungeteilt**, länglich-lanzettlich, **lang zugespitzt**.

- **Schutt- o. Felsfluren**
- an nährstoffarmen, kalkreichen Standorten
- endemisch

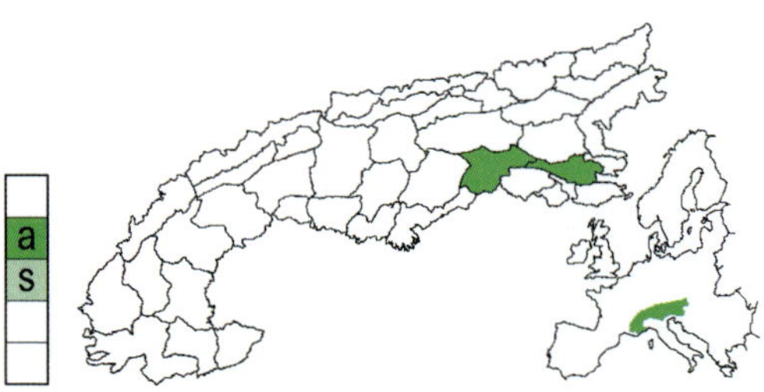

Saxifraga moschata Wulfen

Moschus-Steinbrech *Saxifragaceae*
V–VIII ∗ K5 C5 A10 G($\overline{\underline{2}}$)

Bis 10 cm hoch, polsterförmig, mehrjährig. BLÜTENSTAND: meist 2–10 cm lang, **1–6-blütig**. BLÜTEN: **grünlich-gelblich**, selten weißlich o. rötlich. KRONBLÄTTER: 3–4 mm lang, **< 1,5-mal so lang wie die Kelchblätter**, 1,5–2,5-mal so lang wie breit. FRUCHTKELCH: **aufrecht abstehend**. FRUCHTKNOTEN: zu > 50 % in den Achsenbecher eingesenkt. STÄNGEL: mit grundständiger Blattrosette. GRUNDBLÄTTER: schwach sukkulent, 0,3–1 cm lang, 3–5-teilig, **länglich bis lanzettlich**. STÄNGELBLÄTTER: ungeteilt. – Vgl. auch *S. exarata*.

In den Alpen die subsp. *moschata* u. *allionii* (vgl. S. 728).

- **subalpine o. alpine Rasen, Schutt- o. Felsfluren**, Schneetälchen
- an nährstoffarmen, basenreichen Standorten
- einheimisch

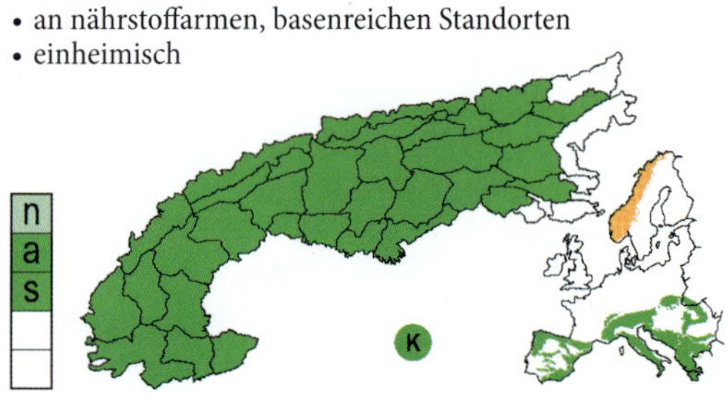

Saxifraga adscendens L.

Aufsteigender Steinbrech *Saxifragaceae*
VI–VIII ∗ K5 C5 A10 G($\underline{2}$)

Bis 25 cm hoch, **meist 2-jährig**. Pflanzen: drüsig behaart. Blütenstand: drüsig behaart, **2–10-blütig**. Blüten: **weißlich**. Blütenstiele: **< 1,5-mal so lang wie die Blüten**. Stängel: mit grundständiger Blattrosette. Grundblätter: **distal grob gezähnt**, 3–5-zähnig. Stängelblätter: ungeteilt bis gelappt.

In den Alpen nur die subsp. *adscendens*.

- **subalpine o. alpine Rasen**, Schutt- o. Felsfluren, **Staudenfluren**
- einheimisch

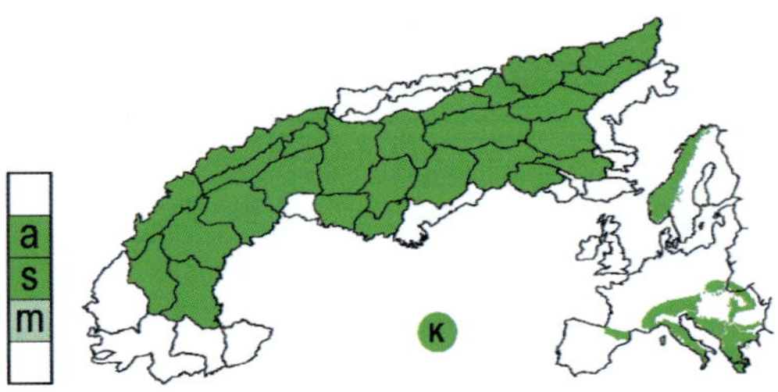

Saxifraga androsacea L.

Mannsschild-Steinbrech *Saxifragaceae*
V–VIII ∗ K5 C5 A10 G($\underline{2}$)

Bis 10 cm hoch, lockerrasig, mehrjährig. Pflanzen: drüsig behaart. Blütenstand: drüsig behaart, **1–3-blütig**. Blüten: **weißlich**. Kronblätter: 6–9 mm lang, 2–3-mal so lang wie die Kelchblätter. Fruchtkelch: **aufrecht abstehend**. Fruchtknoten: zu > 50 % in den Achsenbecher eingesenkt. Stängel: meist mit ≥ 2 Laubblättern. Grundblätter: weich, 0,8–3 cm lang, 2–6 mm breit, **distal grob gezähnt**, meist 3-zähnig, **länglich bis spatelförmig, ganzrandig, mit langen Haaren u. kurzen rotköpfigen Drüsenhaaren**.

- subalpine o. alpine Rasen, **Schutt- o. Felsfluren, Schneetälchen**, Grünerlengebüsche
- an kalkreichen Standorten
- einheimisch

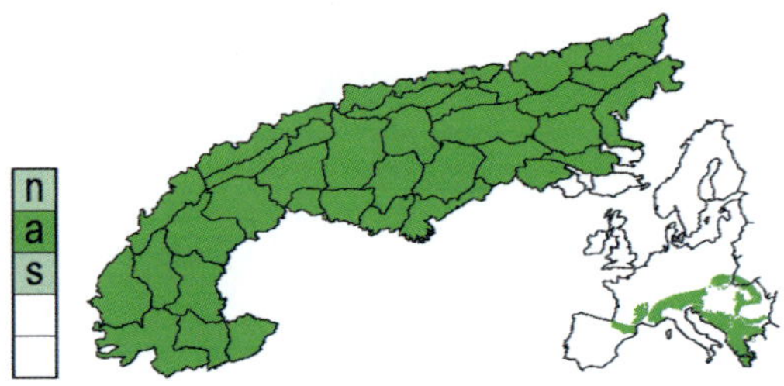

Saxifraga aphylla Sternb.

Stängelblattloser Steinbrech *Saxifragaceae*
VI–IX ∗ K5 C5 A10 G($\underline{2}$)

Bis 5 cm hoch, rasig bis polsterförmig, mehrjährig. Pflanzen: drüsig behaart. Blütenstand: drüsig behaart, **1–2-blütig**. Blüten: **meist hellgelb**. Kronblätter: 1–1,5-mal so lang wie die Kelchblätter, < 1 mm breit, **< 0,5-mal so breit wie die Kelchblätter**. Fruchtkelch: **aufrecht abstehend**. Stängel: aufrecht. Grundblätter: weich, 1–6 cm lang, < 6 mm breit, **distal grob gezähnt bis gelappt, 3–7-teilig**.

- **Schutt- o. Felsfluren**
- an kalkreichen Standorten
- endemisch

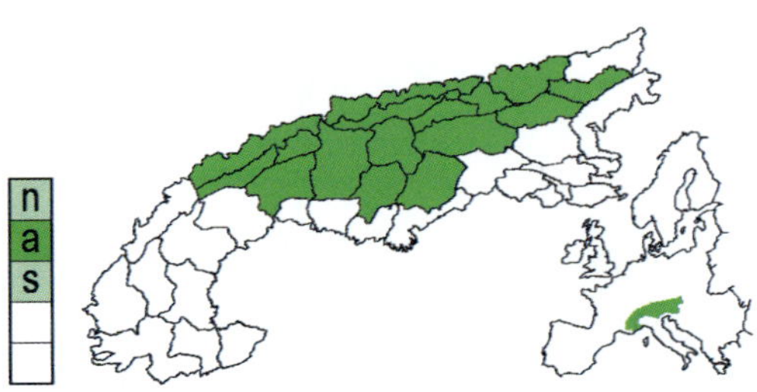

Saxifraga arachnoidea Sternb.

Spinnweb-Steinbrech *Saxifragaceae*
V–VIII ∗ K5 C5 A10 G($\underline{2}$)

10–30 cm hoch, polsterförmig, mehrjährig. Pflanzen: **mit langen Drüsenhaaren, klebrig**. Blütenstand: traubenartig bis rispenartig, lockerblütig, mit langen Drüsenhaaren, klebrig, **oft vielblütig**. Blüten: **hellgelb**. Kronblätter: 1–1,5-mal so lang wie die Kelchblätter. Stängel: **überhängend o. basal niederliegend**, stark verzweigt. Grundblätter: **< 1,5-mal so lang wie breit, distal grob gezähnt**, 3–7-zähnig, **frischgrün**.

- **Schutt- o. Felsfluren**
- an nährstoffarmen, kalkreichen Standorten
- endemisch

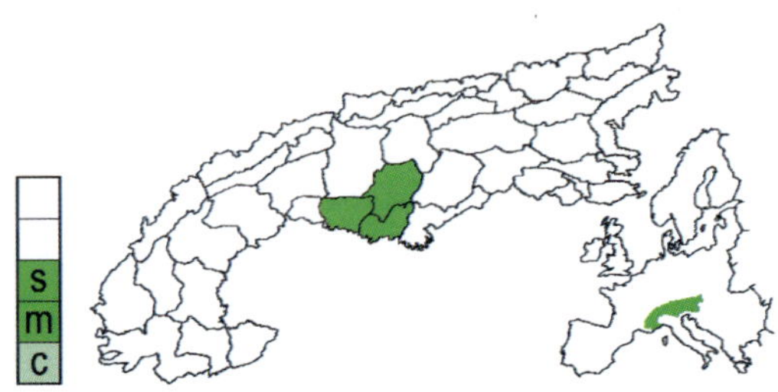

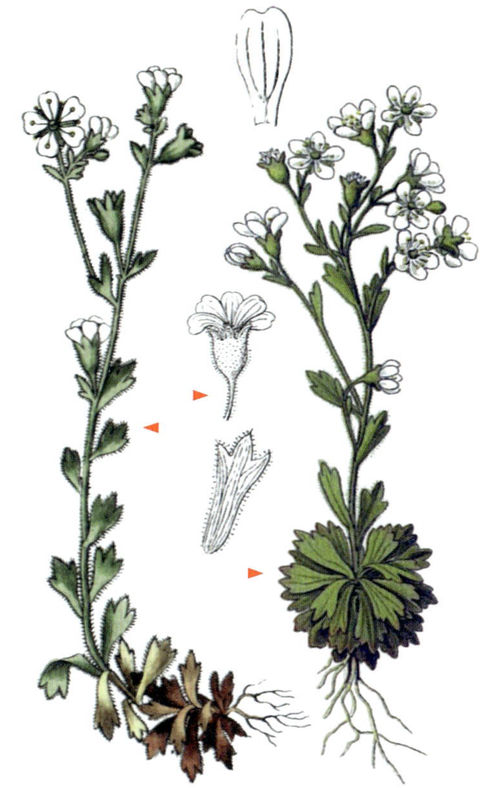

Saxifraga berica (Bég.) D. A. Webb

Colli-Berici-Steinbrech *Saxifragaceae*
IV–VI ∗ K5 C5 A10 G($\underline{2}$)

10–20 cm hoch, mehrjährig. Pflanzen: oben drüsig behaart. Blütenstand: oben drüsig behaart, meist 1–6-blütig. Blüten: **weißlich**. Kronblätter: 4–8 mm lang, **distal ausgerandet**. Stängel: **überhängend o. basal niederliegend**. Grundblätter: **lang gestielt**, 20–35 mm breit, **grob gezähnt bis gelappt, 5–11-teilig**.

- **Schutt- o. Felsfluren**
- an nährstoffarmen, kalkreichen Standorten
- endemisch in den Monte Berici, wenige Kilometer südlich der Venetischen Voralpen

Saxifraga depressa Sternb.

Fassaner Steinbrech *Saxifragaceae*
VI–VIII ∗ K5 C5 A10 G($\underline{2}$)

Bis 10 cm hoch, mehrjährig. Pflanzen: **mit zahlreichen kleinen Drüsen**. Blütenstand: mit zahlreichen kleinen Drüsen, **2–8-blütig**. Blüten: **weißlich**. Kronblätter: 3–4 mm lang, ± 1,5-mal lang wie die Kelchblätter. Stängel: mit 1–3 Laubblättern. Grundblätter: 4–10 mm breit, **distal grob gezähnt**, meist 3-zähnig.

- **Schutt- o. Felsfluren, Schneetälchen**
- an nährstoffarmen Standorten
- endemisch

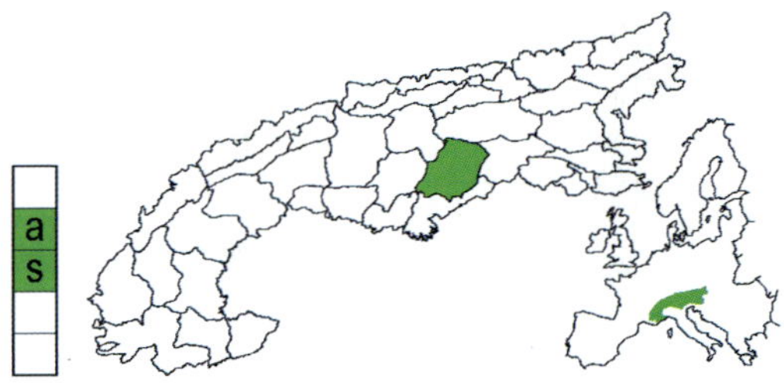

Saxifraga facchinii W. D. J. Koch

Facchinis Steinbrech *Saxifragaceae*
VI–VIII ∗ K5 C5 A10 G($\underline{2}$)

Bis 5 cm hoch, polsterförmig, mit zahlreichen sterilen Trieben, mehrjährig. Blütenstand: meist < 2 cm lang, **das Polster kaum überragend, 1–4-blütig**. Blüten: **rötlich-bräunlich o. gelblich**. Kronblätter: 1–1,5-mal so lang wie die Kelchblätter, **< 0,5-mal so breit wie die Kelchblätter**, distal abgerundet bis ausgerandet. Grundblätter: **ganzrandig**, drüsig behaart.

- **Schutt- o. Felsfluren**, Schneetälchen
- an nährstoffarmen, kalkreichen Standorten
- endemisch

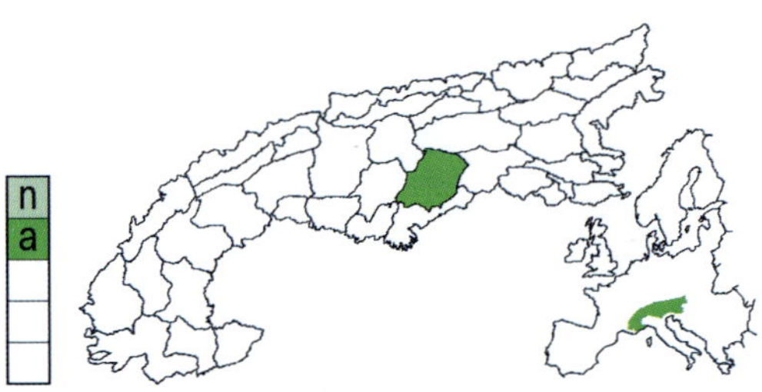

Saxifraga muscoides All.

Flachblättriger Steinbrech *Saxifragaceae*
IV–VII ∗ K5 C5 A10 G($\underline{2}$)

Bis 5 cm hoch, polsterförmig, mit zahlreichen sterilen Trieben, mehrjährig. Pflanzen: drüsig behaart. Blütenstand: meist 2–6 cm lang, das Polster deutlich meist überragend, drüsig behaart, **1–2-blütig**. Blüten: **hellgelb bis weißlich**. Kronblätter: ± 2-mal so lang u. breit wie die Kelchblätter. Stängel: mit grundständiger Blattrosette; unten: **von abgestorbener Laubblattscheide mit silbrigen Spitzen umgeben**. Grundblätter: schwach sukkulent, **ganzrandig**.

- subalpine o. alpine Rasen, **Schutt- o. Felsfluren**
- an nährstoffarmen Standorten
- endemisch

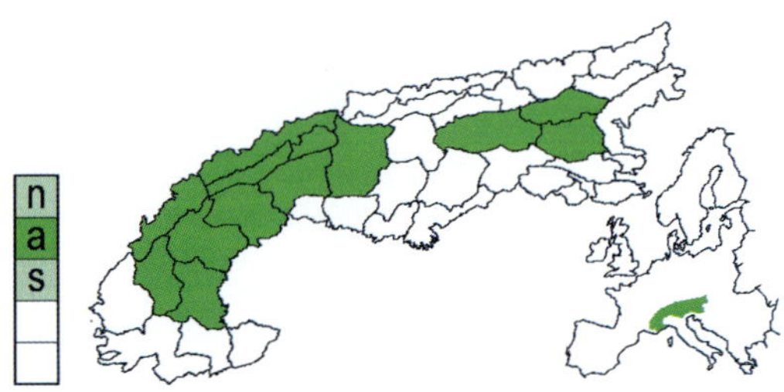

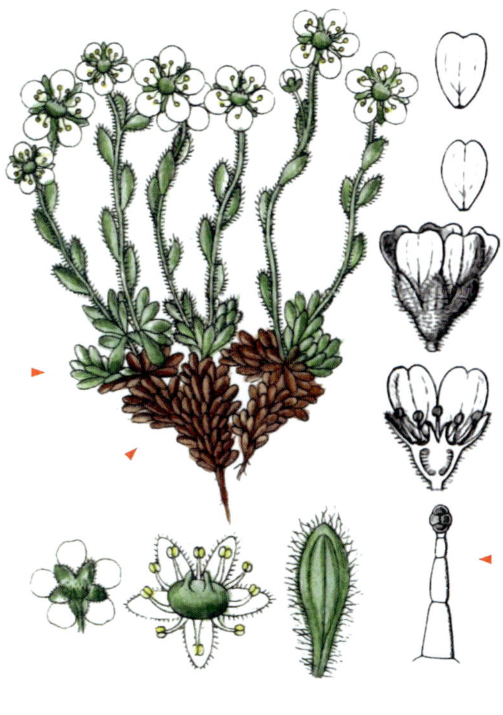

Saxifraga paradoxa Sternb.

Seltsamer Steinbrech *Saxifragaceae*
IV–VII ∗ K5 C5 A10 G($\underline{2}$)

Bis 40 cm hoch, mehrjährig. Pflanzen: kahl bis spärlich behaart. Blütenstand: kahl bis spärlich behaart. Blüten: **meist gelblich-grünlich**. Kronblätter: ± so lang wie die Kelchblätter, **schmäler als die Kelchblätter**. Stängel: zumindest basal niederliegend. Grundblätter: **lang gestielt, < 1,5-mal so lang wie breit, grob gezähnt bis gelappt, 5–7-teilig, nierenförmig**.

- **Schutt- o. Felsfluren**
- an nährstoffarmen, sauren Standorten
- endemisch

Saxifraga pedemontana All.

Piemonteser Steinbrech *Saxifragaceae*
V–IX ∗ K5 C5 A10 G($\underline{2}$)

Bis 20 cm hoch, polsterförmig, mehrjährig. Blütenstand: **2–12-blütig**. Blüten: **weißlich**, selten rötlich überlaufen. Kronblätter: 10–22 mm lang, > 1,5-mal lang wie die Kelchblätter. Stängel: basal verholzt, mit 1–3 Laubblättern. Grundblätter: **distal grob gezähnt**, 3–11-zähnig, drüsig-klebrig behaart.

In den Alpen nur die endemische subsp. *pedemontana*.

- **Schutt- o. Felsfluren**
- an nährstoffarmen, sauren Standorten
- einheimisch

Saxifraga presolanensis Engl.

Presolana-Steinbrech *Saxifragaceae*
V–VIII ∗ K5 C5 A10 G($\underline{2}$)

Bis 15 cm hoch, polsterförmig, mit zahlreichen sterilen Trieben, mehrjährig. Pflanzen: drüsig-klebrig behaart. Blütenstand: das Polster deutlich meist überragend, drüsig-klebrig behaart, **1–4-blütig**. Blüten: **gelblich-grünlich**. Kronblätter: ± 2-mal so lang wie die Kelchblätter, **distal ausgerandet**. Stängel: basal verholzt, **überhängend o. basal niederliegend**, mit ≥ 4 Laubblättern. Grundblätter: 0,8–2,2 cm lang, **spatelförmig**, **ganzrandig**, drüsig behaart.

- **Schutt- o. Felsfluren**
- an nährstoffarmen, kalkreichen Standorten
- endemisch

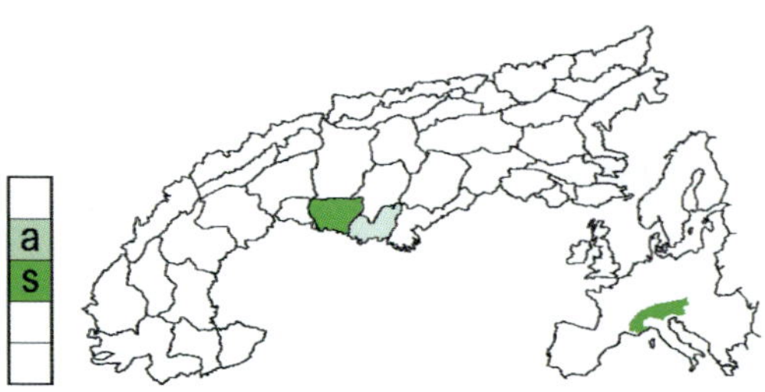

Saxifraga seguieri Spreng.

Séguiers Steinbrech *Saxifragaceae*
VI–VIII ∗ K5 C5 A10 G($\underline{2}$)

Bis 10 cm hoch, polsterförmig, mit zahlreichen sterilen Trieben, mehrjährig. Blütenstand: das Polster deutlich meist überragend, **1–3-blütig**. Blüten: **hellgelb bis gelblich-grünlich**. Kronblätter: ± so lang wie die Kelchblätter, **schmäler als die Kelchblätter**. Stängel: mit grundständiger Blattrosette. Grundblätter: 1–2,5 cm lang, 1–4 mm breit, lanzettlich bis spatelförmig, basal stielartig verschmälert, **ganzrandig**, drüsig behaart.

- **Schutt- o. Felsfluren**, Schneetälchen
- an nährstoffarmen Standorten
- endemisch

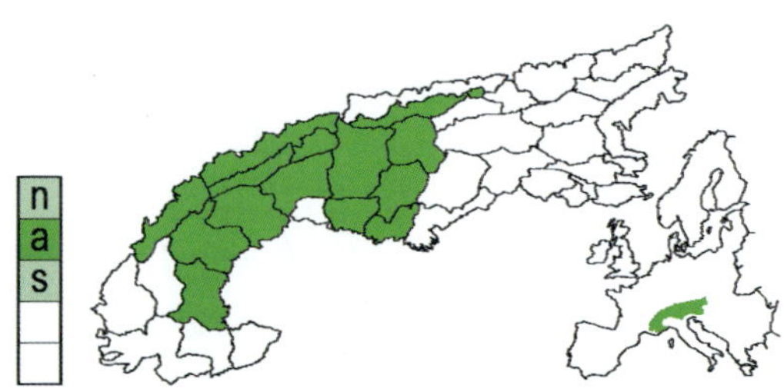

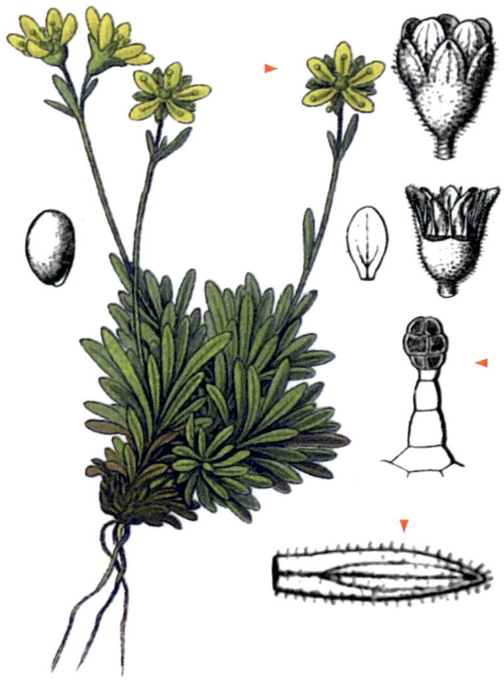

Saxifraga styriaca Köckinger

Steirischer Steinbrech *Saxifragaceae*
V–VI ∗ K5 C5 A10 G($\underline{2}$)

Bis 2 cm hoch, polsterförmig, mehrjährig. Pflanzen: **drüsig behaart**. Blütenstand: drüsig behaart, **meist 1-blütig**. Blüten: **gelblich-grünlich bis weißlich**. Kronblätter: 1–2 mm lang, **kürzer u. schmäler als die Kelchblätter**. Kelchblätter: 2–3 mm lang, 1,5–2,5 mm breit. Stängel: mit grundständiger Blattrosette, ohne *oder* mit 1–2 Laubblättern. Grundblätter: sukkulent, **mit Stiel < 1 cm lang**, 4–10 mm breit, gelappt, **meist 3-teilig**, zuweilen zusätzlich mit 2–4 kleineren Zähnen, drüsig behaart.

- **Schutt- o. Felsfluren**
- an nährstoffarmen, sauren Standorten
- endemisch

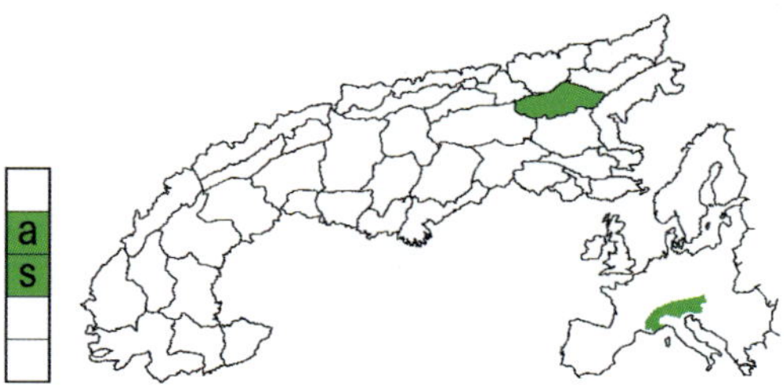

Saxifraga tenella Wulfen

Zarter Steinbrech *Saxifragaceae*
VI–VIII ∗ K5 C5 A10 G($\underline{2}$)

Bis 10 cm hoch, polsterförmig, mit zahlreichen sterilen Trieben, mehrjährig. Blütenstand: **2–8-blütig**. Blüten: **weißlich**. Kronblätter: ± 1,5-mal lang wie die Kelchblätter. Kelchblätter: **mit Grannenspitze**. Grundblätter: **derb, starr**, meist 0,8–1,2 cm lang, 0,6–2 mm breit, länglich bis lanzettlich, **ganzrandig, spitz**.

- **Schutt- o. Felsfluren**
- an nährstoffarmen, kalkreichen Standorten
- einheimisch (subendemisch)

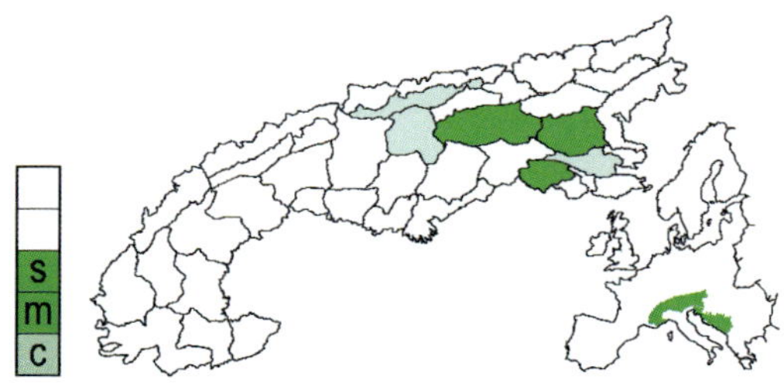

Saxifraga hieraciifolia Willd.

Habichtskrautblättriger Steinbrech *Saxifragaceae*
IV–VII ∗ K5 C5 A10 G($\underline{2}$)

Bis 40 cm hoch, mehrjährig. Pflanzen: drüsig behaart. Blütenstand: drüsig behaart, **vielblütig**. Blüten: **sitzend bis kurz gestielt, weißlich bis rötlich**. Kronblätter: 1–4 mm lang, ± so lang wie die Kelchblätter. Fruchtknoten: zu < 30 % in den Achsenbecher eingesenkt. Stängel: (schwach) sukkulent, mit grundständiger Blattrosette, ***ohne* Laubblätter**. Grundblätter: sukkulent, 2–8 cm lang, meist 10–40 mm breit, länglich bis spatelförmig.

- **subalpine o. alpine Rasen**, **Schutt- o. Felsfluren**, Zwergstrauchheiden, Moore o. Seggenriede
- an sauren, feuchten bis nassen Standorten
- einheimisch

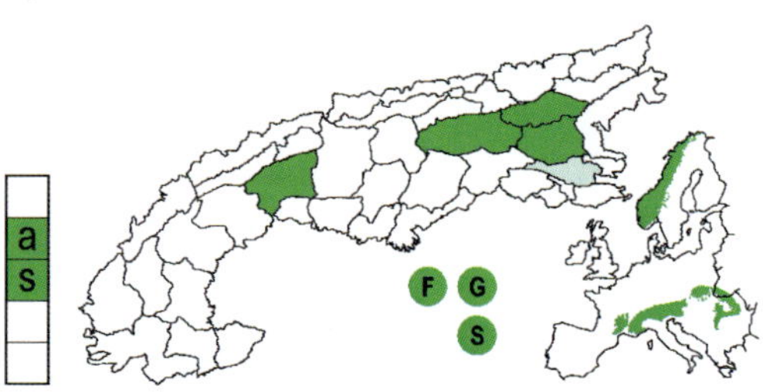

Saxifraga stellaris L.

Sternblütiger Steinbrech *Saxifragaceae*
IV–VIII ∗ K5 C5 A10 G($\underline{2}$)

Bis 10 cm hoch, mehrjährig. Blüten: **weißlich, mit 2 gelblichen bis orangen Punkten pro Kronblatt**. Fruchtkelch: zurückgeschlagen. Fruchtknoten: zu < 30 % in den Achsenbecher eingesenkt. Stängel: mit grundständiger Blattrosette, allenfalls mit 1–2 kleinen Hochblättern. Ausläufer: lang, beblättert. Blätter: unterseits: meist grünlich. Grundblätter: sukkulent, **spatelförmig bis oval**, basal keilförmig verschmälert, *ohne* Knorpelrand, **v. a. distal spitz gesägt**.

In den Alpen nur die subsp. *engleri*.

- subalpine o. alpine Rasen, **Schutt- o. Felsfluren**, Schneetälchen, Grünerlen- o. Legföhrengebüsche, **Quellfluren**, trockenfallende Ufer, Moore o. Seggenriede
- an nassen, zuweilen überfluteten Standorten
- einheimisch

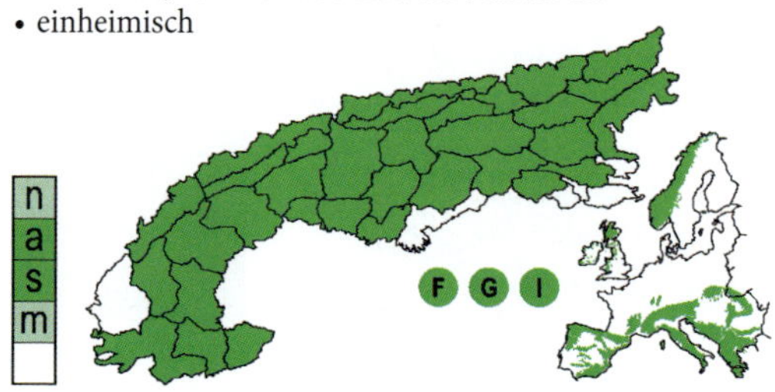

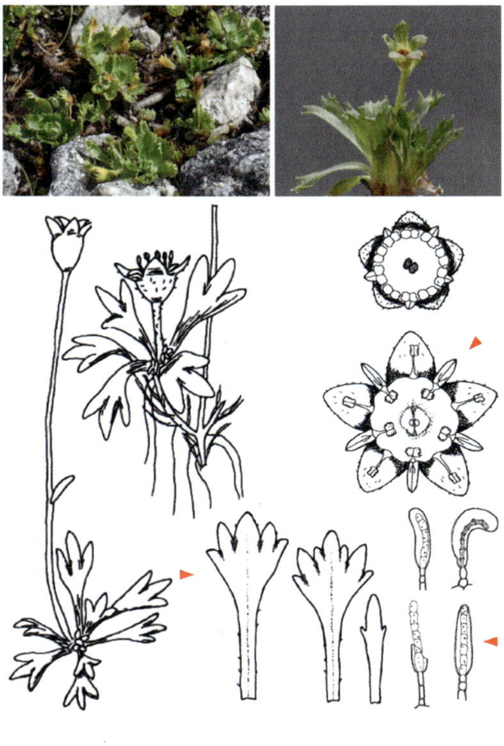

Saxifraga aspera L.

Rauher Steinbrech *Saxifragaceae*

VI–VIII ∗ K5 C5 A10 G(2)

Bis 20 cm hoch, mehrjährig. PFLANZEN: **mit Rosettentrieben in den Achseln der (basalen) Laubblätter.** BLÜTENSTAND: **1–10-blütig.** BLÜTEN: **weißlich, mit 1 o. mehreren orangen bis rötlichen Punkten pro Kronblatt.** FRUCHTKELCH: aufrecht abstehend. FRUCHTKNOTEN: zu < 30 % in den Achsenbecher eingesenkt. STÄNGEL: **Rosettentriebe eiförmig bis kurz zylindrisch, mit ± geraden Blättern.** GRUNDBLÄTTER: **länglich bis lanzettlich,** am Rand bewimpert. MITTLERE STÄNGELBLÄTTER: 0,4–2 cm lang.

- **subalpine o. alpine Rasen, Schutt- o. Felsfluren**
- an nährstoffarmen, sauren Standorten
- einheimisch

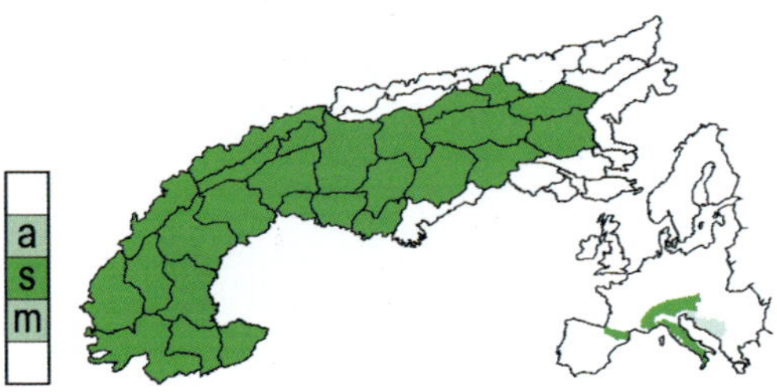

Saxifraga bryoides L.

Moos-Steinbrech *Saxifragaceae*

VI–VIII ∗ K5 C5 A10 G(2)

Bis 10 cm hoch, polsterförmig, mehrjährig. PFLANZEN: **mit Rosettentrieben in den Achseln der (basalen) Laubblätter.** BLÜTENSTAND: **meist 1-blütig.** BLÜTEN: **gelblich-weißlich, mit mehreren orangen bis rötlichen Punkten pro Kronblatt.** FRUCHTKELCH: aufrecht abstehend. FRUCHTKNOTEN: zu < 30 % in den Achsenbecher eingesenkt. STÄNGEL: **Rosettentriebe ± kugelig, mit stark nach innen gebogenen Blättern.** GRUNDBLÄTTER: weich, **0,2–0,6 cm lang, länglich bis lanzettlich, grannenartig zugespitzt,** am Rand bewimpert. MITTLERE STÄNGELBLÄTTER: 0,1–0,4 cm lang.

- subalpine o. alpine Rasen, **Schutt- o. Felsfluren**
- an nährstoffarmen, sauren Standorten
- einheimisch

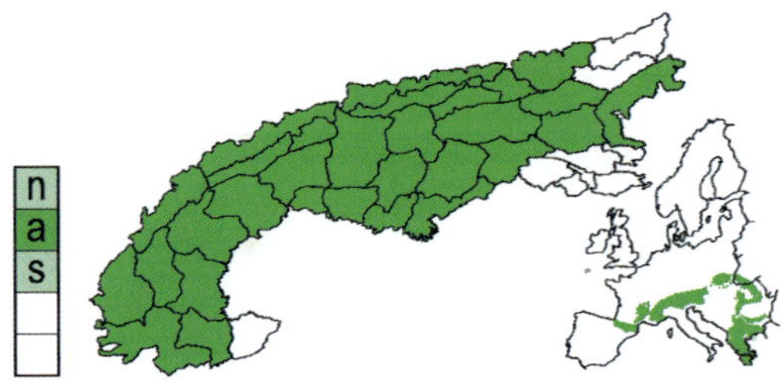

Saxifraga burseriana L.

Bursers Steinbrech *Saxifragaceae*

V–VIII ∗ K5 C5 A10 G(2)

Bis 10 cm hoch, polsterförmig, mehrjährig. PFLANZEN: **drüsig behaart.** BLÜTENSTAND: **meist 1-2-blütig.** BLÜTEN: **weißlich.** KRONBLÄTTER: 6–16 mm lang, 2–4-mal länger als die Kelchblätter. FRUCHTKNOTEN: **zu > 50 % in den Achsenbecher eingesenkt.** STÄNGEL: **Rosettentriebe eiförmig bis kurz zylindrisch, mit ± geraden Blättern.** GRUNDBLÄTTER: **derb, starr, 0,4–1,2 cm lang,** < 2 mm breit, **länglich bis lanzettlich, blau- bzw. graugrün, mit hellem Knorpelrand, grannenartig zugespitzt, mit Kalkdrüsen.** MITTLERE STÄNGELBLÄTTER: 0,4–1,4 cm lang.

- **Schutt- o. Felsfluren**
- an nährstoffarmen, kalkreichen Standorten
- endemisch

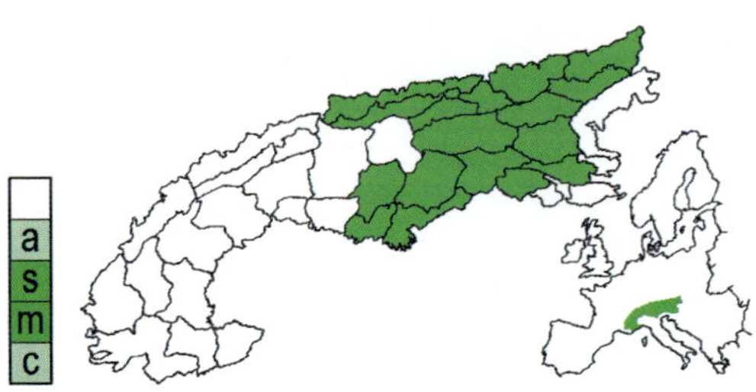

Hylotelephium anacampseros (L.) H. Ohba

Wund-Fetthenne *Crassulaceae*

VI–IX ∗ K(4–5) C4–5 A8–10 G4–5

Bis 40 cm hoch, mehrjährig. BLÜTENSTAND: **± halbkugelig, 1,5–3 cm ⌀, dichtblütig.** BLÜTEN: **meist rötlich-violett,** selten weißlich. KRONBLÄTTER: 4–6 mm lang. KELCHBLÄTTER: basal meist etwas verwachsen. FRÜCHTE: Bälge. STÄNGEL: generative Triebe aufrecht, vegetative niederliegend, **basal mit sterilen Rosettentrieben.** BLATTSTELLUNG: **wechselständig.** BLÄTTER: sukkulent, **oval bis rundlich, Spreite 4–8 cm lang, 25–50 mm breit, ganzrandig bis undeutlich gezähnt.** UNTERE STÄNGELBLÄTTER: **(undeutlich) gestielt.**

- **Schutt- o. Felsfluren,** Zwergstrauchheiden, Grünerlengebüsche
- an sauren Standorten
- einheimisch

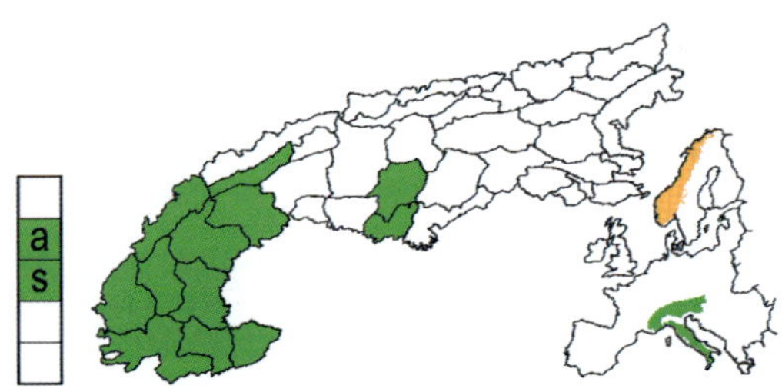

***Sedum*:** Kelchblätter: ± frei. Staubblätter: meist doppelt so viele wie Kronblätter. Früchte: Bälge. Stängel: Blühende Triebe *ohne* grundständige Blattrosette. Blätter: sukkulent. Blütenformel: ∗ K5 (4-6) C4-12 A4-18 G4-6.

Sedum album L.

Weißer Mauerpfeffer *Crassulaceae*
V–X ∗ K5 C5 A10 G5

Bis 20 cm hoch, mehrjährig. Blütenstand: Hauptachse: **± kahl**. Blüten: **weißlich**, oft rötlich überlaufen. Kronblätter: **2–5 mm lang**. Stängel: basal mit sterilen Rosettentrieben. Blattstellung: überwiegend wechselständig. Blätter: **im QS halbrund bis rundlich**, **frischgrün**, oft rötlich überlaufen, **länglich-zylindrisch**.

In den Alpen nur die subsp. *album*.

- Schutt- o. Felsfluren, Alluvionen, **Extensivgrünland o. Magerrasen**, Wälder, Ruderalvegetation
- an nährstoffarmen, trockenen Standorten
- einheimisch

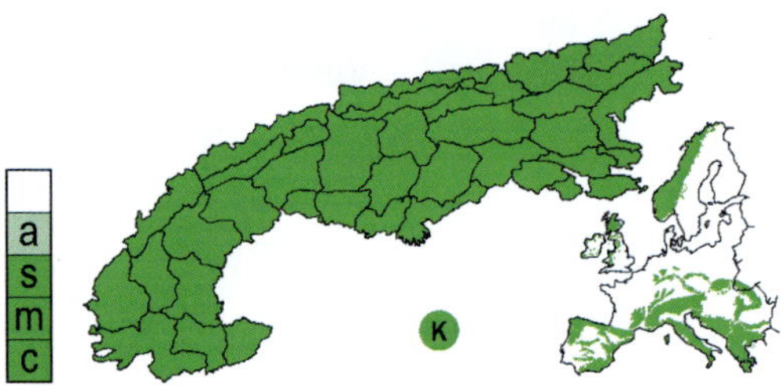

Sedum alsinefolium All.

Mierenblättriger Mauerpfeffer *Crassulaceae*
VI–IX ∗ K5 C5 A10 G5

Bis 15 cm hoch, **1–2-jährig**. Pflanzen: kahl o. kurz behaart. Blüten: **weißlich**. Kronblätter: 4–6 mm lang. Kelchblätter: 1,5–2,5 mm lang. Staubblätter: **3–5 mm lang**. Stängel: zumindest basal niederliegend, basal *ohne* sterile Rosettentriebe. Blattstellung: überwiegend wechselständig. Blätter: **im QS flach ausgebreitet**, **oval**, Spreite 1–2 cm lang, **2–8 mm breit**.

- **Schutt- o. Felsfluren**
- an nährstoffarmen, meist feuchten bis nassen, sauren Standorten
- endemisch

Sedum fragrans 't Hart

Wohlriechender Mauerpfeffer *Crassulaceae*
V–VIII ∗ K5 C5–6 A10–18 G5–6

Bis 25 cm hoch, mehrjährig. Pflanzen: **drüsig behaart**. Blüten: **weißlich**. Krone: **meist 5-blättrig**. Kronblätter: 3–5 mm lang. Kelch: meist 5-blättrig. Kelchblätter: 1,5–2,5 mm lang. Staubblätter: **2–3 mm lang**. Stängel: basal mit sterilen Rosettentrieben. Blattstellung: überwiegend wechselständig. Blätter: **im QS flach ausgebreitet**, **oval**, Spreite 1–1,5 cm lang, **2–8 mm breit**.

- **Schutt- o. Felsfluren**
- an meist feuchten bis nassen, kalkreichen Standorten
- endemisch

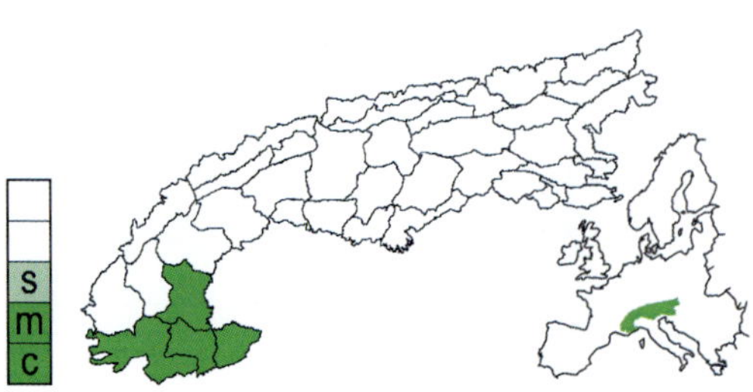

Sedum atratum L.

Dunkler Mauerpfeffer *Crassulaceae*
V–VIII ∗ K5–6 C5–6 A10–12 G5–6

Bis 10 cm hoch, **1–2-jährig**. Pflanzen: **oft rötlich überlaufen**, kahl. Blüten: **weißlich bis grünlichgelblich**, meist rötlich überlaufen. Krone: 5–6-blättrig. Kronblätter: **3–4 mm lang**, **1,5–2-mal so lang wie die Kelchblätter**. Kelchblätter: *nicht* sukkulent. Stängel: aufrecht, basal *ohne* sterile Rosettentriebe. Blattstellung: überwiegend wechselständig. Blätter: **im QS rundlich**, **keulenförmig**, kahl.

In den Alpen die subsp. *atratum* u. *carinthiacum* (vgl. S. 728).

- **Schutt- o. Felsfluren**
- an nährstoffarmen, basenreichen Standorten
- einheimisch

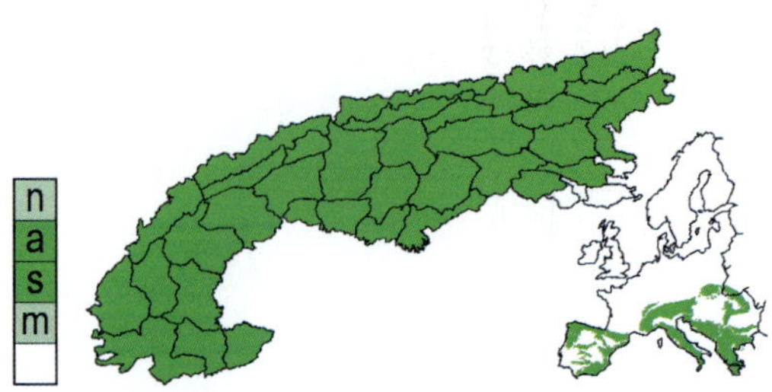

Sedum dasyphyllum L.

Dickblatt-Mauerpfeffer *Crassulaceae*
V–VIII * K5–6 C5–6 A10 G5–6

Bis 10 cm hoch, mehrjährig. PFLANZEN: **drüsig behaart**. BLÜTEN: **weißlich**, oft rötlich überlaufen. KRONE: **5–6-blättrig**. STÄNGEL: generative Triebe basal niederliegend, vegetative niederliegend, basal mit sterilen Rosettentrieben. BLATTSTELLUNG: **an blühenden Trieben meist gegenständig**. BLÄTTER: **im QS halbrund**, **blau- bzw. graugrün**, oft rötlich überlaufen, **kurz zylindrisch bis eiförmig**.

In den Alpen nur die subsp. *dasyphyllum*.

- **Schutt- o. Felsfluren**
- an nährstoffarmen, meist trockenen Standorten
- einheimisch

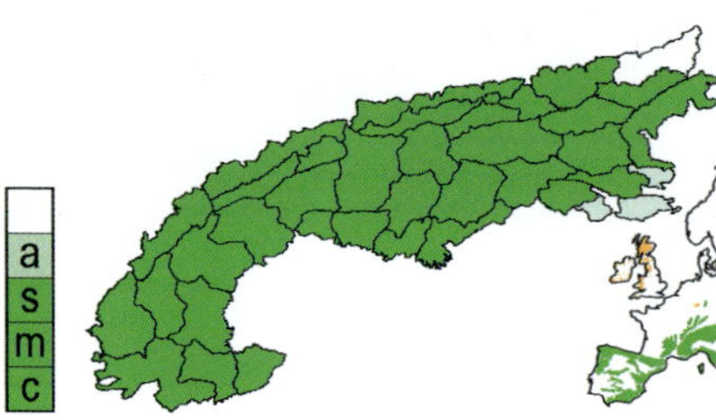

Sedum villosum L.

Moor-Mauerpfeffer *Crassulaceae*
V–VIII * K5 C5 A10 G5

Bis 20 cm hoch, **meist 1–2-jährig**. PFLANZEN: **drüsig behaart**. BLÜTEN: **rötlich**. KRONBLÄTTER: **1,5–2-mal so lang wie die Kelchblätter**. STÄNGEL: aufrecht, basal *ohne* sterile Rosettentriebe. BLATTSTELLUNG: überwiegend wechselständig. BLÄTTER: **im QS halbrund, länglich-zylindrisch, basal gespornt bzw. am Stängel herablaufend, drüsig behaart**.

In den Alpen nur die subsp. *villosum*.

- Schutt- o. Felsfluren, **Quellfluren**, **Moore o. Seggenriede**
- an nährstoffarmen, nassen Standorten
- einheimisch

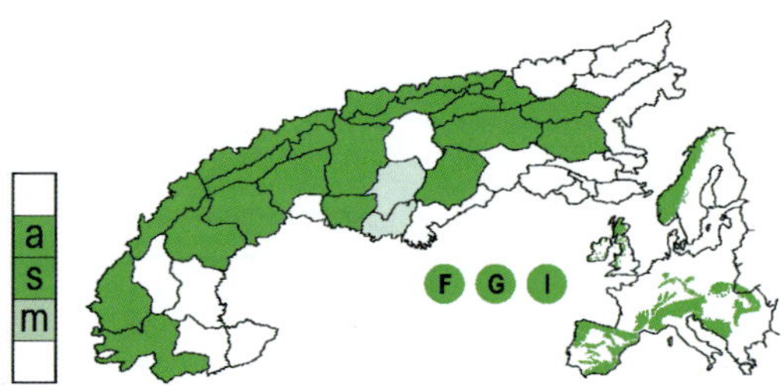

Sedum alpestre Vill.

Alpen-Mauerpfeffer *Crassulaceae*
V–VIII * K5 C5 A10 G5

Bis 10 cm hoch, mehrjährig. PFLANZEN: **oft rötlich überlaufen**, kahl. BLÜTEN: **gelblich**, oft rötlich überlaufen. KRONBLÄTTER: **3–4 mm lang, ± 1,5-mal so lang wie die Kelchblätter**. STÄNGEL: basal mit sterilen Rosettentrieben. BLATTSTELLUNG: überwiegend wechselständig, **spiralig angeordnet**. BLÄTTER: **im QS rundlich, spatelförmig bis länglich-zylindrisch, distal abgerundet**, kahl.

- subalpine o. alpine Rasen, **Schutt- o. Felsfluren**, **Schneetälchen**
- an nährstoffarmen Standorten
- einheimisch

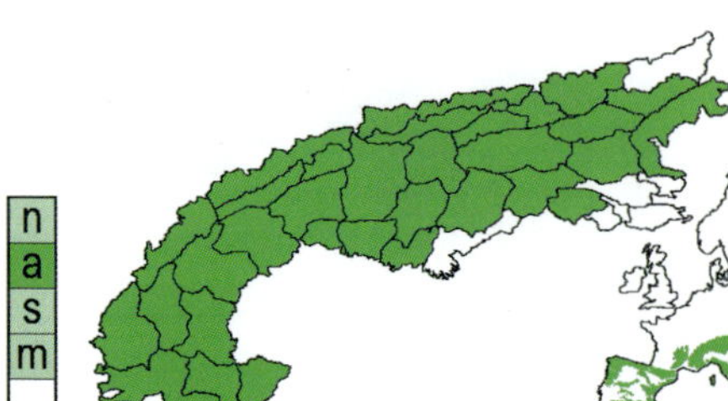

Sedum annuum L.

Einjähriger Mauerpfeffer *Crassulaceae*
V–VIII * K5 C5 A10 G5

Bis 15 cm hoch, **meist 1–2-jährig**. PFLANZEN: kahl. BLÜTEN: **grünlich-gelblich**. KRONBLÄTTER: **1,5–3-mal so lang wie die Kelchblätter**. KELCHBLÄTTER: **dick, sukkulent**. STÄNGEL: aufrecht, basal *ohne* sterile Rosettentriebe. BLATTSTELLUNG: überwiegend wechselständig. BLÄTTER: **im QS halbrund bis rundlich, länglich-zylindrisch**, kahl.

- **Schutt- o. Felsfluren**, Ruderalvegetation
- an nährstoffarmen, meist trockenen Standorten
- einheimisch

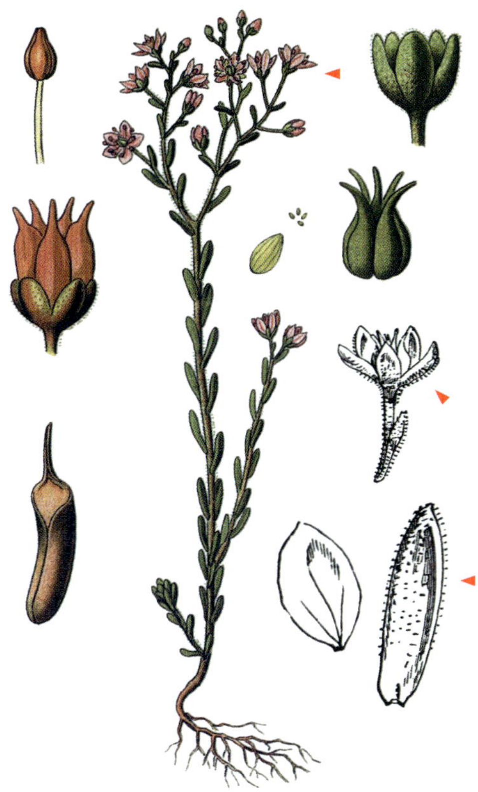

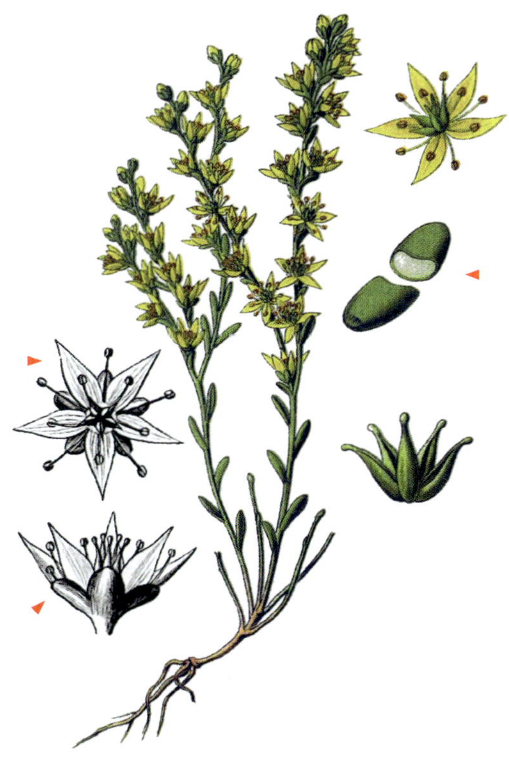

Jovibarba globifera (L.) J. Parn.

Fransenhauswurz *Crassulaceae*
VI–IX ∗ K6 C6 A∞ G6

10–25 cm hoch, mehrjährig. Blüten: **weißlich-gelblich**. Kronblätter: **aufrecht, nur die Zipfel ausgebreitet**, meist 12–18 mm lang, **am Rand gefranst**. Kelchblätter: ± frei. Fruchtknoten: meist mit ± schuppenförmigen Nektardrüsen unter den Fruchtblättern. Früchte: Bälge. Stängel: mit grundständiger Blattrosette. Ausläufer: oberirdisch. Blattstellung: wechselständig. Blätter: sukkulent. Grundblätter: auf der Fläche meist kahl, **am Rand bewimpert**; Rosetten: **2–8 cm** ⌀.

In den Alpen die subsp. *allionii* (endemisch), *arenaria* (endemisch) u. *pseudohirta* (endemisch) (vgl. S. 729).

- subalpine o. alpine Rasen, **Schutt- o. Felsfluren**, **Extensivgrünland o. Magerrasen**, Wälder
- an nährstoffarmen, basenreichen, trockenen Standorten
- einheimisch

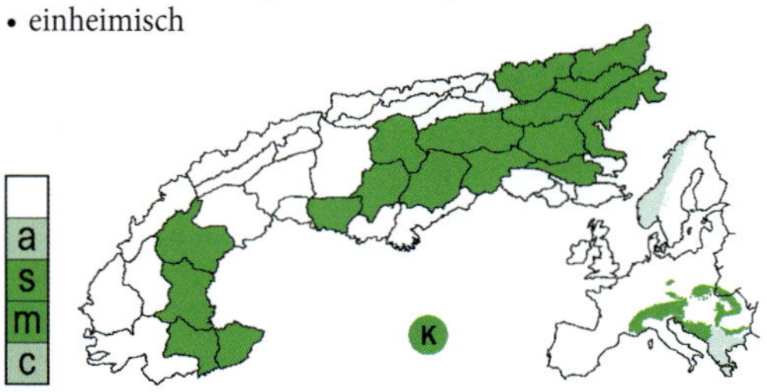

Sempervivum arachnoideum L.

Spinnweb-Hauswurz *Crassulaceae*
VI–IX ∗ K6–12 C6–12 A∞ G6–12

Bis 15 cm hoch. Blüten: **rötlich bis violett, mit dunklerem Mittelnerv**. Blütenhülle: **je Kreis 6–12-blättrig**. Kronblätter: **ausgebreitet**, 6–12 mm lang, 2–4 mm breit. Staubfäden: rötlich-violett. Grundblätter: in der distalen Hälfte am breitesten, **spinnwebenartig behaart**; Rosetten: **0,5–3 cm** ⌀.

In der alpinen Stufe v. a. die subsp. *arachnoideum*.

- **subalpine o. alpine Rasen**, **Schutt- o. Felsfluren**, Alluvionen, Zwergstrauchheiden, **Extensivgrünland o. Magerrasen**, **Wälder**
- an nährstoffarmen, sauren, trockenen Standorten
- einheimisch

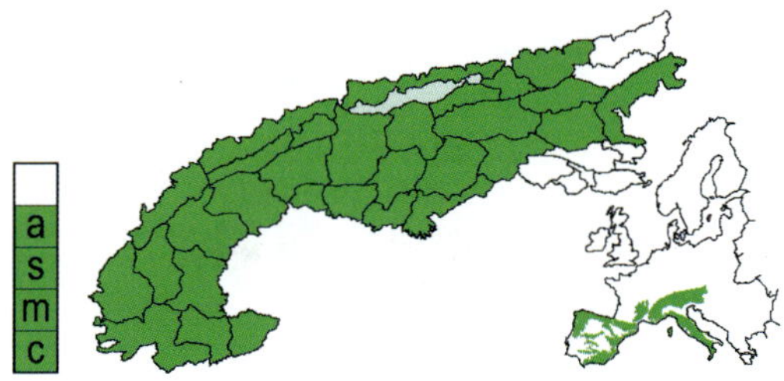

Sempervivum: mehrjährig. Fruchtknoten: mit ± schuppenförmigen Nektardrüsen unter den Fruchtblättern. Früchte: Bälge. Stängel: mit grundständiger Blattrosette. Blätter: wechselständig, sukkulent. Blütenformel: ∗ K6 C6-18 A∞ G6-18.

Sempervivum calcareum Jord.

Kalk-Hauswurz *Crassulaceae*
VII–X ∗ K8–12 C8–12 A∞ G8–12

10–60 cm hoch. Blüten: **weißlich bis (hell) rötlich**. Blütenhülle: **je Kreis 8–12-blättrig**. Kronblätter: 6–10 mm lang. Kelchblätter: distal abgerundet. Staubfäden: rötlich-violett. Grundblätter: distal beidseits mit rötlich-bräunlichem Fleck, **anfangs drüsenlos kurzhaarig, später verkahlend**, am Rand bewimpert; Rosetten: **3–16 cm** ⌀. obere Stängelblätter: kahl.

- **Schutt- o. Felsfluren**, **Extensivgrünland o. Magerrasen**
- an nährstoffarmen, basenreichen, trockenen Standorten
- subendemisch

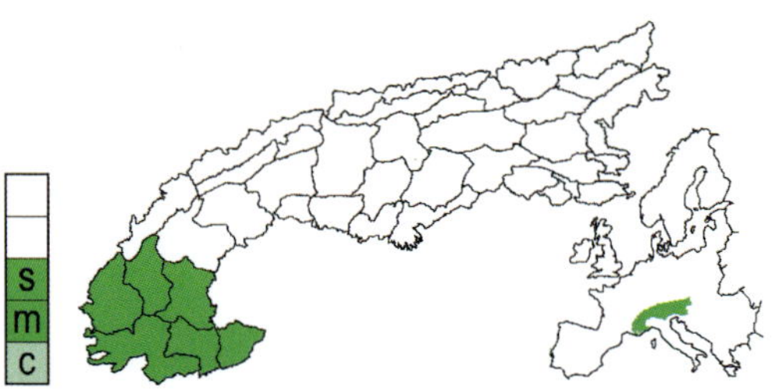

Sempervivum dolomiticum Facchini

Dolomiten-Hauswurz *Crassulaceae*
V–VII ∗ K10–12 C10–12 A∞ G10–12

Bis 20 cm hoch. Blüten: **rötlich bis violett**, mit grünlichem Mittelnerv. Blütenhülle: **je Kreis 10–12-blättrig**. Kronblätter: 8–10 mm lang. Staubfäden: rötlich-violett. Grundblätter: auf der Fläche drüsig behaart, am Rand bewimpert, Wimpern > 2-mal so lang wie Drüsenhaare; Rosetten: **2–4 cm** ⌀.

- subalpine o. alpine Rasen, **Schutt- o. Felsfluren**
- an nährstoffarmen, kalkreichen, trockenen Standorten
- endemisch

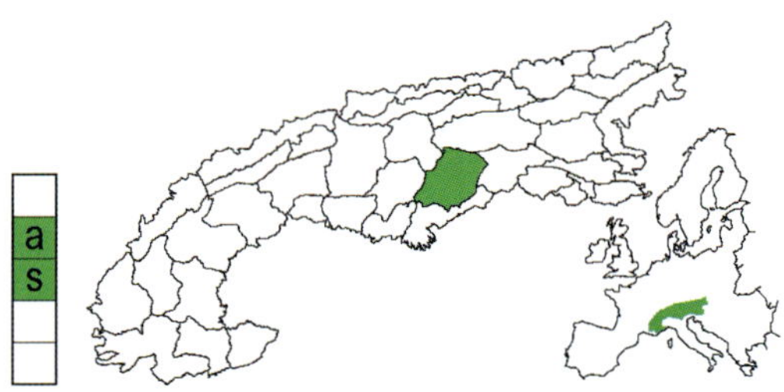

Sempervivum grandiflorum Haw.

Großblütige Hauswurz *Crassulaceae*
VI–VIII ∗ K12–18 C12–18 A∞ G12–18

Bis 30 cm hoch. Blüten: **gelblich**, basal meist rötlich-violett. Blütenhülle: **je Kreis 12–18-blättrig**. Kronblätter: 10–15 mm lang. Staubfäden: rötlich-violett. Grundblätter: 8–16 mm breit, frisch- o.- dunkelgrün, auf der Fläche drüsig behaart, Drüsenhaare < 0,4 mm lang, am Rand bewimpert; Rosetten: **3–14 cm** ⌀.

- subalpine o. alpine Rasen, **Schutt- o. Felsfluren**
- an nährstoffarmen, sauren Standorten
- endemisch

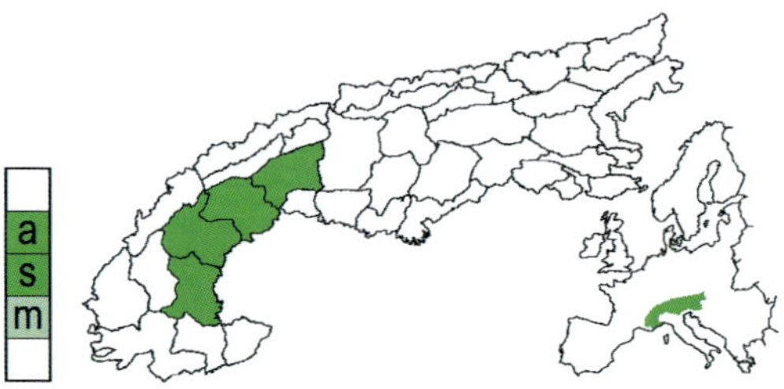

Sempervivum montanum L.

Berg-Hauswurz *Crassulaceae*
V–VIII ∗ K8–14 C8–14 A∞ G8–14

Bis 15 cm hoch. Blüten: **rötlich bis violett**. Blütenhülle: **je Kreis 8–14-blättrig**. Kronblätter: **ausgebreitet**, 8–20 mm lang. Staubfäden: rötlich-violett. Grundblätter: auf der Fläche drüsig behaart, Drüsenhaare < 0,4 mm lang, am Rand bewimpert, Wimpern 1–2-mal so lang wie Drüsenhaare; Rosetten: **1–5 cm** ⌀.

In den Alpen die subsp. *montanum*, *burnatii* u. *stiriacum* (endemisch) (vgl. S. 729).

- **subalpine o. alpine Rasen**, **Schutt- o. Felsfluren**, Zwergstrauchheiden, Wälder
- an nährstoffarmen, sauren, meist trockenen Standorten
- einheimisch

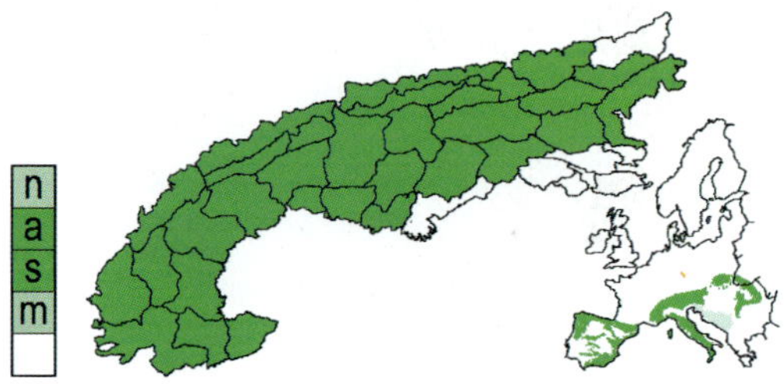

Sempervivum pittonii Schott, Nyman & Kotschy

Serpentin-Hauswurz *Crassulaceae*
VI–VIII ∗ K8–12 C8–12 A∞ G8–12

Bis 15 cm hoch. Blüten: **gelblich-weißlich**. Blütenhülle: **je Kreis 8–12-blättrig**. Kronblätter: drüsig behaart, 10–20 mm lang. Staubfäden: **weißlich**. Grundblätter: 4–6 mm breit, frisch- o.- dunkelgrün, distal rötlich, auf der Fläche drüsig behaart, Drüsenhaare 1–3 mm lang, am Rand bewimpert; Rosetten: **1–6 cm** ⌀.

- Schutt- o. Felsfluren, **Extensivgrünland o. Magerrasen**
- an nährstoffarmen, trockenen, serpentinhaltigen Standorten
- endemisch

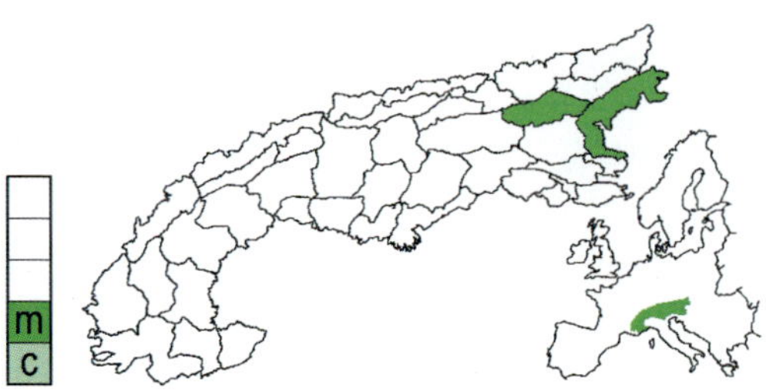

Sempervivum tectorum L.

Dach-Hauswurz *Crassulaceae*
VI–IX ∗ K10–14 C10–14 A∞ G10–14

10–60 cm hoch. Blüten: **(hell) rötlich bis violett**. Blütenhülle: **je Kreis 10–14-blättrig**. Kronblätter: **ausgebreitet**, 6–14 mm lang. Kelchblätter: spitz. Staubfäden: rötlich-violett. Grundblätter: distal *ohne* rötlich-bräunlichen Fleck, auf der Fläche drüsig behaart, am Rand bewimpert; Rosetten: **3–14 cm** ⌀. obere Stängelblätter: auf der Fläche behaart.

In den Alpen nur die subsp. *tectorum* (inkl. subsp. *alpinum*).

- subalpine o. alpine Rasen, **Schutt- o. Felsfluren**, **Extensivgrünland o. Magerrasen**
- meist an nährstoffarmen, trockenen Standorten
- einheimisch

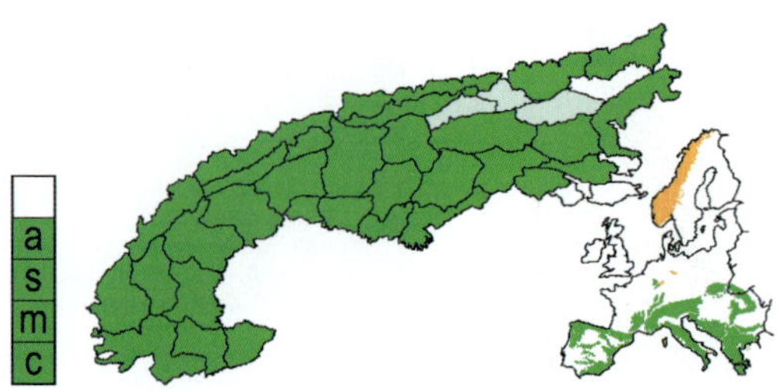

Sempervivum wulfenii Mert. & W. D. J. Koch

Wulfens Hauswurz *Crassulaceae*

VI–VIII ✱ K10–16 C10–16 A∞ G$\underline{10\text{–}16}$

10–30 cm hoch. BLÜTEN: **gelblich**, basal meist rötlich-violett. BLÜTENHÜLLE: **je Kreis 10–16-blättrig.** KRONBLÄTTER: drüsig behaart, 8–12 mm lang, meist 1–2 mm breit. STAUBFÄDEN: rötlich-violett. GRUNDBLÄTTER: **blau- bzw. graugrün, auf der Fläche kahl,** am Rand bewimpert; ROSETTEN: **4–8 cm ⌀.**

In den Alpen die subsp. *wulfenii* (endemisch) u. *juvanii* (endemisch) (vgl. S. 729).

- **subalpine o. alpine Rasen**, Schutt- o. Felsfluren, Zwergstrauchheiden, Extensivgrünland o. Magerrasen
- an nährstoffarmen, trockenen Standorten
- endemisch

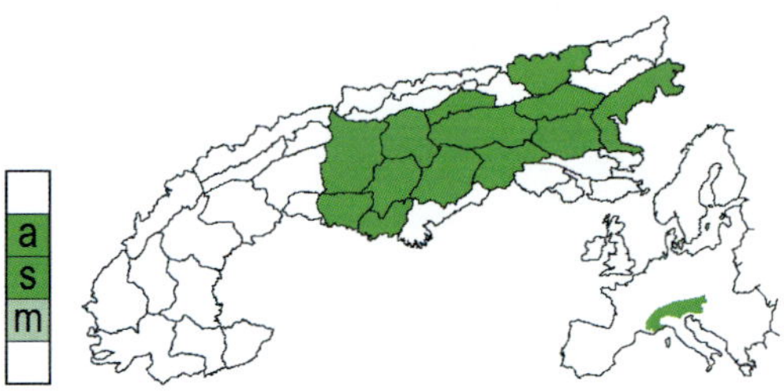

Rhodiola rosea L.

Echte Rosenwurz *Crassulaceae*

V–VIII ♂ ✱ K4 C4 A8 | ♀ ✱ K4 C4 G$\underline{4}$

10–40 cm hoch, mehrjährig. PFLANZEN: **2-häusig, ♂ Blüten oft mit verkümmerten Fruchtknoten.** BLÜTENSTAND: schirmförmig. BLÜTEN: **zunächst gelblich-grünlich, später rötlich.** BLÜTENHÜLLE: **je Kreis 4-blättrig.** KELCHBLÄTTER: basal meist etwas verwachsen. FRUCHTKNOTEN: meist mit ± schuppenförmigen Nektardrüsen unter den Fruchtblättern. FRÜCHTE: Bälge. BLATTSTELLUNG: wechselständig. BLÄTTER: **im QS flach ausgebreitet, sukkulent, länglich-oval bis rautenförmig, distal meist gesägt.**

In den Alpen nur die subsp. *rosea*.

- subalpine o. alpine Rasen, **Schutt- o. Felsfluren**
- an nährstoffarmen Standorten
- einheimisch

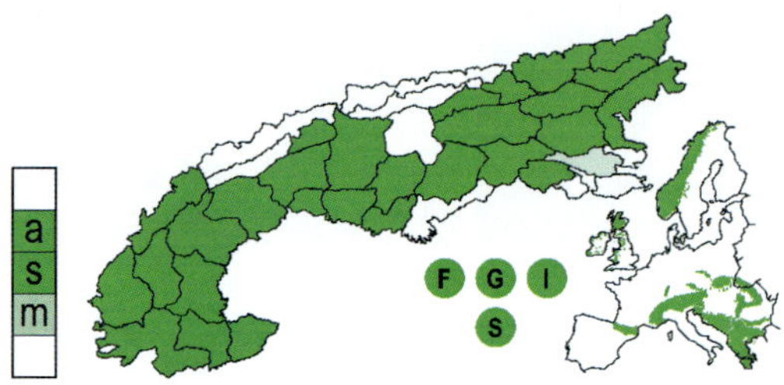

Cytisus ardoinii E. Fourn. giftig

Ardoinos Geißklee *Fabaceae*

IV–VI ↓ K(5) C5 A(10) G$\underline{1}$

Zwergstrauch, 20–60 cm hoch. PFLANZEN: abstehend behaart. BLÜTENSTAND: 1–3-blütig, mit Tragblättern. BLÜTEN: duftend, gelblich. KRONE: 6–14 mm lang. KELCH: 2-lippig, ± so lang wie breit. FRÜCHTE: Hülsen, 18–28 mm lang. STÄNGEL: zumindest basal niederliegend. SEITENÄSTE: **im QS geflügelt, Flügel T-förmig.** BLATTSTIELE: **0,4–1,2 cm lang.** BLÄTTER: 3-zählig gefiedert. FIEDERBLÄTTCHEN: **4–10 mm lang, 1–3 mm breit,** ganzrandig.

- **Extensivgrünland o. Magerrasen**, Wälder, **Macchien o. Garrigues**
- an nährstoffarmen, kalkreichen, trockenen Standorten
- endemisch

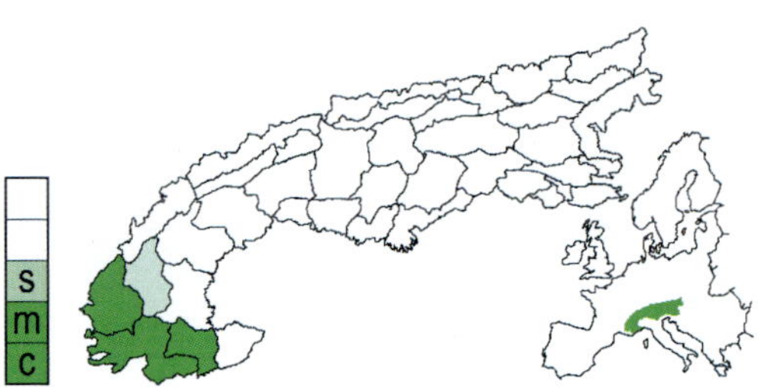

Cytisus emeriflorus Rchb. giftig

Bergamasker Geißklee *Fabaceae*

IV–VI ↓ K(5) C5 A(10) G$\underline{1}$

Zwergstrauch, 20–80 cm hoch. BLÜTENSTAND: 1–4-blütig, mit Tragblättern. BLÜTEN: gelblich. KRONE: 8–14 mm lang. KELCH: 2-lippig. FRÜCHTE: Hülsen, **22–40 mm lang, kahl.** STÄNGEL: zumindest basal niederliegend. SEITENÄSTE: im QS (undeutlich) kantig. BLATTSTIELE: **0,8–3 cm lang.** BLÄTTER: 3-zählig gefiedert; OBERSEITS: zunächst behaart, später verkahlend; UNTERSEITS: behaart. FIEDERBLÄTTCHEN: **5–22 mm lang,** ganzrandig.

- **subalpine o. alpine Rasen**, Schutt- o. Felsfluren, **Zwergstrauchheiden, Extensivgrünland o. Magerrasen, Wälder**
- an kalkreichen Standorten
- endemisch

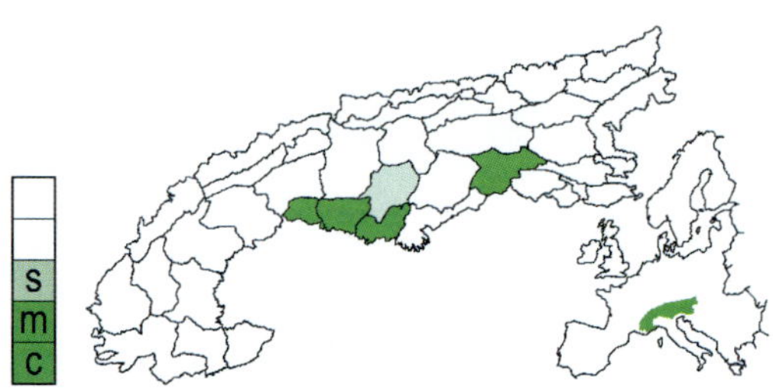

Cytisus hirsutus L.

giftig

Behaarter Zwergginster *Fabaceae*

V–VIII ↓ K(5) C5 A(10) G$\underline{1}$

Zwergstrauch, bis 100 cm hoch. Pflanzen: abstehend behaart. Blütenstand: **endständig**, meist 2–6-blütig, mit Tragblättern. Blüten: meist gelblich, selten hellrötlich; Fahne oft mit rötlich-bräunlicher Zeichnung. Krone: 18–28 mm lang. Kelch: 2-lippig, **> 1,5-mal so lang wie breit**. Kelchzipfel: kürzer als die Kelchröhre. Früchte: Hülsen, 18–50 mm lang, behaart. Seitenäste: **aufrecht**. Blätter: 3-zählig gefiedert. Fiederblättchen: **15–40 mm lang**, **7–15 mm breit**, ganzrandig.

Formenreiche Sippe, u. a. mit der in den Südlichen Westalpen endemischen subsp. *pumilus*.

- **subalpine o. alpine Rasen**, Schutt- o. Felsfluren, **Zwergstrauchheiden**, Extensivgrünland o. Magerrasen, **Wälder**
- an nährstoffarmen, meist trockenen Standorten
- einheimisch

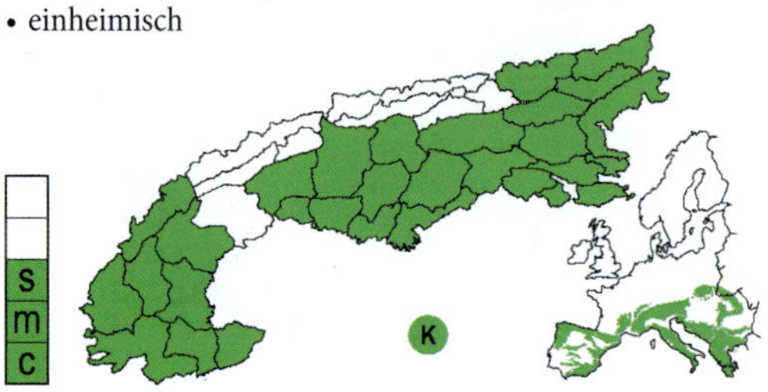

Cytisus sauzeanus Burnat & Briq.

giftig

Sauzes Geißklee *Fabaceae*

V–VIII ↓ K(5) C5 A(10) G$\underline{1}$

Zwergstrauch, 20–80 cm hoch. Blütenstand: 2–3-blütig, mit Tragblättern. Blüten: gelblich. Krone: 6–14 mm lang. Kelch: 2-lippig. Früchte: Hülsen, 18–28 mm lang, zumindest an den Kanten behaart. Stängel: zumindest basal niederliegend. Seitenäste: im QS **5-kantig**. Blattstiele: **< 1 cm lang**. Blätter: 3-zählig gefiedert, behaart. Fiederblättchen: **4–22 mm lang**, **2–10 mm breit**, ganzrandig.

- **Schutt- o. Felsfluren, Extensivgrünland o. Magerrasen, Wälder, Macchien o. Garrigues**
- an nährstoffarmen, kalkreichen, trockenen Standorten
- endemisch

Anthyllis vulneraria L.

Echter Wundklee *Fabaceae*

IV–IX ↓ K(5) C5 A(10) G$\underline{1}$

Bis 90 cm hoch. Blütenstand: **dolden- bis köpfchenartig**. Blüten: meist gelblich, selten rosa o. rötlich, zuweilen rötlich überlaufen. Früchte: **Hülsen *oder* Nüsschen, 1–2-samig**. Stängel: krautig o. basal verholzt. Blätter: **Stängelblätter meist gefiedert**, 3–17-teilig. Grundblätter: **ungeteilt *oder* gefiedert, dann oft mit vergrößerter Endfieder**.

Es werden zahlreiche Unterarten unterschieden, in der alpinen Stufe v. a. die subsp. *alpestris*, *carpatica* u. *vulnerarioides* (vgl. S. 729).

- **subalpine o. alpine Rasen**, **Schutt- o. Felsfluren**, Alluvionen, Legföhrengebüsche, **Extensivgrünland o. Magerrasen**, **Wälder**
- an nährstoffarmen, basenreichen, meist trockenen Standorten
- einheimisch

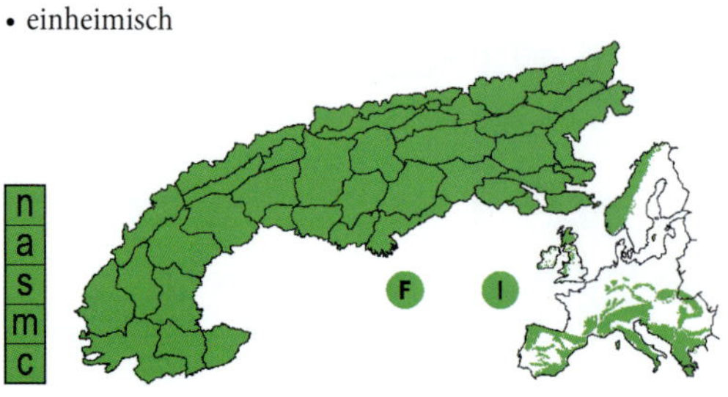

Coronilla vaginalis Lam.

Scheiden-Kronwicke *Fabaceae*

IV–VIII ↓ K(5) C5 A(9)+1 G$\underline{1}$

Halbstrauch, bis 10 cm hoch. Blütenstand: doldenartig, **3–12-blütig**. Blüten: gelblich. Kronblätter: genagelt; Nagel: ± so lang wie die Kelchblätter. Fahne: ± zurückgeschlagen. Schiffchen: geschnäbelt. Früchte: **quer zerfallende Spaltfrüchte**. Fruchtglieder: **zylindrisch, im QS 4-kantig bis geflügelt**. Blätter: unpaarig gefiedert, 5–13-teilig. Fiederblättchen: **3–15 mm lang**. Nebenblätter: **miteinander verwachsen, kleiner als die Fiederblättchen**.

- subalpine o. alpine Rasen, **Schutt- o. Felsfluren**, Alluvionen, Legföhrengebüsche, **Moore o. Seggenriede**, **Wälder**
- an nährstoffarmen, kalkreichen, meist trockenen Standorten
- einheimisch

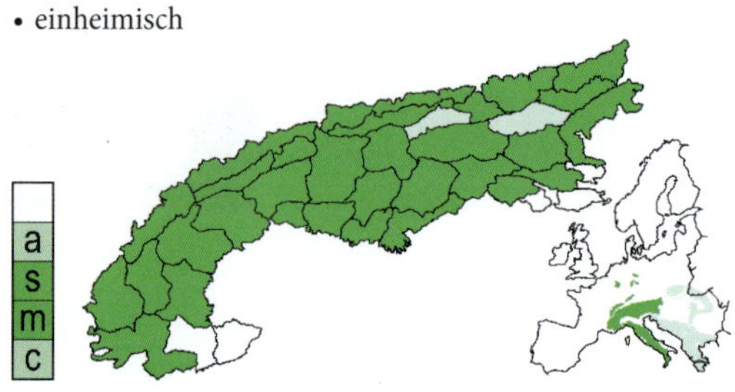

Hippocrepis comosa L.

Hufeisenklee *Fabaceae*

IV–VII ↓ K(5) C5 A(9)+1 G$\underline{1}$

Bis 25 cm hoch. Blütenstand: **doldenartig, 3–14-blütig**. Blüten: gelblich. Kronblätter: genagelt; Nagel: ± 3-mal so lang wie die Kelchblätter. Fahne: ± zurückgeschlagen. Schiffchen: geschnäbelt. Früchte: **meist quer zerfallende Spaltfrüchte, deutlich geschlängelt**. Fruchtglieder: **u-förmig gebogen, im QS abgeflacht**. Stängel: basal zuweilen verholzt. Blätter: unpaarig gefiedert, **9–17-teilig**. Fiederblättchen: ± ganzrandig. Nebenblätter: mit dem Blattstiel verwachsen, *nicht* miteinander verwachsen, kleiner als die Fiederblättchen.

- **subalpine o. alpine Rasen**, Schutt- o. Felsfluren, Alluvionen, **Extensivgrünland o. Magerrasen**, Wälder,
- an nährstoffarmen, basenreichen, meist trockenen Standorten
- einheimisch

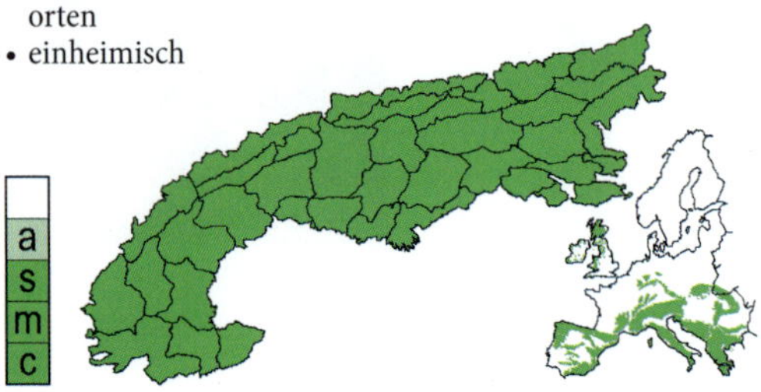

Lotus corniculatus L.

Gewöhnlicher Hornklee *Fabaceae*

V–VIII ↓ K(5) C5 A(9)+1 G$\underline{1}$

20–50 cm hoch. Blütenstand: **3–8-blütig**. Blüten: gelblich, oft rötlich überlaufen; **Schiffchen zuweilen mit weißlicher bis rötlicher Spitze**. Krone: 10–16 mm lang. Schiffchen: geschnäbelt, plötzlich zugespitzt, ± rechtwinklig abgewinkelt. Früchte: Hülsen, im QS rundlich. Stängel: basal zuweilen verholzt. Blätter: **3-teilig gefiedert, durch 2 große basal stehende Nebenblätter scheinbar 5-teilig.** Fiederblättchen: schief-oval bis lanzettlich, 1–3-mal so lang wie breit.

In den Alpen nur die subsp. *corniculatus*.

- **subalpine o. alpine Rasen**, Alluvionen, Zwergstrauchheiden, **Staudenfluren**, **Grünland**, Wälder, **Ruderalvegetation**
- einheimisch

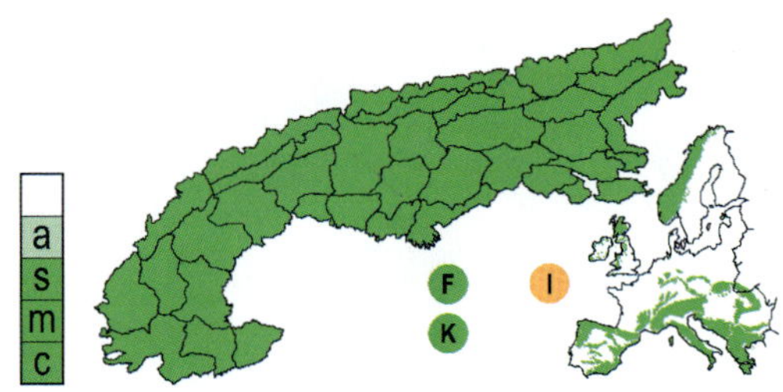

Lotus alpinus (DC.) Ramond

Alpen-Hornklee *Fabaceae*

V–IX ↓ K(5) C5 A(9)+1 G$\underline{1}$

Bis 10 cm hoch. Blütenstand: **1–3 (5) -blütig**. Blüten: gelblich; **Schiffchen mit bräunlicher bis schwarzer Spitze**. Krone: 12–20 mm lang. Schiffchen: geschnäbelt, plötzlich zugespitzt, ± rechtwinklig abgewinkelt. Früchte: Hülsen, 15–30 mm lang. Stängel: basal zuweilen verholzt, zumindest basal niederliegend. Blätter: **3-teilig gefiedert, durch 2 große basal stehende Nebenblätter scheinbar 5-teilig**. Fiederblättchen: rundlich bis schief-oval, 1–3-mal so lang wie breit.

- **subalpine o. alpine Rasen**, Schutt- o. Felsfluren, Alluvionen, Schneetälchen, Staudenfluren
- einheimisch

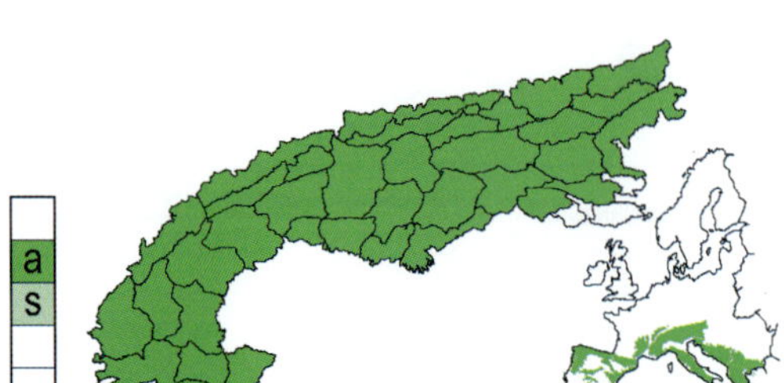

> ***Oxytropis***: mehrjährige Kräuter. Schiffchen: abrupt zugespitzt, mit schmaler abgesetzter Spitze, am Kiel mit 2 grannenartigen Zähnen. Früchte: Hülsen. Blätter: unpaarig gefiedert. Stängel: überwiegend mit einfachen Haaren. Blütenformel: ↓ K(5) [C5 A(9)+1] G$\underline{1}$.

Oxytropis amethystea Arv.-Touv.

Amethyst-Spitzkiel *Fabaceae*

V–IX ↓ K(5) C5 A(9)+1 G$\underline{1}$

Bis 15 cm hoch. Blütenstand: Stiel: anliegend behaart. Blüten: **weißlich bis hellviolett**. Krone: 10–16 mm lang. Früchte: 16–20 mm lang, 8–10 mm ⌀, 1-fächrig. Stängel: **auch oberirdisch entwickelt**. Blätter: 21–43-teilig.

- **subalpine o. alpine Rasen**, **Extensivgrünland o. Magerrasen**
- an nährstoffarmen, basenreichen Standorten
- einheimisch

Oxytropis campestris (L.) DC.

Alpen-Spitzkiel *Fabaceae*
VI–VIII ↓ K(5) C5 A(9)+1 G1

20–50 cm hoch. Blütenstand: 8–20-blütig. Blüten: **weißlich bis gelblich-weißlich**, zuweilen violett überlaufen. Blütenstiele: > 2 mm lang. Krone: 15–20 mm lang. Früchte: **im QS aufgeblasen, durch die nach innen vorspringende Naht fast 2-fächrig**. Stängel: **fast nur unterirdisch entwickelt**, mit grundständiger Blattrosette, *ohne* Laubblätter. Blätter: 17–35-teilig. Nebenblätter: zu > 50 % mit dem Blattstiel verwachsen.

In den Alpen die subsp. *campestris* u. *tyroliensis* (endemisch) (vgl. S. 729).

- **subalpine o. alpine Rasen**, Schutt- o. Felsfluren, Alluvionen, Staudenfluren, Extensivgrünland o. Magerrasen
- an nährstoffarmen, meist basenreichen Standorten
- einheimisch

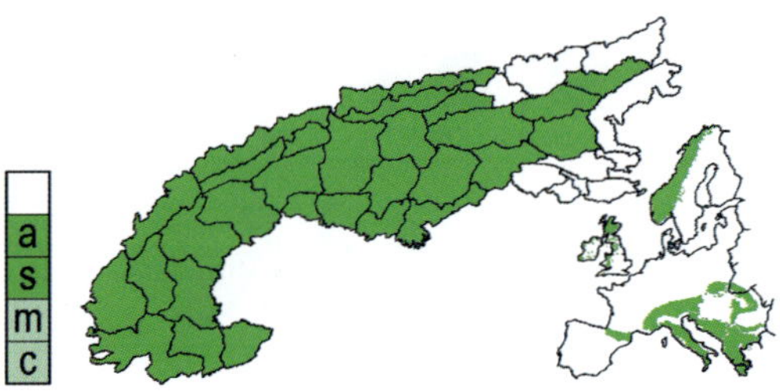

Oxytropis foetida (Vill.) DC.

Klebriger Spitzkiel *Fabaceae*
V–VIII ↓ K(5) C5 A(9)+1 G1

Bis 15 cm hoch. Pflanzen: **drüsig-klebrig behaart**. Blütenstand: 3–8-blütig. Blüten: **mit harzigem Geruch, weißlich-gelblich**, oft violett überlaufen. Krone: 10–24 mm lang. Früchte: 4–8 mm ⌀, 1-fächrig. Stängel: **fast nur unterirdisch entwickelt**. Blätter: im QS am Rand oft nach unten gebogen, 25–55-teilig. Fiederblättchen: 3–8 mm lang.

- subalpine o. alpine Rasen, **Schutt- o. Felsfluren**
- an nährstoffarmen Standorten
- endemisch

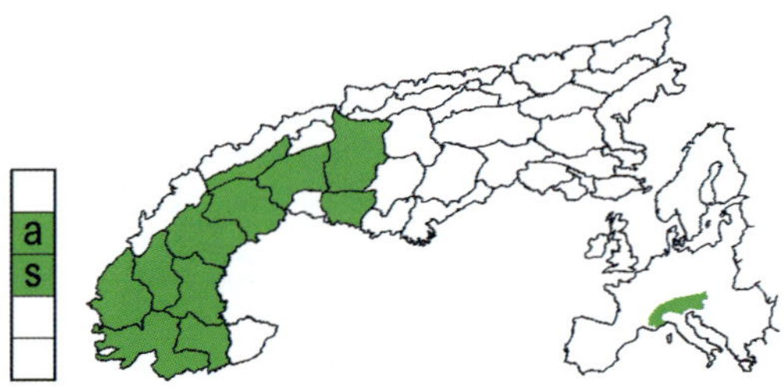

Oxytropis halleri W. D. J. Koch

Hallers Spitzkiel *Fabaceae*
V–VIII ↓ K(5) C5 A(9)+1 G1

Bis 20 cm hoch. Pflanzen: **mit zahlreichen langen Haaren**. Blütenstand: 6–16-blütig. Blüten: **bläulich bis rötlich-violett**. Blütenstiele: > 2 mm lang. Krone: 15–20 mm lang. Früchte: **im QS aufgeblasen, durch die weit nach innen vorspringende Naht ± 2-fächrig**. Stängel: **fast nur unterirdisch entwickelt**. Blätter: 13–35-teilig.

In den Alpen die subsp. *halleri* u. *velutina* (endemisch) (vgl. S. 729).

- **subalpine o. alpine Rasen**, Schutt- o. Felsfluren, **Extensivgrünland o. Magerrasen, Wälder**
- an nährstoffarmen, trockenen Standorten
- einheimisch

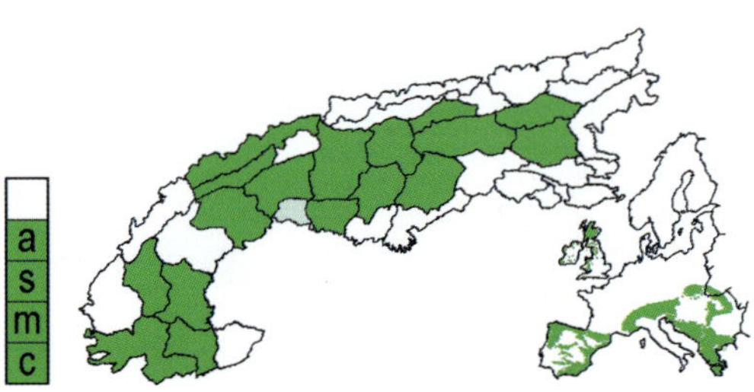

Oxytropis helvetica Scheele

Schweizer Spitzkiel *Fabaceae*
VI–VIII ↓ K(5) C5 A(9)+1 G1

Bis 15 cm hoch. Blütenstand: 3–6-blütig; Stiel: anliegend behaart. Blüten: **meist hellblau bis violett**. Krone: 10–16 mm lang. Früchte: 22–28 mm lang, 4–6 mm ⌀, 1-fächrig. Stängel: **fast nur unterirdisch entwickelt**. Blattstiele: meist rötlich. Blätter: 15–27-teilig, anliegend behaart.

- subalpine o. alpine Rasen, **Schutt- o. Felsfluren, Extensivgrünland o. Magerrasen**
- an kalkreichen, trockenen Standorten
- endemisch

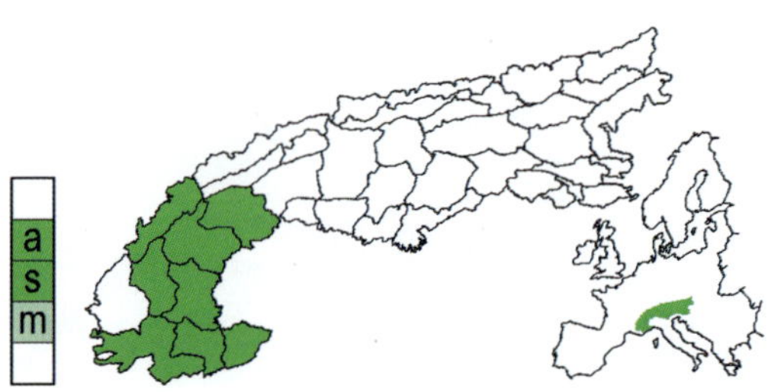

Oxytropis jacquinii Bunge

Berg-Spitzkiel *Fabaceae*
VI–VIII ↓ K(5) C5 A(9)+1 G$\underline{1}$

Bis 10 cm hoch. PFLANZEN: **anliegend behaart o. kahl**. BLÜTENSTAND: 4–18-blütig. BLÜTEN: **meist bläulich-violett**. BLÜTENSTIELE: < 2 mm lang. KRONE: 10–13 mm lang. KELCHZIPFEL: **< 0,5-mal so lang wie die Kelchröhre**. FRÜCHTE: abstehend, **mit langem Stiel oberhalb des Kelchs**, Stiel ≥ 0,5-mal so lang wie die Kelchröhre, **im QS aufgeblasen**, 1-fächrig. STÄNGEL: mit Laubblättern. BLÄTTER: meist 15–41-teilig.

- **subalpine o. alpine Rasen**, Schutt- o. Felsfluren
- an nährstoffarmen, kalkreichen Standorten
- einheimisch (subendemisch)

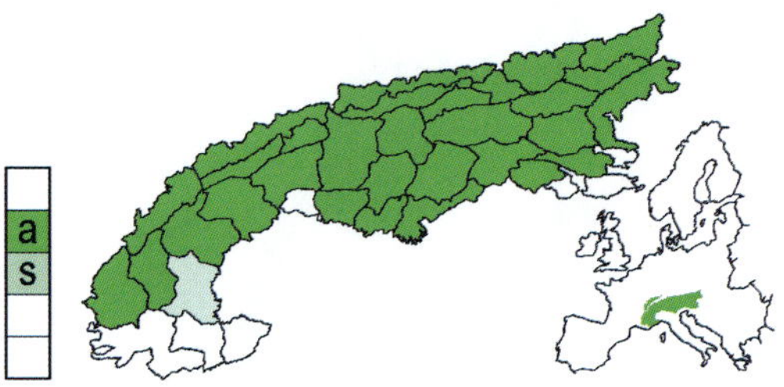

Oxytropis lapponica (Wahlenb.) J. Gay

Lappländer Spitzkiel *Fabaceae*
VI–VIII ↓ K(5) C5 A(9)+1 G$\underline{1}$

Bis 10 cm hoch. PFLANZEN: **anliegend behaart**. BLÜTENSTAND: 6–14-blütig. BLÜTEN: **meist bläulich-violett**. KRONE: 8–13 mm lang. KELCHZIPFEL: **> 0,8-mal so lang wie die Kelchröhre**. FRÜCHTE: überhängend, **mit kurzem Stiel oberhalb des Kelchs**, Stiel ± 0,5-mal so lang wie die Kelchröhre, 1-fächrig. BLÄTTER: 13–31-teilig. NEBENBLÄTTER: zu > 50 % mit dem Blattstiel verwachsen.

- **subalpine o. alpine Rasen**, Alluvionen
- an nährstoffarmen, basenreichen Standorten
- einheimisch

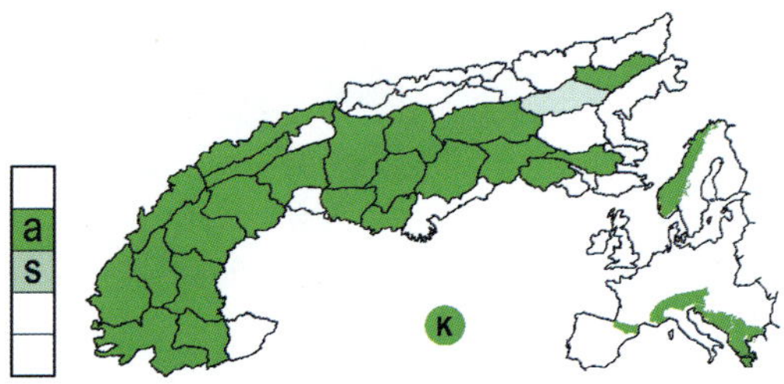

Oxytropis neglecta Ten.

Insubrischer Spitzkiel *Fabaceae*
VI–VIII ↓ K(5) C5 A(9)+1 G$\underline{1}$

Bis 20 cm hoch. BLÜTENSTAND: 8–20-blütig; STIEL: abstehend behaart. BLÜTEN: **meist violett**. BLÜTENSTIELE: < 2 mm lang. KRONE: 8–13 mm lang. FRÜCHTE: **mit Stiel oberhalb des Kelchs**, Stiel ± 0,5-mal so lang wie die Kelchröhre, 1-fächrig. STÄNGEL: **fast nur unterirdisch entwickelt**. BLÄTTER: 21–43-teilig. FIEDERBLÄTTCHEN: meist 7–15 mm lang.

- **subalpine o. alpine Rasen**, Alluvionen, Zwergstrauchheiden
- an kalkreichen, trockenen Standorten
- einheimisch

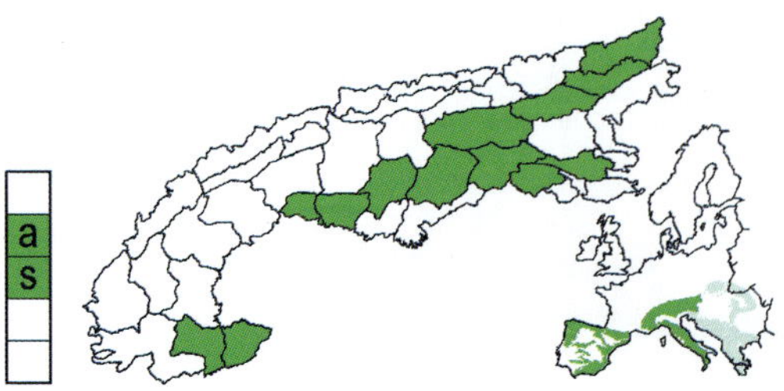

Oxytropis triflora Hoppe

Dreiblütiger Spitzkiel *Fabaceae*
VI–VIII ↓ K(5) C5 A(9)+1 G$\underline{1}$

Bis 20 cm hoch. BLÜTENSTAND: STIEL: anliegend behaart. BLÜTEN: **meist (hell) violett**. BLÜTENSTIELE: < 2 mm lang. KRONE: 8–13 mm lang. FRÜCHTE: 1-fächrig. STÄNGEL: **fast nur unterirdisch entwickelt**. BLÄTTER: 17–27-teilig. FIEDERBLÄTTCHEN: < 7 mm lang.

- **subalpine o. alpine Rasen**, Schutt- o. Felsfluren, Extensivgrünland o. Magerrasen
- an nährstoffarmen, kalkreichen Standorten
- endemisch

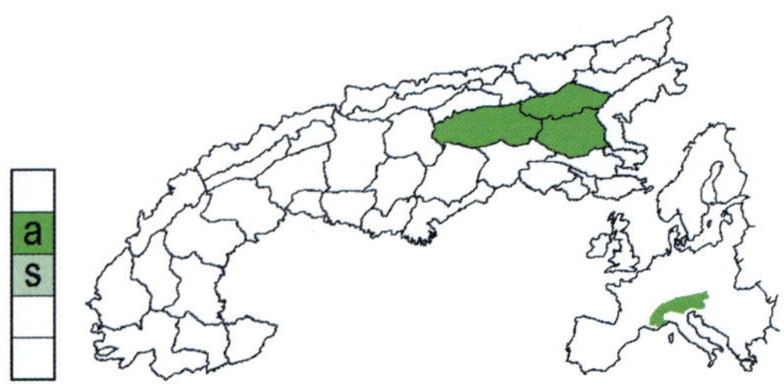

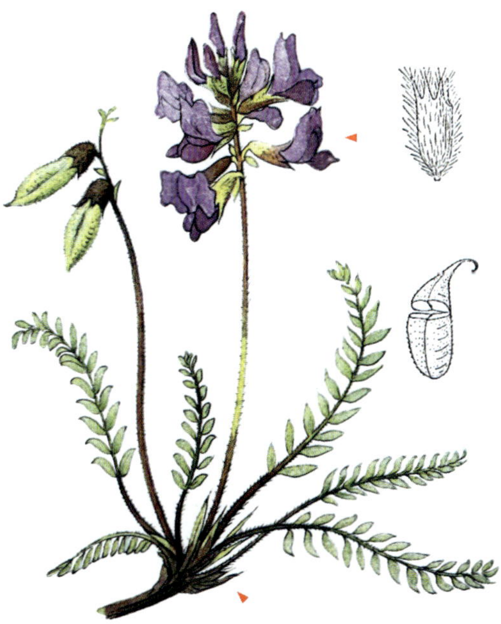

Astragalus: Schiffchen: abgerundet o. spitz, *nicht* abrupt zugespitzt, Kiel *ohne* grannenartige Zähne. Blätter: unpaarig gefiedert. Blütenformel: ↓ K(5) [C5 A(9)+1] G$\underline{1}$.

Astragalus sempervirens Lam.

Dorn-Tragant *Fabaceae*
V–VII ↓ K(5) C5 A(9)+1 G$\underline{1}$

Bis 40 cm hoch, ± polsterförmig. Blütenstand: **3–8-blütig**. Blüten: weißlich bis rötlich-violett. Krone: 10–20 mm lang. Fahne: länger als die Flügel. Kelchblätter: 6–16 mm lang, mit langen Haaren. Früchte: eiförmig, behaart. Stängel: zumindest basal verholzt, überwiegend mit ungeteilten Haaren. Blätter: Endfieder fehlend bzw. hinfällig, **9–23-teilig**. Rhachis: **bleibend, starr, stechend**.

In den Alpen nur die subsp. *sempervirens*.

- Schutt- o. Felsfluren, **Extensivgrünland o. Magerrasen**, Wälder
- an nährstoffarmen, trockenen Standorten
- einheimisch

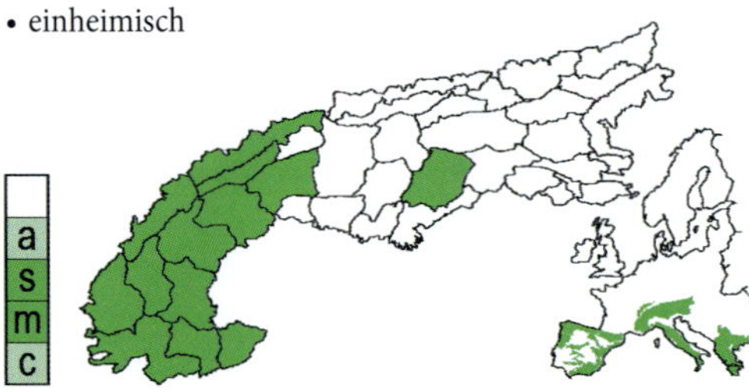

Astragalus penduliflorus Lam.

Hängeblüten-Tragant *Fabaceae*
VI–VIII ↓ K(5) C5 A(9)+1 G$\underline{1}$

30–50 cm hoch. Blütenstand: lang gestielt, **5–20-blütig**. Blüten: **gelblich**. Krone: zur Fruchtzeit abgefallen, 8–14 mm lang. Früchte: **mit (kurzem) Stiel oberhalb des Kelchs, 20–30 mm lang, 10–15 mm ⌀, verkahlend, im QS stark aufgeblasen**. Stängel: krautig, überwiegend mit ungeteilten Haaren. Blätter: **13–33-teilig**. Fiederblättchen: 3–6 mm lang. Nebenblätter: länglich-lanzettlich, **2–5 mm breit**.

- **subalpine o. alpine Rasen**, Schutt- o. Felsfluren, Wälder
- an nährstoffarmen Standorten
- einheimisch

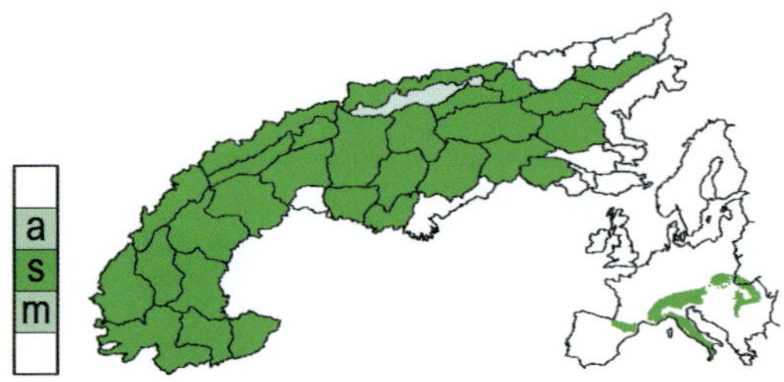

Astragalus frigidus (L.) A. Gray

Gletscher-Tragant *Fabaceae*
VI–VIII ↓ K(5) C5 A(9)+1 G$\underline{1}$

10–40 cm hoch. Blütenstand: lang gestielt, **5–20-blütig**. Blüten: **gelblich**. Krone: zur Fruchtzeit abgefallen, 10–16 mm lang. Früchte: **mit (kurzem) Stiel oberhalb des Kelchs, 20–30 mm lang, 5–7 mm ⌀**, behaart, **im QS etwas aufgeblasen**. Stängel: krautig, überwiegend mit ungeteilten Haaren. Blätter: **7–19-teilig**. Fiederblättchen: 6–16 mm lang. Nebenblätter: oval, **4–12 mm breit**.

In den Alpen nur die subsp. *frigidus*.

- **subalpine o. alpine Rasen**, Schneetälchen
- an nährstoffarmen, kalkreichen Standorten
- einheimisch

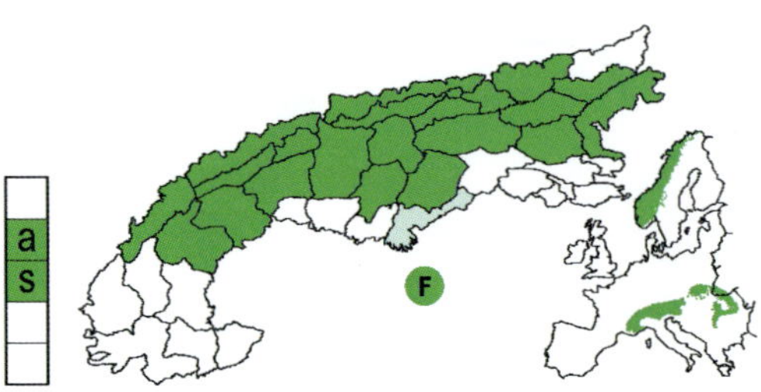

Astragalus alpinus L.

Alpen-Tragant *Fabaceae*
V–VIII ↓ K(5) C5 A(9)+1 G$\underline{1}$

Bis 20 cm hoch. Blütenstand: **lang gestielt, 5–15-blütig**. Blüten: **Fahne violett, bläulich gestreift; Flügel weißlich**; Schiffchen bläulich-violett. Krone: 8–14 mm lang. Fahne: **± so lang wie das Schiffchen**. Flügel: **distal abgerundet bis (schwach) eingeschnitten**. Kelchzipfel: **0,5–1-mal so lang wie die Kelchröhre**. Früchte: **mit (kurzem) Stiel oberhalb des Kelchs, 6–18 mm lang, 3–4 mm ⌀, mit dunklen Haaren**, im QS zuweilen etwas aufgeblasen. Blätter: **9–29-teilig**. Nebenblätter: **kürzer als die Internodien**.

In den Alpen nur die subsp. *alpinus*.

- **subalpine o. alpine Rasen**, Alluvionen
- meist an basenreichen Standorten
- einheimisch

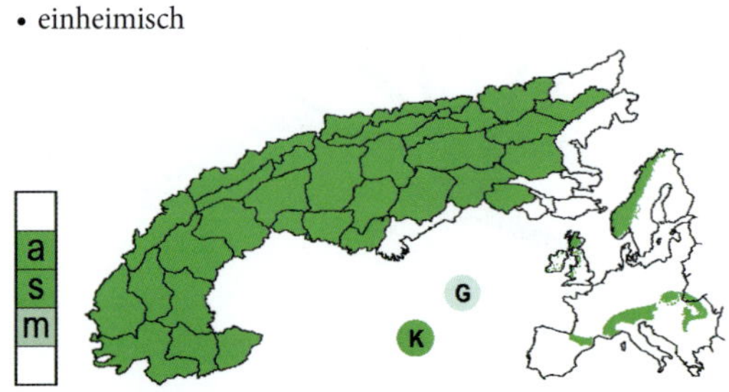

Astragalus vesicarius L.

Blasen-Tragant *Fabaceae*
IV–VIII ↓ K(5) C5 A(9)+1 G$\underline{1}$

10–50 cm hoch. Blütenstand: **8–22-blütig**. Krone: 16–25 mm lang. Früchte: **mit langem Stiel oberhalb des Kelchs, 8–16 mm lang, mit abstehenden hellen Haaren**. Stängel: zumindest basal verholzt, **mit gabelig geteilten Haaren**. Blätter: **7–23-teilig**.

In den Alpen die subsp. *vesicarius*, *carniolicus* u. *pastellianus* (endemisch) (vgl. S. 729).

- Schutt- o. Felsfluren, Alluvionen, **Extensivgrünland o. Magerrasen**, **Wälder**
- an nährstoffarmen, trockenen Standorten
- einheimisch

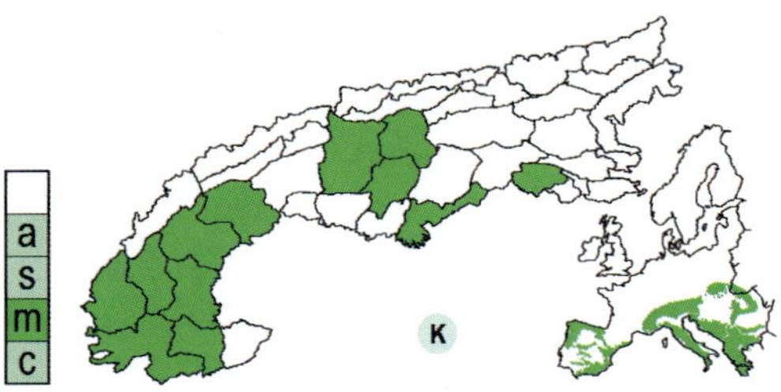

Astragalus australis (L.) Lam.

Südlicher Tragant *Fabaceae*
IV–VII ↓ K(5) C5 A(9)+1 G$\underline{1}$

Bis 20 cm hoch. Blütenstand: **gestielt, (fast) kahl, 8–16-blütig**. Blüten: **weißlich-gelblich; Schiffchen meist bläulich-violett überlaufen**. Krone: 8–16 mm lang. Flügel: **distal tief eingeschnitten bis 2-lappig**. Früchte: mit (langem) Stiel oberhalb des Kelchs, **10–30 mm lang, 4–10 mm ⌀, (fast) kahl, im QS stark aufgeblasen**. Stängel: krautig, überwiegend mit ungeteilten Haaren. Blätter: **7–15-teilig**.

- **subalpine o. alpine Rasen**, Schutt- o. Felsfluren, Alluvionen
- an nährstoffarmen Standorten
- einheimisch

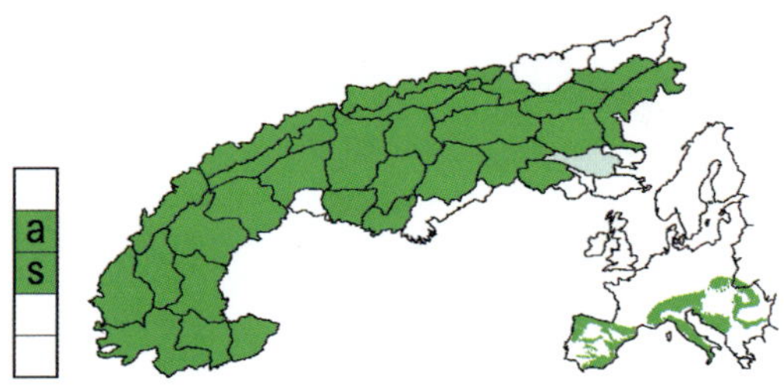

Astragalus depressus L.

Niederliegender Tragant *Fabaceae*
IV–VII ↓ K(5) C5 A(9)+1 G$\underline{1}$

Bis 10 cm hoch. Blütenstand: ähren- bis traubenartig, **kurz gestielt, 6–14-blütig**. Blüten: weißlich bis violett. Krone: 8–16 mm lang. Früchte: überhängend, **mit langem Stiel oberhalb des Kelchs, 14–24 mm lang, 3–4 mm ⌀**, zunächst behaart, später verkahlend, im QS *nicht* aufgeblasen. Stängel: krautig, überwiegend mit ungeteilten *oder* gabelig geteilten Haaren. Blätter: **11–31-teilig**. Nebenblätter: **länger als die Internodien**.

In den Alpen nur die subsp. *depressus*.

- **subalpine o. alpine Rasen**, Schutt- o. Felsfluren, **Extensivgrünland o. Magerrasen**
- an nährstoffarmen, trockenen Standorten
- einheimisch

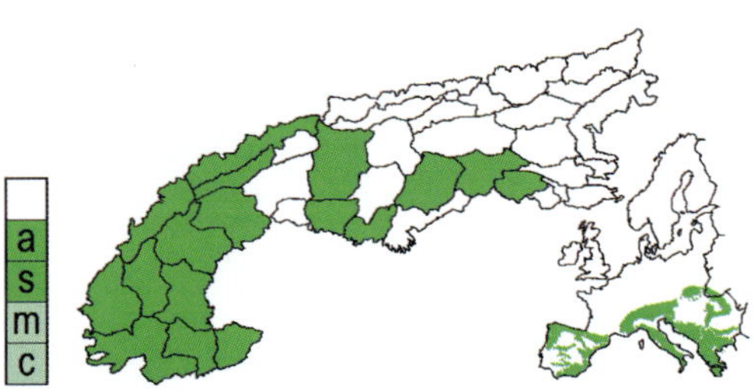

Astragalus leontinus Wulfen

Tiroler Tragant *Fabaceae*
V–VII ↓ K(5) C5 A(9)+1 G$\underline{1}$

Bis 20 cm hoch. Blütenstand: **10–20-blütig**. Blüten: weißlich bis rötlich-violett. Krone: 12–20 mm lang. Früchte: **mit langem Stiel oberhalb des Kelchs, 8–12 mm lang**, behaart. Stängel: krautig, **fast nur unterirdisch entwickelt, mit gabelig geteilten Haaren**. Blätter: **9–23-teilig**.

- **subalpine o. alpine Rasen**, Schutt- o. Felsfluren, Alluvionen, Staudenfluren, Wälder
- an trockenen Standorten
- einheimisch

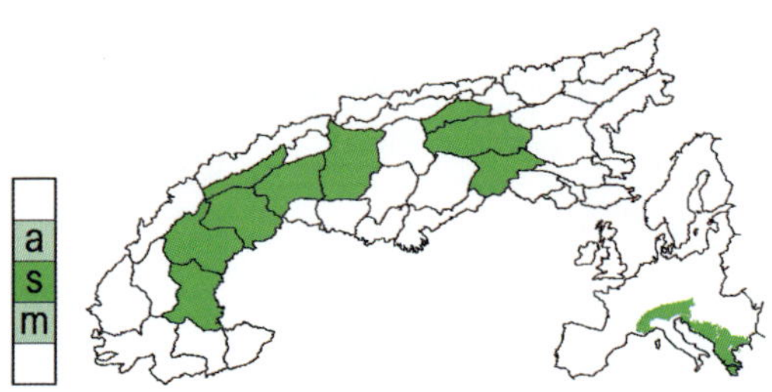

Astragalus norvegicus Grauer

Norwegischer Tragant *Fabaceae*
V–VII ↓ K(5) C5 A(9)+1 G1

15–50 cm hoch. Blütenstand: **lang gestielt, 10–30-blütig**. Blüten: **violett**. Krone: 8–14 mm lang. Fahne: **länger als das Schiffchen**. Kelchzipfel: **± 0,25–1-mal so lang wie die Kelchröhre**. Früchte: **8–12 mm lang, 3–4 mm ⌀**, mit kurzen dunklen Haaren, im QS *nicht* aufgeblasen. Stängel: krautig, überwiegend mit ungeteilten Haaren. Blätter: **11–17-teilig**. Nebenblätter: **kürzer als die Internodien**.

- **subalpine o. alpine Rasen**, Schutt- o. Felsfluren
- an nährstoffarmen Standorten
- einheimisch

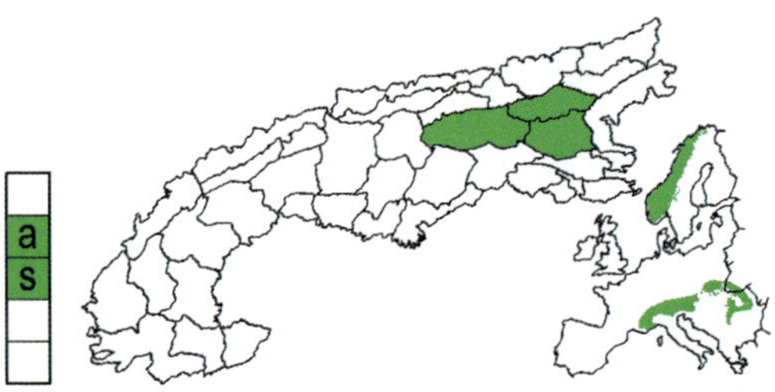

Hedysarum boutignyanum Alleiz.

Boutigny-Süßklee *Fabaceae*
VI–IX ↓ K(5) C5 A(9)+1 G1

40–80 cm hoch, mehrjährig. Blütenstand: 5–22 cm lang, 10–50-blütig. Tragblätter der Blüten: **1–4 mm lang, meist kürzer als der Stiel der Blüte**. Blüten: **weißlich-gelblich**, zuweilen bläulich-violett überlaufen. Krone: meist 12–16 mm lang. Schiffchen: distal abgerundet. Früchte: **quer zerfallende Spaltfrüchte**. Fruchtglieder: im QS abgeflacht. Stängel: krautig. Blätter: unpaarig gefiedert, 9–19-teilig.

- **subalpine o. alpine Rasen**, Schutt- o. Felsfluren
- an nährstoffarmen, kalkreichen Standorten
- endemisch

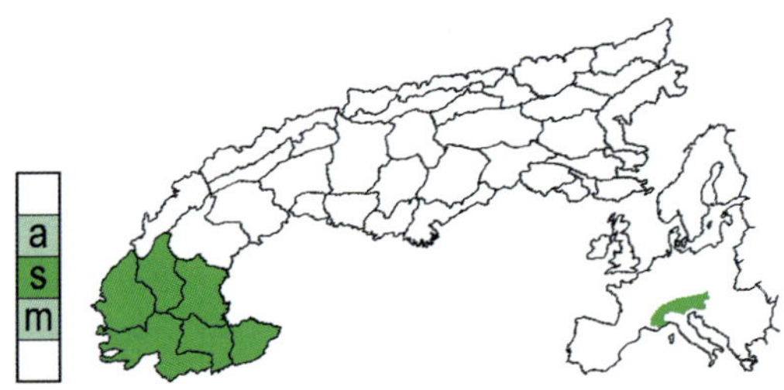

Hedysarum hedysaroides (L.) Schinz & Thell.

Alpen-Süßklee *Fabaceae*
VI–VIII ↓ K(5) C5 A(9)+1 G1

10–40 cm hoch, mehrjährig. Blütenstand: 2–10 cm lang, 10–50-blütig. Tragblätter der Blüten: **5–15 mm lang, deutlich länger als der Stiel der Blüte**. Blüten: **rötlich bis violett**. Krone: 12–25 mm lang. Schiffchen: distal abgerundet. Früchte: **quer zerfallende Spaltfrüchte**. Fruchtglieder: im QS abgeflacht. Blätter: unpaarig gefiedert. Fiederblättchen: oval, 8–35 mm lang. Nebenblätter: zu > 50 % mit dem Blattstiel verwachsen.

In den Alpen die subsp. *hedysaroides* u. *exaltatum* (endemisch) (vgl. S. 729).

- **subalpine o. alpine Rasen**, Schutt- o. Felsfluren, Zwergstrauchheiden, Grünerlen- o. Legföhrengebüsche
- an nährstoffarmen, basenreichen Standorten
- einheimisch

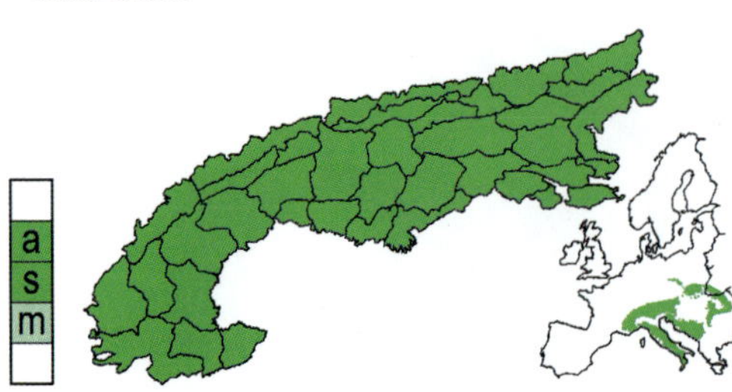

Onobrychis arenaria (Kit.) DC.

Sand-Esparsette *Fabaceae*
V–VIII ↓ K(5) C5 A(9)+1 G1

10–30 cm hoch, mehrjährig. Blütenstand: **schon in Knospe schmal u. verlängert**. Tragblätter der Blüten: viel kürzer als der Kelch. Blüten: rötlich, selten weißlich. Fahne: **mindestens so lang wie das Schiffchen**. Schiffchen: distal abgerundet. Früchte: Nüsschen, **lang stachelig**, 3–8 mm lang. Blätter: unpaarig gefiedert, 11–29-teilig. untere Nebenblätter: **mit den Blättern abfallend**.

In den Alpen die subsp. *arenaria* u. *taurerica* (endemisch) (vgl. S. 729).

- Schutt- o. Felsfluren, **Extensivgrünland o. Magerrasen**, Wälder
- an nährstoffarmen, kalkreichen, trockenen Standorten
- einheimisch

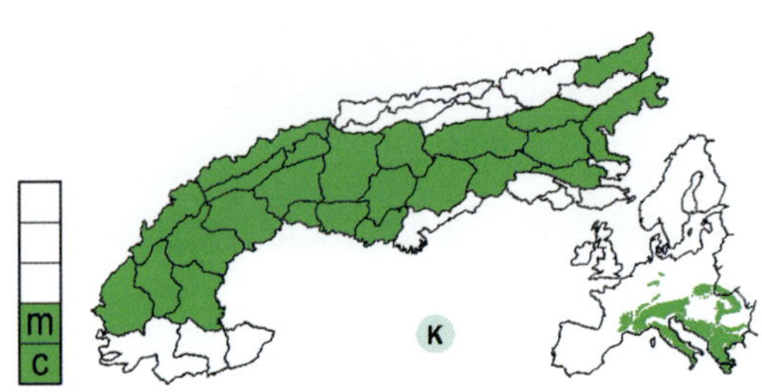

Onobrychis montana DC.

Berg-Esparsette *Fabaceae*
VI–VIII ↓ K(5) C5 A(9)+1 G1

20–50 cm hoch, mehrjährig. Blütenstand: **in Knospe eiförmig, später verlängert.** Tragblätter der Blüten: kaum kürzer als der Kelch. Blüten: meist dunkelrot. Krone: 8–14 mm lang. Fahne: **1–2 mm kürzer als das Schiffchen.** Schiffchen: distal abgerundet. Früchte: Nüsschen, **mit gezähnten Leisten**, 5–10 mm lang. Blätter: unpaarig gefiedert, 7–17-teilig. untere Nebenblätter: **bleibend.**

In den Alpen nur die subsp. *montana*.

- **subalpine o. alpine Rasen**, Schutt- o. Felsfluren, Alluvionen, Extensivgrünland o. Magerrasen
- an nährstoffarmen, kalkreichen Standorten
- einheimisch

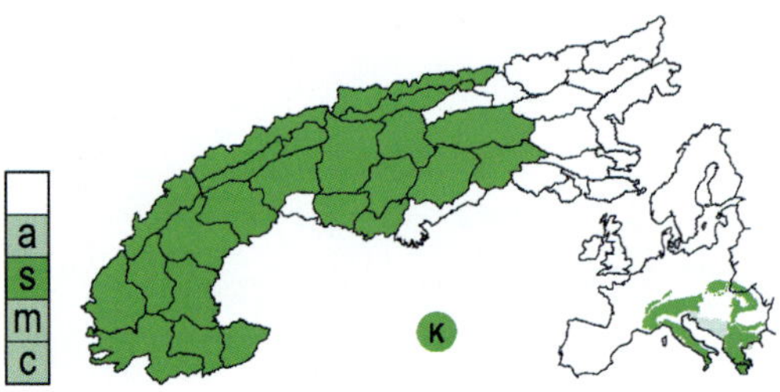

Ononis cristata Mill.

Mont-Cenis-Hauhechel *Fabaceae*
V–IX ↓ K(5) C5 A(10) G1

Zwergstrauch, bis 40 cm hoch. Tragblätter der Blüten: alle 3-teilig, lanzettlich, grünlich. Blüten: meist einzeln, **rötlich-violett**; **Schiffchen meist weißlich.** Blütenstiele: lang, **gegliedert (mit grannenartigem Seitenast) o. Blütenstand mehrblütig.** Krone: 8–16 mm lang. Früchte: Hülsen, meist ≤ 5-samig, **länglich-zylindrisch, länger als der Kelch.** Stängel: zumindest basal verholzt. Blätter: **3-teilig gefiedert, durch 2 große basal stehende Nebenblätter scheinbar 5-teilig.** Fiederblättchen: am Rand gezähnt. Endfieder: fast sitzend.

- Schutt- o. Felsfluren, **Extensivgrünland o. Magerrasen**, Wälder, **Macchien o. Garrigues**
- an nährstoffarmen, basenreichen Standorten
- einheimisch

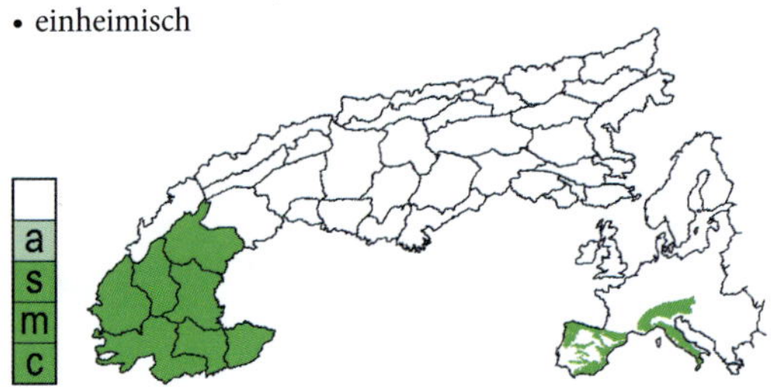

Medicago pironae Vis.

Pironas Schneckenklee *Fabaceae*
II–V ↓ K(5) C5 A(9)+1 G1

Halbstrauch, 10–30 cm hoch. Pflanzen: fast kahl. Blütenstand: 4–14-blütig. Blüten: gelblich. Krone: 6–8 mm lang. Kelchblätter: 1–2 mm lang. Früchte: Hülsen, **schraubenförmig, mit 3–4 Windungen**, 4–8 mm ⌀, **stachelig, Stacheln breit 3-eckig, drüsig behaart.** Stängel: basal niederliegend. Blätter: 3-teilig, **Endfieder distal meist mit kleinem Zahn.**

- **Schutt- o. Felsfluren**
- an nährstoffarmen, kalkreichen, trockenen Standorten
- endemisch

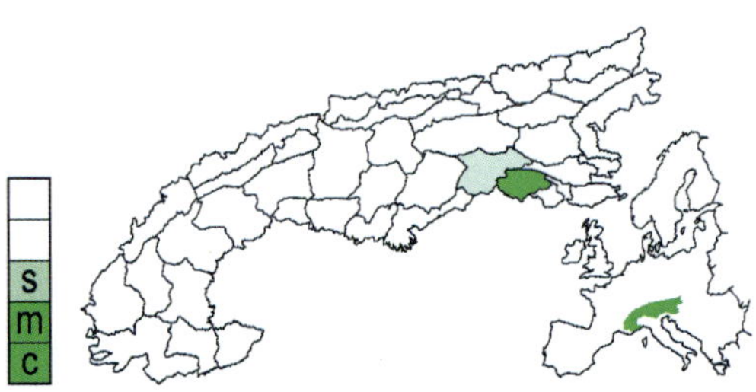

> ***Trifolium***: Blütenstand: köpfchenartig. Kronblätter: (scheinbar) miteinander u. mit den Staubblättern verwachsen, nach dem Verblühen fast nie abfallend. Früchte: Hülsen *oder* Nüsschen. Blätter: 3-teilig, Endfieder distal *ohne* kleinen Zahn. Blütenformel: ↓ K(5) [C5 A(9)+1] G1.

Trifolium alpinum L.

Alpen-Klee *Fabaceae*
V–VIII ↓ K(5) [C5 A(9)+1] G1

Bis 10 cm hoch, mehrjährig. Blütenstand: **1,5–3,5 cm breit.** Tragblätter der Blüten: vorhanden. Blüten: **rötlich.** Blütenstiele: fehlend o. viel kürzer als die Kelchröhre. Krone: 16–25 mm lang. Kelch: **10-nervig.** Kelchblätter: bis 0,5-mal so lang wie die Krone, **kahl.** Früchte: **1–8-samig.** Stängel: **fast nur unterirdisch wachsend.**

- **subalpine o. alpine Rasen**, Schutt- o. Felsfluren, Zwergstrauchheiden, Grünland, Wälder
- an nährstoffarmen, sauren Standorten
- einheimisch

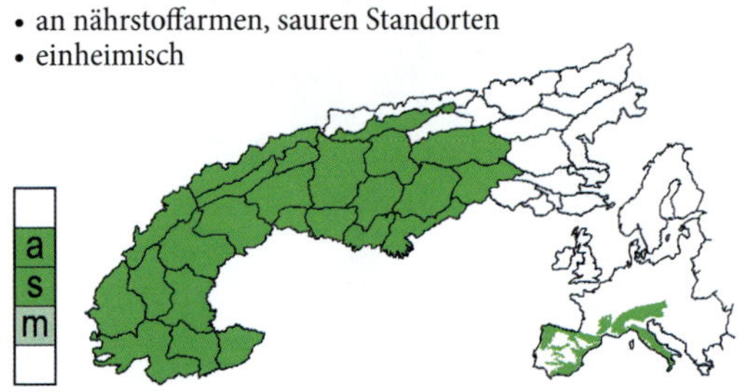

Trifolium montanum L.

Berg-Klee *Fabaceae*
IV–VIII ↓ K(5) [C5 A(9)+1] G1

15–40 cm hoch, **mehrjährig**. Tragblätter der Blüten: vorhanden. Blüten: **(kurz) gestielt, weißlich o. rosa**. Fahne: ± glatt, **schmal lanzettlich**. Kelch: **10-nervig**. Kelchblätter: bis 0,5-mal so lang wie die Krone, **behaart**. Fruchtknoten: **lang behaart**. Früchte: **2–8-samig**. Stängel: **weißlich behaart**.

In den Alpen die subsp. *montanum* u. *rupestre* (vgl. S. 729).

- **subalpine o. alpine Rasen**, Alluvionen, **Staudenfluren**, **Extensivgrünland o. Magerrasen**, Wälder, Ruderalvegetation
- an nährstoffarmen, basenreichen, meist trockenen Standorten
- einheimisch

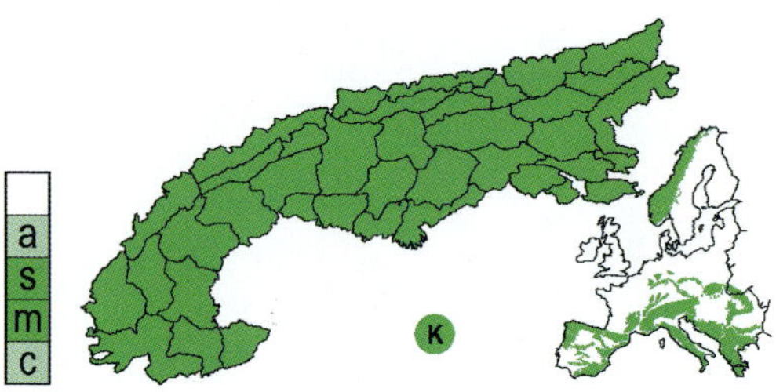

Trifolium pallescens Schreb.

Bleicher Klee *Fabaceae*
VI–VIII ↓ K(5) [C5 A(9)+1] G1

10–20 cm hoch, rasig, **mehrjährig**. Blütenstand: **1,5–2,5 cm breit**. Tragblätter der Blüten: vorhanden. Blüten: **weißlich**, zuweilen rötlich überlaufen. Blütenstiele: **± so lang wie die Kelchröhre, beim Verblühen deutlich gebogen**. Krone: 4–14 mm lang. Kelch: **10-nervig**. Kelchblätter: bis 0,5-mal so lang wie die Krone, **kahl**. Früchte: **1–8-samig**. Fiederblättchen: **beidseits mit je 10–20 Seitennerven**.

- subalpine o. alpine Rasen, **Alluvionen**, Ruderalvegetation
- an nährstoffarmen Standorten
- einheimisch

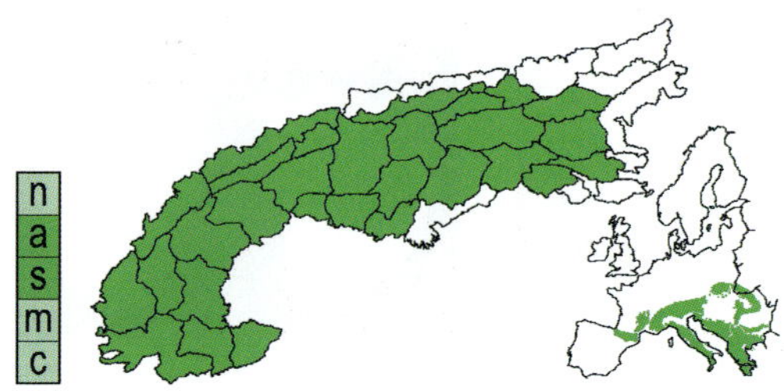

Trifolium repens L.

Kriechender Klee *Fabaceae*
IV–X ↓ K(5) [C5 A(9)+1] G1

15–50 cm hoch, **mehrjährig**. Blütenstand: **1,5–3 cm breit**, 20–80-blütig. Tragblätter der Blüten: vorhanden. Blüten: **zuletzt herabgebogen, weißlich**, zuweilen rötlich überlaufen. Blütenstiele: **länger als die Kelchröhre**. Krone: 4–14 mm lang. Fahne: **mit hervortretenden Nerven**, breit eiförmig bis lanzettlich. Kelch: **10-nervig**. Kelchblätter: bis 0,5-mal so lang wie die Krone, **kahl**. Früchte: **2–8-samig**. Stängel: **an den Knoten einwurzelnd**.

In der alpinen Stufe v. a. die var. *repens*.

- subalpine o. alpine Rasen, Alluvionen, **Staudenfluren**, **Grünland**, **Wälder**, Äcker, Ruderalvegetation, Trittfluren
- einheimisch

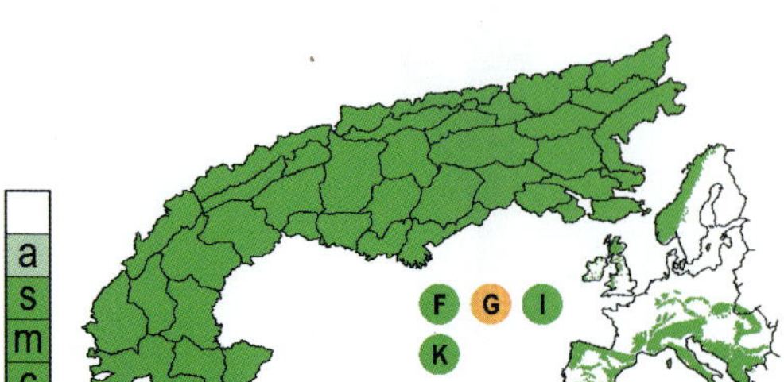

Trifolium thalii Vill.

Thals Klee *Fabaceae*
VI–VIII ↓ K(5) [C5 A(9)+1] G1

Bis 10 cm hoch, mehrjährig. Blütenstand: **1–2 cm breit**. Tragblätter der Blüten: vorhanden. Blüten: **weißlich o. rötlich**. Blütenstiele: **höchstens so lang wie die Kelchröhre**, beim Verblühen nicht bis wenig gebogen. Krone: 4–14 mm lang. Fahne: **mit hervortretenden Nerven**, breit eiförmig bis lanzettlich. Kelch: **10-nervig**. Kelchblätter: bis 0,5-mal so lang wie die Krone, **kahl**. Griffel: auf der Bauchseite des Fruchtknotens inseriert. Früchte: **2–8-samig**. Fiederblättchen: beidseits mit je 5–10 Seitennerven.

- **subalpine o. alpine Rasen**, Schutt- o. Felsfluren, Alluvionen, Schneetälchen, Ruderalvegetation
- an basenreichen Standorten
- einheimisch

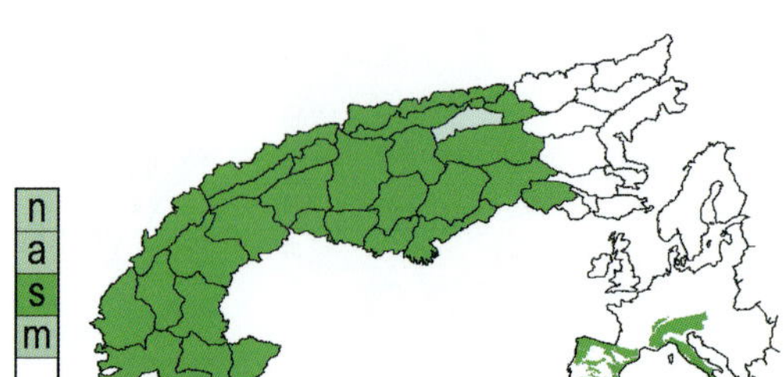

Trifolium alpestre L.

Hügel-Klee *Fabaceae*
V–VIII ↓ K(5) [C5 A(9)+1] G1

10–30 cm hoch, **mehrjährig**. Blütenstand: **Köpfchen kugelig bis kurz eiförmig, > 1,5 cm breit.** Köpfchen: meist zu zweit. Tragblätter der Blüten: fehlen. Blüten: **rötlich**. Krone: deutlich länger als der Kelch. Kelch: **20-nervig**. Kelchblätter: bis 0,5-mal so lang wie die Krone, **außen behaart, Kelchzipfel bewimpert**. Früchte: **1–2-samig**. Nebenblätter: teilweise häutig, ganzrandig.

- **Staudenfluren**, Extensivgrünland o. Magerrasen, **Wälder**
- meist an trockenen Standorten
- einheimisch

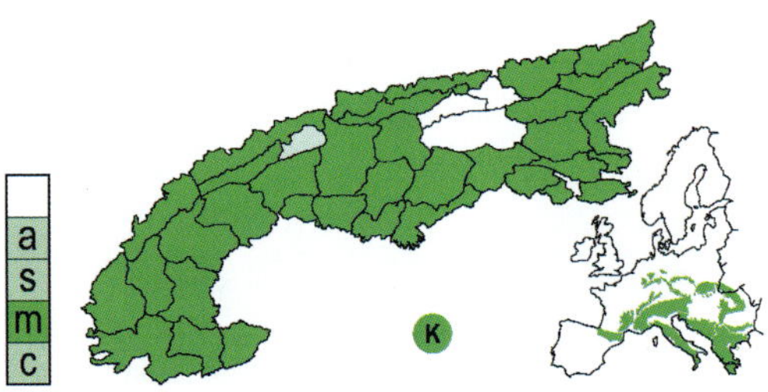

Trifolium noricum Wulfen

Norischer Klee *Fabaceae*
V–VIII ↓ K(5) [C5 A(9)+1] G1

Bis 20 cm hoch, **mehrjährig**. Blütenstand: **Köpfchen kugelig bis kurz eiförmig, 2–4 cm breit.** Köpfchen: meist einzeln o. zu zweit. Tragblätter der Blüten: fehlen. Blüten: **weißlich-gelblich**. Krone: 14–18 mm lang, deutlich länger als der Kelch. Kelch: **10-nervig**. Kelchblätter: bis 0,5-mal so lang wie die Krone. Kelchzipfel: **unterer kaum länger als die übrigen**. Stängel: oben: abstehend behaart.

In den Alpen nur die subsp. *noricum*.

- **subalpine o. alpine Rasen**, Schutt- o. Felsfluren
- an basenreichen Standorten
- einheimisch

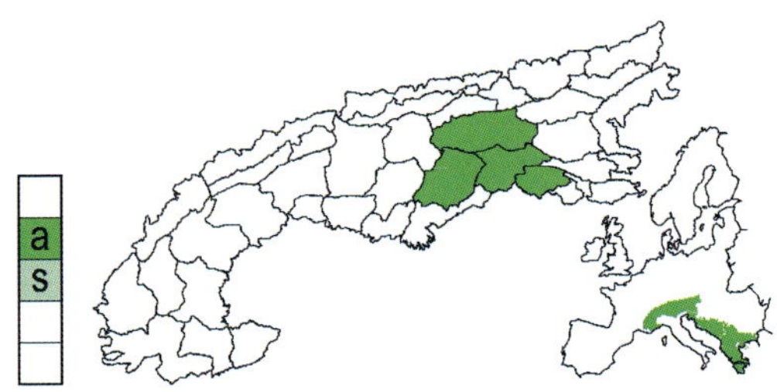

Trifolium pratense L.

Rot-Klee *Fabaceae*
V–X ↓ K(5) [C5 A(9)+1] G1

Bis 80 cm hoch, 2- bis mehrjährig. Blütenstand: **Köpfchen kugelig bis kurz eiförmig**, 2–4 cm breit. Köpfchen: meist einzeln o. zu zweit. Tragblätter der Blüten: fehlen. Blüten: **rötlich**. Krone: deutlich länger als der Kelch. Kelch: **10-nervig**. Kelchblätter: bis 0,5-mal so lang wie die Krone, **außen behaart**. Früchte: **1–2-samig**. Nebenblätter: **distal pinselartig behaart**. – Formenreiche Sippe.

In der alpinen Stufe v. a. die var. *pratense* u. *frigidum* (= *nivale*).

- **subalpine o. alpine Rasen**, Schutt- o. Felsfluren, Alluvionen, Staudenfluren, **Grünland**, Wälder, **Äcker**, **Ruderalvegetation**, Salzwiesen
- einheimisch

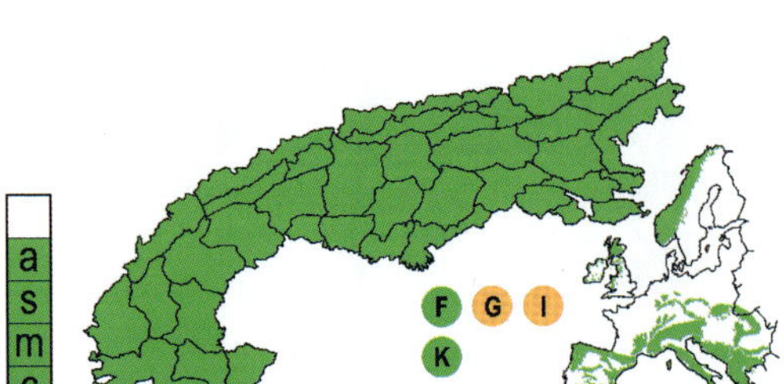

Trifolium saxatile All.

Felsen-Klee *Fabaceae*
VI–VIII ↓ K(5) [C5 A(9)+1] G1

Bis 15 cm hoch, **1-jährig**. Blütenstand: **Köpfchen kugelig bis kurz eiförmig, 0,5–0,8 cm breit.** Köpfchen: meist mehrere. Tragblätter der Blüten: fehlen. Blüten: weißlich bis rötlich. Krone: **kaum länger o. kürzer als der Kelch**. Kelch: **10-nervig**. Kelchblätter: so lang wie o. etwas kürzer als die Krone, **mit langen weißlichen Haaren**. Blätter: anliegend behaart. Fiederblättchen: Seitennerven kaum hervortretend, Seitennerven kaum hervortretend.

- **Schutt- o. Felsfluren, Alluvionen**
- an trockenen Standorten
- endemisch

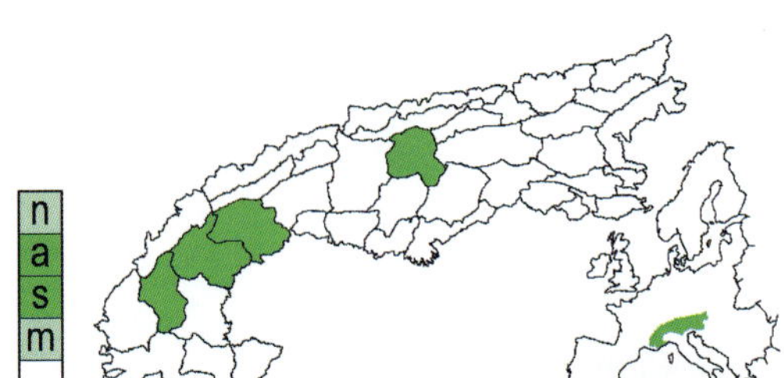

Trifolium badium Schreb.

Braun-Klee *Fabaceae*
VI–VIII ↓ K(5) [C5 A(9)+1] $G\underline{1}$

10–25 cm hoch, 2- bis mehrjährig. Blütenstand: **1–2,5 cm breit.** Tragblätter der Blüten: vorhanden. Blüten: **zunächst gelblich, später dunkelbraun.** Blütenstiele: **± so lang wie die Kelchröhre.** Krone: 5–12 mm lang. Fahne: **mit hervortretenden Nerven,** im QS ± gebogen bis gefaltet, **2–3-mal so lang wie das Schiffchen.** Kelch: **5-nervig.** Früchte: gestielt, **1-samig.** Nebenblätter: oval-lanzettlich. obere Stängelblätter: **± gegenständig.**

- **subalpine o. alpine Rasen,** Schutt- o. Felsfluren, Schneetälchen, Staudenfluren, Quellfluren, **Moore o. Seggenriede,** Grünland
- an basenreichen Standorten
- einheimisch

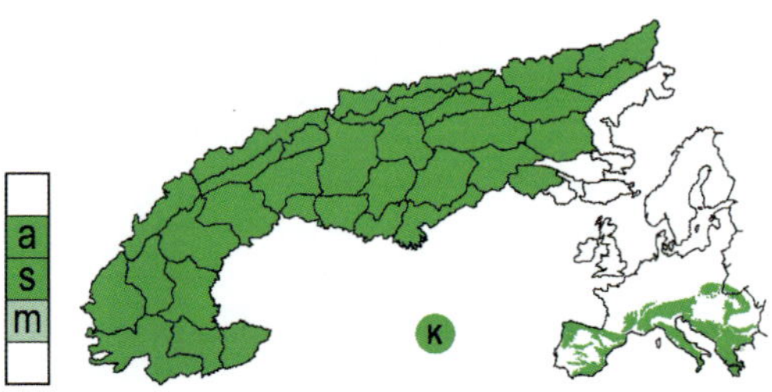

Lathyrus laevigatus (Waldst. & Kit.) Gren.

Ockergelbe Platterbse *Fabaceae*
V–VIII ↓ K(5) C5 A(9)+1 $G\underline{1}$

20–60 cm hoch, **mehrjährig.** Blütenstand: lang gestielt, **3–15-blütig.** Blüten: **zunächst hellgelb, später bräunlich bis orange.** Kelchzipfel: kürzer als die Kelchröhre. Staubfäden: Staubfadenröhre alle Filamente gleich lang verwachsen. Griffel: oft verdreht. Früchte: Hülsen. Blätter: in Knospenlage gerollt, paarig gefiedert, **6–12-teilig, anstelle der Endfieder eine Granne (bzw. kurze ungeteilte Ranke) ausgebildet.** Fiederblättchen: **länglich-lanzettlich bis oval, 10–30 mm breit.**

In der alpinen Stufe v. a. die subsp. *occidentalis*.

- **subalpine o. alpine Rasen, Staudenfluren,** Grünerlen- o. Legföhrengebüsche, Grünland, Wälder
- an basenreichen Standorten
- einheimisch

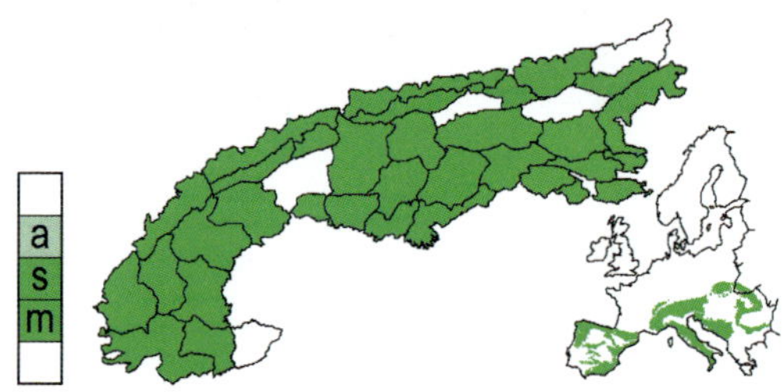

Vicia pyrenaica Pourr.

Pyrenäen-Wicke *Fabaceae*
IV–VIII ↓ K(5) C5 A(9)+1 $G\underline{1}$

Bis 30 cm hoch, mehrjährig. Blütenstand: **kurz gestielt bis sitzend.** Blüten: **einzeln,** meist rötlich-violett, ± einfarbig. Krone: 14–28 mm lang. Kelchzipfel: ± gleich lang, kürzer als die Kelchröhre. Staubfäden: Staubfadenröhre Filamente unterschiedlich lang verwachsen. Früchte: Hülsen, 4–14-samig, 20–60 mm lang, 4–6 mm ⌀. Stängel: niederliegend. Blätter: in Knospenlage gefaltet, paarig gefiedert, **6–12-teilig, Endfieder oft nur als kurze Granne ausgebildet.** Fiederblättchen: länglich-lanzettlich bis oval, **4–12 mm lang, 2–6 mm breit.**

- Schutt- o. Felsfluren, Staudenfluren, **Extensivgrünland o. Magerrasen, Wälder**
- an nährstoffarmen, kalkreichen, trockenen Standorten
- einheimisch

Vicia cracca L.

Vogel-Wicke *Fabaceae*
V–VIII ↓ K(5) C5 A(9)+1 $G\underline{1}$

30–150 cm hoch, mehrjährig. Blütenstand: **lang gestielt, ≥ 6-blütig.** Blüten: meist bläulich bis violett. Blütenstiele: 6–15 mm lang. Krone: 6–14 mm lang. Fahne: **± so lang wie der Nagel.** Staubfäden: Staubfadenröhre Filamente unterschiedlich lang verwachsen. Früchte: Hülsen. Blätter: in Knospenlage gefaltet, paarig gefiedert, **12–30-teilig,** anstelle der Endfieder eine verzweigte Ranke ausgebildet. Fiederblättchen: **lineal bis länglich-lanzettlich.**

In der alpinen Stufe v. a. die subsp. *cracca*.

- subalpine o. alpine Rasen, Schutt- o. Felsfluren, **Staudenfluren, Grünland, Wälder,** Äcker, Ruderalvegetation
- einheimisch

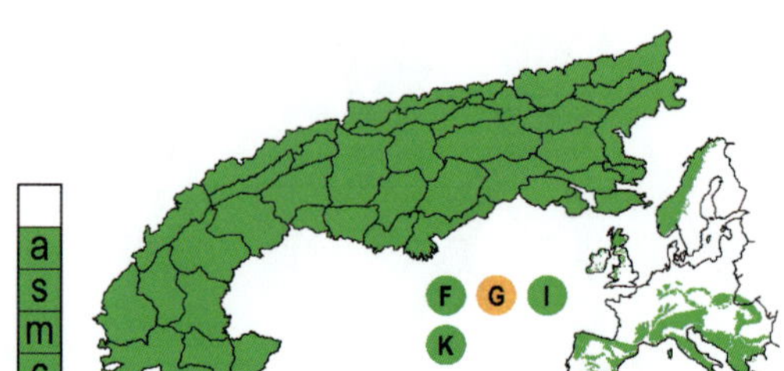

Polygala alpestris Rchb.

Voralpen-Kreuzblume *Polygalaceae*
V–VIII ↓ K5 [C(3) A(8)] G($\underline{2}$)

Bis 15 cm hoch, mehrjährig. Blütenstand: **8–20-blütig**. Tragblätter der Blüten: **zum Zeitpunkt der Blüte ± so lang wie die Stiele der Blüten**. Blüten: **dunkelblau**, selten weißlich. Kronblätter: unteres ± kahnförmig, distal viellappig. Flügel: **4–6 mm lang**, 3-nervig. Früchte: Kapseln. Stängel: basal niederliegend. Blattstellung: wechselständig. Blätter: ungeteilt. untere Stängelblätter: **kaum genähert, kleiner bis wenig größer als die oberen**.

In den Alpen nur die subsp. *alpestris*.

- **subalpine o. alpine Rasen**, Schutt- o. Felsfluren, **Zwergstrauchheiden**, **Legföhrengebüsche**, Extensivgrünland o. Magerrasen
- an nährstoffarmen, basenreichen Standorten
- einheimisch

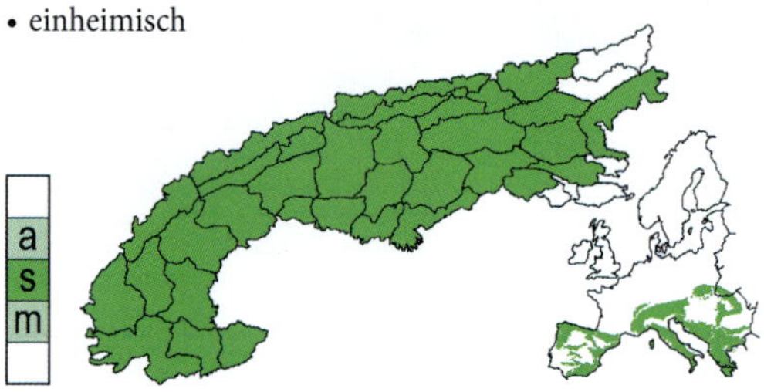

Polygala alpina (DC.) Steud.

Alpen-Kreuzblume *Polygalaceae*
V–VIII ↓ K5 [C(3) A(8)] G($\underline{2}$)

Bis 10 cm hoch, mehrjährig. Blütenstand: **einzeln der Mitte der Blattrosette entspringend, 4–12-blütig**. Blüten: hellblau bis weißlich. Kronblätter: unteres ± kahnförmig, distal viellappig. Flügel: **3–5 mm lang**. Früchte: Kapseln. Stängel: ± aufrecht. Blattstellung: wechselständig. Blätter: ungeteilt. untere Stängelblätter: **genähert, ± rosettenartig, deutlich größer als die oberen**.

In den Alpen nur die subsp. *alpina*.

- **subalpine o. alpine Rasen**, Extensivgrünland o. Magerrasen
- an nährstoffarmen Standorten
- einheimisch

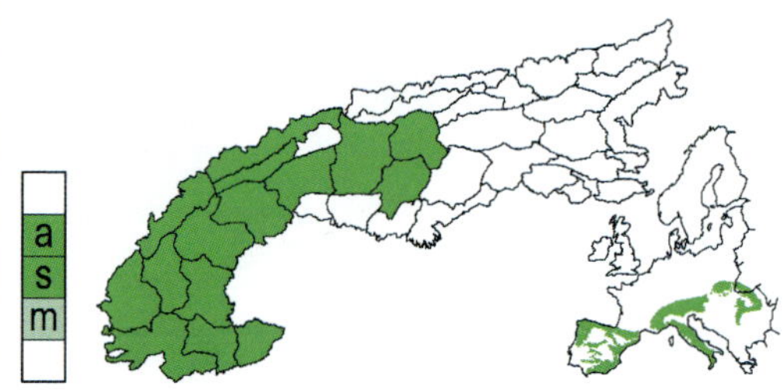

Polygala chamaebuxus L.

Buchsblättrige Kreuzblume *Polygalaceae*
III–VI ↓ K5 [C(3) A(8)] G($\underline{2}$)

Halbstrauch, 10–30 cm hoch. Blütenstand: **1–3-blütig**. Blüten: **weißlich-gelblich**, zuweilen rötlich überlaufen. Kronblätter: unteres ± kahnförmig, **distal 4-lappig**. Flügel: **10–16 mm lang**. Früchte: Kapseln. Stängel: zumindest basal niederliegend. Blattstellung: wechselständig. Blätter: immergrün, **derb**, ungeteilt, ganzrandig.

- subalpine o. alpine Rasen, Schutt- o. Felsfluren, **Zwergstrauchheiden**, **Legföhrengebüsche**, Extensivgrünland o. Magerrasen, **Wälder**
- an nährstoffarmen, basenreichen, meist trockenen Standorten
- einheimisch

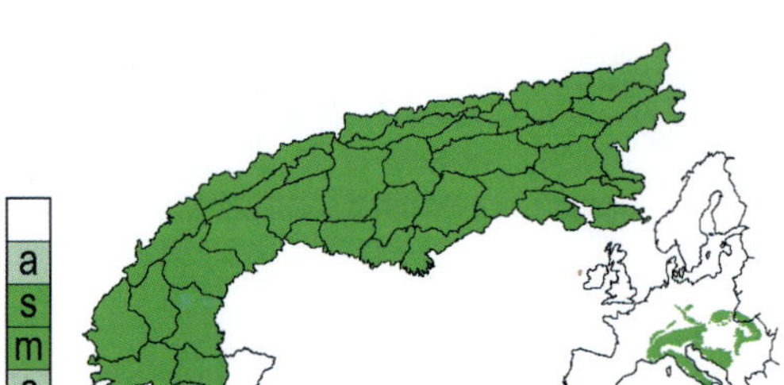

> ***Rosa:*** Sträucher, mit Stacheln. Blütenachse: krugförmig bis röhrig. Frucht: Sammelnussfrucht (Hagebutte) mit Nussfrüchtchen im Inneren eines fleischigen Achsenbechers. Blätter: wechselständig, gefiedert, am Rand gesägt. Nebenblätter: mit dem Blattstiel verwachsen. Blütenformel: * K5 C5 A∞ G$\overline{\underline{\infty}}$.

Rosa rhaetica Gremli

Rätische Rose *Rosaceae*
V–VII * K5 C5 A∞ G$\overline{\underline{\infty}}$

100–300 cm hoch. Blüten: rötlich. Kronblätter: 5–30 mm lang. Kelchblätter: **äußere fiederspaltig**. Fruchtkelch: **aufgerichtet, zur Fruchtreife vorhanden**. Früchte: kugelig bis kurz eiförmig. Stacheln: **hakig gebogen, basal verbreitert, außerdem dünne borstliche**. Blätter: mit Drüsenhaaren, mit drüsenlosen Haaren.

- Schutt- o. Felsfluren, **Wälder**
- an trockenen Standorten
- endemisch

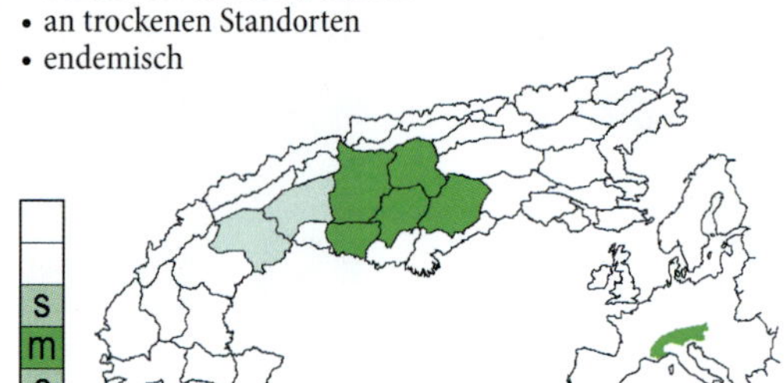

Rosa montana Chaix

Berg-Rose *Rosaceae*
V–VII ∗ K5 C5 A∞ G∞

100–300 cm hoch. Blüten: 30–40 mm ⌀, weißlich bis rötlich. Blütenstiele: **mit zahlreichen Drüsen u. Stacheln**. Kronblätter: 5–20 mm lang. Kelchblätter: **äußere fiederspaltig**. Fruchtkelch: **zurückgeschlagen, früh abfallend**. Stacheln: **gerade bis schwach gebogen, basal verbreitert**. Blätter: nur mit einzelnen Drüsenhaaren; oberseits: **dunkelgrün**.

- **Schutt- o. Felsfluren, Wälder**
- an trockenen Standorten
- einheimisch

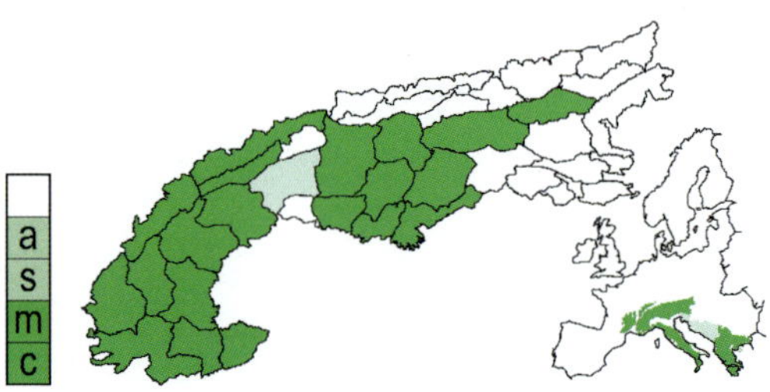

Rosa uriensis Cottet

Uri-Rose *Rosaceae*
IV–VII ∗ K5 C5 A∞ G∞

100–300 cm hoch. Blüten: rötlich. Blütenstiele: **mit zahlreichen Drüsen u. Stacheln**. Kronblätter: 5–30 mm lang. Kelchblätter: **äußere fiederspaltig**. Fruchtkelch: **aufgerichtet, zur Fruchtreife vorhanden**. Früchte: **länglich-eiförmig, oft flaschenförmig, mit verengtem Hals**. Stacheln: **gerade bis schwach gebogen, am Stängel oft gleichartig, in den Blütenständen außerdem dünne borstliche**. Blätter: mit Drüsenhaaren, mit drüsenlosen Haaren.

- Schutt- o. Felsfluren, **Wälder**
- endemisch

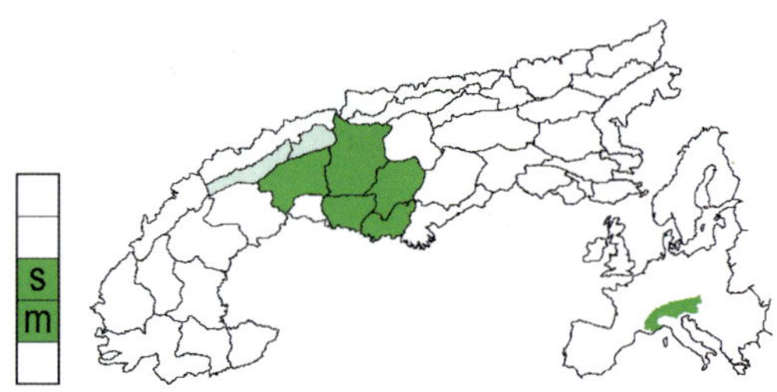

Rosa pendulina L.

Alpen-Hecken-Rose *Rosaceae*
V–VIII ∗ K5 C5 A∞ G∞

50–200 cm hoch. Blüten: fruchtig riechend, **meist dunkelrot**. Blütenstiele: **drüsig behaart**. Kronblätter: 15–30 mm lang. Kelchblätter: **± ganzrandig, allenfalls mit kleinen Zähnen**. Fruchtkelch: **aufgerichtet, zur Fruchtreife vorhanden**. Früchte: **länglich, oft flaschenförmig, mit verengtem Hals**, selten kugelig. Stacheln: **gerade**. Blätter: 7–11-teilig.

- Schutt- o. Felsfluren, Zwergstrauchheiden, **Staudenfluren, Grünerlen- o. Legföhrengebüsche, Wälder**
- einheimisch

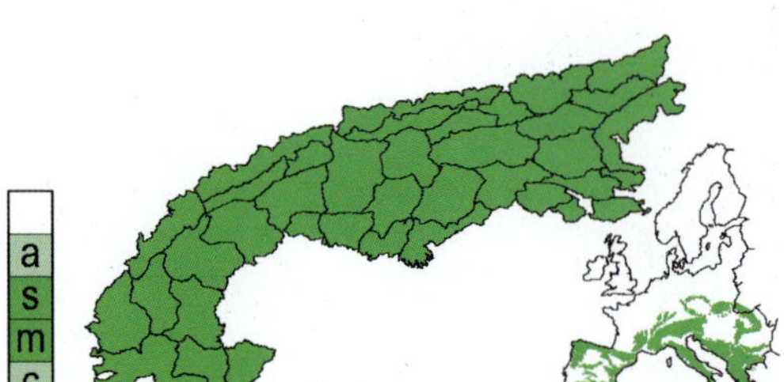

Rubus saxatilis L.

Steinbeere *Rosaceae*
V–VIII ∗ K5 C5 A∞ G∞

10–25 cm hoch, Grundachse kriechend, generative Triebe aufrecht. Pflanzen: ***ohne* Stacheln *oder* mit weichen bis 2 mm langen borstenförmigen Stacheln**. Blütenstand: 2–12-blütig. Blüten: **< 30 mm** ⌀, meist weißlich. Blütenachse: kegelförmig gewölbt. Kronblätter: ± aufrecht, spatelförmig bis lanzettlich, **meist < 5 mm lang**. Fruchtblätter: 2-samig. Früchte: Sammelsteinfrüchte, **≤ 6 Teilfrüchte pro Blüte**, rötlich. Stängel: **krautig**. Blätter: **gefiedert, meist 3-teilig**. Fiederblättchen: am Rand gesägt.

- subalpine o. alpine Rasen, **Schutt- o. Felsfluren**, Zwergstrauchheiden, Staudenfluren, **Legföhrengebüsche**, Wälder
- an nährstoffarmen Standorten
- einheimisch

OS

Rubus idaeus L.

Himbeere *Rosaceae*

V–VII ∗ K5 C5 A∞ G$\underline{\infty}$

Halbstrauch, 60–180 cm hoch, zuweilen kletternd. Pflanzen: mit Stacheln. Blüten: meist weißlich. Blütenachse: kegelförmig gewölbt, **an der Pflanze verbleibend, Früchte mit kegelförmigem Hohlraum**. Kronblätter: ± aufrecht, schmal oval, **4–6 mm lang, meist 1–3 mm breit**. Fruchtblätter: 2-samig. Früchte: Sammelsteinfrüchte, meist rötlich. Stängel: schwach verholzt. Blätter: gefiedert, 3–7-teilig; unterseits: **graugrün, deutlich heller als die Oberseite**. Fiederblättchen: am Rand gesägt.

In den Alpen nur die subsp. *idaeus*.

- **Schutt- o. Felsfluren**, Alluvionen, Zwergstrauchheiden, **Staudenfluren**, Grünerlen- o. Legföhrengebüsche, **Wälder**, Ruderalvegetation
- einheimisch

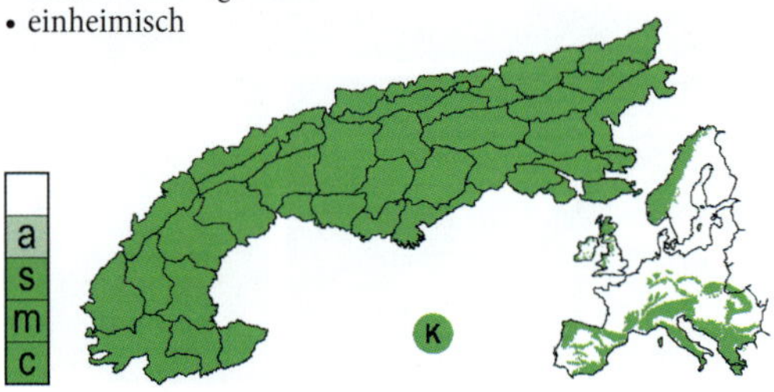

Sanguisorba dodecandra Moretti

Bergamasker Wiesenknopf *Rosaceae*

V–VIII ∗ P4 A6–15 G($\underline{1–2}$)

40–100 cm hoch, mehrjährig. Blütenstand: **(kurz) zylindrisch**, alle Blüten ⚥, **40–80 cm lang**. Blüten: **grünlich-gelblich**. Blütenachse: krugförmig. Blütenhülle: von den Kelchblättern gebildetes Perigon. Staubblätter: **6–15**. Früchte: einsamige Nüsschen, im QS breit geflügelt. Stängel: aufrecht. Blätter: gefiedert, 7–25-teilig. Endfieder: **30–80 mm lang**, beidseits mit je ≥ 10 Zähnen.

- **subalpine o. alpine Rasen**, Schutt- o. Felsfluren, Alluvionen, **Staudenfluren**, **Grünerlen- o. Legföhrengebüsche**, **Grünland**, Ruderalvegetation
- an sauren Standorten
- endemisch

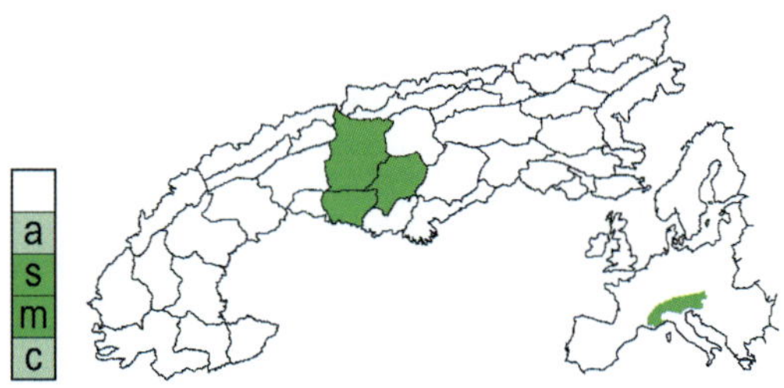

Sanguisorba officinalis L.

Großer Wiesenknopf *Rosaceae*

V–IX ∗ P4 A4 G($\underline{1–2}$)

30–150 cm hoch, mehrjährig. Blütenstand: **kugelig bis kurz zylindrisch**, alle Blüten ⚥, **10–30 cm lang**. Aussenkelch: fehlt. Blüten: **bräunlich bis rötlich**. Blütenachse: krugförmig. Blütenhülle: von den Kelchblättern gebildetes Perigon. Staubblätter: **4**. Narben: kopfig. Früchte: einsamige Nüsschen, im QS schmal geflügelt. Stängel: aufrecht. Blätter: gefiedert, 7–13-teilig; oberseits: dunkelgrün; unterseits: blau- bis graugrün. Endfieder: **30–80 mm lang**, beidseits mit je ≥ 10 Zähnen.

- Staudenfluren, Moore o. Seggenriede, **Grünland**
- einheimisch

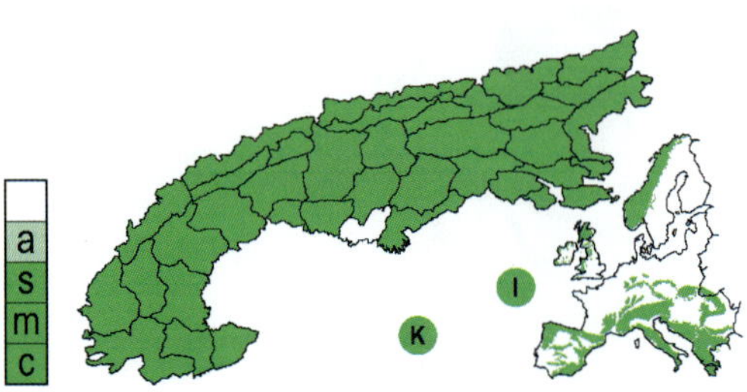

Alchemilla sect. *Alchemilla* S. E. Fröhner

Gewöhnlicher Frauenmantel *Rosaceae*

IV–X ∗ P4 A4 G$\overline{1}$

10–70 cm hoch. Achsenbecher: **meist länger als die Kelchzipfel**. Primärblatt: **seicht 3-5-lappig**. Grundblätter: **auch ältere meist gefaltet**, 7–13-teilig, Einschnitte der Blattabschnitte 5–66 % des Spreitenradius tief; Blattabschnitte: 10–30-zähnig.

Mehrere Dutzend schwer bestimmbare Taxa, deren Verbreitung oft nur ungenügend bekannt ist.

- **subalpine o. alpine Rasen**, Schutt- o. Felsfluren, Alluvionen, Zwergstrauchheiden, **Staudenfluren**, **Grünerlengebüsche**, Quellfluren, Moore o. Seggenriede, **Grünland**, **Wälder**, Äcker, Ruderalvegetation
- einheimisch

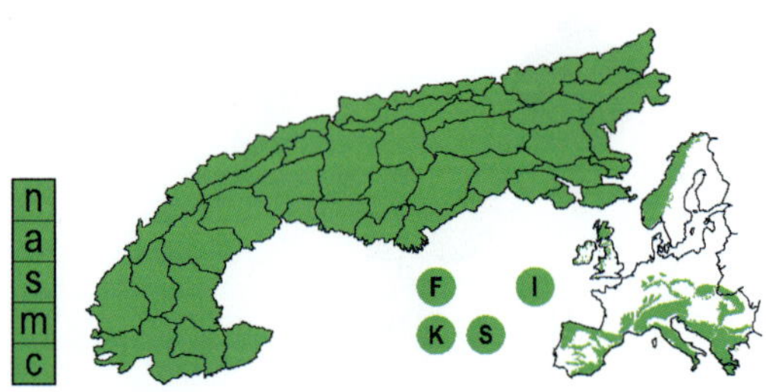

us

Alchemilla: Blüten: grünlich-gelblich. Aussenkelch: meist 4-blättrig. Blütenachse: ± becherförmig. Früchte: einsamige Nüsschen. Spreite: rundlich bis nierenförmig u. gelappt, seltener gefingert. Blütenformel: ∗ P4 A4 $G\underline{1}$. – Hier wird eine Übersicht der Sektionen gegeben.

Alchemilla sect. *Coriaceae* S. E. Fröhner

Ledriger Frauenmantel *Rosaceae*
IV–X ∗ P4 A4 $G\underline{\overline{1}}$

10–60 cm hoch. Stängel: basal zuweilen verholzt, **meist kahl o. *nur* mit anliegenden Haaren.** Primärblatt: **meist 5-lappig.** Grundblätter: Einschnitte der Blattabschnitte < 66 % des Spreitenradius tief; Zähne: **2–10 % des Spreitenradius lang.**

Mehrere Dutzend schwer bestimmbare Taxa, deren Verbreitung oft nur ungenügend bekannt ist.

- subalpine o. alpine Rasen, **Schutt- o. Felsfluren**, Schneetälchen, Zwergstrauchheiden, Staudenfluren, Grünerlengebüsche, Quellfluren, Moore o. Seggenriede, Grünland
- einheimisch

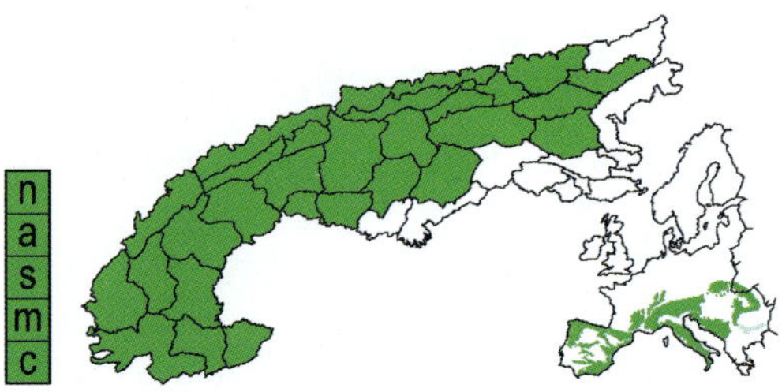

Alchemilla sect. *Calycinae* Buser ex Camus

Zerschlitzter Frauenmantel *Rosaceae*
V–X ∗ P4 A4 $G\underline{\overline{1}}$

Bis 30 cm hoch. Achsenbecher: **kürzer als die Kelchzipfel.** Stängel: **allenfalls einige Sommerblätter mit abstehenden Haaren.** Primärblatt: **meist 5-lappig.** Grundblätter: **ältere ± glatt,** 5–11-teilig, **Einschnitte der Blattabschnitte 33–66 % des Spreitenradius tief;** unterseitig: **auf der Fläche kahl;** Blattabschnitte: 8–15-zähnig; Zähne: **8–25 % des Spreitenradius lang.**

In den Alpen kommen *A. fissa* u. *A. venulosa* vor.

- **subalpine o. alpine Rasen, Schutt- o. Felsfluren, Schneetälchen**, Grünerlengebüsche, Moore o. Seggenriede, **Grünland**
- einheimisch

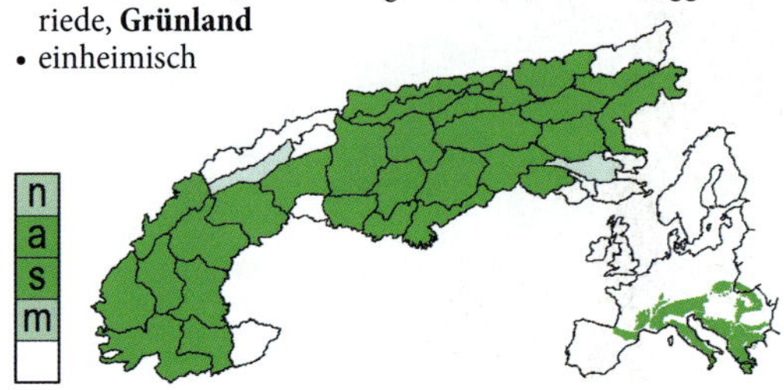

Alchemilla sect. *Decumbentes* S. E. Fröhner

Niederliegender Frauenmantel *Rosaceae*
V–X ∗ P4 A4 $G\underline{\overline{1}}$

10–60 cm hoch. Blütenstiele: länger als der Blüten. Achsenbecher: **meist kürzer als die Kelchzipfel.** Stängel: **einige mit abstehenden Haaren.** Primärblatt: **meist 5-lappig.** Grundblätter: **auch ältere meist gefaltet,** 7–13-teilig, Einschnitte der Blattabschnitte 5–66 % des Spreitenradius tief; Blattabschnitte: 10–30-zähnig; Blattstiele: > 5 cm lang, Haare waagerecht bis abwärts abstehend.

Mehrere schwer bestimmbare Taxa, deren Verbreitung oft nur ungenügend bekannt ist. In den Alpen kommt *A. hirtipes* vor.

- **subalpine o. alpine Rasen, Staudenfluren, Grünland**
- einheimisch

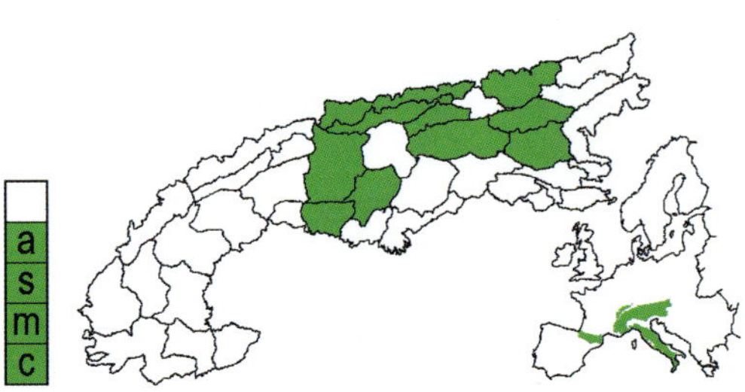

Alchemilla sect. *Ultravulgares* S. E. Fröhner

Stumpfzähniger Frauenmantel *Rosaceae*
V–X ∗ P4 A4 $G\underline{\overline{1}}$

10–70 cm hoch. Achsenbecher: **länger als die Kelchzipfel.** Stängel: **einige mit abstehenden Haaren.** Primärblatt: **5-lappig.** Grundblätter: **auch ältere meist gefaltet,** 7–13-teilig, **Einschnitte der Blattabschnitte 5–40 % des Spreitenradius tief;** Blattabschnitte: 10–30-zähnig; Zähne: **4–8 % des Spreitenradius lang;** Blattstiele: > 5 cm lang, **oberseits gewölbt.**

Mehrere schwer bestimmbare Taxa, deren Verbreitung oft nur ungenügend bekannt ist. In den Alpen kommt *A. maureri* vor.

- **subalpine o. alpine Rasen**, Staudenfluren, Quellfluren, **Grünland**
- einheimisch

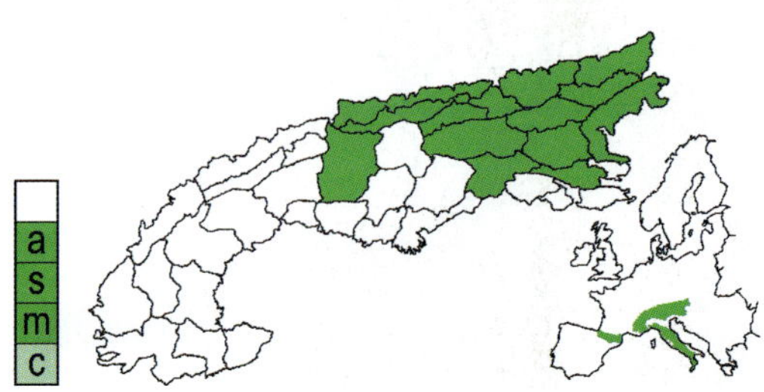

Alchemilla sect. *Plicatae* S. E. Fröhner

Gefalteter Frauenmantel *Rosaceae*
IV–X ∗ P4 A4 G$\overline{1}$

Bis 60 cm hoch. Stängel: **einige mit abstehenden Haaren.** Primärblatt: **tief 5-lappig.** Grundblätter: **auch ältere meist gefaltet,** 5–13-teilig, **Einschnitte der Blattabschnitte 20–66 % des Spreitenradius tief;** Blattabschnitte: 8–30-zähnig; Zähne: **2–15 % des Spreitenradius lang;** Blattstiele: **oberseits rinnig.**

Mehrere schwer bestimmbare Taxa, deren Verbreitung oft nur ungenügend bekannt ist.

- **subalpine o. alpine Rasen,** Schutt- o. Felsfluren, Zwergstrauchheiden, Staudenfluren, Grünland
- einheimisch

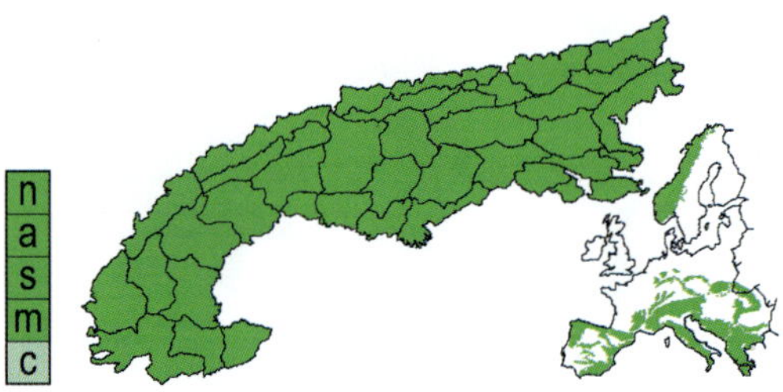

Alchemilla sect. *Splendentes* Buser ex Camus

Schimmernder Frauenmantel *Rosaceae*
VI–X ∗ P4 A4 G$\overline{1}$

10–60 cm hoch. Blütenstand: **kahl bis spärlich behaart.** Stängel: **kahl o. *nur* mit anliegenden Haaren.** Primärblatt: **meist 5-lappig.** Grundblätter: 5–11-teilig, **Einschnitte der Blattabschnitte < 33 % des Spreitenradius tief;** Blattabschnitte: 8–12-zähnig.

Mehrere schwer bestimmbare Taxa, deren Verbreitung oft nur ungenügend bekannt ist. In den Alpen kommen *A. gigolphiana* u. *A. paicheana* vor.

- **subalpine o. alpine Rasen,** Staudenfluren, **Grünland**
- einheimisch

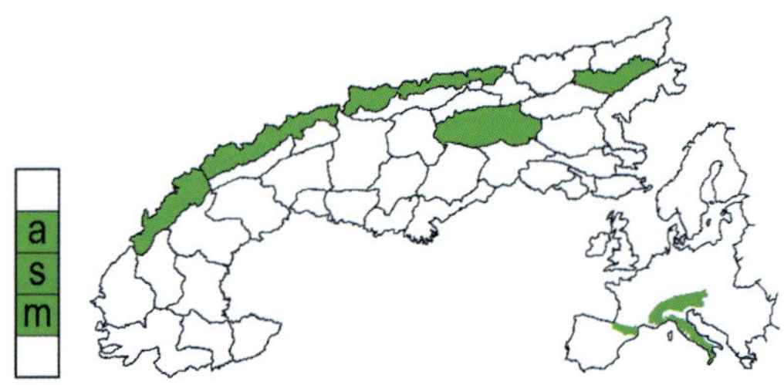

***Potentilla*:** meist krautig. Blüten: mit Außenkelch. Blütenachse: flach bis gewölbt. Früchte: einsamige Nüsschen. Blätter: zusammengesetzt, mit Nebenblättern. Blütenformel: meist ∗ K5 C5 (selten 4) A∞ G$\underline{\infty}$.

Potentilla aurea L.

Gold-Fingerkraut *Rosaceae*
V–IX ∗ K5 C5 A∞ G$\underline{\infty}$

Bis 20 cm hoch. Blüten: gelblich, **basal mit orangen Fleck.** Kronblätter: oval, 5–12 mm lang, ± 2-mal so lang wie die Kelchblätter. Griffel: oben (schwach) verdickt. Stängel: **anliegend behaart.** Grundblätter: gefingert, **5-teilig,** Fiederblättchen < 25 mm lang, **am Rand gräulich glänzend behaart,** Haare dem Rand anliegend. mittlere Stängelblätter: **5-teilig.**

In den Alpen nur die subsp. *aurea*.

- **subalpine o. alpine Rasen,** Schneetälchen, Zwergstrauchheiden, Wälder
- an nährstoffarmen, sauren Standorten
- einheimisch

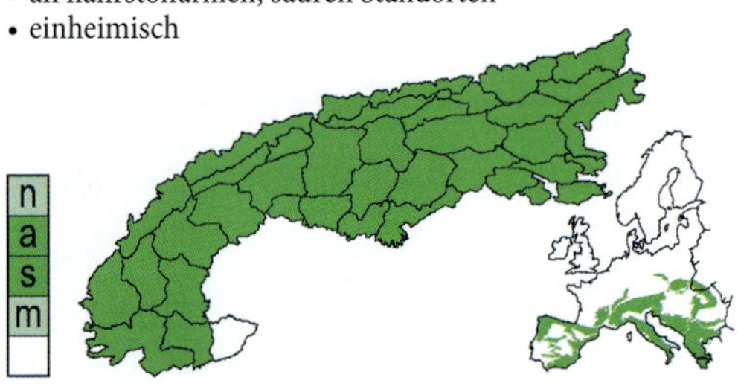

Potentilla brauneana Hoppe

Zwerg-Fingerkraut *Rosaceae*
VI–VIII ∗ K5 C5 A∞ G$\underline{\infty}$

Bis 5 cm hoch. Blüten: 6–14 mm ⌀, gelblich. Kronblätter: oval, 3–6 mm lang, 1–2-mal so lang wie die Kelchblätter. Stängel: basal meist mit sterilen Rosettentrieben. Grundblätter: gefingert, **3-teilig;** oberseitig: ± kahl; unterseitig: kahl bis spärlich behaart. mittlere Stängelblätter: **3-teilig.**

- subalpine o. alpine Rasen, Schutt- o. Felsfluren, **Schneetälchen**
- an kalkreichen Standorten
- einheimisch

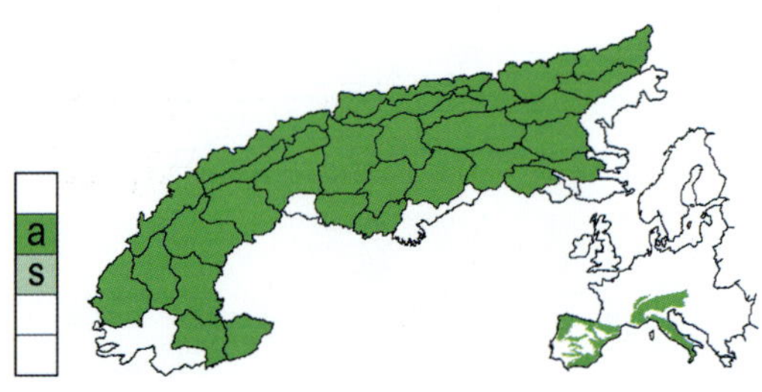

Potentilla caulescens L.

Stängel-Fingerkraut *Rosaceae*
VI–IX ∗ K5 C5 A∞ G$\underline{\infty}$

Bis 30 cm hoch. Blütenstand: **≥ 6-blütig**. Blüten: **weißlich**. Kronblätter: oval, 6–10 mm lang, etwas länger als die Kelchblätter, **2–5 mm breit, *nicht* überlappend, distal meist ausgerandet**. Staubfäden: **zumindest unten behaart**. Griffel: gelblich. Teilfrüchte: **auf der ganzen Fläche behaart**. Stängel: **überhängend o. basal niederliegend**. Grundblätter: gefingert, **5–7-teilig**, ganzrandig bis undeutlich gezähnt; oberseitig: behaart; unterseitig: behaart, grünlich. mittlere Stängelblätter: **meist 5-teilig**.

In den Alpen nur die subsp. *caulescens*.

- **Schutt- o. Felsfluren**
- an nährstoffarmen, kalkreichen, meist trockenen Standorten
- einheimisch

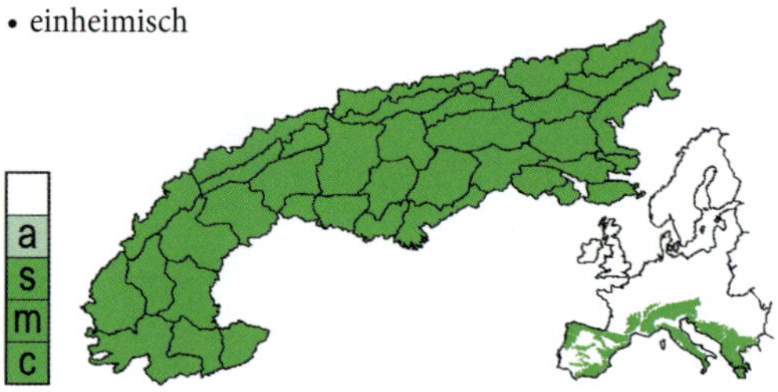

Potentilla clusiana Jacq.

Ostalpen-Fingerkraut *Rosaceae*
V–VIII ∗ K5 C5 A∞ G$\underline{\infty}$

Bis 10 cm hoch. Blütenstand: lang gestielt, **die Grundblätter weit überragend**, **1–3-blütig**. Blüten: **weißlich bis rosa**. Kronblätter: oval, 8–10 mm lang, deutlich länger als die Kelchblätter, 6–8 mm breit, überlappend, **distal meist ausgerandet**. Staubfäden: **kahl**. Griffel: rötlich. Teilfrüchte: **auf der ganzen Fläche behaart**. Grundblätter: gefingert, **5-teilig**; oberseitig: behaart. mittlere Stängelblätter: **3–5-teilig**.

- **Schutt- o. Felsfluren**
- an nährstoffarmen, kalkreichen, meist trockenen Standorten
- einheimisch

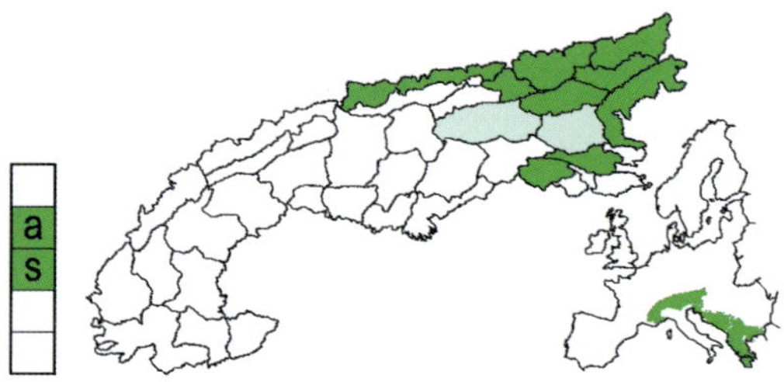

Potentilla crantzii (Crantz) Fritsch

Crantz'-Fingerkraut *Rosaceae*
IV–IX ∗ K5 C5 A∞ G$\underline{\infty}$

Bis 15 cm hoch. Blüten: gelblich, **basal oft mit orangen Fleck**. Kronblätter: oval, 5–12 mm lang. Griffel: oben (schwach) verdickt. Stängel: **aufrecht abstehend behaart**. Blattstellung: an sterilen Trieben meist 2-zeilig. Grundblätter: gefingert, **5-teilig**, Fiederblättchen < 25 mm lang, Haare vom Rand abstehend; unterseitig: behaart; Nebenblätter: lanzettlich bis oval. mittlere Stängelblätter: **5-teilig**.

- **subalpine o. alpine Rasen**, Schutt- o. Felsfluren, Extensivgrünland o. Magerrasen
- an nährstoffarmen, basenreichen Standorten
- einheimisch

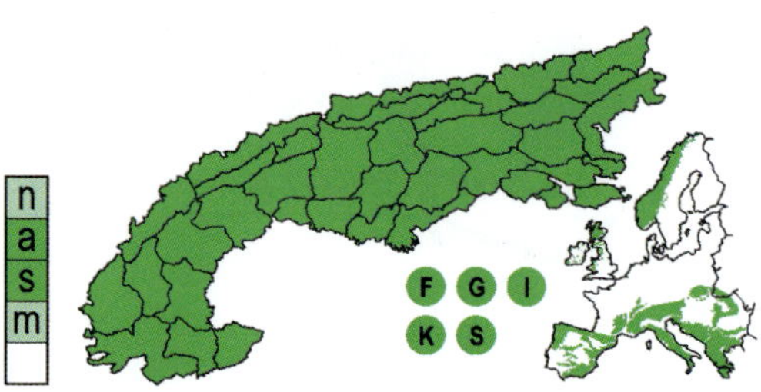

Potentilla delphinensis Gren. & Godr.

Dauphiné-Fingerkraut *Rosaceae*
VI–VIII ∗ K5 C5 A∞ G$\underline{\infty}$

30–60 cm hoch. Blüten: gelblich. Kronblätter: oval, **10–15 mm lang**. Griffel: **oben *nicht* verdickt**. Grundblätter: gefingert, **5-teilig, Fiederblättchen 25–60 mm lang**; Nebenblätter: lanzettlich bis oval. mittlere Stängelblätter: **5-teilig**.

- **subalpine o. alpine Rasen**, Schutt- o. Felsfluren, Extensivgrünland o. Magerrasen
- an kalkreichen Standorten
- endemisch

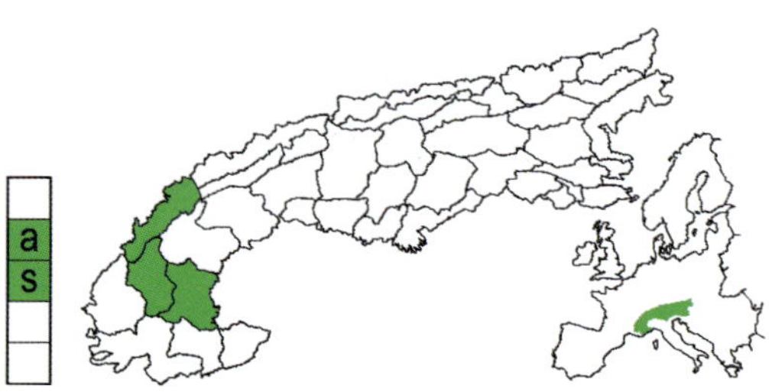

Potentilla erecta (L.) Räusch.

Blutwurz *Rosaceae*
IV–IX ∗ K4 C4 A∞ G$\underline{\infty}$

Bis 30 cm hoch. Blüten: gelblich. Blütenhülle: **je Kreis 4-blättrig**. Kronblätter: oval, **distal oft ausgerandet**. Speicherorgane: innen rote Rhizome. Stängel: basal niederliegend, an den Knoten *nicht* einwurzelnd. Grundblätter: gefingert, **3-teilig**. untere Stängelblätter: **sitzend**. mittlere Stängelblätter: **meist 5-teilig**.

- **subalpine o. alpine Rasen**, **Zwergstrauchheiden**, Staudenfluren, **Moore o. Seggenriede**, **Grünland**, **Wälder**
- an nährstoffarmen Standorten
- einheimisch

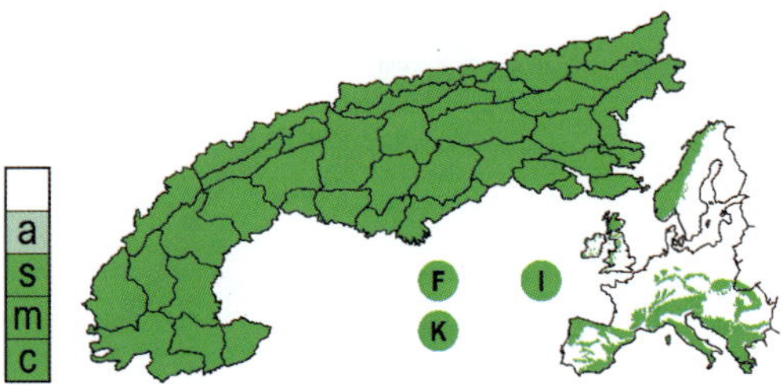

Potentilla frigida Vill.

Gletscher-Fingerkraut *Rosaceae*
VI–VIII ∗ K5 C5 A∞ G$\underline{\infty}$

Bis 10 cm hoch. Blütenstand: **mit ungestielten Drüsen**. Blüten: gelblich. Kronblätter: oval, 3–6 mm lang, 1–2-mal so lang wie die Kelchblätter, **distal oft ausgerandet**. Stängel: basal meist mit sterilen Rosettentrieben. Grundblätter: gefingert, **3-teilig**; oberseitig: behaart; unterseitig: behaart. mittlere Stängelblätter: **3-teilig**.

- **subalpine o. alpine Rasen**, Schutt- o. Felsfluren
- an nährstoffarmen Standorten
- einheimisch

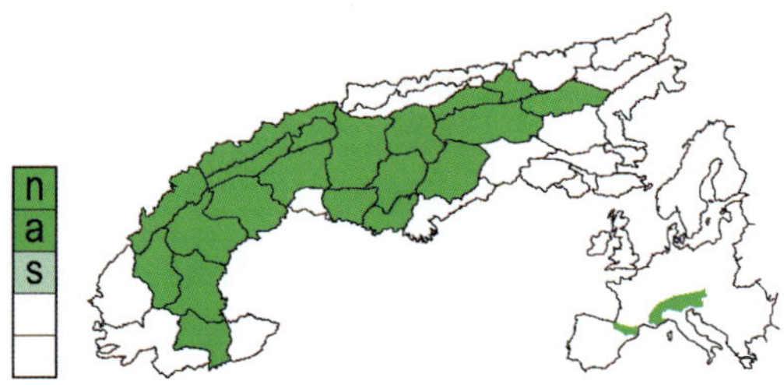

Potentilla grammopetala Moretti

Schmalkronblättriges Fingerkraut *Rosaceae*
VI–VIII ∗ K5 C5 A∞ G$\underline{\infty}$

Bis 30 cm hoch. Pflanzen: **drüsig-klebrig behaart**. Blütenstand: **mit verkürzten Internodien, fast doldenartig, 3–5-blütig**. Blüten: kurz gestielt, **weißlich-gelblich**. Kronblätter: **oft aufrecht bis zusammenneigend**, schmal oval, ± so lang wie die Kelchblätter. Grundblätter: gefingert, **3-teilig**, **± am ganzen Rand gezähnt**. mittlere Stängelblätter: **3-teilig**.

- **Schutt- o. Felsfluren**
- an sauren, trockenen Standorten
- endemisch

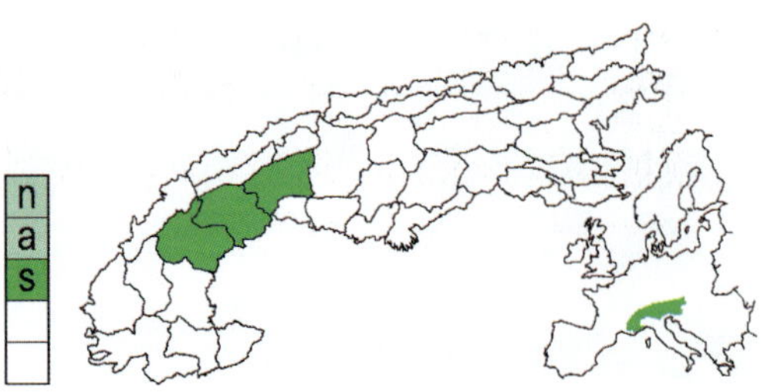

Potentilla grandiflora L.

Großblütiges Fingerkraut *Rosaceae*
III–VI ∗ K5 C5 A∞ G$\underline{\infty}$

Bis 30 cm hoch. Blütenstand: **≥ 6-blütig**. Blüten: **20–30 mm** ⌀, gelblich. Kronblätter: oval, **8–16 mm lang**, 1–2-mal so lang wie die Kelchblätter. Griffel: unten verdickt, oben *nicht* verdickt. Grundblätter: gefingert, **meist 3-teilig**, **Fiederblättchen 20–40 mm lang**, **± am ganzen Rand gezähnt**, Zähne groß. mittlere Stängelblätter: **meist 3-teilig**.

- **subalpine o. alpine Rasen**, Schutt- o. Felsfluren, Zwergstrauchheiden, Extensivgrünland o. Magerrasen
- an nährstoffarmen, meist trockenen Standorten
- einheimisch

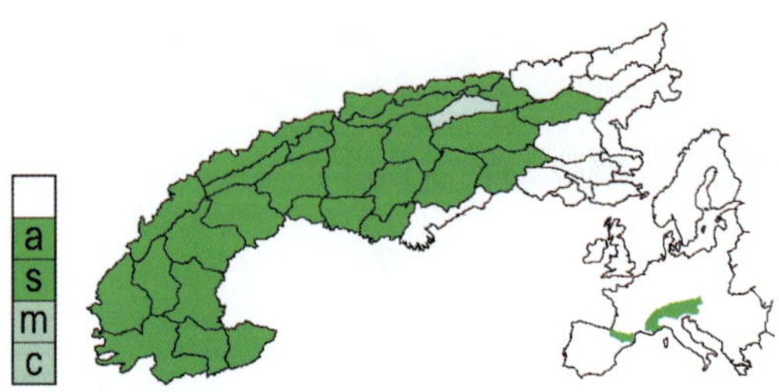

Potentilla multifida L.

Schlitzblättriges Fingerkraut *Rosaceae*
V–VIII $\ast$ K5 C5 A∞ G$\underline{\infty}$

Bis 40 cm hoch. Blüten: gelblich. Kronblätter: oval, 5–7 mm lang, etwas länger als die Kelchblätter, **distal meist ausgerandet**. Stängel: basal niederliegend. Grundblätter: gefiedert, **5–9-teilig, Fiederblättchen fiederspaltig, Blattabschnitte < 1 mm breit**, behaart. mittlere Stängelblätter: **5–9-teilig**.

- subalpine o. alpine Rasen, **Staudenfluren**
- einheimisch

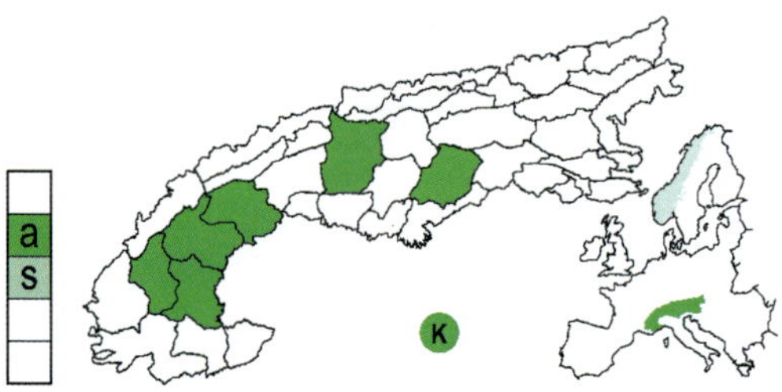

Potentilla nitida L.

Dolomiten-Fingerkraut *Rosaceae*
V–IX $\ast$ K5 C5 A∞ G$\underline{\infty}$

Bis 10 cm hoch. Blüten: **hellrot**, selten weißlich. Kronblätter: oval, **10–12 mm lang, distal meist ausgerandet**. Grundblätter: **3-teilig, ganzrandig**, distal oft 3-zähnig bis -spitzig, am Rand gräulich glänzend behaart. mittlere Stängelblätter: **3-teilig**.

- **subalpine o. alpine Rasen, Schutt- o. Felsfluren**
- an nährstoffarmen, kalkreichen Standorten
- einheimisch

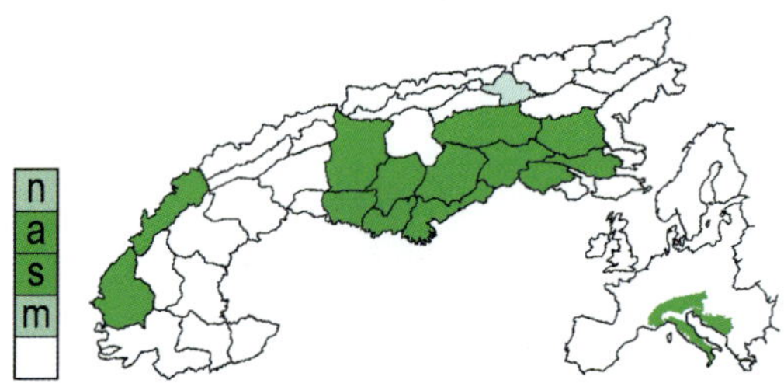

Potentilla nivalis Lapeyr.

Schnee-Fingerkraut *Rosaceae*
VI–X $\ast$ K5 C5 A∞ G$\underline{\infty}$

Bis 30 cm hoch. Blütenstand: **≥ 6-blütig**. Blüten: **weißlich**. Kronblätter: **oft aufrecht bis zusammenneigend**, oval, 6–8 mm lang, **kürzer als die Kelchblätter**. Staubfäden: **kahl**. Stängel: basal niederliegend. Grundblätter: **5–9-teilig, nur distal gezähnt**; oberseitig: gräulich, **filzig behaart, mit krausen wolligen Haaren**; unterseitig: **filzig behaart**; Blattabschnitte: **mit krausen wolligen Haaren**. mittlere Stängelblätter: **meist 3–7-teilig**.

In den Alpen nur die subsp. *nivalis*.

- **Schutt- o. Felsfluren**
- an nährstoffarmen, basenreichen Standorten
- einheimisch

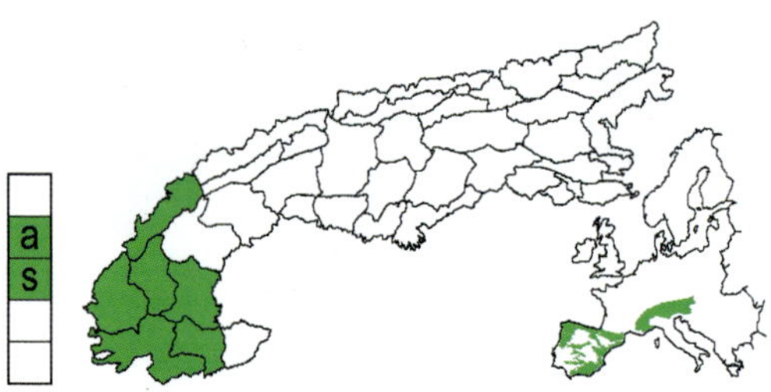

Potentilla nivea L.

Schneeweißes Fingerkraut *Rosaceae*
V–VIII $\ast$ K5 C5 A∞ G$\underline{\infty}$

Bis 20 cm hoch. Blütenstand: **1–6-blütig**. Blüten: gelblich. Kronblätter: oval, 5–8 mm lang. Grundblätter: gefingert, **3-teilig, ± am ganzen Rand gezähnt**, Zähne groß; oberseitig: grünlich; unterseitig: **filzig behaart, weißlich**. mittlere Stängelblätter: **3-teilig**.

In den Alpen nur die subsp. *nivea*.

- **subalpine o. alpine Rasen**, Schutt- o. Felsfluren
- einheimisch

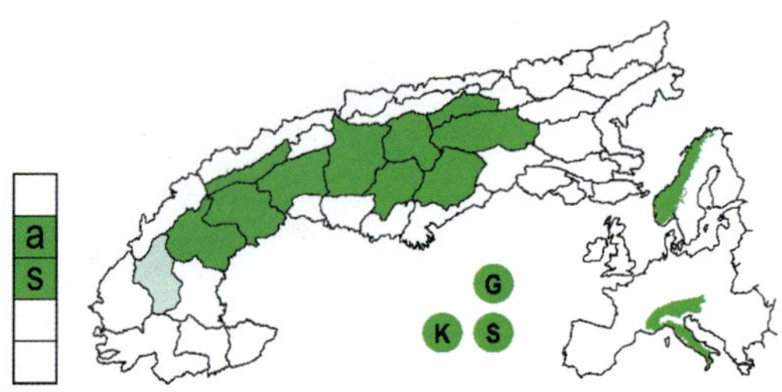

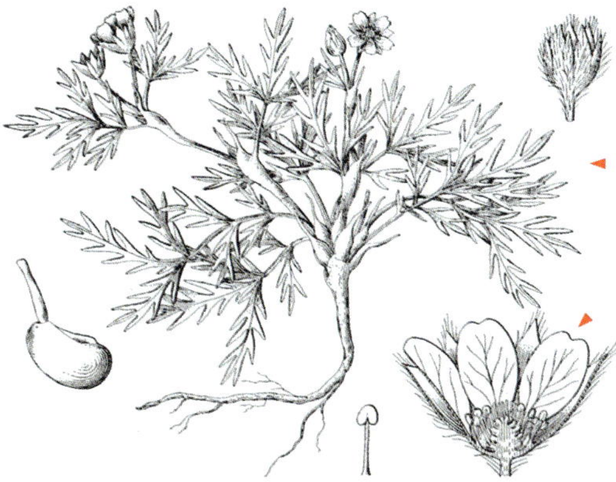

us

Potentilla saxifraga De Not.

Steinbrech-Fingerkraut *Rosaceae*
IV–VI ∗ K5 C5 A∞ G$\underline{\infty}$

Bis 25 cm hoch, **polsterförmig**. Blütenstand: **3–20-blütig**. Blüten: **weißlich**. Blütenstiele: **drüsig behaart**. Kronblätter: oval, 4–6 mm lang. Griffel: bleibend. Grundblätter: derb, **3–5-teilig**, **ganzrandig**, distal oft 3-zähnig bis -spitzig; oberseitig: ± kahl; unterseitig: dicht behaart, **gräulich**, **glänzend**, **seidig behaart**. mittlere Stängelblätter: **3–7-teilig**.

- **Schutt- o. Felsfluren**
- an nährstoffarmen, kalkreichen, trockenen Standorten
- endemisch

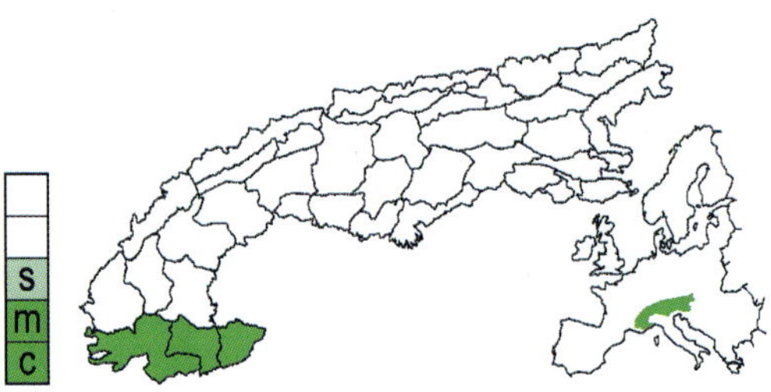

Potentilla valderia L.

Valdieri-Fingerkraut *Rosaceae*
VI–IX ∗ K5 C5 A∞ G$\underline{\infty}$

10–50 cm hoch. Blütenstand: ≥ **6-blütig**. Blüten: **weißlich**. Kronblätter: **oft aufrecht bis zusammenneigend**, oval, 6–8 mm lang, **kürzer als die Kelchblätter**. Staubfäden: **zumindest unten behaart**. Grundblätter: **5–7-teilig**, **± am ganzen Rand gezähnt**; oberseitig: zunächst behaart, später verkahlend; unterseitig: dicht behaart, **gräulich**, oft glänzend, **seidig behaart**. mittlere Stängelblätter: **meist 5-teilig**.

- **subalpine o. alpine Rasen**, Schutt- o. Felsfluren
- an nährstoffarmen, sauren, trockenen Standorten
- endemisch

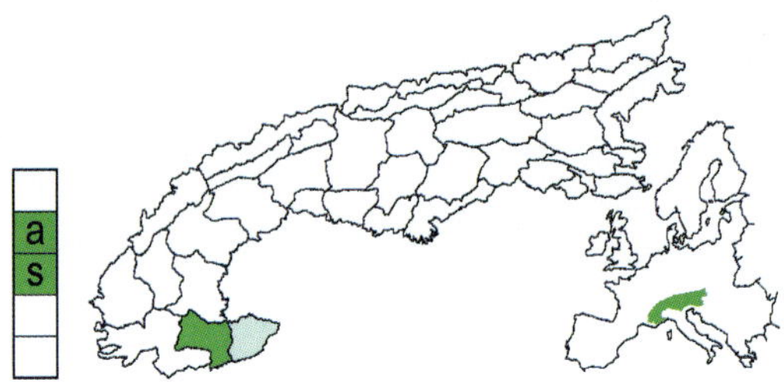

Sibbaldia procumbens L.

Alpen-Gelbling *Rosaceae*
V–VIII ∗ K5 C5 A4–10 G$\underline{5\text{–}12}$

Bis 5 cm hoch, mehrjährig. Blütenstand: endständig, **meist 2–6-blütig**. Aussenkelch: 5-blättrig. Blüten: **grünlich-gelblich**. Blütenachse: flach bis gewölbt. Krone: früh abfallend. Kronblätter: 1–3 mm lang, **kürzer als die Kelchblätter**. Staubblätter: **meist 5**. Früchte: einsamige Nüsschen. Stängel: niederliegend, mit grundständiger Blattrosette. Blätter: **3-teilig**.

- **subalpine o. alpine Rasen**, Schutt- o. Felsfluren, Schneetälchen
- an sauren Standorten
- einheimisch

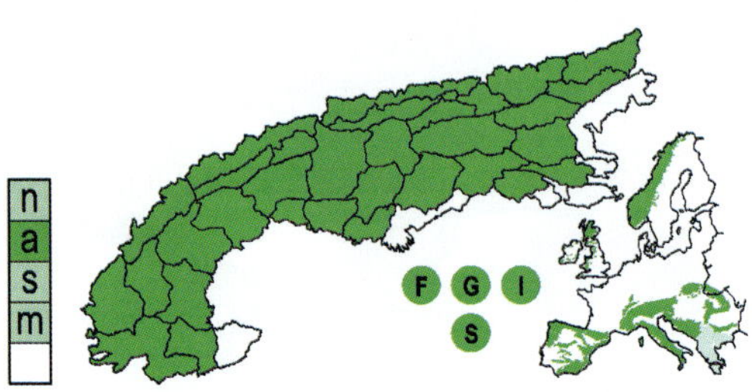

Geum montanum L.

Gewöhnliche Berg-Nelkenwurz *Rosaceae*
IV–X ∗ K4–6 C4–6 A∞ G$\underline{\infty}$

Zur Fruchtzeit bis 50 cm hoch, mehrjährig. Blütenstand: **Stängel 1-blütig**. Aussenkelch: vorhanden. Blüten: gelblich. Blütenachse: flach bis gewölbt. Griffel: zur Fruchtzeit verlängert, **ungegliedert, dicht u. lang behaart**. Früchte: einsamige Nüsschen. Ausläufer: fehlend. Grundblätter: (unterbrochen) gefiedert, **Endfieder viel größer als die Seitenfiedern**.

- **subalpine o. alpine Rasen**, Schutt- o. Felsfluren, Schneetälchen, **Zwergstrauchheiden**, Staudenfluren, Grünerlengebüsche, Grünland, Wälder
- an nährstoffarmen, sauren Standorten
- einheimisch

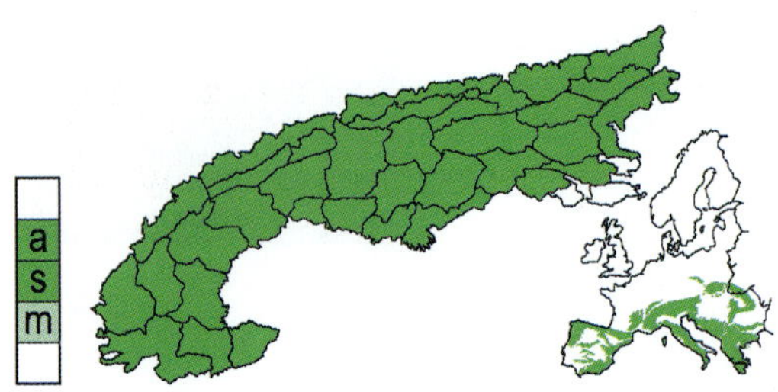

Geum reptans L.

Kriechende Berg-Nelkenwurz *Rosaceae*

VI–VIII ∗ K4–6 C4–6 A∞ G∞

Zur Fruchtzeit bis 15 cm hoch, mehrjährig. Blütenstand: **Stängel 1-blütig**. Aussenkelch: vorhanden. Blüten: gelblich. Blütenachse: flach bis gewölbt. Griffel: zur Fruchtzeit verlängert, **ungegliedert, dicht u. lang behaart**. Früchte: einsamige Nüsschen. Ausläufer: **oberirdisch, bis 1 m lang, meist rötlich überlaufen**. Grundblätter: (unterbrochen) gefiedert, **Endfieder etwas größer als die Seitenfiedern**.

- Alluvionen, **Extensivgrünland o. Magerrasen**, Ruderalvegetation
- an nährstoffarmen, sauren Standorten
- einheimisch

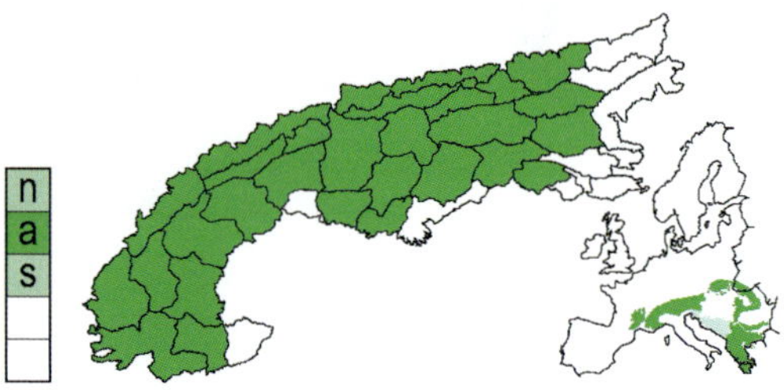

Geum rivale L.

Bach-Nelkenwurz *Rosaceae*

III–VIII ∗ K4–6 C4–6 A∞ G∞

30–80 cm hoch, mehrjährig. Blütenstand: **Stängel mehrblütig**. Aussenkelch: vorhanden. Blüten: **überhängend, gelblich bis rötlich**. Blütenachse: flach bis gewölbt. Kronblätter: in Nagel u. Platte gegliedert. Kelchblätter: **rotbraun**. Fruchtkelch: aufgerichtet. Griffel: zur Fruchtzeit verlängert, **hakig gegliedert, oberes Glied während der Fruchtreife abfallend, unteres Glied behaart**. Früchte: einsamige Nüsschen. Grundblätter: (unterbrochen) gefiedert, Endfieder kaum größer als die Seitenfiedern.

- Alluvionen, **Staudenfluren**, Moore o. Seggenriede, **Grünland**, Wälder
- an wechselfeuchten bis nassen Standorten
- einheimisch

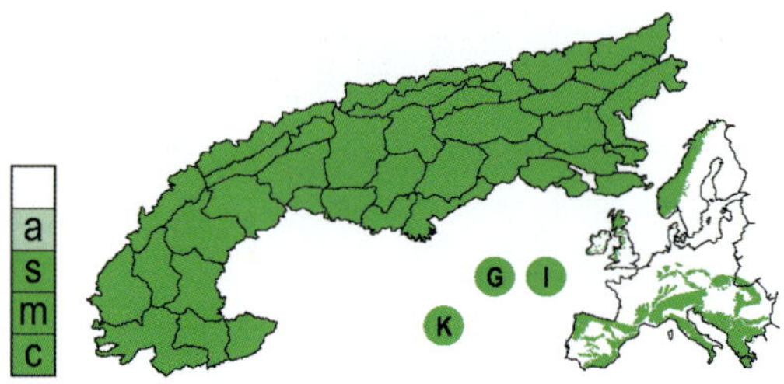

Dryas octopetala L.

Weiße Silberwurz *Rosaceae*

V–VIII ∗ K7–9 C7–9 A∞ G∞

Niederliegender Zwergstrauch, bis 25 cm hoch. Aussenkelch: fehlt. Blüten: einzeln, **lang gestielt, weißlich**. Blütenachse: flach bis gewölbt. Griffel: **zur Fruchtzeit verlängert, dicht u. lang behaart**. Früchte: einsamige Nüsschen. Blattstellung: wechselständig. Blätter: **am Rand stumpf gekerbt**; unterseits: **weißlich, dicht filzig behaart**. Nebenblätter: vorhanden.

- **subalpine o. alpine Rasen, Schutt- o. Felsfluren**, Alluvionen, **Legföhrengebüsche**, Moore o. Seggenriede, **Wälder**
- an basenreichen Standorten
- einheimisch

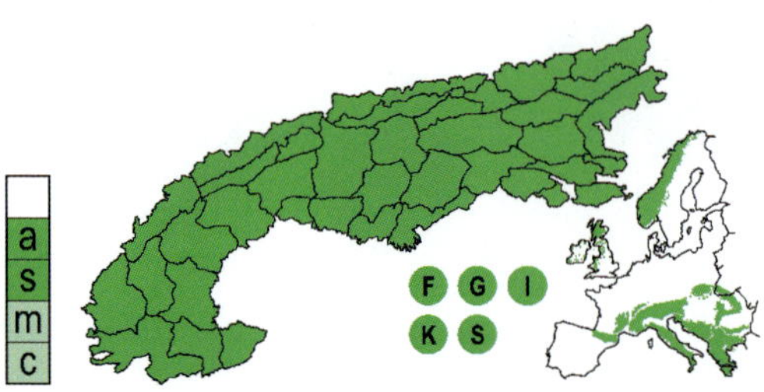

Prunus brigantina Vill.

Briançon-Pflaume *Rosaceae*

IV–VI ∗ K5 C5 A∞ G1

Baum- o. strauchförmig, bis 6 m hoch. Blütenstand: **2–5-blütig**. Blüten: **weißlich**. Blütenstiele: **< 5 mm lang**. Blütenachse: krug- bis röhrenförmig, bei der Fruchtreife abfallend. Kronblätter: **8–10 mm lang**. Früchte: Steinfrüchte, **20–30 mm ⌀, meist gelblich**, sauer schmeckend. Blätter: **vor den Blüten erscheinend**, 20–50 mm breit; unterseits: **filzig behaart**.

- **Schutt- o. Felsfluren, Wälder**
- an nährstoffarmen, trockenen Standorten
- endemisch

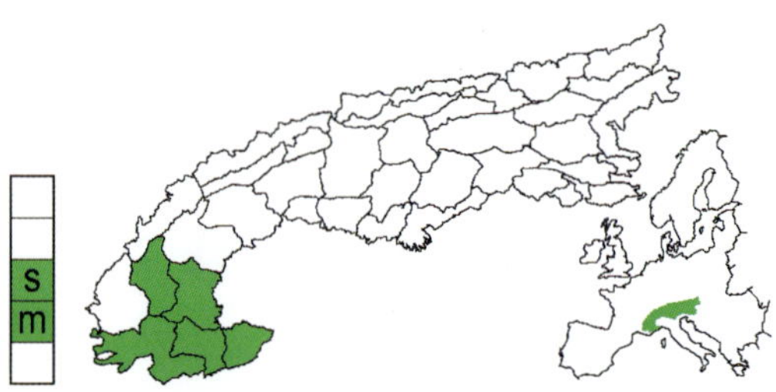

US

Spiraea decumbens W. D. J. Koch

Niederliegender Spierstrauch *Rosaceae*
V–VII ∗ K5 C5 A∞ G$\underline{4-5}$

Strauch, **bis 50 cm hoch**. Blütenstand: auch endständig an Langtrieben, rispenartig, **breiter als lang, 3–5 cm ⌀**. Blüten: **weißlich**. Griffel: **3–5**. Früchte: **Bälge**. Stängel: **zumindest basal niederliegend**. Blätter: länglich bis oval, **Spreite 1–4 cm lang**, am Rand einfach o. doppelt gesägt; unterseits: deutlich heller als oberseits. Nebenblätter: **fehlen**.

In den Alpen die subsp. *decumbens* (endemisch) u. *tomentosa* (vgl. S. 730).

- **Schutt- o. Felsfluren**
- an nährstoffarmen, kalkreichen Standorten
- subendemisch

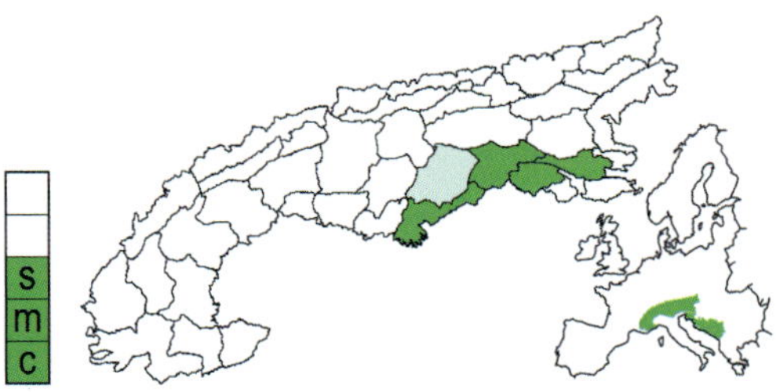

Cotoneaster delphinensis Chatenier

schwach giftig

Dauphiné-Zwergmispel *Rosaceae*
V–VI ∗ K5 C5 A∞ G($\overline{2-3}$)

Strauch, bis 3,5 m hoch. Blütenstand: **8–20-blütig**. Blüten: < 5 mm ⌀, weißlich. Blütenstiele: 20–40 mm lang. Kronblätter: nach innen gebogen. Kelchblätter: meist rötlich überlaufen, **filzig behaart**. Früchte: apfelartige Scheinfrüchte, meist 2-samig, 6–8 mm ⌀, rötlich, **behaart**. Fruchtwand: hart, verholzend. Blätter: Spreite 1,2–3,5 cm lang, 14–20 mm breit; oberseits: behaart; unterseits: **filzig behaart**. Nebenblätter: vorhanden.

- Schutt- o. Felsfluren, **Wälder**
- an kalkreichen Standorten
- einheimisch (subendemisch)

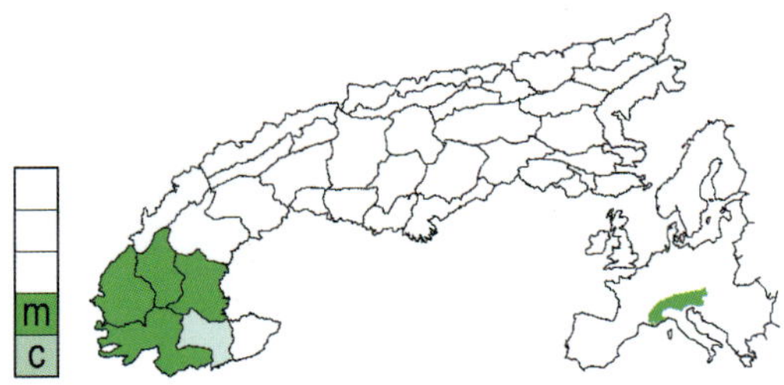

Cotoneaster integerrimus Medik.

schwach giftig

Gewöhnliche Zwergmispel *Rosaceae*
III–VI ∗ K5 C5 A∞ G($\overline{2-3}$)

Strauch, bis 2,5 m hoch. Blütenstand: **1–4-blütig**. Blüten: < 5 mm ⌀, weißlich bis rosa. Kronblätter: nach innen gebogen. Kelchblätter: zuweilen rötlich überlaufen, **kahl bis spärlich behaart**. Früchte: apfelartige Scheinfrüchte, meist 2–3-samig, 6–8 mm ⌀, meist rötlich, selten weißlich, **kahl**. Fruchtwand: hart, verholzend. Blätter: Spreite 1,5–5 cm lang, 5–30 mm breit, ganzrandig; oberseits: behaart; unterseits: **filzig behaart**. Nebenblätter: vorhanden.

Formenreiche Sippe.

- subalpine o. alpine Rasen, **Schutt- o. Felsfluren**, **Zwergstrauchheiden**, Legföhrengebüsche, **Wälder**
- an nährstoffarmen, meist trockenen Standorten
- einheimisch

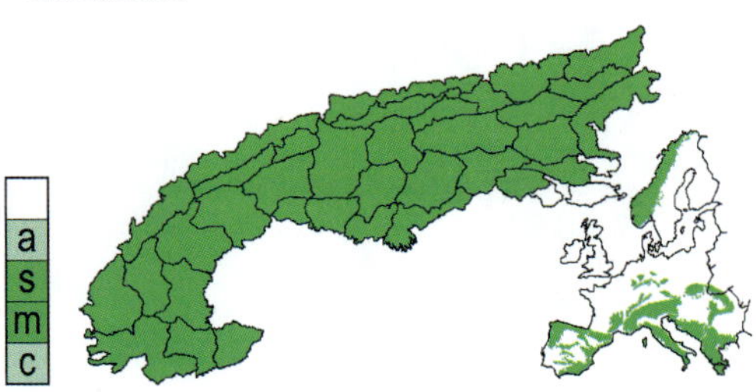

Cotoneaster raboutensis Flinck & al.

schwach giftig

Rabou-Zwergmispel *Rosaceae*
V–VI ∗ K5 C5 A∞ G($\overline{3-5}$)

Strauch, bis 3 m hoch. Blütenstand: **3–8-blütig**. Blüten: weißlich bis rosa. Kronblätter: nach innen gebogen. Kelchblätter: zuweilen rötlich überlaufen, **kahl bis spärlich behaart**. Früchte: apfelartige Scheinfrüchte, meist 3–5-samig, **5–6 mm** ⌀, rötlich, meist kahl. Fruchtwand: hart, verholzend. Blätter: Spreite 1,4–4 cm lang, 12–30 mm breit; oberseits: (fast) kahl; unterseits: **filzig behaart**. Nebenblätter: vorhanden.

- **Wälder**
- an kalkreichen Standorten
- endemisch

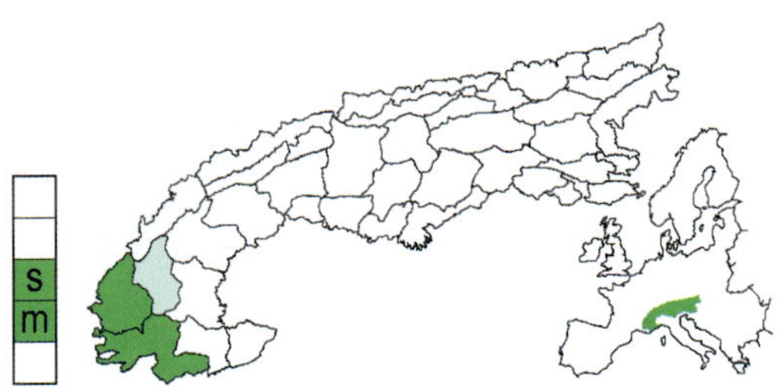

US

US

US

Sorbus chamaemespilus (L.) Crantz

Zwerg-Mehlbeerbaum *Rosaceae*
V–VII ∗ K5 C5 A∞ G($\overline{2–5}$)

Strauch, bis 2 m hoch. Blüten: **meist rosa bis rötlich**. Blütenstiele: 3–12 mm lang. Kronblätter: ± aufrecht. Fruchtblätter: mit der fleischig werdenden Blütenachse verwachsen. Früchte: **apfelartige Scheinfrüchte, rötlich**. Fruchtwand: pergamentartig. Blattstiele: < 1 cm lang. Blätter: ungeteilt, basal verschmälert, am Rand einfach bis doppelt gesägt, beidseits mit je 5–8 Seitennerven; unterseits: **blau- bzw. graugrün, kahl bis spärlich behaart**. Nebenblätter: vorhanden.

- Schutt- o. Felsfluren, Zwergstrauchheiden, **Grünerlen- o. Legföhrengebüsche**
- an nährstoffarmen, basenreichen Standorten
- einheimisch

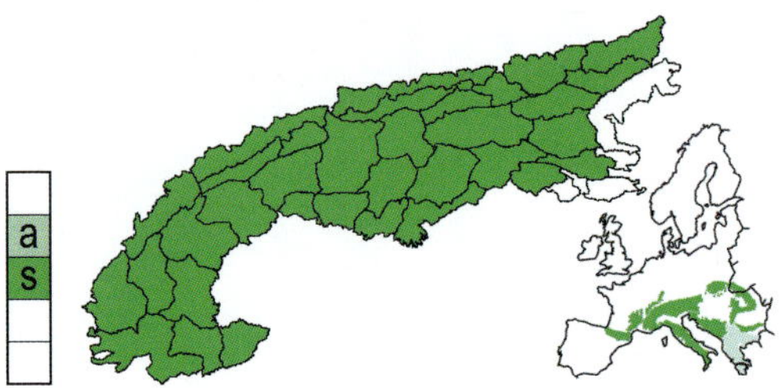

Rhamnus pumila Turra

giftig

Zwerg-Kreuzdorn *Rhamnaceae*
V–VIII ∗ K(4) C4 A4 G($\underline{4}$)

Zwergstrauch, bis 30 cm hoch. Blüten: 1-geschlechtig o. ⚥, grünlich-gelblich. Krone: selten 5-blättrig. Kronblätter: *nicht* genagelt. Fruchtknoten: mit ± ringförmiger Nektardrüse. Griffel: Griffeläste meist 4-spaltig. Früchte: Steinfrüchte, 2–4-samig, **dunkelblau bis schwarz**, oft bereift. Stängel: **niederliegend**, *ohne* Dornen o. Stacheln. Blattstellung: wechselständig. Blätter: **Spreite 1–5 cm lang**, am Rand stumpf gekerbt, beidseits mit je 3–12 Seitennerven.

In den Alpen nur die subsp. *pumila*.

- **Schutt- o. Felsfluren**, Zwergstrauchheiden
- an nährstoffarmen, kalkreichen, meist trockenen Standorten
- einheimisch

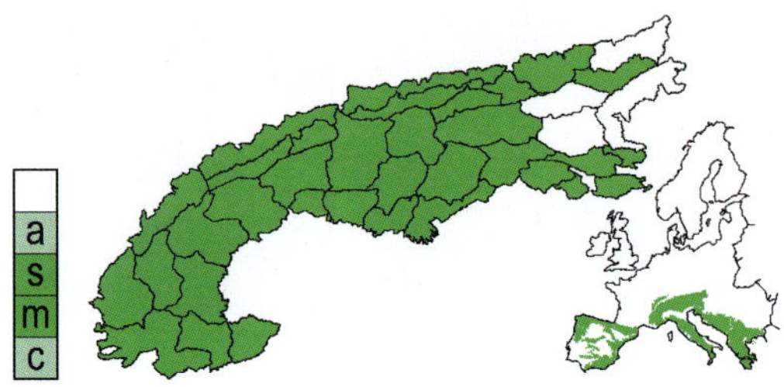

Alnus viridis (Chaix) DC.

Grün-Erle *Betulaceae*
III–VII ♂ ∗ P(4) A4 | ♀ ∗ G($\overline{2}$)

Bis 4 m hoher Strauch, selten baumförmig. Pflanzen: 1-häusig. Blütenhülle: bei ♀ fehlend, bei ♂ aus unscheinbarem Perigon. ♀ Blüten: in ährenartigen Kätzchen, Kätzchen zu 3–5. Teilblütenstände dichasial. ♂ Blüten: **in hängenden, sitzenden Kätzchen**. Fruchtstand: **zapfenartig, verholzt**. Früchte: in der Achsel von 4–5-lappigen verholzenden Schuppen, geflügelt. Blätter: ***gleichzeitig* mit den Blüten erscheinend**, zugespitzt, am Rand spitz doppelt gesägt; unterseits: kahl.

In den Alpen nur die subsp. *viridis*.

- Zwergstrauchheiden, **Grünerlen- o. Legföhrengebüsche**, Wälder
- an nährstoffreichen Standorten
- einheimisch

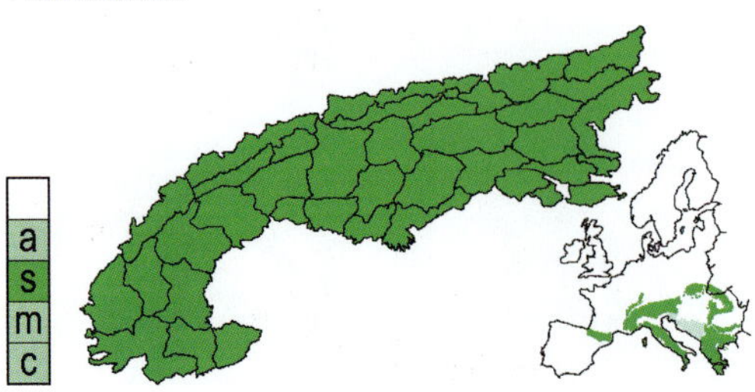

Betula nana L.

Zwerg-Birke *Betulaceae*
III–VI ♂ ∗ P(3–4) A2 | ♀ ∗ G($\overline{2}$)

Zwergstrauch, 30–80 cm hoch. Pflanzen: 1-häusig. Blütenhülle: bei ♀ fehlend, bei ♂ aus unscheinbarem Perigon. Staubbeutel: 2-teilig. ♀ Blüten: in ährenartigen Kätzchen, Kätzchen einzeln. ♂ Blüten: in aufrechten Kätzchen. Früchte: in der Achsel von 3-lappigen Schuppen, geflügelt. Stängel: **zumindest basal meist niederliegend**. Seitenäste: samtartig behaart. Blätter: **± rundlich**, **Spreite 0,4–1,2 cm lang**, breiter als lang, am Rand meist stumpf gekerbt, beidseits mit je 2–4 Seitennerven.

In den Alpen nur die subsp. *nana*.

- **Moore o. Seggenriede**, Wälder
- an nährstoffarmen, sauren, nassen Standorten
- einheimisch

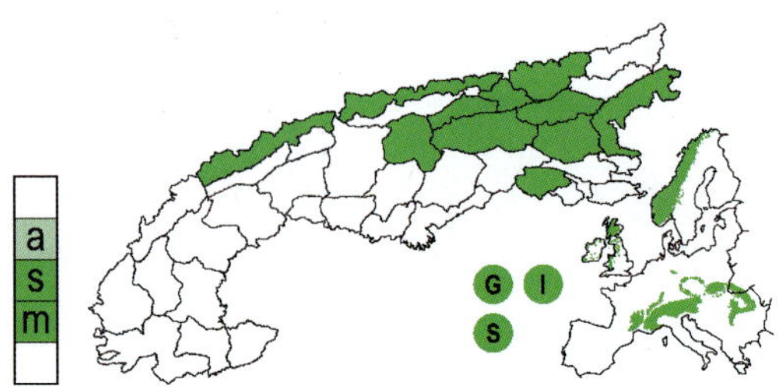

US

Parnassia palustris L.

giftig

Sumpf-Herzblatt — *Celastraceae*

VI–X — * K5 C5 A5 G(4)

10–25 cm hoch, mehrjährig. Blüten: **lang gestielt, weißlich, mit auffallender Aderung**. Staubblätter: **5, sowie 5 sterile Staminodien, Staminodien gefranst, distal mit gelben Drüsenköpfen**. Fruchtknoten: mit ± ringförmiger Nektardrüse. Früchte: Kapseln. Stängel: mit grundständiger Blattrosette, meist 1-blättrig. Blätter: **rundlich bis herzförmig**, ganzrandig. Grundblätter: lang gestielt. Stängelblätter: **sitzend, basal (halb-) stängelumfassend**.

- subalpine o. alpine Rasen, Schutt- o. Felsfluren, Alluvionen, **Quellfluren, Moore o. Seggenriede**, Wälder
- an nährstoffarmen, kalkreichen, wechselfeuchten bis nassen Standorten
- einheimisch

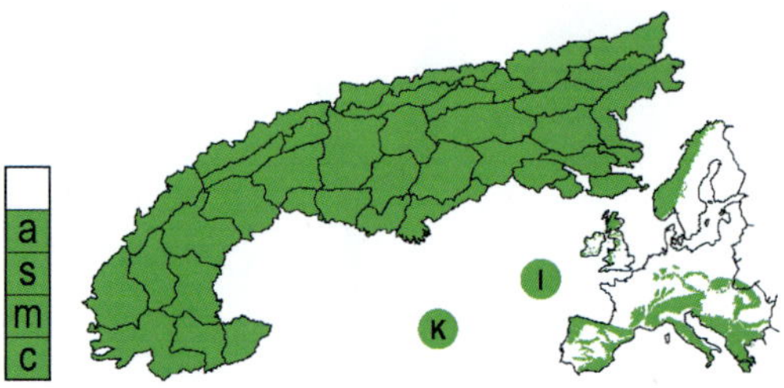

Hypericum maculatum Crantz

giftig (für Tiere)

Geflecktes Johanniskraut — *Hypericaceae*

V–IX — * K5 C5 A50–100 G(3)

20–60 cm hoch, mehrjährig. Blüten: gelblich. Kronblätter: **auf der Fläche *mit* u. am Rand meist *ohne* schwarze Drüsen**, 8–12 mm lang. Kelchblätter: **breit oval**, ganzrandig bis fein-gezähnt, **meist *ohne* Drüsen, distal ± abgerundet**. Staubblätter: in 3 (4) Gruppen. Früchte: Kapseln, 3-fächrig. Stängel: aufrecht, **im QS 4-kantig**, meist (undeutlich) hohl; oben: kahl. Blattstellung: gegenständig. Blätter: kahl, **mit schwarzen Drüsen**, meist *nicht* durchscheinend punktiert.

In den Alpen nur die subsp. *maculatum*.

- subalpine o. alpine Rasen, **Zwergstrauchheiden, Staudenfluren, Grünerlen- o. Legföhrengebüsche**, Grünland, Wälder
- an nährstoffarmen Standorten
- einheimisch

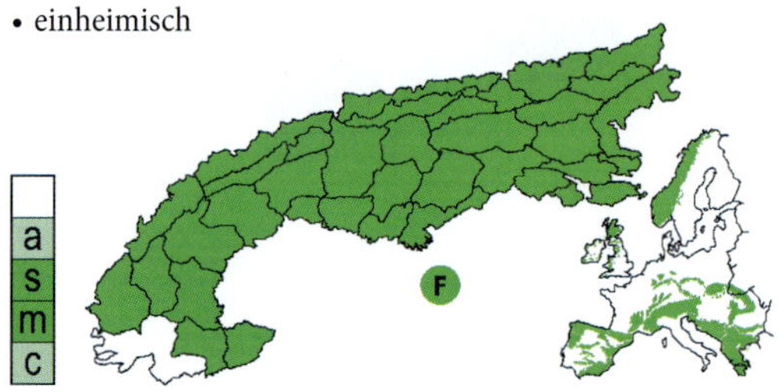

Hypericum nummularium L.

Pyrenäen-Johanniskraut — *Hypericaceae*

VI–IX — * K5 C5 A∞ G(3)

Bis 30 cm hoch, mehrjährig. Blütenstand: 1–8-blütig. Blüten: gelblich. Kronblätter: **am Rand mit schwarzen Drüsen**. Kelchblätter: **am Rand schwarz drüsig-gezähnt**. Staubblätter: in 3 (4) Gruppen. Früchte: Kapseln, 3-fächrig. Stängel: zumindest niederliegend, kahl. Blattstellung: gegenständig. Blätter: kurz gestielt, **lanzettlich-oval bis rundlich**, > 3 mm breit, basal abgerundet, kahl, ***nicht* o. spärlich schwarz punktiert**.

- **Schutt- o. Felsfluren**
- an nährstoffarmen, basenreichen Standorten
- einheimisch

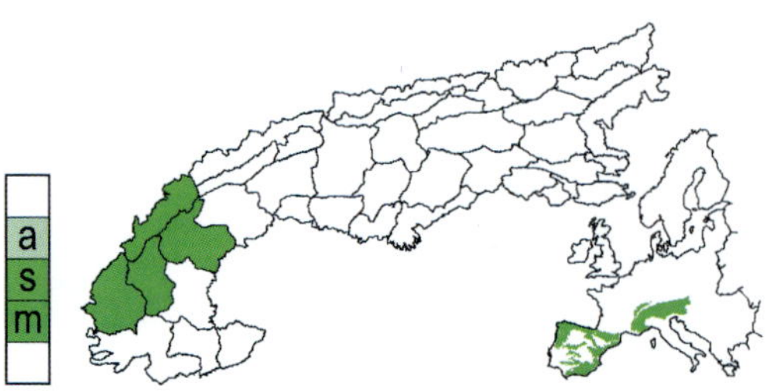

Hypericum richeri Vill.

Richers Johanniskraut — *Hypericaceae*

V–VII — * K5 C5 A∞ G(3)

10–50 cm hoch, mehrjährig. Blüten: gelblich. Kronblätter: **am Rand u. auf der Fläche mit schwarzen Drüsen**. Kelchblätter: **am Rand schwarz drüsig-gezähnt**. Staubblätter: in 3 (4) Gruppen. Früchte: Kapseln, **mit schwarzen Drüsen**, 3-fächrig. Stängel: basal niederliegend, **im QS rundlich**, kahl. Blattstellung: gegenständig. Blätter: sitzend, **oval**, Spreite 1–5 cm lang, oft länger als die Internodien, kahl, **mit schwarzen Drüsen**.

In den Alpen die subsp. *richeri* u. *grisebachii* (vgl. S. 730).

- subalpine o. alpine Rasen, **Schutt- o. Felsfluren, Staudenfluren**, Grünland, **Wälder**
- an kalkreichen Standorten
- einheimisch

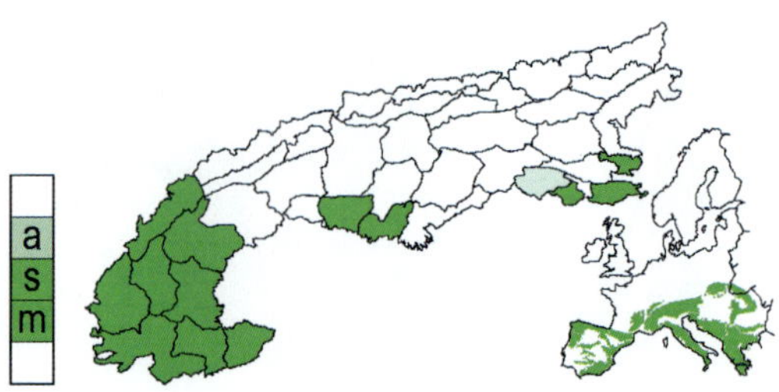

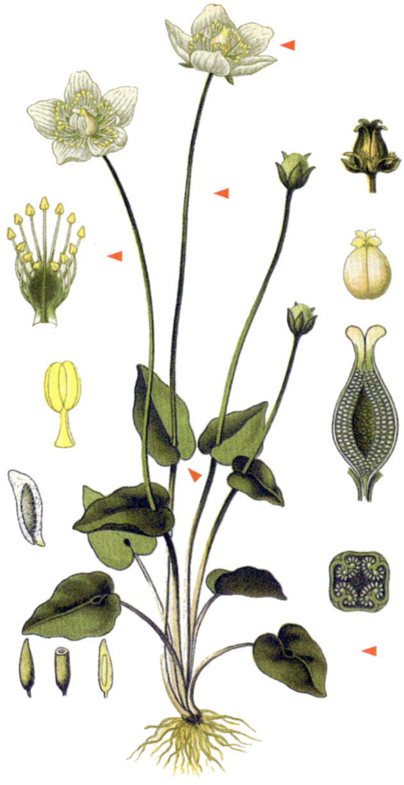

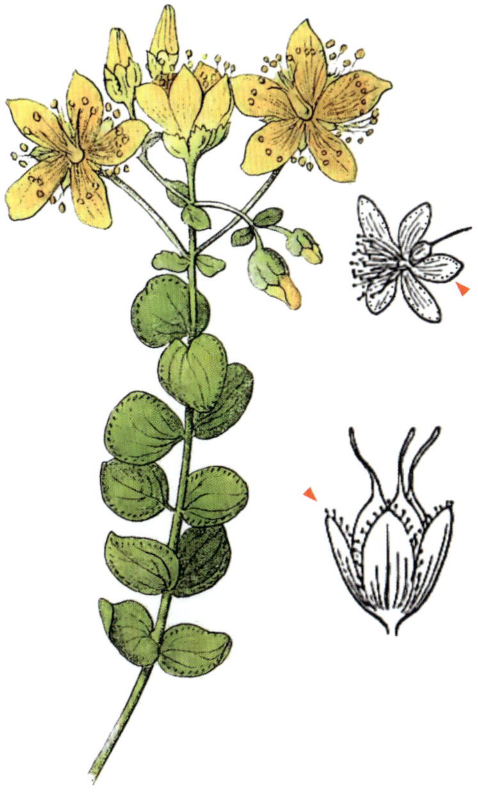

Viola biflora L.

Gelbes Bergveilchen *Violaceae*
IV–VIII ↓ K5 C5 A5 G(3)

Bis 15 cm hoch, mehrjährig. Blütenstand: 1–2-blütig. Blüten: 15–30 mm lang, **gelblich**. Kronblätter: **die 4 oberen auf- bis seitwärts gerichtet u. sich überdeckend**. Sporn: 2–4 mm lang, < 0,5-mal so lang wie die Kronblätter. Kelchblätter: **spitz**. Narben: 2-lappig. Früchte: Kapseln, kahl. Stängel: mit Laubblättern. Blätter: nierenförmig, 20–40 mm breit, **breiter als lang**, basal ausgerandet, distal abgerundet, am Rand seicht gezähnt. untere Nebenblätter: ungeteilt, lineal-lanzettlich, ungeteilt.

- **Schutt- o. Felsfluren**, Alluvionen, Staudenfluren, Grünerlen- o. Legföhrengebüsche, Wälder
- einheimisch

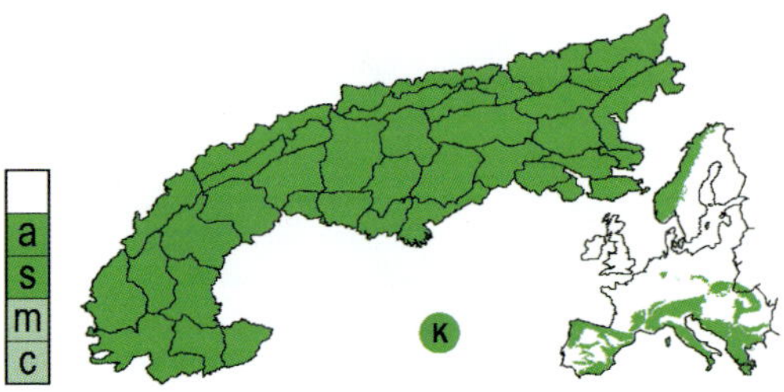

Viola lutea Huds.

Gelbes Alpen-Stiefmütterchen *Violaceae*
V–VIII ↓ K5 C5 A5 G(3)

10–30 cm hoch, mehrjährig. Blüten: 15–30 mm lang, **gelblich**, selten violett überlaufen. Kronblätter: **die 4 oberen auf- bis seitwärts gerichtet u. sich überdeckend**. Sporn: 3–6 mm lang, < 0,5-mal so lang wie die Kronblätter. Kelchblätter: **spitz**. Narben: ± kopfig. Früchte: Kapseln. Stängel: mit Laubblättern. Blätter: ± lanzettlich, **länger als breit**, basal verschmälert, am Rand gezähnt. untere Nebenblätter: ± fingerförmig geteilt, **ihr Mittellappen schmal lineal u. ganzrandig**.

In den Alpen die subsp. *lutea* u. *sudetica* (vgl. S. 730).

- **subalpine o. alpine Rasen**, Zwergstrauchheiden, Staudenfluren, **Grünland**
- an nährstoffarmen Standorten
- einheimisch

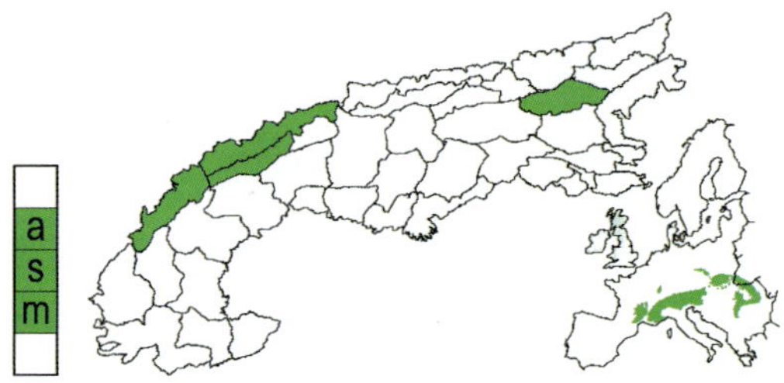

Viola argenteria Moraldo & Forneris

Argentera-Stiefmütterchen *Violaceae*
V–VII ↓ K5 C5 A5 G(3)

Bis 10 cm hoch, mehrjährig. Blüten: 8–15 mm lang, **meist hellviolett**. Kronblätter: **die 4 oberen auf- bis seitwärts gerichtet u. sich überdeckend**. Sporn: < 5 mm lang. Kelchblätter: **spitz**. Narben: ± kopfig. Stängel: **mit grundständiger Blattrosette**, mit Laubblättern. Blätter: breit oval bis herzförmig, Spreite 1–2 cm lang, **1–2-mal so lang wie breit**, kahl, **ganzrandig**. untere Nebenblätter: ungeteilt.

- **Schutt- o. Felsfluren**
- an nährstoffarmen, sauren, feuchten bis nassen Standorten
- einheimisch

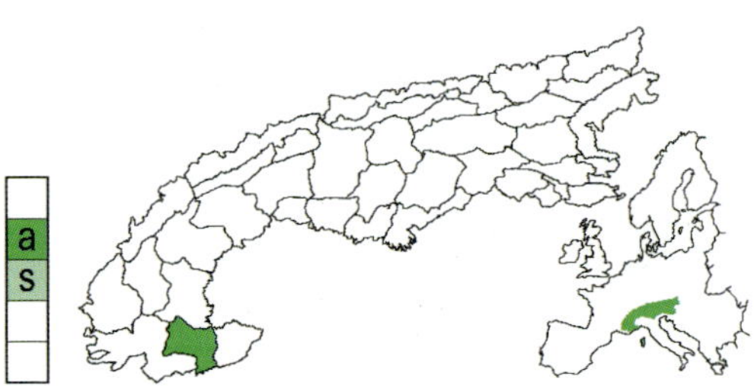

Viola calcarata L.

Langsporniges Stiefmütterchen *Violaceae*
V–VII ↓ K5 C5 A5 G(3)

Bis 10 cm hoch, mehrjährig. Blütenstand: 1–3-blütig. Blüten: 25–40 mm lang, violett o. gelblich. Kronblätter: **die 4 oberen auf- bis seitwärts gerichtet u. sich überdeckend**. Sporn: 8–18 mm lang. Kelchblätter: **spitz**. Narben: ± kopfig. Stängel: **mit grundständiger Blattrosette**, mit Laubblättern. Blätter: spatelförmig-lanzettlich bis breit oval, **länger als breit**, basal verschmälert, am Rand gezähnt.

In den Alpen die subsp. *calcarata* (endemisch), *cavillieri*, *villarsiana* (endemisch) u. *zoysii* (vgl. S. 730).

- **subalpine o. alpine Rasen**, **Schutt- o. Felsfluren**, Zwergstrauchheiden, Grünland
- an nährstoffarmen, basenreichen Standorten
- einheimisch

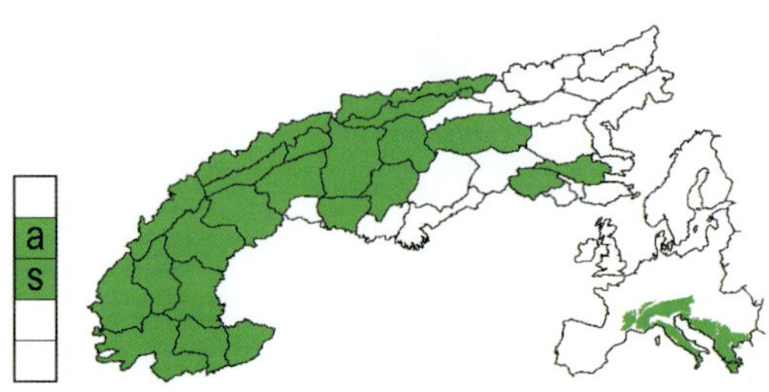

Viola cenisia L.

Mont-Cenis-Stiefmütterchen *Violaceae*
VI–VIII ↓ K5 C5 A5 G(3)

Bis 10 cm hoch, mehrjährig. Blüten: 20–25 mm lang, **meist dunkelviolett**, mit gelblichem Zentrum. Blütenstiele: meist 2–4 mm lang, Vorblätter in der distalen Hälfte. Kronblätter: **die 4 oberen auf- bis seitwärts gerichtet u. sich überdeckend**. Sporn: 5–8 mm lang. Kelchblätter: **distal abgerundet**. Narben: ± kopfig. Stängel: **mit grundständiger Blattrosette**, mit Laubblättern. Blätter: spatelförmig-lanzettlich bis breit oval, Spreite 0,5–2 cm lang, **länger als breit**, basal abgerundet, **ganzrandig**. untere Nebenblätter: selten basal gelappt.

- **Schutt- o. Felsfluren**
- an nährstoffarmen, kalkreichen Standorten
- endemisch

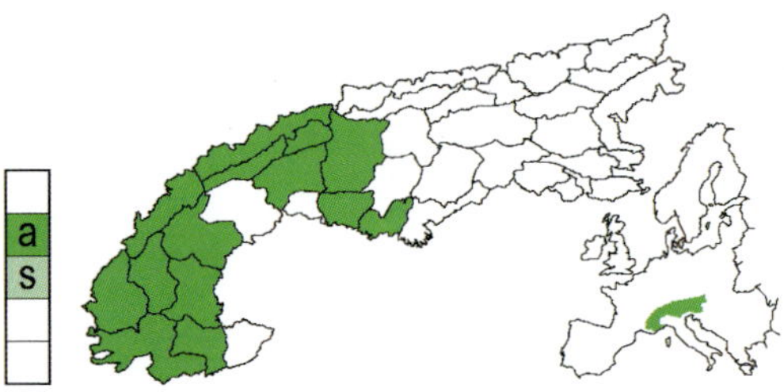

Viola comollia Massara

Comollis Stiefmütterchen *Violaceae*
VI–VIII ↓ K5 C5 A5 G(3)

Bis 10 cm hoch, mehrjährig. Blüten: 15–25 mm lang, **meist rötlich-violett**, außen meist gelblich, mit gelblichem Zentrum. Kronblätter: **die 4 oberen auf- bis seitwärts gerichtet u. sich überdeckend.** Sporn: < 5 mm lang. Kelchblätter: **am Rand gezähnt**, **distal abgerundet**. Narben: ± kopfig. Stängel: **mit grundständiger Blattrosette**, mit Laubblättern. Blätter: spatelförmig-lanzettlich bis breit oval, **1–2-mal so lang wie breit**, basal deutlich ausgerandet, **ganzrandig**.

- subalpine o. alpine Rasen, **Schutt- o. Felsfluren**
- an nährstoffarmen, sauren Standorten
- endemisch

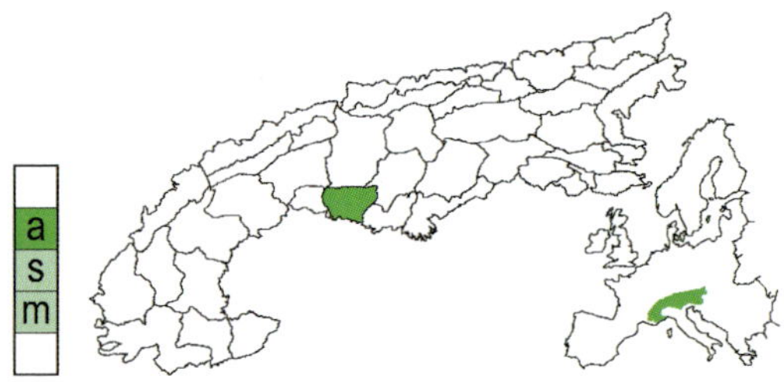

Viola culminis F. Fen. & Moraldo

Guglielmo-Stiefmütterchen *Violaceae*
V–VII ↓ K5 C5 A5 G(3)

10–30 cm hoch, mehrjährig. Blüten: 20–40 mm lang, **meist bläulich-violett**, mit gelblichem Zentrum. Kronblätter: **die 4 oberen auf- bis seitwärts gerichtet u. sich überdeckend**. Sporn: 5–12 mm lang, **meist > 3-mal so lang wie die Kelchanhängsel**. Kelchblätter: 5–10 mm lang, **distal abgerundet**. Narben: ± scheibenförmig, schief. Stängel: **mit grundständiger Blattrosette**. Blätter: **untere breit oval bis rundlich, obere länglich-lanzettlich**, ganzrandig bis seicht gekerbt. untere Nebenblätter: lanzettlich bis spatelförmig o. gestielt, **bis 35 mm lang**.

- **subalpine o. alpine Rasen**, Extensivgrünland o. Magerrasen
- an nährstoffarmen Standorten
- endemisch

Viola dubyana Gremli

Dubys Stiefmütterchen *Violaceae*
V–VIII ↓ K5 C5 A5 G(3)

10–30 cm hoch, mehrjährig. Blüten: 20–25 mm lang, **violett**, mit gelblichem Zentrum. Kronblätter: **die 4 oberen auf- bis seitwärts gerichtet u. sich überdeckend**. Sporn: **nach unten gebogen**, 3–6 mm lang. Kelchblätter: **spitz**. Narben: ± kopfig. Stängel: **mit grundständiger Blattrosette**, mit Laubblättern. Blätter: **untere breit oval bis rundlich, obere länglich-lanzettlich**, basal gerade bis verschmälert, am Rand gezähnt. untere Nebenblätter: **± fingerförmig geteilt, 3–5-teilig**.

- **subalpine o. alpine Rasen**, Schutt- o. Felsfluren
- an nährstoffarmen, kalkreichen Standorten
- endemisch

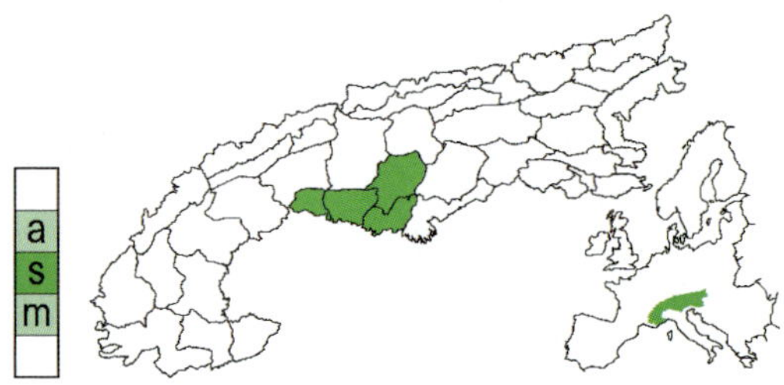

Viola valderia All.

Valdieri-Stiefmütterchen *Violaceae*
V–VIII ↓ K5 C5 A5 G(3)

Bis 20 cm hoch, mehrjährig. Blüten: 20–30 mm lang, meist rötlich-violett, mit gelblichem Zentrum. Blütenstiele: meist 4–8 mm lang. Kronblätter: **die 4 oberen auf- bis seitwärts gerichtet u. sich überdeckend**. Sporn: 7–10 mm lang. Kelchblätter: **distal abgerundet**. Narben: ± kopfig. Stängel: **mit grundständiger Blattrosette**, mit Laubblättern. Blätter: spatelförmig-lanzettlich bis breit oval, Spreite 1,5–4 cm lang, > **3-mal so lang wie breit**, basal gerade bis verschmälert, ganzrandig bis seicht gekerbt. untere Nebenblätter: **3–7-lappig**.

- **subalpine o. alpine Rasen**, **Schutt- o. Felsfluren**, Alluvionen
- an nährstoffarmen Standorten
- endemisch

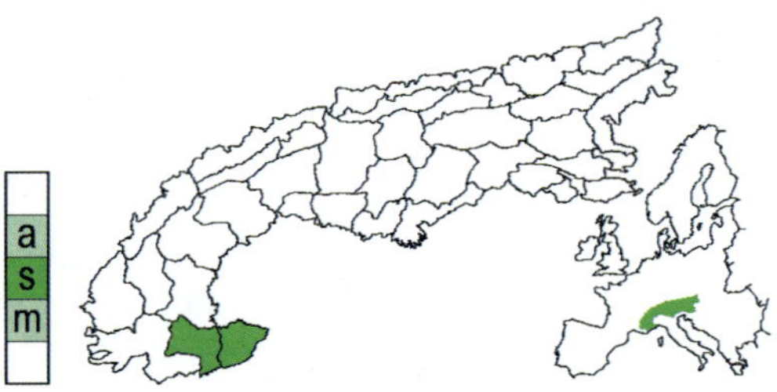

Viola palustris L.

Sumpf-Veilchen *Violaceae*
IV–VI ↓ K5 C5 A5 G(3)

Bis 15 cm hoch, mehrjährig. Blüten: 10–15 mm lang, **meist violett**. Blütenstiele: Vorblätter in der distalen Hälfte. Kronblätter: **2 nach oben u. 3 ± nach unten gerichtet**. Kelchblätter: **distal abgerundet**. Narben: ± scheibenförmig, schief. Stängel: **mit grundständiger Blattrosette, *ohne* Laubblätter**, allenfalls mit beblätterten Ausläufern. Blätter: nierenförmig, **meist breiter als lang**, basal ausgerandet; unterseits: kahl. untere Nebenblätter: **2–3-mal so lang wie breit**.

In den Alpen nur die subsp. *palustris*.

- Quellfluren, **Moore o. Seggenriede**, **Grünland**, Wälder
- an nährstoffarmen, sauren, nassen, zuweilen überfluteten Standorten
- einheimisch

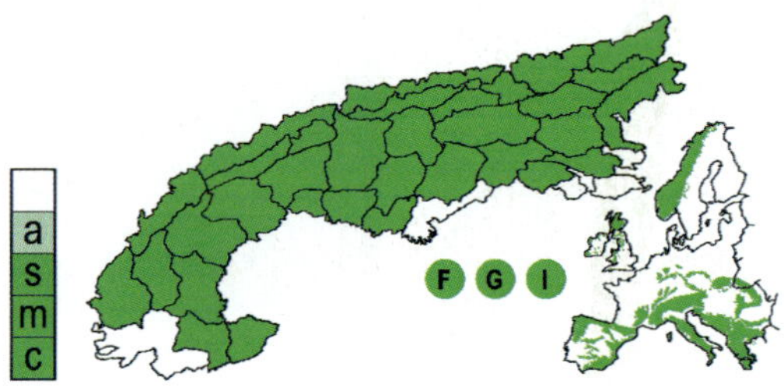

Viola pinnata L.

Fieder-Veilchen *Violaceae*
V–VII ↓ K5 C5 A5 G(3)

Bis 10 cm hoch, mehrjährig. Blüten: 10–20 mm lang, **meist hellviolett**; **Sporn violett**. Blütenstiele: Vorblätter in der distalen Hälfte. Kronblätter: **2 nach oben u. 3 ± nach unten gerichtet**. Sporn: ± 2-mal so lang wie die Kelchanhängsel. Kelchblätter: **distal abgerundet**. Narben: hakig gebogen. Stängel: **mit grundständiger Blattrosette, *ohne* Laubblätter**, allenfalls mit beblätterten Ausläufern. Blätter: **tief handförmig gelappt, im Umriss rundlich**. untere Nebenblätter: lanzettlich.

- **Schutt- o. Felsfluren**, Extensivgrünland o. Magerrasen, Wälder
- an kalkreichen, trockenen Standorten
- endemisch (?)

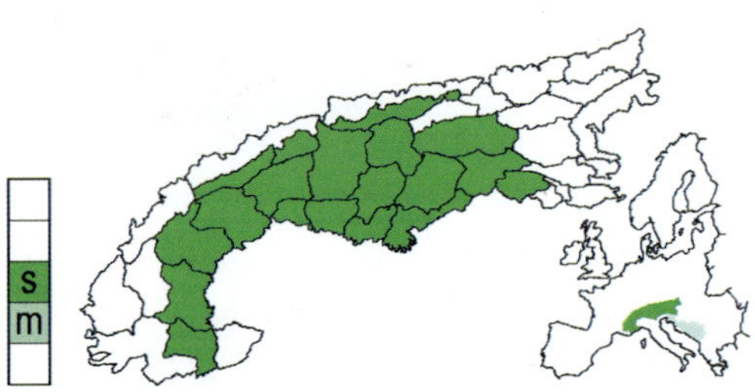

Viola laricicola Marcussen

Lärchenwald-Veilchen *Violaceae*
IV–VII ↓ K5 C5 A5 G(3)

Bis 10 cm hoch, mehrjährig. Blüten: 15–25 mm lang, **meist violett**; **Sporn weißlich bis grünlich**; **Sporn heller als die Krone**. Kronblätter: **2 nach oben u. 3 ± nach unten gerichtet**. Sporn: 3–4 mm lang, meist > 3-mal so lang wie die Kelchanhängsel. Kelchblätter: **spitz**. Narben: ± scheibenförmig, schief. Stängel: **mit grundständiger Blattrosette**, mit Laubblättern. Blätter: herzförmig, Spreite 1,5–2,5 cm lang, **1–2-mal so lang wie breit**, basal ausgerandet. untere Nebenblätter: lanzettlich, 2–3 mm breit.

- **subalpine o. alpine Rasen**
- an nährstoffarmen, kalkreichen Standorten
- endemisch

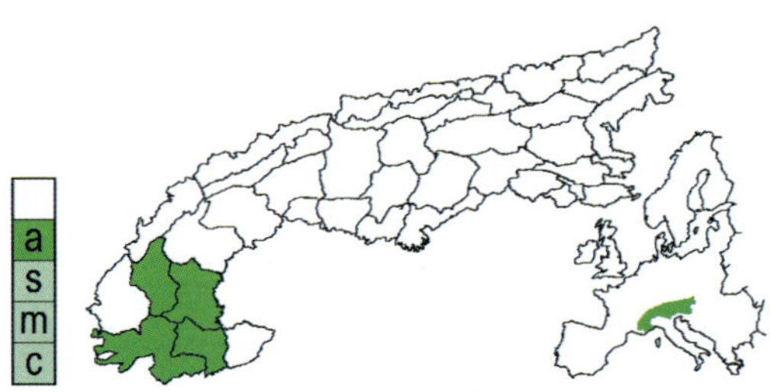

Viola rupestris F. W. Schmidt

Felsen-Veilchen *Violaceae*
IV–VI ↓ K5 C5 A5 G(3)

Bis 10 cm hoch, mehrjährig. Blüten: 10–15 mm lang, **blauviolett bis weißlich**. Kronblätter: **2 nach oben u. 3 ± nach unten gerichtet**. Kelchblätter: **spitz**. Fruchtknoten: **behaart**. Narben: hakig gebogen. Stängel: **mit grundständiger Blattrosette**, mit Laubblättern. Blätter: herzförmig, Spreite bis 2 cm lang, **10–25 mm breit**, basal ausgerandet, **meist dicht behaart**.

- subalpine o. alpine Rasen, Schutt- o. Felsfluren, Extensivgrünland o. Magerrasen, **Wälder**
- an nährstoffarmen, basenreichen, meist trockenen Standorten
- einheimisch

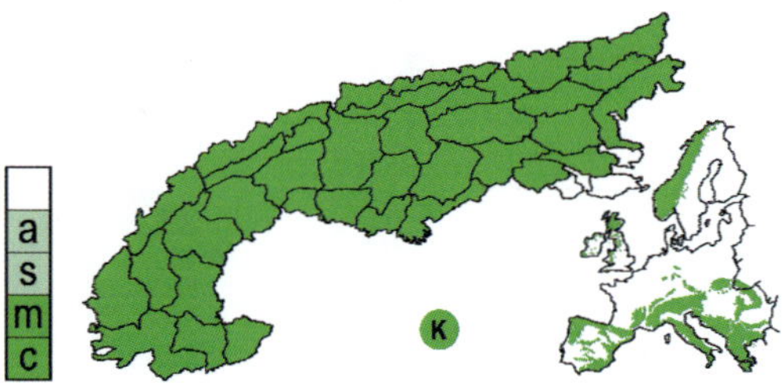

Viola thomasiana Songeon & E. P. Perrier

Thomas' Veilchen *Violaceae*
IV–VII ↓ K5 C5 A5 G(3)

Bis 20 cm hoch, mehrjährig. Blüten: 10–15 mm lang, **meist (hell-)violett**; **Sporn violett**. Kronblätter: **2 nach oben u. 3 ± nach unten gerichtet**. Sporn: 3–4 mm lang, < 0,5-mal so lang wie die Kronblätter. Kelchblätter: **distal abgerundet**. Narben: hakig gebogen. Fruchtstiele: **niederliegend**. Stängel: **mit grundständiger Blattrosette, *ohne* Laubblätter**. Blätter: oval bis herzförmig, **1–2-mal so lang wie breit**, am Rand gezähnt. untere Nebenblätter: 5–10 mm lang, am Rand bewimpert.

- **subalpine o. alpine Rasen**, Schutt- o. Felsfluren, **Zwergstrauchheiden**, Extensivgrünland o. Magerrasen, Wälder
- an nährstoffarmen, meist sauren Standorten
- einheimisch

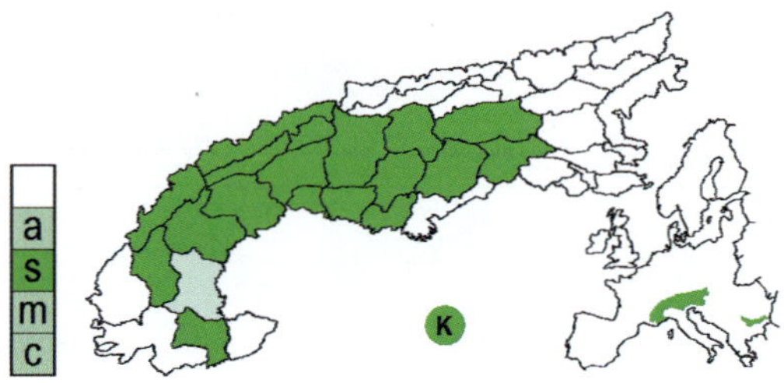

Viola alpina Jacq.

Ostalpen-Stiefmütterchen *Violaceae*
V–VII ↓ K5 C5 A5 G(3)

Bis 10 cm hoch, mehrjährig. Blüten: 20–30 mm lang, **meist bläulich-violett**, meist mit gelblichem Zentrum. Kronblätter: **die 4 oberen auf- bis seitwärts gerichtet u. sich überdeckend**. Sporn: 3–4 mm lang, **kaum länger als die Kelchanhängsel**. Kelchblätter: **distal abgerundet**. Narben: ± kopfig. Stängel: **mit grundständiger Blattrosette, *ohne* Laubblätter**. Blätter: rundlich bis herzförmig, Spreite 0,5–1 cm lang, **länger als breit**, kahl. untere Nebenblätter: **zu > 50 % mit dem Blattstiel verwachsen**, lineal-lanzettlich, 4–6 mm lang.

- **subalpine o. alpine Rasen, Schutt- o. Felsfluren**
- an kalkreichen Standorten
- einheimisch

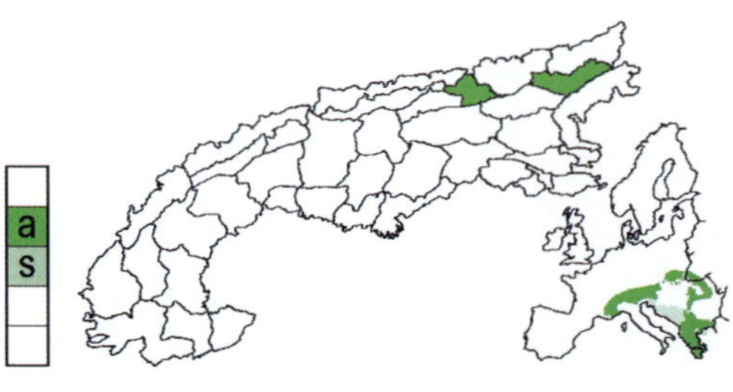

Salix reticulata L.

Netz-Weide *Salicaceae*
VI–VIII ♂ ∗ A2 | ♀ ∗ G(2)

Niederliegender Zwergstrauch, 10–20 cm hoch. Ährchenstiele: *ohne* Blätter. ♂ Ährchen: 15–50 mm lang. Tragblätter der Blüten: **1-farbig, hellbraun bis rosa**. Staubfäden: basal behaart. Fruchtknoten: ± sitzend, behaart. ♀ Blüten: basal mit 2 Drüsen. ♂ Blüten: basal mit 2 Drüsen. Blattstiele: 0,8–2,5 cm lang. Blätter: **oval bis rundlich, 1–4-mal so lang wie breit, mit stark eingesenkter Nervatur**; oberseits: dunkelgrün; unterseits: **weißlich bis grünlich**.

- subalpine o. alpine Rasen, **Schutt- o. Felsfluren**, Alluvionen, Schneetälchen, Legföhrengebüsche
- an kalkreichen Standorten
- einheimisch

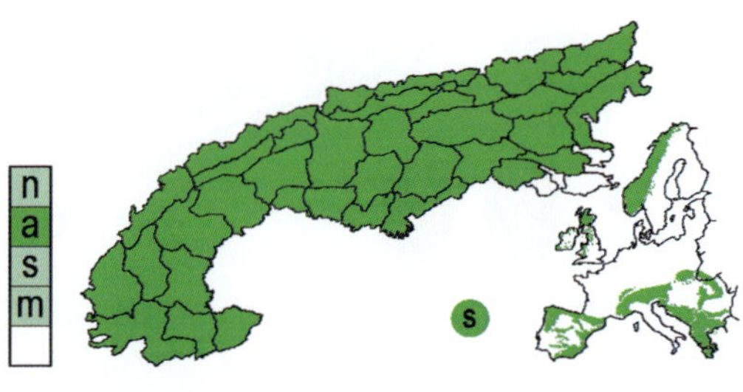

us

Salix: 2-häusige Gehölze. Blütenstand: ährenartige Kätzchen, meist aufrecht. Tragblätter der Blüten: ganzrandig. Blütenhülle: fehlend. Nektardrüsen: unter den Blüten, meist 1, seltener 2. Früchte: Kapseln. Samen: lang behaart. Blätter: wechselständig, basal abgerundet bis verschmälert. Blütenformel: ♂ ∗ A2-5 | ♀ ∗ G(2).

Salix herbacea L.

Kraut-Weide *Salicaceae*

V–VIII ♂ ∗ A2 | ♀ ∗ G(2)

Niederliegender Zwergstrauch, bis 10 cm hoch. Ährchenstiele: *ohne* Blätter. ♂ Ährchen: 4–18 mm lang. Tragblätter der Blüten: **1-farbig, gelblich-grünlich**. Staubfäden: **kahl o. mit einzelnen Haaren**. Fruchtknoten: gestielt, kahl. ♂ Blüten: basal mit 2 Drüsen. Stängel: **diesjährige Triebe meist 2-blättrig**. Blätter: **oval bis rundlich, 0,8–1,5-mal so lang wie breit**, am Rand gezähnt, **mit (schwach) eingesenkter Nervatur**; unterseits: grünlich.

- **subalpine o. alpine Rasen**, Schutt- o. Felsfluren, Alluvionen, **Schneetälchen, Zwergstrauchheiden**
- an sauren Standorten
- einheimisch

Salix retusa L.

Stumpfblättrige Weide *Salicaceae*

V–VII ♂ ∗ A2 | ♀ ∗ G(2)

Niederliegender Zwergstrauch, 10–30 cm hoch. Ährchenstiele: *ohne* Blätter. ♀ Ährchen: **zylindrisch-eiförmig bis kurz zylindrisch, 5–25 mm lang**. ♂ Ährchen: 4–18 mm lang. Tragblätter der Blüten: **1-farbig, gelblich-grünlich**. Fruchtknoten: gestielt, kahl. ♂ Blüten: basal mit 2 Drüsen. Blattstiele: < 0,6 cm lang. Blätter: **länglich bis oval, Spreite 0,8–3,5 cm lang, 3–15 mm breit, 1-4-mal so lang wie breit, beidseits mit je 4–6 Seitennerven**, *kaum* netznervig.

- **subalpine o. alpine Rasen, Schutt- o. Felsfluren**, Alluvionen, Schneetälchen, Legföhrengebüsche
- an kalkreichen Standorten
- einheimisch

Salix serpillifolia Scop.

Quendelblättrige Weide *Salicaceae*

VI–VIII ♂ ∗ A2 | ♀ ∗ G(2)

Niederliegender Zwergstrauch, 10–20 cm hoch, polsterförmig. Ährchenstiele: *ohne* Blätter. ♀ Ährchen: **kugelig bis kurz zylindrisch, < 6 mm lang**. ♂ Ährchen: 3–6 mm lang. Tragblätter der Blüten: **1-farbig, gelblich-grünlich**. Fruchtknoten: gestielt, kahl. ♂ Blüten: basal mit 2 Drüsen. Blattstiele: < 0,6 cm lang. Blätter: **länglich bis oval, Spreite 0,3–1 cm lang, 2–4 mm breit, 1–4-mal so lang wie breit, beidseits mit je 2–4 Seitennerven**, *kaum* netznervig.

- **subalpine o. alpine Rasen, Schutt- o. Felsfluren**
- an nährstoffarmen, kalkreichen Standorten
- einheimisch

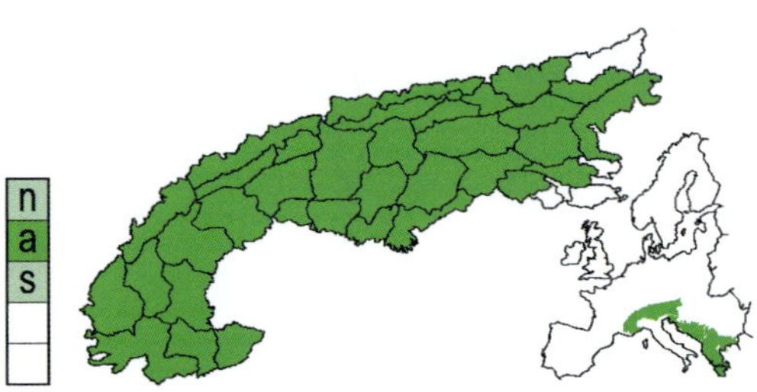

Salix glaucosericea Flod.

Seiden-Weide *Salicaceae*

V–VII ♂ ∗ A2 | ♀ ∗ G(2)

Zwergstrauch, 20–120 cm hoch. Ährchenstiele: beblättert. Tragblätter der Blüten: **1-farbig, gelblich-grünlich**, distal oft rötlich überlaufen. Staubfäden: behaart. Fruchtknoten: ± sitzend, behaart. Blätter: **länglich-lanzettlich**, Spreite 3–8 cm lang, 10–25 mm breit, **meist 3-4-mal so lang wie breit**, ganzrandig; oberseits: grünlich, matt; unterseits: **meist dicht seidenhaarig**.

- subalpine o. alpine Rasen, Schutt- o. Felsfluren, Alluvionen, Zwergstrauchheiden, **Grünerlengebüsche**, Moore o. Seggenriede
- an nährstoffarmen Standorten
- endemisch

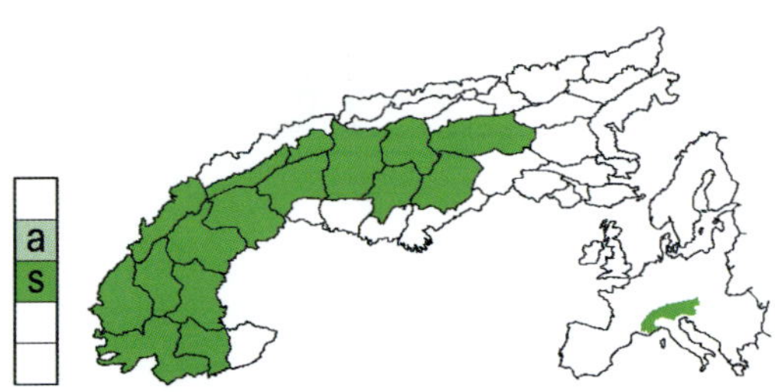

Salix alpina Scop.

Alpen-Weide *Salicaceae*
V–VII ♂ * A2 | ♀ * G($\underline{2}$)

Zwergstrauch, bis 30 cm hoch. Ährchenstiele: *ohne* Blätter. ♂ Ährchen: meist 15–40 mm lang. Tragblätter der Blüten: **1-farbig, gelblich-grünlich**. Staubbeutel: **rötlich bis violett**. Fruchtknoten: gestielt, behaart, oft verkahlend. Stängel: zumindest basal niederliegend. Blattstiele: < 0,6 cm lang. Blätter: ***gleichzeitig* mit den Kätzchen erscheinend**, unterseits meist deutlich heller als oberseits, **oval bis rundlich, 1–4-mal so lang wie breit**, am Rand gezähnt; oberseits: dunkelgrün, glänzend; unterseits: frischgrün.

- subalpine o. alpine Rasen, **Schutt- o. Felsfluren**, **Alluvionen**, Zwergstrauchheiden, Grünerlengebüsche
- an basenreichen Standorten
- einheimisch

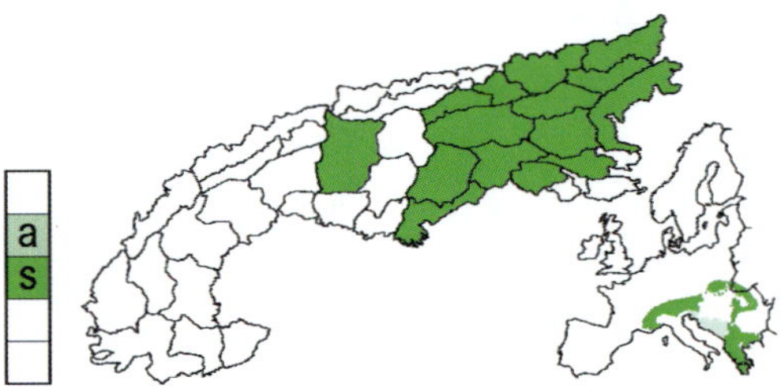

Salix breviserrata Flod.

Matten-Weide *Salicaceae*
V–VII ♂ * A2 | ♀ * G($\underline{2}$)

Zwergstrauch, bis 30 cm hoch. Ährchenstiele: *ohne* Blätter. ♂ Ährchen: meist 15–40 mm lang. Tragblätter der Blüten: **1-farbig, gelblich-grünlich**. Staubbeutel: **rötlich bis violett**. Fruchtknoten: gestielt, behaart, oft verkahlend. Stängel: zumindest basal niederliegend. Blattstiele: < 0,6 cm lang. Blätter: ***gleichzeitig* mit den Kätzchen erscheinend**, unterseits meist deutlich heller als oberseits, **oval bis rundlich, 1–4-mal so lang wie breit, am Rand drüsig gezähnt**; oberseits: dunkelgrün, glänzend; unterseits: frischgrün.

- subalpine o. alpine Rasen, **Schutt- o. Felsfluren**, **Alluvionen**, Zwergstrauchheiden, **Grünerlengebüsche**, **Moore o. Seggenriede**
- an nährstoffarmen Standorten
- einheimisch

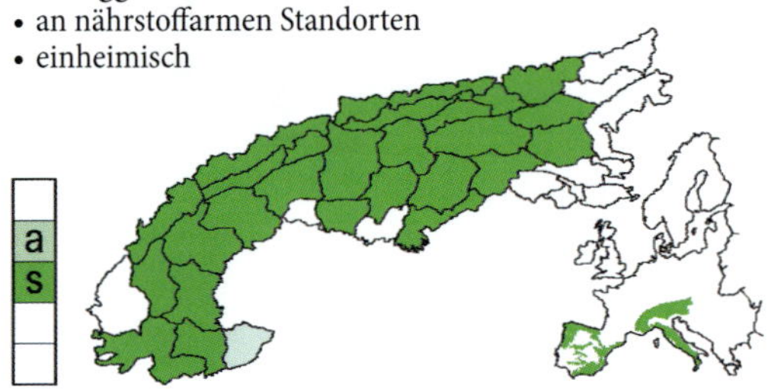

Salix foetida Schleich.

Stink-Weide *Salicaceae*
V–VII ♂ * A2 | ♀ * G($\underline{2}$)

Strauch, 30–180 cm hoch. Ährchenstiele: beblättert. Tragblätter der Blüten: **2-farbig, distal dunkelrotbraun bis schwarz**. Staubfäden: **kahl o. mit einzelnen Haaren**. Fruchtknoten: sitzend bis kurz gestielt, behaart. Blätter: ***gleichzeitig* mit den Kätzchen erscheinend**, unterseits meist deutlich heller als oberseits, **1–4-mal so lang wie breit, Drüsen groß u. hell, am Rand drüsig gezähnt**; unterseits: **bis in die Spitze blau- bzw. graugrün bis weißlich, kahl.**

- **Schutt- o. Felsfluren**, Alluvionen, **Grünerlengebüsche**, Moore o. Seggenriede
- an nährstoffarmen Standorten
- einheimisch

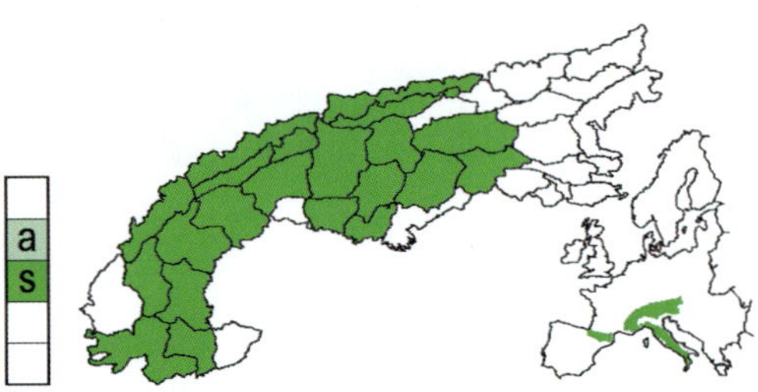

Salix glabra Scop.

Kahle Weide *Salicaceae*
IV–VII ♂ * A2 | ♀ * G($\underline{2}$)

Zwergstrauch, 50–100 cm hoch. Ährchenstiele: beblättert. Tragblätter der Blüten: **2-farbig, distal dunkelrotbraun bis schwarz**. Staubfäden: **basal behaart**. Blätter: ***gleichzeitig* mit den Kätzchen erscheinend**, unterseits meist deutlich heller als oberseits, **1–4-mal so lang wie breit**, am Rand gezähnt; oberseits: grünlich, stark glänzend; unterseits: **bis in die Spitze blau- bzw. graugrün bis weißlich, kahl.** – Blätter beim Trocknen schwarz werdend.

- **Schutt- o. Felsfluren**, Alluvionen, **Legföhrengebüsche**, Wälder
- an basenreichen, wechselfeuchten bis nassen Standorten
- einheimisch

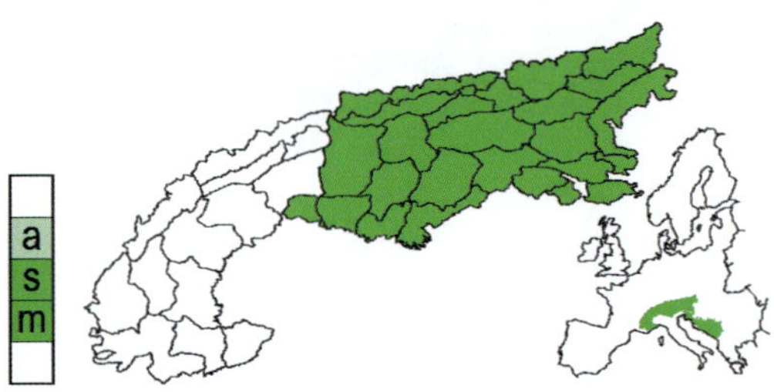

US

US

US

Salix hegetschweileri Heer

Hegetschweilers Weide *Salicaceae*
IV–VII ♂ ∗ A2 | ♀ ∗ G(2)

Strauch, 60–150 cm hoch. Ährchenstiele: beblättert. ♂ Ährchen: kurz gestielt. Tragblätter der Blüten: **2-farbig, distal dunkelrotbraun bis schwarz**. Staubfäden: **basal behaart**. Fruchtknoten: gestielt, behaart. Blätter: *nach* den Kätzchen erscheinend, unterseits meist deutlich heller als oberseits, **1–4-mal so lang wie breit, ganzrandig bis seicht gezähnt**; oberseits: grünlich, stark glänzend; unterseits: **bis in die Spitze blau- bzw. graugrün bis weißlich, zunächst behaart, später verkahlend**.

- Schutt- o. Felsfluren, Alluvionen, **Grünerlengebüsche, Wälder**
- an nährstoffarmen Standorten
- endemisch

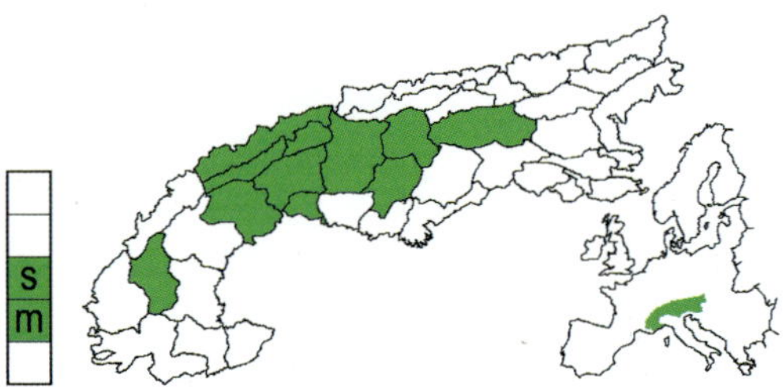

Salix laggeri Wimm.

Flaum-Weide *Salicaceae*
IV–VI ♂ ∗ A2 | ♀ ∗ G(2)

Strauch, 80–300 cm hoch. Ährchenstiele: beblättert. ♂ Ährchen: meist > 15 mm lang. Tragblätter der Blüten: **2-farbig, distal dunkelrotbraun bis schwarz**. Staubfäden: **basal behaart**. Fruchtknoten: gestielt, behaart. Jungtriebe: 2-jährige oft gräulich filzig behaart. Blätter: länglich-lanzettlich, **2,5–4-mal so lang wie breit**; unterseits: **blau- bzw. graugrün, behaart**. Nebenblätter: oft fehlend, länglich, ± 5 mm lang. – Blätter beim Trocknen schwarz werdend.

- **Schutt- o. Felsfluren**, Alluvionen, **Grünerlengebüsche**, Wälder
- an nährstoffarmen, sauren Standorten
- endemisch

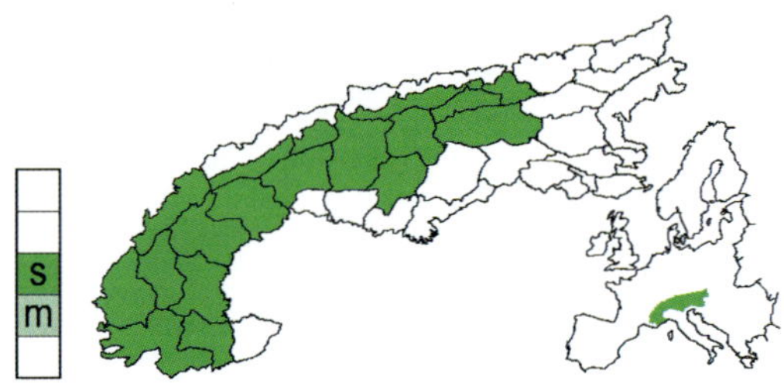

Salix waldsteiniana Willd.

Waldsteins Weide *Salicaceae*
V–VII ♂ ∗ A2 | ♀ ∗ G(2)

Zwergstrauch, 30–100 cm hoch. Ährchenstiele: beblättert. ♂ Ährchen: meist 15–40 mm lang. Tragblätter der Blüten: **2-farbig, distal dunkelrotbraun bis schwarz**. Staubfäden: **kahl o. mit einzelnen Haaren**. Fruchtknoten: **weißlich filzig behaart**. Blätter: ***gleichzeitig* mit den Kätzchen erscheinend**, unterseits meist deutlich heller als oberseits, **1–4-mal so lang wie breit, Drüsen klein u. dunkel**, am Rand gezähnt; unterseits: **bis in die Spitze blau- bzw. graugrün bis weißlich, kahl**.

- **Schutt- o. Felsfluren, Grünerlen- o. Legföhrengebüsche**, Wälder
- an basenreichen Standorten
- einheimisch

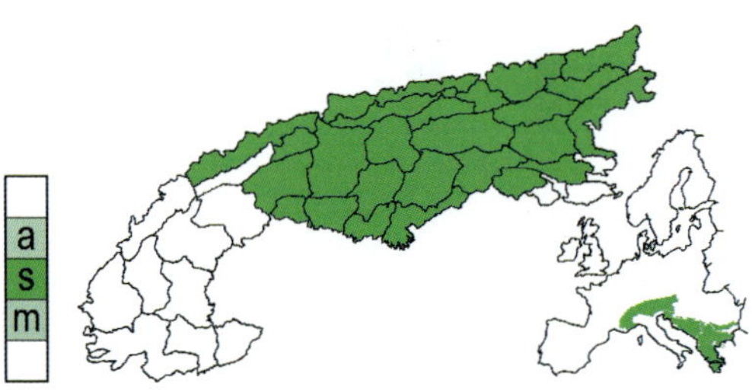

Salix hastata L.

Spieß-Weide *Salicaceae*
IV–VII ♂ ∗ A2 | ♀ ∗ G(2)

Strauch, 30–180 cm hoch. Ährchenstiele: beblättert. ♂ Ährchen: < 60 mm lang. Tragblätter der Blüten: **2-farbig, distal dunkelrotbraun bis schwarz**. Staubfäden: **kahl o. mit einzelnen Haaren**. Blätter: ***gleichzeitig* mit den Kätzchen erscheinend**, unterseits meist deutlich heller als oberseits, **1–4-mal so lang wie breit**, kahl, **distal fast ganzrandig**; unterseits: **blau- bzw. graugrün bis weißlich, kahl**.

In den Alpen nur die subsp. *hastata*.

- subalpine o. alpine Rasen, Schutt- o. Felsfluren, Alluvionen, Zwergstrauchheiden, **Grünerlen- o. Legföhrengebüsche**, Wälder
- einheimisch

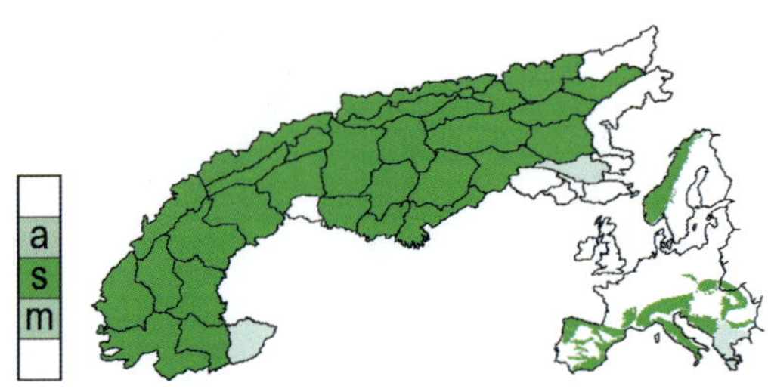

us

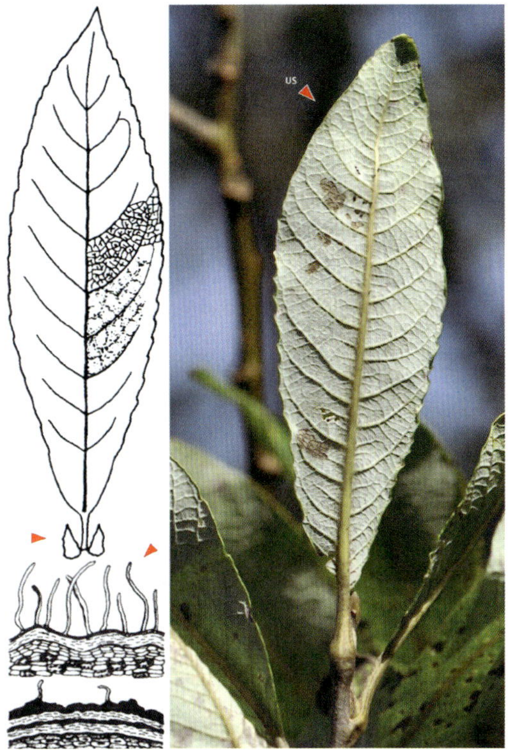
us

us

us

Salix caesia Vill.

Blaugrüne Weide *Salicaceae*
V–VII ♂ ∗ A2 | ♀ ∗ G(2)

Strauch, 50–100 cm hoch. Ährchenstiele: beblättert. Tragblätter der Blüten: **1-farbig, gelblich-grünlich**. Staubblätter: frei *oder* zu < 50 % verwachsen. Staubfäden: **basal behaart**. Fruchtknoten: dicht behaart. Stängel: mit niederliegenden u. aufrechten Ästen. Blätter: **am Rand nach unten gerollt, *gleichzeitig* mit den Kätzchen erscheinend**, unterseits meist deutlich heller als oberseits, Spreite 2–5 cm lang, **1-4-mal so lang wie breit**; oberseits: **blau- bzw. graugrün**, matt; unterseits: **blau- bzw. graugrün bis weißlich, kahl**.

- **Alluvionen, Grünerlengebüsche, Quellfluren, Moore o. Seggenriede**
- an basenreichen, zuweilen überfluteten Standorten
- endemisch

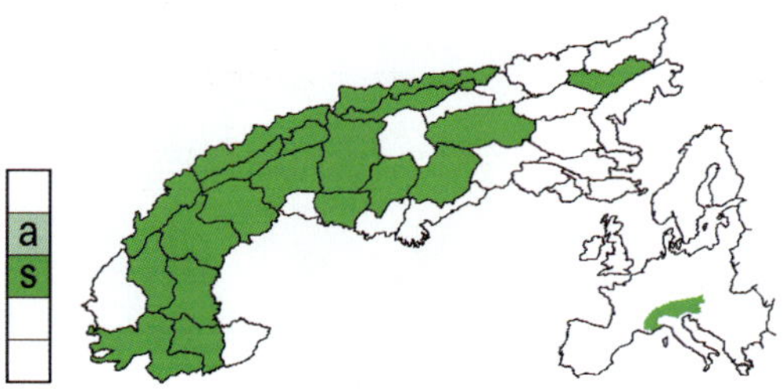

Salix mielichhoferi Saut.

Tauern-Weide *Salicaceae*
IV–VII ♂ ∗ A2 | ♀ ∗ G(2)

Strauch, bis 5 m hoch. Ährchenstiele: beblättert. ♂ Ährchen: meist > 15 mm lang. Tragblätter der Blüten: **2-farbig, distal dunkelrotbraun bis schwarz**. Staubfäden: **basal behaart**. Blätter: lanzettlich bis oval, Spreite 3,5–10 cm lang, 1,5–4 mm breit, **1–4-mal so lang wie breit**, zunächst spärlich behaart, später verkahlend, am Rand gezähnt; oberseits: grünlich, glänzend; unterseits: grünlich, oft glänzend.

- Alluvionen, **Grünerlengebüsche**
- an nährstoffarmen, basenreichen Standorten
- endemisch

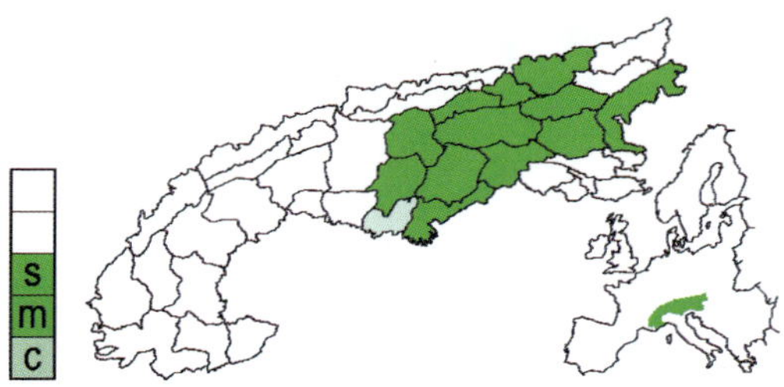

Salix appendiculata Vill.

Großblättrige Weide *Salicaceae*
III–V ♂ ∗ A2 | ♀ ∗ G(2)

Meist strauchförmig, bis 10 m hoch. Ährchenstiele: beblättert. ♀ Ährchen: < 35 mm lang. Tragblätter der Blüten: **2-farbig, distal dunkelrotbraun bis schwarz**. Staubfäden: **basal behaart**. Fruchtknoten: behaart. Narben: **abstehend bis zurückgebogen**. Holz 2–4-jähriger Zweige: **mit weißem Mark**. Jungtriebe: kahl. Blätter: **2–4-mal so lang wie breit, in der distalen Hälfte am breitesten**; unterseits: **blau- bzw. graugrün bis weißlich**, behaart. Nebenblätter: meist vorhanden, breit lanzettlich bis oval, > 6 mm lang.

- Schutt- o. Felsfluren, Alluvionen, **Grünerlen- o. Legföhrengebüsche, Wälder**
- an basenreichen Standorten
- einheimisch

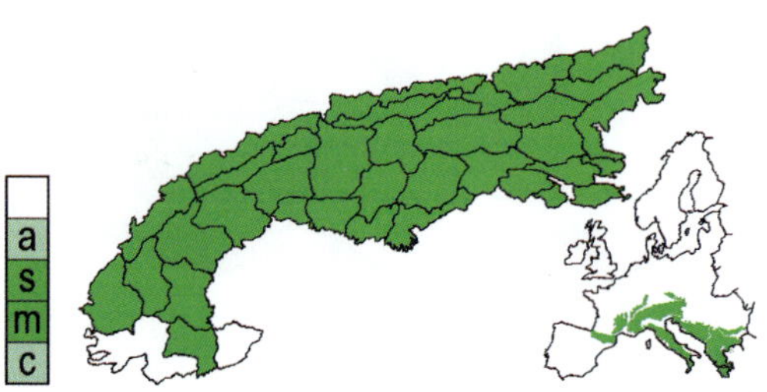

Salix caprea L.

Sal-Weide *Salicaceae*
III–V ♂ ∗ A2 | ♀ ∗ G(2)

Meist strauchförmig, bis 12 m hoch. Ährchenstiele: beblättert. ♀ Ährchen: < 120 mm lang. Tragblätter der Blüten: **2-farbig, distal dunkelrotbraun bis schwarz**. Staubfäden: **kahl o. mit einzelnen Haaren**. Fruchtknoten: behaart. Narben: **aufrecht**. Holz 2–4-jähriger Zweige: **mit braunem Mark**. Blätter: *nach* den Kätzchen erscheinend, **1–3-mal so lang wie breit, in der basalen Hälfte am breitesten**; unterseits: **weißlich**, behaart.

In den Alpen nur die subsp. *caprea*.

- **Schutt- o. Felsfluren**, Alluvionen, **Wälder**
- an nährstoffarmen Standorten
- einheimisch

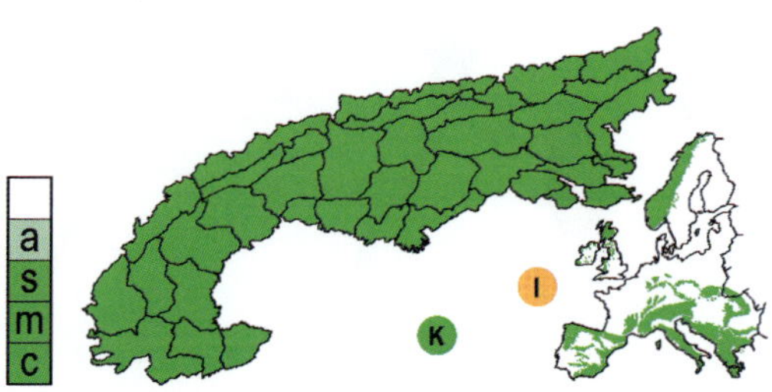

us

us

us

Salix helvetica Vill.

Schweizer Weide *Salicaceae*
V–VII ♂ ∗ A2 | ♀ ∗ G(2)

Strauch, 40–100 cm hoch. Ährchenstiele: beblättert. ♀ Ährchen: kurz gestielt. Tragblätter der Blüten: **2-farbig, distal dunkelrotbraun bis schwarz.** Staubfäden: **kahl o. mit einzelnen Haaren.** Fruchtknoten: sitzend bis kurz gestielt, **dicht weißlich filzig behaart.** Blätter: länglich-lanzettlich bis breit oval, Spreite 3–9 cm lang, 10–35 mm breit, **meist 2–3-mal so lang wie breit, zunächst dicht weißlich behaart,** später zuweilen verkahlend.

- Schutt- o. Felsfluren, Alluvionen, Zwergstrauchheiden, **Grünerlengebüsche**
- an nährstoffarmen, sauren Standorten
- einheimisch

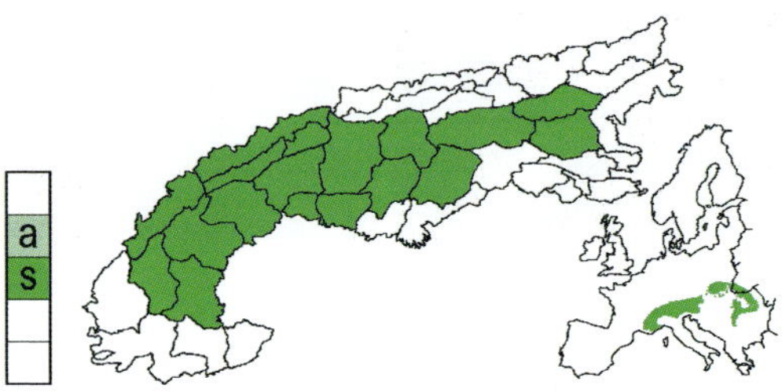

Euphorbia: Pflanzen mit weißlichem Milchsaft, 1-häusig. Blütenstand: zwittrige Cyathien (Scheinblüten) mit Nektardrüsen, meist in doldenartigem Gesamtblütenstand (Pleiochasien), meist mit Hochblättern. Früchte: 3-fächrige Kapseln. Blütenformel: ♂ ∗ A1 | ♀ ∗ G(3).

Euphorbia cyparissias L. stark giftig

Zypressen-Wolfsmilch *Euphorbiaceae*
III–V ♂ ∗ A1 | ♀ ∗ G(3)

15–30 cm hoch. Blütenstand: Drüsen: **halbmondförmig bis 2-hörnig, die Außenkante nach innen gewölbt (konvex).** Dolden: **endständige ≥ 5-strahlig.** Hochblätter: **gelblich bis rötlich.** Früchte: **feinwarzig.** Stängel: basal oft mit sterilen Trieben, kahl. Blätter: **lineal, am Rand nach unten gerollt.**

- subalpine o. alpine Rasen, Schutt- o. Felsfluren, **Staudenfluren, Extensivgrünland o. Magerrasen, Wälder,** Äcker, Macchien o. Garrigues, Ruderalvegetation
- an nährstoffarmen, meist trockenen Standorten
- einheimisch

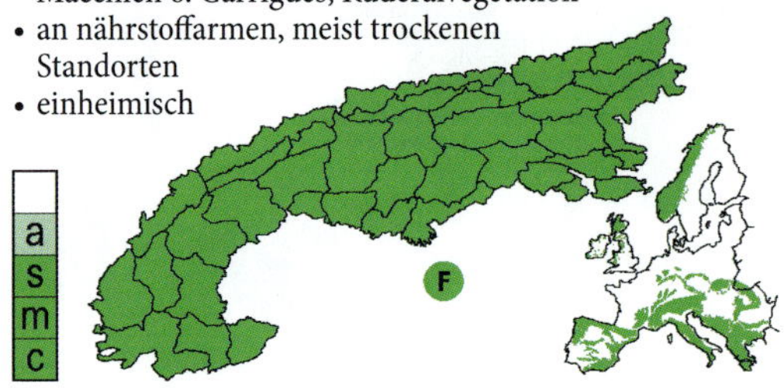

Euphorbia variabilis Ces. giftig

Veränderliche Wolfsmilch *Euphorbiaceae*
V–VII ♂ ∗ A1 | ♀ ∗ G(3)

10–60 cm hoch. Pflanzen: kahl. Blütenstand: Drüsen: **halbmondförmig bis 2-hörnig, die Außenkante gerade bis nach innen gewölbt (konvex).** Hüllchenblätter: **basal verwachsen.** Dolden: **endständige 2–5-strahlig.** Früchte: 2,5–4 mm lang. Blätter: blau- bzw. graugrün, länglich bis lanzettlich, ganzrandig; Seitennerven 1. Ordnung: ***ohne* erkennbare Seitennerven).**

In den Alpen die subsp. *variabilis* (endemisch) u. *valliniana* (endemisch) (vgl. S. 730).

- subalpine o. alpine Rasen, **Schutt- o. Felsfluren, Staudenfluren, Extensivgrünland o. Magerrasen,** Wälder
- an nährstoffarmen, basenreichen Standorten
- endemisch

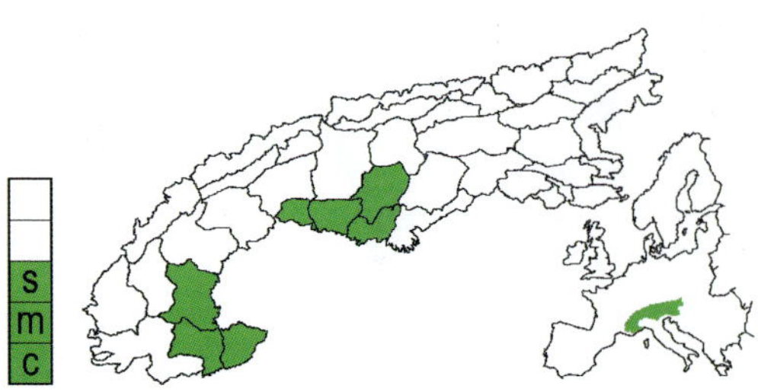

Euphorbia austriaca A. Kern. giftig

Österreichische Wolfsmilch *Euphorbiaceae*
IV–VII ♂ ∗ A1 | ♀ ∗ G(3)

40–80 cm hoch. Pflanzen: mit (wenigen) langen Haaren. Blütenstand: Drüsen: **quer-oval bis rundlich, die Außenkante gerade bis nach außen gewölbt (konkav).** Früchte: 3–6 mm lang, **glatt, abstehend behaart.** Samen: 2–2,5 mm ⌀. Blätter: sitzend o. kurz gestielt, lanzettlich bis oval, am Rand fein gezähnt; unterseits: meist behaart. mittlere Stängelblätter: **6–12 cm lang, 15–36 mm breit.**

- **Staudenfluren, Legföhrengebüsche, Grünland,** Wälder
- endemisch

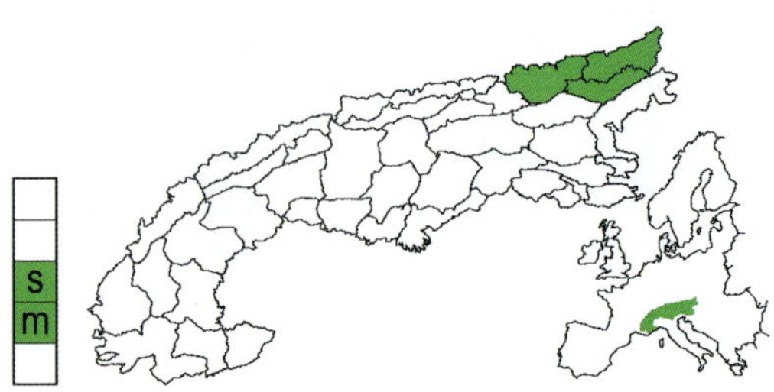

us

Euphorbia hyberna L. giftig

Irische Wolfsmilch *Euphorbiaceae*
III–VII ♂ ∗ A1 | ♀ ∗ G(3)

20–60 cm hoch. Pflanzen: kahl o. mit langen weißlichen Haaren. Blütenstand: Drüsen: **quer-oval bis rundlich, die Außenkante gerade bis nach außen gewölbt (konkav).** Dolden: **endständige 5-strahlig.** Früchte: 5–8 mm lang, **mit kurzen *und* langen zylindrischen Warzen,** kahl. Samen: 3,4–4 mm ⌀. Blätter: lanzettlich bis oval, (fast) ganzrandig. mittlere Stängelblätter: **4–8 cm lang, 12–45 mm breit.**

In den Alpen nur die endemische subsp. *canuti.*

- **Staudenfluren, Grünland, Wälder,** Äcker, Ruderalvegetation
- an basenreichen Standorten
- einheimisch

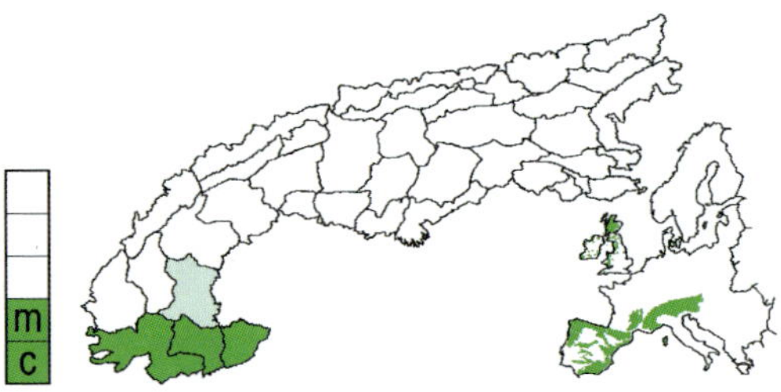

Euphorbia saxatilis Jacq. giftig

Felsen-Wolfsmilch *Euphorbiaceae*
IV–VI ♂ ∗ A1 | ♀ ∗ G(3)

Bis 20 cm hoch. Pflanzen: kahl. Blütenstand: Drüsen: **2-hörnig, die Außenkante gerade bis nach innen gewölbt (konvex).** Hüllchenblätter: **basal verwachsen, untere kürzer als die Stängelblätter.** Dolden: **endständige 2–5-strahlig.** Früchte: 3–4 mm lang, kahl. Samen: 2–2,5 mm ⌀. Blattstellung: 2-zeilig. Blätter: blau- bzw. graugrün, **länglich-keilförmig,** distal ausgerandet, ganzrandig; Seitennerven 1. Ordnung: ***ohne* erkennbare Seitennerven.**

- **Schutt- o. Felsfluren, Extensivgrünland o. Magerrasen,** Wälder
- an nährstoffarmen, kalkreichen, trockenen Standorten
- endemisch

Euphorbia triflora Schott, Nyman & Kotschy giftig

Dreiblütige Wolfsmilch *Euphorbiaceae*
V–VII ♂ ∗ A1 | ♀ ∗ G(3)

Bis 15 cm hoch. Blütenstand: Drüsen: **halbmondförmig, die Außenkante gerade bis nach innen gewölbt (konvex).** Hüllchenblätter: **basal verwachsen, untere kürzer als die Stängelblätter.** Dolden: **endständige 2–5-strahlig.** Früchte: 2–4 mm lang. Samen: 2–2,5 mm ⌀. Blätter: länglich bis oval, spitz, am Rand fein gezähnt; Seitennerven 1. Ordnung: ***ohne* erkennbare Seitennerven.**

In den Alpen nur die endemische subsp. *kerneri.*

- **Schutt- o. Felsfluren, Alluvionen, Extensivgrünland o. Magerrasen,** Wälder
- an nährstoffarmen, basenreichen, trockenen Standorten
- einheimisch

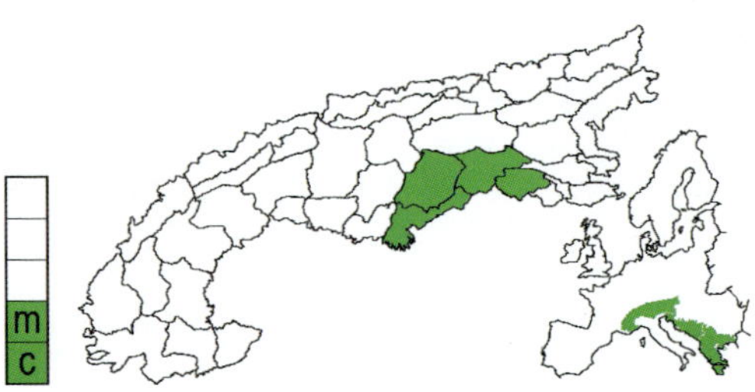

Linum alpinum Jacq.

Alpen-Lein *Linaceae*
V–VIII ∗ K5 C5 A5 G(5)

Bis 40 cm hoch, mehrjährig. Blüten: **bläulich.** Kronblätter: 10–22 mm lang, 4–9 mm breit. Kelchblätter: am Rand kahl. Staubblätter: 5, zuweilen außerdem 5 Staminodien, basal zuweilen verwachsen. Früchte: **Kapseln, ± kugelig, durch falsche Scheidewände meist 10-fächrig.** Samen: mit deutlichem Hautrand. Stängel: aufrecht, in kleinen Gruppen. untere Stängelblätter: wechselständig. mittlere Stängelblätter: meist 1-nervig.

Abgrenzung u. Vorkommen der Unterarten sind umstritten.

- **subalpine o. alpine Rasen, Schutt- o. Felsfluren**
- an nährstoffarmen, kalkreichen Standorten
- einheimisch

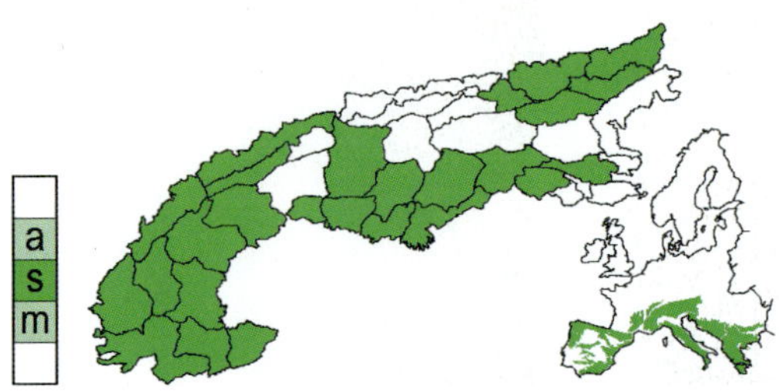

Erodium rodiei (Braun-Blanq.) Poirion

Rodiés Reiherschnabel *Geraniaceae*
III–IX ∗ K5 C5 A5 G(5)

Bis 20 cm hoch, **mehrjährig**. Blütenstand: doldenartig, 2–10-blütig. Blüten: meist rosa. Kronblätter: 15–20 mm lang. Staubblätter: **5, außerdem 5 Staminodien**. Früchte: Nüsse o. Spaltfrüchte, **mit Schnabel 30–40 mm lang**; Klappen: behaart; Schnabel: **sich bei der Fruchtreife korkenzieherartig einrollend**. Stängel: mit grundständiger Blattrosette, ***ohne* Laubblätter**, behaart. Blätter: **gefiedert, zuweilen mit kleinen Zwischenfiedern**. Grundblätter: Blattabschnitte: **mit länglich-lanzettlichen Zipfeln, < 3 mm breit**.

- **Schutt- o. Felsfluren, Extensivgrünland o. Magerrasen**
- an nährstoffarmen, kalkreichen, trockenen Standorten
- endemisch

Geranium: Kronblätter: meist in Platte u. Nagel gegliedert. Früchte: Schleuderfrüchte mit langem Schnabel. Schnabel: nach der Ausstreu aufwärts gebogen. Blütenformel: ∗ K5 C5 A10 G(5).

Geranium rivulare Vill.

Bach-Storchschnabel *Geraniaceae*
VI–VIII ∗ K5 C5 A10 G(5)

10–30 cm hoch. Blütenstand: 2-blütig. Blüten: **krugförmig bis ausgebreitet, weißlich, oft mit bläulich-violetten Adern**. Kronblätter: **distal abgerundet**. Früchte: Klappen: glatt. Grundblätter: 50–150 mm breit, **Fiedern ihrerseits gelappt bis fiederspaltig**; Blattabschnitte: **mit ± keilförmigen Zipfeln**.

- **subalpine o. alpine Rasen**, Schutt- o. Felsfluren, Alluvionen, Zwergstrauchheiden, Staudenfluren, Grünerlengebüsche, Grünland, **Wälder**
- meist an sauren Standorten
- endemisch

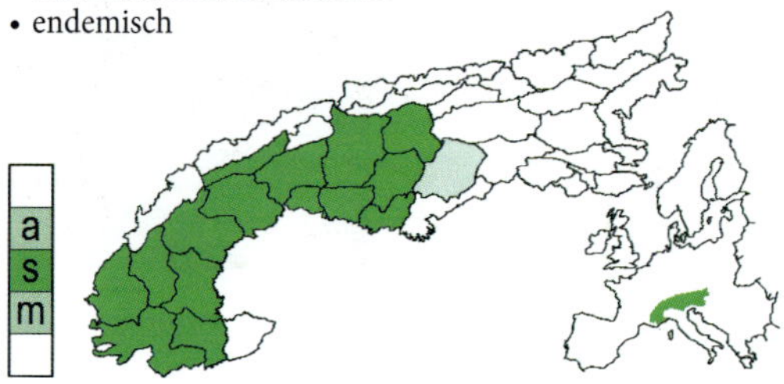

Geranium sylvaticum L.

Wald-Storchschnabel *Geraniaceae*
IV–VIII ∗ K5 C5 A10 G(5)

20–60 cm hoch. Blütenstand: meist 2-blütig. Blüten: **krugförmig bis ausgebreitet, violett**. Kronblätter: **10–25 mm lang, 1,5 bis 2-mal so lang wie die Kelchblätter, distal abgerundet**. Kelchblätter: begrannt. Staubfäden: lanzettlich, **allmählich verjüngt, basal < 1 mm breit**. Fruchtstiele: **aufrecht**. Früchte: Klappen: glatt. Stängel: oben: **meist mit Drüsenhaaren**. Grundblätter: 50–200 mm breit, **Fiedern am Rand gezähnt bis gelappt**; Blattabschnitte: **mit ± keilförmigen Zipfeln**.

- subalpine o. alpine Rasen, Schutt- o. Felsfluren, Alluvionen, Zwergstrauchheiden, Staudenfluren, Grünerlen- o. Legföhrengebüsche, **Grünland**, **Wälder**
- einheimisch

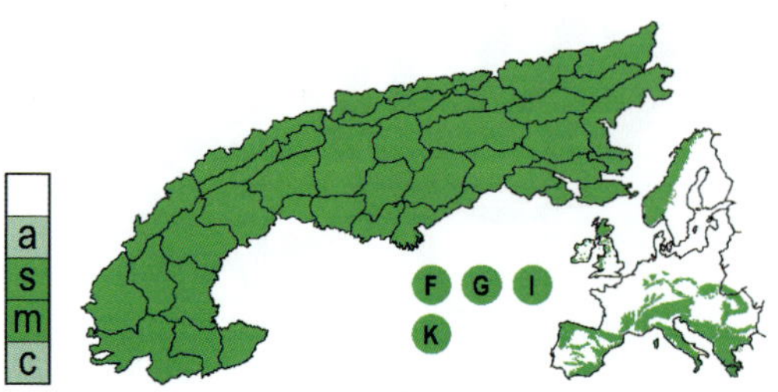

Geranium argenteum L.

Silber-Storchschnabel *Geraniaceae*
III–VII ∗ K5 C5 A10 G(5)

Bis 15 cm hoch. Blütenstand: 2-blütig. Blüten: **flach ausgebreitet**, meist (hell) rötlich-violett. Kronblätter: **12–16 mm lang, 1,5 bis 2-mal so lang wie die Kelchblätter, distal ausgerandet**. Kelchblätter: 6–10 mm lang, begrannt. Früchte: 25–40 mm lang. Stängel: mit grundständiger Blattrosette, *ohne* Laubblätter. Ausläufer: unterirdisch, dick. Grundblätter: 25–50 mm breit, **silbrig**, fein warzig; Blattabschnitte: **mit länglich-lanzettlichen Zipfeln**.

- **subalpine o. alpine Rasen**, **Schutt- o. Felsfluren**
- an nährstoffarmen, basenreichen Standorten
- einheimisch

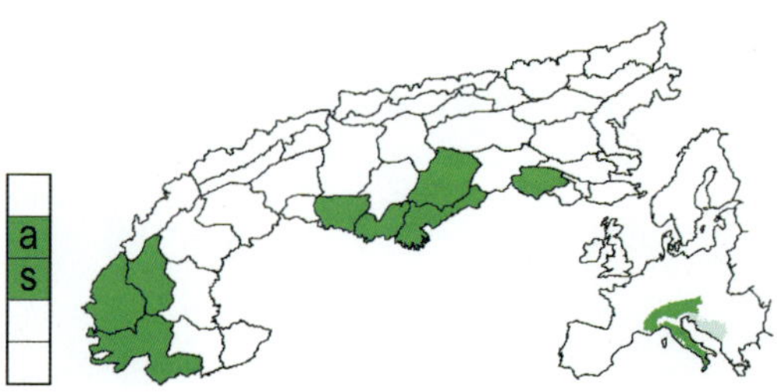

Geranium phaeum L.

Brauner Storchschnabel *Geraniaceae*
IV–VII ∗ K5 C5 A10 G($\underline{5}$)

30–60 cm hoch. Blütenstand: 2-blütig. Blüten: **schüssel- bis krugförmig, rotbraun bis dunkelviolett**. Kronblätter: **1,5 bis 2-mal so lang wie die Kelchblätter, distal ausgerandet**. Früchte: Klappen: glatt. Stängel: oben: *ohne* Drüsenhaare. Grundblätter: 50–120 mm breit; Blattabschnitte: **mit breit lanzettlichen bis keilförmigen Zipfeln**.

- Schutt- o. Felsfluren, **Staudenfluren**, **Grünland**, Wälder
- an nährstoffreichen Standorten
- einheimisch

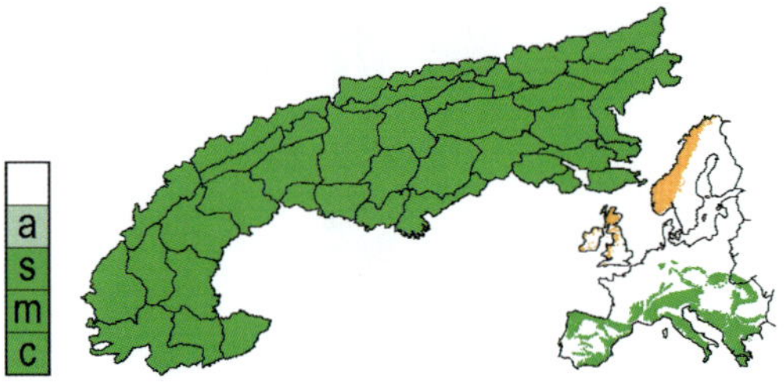

> *Epilobium*: Kräuter o. Halbsträucher. Blüten: rötlich. Blütenachse: lang röhrenförmig, den Fruchtknoten überragend. Früchte: Spaltkapseln, 4-klappig. Samen: mit langem Haarschopf. Blütenformel: ↓ o. ∗ K(4) C4 A8 G($\overline{4}$).

Epilobium angustifolium L.

Schmalblättriges Weidenröschen *Onagraceae*
VI–VIII ↓ K(4) C4 A8 G($\overline{4}$)

60–200 cm hoch. Blüten: **(schwach) zygomorph, ± offen ausgebreitet, 20–50 mm ⌀**. Kronblätter: **deutlich genagelt, > 7 mm lang**. Griffel: nach unten gebogen. Narben: **4-lappig**. Blattstellung: **wechselständig**. Blätter: länglich bis lanzettlich, **Spreite meist 5–20 cm lang, 8–25 mm breit**; unterseits: blau- bzw. graugrün.

- **Schutt- o. Felsfluren**, Alluvionen, Zwergstrauchheiden, **Staudenfluren**, Grünerlen- o. Legföhrengebüsche, **Wälder**, Ruderalvegetation
- an nährstoffreichen Standorten
- einheimisch

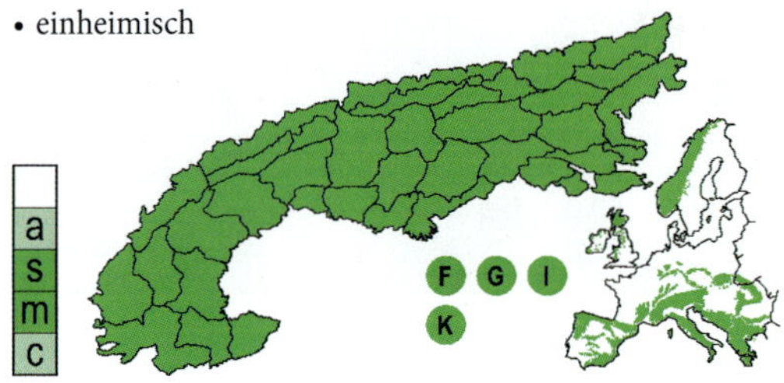

Epilobium fleischeri Hochst.

Kies-Weidenröschen *Onagraceae*
VI–IX ↓ K(4) C4 A8 G($\overline{4}$)

Halbstrauch, 20–40 cm hoch. Blüten: **(schwach) zygomorph, ± offen ausgebreitet, 20–50 mm ⌀**. Kronblätter: **> 7 mm lang**. Griffel: nach unten gebogen, ± so lang wie die kürzeren Staubblätter, **bis zur Mitte behaart**. Narben: **4-lappig**. Stängel: zumindest basal niederliegend. Blattstellung: **wechselständig**. Blätter: **länglich bis lanzettlich, Spreite 1–5 cm lang, < 6 mm breit, kahl**, am Rand gezähnt; unterseits: grünlich.

- subalpine o. alpine Rasen, **Schutt- o. Felsfluren**, **Alluvionen**, Staudenfluren, Wälder
- an nährstoffarmen Standorten
- endemisch

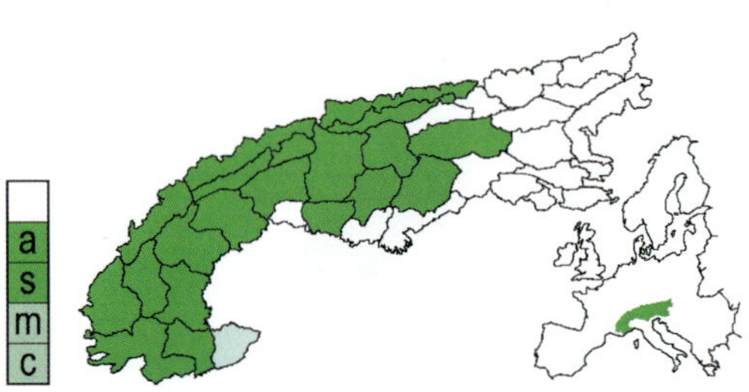

Epilobium alpestre (Jacq.) Krock.

Quirlblättriges Weidenröschen *Onagraceae*
VI–VIII ∗ K(4) C4 A8 G($\overline{4}$)

20–100 cm hoch. Narben: **kopfig bis keulenförmig**. Blütenknospen: oft überhängend. Stängel: **im QS kantig**. Blattstellung: **quirlig**. Knoten: **3–4-blättrig**. Blätter: breit lanzettlich bis länglich-oval; oberseits: glänzend.

- Alluvionen, **Staudenfluren**, **Grünerlengebüsche**, **Wälder**
- an nährstoffreichen Standorten
- einheimisch

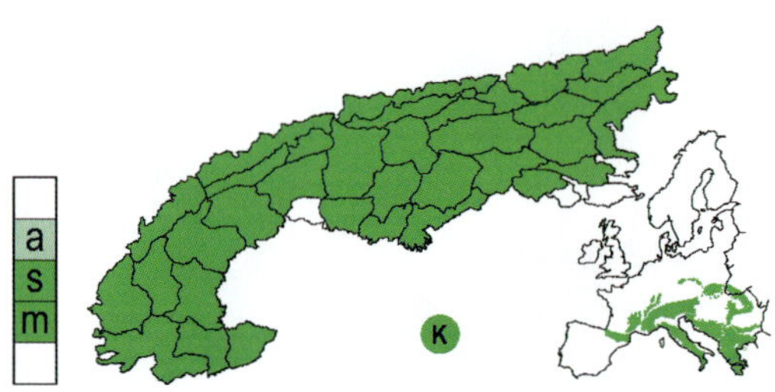

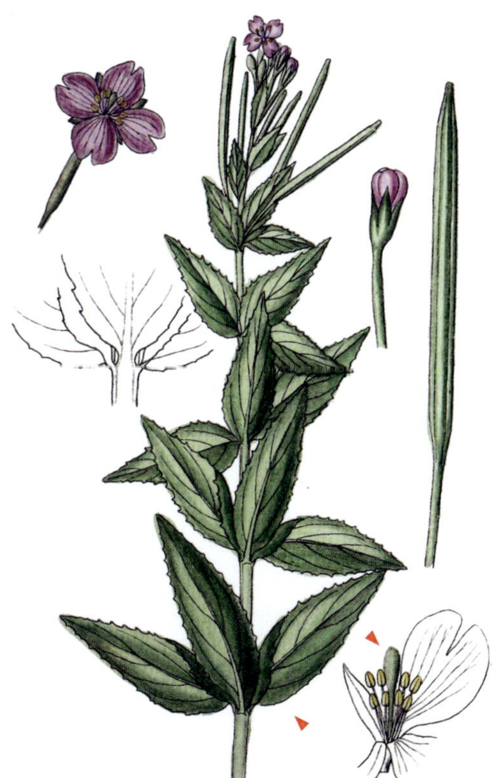

Epilobium alsinifolium Vill.

Mierenblättriges Weidenröschen *Onagraceae*
VI–VIII ∗ K(4) C4 A8 G($\overline{4}$)

10–30 cm hoch. Blütenstand: **Stängel meist 2–6-blütig**. Kronblätter: **8–12 mm lang**. Narben: **kopfig bis keulenförmig**. Blütenknospen: oft überhängend. Früchte: kahl *oder* abstehend behaart, **oft mit Drüsenhaaren**. Stängel: **im QS kantig**. Ausläufer: **unterirdisch**, mit sukkulenten Schuppenblättern. Blattstellung: unten meist gegen- u. oben wechselständig. Blätter: sitzend bis kurz gestielt, breit lanzettlich bis länglich-oval, am Rand dicht gezähnt.

In den Alpen nur die subsp. *alsinifolium*.

- Alluvionen, Staudenfluren, **Quellfluren**, Moore o. Seggenriede
- an nassen Standorten
- einheimisch

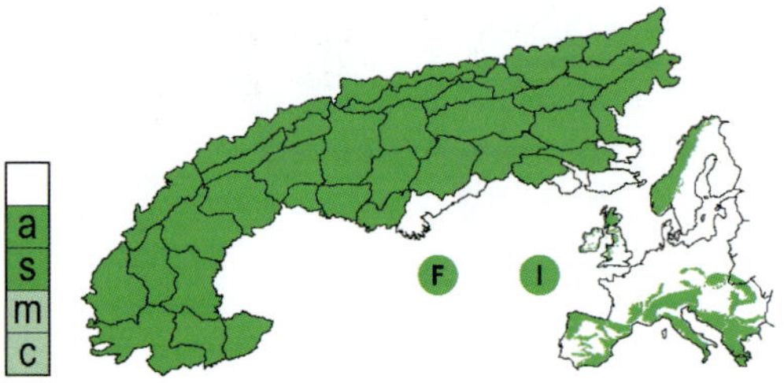

Epilobium anagallidifolium Lam.

Alpen-Weidenröschen *Onagraceae*
VI–VIII ∗ K(4) C4 A8 G($\overline{4}$)

Bis 15 cm hoch, meist rasig. Kronblätter: **3–5 mm lang**. Narben: **kopfig bis keulenförmig**. Blütenknospen: oft überhängend. Früchte: zunächst behaart, später verkahlend, **oft mit Drüsenhaaren**. Stängel: **im QS kantig**; unten: kahl; oben: **an den Kanten behaart**. Ausläufer: **oberirdisch**, mit Laubblättern. Blattstellung: unten meist gegen- u. oben wechselständig. Blätter: lanzettlich bis oval, ganzrandig bis entfernt gezähnt.

- **Schutt- o. Felsfluren**, Alluvionen, Schneetälchen, Quellfluren, Moore o. Seggenriede
- an nährstoffarmen, sauren Standorten
- einheimisch

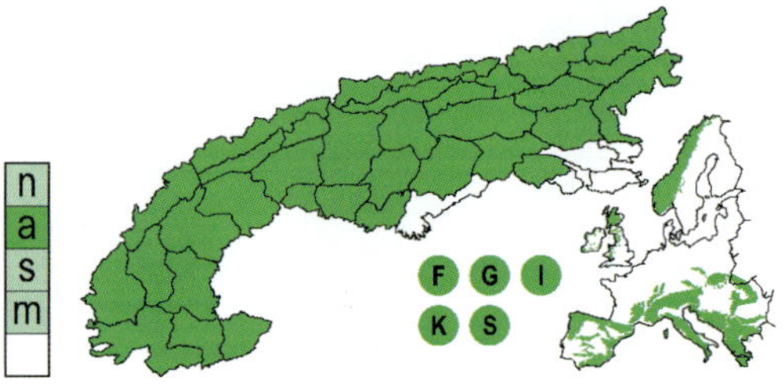

Epilobium collinum C. C. Gmel.

Hügel-Weidenröschen *Onagraceae*
V–IX ∗ K(4) C4 A8 G($\overline{4}$)

10–40 cm hoch. Blüten: **3–7 mm lang**. Narben: **4-lappig**. Blütenknospen: oft überhängend. Stängel: **auch basal verzweigt, im QS meist rundlich**. Blattstellung: unten meist gegen- u. oben wechselständig. Blätter: (kurz) gestielt, *nicht* am Stängel herablaufend, länglich bis oval, **Spreite 1–4 cm lang, 5–10 mm breit, basal abgerundet bis ausgerandet**.

- **Schutt- o. Felsfluren**, Alluvionen, **Ruderalvegetation**
- an nährstoffarmen, sauren Standorten
- einheimisch

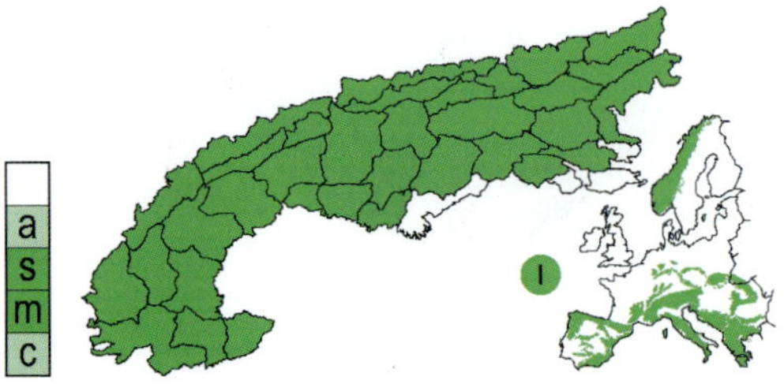

Epilobium nutans F. W. Schmidt

Nickendes Weidenröschen *Onagraceae*
VI–VIII ∗ K(4) C4 A8 G($\overline{4}$)

Bis 20 cm hoch. Kronblätter: **3–5 mm lang**. Narben: **kopfig bis keulenförmig**. Blütenknospen: oft überhängend. Früchte: **behaart**. Stängel: ± einzeln, **im QS kantig**; oben: behaart. Ausläufer: **oberirdisch**, mit Laubblättern. Blattstellung: unten meist gegen- u. oben wechselständig. Blätter: sitzend bis kurz gestielt, lanzettlich bis oval, ganzrandig bis entfernt gezähnt.

- Staudenfluren, **Quellfluren**, Moore o. Seggenriede
- an sauren, nassen Standorten
- einheimisch

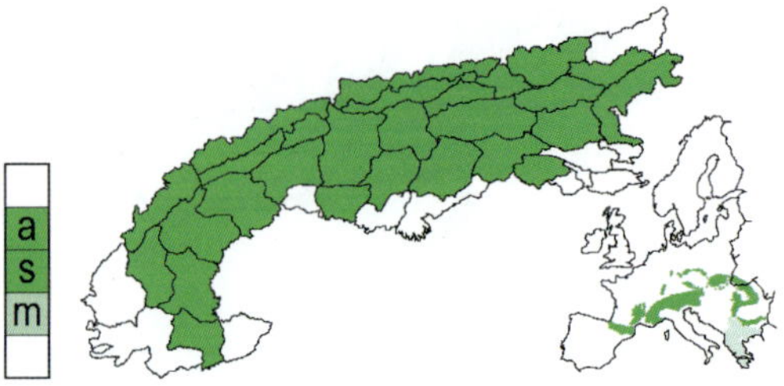

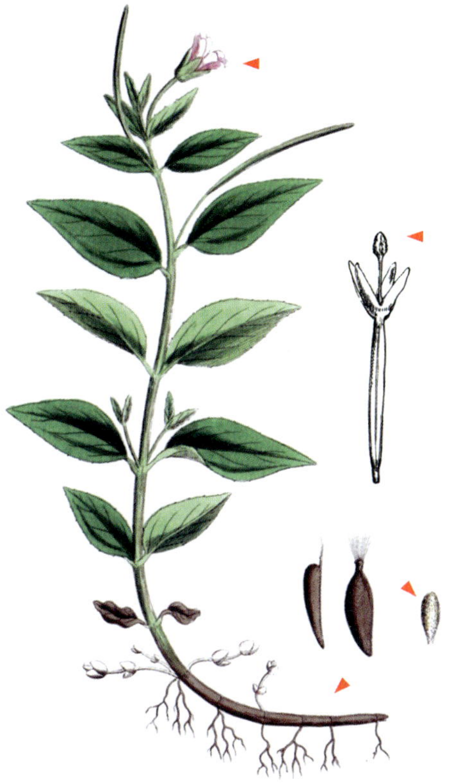

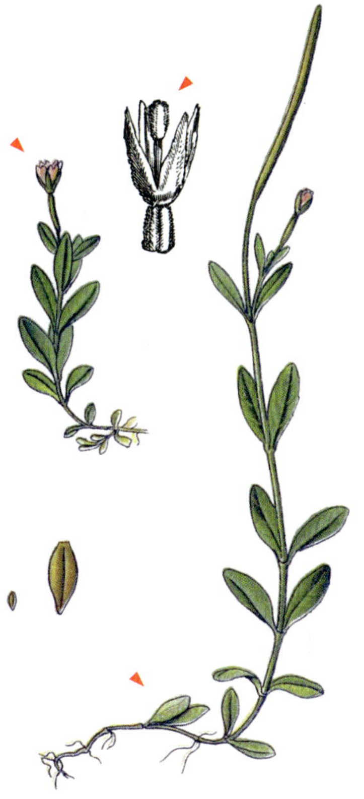

Epilobium palustre L.

Sumpf-Weidenröschen *Onagraceae*
VI–X ∗ K(4) C4 A8 G($\overline{4}$)

10–50 cm hoch. NARBEN: **kopfig bis keulenförmig**. BLÜTENKNOSPEN: oft überhängend. STÄNGEL: ± einzeln, **im QS meist rundlich, mit 2 Haarleisten**. AUSLÄUFER: lang, dünn, nur distal beblättert. BLATTSTELLUNG: unten meist gegen- u. oben wechselständig. BLÄTTER: **am Rand zumindest basal nach unten gerollt**, lanzettlich bis länglich-oval, am Rand behaart, ganzrandig bis entfernt gezähnt.

- **Staudenfluren, Quellfluren, Moore o. Seggenriede**, Grünland
- an nährstoffarmen, sauren, nassen Standorten
- einheimisch

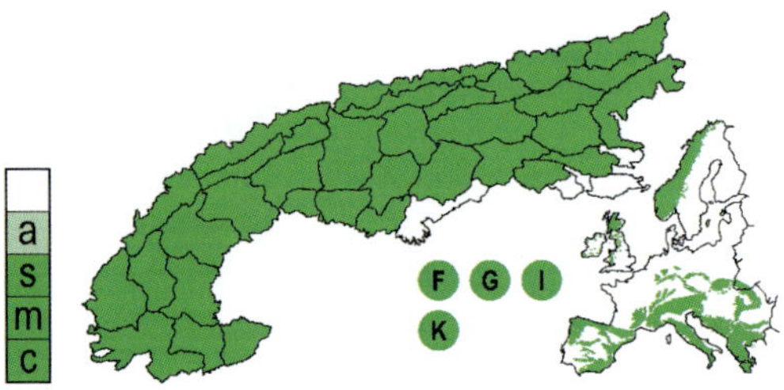

***Daphne*:** Sträucher. BLÜTENACHSE: krugförmig bis langröhrig, den Fruchtknoten überragend, ± übergangslos in die Perigonblätter übergehend. FRÜCHTE: Steinfrüchte. BLÄTTER: wechselständig, ganzrandig. BLÜTENFORMEL: ∗ P(4) A8 G($\underline{4}$).

Daphne petraea Leyb. stark giftig

Felsen-Seidelbast *Thymelaeaceae*
VI–VII ∗ P(4) A8 G($\underline{4}$)

Zwergstrauch, bis 15 cm hoch. BLÜTENSTAND: **endständig**. BLÜTEN: **rötlich**. BLÜTENACHSE: 8–16 mm lang, behaart. FRÜCHTE: **rötlich**. STÄNGEL: niederliegend. BLÄTTER: immergrün, derb, **gekielt, länglich bis lanzettlich, Spreite 0,4–1,2 cm lang, 2–3 mm breit**, distal abgerundet, oft mit aufgesetzter Spitze.

- **Schutt- o. Felsfluren**
- an nährstoffarmen, kalkreichen, trockenen Standorten
- endemisch

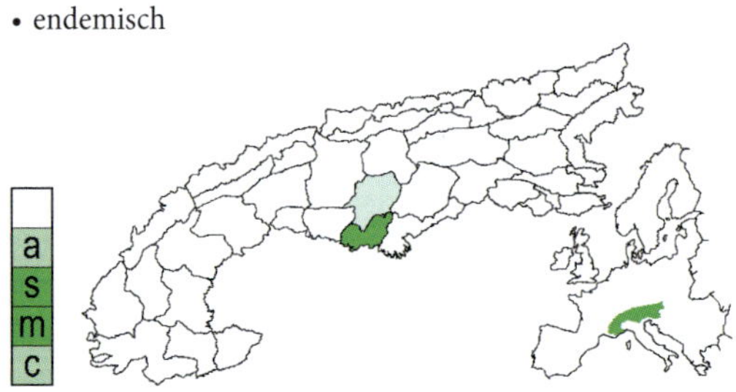

Daphne cneorum L. stark giftig

Flaumiger Seidelbast *Thymelaeaceae*
IV–IX ∗ P(4) A8 G($\underline{4}$)

Zwergstrauch, 10–40 cm hoch. BLÜTENSTAND: **endständig**, 2–15-blütig. TRAGBLÄTTER DER BLÜTEN: **behaart**. BLÜTEN: **rötlich**. BLÜTENACHSE: 6–10 mm lang, kahl. FRÜCHTE: **bräunlich bis gelblich**. STÄNGEL: basal niederliegend, ± gleichmäßig beblättert. SEITENÄSTE: oft behaart. BLÄTTER: immergrün, derb, **länglich bis lanzettlich**, **Spreite 0,8–3 cm lang, 3–6 mm breit**, distal abgerundet, oft mit aufgesetzter Spitze.

In den Alpen nur die subsp. *cneorum*.

- subalpine o. alpine Rasen, Schutt- o. Felsfluren, Extensivgrünland o. Magerrasen, **Wälder**
- an nährstoffarmen, kalkreichen, trockenen Standorten
- einheimisch

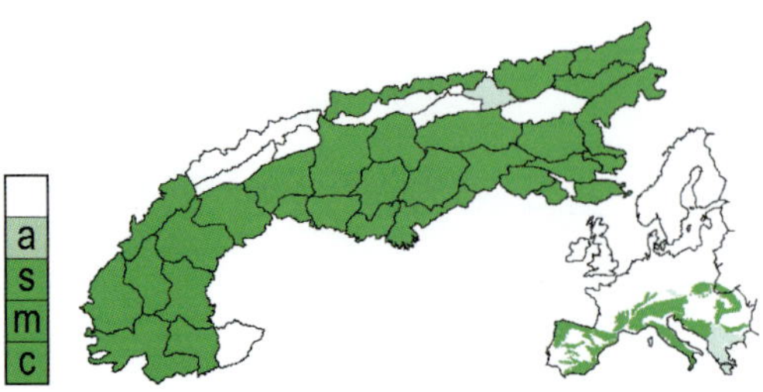

Daphne mezereum L. stark giftig

Gewöhnlicher Seidelbast *Thymelaeaceae*
III–V ∗ P(4) A8 G($\underline{4}$)

Strauch, 40–150 cm hoch. BLÜTENSTAND: **seitenständig, in den Achseln der Blattnarben der vorjährigen Blätter**, 1–7-blütig. BLÜTEN: **rosa bis violett**, selten weißlich. BLÜTENACHSE: 5–8 mm lang, behaart. FRÜCHTE: **meist rötlich**, selten gelblich. STÄNGEL: **Blätter distal oft gehäuft**. BLÄTTER: sommergrün, **weich, meist *nach* den Blüten erscheinend**, länglich bis oval, **Spreite 3–12 cm lang, 12–25 mm breit**.

- subalpine o. alpine Rasen, **Schutt- o. Felsfluren**, Zwergstrauchheiden, Staudenfluren, Grünerlen- o. Legföhrengebüsche, **Wälder**
- an basenreichen Standorten
- einheimisch

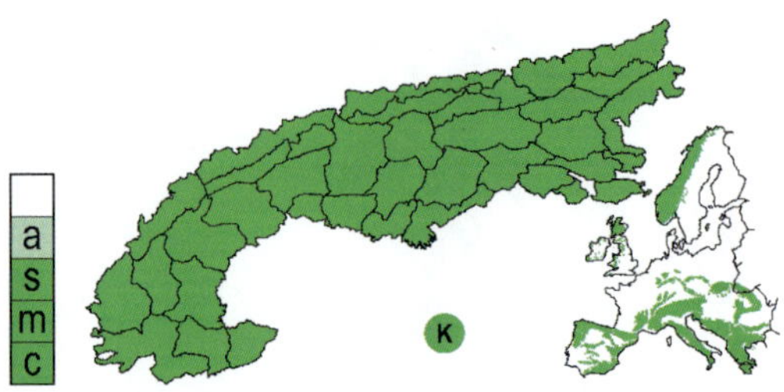

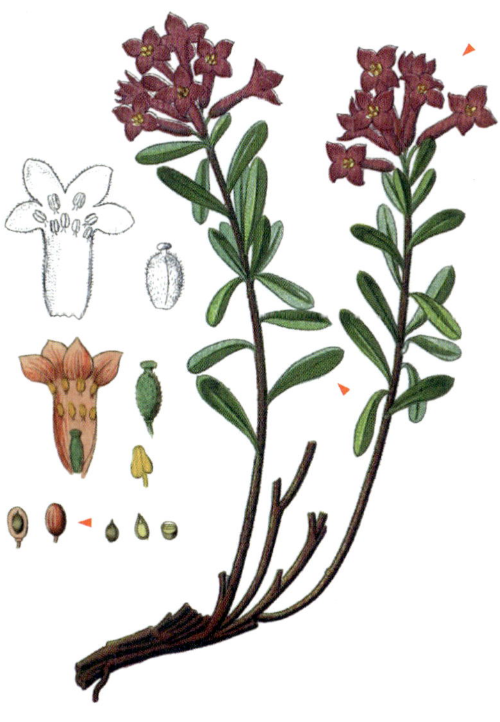

Daphne striata Tratt.

stark giftig

Gestreifter Seidelbast *Thymelaeaceae*
IV–VIII ∗ P(4) A8 G(4)

Zwergstrauch, 10–40 cm hoch. BLÜTENSTAND: **endständig**, 2–15-blütig. TRAGBLÄTTER DER BLÜTEN: kahl. BLÜTEN: **rosa, oft längsgestreift**. BLÜTENACHSE: 6–12 mm lang, kahl. FRÜCHTE: **orange bis rötlich**. STÄNGEL: **Blätter distal oft gehäuft**. SEITENÄSTE: kahl. BLÄTTER: immergrün, derb, **länglich bis lanzettlich**, **Spreite 1,5–3 cm lang, 3–6 mm breit**, distal abgerundet, oft mit aufgesetzter Spitze.

- **subalpine o. alpine Rasen**, Schutt- o. Felsfluren, **Zwergstrauchheiden, Legföhrengebüsche**, Wälder
- an nährstoffarmen, basenreichen Standorten
- endemisch

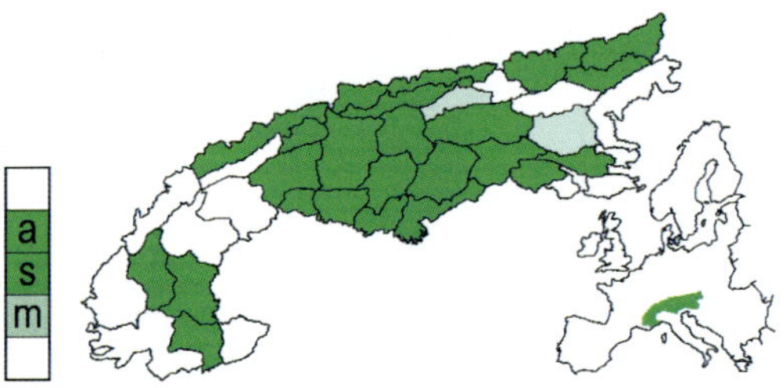

Helianthemum nummularium (L.) Mill.

Gewöhnliches Sonnenröschen *Cistaceae*
V–X ∗ K5 C5 A∞ G(3)

Halbstrauch, 10–30 cm hoch. BLÜTEN: meist gelblich. KELCHBLÄTTER: **die größeren 5–14 mm lang**. STAUBBLÄTTER: kürzer al die Griffel. BLÄTTER: länglich bis oval, **Spreite 0,6–4 cm lang, 2–15 mm breit**; UNTERSEITS: vielarmige Haare überwiegend lang. UNTERE NEBENBLÄTTER: **lanzettlich, länger als der Blattstiel**.

In der alpinen Stufe v. a. die subsp. *glabrum*, *grandiflorum* u. *tomentosum* (vgl. S. 730).

- **subalpine o. alpine Rasen, Schutt- o. Felsfluren**, Zwergstrauchheiden, Staudenfluren, Legföhrengebüsche, **Extensivgrünland o. Magerrasen**, Wälder
- an nährstoffarmen, trockenen Standorten
- einheimisch

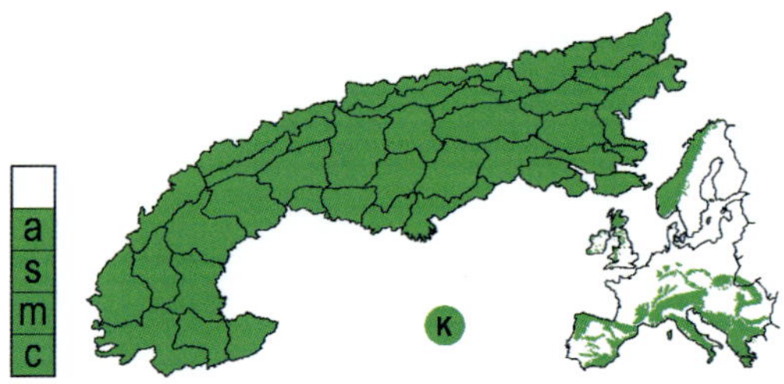

Helianthemum: BLÜTENSTAND: mit Vorblättern KELCH: meist aus 3 größeren u. 2 kleineren Blättern bestehend. FRÜCHTE: Kapseln. STÄNGEL: meist zumindest basal verholzt. BLÄTTER: gegenständig, ganzrandig. BLÜTENFORMEL: ∗ K5 C5 A∞ G(3).

Helianthemum alpestre (Jacq.) DC.

Alpen-Sonnenröschen *Cistaceae*
V–VIII ∗ K5 C5 A∞ G(3)

Halbstrauch, bis 15 cm hoch. BLÜTEN: gelblich. KELCHBLÄTTER: **die größeren 5–7 mm lang**. STAUBBLÄTTER: länger als die Griffel. BLÄTTER: grünlich, länglich bis oval, **Spreite 0,5–2,5 cm lang, 2–5 mm breit**; UNTERSEITS: **zerstreut behaart, mit (zumindest einzelnen) Drüsenhaaren**. UNTERE NEBENBLÄTTER: **fehlen**.

- **subalpine o. alpine Rasen**, Schutt- o. Felsfluren, Extensivgrünland o. Magerrasen
- an nährstoffarmen, kalkreichen Standorten
- einheimisch

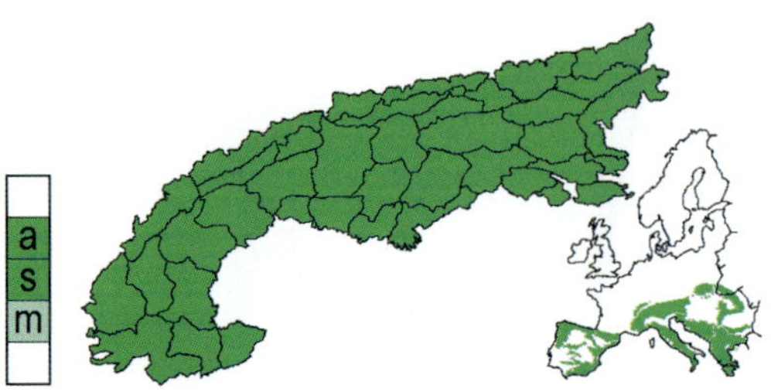

Helianthemum lunulatum (All.) DC.

Ligurisches Sonnenröschen *Cistaceae*
III–VII ∗ K5 C5 A∞ G(3)

Zwergstrauch, bis 20 cm hoch. BLÜTEN: **überwiegend einzeln**, gelblich, **basal gelblich-orange gefleckt**. STAUBBLÄTTER: länger als die Griffel. BLÄTTER: länglich-lanzettlich bis oval, **Spreite 0,4–1,2 cm lang, 2–4 mm breit**; UNTERSEITS: **gräulich**, vielarmige Haare überwiegend kurz.

- **subalpine o. alpine Rasen, Schutt- o. Felsfluren, Extensivgrünland o. Magerrasen**
- an nährstoffarmen, kalkreichen, trockenen Standorten
- endemisch

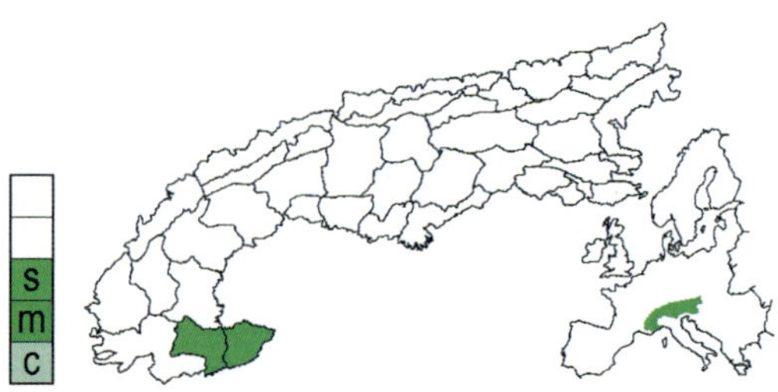

US

Aethionema saxatile (L.) W. T. Aiton

Felsen-Steintäschel *Brassicaceae*
III–VI +K4 C4 A6 G(4)

Bis 25 cm hoch, 2- bis mehrjährig. Blüten: weißlich o. rötlich bis violett. Kelchblätter: **1–2 mm lang**. Staubfäden: **basal verbreitert bis geflügelt**. Früchte: **Schötchen *oder* Nüsse, 4–8 mm lang**, im QS abgeflacht, geflügelt, **Flügel 1–2-mm breit, Scheidewand schmal** (senkrecht zu den breiten Seiten der Frucht). Blätter: blau- bzw. graugrün, ungeteilt, **3–6-mal so lang wie breit**, kahl, ganzrandig. obere Stängelblätter: basal verschmälert bis abgerundet.

In der alpinen Stufe v. a. die subsp. *saxatile*.

- **Schutt- o. Felsfluren**, Alluvionen, Wälder
- an nährstoffarmen, kalkreichen, trockenen Standorten
- einheimisch

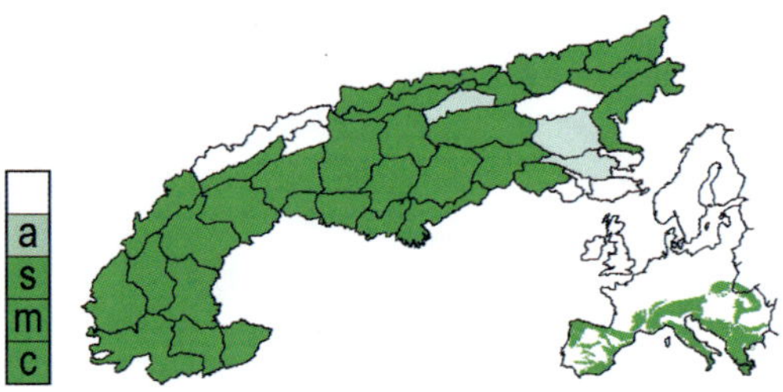

Aethionema thomasianum J. Gay

Thomas' Steintäschel *Brassicaceae*
V–VII +K4 C4 A6 G(4)

Bis 15 cm hoch, 2- bis mehrjährig. Blüten: weißlich o. rötlich bis violett. Kelchblätter: **2–4 mm lang**. Staubfäden: basal verbreitert bis geflügelt. Früchte: Schötchen *oder* Nüsse, **8–12 mm lang**, im QS abgeflacht, geflügelt, **Flügel 2–5 mm breit**, Scheidewand schmal (senkrecht zu den breiten Seiten der Frucht). Stängel: niederliegend. Blätter: blau- bzw. graugrün, ungeteilt, **1–3-mal so lang wie breit**, kahl, ganzrandig. obere Stängelblätter: basal verschmälert bis abgerundet.

- **Schutt- o. Felsfluren**
- an nährstoffarmen, basenreichen Standorten
- einheimisch

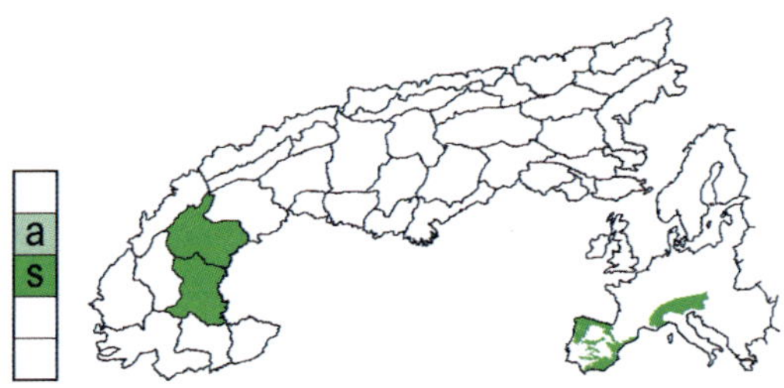

Kernera saxatilis (L.) Sweet

Felsen-Kugelschötchen *Brassicaceae*
V–VIII +K4 C4 A6 G(4)

10–30 cm hoch, mehrjährig. Blüten: weißlich. Kelch: zur Fruchtreife abgefallen. Staubfäden: **deutlich gebogen**. Früchte: **Schötchen**, 4–12-samig, **± kugelig**, im QS rundlich bis kantig; Klappen: mit deutlichem Mittelnerv. Blätter: spärlich behaart. Grundblätter: **grob gezähnt bis fiederspaltig**. obere Stängelblätter: sitzend, ungeteilt, basal verschmälert.

In den Alpen nur die subsp. *saxatilis*.

- **Schutt- o. Felsfluren**
- an nährstoffarmen, kalkreichen, meist trockenen Standorten
- einheimisch

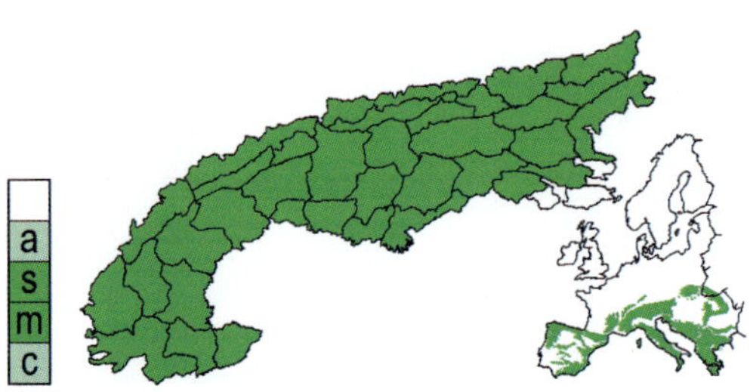

Petrocallis pyrenaica (L.) W. T. Aiton

Pyrenäen-Steinschmückel *Brassicaceae*
V–VIII +K4 C4 A6 G(4)

Bis 10 cm hoch, ± polsterförmig, mehrjährig. Blüten: **rötlich bis violett**. Früchte: **Schötchen**, 2–4-samig, eiförmig, **im QS abgeflacht, Scheidewand breit** (senkrecht zu den schmalen Seiten der Frucht). Stängel: mit grundständiger Blattrosette, **mit Laubblättern.** Blätter: **gelappt bis fiederspaltig, 3–5-teilig**.

- **subalpine o. alpine Rasen, Schutt- o. Felsfluren**
- an nährstoffarmen, kalkreichen Standorten
- einheimisch

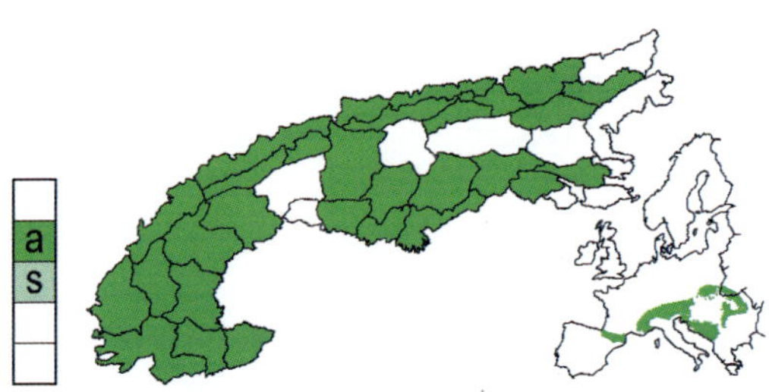

Rhizobotrya alpina Tausch

Zwergkugelschötchen *Brassicaceae*
VI–VIII + K4 C4 A6 G(4)

Bis 5 cm hoch, polsterförmig, mehrjährig. Tragblätter der Blüten: vorhanden. Blüten: weißlich. Kronblätter: 2–3 mm lang, distal abgerundet. Kelch: **zur Fruchtreife vorhanden**. Früchte: **Schötchen, kugelig bis kurz eiförmig**, 2–3 mm breit, kahl, im QS rundlich bis kantig; Klappen: *ohne* sichtbare Nerven. Blätter: ungeteilt, **mit hellen Borstenhaaren**, ganzrandig bis seicht gezähnt.

- **Schutt- o. Felsfluren**
- an basenreichen Standorten
- endemisch

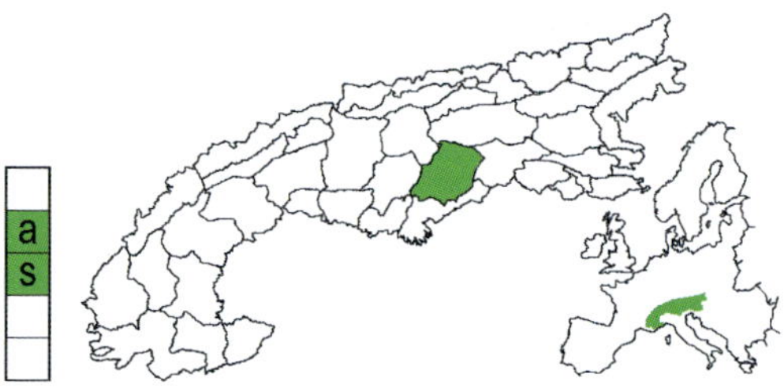

Noccaea: Pflanzen: kahl. Früchte: Schötchen, im QS abgeflacht, gekielt bis geflügelt, Scheidewand breit (senkrecht zu den schmalen Seiten der Frucht) Stängel: mit grundständiger Blattrosette, mit Stängelblättern. Blätter: ungeteilt. obere Stängelblätter: basal meist ausgerandet bis pfeilförmig. Blütenformel: + K4 C4 A6 G(4).

Noccaea alpestris (Jacq.) Kerguélen

Alpen-Täschelkraut *Brassicaceae*
III–VI + K4 C4 A6 G(4)

10–20 cm hoch, mehrjährig. Blüten: weißlich. Kronblätter: **5–8 mm lang, 2–4-mal so lang wie die Kelchblätter**. Staubbeutel: **gelblich**. Griffel: an der reifen Frucht 1–3 mm lang. Fruchtstand: verlängert. Früchte: geflügelt, Flügel 0,4–0,6 mm breit. Ausläufer: oberirdisch, lang, oft einwurzelnd. - Inkl. *N. crantzii.*

- **Schutt- o. Felsfluren**, Schneetälchen, **Wirtschaftsgrünland**
- an nährstoffarmen, kalkreichen Standorten
- endemisch

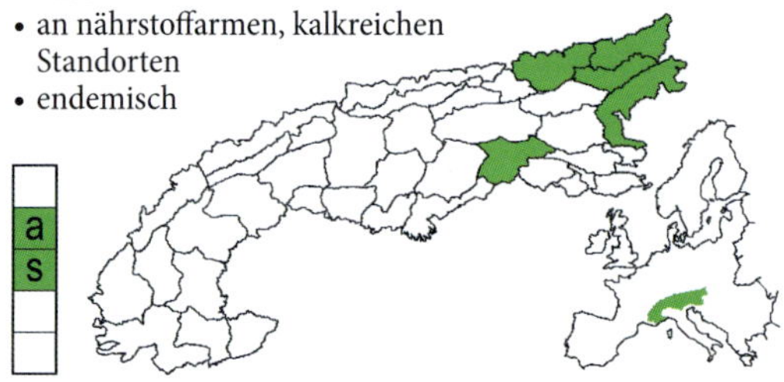

Noccaea minima (Ard.) F. K. Mey.

Voralpen-Täschelkraut *Brassicaceae*
III–VI + K4 C4 A6 G(4)

Bis 10 cm hoch, mehrjährig. Blüten: weißlich. Kronblätter: **4–6 mm lang, 2–4-mal so lang wie die Kelchblätter**. Staubbeutel: **gelblich**. Griffel: an der reifen Frucht 1–1,5 mm lang. Fruchtstand: meist kurz traubig- bis schirmförmig. Früchte: 4–8 mm lang, geflügelt, Flügel ± 0,2 mm breit. - Abgrenzung zu *N. alpestris* problematisch.

- **subalpine o. alpine Rasen, Schutt- o. Felsfluren**
- an nährstoffarmen, kalkreichen Standorten
- endemisch (?)

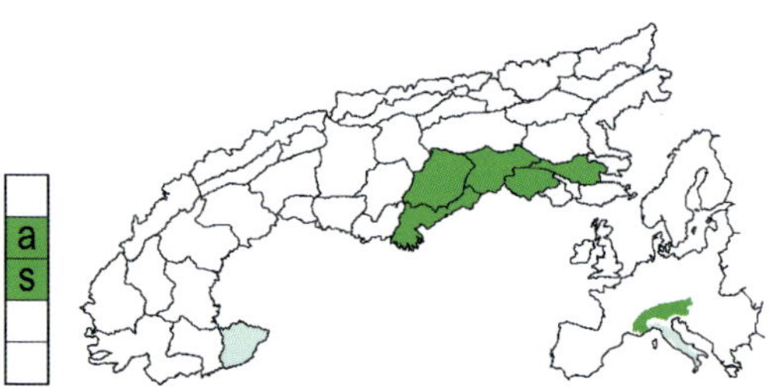

Noccaea sylvia (Gaudin) F. K. Mey.

Matterhorn-Täschelkraut *Brassicaceae*
IV–IX + K4 C4 A6 G(4)

10–20 cm hoch, mehrjährig. Blüten: weißlich. Kronblätter: **6–8 mm lang, 2–4-mal so lang wie die Kelchblätter**. Staubbeutel: **gelblich**. Griffel: an der reifen Frucht 1,5–3 mm lang. Fruchtstand: verlängert. Früchte: geflügelt, Flügel 0,4–0,6 mm breit. Ausläufer: kurz o. fehlend. Grundblätter: **länglich-spatelförmig**.

- **subalpine o. alpine Rasen, Schutt- o. Felsfluren**, Schneetälchen
- an nährstoffarmen Standorten
- endemisch

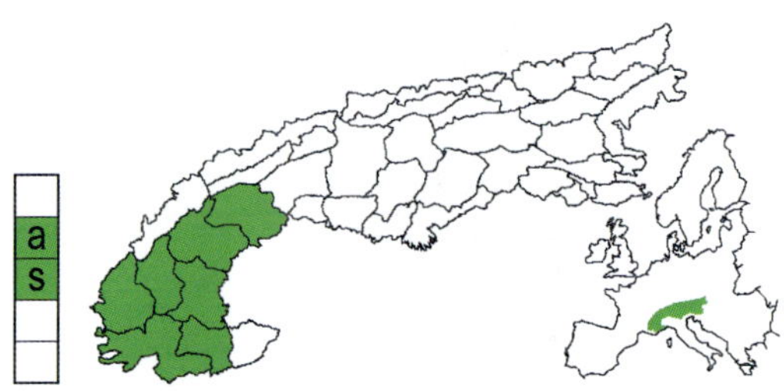

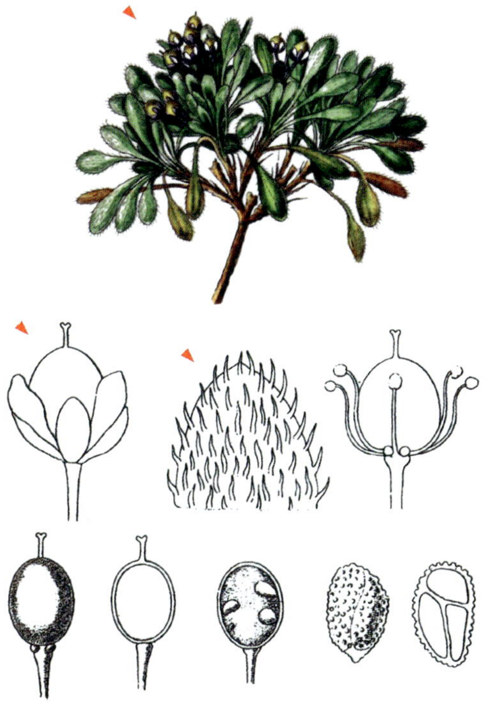

Noccaea caerulescens (J. Presl & C. Presl) F. K. Mey.

Bläuliches Täschelkraut *Brassicaceae*
III–VI + K4 C4 A6 G(4)

10–30 cm hoch, 2- bis mehrjährig. Blüten: weißlich, oft rötlich-violett überlaufen. Kronblätter: **2–4 mm lang, 1–3-mal so lang wie die Kelchblätter**. Kelchblätter: **1–2,2 mm lang**. Staubbeutel: **bläulich bis schwarz *oder* rötlich**. Griffel: an der reifen Frucht 0,5–1,5 mm lang, **länger als die Ausrandung der Frucht**. Fruchtstand: verlängert. Früchte: ± herzförmig, 4–10 mm lang, geflügelt, Flügel distal verbreitert. Samen: glatt. Blätter: **blau- bzw. graugrün**.

In den Alpen nur die subsp. *sylvestris*.

- **Grünland**
- auch an schwermetallhaltigen Standorten
- einheimisch

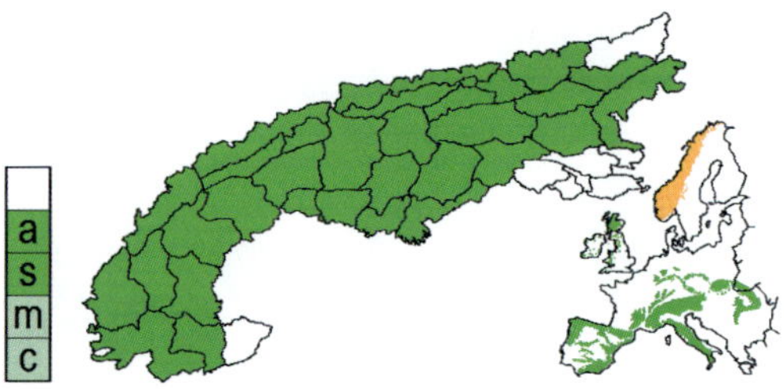

Noccaea brachypetala (Jord.) F. K. Mey.

Kleinblütiges Täschelkraut *Brassicaceae*
III–VI + K4 C4 A6 G(4)

10–50 cm hoch, mehrjährig. Blüten: weißlich, oft rötlich-violett überlaufen. Kronblätter: **1–2 mm lang, ± so lang wie die Kelchblätter**. Kelchblätter: 1–1,5 mm lang. Staubbeutel: **gelblich**. Griffel: an der reifen Frucht 0,5–3 mm lang, **kürzer als die Ausrandung der Frucht**. Fruchtstand: verlängert. Früchte: 4–12-samig, ± herzförmig, 4–10 mm lang, geflügelt, Flügel distal verbreitert. Blätter: **blau- bzw. graugrün**.

Die zuweilen unterschiedenen Unterarten sind nach Al-Shehbaz (2014) nur schlecht charakterisiert u. werden hier deshalb nicht aufgeführt.

- **Grünland**
- an basenreichen Standorten
- einheimisch

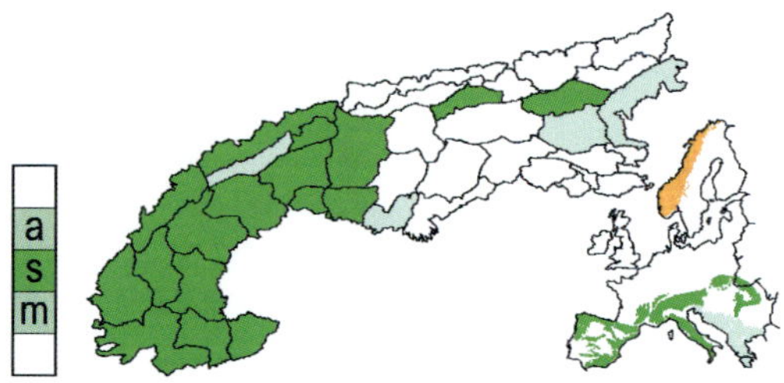

Noccaea virens (Jord.) F. K. Mey.

Grünes Täschelkraut *Brassicaceae*
III–VI + K4 C4 A6 G(4)

10–50 cm hoch, mehrjährig. Blüten: weißlich. Kronblätter: **3–5 mm lang, 1–2-mal so lang wie die Kelchblätter**. Griffel: an der reifen Frucht 1,5–4 mm lang, **länger als die Ausrandung der Frucht**. Fruchtstand: verlängert. Früchte: 4–12-samig, ± herzförmig, 4–10 mm lang, geflügelt, Flügel distal verbreitert. Blätter: frisch- bis dunkelgrün.

- subalpine o. alpine Rasen, **Grünland**
- einheimisch

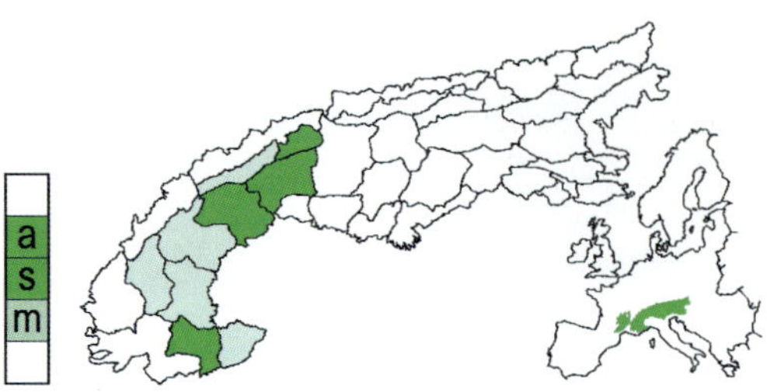

Noccaea rotundifolia (L.) Moench

Rundblättriges Täschelkraut *Brassicaceae*
V–X + K4 C4 A6 G(4)

Bis 15 cm hoch, mehrjährig. Blüten: meist violett, selten weißlich. Kronblätter: **4–8 mm lang, 2–4-mal so lang wie die Kelchblätter**. Kelchblätter: 1,5–2,5 mm lang. Griffel: an der reifen Frucht 1–2 mm lang, **länger als die Ausrandung der Frucht**. Fruchtstand: meist kurz traubig- bis schirmförmig. Früchte: 2–6-samig, (schief) eiförmig bis herzförmig, 6–12 mm lang, gekielt, Kiel < 0,1 mm breit. Samen: glatt. Ausläufer: oberirdisch, lang. Blätter: **blau- bzw. graugrün**.

In den Alpen nur die subsp. *rotundifolia* (inkl. subsp. *grignensis*, vgl. Al-Shabaz 2014).

- **Schutt- o. Felsfluren**
- an nährstoffarmen, kalkreichen Standorten
- endemisch

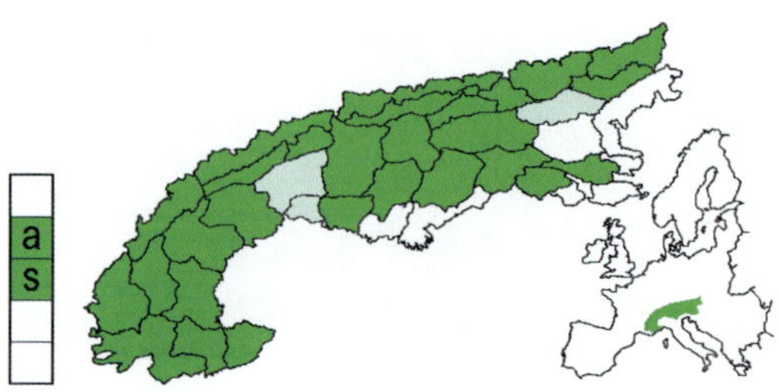

Noccaea cepaeifolia (Wulfen) Rchb.

Dickblatt-Täschelkraut *Brassicaceae*
III–VI +K4 C4 A6 G(4)

Bis 15 cm hoch, mehrjährig. Blüten: rosa *oder* weißlich. Kronblätter: **4–8 mm lang, 2–4-mal so lang wie die Kelchblätter**. Kelchblätter: 1,5–2,5 mm lang. Griffel: an der reifen Frucht 1–2 mm lang, **länger als die Ausrandung der Frucht**. Fruchtstand: meist kurz traubig- bis schirmförmig. Früchte: **8–12-samig**, (schief) eiförmig bis herzförmig, 6–12 mm lang, gekielt, Kiel < 0,1 mm breit. Ausläufer: oberirdisch, lang. obere Stängelblätter: **basal meist verschmälert bis abgerundet, *nicht* (halb-)stängelumfassend**.

- **Schutt- o. Felsfluren**
- an nährstoffarmen, basenreichen Standorten
- endemisch

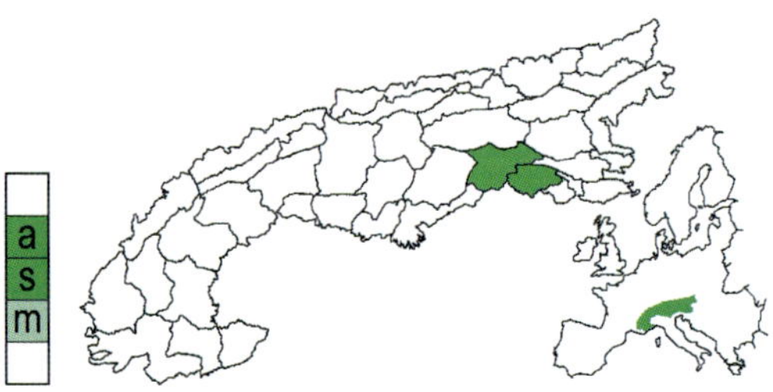

Noccaea corymbosa (J. Gay) F. K. Mey.

Doldentraubiges Täschelkraut *Brassicaceae*
V–X +K4 C4 A6 G(4)

Bis 15 cm hoch, mehrjährig. Blüten: rosa *oder* weißlich. Kronblätter: **4–8 mm lang, 2–4-mal so lang wie die Kelchblätter**. Kelchblätter: 1,5–2,5 mm lang. Griffel: an der reifen Frucht 2–6 mm lang, **länger als die Ausrandung der Frucht**. Fruchtstand: meist kurz traubig- bis schirmförmig. Früchte: (schief) eiförmig bis herzförmig, 6–12 mm lang, gekielt, Kiel < 0,1 mm breit. Ausläufer: oberirdisch, lang.

- **Schutt- o. Felsfluren**
- an nährstoffarmen Standorten
- endemisch

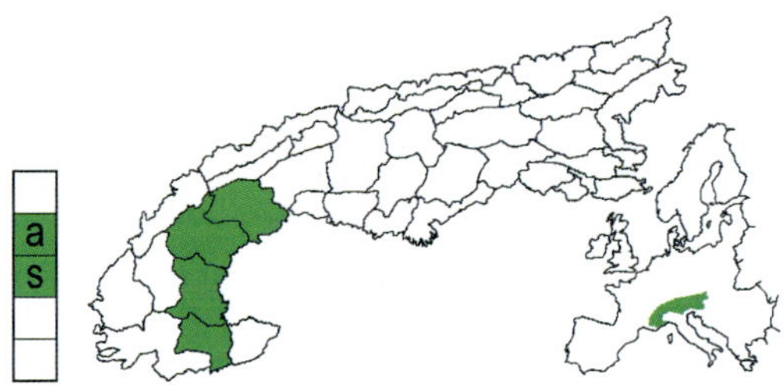

Isatis allionii P. W. Ball

Alpen-Waid *Brassicaceae*
VI–VIII +K4 C4 A6 G(4)

10–30 cm hoch, mehrjährig. Pflanzen: zumindest distal blau- bis graugrün. Blüten: gelblich. Kronblätter: 4–6 mm lang. Fruchtstiele: **überhängend**. Früchte: **Nussfrucht, seltener Schötchen**, 4–8 mm lang, 5–14 mm breit, 1–3-mal so lang wie breit, **im QS abgeflacht, breit geflügelt**. Stängel: basal niederliegend, oben kahl. Blätter: ungeteilt. obere Stängelblätter: **sitzend, basal ausgerandet bis pfeilförmig**.

- **Schutt- o. Felsfluren**, Extensivgrünland o. Magerrasen
- an nährstoffarmen, kalkreichen Standorten
- einheimisch

Brassica montana Pourr.

Berg-Kohl *Brassicaceae*
II–V +K4 C4 A6 G(4)

15–60 cm hoch, mehrjährig. Blüten: gelblich. Kelchblätter: aufrecht. Fruchtstiele: (etwas) vom Stängel abstehend. Früchte: Schoten, **10–30 mm lang**, 2–5 mm breit, im QS rundlich bis kantig, Samen in den Fruchtfächern jeweils 1-reihig; Klappen: 1-nervig; Schnabel: **meist 4–10 mm lang**. Samen: ± kugelig. Stängel: meist basal etwas verholzt, **mit ≥ 3 Laubblättern**. Blätter: kahl. Grundblätter: ungeteilt bis fiederspaltig, **Endfieder gelappt bis fiederspaltig**. obere Stängelblätter: **sitzend**, meist ungeteilt, basal verschmälert bis abgerundet, **(fast) ganzrandig**.

- **Schutt- o. Felsfluren**, Zwergstrauchheiden
- meist an sauren, oft trockenen Standorten
- einheimisch

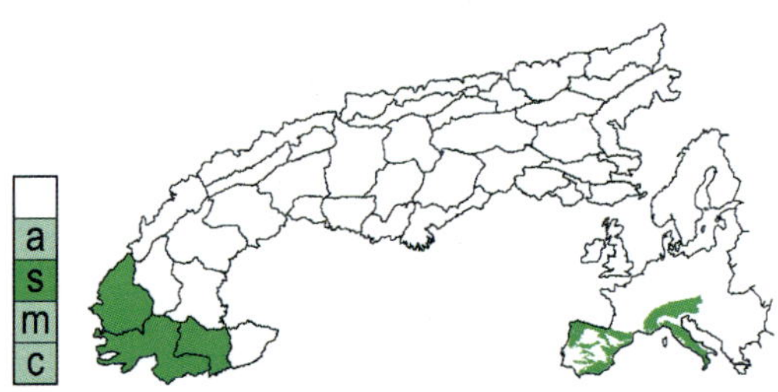

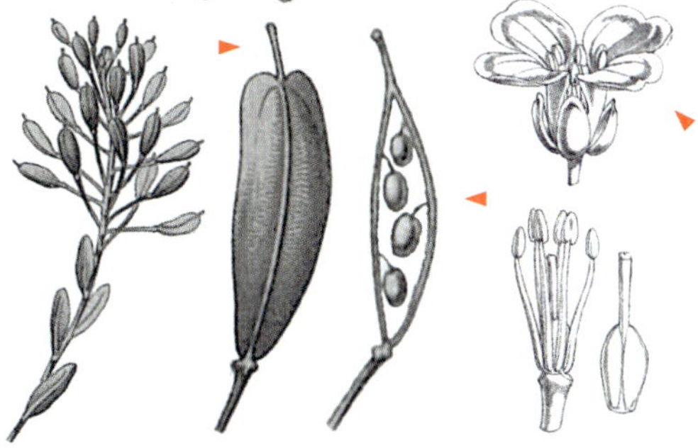

Brassica repanda (Willd.) DC.

Ausgebreiteter Kohl *Brassicaceae*
III–VII + K4 C4 A6 G(4)

15–60 cm hoch, mehrjährig. BLÜTEN: gelblich. KELCHBLÄTTER: aufrecht. FRUCHTSTIELE: (etwas) vom Stängel abstehend. FRÜCHTE: Schoten, **15–60 mm lang**, geschnäbelt, im QS rundlich bis kantig, Samen in den Fruchtfächern jeweils 1-reihig; KLAPPEN: 1-nervig. SAMEN: ± kugelig. STÄNGEL: **mit grundständiger Blattrosette, *ohne* Laubblätter**. BLÄTTER: kahl. GRUNDBLÄTTER: ungeteilt bis fiederspaltig.

In den Alpen die subsp. *repanda* (endemisch) u. *glabrescens* (vgl. S. 730).

- **Schutt- o. Felsfluren, Alluvionen, Extensivgrünland o. Magerrasen**
- an nährstoffarmen, basenreichen Standorten
- einheimisch

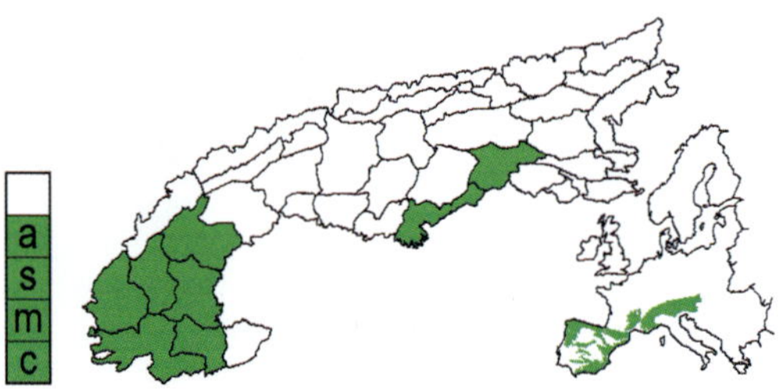

Coincya monensis (L.) Greuter & Burdet

Echter Lacksenf *Brassicaceae*
V–X + K4 C4 A6 G(4)

40–80 cm hoch, 1- bis mehrjährig. BLÜTEN: gelblich, meist mit dunklen Adern. KRONBLÄTTER: 10–20 mm lang. FRÜCHTE: Schoten, **14–50-samig**, 1–4 mm breit, Samen in den Fruchtfächern jeweils 1-reihig; KLAPPEN: 3–5-nervig; SCHNABEL: 10–30 mm lang, im QS abgeflacht, von der Frucht deutlich abgesetzt. STÄNGEL: **meist borstig behaart**. GRUNDBLÄTTER: tief gelappt bis fiederspaltig, **3–11-teilig**. OBERE STÄNGELBLÄTTER: **gelappt bis fiederspaltig**, basal verschmälert.

In den Alpen nur die subsp. *cheiranthos*.

- **Schutt- o. Felsfluren**, Zwergstrauchheiden, Staudenfluren, Äcker, **Ruderalvegetation**
- meist an sauren Standorten
- einheimisch

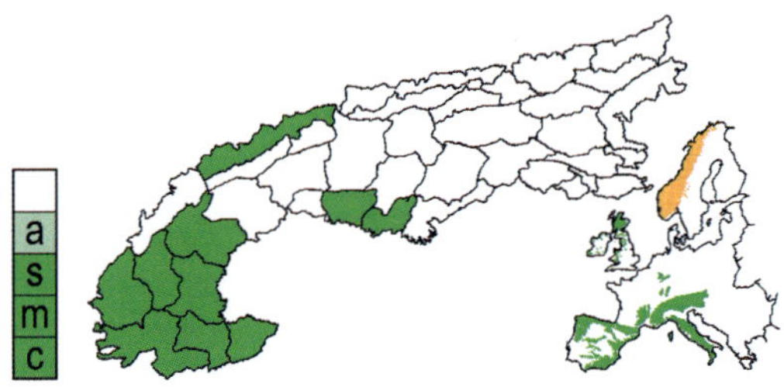

Coincya richeri (Vill.) Greuter & Burdet

Richers Lacksenf *Brassicaceae*
V–IX + K4 C4 A6 G(4)

15–70 cm hoch, mehrjährig. BLÜTEN: gelblich. KRONBLÄTTER: 12–28 mm lang. FRÜCHTE: Schoten, **6–20-samig**, 2–6 mm breit, Samen in den Fruchtfächern jeweils 1-reihig; KLAPPEN: 3–5-nervig; SCHNABEL: 10–30 mm lang, im QS abgeflacht, von der Frucht deutlich abgesetzt. STÄNGEL: **± kahl**. BLÄTTER: **ungeteilt**. GRUNDBLÄTTER: **ungeteilt**. OBERE STÄNGELBLÄTTER: basal verschmälert.

- subalpine o. alpine Rasen, **Schutt- o. Felsfluren**, Alluvionen, Zwergstrauchheiden
- an nährstoffarmen, meist sauren Standorten
- endemisch

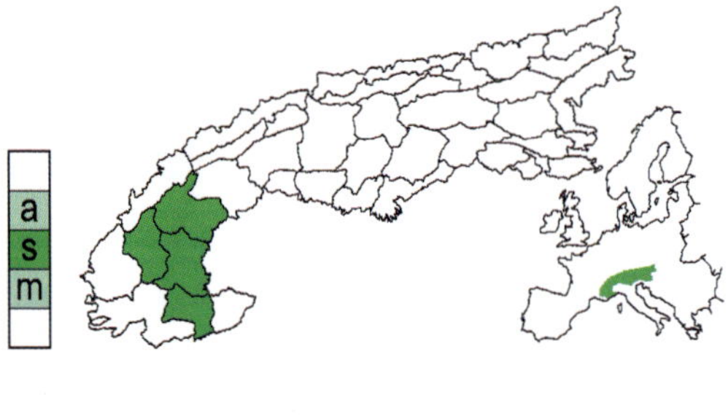

Rapistrum rugosum (L.) All.

Runzliger Rapsdotter *Brassicaceae*
V–X + K4 C4 A6 G(4)

25–60 cm hoch, **1-jährig**. BLÜTEN: gelblich. BLÜTENSTIELE: **höchstens so lang wie der Kelch**. GRIFFEL: fadenförmig. FRÜCHTE: **durch Quergliederung 2-gliedrige Spaltfrüchte, im reifen Zustand (scheinbar) 1-gliedrig, oberes Fruchtglied ± so lang wie der Griffel**, oberes Fruchtglied oft behaart. GRUNDBLÄTTER: **ungeteilt bis gelappt, ± spatelförmig**. MITTLERE STÄNGELBLÄTTER: meist gelappt bis fiederspaltig. OBERE STÄNGELBLÄTTER: gezähnt bis gelappt, basal verschmälert.

- Staudenfluren, **Äcker**, **Ruderalvegetation**
- an kalkreichen Standorten
- einheimisch

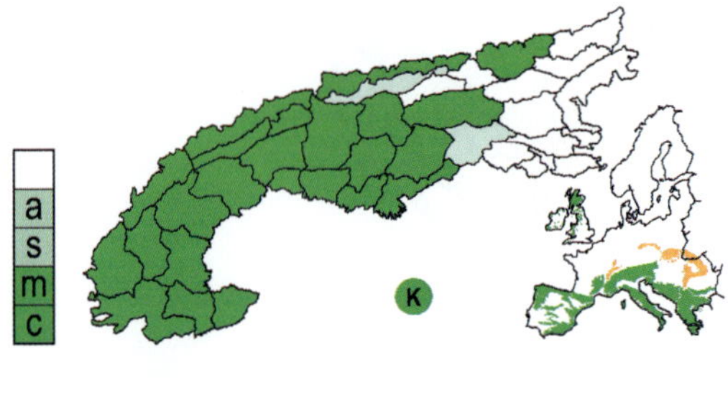

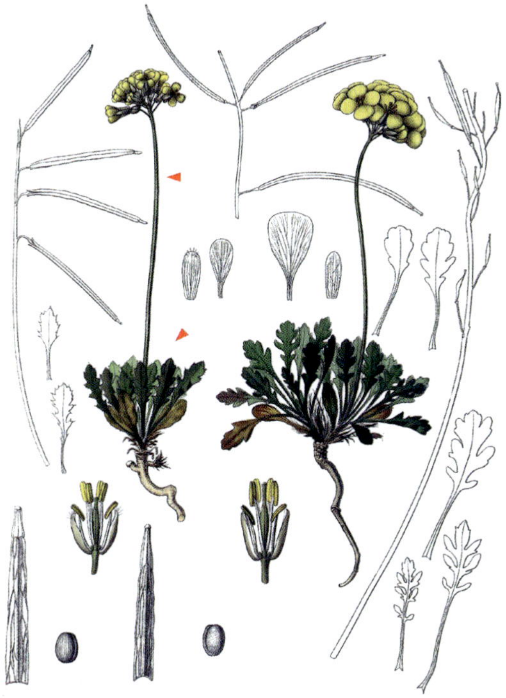

Biscutella brevicaulis Jord.

Kurzstängliges Brillenschötchen *Brassicaceae*
V–VII +K4 C4 A6 G(4)

10–25 cm hoch, mehrjährig. Blüten: gelblich. Kronblätter: **4–6 mm lang**. Früchte: **meist brillenförmige Spaltfrüchte, basal ausgerandet, distal ausgerandet**, meist kahl, oft auffällig geadert, im QS abgeflacht, **Scheidewand breit** (senkrecht zu den schmalen Seiten der Frucht). Grundblätter: **tief gebuchtet bis fiederspaltig, deutlich behaart**.

- **subalpine o. alpine Rasen**, Schutt- o. Felsfluren, Alluvionen, **Extensivgrünland o. Magerrasen, Wälder**
- an nährstoffarmen, kalkreichen, trockenen Standorten
- endemisch

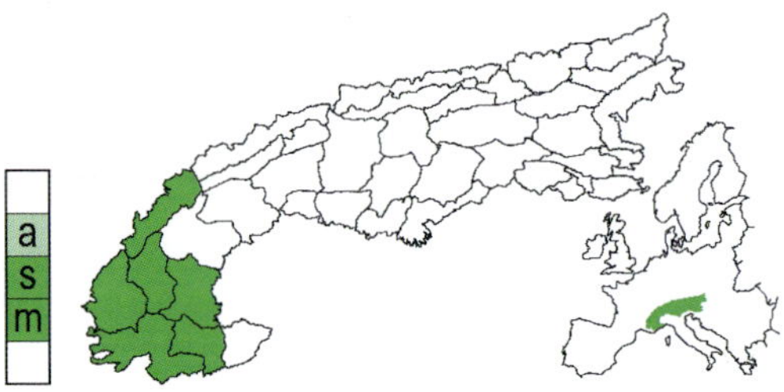

Biscutella laevigata L.

Glattes Brillenschötchen *Brassicaceae*
IV–VIII +K4 C4 A6 G(4)

15–60 cm hoch, mehrjährig. Blüten: gelblich. Kronblätter: **4–8 mm lang**. Früchte: **meist brillenförmige Spaltfrüchte, basal ausgerandet, distal ausgerandet**, im QS abgeflacht, **Scheidewand breit** (senkrecht zu den schmalen Seiten der Frucht). Stängel: mit Laubblättern. Grundblätter: **ganzrandig bis gelappt**. – Die Unterarten (außerhalb der Alpen zahlreiche weitere) sind oft nur schwer unterscheidbar.

In den Alpen die subsp. *laevigata* u. *austriaca* (vgl. S. 730).

- **subalpine o. alpine Rasen**, Schutt- o. Felsfluren, Alluvionen, **Extensivgrünland o. Magerrasen**, Wälder
- an nährstoffarmen, meist basenreichen, trockenen Standorten
- einheimisch

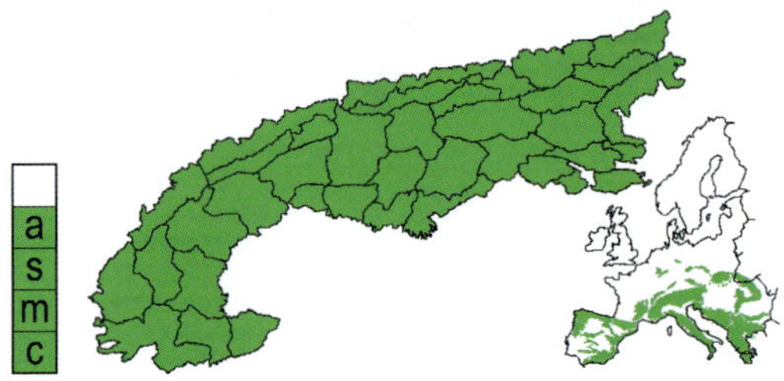

Biscutella ossolana (Raffaelli & Baldoin) Landolt

Ossola-Brillenschötchen *Brassicaceae*
V–VIII +K4 C4 A6 G(4)

10–30 cm hoch, mehrjährig. Blüten: gelblich. Kronblätter: **6–8 mm lang**. Früchte: **meist brillenförmige Spaltfrüchte, basal ausgerandet, distal ausgerandet**, im QS abgeflacht, **Scheidewand breit** (senkrecht zu den schmalen Seiten der Frucht). Grundblätter: 3,5–12 cm lang, 3–15 mm breit, **ganzrandig bis seicht gezähnt, kahl bis spärlich behaart**.

- **subalpine o. alpine Rasen, Schutt- o. Felsfluren**
- an nährstoffarmen, basenreichen Standorten
- endemisch

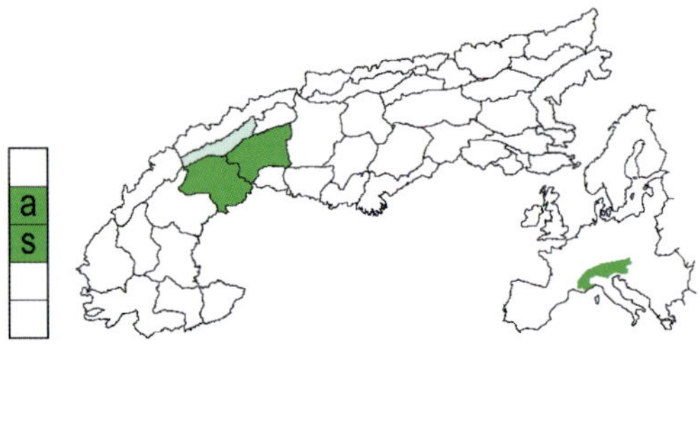

***Arabis*:** Tragblätter der Blüten: fehlen. Früchte: meist Schoten; Klappen: über den Samen flach, 1-nervig. Stängel: meist mit grundständiger Blattrosette, mit Laubblättern, meist mit 2- bis vielarmigen Haaren. Blätter: ungeteilt. Blütenformel: +K4 C4 A6 G(4).

Arabis allionii DC.

Allionis Gänsekresse *Brassicaceae*
V–VII +K4 C4 A6 G(4)

20–50 cm hoch, mehrjährig. Blüten: weißlich. Kronblätter: 5–8 mm lang. Fruchtstiele: **eng an den Stängel angedrückt**. Früchte: 20–40 mm lang, 1–2 mm breit. Stängel: **meist mit 8–12 Laubblättern, Haare 1-2-armig**. Blätter: am Rand bewimpert. obere Stängelblätter: **basal verschmälert bis abgerundet**. – Vgl. auch *A. sudetica*.

- subalpine o. alpine Rasen, Schutt- o. Felsfluren, **Staudenfluren, Grünerlengebüsche**
- an nährstoffreichen, meist sauren Standorten
- endemisch

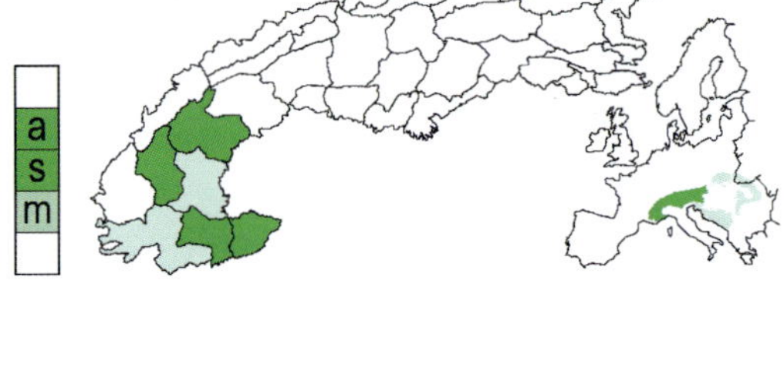

Arabis sudetica Tausch

Sudeten-Gänsekresse *Brassicaceae*
IV–VIII + K4 C4 A6 G($\underline{4}$)

20–50 cm hoch, mehrjährig. BLÜTEN: weißlich. KRONBLÄTTER: 5–8 mm lang. FRUCHTSTIELE: **eng an den Stängel angedrückt**, 6–12 mm lang. FRÜCHTE: 20–40 mm lang, 1–2 mm breit. STÄNGEL: **mit 4–12 Laubblättern, Haare 1-2-armig**. BLÄTTER: am Rand bewimpert. OBERE STÄNGELBLÄTTER: **basal verschmälert bis abgerundet**. – Vgl. auch *A. allionii*.

- subalpine o. alpine Rasen, **Schutt- o. Felsfluren**, **Zwergstrauchheiden**, Staudenfluren
- an nährstoffreichen Standorten
- einheimisch

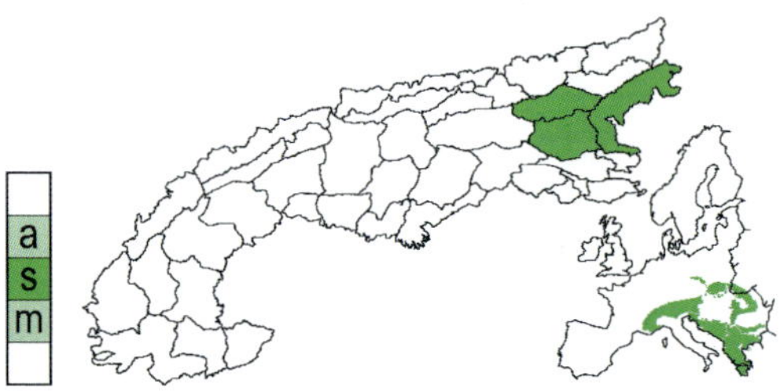

Arabis alpina L.

Alpen-Gänsekresse *Brassicaceae*
II–X + K4 C4 A6 G($\underline{4}$)

Bis 40 cm hoch, mehrjährig. PFLANZEN: **behaart**. BLÜTEN: weißlich. KRONBLÄTTER: **6–18 mm lang**. KELCHBLÄTTER: **3–8 mm lang**. FRUCHTSTIELE: (etwas) vom Stängel abstehend. FRÜCHTE: 20–80 mm lang. STÄNGEL: mit Laubblättern, mit vielarmigen Haaren. BLÄTTER: am Rand meist grob gesägt. OBERE STÄNGELBLÄTTER: **basal ausgerandet bis pfeilförmig**.

In den Alpen die subsp. *alpina* u. *caucasica* (vgl. S. 730).

- **Schutt- o. Felsfluren**, Alluvionen, Ruderalvegetation
- an kalkreichen Standorten
- einheimisch

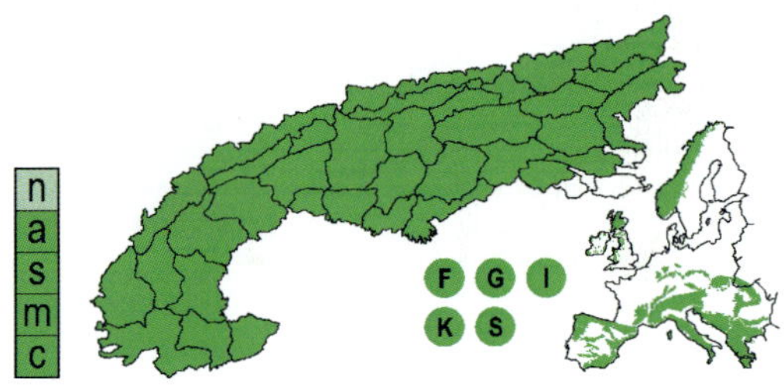

Arabis caerulea (All.) Haenke

Bläuliche Gänsekresse *Brassicaceae*
VI–VIII + K4 C4 A6 G($\underline{4}$)

Bis 15 cm hoch, mehrjährig. BLÜTEN: **hellblau bis violett**, selten weißlich. KRONBLÄTTER: 4–6 mm lang. FRUCHTSTIELE: (etwas) vom Stängel abstehend. FRÜCHTE: 10–30 mm lang, **2,2–4 mm breit**. STÄNGEL: **mit 1–4 Laubblättern**, mit vielarmigen Haaren. OBERE STÄNGELBLÄTTER: **basal verschmälert bis abgerundet**.

- **Schutt- o. Felsfluren**, Schneetälchen
- an kalkreichen Standorten
- endemisch

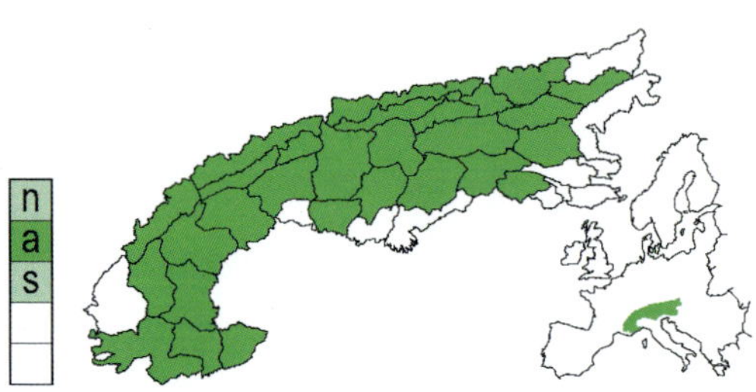

Arabis ciliata Clairv.

Dolden-Gänsekresse *Brassicaceae*
IV–VIII + K4 C4 A6 G($\underline{4}$)

Bis 20 cm hoch, 2- bis mehrjährig. BLÜTEN: weißlich. KRONBLÄTTER: 3–6 mm lang. FRUCHTSTIELE: (etwas) vom Stängel abstehend. FRÜCHTE: 10–25 mm lang, 1–1,5 mm breit. SAMEN: ***nicht* geflügelt**. STÄNGEL: **mit 4–12 Laubblättern, Haare überwiegend 1-2-armig**. BLÄTTER: **matt**, am Rand bewimpert. OBERE STÄNGELBLÄTTER: **basal verschmälert bis abgerundet**.

- **subalpine o. alpine Rasen**, Schutt- o. Felsfluren, Staudenfluren, Grünland
- an nährstoffarmen, kalkreichen Standorten
- einheimisch

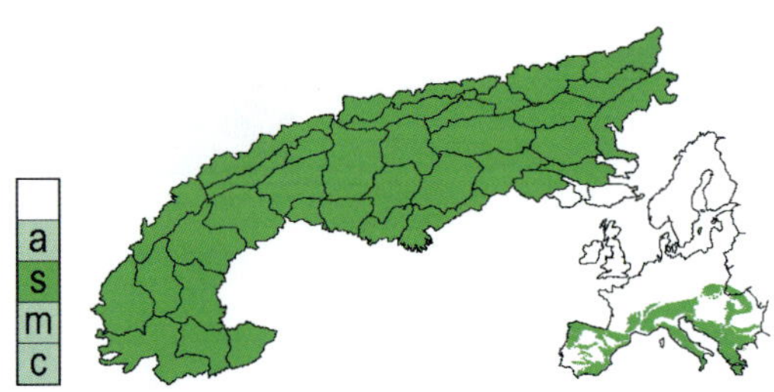

Arabis pumila Jacq.

Zwerg-Gänsekresse *Brassicaceae*
V–VIII + K4 C4 A6 G(4)

Bis 15 cm hoch, mehrjährig. Blüten: weißlich. Kronblätter: 5–8 mm lang. Fruchtstiele: (etwas) vom Stängel abstehend, 4–20 mm lang. Früchte: 20–40 mm lang, 1,5–2,2 mm breit. Samen: geflügelt. Stängel: mit Laubblättern, meist mit 3–6 Laubblättern, **Haare überwiegend 1-2-armig** o. fehlend. Blätter: **glänzend, Haare überwiegend 1–2-armig**. obere Stängelblätter: **basal verschmälert bis abgerundet.**

- **Schutt- o. Felsfluren**
- an nährstoffarmen, kalkreichen Standorten
- endemisch

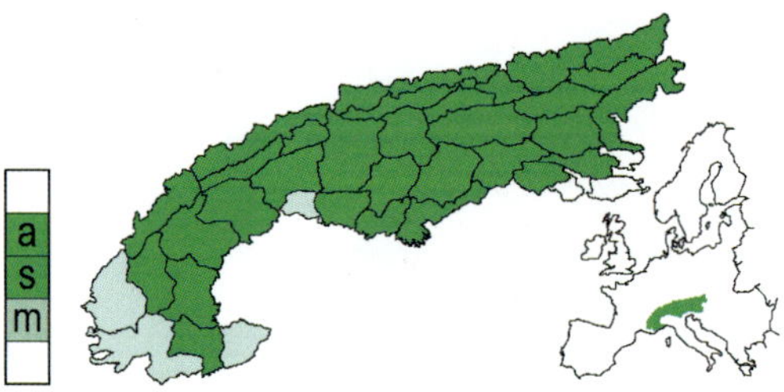

Arabis stellulata Bertol.

Sternhaar-Gänsekresse *Brassicaceae*
V–VIII + K4 C4 A6 G(4)

Bis 10 cm hoch, mehrjährig. Blüten: weißlich. Kronblätter: 5–8 mm lang. Fruchtstiele: (etwas) vom Stängel abstehend, 4–20 mm lang. Früchte: 20–40 mm lang, 1,5–2,2 mm breit. Samen: geflügelt. Stängel: mit Laubblättern, meist mit 2–3 Laubblättern, **mit 3-4-armigen Haaren**. Blätter: **glänzend, mit 3–4-armigen Haaren**. obere Stängelblätter: **basal verschmälert bis abgerundet.**

- **Schutt- o. Felsfluren**
- an basenreichen, trockenen Standorten
- einheimisch

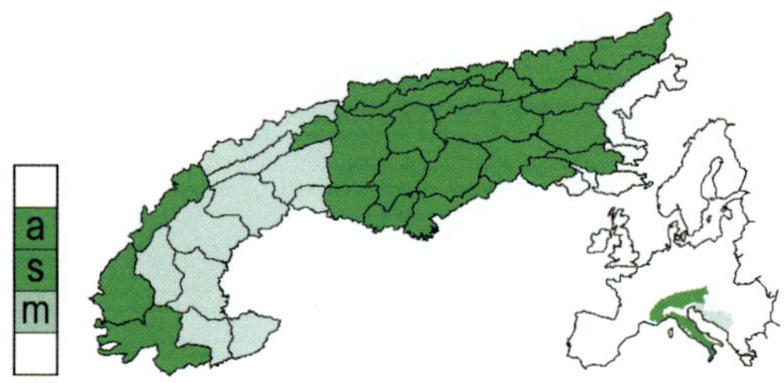

Arabis serpillifolia Vill.

Quendelblättrige Gänsekresse *Brassicaceae*
V–VIII + K4 C4 A6 G(4)

10–40 cm hoch, meist mehrjährig. Blüten: weißlich. Kronblätter: 3–5 mm lang. Fruchtstiele: (etwas) vom Stängel abstehend, 2–6 mm lang. Früchte: 20–40 mm lang, **0,8–1,2 mm breit**. Stängel: **mit 1-4 Laubblättern**, mit vielarmigen Haaren. untere Stängelblätter: **gestielt o. stielartig verschmälert**. obere Stängelblätter: **basal verschmälert bis abgerundet.**

- subalpine o. alpine Rasen, **Schutt- o. Felsfluren**
- an kalkreichen Standorten
- einheimisch

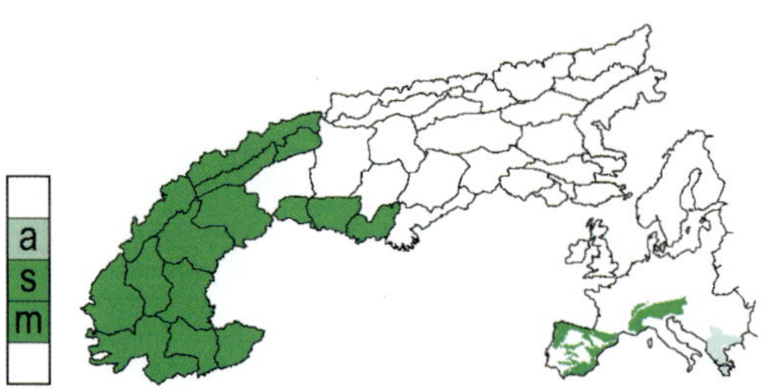

Arabis soyeri Reut. & A. Huet

Soyers Gänsekresse *Brassicaceae*
IV–VIII + K4 C4 A6 G(4)

15–50 cm hoch, mehrjährig. Blüten: weißlich. Kronblätter: 5–8 mm lang. Fruchtstiele: (etwas) vom Stängel abstehend. Früchte: 20–60 mm lang, 1,5–2,5 mm breit. Samen: geflügelt. Stängel: **mit 4–12 Laubblättern, kahl**. Blätter: **glänzend, kahl**. obere Stängelblätter: **basal verschmälert bis abgerundet.**

In den Alpen nur die subsp. *subcoriaceae.*

- Schutt- o. Felsfluren, **Quellfluren**
- an nährstoffarmen, kalkreichen, nassen, zuweilen überfluteten Standorten
- einheimisch

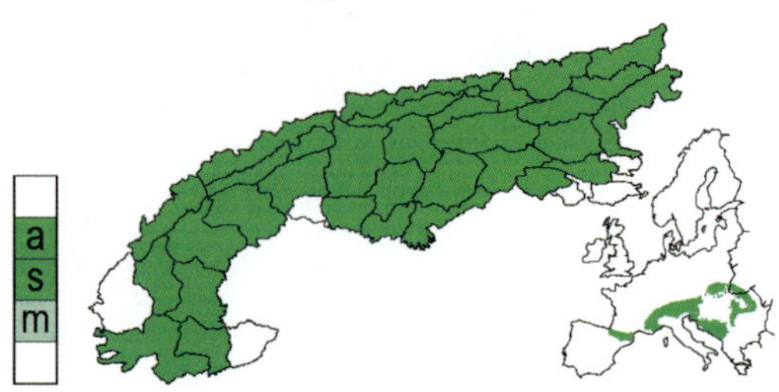

Arabis vochinensis Spreng.

Wocheiner Gänsekresse *Brassicaceae*
IV–VI + K4 C4 A6 G(4)

Bis 15 cm hoch, mehrjährig. Blüten: weißlich. Kronblätter: 5–8 mm lang. Fruchtstiele: (etwas) vom Stängel abstehend. Früchte: **5–15 mm lang, 4–8-mal so lang wie breit**. Stängel: mit Laubblättern, **Haare überwiegend 2-armig**. Ausläufer: kurz. Blätter: am Rand bewimpert, **Wimpern überwiegend 2-armig, ganzrandig**; oberseits: kahl. obere Stängelblätter: **basal verschmälert bis abgerundet**.

- **subalpine o. alpine Rasen**, Schutt- o. Felsfluren
- an nährstoffarmen, basenreichen Standorten
- einheimisch

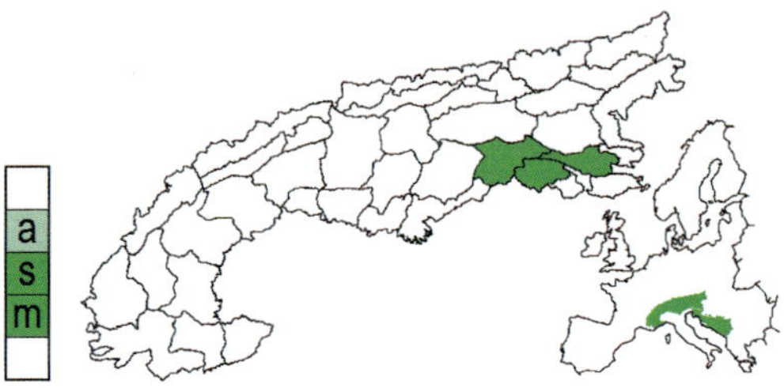

Draba: Früchte: Schötchen, eiförmig bis kurz zylindrisch, im QS abgeflacht, Scheidewand breit (senkrecht zu den schmalen Seiten der Frucht) Stängel: mit grundständiger Blattrosette, vor allem unten beblättert. Blätter: ungeteilt. Blütenformel: + K4 C4 A6 G(4).

Draba aspera Bertol.

Raues Felsenblümchen *Brassicaceae*
V–VII + K4 C4 A6 G(4)

Bis 10 cm hoch, mehrjährig. Blütenstand: Stängel ≤ 6-blütig. Blüten: **gelblich**. Kronblätter: 3–4 mm lang. Griffel: **3–6 mm lang**. Früchte: 5–10 mm lang, **mit zahlreichen vielarmigen Haaren**. Stängel: ***ohne* Laubblätter, meist mit vielarmigen Haaren**. Grundblätter: **starr**, 0,5–1,5 mm breit, am Rand abstehend bewimpert.

- **Schutt- o. Felsfluren**
- an nährstoffarmen, meist trockenen Standorten
- einheimisch

Draba aizoides L.

Immergrünes Felsenblümchen *Brassicaceae*
III–VIII + K4 C4 A6 G(4)

Bis 10 cm hoch, dichtrasig bis polsterförmig, mehrjährig. Blüten: **gelblich**. Staubblätter: **± so lang wie die Kronblätter**. Griffel: **> 1,2 mm lang**. Fruchtstiele: 5–15 mm lang. Früchte: 5–13 mm lang, **kahl o. am Rand bewimpert**. Stängel: ***ohne* Laubblätter, meist kahl**. Grundblätter: 0,5–1,5 mm breit, am Rand abstehend bewimpert; unterseitig: **gekielt**.

In den Alpen die subsp. *aizoides* u. *beckeri* (vgl. S. 731).

- **subalpine o. alpine Rasen, Schutt- o. Felsfluren, Extensivgrünland o. Magerrasen**
- an nährstoffarmen, kalkreichen, meist trockenen Standorten
- einheimisch

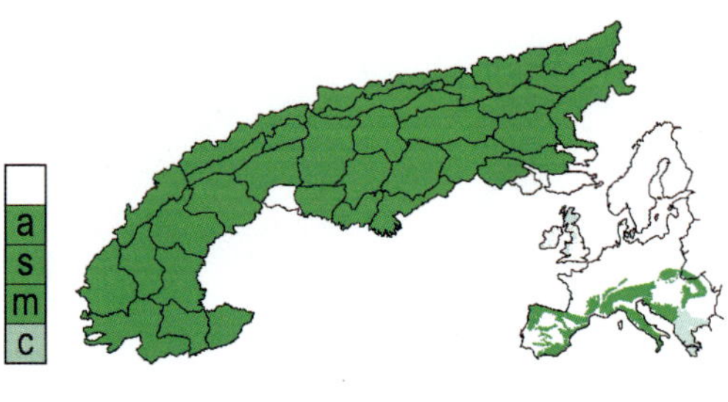

Draba dolomitica Buttler

Dolomiten-Felsenblümchen *Brassicaceae*
V–VIII + K4 C4 A6 G(4)

Bis 5 cm hoch, polsterförmig, mehrjährig. Blüten: **weißlich bis gelblich**. Kronblätter: ± so lang wie breit, 3–4 mm lang, distal etwas ausgerandet. Staubblätter: **± so lang wie die Kronblätter**. Griffel: **0,2–0,8 mm lang**. Früchte: 3–8 mm lang, **meist kahl, zuweilen am Rand bewimpert**. Stängel: ***ohne* Laubblätter, meist kahl**. Grundblätter: weich, 1–4 mm breit, am Rand abstehend bewimpert.

- **Schutt- o. Felsfluren**
- an nährstoffarmen, basenreichen Standorten
- endemisch

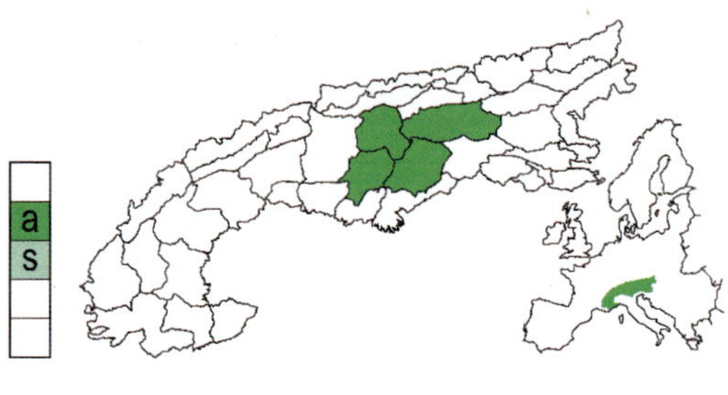

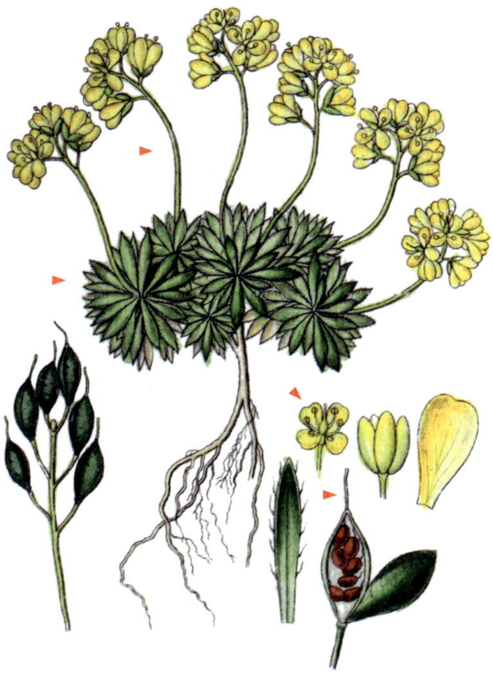

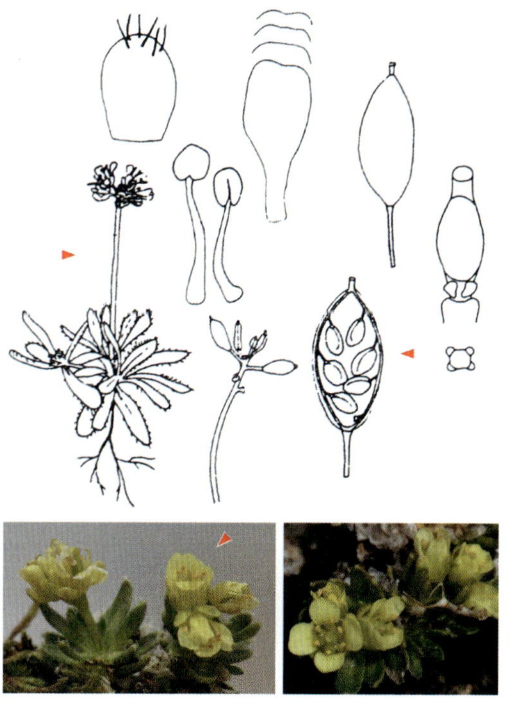

Draba dubia Suter

Gletscher-Felsenblümchen *Brassicaceae*
IV–VII + K4 C4 A6 G(4)

Bis 20 cm hoch, polsterförmig, mehrjährig. BLÜTEN: **weißlich**. KRONBLÄTTER: 3–6 mm lang. GRIFFEL: **0,3–0,4 mm lang**. FRÜCHTE: **basal u. distal spitz**, 5–15 mm lang, 2–5 mm breit, **kahl o. am Rand bewimpert**. STÄNGEL: vor allem unten beblättert, mit ≤ 4 Laubblättern, **mit vielarmigen Haaren**. GRUNDBLÄTTER: weich, **mit ungeteilten Haaren u. vielarmigen Haaren**, vielarmige Haare lang gestielt, seltener kahl.

In den Alpen nur die subsp. *dubia*.

- **Schutt- o. Felsfluren**
- an nährstoffarmen, meist trockenen Standorten
- einheimisch

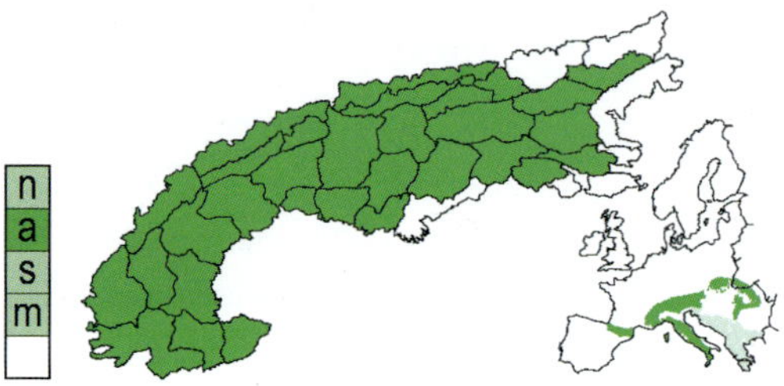

Draba fladnizensis Wulfen

Flattnitzer Felsenblümchen *Brassicaceae*
V–VIII + K4 C4 A6 G(4)

Bis 10 cm hoch, polsterförmig, mehrjährig. BLÜTEN: **weißlich**. KRONBLÄTTER: 2–4 mm lang. GRIFFEL: **0,2–0,3 mm lang**. FRÜCHTE: 2–8 mm lang, **kahl**. STÄNGEL: vor allem unten beblättert, mit ≤ 2 Laubblättern, **meist kahl**. GRUNDBLÄTTER: weich, **mit ungeteilten u. 2-armigen Haaren**, am Rand abstehend bewimpert, seltener kahl.

- **subalpine o. alpine Rasen, Schutt- o. Felsfluren**
- an nährstoffarmen Standorten
- einheimisch

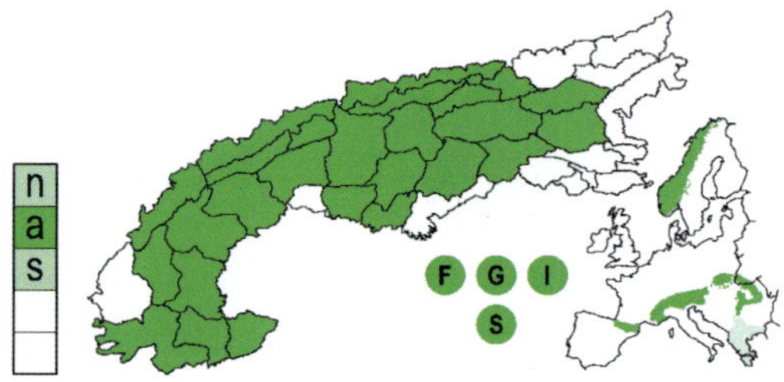

Draba hoppeana Rchb.

Hoppes Felsenblümchen *Brassicaceae*
VI–VIII + K4 C4 A6 G(4)

Bis 10 cm hoch, dichtrasig bis polsterförmig, mehrjährig. BLÜTEN: **gelblich**. KRONBLÄTTER: länger als breit, 2–4 mm lang. STAUBBLÄTTER: **± so lang wie die Kronblätter**. GRIFFEL: **0,6–1,4 mm lang**. FRUCHTSTIELE: 1–4 mm lang. FRÜCHTE: 3–8 mm lang, **kahl**. STÄNGEL: ***ohne* Laubblätter, meist kahl**. GRUNDBLÄTTER: weich, 0,5–1,5 mm breit, am Rand abstehend bewimpert.

- **Schutt- o. Felsfluren**, Schneetälchen
- an nährstoffarmen, basenreichen Standorten
- endemisch

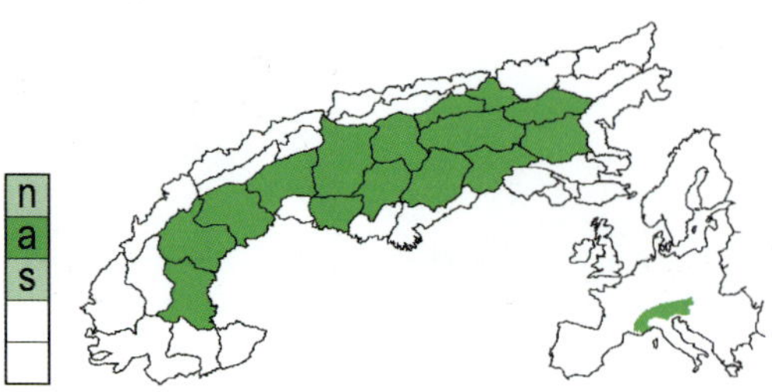

Draba incana L.

Graues Felsenblümchen *Brassicaceae*
IV–VIII + K4 C4 A6 G(4)

Bis 40 cm hoch, rasig *oder* lockere Polster bildend, 2- bis mehrjährig. BLÜTENSTAND: Stängel 10–40-blütig. BLÜTEN: **weißlich**. KRONBLÄTTER: 2–6 mm lang. GRIFFEL: **0,2–1 mm lang**. FRÜCHTE: 5–15 mm lang, **mit (wenigen) 2- bis vielarmigen Haaren**. STÄNGEL: **fast ± gleichmäßig beblättert, mit 4–15 Laubblättern, mit vielarmigen Haaren**. GRUNDBLÄTTER: weich, **mit ungeteilten u. 2-armigen Haaren**.

- **subalpine o. alpine Rasen, Schutt- o. Felsfluren, Staudenfluren**
- an basenreichen Standorten
- einheimisch

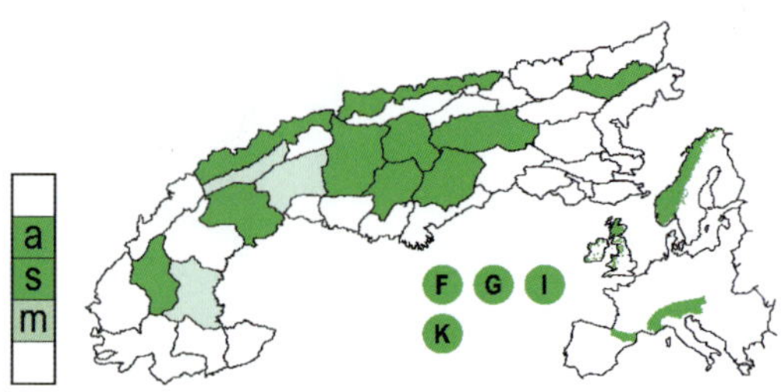

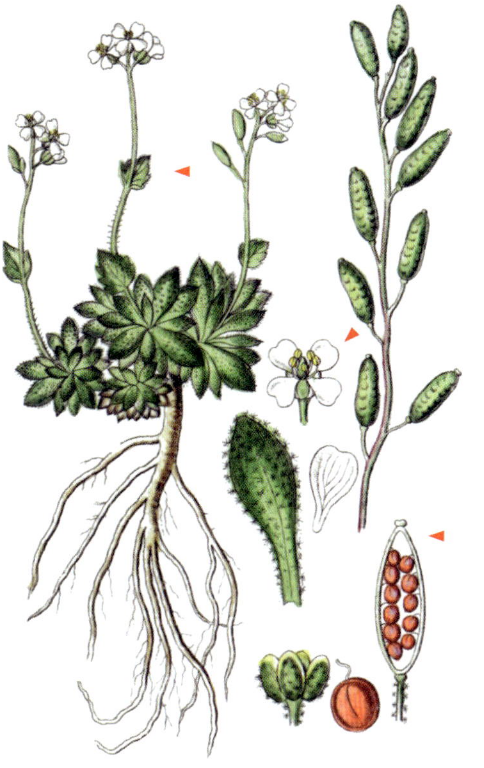

Draba ladina Braun-Blanq.

Engadiner Felsenblümchen *Brassicaceae*
VI–VIII + K4 C4 A6 G(4)

Bis 5 cm hoch, mehrjährig. Blüten: **weißlich bis gelblich**. Kronblätter: 3–6 mm lang. Griffel: **0,2–1,2 mm lang**. Fruchtstiele: 1–4 mm lang. Früchte: 4–10 mm lang, **spärlich behaart**. Stängel: ***ohne* Laubblätter**, **mit vielarmigen Haaren**, mit langen ungeteilten Haaren. Grundblätter: weich, **mit ungeteilten u. 2-armigen Haaren, zuweilen mit vielarmigen Haaren**, am Rand abstehend bewimpert.

- **Schutt- o. Felsfluren**
- an nährstoffarmen, kalkreichen Standorten
- endemisch

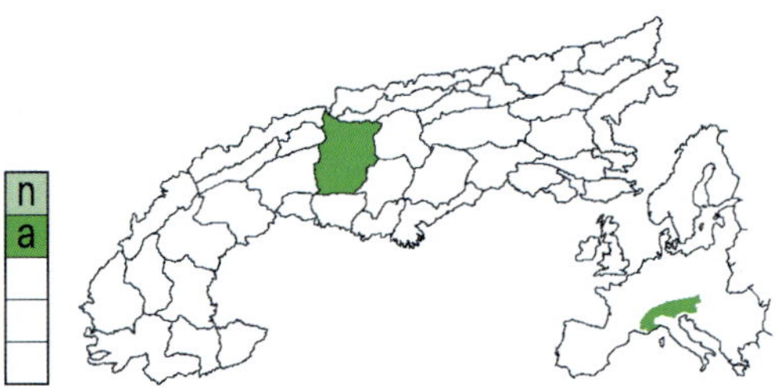

Draba norvegica Gunnerus

Norweger Felsenblümchen *Brassicaceae*
V–VII + K4 C4 A6 G(4)

Bis 10 cm hoch, mehrjährig. Blütenstand: Stängel 3–10-blütig. Blüten: **weißlich**. Kronblätter: 2–4 mm lang. Griffel: **0,2–0,7 mm lang**. Stängel: vor allem unten beblättert, mit ≤ 4 Laubblättern, **oft mit vielarmigen Haaren**. Grundblätter: weich, **mit ungeteilten u. 2-armigen Haaren**, vielarmige Haare allenfalls distal.

- **Schutt- o. Felsfluren**
- an kalkreichen Standorten
- einheimisch

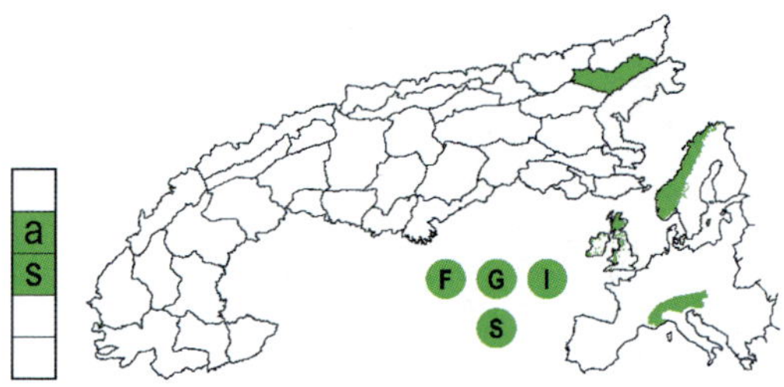

Draba pacheri Stur

Tauern-Felsenblümchen *Brassicaceae*
V–VIII + K4 C4 A6 G(4)

Bis 20 cm hoch, mehrjährig. Blüten: **weißlich**. Kronblätter: 2–5 mm lang. Griffel: **0,2–0,6 mm lang**. Früchte: 3–9 mm lang, **mit vielarmigen Haaren**. Stängel: vor allem unten beblättert, meist mit ≤ 6 Laubblättern, **mit vielarmigen Haaren**. Grundblätter: weich, **mit vielarmigen Haaren, vielarmige Haare sitzend bis kurz gestielt**.

- **subalpine o. alpine Rasen, Schutt- o. Felsfluren**, Schneetälchen
- an nährstoffarmen, meist sauren Standorten
- einheimisch

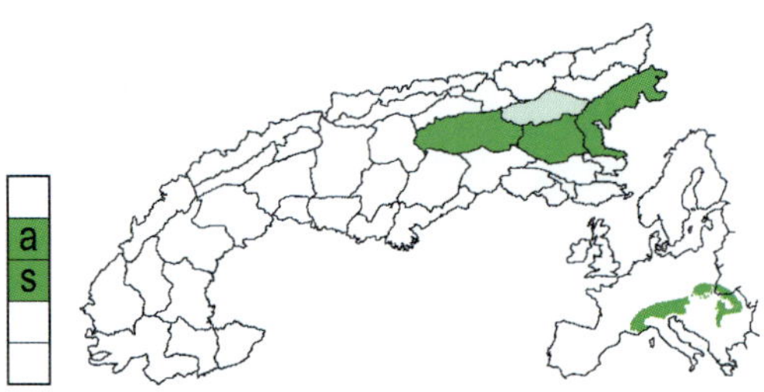

Draba sauteri Hoppe

Sauters Felsenblümchen *Brassicaceae*
V–VIII + K4 C4 A6 G(4)

Bis 15 cm hoch, rasig *oder* lockere Polster bildend, mehrjährig. Blüten: **gelblich**. Kronblätter: 4–6 mm lang. Staubblätter: **0,4–0,8-mal so lang wie die Kronblätter**. Griffel: **0,2–1,2 mm lang**. Früchte: 2–8 mm lang, **meist kahl, zuweilen am Rand bewimpert**. Stängel: ***ohne* Laubblätter, distal kahl**, allenfalls basal behaart. Grundblätter: weich, **überwiegend mit ungeteilten Haaren**, am Rand abstehend bewimpert; unterseitig: **gekielt**.

- **subalpine o. alpine Rasen, Schutt- o. Felsfluren**
- an nährstoffarmen, kalkreichen Standorten
- endemisch

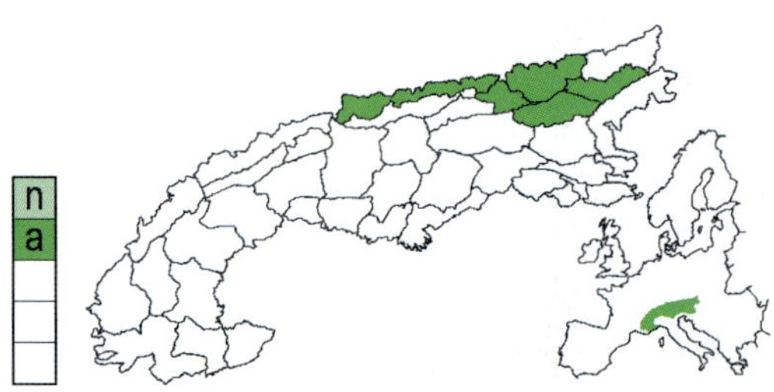

Draba siliquosa M. Bieb.

Kärntner Felsenblümchen *Brassicaceae*
IV–VII + K4 C4 A6 G(4)

Bis 20 cm hoch, polsterförmig, mehrjährig. Blüten: **weißlich**. Kronblätter: 2–3 mm lang. Griffel: **0,15–0,3 mm lang**. Früchte: 3–10 mm lang, 1–3 mm breit, **meist kahl, zuweilen am Rand bewimpert**. Stängel: vor allem unten beblättert, mit ≤ 4 Laubblättern, **distal kahl**, allenfalls basal behaart, **oft mit vielarmigen Haaren**. Grundblätter: **starr, mit vielarmigen Haaren**, vielarmige Haare lang gestielt.

- **subalpine o. alpine Rasen, Schutt- o. Felsfluren**
- an nährstoffarmen Standorten
- einheimisch

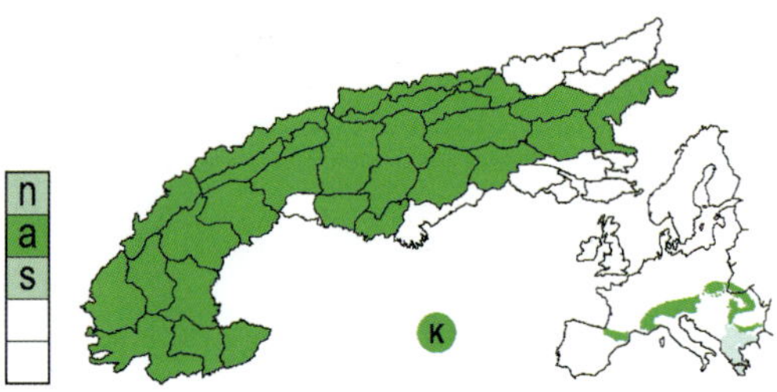

Draba stellata Jacq.

Sternhaar-Felsenblümchen *Brassicaceae*
V–VII + K4 C4 A6 G(4)

Bis 10 cm hoch, mehrjährig. Blüten: **weißlich**. Kronblätter: 4–8 mm lang. Griffel: **0,7–2 mm lang**. Früchte: 3–12 mm lang, **kahl**. Stängel: vor allem unten beblättert, mit ≤ 4 Laubblättern, **mit vielarmigen Haaren**, mit langen ungeteilten Haaren. Grundblätter: weich, **mit ungeteilten Haaren u. vielarmigen Haaren**, vielarmige Haare lang gestielt.

- **Schutt- o. Felsfluren**
- an kalkreichen Standorten
- endemisch

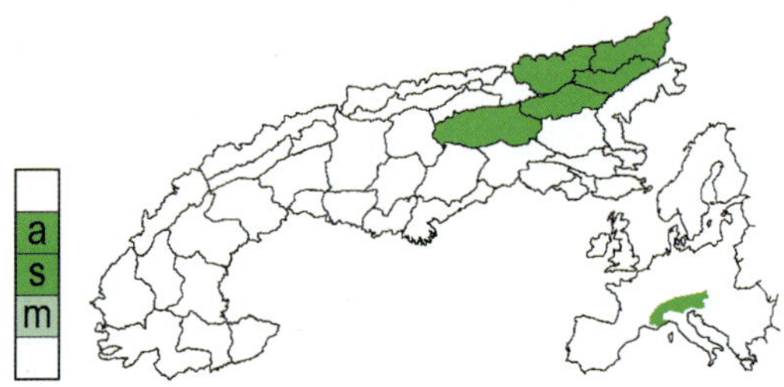

Draba tomentosa Clairv.

Filziges Felsenblümchen *Brassicaceae*
V–VIII + K4 C4 A6 G(4)

Bis 15 cm hoch, polsterförmig, mehrjährig. Blütenstand: Stängel 3–10-blütig. Blüten: **weißlich**. Kronblätter: 3–6 mm lang. Griffel: **0,1–0,7 mm lang**. Fruchtstiele: 5–10 mm lang. Früchte: **basal u. distal abgerundet**, 5–15 mm lang, 2–5 mm breit, **dicht behaart**. Stängel: vor allem unten beblättert, mit ≤ 4 Laubblättern, filzig behaart, **mit vielarmigen Haaren**. Grundblätter: weich, graugrün, **mit ungeteilten Haaren u. vielarmigen Haaren**, vielarmige Haare lang gestielt.

In den Alpen nur die subsp. *tomentosa*.

- **Schutt- o. Felsfluren**
- an nährstoffarmen, kalkreichen, trockenen Standorten
- einheimisch

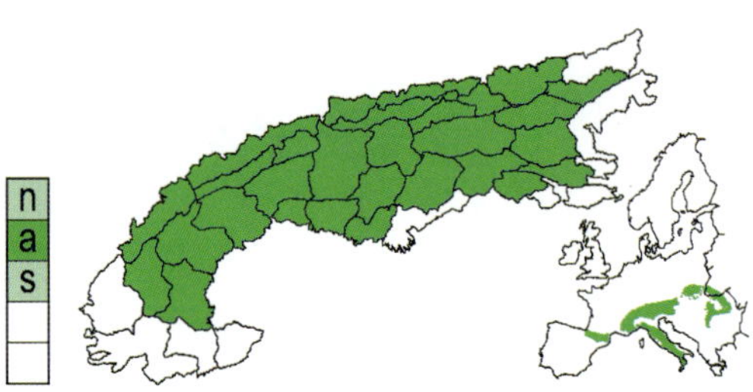

Cochlearia excelsa Zahlbr.

Alpen-Löffelkraut *Brassicaceae*
VI–VIII + K4 C4 A6 G(4)

Bis 15 cm hoch, mehrjährig. Blüten: wohlriechend, **weißlich-gelblich**. Kelch: zur Fruchtreife abgefallen. Früchte: Schötchen, **± kugelig**, distal verschmälert, **2–5 mm lang**, 0,8–1,2-mal so lang wie breit, im QS rundlich bis kantig, 2-fächrig; Klappen: mit deutlichem Mittelnerv. Blätter: kahl. Grundblätter: lang gestielt, **herz- bis nierenförmig**. obere Stängelblätter: sitzend, **basal ausgerandet bis pfeilförmig, (halb-)stängelumfassend**.

- **Schutt- o. Felsfluren, Quellfluren**
- an nassen, zuweilen überfluteten Standorten
- endemisch

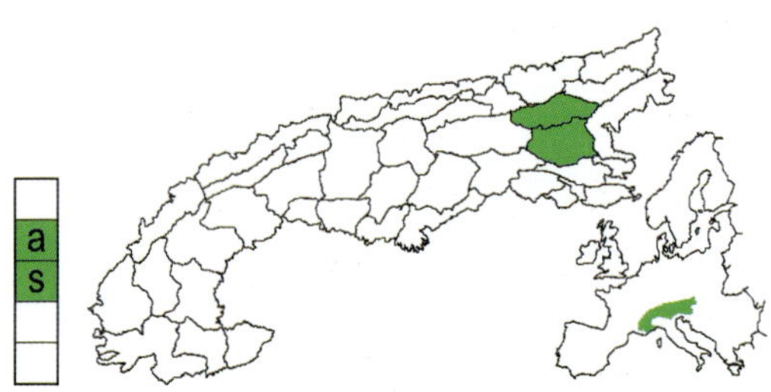

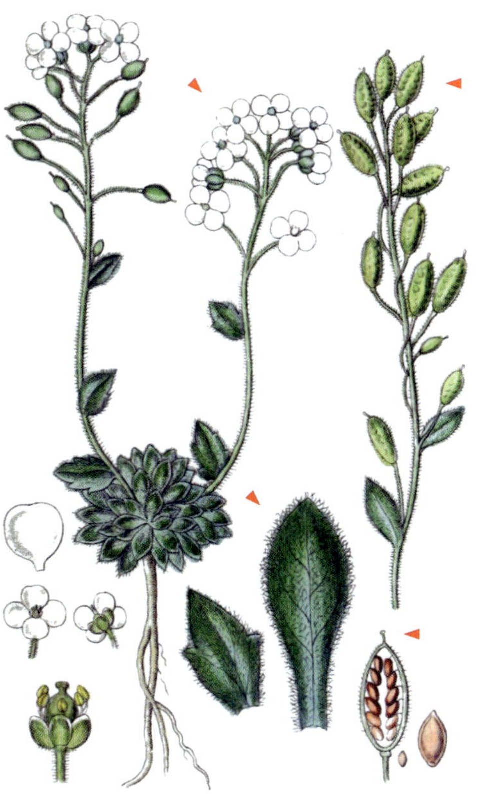

Matthiola fruticulosa (L.) Maire

Kleine Levkoje *Brassicaceae*
III–VIII +K4 C4 A6 G(4)

Bis 50 cm hoch. Pflanzen: gräulich filzig behaart. Blüten: **rosa bis violett, im Zentrum meistens weißlich-gelblich.** Kronblätter: **12–30 mm lang.** Narben: **2-lappig.** Fruchtstiele: **< 3 mm lang.** Früchte: Schoten, 20–140 mm lang, 1–2 mm breit, **distal 2-höckrig bis -lappig, im QS rundlich bis kantig.** Stängel: basal zuweilen etwas verholzt, mit grundständiger Blattrosette, **mit vielarmigen Haaren.** Grundblätter: ungeteilt (subsp. *valesiaca*) *oder* meist gelappt (subsp. *fruticulosa*), **lineal bis länglich.**

In der (sub-) alpinen Stufe v. a. die endemische subsp. *valesiaca.*

- **Schutt- o. Felsfluren**, Alluvionen, **Extensivgrünland o. Magerrasen**, Macchien o. Garrigues, Ruderalvegetation
- an nährstoffarmen, basenreichen, meist trockenen Standorten
- einheimisch

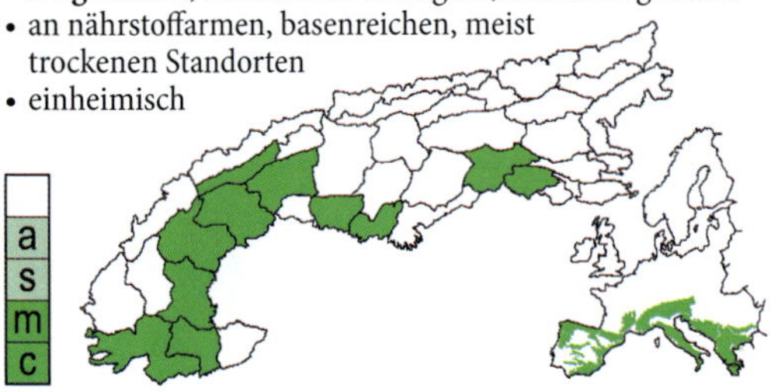

Hesperis inodora L.

Geruchslose Nachtviole *Brassicaceae*
V–VII +K4 C4 A6 G(4)

30–100 cm hoch, mehrjährig. Blüten: **weißlich.** Kronblätter: 15–40 mm lang. Narben: **2-lappig.** Früchte: Schoten, 20–100 mm lang, Samen in den Fruchtfächern jeweils 1-reihig; Klappen: über den Samen gewölbt. Stängel: dicht behaart, **mit Drüsenhaaren, mit vielarmigen Haaren.** Obere Stängelblätter: basal verschmälert bis abgerundet, buchtig gezähnt o. ganzrandig.

- **Staudenfluren, Wälder**
- an basenreichen Standorten
- endemisch

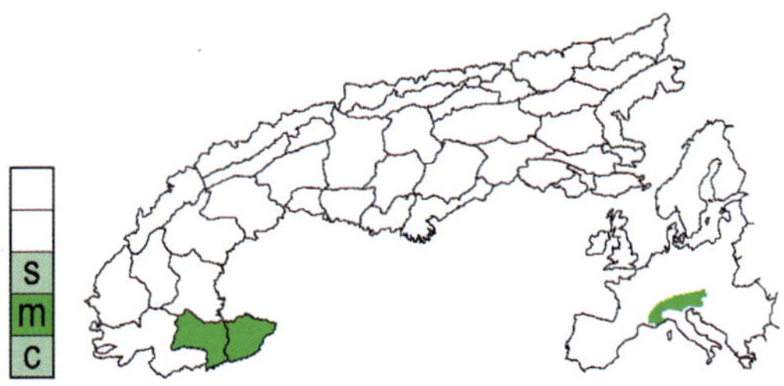

Braya alpina Sternb. & Hoppe

Alpen-Schotenkresse *Brassicaceae*
V–VII +K4 C4 A6 G(4)

Bis 15 cm hoch, mehrjährig. Blütenstand: **mit verkürzten Internodien**, dichtblütig. Blüten: weißlich bis hellrot-violett. Kronblätter: 3–4 mm lang. Kelchblätter: 2–4 mm lang, oft rötlich überlaufen. Früchte: **Schoten**, 4–12 mm lang, 1–2 mm breit, 3–8-mal so lang wie breit, behaart, **mit 2-armigen Haaren**; Klappen: über den Samen gewölbt. Stängel: **mit 2- bis vielarmigen Haaren.** Blätter: **ungeteilt**, Spreite 2–3 cm lang.

- **Schutt- o. Felsfluren**
- an nährstoffarmen, kalkreichen Standorten
- endemisch

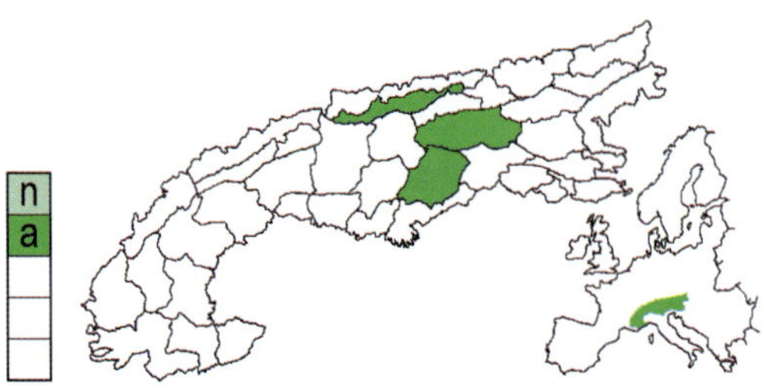

Iberis aurosica Chaix

Aurouze-Schleifenblume *Brassicaceae*
V–VII +K4 C4 A6 G(4)

Bis 40 cm hoch, mehrjährig. Blütenstand: **mit verkürzten Internodien.** Blüten: **meist hellviolett**, selten weißlich. Kronblätter: die beiden nach außen gerichteten deutlich länger als die inneren. Griffel: > 0,5 mm lang. Früchte: Schötchen, 2-samig, **3–5 mm lang, distal mit 2 oft geflügelten Anhängen, Anhänge spitz**, im QS abgeflacht, Scheidewand schmal (senkrecht zu den breiten Seiten der Frucht). Stängel: basal oft verholzt. Blätter: ungeteilt.

In den Alpen die subsp. *aurosica* (endemisch) u. *nana* (endemisch) (vgl. S. 731).

- subalpine o. alpine Rasen, **Schutt- o. Felsfluren**, Alluvionen
- an nährstoffarmen, basenreichen Standorten
- endemisch

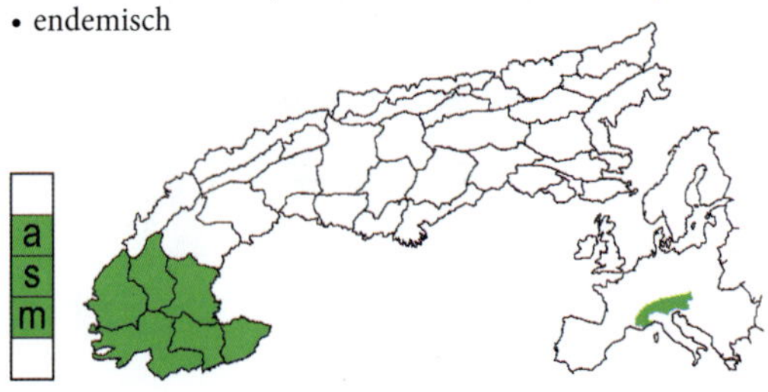

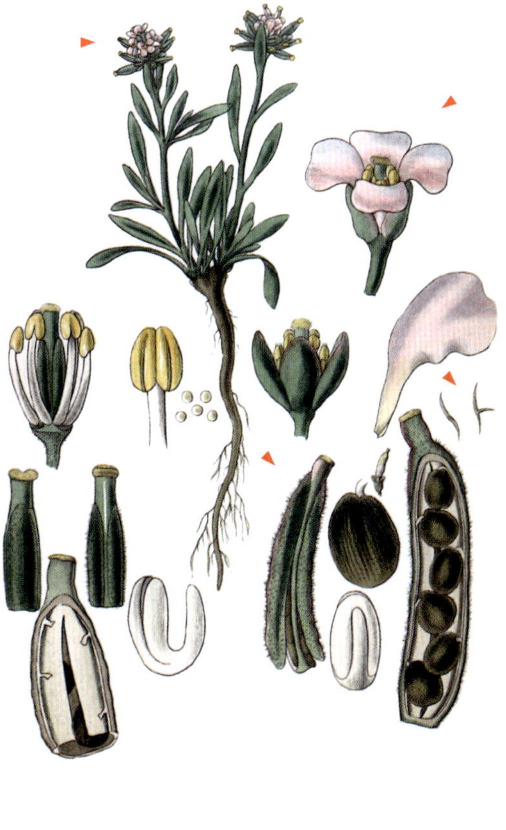

Iberis sempervirens L.

Immergrüne Schleifenblume *Brassicaceae*
III–VIII + K4 C4 A6 G(4)

Bis 20 cm hoch, mehrjährig. Blüten: **meist weißlich**, zuweilen rötlich überlaufen. Kronblätter: die beiden nach außen gerichteten deutlich länger als die inneren, bis 10 mm lang. Griffel: > 0,5 mm lang. Früchte: Schötchen, 2-samig, **5–8 mm lang, distal mit 2 oft geflügelten Anhängen, Anhänge distal abgerundet**, im QS abgeflacht, Scheidewand schmal (senkrecht zu den breiten Seiten der Frucht). Stängel: basal oft verholzt. Blätter: ungeteilt, Spreite 1–2 cm lang, 2–6 mm breit, kahl.

In den Alpen nur die subsp. *sempervirens*.

- **subalpine o. alpine Rasen**, Schutt- o. Felsfluren, **Extensivgrünland o. Magerrasen**
- an trockenen, auch serpentinhaltigen Standorten
- einheimisch

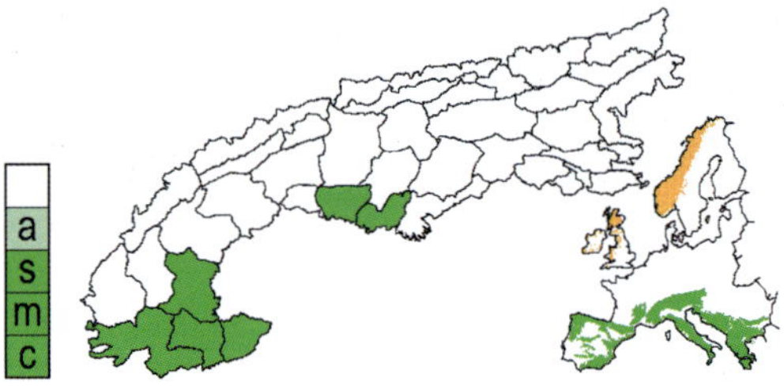

Descurainia tanacetifolia (L.) Prantl

Rainfarnrauke *Brassicaceae*
V–VII + K4 C4 A6 G(4)

30–100 cm hoch, **mehrjährig**. Blüten: gelblich. Kronblätter: 3–4 mm lang, **länger als die Kelchblätter**. Früchte: Schoten, 2–4-samig, 5–10 mm lang, im QS rundlich bis kantig, **Samen in den Fruchtfächern jeweils 1-reihig**; Klappen: **3–5-nervig**. Stängel: mit vielarmigen Haaren. Blätter: **1-fach gefiedert**. Fiederblättchen: **länglich bis lanzettlich**, 4–10 mm breit, mit großen Zähnen. obere Stängelblätter: basal verschmälert bis abgerundet.

In den Alpen nur die endemische subsp. *tanacetifolia*.

- subalpine o. alpine Rasen, Schutt- o. Felsfluren, **Staudenfluren**, Grünerlengebüsche, Grünland, Ruderalvegetation
- an nährstoffreichen Standorten
- einheimisch

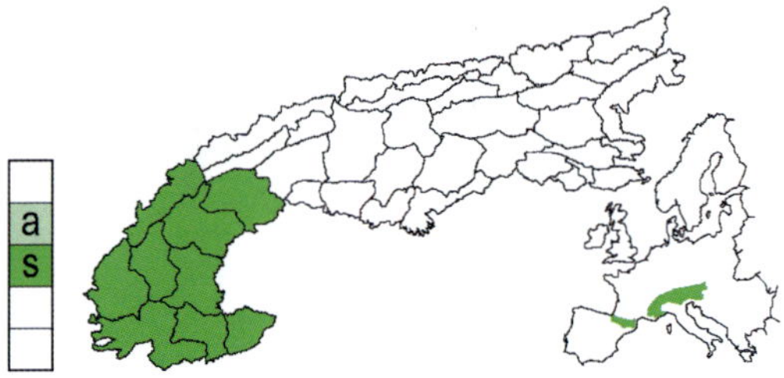

Hornungia alpina (L.) O. Appel

Alpen-Gamskresse *Brassicaceae*
IV–VIII + K4 C4 A6 G(4)

Bis 15 cm hoch, mehrjährig. Blüten: weißlich. Früchte: Schötchen, **2–4-samig**, breit lanzettlich, im QS abgeflacht, Scheidewand schmal (senkrecht zu den breiten Seiten der Frucht). Stängel: mit grundständiger Blattrosette, ***ohne*** **Laubblätter**. Grundblätter: **tief gelappt bis fiederspaltig**.

In den Alpen die subsp. *alpina*, *austroalpina* (endemisch) u. *brevicaulis* (vgl. S. 731).

- subalpine o. alpine Rasen, **Schutt- o. Felsfluren**, Alluvionen, **Schneetälchen**
- an nährstoffarmen, kalkreichen Standorten
- einheimisch

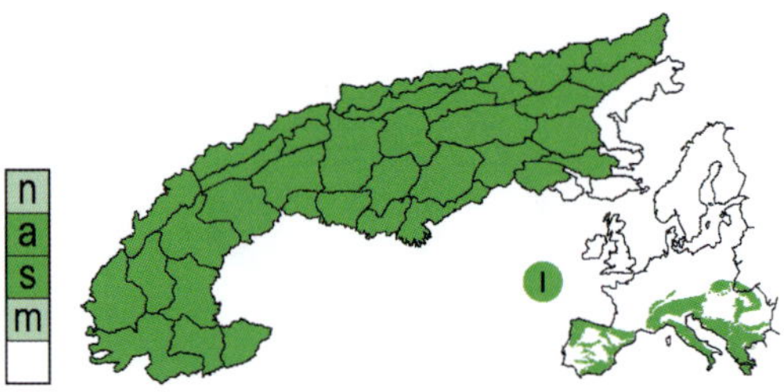

Hornungia pauciflora
(Koch) Soldano, F. Conti, Banfi & Galasso

Armblütige Salzkresse *Brassicaceae*
IV–VII + K4 C4 A6 G(4)

Bis 10 cm hoch, mehrjährig. Blütenstand: **≤ 10-blütig**. Blüten: weißlich. Kronblätter: 1–3 mm lang, meist < 1,5-mal so lang wie die Kelchblätter. Früchte: Schötchen, **6–10-samig**, eiförmig bis breit lanzettlich, < 5 mm lang, im QS abgeflacht, Scheidewand schmal (senkrecht zu den breiten Seiten der Frucht). Samen: 0,6–0,8 mm ⌀. Stängel: mit grundständiger Blattrosette, **mit Laubblättern**. Grundblätter: **ungeteilt**.

- Schutt- o. Felsfluren
- an nährstoffreichen, trockenen Standorten
- einheimisch

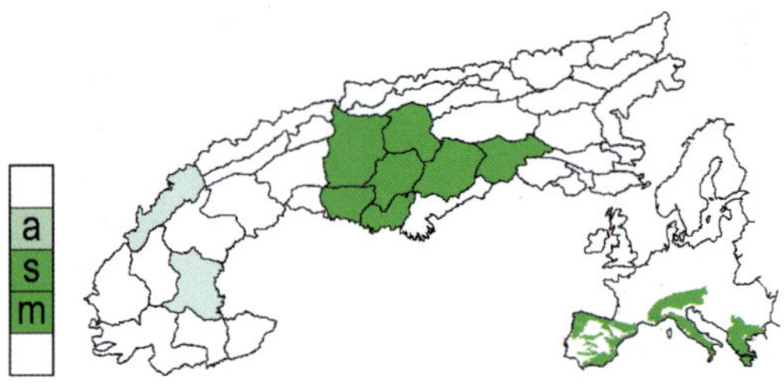

Arabidopsis halleri (L.) O'Kane & Al-Shehbaz

Hallers Schaumkresse *Brassicaceae*
III–VI + K4 C4 A6 G(4)

15–50 cm hoch, mehrjährig. BLÜTENSTIELE: 3–12 mm lang. KRONBLÄTTER: **4–7 mm lang.** FRÜCHTE: Schoten, > 6-mal so lang wie breit, im QS abgeflacht, Samen in den Fruchtfächern jeweils 1-reihig; KLAPPEN: über den Samen gewölbt, 1-nervig. STÄNGEL: mit grundständiger Blattrosette, mit Laubblättern, mit vielarmigen Haaren. GRUNDBLÄTTER: **mit rundlicher bis herzförmiger Spreite bzw. Endfieder, meist fiederspaltig.** OBERE STÄNGELBLÄTTER: basal verschmälert bis abgerundet.

In den Alpen die subsp. *halleri* u. *ovirensis* (vgl. S. 731).

- Schutt- o. Felsfluren, **Staudenfluren, Extensivgrünland o. Magerrasen**, Wälder, Ruderalvegetation
- an sauren, auch schwermetallhaltigen Standorten
- einheimisch

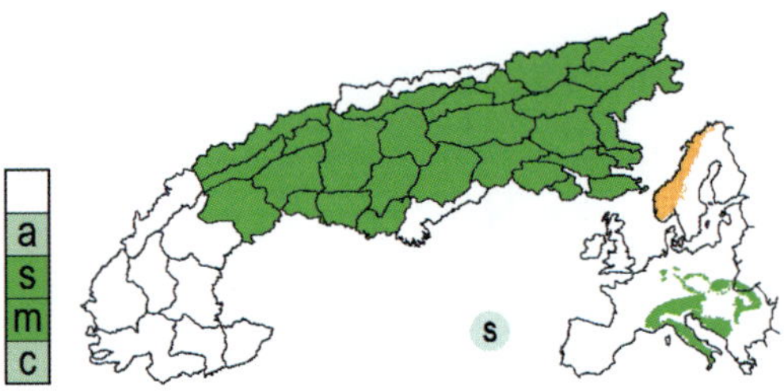

Arabidopsis pedemontana (Boiss.) O'Kane & Al-Shehbaz

Piemonteser Schaumkresse *Brassicaceae*
VI–VIII + K4 C4 A6 G(4)

10–30 cm hoch, 1-jährig. PFLANZEN: **kahl.** BLÜTEN: weißlich. KRONBLÄTTER: **6–10 mm lang.** FRÜCHTE: Schoten, 20–30 mm lang, > 6-mal so lang wie breit, im QS abgeflacht, Samen in den Fruchtfächern jeweils 1-reihig; KLAPPEN: über den Samen gewölbt, 1-nervig. STÄNGEL: mit vielarmigen Haaren. GRUNDBLÄTTER: ± so lang wie breit, **ungeteilt bis seicht efeuartig gelappt**, abgerundet. OBERE STÄNGELBLÄTTER: basal verschmälert bis abgerundet, ganzrandig bis seicht gelappt.

- **Schutt- o. Felsfluren**, Alluvionen
- an nährstoffarmen, sauren, trockenen, auch serpentinhaltigen Standorten
- endemisch

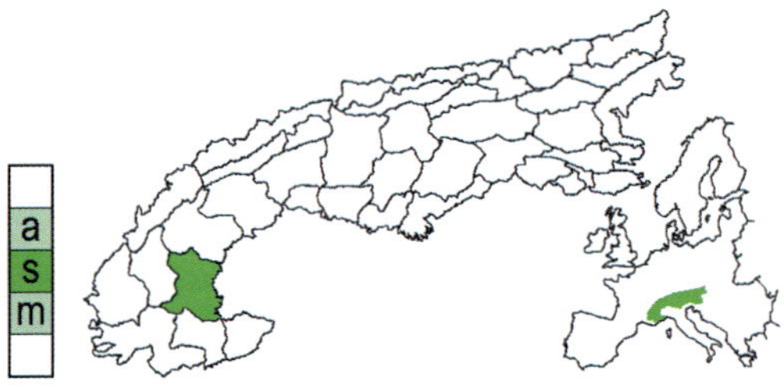

Capsella bursa-pastoris (L.) Medik.

Gewöhnliches Hirtentäschel *Brassicaceae*
I–XII + K4 C4 A6 G(4)

10–80 cm hoch, 1-jährig. BLÜTEN: weißlich. KRONE: zuweilen fehlend. FRÜCHTE: Schötchen, ≥ 6-samig, **3-eckig bis herzförmig, im QS abgeflacht, Scheidewand schmal** (senkrecht zu den breiten Seiten der Frucht). STÄNGEL: mit grundständiger Blattrosette, mit Laubblättern. GRUNDBLÄTTER: ungeteilt bis fiederspaltig. OBERE STÄNGELBLÄTTER: **ungeteilt, basal ausgerandet bis pfeilförmig, (halb-) stängelumfassend, ganzrandig.**

In den Alpen nur die subsp. *bursa-pastoris*.

- **Staudenfluren, Wälder, Äcker, Ruderalvegetation**
- einheimisch

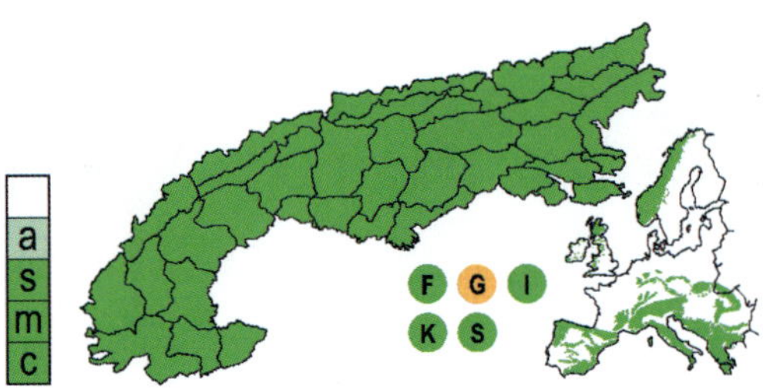

Murbeckiella pinnatifida (Lam.) Rothm.

Fiederrauke *Brassicaceae*
VI–VIII + K4 C4 A6 G(4)

10–50 cm hoch, mehrjährig. BLÜTENSTAND: dicht gedrängt, erst zur Fruchtzeit verlängert. TRAGBLÄTTER DER BLÜTEN: fehlen. BLÜTEN: weißlich. KRONBLÄTTER: **2–5 mm lang.** FRÜCHTE: Schoten, **14–30 mm lang, meist > 6-mal so lang wie breit, im QS rundlich bis kantig**; KLAPPEN: 1-nervig. STÄNGEL: zumindest basal niederliegend, **mit vielarmigen Haaren.** BLÄTTER: **gelappt bis fiederspaltig, 5–13-teilig.**

- **Schutt- o. Felsfluren**
- an nährstoffarmen, meist sauren Standorten
- einheimisch

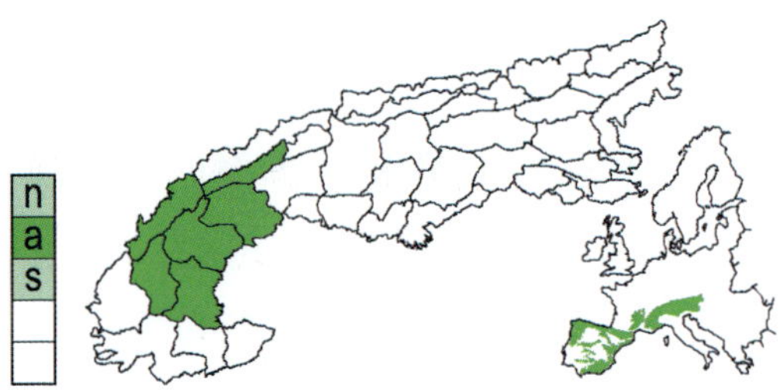

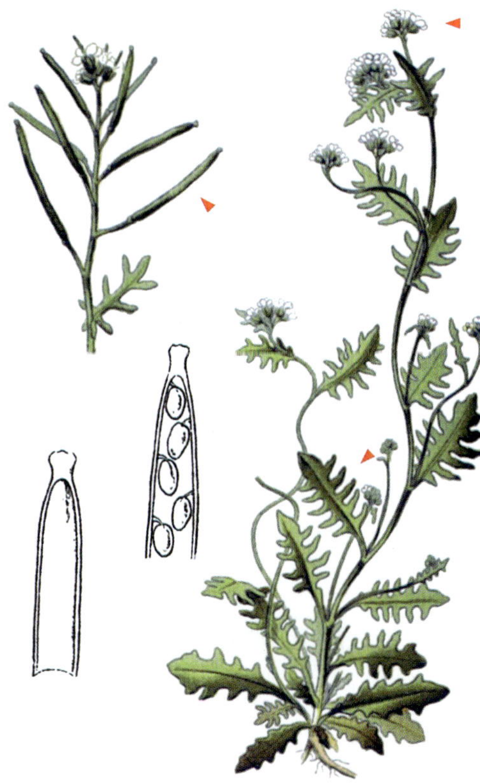

Cardamine: Früchte: Schoten, > 6-mal so lang wie breit, im QS abgeflacht, Samen in den Fruchtfächern jeweils 1-reihig; Klappen: über den Samen flach, *ohne* deutlichen Mittelnerv. Blütenformel: + K4 C4 A6 G(4).

Cardamine asarifolia L.

Haselwurzblättriges Schaumkraut *Brassicaceae*

IV–VIII + K4 C4 A6 G(4)

20–60 cm hoch, mehrjährig. Pflanzen: kahl. Blüten: weißlich. Kronblätter: **6–10 mm lang.** Staubbeutel: **violett.** Grundblätter: **gestielt, 40–100 mm breit, ungeteilt, rundlich bis nierenförmig**, seicht gezähnt. Stängelblätter: **ungeteilt, rundlich bis nierenförmig.**

- Alluvionen, **Staudenfluren, Quellfluren**, Grünland
- an nassen Standorten
- einheimisch

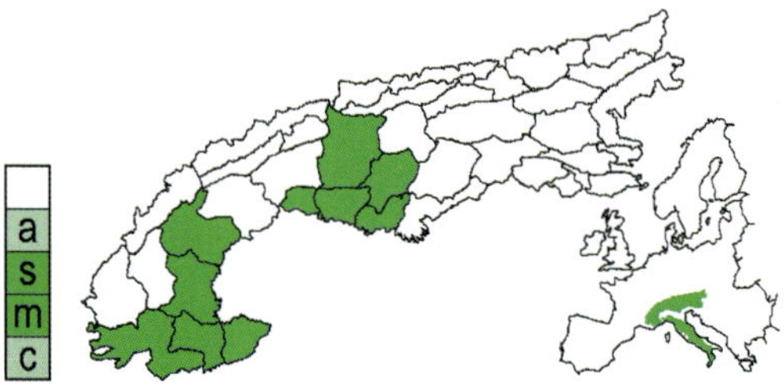

Cardamine rivularis Schur

Bach-Schaumkraut *Brassicaceae*

III–VII + K4 C4 A6 G(4)

30–80 cm hoch, mehrjährig. Blüten: **weißlich bis rosa.** Kronblätter: **4–8 mm lang, > 2,5-mal so lang wie Kelchblätter.** Kelchblätter: 2–4 mm lang. Staubbeutel: gelblich. Früchte: 15–50 mm lang. Stängel: ± einzeln, **mit grundständiger Blattrosette, mit 3–8 Laubblättern.** Grundblätter: **fiederspaltig bis gefiedert, 9–21-teilig, Fiederblättchen sitzend.** Stängelblätter: **fiederspaltig bis gefiedert.**

- Staudenfluren, **Quellfluren**, trockenfallende Ufer, **Moore o. Seggenriede, Grünland**
- an nährstoffarmen, wechselnassen Standorten
- einheimisch

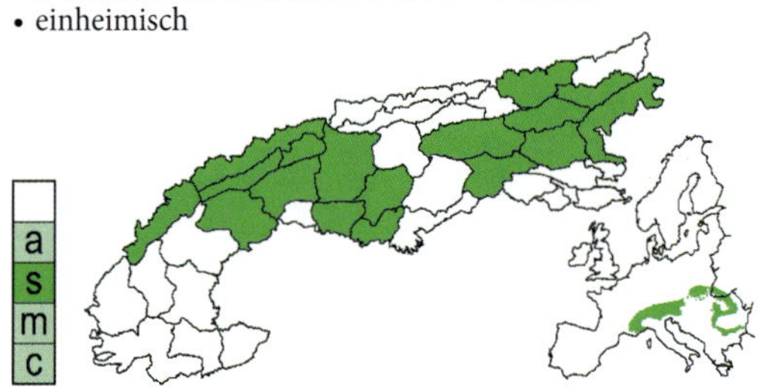

Cardamine amara L.

Bitteres Schaumkraut *Brassicaceae*

III–VI + K4 C4 A6 G(4)

10–60 cm hoch, mehrjährig. Blüten: weißlich. Kronblätter: ausgebreitet, **4–12 mm lang, > 2,5-mal so lang wie Kelchblätter.** Staubbeutel: **violett.** Stängel: ***ohne* grundständige Blattrosette.** Blätter: **fiederspaltig bis gefiedert.**

In den Alpen die subsp. *amara* u. *austriaca* (vgl. S. 731).

- **Staudenfluren, Quellfluren, trockenfallende Ufer**, Moore o. Seggenriede, Wälder
- an nassen, zuweilen überfluteten Standorten
- einheimisch

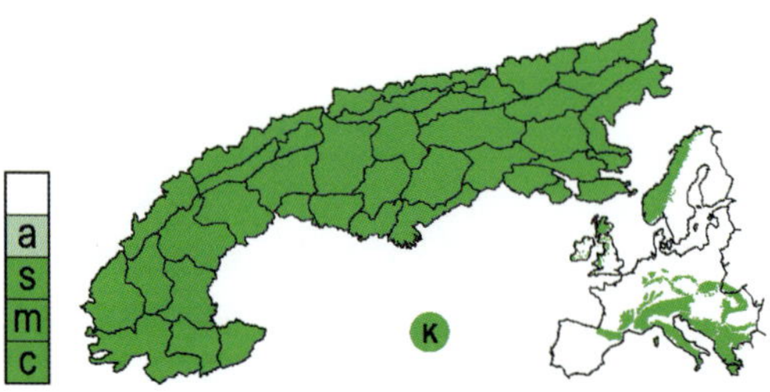

Cardamine plumierii Vill.

Plumiers Schaumkraut *Brassicaceae*

IV–VIII + K4 C4 A6 G(4)

Bis 20 cm hoch, 2- bis mehrjährig. Blüten: weißlich. Kronblätter: **4–8 mm lang**, meist ausgerandet. Staubbeutel: gelblich. Stängel: zumindest basal niederliegend, ***ohne* grundständige Blattrosette.** Grundblätter: **ungeteilt bis seicht gelappt.** Stängelblätter: **zumindest einige gelappt bis fiederspaltig**, meist 3–7-teilig.

- **Schutt- o. Felsfluren**
- an nährstoffarmen, meist sauren Standorten
- einheimisch

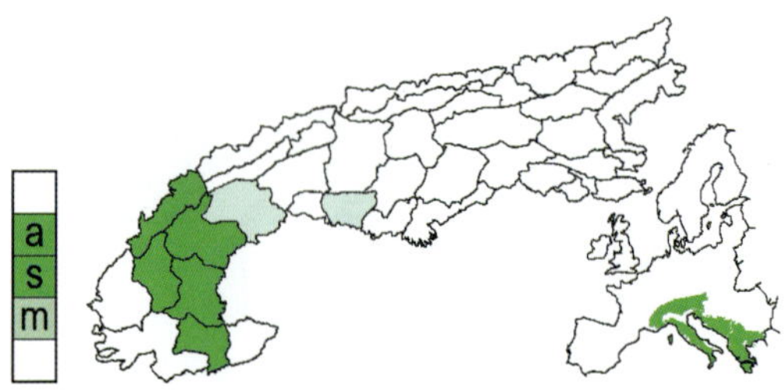

Cardamine alpina Willd.

Alpen-Schaumkraut *Brassicaceae*
VI–VIII +K4 C4 A6 G(4)

Bis 15 cm hoch, mehrjährig. Blüten: weißlich. Stängel: **mit grundständiger Blattrosette**. Blätter: oft überwinternd grün. Grundblätter: (undeutlich) sukkulent, **ungeteilt**. Stängelblätter: **ungeteilt, zuweilen seicht gelappt**, basal verschmälert bis abgerundet.

- Schutt- o. Felsfluren, **Schneetälchen**, Quellfluren
- an nährstoffarmen Standorten
- einheimisch

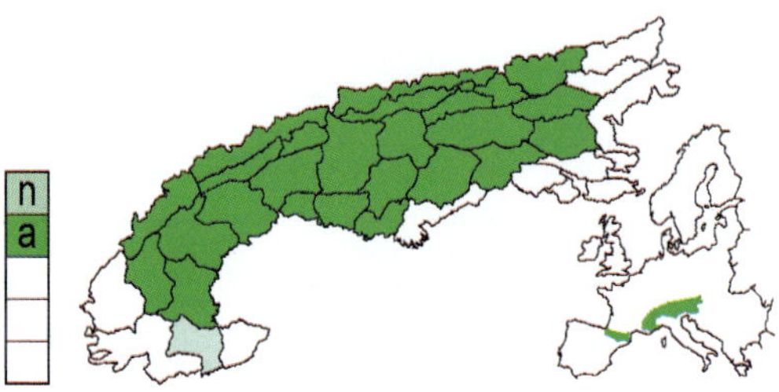

Cardamine resedifolia L.

Resedenblättriges Schaumkraut *Brassicaceae*
IV–VIII +K4 C4 A6 G(4)

Bis 15 cm hoch, mehrjährig. Blüten: weißlich. Stängel: **mit grundständiger Blattrosette**. Blätter: oft überwinternd grün, schwach sukkulent. Grundblätter: **ungeteilt**. Stängelblätter: **tief gelappt bis fiederspaltig**, meist 3–9-teilig, **basal mit geöhrtem Stiel**.

- **Schutt- o. Felsfluren**
- an nährstoffarmen, sauren Standorten
- einheimisch

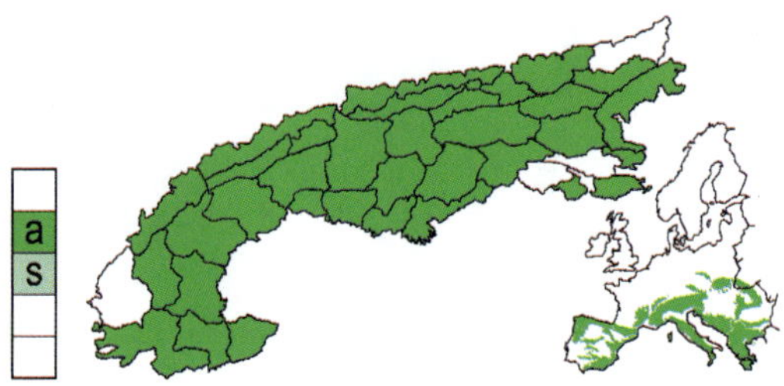

Rorippa islandica (Gunnerus) Borbás

Isländische Sumpfkresse *Brassicaceae*
V–IX +K4 C4 A6 G(4)

Bis 30 cm hoch, mehrjährig. Blüten: hellgelb. Kronblätter: **höchstens so lang wie die Kelchblätter**. Früchte: Schoten, ≥ 8-samig, **länglich-eiförmig, 2–8 mm lang**, 3–8-mal so lang wie breit, im QS rundlich bis kantig, 2-fächrig, Samen in den Fruchtfächern jeweils 2-reihig. Stängel: niederliegend. Grundblätter: fiederspaltig bis gefiedert. Stängelblätter: buchtig bis gefiedert. obere Stängelblätter: basal verschmälert bis abgerundet.

In den Alpen nur die subsp. *islandica*.

- Alluvionen, **trockenfallende Ufer**, Trittfluren
- an nährstoffreichen, basenreichen, feuchten bis nassen, zuweilen überfluteten Standorten
- einheimisch

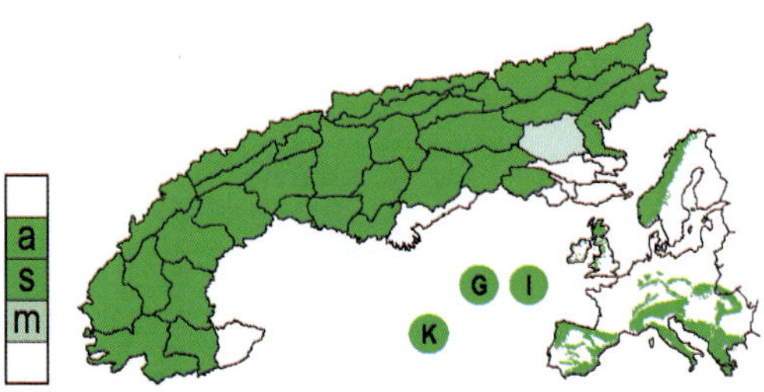

Alyssum: Früchte: Schötchen, kugelig bis eiförmig, meist 4-samig, im QS abgeflacht, meist mit 2- bis vielarmigen Haaren. Stängel: mit Laubblättern, meist mit 2- bis vielarmigen Haaren. Blätter: ungeteilt. obere Stängelblätter: basal verschmälert bis abgerundet. Blütenformel: +K4 C4 A6 G(4).

Alyssum alyssoides (L.) L.

Kelch-Steinkraut *Brassicaceae*
III–IX +K4 C4 A6 G(4)

Bis 30 cm hoch, **1–2-jährig**. Blütenstand: **länglich**. Blüten: meist hellgelb bis weißlich. Kronblätter: 3–6 mm lang. Fruchtkelch: bleibend. Griffel: **0,3–1,5 mm lang**. Früchte: mit vielarmigen Haaren. Stängel: oft mit grundständiger Blattrosette.

- Schutt- o. Felsfluren, **Extensivgrünland o. Magerrasen**, Ruderalvegetation
- an nährstoffarmen, basenreichen, meist trockenen Standorten
- einheimisch

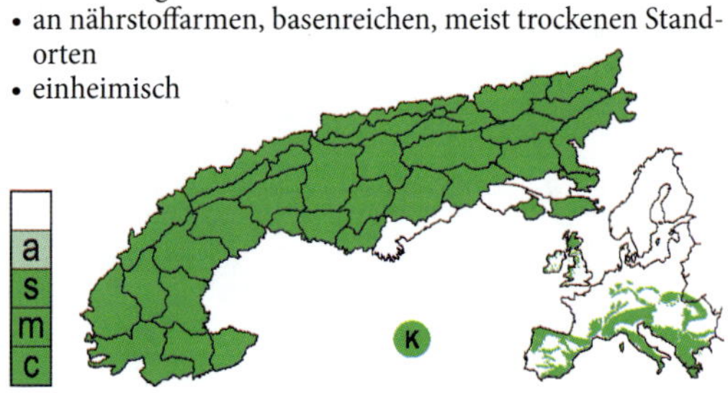

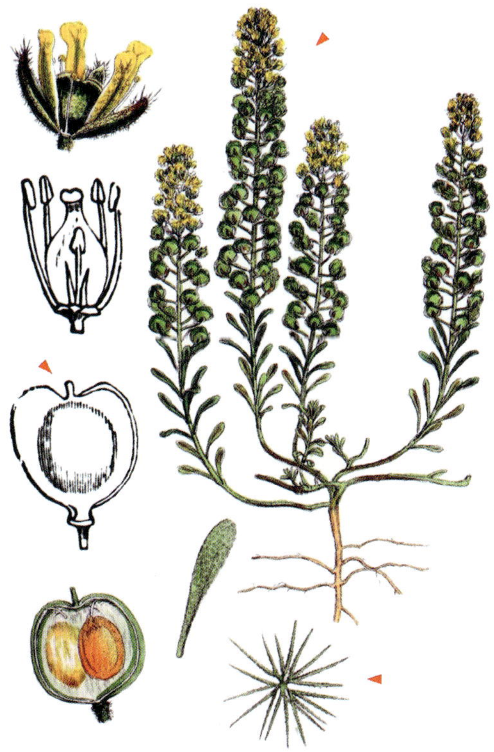

Alyssum cuneifolium Ten.

Keilblättriges Steinkraut *Brassicaceae*
IV–VII +K4 C4 A6 G(4)

Bis 15 cm hoch, mehrjährig. Blüten: gelblich. Kronblätter: 5–8 mm lang. Griffel: **2–4 mm lang**. Früchte: eiförmig, 4–8 mm lang, **geflügelt**, mit vielarmigen Haaren. Stängel: *ohne* grundständige Blattrosette. Blätter: **weißlich bis gräulich**.

In den Alpen nur die subsp. *cuneifolium*.

- **Schutt- o. Felsfluren**
- an nährstoffarmen, kalkreichen Standorten
- einheimisch

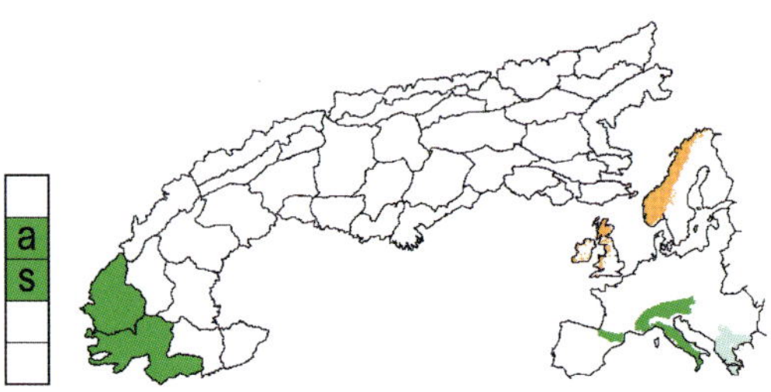

Alyssum cognense Španiel & al.

Cogne-Steinkraut *Brassicaceae*
IV–VII +K4 C4 A6 G(4)

Bis 15 cm hoch, mehrjährig. Blüten: gelblich. Kronblätter: 2,8–4 mm lang. Griffel: **0,8–1,1 mm lang**. Früchte: kugelig, 3–6 mm lang, **geflügelt**, mit vielarmigen Haaren. Blätter: **weißlich bis gräulich**. mittlere Stängelblätter: **unterseits mit 14–30 vielarmigen Haaren mm^{-2}, mit 14–28 ungegliederten Haaren mm^{-2}**.

- subalpine o. alpine Rasen, Schutt- o. Felsfluren, **Extensivgrünland o. Magerrasen**
- an basenreichen Standorten
- endemisch

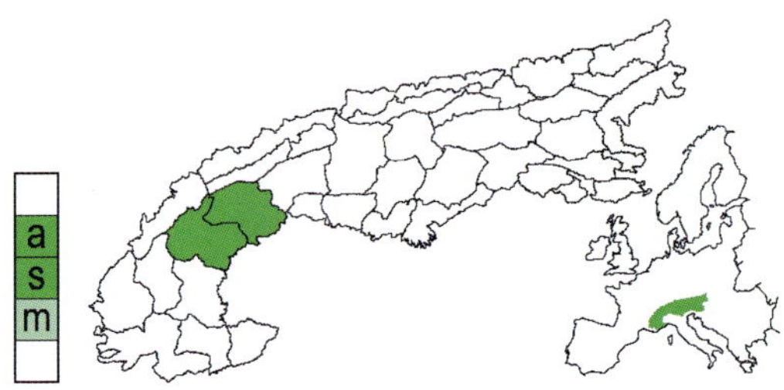

Alyssum rossetii Španiel & al.

Rossetti-Steinkraut *Brassicaceae*
IV–VII +K4 C4 A6 G(4)

10–20 cm hoch, mehrjährig. Blütenstand: **länglich**. Blüten: gelblich. Kronblätter: 3,5–4,5 mm lang, **1–1,5 mm breit**. Fruchtkelch: früh abfallend. Staubfäden: **innere undeutlich gezähnt u. geflügelt**. Griffel: **1–4 mm lang**. Früchte: kugelig, 3–6 mm lang, **geflügelt**, mit vielarmigen Haaren. Stängel: *ohne* grundständige Blattrosette. Blätter: **weißlich bis gräulich**. mittlere Stängelblätter: **unterseits mit 56–84 vielarmigen Haaren mm^{-2}, mit 32–58 0,11–0,15 mm langen ungegliederten Haaren mm^{-2}**.

- **subalpine o. alpine Rasen, Schutt- o. Felsfluren**
- an basenreichen Standorten
- endemisch

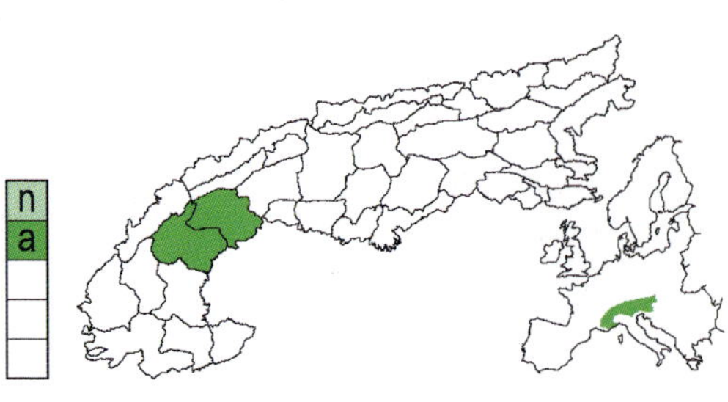

Alyssum orophilum Jord. & Fourr.

Südalpen-Steinkraut *Brassicaceae*
IV–VII +K4 C4 A6 G(4)

10–20 cm hoch, mehrjährig. Blütenstand: **länglich**. Blüten: gelblich. Kronblätter: 4,5–7,5 mm lang, **2,3–4,4 mm breit**. Fruchtkelch: früh abfallend. Griffel: **1,8–4,2 mm lang**. Früchte: kugelig, 3–6 mm lang, **geflügelt**, mit vielarmigen Haaren. Stängel: *ohne* grundständige Blattrosette. Blätter: **weißlich bis gräulich**. mittlere Stängelblätter: **unterseits mit 4–16 vielarmigen Haaren mm^{-2}, mit 14–28 ungegliederten Haaren mm^{-2}**.

- subalpine o. alpine Rasen, Schutt- o. Felsfluren, **Extensivgrünland o. Magerrasen**
- an basenreichen Standorten
- endemisch

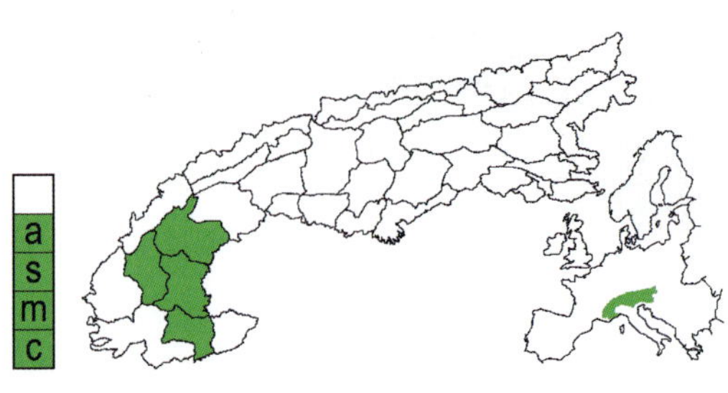

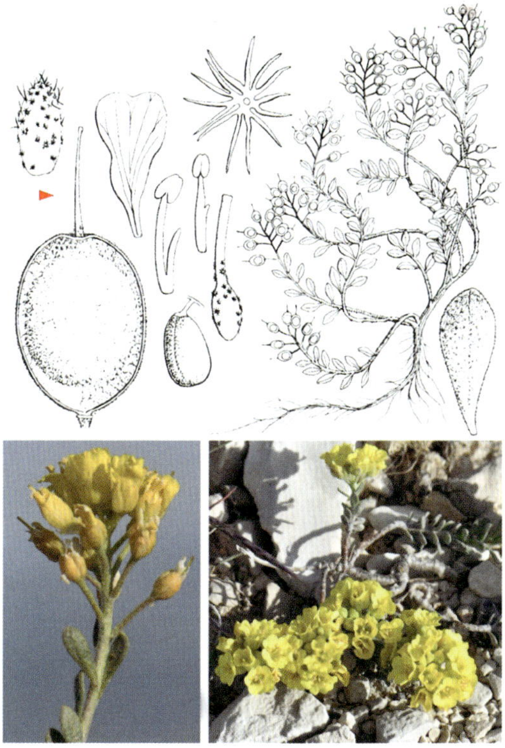

Alyssum wulfenianum Willd.

Wulfens Steinkraut *Brassicaceae*

VI–IX ✛ K4 C4 A6 G(4)

Bis 20 cm hoch, mehrjährig. BLÜTEN: gelblich. GRIFFEL: **2–3,5 mm lang**. FRÜCHTE: 6–9 mm lang, mit vielarmigen Haaren. STÄNGEL: mit grundständiger Blattrosette. BLÄTTER: **grünlich**. MITTLERE STÄNGELBLÄTTER: **unterseits mit 4–13 vielarmigen Haaren mm^{-2}, vielarmige Haare 8–16-teilig**.

In den Alpen die subsp. *wulfenianum* (endemisch) u. *ovirense* (endemisch) (vgl. S. 731).

- **Schutt- o. Felsfluren, Alluvionen**
- an nährstoffarmen, basenreichen Standorten
- endemisch

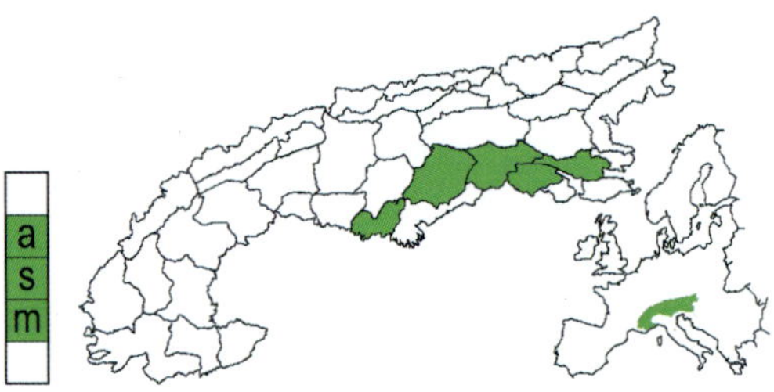

Alyssum neglectum Magauer, Frajman & Schönswetter

Übersehenes Steinkraut *Brassicaceae*

VI–IX ✛ K4 C4 A6 G(4)

Bis 20 cm hoch, mehrjährig. BLÜTEN: gelblich. GRIFFEL: **2–3,5 mm lang**. FRÜCHTE: 6–9 mm lang. STÄNGEL: mit grundständiger Blattrosette. BLÄTTER: **weißlich bis gräulich**. MITTLERE STÄNGELBLÄTTER: **unterseits mit 12–22 vielarmigen Haaren mm^{-2}, vielarmige Haare 16–26-teilig**.

- **subalpine o. alpine Rasen**
- endemisch

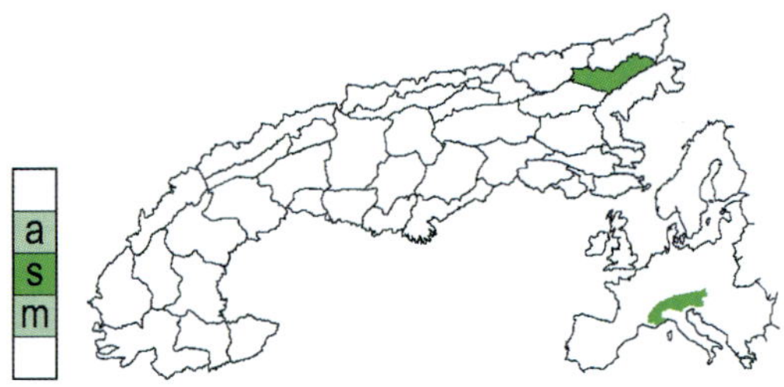

Odontarrhena alpestris (L.) Ledeb.

Alpen-Steinkraut *Brassicaceae*

VI–VIII ✛ K4 C4 A6 G(4)

Bis 15 cm hoch, mehrjährig. BLÜTEN: gelblich. KRONBLÄTTER: **3–3,5 mm lang**, distal abgerundet. GRIFFEL: **0,7–1,7 mm lang**. FRÜCHTE: Schötchen, 2-samig, kugelig bis eiförmig, 2–6 mm lang, **meist ungeflügelt**, mit vielarmigen Haaren, im QS abgeflacht, Scheidewand breit (senkrecht zu den schmalen Seiten der Frucht). SAMEN: **1,5–2 mm lang**. STÄNGEL: krautig, niederliegend. BLÄTTER: **Spreite 0,4–0,8 cm lang**; OBERSEITS: **gräulich, filzig behaart**; UNTERSEITS: gräulich, filzig behaart. OBERE STÄNGELBLÄTTER: basal verschmälert bis abgerundet.

- **subalpine o. alpine Rasen, Schutt- o. Felsfluren**
- an nährstoffarmen, trockenen Standorten
- einheimisch

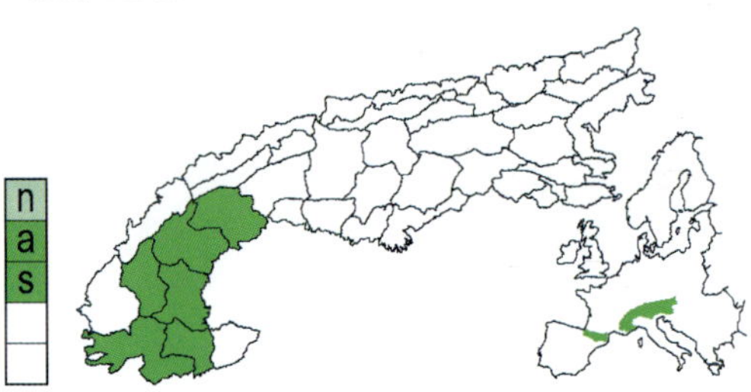

Odontarrhena argentea (All.) Ledeb.

Silbergraues Steinkraut *Brassicaceae*

III–VII ✛ K4 C4 A6 G(4)

15–50 cm hoch, mehrjährig. BLÜTEN: gelblich. KRONBLÄTTER: **3,5–4 mm lang**, distal abgerundet. GRIFFEL: **1–2 mm lang**. FRÜCHTE: Schötchen, 2-samig, kugelig bis eiförmig, 2–6 mm lang, **geflügelt**, mit vielarmigen Haaren, im QS abgeflacht, Scheidewand breit (senkrecht zu den schmalen Seiten der Frucht). SAMEN: **2–3 mm lang**. STÄNGEL: krautig, aufrecht. BLÄTTER: **Spreite 1–2 cm lang**; OBERSEITS: grünlich, **locker behaart**; UNTERSEITS: gräulich, filzig behaart. OBERE STÄNGELBLÄTTER: basal verschmälert bis abgerundet.

- subalpine o. alpine Rasen, **Schutt- o. Felsfluren**
- an nährstoffarmen, trockenen, serpentinhaltigen Standorten
- endemisch

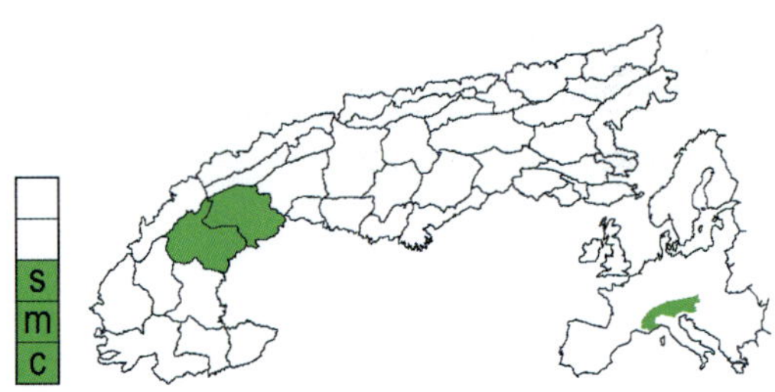

Hormathophylla ligustica (Breistr.) Španiel & al.

Ligurisches Steinkraut *Brassicaceae*
IV–VIII +K4 C4 A6 G(4)

Zwergstrauch, bis 20 cm hoch. Blütenstand: kurz, dichtblütig. Blüten: weißlich. Kronblätter: **2–4 mm lang**. Griffel: **2–3 mm lang**. Früchte: Schötchen, 2-samig, 2–6 mm lang, kahl bis (sehr) spärlich behaart, **im QS abgeflacht**, Scheidewand breit (senkrecht zu den schmalen Seiten der Frucht). Samen: breit geflügelt. Blätter: graugrün, **Spreite 1,2–4 cm lang**.

- **Schutt- o. Felsfluren**
- an nährstoffarmen, basenreichen Standorten
- endemisch

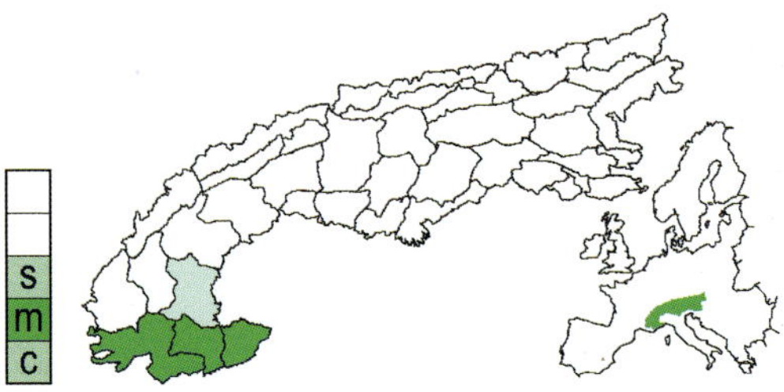

Erysimum sylvestre (Crantz) Scop.

Felsen-Schöterich *Brassicaceae*
III–VII +K4 C4 A6 G(4)

10–70 cm hoch, mehrjährig. Blüten: gelblich o. orange. Kronblätter: 12–22 mm lang, 6–10 mm breit. Kelchblätter: 5–16 mm lang. Griffel: **0,5–1,5 mm lang**. Früchte: Schoten, **aufrecht abstehend**, 30–80 mm lang, Samen in den Fruchtfächern jeweils 1-reihig. Stängel: mit vielarmigen Haaren. Blätter: **nur mit 2-armigen Haaren**. obere Stängelblätter: basal verschmälert bis abgerundet.

In den Alpen die subsp. *sylvestre* u. *aurantiacum* (endemisch) (vgl. S. 731).

- **subalpine o. alpine Rasen, Schutt- o. Felsfluren, Extensivgrünland o. Magerrasen**
- an nährstoffarmen, trockenen Standorten
- einheimisch

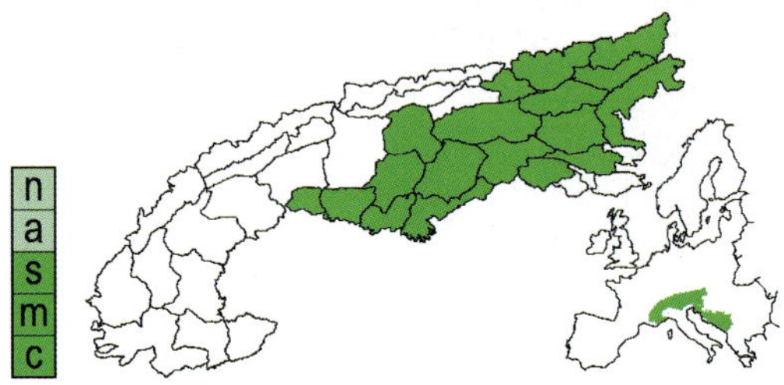

Erysimum humile Pers.

Blassgelber Schöterich *Brassicaceae*
IV–VI +K4 C4 A6 G(4)

10–40 cm hoch, mehrjährig. Blüten: gelblich. Kronblätter: 16–28 mm lang, 6–10 mm breit. Griffel: **3–8 mm lang**. Früchte: Schoten, **aufrecht abstehend, Winkel zwischen reifer Schote u. Hauptachse des Blütenstandes < 50°**, 40–100 mm lang, Samen in den Fruchtfächern jeweils 1-reihig. Samen: 3–4 mm lang. Stängel: zumindest basal niederliegend, mit vielarmigen Haaren. Blätter: **nur mit 2-armigen Haaren**. obere Stängelblätter: basal verschmälert bis abgerundet.

- **Schutt- o. Felsfluren**, Extensivgrünland o. Magerrasen
- an nährstoffarmen, kalkreichen, trockenen Standorten
- einheimisch

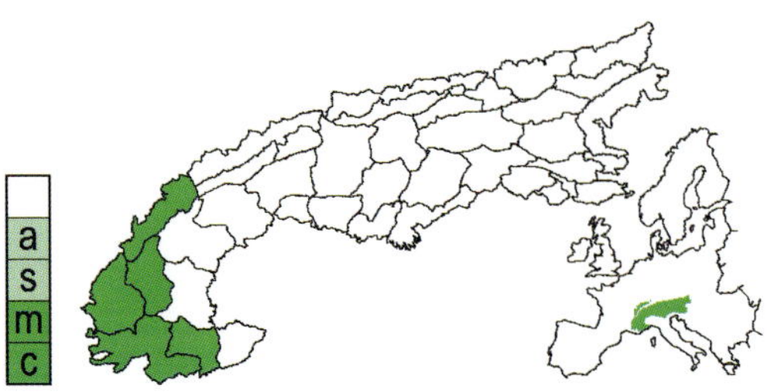

Erysimum jugicolum Jord.

Piemonteser Schöterich *Brassicaceae*
III–IX +K4 C4 A6 G(4)

Bis 25 cm hoch, rasig, mehrjährig. Blüten: gelblich. Kronblätter: 14–20 mm lang, 6–10 mm breit. Kelchblätter: 5–10 mm lang. Griffel: **0,5–1,5 mm lang**. Früchte: Schoten, aufrecht abstehend, **Winkel zwischen reifer Schote u. Hauptachse des Blütenstandes > 50°**, 20–50 mm lang, Samen in den Fruchtfächern jeweils 1-reihig. Stängel: mit vielarmigen Haaren. Blätter: **nur mit 2-armigen Haaren**. Grundblätter: gestielt, Stiel > 0,5-mal so lang wie die Spreite. obere Stängelblätter: basal verschmälert bis abgerundet.

- **subalpine o. alpine Rasen, Schutt- o. Felsfluren**
- an nährstoffarmen, basenreichen, meist trockenen Standorten
- einheimisch (subendemisch)

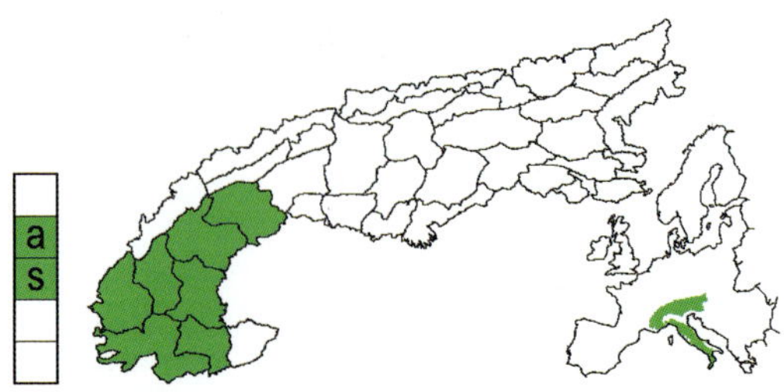

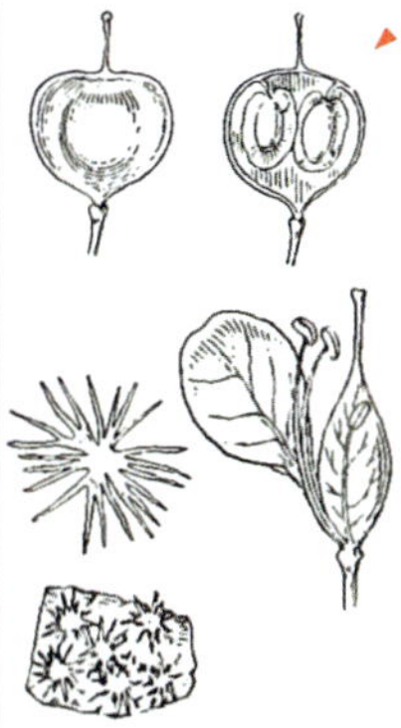

Erysimum montosicolum Jord.

Berg-Schöterich *Brassicaceae*
IV–VI +K4 C4 A6 G(4)

15–40 cm hoch, mehrjährig. Blüten: gelblich. Kronblätter: **unterseits zuweilen behaart**, 16–20 mm lang, 6–10 mm breit. Griffel: **1,5–3 mm lang.** Früchte: Schoten, aufrecht abstehend, **Winkel zwischen reifer Schote u. Hauptachse des Blütenstandes < 50°**, Samen in den Fruchtfächern jeweils 1-reihig. Samen: 1,5–3 mm lang. Stängel: mit vielarmigen Haaren. Blätter: **nur mit 2-armigen Haaren.** obere Stängelblätter: basal verschmälert bis abgerundet.

- **subalpine o. alpine Rasen, Schutt- o. Felsfluren, Extensivgrünland o. Magerrasen**, Wälder
- an nährstoffarmen, meist trockenen Standorten
- endemisch

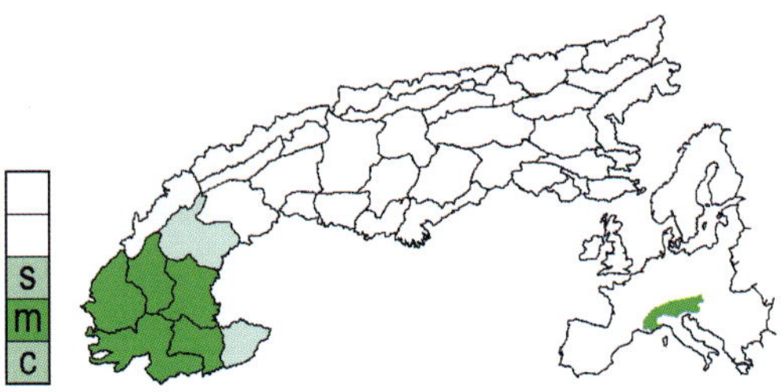

Erysimum rhaeticum (Hornem.) DC.

Schweizer Schöterich *Brassicaceae*
IV–VIII +K4 C4 A6 G(4)

10–50 cm hoch, mehrjährig. Blüten: gelblich. Kronblätter: 16–20 mm lang, 2–6 mm breit. Griffel: **1,5–3 mm lang.** Früchte: Schoten, **aufrecht abstehend, Winkel zwischen reifer Schote u. Hauptachse des Blütenstandes < 50°**, 40–60 mm lang, behaart, an den Kanten verkahlend, Samen in den Fruchtfächern jeweils 1-reihig. Stängel: mit vielarmigen Haaren. Blätter: **nur mit 2-armigen Haaren.** obere Stängelblätter: basal verschmälert bis abgerundet.

- **subalpine o. alpine Rasen**, Schutt- o. Felsfluren, **Extensivgrünland o. Magerrasen**, Wälder, Ruderalvegetation
- an nährstoffarmen, meist trockenen Standorten
- einheimisch (subendemisch)

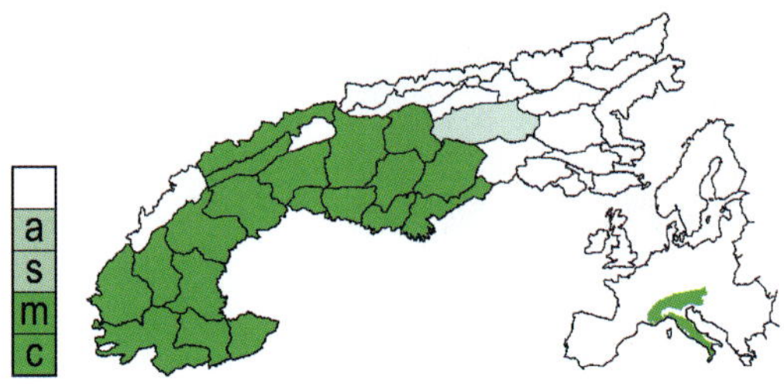

Erysimum hieracifolium L.

Ruten-Schöterich *Brassicaceae*
IV–VIII +K4 C4 A6 G(4)

30–120 cm hoch, 2- bis mehrjährig. Blüten: dunkelgelb. Kronblätter: 7–18 mm lang. Griffel: **1,2–2,5 mm lang.** Früchte: Schoten, **anliegend bis aufrecht, Winkel zwischen reifer Schote u. Hauptachse des Blütenstandes < 20°**, *ohne* Griffel 30–50 mm lang, **überwiegend mit 3–4-armigen Haaren**, Samen in den Fruchtfächern jeweils 1-reihig. Stängel: **im QS ± scharfkantig**, mit vielarmigen Haaren. Blätter: **hauptsächlich mit 3–4-armigen Haaren.** obere Stängelblätter: basal verschmälert bis abgerundet.

- Schutt- o. Felsfluren, **Alluvionen**, Staudenfluren, **Wälder, Ruderalvegetation**
- an nährstoffreichen, kalkreichen Standorten
- einheimisch

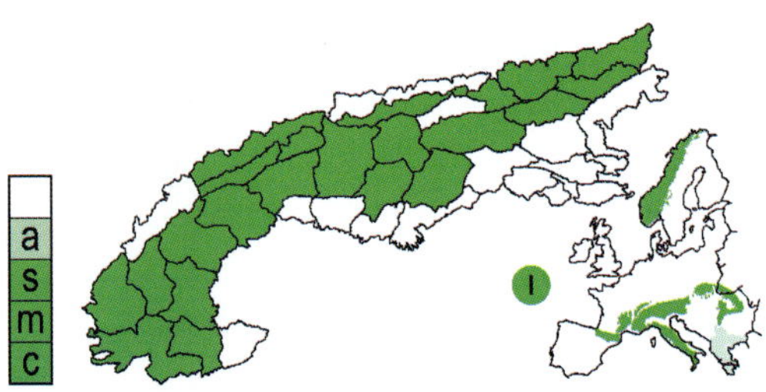

Lepidium villarsii Gren. & Godr.

Villars' Kresse *Brassicaceae*
IV–VI +K4 C4 A6 G(4)

10–50 cm hoch, mehrjährig. Blüten: **weißlich.** Blütenstiele: kahl. Staubbeutel: **violett.** Griffel: 1–1,5 mm lang. Früchte: Schötchen, 2-samig, eiförmig bis (undeutlich) herzförmig, **4–7 mm lang, distal ausgerandet**, im QS abgeflacht, **geflügelt**, Scheidewand schmal (senkrecht zu den breiten Seiten der Frucht). Grundblätter: lang gestielt, **ungeteilt**, oval, ganzrandig. obere Stängelblätter: **ungeteilt bis gelappt**, ± 3-eckig, **basal ausgerandet bis pfeilförmig, (halb-)stängelumfassend.**

In den Alpen nur die subsp. *villarsii.*

- **subalpine o. alpine Rasen, Schutt- o. Felsfluren**, Wälder
- an kalkreichen, trockenen Standorten
- einheimisch

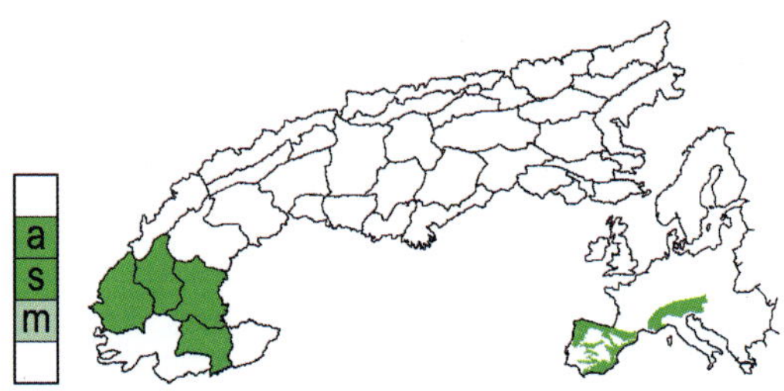

Thesium alpinum L.

Alpen-Leinblatt *Santalaceae*
V–VIII ∗ P(3–5) A3–5 G($\overline{3}$)

Chlorophyllhaltiger Halbparasit, bis 25 cm hoch, mehrjährig. BLÜTENSTAND: **± einseitswendig, meist unverzweigt**. VORBLÄTTER UNTER DEN BLÜTEN: **2**, kleiner als die Tragblätter. BLÜTEN: zunächst weißlich, später gelblich-grünlich. BLÜTENHÜLLE: **meist 4-blättrig**. PERIGONBLÄTTER: **2–3-mal so lang wie die reife Frucht**. STAUBBLÄTTER: **meist 4**. TRAGBLÄTTER DER OBEREN BLÜTEN: am Rand glatt. FRÜCHTE: Nüsse, **aufrecht abstehend**. BLÄTTER: 1-nervig.

- subalpine o. alpine Rasen, Alluvionen, Zwergstrauchheiden, **Extensivgrünland o. Magerrasen**
- an nährstoffarmen, basenreichen Standorten
- einheimisch

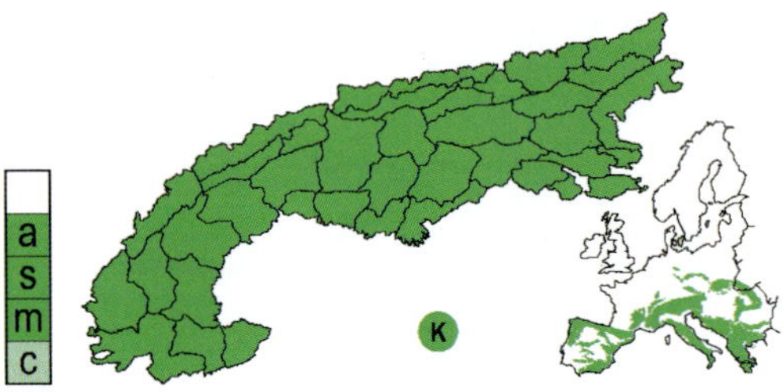

Thesium pyrenaicum Pourr.

Pyrenäen-Leinblatt *Santalaceae*
V–VIII ∗ P(4–5) A4–5 G($\overline{3}$)

Chlorophyllhaltiger Halbparasit, 10–50 cm hoch, mehrjährig. BLÜTENSTAND: allseitswendig, oft verzweigt. VORBLÄTTER UNTER DEN BLÜTEN: **2**, kleiner als die Tragblätter. BLÜTEN: zunächst weißlich, später gelblich-grünlich. BLÜTENHÜLLE: **meist 5-blättrig**. PERIGONBLÄTTER: **1–2-mal so lang wie die reife Frucht**. STAUBBLÄTTER: **meist 5**. TRAGBLÄTTER DER OBEREN BLÜTEN: am Rand rau. FRÜCHTE: Nüsse, **± waagerecht abstehend**. BLÄTTER: (undeutlich) 3-nervig.

In den Alpen die subsp. *pyrenaicum* u. *grandiflorum* (vgl. S. 731).

- **subalpine o. alpine Rasen**, Schutt- o. Felsfluren, Zwergstrauchheiden, **Extensivgrünland o. Magerrasen**
- an nährstoffarmen Standorten
- einheimisch

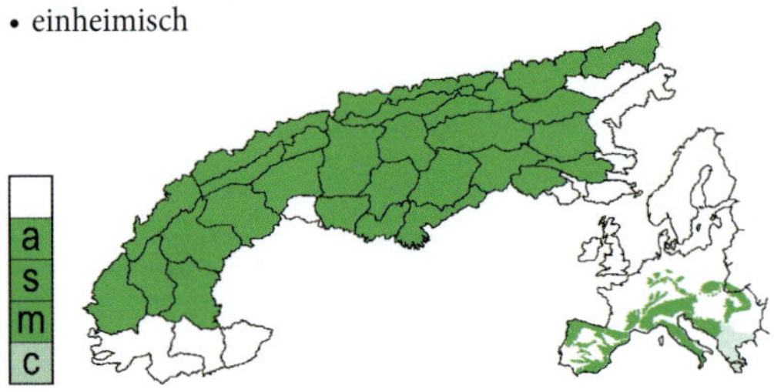

Armeria alpina Willd.

Alpen-Grasnelke *Plumbaginaceae*
VI–X ∗ K(5) [C(5) A5] G($\underline{5}$)

Bis 25 cm hoch, mehrjährig. BLÜTENSTAND: **köpfchenartig**. HOCHBLÄTTER: die äußeren meist kürzer als die inneren. BLÜTEN: rötlich bis weißlich. STAUBBLÄTTER: basal mit den Kronblättern verwachsen. GRIFFEL: 5. STÄNGEL: unverzweigt, mit grundständiger Blattrosette, *ohne* Laubblätter. BLÄTTER: schmal lineal bis lanzettlich, **< 5 mm breit, ≤ 3-nervig**.

In den Alpen nur die subsp. *alpina*.

- **subalpine o. alpine Rasen**, Schutt- o. Felsfluren, **Extensivgrünland o. Magerrasen**, Wälder
- an nährstoffarmen Standorten
- einheimisch

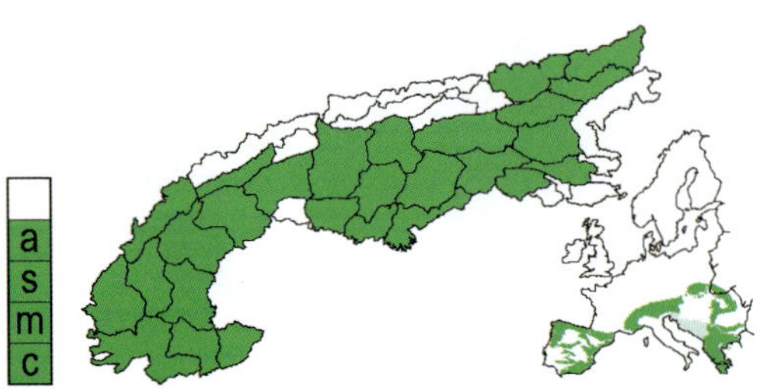

Bistorta vivipara (L.) Delarbre

Knöllchen-Knöterich *Polygonaceae*
IV–VIII ∗ P5 A4–8 G($\underline{3}$)

Bis 25 cm hoch, mehrjährig. BLÜTENSTAND: **endständig**, ähren- bis ährenrispenartig, **basal meist mit Bulbillen, 0,3–1 cm breit, dichtblütig**. BLÜTEN: **weißlich**, oft rötlich überlaufen. NEKTARDRÜSEN: an der Basis der Blüten. STAUBBLÄTTER: basal zuweilen verwachsen. STAUBBEUTEL: weißlich bis rötlich. GRIFFEL: *nicht* verwachsen. NARBEN: kopfig, glatt, glänzend. STÄNGEL: unverzweigt, mit grundständiger Blattrosette. BLÄTTER: länglich-lanzettlich, 1–5 cm lang, 5–20 mm breit, in den *nicht* geflügelten Blattstiel verschmälert.

- **subalpine o. alpine Rasen**, Schneetälchen, Zwergstrauchheiden, Staudenfluren, Grünerlen- o. Legföhrengebüsche, Moore o. Seggenriede, Grünland, Wälder
- an nährstoffarmen Standorten
- einheimisch

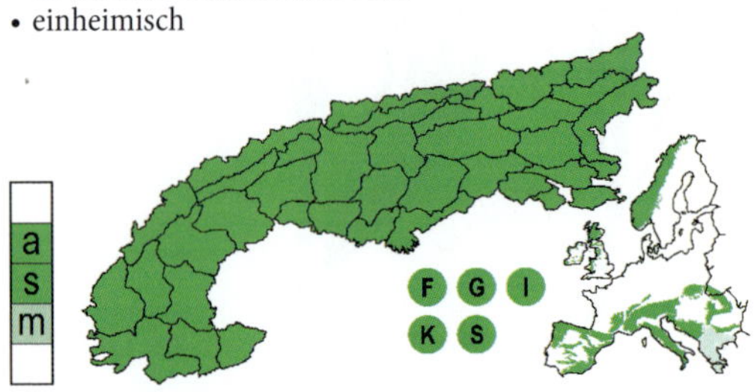

Oxyria digyna (L.) Hill

schwach giftig

Alpen-Säuerling *Polygonaceae*
V–VIII ∗ P4 A6 G(2)

Bis 15 cm hoch, mehrjährig. BLÜTENSTAND: trauben- bis rispenartig, lockerblütig. BLÜTEN: grünlich, oft rötlich überlaufen. STAUBBLÄTTER: basal zuweilen verwachsen. NARBEN: **gefranst**. FRÜCHTE: basal ausgerandet, distal ausgerandet, **Flügel breit u. reif rötlich überlaufen**. STÄNGEL: mit grundständiger Blattrosette, **meist *ohne* Laubblätter**, seltener 1–2 blättrig. BLÄTTER: **lang gestielt, nierenförmig**, Spreite 0,5–3 cm lang, 1–4 cm breit, kahl, ganzrandig bis seicht gebuchtet.

- subalpine o. alpine Rasen, **Schutt- o. Felsfluren**, Schneetälchen
- an nährstoffarmen, sauren Standorten
- einheimisch

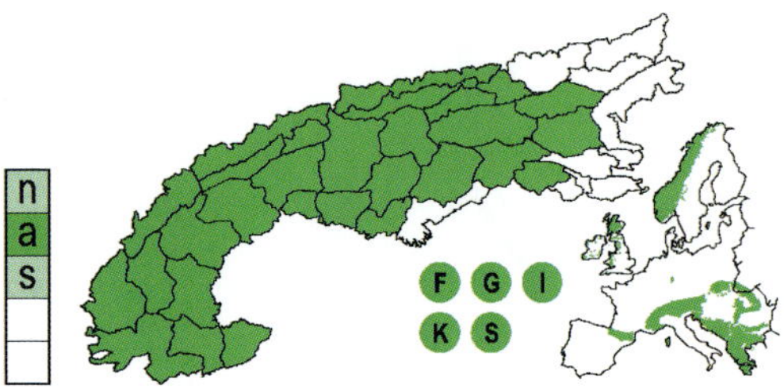

Rumex: Kräuter. INNERE PERIGONBLÄTTER: der Frucht anliegend, größer als die äußeren, oft mit knorpeligen Verdickungen (Schwielen) NARBEN: gefranst. FRÜCHTE: Nussfrüchte, meist von den inneren Perigonblättern eingehüllt. BLÜTENFORMEL: ∗ P6 A6 G(3), zwittrig o. 1-geschlechtig.

Rumex arifolius All.

schwach giftig

Gebirgs-Sauer-Ampfer *Polygonaceae*
V–VIII ♂ ∗ P6 A6 | ♀ ∗ P6 G(3)

30–100 cm hoch. PFLANZEN: **2-häusig, Blüten 1-geschlechtig**. BLÜTENSTAND: Knäuel locker. INNERE PERIGONBLÄTTER: **mit kurzer Schwiele**. ÄUSSERE PERIGONBLÄTTER: **zurückgeschlagen, basal verwachsen**. UNTERE STÄNGELBLÄTTER: **< 2,5-mal so lang wie breit, basal pfeil- bzw. spießförmig**. MITTLERE STÄNGELBLÄTTER: **1–2-mal so lang wie breit.**

- Zwergstrauchheiden, **Staudenfluren**, **Grünerlen- o. Legföhrengebüsche**, **Grünland**, Wälder
- an basenreichen Standorten
- einheimisch

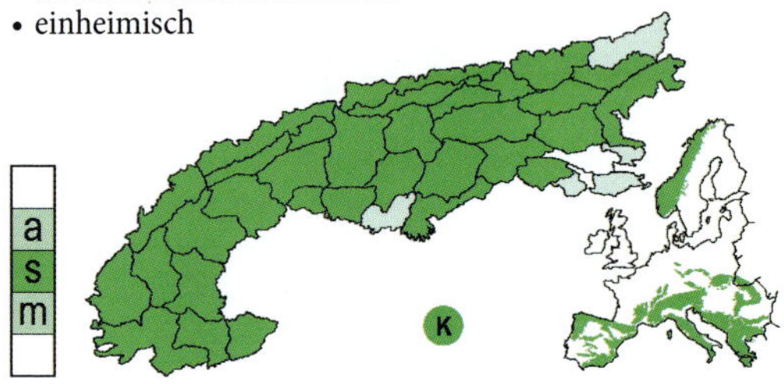

Rumex acetosella L.

schwach giftig

Kleiner Sauer-Ampfer *Polygonaceae*
IV–VIII ♂ ∗ P6 A6 | ♀ ∗ P6 G(3)

10–30 cm hoch. PFLANZEN: **2-häusig, Blüten 1-geschlechtig**. INNERE PERIGONBLÄTTER: ***ohne* Schwielen**. ÄUSSERE PERIGONBLÄTTER: **der Frucht anliegend**. UNTERE STÄNGELBLÄTTER: **> 2-mal so lang wie breit.**

In den Alpen die subsp. *acetosella*, *acetoselloides* u. *angiocarpus* (vgl. S. 731).

- subalpine o. alpine Rasen, **Schutt- o. Felsfluren**, Staudenfluren, Moore o. Seggenriede, **Extensivgrünland o. Magerrasen**, Wälder, Ruderalvegetation
- an nährstoffarmen, sauren Standorten
- einheimisch

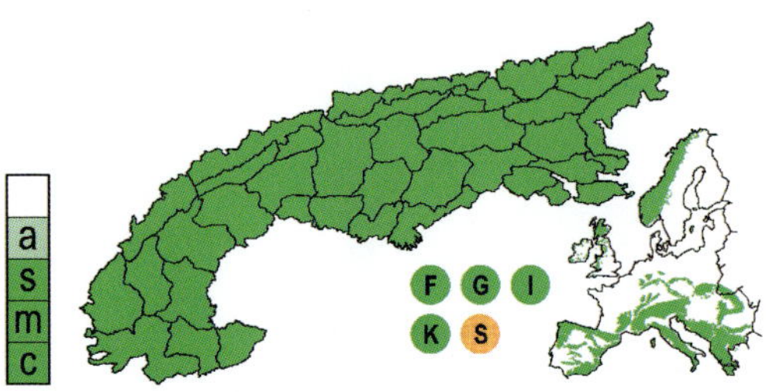

Rumex alpinus L.

schwach giftig

Alpen-Ampfer *Polygonaceae*
V–VIII ∗ P6 A6 G(3)

50–150 cm hoch. PFLANZEN: Blüten meist ⚥, wenn 1-geschlechtig: Pflanze 1-häusig. INNERE PERIGONBLÄTTER: ***ohne* Schwielen**, 4–6 mm lang, 3–5 mm breit, **ganzrandig**. UNTERE STÄNGELBLÄTTER: **1–2-mal so lang wie breit, meist > 15 cm breit, basal ausgerandet**, distal abgerundet bis kurz zugespitzt.

- **Staudenfluren**, Grünland, Ruderalvegetation
- an nährstoffreichen Standorten
- einheimisch

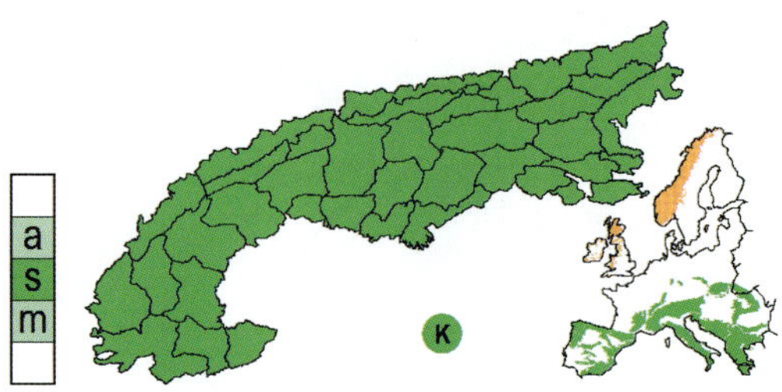

Rumex nebroides Campd.

schwach giftig

Gussones Ampfer *Polygonaceae*

IV–VII ∗ P6 A6 G(3)

20–90 cm hoch. PFLANZEN: Blüten meist ⚥, wenn 1-geschlechtig: Pflanze 1-häusig. BLÜTENSTAND: Knäuel locker, Seitenzweige unverzweigt. INNERE PERIGONBLÄTTER: **mit kurzer Schwiele**, 2–3 mm lang. ÄUSSERE PERIGONBLÄTTER: **zurückgeschlagen, basal verwachsen**. STÄNGEL: **mit 2–4 Laubblättern**. OCHREA: ± ganzrandig. UNTERE STÄNGELBLÄTTER: **1–3-mal so lang wie breit, basal pfeil- bzw. spießförmig**. MITTLERE STÄNGELBLÄTTER: **8–12-mal so lang wie breit.**

- **subalpine o. alpine Rasen**, Schutt- o. Felsfluren, **Grünland**
- einheimisch

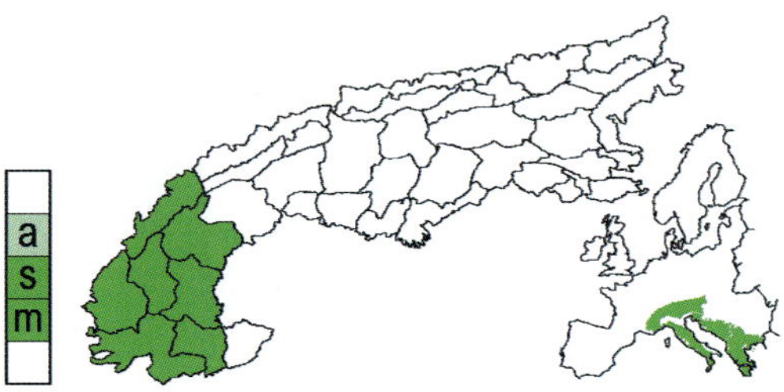

Rumex nivalis Hegetschw.

schwach giftig

Schnee-Ampfer *Polygonaceae*

VI–IX ♂ ∗ P6 A6 | ♀ ∗ P6 G(3)

10–20 cm hoch. PFLANZEN: **2-häusig, Blüten 1-geschlechtig**. INNERE PERIGONBLÄTTER: **mit kurzer Schwiele**, 2–4 mm lang. ÄUSSERE PERIGONBLÄTTER: **zurückgeschlagen, basal verwachsen**. STÄNGEL: **meist unverzweigt, mit $\leq$ 2 Laubblättern**. BLÄTTER: **schwach sukkulent**. OCHREA: ± ganzrandig. UNTERE STÄNGELBLÄTTER: **< 2-mal so lang wie breit, basal pfeil- bzw. spießförmig.**

- subalpine o. alpine Rasen, **Schutt- o. Felsfluren**, Schneetälchen
- an kalkreichen Standorten
- einheimisch

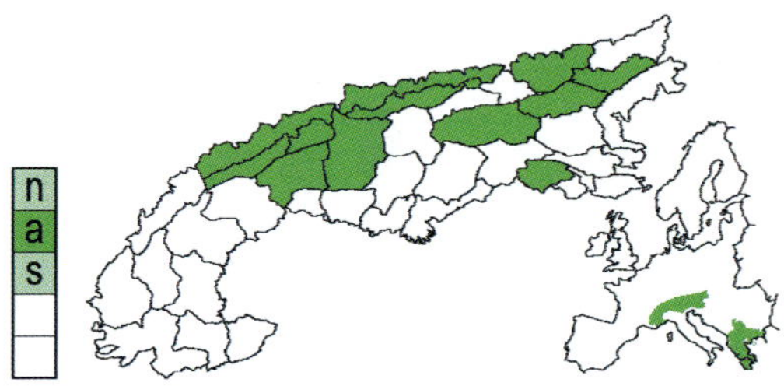

Rumex scutatus L.

schwach giftig

Schild-Ampfer *Polygonaceae*

IV–VIII ♂ ∗ P6 A6 | ♀ ∗ P6 G(3)

20–40 cm hoch. PFLANZEN: **2-häusig, Blüten 1-geschlechtig**. INNERE PERIGONBLÄTTER: ***ohne* Schwielen**. ÄUSSERE PERIGONBLÄTTER: **der Frucht anliegend, *nicht* verwachsen**. UNTERE STÄNGELBLÄTTER: **herz- bis nierenförmig, < 2-mal so lang wie breit, basal herzförmig bis undeutlich pfeil- bzw. spießförmig**.

In den Alpen nur die subsp. *scutatus*.

- **Schutt- o. Felsfluren**, Staudenfluren
- an nährstoffarmen Standorten
- einheimisch

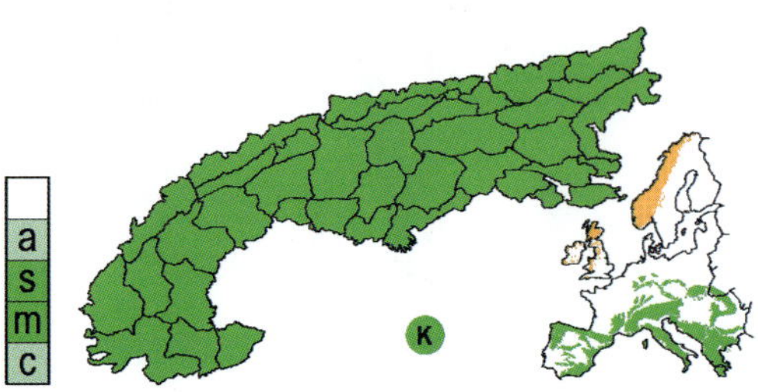

Herniaria alpina Chaix

Alpen-Bruchkraut *Caryophyllaceae*

VI–VIII ∗ K5 C5 A5 G(2)

Bis 20 cm hoch, dichtrasig bis polsterförmig, mehrjährig. BLÜTENSTAND: knäuelig. KNÄUEL: **meist 3-blütig**. BLÜTEN: **gelblich-grünlich, mit weißlichen Haaren**. KRONBLÄTTER: **klein o. fehlend**. KELCHBLÄTTER: **mit langen weißen Haaren**. FRÜCHTE: 1-samige Nüsse, **kürzer als der Kelch**. SAMEN: Embryo stark gebogen. STÄNGEL: niederliegend. BLATTSTELLUNG: gegenständig. BLÄTTER: länglich bis oval, 0,2–0,6 cm lang, behaart. NEBENBLÄTTER: vorhanden.

- **Schutt- o. Felsfluren**, Alluvionen
- an nährstoffarmen Standorten
- einheimisch

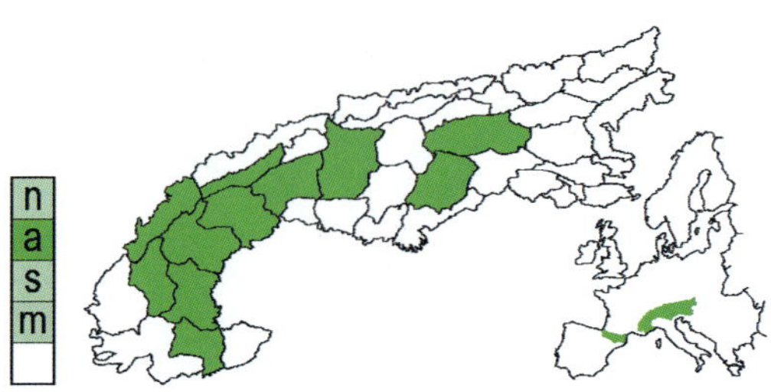

Paronychia kapela (Hacq.) A. Kern.

Kapela-Nagelkraut *Caryophyllaceae*
III–VIII ∗ P5 A5 G(2)

Bis 10 cm hoch, mehrjährig. Blütenstand: knäuelig. Tragblätter der Blüten: trockenhäutig, deutlich länger als diese, silbrig. Blüten: **weißlich**. Blütenhülle: von den Kelchblättern gebildetes Perigon. Perigonblätter: krautig o. mit Hautrand, **distal ± kapuzenförmig**, zuweilen mit Grannenspitze. Fruchtknoten: ober- bis mittelständig. Früchte: 1-samige Nüsse. Stängel: niederliegend. Blattstellung: gegenständig. Blätter: **lanzettlich**, kahl, allenfalls am Rand bewimpert. Nebenblätter: vorhanden.

In den Alpen die subsp. *kapela* u. *serpyllifolia* (vgl. S. 732).

- **Schutt- o. Felsfluren**, Alluvionen, **Extensivgrünland o. Magerrasen**
- an nährstoffarmen, meist trockenen Standorten
- einheimisch

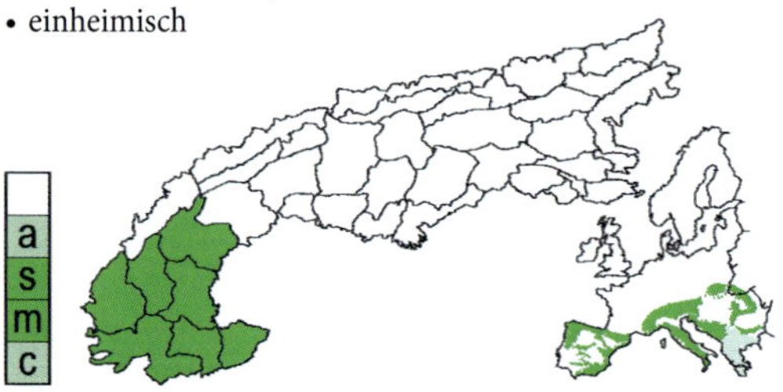

Paronychia polygonifolia (Vill.) DC.

Knöterich-Nagelkraut *Caryophyllaceae*
IV–VIII ∗ P5 A5 G(2)

10–30 cm hoch, mehrjährig. Blütenstand: knäuelig. Tragblätter der Blüten: trockenhäutig, deutlich länger als diese, silbrig. Blüten: **weißlich**. Blütenhülle: von den Kelchblättern gebildetes Perigon. Perigonblätter: im QS ± gerollt, **überwiegend häutig, spitz**. Fruchtknoten: ober- bis mittelständig. Früchte: 1-samige Nüsse. Stängel: niederliegend. Blattstellung: gegenständig. Blätter: **oval bis rundlich**, an sterilen Ästen 0,2–0,3 cm lang, meist länger als die Internodien, kahl, allenfalls am Rand bewimpert. Nebenblätter: vorhanden.

- **Schutt- o. Felsfluren**, Extensivgrünland o. Magerrasen
- an nährstoffarmen, sauren Standorten
- einheimisch

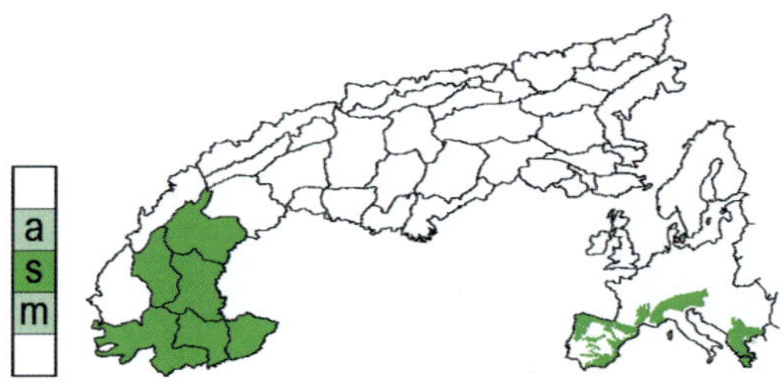

Scleranthus perennis L.

Ausdauernder Knäuel *Caryophyllaceae*
IV–IX ∗ P5 A10 G(2)

Bis 20 cm hoch, **mehrjährig**. Blütenboden: röhren- bis becherförmig. Blütenhülle: von den Kelchblättern gebildetes Perigon. Perigonblätter: gemeinsam mit der Nuss abfallend, **2–4 mm lang, 1–1,5-mal so lang wie die Staubblätter, mit breitem trockenhäutigem Saum, distal abgerundet**. Staubblätter: **10**. Früchte: 1-samige Nüsse. Stängel: zumindest basal niederliegend.

In den Alpen nur die subsp. *perennis*.

- Extensivgrünland o. Magerrasen, **Ruderalvegetation**
- an nährstoffarmen, trockenen Standorten
- einheimisch

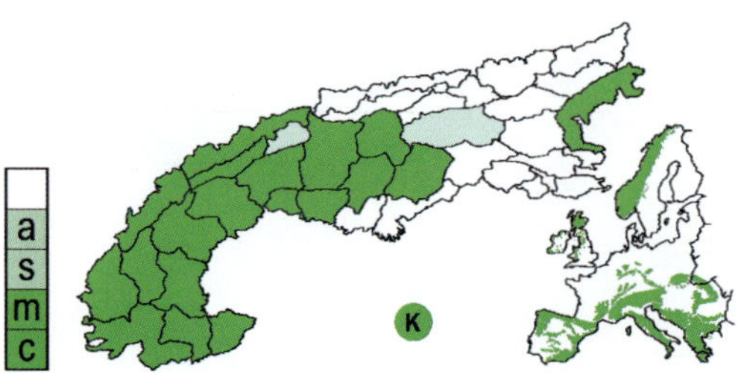

Arenaria: mehrjährig. Blütenstand: 1-2-blütig. Kelchblätter: spitz, 1-nervig. Früchte: Kapseln, 6-zähnig. Samen: nierenförmig. Blätter: meist länglich-lanzettlich bis oval, kahl. Blütenformel: ∗ K5 C5 A10 G(meist 3).

Arenaria biflora L.

Zweiblütiges Sandkraut *Caryophyllaceae*
VI–IX ∗ K5 C5 A10 G(3)

Bis 20 cm hoch, mehrjährig. Blütenstand: 1–2-blütig. Blüten: weißlich. Blütenstiele: 4–6 mm lang, behaart. Kronblätter: **1–1,3-mal so lang wie die Kelchblätter**. Kelchblätter: 1-nervig. Früchte: Kapselzähne < 0,3- mal so lang wie die Kapsel. Stängel: niederliegend, **an den Knoten einwurzelnd**. Blätter: 0,2–0,8 cm lang, **1–2-mal so lang wie breit, nur am Stiel bewimpert**.

- subalpine o. alpine Rasen, Schutt- o. Felsfluren, **Schneetälchen**
- an nährstoffarmen Standorten
- einheimisch

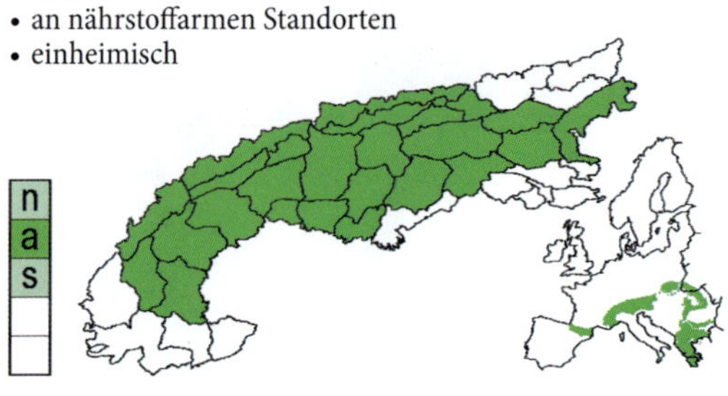

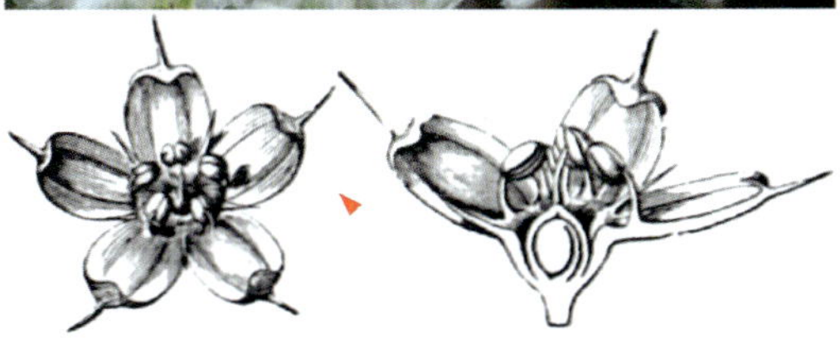

Arenaria ciliata L.

Bewimpertes Sandkraut *Caryophyllaceae*
VI–VIII ∗ K5 C5 A10 G(3)

Bis 10 cm hoch, mehrjährig. Blütenstand: 1–2-blütig. Blüten: **10–16 mm ⌀**, weißlich. Kronblätter: meist 7–8 mm lang, **1,3–2-mal so lang wie die Kelchblätter**. Kelchblätter: auf der Fläche kahl. Früchte: eiförmig, Kapselzähne < 0,3- mal so lang wie die Kapsel. Stängel: zumindest basal niederliegend. Blätter: 0,2–0,8 cm lang, **3–4-mal so lang wie breit, in der basalen Hälfte bewimpert**, ganzrandig.

In den Alpen die subsp. *ciliata* u. *bernensis* (endemisch) (vgl. S. 732).

- **subalpine o. alpine Rasen**, Schutt- o. Felsfluren
- an nährstoffarmen, basenreichen Standorten
- einheimisch

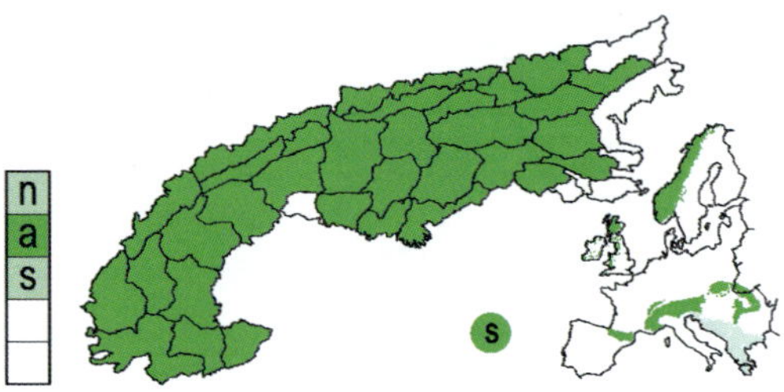

Arenaria multicaulis L.

Vielstängeliges Sandkraut *Caryophyllaceae*
VI–VIII ∗ K5 C5 A10 G(3)

Bis 10 cm hoch, mehrjährig. Blütenstand: 2–8-blütig. Blüten: weißlich. Kronblätter: 4–5 mm lang, **1–1,5-mal so lang wie die Kelchblätter**. Kelchblätter: 3–6 mm lang, auf der Fläche kahl. Früchte: eiförmig. Stängel: zumindest basal niederliegend. Blätter: 0,2–0,8 cm lang, 2–3-mal so lang wie breit, in der basalen Hälfte bewimpert, distal kahl, ganzrandig.

- **subalpine o. alpine Rasen**, Schutt- o. Felsfluren
- an kalkreichen Standorten
- einheimisch

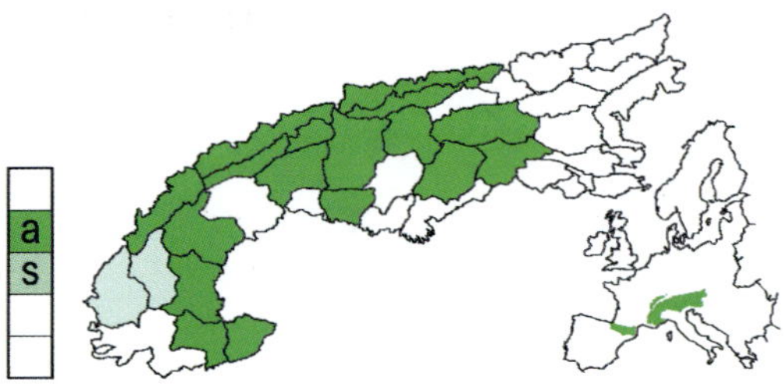

Arenaria cinerea DC.

Graues Sandkraut *Caryophyllaceae*
VI–VIII ∗ K5 C5 A10 G(3)

Meist Halbstrauch, 10–25 cm hoch, mehrjährig. Blütenstand: **3–10-blütig**. Blüten: weißlich. Blütenstiele: **4–6-mal so lang wie die Kelchblätter**. Kronblätter: 1,5–2,5-mal so lang wie die Kelchblätter. Kelchblätter: < 5 mm lang, auf der Fläche behaart. Stängel: basal niederliegend. Blätter: 0,3–0,5 cm lang, 1-nervig.

- Schutt- o. Felsfluren, Zwergstrauchheiden, **Extensivgrünland o. Magerrasen**, Wälder, Macchien o. Garrigues
- an nährstoffarmen, kalkreichen, trockenen Standorten
- endemisch

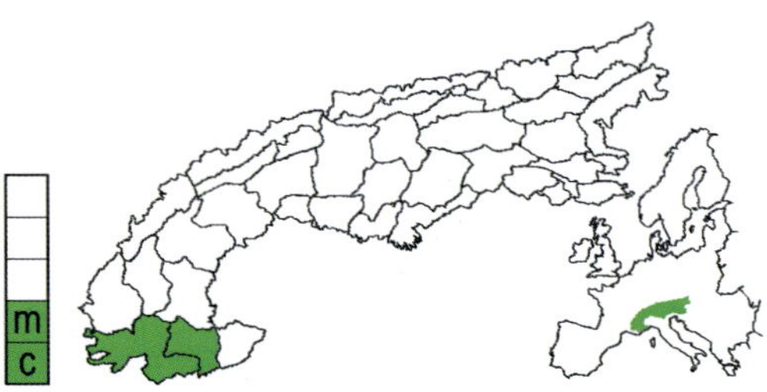

Arenaria grandiflora L.

Großblütiges Sandkraut *Caryophyllaceae*
VI–VIII ∗ K5 C5 A10 G(3)

Bis 15 cm hoch, rasig, mehrjährig. Blütenstand: 2–3-blütig. Blüten: weißlich. Blütenstiele: 2–6-mal so lang wie die Kelchblätter, **drüsig behaart**. Kronblätter: **1,5–2,5-mal so lang wie die Kelchblätter**. Kelchblätter: **drüsig behaart**, 1-nervig. Stängel: basal niederliegend. Blätter: derb, 0,5–1,5 cm lang, **< 1 mm breit**, **4–8-mal so lang wie breit**, **grannenspitzig**, 3-nervig.

In den Alpen nur die subsp. *grandiflora*.

- **subalpine o. alpine Rasen**, Schutt- o. Felsfluren, **Extensivgrünland o. Magerrasen**
- an nährstoffarmen, kalkreichen, meist trockenen Standorten
- einheimisch

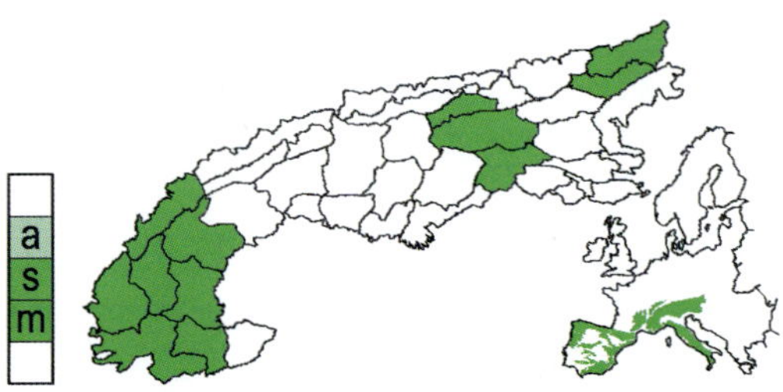

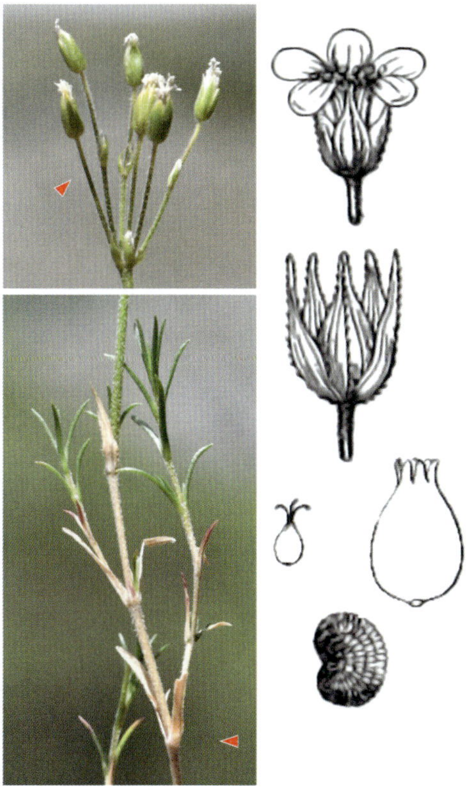

Arenaria huteri A. Kern.

Huters Sandkraut *Caryophyllaceae*
V–IX ∗ K5 C5 A10 G(3)

Bis 20 cm hoch, mehrjährig. Blütenstand: 1–3-blütig. Blüten: weißlich. Blütenstiele: **drüsig behaart**. Kronblätter: 7–10 mm lang. Kelchblätter: 5–10 mm lang, **meist drüsig behaart**. Stängel: **überhängend o. basal niederliegend**. Blätter: 0,6–1,2 cm lang, **2–3 mm breit**, **3–4-mal so lang wie breit**, 1-nervig.

- **Schutt- o. Felsfluren**
- an nährstoffarmen, basenreichen, meist trockenen Standorten
- endemisch

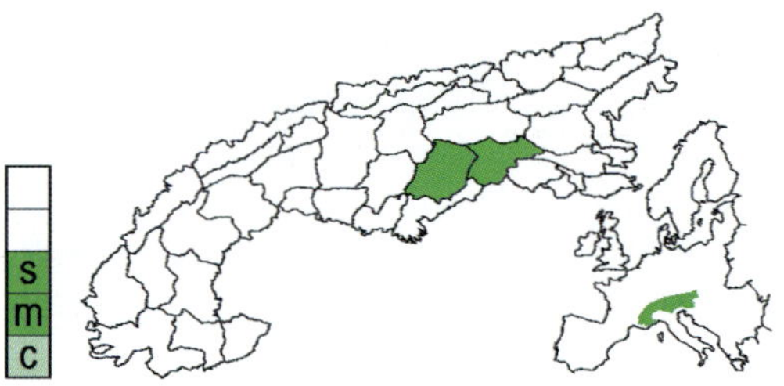

Arenaria purpurascens DC.

Purpur-Sandkraut *Caryophyllaceae*
V–VII ∗ K5 C5 A10 G(3)

Bis 15 cm hoch, mehrjährig. Blütenstand: Stängel 1–5-blütig. Blüten: **meist rosa**, selten weißlich. Blütenstiele: behaart. Kronblätter: **1,3–2-mal so lang wie die Kelchblätter**. Kelchblätter: 4–8 mm lang, mit Hautrand, auf der Fläche kahl, 3–5-nervig. Früchte: **kurz zylindrisch**. Stängel: zumindest basal niederliegend. Blätter: 0,5–1 cm lang, in der basalen Hälfte bewimpert, 1-nervig.

- subalpine o. alpine Rasen, **Schutt- o. Felsfluren**
- an kalkreichen Standorten
- einheimisch

Arenaria serpyllifolia L.

Quendelblättriges Sandkraut *Caryophyllaceae*
IV–IX ∗ K5 C5 A10 G(3)

Bis 30 cm hoch, 1–2-jährig. Pflanzen: **blau- bis graugrün**. Blüten: **5–9 mm ⌀**, weißlich. Kronblätter: **kürzer als die Kelchblätter**. Kelchblätter: 3–6 mm lang. Fruchtstiele: 1–3-mal so lang wie der Kelch. Früchte: **breit eiförmig, bauchig verdickt**, Kapselzähne < 0,3- mal so lang wie die Kapsel. Blätter: 0,2–0,6 cm lang, **1,5–2,5 mm breit, 1–3-mal so lang wie breit**, 3–5-nervig.

In der alpinen Stufe v. a. die subsp. *marschlinsii*.

- **subalpine o. alpine Rasen**, Schutt- o. Felsfluren, Alluvionen, **Extensivgrünland o. Magerrasen**, **Ruderalvegetation**
- einheimisch

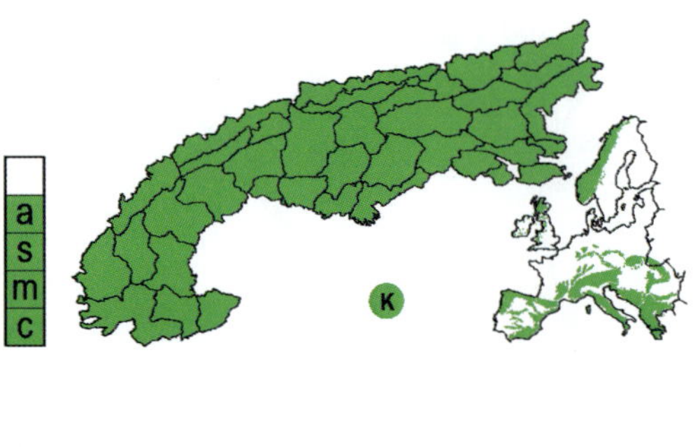

Cerastium: Blüten: weißlich. Kronblätter: distal meist ausgerandet bis eingeschnitten. Fruchtblätter: meist 5, selten 3-4. Griffel: vor den Kelchblättern stehend. Früchte: Kapseln, zylindrisch, mit 2-mal so vielen Kapselzähnen wie Fruchtblättern. Blütenformel: ∗ K4-5 C4-5 A4-5|10 G(3|5).

Cerastium eriophorum Kit.

Wolliges Hornkraut *Caryophyllaceae*
VI–VIII ∗ K5 C5 A10 G(5)

Bis 20 cm hoch. Pflanzen: **dicht weißlich filzig behaart**. Tragblätter der Blüten: obere mit Hautrand. Kronblätter: > 1,5-mal so lang wie die Kelchblätter. Kelchblätter: 7–10 mm lang, **spitz**. mittlere Stängelblätter: **< 3-mal so lang wie breit**.

- **subalpine o. alpine Rasen**, Schutt- o. Felsfluren, Moore o. Seggenriede
- an nährstoffarmen Standorten
- einheimisch

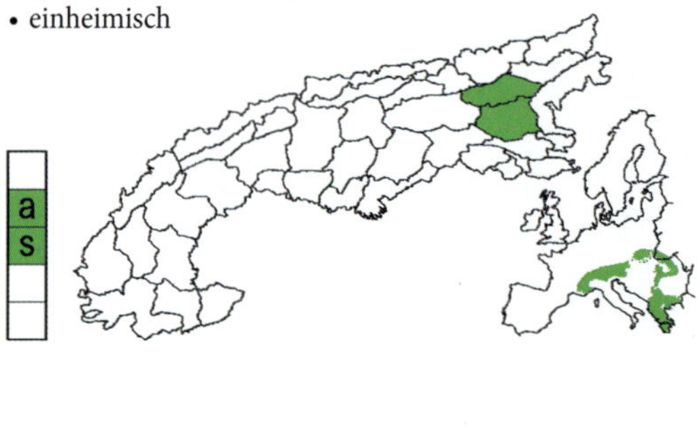

Cerastium arvense L.

Acker-Hornkraut *Caryophyllaceae*
III–VIII ∗ K5 C5 A10 G(5)

Bis 30 cm hoch. Tragblätter der Blüten: **obere mit Hautrand**. Kronblätter: **> 1,5-mal so lang wie die Kelchblätter**, distal zu < 50 % eingeschnitten. Fruchtstiele: **herabgebogen**. Früchte: **gebogen**. Stängel: basal zuweilen verholzt, niederliegend, blühende Triebe zuweilen mit vegetativen Kurztrieben in den Laubblattachseln. mittlere Stängelblätter: **> 3-mal so lang wie breit**.

In der alpinen Stufe v. a. die subsp. *strictum* u. *suffruticosum* (vgl. *S. 732*).

- subalpine o. alpine Rasen, Schutt- o. Felsfluren, Staudenfluren, **Extensivgrünland o. Magerrasen**, Äcker, **Ruderalvegetation**
- an nährstoffarmen Standorten
- einheimisch

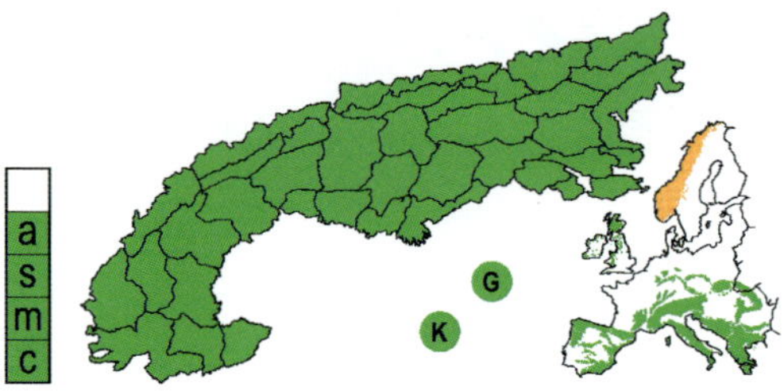

Cerastium carinthiacum Vest

Kärntner Hornkraut *Caryophyllaceae*
V–IX ∗ K5 C5 A10 G(5)

10–20 cm hoch. Blütenstand: Stängel 2–8-blütig. Tragblätter der Blüten: kahl. Kronblätter: 1,5–2,5-mal so lang wie die Kelchblätter. Kelchblätter: 5–6 mm lang, **distal abgerundet**. Stängel: basal niederliegend, **drüsig behaart**. Blätter: 1–2,5 cm lang, 3–8 mm breit, in der basalen Hälfte am breitesten. mittlere Stängelblätter: **< 3-mal so lang wie breit**.

In den Alpen die subsp. *carinthiacum* (endemisch) u. *austroalpinum* (endemisch) (vgl. S. 732).

- **subalpine o. alpine Rasen, Schutt- o. Felsfluren**, Legföhrengebüsche
- an nährstoffarmen, basenreichen Standorten
- endemisch

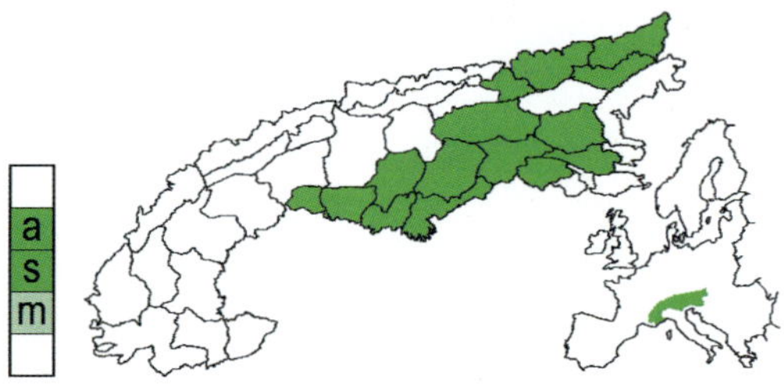

Cerastium cerastoides (L.) Britton

Dreigriffliges Hornkraut *Caryophyllaceae*
VI–VIII ∗ K5 C5 A10 G(3)

Bis 15 cm hoch. Tragblätter der Blüten: **obere *ohne* Hautrand**. Kronblätter: **> 1,5-mal so lang wie die Kelchblätter, distal tief eingeschnitten bis 2-spaltig**. Griffel: **meist 3**. Fruchtstiele: aufrecht abstehend. Stängel: zumindest basal niederliegend, blühende Triebe mit vegetativen Kurztrieben in den Laubblattachseln, **1-reihig behaart**. mittlere Stängelblätter: **> 3-mal so lang wie breit**.

- subalpine o. alpine Rasen, **Schneetälchen, Quellfluren, Moore o. Seggenriede**, Extensivgrünland o. Magerrasen
- an feuchten bis nassen Standorten
- einheimisch

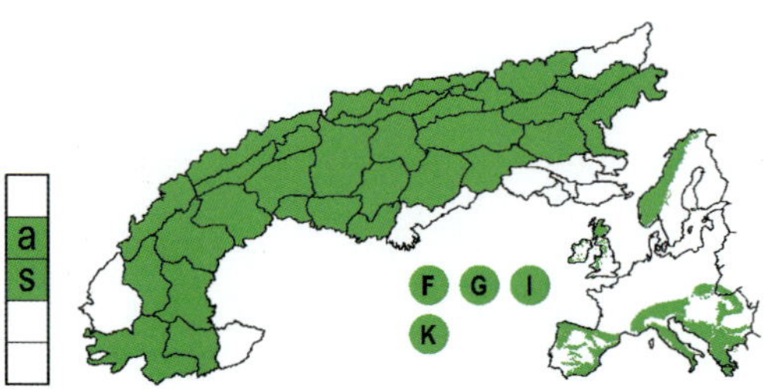

Cerastium fontanum Baumg.

Quell-Hornkraut *Caryophyllaceae*
III–VII ∗ K5 C5 A10 G(5)

Bis 60 cm hoch. Tragblätter der Blüten: obere mit Hautrand. Kronblätter: **meist 1–1,5-mal so lang wie die Kelchblätter**, distal zu < 50 % eingeschnitten. Kelchblätter: 6–10 mm lang. Früchte: **gebogen, 12–20 mm lang**. mittlere Stängelblätter: **< 5-mal so lang wie breit**.

In den Alpen die subsp. *fontanum*, *lucorum* u. *vulgare* (vgl. S. 732).

- Alluvionen, **Staudenfluren, Grünland, Wälder, Ruderalvegetation**
- einheimisch

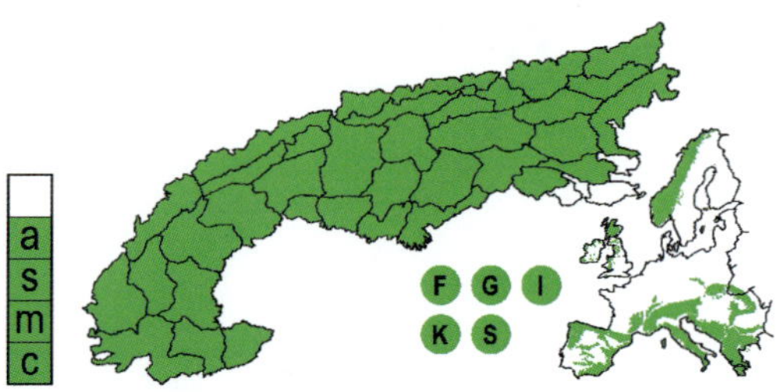

Cerastium julicum Schellm.

Julisches Hornkraut *Caryophyllaceae*
V–VII ∗ K5 C5 A10 G(5)

Bis 10 cm hoch. BLÜTENSTAND: Stängel 1–3-blütig. TRAGBLÄTTER DER BLÜTEN: kahl. KRONBLÄTTER: ± 1,5-mal so lang wie die Kelchblätter. KELCHBLÄTTER: 5–8 mm lang. FRUCHTSTIELE: aufrecht abstehend. FRÜCHTE: **gerade**. STÄNGEL: oben behaart. BLÄTTER: **lineal bis länglich**, 1–3 cm lang, **1–3 mm breit**, auf der Fläche kahl, am Rand basal bewimpert. MITTLERE STÄNGELBLÄTTER: **> 5-mal so lang wie breit**.

- **Schutt- o. Felsfluren**
- an kalkreichen Standorten
- endemisch

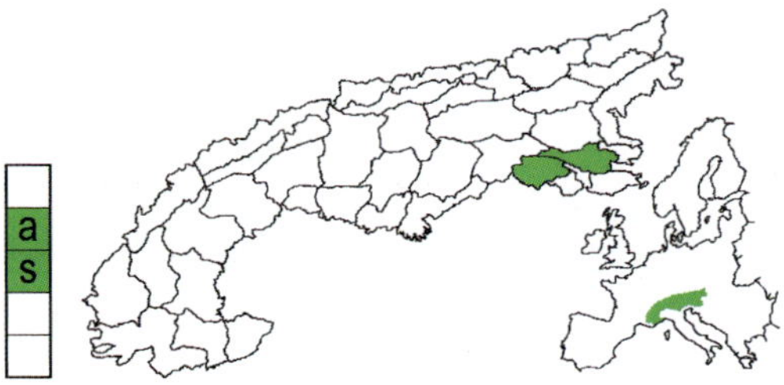

Cerastium latifolium L.

Breitblättriges Hornkraut *Caryophyllaceae*
VI–VIII ∗ K5 C5 A10 G(5)

Bis 10 cm hoch, lockerrasig. TRAGBLÄTTER DER BLÜTEN: krautig, ***ohne* Hautrand**. KRONBLÄTTER: **> 1,5-mal so lang wie die Kelchblätter**, distal zu < 50 % eingeschnitten. STÄNGEL: **drüsig behaart**. BLÄTTER: 1,2–3,5 cm lang, **4–12 mm breit**. STÄNGELBLÄTTER: in der basalen Hälfte am breitesten. MITTLERE STÄNGELBLÄTTER: **< 3-mal so lang wie breit**.

- **Schutt- o. Felsfluren**
- an kalkreichen Standorten
- einheimisch

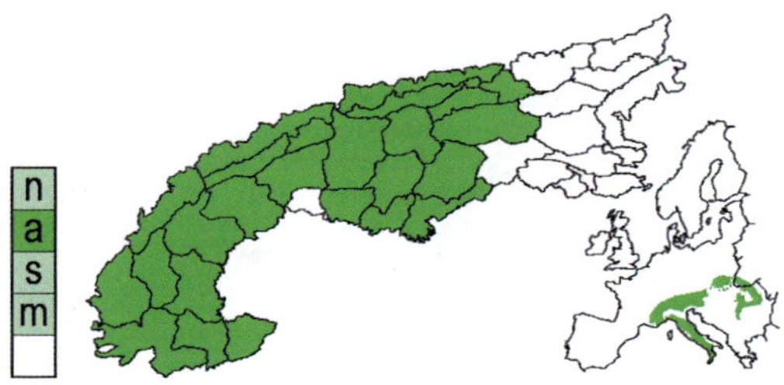

Cerastium lineare All.

Piemonteser Hornkraut *Caryophyllaceae*
VI–VIII ∗ K5 C5 A10 G(5)

Bis 15 cm hoch. PFLANZEN: **wollig behaart**. BLÜTENSTAND: Stängel 1–3-blütig. TRAGBLÄTTER DER BLÜTEN: obere mit Hautrand. KRONBLÄTTER: > 1,5-mal so lang wie die Kelchblätter. KELCHBLÄTTER: 5–7 mm lang. FRÜCHTE: **gerade**. GRUNDBLÄTTER: **2–8 cm lang**. MITTLERE STÄNGELBLÄTTER: schmal lanzettlich, **> 5-mal so lang wie breit**.

- **subalpine o. alpine Rasen**, Schutt- o. Felsfluren, **Alluvionen**, **Staudenfluren**, Grünerlengebüsche, Wälder
- an nährstoffarmen Standorten
- endemisch

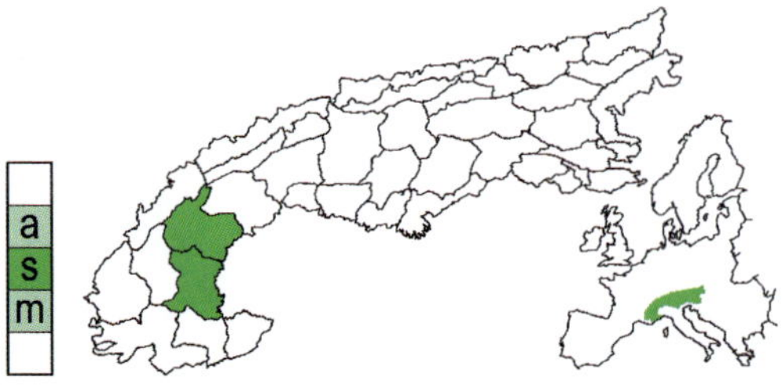

Cerastium pedunculatum Gaudin

Langstieliges Hornkraut *Caryophyllaceae*
V–VIII ∗ K5 C5 A10 G(5)

Bis 10 cm hoch. TRAGBLÄTTER DER BLÜTEN: **krautig, *ohne* Hautrand**. KRONBLÄTTER: 1–1,5-mal so lang wie die Kelchblätter. KELCHBLÄTTER: 5–10 mm lang. FRUCHTSTIELE: 2–6-mal so lang wie der Kelch. FRÜCHTE: **gerade, 8–12 mm lang**. STÄNGEL: zumindest basal niederliegend. MITTLERE STÄNGELBLÄTTER: **< 5-mal so lang wie breit**.

- **Schutt- o. Felsfluren**
- an nährstoffarmen, meist sauren Standorten
- endemisch

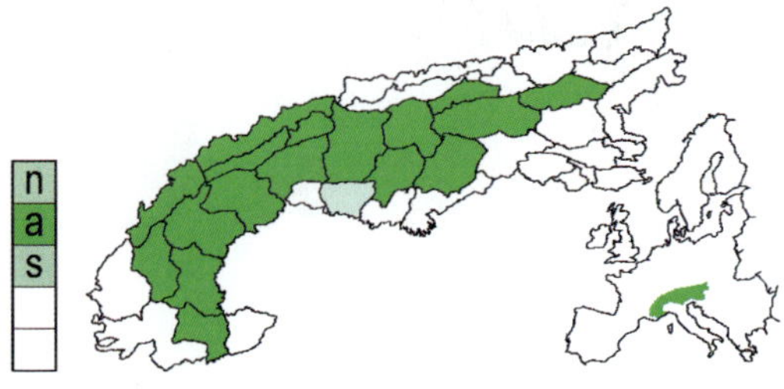

Cerastium subtriflorum (Rchb.) Pacher

Armblütiges Hornkraut *Caryophyllaceae*
V–VIII ∗ K5 C5 A10 G(5)

10–40 cm hoch. Blütenstand: Stängel meist ≤ 10-blütig. Tragblätter der Blüten: **zumindest die oberen mit Hautrand**. Kronblätter: 2–3-mal so lang wie die Kelchblätter. Kelchblätter: 2–5 mm lang. Blätter: 2–3 cm lang, 7–12 mm breit, kurzhaarig. mittlere Stängelblätter: **< 5-mal so lang wie breit**.

- subalpine o. alpine Rasen, **Schutt- o. Felsfluren**, Wälder, Ruderalvegetation
- an kalkreichen Standorten
- einheimisch (subendemisch)

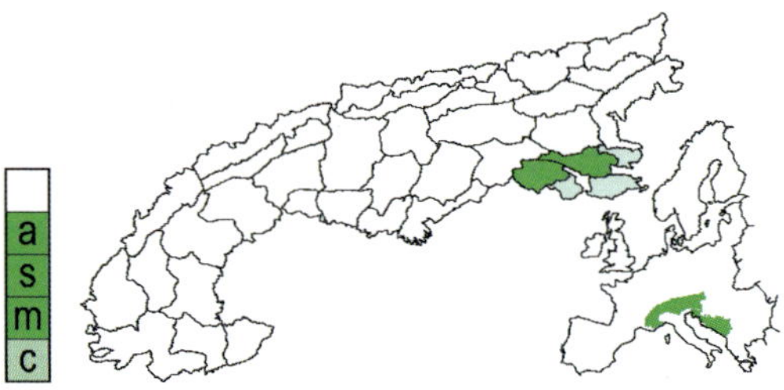

Cerastium uniflorum Clairv.

Einblütiges Hornkraut *Caryophyllaceae*
VI–VIII ∗ K5 C5 A10 G(5)

Bis 10 cm hoch, dichtrasig. Blütenstand: Stängel 1–3-blütig, Stängel wenn mehrblütig: oft mit unterschiedlich langen Blütenstielen. Tragblätter der Blüten: krautig, ***ohne* Hautrand**. Kronblätter: **1,5–2-mal so lang wie die Kelchblätter**, distal zu < 50 % eingeschnitten. Kelchblätter: 5–7 mm lang. Griffel: 5. Stängel: **drüsig behaart, mit langen mehrzelligen Haaren**. Blätter: 0,4–1,5 cm lang, **2–6 mm breit**, in der distalen Hälfte am breitesten. Stängelblätter: in der distalen Hälfte am breitesten. mittlere Stängelblätter: **< 3-mal so lang wie breit**.

- **Schutt- o. Felsfluren**
- an basenreichen Standorten
- einheimisch

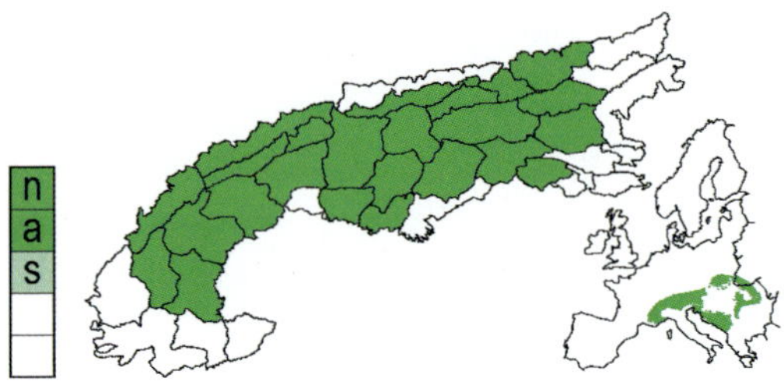

Holosteum umbellatum L.

Gewöhnliche Spurre *Caryophyllaceae*
III–VI ∗ K5 C5 A3–10 G(3)

Bis 25 cm hoch, **1-jährig**. Blütenstand: **lang gestielt, doldenartig**. Blüten: zumindest einige lang gestielt, weißlich. Kronblätter: **distal gezähnt**. Kelchblätter: **distal gezähnt**. Staubblätter: meist 5. Früchte: Kapseln, **6-zähnig**. Samen: **schildförmig gewölbt**. Blätter: blau- bzw. graugrün.

In den Alpen die subsp. *umbellatum* u. *hirsutum* (endemisch) (vgl. S. 732).

- Schutt- o. Felsfluren, **Extensivgrünland o. Magerrasen**, Macchien o. Garrigues, Ruderalvegetation
- an nährstoffarmen, meist trockenen Standorten
- einheimisch

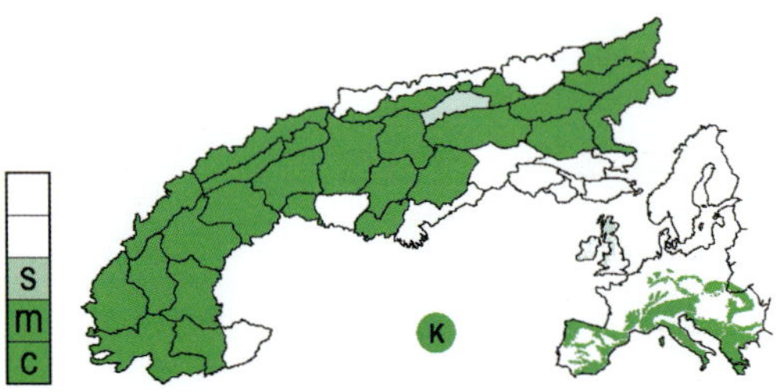

Minuartia graminifolia (Ard.) Jáv.

Grasblättrige Miere *Caryophyllaceae*
VI–VIII ∗ K5 C5 A10 G(3)

Strauch, bis 20 cm hoch, mehrjährig. Pflanzen: dicht drüsig behaart. Blütenstand: **Stängel 2–7-blütig**. Blüten: weißlich. Blütenstiele: 15–25 mm lang. Kronblätter: **1–1,5-mal so lang wie die Kelchblätter**. Kelchblätter: 5–10 mm lang, spitz, **distal 5–7-nervig**. Früchte: Kapseln, **kürzer als die Kelchblätter**, 3-zähnig. Stängel: zumindest basal niederliegend. Blätter: länglich bis lanzettlich, **1–4 cm lang, 1,5–2 mm breit**, 5–7-nervig.

In den Alpen nur die subsp. *graminifolia*.

- **Schutt- o. Felsfluren**
- an nährstoffarmen, kalkreichen, meist trockenen Standorten
- einheimisch

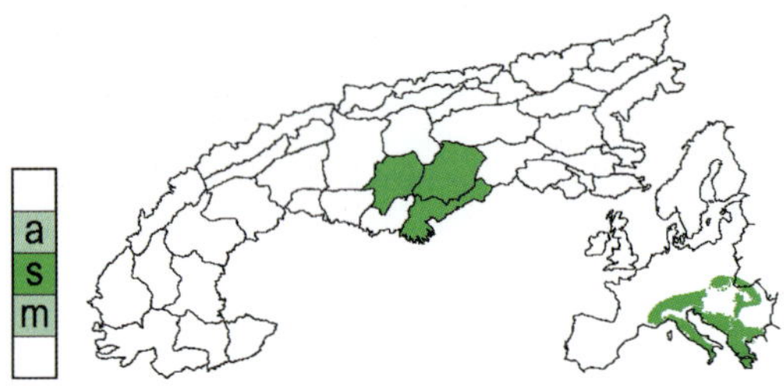

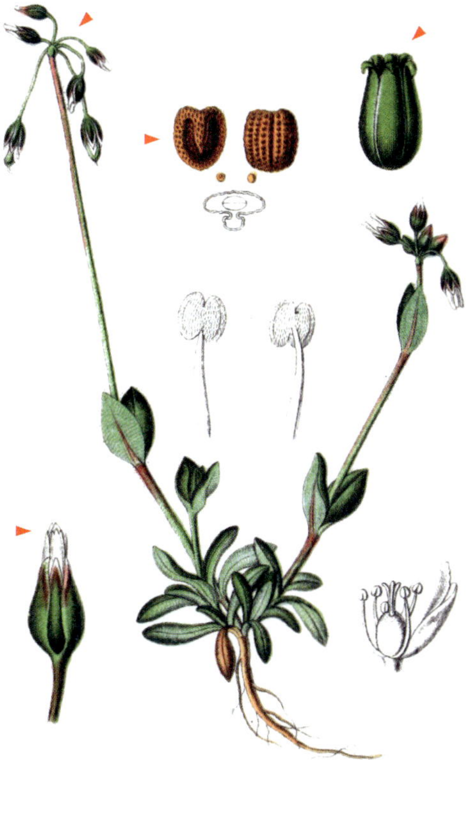

Minuartia recurva (All.) Schinz & Thell.

Krummblättrige Miere *Caryophyllaceae*
VI–VIII ∗ K5 C5 A10 G(3)

Halbstrauch, bis 15 cm hoch. PFLANZEN: drüsig behaart. BLÜTENSTAND: **Stängel 1-3-blütig**. BLÜTEN: weißlich. KELCHBLÄTTER: 3–5 mm lang, spitz, **5-nervig**. FRÜCHTE: Kapseln, **3-6 mm lang**, 3-zähnig. BLÄTTER: länglich bis lanzettlich, **0,4–1 cm lang**, **< 1 mm breit**, undeutlich 3-nervig.

In den Alpen nur die subsp. *recurva*.

- **subalpine o. alpine Rasen**, Schutt- o. Felsfluren
- an nährstoffarmen Standorten
- einheimisch

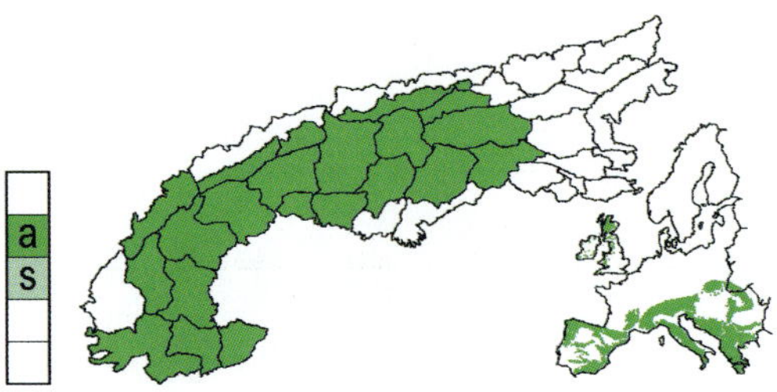

Minuartia rostrata (Pers.) Rchb.

Geschnäbelte Miere *Caryophyllaceae*
V–VIII ∗ K5 C5 A10 G(3)

Bis 20 cm hoch, rasig, mehrjährig. BLÜTENSTAND: **Stängel meist ≥ 10-blütig**. BLÜTEN: weißlich. BLÜTENSTIELE: ± so lang wie der Kelch. KRONBLÄTTER: **etwas kürzer als die Kelchblätter**. KELCHBLÄTTER: 4–5 mm lang, Hautrand breiter als der grüne Mittelstreif, spitz, **1-nervig**. FRÜCHTE: Kapseln, 3-zähnig. STÄNGEL: basal niederliegend. BLÄTTER: länglich bis lanzettlich, **0,8–1,6 cm lang**, **± 1 mm breit**.

- subalpine o. alpine Rasen, **Schutt- o. Felsfluren**, Extensivgrünland o. Magerrasen
- an trockenen Standorten
- einheimisch

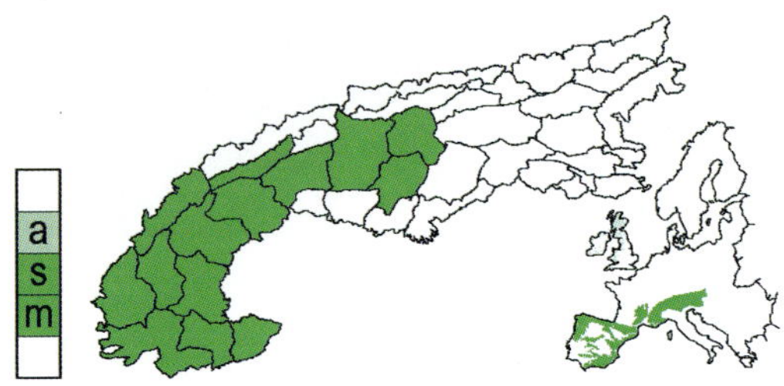

Minuartia villarii (Balb.) Wilczek & Chenevard

Villars' Miere *Caryophyllaceae*
IV–VIII ∗ K5 C5 A10 G(3)

Bis 20 cm hoch, mehrjährig. BLÜTENSTAND: **Stängel 3–7-blütig**. BLÜTEN: weißlich. BLÜTENSTIELE: 5–30 mm lang. KRONBLÄTTER: **± 2-mal so lang wie die Kelchblätter**. KELCHBLÄTTER: 4–6 mm lang, **3-nervig**. FRÜCHTE: Kapseln, ± so lang wie die Kelchblätter, 3-zähnig. BLÄTTER: länglich bis lanzettlich, **1–2,2 cm lang**, **1–2 mm breit**, oft drüsig behaart, 3-nervig.

- **Schutt- o. Felsfluren**, Extensivgrünland o. Magerrasen
- an nährstoffarmen, trockenen Standorten
- einheimisch

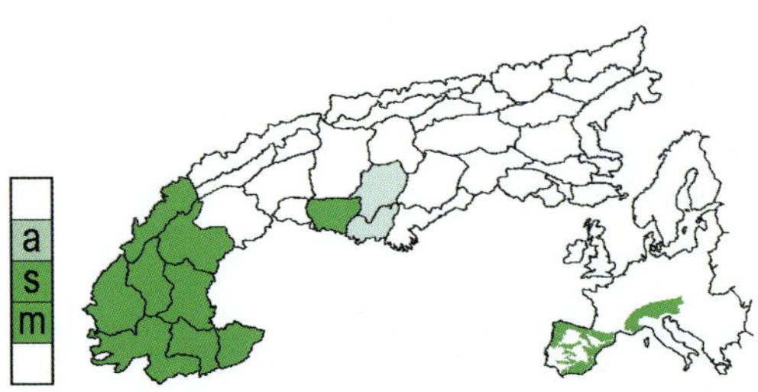

Minuartia cherlerioides (Hoppe) Bech.

Mannsschild-Miere *Caryophyllaceae*
VI–VIII ∗ K4 C4 A8 G(3)

Bis 5 cm hoch, polsterförmig, mehrjährig. BLÜTENSTAND: **Stängel 1-blütig**. BLÜTEN: weißlich. KRONE: **meist 4-blättrig**. KRONBLÄTTER: **schmal lineal**, selten fehlend, **kürzer als die Kelchblätter**. KELCHBLÄTTER: Hautrand schmäler als der grüne Mittelstreif, spitz, **meist 3-nervig**. FRÜCHTE: Kapseln, 3-zähnig. BLÄTTER: schwach sukkulent, länglich bis oval, **bis 0,4 cm lang**, **± 1 mm breit**, 3–10-mal so lang wie breit; OBERSEITS: rinnig.

In den Alpen die subsp. *cherlerioides* (endemisch) u. *rionii* (endemisch) (vgl. S. 732).

- **Schutt- o. Felsfluren**
- an nährstoffarmen, kalkreichen, meist trockenen Standorten
- endemisch

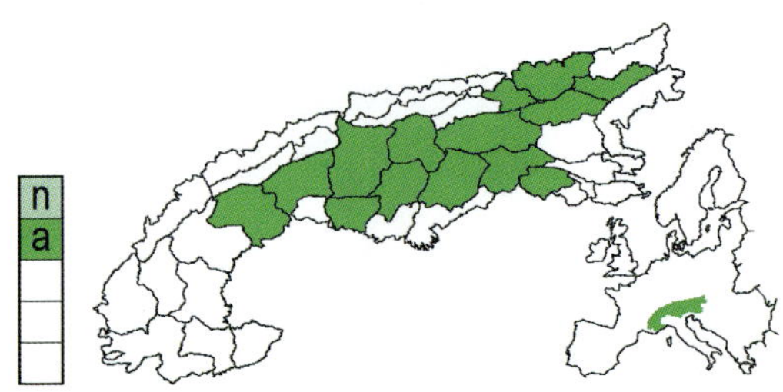

Minuartia grignensis (Rchb.) Mattf.

Grigna-Miere *Caryophyllaceae*
VI–VIII * K5 C5 A10 G(3)

Bis 10 cm hoch, mehrjährig. Pflanzen: **kahl.** Blütenstand: **Stängel 5–12-blütig**. Blüten: weißlich. Blütenstiele: 8–15 mm lang. Kronblätter: **1–1,5-mal so lang wie die Kelchblätter**. Kelchblätter: lanzettlich bis eiförmig, 2–4 mm lang, kurz zugespitzt, **3-nervig**. Früchte: Kapseln, ± so lang wie die Kelchblätter, 3-zähnig. Blätter: lineal bis lanzettlich, **0,3–1 cm lang**, **< 1 mm breit**, 3-nervig.

- **Schutt- o. Felsfluren**
- an nährstoffarmen, kalkreichen, meist trockenen Standorten
- endemisch

Minuartia austriaca (Jacq.) Hayek

Österreichische Miere *Caryophyllaceae*
V–VIII * K5 C5 A10 G(3)

Bis 20 cm hoch, mehrjährig. Blütenstand: **Stängel 1–3-blütig**. Blüten: weißlich. Blütenstiele: **> 25 mm lang**, **> 4-mal so lang wie der Kelch**. Kronblätter: **1,5–2-mal so lang wie die Kelchblätter**. Kelchblätter: 4–6 mm lang, spitz, **3-nervig**. Früchte: Kapseln, ± 1,5-mal so lang wie die Kelchblätter, 3-zähnig. Blätter: lineal bis lanzettlich, **1–2,2 cm lang**, **0,5–1 mm breit**, > 4-mal so lang wie breit, kahl, 3-nervig.

- **Schutt- o. Felsfluren**
- an nährstoffarmen, kalkreichen Standorten
- einheimisch

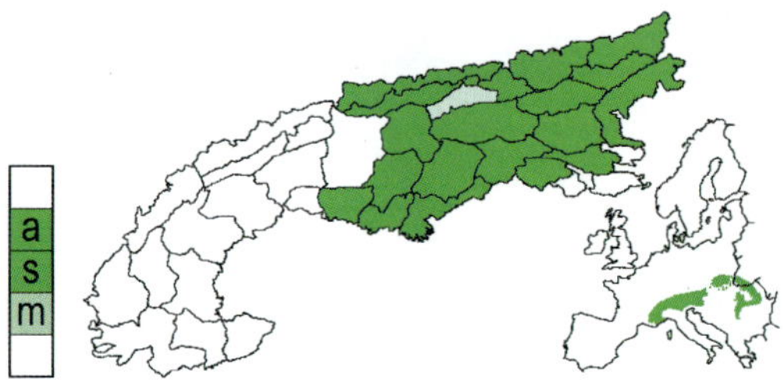

Minuartia verna (L.) Hiern

Frühlings-Miere *Caryophyllaceae*
IV–VIII * K5 C5 A10 G(3)

Bis 15 cm hoch, mehrjährig. Blütenstand: **Stängel 1–8-blütig**. Blüten: weißlich. Blütenstiele: 4–8 mm lang, behaart. Kronblätter: **1–1,2-mal so lang wie die Kelchblätter**, distal abgerundet. Kelchblätter: lanzettlich, 2–4 mm lang, allmählich zugespitzt, **3-nervig**. Früchte: Kapseln, ± so lang wie die Kelchblätter, 3-zähnig. Stängel: drüsig behaart. Blätter: lineal bis lanzettlich, **0,3–1 cm lang**, **0,5–1 mm breit**, > 4-mal so lang wie breit, 3-nervig, zumindest basal 3-nervig. – Inkl. *M. gerardii.*

In den Alpen nur die subsp. *verna*.

- **subalpine o. alpine Rasen**, Schutt- o. Felsfluren, Alluvionen, Extensivgrünland o. Magerrasen
- an nährstoffarmen, auch schwermetallhaltigen Standorten
- einheimisch

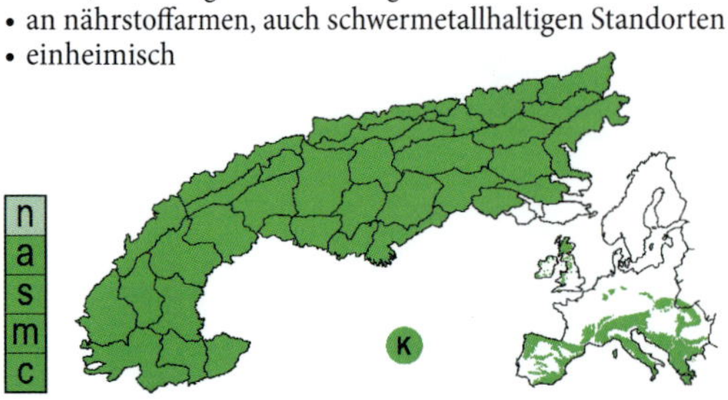

Cherleria biflora (L.) A. J. Moore & Dillenb.

Zweiblütige Miere *Caryophyllaceae*
VI–VIII * K5 C5 A10 G(3)

Bis 10 cm hoch, dichtrasig, mehrjährig. Blütenstand: Stängel 1–2-blütig. Blüten: weißlich. Kronblätter: **1–1,5-mal so lang wie die Kelchblätter**. Kelchblätter: 2–4 mm lang, distal abgerundet, ± kapuzenförmig gewölbt, kahl, **1-nervig**. Früchte: Kapseln, **4–6 mm lang**, 3-zähnig. Blätter: lineal bis lanzettlich, **0,6–1,2 cm lang**.

- **subalpine o. alpine Rasen**, Schutt- o. Felsfluren, Schneetälchen
- einheimisch

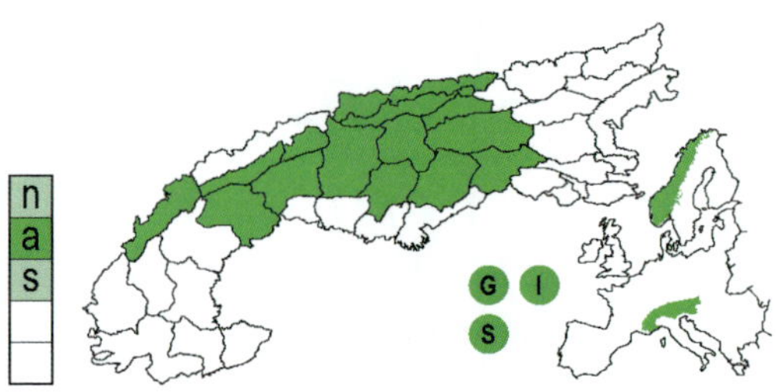

Cherleria langii (G. Reuss) A. J. Moore & Dillenb.

Kitaibels Miere *Caryophyllaceae*
VI–VIII ∗ K5 C5 A10 G(3)

Bis 30 cm hoch, mehrjährig. PFLANZEN: dicht behaart. BLÜTENSTAND: Stängel 1–6-blütig. BLÜTEN: weißlich. KRONBLÄTTER: **± 2-mal so lang wie die Kelchblätter**. KELCHBLÄTTER: 6–7 mm lang, distal abgerundet, ± kapuzenförmig gewölbt, lang behaart, *ohne* Drüsenhaare, **≤ 3-nervig**. FRÜCHTE: Kapseln, 1,5–2-mal so lang wie die Kelchblätter, 3-zähnig. SAMEN: 1–1,5 mm lang. STÄNGEL: basal niederliegend. BLÄTTER: lineal bis lanzettlich, **0,6–1,2 cm lang**.

- **Schutt- o. Felsfluren**, Alluvionen
- an nährstoffarmen, kalkreichen, trockenen Standorten
- einheimisch

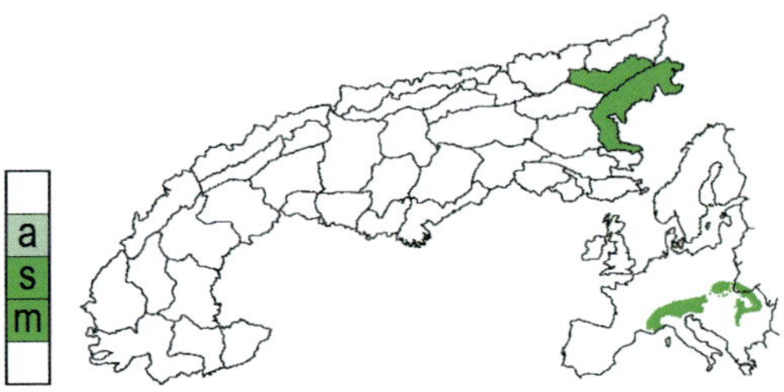

Cherleria laricifolia (L.) Iamonico

Lärchenblättrige Miere *Caryophyllaceae*
VI–VIII ∗ K5 C5 A10 G(3)

Bis 15 cm hoch, mehrjährig. BLÜTENSTAND: Stängel 2–3-blütig. BLÜTEN: weißlich. BLÜTENSTIELE: 5–15 mm lang. KRONBLÄTTER: etwas länger als die Kelchblätter. KELCHBLÄTTER: 3–5 mm lang, distal abgerundet, ± kapuzenförmig gewölbt, drüsig behaart, **distal 1–3-nervig**. FRÜCHTE: Kapseln, < 1,5-mal so lang wie die Kelchblätter, 3-zähnig. STÄNGEL: niederliegend, an den Knoten wurzelnd. BLÄTTER: lineal bis lanzettlich, **0,2–0,5 cm lang**, spitz, 5–7-nervig; OBERSEITS: flach.

In den Alpen nur die subsp. *laricifolia*.

- **Schutt- o. Felsfluren**, Alluvionen, Wälder
- an nährstoffarmen, sauren Standorten
- einheimisch

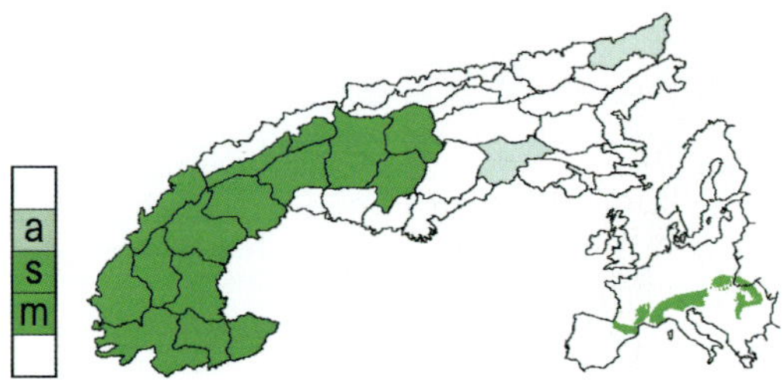

Cherleria rupestris (Labill.) A. J. Moore & Dillenb.

Felsen-Miere *Caryophyllaceae*
VI–VIII ∗ K5 C5 A10 G(3)

Bis 15 cm hoch, mehrjährig. BLÜTEN: weißlich. KRONBLÄTTER: **etwas länger als die Kelchblätter**. KELCHBLÄTTER: 3–5 mm lang, distal abgerundet, ± kapuzenförmig gewölbt, drüsig behaart, **distal 1–3-nervig**. FRÜCHTE: Kapseln, **kürzer als die Kelchblätter**, 3-zähnig. BLÄTTER: lanzettlich bis oval, **0,2–0,5 cm lang**, spitz, 5–7-nervig; OBERSEITS: flach.

- subalpine o. alpine Rasen, **Schutt- o. Felsfluren**
- an nährstoffarmen, kalkreichen, meist trockenen Standorten
- endemisch

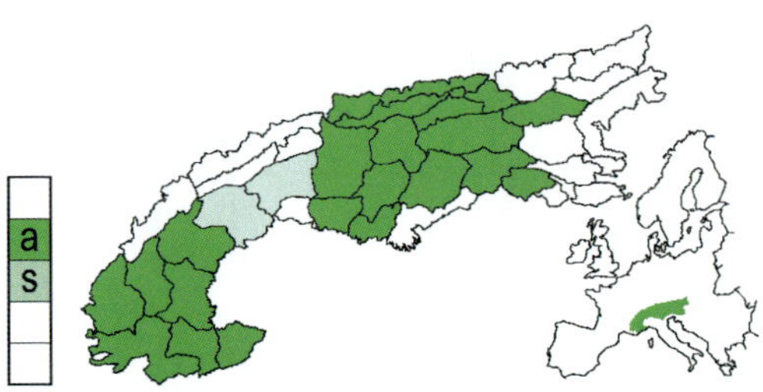

Cherleria sedoides L.

Zwerg-Miere *Caryophyllaceae*
VI–VIII ∗ K5 C5 A10 G(3)

Bis 10 cm hoch, polsterförmig, mehrjährig. BLÜTENSTAND: **Stängel 1-blütig**. BLÜTEN: weißlich. KRONBLÄTTER: **fehlend *oder* fädlich, kürzer als die Kelchblätter**. KELCHBLÄTTER: 1–3 mm lang, distal abgerundet, ± kapuzenförmig gewölbt. FRÜCHTE: Kapseln, 3-zähnig. STÄNGEL: basal zuweilen verholzt. BLÄTTER: lineal bis lanzettlich, **0,3–0,6 cm lang**.

- **subalpine o. alpine Rasen, Schutt- o. Felsfluren**
- an nährstoffarmen Standorten
- einheimisch

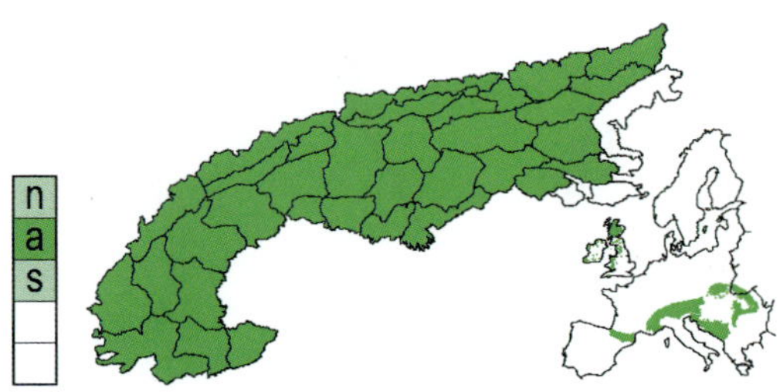

Moehringia bavarica (L.) Gren.

Steirische Nabelmiere *Caryophyllaceae*
V–VIII * K5 C5 A10 G(3)

Bis 30 cm hoch, mehrjährig. Pflanzen: **blau- bis graugrün**. Blütenstand: Stängel 1–3-blütig. Blüten: weißlich. Kronblätter: **1–2-mal so lang wie die Kelchblätter**. Kelchblätter: 3-nervig. Früchte: Kapseln, 6-zähnig. Elaiosom: groß, **gelappt**. Stängel: **überhängend o. basal niederliegend**. Blätter: **sukkulent**, blau- bzw. graugrün, lineal bis länglich-lanzettlich, **1–2 mm breit**, > 4-mal so lang wie breit, 1-nervig. mittlere Stängelblätter: **meist 0,5–1,5 cm lang**.

In den Alpen nur die subendemische subsp. *bavarica*.

- **Schutt- o. Felsfluren**
- an nährstoffarmen, basenreichen, meist trockenen Standorten
- einheimisch (subendemisch)

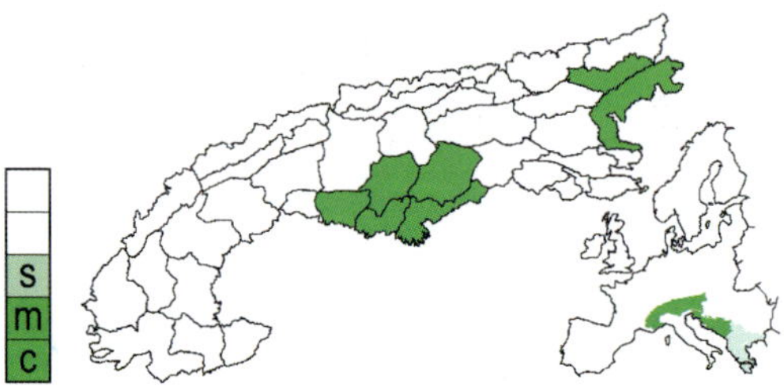

Moehringia insubrica Degen

Insubrische Nabelmiere *Caryophyllaceae*
V–VII * K5 C5 A10 G(3)

Bis 30 cm hoch, mehrjährig. Pflanzen: **blau- bis graugrün**. Blütenstand: Stängel 1–3-blütig. Blüten: weißlich. Kronblätter: **1–2-mal so lang wie die Kelchblätter**. Kelchblätter: 3-nervig. Früchte: Kapseln, 6-zähnig. Elaiosom: groß, **gelappt**. Stängel: **überhängend o. basal niederliegend, deutlich in Nodien u. Internodien gegliedert**. Blätter: **sukkulent**, blau- bzw. graugrün bis dunkelgrün, lineal bis länglich-lanzettlich, **1–2 mm breit**, > 4-mal so lang wie breit, 1-nervig. mittlere Stängelblätter: **meist < 0,5 cm lang**.

- **Schutt- o. Felsfluren**
- an nährstoffarmen, basenreichen, meist trockenen Standorten
- endemisch

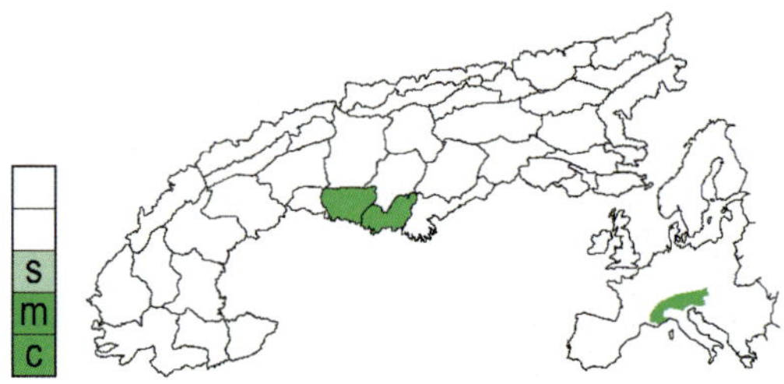

Moehringia ciliata (Scop.) Dalla Torre

Bewimperte Nabelmiere *Caryophyllaceae*
V–VIII * K5 C5 A10 G(3)

Bis 20 cm hoch, mehrjährig. Blütenstand: Stängel 1–3-blütig. Blüten: weißlich. Blütenstiele: 10–15 mm lang. Kronblätter: 3–5 mm lang, **1,2–1,8-mal so lang wie die Kelchblätter**, schmal. Kelchblätter: **distal abgerundet**. Früchte: Kapseln, 6-zähnig. Samen: 1–1,4 mm lang. Elaiosom: klein, **± ganzrandig**. Stängel: zumindest basal niederliegend. Blätter: meist schwach sukkulent, lineal bis länglich-lanzettlich, bis 1,2 cm lang, > 4-mal so lang wie breit, **am Rand bewimpert**, 1-nervig.

- subalpine o. alpine Rasen, **Schutt- o. Felsfluren**
- an nährstoffarmen, basenreichen Standorten
- einheimisch

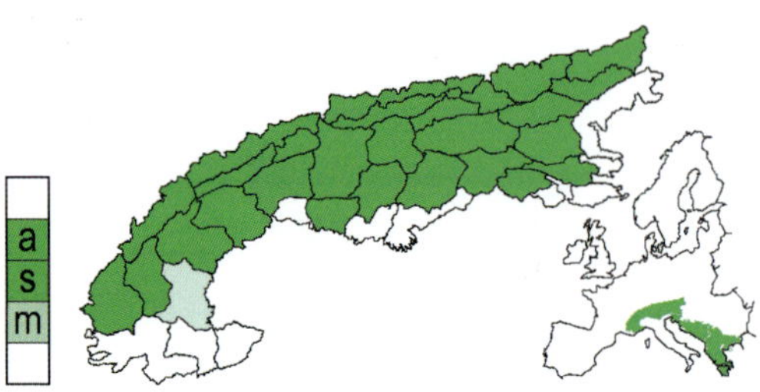

Moehringia concarenae F. Fen. & F. Martini

Concarena Nabelmiere *Caryophyllaceae*
V–VI * K5 C5 A10 G(3)

Bis 20 cm hoch, mehrjährig. Blütenstand: Stängel 1–3-blütig. Blüten: weißlich. Blütenstiele: 10–15 mm lang. Kronblätter: 1,5–3 mm lang, **0,6–1,1-mal so lang wie die Kelchblätter**, schmal. Kelchblätter: **distal abgerundet**. Früchte: Kapseln, 6-zähnig. Samen: 0,7–1,1 mm lang. Elaiosom: klein, **± ganzrandig**. Stängel: zumindest basal niederliegend. Blätter: meist schwach sukkulent, lineal bis länglich-lanzettlich, bis 1,2 cm lang, > 4-mal so lang wie breit, 1-nervig.

- **Schutt- o. Felsfluren**
- an nährstoffarmen, kalkreichen Standorten
- endemisch

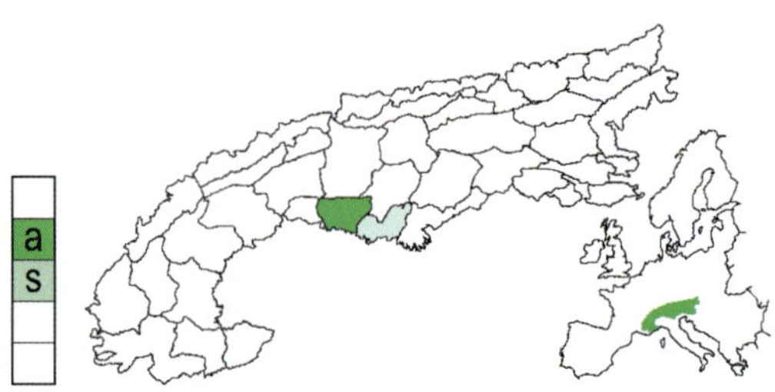

Moehringia dielsiana Mattf.

Diels' Nabelmiere *Caryophyllaceae*

V–VII ⁎ K5 C5 A10 G(3)

Bis 20 cm hoch, mehrjährig. Blütenstand: Stängel 1-blütig. Blüten: weißlich. Blütenstiele: 10–15 mm lang. Kronblätter: 5–6 mm lang. Kelchblätter: 1-nervig. Früchte: Kapseln, 6-zähnig. Elaiosom: **± ganzrandig**. Stängel: **überhängend o. basal niederliegend**. Blätter: **sukkulent**, blau- bzw. graugrün, länglich-lanzettlich bis spatelförmig, bis 1,2 cm lang, **1,5–3 mm breit**, 1-nervig.

- **Schutt- o. Felsfluren**
- an nährstoffarmen, kalkreichen Standorten
- endemisch

Moehringia diversifolia W. D. J. Koch

Verschiedenblättrige Nabelmiere *Caryophyllaceae*

IV–VII ⁎ K5 C5 A10 G(3)

10–30 cm hoch, mehrjährig. Blütenstand: Stängel 1–5-blütig. Blüten: weißlich. Blütenstiele: 20–80 mm lang. Kronblätter: **± so lang wie die Kelchblätter**. Früchte: Kapseln, 6-zähnig. Stängel: basal niederliegend. Blätter: **die unteren spatelförmig bis breit oval, die oberen länglich-lanzettlich**, 1-nervig.

- **Schutt- o. Felsfluren**
- an nährstoffarmen, sauren Standorten
- endemisch

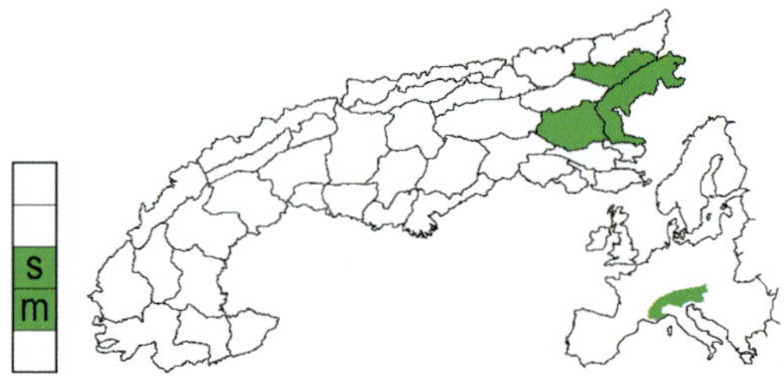

Moehringia glaucovirens Bertol.

Graugrüne Nabelmiere *Caryophyllaceae*

VI–VIII ⁎ K5 C5 A10 G(3)

Bis 15 cm hoch, dichtrasig, mehrjährig. Blütenstand: Stängel 1–3-blütig. Blüten: weißlich. Kronblätter: **± so lang wie die Kelchblätter**, breit, die Kelchblätter verdeckend. Kelchblätter: 1-nervig. Früchte: Kapseln, 6-zähnig. Stängel: **überhängend o. basal niederliegend**. Blätter: lineal bis länglich-lanzettlich, < **0,8 mm breit**, > 4-mal so lang wie breit, 1-nervig.

- **Schutt- o. Felsfluren**
- an nährstoffarmen, kalkreichen Standorten
- endemisch

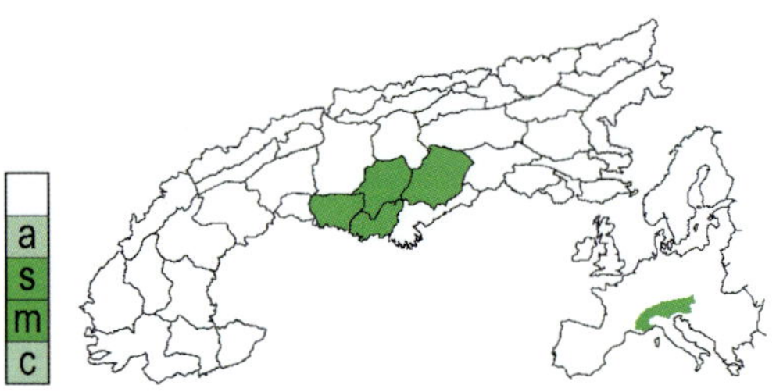

Moehringia intermedia (Loisel.) Panizzi

Mittlere Nabelmiere *Caryophyllaceae*

IV–VII ⁎ K4 C4 A10 G(3)

10–30 cm hoch, mehrjährig. Blütenstand: Stängel 1–5-blütig. Blüten: weißlich. Blütenstiele: 3–6-mal so lang wie der Kelch. Blütenhülle: **je Kreis 4-blättrig**. Kronblätter: **± 2-mal so lang wie die Kelchblätter**. Früchte: Kapseln, 6-zähnig. Elaiosom: groß, **gelappt**. Stängel: **überhängend o. basal niederliegend**. Blätter: dunkelgrün, lineal bis länglich-lanzettlich, 1–2 cm lang, **2–4 mm breit**, 1-nervig.

- **Schutt- o. Felsfluren**
- an nährstoffarmen, kalkreichen Standorten
- subendemisch

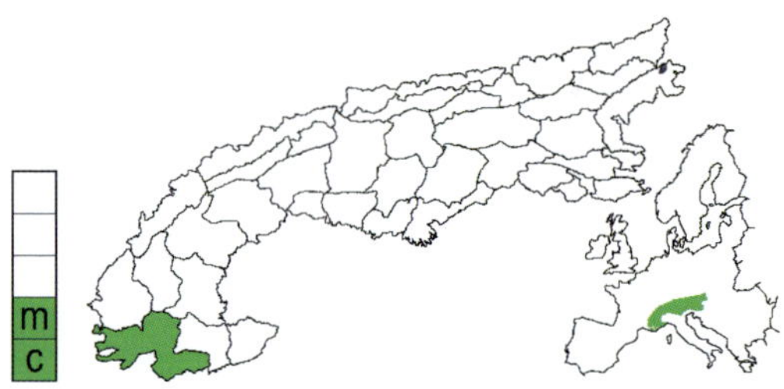

Moehringia lebrunii Merxm.

Lebruns Nabelmiere *Caryophyllaceae*
IV–VII ∗ K5 C5 A10 G(3)

Bis 15 cm hoch, mehrjährig. Blütenstand: Stängel 1–3-blütig. Blüten: weißlich. Blütenstiele: 20–80 mm lang. Kronblätter: < 7 mm lang. Kelchblätter: 3-nervig. Früchte: Kapseln, 6-zähnig. Elaiosom: groß, **gelappt**. Stängel: **überhängend o. basal niederliegend**. Blätter: allenfalls schwach sukkulent, frisch- bis dunkelgrün, länglich-lanzettlich bis spatelförmig, 1–2,5 cm lang, **2–3 mm breit**, 1-nervig.

- **Schutt- o. Felsfluren**
- an nährstoffarmen, kalkreichen Standorten
- endemisch

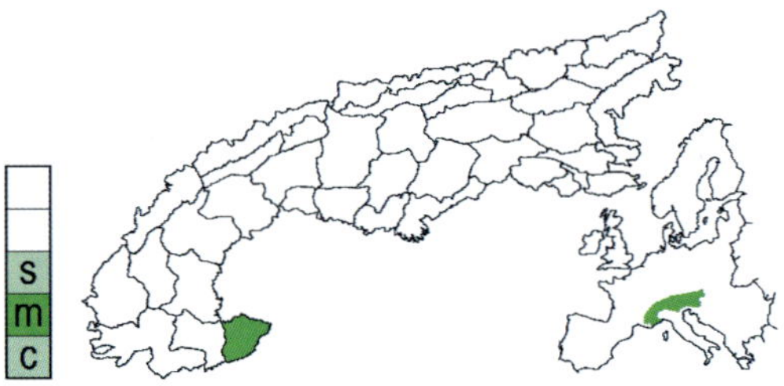

Moehringia markgrafii Merxm. & Gutermann

Markgrafs Nabelmiere *Caryophyllaceae*
V–VII ∗ K4 C4 A8 G(3)

Halbstrauch, bis 15 cm hoch, mehrjährig. Blütenstand: Stängel 1-blütig. Blüten: weißlich. Blütenstiele: 10–12 mm lang, 3–4-mal so lang wie der Kelch. Blütenhülle: **je Kreis 4-blättrig**. Kronblätter: **± so lang wie die Kelchblätter**. Kelchblätter: 1-nervig. Früchte: Kapseln, 6-zähnig. Elaiosom: groß, **gelappt**. Stängel: **überhängend o. basal niederliegend**. Blätter: **die unteren spatelförmig bis breit oval, die oberen länglich-lanzettlich, sukkulent**, frischgrün, 1-nervig.

- **Schutt- o. Felsfluren**
- an nährstoffarmen, kalkreichen, trockenen Standorten
- endemisch

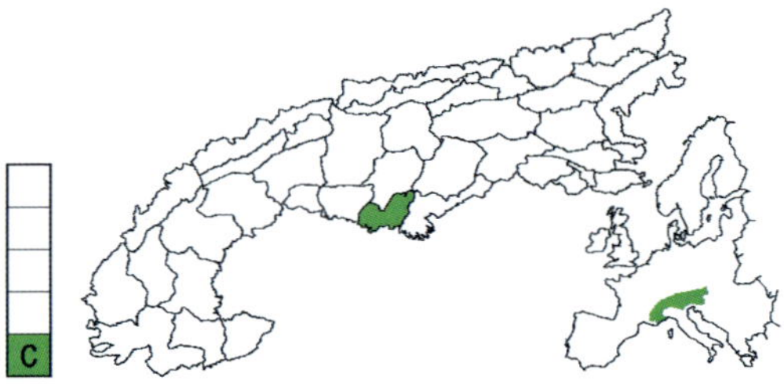

Moehringia muscosa L.

Moos-Nabelmiere *Caryophyllaceae*
IV–IX ∗ K4 C4 A8 G(2)

Bis 30 cm hoch, mehrjährig. Blütenstand: Stängel 2–6-blütig. Blüten: weißlich. Blütenstiele: 3–6-mal so lang wie der Kelch. Blütenhülle: **je Kreis 4-blättrig**. Kronblätter: **1,2–1,8-mal so lang wie die Kelchblätter**. Kelchblätter: 1-nervig. Fruchtknoten: **2-blättrig**. Früchte: Kapseln, **4-zähnig**. Elaiosom: klein, **± ganzrandig**. Stängel: zumindest basal niederliegend. Blätter: allenfalls schwach sukkulent, frischgrün, lineal bis länglich-lanzettlich, 1,5–5 cm lang, **0,2–1,2 mm breit**, 4–8-mal so lang wie breit, 1-nervig.

- **Schutt- o. Felsfluren, Wälder**
- an nährstoffarmen Standorten
- einheimisch

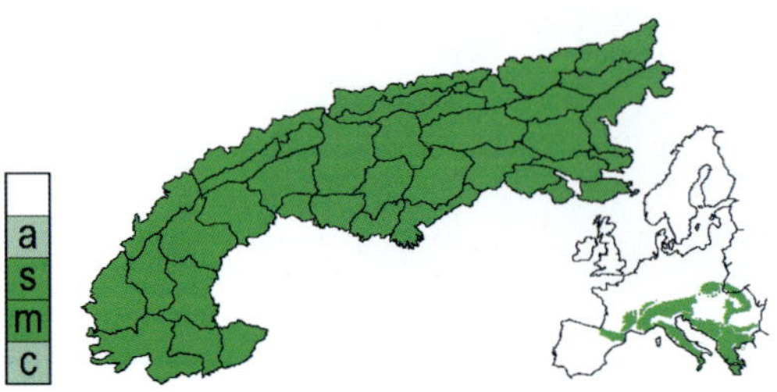

Moehringia sedoides (Pers.) Loisel.

Fetthennen-Nabelmiere *Caryophyllaceae*
IV–VII ∗ K4 C4 A8 G(3)

Bis 25 cm hoch, dichtrasig bis polsterförmig, mehrjährig. Blüten: weißlich. Blütenstiele: 3–6-mal so lang wie der Kelch. Blütenhülle: **je Kreis 4-blättrig**. Früchte: Kapseln, 6-zähnig. Stängel: **überhängend o. basal niederliegend**. Blätter: **sukkulent, blau- bzw. graugrün**, lineal bis länglich-lanzettlich, 0,5–1 cm lang, 1-nervig.

- **Schutt- o. Felsfluren**
- an nährstoffarmen, kalkreichen Standorten
- endemisch

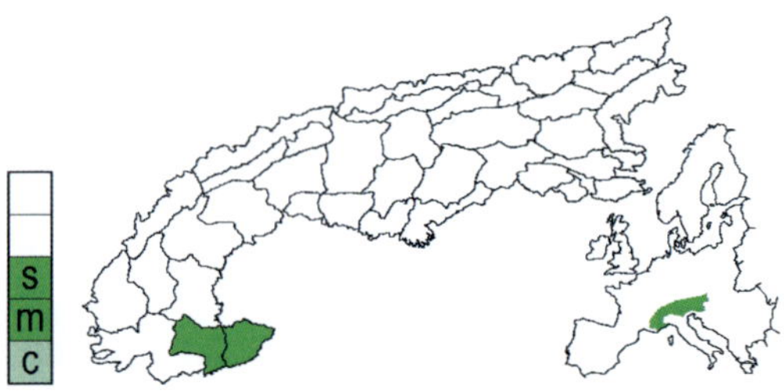

Moehringia villosa (Wulfen) Fenzl

Zottige Nabelmiere *Caryophyllaceae*
V–VIII ∗ K5 C5 A10 G($\underline{3}$)

Bis 15 cm hoch, mehrjährig. Blütenstand: Stängel 1–5-blütig. Blüten: weißlich. Kronblätter: < 7 mm lang. Kelchblätter: 1-nervig. Früchte: Kapseln, 6-zähnig. Stängel: zumindest basal niederliegend, **behaart**. Blätter: **die unteren spatelförmig bis breit oval, die oberen länglich-lanzettlich, dicht behaart**, 1-nervig.

- **Schutt- o. Felsfluren**
- an nährstoffarmen, kalkreichen Standorten
- endemisch

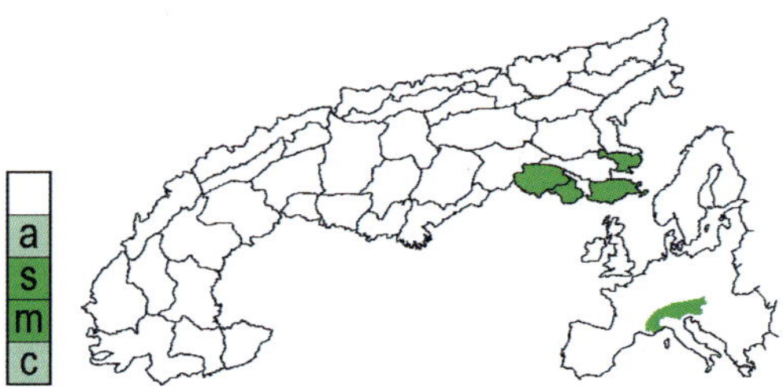

Sagina glabra (Willd.) Fenzl

Kahles Mastkraut *Caryophyllaceae*
VI–VIII ∗ K5 C5 A5–10 G($\underline{5}$)

Bis 10 cm hoch, rasig, mehrjährig. Blütenstand: Blüten einzeln bzw. dichasial. Blüten: weißlich. Blütenhülle: je Kreis 5-blättrig. Kronblätter: **1,5–2-mal so lang wie die Kelchblätter**. Staubblätter: meist 10. Griffel: 5, *zwischen* den Kelchblättern stehend. Früchte: Kapseln, 5-zähnig. Stängel: zumindest basal niederliegend. Blätter: kahl.

- **subalpine o. alpine Rasen, Grünland**
- einheimisch

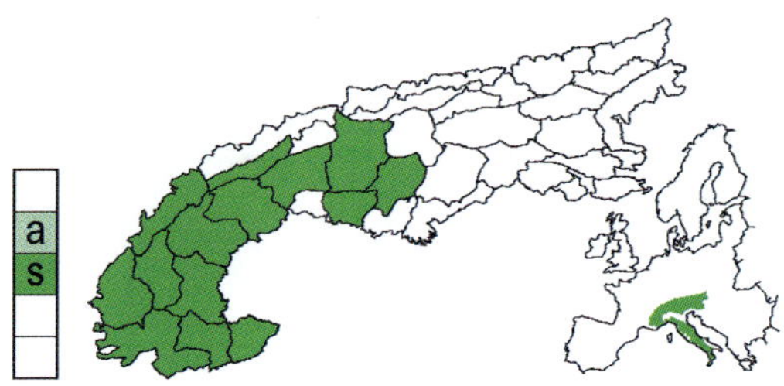

Sagina saginoides (L.) H. Karst.

Alpen-Mastkraut *Caryophyllaceae*
V–VIII ∗ K5 C5 A10 G($\underline{5}$)

Bis 10 cm hoch, dichtrasig, mehrjährig. Blütenstand: Blüten einzeln bzw. dichasial. Blüten: weißlich. Blütenhülle: je Kreis 5-blättrig. Kronblätter: **± so lang wie die Kelchblätter**. Kelchblätter: kahl. Staubblätter: **meist 10**, selten 5. Griffel: 5, *zwischen* den Kelchblättern stehend. Früchte: Kapseln, **1,25–2-mal so lang wie der Kelch**, 5-zähnig. Stängel: zumindest basal niederliegend. Blätter: mit Stachelspitze, **Stachelspitze ± 0,5-mal so lang wie die Spreite breit**, kahl.

- **subalpine o. alpine Rasen, Schneetälchen, Staudenfluren**, Quellfluren, **Moore o. Seggenriede**, Grünland, **Ruderalvegetation**
- einheimisch

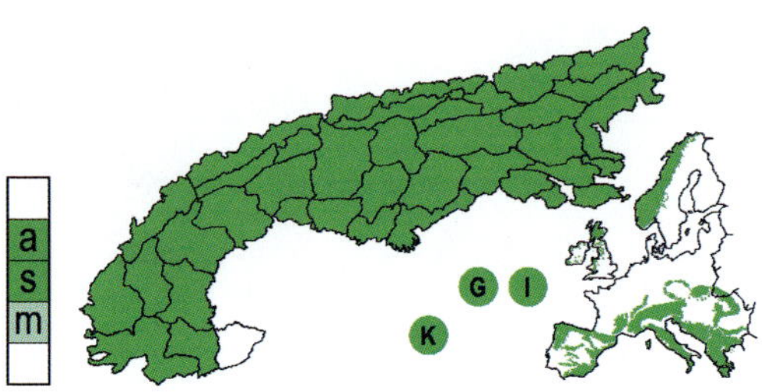

Dianthus: meist mehrjährig. Blüten: mit 2-8 außenkelch- bis hüllenartigen Hochblättern. Kronblätter: in Nagel u. Platte gegliedert. Kelchblätter: grünlich. Früchte: Kapseln. Samen: Embryo ± gerade. Blütenformel: ∗ K(5) C5 A10 G($\underline{2}$).

Dianthus alpinus L.

Ostalpen-Nelke *Caryophyllaceae*
VI–IX ∗ K(5) C5 A10 G($\underline{2}$)

Bis 20 cm hoch, dichtrasig bis polsterförmig. Hochblätter: 4, 0,5–1-mal so lang wie der Kelch. Blüten: **meist einzeln**, gestielt, violett bis rötlich, **mit weißlichen Punkten**. Kronblätter: **distal gezähnt**; Platte: 14–20 mm lang. Kelchblätter: 14–20 mm lang. Stängel: kahl. Blätter: 1–4 cm lang, **2–6 mm breit**.

- **subalpine o. alpine Rasen**
- an nährstoffarmen, kalkreichen, meist trockenen Standorten
- endemisch

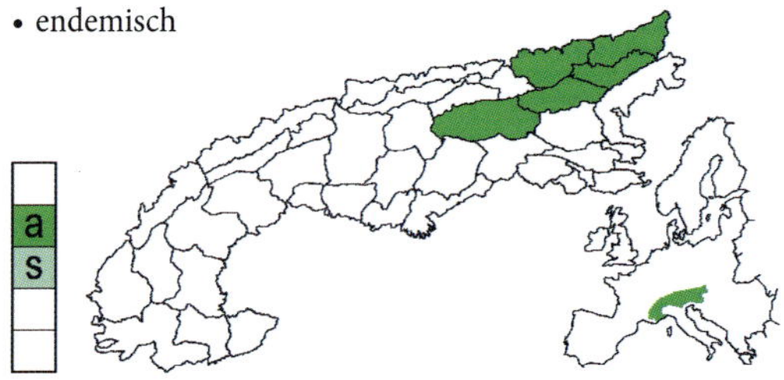

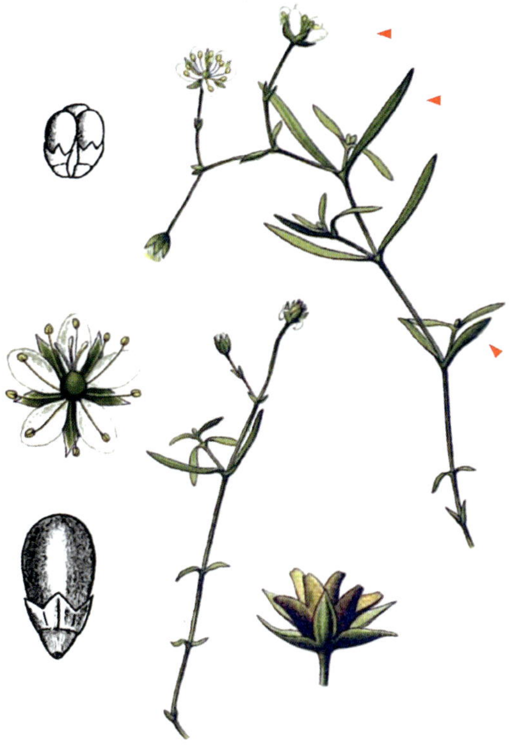

Dianthus barbatus L.

Bart-Nelke *Caryophyllaceae*
V–X ∗ K(5) C5 A10 G(2)

20–70 cm hoch. Blütenstand: **am Stängelende köpfchenartig gehäuft**, ≥ 6-blütig. Hochblätter: 4. Blüten: sitzend bis kurz gestielt, violett bis rötlich, punktiert. Kronblätter: **distal gezähnt**. Kelchblätter: 14–20 mm lang. Blätter: **5–20 mm breit**. – Häufig kultiviert u. verwildert, Abgrenzung von natürlichen u. verwilderten Vorkommen oft schwierig.

In den Alpen nur die subsp. *barbartus* (inkl. subsp. *compactus*, vgl. Fassou et al. 2022).

- subalpine o. alpine Rasen, Zwergstrauchheiden, Staudenfluren, Grünland, **Wälder**, Ruderalvegetation
- einheimisch

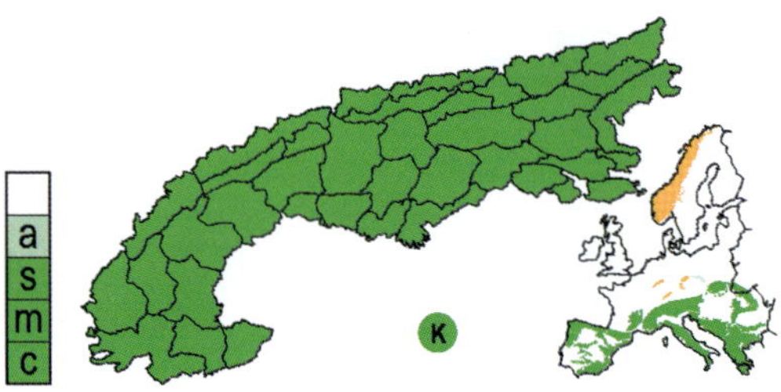

Dianthus furcatus Balb.

Gabel-Nelke *Caryophyllaceae*
IV–VIII ∗ K(5) C5 A10 G(2)

Bis 40 cm hoch, lockerrasig. Blütenstand: **Blüten einzeln o. zu wenigen dichasial**. Hochblätter: **2–6**, ± 0,5-mal so lang wie der Kelch. Blüten: rötlich-violett bis weißlich. Kronblätter: kahl bis spärlich behaart, **distal ganzrandig bis (undeutlich) gezähnt**; Platte: 4–12 mm lang. Blätter: **1–4 mm breit**.

In den Alpen die subsp. *furcatus* (endemisch), *dissimilis* (endemisch) u. *lereschii* (endemisch) (vgl. S. 732).

- **subalpine o. alpine Rasen**, Schutt- o. Felsfluren, **Extensivgrünland o. Magerrasen**
- an nährstoffarmen, trockenen Standorten
- einheimisch

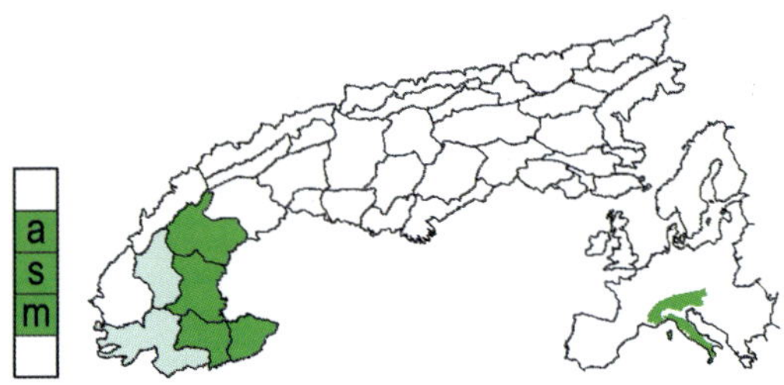

Dianthus glacialis Haenke

Gletscher-Nelke *Caryophyllaceae*
VI–VIII ∗ K(5) C5 A10 G(2)

Bis 5 cm hoch, dichtrasig bis polsterförmig. Hochblätter: 4, länger als der Kelch. Blüten: **meist einzeln**, gestielt, violett bis rötlich, in Schlund oft dunkler gestreift. Kronblätter: **distal gezähnt**; Platte: 8–12 mm lang. Kelchblätter: 12–16 mm lang. Stängel: kahl. Blätter: 2–5 cm lang, **1–2 mm breit**.

In den Alpen nur die subsp. *glacialis*.

- **subalpine o. alpine Rasen**
- an nährstoffarmen Standorten
- einheimisch

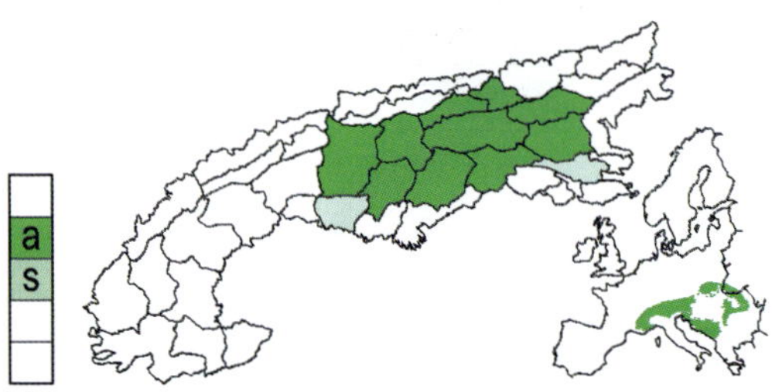

Dianthus pavonius Tausch

Pfauen-Nelke *Caryophyllaceae*
VI–IX ∗ K(5) C5 A10 G(2)

Bis 25 cm hoch, dichtrasig. Blütenstand: 1 (–3) -blütig. Hochblätter: **2–4**, > 0,75-mal so lang wie der Kelch. Blüten: violett bis rötlich, außen oft gelblich. Kronblätter: **Schlund kurz behaart, distal gezähnt**; Platte: 8–14 mm lang. Kelchblätter: 10–16 mm lang. Blätter: **1–3 mm breit**.

- **subalpine o. alpine Rasen**
- an nährstoffarmen Standorten
- endemisch

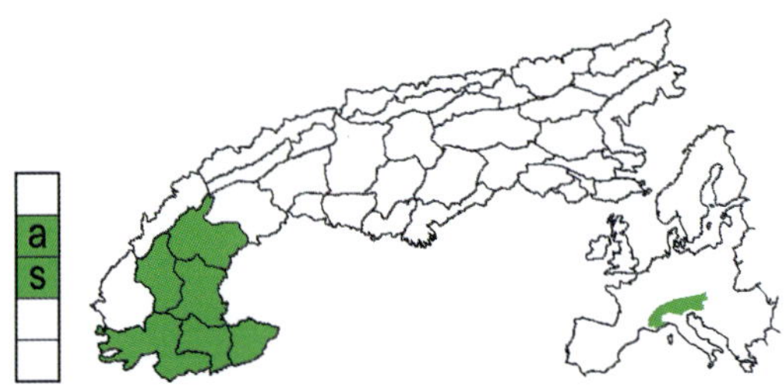

Dianthus sternbergii Capelli

Sternbergs Nelke *Caryophyllaceae*
V–VII ∗ K(5) C5 A10 G(2)

10–20 cm hoch. Hochblätter: 4, 0,3–0,5-mal so lang wie der Kelch, lang grannenspitzig. Blüten: **meist einzeln**, rosa bis hellviolett. Kronblätter: **unzerschlitztes Mittelstück der Platte breit oval, distal zu ± 50 % eingeschnitten**; Platte: 14–26 mm lang. Kelchblätter: 16–20 mm lang. Blätter: **1–3 mm breit.**

- **subalpine o. alpine Rasen**, Schutt- o. Felsfluren
- an nährstoffarmen, basenreichen, meist trockenen Standorten
- endemisch

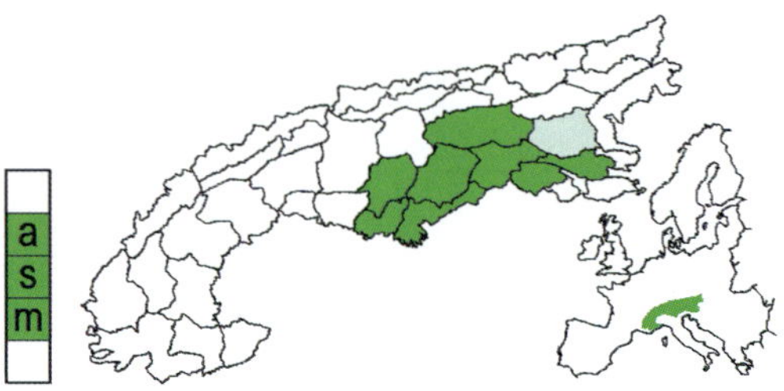

Dianthus subacaulis Vill.

Kurzstielige Nelke *Caryophyllaceae*
V–VIII ∗ K(5) C5 A10 G(2)

Bis 20 cm hoch, polsterförmig. Hochblätter: meist 4, 0,2–0,4-mal so lang wie der Kelch. Blüten: **einzeln**, gestielt, meist rosa bis violett-rötlich. Kronblätter: **distal (undeutlich) gezähnt**; Platte: 2–6 mm lang. Kelchblätter: meist 6–12 mm lang. Stängel: vor allem unten beblättert, kahl. Blätter: bis 1 cm lang, **0,6–1,5 mm breit.**

In den Alpen nur die subsp. *subacaulis*.

- subalpine o. alpine Rasen, Schutt- o. Felsfluren, **Extensivgrünland o. Magerrasen**
- an nährstoffarmen, basenreichen, meist trockenen Standorten
- einheimisch (subendemisch)

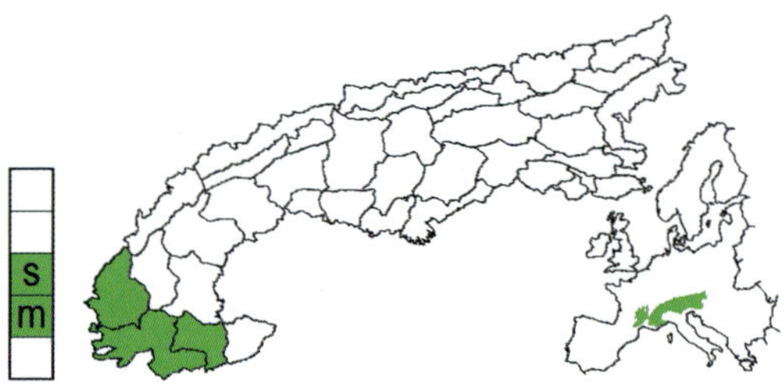

Dianthus superbus L.

Pracht-Nelke *Caryophyllaceae*
V–X ∗ K(5) C5 A10 G(2)

30–60 cm hoch. Blütenstand: **Blüten einzeln o. zu wenigen dichasial**, lockerblütig. Hochblätter: 4. Blüten: wohlriechend, rosa bis hellviolett. Kronblätter: **unzerschlitztes Mittelstück der Platte länglich-lineal, distal zu ± 50 % eingeschnitten.** Kelchblätter: 14–30 mm lang. Stängel: kahl. Blätter: **2–8 mm breit.**

In der alpinen Stufe v. a. die subsp. *alpestris*.

- **subalpine o. alpine Rasen**, Staudenfluren, Moore o. Seggenriede, **Grünland**, Wälder
- an nährstoffarmen, basenreichen Standorten
- einheimisch

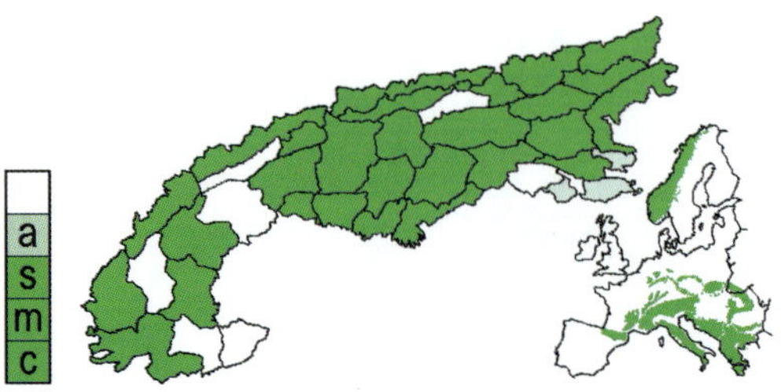

Dianthus sylvestris Wulfen

Stein-Nelke *Caryophyllaceae*
V–VIII ∗ K(5) C5 A10 G(2)

Bis 60 cm hoch, lockerrasig. Blütenstand: **Blüten einzeln o. zu wenigen dichasial.** Hochblätter: **2–4**, 0,2–0,4-mal so lang wie der Kelch. Blüten: meist rosa. Kronblätter: **Schlund kahl**, distal ganzrandig bis gezähnt; Platte: 8–16 mm lang. Kelchblätter: 12–30 mm lang. Stängel: kahl. Blätter: **0,5–2 mm breit.**

In der alpinen Stufe v. a. die subsp. *sylvestris*.

- Schutt- o. Felsfluren, **Extensivgrünland o. Magerrasen**
- an nährstoffarmen, trockenen Standorten
- einheimisch

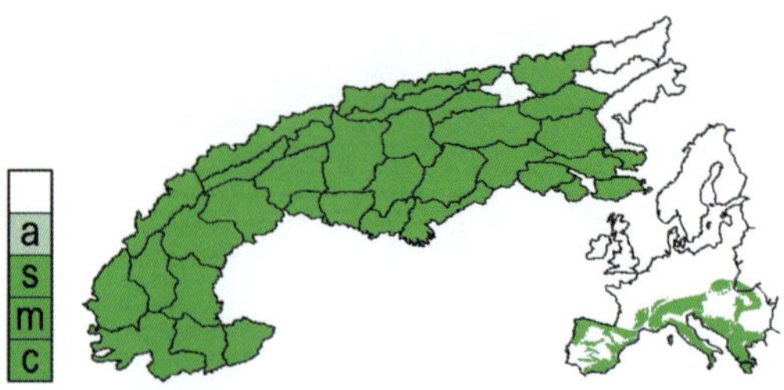

Gypsophila papillosa Porta

Warziges Gipskraut *Caryophyllaceae*
VI–X ∗ K(5) C5 A10 G(2)

20–40 cm hoch, mehrjährig. Pflanzen: kahl. Blütenstand: dichtblütig, kahl. Blüten: rosa. Blütenstiele: kürzer als der Kelch. Kronblätter: **4–6 mm lang, distal (undeutlich) eingeschnitten o. gezähnt**. Kelchblätter: 2–3 mm lang, mit schmalen trockenhäutigen Streifen. Früchte: Kapseln. Samen: nierenförmig, Embryo gebogen. Stängel: aufrecht, basal meist mit sterilen Trieben. Blätter: schwach sukkulent, **1–2 mm breit, mit feinen Papillen**.

- **Schutt- o. Felsfluren, Extensivgrünland o. Magerrasen**
- an nährstoffarmen, basenreichen, trockenen Standorten
- endemisch

Gypsophila repens L.

Kriechendes Gipskraut *Caryophyllaceae*
IV–VIII ∗ K(5) C5 A10 G(2)

Bis 25 cm hoch, mehrjährig. Pflanzen: **blau- bis graugrün**. Blütenstand: lockerblütig, kahl. Blüten: weißlich bis (hell-)rosa. Blütenstiele: länger als der Kelch. Kronblätter: **4–7 mm lang, länger als die Staubblätter u. Griffel, > 2-mal so lang wie die Kelchblätter**. Kelchblätter: 2–4 mm lang, mit schmalen trockenhäutigen Streifen. Früchte: Kapseln. Samen: nierenförmig, Embryo gebogen. Stängel: basal niederliegend, basal meist mit sterilen Trieben; unten: kahl. Blätter: sukkulent, **1–3 mm breit**, 1-nervig.

- **subalpine o. alpine Rasen, Schutt- o. Felsfluren**, Alluvionen, Staudenfluren
- an nährstoffarmen, kalkreichen Standorten
- einheimisch

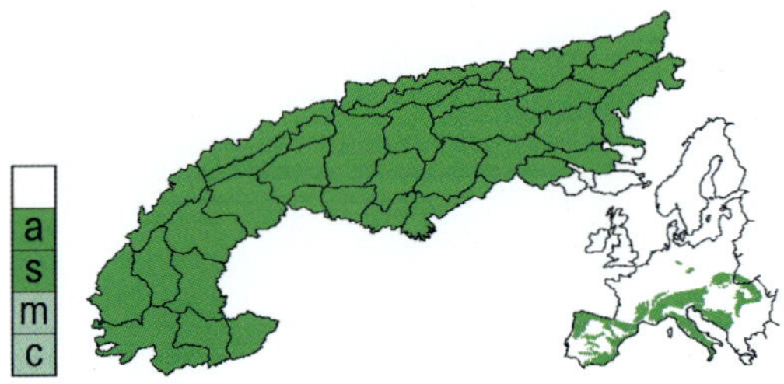

Saponaria lutea L.

Gelbes Seifenkraut *Caryophyllaceae*
VI–VIII ∗ K(5) C5 A10 G(2)

Bis 15 cm hoch, dichtrasig, mehrjährig. Pflanzen: kurzhaarig. Blütenstand: dichtblütig, Stängel ≥ 3-blütig. Blüten: **hellgelblich, Kelch meist rötlich-violett überlaufen**. Kronblätter: genagelt; Platte: 3–4 mm lang. Nebenkrone: vorhanden. Kelch: im QS rundlich bis kantig. Kelchblätter: 6–8 mm lang, behaart. Früchte: Kapseln. Samen: Embryo gebogen. Blätter: 1–4 cm lang, **1–2 mm breit, mit feinen Papillen**.

- **subalpine o. alpine Rasen**
- an nährstoffarmen, basenreichen Standorten
- endemisch

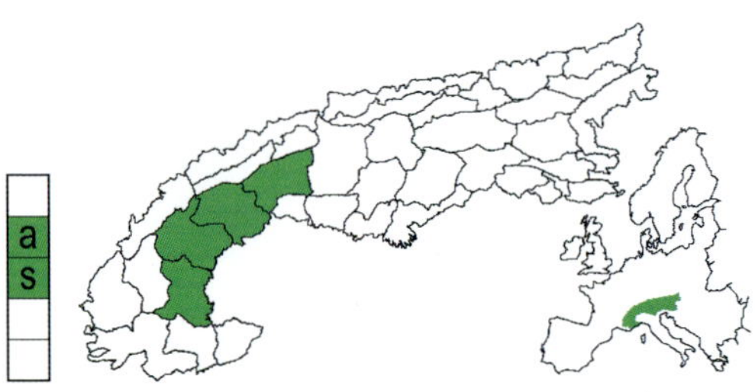

Saponaria pumila Janch.

Niedriges Seifenkraut *Caryophyllaceae*
VI–IX ∗ K(5) C5 A10 G(2)

Bis 5 cm hoch, polsterförmig, mehrjährig. Blütenstand: **Stängel 1-blütig**. Blüten: meist rosa bis rötlich. Kronblätter: genagelt; Platte: 6–10 mm lang. Nebenkrone: vorhanden. Kelch: im QS rundlich bis kantig. Kelchblätter: **12–18 mm lang**. Früchte: Kapseln. Samen: Embryo gebogen. Blätter: 1–3 cm lang, **1–2 mm breit**.

- **subalpine o. alpine Rasen**, Schutt- o. Felsfluren, **Zwergstrauchheiden**
- an sauren Standorten
- einheimisch

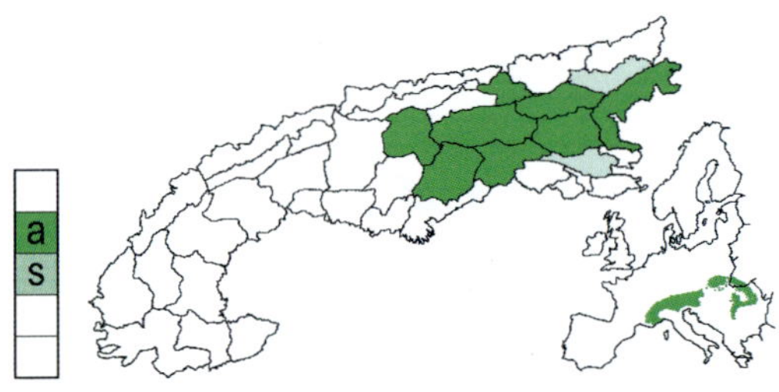

Heliosperma alpestre (Jacq.) Griseb.

Alpen-Strahlensame *Caryophyllaceae*
V–IX ∗ K(5) C5 A10 G(3)

Halbstrauch o. krautig, 10–30 cm hoch, rasig, mehrjährig. Blütenstand: an seitenständigen Ästen. Blüten: meist weißlich, selten rosa. Kronblätter: **Nagel am Rand bewimpert, 8–10 mm lang, distal tief eingeschnitten bis 4-spaltig**. Nebenkrone: **vorhanden**. Griffel: 3. Früchte: Kapseln, **8–10 mm lang**, deutlich länger als der Kelch, 6-zähnig. Samen: Samen am Rand durch zahlreiche kleine Schuppen kammartig geflügelt, geflügelt. Stängel: basal meist verholzt, derb, meist kahl; unten: **2-reihig behaart**. Blätter: **2–6 mm breit**.

- **Schutt- o. Felsfluren**, Alluvionen, Wälder
- einheimisch

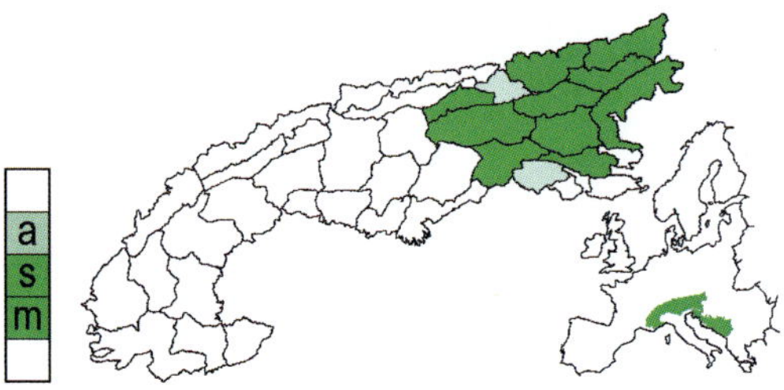

Heliosperma pusillum (Waldst. & Kit.) Rchb

Vierzähniger Strahlensame *Caryophyllaceae*
V–IX ∗ K(5) C5 A10 G(3)

Bis 25 cm hoch, rasig, mehrjährig. Blütenstand: an endständigen Ästen. Blüten: weißlich o. rosa. Kronblätter: Nagel kahl, **4–8 mm lang, distal 4-zähnig**. Nebenkrone: **vorhanden**. Kelchblätter: 2–8 mm lang, kahl o. drüsig behaart. Griffel: 3. Früchte: Kapseln, **4–8 mm lang**, etwas länger als der Kelch, basal 1-fächrig, 6-zähnig. Samen: Samen am Rand durch zahlreiche kleine Schuppen kammartig geflügelt, geflügelt. Stängel: dünn, zerbrechlich, kahl o. mit Drüsenhaaren; unten: kahl. Blätter: **1–2 mm breit**.

In den Alpen nur die subsp. *pusillum* (inkl. subsp. *pudibundum*).

- **Schutt- o. Felsfluren**, Staudenfluren
- an nährstoffarmen, basenreichen, feuchten bis nassen Standorten
- einheimisch

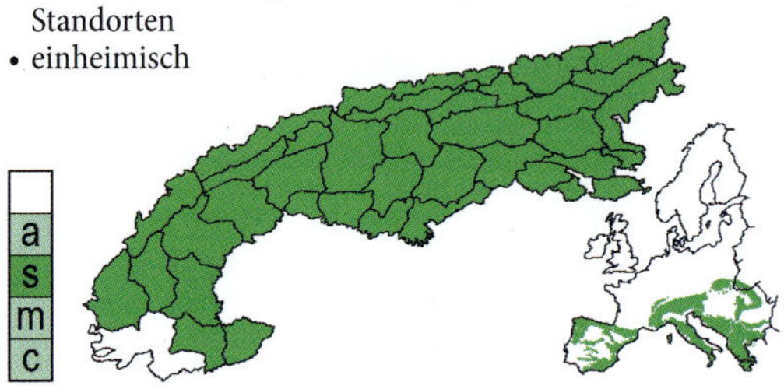

Silene rupestris L.

Felsen-Leimkraut *Caryophyllaceae*
VI–VIII ∗ K(5) C5 A10 G(3)

10–25 cm hoch, mehrjährig. Pflanzen: blau- bis graugrün, **kahl**. Blütenstand: gabelig verzweigte Dichasien, **Stängel meist ≥ 5-blütig**. Blüten: rosa bis weißlich. Kronblätter: **distal abgerundet bis ausgerandet**. Nebenkrone: **vorhanden**. Kelch: 10-nervig. Kelchblätter: **2–8 mm lang**. Griffel: **3**, *vor* den Kelchblättern stehend. Früchte: Kapseln, basal 3–6-fächrig, **6-zähnig**. Stängel: aufrecht. Blätter: länglich bis lanzettlich.

- **subalpine o. alpine Rasen**, **Schutt- o. Felsfluren**, Ruderalvegetation
- an nährstoffarmen, sauren, meist trockenen Standorten
- einheimisch

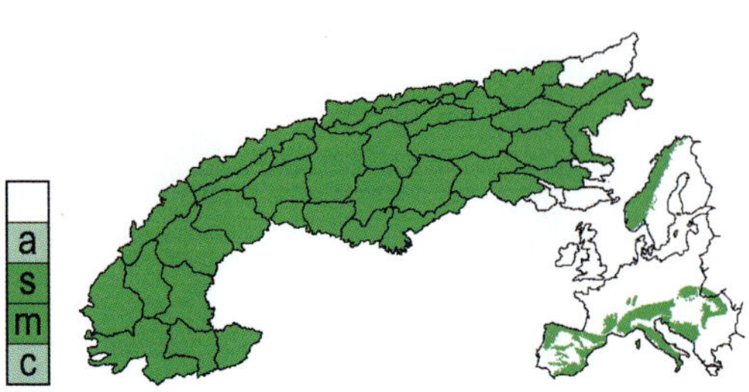

Silene vulgaris (Moench) Garcke

Gewöhnliches Leimkraut *Caryophyllaceae*
IV–X ∗ K(5) C5 A10 G(3)

Bis 100 cm hoch, mehrjährig. Blütenstand: gabelig verzweigte Dichasien. Blüten: weißlich. Kronblätter: **distal tief eingeschnitten bis 2-spaltig**. Kelch: **stark vergrößert, 20-nervig, netznervig**. Kelchblätter: kahl. Griffel: **3**. Früchte: Kapseln, basal 3–6-fächrig, **6-zähnig**. Blätter: länglich bis lanzettlich.

In den Alpen die subsp. *vulgaris*, *glareosa* u. *prostrata* (vgl. S. 732).

- **Schutt- o. Felsfluren**, Staudenfluren, **Grünland**, Wälder, Ruderalvegetation
- auch an schwermetallhaltigen Standorten
- einheimisch

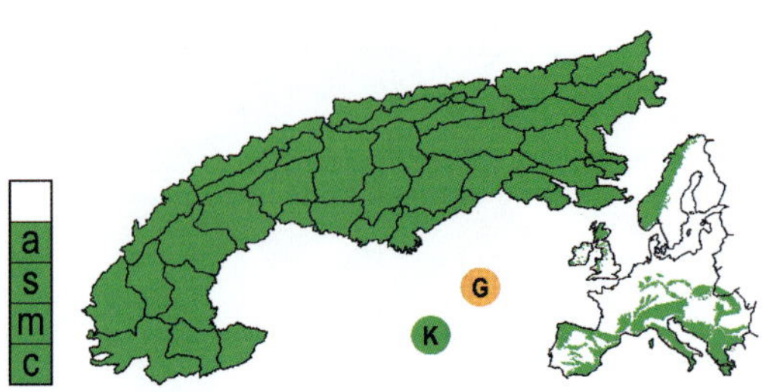

Silene cordifolia All.

Herzblättriges Leimkraut *Caryophyllaceae*

V–VIII ∗ K(5) C5 A10 G(3)

10–20 cm hoch, mehrjährig. BLÜTENSTAND: Blüten einzeln bzw. dichasial, **Stängel $\leq$ 5-blütig**. BLÜTEN: meist rosa bis rötlich. KRONBLÄTTER: **distal tief eingeschnitten bis 2-spaltig**. KELCHBLÄTTER: auf der Fläche behaart. GRIFFEL: **3**. FRÜCHTE: Kapseln. MITTLERE STÄNGELBLÄTTER: (breit) oval, **basal ausgerandet**.

- **Schutt- o. Felsfluren**
- an nährstoffarmen, sauren, trockenen Standorten
- endemisch

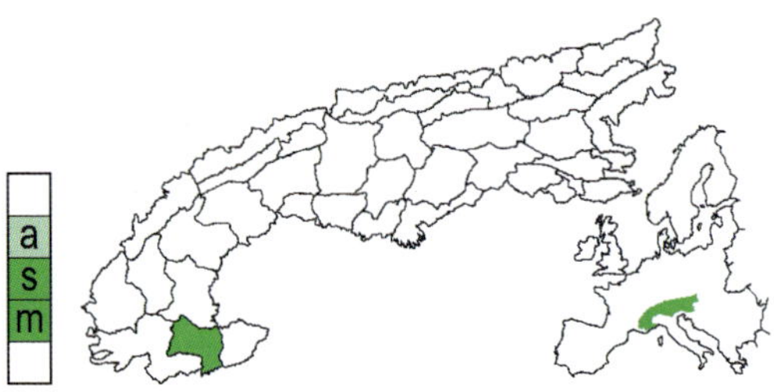

Silene elisabethae Jan

Großblütiges Leimkraut *Caryophyllaceae*

VI–IX ∗ K(5) C5 A10 G(3)

Bis 25 cm hoch, mehrjährig. PFLANZEN: **drüsig behaart**. BLÜTENSTAND: Blüten einzeln bzw. dichasial, **Stängel $\leq$ 5-blütig**. BLÜTEN: rosa bis rötlich. KRONBLÄTTER: **30–40 mm lang, distal ausgerandet bis eingeschnitten u. fein gezähnt**. KELCH: **etwas vergrößert**. KELCHBLÄTTER: auf der Fläche behaart. GRIFFEL: **3**. FRÜCHTE: Kapseln. STÄNGEL: basal niederliegend. BLÄTTER: länglich bis lanzettlich. MITTLERE STÄNGELBLÄTTER: basal verschmälert.

- **Schutt- o. Felsfluren**, Extensivgrünland o. Magerrasen
- an nährstoffarmen, kalkreichen, meist trockenen Standorten
- endemisch

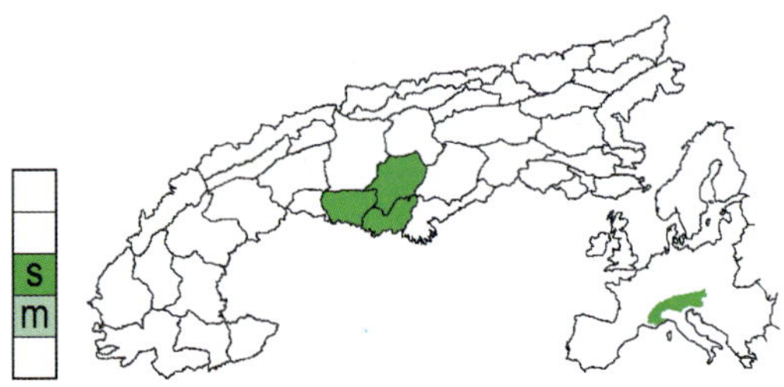

Silene vallesia L.

Walliser Leimkraut *Caryophyllaceae*

VI–VIII ∗ K(5) C5 A10 G(3)

Bis 15 cm hoch, rasig, mehrjährig. PFLANZEN: **drüsig behaart**. BLÜTENSTAND: **Stängel 1–3-blütig**. BLÜTEN: violett bis rötlich o. weißlich. KRONBLÄTTER: **distal abgerundet bis ausgerandet**. KELCHBLÄTTER: auf der Fläche behaart. FRUCHTKNOTEN: **behaart**. GRIFFEL: **3**. FRÜCHTE: Kapseln, kürzer als der Fruchtstiel, basal kurz behaart. BLÄTTER: länglich bis lanzettlich. MITTLERE STÄNGELBLÄTTER: lanzettlich.

In den Alpen die subsp. *vallesia* (endemisch) u. *graminea* (vgl. S. 732).

- **subalpine o. alpine Rasen**, Schutt- o. Felsfluren, **Extensivgrünland o. Magerrasen**
- an nährstoffarmen, meist trockenen Standorten
- einheimisch

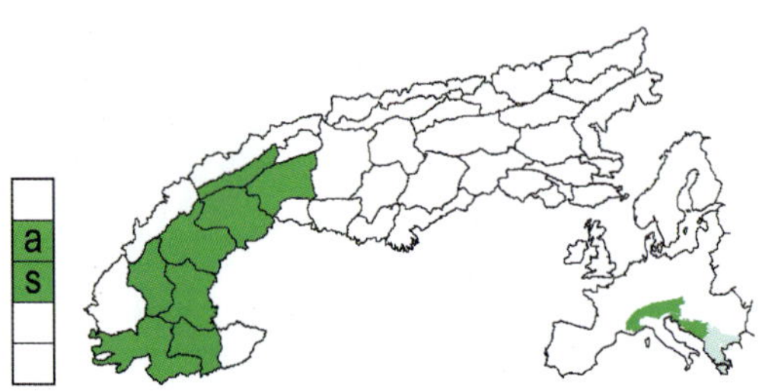

Silene acaulis (L.) Jacq.

Stängelloses Leimkraut *Caryophyllaceae*

V–IX ∗ K(5) C5 A10 G(3)

Bis 5 cm hoch, polsterförmig, mehrjährig. BLÜTENSTAND: **Stängel 1-blütig**. BLÜTEN: violett bis rötlich. KRONBLÄTTER: **distal ausgerandet bis eingeschnitten**. KELCHBLÄTTER: **3–10 mm lang**, auf der Fläche kahl. GRIFFEL: **3**. FRÜCHTE: Kapseln, basal 3–6-fächrig, **6-zähnig**. BLÄTTER: lineal bis länglich.

In den Alpen die subsp. *acaulis* u. *bryoides* (vgl. S. 732).

- **subalpine o. alpine Rasen, Schutt- o. Felsfluren**
- an nährstoffarmen, basenreichen Standorten
- einheimisch

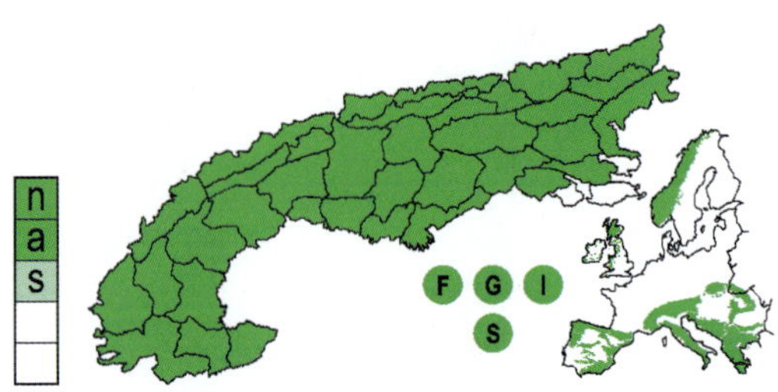

Silene campanula Pers.

Glocken-Leimkraut *Caryophyllaceae*
V–VIII ∗ K(5) C5 A10 G(3)

Bis 20 cm hoch, mehrjährig. Blütenstand: **Stängel 1–3-blütig**. Blüten: weißlich bis rosa. Kronblätter: **distal tief eingeschnitten bis 2-spaltig**. Kelchblätter: 7–9 mm lang, auf der Fläche kahl. Griffel: **3**. Früchte: Kapseln. Blätter: lineal bis länglich.

- **Schutt- o. Felsfluren**
- an nährstoffarmen, kalkreichen Standorten
- endemisch

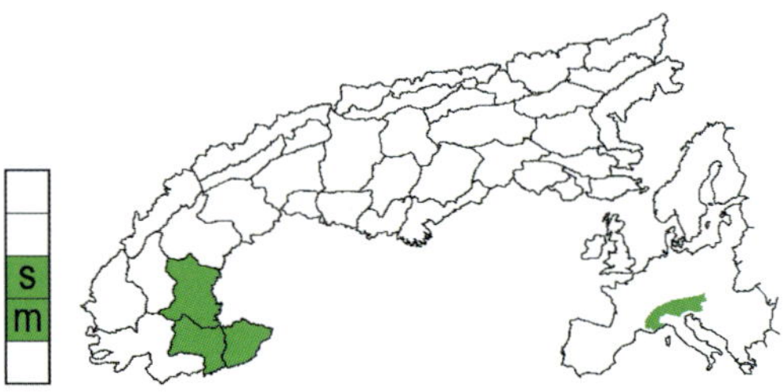

Silene saxifraga L.

Steinbrech-Leimkraut *Caryophyllaceae*
V–IX ∗ K(5) C5 A10 G(3)

10–30 cm hoch, mehrjährig. Blütenstand: **Stängel meist 1-blütig**. Blüten: innen meist weißlich; außen grünlich; außen oft rötlich überlaufen. Kronblätter: **distal tief eingeschnitten bis 2-spaltig**. Kelchblätter: 7–12 mm lang, auf der Fläche kahl. Griffel: **3**. Früchte: Kapseln, 5–14 mm lang. Stängel: **klebrig**. Blätter: länglich bis lanzettlich, 1,5–3 cm lang, 1–2 mm breit.

- **Schutt- o. Felsfluren**, Extensivgrünland o. Magerrasen
- an kalkreichen, trockenen Standorten
- einheimisch

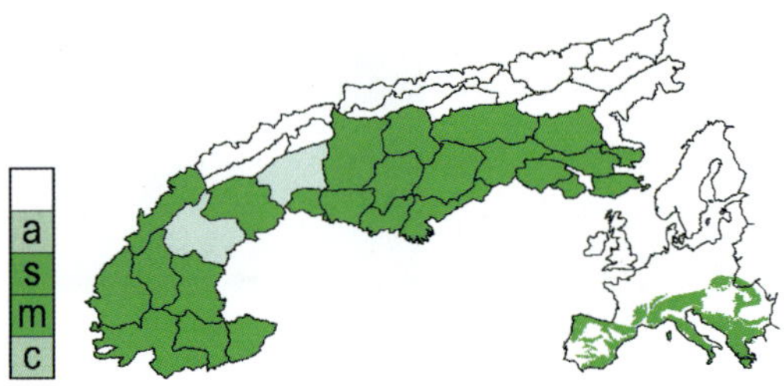

Silene suecica (Lodd.) Greuter & Burdet

Alpen-Pechnelke *Caryophyllaceae*
VI–VIII ∗ K(5) C5 A10 G(5)

Bis 15 cm hoch, mehrjährig. Pflanzen: ± kahl. Blütenstand: **kompakte Dichasien mit verkürzten Internodien**, dichtblütig, **Stängel meist 6–20-blütig**. Blüten: rosa bis violett. Kronblätter: 8–14 mm lang, **distal ausgerandet bis eingeschnitten**. Kelchblätter: **2–6 mm lang**, auf der Fläche kahl. Griffel: **5**. Früchte: Kapseln. Blätter: lanzettlich bis spatelförmig.

- **subalpine o. alpine Rasen**
- an nährstoffarmen Standorten
- einheimisch

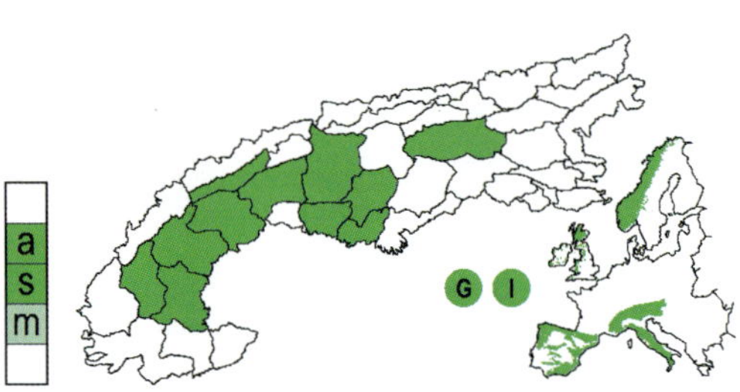

Chenopodium album L.

Weißer Gänsefuß *Amaranthaceae*
VI–X ∗ P5 A5 G(2–5)

20–150 cm hoch, 1-jährig. Blütenstand: knäuelig, in ähren- bis rispenartigem Gesamtblütenstand, **mehlig bestäubt**. Blüten: meist ⚥. Früchte: Nüsse, **vom bleibenden Perigon umschlossen**. Samen: glänzend. Seitenäste: **die unteren aufrecht abstehend**. Blätter: gestielt, am Rand meist grünlich, **länglich bis oval o. rautenförmig, basal zuweilen auch 3-lappig, Spreite 4–15 cm lang**, am Rand gezähnt bis gelappt, selten ganzrandig.

In den Alpen nur die subsp. *album*.

- **Alluvionen**, **Staudenfluren**, **Extensivgrünland o. Magerrasen**, Wälder, Äcker, **Ruderalvegetation**
- einheimisch

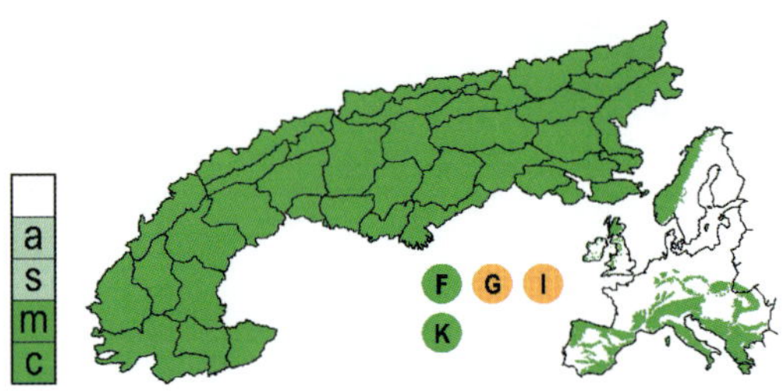

Blitum bonus-henricus (L.) Rchb.

Guter Heinrich *Amaranthaceae*
V–X ∗ P2–5 A2–5 G(2–5)

20–60 cm hoch, 1-jährig. Blütenstand: knäuelig, in ähren- bis traubenartigem Gesamtblütenstand, **mehlig bestäubt**. Knäuel: ≥ 8-blütig. Vorblätter unter den Blüten: fehlen. Blüten: meist ⚥. Blütenhülle: **an der Endblüte 5-blättrig, sonst 2–4-blättrig**. Früchte: **Nüsse**. Wurzelstock: vorhanden. Stängel: aufrecht. Blätter: gestielt, **pfeil- bzw. spießförmig, Spreite 5–25 cm lang, 30–150 mm breit.**

- **Staudenfluren**, Grünland, Wälder, **Ruderalvegetation**
- an nährstoffreichen Standorten
- einheimisch

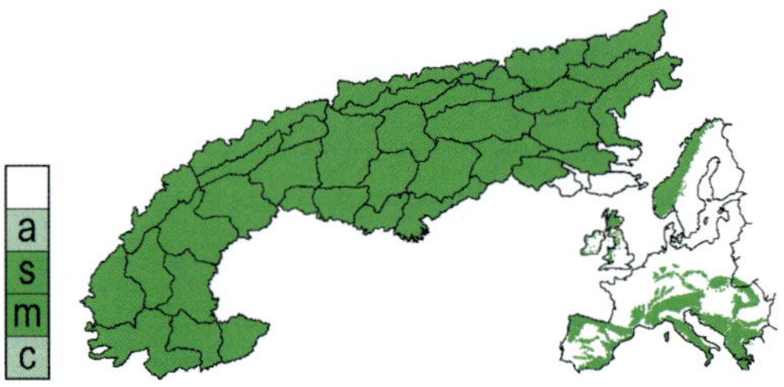

Montia fontana L.

Bach-Quellkraut *Montiaceae*
IV–IX ∗ P5 A3 G(3)

Bis 30 cm hoch, 1- bis mehrjährig. Hochblätter: **2**, unter den Blüten, **kelchartig**, **frei**. Blüten: weißlich. Perigonblätter: 1–3 mm lang. Früchte: 3-klappige Spaltkapseln, 3-samig. Samen: ± kugelig, seitliche Zellen verlängert. Stängel: zumindest basal niederliegend, auch flutend. Blattstellung: gegenständig. Blätter: **(schwach) sukkulent**, basal leicht scheidig erweitert, länglich bis spatelförmig. Grundblätter: sitzend bis kurz gestielt.

In den Alpen nur die subsp. *fontana*.

- **Quellfluren**, trockenfallende Ufer
- an nassen Standorten
- einheimisch

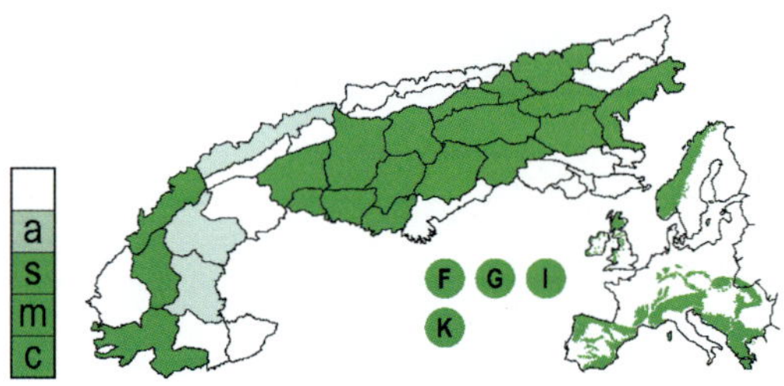

Primula: mehrjährige Kräuter. Blüten: doldenartig o. einzeln, mit ± langer Kronröhre, oft stieltellerförmig. Kronzipfel: < 0,5-mal so lang wie die Kronröhre. Früchte: Spaltkapseln. Stängel: mit grundständiger Blattrosette, *ohne* Laubblätter. Blütenformel: ∗ K(5) [C(5) A5] G(5).

Primula halleri J. F. Gmel.

Hallers Primel *Primulaceae*
V–IX ∗ K(5) [C(5) A5] G(5)

Bis 30 cm hoch. Blüten: hellrötlich bis violett. Blütenstiele: **3–10 mm lang**. Kronröhre: **15–30 mm lang**, > 2-mal so lang wie der Kelch. Kelch: **im QS kantig**. Kelchblätter: 8–12 mm lang. Blätter: in Knospenlage nach unten gerollt, **kahl**; unterseits: **mehlig bestäubt.**

In den Alpen nur die subsp. *halleri*.

- **subalpine o. alpine Rasen**, Schutt- o. Felsfluren
- an nährstoffarmen Standorten
- einheimisch

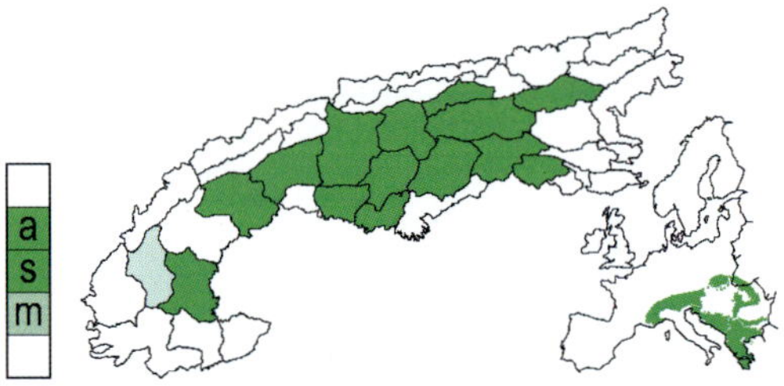

Primula farinosa L.

Mehl-Primel *Primulaceae*
IV–VIII ∗ K(5) [C(5) A5] G(5)

Bis 25 cm hoch. Blüten: meist hellrötlich bis violett; **Schlund gelblich**. Blütenstiele: **> 3 mm lang.** Kronröhre: **3–8 mm lang**, < 1,5-mal so lang wie der Kelch. Kelch: **im QS kantig**. Kelchblätter: 3–6 mm lang. Blätter: in Knospenlage nach unten gerollt, **kahl**; oberseits: **kahl**, **glatt bis schwach runzelig**; unterseits: kahl, mit hervorstehenden Nerven.

In den Alpen die subsp. *farinosa* u. *alpigena* (vgl. S. 733).

- subalpine o. alpine Rasen, Alluvionen, **Moore o. Seggenriede**, Extensivgrünland o. Magerrasen
- an nährstoffarmen, kalkreichen, wechselfeuchten bis nassen Standorten
- einheimisch

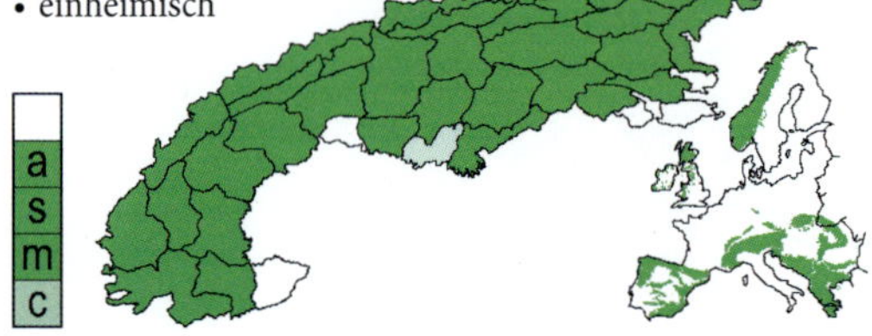

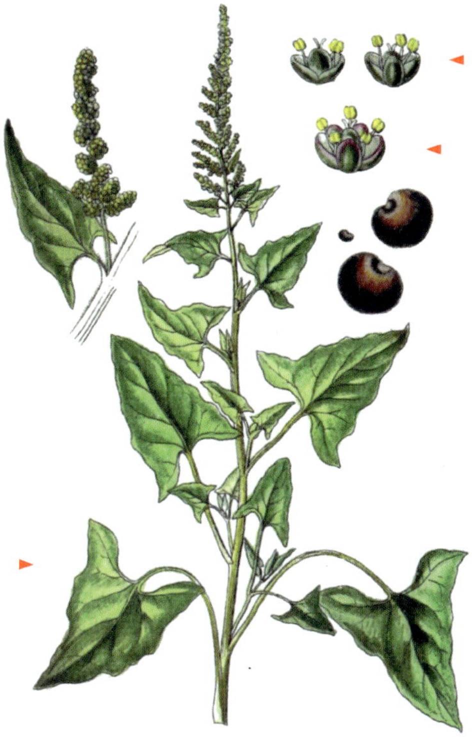

US

US

Primula glutinosa Wulfen

Klebrige Primel *Primulaceae*
VI–VIII ∗ K(5) [C(5) A5] G(5)

Bis 10 cm hoch. BLÜTENSTAND: Stängel meist 2–6-blütig; STIEL: meist 3–8 cm lang. TRAGBLÄTTER DER BLÜTEN: oval, den Kelch einschließend, **6–12 mm lang, länger als die Stiele der Blüten**. BLÜTEN: wohlriechend, violett. BLÜTENSTIELE: **1–3 mm lang**. KELCH: **im QS rundlich**. KELCHBLÄTTER: 7–18 mm lang. SAMEN: glatt. STÄNGEL: 3–8 cm lang. BLÄTTER: in Knospenlage nach oben gerollt, **> 7-mal so lang wie breit, distal seicht gezähnt, klebrig-drüsig behaart**, am Rand knorpelig verdickt, am Rand mit wenigen Zähnen.

- **subalpine o. alpine Rasen, Schutt- o. Felsfluren**, Schneetälchen
- an nährstoffarmen, sauren Standorten
- endemisch

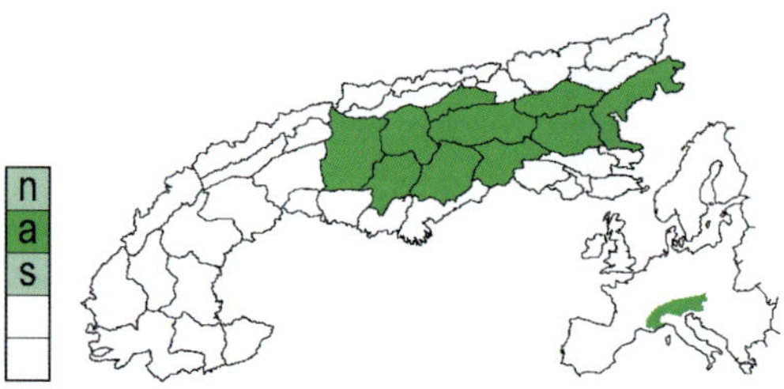

Primula minima L.

Zwerg-Primel *Primulaceae*
VI–VIII ∗ K(5) [C(5) A5] G(5)

Bis 5 cm hoch. BLÜTENSTAND: **Stängel meist 1-blütig**. TRAGBLÄTTER DER BLÜTEN: **4–20 mm lang, länger als die Stiele der Blüten**. BLÜTEN: rötlich bis violett. BLÜTENSTIELE: **1–5 mm lang**. KELCH: **im QS rundlich**. KELCHBLÄTTER: 7–18 mm lang. SAMEN: glatt. BLÄTTER: in Knospenlage nach oben gerollt, derb, 3-eckig bis oval, < 5-mal so lang wie breit, **distal am breitesten, distal tief gezähnt, ± kahl**; OBERSEITS: glänzend.

- subalpine o. alpine Rasen, Schutt- o. Felsfluren, **Schneetälchen**
- an nährstoffarmen, meist sauren Standorten
- einheimisch

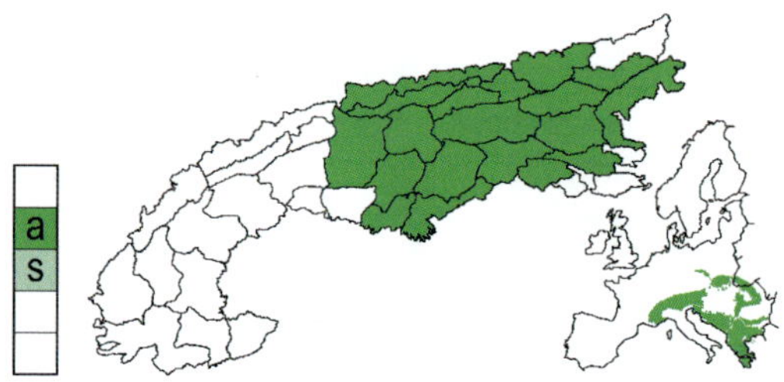

Primula wulfeniana Schott

Wulfens Primel *Primulaceae*
IV–VII ∗ K(5) [C(5) A5] G(5)

Bis 10 cm hoch. BLÜTENSTAND: **Stängel 1–2-blütig**; STIEL: meist < 10 cm lang. TRAGBLÄTTER DER BLÜTEN: länglich-lanzettlich, **4–10 mm lang, meist kürzer als die Stiele der Blüten**. BLÜTEN: **rötlich-violett bis rosa**. BLÜTENSTIELE: **2–8 mm lang**. KELCH: **im QS rundlich**. KELCHBLÄTTER: 7–18 mm lang. SAMEN: glatt. BLÄTTER: in Knospenlage nach oben gerollt, derb, < 5-mal so lang wie breit, mit sehr kurzen Drüsenhaaren, am Rand knorpelig verdickt; OBERSEITS: glänzend.

In den Alpen nur die endemische subsp. *wulfeniana*.

- **subalpine o. alpine Rasen**, Schutt- o. Felsfluren, Schneetälchen
- an nährstoffarmen, basenreichen Standorten
- einheimisch

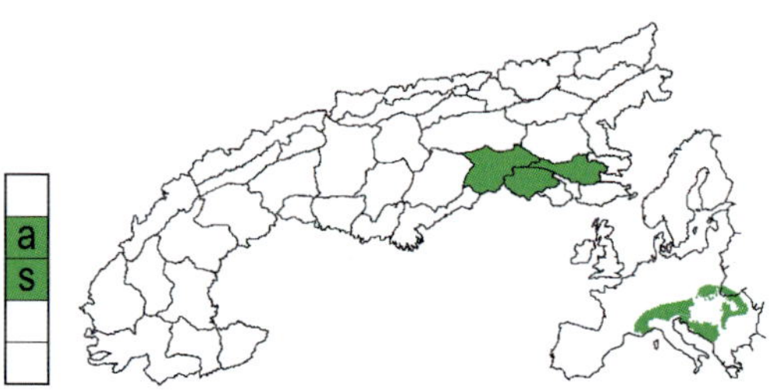

Primula spectabilis Tratt.

Prächtige Primel *Primulaceae*
IV–VI ∗ K(5) [C(5) A5] G(5)

Bis 15 cm hoch. BLÜTENSTAND: Stängel 2–7-blütig. BLÜTEN: rötlich bis violett. BLÜTENSTIELE: **> 3 mm lang**. KELCHBLÄTTER: 7–18 mm lang. SAMEN: glatt. BLÄTTER: in Knospenlage nach oben gerollt, derb, < 5-mal so lang wie breit, **mit vertieften Drüsen**, am Rand knorpelig verdickt; OBERSEITS: glänzend.

- subalpine o. alpine Rasen, **Schutt- o. Felsfluren**, Legföhrengebüsche
- an nährstoffarmen, basenreichen Standorten
- endemisch

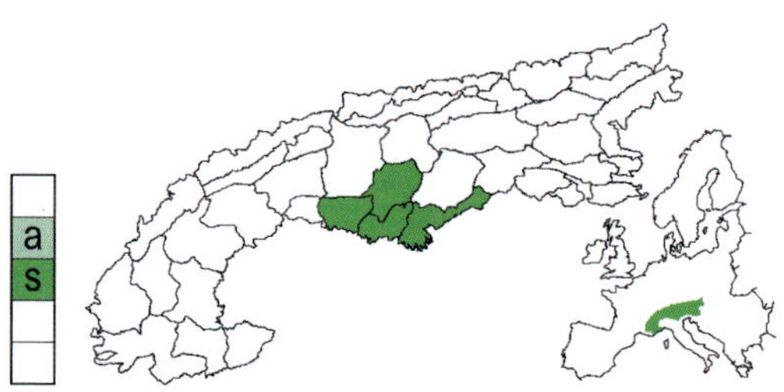

Primula glaucescens Moretti

Blaugrüne Primel *Primulaceae*
III–VIII ∗ K(5) [C(5) A5] G(5̲)

Bis 15 cm hoch. Blütenstand: Stängel 2–7-blütig. Tragblätter der Blüten: **4–20 mm lang**. Blüten: hellrötlich bis violett. Blütenstiele: **> 3 mm lang**. Kelchblätter: 7–18 mm lang. Samen: glatt. Blätter: in Knospenlage nach oben gerollt, derb, < 5-mal so lang wie breit, **kahl**.

- **subalpine o. alpine Rasen, Schutt- o. Felsfluren**, Schneetälchen
- an nährstoffarmen, basenreichen Standorten
- endemisch

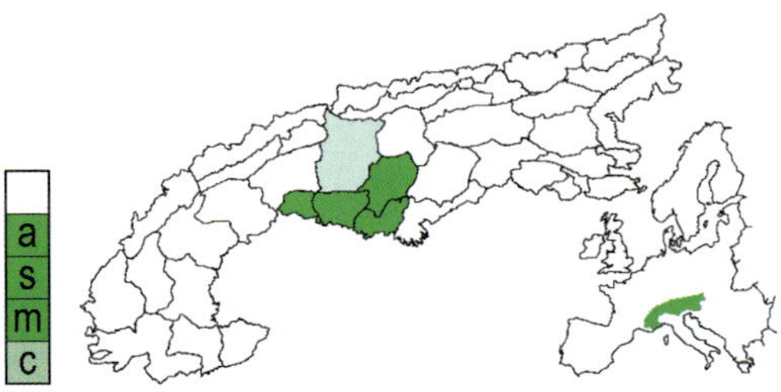

Primula clusiana Tausch

Clusius' Primel *Primulaceae*
IV–VII ∗ K(5) [C(5) A5] G(5̲)

Bis 10 cm hoch. Blütenstand: Stängel meist 2–6-blütig. Tragblätter der Blüten: **4–20 mm lang**. Blüten: hellrötlich bis violett. Blütenstiele: **2–12 mm lang**. Kelch: **im QS rundlich**. Kelchblätter: 7–18 mm lang. Samen: glatt. Blätter: in Knospenlage nach oben gerollt, derb, < 5-mal so lang wie breit, lang drüsig bewimpert, am Rand knorpelig verdickt; oberseits: glänzend.

- subalpine o. alpine Rasen, **Schutt- o. Felsfluren**, Schneetälchen
- an nährstoffarmen, kalkreichen Standorten
- endemisch

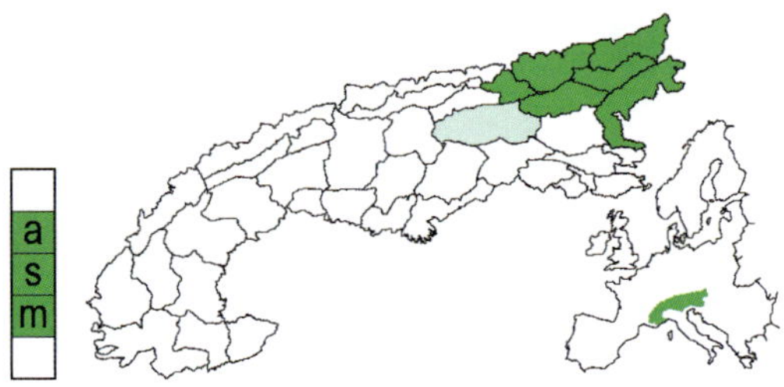

Primula integrifolia L.

Ganzblättrige Primel *Primulaceae*
V–VII ∗ K(5) [C(5) A5] G(5̲)

Bis 10 cm hoch. Tragblätter der Blüten: **4–20 mm lang, länger als die Stiele der Blüten**. Blüten: rötlich bis violett, selten weißlich. Blütenstiele: **1–4 mm lang**. Kelch: **im QS rundlich**. Kelchblätter: 7–18 mm lang. Samen: rau. Blätter: in Knospenlage nach oben gerollt, (schwach) sukkulent, < 5-mal so lang wie breit, **drüsig behaart, Drüsenhaare 0,3–0,6 mm lang**, (fast) ganzrandig; oberseits: matt.

- **subalpine o. alpine Rasen, Schneetälchen**, Moore o. Seggenriede
- an nährstoffarmen, sauren Standorten
- einheimisch

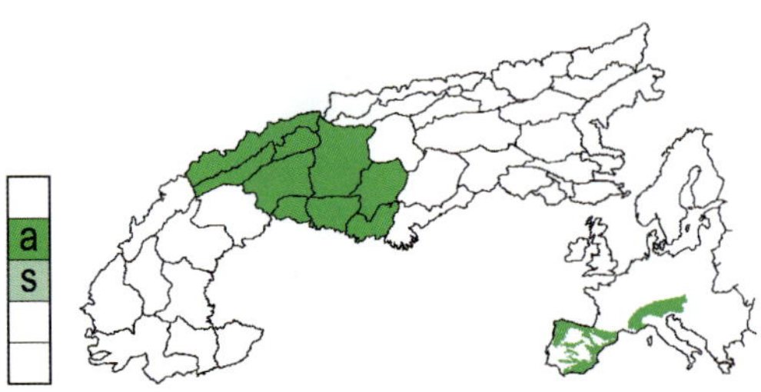

Primula tyrolensis Schott

Tiroler Primel *Primulaceae*
IV–VII ∗ K(5) [C(5) A5] G(5̲)

Bis 5 cm hoch. Blütenstand: Stiel: > 5 cm lang. Tragblätter der Blüten: **4–20 mm lang, länger als die Stiele der Blüten**. Blüten: hellrötlich bis violett. Blütenstiele: **< 3 mm lang**. Kelchblätter: 7–18 mm lang. Samen: glatt. Blätter: in Knospenlage nach oben gerollt, (undeutlich) derb, Spreite 1–3 cm lang, 5–15 mm breit, < 5-mal so lang wie breit, **distal seicht gezähnt, drüsig behaart, Drüsenhaare 0,1–0,3 mm lang**, am Rand mit wenigen Zähnen; oberseits: matt.

- **Schutt- o. Felsfluren**
- an nährstoffarmen, basenreichen Standorten
- endemisch

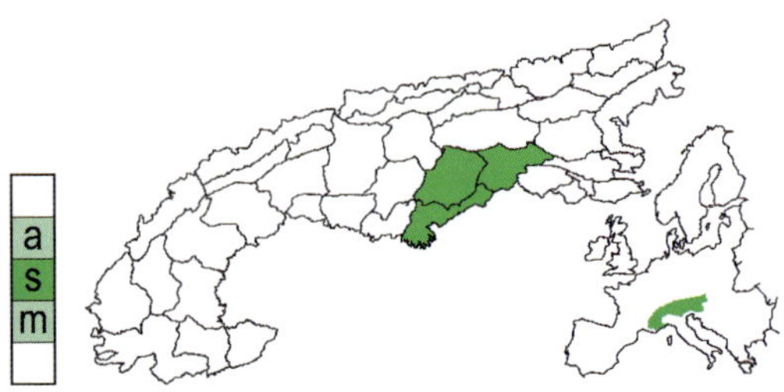

Primula allionii Loisel.

Allionis Primel *Primulaceae*
II–V ∗ K(5) [C(5) A5] G(5)

Bis 5 cm hoch, rasig. Blütenstand: Stiel: < 3 cm lang. Tragblätter der Blüten: **1–4 mm lang.** Blüten: hellrötlich bis violett. Blütenstiele: **1–3 mm lang.** Kelchblätter: 2–7 mm lang. Samen: rau. Stängel: < 3 cm lang. Blätter: in Knospenlage nach oben gerollt, schwach riechend, **drüsig behaart.**

- **Schutt- o. Felsfluren**
- an nährstoffarmen, kalkreichen Standorten
- endemisch

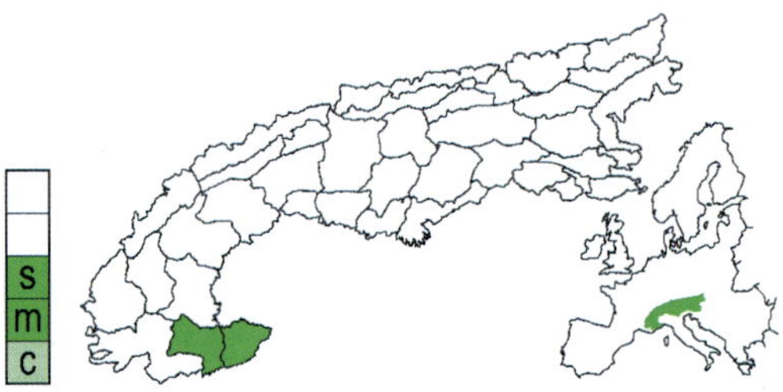

Primula villosa Wulfen

Zottige Primel *Primulaceae*
IV–VI ∗ K(5) [C(5) A5] G(5)

Bis 20 cm hoch. Blütenstand: Stiel: > 5 cm lang. Tragblätter der Blüten: **1–4 mm lang, kürzer als die Stiele der Blüten.** Blüten: **rötlich-violett bis rosa.** Blütenstiele: **> 3 mm lang.** Kelch: **im QS rundlich.** Kelchblätter: 2–7 mm lang. Samen: rau. Blätter: in Knospenlage nach oben gerollt, (schwach) sukkulent, Spreite 10–20 cm lang, 20–40 mm breit, **mit auffällig gefärbten Drüsenhaaren, Drüsenhaare 0,6–1,1 mm lang,** Köpfchen der Drüsenhaare mit > 3 gefärbten Zellen, am Rand gezähnt.

- **subalpine o. alpine Rasen, Schutt- o. Felsfluren,** Zwergstrauchheiden
- an nährstoffarmen, sauren Standorten
- endemisch

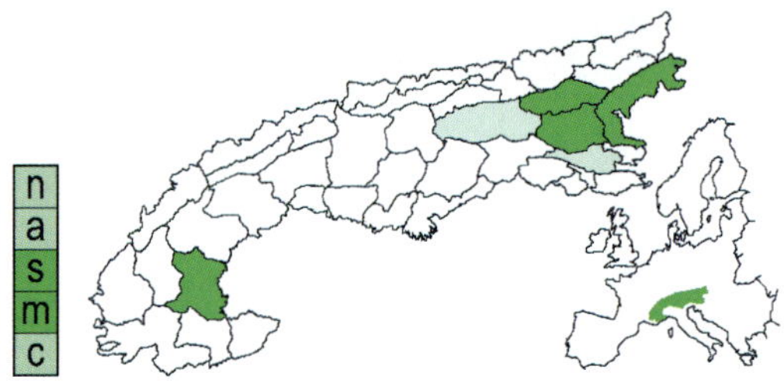

Primula pedemontana Gaudin

Piemonteser Primel *Primulaceae*
IV–VII ∗ K(5) [C(5) A5] G(5)

Bis 15 cm hoch. Blütenstand: Stiel: > 5 cm lang. Tragblätter der Blüten: **1–4 mm lang, kürzer als die Stiele der Blüten.** Blüten: **rötlich-violett bis weißlich.** Blütenstiele: **> 3 mm lang.** Kelchblätter: 2–7 mm lang. Samen: rau. Blätter: in Knospenlage nach oben gerollt, **mit auffällig gefärbten Drüsenhaaren, Drüsenhaare < 0,3 mm lang,** Köpfchen der Drüsenhaare mit > 3 gefärbten Zellen.

In den Alpen nur die subsp. *pedemontana.*

- subalpine o. alpine Rasen, **Schutt- o. Felsfluren**
- an nährstoffarmen, sauren Standorten
- einheimisch

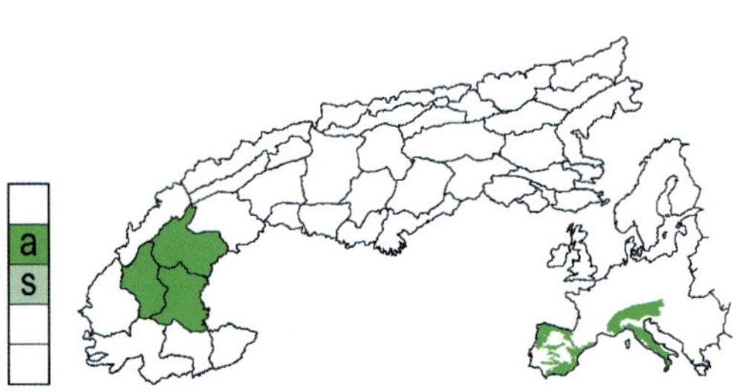

Primula hirsuta All.

Rote Felsen-Primel *Primulaceae*
III–VII ∗ K(5) [C(5) A5] G(5)

Bis 10 cm hoch. Blütenstand: Stiel: > 5 cm lang. Tragblätter der Blüten: **1–4 mm lang, kürzer als die Stiele der Blüten.** Blüten: rötlich bis violett; **Schlund weißlich.** Blütenstiele: **> 5 mm lang.** Kelch: **im QS rundlich.** Kelchblätter: 2–7 mm lang. Samen: rau. Blätter: in Knospenlage nach oben gerollt, schwach riechend, **mit auffällig gefärbten Drüsenhaaren,** Köpfchen der Drüsenhaare mit 1–2 gefärbten Zellen, lang bewimpert, am Rand gezähnt.

- **subalpine o. alpine Rasen, Schutt- o. Felsfluren,** Zwergstrauchheiden
- an nährstoffarmen, meist sauren Standorten
- einheimisch

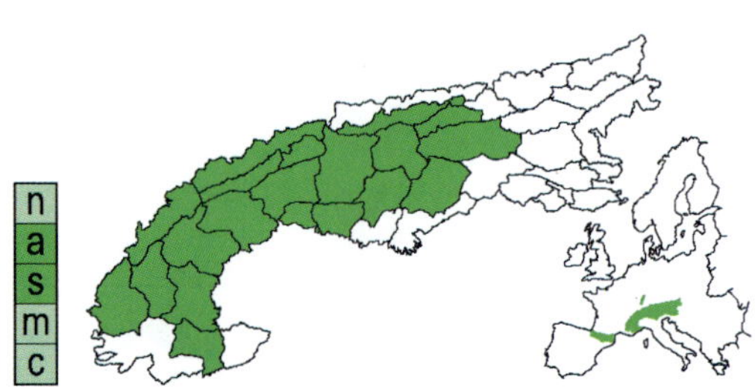

Primula daonensis (Leyb.) Leyb.

Val-Daone Primel *Primulaceae*
V–VII ∗ K(5) [C(5) A5] G(5)

Bis 10 cm hoch. Blütenstand: Stiel: > 5 cm lang. Tragblätter der Blüten: **1–4 mm lang**. Blüten: hellrötlich bis violett. Blütenstiele: **1–5 mm lang**. Kelch: **im QS rundlich**. Kelchblätter: 2–7 mm lang. Samen: rau. Blätter: in Knospenlage nach oben gerollt, Spreite 4–8 cm lang, < 20 mm breit, **mit auffällig gefärbten Drüsenhaaren**, **Drüsenhaare 0,4–0,5 mm lang**, Köpfchen der Drüsenhaare mit > 3 gefärbten Zellen.

- **subalpine o. alpine Rasen, Schutt- o. Felsfluren**
- an nährstoffarmen, meist sauren Standorten
- endemisch

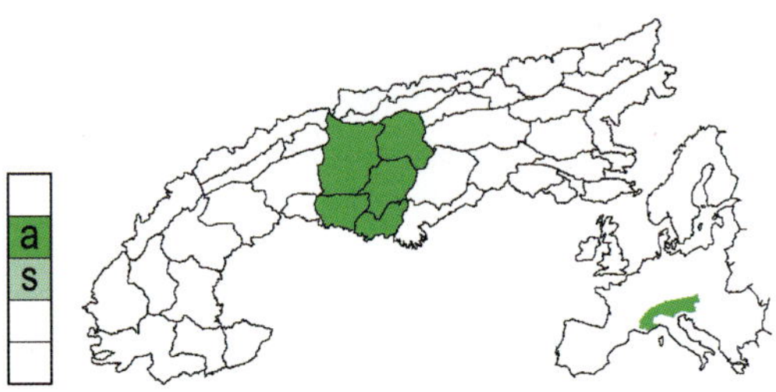

Primula marginata Curtis

Berandete Primel *Primulaceae*
III–VII ∗ K(5) [C(5) A5] G(5)

Bis 10 cm hoch. Tragblätter der Blüten: **1–4 mm lang, meist kürzer als die Stiele der Blüten**. Blüten: rötlich bis violett; **Schlund mehlig bestäubt**. Blütenstiele: **> 2 mm lang**. Kelchblätter: 2–7 mm lang. Samen: rau. Blätter: in Knospenlage nach oben gerollt, **distal gezähnt**, drüsig behaart, **Drüsenhaare < 0,1 mm lang**, am Rand gezähnt; unterseits: **mehlig bestäubt**.

- **Schutt- o. Felsfluren**
- an nährstoffarmen, meist basenreichen Standorten
- einheimisch (subendemisch)

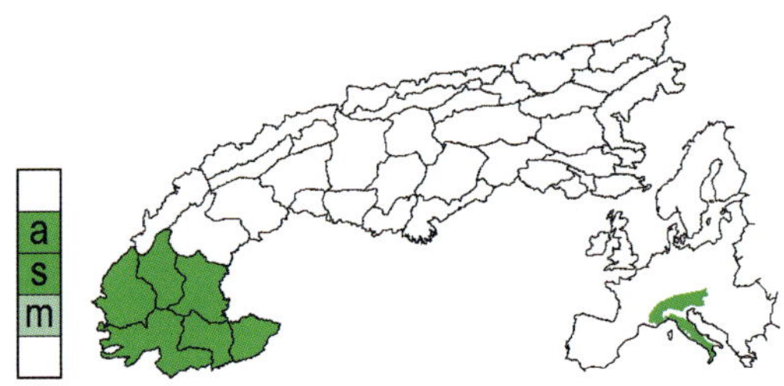

Primula latifolia Lapeyr.

Breitblättrige Primel *Primulaceae*
V–VII ∗ K(5) [C(5) A5] G(5)

Bis 20 cm hoch. Tragblätter der Blüten: **1–9 mm lang**. Blüten: **bläulich-violett, mehlig bestäubt**. Blütenstiele: **> 2 mm lang**. Kelch: **im QS rundlich**. Kelchblätter: 2–7 mm lang. Samen: rau. Blätter: in Knospenlage nach oben gerollt, **intensiv riechend**.

Nach Zhang & Kadereit (2004) können nur 2 Unterarten sicher unterschieden werden, von denen in den Alpen nur die subsp. *cynoglossifolia* vorkommt.

- subalpine o. alpine Rasen, **Schutt- o. Felsfluren**
- an nährstoffarmen Standorten
- einheimisch

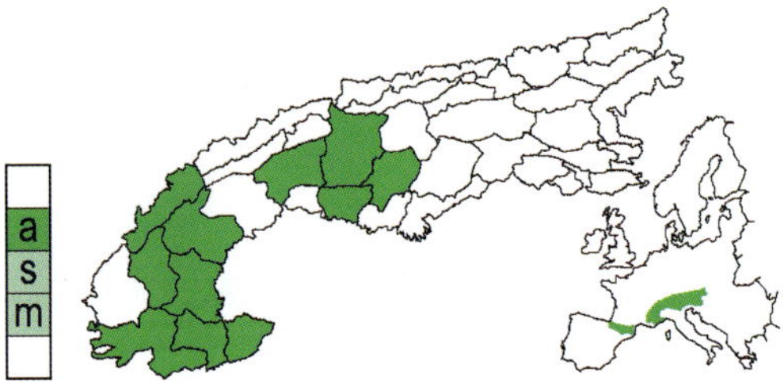

Primula carniolica Jacq.

Krainer Primel *Primulaceae*
IV–VI ∗ K(5) [C(5) A5] G(5)

Bis 25 cm hoch. Tragblätter der Blüten: **1–4 mm lang, meist kürzer als die Stiele der Blüten**. Blüten: hellrötlich bis violett. Blütenstiele: **> 2 mm lang**. Kelchblätter: 2–7 mm lang. Samen: rau. Blätter: in Knospenlage nach oben gerollt, schwach riechend, Spreite 1–2,5 cm lang, **kahl bis spärlich behaart**.

- subalpine o. alpine Rasen, **Schutt- o. Felsfluren**, Grünland, Wälder
- an nährstoffarmen, kalkreichen Standorten
- einheimisch (subendemisch)

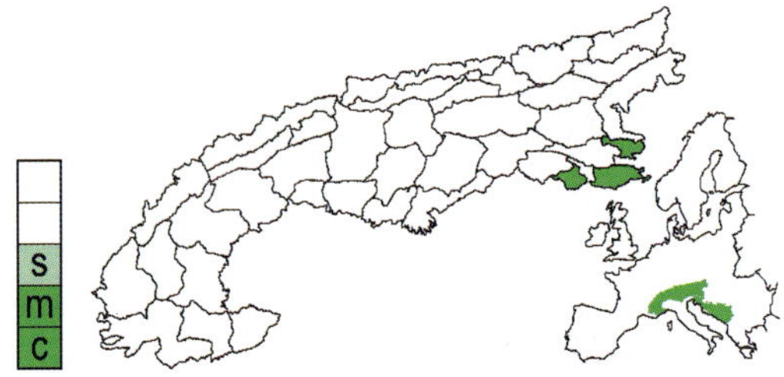

Primula albensis Banfi & Ferlinghetti

Monte-Alben-Primel *Primulaceae*
V–VI ∗ K(5) [C(5) A5] G(5)

Bis 15 cm hoch. TRAGBLÄTTER DER BLÜTEN: **1–4 mm lang, kürzer als die Stiele der Blüten**. BLÜTEN: hellrötlich bis violett. BLÜTENSTIELE: **> 5 mm lang**. KELCHBLÄTTER: 2–7 mm lang. SAMEN: rau. BLÄTTER: in Knospenlage nach oben gerollt, **ober- u. unterseits zumindest jung mehlig bestäubt, drüsig behaart, Drüsenhaare 0,1–0,3 mm lang**.

- **Schutt- o. Felsfluren**
- an nährstoffarmen, kalkreichen Standorten
- endemisch

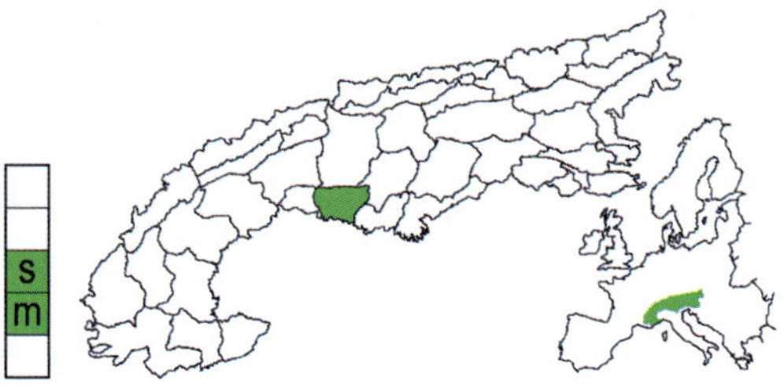

Primula auricula L.

Aurikel *Primulaceae*
III–VI ∗ K(5) [C(5) A5] G(5)

Bis 25 cm hoch. BLÜTENSTAND: Stängel ≥ 5-blütig. TRAGBLÄTTER DER BLÜTEN: **1–4 mm lang, meist kürzer als die Stiele der Blüten**. BLÜTEN: **gelblich**. BLÜTENSTIELE: **> 2 mm lang**. KELCH: **im QS rundlich**. KELCHBLÄTTER: 2–7 mm lang. SAMEN: rau. BLÄTTER: in Knospenlage nach oben gerollt, **drüsig behaart**; OBERSEITS: **glatt bis schwach runzelig**; UNTERSEITS: zuweilen mehlig bestäubt.

In den Alpen die subsp. *auricula* u. *balbisii* (vgl. S. 733).

- **subalpine o. alpine Rasen**, **Schutt- o. Felsfluren**, Moore o. Seggenriede
- an nährstoffarmen, kalkreichen Standorten
- einheimisch

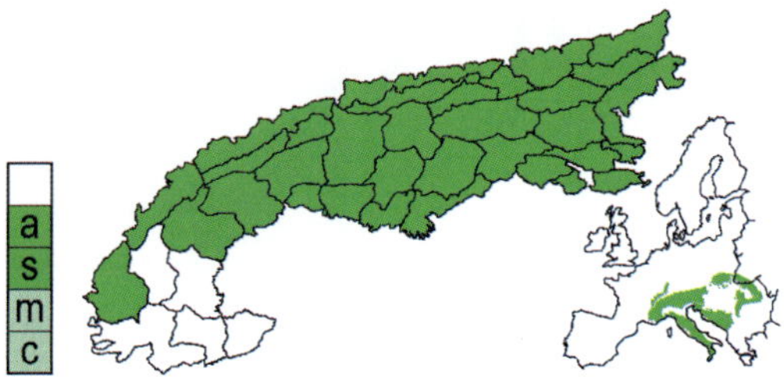

Primula elatior (L.) L.

Hohe Schlüsselblume *Primulaceae*
III–VI ∗ K(5) [C(5) A5] G(5)

10–30 cm hoch. BLÜTENSTAND: Stängel ≥ 5-blütig; STIEL: > 10 cm lang. BLÜTEN: allenfalls schwach duftend, **gelblich**; **Schlund oft dunkler**. KELCH: im QS kantig, der Kapsel ± eng anliegend. FRUCHTSTIELE: steif aufrecht. BLÄTTER: in Knospenlage nach unten gerollt, **Spreite deutlich vom geflügelten Stiel abgesetzt**; OBERSEITS: behaart, **runzelig**; UNTERSEITS: behaart, **mit hervorstehenden Nerven**.

In den Alpen die subsp. *elatior* u. *intricata* (vgl. S. 733).

- **subalpine o. alpine Rasen**, Staudenfluren, **Grünland**, **Wälder**
- einheimisch

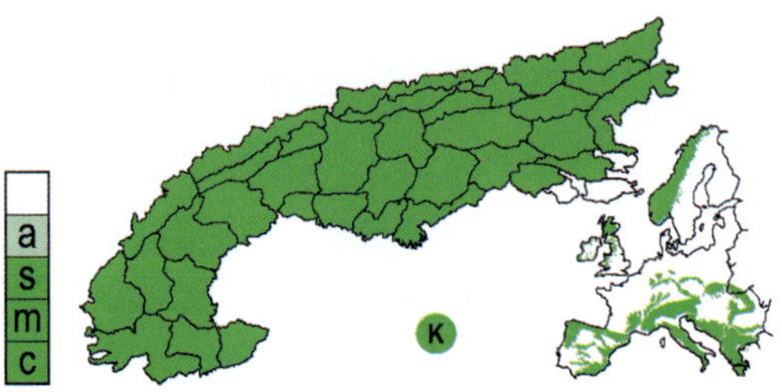

Soldanella minima Hoppe

Kleinstes Alpenglöckchen *Primulaceae*
IV–VII ∗ K(5) [C(5) A5] G(5)

Bis 10 cm hoch, mehrjährig. BLÜTENSTAND: **Stängel meist 1-blütig**. BLÜTEN: glockig-trichterförmig, hellviolett, selten weißlich. BLÜTENSTIELE: dicht drüsig behaart, **Drüsen 0,1–0,2 mm lang gestielt**. KRONZIPFEL: **kürzer als die Kronröhre**. SCHLUNDSCHUPPEN: **fehlend o. sehr klein**. GRIFFEL: ***nicht* aus der Blüte ragend**. FRÜCHTE: Deckelkapseln, 5-zähnig. STÄNGEL: mit grundständiger Blattrosette, *ohne* Laubblätter. BLÄTTER: rundlich, **3–10 mm breit, mindestens so lang wie breit**, ganzrandig bis seicht gekerbt.

In den Alpen nur die subendemische subsp. *minima*.

- **Schutt- o. Felsfluren**, **Schneetälchen**, Moore o. Seggenriede
- an basenreichen Standorten
- einheimisch (subendemisch)

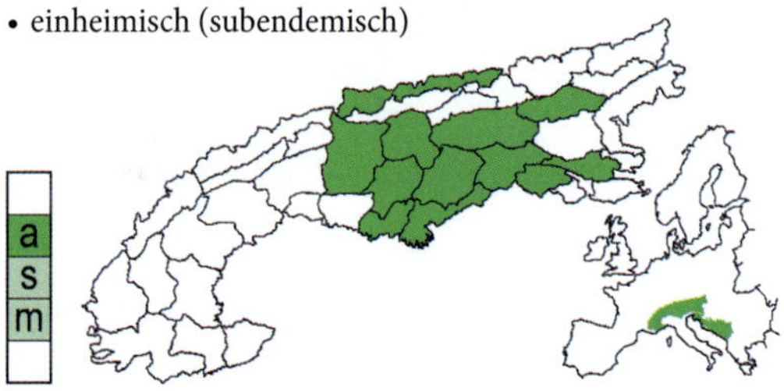

US

Soldanella austriaca Vierh.

Österreichisches Alpenglöckchen *Primulaceae*
IV–VII ∗ K(5) [C(5) A5] G($\underline{5}$)

Bis 10 cm hoch, mehrjährig. Blütenstand: **Stängel meist 1-blütig.** Blüten: glockig-trichterförmig, hellviolett, selten weißlich. Blütenstiele: spärlich drüsig behaart, später verkahlend, **Drüsen < 0,1 mm lang gestielt.** Kronzipfel: **kürzer als die Kronröhre.** Schlundschuppen: **fehlend o. sehr klein.** Griffel: ***nicht* aus der Blüte ragend.** Früchte: Deckelkapseln, 5-zähnig. Stängel: mit grundständiger Blattrosette, *ohne* Laubblätter. Blätter: rundlich, **3–10 mm breit, nicht länger als breit,** ganzrandig bis seicht gekerbt.

- **Schutt- o. Felsfluren, Schneetälchen**
- an basenreichen, feuchten bis nassen Standorten
- endemisch

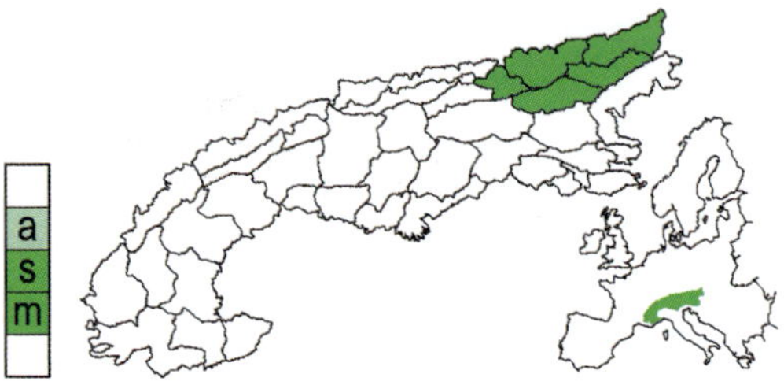

Soldanella pusilla Baumg.

Kleines Alpenglöckchen *Primulaceae*
V–VIII ∗ K(5) [C(5) A5] G($\underline{5}$)

Bis 10 cm hoch, mehrjährig. Blütenstand: **Stängel meist 1-blütig.** Blüten: glockig-trichterförmig, meist rötlich bis violett. Blütenstiele: drüsig behaart, später verkahlend, **Drüsen sitzend.** Kronzipfel: **< 0,8-mal so lang wie die Kronröhre.** Schlundschuppen: **fehlend o. sehr klein.** Griffel: ***nicht* aus der Blüte ragend.** Früchte: Deckelkapseln, 5-zähnig. Stängel: mit grundständiger Blattrosette, *ohne* Laubblätter. Blätter: herz- bis nierenförmig, **5–12 mm breit, ganzrandig bis seicht gekerbt**; oberseits: mit deutlich hervortretenden Nerven.

- subalpine o. alpine Rasen, Schutt- o. Felsfluren, **Schneetälchen**
- an nährstoffarmen, sauren Standorten
- einheimisch

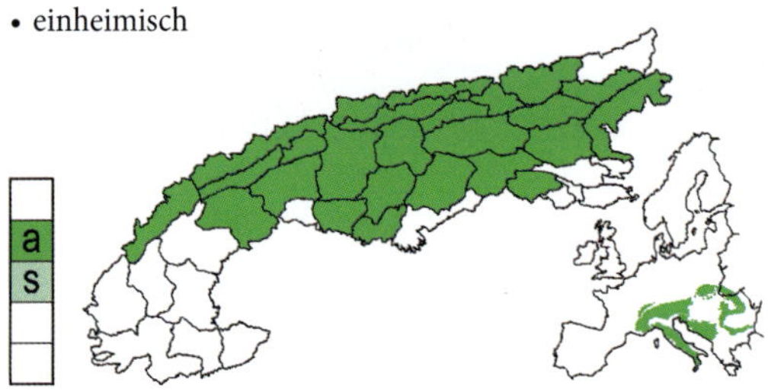

Soldanella alpina L.

Gewöhnliches Alpenglöckchen *Primulaceae*
III–VIII ∗ K(5) [C(5) A5] G($\underline{5}$)

Bis 20 cm hoch, mehrjährig. Blütenstand: **Stängel 2–5-blütig.** Blüten: glockig-trichterförmig, meist bläulich bis violett. Blütenstiele: drüsig behaart, später verkahlend, **Drüsen sitzend.** Kronzipfel: **länger als die Kronröhre, Zipfel ± gleich lang.** Schlundschuppen: **breiter als lang.** Griffel: **aus der Blüte ragend.** Früchte: Deckelkapseln, meist 10-zähnig. Stängel: mit grundständiger Blattrosette, *ohne* Laubblätter. Blätter: rundlich bis nierenförmig, **12–50 mm breit, ± ganzrandig.**

In den Alpen nur die subsp. *alpina*.

- **subalpine o. alpine Rasen**, Schutt- o. Felsfluren, **Schneetälchen**, Zwergstrauchheiden, Grünerlen- o. Legföhrengebüsche, Moore o. Seggenriede, Grünland, **Wälder**
- an basenreichen, feuchten bis nassen Standorten
- einheimisch

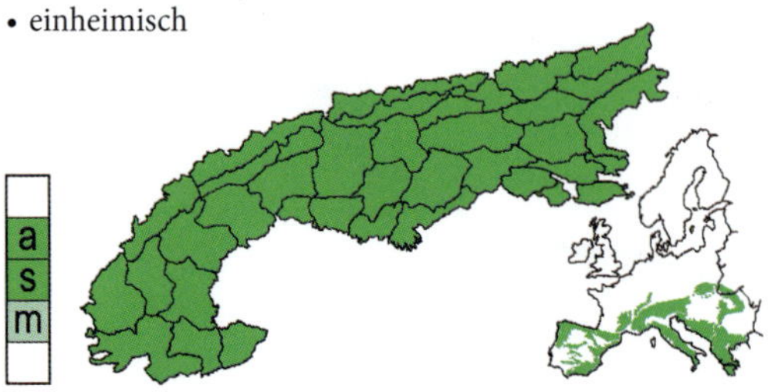

Soldanella hungarica Simonk.

Ungarisches Alpenglöckchen *Primulaceae*
V–IX ∗ K(5) [C(5) A5] G($\underline{5}$)

Bis 20 cm hoch, mehrjährig. Blütenstand: **Stängel 2–10-blütig.** Blüten: glockig-trichterförmig, meist bläulich bis violett. Blütenstiele: drüsig behaart, **Drüsen 0,1–0,4 mm lang gestielt.** Blütenachse: Stiel 2–5-mal so lang wie die Köpfchen. Kronzipfel: **länger als die Kronröhre, Zipfel deutlich ungleich lang.** Griffel: **aus der Blüte ragend.** Früchte: Deckelkapseln. Stängel: mit grundständiger Blattrosette, *ohne* Laubblätter. Blätter: rundlich bis nierenförmig, **20–70 mm breit, am Rand seicht stumpf gekerbt.**

In den Alpen nur die endemische subsp. *major*.

- subalpine o. alpine Rasen, Zwergstrauchheiden, **Legföhrengebüsche, Wälder**
- an nährstoffarmen, sauren Standorten
- einheimisch

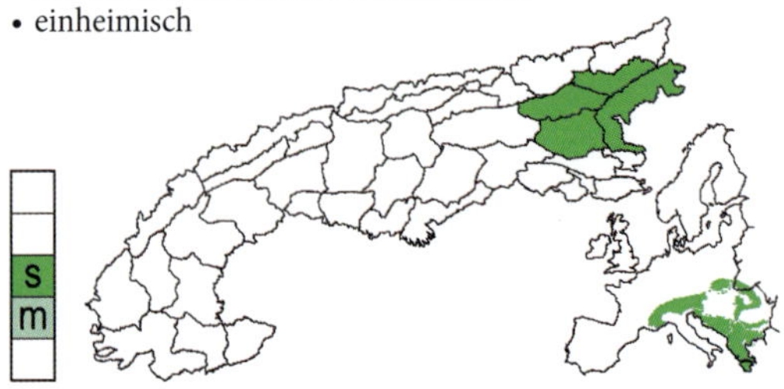

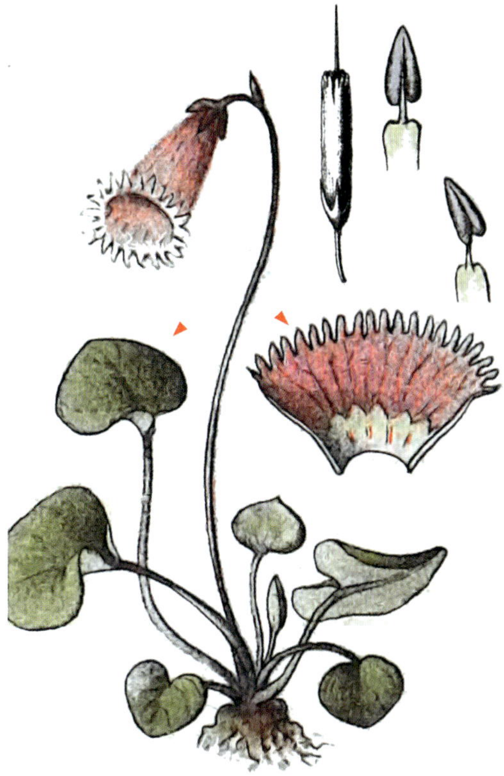

***Androsace*:** BLÜTENSTAND: einzeln o. doldenartig. BLÜTEN: stieltellerförmig. SCHLUND: verengt, meist gelblich. KRONZIPFEL: meist kürzer als die Kronröhre. FRÜCHTE: Spaltkapseln. STÄNGEL: mit grundständiger Blattrosette. BLÜTENFORMEL: ∗ K(5) [C(5) A5] G(5).

Androsace adfinis Biroli

Fleischroter Mannsschild *Primulaceae*
III–VIII ∗ K(5) [C(5) A5] G(5)

Bis 15 cm hoch, lockere ± grünliche Polster bildend, mehrjährig. BLÜTENSTAND: **doldenartig, Dolde lang gestielt**, 2–10-blütig. BLÜTENSTIELE: 2–10 mm lang. STÄNGEL: **mit vielarmigen Haaren**. BLÄTTER: Spreite 0,6–3 cm lang, in der basalen Hälfte am breitesten.

In den Alpen die subsp. *adfinis* (endemisch), *brigantiaca* (endemisch) u. *puberula* (endemisch) (vgl. S. 733).

- **subalpine o. alpine Rasen, Schutt- o. Felsfluren**, Wälder
- an nährstoffarmen Standorten
- endemisch

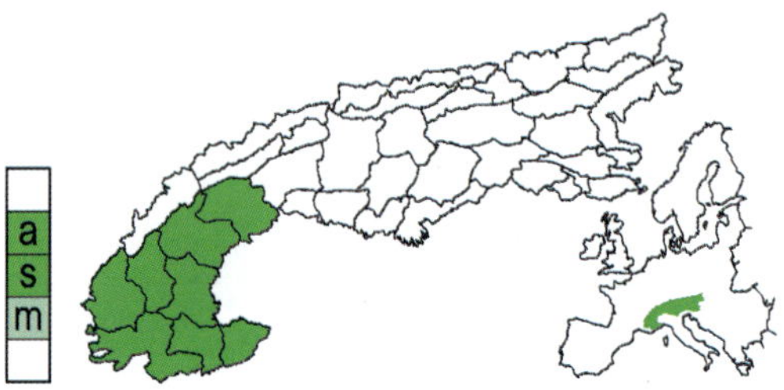

Androsace alpina (L.) Lam.

Alpen-Mannsschild *Primulaceae*
VI–VIII ∗ K(5) [C(5) A5] G(5)

Bis 10 cm hoch, polsterförmig, mehrjährig. BLÜTENSTAND: **Blüten einzeln**. BLÜTEN: meist (hell-)rötlich-violett, selten weißlich. BLÜTENSTIELE: 2–10 mm lang. BLÄTTER: grünlich, Spreite 0,3–0,6 cm lang, distal ± abgerundet, **mit vielarmigen Haaren, vielarmige Haare 2–8-armig, *ohne* ungeteilte Haare**.

- **Schutt- o. Felsfluren**
- an nährstoffarmen, meist sauren Standorten
- endemisch

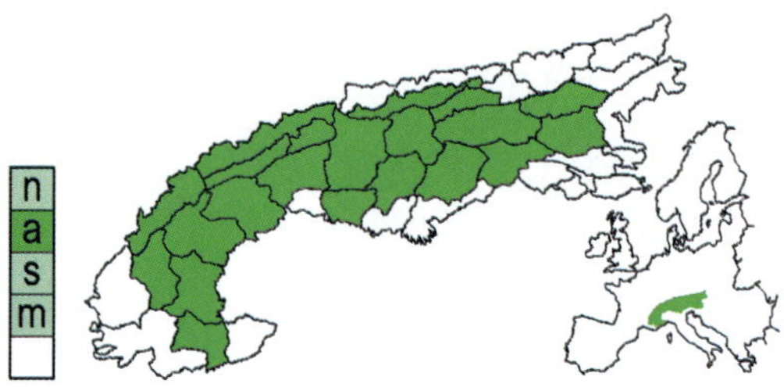

Androsace brevis (Hegetschw.) Ces.

Charpentiers Mannsschild *Primulaceae*
V–VII ∗ K(5) [C(5) A5] G(5)

Bis 5 cm hoch, lockere ± grünliche Polster bildend, mehrjährig. BLÜTENSTAND: **Blüten einzeln**. BLÜTEN: meist (hell-)rötlich-violett, selten weißlich. BLÜTENSTIELE: 5–25 mm lang. BLÄTTER: grünlich, Spreite 0,3–0,6 cm lang, distal ± abgerundet, **mit vielarmigen Haaren, vielarmige Haare 2–3-armig, *ohne* ungeteilte Haare**.

- **subalpine o. alpine Rasen, Schutt- o. Felsfluren**
- an nährstoffarmen, sauren Standorten
- endemisch

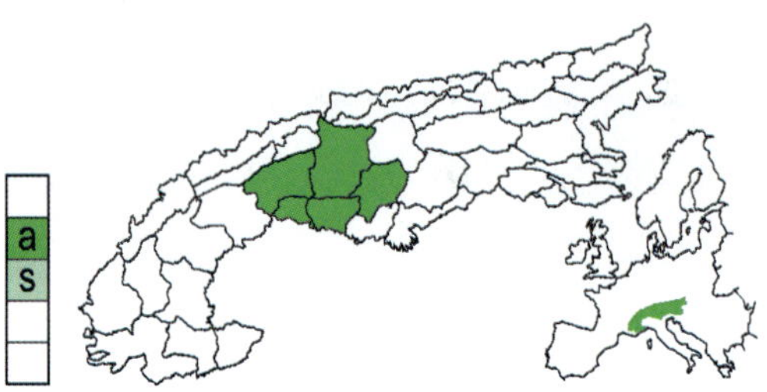

Androsace chaixii Gren. & Godr.

Chaix' Mannsschild *Primulaceae*
III–VI ∗ K(5) [C(5) A5] G(5)

Bis 20 cm hoch, **meist 2-jährig**. BLÜTENSTAND: **Dolde lang gestielt**, 4–10-blütig. BLÜTEN: meist (hell-)rötlich-violett, selten weißlich. BLÜTENSTIELE: **8–15 mm lang, > 2-mal so lang wie ihre Tragblätter**. FRÜCHTE: 3–5-samig. STÄNGEL: behaart, **verkahlend**. BLÄTTER: Spreite 1,5–3 cm lang.

- subalpine o. alpine Rasen, Schutt- o. Felsfluren, **Staudenfluren, Wälder**
- endemisch

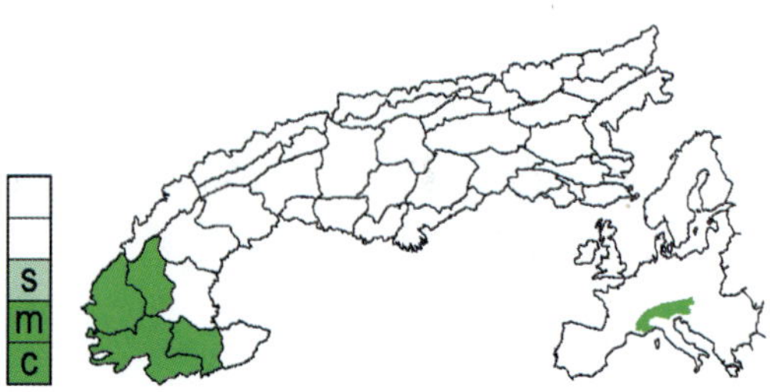

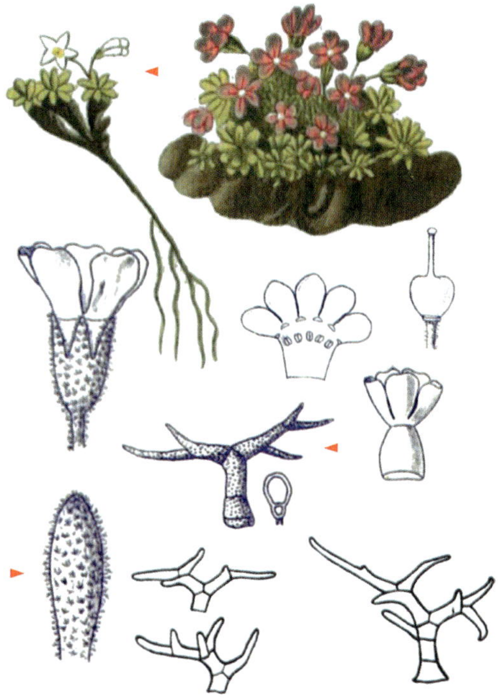

Androsace chamaejasme Wulfen

Bewimperter Mannsschild *Primulaceae*

V–VIII ∗ K(5) [C(5) A5] G(5̲)

Bis 10 cm hoch, mehrjährig. BLÜTENSTAND: **doldenartig, Dolde lang gestielt**, 2–8-blütig. BLÜTEN: meist weißlich, selten hellrötlich-violett. BLÜTENSTIELE: 2–8 mm lang, **meist kürzer als ihre Tragblätter**. KRONBLÄTTER: 4–8 mm lang. KELCHBLÄTTER: **mit ungeteilten Haaren *und* Drüsenhaaren**. STÄNGEL: **mit ungeteilten langen weißlichen Haaren *und* Drüsenhaaren**. BLÄTTER: Spreite 0,5–1,5 cm lang, **6–16 mm breit, auf der Fläche spärlich behaart, am Rand mit ungeteilten Haaren**.

- **subalpine o. alpine Rasen**
- an nährstoffarmen, kalkreichen Standorten
- einheimisch

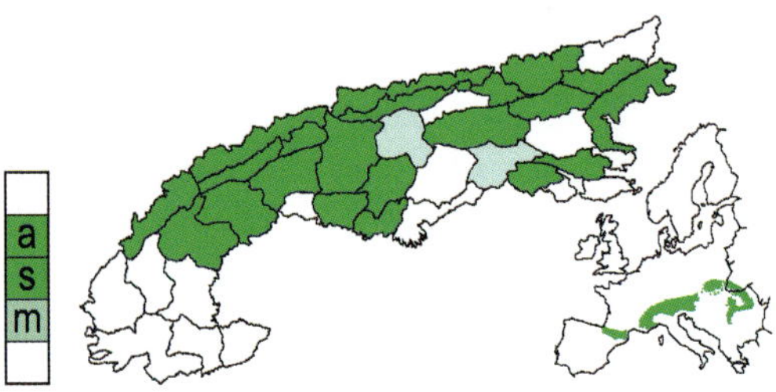

Androsace delphinensis Dentant & al.

Dauphiné-Mannsschild *Primulaceae*

VI–VIII ∗ K(5) [C(5) A5] G(5̲)

Bis 10 cm hoch, polsterförmig, mehrjährig. BLÜTENSTAND: **Blüten einzeln**. BLÜTEN: weißlich. BLÄTTER: Spreite 0,7–1 cm lang, 1–1,5 mm breit, **mit vielarmigen Haaren, vielarmige Haare 0,2–0,5 mm lang, mit ungeteilten Haaren**.

- **Schutt- o. Felsfluren**
- an nährstoffarmen, sauren Standorten
- endemisch

Androsace hausmannii Leyb.

Hausmanns Mannsschild *Primulaceae*

VI–VIII ∗ K(5) [C(5) A5] G(5̲)

Bis 5 cm hoch, lockere grünliche Polster bildend, mehrjährig. BLÜTENSTAND: **Blüten einzeln**. BLÜTEN: meist (hell-)rötlich-violett, selten weißlich. BLÜTENSTIELE: **1–12 mm lang**. KRONZIPFEL: **ausgerandet**. STÄNGEL: behaart; UNTEN: *nicht* von abgestorbener Laubblattscheide umgeben. BLÄTTER: Spreite 0,5–1 cm lang, **mit zahlreichen ≥ 3-armigen Haaren, *ohne* ungeteilte Haare**.

- **Schutt- o. Felsfluren**
- an nährstoffarmen, kalkreichen, meist trockenen Standorten
- endemisch

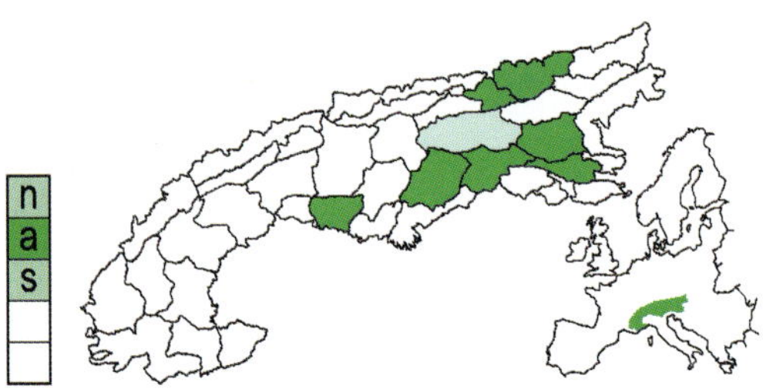

Androsace helvetica (L.) All.

Schweizer Mannsschild *Primulaceae*

IV–VIII ∗ K(5) [C(5) A5] G(5̲)

Bis 5 cm hoch, **dichte blau- bzw. graugrüne Polster bildend**, mehrjährig. BLÜTENSTAND: **Blüten einzeln**. BLÜTEN: weißlich. BLÜTENSTIELE: **< 2 mm lang**. STÄNGEL: **nur mit ungeteilten Haaren**; UNTEN: **von abgestorbener Laubblattscheide umgeben**. BLÄTTER: Spreite 0,2–0,7 cm lang, **nur mit ungeteilten Haaren**.

- **Schutt- o. Felsfluren**
- an nährstoffarmen, kalkreichen, trockenen Standorten
- einheimisch

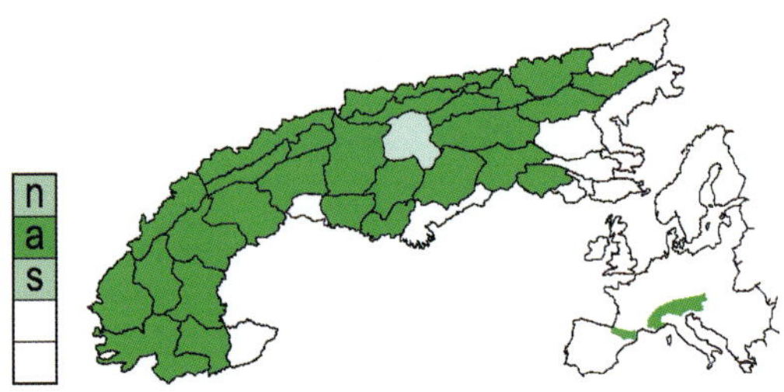

Androsace lactea L.

Milchweißer Mannsschild *Primulaceae*

V–VIII ∗ K(5) [C(5) A5] G(5̲)

Bis 20 cm hoch, mehrjährig. BLÜTENSTAND: **doldenartig**, **Dolde lang gestielt**. BLÜTEN: weißlich. BLÜTENSTIELE: **kahl**. KELCHBLÄTTER: **kahl**. AUSLÄUFER: **oberirdisch**, **lang**. BLÄTTER: Spreite 0,8–3 cm lang, 1–2 mm breit, ± **kahl**.

- subalpine o. alpine Rasen, **Schutt- o. Felsfluren**
- an nährstoffarmen, kalkreichen Standorten
- einheimisch

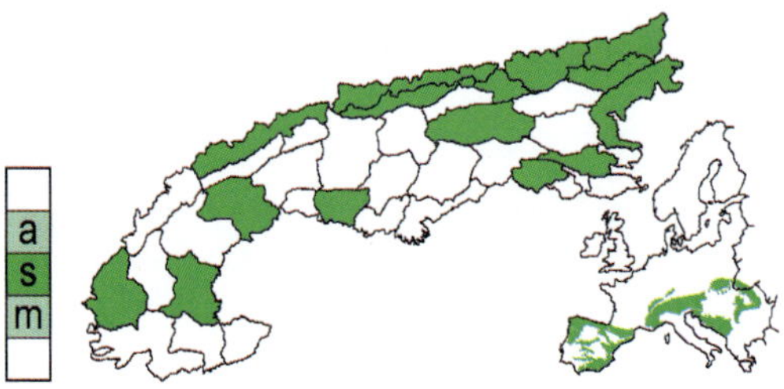

Androsace obtusifolia All.

Stumpfblättriger Mannsschild *Primulaceae*

V–VIII ∗ K(5) [C(5) A5] G(5̲)

Bis 15 cm hoch, polsterförmig, mehrjährig. BLÜTENSTAND: **doldenartig**, **Dolde lang gestielt**, 1–7-blütig. BLÜTEN: weißlich, zuweilen rötlich überlaufen; Schlund zuweilen rötlich überlaufen. BLÜTENSTIELE: 2–12 mm lang, länger als ihre Tragblätter. KRONBLÄTTER: 6–9 mm lang. KELCHBLÄTTER: **mit vielarmigen Haaren**. STÄNGEL: **mit vielarmigen Haaren**. BLÄTTER: Spreite 0,6–2,5 cm lang, 2–5 mm breit, in der distalen Hälfte am breitesten.

- **subalpine o. alpine Rasen**
- an nährstoffarmen, sauren Standorten
- einheimisch

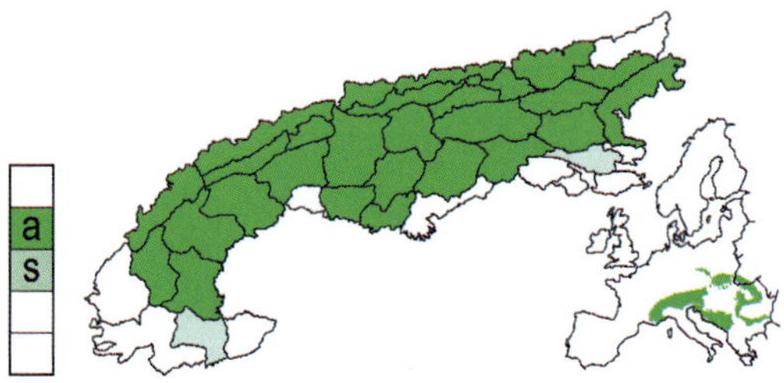

Androsace pubescens DC.

Weichhaariger Mannsschild *Primulaceae*

V–VII ∗ K(5) [C(5) A5] G(5̲)

Bis 10 cm hoch, polsterförmig, mehrjährig. BLÜTENSTAND: **Blüten einzeln**. BLÜTEN: meist (hell-)rötlich-violett, selten weißlich. BLÜTENSTIELE: 3–8 mm lang. STÄNGEL: behaart; UNTEN: *nicht* von abgestorbener Laubblattscheide umgeben. BLÄTTER: Spreite 0,4–1 cm lang, **mit 2–3-armigen Haaren**, **mit ungeteilten Haaren**.

- **Schutt- o. Felsfluren**
- an nährstoffarmen Standorten
- endemisch

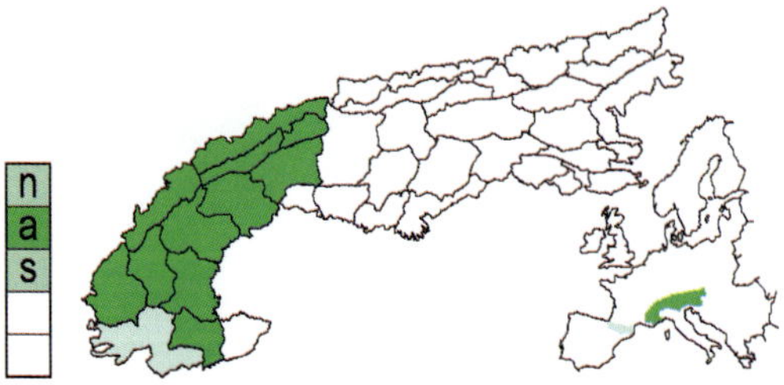

Androsace saussurei Dentant & al.

Mont-Blanc-Mannsschild *Primulaceae*

VI–VIII ∗ K(5) [C(5) A5] G(5̲)

Bis 10 cm hoch, polsterförmig, mehrjährig. BLÜTENSTAND: **Blüten einzeln**. BLÜTEN: meist (hell-)rötlich-violett, selten weißlich. BLÄTTER: Spreite 0,4–0,8 cm lang, 1,1–1,7 mm breit, **mit vielarmigen Haaren**, **vielarmige Haare 0,2–0,5 mm lang**, **mit ungeteilten Haaren**.

- **Schutt- o. Felsfluren**
- an nährstoffarmen, sauren Standorten
- endemisch

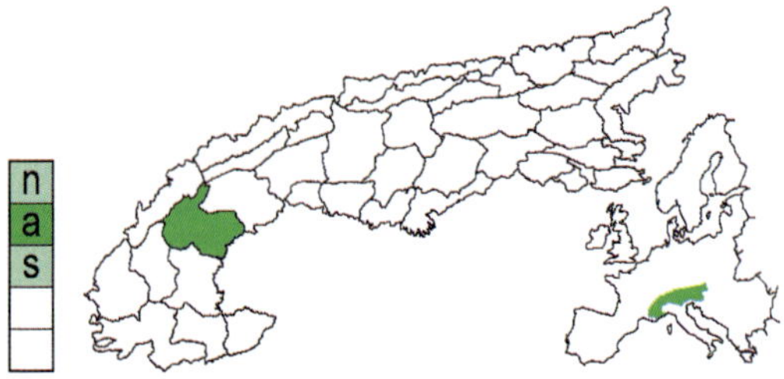

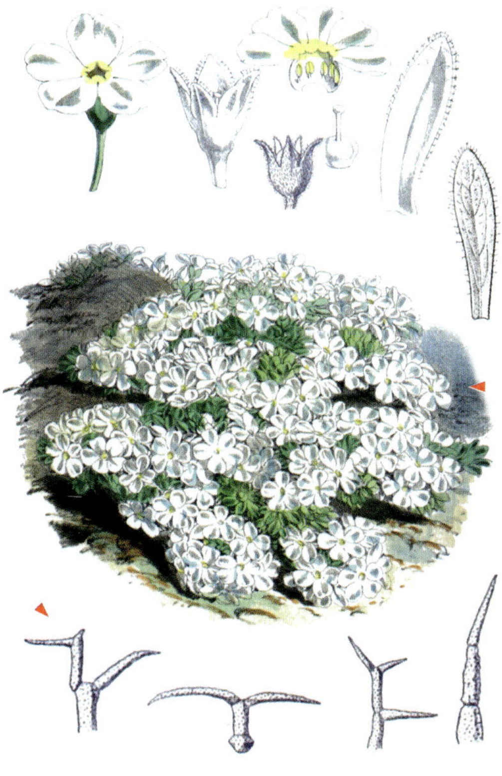

Androsace vandellii (Turra) Chiov.

Vandellis Mannsschild *Primulaceae*
V–VII ∗ K(5) [C(5) A5] G($\underline{5}$)

Bis 15 cm hoch, **dichte gräuliche bis weißliche Polster bildend**, mehrjährig. BLÜTENSTAND: **Blüten einzeln**. BLÜTEN: weißlich. STÄNGEL: behaart; UNTEN: **von abgestorbener Laubblattscheide umgeben**. BLÄTTER: Spreite 0,2–0,6 cm lang, **dicht weißhaarig, mit vielarmigen Haaren, *ohne* ungeteilte Haare**.

- **Schutt- o. Felsfluren**
- an nährstoffarmen, sauren Standorten
- einheimisch

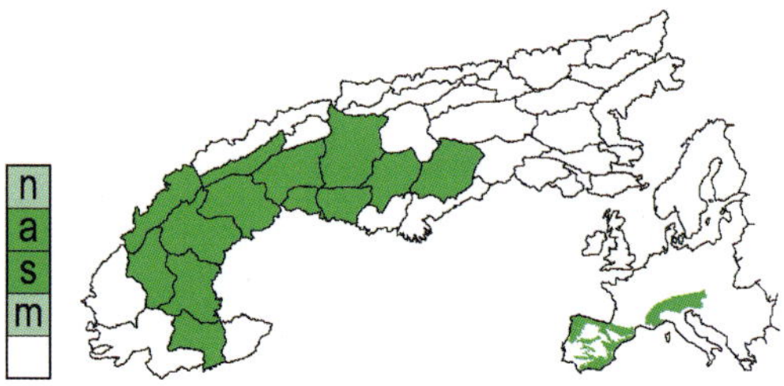

Androsace vesulensis Dentant & al.

Monte-Viso-Mannsschild *Primulaceae*
VI–VIII ∗ K(5) [C(5) A5] G($\underline{5}$)

Bis 10 cm hoch, polsterförmig, mehrjährig. BLÜTENSTAND: **Blüten einzeln**. BLÜTEN: weißlich. BLÄTTER: Spreite 0,5–0,7 cm lang, 1–2,2 mm breit, **mit vielarmigen Haaren, vielarmige Haare 0,1–0,2 mm lang, *ohne* ungeteilte Haare**.

- **Schutt- o. Felsfluren**
- an nährstoffarmen, sauren Standorten
- endemisch

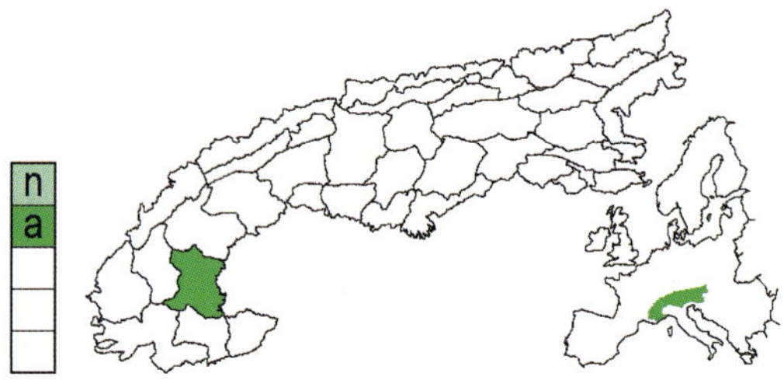

Androsace villosa L.

Zottiger Mannsschild *Primulaceae*
V–VII ∗ K(5) [C(5) A5] G($\underline{5}$)

Bis 10 cm hoch, dichtrasig bis polsterförmig, mehrjährig. BLÜTENSTAND: **doldenartig, Dolde lang gestielt**, 2–6-blütig. BLÜTEN: weißlich. BLÜTENSTIELE: 1–5 mm lang. KRONBLÄTTER: 3–5 mm lang. STÄNGEL: **mit langen weißlichen Haaren**. AUSLÄUFER: **oberirdisch, lang**. BLÄTTER: Spreite 0,4–0,8 cm lang, 2–6 mm breit, **drüsig behaart, mit ungeteilten Haaren**; UNTERSEITS: mit langen weißlichen Haaren.

In den Alpen nur die subsp. *villosa*.

- **subalpine o. alpine Rasen**, Schutt- o. Felsfluren
- an nährstoffarmen, basenreichen Standorten
- einheimisch

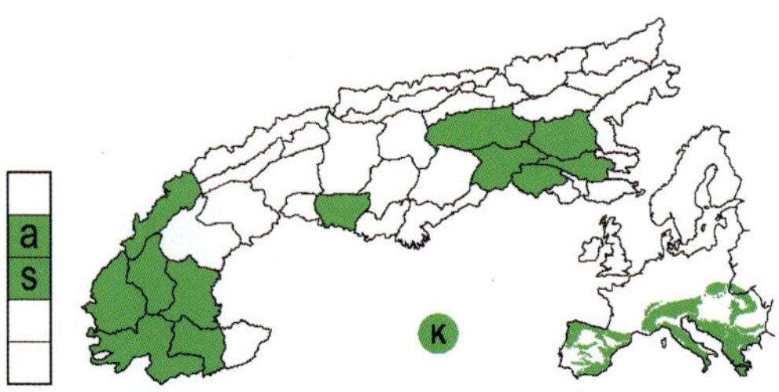

Androsace wulfeniana W. D. J. Koch

Wulfens Mannsschild *Primulaceae*
V–VII ∗ K(5) [C(5) A5] G($\underline{5}$)

Bis 5 cm hoch, lockere ± grünliche Polster bildend, mehrjährig. BLÜTENSTAND: **Blüten einzeln**. BLÜTEN: meist (hell-)rötlich-violett, selten weißlich. BLÜTENSTIELE: 5–12 mm lang. BLÄTTER: grünlich, distal meist rötlich überlaufen, Spreite 0,4–0,8 cm lang, spitz, **mit vielarmigen Haaren, vielarmige Haare überwiegend 3–5-armig, *ohne* ungeteilte Haare**; UNTERSEITS: **gekielt**.

- **subalpine o. alpine Rasen, Schutt- o. Felsfluren**
- an nährstoffarmen, sauren, trockenen Standorten
- endemisch

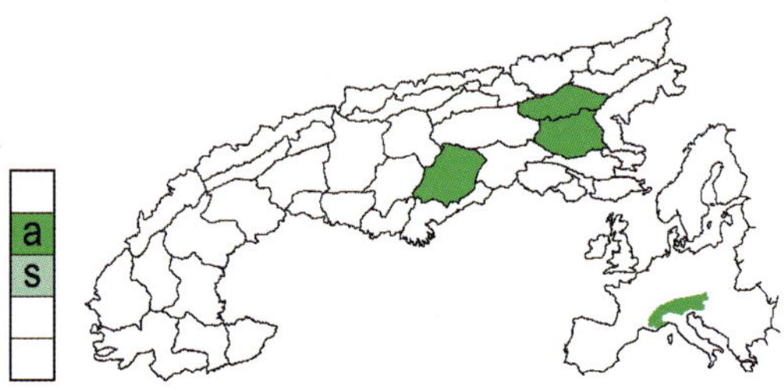

Androsace vitaliana (L.) Lapeyr.

Vitals Goldprimel *Primulaceae*

IV–VII ∗ K(5) [C(5) A5] G(5)

Bis 5 cm hoch, rasig bis locker polsterförmig, mehrjährig. Blütenstand: Stängel meist 1-blütig. Blüten: **gelb**. Kronröhre: ± 2-mal so lang wie der Kelch. Ausläufer: **oberirdisch, lang**. Blätter: Spreite 0,3–1,2 cm lang, 1–1,4 mm breit.

In den Alpen die subsp. *vitaliana, cinerea* u. *sesleri* (endemisch) (vgl. S. 733).

- **subalpine o. alpine Rasen, Schutt- o. Felsfluren**
- an nährstoffarmen Standorten
- einheimisch

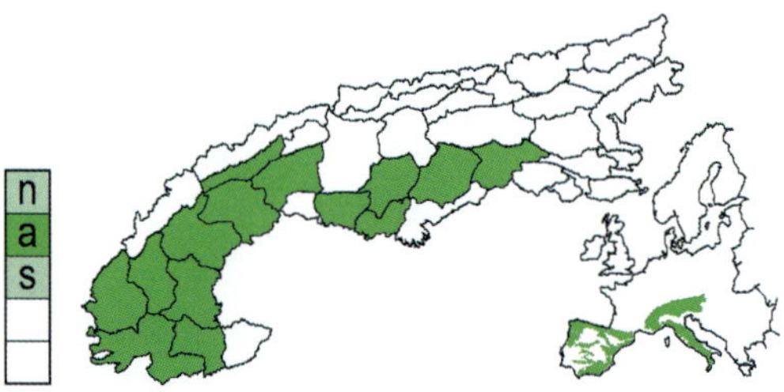

Pyrola minor L.

Kleines Wintergrün *Ericaceae*

V–VIII ∗ K5 C5 A10 G(5)

Bis 25 cm hoch, mehrjährig. Blütenstand: traubenartig. Blüten: **kugelig bis krugförmig, weißlich**, oft rötlich überlaufen. Krone: 5–15 mm ⌀. Kelchzipfel: 3-eckig bis breit lanzettlich, ± so lang wie breit. Fruchtkelch: **anliegend**. Griffel: **± gerade, 1–3 mm lang, kaum aus der Blüte ragend**. Narben: (kurz) 5-lappig. Stängel: mit grundständiger Blattrosette, mit < 2 Schuppenblättern.

- subalpine o. alpine Rasen, Schutt- o. Felsfluren, **Zwergstrauchheiden, Grünerlen- o. Legföhrengebüsche, Wälder**
- an nährstoffarmen, sauren Standorten
- einheimisch

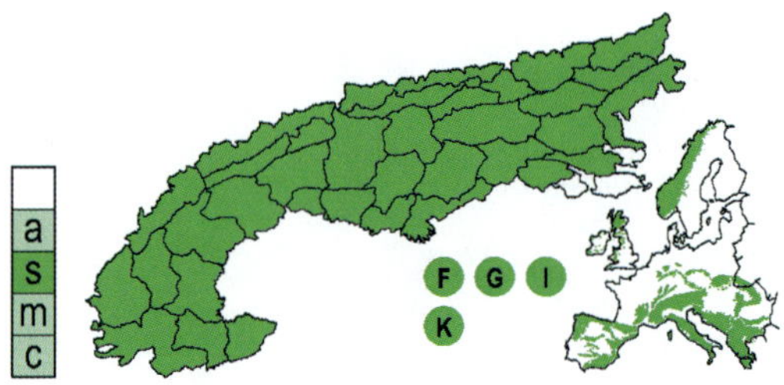

Pyrola rotundifolia L.

Rundblättriges Wintergrün *Ericaceae*

V–VIII ∗ K5 C5 A10 G(5)

15–40 cm hoch, mehrjährig. Blütenstand: traubenartig, **Stängel 10–40-blütig**. Blüten: **glockig bis trichterförmig, weißlich**, oft rötlich überlaufen. Krone: 5–15 mm ⌀. Kelchzipfel: 3-eckig bis breit lanzettlich, ± 2-mal so lang wie breit, ± 0,5-mal so lang wie die Kronblätter. Fruchtkelch: **abstehend**. Griffel: **gebogen**, 4–8 mm lang, **aus der Blüte ragend**. Narben: (kurz) 5-lappig. Stängel: mit grundständiger Blattrosette, **im QS unten stumpfkantig**.

In den Alpen nur die subsp. *rotundifolia*.

- Zwergstrauchheiden, **Grünerlen- o. Legföhrengebüsche, Wälder**
- an nährstoffarmen Standorten
- einheimisch

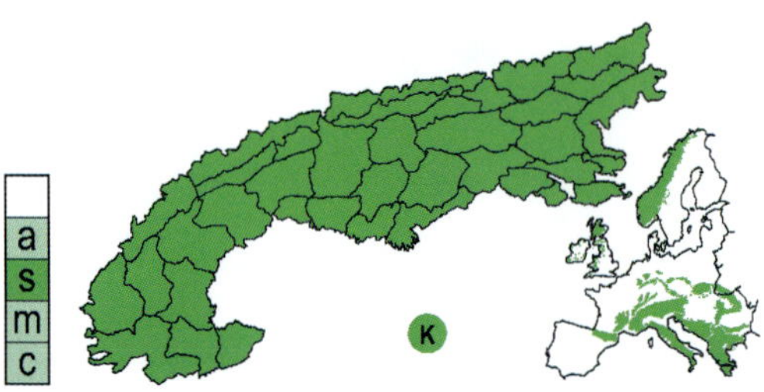

Arctostaphylos alpinus (L.) Spreng.

Alpen-Bärentraube *Ericaceae*

IV–VI ∗ K5 C(5) A10 G(5)

Zwergstrauch, 10–30 cm hoch. Blütenstand: traubenartig, **± aufrecht**, Stängel 3–10-blütig. Blüten: kugelig bis krugförmig, weißlich. Blütenstiele: kürzer als die Tragblätter. Krone: 3–8 mm lang. Kronzipfel: < 0,25-mal so lang wie die Kronröhre. Früchte: Steinfrüchte, **schwarz**, seltener bläulich. Stängel: zumindest basal niederliegend. Blattstellung: wechselständig. Blätter: **sommergrün, am Rand gezähnt**.

- subalpine o. alpine Rasen, Schneetälchen, **Zwergstrauchheiden, Legföhrengebüsche**
- an nährstoffarmen Standorten
- einheimisch

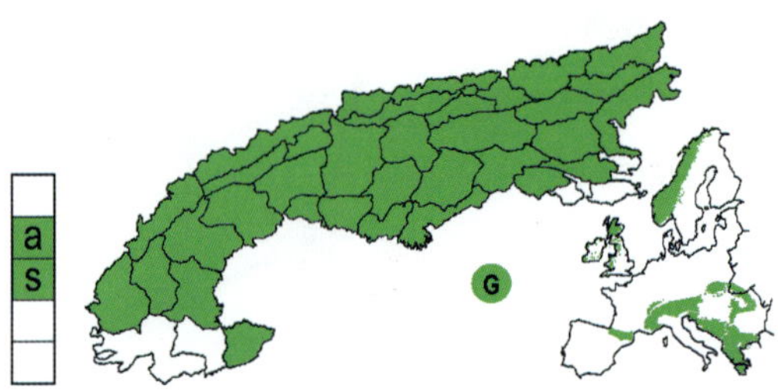

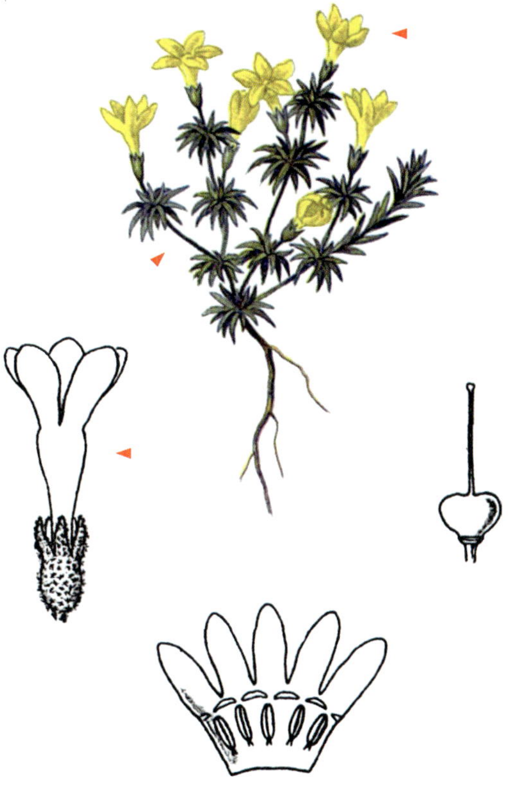

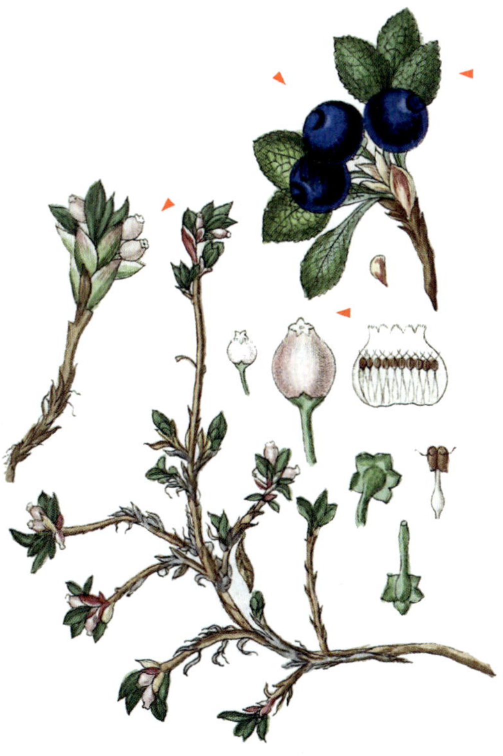

Arctostaphylos uva-ursi (L.) Spreng.

Immergrüne Bärentraube *Ericaceae*
III–VIII ∗ K5 C(5) A10 G($\underline{5}$)

Zwergstrauch, 20–60 cm hoch. Blütenstand: traubenartig, **meist überhängend**, Stängel 3–10-blütig. Blüten: kugelig bis krugförmig, weißlich, meist rötlich überlaufen. Blütenstiele: kürzer als die Tragblätter. Krone: 3–8 mm lang. Kronzipfel: < 0,25-mal so lang wie die Kronröhre. Früchte: Steinfrüchte, **rötlich**. Stängel: zumindest basal niederliegend. Blattstellung: wechselständig. Blätter: **immergrün**, **ganzrandig**; oberseits: glänzend.

In den Alpen nur die subsp. *uva-ursi*.

- subalpine o. alpine Rasen, Schutt- o. Felsfluren, **Zwergstrauchheiden**, **Legföhrengebüsche**, **Wälder**
- an nährstoffarmen, basenreichen, meist trockenen Standorten
- einheimisch

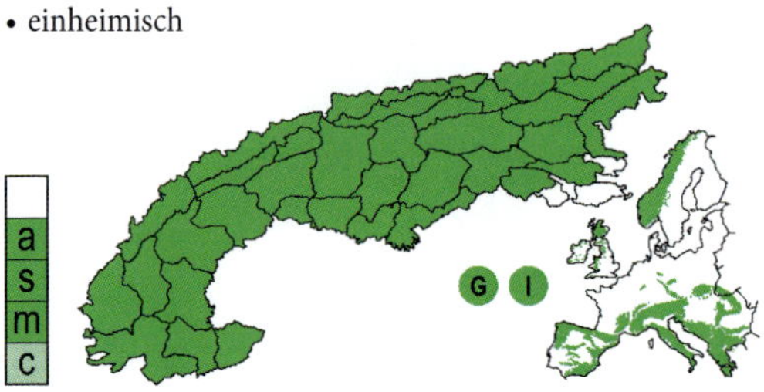

Loiseleuria procumbens (L.) Desv. giftig

Gämsheide *Ericaceae*
V–VIII ∗ K5 C(5) A5 G($\underline{4–5}$)

Niederliegender Zwergstrauch, bis 25 cm hoch, rasig. Blütenstand: **gehäuft am Ende der Triebe**. Blüten: **glockig bis trichterförmig, rosa**. Krone: 4–10 mm lang. Kronzipfel: **0,5–2-mal so lang wie die Kronröhre**. Kelchblätter: **rötlich**. Fruchtknoten: mit ± ringförmiger Nektardrüse. Früchte: Kapseln. Blattstellung: **gegenständig**. Blätter: **immergrün**, **Spreite 0,3–0,8 cm lang**, **< 2 mm breit**, am Rand kahl, **am Rand nach unten gerollt**, ganzrandig.

- **subalpine o. alpine Rasen**, Schutt- o. Felsfluren, **Zwergstrauchheiden**, Legföhrengebüsche, Moore o. Seggenriede, Wälder
- an nährstoffarmen, sauren Standorten
- einheimisch

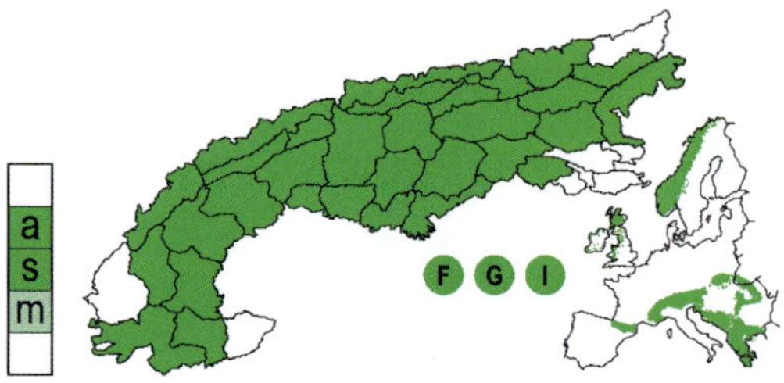

Rhodothamnus chamaecistus (L.) Rchb. giftig

Zwergalpenrose *Ericaceae*
V–VII ∗ K5 C(5) A10 G($\underline{5}$)

Zwergstrauch, 20–40 cm hoch. Blütenstand: **gehäuft am Ende der Triebe**. Blüten: **radförmig ausgebreitet bis trichterförmig, rosa bis hellviolett**. Krone: > 8 mm lang. Kronzipfel: **> 3-mal so lang wie die Kronröhre**. Kelchblätter: **drüsig bewimpert**. Staubblätter: **deutlich länger als die Krone**. Fruchtknoten: mit ± ringförmiger Nektardrüse. Früchte: Kapseln. Stängel: allenfalls basal niederliegend. Blattstellung: überwiegend wechselständig. Blätter: **immergrün**, **Spreite 0,5–1,2 cm lang**, **am Rand bewimpert**.

- subalpine o. alpine Rasen, **Schutt- o. Felsfluren**, **Zwergstrauchheiden**, **Legföhrengebüsche**, Wälder
- an nährstoffarmen, basenreichen Standorten
- einheimisch (subendemisch)

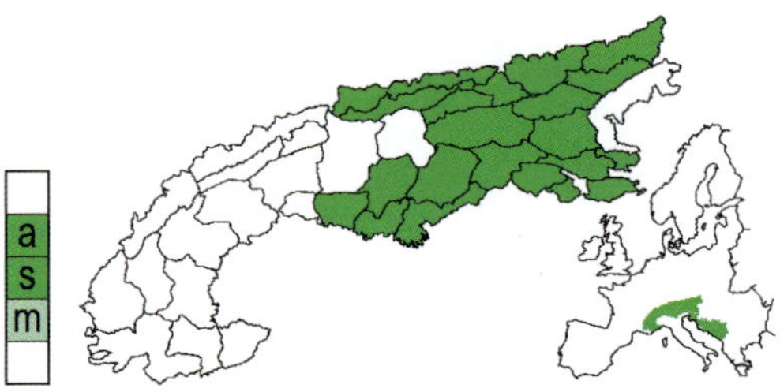

Calluna vulgaris (L.) Hull giftig (für Tiere)

Heidekraut *Ericaceae*
VII–X ∗ K4 C(4) A8 G($\underline{4–5}$)

Zwergstrauch, 30–100 cm hoch. Blütenstand: Blüten einzeln bis traubenartig. Aussenkelch: grünlich. Blüten: **glockig bis trichterförmig**, rosa. Kronzipfel: **> 3-mal so lang wie die Kronröhre**. Kelch: **4-blättrig**. Kelchblätter: **länger als die Krone**, **rötlich-violett**. Früchte: **Kapseln**. Blattstellung: **gegenständig**. Blätter: **immergrün**, lineal bis länglich, **Spreite 0,1–0,4 cm lang**, **< 2 mm breit**, **basal mit 2 abwärts gerichteten Öhrchen**, ganzrandig.

- **subalpine o. alpine Rasen**, **Zwergstrauchheiden**, **Legföhrengebüsche**, **Moore o. Seggenriede**, Extensivgrünland o. Magerrasen, **Wälder**
- an nährstoffarmen, sauren Standorten
- einheimisch

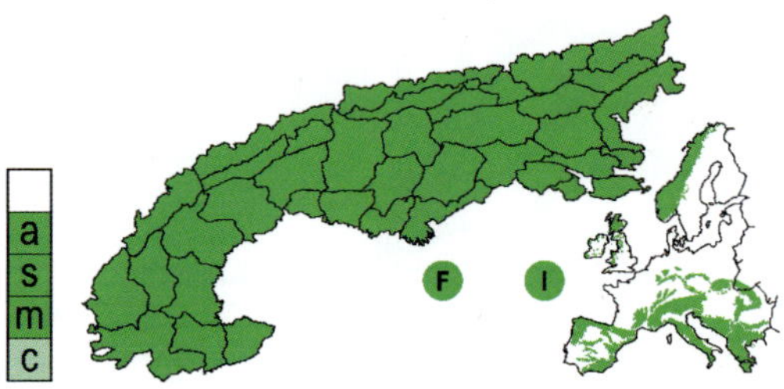

US

Erica carnea L.

Schneeheide *Ericaceae*
II–VI ⁎ K3 C(4–5) A8 G(4–5)

Zwergstrauch, 15–30 cm hoch. BLÜTEN: **glockig bis trichterförmig, rosa bis rötlich-violett**, Zuchtformen auch weißlich o. gelblich. KRONZIPFEL: **< 0,25-mal so lang wie die Kronröhre**. KELCH: kronblattartig gefärbt. STAUBBLÄTTER: **deutlich länger als die Krone**. FRÜCHTE: Kapseln. KNOTEN: **zumindest teilweise 3–4-blättrig**. BLÄTTER: **immergrün**, lineal bis länglich, Spreite 0,3–1 cm lang, < 2 mm breit, spitz, kahl, ganzrandig.

- **subalpine o. alpine Rasen, Schutt- o. Felsfluren, Zwergstrauchheiden, Legföhrengebüsche, Wälder**
- an nährstoffarmen, basenreichen, meist trockenen Standorten
- einheimisch

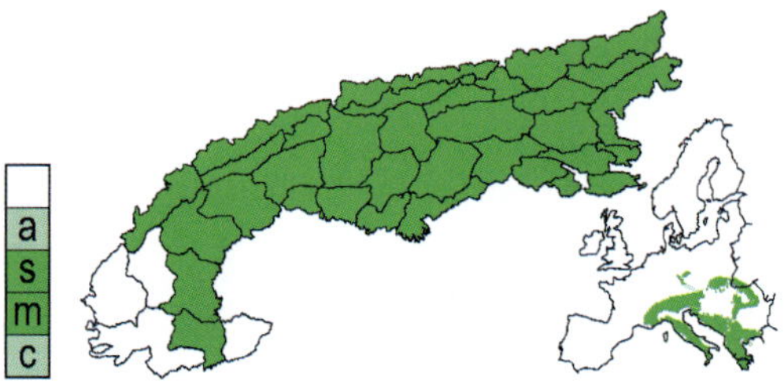

Empetrum hermaphroditum Hagerup

Zwittrige Krähenbeere *Ericaceae*
III–VI ⁎ K3 C(3) A2–3 G(2–9)

Zwergstrauch, 15–50 cm hoch. BLÜTEN: ⚥, **glockig-trichterförmig**, meist rötlich, selten weißlich. KRONZIPFEL: **> 3-mal so lang wie die Kronröhre**. STAUBBLÄTTER: meist 3. FRÜCHTE: Steinfrüchte, schwarz. SEITENÄSTE: Triebe zunächst grünlich, später bräunlich. BLATTSTELLUNG: wechselständig. BLÄTTER: **immergrün**, im QS hohl, lineal bis länglich, Spreite 0,3–1 cm lang, < 2 mm breit, meist 2–3-mal so lang wie breit, ganzrandig; UNTERSEITS: mit weißer Furche. – Subalpin u. alpin.

- Schutt- o. Felsfluren, **Zwergstrauchheiden**, Legföhrengebüsche, **Wälder**
- an nährstoffarmen, sauren Standorten
- einheimisch

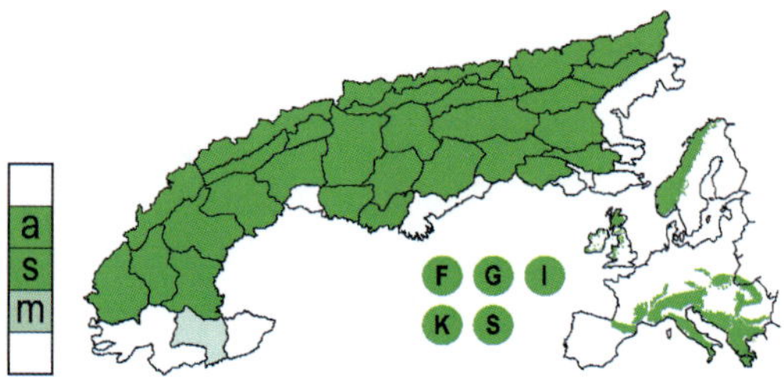

Rhododendron ferrugineum L.

Rostblättrige Alpenrose *Ericaceae*
IV–VIII ⁎ K5 C(5) A10 G(5)

Strauch, 30–150 cm hoch. BLÜTENSTAND: trauben- bis doldenartig. BLÜTEN: glockig-trichterförmig bis langröhrig, rötlich bis violett. KRONE: > 8 mm lang. KRONZIPFEL: 0,25–1-mal so lang wie die Kronröhre. STAUBBLÄTTER: kürzer o. etwas länger als die Krone. FRUCHTKNOTEN: mit ± ringförmiger Nektardrüse. FRÜCHTE: Kapseln. STÄNGEL: aufrecht. BLATTSTELLUNG: wechselständig. BLÄTTER: immergrün, Spreite 1,2–4 cm lang, am Rand kahl; UNTERSEITS: **zunächst grünlich, später dicht rötlich-bräunlich behaart**.

- **subalpine o. alpine Rasen**, Schutt- o. Felsfluren, **Zwergstrauchheiden, Grünerlen- o. Legföhrengebüsche**, Moore o. Seggenriede, **Wälder**
- an nährstoffarmen, sauren Standorten
- einheimisch

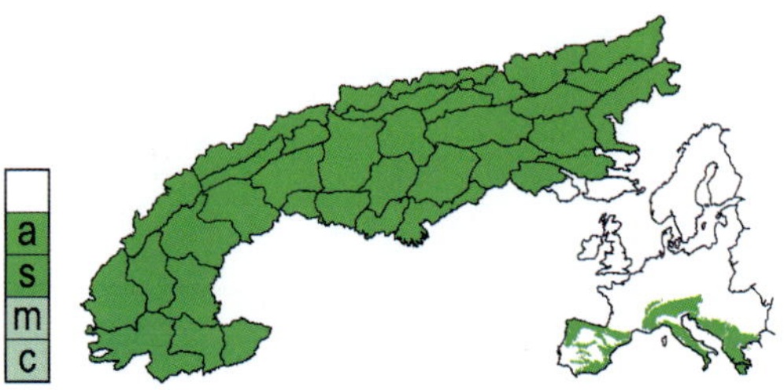

Rhododendron hirsutum L.

giftig

Bewimperte Alpenrose *Ericaceae*
V–VIII ⁎ K5 C(5) A10 G(5)

Strauch, 20–120 cm hoch. BLÜTENSTAND: trauben- bis doldenartig. BLÜTEN: glockig-trichterförmig bis langröhrig, rötlich bis violett. KRONE: > 8 mm lang. KRONZIPFEL: 0,25–1-mal so lang wie die Kronröhre. STAUBBLÄTTER: kürzer o. etwas länger als die Krone. FRUCHTKNOTEN: mit ± ringförmiger Nektardrüse. FRÜCHTE: Kapseln. STÄNGEL: aufrecht. BLATTSTELLUNG: wechselständig. BLÄTTER: immergrün, Spreite 1,2–4 cm lang, **am Rand lang bewimpert**; UNTERSEITS: grünlich.

- subalpine o. alpine Rasen, Schutt- o. Felsfluren, Zwergstrauchheiden, **Legföhrengebüsche**, **Wälder**
- an nährstoffarmen, basenreichen Standorten
- einheimisch

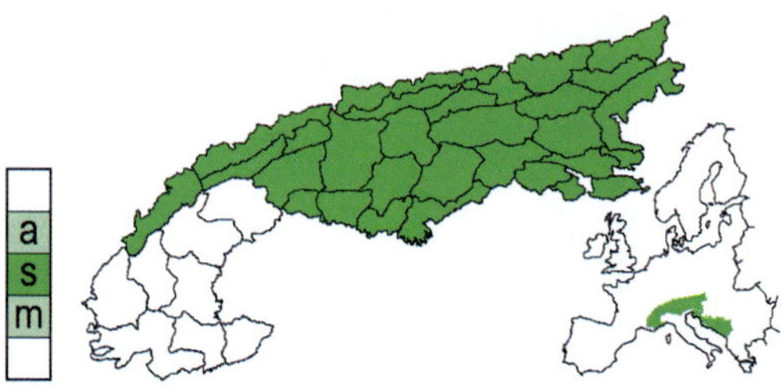

US

Vaccinium myrtillus L.

Heidelbeere *Ericaceae*
III–VIII * K5 C(5) A10 G($\overline{5}$)

Halbstrauch, 15–50 cm hoch. BLÜTENSTAND: **Blüten meist einzeln**. BLÜTEN: glockig-trichterförmig, weißlich-grünlich bis rötlich. KRONZIPFEL: < 0,25-mal so lang wie die Kronröhre. FRUCHTKNOTEN: mit ± ringförmiger Nektardrüse. FRÜCHTE: Beeren, **bläulich bis schwarz**. STÄNGEL: aufrecht. SEITENÄSTE: **grünlich, im QS scharfkantig**. BLÄTTER: **sommergrün, frischgrün**, Spreite 1,5–4 cm lang, am Rand gezähnt.

- subalpine o. alpine Rasen, Schutt- o. Felsfluren, **Zwergstrauchheiden, Grünerlen- o. Legföhrengebüsche, Moore o. Seggenriede, Wälder**
- an nährstoffarmen, sauren Standorten
- einheimisch

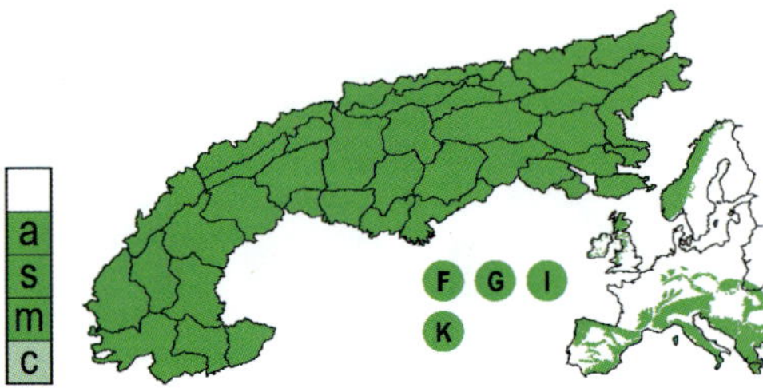

Vaccinium uliginosum L.

giftig

Gewöhnliche Moorbeere *Ericaceae*
IV–VII * K5 C(5) A10 G($\overline{4-5}$)

Zwergstrauch, bis 100 cm hoch. BLÜTENSTAND: **1–5-blütig**. BLÜTEN: glockig-trichterförmig, weißlich bis rosa. KRONZIPFEL: < 0,25-mal so lang wie die Kronröhre. FRUCHTKNOTEN: mit ± ringförmiger Nektardrüse. FRÜCHTE: Beeren, **bläulich bis schwarz**. STÄNGEL: basal zuweilen niederliegend. SEITENÄSTE: gräulich bis bräunlich. BLÄTTER: **sommergrün, blau- bzw. graugrün**, Spreite 0,5–5 cm lang, ganzrandig, unterseits netzadrig. – Inkl. *V. gaultherioides*.

- Zwergstrauchheiden, **Moore o. Seggenriede**, Wälder
- an nährstoffarmen, sauren Standorten
- einheimisch

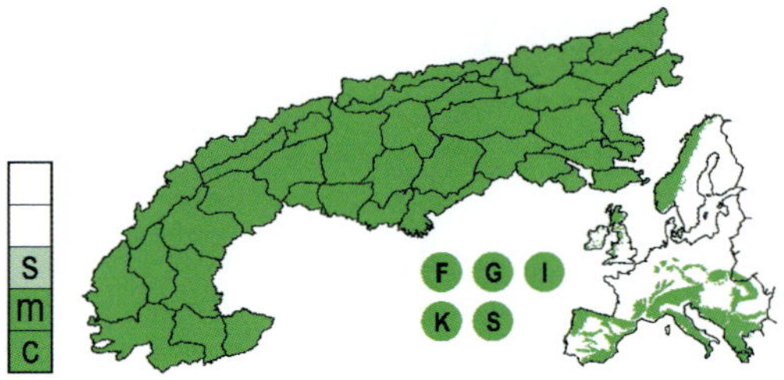

Vaccinium vitis-idaea L.

Preiselbeere *Ericaceae*
IV–VIII * K5 C(5) A10 G($\overline{4-5}$)

Zwergstrauch, bis 40 cm hoch. BLÜTENSTAND: **3–12-blütig**. BLÜTEN: glockig-trichterförmig, weißlich bis rosa. KRONZIPFEL: < 0,25-mal so lang wie die Kronröhre. FRUCHTKNOTEN: mit ± ringförmiger Nektardrüse. FRÜCHTE: Beeren, **rötlich**. STÄNGEL: basal zuweilen niederliegend. BLÄTTER: **immergrün, am Rand nach unten gerollt**, derb, Spreite > 1,5 cm lang, 4–15 mm breit, ganzrandig; OBERSEITS: **dunkelgrün, glänzend**; UNTERSEITS: frischgrün, **drüsig punktiert**.

In den Alpen nur die subsp. *vitis-idaea*.

- subalpine o. alpine Rasen, Schutt- o. Felsfluren, **Zwergstrauchheiden, Legföhrengebüsche, Moore o. Seggenriede, Wälder**
- an nährstoffarmen, sauren Standorten
- einheimisch

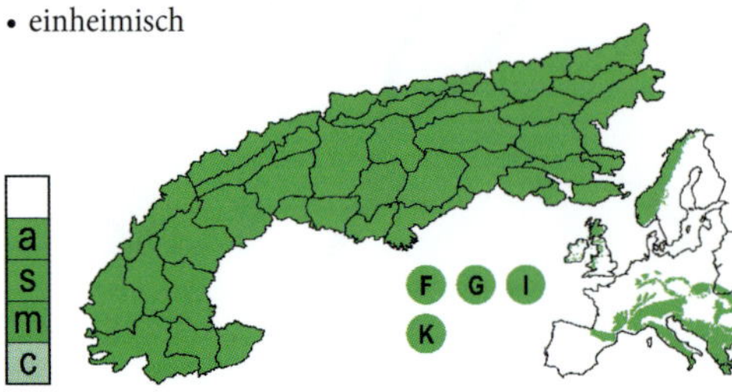

Asperula hexaphylla All.

Sechsblättriger Meier *Rubiaceae*
VI–IX * [P(4) A4] G($\overline{2}$)

Bis 15 cm hoch, mehrjährig. PFLANZEN: kahl. BLÜTENSTAND: **endständig, in den Achseln des obersten Laubblattquirls, dichtblütig**. BLÜTEN: (hell) rötlich-violett. BLÜTENSTIELE: kürzer als die Blüte. PERIGONBLÄTTER: **5–10 mm lang**, außen rau; **Zipfel 2–5 mm lang**. FRÜCHTE: meist Spaltfrüchte, **glatt**. KNOTEN: **überwiegend 6-blättrig**. BLÄTTER: lineal bis lanzettlich, 1–2 mm breit.

- **Schutt- o. Felsfluren**, Extensivgrünland o. Magerrasen
- an nährstoffarmen, kalkreichen, meist trockenen Standorten
- endemisch

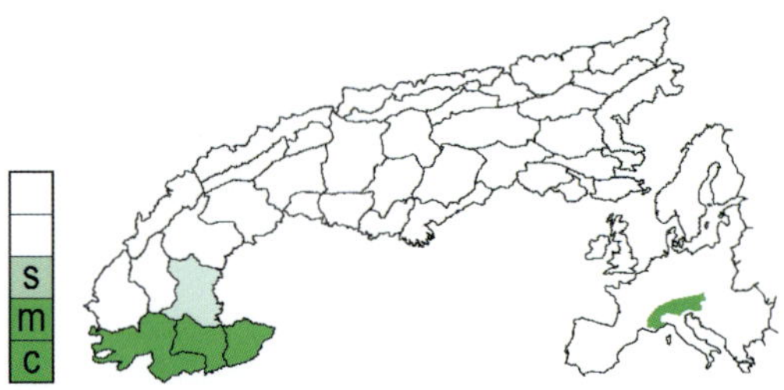

US

Asperula rupicola Jord.

Piemonteser Meier *Rubiaceae*
VI–VIII ∗ [P(4) A4] G($\overline{2}$)

Bis 15 cm hoch, dichtrasig, mehrjährig. Blütenstand: **endständig**. Blüten: **rosa**. Perigonblätter: **4–5 mm lang**, außen rau; **Zipfel 3–5 mm lang**. Früchte: meist Spaltfrüchte, **warzig**. Knoten: **2-4-blättrig**. Blätter: lineal bis lanzettlich, 1–2 mm breit. obere Stängelblätter: ≤ so lang wie die Internodien.

- **Schutt- o. Felsfluren, Extensivgrünland o. Magerrasen**
- an nährstoffarmen, kalkreichen, trockenen Standorten
- endemisch

Galium: Kräuter. Kelch: klein bis fehlend. Früchte: meist Spaltfrüchte. Blattstellung: (scheinbar) quirlig. Blätter: ungeteilt. Blütenformel: ∗ K(3-4) [C(3-4) A3-4] G($\overline{2}$).

Galium truniacum (Ronniger) Ronniger

Traunsee-Labkraut *Rubiaceae*
V–IX ∗ K(4) [C(4) A4] G($\overline{2}$)

20–40 cm hoch. Blütenstand: schmal ei- bis kegelförmig. Blüten: **weißlich-gelblich**. Blütenstiele: **2–7 mm lang**. Krone: 3–5 mm ⌀. Kronzipfel: **mit aufgesetzter Grannenspitze**. Stängel: meist basal verholzt, aufrecht, **im QS kantig**. Ausläufer: fehlend. Knoten: **4-8-blättrig**. Blätter: grünlich, 1–3 cm lang, **0,5–2,4 mm breit**, **> 7-mal so lang wie breit, am Rand nach unten umgebogen**.

- **Schutt- o. Felsfluren**
- an nährstoffarmen, kalkreichen Standorten
- endemisch

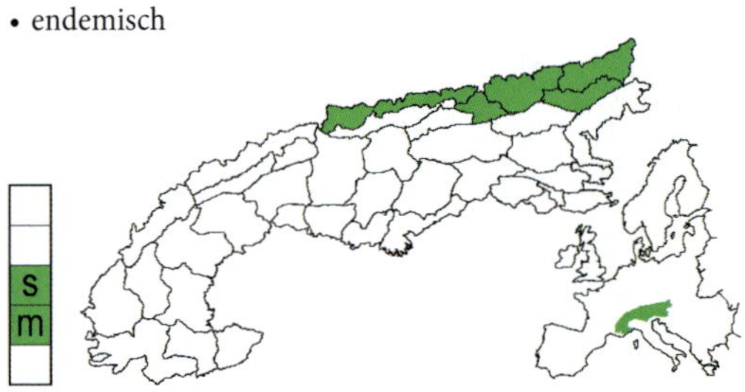

Galium meliodorum (Beck) Fritsch

Honig-Labkraut *Rubiaceae*
V–VIII ∗ K(4) [C(4) A4] G($\overline{2}$)

10–40 cm hoch. Blüten: weißlich. Blütenstiele: **1,5–4 mm lang**. Krone: 3–5 mm ⌀. Kronzipfel: **mit aufgesetzter Grannenspitze**. Stängel: meist basal verholzt. Ausläufer: oberirdisch. Blätter: **(schwach) sukkulent**, grünlich, 1–3 cm lang, **> 7-mal so lang wie breit, am Rand glatt**.

- **subalpine o. alpine Rasen**, **Schutt- o. Felsfluren**, Legföhrengebüsche
- an nährstoffarmen, kalkreichen Standorten
- endemisch

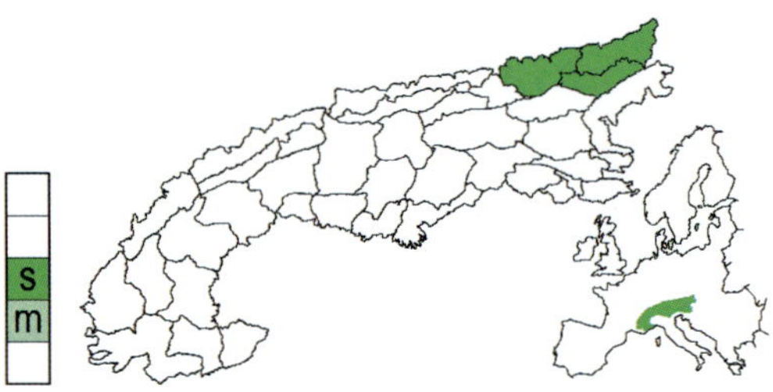

Galium montis-arerae Merxm. & Ehrend.

Arera-Labkraut *Rubiaceae*
VI–IX ∗ K(4) [C(4) A4] G($\overline{2}$)

Bis 25 cm hoch. Blüten: **weißlich o. weißlich-gelblich**. Blütenstiele: **1–2 mm lang**. Krone: 3–4 mm ⌀. Kronzipfel: **mit aufgesetzter Grannenspitze**. Stängel: meist basal verholzt. Ausläufer: oberirdisch. Blätter: grünlich, bis 1 cm lang, **1–2 mm breit**, **> 7-mal so lang wie breit, am Rand glatt**.

- **Schutt- o. Felsfluren**
- an nährstoffarmen, kalkreichen Standorten
- endemisch

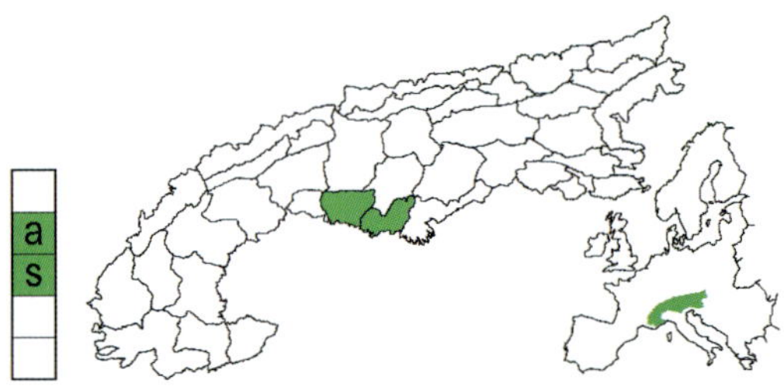

Galium megalospermum All.

Schweizer Labkraut *Rubiaceae*
VI–VIII ∗ K(4) [C(4) A4] G($\overline{2}$)

Bis 10 cm hoch, dichtrasig, mehrjährig. BLÜTENSTAND: gehäuft am Stängelende. BLÜTEN: **grünlich-gelblich o. gelblich-weißlich**. KRONZIPFEL: **allmählich zugespitzt**. FRUCHTSTIELE: gerade, **2–3 mm lang**. FRÜCHTE: **2–3 mm lang**. STÄNGEL: UNTEN: **fadenförmig**, < 1,2 mm ⌀; OBEN: im QS rundlich. KNOTEN: **meist 6-blättrig**. BLÄTTER: **< 5-mal so lang wie breit**, mit < 0,5 mm langer Spitze, **am Rand mit zur Blattbasis gerichteten hakig gebogenen Haaren**.

- **Schutt- o. Felsfluren**, Alluvionen
- an kalkreichen Standorten
- endemisch

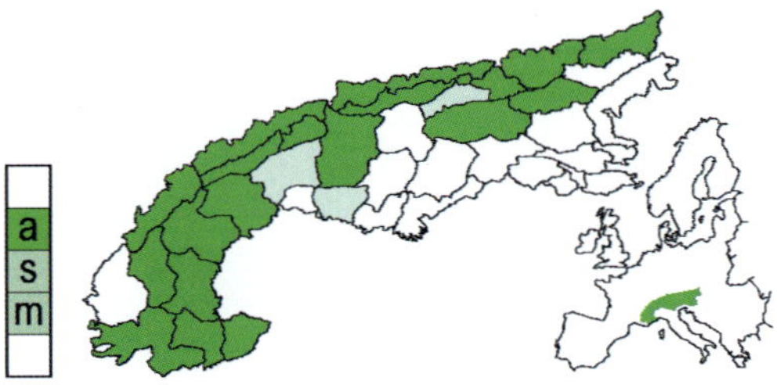

Galium saxosum (Chaix) Breistr.

Stein-Labkraut *Rubiaceae*
IV–VI ∗ K(4) [C(4) A4] G($\overline{2}$)

Bis 15 cm hoch, rasig, mehrjährig. BLÜTENSTAND: dichtblütig. BLÜTEN: weißlich. BLÜTENSTIELE: **< 2 mm lang**. KRONE: **2–2,2 mm ⌀**. KRONZIPFEL: **allmählich zugespitzt**. FRÜCHTE: **2–3 mm lang**. BLÄTTER: 0,5–1,5 cm lang, **1–3 mm breit, am Rand glatt**.

- **Schutt- o. Felsfluren**, Extensivgrünland o. Magerrasen
- an nährstoffarmen, kalkreichen Standorten
- endemisch

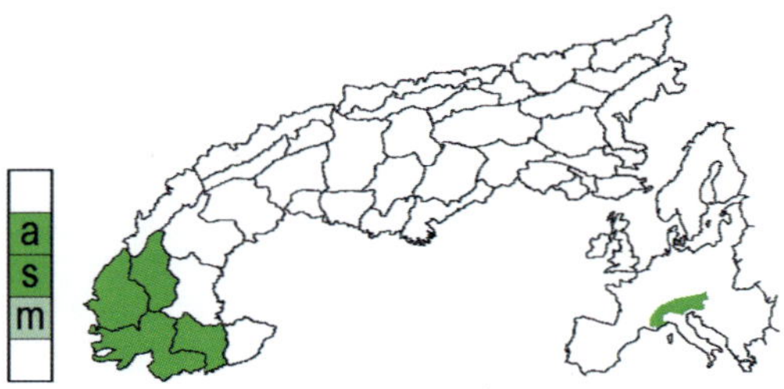

Galium baldense Spreng.

Monte-Baldo-Labkraut *Rubiaceae*
VI–VIII ∗ K(4) [C(4) A4] G($\overline{2}$)

Bis 10 cm hoch, dichtrasig, mehrjährig. BLÜTEN: **weißlich-gelblich**. KRONE: 3–4 mm ⌀. KRONZIPFEL: **allmählich zugespitzt**. FRUCHTSTIELE: ± aufrecht. KNOTEN: **5–10-blättrig**. BLÄTTER: **0,5–1 mm breit**, in der Mitte am breitesteten, zur Spitze u. Basis ± gleichmäßig verschmälert, mit < 0,5 mm langer Spitze, **am Rand glatt**.

- **subalpine o. alpine Rasen, Schutt- o. Felsfluren**
- an nährstoffarmen, basenreichen Standorten
- endemisch

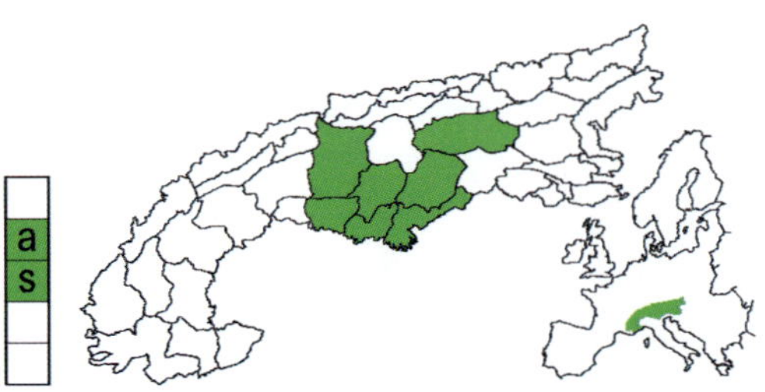

Galium noricum Ehrend.

Norisches Labkraut *Rubiaceae*
VI–IX ∗ K(4) [C(4) A4] G($\overline{2}$)

Bis 10 cm hoch, lockerrasig, mehrjährig. BLÜTEN: **weißlich-gelblich**. KRONE: 3–4 mm ⌀. KRONZIPFEL: **allmählich zugespitzt**. FRUCHTSTIELE: ± aufrecht. STÄNGEL: UNTEN: **fadenförmig**, < 1,2 mm ⌀; OBEN: im QS kantig. KNOTEN: **6–10-blättrig**. BLÄTTER: **1–2 mm breit**, in der Mitte am breitesteten, zur Spitze u. Basis ± gleichmäßig verschmälert, mit < 0,5 mm langer Spitze, **am Rand glatt**.

- **subalpine o. alpine Rasen, Schutt- o. Felsfluren**, Schneetälchen
- an nährstoffarmen, basenreichen Standorten
- endemisch

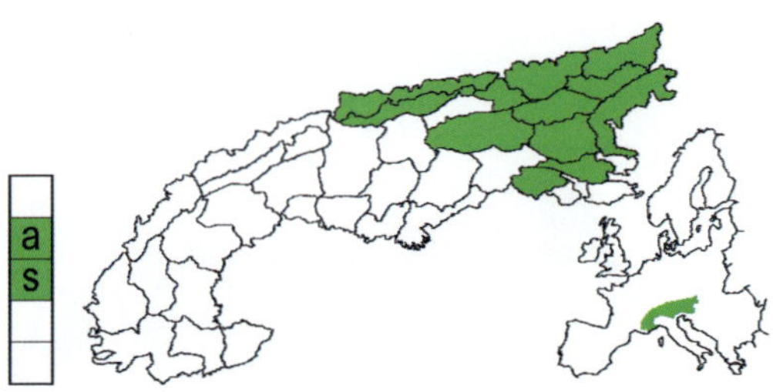

Galium margaritaceum A. Kern.

Perlschnur-Labkraut *Rubiaceae*

VI–IX ∗ K(4) [C(4) A4] G($\overline{2}$)

Bis 10 cm hoch, rasig, mehrjährig. Blüten: **weißlich-gelblich**. Krone: 3–4 mm ⌀. Kronzipfel: **allmählich zugespitzt**. Knoten: **6–8-blättrig**. Blätter: mit < 0,5 mm langer Spitze, **untere u. obere Stängelblätter auffallend unterschiedlich, untere breit lanzettlich bis oval u. papillös, obere länglich-lanzettlich u. glatt, am Rand glatt**.

- **Schutt- o. Felsfluren**
- an nährstoffarmen, kalkreichen, meist trockenen Standorten
- endemisch

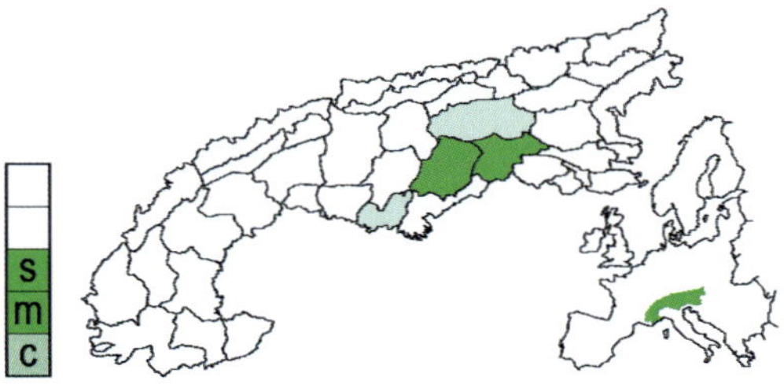

Galium tendae Rchb. f.

Tende-Labkraut *Rubiaceae*

VI–VIII ∗ K(4) [C(4) A4] G($\overline{2}$)

Bis 20 cm hoch, lockerrasig, mehrjährig. Blüten: **weißlich-gelblich**. Krone: 2–3 mm ⌀. Kronzipfel: **allmählich zugespitzt**. Fruchtstiele: ± abstehend. Knoten: **5–10-blättrig**. Blätter: **1–1,5 mm breit, in der distalen Hälfte am breitesteten, zur Spitze schneller verschmälert als zur Basis**, mit < 0,5 mm langer Spitze, **am Rand glatt**.

- **Schutt- o. Felsfluren**
- an nährstoffarmen, sauren Standorten
- endemisch

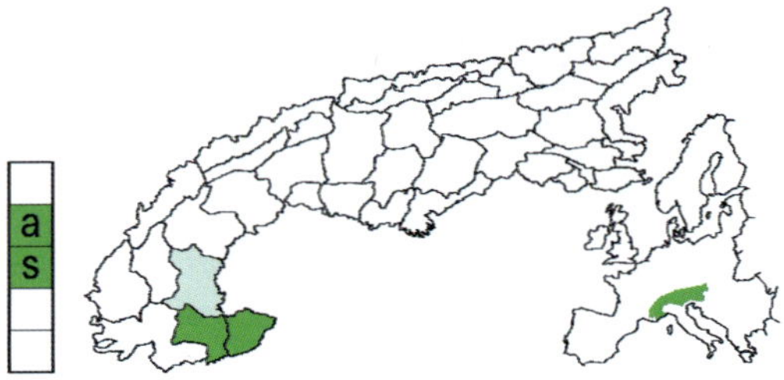

Galium pusillum L.

Kleines Labkraut *Rubiaceae*

VI–X ∗ K(4) [C(4) A4] G($\overline{2}$)

Bis 60 cm hoch, dichtrasig bis polsterförmig, 1–2-jährig. Blüten: weißlich. Kronzipfel: **allmählich zugespitzt**. Früchte: 1–2 mm lang. Stängel: unten: **fadenförmig**, < 1,2 mm ⌀; oben: im QS kantig. Blätter: mit 0,5–1,4 mm langer Grannenspitze, **am Rand meist mit zur Blattbasis gerichteten hakig gebogenen Haaren**.

- **subalpine o. alpine Rasen**, **Schutt- o. Felsfluren**, Alluvionen, Extensivgrünland o. Magerrasen
- an nährstoffarmen Standorten
- einheimisch

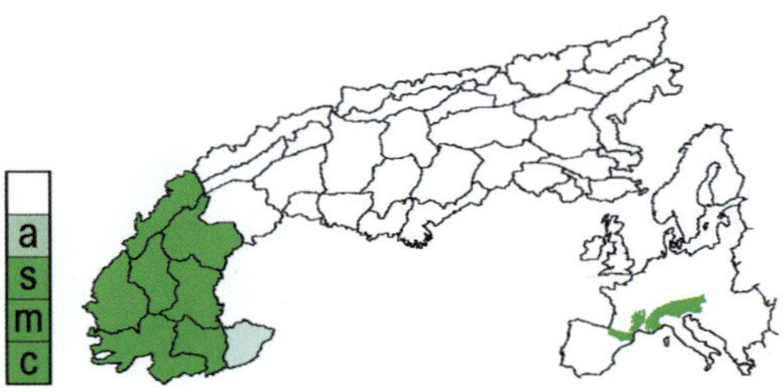

Galium anisophyllon Vill.

Ungleichblättriges Labkraut *Rubiaceae*

VI–IX ∗ K(4) [C(4) A4] G($\overline{2}$)

Bis 20 cm hoch, rasig, mehrjährig. Blütenstand: < 2-mal so lang wie breit. Blüten: weißlich. Blütenstiele: **1–1,6 mm lang**. Kronzipfel: **allmählich zugespitzt**. Früchte: 1–2 mm lang, **± glatt *oder* mit abgerundeten Warzen**. Stängel: unten: **fadenförmig**, < 1,2 mm ⌀; oben: im QS kantig. Knoten: **5–8-blättrig**. Blätter: bis 2 cm lang, **< 2 mm breit, 4–12-mal so lang wie breit**, mit < 0,5 mm langer Spitze, **am Rand meist mit zur Blattbasis gerichteten hakig gebogenen Haaren**.

- **subalpine o. alpine Rasen**, **Schutt- o. Felsfluren**, Alluvionen, Legföhrengebüsche, **Grünland**, Wälder
- an nährstoffarmen, basenreichen Standorten
- einheimisch

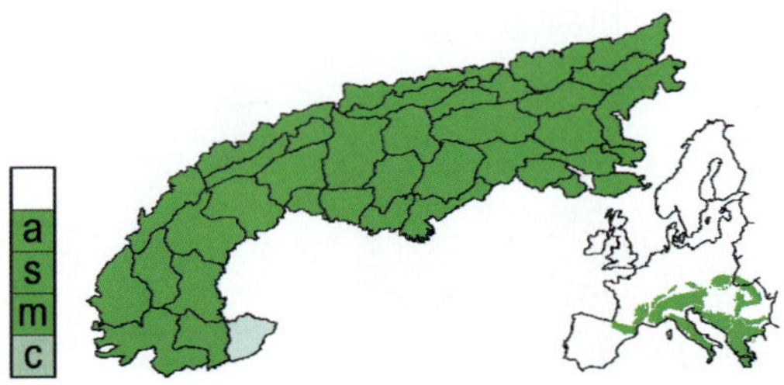

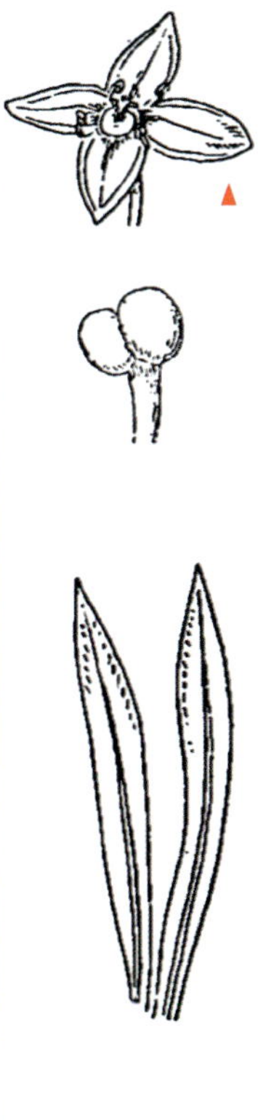

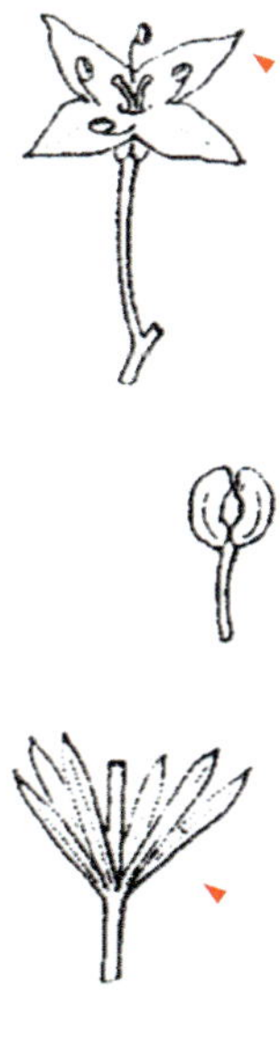

Galium pseudohelveticum Ehrend.

Westalpen-Labkraut *Rubiaceae*

V–IX ∗ K(4) [C(4) A4] G($\overline{2}$)

Bis 60 cm hoch, dichtrasig bis polsterförmig, 1–2-jährig. Blüten: **gelblich-weißlich**. Blütenstiele: **0,8–2,5 mm lang**. Krone: 3–4 mm ⌀. Kronzipfel: **allmählich zugespitzt**. Früchte: 1–2 mm lang, **± glatt**. Stängel: unten: **fadenförmig**, < 1,2 mm ⌀; oben: im QS kantig. Ausläufer: oberirdisch. Knoten: **6–8-blättrig**. Blätter: **(schwach) sukkulent**, **1–2,5 mm breit**, **4–7-mal so lang wie breit**, mit < 0,5 mm langer Spitze, **am Rand meist mit zur Blattspitze gerichteten hakig gebogenen Haaren**; oberseits: kahl.

- **subalpine o. alpine Rasen**, **Schutt- o. Felsfluren**, Alluvionen, Extensivgrünland o. Magerrasen
- an kalkreichen Standorten
- endemisch

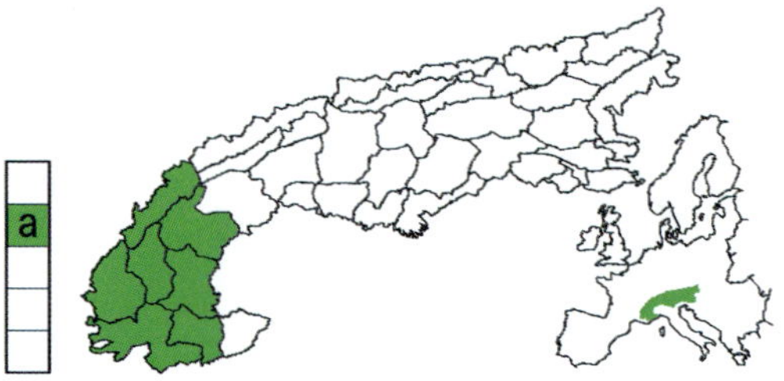

Gentiana: meist mehrjährige Kräuter. Krone: meist mit kurzen Anhängseln in den Buchten, mit langer Röhre, im QS ± faltig. Früchte: Kapseln. Blätter: gegenständig, ungeteilt. Blütenformel: ∗ K(4-5) [C(4-5) A4-5] G($\underline{2}$).

Gentiana rostanii Verl.

Rostans Enzian *Gentianaceae*

V–VIII ∗ K(5) [C(5) A5] G($\underline{2}$)

Bis 15 cm hoch. Blüten: **einzeln**, **stieltellerförmig**, bläulich. Krone: mit deutlich entwickelter Kronröhre, 20–30 mm lang. Kronröhre: < 8 mm ⌀. Stängel: Grundblätter oft dicht stehend, aber keine Rosette bildend. Blätter: am Rand glatt. Grundblätter: **± so lang wie die Stängelblätter**, **> 3-mal so lang wie breit**.

- **Quellfluren**, Moore o. Seggenriede
- an nährstoffarmen, basenreichen, feuchten bis nassen Standorten
- endemisch

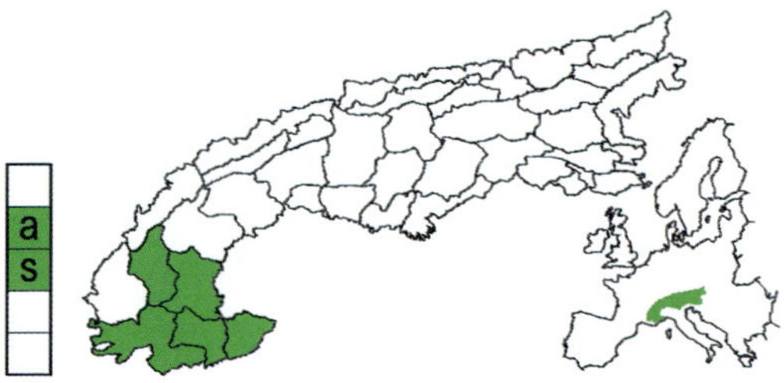

Gentiana bavarica L.

Bayerischer Enzian *Gentianaceae*

VI–VIII ∗ K(5) [C(5) A5] G($\underline{2}$)

Bis 20 cm hoch. Blüten: **meist einzeln**, **stieltellerförmig**, bläulich. Krone: mit deutlich entwickelter Kronröhre, 20–30 mm lang. Kronröhre: < 8 mm ⌀. Kelchröhre: **mit 1–2 mm breiten Leisten**. Kelchzipfel: ± abstehend bis zurückgebogen. Griffel: **2-lappig**. Stängel: zumindest basal niederliegend, Grundblätter oft dicht stehend, aber keine Rosette bildend, meist mit ≥ 6 Laubblättern. Blätter: im QS 0,3–0,4 mm dick, glänzend, am Rand glatt. Grundblätter: **kürzer als die Stängelblätter**, **1–2-mal so lang wie breit**.

- **Schutt- o. Felsfluren**, Alluvionen, **Schneetälchen**, Moore o. Seggenriede
- an nährstoffarmen, kalkreichen Standorten
- endemisch

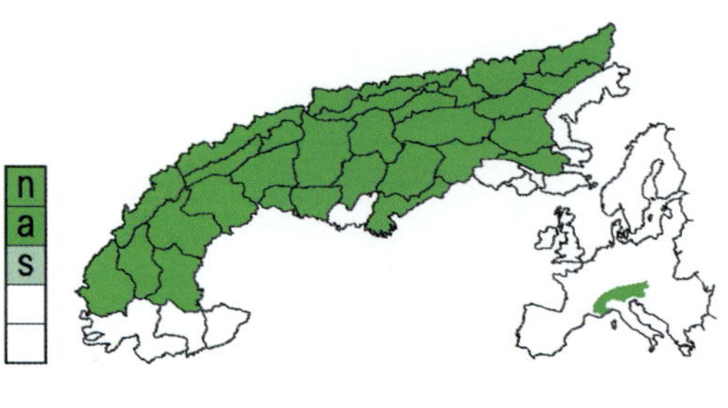

Gentiana brentae Prosser & Bertolli

Brenta-Enzian *Gentianaceae*

VI–IX ∗ K(5) [C(5) A5] G($\underline{2}$)

Bis 20 cm hoch. Blüten: **meist einzeln**, **stieltellerförmig**, bläulich. Krone: mit deutlich entwickelter Kronröhre, 20–30 mm lang. Kronröhre: < 8 mm ⌀. Kelchröhre: **mit 1–2 mm breiten Leisten**. Griffel: **2-lappig**. Stängel: zumindest basal niederliegend, Grundblätter oft dicht stehend, aber keine Rosette bildend, meist mit ≥ 6 Laubblättern. Blätter: im QS flach ausgebreitet bis halbrund, **im QS 0,6–0,8 mm dick**, **meist blau- bzw. graugrün**, matt, am Rand glatt. Grundblätter: **± so lang wie die Stängelblätter**, **1–2-mal so lang wie breit**.

- **subalpine o. alpine Rasen**, **Schutt- o. Felsfluren**
- an nährstoffarmen, kalkreichen Standorten
- endemisch

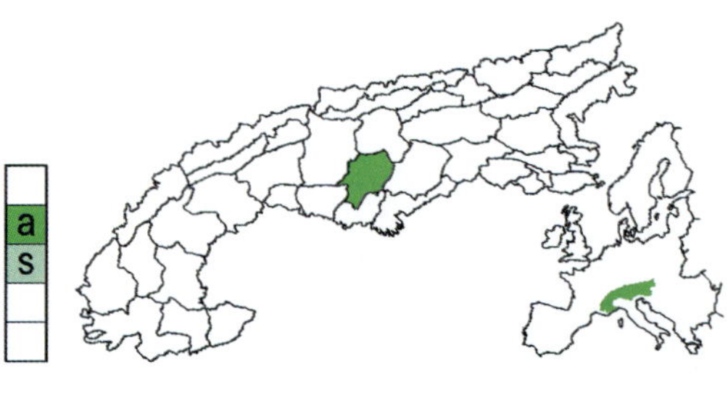

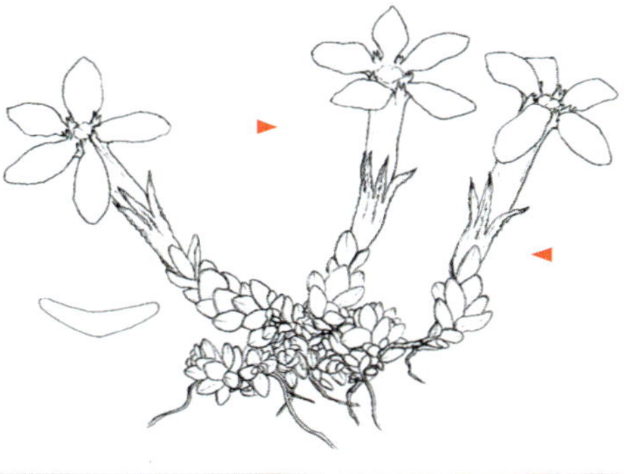

Gentiana brachyphylla Vill.

Kurzblättriger Enzian *Gentianaceae*
VI–VIII ∗ K(5) [C(5) A5] G(2)

Bis 10 cm hoch. Blüten: **einzeln, stieltellerförmig**, bläulich. Krone: mit deutlich entwickelter Kronröhre, 15–25 mm lang. Stängel: mit grundständiger Blattrosette, mit 2–6 Laubblättern. Ausläufer: oberirdisch. Blätter: **am Rand etwas rau.** Grundblätter: **± so lang wie die Stängelblätter, 1–2-mal so lang wie breit.**

In den Alpen die subsp. *brachyphylla* u. *favratii* (vgl. S. 733).

- **subalpine o. alpine Rasen, Schutt- o. Felsfluren,** Schneetälchen
- an nährstoffarmen Standorten
- einheimisch

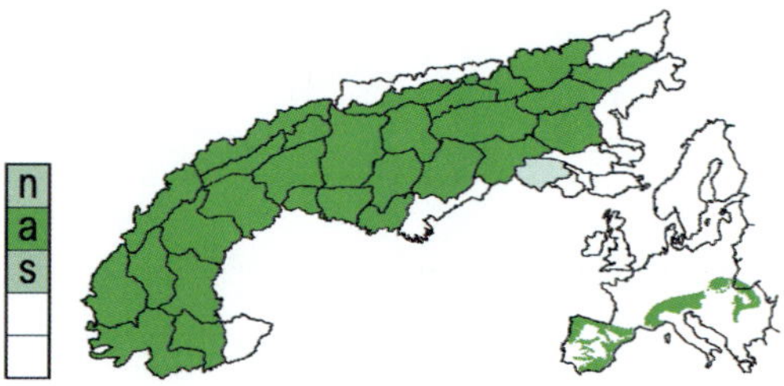

Gentiana pumila Jacq.

Zwerg-Enzian *Gentianaceae*
VI–X ∗ K(5) [C(5) A5] G(2)

Bis 20 cm hoch. Blüten: **einzeln, stieltellerförmig,** bläulich. Krone: mit deutlich entwickelter Kronröhre, 15–25 mm lang. Kronröhre: < 8 mm ⌀. Stängel: mit grundständiger Blattrosette. Blätter: am Rand rau. Grundblätter: **> 3-mal so lang wie breit.**

In den Alpen die subsp. *pumila* u. *delphinensis* (endemisch) (vgl. S. 733).

- **subalpine o. alpine Rasen**, Schutt- o. Felsfluren, **Schneetälchen**, Moore o. Seggenriede, Grünland
- an nährstoffarmen, feuchten bis nassen Standorten
- einheimisch

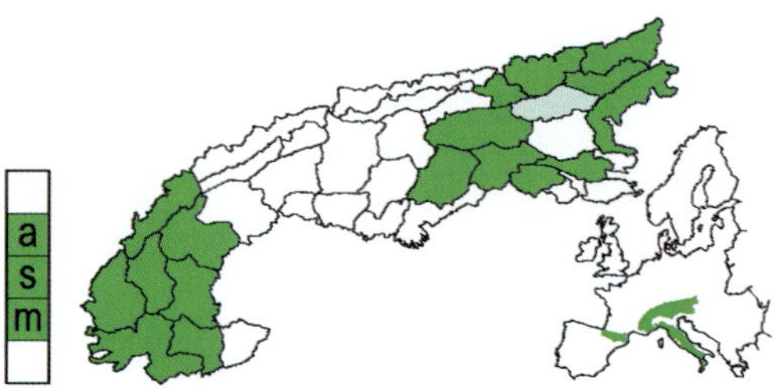

Gentiana nivalis L.

Schnee-Enzian *Gentianaceae*
VI–VIII ∗ K(5) [C(5) A5] G(2)

Bis 15 cm hoch, **1-jährig**. Blüten: **einzeln o. zu wenigen, stieltellerförmig**, bläulich, selten weißlich. Krone: mit deutlich entwickelter Kronröhre, 10–20 mm lang. Kronröhre: < 8 mm ⌀. Kronzipfel: 3–6 mm lang. Kelchröhre: **mit < 0,5 mm breiten Leisten.** Kelchzipfel: aufrecht, **> 0,5-mal so lang wie die Kelchröhre.** Kelchbuchten: spitz. Stängel: aufrecht, **basal *ohne* sterile Rosettentriebe.**

- **subalpine o. alpine Rasen**, Schutt- o. Felsfluren, Alluvionen, Moore o. Seggenriede
- an nährstoffarmen Standorten
- einheimisch

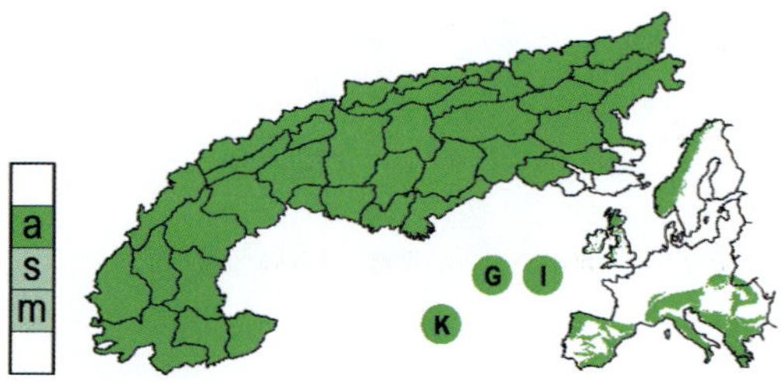

Gentiana terglouensis Hacq.

Triglav-Enzian *Gentianaceae*
VI–VIII ∗ K(5) [C(5) A5] G(2)

Bis 10 cm hoch, polsterförmig. Blüten: **einzeln, stieltellerförmig**, bläulich. Krone: mit deutlich entwickelter Kronröhre, 15–20 mm lang. Kronröhre: < 8 mm ⌀. Kelchzipfel: ± abstehend bis zurückgebogen. Stängel: Grundblätter oft dicht stehend, aber keine Rosette bildend, meist mit ≥ 6 Laubblättern. Blätter: im QS halbrund, **im QS 0,6–0,8 mm dick, meist blau- bzw. graugrün**, matt, **am Rand sehr rau.** Grundblätter: **± so lang wie die Stängelblätter, 1–2-mal so lang wie breit.**

In den Alpen die subsp. *terglouensis* (endemisch) u. *schleicheri* (endemisch) (vgl. S. 733).

- **subalpine o. alpine Rasen, Schutt- o. Felsfluren**
- an nährstoffarmen Standorten
- endemisch

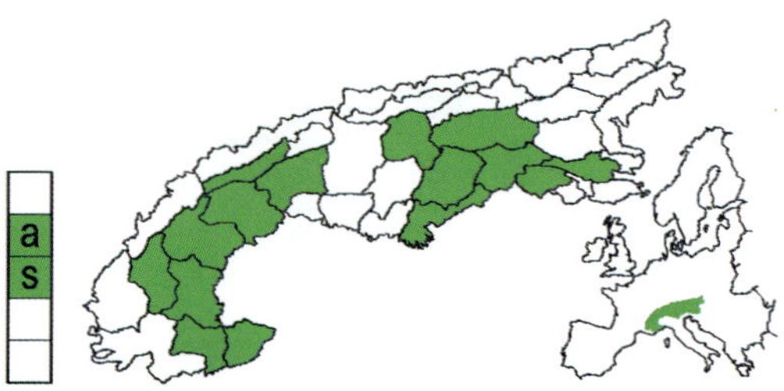

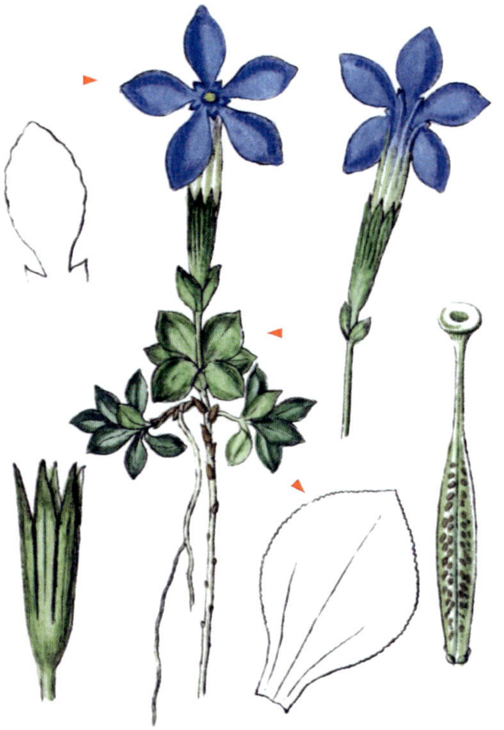

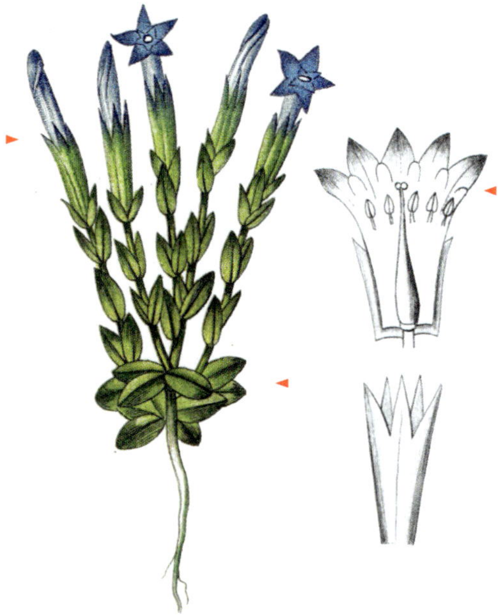

Gentiana verna L.

Frühlings-Enzian *Gentianaceae*

III–IX ∗ K(5) [C(5) A5] G(2)

Bis 20 cm hoch. Blüten: **meist einzeln, stieltellerförmig**, bläulich. Krone: mit deutlich entwickelter Kronröhre, 15–25 mm lang. Kronröhre: < 8 mm ⌀. Kelchröhre: **mit 0,5–4 mm breiten Leisten**. Kelchzipfel: **< 0,5-mal so lang wie die Kelchröhre**. Griffel: **ungeteilt**. Stängel: mit grundständiger Blattrosette, mit 2–6 Laubblättern. Blätter: am Rand rau. Grundblätter: **1,2–3 cm lang, > 2-mal so lang wie die Stängelblätter**.

In den Alpen die subsp. *verna* u. *tergestina* (vgl. S. 733).

- **subalpine o. alpine Rasen**, Schutt- o. Felsfluren, Zwergstrauchheiden, Moore o. Seggenriede, Grünland
- an nährstoffarmen, basenreichen Standorten
- einheimisch

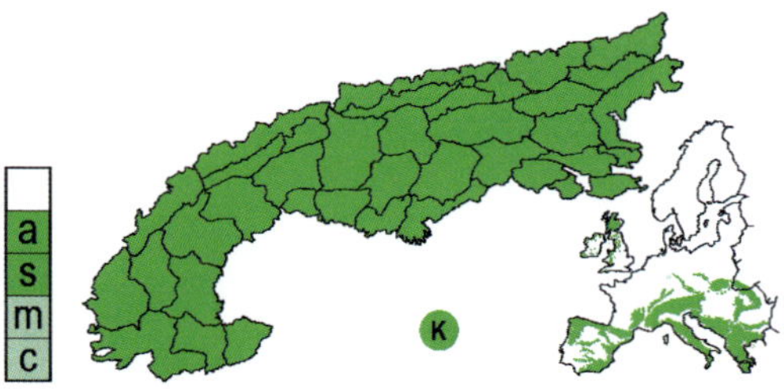

Gentiana utriculosa L.

Schlauch-Enzian *Gentianaceae*

IV–VIII ∗ K(5) [C(5) A5] G(2)

Bis 25 cm hoch, **1-jährig**. Blüten: einzeln o. zu wenigen, **stieltellerförmig**, bläulich. Krone: mit deutlich entwickelter Kronröhre, 15–30 mm lang. Kronröhre: < 8 mm ⌀. Kronzipfel: 5–10 mm lang. Kelchröhre: **mit 2–4 mm breiten Leisten**. Kelchzipfel: **< 0,5-mal so lang wie die Kelchröhre**. Kelchbuchten: spitz. Fruchtkelch: **vergrößert**. Stängel: aufrecht, **basal *ohne* sterile Rosettentriebe**, Grundblätter oft dicht stehend, aber keine Rosette bildend.

- **subalpine o. alpine Rasen**, Schutt- o. Felsfluren, Zwergstrauchheiden, **Moore o. Seggenriede**, Grünland, Wälder
- an nährstoffarmen, kalkreichen, wechselnassen Standorten
- einheimisch

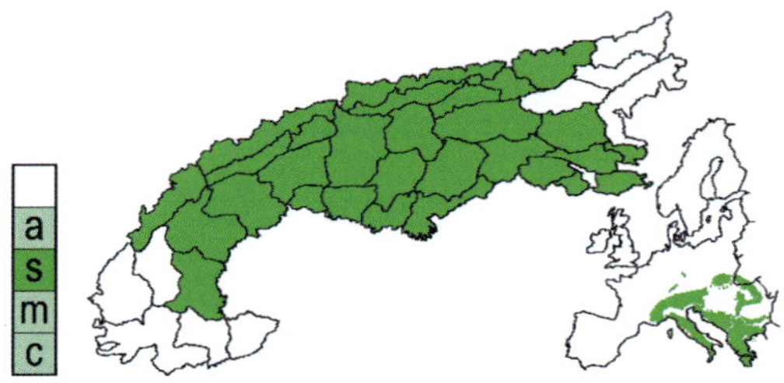

Gentiana prostrata Haenke

Niederliegender Enzian *Gentianaceae*

VI–VIII ∗ K(5) [C(5) A5] G(2)

Bis 10 cm hoch, **1-jährig**. Blüten: **einzeln o. zu wenigen, stieltellerförmig, hellblau**. Krone: mit deutlich entwickelter Kronröhre, 10–20 mm lang. Stängel: zumindest basal niederliegend, **basal *ohne* sterile Rosettentriebe**, Grundblätter oft dicht stehend, aber keine Rosette bildend. Blätter: schwach sukkulent.

- **subalpine o. alpine Rasen, Alluvionen**
- an basenreichen, feuchten bis nassen Standorten
- einheimisch

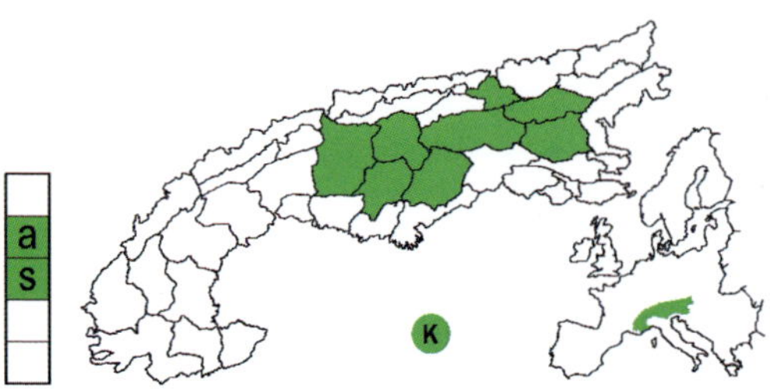

Gentiana frigida Haenke

Steirischer Enzian *Gentianaceae*

VI–VIII ∗ K(5) [C(5) A5] G(2)

Bis 15 cm hoch. Blüten: **einzeln o. zu wenigen, glockig-trichterförmig bis langröhrig, weißlich gelblich, meist grünlich bis bläulich überlaufen bzw. gemustert**. Krone: mit deutlich entwickelter Kronröhre, 20–35 mm lang. Kronröhre: > 8 mm ⌀. Kelchzipfel: **0,8–1,2-mal so lang wie die Kelchröhre**. Staubbeutel: frei. Narben: länglich. Stängel: Grundblätter oft dicht stehend, aber keine Rosette bildend. Grundblätter: distal ± abgerundet, **1-nervig**.

- **subalpine o. alpine Rasen, Schutt- o. Felsfluren**
- an nährstoffarmen, sauren Standorten
- einheimisch

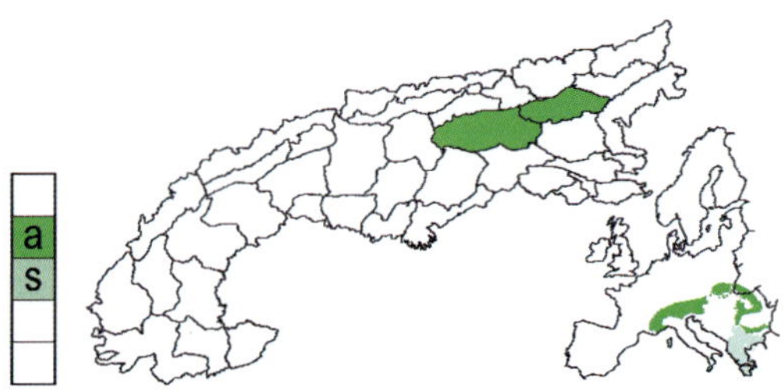

Gentiana acaulis L.

Silikat-Glocken-Enzian *Gentianaceae*

V–VIII ∗ K(5) [C(5) A5] G(2)

Bis 15 cm hoch. Blüten: **meist einzeln, glockig-trichterförmig bis langröhrig**, meist dunkelblau, innen oft mit dunkelgrünen Punkten. Krone: mit deutlich entwickelter Kronröhre, 25–65 mm lang. Kronröhre: > 8 mm ⌀. Kelchzipfel: **lanzettlich, basal verschmälert, < 0,5-mal so lang wie die Kelchröhre**, ± 1,5-mal so lang wie breit. Kelchbuchten: abgerundet. Narben: kopfig, rau. Stängel: mit grundständiger Blattrosette. Grundblätter: **länger als die Stängelblätter, > 1,5-mal so lang wie breit.**

- **subalpine o. alpine Rasen**, Schutt- o. Felsfluren, Zwergstrauchheiden, Moore o. Seggenriede, Extensivgrünland o. Magerrasen
- an nährstoffarmen, sauren Standorten
- einheimisch

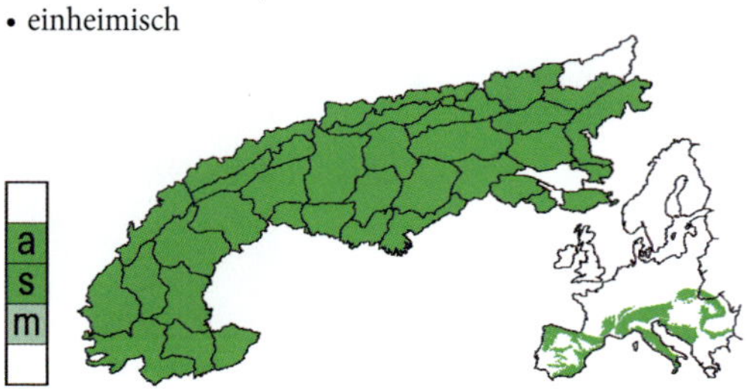

Gentiana alpina Vill.

Südalpen-Enzian *Gentianaceae*

V–VIII ∗ K(5) [C(5) A5] G(2)

Bis 15 cm hoch. Blüten: **einzeln, glockig-trichterförmig bis langröhrig**, meist dunkelblau, innen oft mit dunkelgrünen Punkten. Krone: mit deutlich entwickelter Kronröhre, 20–35 mm lang. Kronröhre: > 8 mm ⌀. Kelchzipfel: **< 0,8-mal so lang wie die Kelchröhre**. Narben: kopfig, rau. Stängel: mit grundständiger Blattrosette. Grundblätter: **0,8–1,2-mal so lang wie breit.**

- **subalpine o. alpine Rasen**, Zwergstrauchheiden
- an nährstoffarmen, sauren Standorten
- einheimisch

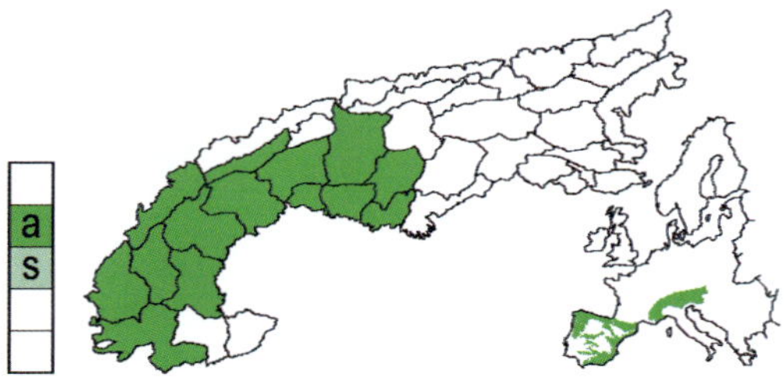

Gentiana clusii E. P. Perrier & Songeon

Kalk-Glocken-Enzian *Gentianaceae*

V–VIII ∗ K(5) [C(5) A5] G(2)

Bis 15 cm hoch. Blüten: **meist einzeln, glockig-trichterförmig bis langröhrig**, meist dunkelblau, innen oft mit dunkelgrünen Punkten. Krone: mit deutlich entwickelter Kronröhre, 40–65 mm lang. Kronröhre: > 8 mm ⌀. Kelchzipfel: **basal am breitesteten, 0,5–0,8-mal so lang wie die Kelchröhre.** Kelchbuchten: spitz. Narben: kopfig, rau. Stängel: mit grundständiger Blattrosette. Blätter: **am Rand etwas rau.** Grundblätter: **länger als die Stängelblätter**, > 9 mm breit, **1,5–3-mal so lang wie breit.**

In den Alpen die subsp. *clusii* u. *undulatifolia* (vgl. S. 733).

- **subalpine o. alpine Rasen**, Schutt- o. Felsfluren, Zwergstrauchheiden, Legföhrengebüsche, Moore o. Seggenriede, Grünland, Wälder
- an nährstoffarmen, kalkreichen Standorten
- einheimisch

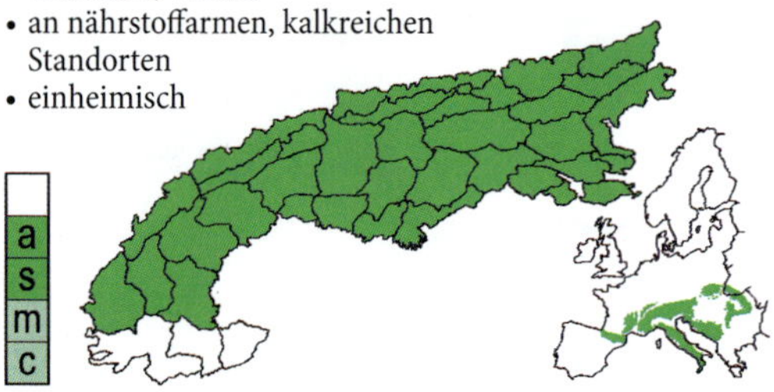

Gentiana angustifolia Vill.

Schmalblättriger Enzian *Gentianaceae*

IV–VII ∗ K(5) [C(5) A5] G(2)

Bis 15 cm hoch. Blüten: **einzeln, glockig-trichterförmig bis langröhrig**, meist dunkelblau, innen oft mit dunkelgrünen Punkten. Krone: mit deutlich entwickelter Kronröhre, 40–65 mm lang. Kronröhre: > 8 mm ⌀. Kelchzipfel: **< 0,8-mal so lang wie die Kelchröhre.** Narben: kopfig, rau. Stängel: mit grundständiger Blattrosette. Grundblätter: 3–9 mm breit, **3–6-mal so lang wie breit.**

- **subalpine o. alpine Rasen**, Schutt- o. Felsfluren
- an nährstoffarmen, kalkreichen Standorten
- einheimisch

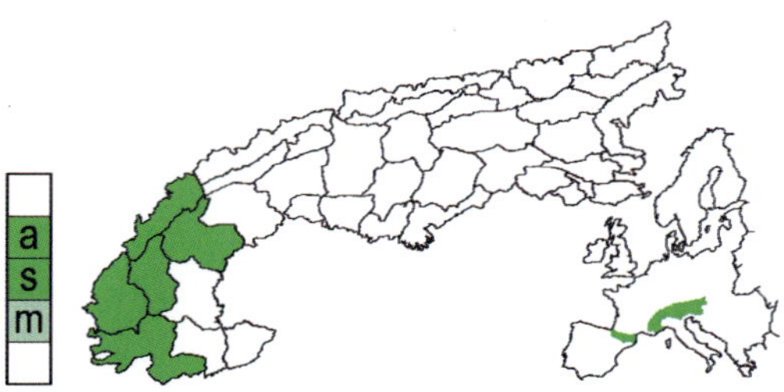

Gentiana ligustica R. Vilm. & Chopinet

Ligurischer Enzian *Gentianaceae*

III–VI ∗ K(5) [C(5) A5] G(2)

Bis 15 cm hoch. Blüten: **einzeln, glockig-trichterförmig bis langröhrig**, meist dunkelblau, innen oft mit dunkelgrünen Punkten. Krone: mit deutlich entwickelter Kronröhre, 40–65 mm lang. Kronröhre: > 8 mm ⌀. Kelchzipfel: **oval-lanzettlich, basal verschmälert, < 0,8-mal so lang wie die Kelchröhre**, ± so lang wie breit. Narben: kopfig, rau. Stängel: mit grundständiger Blattrosette. Grundblätter: > 9 mm breit, **1,5–3-mal so lang wie breit**.

- **subalpine o. alpine Rasen**, Schutt- o. Felsfluren, Moore o. Seggenriede, **Extensivgrünland o. Magerrasen**, Wälder
- an nährstoffarmen, basenreichen Standorten
- endemisch

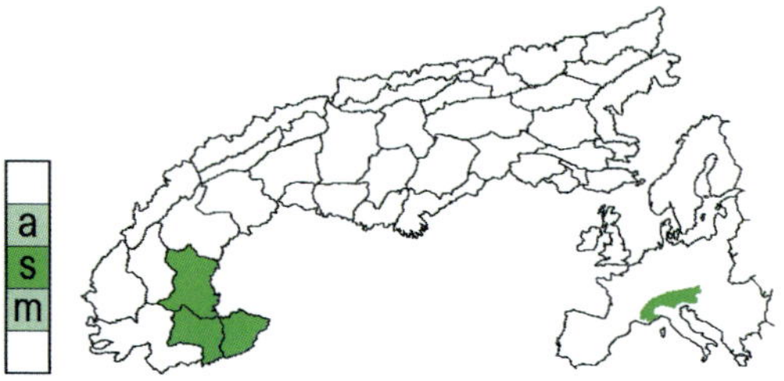

Gentiana froelichii Rchb.

Karawanken-Enzian *Gentianaceae*

VI–IX ∗ K(5) [C(5) A5] G(2)

Bis 10 cm hoch. Blüten: einzeln o. zu wenigen, **glockig-trichterförmig bis langröhrig**, meist hellblau, *ohne* Musterung. Krone: mit deutlich entwickelter Kronröhre, 30–40 mm lang. Kronröhre: > 8 mm ⌀. Kelchzipfel: **0,8–1,2-mal so lang wie die Kelchröhre**. Staubbeutel: miteinander verwachsen. Narben: länglich. Stängel: Grundblätter oft dicht stehend, aber keine Rosette bildend. Grundblätter: spitz, **3-nervig**.

In den Alpen die subsp. *froelichii* (endemisch) u. *zenarii* (endemisch) (vgl. S. 733).

- **subalpine o. alpine Rasen, Schutt- o. Felsfluren**
- an nährstoffarmen, kalkreichen Standorten
- endemisch

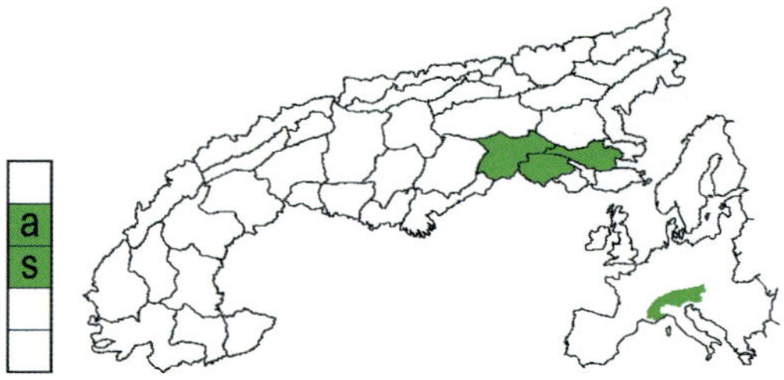

Gentiana burseri Lapeyr.

Bursers Enzian *Gentianaceae*

VI–VIII ∗ K(5) [C(5) A5] G(2)

20–120 cm hoch. Blütenstand: **Blüten am Stängelende kopfig gehäuft, meist auch mehrere in den Achseln der Laubblätter, Stängel vielblütig.** Blüten: **glockig-trichterförmig bis langröhrig, gelblich**. Krone: mit deutlich entwickelter Kronröhre. Kelch: **tief zerteilt**. Stängel: mit grundständiger Blattrosette. Blätter: blau- bzw. graugrün, 6–20 mm breit.

In den Alpen die subsp. *actinocalyx* (endemisch) u. *villarsii* (endemisch) (vgl. S. 733).

- **subalpine o. alpine Rasen**, Schutt- o. Felsfluren, Zwergstrauchheiden, Staudenfluren, **Grünerlengebüsche, Wälder**
- an nährstoffarmen, sauren Standorten
- einheimisch

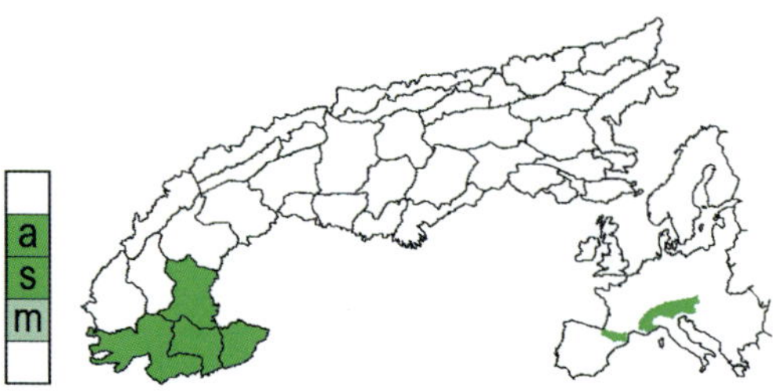

Gentiana lutea L.

Gelber Enzian *Gentianaceae*

V–VIII ∗ K(5) [C(5) A5] G(2)

40–180 cm hoch. Blütenstand: **Blüten am Stängelende kopfig gehäuft, meist auch mehrere in den Achseln der Laubblätter, Stängel vielblütig.** Blüten: **gelblich**. Krone: ***ohne* deutlich entwickelte Kronröhre**, (scheinbar) 5–9-blättrig. Kronblätter: **nur basal verwachsen**. Kelch: **tief zerteilt**. Blätter: blau- bzw. graugrün, > 40 mm breit, 5–9-nervig.

In den Alpen die subsp. *lutea*, *symphyandra* u. *vardjanii* (endemisch) (vgl. S. 734).

- **subalpine o. alpine Rasen**, Schutt- o. Felsfluren, Zwergstrauchheiden, **Staudenfluren**, Legföhrengebüsche, Extensivgrünland o. Magerrasen, Wälder
- an nährstoffarmen Standorten
- einheimisch

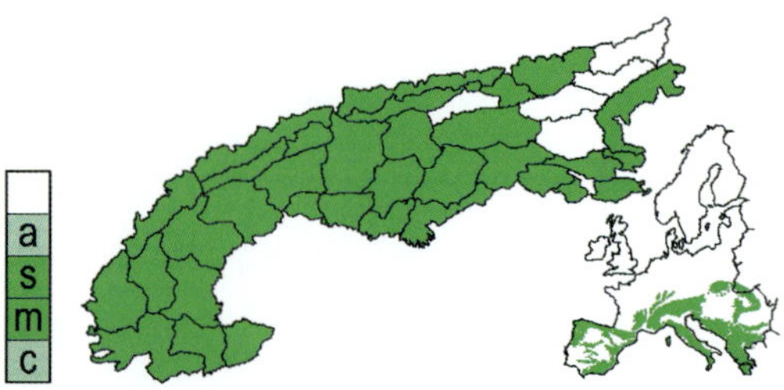

Gentiana pannonica Scop.

Ungarischer Enzian *Gentianaceae*
VI–IX ∗ K(5) [C(5) A5] G(2)

20–60 cm hoch. Blütenstand: **Blüten am Stängelende kopfig gehäuft, meist auch mehrere in den Achseln der Laubblätter, Stängel vielblütig.** Blüten: **glockig-trichterförmig bis langröhrig, rötlich-violett, dunkel punktiert**, gelblich-gräulich überlaufen. Krone: mit deutlich entwickelter Kronröhre, 20–50 mm lang. Kelch: **5-8-zipfelig.** Kelchzipfel: **zurückgebogen.** Stängel: mit grundständiger Blattrosette. Blätter: > 10 mm breit, 5–9-nervig.

- **subalpine o. alpine Rasen**, Schutt- o. Felsfluren, Zwergstrauchheiden, Staudenfluren, Grünerlen- o. Legföhrengebüsche, Grünland, Wälder
- einheimisch

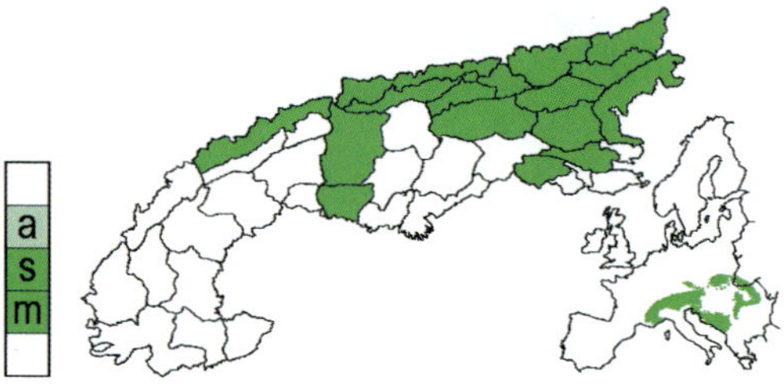

Gentiana punctata L.

Tüpfel-Enzian *Gentianaceae*
VI–VIII ∗ K(5) [C(5) A5] G(2)

20–60 cm hoch. Blütenstand: **Blüten am Stängelende kopfig gehäuft, meist auch mehrere in den Achseln der Laubblätter, Stängel vielblütig.** Blüten: **glockig-trichterförmig bis langröhrig, gelblich, dunkel punktiert.** Krone: mit deutlich entwickelter Kronröhre, 14–40 mm lang. Kelch: **gleichmäßig 5-8-zähnig.** Kelchzipfel: **aufrecht.** Stängel: mit grundständiger Blattrosette. Blätter: > 10 mm breit, 5–9-nervig.

- **subalpine o. alpine Rasen**, Schutt- o. Felsfluren, Zwergstrauchheiden, Staudenfluren, Wälder
- an nährstoffarmen, sauren Standorten
- einheimisch

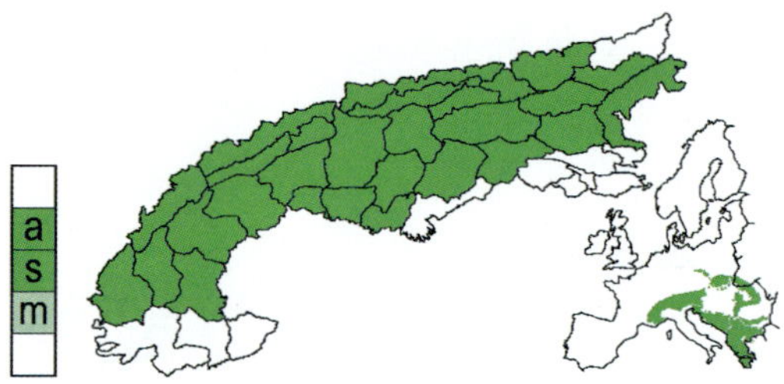

Gentiana purpurea L.

Purpur-Enzian *Gentianaceae*
VI–IX ∗ K(5) [C(5) A5] G(2)

25–60 cm hoch. Blütenstand: **Blüten am Stängelende kopfig gehäuft, meist auch mehrere in den Achseln der Laubblätter, Stängel vielblütig.** Blüten: **glockig-trichterförmig bis langröhrig, rötlich-violett, basal u. innen oft gelblich.** Krone: mit deutlich entwickelter Kronröhre, 20–40 mm lang. Kelch: **tief zerteilt, 2-teilig bzw. zipfelig.** Kelchzipfel: **aufrecht.** Stängel: mit grundständiger Blattrosette. Blätter: > 10 mm breit, 5–9-nervig.

- **subalpine o. alpine Rasen**, Schutt- o. Felsfluren, **Zwergstrauchheiden**, Staudenfluren, **Grünerlen- o. Legföhrengebüsche**, Wälder
- an nährstoffarmen, sauren Standorten
- einheimisch

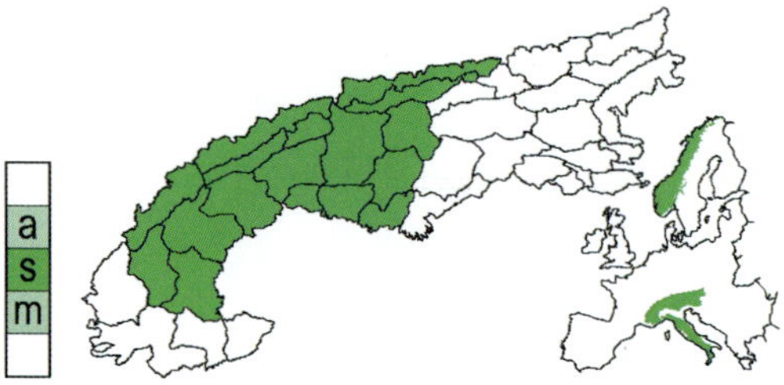

Gentiana asclepiadea L.

Schwalbenwurz-Enzian *Gentianaceae*
VI–X ∗ K(5) [C(5) A5] G(2)

30–80 cm hoch. Blütenstand: **einzeln in den Achseln von Laubblättern**, oft einseitswendig, **Stängel vielblütig.** Blüten: **glockig-trichterförmig bis langröhrig**, bläulich, **innen violett gezeichnet.** Krone: mit deutlich entwickelter Kronröhre, 20–50 mm lang. Kelchzipfel: **< 0,5-mal so lang wie die Kelchröhre.** Stängel: ***ohne* grundständige Blattrosette.** Blätter: **lanzettlich bis oval**, > 10 mm breit, 5-nervig.

- Schutt- o. Felsfluren, **Staudenfluren**, Moore o. Seggenriede, **Grünland**, **Wälder**
- an nährstoffarmen Standorten
- einheimisch

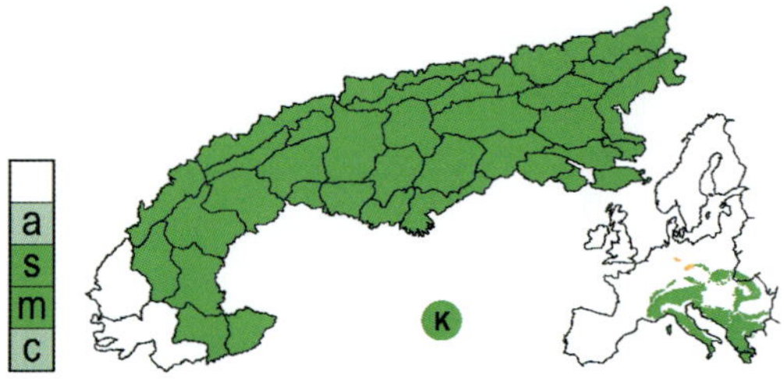

Gentiana cruciata L.

Kreuz-Enzian *Gentianaceae*
VI–IX ∗ K(4) [C(4) A4] G(2)

15–80 cm hoch. Blütenstand: **Blüten am Stängelende kopfig gehäuft, meist auch mehrere in den Achseln der Laubblätter, Stängel vielblütig.** Blüten: **glockig-trichterförmig bis langröhrig**, bläulich, **außen graugrün überlaufen**. Krone: mit deutlich entwickelter Kronröhre, 20–25 mm lang. Stängel: mit grundständiger Blattrosette, *ohne* grundständige Blattrosette. Blätter: **gegenüberliegende kurz scheidig verwachsen**, 6–20 mm breit, 3–5-nervig.

In den Alpen nur die subsp. *cruciata*.

- **Staudenfluren, Extensivgrünland o. Magerrasen**, Wälder
- an nährstoffarmen, basenreichen, meist trockenen Standorten
- einheimisch

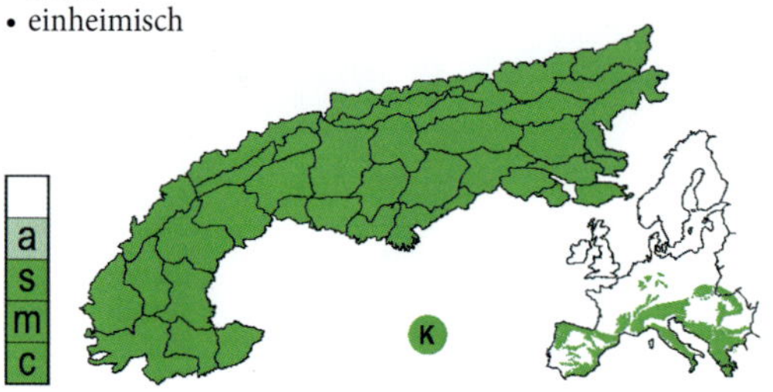

Gentiana pneumonanthe L.

Lungen-Enzian *Gentianaceae*
VI–X ∗ K(5) [C(5) A5] G(2)

15–50 cm hoch. Blütenstand: **einzeln in den Achseln von Laubblättern, Stängel vielblütig.** Blüten: **glockig-trichterförmig bis langröhrig**, bläulich, **innen grünlich punktiert.** Krone: mit deutlich entwickelter Kronröhre, 20–50 mm lang. Kelchzipfel: **> 0,5-mal so lang wie die Kelchröhre.** Stängel: ***ohne* grundständige Blattrosette.** Blätter: lineal bis länglich lanzettlich, **1-nervig**.

- Moore o. Seggenriede, **Grünland**
- an nährstoffarmen Standorten
- einheimisch

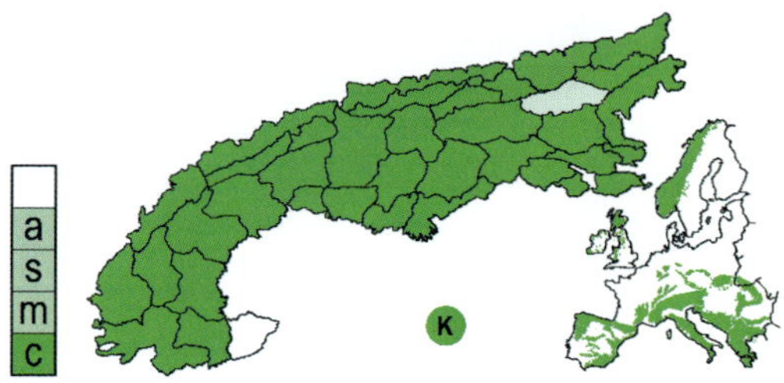

Gentianella: Kräuter. Krone: mit langer Kronröhre, meist mit behaartem Schlund, im QS *nicht* faltig. Früchte: Kapseln. Blätter: gegenständig, ungeteilt. Blütenformel: ∗ K(4-5) [C(4-5) A4-5] G(2).

Gentianella anisodonta (Borbás) Á. Löve & D. Löve

Ungleichzähniger Fransenenzian *Gentianaceae*
V–X ∗ K(5) [C(5) A5] G(2)

Bis 25 cm hoch, meist 2-jährig. Blüten: meist (bläulich-)violett. Krone: 15–30 mm lang. Kelchblätter: im basalen Viertel miteinander verwachsen. Kelchzipfel: **die äußeren viel breiter als die inneren, am Rand papillös, Papillen deutlich länger als breit**. Kelchbuchten: **spitz**. Fruchtknoten: **1–6 mm lang gestielt**.

- **subalpine o. alpine Rasen**, Schutt- o. Felsfluren, Zwergstrauchheiden
- an nährstoffarmen Standorten
- einheimisch

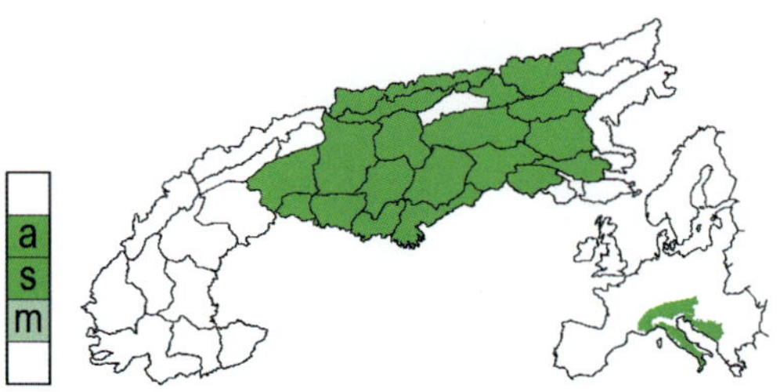

Gentianella germanica (Willd.) Börner

Deutscher Fransenenzian *Gentianaceae*
V–X ∗ K(5) [C(5) A5] G(2)

Bis 40 cm hoch, meist 2-jährig. Blüten: meist (rötlich-)violett. Krone: 18–40 mm lang. Kelchblätter: im basalen Viertel miteinander verwachsen. Kelchzipfel: **alle gleich gestaltet, 3-eckig bis länglich, am Rand papillös, Papillen kaum länger als breit, Papillen auf dem Mittelnerv meist fehlend.** Kelchbuchten: **spitz**. Fruchtknoten: **bis 4 mm lang gestielt**.

In den Alpen nur die subsp. *germanica*.

- **subalpine o. alpine Rasen**, Schutt- o. Felsfluren, Staudenfluren, Moore o. Seggenriede, **Grünland**
- an nährstoffarmen Standorten
- einheimisch

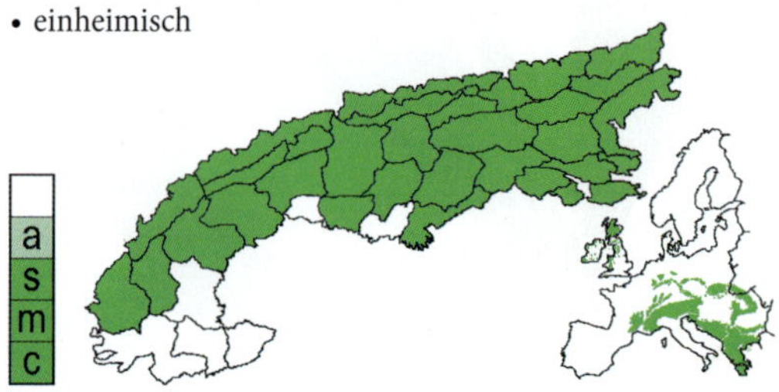

Gentianella amarella (L.) Börner

Bitterer Fransenenzian *Gentianaceae*
VI–X ∗ K(5) [C(5) A5] G(2)

Bis 50 cm hoch, meist 2-jährig. Blüten: meist (rötlich-)violett. Krone: 10–20 mm lang. Kelchblätter: im basalen Viertel miteinander verwachsen. Kelchzipfel: **die äußeren viel breiter als die inneren, am Rand papillös.** Kelchbuchten: **abgerundet.** Fruchtknoten: **< 2 mm lang gestielt.** Keimblätter: zur Blütezeit verwelkt o. fehlend.

In den Alpen nur die subsp. *amarella*.

- **subalpine o. alpine Rasen**, Schutt- o. Felsfluren, **Moore o. Seggenriede, Grünland**
- an nährstoffarmen Standorten
- einheimisch

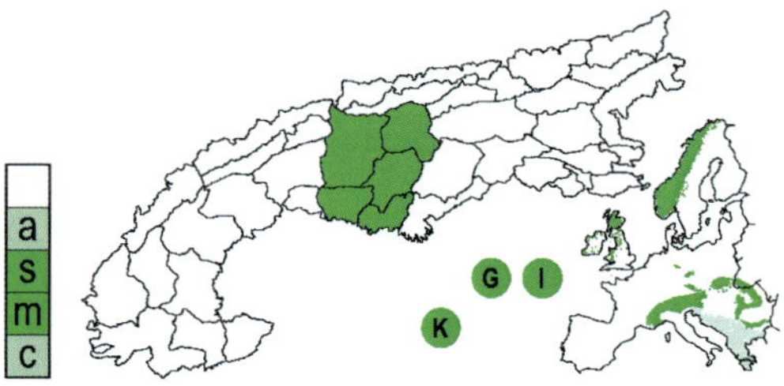

Gentianella aspera
(Hegetschw. & Heer) Skalický, Chrtek & J. Gill

Rauer Fransenenzian *Gentianaceae*
IV–X ∗ K(5) [C(5) A5] G(2)

Bis 20 cm hoch, meist 2-jährig. Blüten: meist (rötlich-)violett. Krone: 15–40 mm lang. Kelchblätter: im basalen Viertel miteinander verwachsen. Kelchzipfel: **alle gleich gestaltet, 3-eckig bis länglich,** 1–1,5-mal so lang wie die Kelchröhre, **am Rand papillös, Papillen deutlich länger als breit, Papillen meist auch auf dem Mittelnerv.** Kelchbuchten: **spitz.** Fruchtknoten: **1–6 mm lang gestielt.** Mittlere Stängelblätter: **lanzettlich-oval, 2–4-mal so lang wie breit.**

- **subalpine o. alpine Rasen**, Schutt- o. Felsfluren, Zwergstrauchheiden, Moore o. Seggenriede, Extensivgrünland o. Magerrasen
- an nährstoffarmen, basenreichen Standorten
- einheimisch

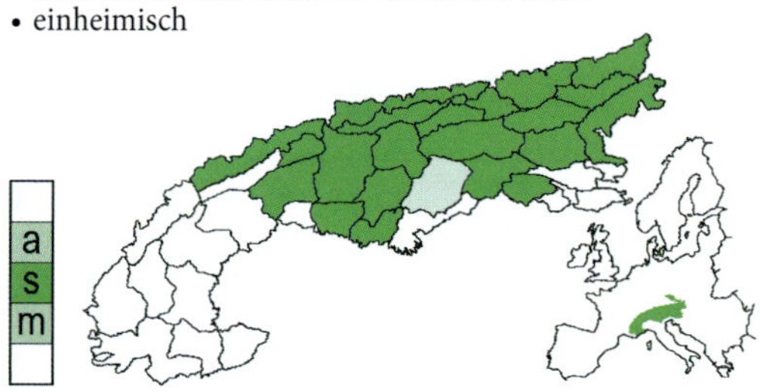

Gentianella austriaca (A. Kern. & Jos. Kern.) Holub

Österreichischer Fransenenzian *Gentianaceae*
V–X ∗ K(5) [C(5) A5] G(2)

Bis 30 cm hoch, meist 2-jährig. Blüten: meist (rötlich-)violett. Krone: 25–45 mm lang. Kelchblätter: im basalen Viertel miteinander verwachsen. Kelchzipfel: **alle gleich gestaltet, länglich-lineal,** 1–2-mal so lang wie die Kelchröhre, **am Rand glatt.** Kelchbuchten: **abgerundet.**

- **subalpine o. alpine Rasen, Grünland**
- an nährstoffarmen Standorten
- einheimisch

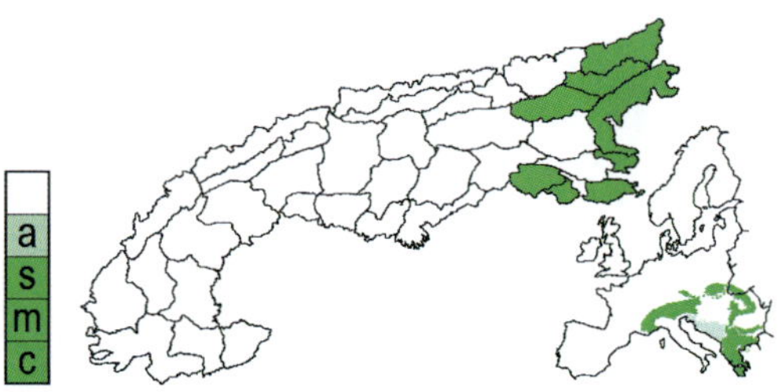

Gentianella engadinensis (Wettst.) Holub

Engadiner Fransenenzian *Gentianaceae*
VI–VIII ∗ K(5) [C(5) A5] G(2)

Bis 10 cm hoch, mehrjährig. Blüten: meist (rötlich-)violett, zuweilen gräulich überlaufen. Krone: 12–25 mm lang. Kelchblätter: im basalen Viertel miteinander verwachsen. Kelchzipfel: **die äußeren viel breiter als die inneren, am Rand papillös, Papillen deutlich länger als breit.** Kelchbuchten: **spitz.** Fruchtknoten: **< 2 mm lang gestielt.**

- **subalpine o. alpine Rasen**
- an nährstoffarmen, kalkreichen Standorten
- endemisch

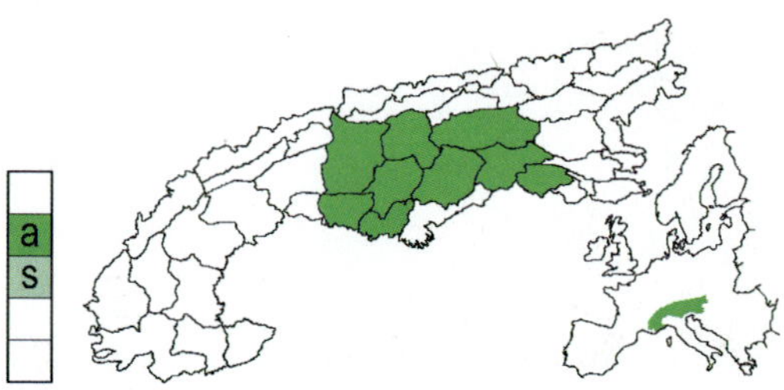

Gentianella insubrica (Kunz) Holub

Insubrischer Fransenenzian *Gentianaceae*
IV–X ∗ K(5) [C(5) A5] G(2)

Bis 25 cm hoch, mehrjährig. Blüten: meist (rötlich-) violett. Krone: 12–25 mm lang. Kelchblätter: im basalen Viertel miteinander verwachsen. Kelchzipfel: **die äußeren viel breiter als die inneren, am Rand papillös, Papillen kaum länger als breit.** Kelchbuchten: **spitz.**

- Staudenfluren, **Extensivgrünland o. Magerrasen**, Wälder
- an nährstoffarmen, basenreichen Standorten
- endemisch

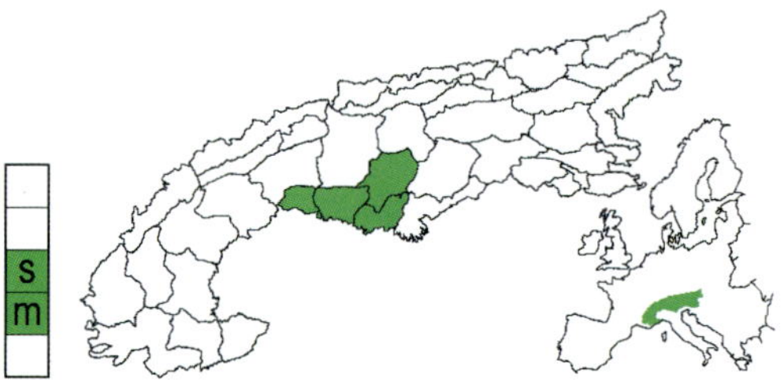

Gentianella pilosa (Wettst.) Holub

Behaarter Fransenenzian *Gentianaceae*
VI–X ∗ K(5) [C(5) A5] G(2)

Bis 30 cm hoch, mehrjährig. Blüten: meist (rötlich-) violett. Krone: 15–30 mm lang. Kelchblätter: im basalen Viertel miteinander verwachsen. Kelchzipfel: **alle gleich gestaltet, am Rand papillös, Papillen deutlich länger als breit, Papillen meist auch auf dem Mittelnerv.** Kelchbuchten: **spitz.** Fruchtknoten: **< 2 mm lang gestielt.** Mittlere Stängelblätter: **länglich-lanzettlich, 4–8-mal so lang wie breit.**

- **subalpine o. alpine Rasen, Schutt- o. Felsfluren, Extensivgrünland o. Magerrasen**
- an nährstoffarmen, kalkreichen, trockenen Standorten
- endemisch

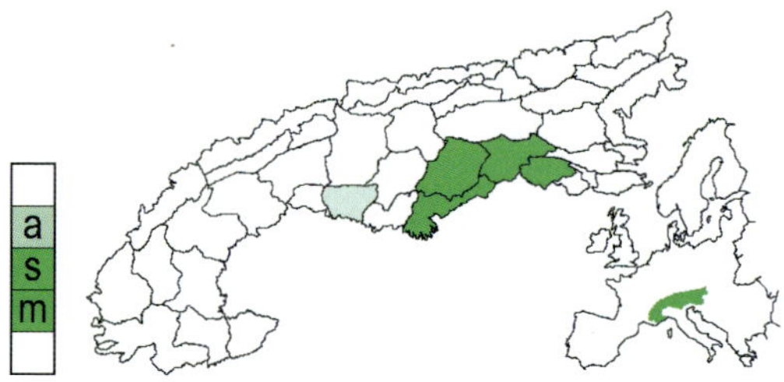

Gentianella ramosa (Hegetschw.) Holub

Reichästiger Fransenenzian *Gentianaceae*
VI–VIII ∗ K(5) [C(5) A5] G(2)

Bis 15 cm hoch, meist 2-jährig. Blüten: meist (rötlich-)violett. Krone: 8–20 mm lang. Kelchblätter: im basalen Viertel miteinander verwachsen. Kelchzipfel: **alle gleich gestaltet, > 2-mal so lang wie die Kelchröhre, am Rand glatt.** Fruchtknoten: **2–5 mm lang gestielt.** Stängel: stark verzweigt.

- **subalpine o. alpine Rasen**, Zwergstrauchheiden
- an nährstoffarmen, sauren Standorten
- endemisch

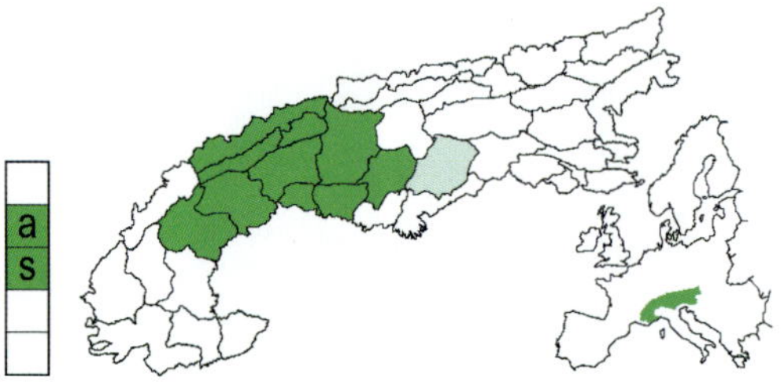

Gentianella campestris (L.) Börner

Feld-Fransenenzian *Gentianaceae*
IV–X ∗ K(4) [C(4) A4] G(2)

Bis 40 cm hoch, 1–2-jährig. Blüten: (bläulich-) violett. Blütenhülle: **je Kreis 4-blättrig.** Krone: 10–30 mm lang. Kelchblätter: im basalen Viertel miteinander verwachsen. Kelchzipfel: **die äußeren viel breiter als die inneren,** länger als die Kelchröhre, **papillös.**

In den Alpen nur die subsp. *campestris*.

- **subalpine o. alpine Rasen**, Schutt- o. Felsfluren, Zwergstrauchheiden, Moore o. Seggenriede, **Grünland**, Wälder
- an nährstoffarmen Standorten
- einheimisch

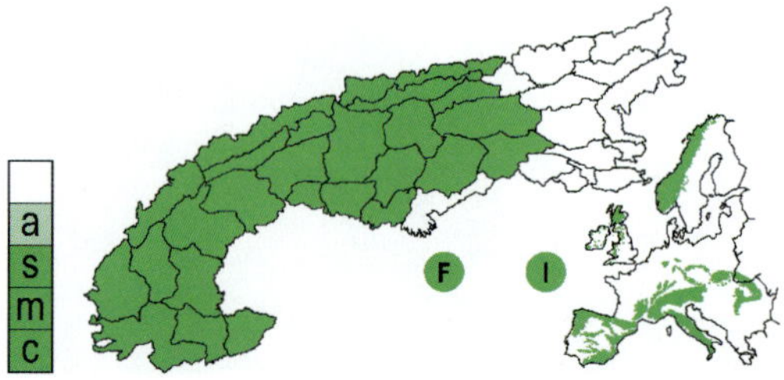

Gentianella nana (Wulfen) N. M. Pritch.

Zwerg-Fransenenzian *Gentianaceae*
VI–IX ∗ K(4–5) [C(4–5) A4–5] G($\underline{2}$)

Bis 5 cm hoch, polsterförmig, mehrjährig. Blüten: dunkelblau *oder* weißlich. Blütenstiele: meist 1 mm lang. Blütenhülle: **je Kreis meist 5-blättrig**. Krone: **3–8 mm ⌀**. Kronröhre: **1–2-mal so lang wie breit**. Kelchblätter: **± vollständig geteilt**. Stängel: **stark verzweigt**. Grundblätter: **1–3-mal so lang wie breit**.

- **subalpine o. alpine Rasen**, Schutt- o. Felsfluren
- an sauren Standorten
- endemisch

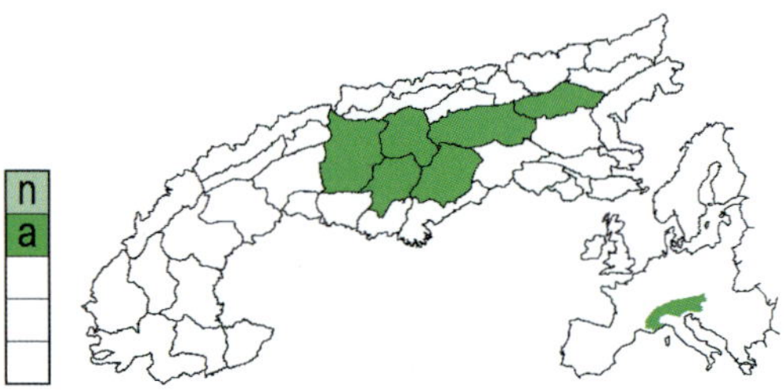

Gentianella tenella (Rottb.) Börner

Zarter Fransenenzian *Gentianaceae*
VII–IX ∗ K(4–5) [C(4–5) A4–5] G($\underline{2}$)

Bis 15 cm hoch, **1-jährig**. Blüten: **meist einzeln, stieltellerförmig**, (hell) violett, zuweilen gräulich überlaufen. Blütenstiele: 1–6 mm lang. Blütenhülle: **je Kreis meist 4-blättrig**. Krone: **3–10 mm ⌀**. Kronröhre: **2–4-mal so lang wie breit**. Kelchblätter: **± vollständig geteilt**. Stängel: **kaum verzweigt**. Grundblätter: **2–6-mal so lang wie breit**.

- **subalpine o. alpine Rasen, Schutt- o. Felsfluren**
- meist an nährstoffarmen Standorten
- einheimisch

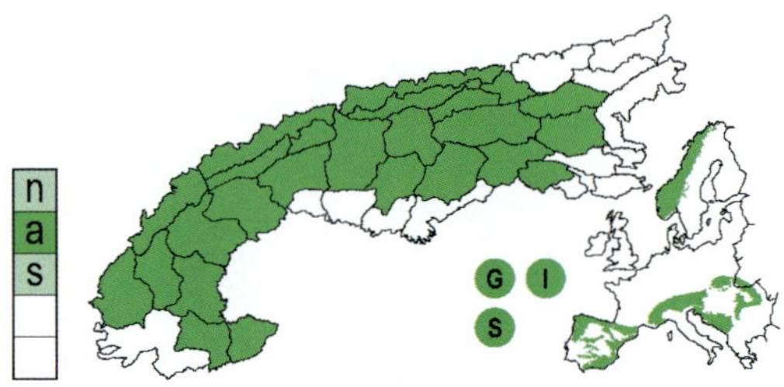

Gentianella ciliata (L.) Borkh.

Echter Fransenenzian *Gentianaceae*
VII–X ∗ K(4) [C(4) A4] G($\underline{2}$)

Bis 40 cm hoch, meist mehrjährig. Blütenstand: **endständig**. Blüten: **bläulich**. Blütenhülle: **je Kreis 4-blättrig**. Krone: 25–55 mm lang. Kronblätter: **an Rand lang bewimpert**. Kelchblätter: im basalen Viertel miteinander verwachsen. Kelchzipfel: länger als die Kelchröhre. Griffel: kurz bis fehlend.

In den Alpen nur die subsp. *ciliata*.

- **subalpine o. alpine Rasen**, Schutt- o. Felsfluren, Zwergstrauchheiden, **Grünland**, Wälder, Ruderalvegetation
- an nährstoffarmen, basenreichen, meist trockenen Standorten
- einheimisch

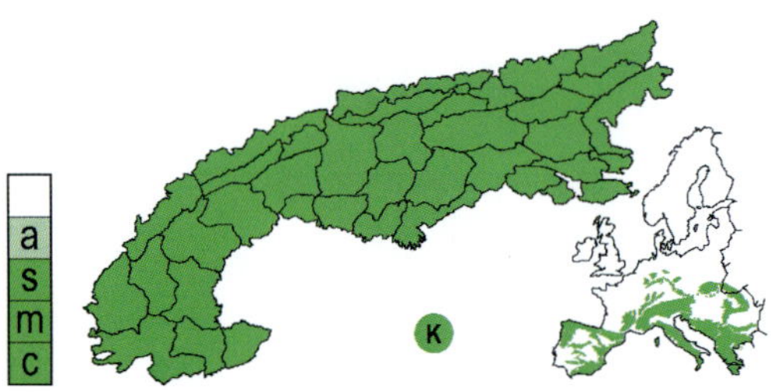

Lomatogonium carinthiacum (Wulfen) Rchb.

Kärntner Saumnarbe *Gentianaceae*
VII–IX ∗ K(5) [C(5) A5] G($\underline{2}$)

Bis 15 cm hoch, **1-jährig**. Blüten: **lang gestielt, ± offen ausgebreitet, hellblau bis weißlich**. Krone: ***ohne* deutlich entwickelte Kronröhre**, 10–18 mm ⌀. Kronblätter: basal verwachsen, **basal mit 2 gefransten Nektardrüsen**. Kelch: tief 5-teilig. Kelchblätter: zumindest basal verwachsen. Narben: am kurzen Griffel herablaufend. Früchte: Kapseln; Klappen: allmählich in den Griffel verschmälert. Stängel: auch basal verzweigt.

- **subalpine o. alpine Rasen**, Alluvionen
- an nährstoffarmen Standorten
- einheimisch

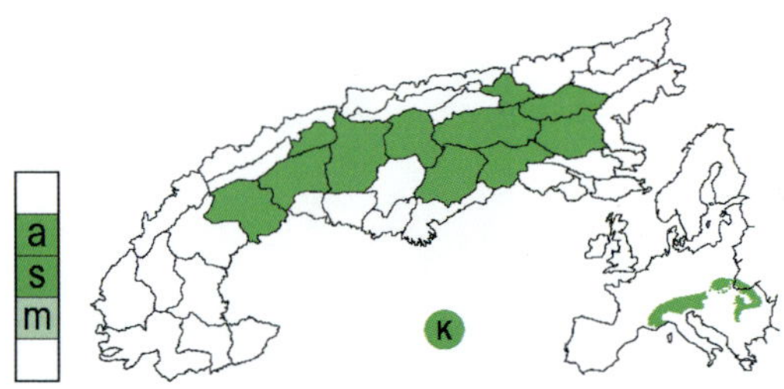

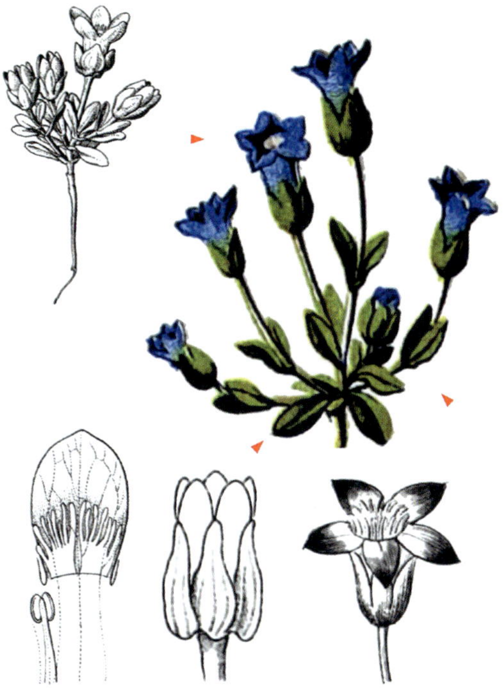

Swertia perennis L.

Blauer Sumpfstern *Gentianaceae*
V–VIII ∗ K(5) [C(5) A5] G(2)

Bis 60 cm hoch, **mehrjährig**. BLÜTEN: ± **offen ausgebreitet**, **bläulich bis violett**. BLÜTENSTIELE: (undeutlich) 4-kantig geflügelt. KRONE: ***ohne* deutlich entwickelte Kronröhre**, 8–18 mm ⌀. KRONBLÄTTER: basal verwachsen, **basal mit 2 gefransten Nektardrüsen**. KELCH: tief 5-teilig. GRIFFEL: kurz bis fehlend. FRÜCHTE: Kapseln; KLAPPEN: allmählich in den Griffel verschmälert. STÄNGEL: **unverzweigt**. – Zuweilen werden die subsp. *perennis* u. *alpestris* unterschieden, deren taxonomischer Wert jedoch umstritten ist.

- **Moore o. Seggenriede**, **Grünland**
- an nährstoffarmen, kalkreichen, nassen, zuweilen überfluteten Standorten
- einheimisch

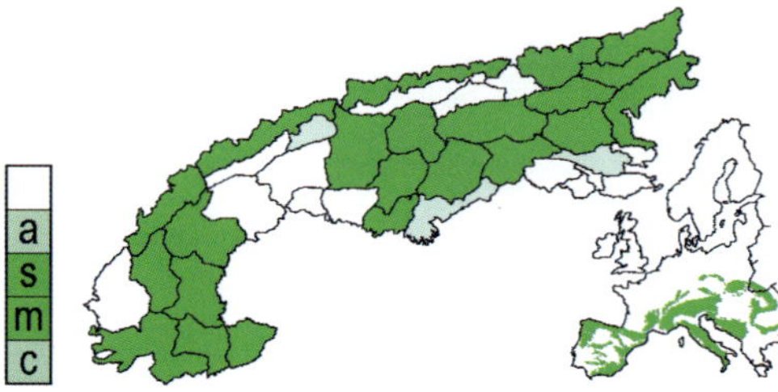

Cerinthe glabra Mill.

Alpen-Wachsblume *Boraginaceae*
IV–VIII ∗ K(5) [C(5) A5] G(2)

30–60 cm hoch, 2- bis mehrjährig. PFLANZEN: **blau- bis graugrün**, kahl. BLÜTENSTAND: meist überhängend. BLÜTEN: langröhrig, **kräftig gelb**, zuweilen rötlich-bräunlich gezeichnet. KRONE: 8–13 mm lang. KRONZIPFEL: **zurückgebogen**, **oval**, **< 0,5-mal so lang wie die Kronröhre**, **abgerundet**. FRUCHTKNOTEN: zur Blütezeit 2-teilig. BLÄTTER: ***nicht* weißlich gefleckt**. OBERE STÄNGELBLÄTTER: (halb-) stängelumfassend.

In den Alpen nur die subsp. *glabra*.

- subalpine o. alpine Rasen, Schutt- o. Felsfluren, **Staudenfluren**, Grünerlengebüsche, Grünland
- an nährstoffreichen, basenreichen Standorten
- einheimisch

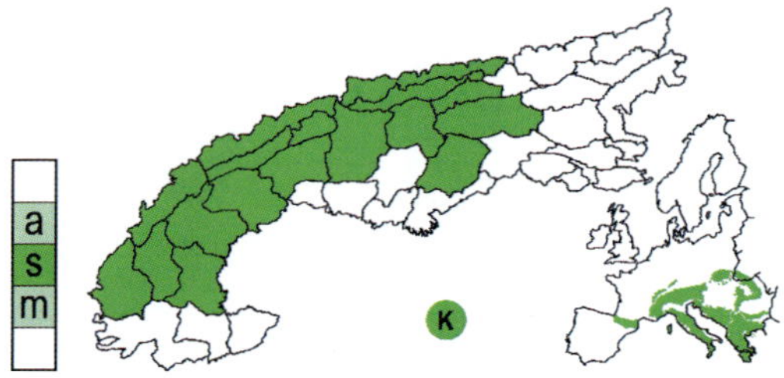

Cerinthe minor L.

Kleine Wachsblume *Boraginaceae*
IV–VIII ∗ K(5) [C(5) A5] G(2)

15–60 cm hoch. PFLANZEN: **blau- bis graugrün**, kahl. BLÜTENSTAND: meist überhängend. BLÜTEN: langröhrig, **hellgelb**, zuweilen rötlich-bräunlich gezeichnet. KRONE: 9–16 mm lang. KRONZIPFEL: **aufrecht bis zusammenneigend**, **länglich-lanzettlich**, **0,25–1,5-mal so lang wie die Kronröhre**, **distal spitz**. FRUCHTKNOTEN: zur Blütezeit 2-teilig. BLÄTTER: **oft weißlich gefleckt**. OBERE STÄNGELBLÄTTER: (halb-)stängelumfassend.

In den Alpen die subsp. *minor* u. *auriculata* (vgl. S. 734).

- Schutt- o. Felsfluren, **Alluvionen**, **Staudenfluren**, **Grünland**, Wälder, **Ruderalvegetation**
- an basenreichen Standorten
- einheimisch

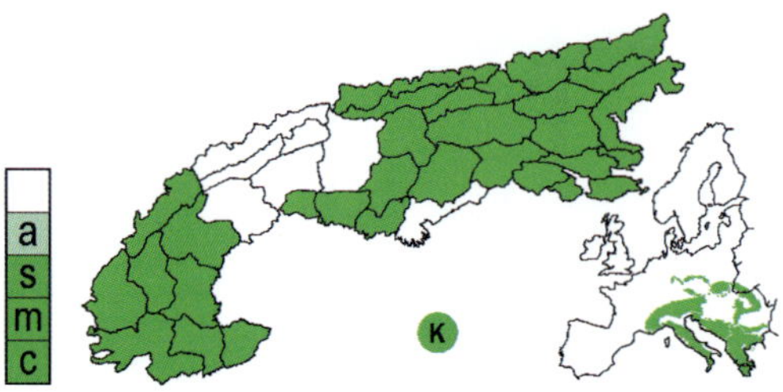

Onosma helvetica (A. DC.) Boiss.

Schweizer Lotwurz *Boraginaceae*
IV–VI ∗ K(5) [C(5) A5] G(2)

30–50 cm hoch, 2- bis mehrjährig. BLÜTENSTAND: wickelartig, meist überhängend. BLÜTEN: **langröhrig**, **gelblich**. KRONE: 15–25 mm lang. SCHLUNDSCHUPPEN: **fehlen**. STAUBBEUTEL: nur basal zusammenhängend. GRUNDBLÄTTER: oberseits mit Borstenhaaren auf Höckern, **zumindest einige Höcker mit 5–10 seitlich abstehenden Haaren**. – Inkl. der nur schwer abgrenzbaren *O. pseudoarenaria* (vgl. Vouillamoz 1999).

- Schutt- o. Felsfluren, **Extensivgrünland o. Magerrasen**, Wälder
- an nährstoffarmen, basenreichen, trockenen Standorten
- endemisch

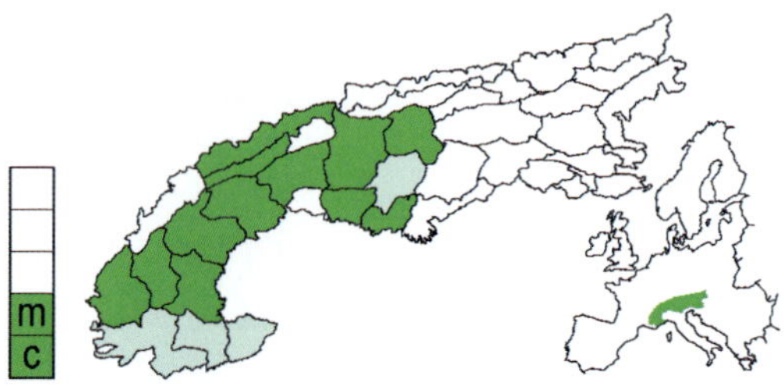

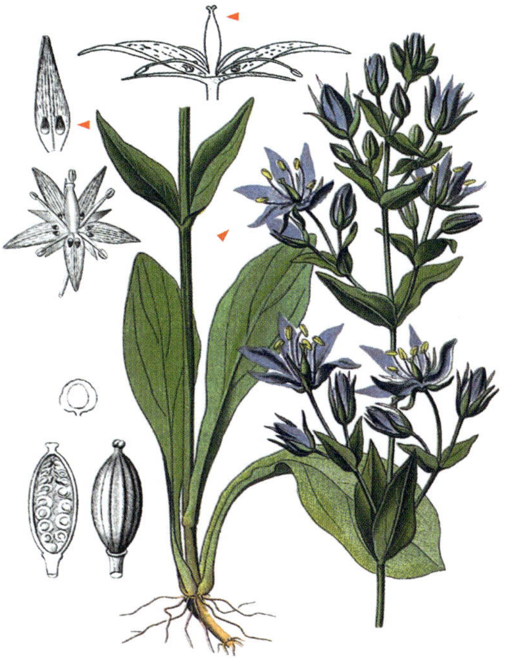

Pulmonaria: mehrjährige Kräuter. Schlundschuppen: als behaarte Leisten o. Falten ausgebildet, < 2-mal so lang wie breit. Kelchzipfel: kürzer als die Kelchröhre. Früchte: in 4 nussähnliche Teilfrüchte zerfallend. Teilfrüchte: glatt. Blätter: geteilt. Blüten: meist rötlich, bläulich o. violett. Blütenformel: ∗ K(5) [C(5) A5] G(2).

Pulmonaria australis (Murr) W. Sauer

Südalpen-Lungenkraut *Boraginaceae*
III–V ∗ K(5) [C(5) A5] G(2)

Bis 30 cm hoch. Grundblätter: **< 5 cm breit, 6–12-mal so lang wie breit, schmal lanzettlich,** *nicht* o. undeutlich gefleckt, **im Sommer (fast) *ohne* Drüsenhaare, mit kurzen *und* langen Borstenhaaren.**

- **subalpine o. alpine Rasen**, Zwergstrauchheiden, **Staudenfluren, Grünerlengebüsche**, Grünland, **Wälder,** Ruderalvegetation
- einheimisch

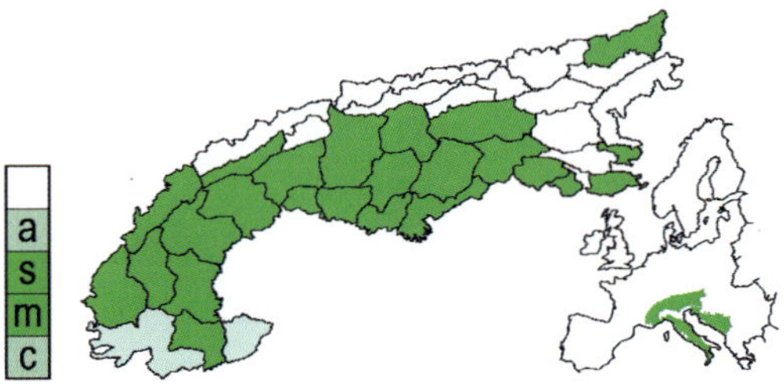

Pulmonaria carnica W. Sauer

Karawanken-Lungenkraut *Boraginaceae*
III–V ∗ K(5) [C(5) A5] G(2)

10–30 cm hoch. Blütenstand: kahl bis spärlich behaart. Staubbeutel: gelblich bis bräunlich. Grundblätter: **(undeutlich) weißlich o. grünlich gefleckt, zuweilen ungefleckt,** meist kurz zugespitzt, **im Sommer mit (wenigen) Drüsenhaaren, mit kurzen *und* langen Borstenhaaren.**

- subalpine o. alpine Rasen, **Staudenfluren, Legföhrengebüsche,** Grünland, **Wälder**
- an basenreichen Standorten
- endemisch

Pulmonaria kerneri Wettst.

Kerners Lungenkraut *Boraginaceae*
III–VII ∗ K(5) [C(5) A5] G(2)

15–40 cm hoch. Grundblätter: **3–6-mal so lang wie breit, meist deutlich weißlich gefleckt, im Sommer mit Drüsenhaaren.**

- Staudenfluren, **Legföhrengebüsche, Wälder**
- an basenreichen Standorten
- endemisch

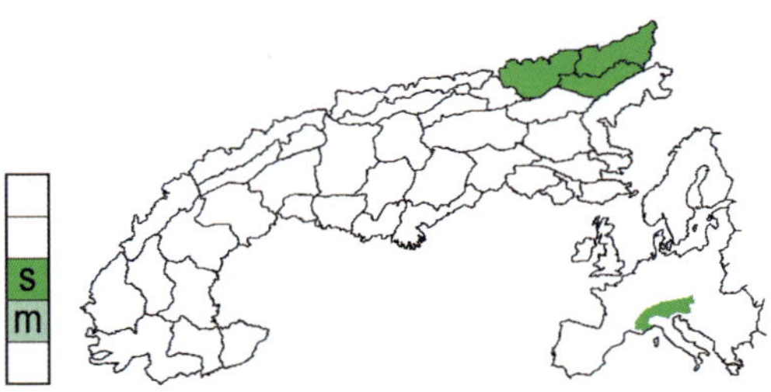

Pulmonaria stiriaca A. Kern.

Steirisches Lungenkraut *Boraginaceae*
III–V ∗ K(5) [C(5) A5] G(2)

10–30 cm hoch. Blütenstand: **drüsig behaart, mit vielen Borsten.** Staubbeutel: **dunkelviolett bis bräunlich-schwärzlich.** Grundblätter: **meist deutlich weißlich gefleckt,** lang zugespitzt, **im Sommer mit (wenigen) Drüsenhaaren.**

- Staudenfluren, Grünland, **Wälder**
- meist an sauren Standorten
- einheimisch (subendemisch)

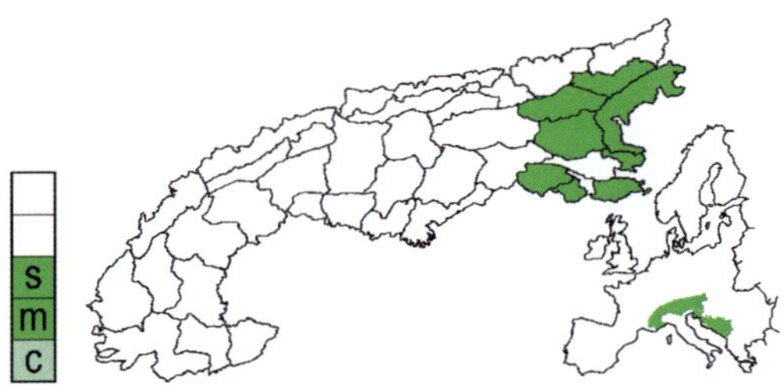

Pulmonaria vallarsae A. Kern.

Vallarsa-Lungenkraut *Boraginaceae*
I–IV ∗ K(5) [C(5) A5] G(2)

Bis 30 cm hoch. Blütenstand: lockerblütig. Grundblätter: **< 5-mal so lang wie breit, meist weißlich gefleckt**, im Sommer mit (wenigen) Drüsenhaaren. – Inkl. P. *apennina*.

In den Alpen die subsp. *vallarsae* (in den südlichen Ostalpen). P. *appennina* in den Südlichen Westalpen u. im Apennin (= *P. hirta* p. p, vgl. Puppi & Cristofolini 1996).

- Staudenfluren, **Wälder**
- an basenreichen Standorten
- einheimisch

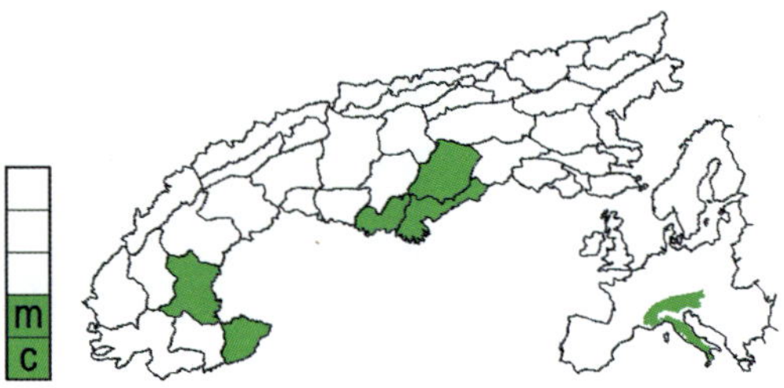

Asperugo procumbens L.

Schlangenäuglein *Boraginaceae*
IV–VIII ∗ K(5) [C(5) A5] G(2)

20–50 cm hoch, **1-jährig**. Blüten: **bläulich**, zuweilen rötlich überlaufen. Schlundschuppen: **deutlich entwickelt**. Kelchblätter: **mit mehreren Zähnchen**. Fruchtkelch: **auffallend vergrößert, abgeflacht**. Stängel: zumindest basal niederliegend, **unten mit hakig gebogenen Haaren**.

- **Staudenfluren, Ruderalvegetation**
- an nährstoffreichen, basenreichen Standorten
- einheimisch

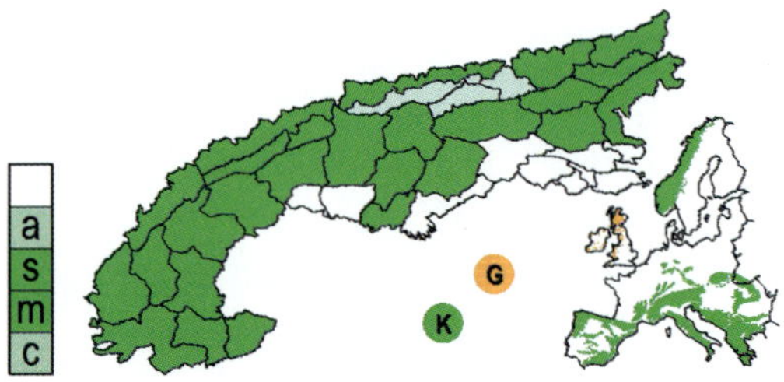

Eritrichium nanum (L.) Gaudin

Himmelsherold *Boraginaceae*
VI–VIII ∗ K(5) [C(5) A5] G(2)

Bis 5 cm hoch, polsterförmig, mehrjährig. Pflanzen: **lang abstehend behaart**. Blütenstand: Stängel 3–8-blütig. Tragblätter der Blüten: vorhanden. Blüten: **bläulich; Schlundschuppen weißlich-gelblich**. Krone: **2–3 mm lang**. Schlund: ± geschlossen. Staubblätter: kürzer als die Krone. Früchte: länger als breit. Teilfrüchte: eiförmig, oft abgeflacht, **mit gezähnten Flügeln**.

In den Alpen nur die endemische subsp. *nanum*.

- subalpine o. alpine Rasen, **Schutt- o. Felsfluren**
- an nährstoffarmen, sauren Standorten
- einheimisch

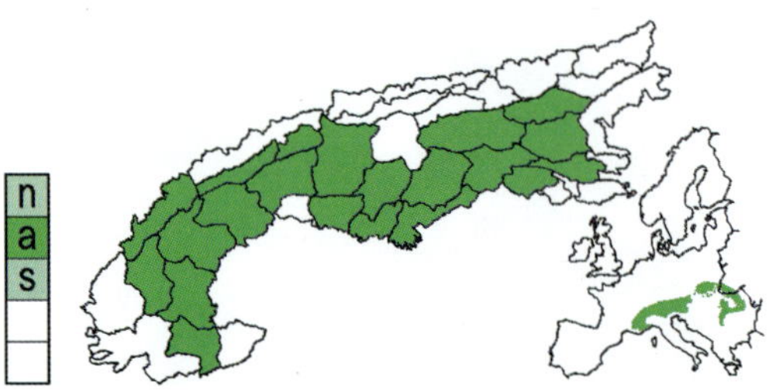

Hackelia deflexa (Wahlenb.) Opiz

Herabgebogener Igelsame *Boraginaceae*
V–VIII ∗ K(5) [C(5) A5] G(2)

20–60 cm hoch, 1–2-jährig. Tragblätter der Blüten: vorhanden. Blüten: **hellblau**; Schlundschuppen weißlich-gelblich. Krone: 3–4 mm lang. Schlundschuppen: behaart. Fruchtstiele: meist zurückgebogen. Früchte: länger als breit. Teilfrüchte: 3-eckig bis eiförmig, **mit hakig gebogenen Stacheln, Stacheln nur an den Kanten der Frucht**. Stängel: basal niederliegend, **abstehend behaart**. Blätter: **abstehend behaart**.

- **Staudenfluren**, Wälder, **Ruderalvegetation**
- an nährstoffreichen Standorten
- einheimisch

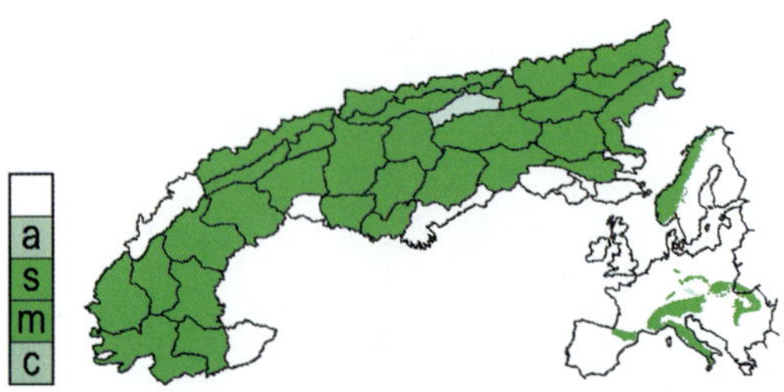

Cynoglossum officinale L.

giftig

Echte Hundszunge *Boraginaceae*

IV–VIII ∗ K(5) [C(5) A5] G(2)

30–80 cm hoch, 2- bis mehrjährig. TRAGBLÄTTER DER BLÜTEN: oft fehlend. BLÜTEN: **bräunlich-violett**. KRONE: 4–8 mm lang. SCHLUNDSCHUPPEN: behaart. FRÜCHTE: breiter als lang. TEILFRÜCHTE: abgeflacht, **mit hakig gebogenen Stacheln, Stacheln auf der gesamten Oberfläche, am Rand verdickt**. BLÄTTER: länglich bis oval; OBERSEITS: **gräulich filzig behaart**.

In den Alpen nur die subsp. *officinale*.

- **Staudenfluren**, Extensivgrünland o. Magerrasen, Wälder, **Ruderalvegetation**
- an trockenen Standorten
- einheimisch

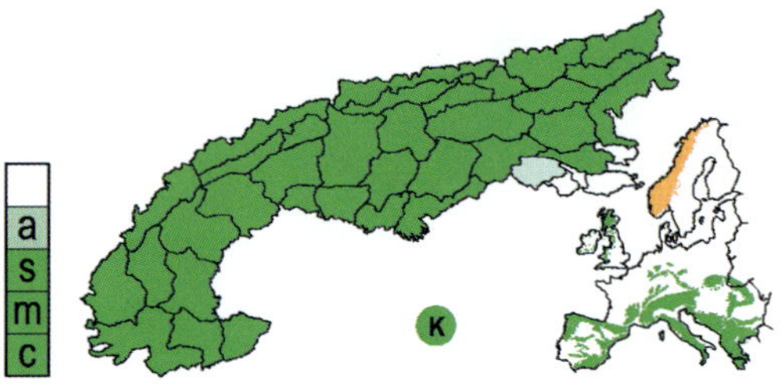

Myosotis: Kräuter. BLÜTEN: mit gelblichen Schlundschuppen. SCHLUND: ± geschlossen. KRONRÖHRE: < 4 mm lang. STAUBBLÄTTER: meist kürzer als die Kronröhre. FRÜCHTE: in 4 Teilfrüchte zerfallend. BLÄTTER: wechselständig, ungeteilt. BLÜTENFORMEL: ∗ K(5) [C(5) A5] G(2).

Myosotis arvensis (L.) Hill

Acker-Vergissmeinnicht *Boraginaceae*

III–X ∗ K(5) [C(5) A5] G(2)

10–60 cm hoch, 1–2-jährig. KRONRÖHRE: **kaum länger als der Kelch**. KRONZIPFEL: **(undeutlich) schüsselförmig vertieft**. KELCHBLÄTTER: **abstehend behaart**, Haare hakig gebogen. FRUCHTSTIELE: **1,5–3-mal so lang wie der Kelch**. STÄNGEL: aufrecht.

In den Alpen die subsp. *arvensis* u. *umbrata* (vgl. S. 734).

- Schutt- o. Felsfluren, Alluvionen, Staudenfluren, **Grünland**, Wälder, **Äcker**, Ruderalvegetation
- einheimisch

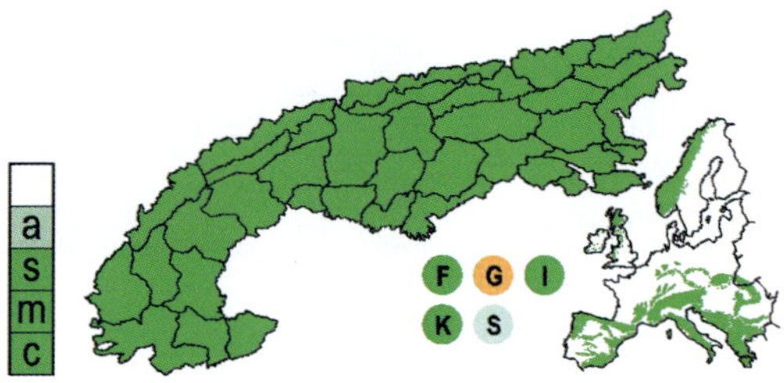

Myosotis alpestris F. W. Schmidt

Alpen-Vergissmeinnicht *Boraginaceae*

V–IX ∗ K(5) [C(5) A5] G(2)

Bis 20 cm hoch, rasig, mehrjährig. BLÜTEN: **meist dunkelblau**. BLÜTENSTIELE: ± 3 mm lang. KRONE: 4–12 mm ⌀. KRONZIPFEL: **flach ausgebreitet**. KELCHBLÄTTER: **überwiegend mit anliegenden u. mit wenigen abstehenden Haaren**, mit wenigen hakig gebogenen Haare. FRUCHTKELCH: **bleibend**. TEILFRÜCHTE: **2–3 mm lang, distal abgerundet**. SAMEN: > 1,6 mm lang. STÄNGEL: oft verzweigt, dicht behaart. – Inkl. *M. gallica* (vgl. Tison & de Foucalt 2014).

In den Alpen nur die subsp. *alpestris*.

- **subalpine o. alpine Rasen**, Schutt- o. Felsfluren, Schneetälchen, Zwergstrauchheiden, Staudenfluren, **Grünland**
- an kalkreichen Standorten
- einheimisch

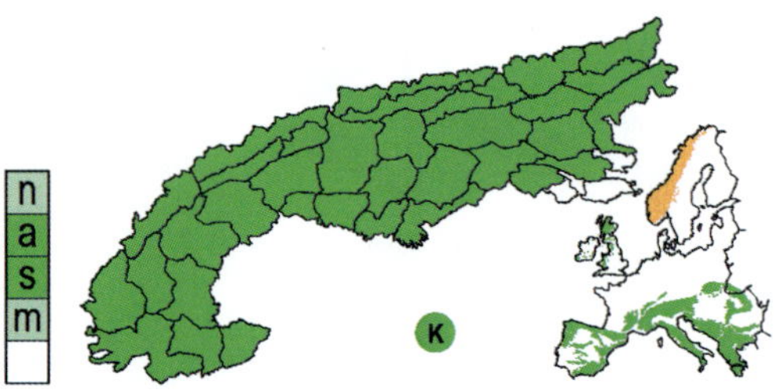

Myosotis decumbens Host

Niederliegendes Vergissmeinnicht *Boraginaceae*

V–VIII ∗ K(5) [C(5) A5] G(2)

20–40 cm hoch, mehrjährig. KRONE: 4–12 mm ⌀. KRONZIPFEL: **flach ausgebreitet**. KELCHBLÄTTER: **überwiegend mit abstehenden Haaren**, Haare hakig gebogen. KELCHZIPFEL: **breit 3-eckig**. FRUCHTKELCH: **abfallend**. FRUCHTSTIELE: **2–5 mm lang**. TEILFRÜCHTE: **1–2 mm lang, spitz**. STÄNGEL: zumindest basal niederliegend, locker behaart. GRUNDBLÄTTER: Spreite allmählich in den Stiel übergehend.

In den Alpen die subsp. *decumbens*, *kerneri* u. *variabilis* (vgl. S. 734).

- **Schutt- o. Felsfluren**, Alluvionen, **Staudenfluren**, Grünerlengebüsche, Quellfluren, **Grünland**, **Wälder**
- an nährstoffreichen Standorten
- einheimisch

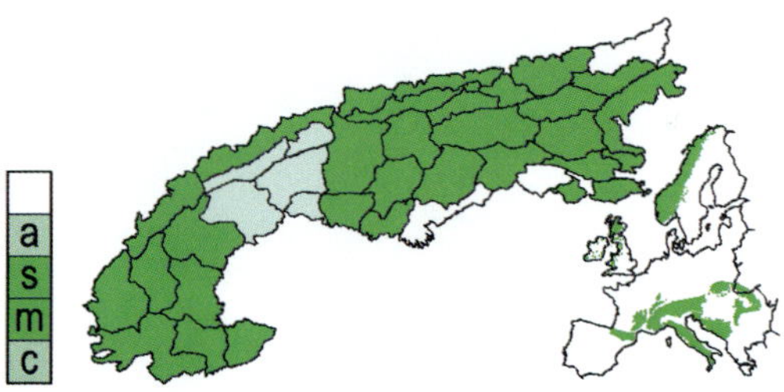

Myosotis sylvatica Hoffm.

Wald-Vergissmeinnicht *Boraginaceae*
IV–VIII ∗ K(5) [C(5) A5] G(2)

10–40 cm hoch, 2- bis mehrjährig. Krone: 4–12 mm ⌀. Kronröhre: **höchstens so lang wie der Kelch.** Kronzipfel: **flach ausgebreitet.** Kelchblätter: **überwiegend mit abstehenden Haaren,** Haare hakig gebogen. Kelchzipfel: **lineal-lanzettlich.** Fruchtkelch: **abfallend.** Staubbeutel: kürzer als die Kronröhre. Fruchtstiele: **5–20 mm lang.** Teilfrüchte: **1–2 mm lang, spitz.** Stängel: aufrecht, locker behaart. Grundblätter: Spreite allmählich in den Stiel übergehend.

In den Alpen nur die subsp. *sylvatica.*

- Alluvionen, **Zwergstrauchheiden, Staudenfluren, Grünland, Wälder**
- an nährstoffreichen Standorten
- einheimisch

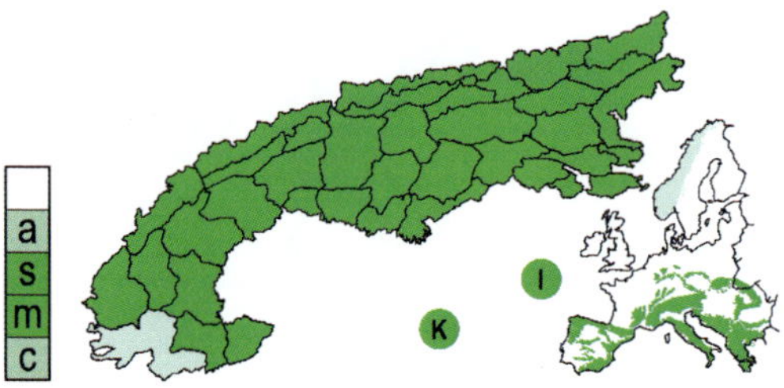

Plantago maritima L.

Strand-Wegerich *Plantaginaceae*
VI–X ∗ K4 [C(4) A4] G(2)

10–40 cm hoch, mehrjährig. Blütenstand: **meist länglich-zylindrisch,** 3–12 cm lang. Kronröhre: **außen behaart.** Staubbeutel: meist gelblich. Früchte: Deckelkapseln, 1–5-samig. Stängel: mit grundständiger Blattrosette, *ohne* Laubblätter; unten: **von abgestorbener Laubblattscheide umgeben.** Blätter: zuweilen mit wenigen entfernten Zähnen o. Blattabschnitten, **länglich bis lanzettlich, 2–15 mm breit, > 5-mal so lang wie breit,** 3-nervig, **Nerven kaum hervortretend.**

In den Alpen nur die subsp. *serpentina.*

- **subalpine o. alpine Rasen,** Schutt- o. Felsfluren, Alluvionen, **Extensivgrünland o. Magerrasen,** Wälder, Macchien o. Garrigues, **Ruderalvegetation**
- an basenreichen Standorten
- einheimisch

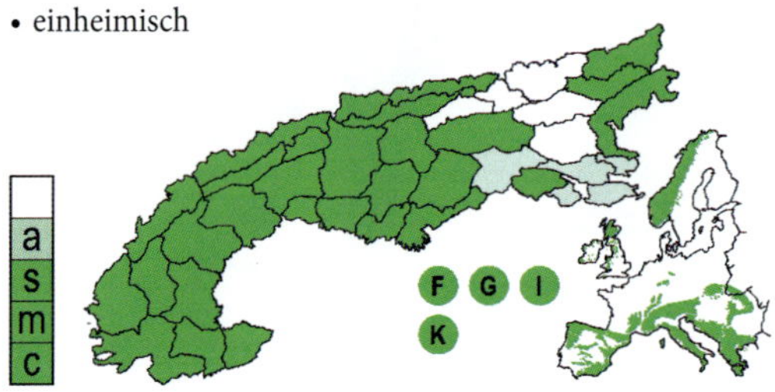

Plantago alpina L.

Alpen-Wegerich *Plantaginaceae*
IV–VIII ∗ K4 [C(4) A4] G(2)

Bis 15 cm hoch, mehrjährig. Blütenstand: **länglich-eiförmig bis kurz zylindrisch, 1–5 cm lang.** Kronröhre: **außen behaart.** Staubbeutel: **meist gelblich.** Früchte: Deckelkapseln, 1–2-samig. Stängel: mit grundständiger Blattrosette, *ohne* Laubblätter; unten: **von abgestorbener Laubblattscheide umgeben.** Blätter: **länglich bis lanzettlich, 2–8 mm breit, > 5-mal so lang wie breit,** 3-nervig, **Nerven kaum hervortretend.**

In den Alpen nur die subsp. *alpina.*

- **subalpine o. alpine Rasen,** Schutt- o. Felsfluren, Schneetälchen, Zwergstrauchheiden, Grünland, Wälder
- an nährstoffarmen, sauren Standorten
- einheimisch

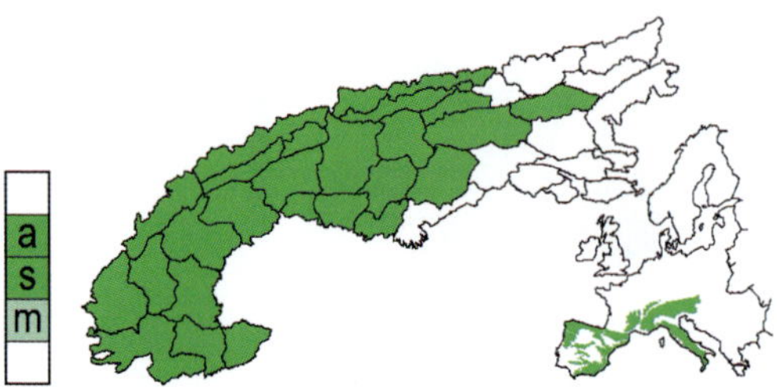

Plantago atrata Hoppe

Berg-Wegerich *Plantaginaceae*
IV–VIII ∗ K4 [C(4) A4] G(2)

Mehrjährig. Blütenstand: **kugelig bis eiförmig, 0,5–3 cm lang;** Stiel: im QS rundlich. Kronröhre: außen kahl. Staubbeutel: meist gelblich. Früchte: Deckelkapseln, 1–2-samig. Stängel: mit grundständiger Blattrosette, *ohne* Laubblätter. Blätter: **länglich bis lanzettlich, 2–15 mm breit, > 5-mal so lang wie breit,** 3–7-nervig, **Nerven deutlich hervortretend.**

In den Alpen die subsp. *atrata* u. *fuscescens* (vgl. S. 734).

- **subalpine o. alpine Rasen,** Schutt- o. Felsfluren, Alluvionen, Schneetälchen, **Grünland,** Ruderalvegetation
- an basenreichen Standorten
- einheimisch

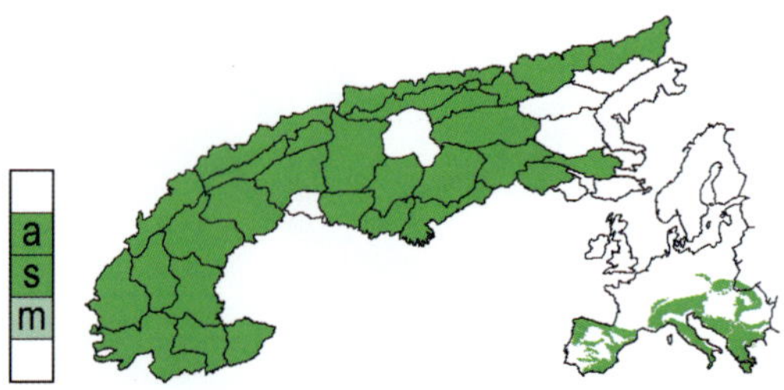

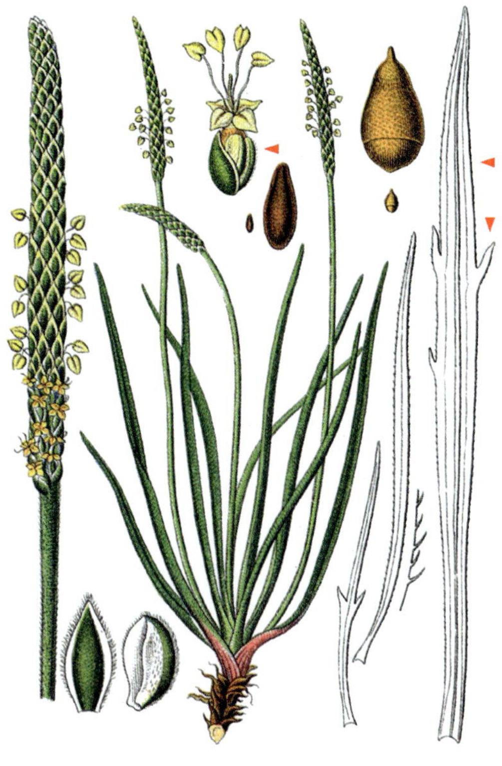

Plantago media L.

Mittlerer Wegerich *Plantaginaceae*
IV–IX ∗ K4 [C(4) A4] G(2)

10–50 cm hoch, mehrjährig. Blütenstand: **(kurz) zylindrisch, 2–6 cm lang**; Stiel: **viel länger als die Blätter**, im QS rundlich. Kronröhre: außen kahl. Staubfäden: **meist violett, 5–12 mm lang**. Staubbeutel: **meist gelblich**. Früchte: Deckelkapseln, 2–5-samig. Stängel: mit grundständiger Blattrosette, *ohne* Laubblätter. Blattstiele: **kurz bis fehlend**. Blätter: **breit oval, > 20 mm breit, < 3-mal so lang wie breit**, meist 5–7-nervig.

In den Alpen nur die subsp. *media*.

- subalpine o. alpine Rasen, Zwergstrauchheiden, **Grünland**, Ruderalvegetation
- einheimisch

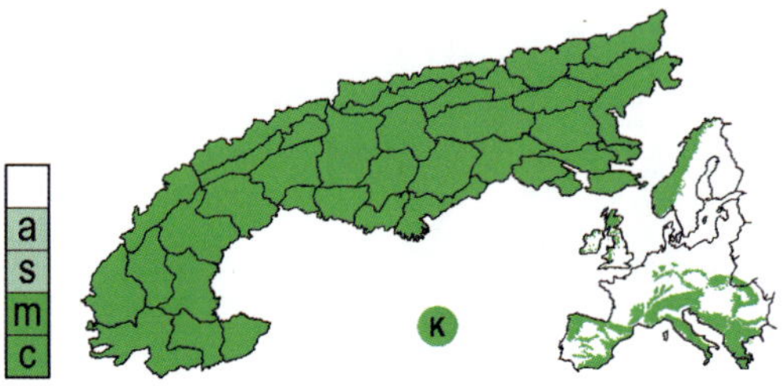

Plantago lanceolata L.

schwach giftig (für Tiere)

Spitz-Wegerich *Plantaginaceae*
IV–X ∗ K4 [C(4) A4] G(2)

10–50 cm hoch, mehrjährig. Blütenstand: **länglich-eiförmig bis (kurz) zylindrisch, 0,5–6 cm lang**; Stiel: **im QS kantig gefurcht**. Kronröhre: außen kahl. Staubbeutel: meist gelblich. Früchte: Deckelkapseln, 1–2-samig. Stängel: mit grundständiger Blattrosette, *ohne* Laubblätter. Blätter: **länglich bis lanzettlich, 5–50 mm breit, > 3-mal so lang wie breit**, 3–7-nervig, **Nerven deutlich hervortretend**.

- **subalpine o. alpine Rasen**, Schutt- o. Felsfluren, Schneetälchen, Staudenfluren, **Grünland**, Ruderalvegetation
- einheimisch

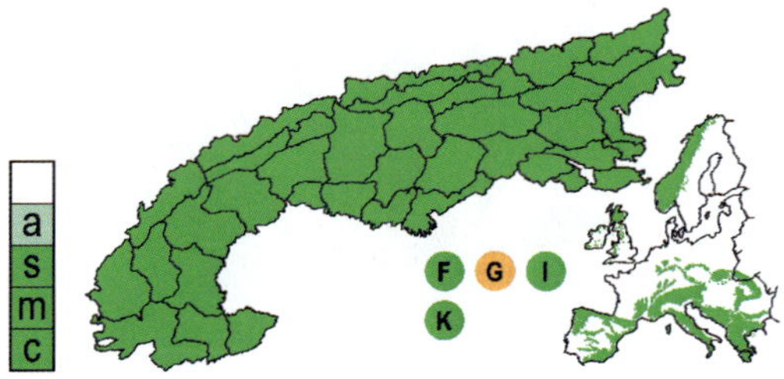

Plantago major L.

Breit-Wegerich *Plantaginaceae*
V–X ∗ K4 [C(4) A4] G(2)

Bis 35 cm hoch, mehrjährig. Blütenstand: **länglich-zylindrisch**; Stiel: **kürzer o. wenig länger als die Blätter**, im QS rundlich. Kronröhre: außen kahl. Staubfäden: grünlich bis weißlich, 1–3 mm lang. Staubbeutel: **meist rötlich**. Früchte: Deckelkapseln, 4–35-samig. Stängel: mit grundständiger Blattrosette, *ohne* Laubblätter. Blattstiele: **± so lang wie die Spreite**. Blätter: meist mit (etwas) aufgerichteter Spreite, **oval, > 20 mm breit, < 3-mal so lang wie breit**.

In den Alpen nur die subsp. *major*.

- Alluvionen, Staudenfluren, Grünland, Wälder, **Äcker**, **Ruderalvegetation**, Trittfluren, Salzwiesen
- einheimisch

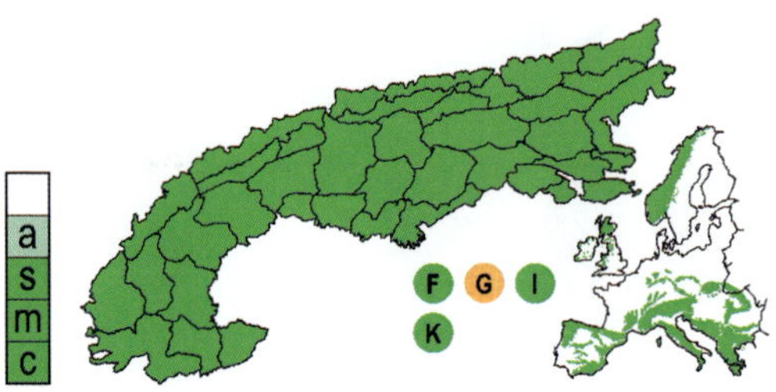

Linaria alpina (L.) Mill.

Alpen-Leinkraut *Plantaginaceae*
V–VIII ↓ K5 [C(5) A4] G(2)

Bis 20 cm hoch, mehrjährig. Blüten: gespornt, **bläulich bis violett, Gaumen meist rötlich bis orange**. Blütenstiele: höchstens so lang wie die Blüten. Schlund: **durch Ausstülpungen der Unterlippe geschlossen**. Früchte: Spaltkapseln. Samen: **abgeflacht, mit flügelartigem Saum**. Blattstellung: wechselständig o. quirlig. Knoten: **3–5-blättrig**. Blätter: (undeutlich) sukkulent, länglich-lanzettlich bis spatelförmig.

In den Alpen die subsp. *alpina* u. *petraea* (vgl. S. 734).

- **Schutt- o. Felsfluren**, Alluvionen
- an nährstoffarmen, basenreichen Standorten
- einheimisch

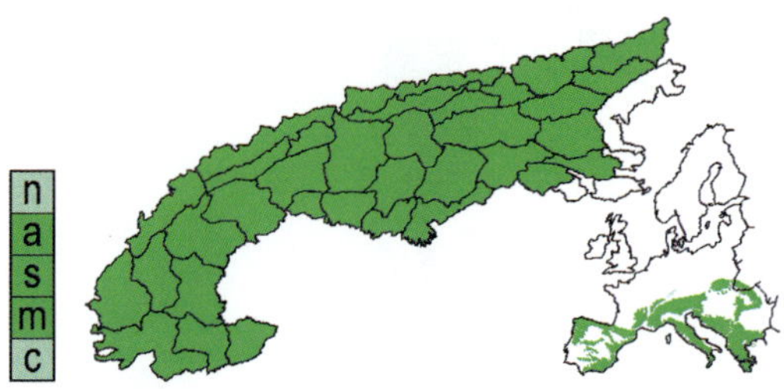

Linaria tonzigii Lona

Bergamasker Leinkraut *Plantaginaceae*

V–VIII ↓ K5 [C(5) A4] G($\underline{2}$)

Bis 15 cm hoch, mehrjährig. Blütenstand: **mit langen Haaren.** Blüten: gespornt, **gelblich,** Gaumen gelblich. Blütenstiele: höchstens so lang wie die Blüten. Schlund: **durch Ausstülpungen der Unterlippe geschlossen.** Kelchblätter: mit langen Haaren. Früchte: Spaltkapseln. Samen: **kantig-eiförmig, gerippt.** Blattstellung: wechselständig o. quirlig. Blätter: (undeutlich) sukkulent, länglich-lanzettlich bis oval.

- **Schutt- o. Felsfluren**
- an kalkreichen Standorten
- endemisch

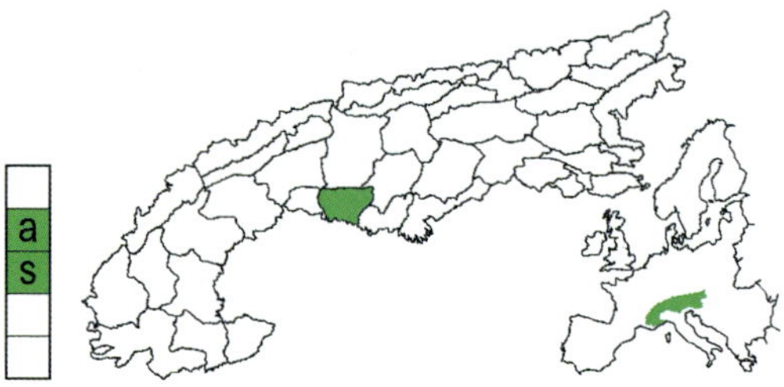

Callitriche palustris agg.

Artengruppe Sumpf-Wasserstern *Plantaginaceae*

V–VIII ♂ ↓ [A1] | ♀ ↓ G($\underline{2}$)

Wasser- o. Sumpfpflanze, 1- bis mehrjährig. Pflanzen: 1-häusig. Vorblätter unter den Blüten: 2. Blüten: einzeln. Früchte: in 4 nussähnliche Teilfrüchte zerfallend. Teilfrüchte: **bis über die Hälfte miteinander verwachsen, 0,7–2 mm lang.** Stängel: 10–100 cm lang. Blätter: ganzrandig. Schwimmblätter: **meist vorhanden,** quirlig, schmal spatelförmig. Tauchblätter: gegenständig, grün, undurchsichtig, **spatelförmig bis länglich-lanzettlich, basal meist verschmälert, mit vielarmigen Haaren.**

In der alpinen Stufe *C. palustris*, *C. cophocarpa* u. *C. hamulata* (vgl. S. 734).

- Alluvionen, **Gewässer,** trockenfallende Ufer
- an nassen, dauerhaft überfluteten bis zuweilen trockenfallenden Standorten
- einheimisch

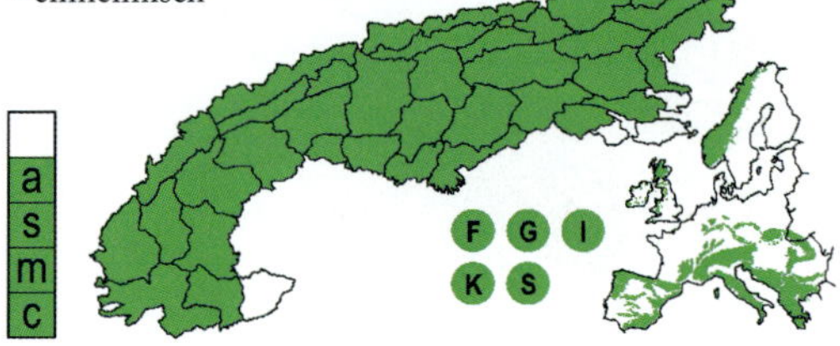

Paederota bonarota (L.) L.

Blaues Mänderle *Plantaginaceae*

VI–VIII ↓ K5 [C(5) A2] G($\underline{2}$)

Bis 20 cm hoch, mehrjährig. Blüten: undeutlich zygomorph, offen ausgebreitet, **meist bläulich-violett,** selten rötlich. Staubblätter: deutlich länger als die Krone. Früchte: Spaltkapseln. Stängel: *ohne* grundständige Blattrosette. Blätter: **Spreite 1,5–3 cm lang,** am Rand spitz gesägt, **mit beidseits je 3–8 Zähnen am Rand.**

- **Schutt- o. Felsfluren**
- an nährstoffarmen, basenreichen Standorten
- endemisch

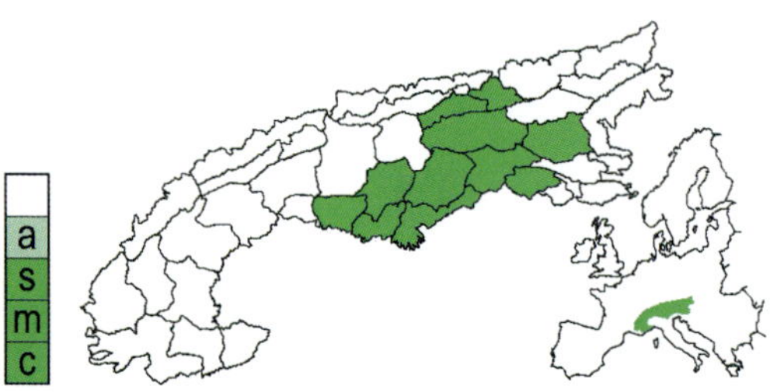

Paederota lutea Scop.

Gelbes Mänderle *Plantaginaceae*

V–VII ↓ K5 [C(5) A2] G($\underline{2}$)

Bis 30 cm hoch, mehrjährig. Blüten: undeutlich zygomorph, offen ausgebreitet, **gelblich.** Staubblätter: ± so lang wie die Krone. Früchte: Spaltkapseln. Stängel: *ohne* grundständige Blattrosette. Blätter: **Spreite 3–8 cm lang,** am Rand spitz gesägt, **mit beidseits je ≥ 8 Zähnen am Rand.**

- **Schutt- o. Felsfluren**
- an nährstoffarmen, kalkreichen Standorten
- einheimisch

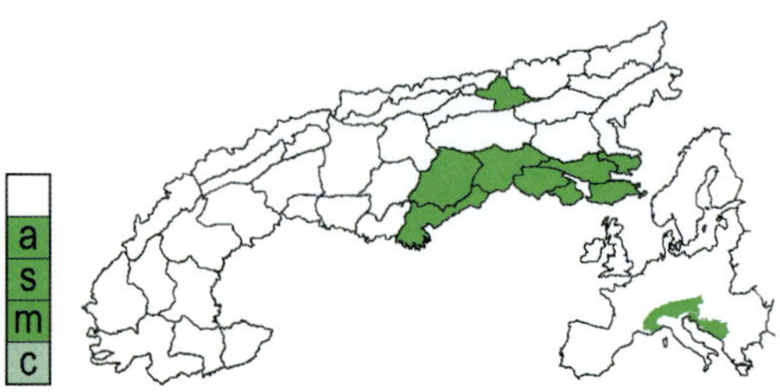

Wulfenia carinthiaca Jacq.

Kärntner Kühtritt *Plantaginaceae*
V–VII ↓ K5 [C(5) A2] G(2)

20–50 cm hoch, mehrjährig. BLÜTENSTAND: (undeutlich) einseitswendig. BLÜTEN: undeutlich zygomorph, glockig-trichterförmig bis langröhrig, meist bläulich bis violett. FRÜCHTE: **4-klappige Spaltkapseln**. STÄNGEL: **mit grundständiger Blattrosette, meist mit mehreren kleinen Schuppenblättern**. BLÄTTER: länglich bis oval, **Spreite 8–20 cm lang**, in den Stiel verschmälert, **am Rand stumpf gekerbt**. – Die Vorkommen in den Dinarischen Gebirgen werden zuweilen als subsp. *blecici* (oder als eigene Art *W. blecici*) abgegrenzt.

- Schutt- o. Felsfluren, **Staudenfluren**, **Grünland**
- an kalkreichen Standorten
- einheimisch

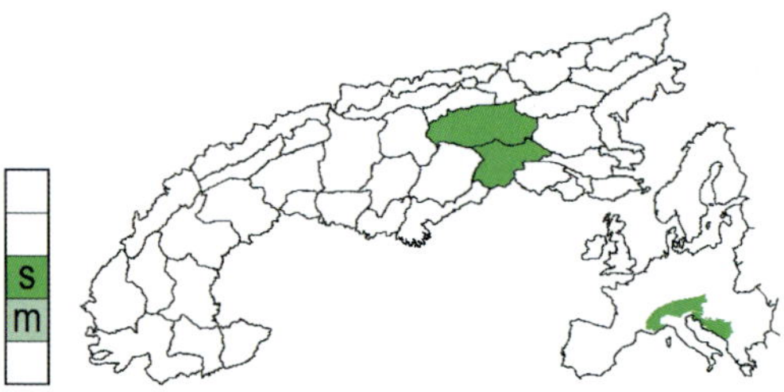

Veronica: überwiegend Kräuter. BLÜTEN: einzeln o. in Trauben, fast radiärsymmetrisch. KRONRÖHRE: meist breiter als lang. FRÜCHTE: Spaltkapseln. BLÄTTER: meist gegenständig. BLÜTENFORMEL: ↓ K4-5 [C(5) A2] G(2).

Veronica beccabunga L.

Bachbungen-Ehrenpreis *Plantaginaceae*
IV–VIII ↓ K4 [C(4) A2] G(2)

Wasser- o. Sumpfpflanze, 20–60 cm hoch. BLÜTENSTAND: **Blüten in mehreren seitenständigen Trauben**. TRAGBLÄTTER DER BLÜTEN: **klein, *alle* von den Laubblättern verschieden**. BLÜTEN: bläulich. BLÄTTER: **lanzettlich bis oval**, kahl.

In den Alpen nur die subsp. *beccabunga*.

- **Staudenfluren**, **Gewässer**, **Quellfluren**, **trockenfallende Ufer**, Grünland
- an nassen, zuweilen trockenfallenden Standorten
- einheimisch

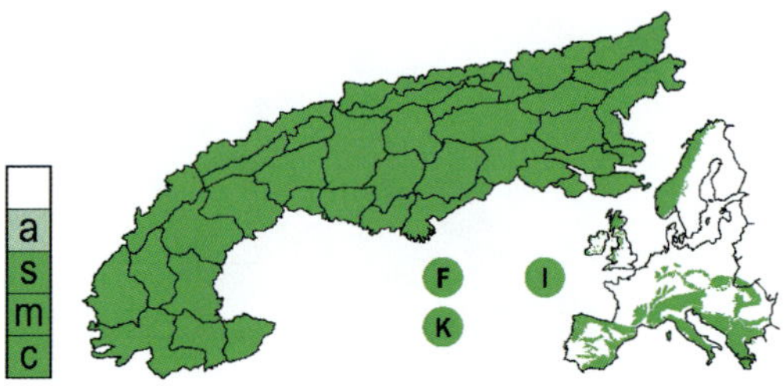

Veronica serpyllifolia L.

Quendel-Ehrenpreis *Plantaginaceae*
IV–IX ↓ K4 [C(4) A2] G(2)

Bis 25 cm hoch. BLÜTENSTAND: **Blüten einzeln bzw. in endständiger Traube**. TRAGBLÄTTER DER BLÜTEN: **die *unteren* den Laubblättern gleichend, die *oberen* kleiner u. einfacher gebaut**. BLÜTEN: mit blauen Adern. BLÜTENSTIELE: **mindestens so lang wie der Kelch**. KRONE: 5–9 mm ⌀. TRAGBLÄTTER DER OBEREN BLÜTEN: sitzend. FRÜCHTE: **breiter als hoch, distal zu < 25 % eingeschnitten**. BLÄTTER: ganzrandig bis seicht gekerbt.

In den Alpen die subsp. *serpyllifolia* u. *humifusa* (vgl. S. 734).

- Alluvionen, **Staudenfluren**, **Grünland**, **Wälder**, Äcker, Ruderalvegetation
- einheimisch

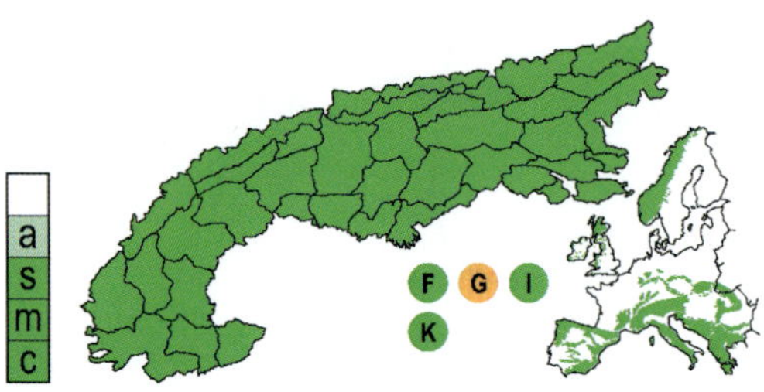

Veronica chamaedrys L.

Gamander-Ehrenpreis *Plantaginaceae*
IV–VII ↓ K4 [C(4) A2] G(2)

15–40 cm hoch. BLÜTENSTAND: **Blüten in mehreren seitenständigen Trauben**. TRAGBLÄTTER DER BLÜTEN: **klein, *alle* von den Laubblättern verschieden**. BLÜTEN: meist bläulich. KELCHBLÄTTER: **locker behaart**, Haare 0,3–1,4 mm lang, meist mit Drüsenhaaren. GRIFFEL: **4–6 mm lang**. FRUCHTSTIELE: **meist 1-2-mal so lang wie die Tragblätter**. FRÜCHTE: **breiter als hoch**, im QS stark abgeflacht. STÄNGEL: UNTEN: **2-zeilig behaart**. MITTLERE STÄNGELBLÄTTER: **ungeteilt**, grob gezähnt.

In den Alpen die subsp. *chamaedrys* u. *micans* (endemisch) (vgl. S. 734).

- **subalpine o. alpine Rasen**, Schutt- o. Felsfluren, **Staudenfluren**, **Legföhrengebüsche**, **Grünland**, **Wälder**, **Ruderalvegetation**
- einheimisch

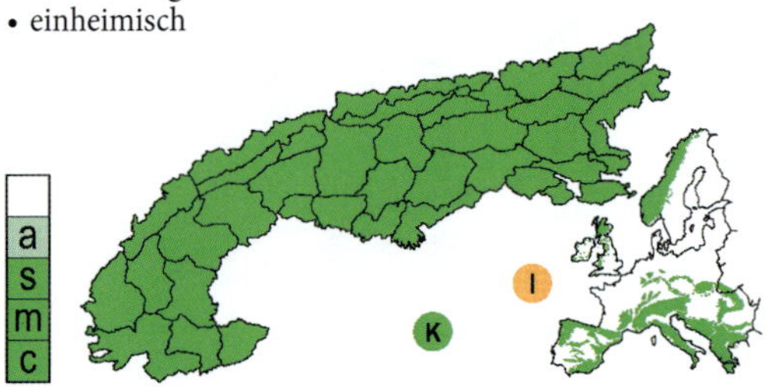

Veronica fruticans Jacq.

Felsen-Ehrenpreis *Plantaginaceae*

V–VIII ↓ K4 [C(4) A2] G(2)

Halbstrauch, bis 15 cm hoch. Blütenstand: **Blüten einzeln bzw. in endständiger Traube**. Tragblätter der Blüten: **die *unteren* den Laubblättern gleichend, die** *oberen* **kleiner u. einfacher gebaut**. Blüten: bläulich, Schlund weiß. Griffel: **3–6 mm lang**. Tragblätter der oberen Blüten: sitzend. Früchte: 4-klappige Spaltkapseln, **höher als breit**. Stängel: niederliegend. Blätter: ± kahl.

- **subalpine o. alpine Rasen**, **Schutt- o. Felsfluren**, Zwergstrauchheiden, Legföhrengebüsche
- an nährstoffarmen Standorten
- einheimisch

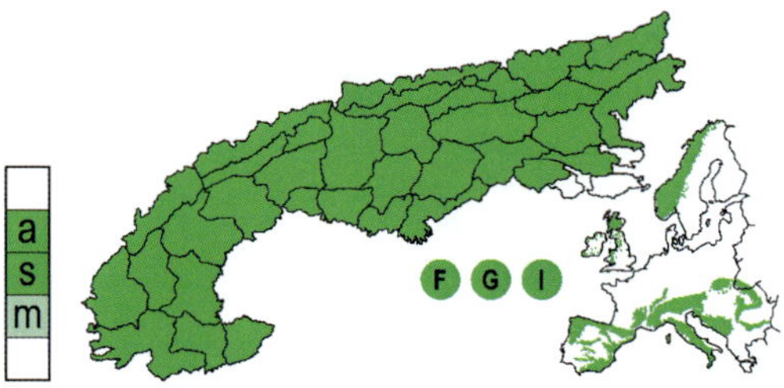

Veronica fruticulosa L.

Halbstrauch-Ehrenpreis *Plantaginaceae*

V–VII ↓ K4 [C(4) A2] G(2)

Halbstrauch, 10–30 cm hoch. Blütenstand: **Blüten einzeln bzw. in endständiger Traube**, drüsig behaart. Tragblätter der Blüten: **die *unteren* den Laubblättern gleichend, die** *oberen* **kleiner u. einfacher gebaut**. Blüten: hellrosa bis weißlich, mit rötlichen Adern. Griffel: **3–6 mm lang**. Tragblätter der oberen Blüten: sitzend. Früchte: 4-klappige Spaltkapseln, **höher als breit**. Stängel: aufrecht. Blätter: ± kahl.

- **subalpine o. alpine Rasen**, **Schutt- o. Felsfluren**
- an nährstoffarmen, kalkreichen Standorten
- einheimisch

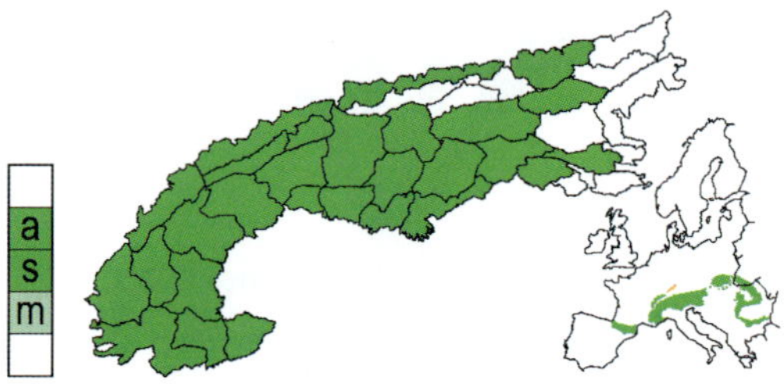

Veronica alpina L.

Alpen-Ehrenpreis *Plantaginaceae*

VI–VIII ↓ K4 [C(4) A2] G(2)

Bis 15 cm hoch. Blütenstand: **Blüten einzeln bzw. in endständiger Traube**, kurz. Tragblätter der Blüten: **die *unteren* den Laubblättern gleichend, die *oberen* kleiner u. einfacher gebaut**. Blüten: meist bläulich. Griffel: **0,4–2 mm lang**. Tragblätter der oberen Blüten: sitzend. Früchte: 2-klappige Spaltkapseln, **höher als breit**, behaart. Grundblätter: *nicht* rosettig gehäuft, **kleiner als die Stängelblätter**.

- subalpine o. alpine Rasen, **Schutt- o. Felsfluren**, Alluvionen, **Schneetälchen**, **Staudenfluren**
- einheimisch

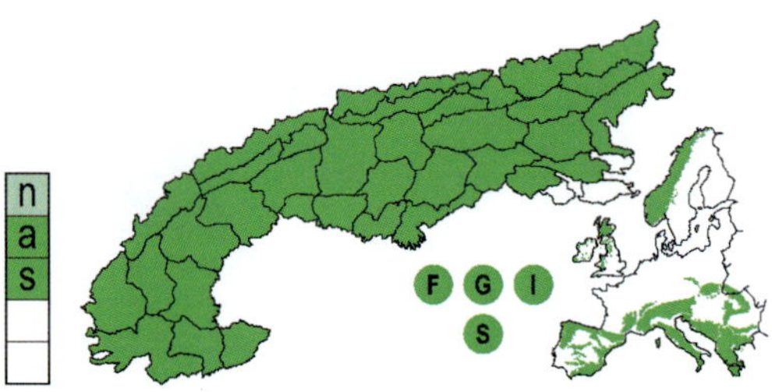

Veronica aphylla L.

Blattloser Ehrenpreis *Plantaginaceae*

V–VIII ↓ K4 [C(4) A2] G(2)

Bis 10 cm hoch. Blütenstand: **Blüten in endständiger Traube**, drüsig behaart. Tragblätter der Blüten: **klein, *alle* von den Laubblättern verschieden**. Blüten: bläulich bis hellviolett. Blütenstiele: kürzer als die Tragblätter. Griffel: **2–5 mm lang**. Früchte: 2-klappige Spaltkapseln, **höher als breit, drüsig behaart**. Stängel: mit grundständiger Blattrosette, selten mit 1–2 Laubblättern. Blattstellung: gegenständig. Blätter: **lanzettlich bis oval**. Grundblätter: **kleiner als die Stängelblätter**.

- **subalpine o. alpine Rasen**, **Schutt- o. Felsfluren**, Alluvionen, Schneetälchen
- an nährstoffarmen, kalkreichen Standorten
- einheimisch

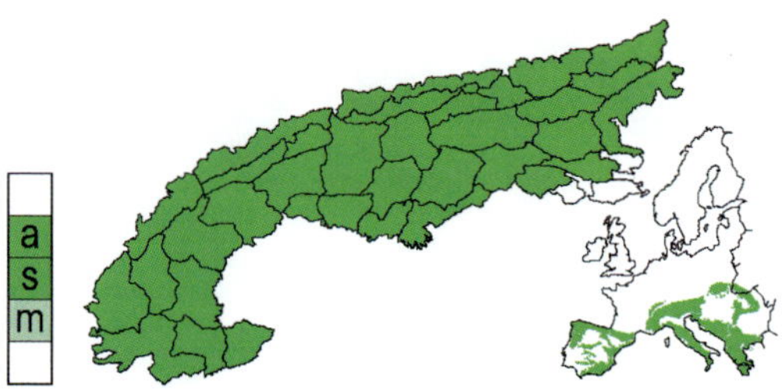

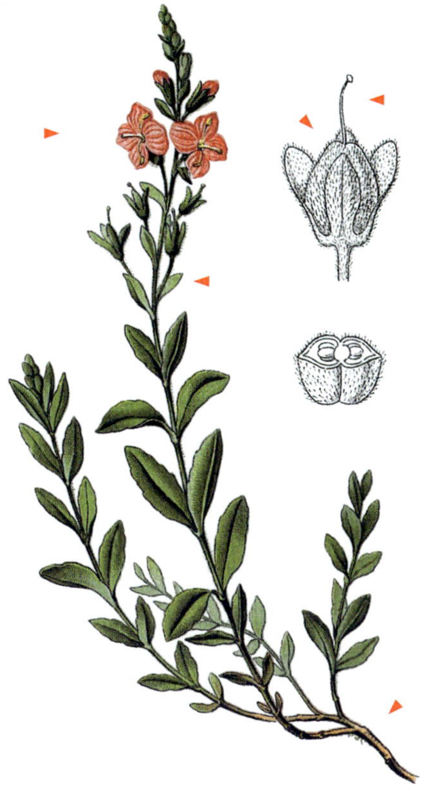

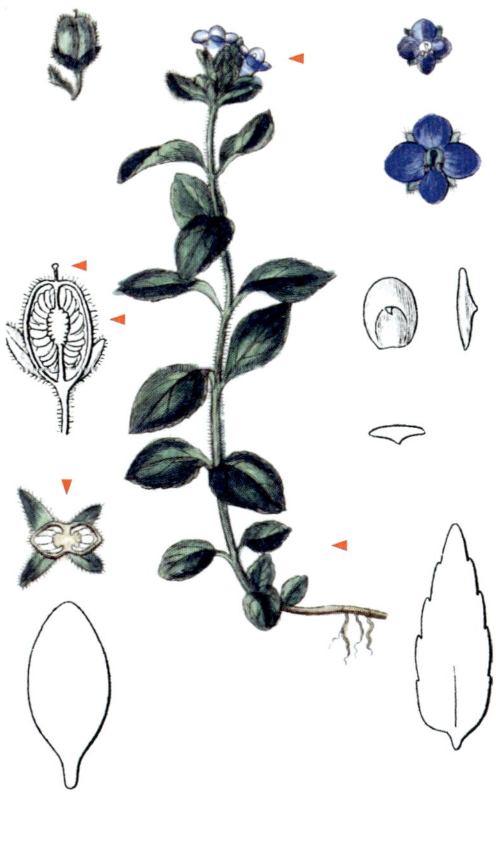

Veronica bellidioides L.

Maßlieb-Ehrenpreis *Plantaginaceae*
VI–VIII ↓ K4 [C(4) A2] G(2)

Bis 20 cm hoch. Blütenstand: **Blüten einzeln bzw. in endständiger Traube**, kurz, drüsig behaart. Tragblätter der Blüten: **die *unteren* den Laubblättern gleichend, die *oberen* kleiner u. einfacher gebaut**. Blüten: dunkelblau, selten violett. Blütenstiele: **länger als die Tragblätter**. Griffel: **2–5 mm lang**. Tragblätter der oberen Blüten: sitzend. Früchte: 2-klappige Spaltkapseln, **höher als breit, drüsig behaart**. Grundblätter: **rosettig gehäuft**, 1,5–3 cm lang, größer als die Stängelblätter.

In den Alpen nur die subsp. *bellidiodes*, violett blühende Sippen werden zuweilen als subsp. *lilacina* abgegrenzt.

- **subalpine o. alpine Rasen, Zwergstrauchheiden**
- an nährstoffarmen, sauren Standorten
- einheimisch

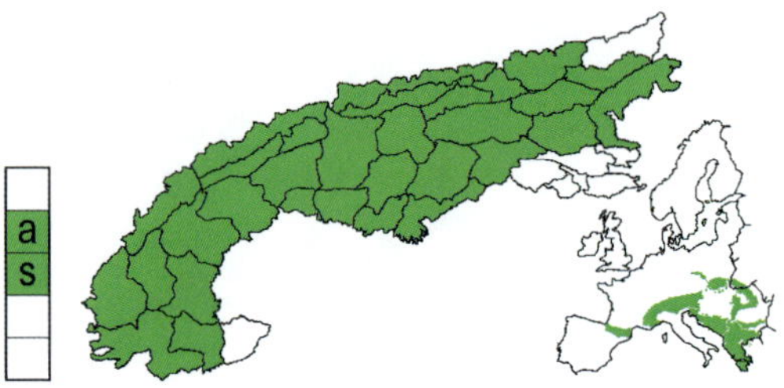

Veronica allionii Vill.

Allionis Ehrenpreis *Plantaginaceae*
V–X ↓ K4 [C(4) A2] G(2)

Halbstrauch, bis 20 cm hoch. Blütenstand: **Blüten in mehreren seitenständigen Trauben**. Tragblätter der Blüten: **klein, *alle* von den Laubblättern verschieden**. Blüten: bläulich bis hellviolett. Blütenstiele: meist kürzer als die Früchte. Kelchblätter: behaart. Fruchtstiele: ± aufrecht. Früchte: behaart. Stängel: niederliegend; unten: gleichmäßig behaart. Blätter: **lanzettlich bis oval**, Spreite 0,8–2 cm lang, **± kahl**. obere Stängelblätter: ganzrandig bis stumpf gekerbt, distal abgerundet.

- subalpine o. alpine Rasen, Alluvionen, **Staudenfluren**, Extensivgrünland o. Magerrasen, Wälder
- an nährstoffarmen, sauren Standorten
- einheimisch

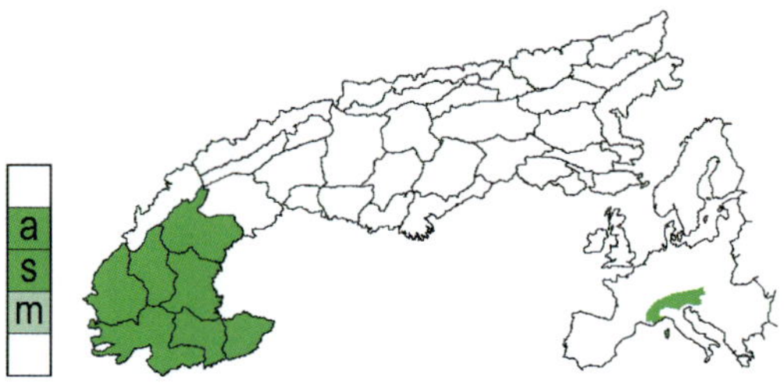

Globularia cordifolia L.

giftig

Herzblättrige Kugelblume *Plantaginaceae*
IV–VIII ↓ K(5) [C(5) A4] G(2)

Zwergstrauch, bis 10 cm hoch. Blütenstand: köpfchenartig; Stiel: **2–10 cm lang, mit < 3 kleinen Laub- bzw. Schuppenblättern.** Köpfchen: 10–20 mm ⌀. Blüten: undeutlich zygomorph, meist bläulich. Früchte: Nüsse, vom bleibenden Kelch umschlossen, 1-samig. Stängel: mit grundständiger Blattrosette. Ausläufer: einwurzelnd, **verholzt**. Blätter: immergrün, im QS flach ausgebreitet, ungeteilt, länglich bis spatelförmig, **Spreite 1–5 cm lang, 2–15 mm breit.**

- **subalpine o. alpine Rasen, Schutt- o. Felsfluren**, Zwergstrauchheiden, Legföhrengebüsche, Extensivgrünland o. Magerrasen, Wälder
- an nährstoffarmen, kalkreichen, trockenen Standorten
- einheimisch

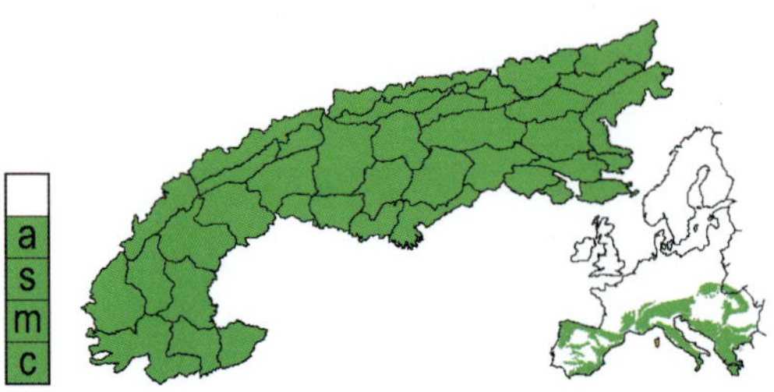

Globularia nudicaulis L.

giftig

Nacktstängelige Kugelblume *Plantaginaceae*
IV–VII ↓ K(5) [C(5) A4] G(2)

Krautig o. Halbstrauch, bis 30 cm hoch. Blütenstand: köpfchenartig; Stiel: **1–3 cm lang, mit < 3 kleinen Laub- bzw. Schuppenblättern.** Köpfchen: 15–30 mm ⌀. Blüten: undeutlich zygomorph, meist bläulich. Früchte: Nüsse, vom bleibenden Kelch umschlossen, 1-samig. Stängel: mit grundständiger Blattrosette. Ausläufer: **krautig.** Blätter: immergrün, im QS flach ausgebreitet, ungeteilt, länglich bis spatelförmig, **Spreite 4–15 cm lang, 10–30 mm breit.**

- **subalpine o. alpine Rasen, Schutt- o. Felsfluren**, Zwergstrauchheiden, Legföhrengebüsche, Extensivgrünland o. Magerrasen, Wälder
- an nährstoffarmen, basenreichen Standorten
- einheimisch

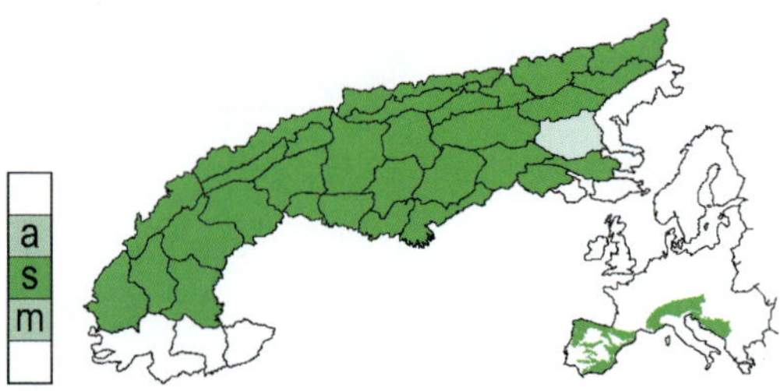

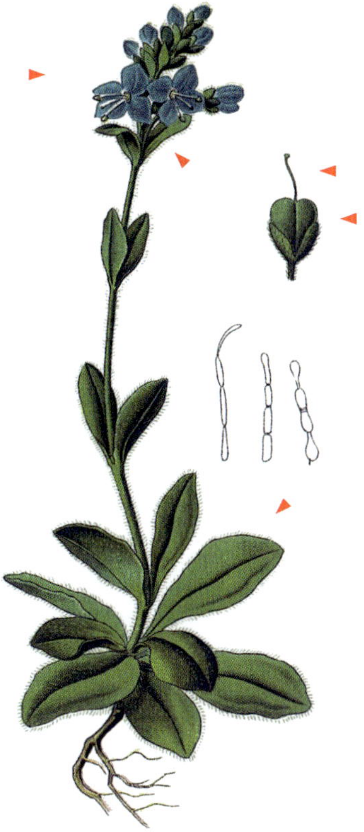

Globularia repens Lam.

giftig

Kriechende Kugelblume *Plantaginaceae*
IV–VIII ↓ K(5) [C(5) A4] G(2)

Zwergstrauch, **bis 10 cm hoch**, rasig. Blütenstand: köpfchenartig; Stiel: **mit < 3 kleinen Laub- bzw. Schuppenblättern**. Köpfchen: 10–20 mm ⌀. Blüten: undeutlich zygomorph, meist bläulich. Früchte: Nüsse, vom bleibenden Kelch umschlossen, 1-samig. Stängel: mit grundständiger Blattrosette. Ausläufer: einwurzelnd, **verholzt**. Blätter: immergrün, **im QS rinnig bis gefaltet**, ungeteilt, länglich bis lanzettlich, **Spreite 0,5–1,5 cm lang**, **< 2 mm breit**.

- **subalpine o. alpine Rasen**, **Schutt- o. Felsfluren**, Extensivgrünland o. Magerrasen
- an nährstoffarmen, basenreichen, trockenen Standorten
- einheimisch

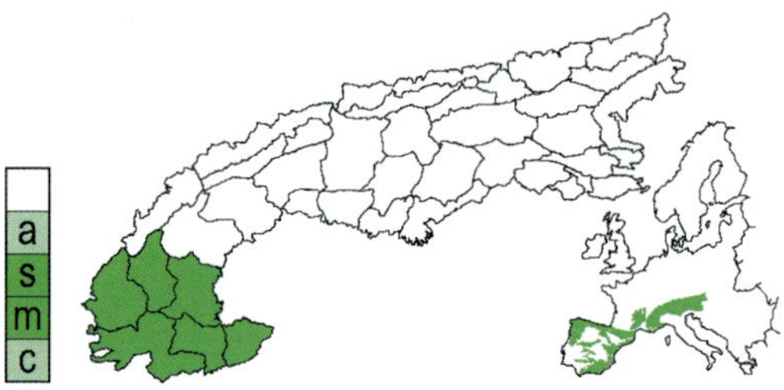

Pinguicula vulgaris L.

Echtes Fettkraut *Lentibulariaceae*
IV–VII ↓ K5 [C(5) A2] G(2)

Insektivore Pflanze mit klebriger Blattrosette, bis 15 cm hoch, mehrjährig. Blüten: meist violett, **mit weißlichem Schlund**. Blütenstiele: **drüsig behaart**. Oberlippe: deutlich kürzer als die Unterlippe. Unterlippe: **Zipfel länger als breit u. sich *nicht* überlappend**. Sporn: **3–6 mm lang**, **< 0,5-mal so lang wie die übrige Krone**. Früchte: Kapseln. Stängel: *ohne* Laubblätter. Blätter: sukkulent, **mit Drüsen über dem Hauptnerv**. Grundblätter: auch im Sommer dem Boden anliegend, sommergrün, 3–6 cm lang.

In den Alpen nur die subsp. *vulgaris*.

- Schutt- o. Felsfluren, Alluvionen, **Quellfluren**, **Moore o. Seggenriede**
- an nährstoffarmen, kalkreichen, feuchten bis nassen Standorten
- einheimisch

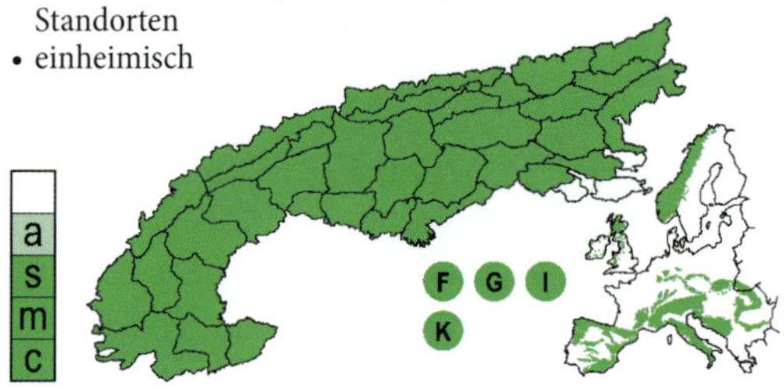

Pinguicula grandiflora Lam.

Großblütiges Fettkraut *Lentibulariaceae*
V–VII ↓ K5 [C(5) A2] G(2)

Insektivore Pflanze mit klebriger Blattrosette, bis 15 cm hoch, mehrjährig. Blüten: rötlich bis violett, **mit weißlichem Schlund**. Blütenstiele: **drüsig behaart**. Oberlippe: **± so lang wie de Unterlippe**. Sporn: **8–25 mm lang**, **> 0,5-mal so lang wie die übrige Krone**. Früchte: Kapseln. Stängel: *ohne* Laubblätter. Blätter: sukkulent, **mit Drüsen über dem Hauptnerv**. Grundblätter: auch im Sommer dem Boden anliegend, sommergrün, 3–6 cm lang.

In den Alpen die subsp. *grandiflora* u. *rosea* (endemisch) (vgl. S. 734).

- **subalpine o. alpine Rasen**, **Schutt- o. Felsfluren**, Alluvionen, **Moore o. Seggenriede**
- an nährstoffarmen, basenreichen, wechselnassen Standorten
- einheimisch

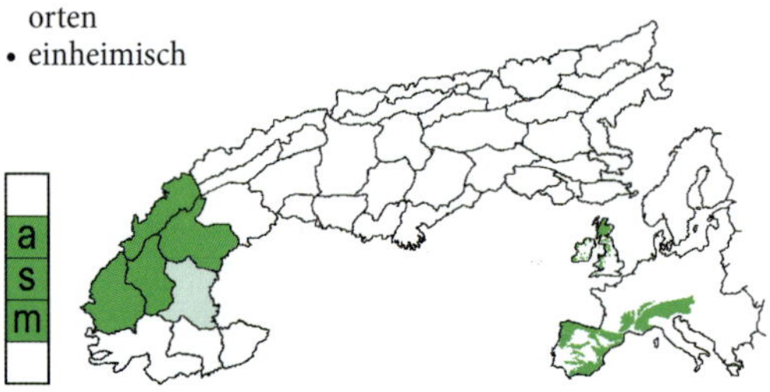

Pinguicula arvetii P. A. Genty

Arvetis Fettkraut *Lentibulariaceae*
IV–VII ↓ K5 [C(5) A2] G(2)

Insektivore Pflanze mit klebriger Blattrosette, bis 15 cm hoch, mehrjährig. Blüten: **Unter- u. Oberlippe auffallend 2-farbig: Unterlippe u. Schlund weißlich, Oberlippe violett**. Blütenstiele: **drüsig behaart**. Sporn: **8–25 mm lang**, **> 0,5-mal so lang wie die übrige Krone**. Früchte: Kapseln. Stängel: *ohne* Laubblätter. Blätter: sukkulent, **mit Drüsen über dem Hauptnerv**. Grundblätter: auch im Sommer dem Boden anliegend, sommergrün, 3–6 cm lang.

- subalpine o. alpine Rasen, Schutt- o. Felsfluren, Alluvionen, **Quellfluren**, Grünland
- an nährstoffarmen, meist sauren Standorten
- endemisch

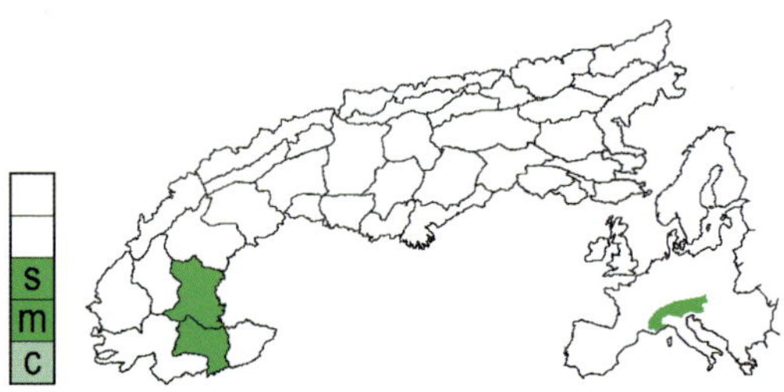

Pinguicula leptoceras Rchb.

Dünnsporniges Fettkraut *Lentibulariaceae*
IV–VII ↓ K5 [C(5) A2] G(2)

Insektivore Pflanze mit klebriger Blattrosette, bis 15 cm hoch, mehrjährig. Blüten: meist dunkelbläulich bis violett, **mit weißlichem Schlund**. Blütenstiele: **drüsig behaart**. Oberlippe: deutlich kürzer als die Unterlippe. Unterlippe: **Zipfel breiter als lang u. sich überlappend**. Sporn: **4–10 mm lang, < 0,5-mal so lang wie die übrige Krone**. Früchte: Kapseln. Stängel: *ohne* Laubblätter. Blätter: sukkulent, **mit Drüsen über dem Hauptnerv**. Grundblätter: auch im Sommer dem Boden anliegend, sommergrün.

- Schutt- o. Felsfluren, Alluvionen, Zwergstrauchheiden, **Moore o. Seggenriede**
- an nährstoffarmen, nassen Standorten
- endemisch

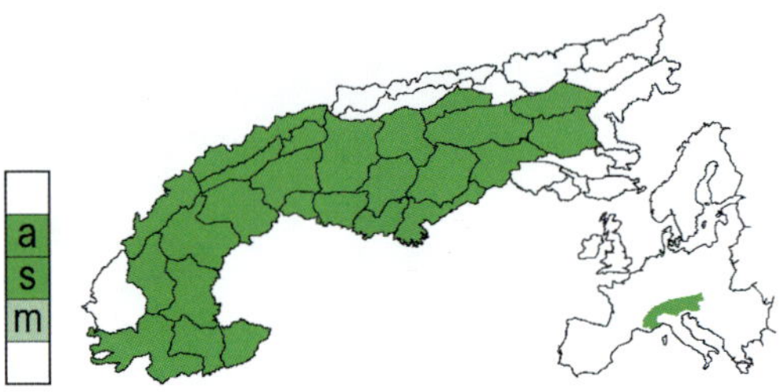

Pinguicula longifolia DC.

Langblättriges Fettkraut *Lentibulariaceae*
IV–VIII ↓ K5 [C(5) A2] G(2)

Insektivore Pflanze mit klebriger Blattrosette, bis 15 cm hoch, mehrjährig. Blüten: violett, **mit weißlichem Schlund**. Blütenstiele: **drüsig behaart**. Sporn: **10–24 mm lang, > 0,5-mal so lang wie die übrige Krone**. Früchte: Kapseln. Stängel: *ohne* Laubblätter. Blätter: sukkulent, **mit Drüsen über dem Hauptnerv**. Grundblätter: im Sommer vom Boden abstehend, sommergrün, **länglich, im Sommer 6–14 cm lang**.

In den Alpen nur die subsp. *reichenbachiana*.

- **Schutt- o. Felsfluren**, Alluvionen
- an nährstoffarmen, kalkreichen Standorten
- einheimisch

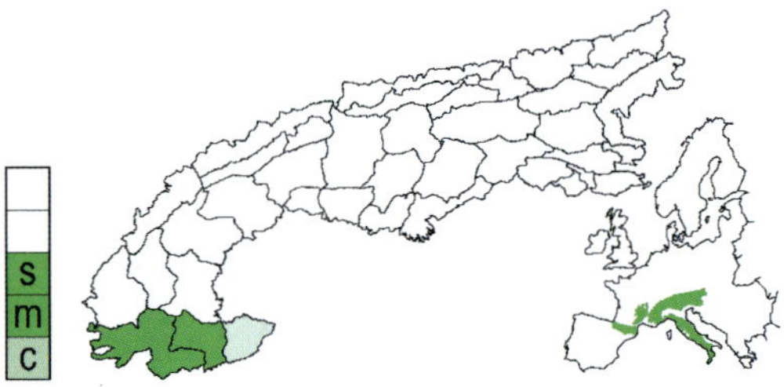

Pinguicula poldinii J. Steiger & Casper

Poldinis Fettkraut *Lentibulariaceae*
IV–VI ↓ K5 [C(5) A2] G(2)

Insektivore Pflanze mit klebriger Blattrosette, bis 10 cm hoch, mehrjährig. Blüten: meist rötlichviolett, **mit weißlichem Schlund**. Blütenstiele: **drüsig behaart**. Sporn: **9–11 mm lang, > 0,8-mal so lang wie die übrige Krone**. Früchte: Kapseln. Stängel: *ohne* Laubblätter. Blätter: sukkulent, **mit Drüsen über dem Hauptnerv**. Grundblätter: auch im Sommer dem Boden anliegend, sommergrün, 3–6 cm lang.

- **Schutt- o. Felsfluren**, Alluvionen, Extensivgrünland o. Magerrasen
- an nährstoffarmen, kalkreichen, feuchten bis nassen Standorten
- endemisch

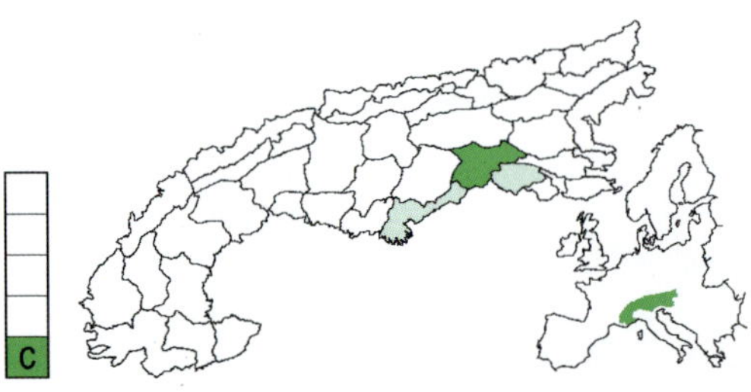

Pinguicula alpina L.

Alpen-Fettkraut *Lentibulariaceae*
IV–VII ↓ K5 [C(5) A2] G(2)

Insektivore Pflanze mit klebriger Blattrosette, bis 15 cm hoch, mehrjährig. Blüten: **weißlich, mit gelblichem Schlund**. Blütenstiele: **± drüsenlos**. Sporn: gebogen, **2–4 mm lang**. Früchte: Kapseln, 2,5-4-mal so lang wie breit. Stängel: *ohne* Laubblätter. Blätter: sukkulent, gelbgrün, ***ohne* Drüsen über dem Hauptnerv**. Grundblätter: auch im Sommer dem Boden anliegend, sommergrün, 2–6 cm lang.

- **subalpine o. alpine Rasen**, Schutt- o. Felsfluren, Alluvionen, Zwergstrauchheiden, Grünerlengebüsche, **Quellfluren, Moore o. Seggenriede**, Wälder
- an nährstoffarmen, basenreichen, wechselnassen Standorten
- einheimisch

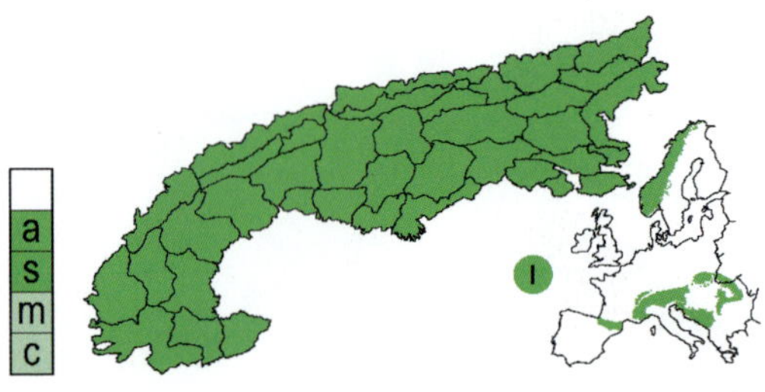

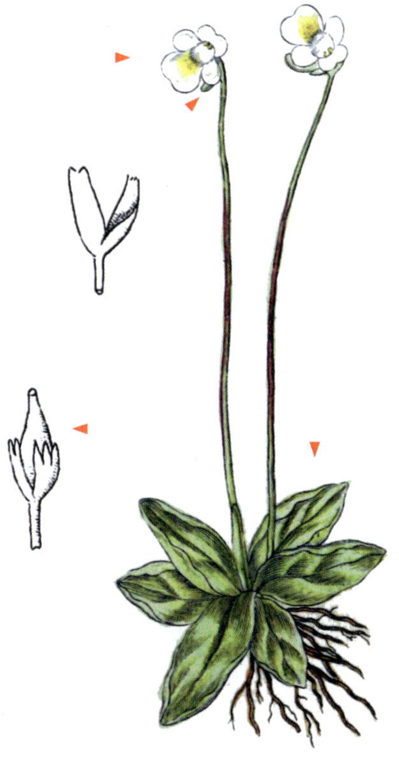

Galeopsis reuteri Rchb. f.

Reuters Hohlzahn *Lamiaceae*
V–IX ↓ K(5) [C(5) A4] G(2)

20–80 cm hoch, 1-jährig. Blüten: **weißlich bis rötlich-violett, Mittellappen der Unterlippe meist gelblich gemustert.** Unterlippe: **im Schlund mit nach oben aufgewölbtem Höcker.** Staubblätter: auch die längeren kaum länger als die Oberlippe. Stängel: unter den Knoten kaum verdickt, mit weichen, abwärts anliegenden Haaren, *ohne* abstehende Borstenhaare. Blattstellung: gegenständig. Blätter: **1–4 mm breit**, ganzrandig o. beidseits mit je 2–5 seichten Zähnen.

- **Schutt- o. Felsfluren**, Alluvionen, Ruderalvegetation
- an nährstoffarmen, basenreichen Standorten
- endemisch

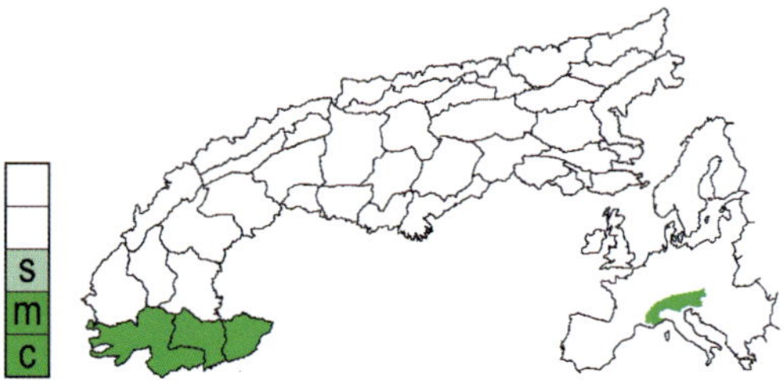

Sideritis hyssopifolia L.

Ysopblättriges Gliedkraut *Lamiaceae*
VI–IX ↓ K(5) [C(5) A2–4] G(2)

10–40 cm hoch. Blütenstand: **Knäuel, in dichter Scheinähre, Tragblätter der mittleren Knäuel meist kürzer als die Knäuel.** Blüten: **hellgelb.** Oberlippe: **flach bis etwas zurückgebogen.** Kelch: alle Zipfel ± gleich groß. Staubblätter: oft nur 2 fertile, kürzer als die Kronröhre. Stängel: zumindest basal verholzt, mit anliegenden gebogenen Haaren. Blätter: ungeteilt, länglich bis spatelförmig, ganzrandig bis gezähnt.

In den Alpen nur die subsp. *hyssopifolia*.

- subalpine o. alpine Rasen, Schutt- o. Felsfluren, **Extensivgrünland o. Magerrasen**
- an nährstoffarmen, kalkreichen Standorten
- einheimisch

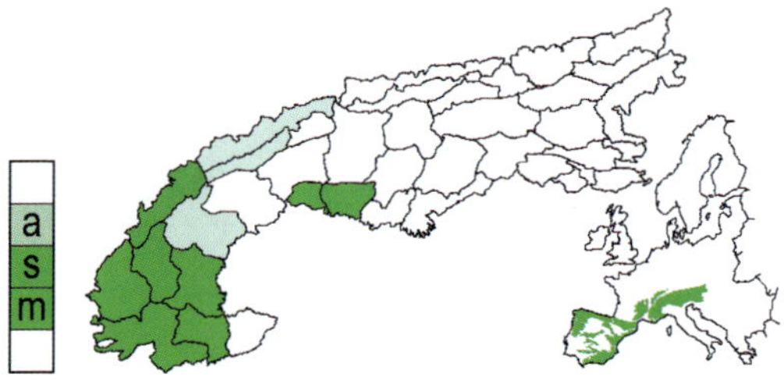

***Stachys*:** Kräuter. Blüten in sitzenden Knäueln in ± ährenartigem Gesamtblütenstand (Thyrsen) Kelch: 5-10-nervig. Staubblätter: auch die längeren kaum länger als die Oberlippe. Blätter: am Rand gezähnt. Früchte: in 4 nussähnliche Teilfrüchte zerfallend. Blütenformel: ↓ K(5) [C(5) A4] G(2).

Stachys officinalis (L.) Trevis.

Echte Betonie *Lamiaceae*
VI–IX ↓ K(5) [C(5) A4] G(2)

30–100 cm hoch. Knäuel: 8–15-blütig. Blüten: **meist rötlich.** Schlund: **kahl.** Kelchblätter: **3–6 mm lang.** Stängel: Blätter überwiegend in grundständiger Rosette, **mit 2–6 Laubblättern, abstehend behaart**, Haare < 1,5 mm lang. Blätter: 2–4-mal so lang wie breit.

In den Alpen die subsp. *officinalis* u. *serotina* (vgl. S. 735).

- Schutt- o. Felsfluren, Zwergstrauchheiden, Staudenfluren, **Grünland**, Wälder, Macchien o. Garrigues
- einheimisch

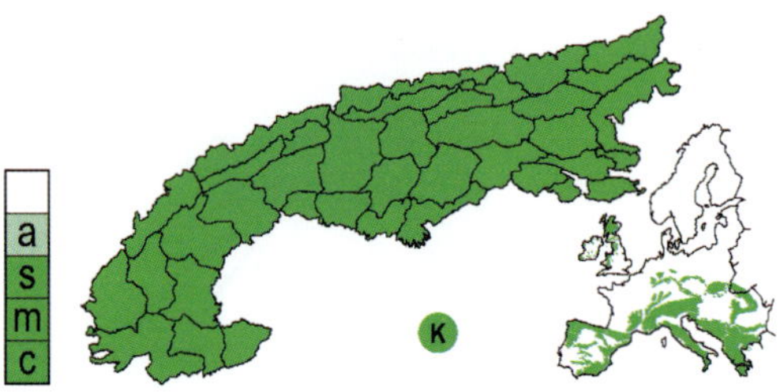

Stachys alopecuros (L.) Benth.

Gelbe Betonie *Lamiaceae*
V–IX ↓ K(5) [C(5) A4] G(2)

20–50 cm hoch. Knäuel: 8–15-blütig. Blüten: **hellgelb.** Schlund: **mit Haarring.** Kelchblätter: **6–9 mm lang.** Stängel: Blätter überwiegend in grundständiger Rosette, **mit 2–6 Laubblättern.** Blätter: **1–2-mal so lang wie breit.**

In der alpinen Stufe v. a. die subsp. *alopecuros*.

- **subalpine o. alpine Rasen**, Schutt- o. Felsfluren, Alluvionen, **Zwergstrauchheiden**, **Staudenfluren**, Legföhrengebüsche, Extensivgrünland o. Magerrasen, **Wälder**
- an basenreichen Standorten
- einheimisch

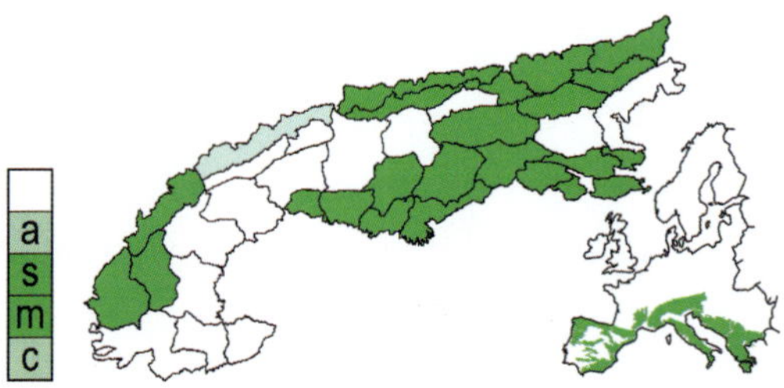

Stachys pradica (Zanted.) Greuter & Pignatti

Alpen-Betonie *Lamiaceae*
VI–VIII ↓ K(5) [C(5) A4] G($\underline{2}$)

10–40 cm hoch. Knäuel: 8–15-blütig. Blüten: **rötlich-violett**. Schlund: **kahl**. Kelchblätter: **10–16 mm lang**. Stängel: Blätter überwiegend in grundständiger Rosette, **mit 2–6 Laubblättern, abstehend behaart**, Haare 1,5–3 mm lang, weißlich. Blätter: 2–4-mal so lang wie breit.

- subalpine o. alpine Rasen, **Zwergstrauchheiden**, Grünland
- an nährstoffarmen Standorten
- einheimisch

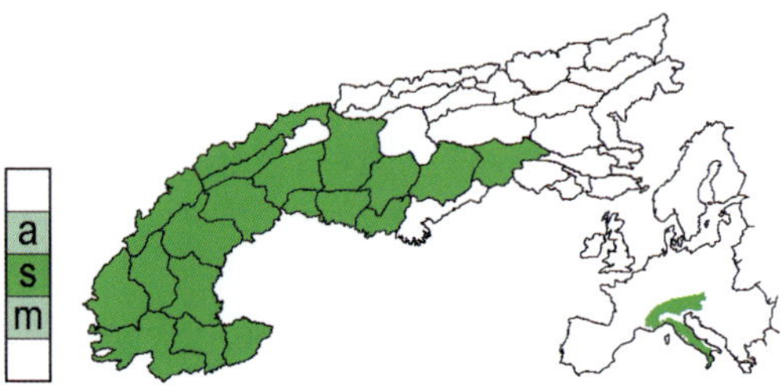

Stachys alpina L.

Alpen-Ziest *Lamiaceae*
VI–X ↓ K(5) [C(5) A4] G($\underline{2}$)

40–100 cm hoch. Knäuel: **10–35-blütig**. Blüten: **rötlich-violett**. Kronblätter: lang behaart. Schlund: **mit Haarring**. Kelchblätter: **6–12 mm lang**. Stängel: ***ohne* grundständige Blattrosette**, ± gleichmäßig beblättert, **mit ≥ 6 Laubblättern, drüsig behaart**; oben: **drüsig behaart**. Blätter: frischgrün, 2–4-mal so lang wie breit, **basal ausgerandet bis abgerundet**.

In den Alpen nur die subsp. *alpina*.

- Schutt- o. Felsfluren, **Staudenfluren**, Legföhrengebüsche, **Wälder**
- an nährstoffreichen Standorten
- einheimisch

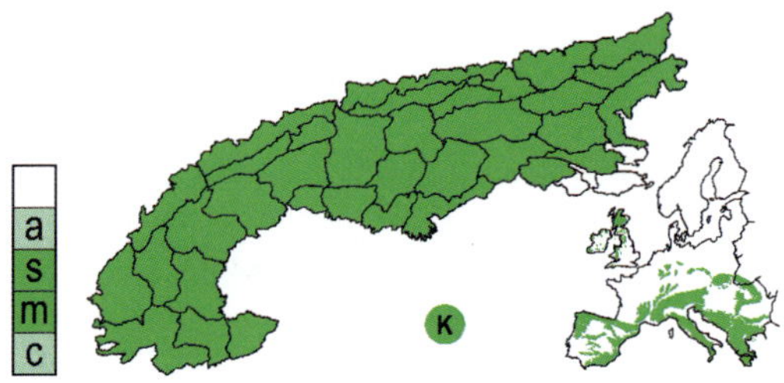

Ballota frutescens (L.) Woods

Strauchige Schwarznessel *Lamiaceae*
V–VII ↓ K(5) [C(5) A4] G($\underline{2}$)

Zwergstrauch, 10–50 cm hoch. Blütenstand: Knäuel. Knäuel: 2–6-blütig. Vorblätter unter den Blüten: **verholzt, spitz, dornig**. Blüten: meist weißlich, selten hellrötlich. Kronblätter: **Oberlippe außen mit langen abstehenden weißlichen Haaren**. Unterlippe: 3-lappig. Staubblätter: auch die längeren kaum länger als die Oberlippe. Stängel: **überhängend o. niederliegend**. Blätter: lanzettlich bis oval, am Rand gezähnt bis seicht gelappt.

- **Schutt- o. Felsfluren**
- an nährstoffarmen, kalkreichen, meist trockenen Standorten
- endemisch

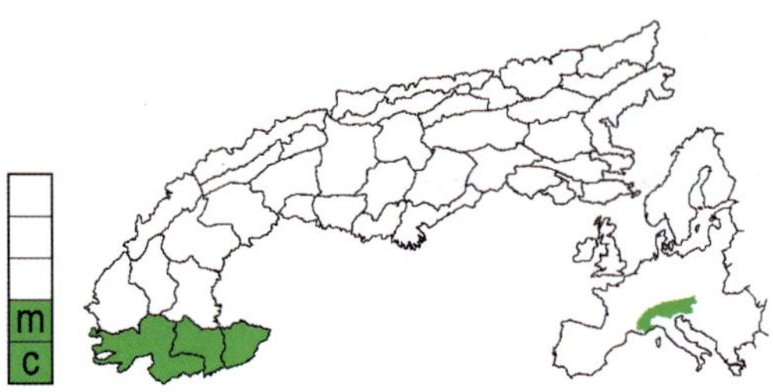

Lamium purpureum L.

Purpur-Taubnessel *Lamiaceae*
III–X ↓ K(5) [C(5) A4] G($\underline{2}$)

Bis 40 cm hoch, 1-jährig. Blütenstand: **Knäuel gehäuft an der Spitze des Stängels**. Blüten: meist rötlich-violett. Krone: **10–20 mm lang**. Unterlippe: 2–3-lappig, selten ungeteilt; Seitenlappen: fädlich *oder* fehlend, spitz. Staubblätter: auch die längeren kaum länger als die Oberlippe. Blätter: **< 1,5-mal so lang wie breit, am Rand regelmäßig stumpf gekerbt, Zähne breiter als lang**.

- Alluvionen, **Äcker**, **Ruderalvegetation**
- einheimisch

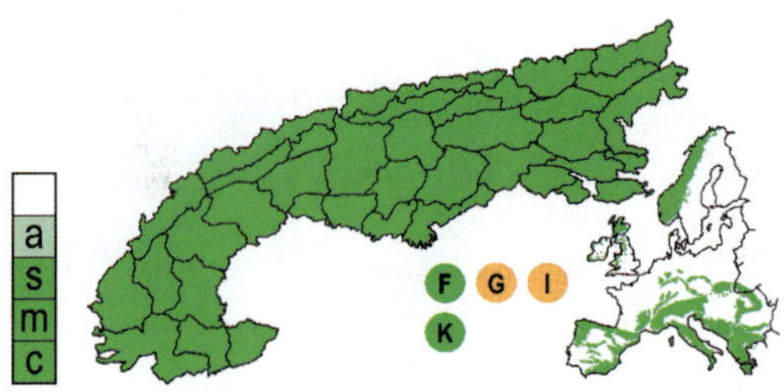

Clinopodium alpinum (L.) Kuntze

Alpen-Steinquendel *Lamiaceae*
VI–X ↓ K(5) [C(5) A4] G(2)

10–25 cm hoch. Blütenstand: knäuelig. Knäuel: **3–8-blütig, > 5 mm lang gestielt.** Blüten: bläulich- bis rötlich-violett. Krone: **14–22 mm lang.** Oberlippe: **flach bis etwas zurückgebogen.** Unterlippe: Seitenlappen: ± so groß wie der Mittellappen. Kelch: 2-lippig, **unterseits bauchig gewölbt.** Staubblätter: auch die längeren kaum länger als die Oberlippe. Griffel: **Griffeläste verschieden lang.** Blätter: stark aromatisch riechend, **am Rand gezähnt**; oberseits: drüsig punktiert.

In den Alpen nur die subsp. *alpinum*.

- **subalpine o. alpine Rasen, Schutt- o. Felsfluren,** Alluvionen, Zwergstrauchheiden, Staudenfluren, Legföhrengebüsche, Extensivgrünland o. Magerrasen, Wälder
- an nährstoffarmen, kalkreichen Standorten
- einheimisch

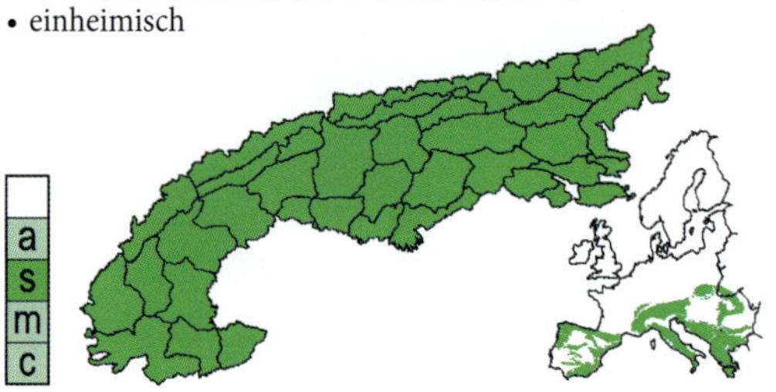

Micromeria marginata (Sm.) Chater

Alpen-Bergminze *Lamiaceae*
VI–IX ↓ K(5) [C(5) A4] G(2)

Zwergstrauch, bis 25 cm hoch. Knäuel: 2–6-blütig, **kurz gestielt.** Vorblätter unter den Blüten: ± lanzettlich, ± 0,5 mm breit. Blüten: meist rötlich-violett. Krone: **12–16 mm lang.** Oberlippe: **flach bis etwas zurückgebogen.** Kelchblätter: **drüsig behaart.** Staubblätter: auch die längeren kaum länger als die Oberlippe. Blätter: **ganzrandig.**

- **Schutt- o. Felsfluren,** Extensivgrünland o. Magerrasen
- an nährstoffarmen, kalkreichen, meist trockenen Standorten
- endemisch

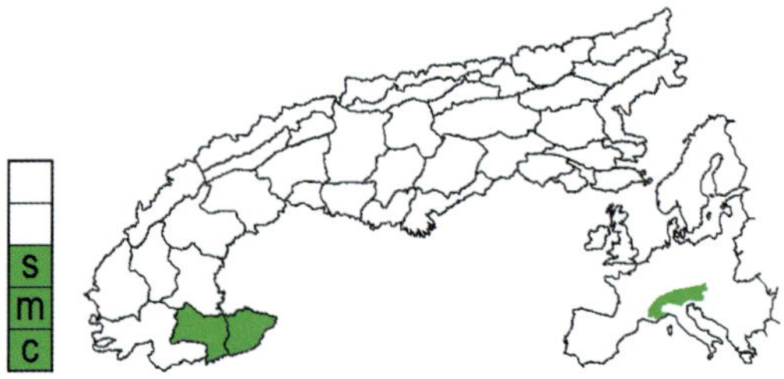

Horminum pyrenaicum L.

Pyrenäen-Drachenmaul *Lamiaceae*
V–IX ↓ K(5) [C(5) A4] G(2)

10–40 cm hoch, mehrjährig. Blütenstand: knäuelig, in ährenartigem Gesamtblütenstand, (undeutlich) einseitswendig. Blüten: **bläulich bis violett.** Oberlippe: **flach bis etwas zurückgebogen.** Staubblätter: auch die längeren kaum länger als die Oberlippe. Stängel: **Blätter überwiegend in grundständiger Rosette.** Blätter: **Stängelblätter viel kleiner als die Rosettenblätter.**

- **subalpine o. alpine Rasen,** Schutt- o. Felsfluren, Legföhrengebüsche, Extensivgrünland o. Magerrasen
- an nährstoffarmen, kalkreichen Standorten
- einheimisch

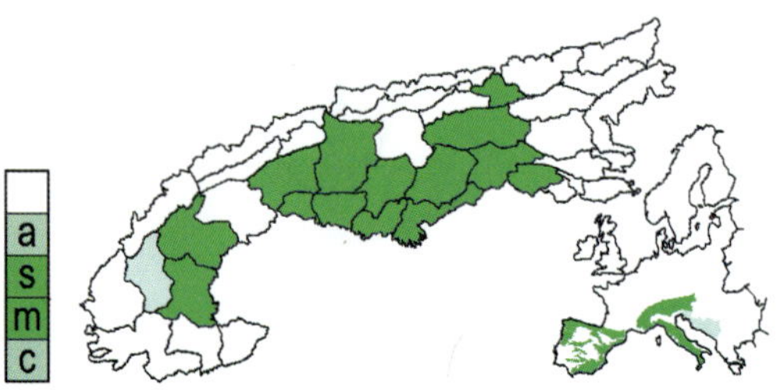

Nepeta nepetella L.

Kleine Katzenminze *Lamiaceae*
IV–X ↓ K(5) [C(5) A4] G(2)

30–100 cm hoch, mehrjährig. Blüten: **(kurz) gestielt,** weißlich bis hellviolett. Oberlippe: **flach bis etwas zurückgebogen.** Unterlippe: **± schüsselförmig gewölbt,** distal gekerbt; Seitenlappen: distal abgerundet. Kelch: **obere Zipfel etwas größer als die unteren.** Kelchröhre: gerade. Staubblätter: auch die längeren kaum länger als die Oberlippe. Blätter: länglich bis lanzettlich, **beidseits gräulich behaart.**

In den Alpen nur die subsp. *nepetella*.

- Schutt- o. Felsfluren, Alluvionen, **Extensivgrünland o. Magerrasen,** Ruderalvegetation
- an nährstoffarmen Standorten
- einheimisch

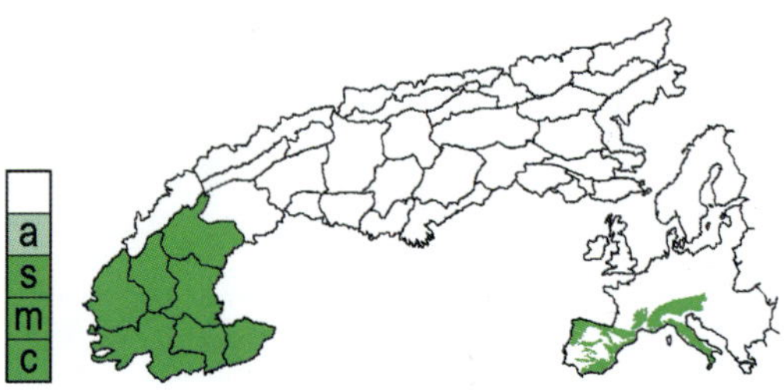

Salvia pratensis L.

schwach giftig (für Tiere)

Wiesen-Salbei *Lamiaceae*
IV–IX ↓ K(5) [C(5) A2] G(2)

30–60 cm hoch, mehrjährig. BLÜTEN: meist bläulich-violett. KRONE: **12–28 mm lang**. KELCH: 2-lippig. STAUBBLÄTTER: 2, sowie 2 schuppenförmige Staminodien, **beweglich, Bestäubung mit Hilfe eines Hebelmechanismus**, auch die längeren kaum länger als die Oberlippe. STÄNGEL: krautig, **allenfalls schwach klebrig**. BLÄTTER: **spärlich behaart**.

In den Alpen die subsp. *pratensis* u. *bertolonii* (vgl. S. 735).

- **Grünland**, Äcker, Ruderalvegetation
- an basenreichen, meist trockenen Standorten
- einheimisch

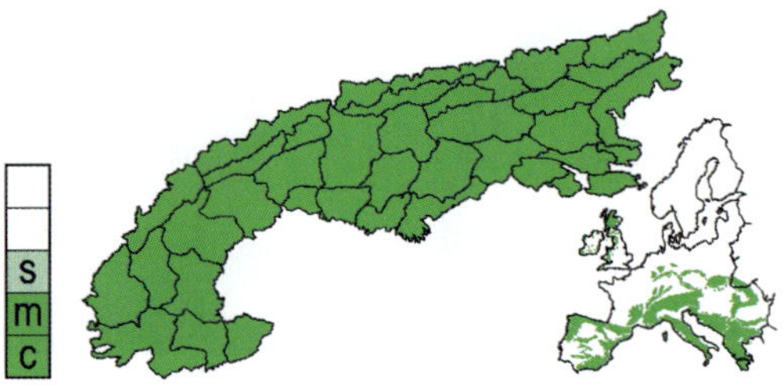

Salvia saccardiana (Pamp.) Del Carr. & Garbari

Saccardos Salbei *Lamiaceae*
V–VII ↓ K(5) [C(5) A2] G(2)

50–120 cm hoch, mehrjährig. PFLANZEN: **dicht drüsig klebrig behaart**. BLÜTEN: meist bläulich-violett. KRONE: **25–35 mm lang**. KELCH: 2-lippig. STAUBBLÄTTER: 2, sowie 2 schuppenförmige Staminodien, **beweglich, Bestäubung mit Hilfe eines Hebelmechanismus**, auch die längeren kaum länger als die Oberlippe. STÄNGEL: krautig, **stark klebrig**. BLÄTTER: **beidseits dicht behaart**.

- **Schutt- o. Felsfluren**, Extensivgrünland o. Magerrasen, **Äcker**, **Ruderalvegetation**
- an nährstoffarmen, kalkreichen Standorten
- subendemisch

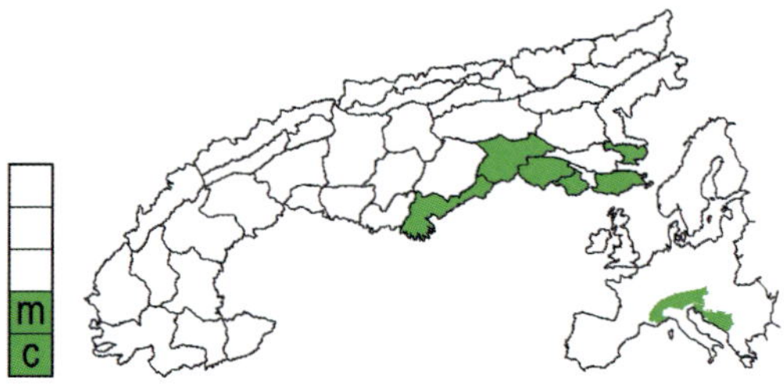

***Thymus*:** Zwergsträucher, zumindest basal verholzt. BLÜTEN: 2-lippig. OBERLIPPE: ± flach bis etwas zurückgebogen. KELCH: 2-lippig: obere kurz 3-zähnig, untere lang 2-zähnig. STAUBBLÄTTER: auch die längeren kaum länger als die Oberlippe. BLÄTTER: gegenständig, immergrün. BLÜTENFORMEL: ↓ K(5) [C(5) A4] G(2).

Thymus nervosus J. Gay ex Coste

Dicknerviger Thymian *Lamiaceae*
IV–IX ↓ K(5) [C(5) A4] G(2)

Bis 15 cm hoch. KELCHRÖHRE: ± so lang wie die oberen Kelchzipfel. STÄNGEL: im QS stumpf 4-kantig bis rundlich, **an 2 Seiten behaart**. BLÄTTER: 1–1,5 mm breit.

- **subalpine o. alpine Rasen, Schutt- o. Felsfluren, Extensivgrünland o. Magerrasen**
- an nährstoffarmen, trockenen Standorten
- einheimisch

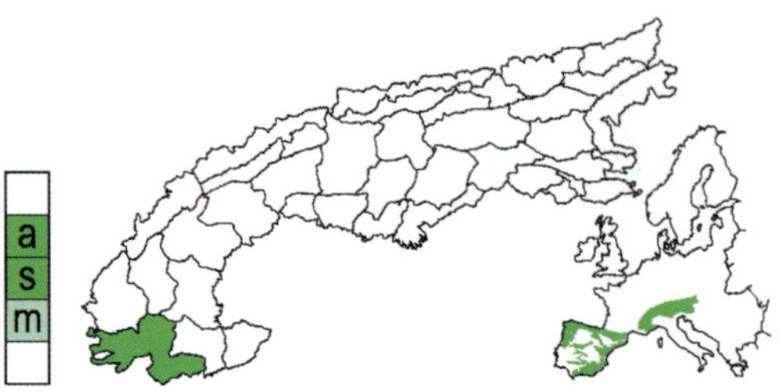

Thymus praecox Opiz

Frühblühender Thymian *Lamiaceae*
IV–VIII ↓ K(5) [C(5) A4] G(2)

Bis 15 cm hoch. STÄNGEL: im QS stumpf 4-kantig bis rundlich. BLÄTTER: 2–8 mm breit; UNTERSEITS: **distal mit verdicktem Randnerv, Seitennerven distal zur Spitze gebogen**.

In den Alpen v. a. die subsp. *praecox*, *polytrichus* u. *widderi* (endemisch) (S. 735).

- subalpine o. alpine Rasen, **Schutt- o. Felsfluren**, Alluvionen, Zwergstrauchheiden, Legföhrengebüsche, **Extensivgrünland o. Magerrasen**, Wälder, Ruderalvegetation
- an nährstoffarmen, basenreichen, meist trockenen Standorten
- einheimisch

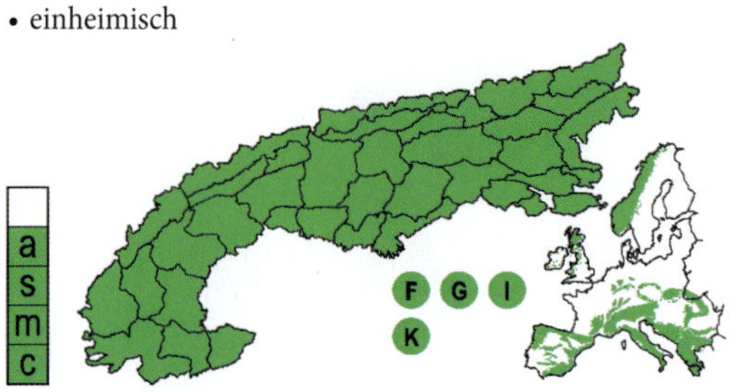

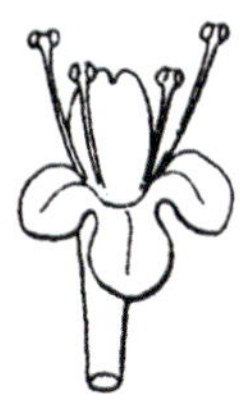

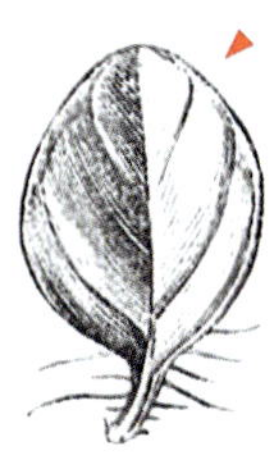

Thymus pulegioides L.

Arznei-Thymian *Lamiaceae*
IV–VIII ↓ K(5) [C(5) A4] G(2)

Bis 30 cm hoch. KELCHBLÄTTER: **2,5–4 mm lang.** STÄNGEL: **nur an den Kanten behaart.** BLÄTTER: stark aromatisch riechend.

In der alpinen Stufe v. a. die subsp. *pulegioides* u. *pannonicus* (vgl. S. 735).

- subalpine o. alpine Rasen, Schutt- o. Felsfluren, Zwergstrauchheiden, **Grünland**, Wälder, Ruderalvegetation
- an nährstoffarmen Standorten
- einheimisch

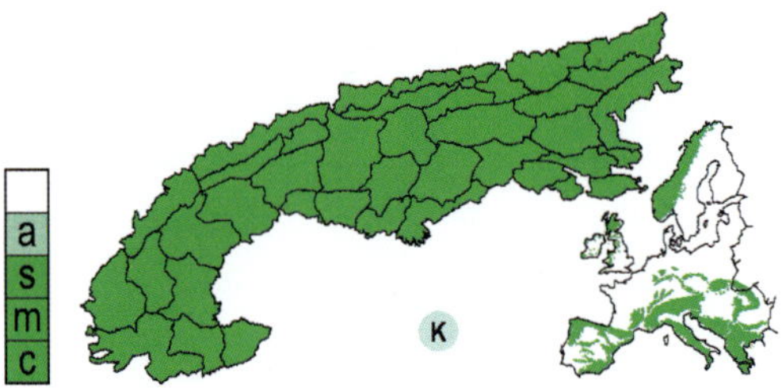

Ajuga pyramidalis L.

Pyramiden-Günsel *Lamiaceae*
IV–VIII ↓ K(5) [C(5) A4] G(2)

Bis 30 cm hoch, mehrjährig. TRAGBLÄTTER DER KNÄUEL: allmählich in die Laubblätter übergehend, ganzrandig bis seicht gezähnt. TRAGBLÄTTER DER OBEREN KNÄUEL: **± 2-mal so lang wie die Blüten.** BLÜTEN: **meist bläulich**, selten violett. KRONE: ± 1-lippig, Oberlippe sehr kurz, Unterlippe 3-lappig. KRONBLÄTTER: **innen mit Haarring.** STÄNGEL: OBEN: rundum behaart. BLÄTTER: ungeteilt, oval bis spatelförmig. GRUNDBLÄTTER: **in dichter Rosette.**

In den Alpen nur die subsp. *pyramidalis*.

- **subalpine o. alpine Rasen**, **Zwergstrauchheiden**, Legföhrengebüsche, **Grünland**, Wälder
- an nährstoffarmen, sauren Standorten
- einheimisch

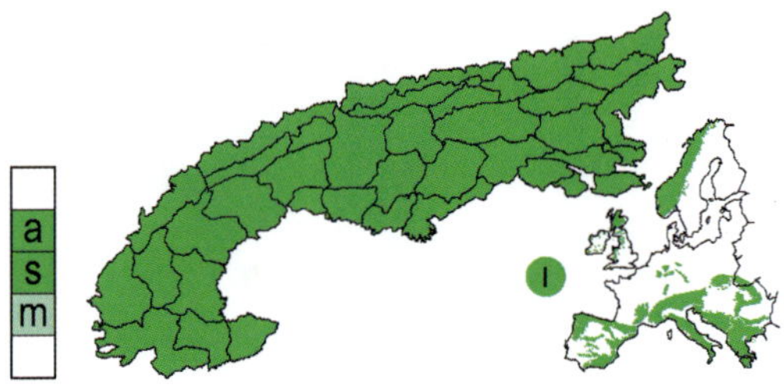

Teucrium: KRONE: scheinbar 1-lippig u. 5-lappig: Oberlippe der Unterlippe genähert u. tief zweispaltig. FRÜCHTE: in 4 nussähnliche Teilfrüchte zerfallend. BLÄTTER: gegenständig. BLÜTENFORMEL: ↓ K(5) [C(5) A4] G(2).

Teucrium lucidum L.

Glänzender Gamander *Lamiaceae*
IV–IX ↓ K(5) [C(5) A4] G(2)

20–60 cm hoch. BLÜTENSTAND: **knäuelig, in ährenartigem Gesamtblütenstand.** BLÜTEN: **rosa bis rötlich.** KRONE: 14–18 mm lang. STÄNGEL: zumindest basal verholzt. BLÄTTER: **grob gezähnt bis gebuchtet;** UNTERSEITS: grünlich, **kahl bis rau.** UNTERE STÄNGELBLÄTTER: ± gestielt.

- **Schutt- o. Felsfluren**, Alluvionen, **Extensivgrünland o. Magerrasen, Wälder**
- an nährstoffarmen, basenreichen, trockenen Standorten
- endemisch

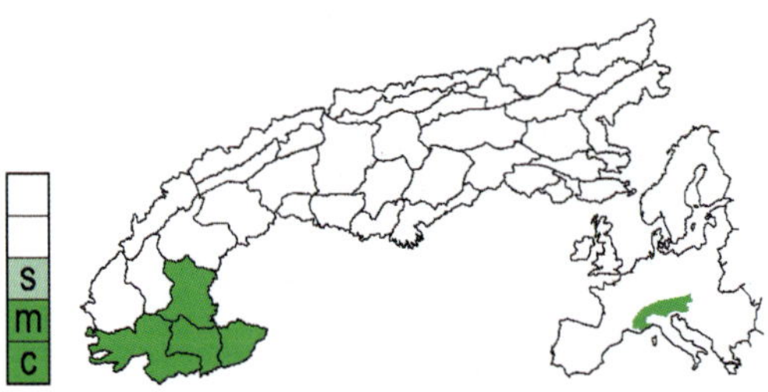

Teucrium montanum L.

Berg-Gamander *Lamiaceae*
VI–IX ↓ K(5) [C(5) A4] G(2)

Bis 25 cm hoch. BLÜTENSTAND: **knäuelig, in endständigem köpfchenartigem Gesamtblütenstand.** BLÜTEN: **weißlich-beige.** KRONE: 8–15 mm lang. STÄNGEL: zumindest basal verholzt. BLÄTTER: **ungeteilt**, > 1,5-mal so lang wie breit, **ganzrandig;** UNTERSEITS: **weißlich, filzig behaart.** UNTERE STÄNGELBLÄTTER: ± gestielt.

In den Alpen nur die subsp. *montanum*.

- subalpine o. alpine Rasen, **Schutt- o. Felsfluren**, Alluvionen, Legföhrengebüsche, **Extensivgrünland o. Magerrasen**, Wälder, Macchien o. Garrigues
- an nährstoffarmen, kalkreichen, trockenen Standorten
- einheimisch

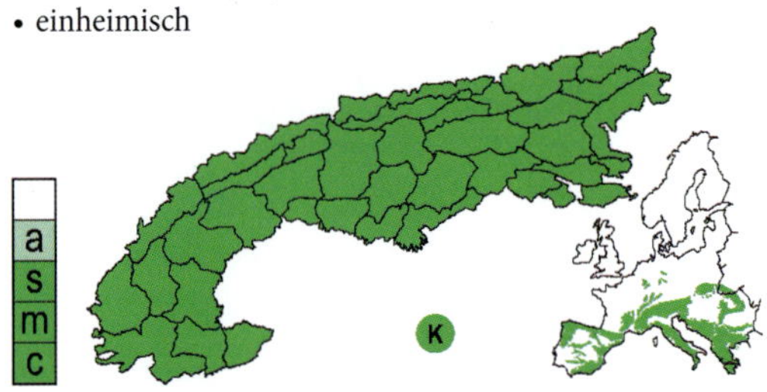

US

Teucrium pyrenaicum L.

Pyrenäen-Gamander *Lamiaceae*
IV–VIII ↓ K(5) [C(5) A4] G(2)

10–30 cm hoch. Blütenstand: **knäuelig, in endständigem köpfchenartigem Gesamtblütenstand.** Blüten: **Unterlippe weißlich-gelblich, Oberlippe rötlich-violett**. Krone: 8–15 mm lang. Stängel: krautig. Blätter: **ungeteilt**, 1–1,5-mal so lang wie breit, am Rand gezähnt. untere Stängelblätter: ± sitzend.

In den Alpen nur die subsp. *pyrenaicum*.

- **subalpine o. alpine Rasen, Schutt- o. Felsfluren, Extensivgrünland o. Magerrasen**
- an nährstoffarmen, kalkreichen, trockenen Standorten
- einheimisch

Scutellaria alpina L.

Alpen-Helmkraut *Lamiaceae*
V–VIII ↓ K(5) [C(5) A4] G(2)

Krautig, bis 30 cm hoch, mehrjährig. Tragblätter der mittleren Knäuel: kürzer als die Blüten. Blüten: **meist rötlich-violett**. Krone: **22–26 mm lang**. Kronröhre: ± gerade. Kelch: 2-lippig, **Oberlippe mit schüsselförmigem Anhängsel**. Kelchblätter: 5–6 mm lang. Stängel: zuweilen basal verholzt, basal niederliegend. Blätter: länglich bis oval, Spreite 1–3 cm lang, am Rand ringsum gezähnt.

- **subalpine o. alpine Rasen**, Schutt- o. Felsfluren, Extensivgrünland o. Magerrasen
- an kalkreichen Standorten
- einheimisch

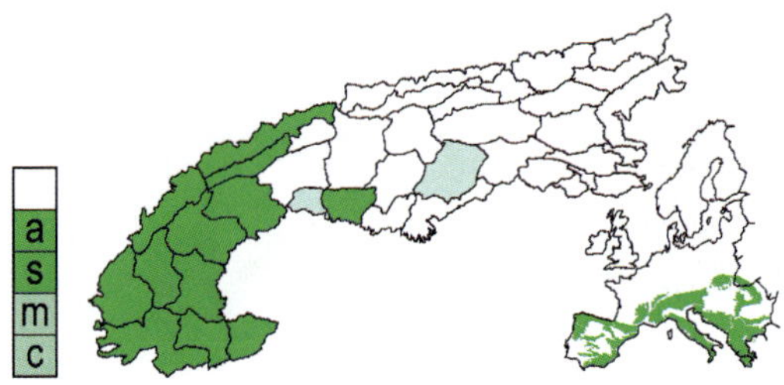

Melampyrum nemorosum agg.

Artengruppe Hain-Wachtelweizen *Orobanchaceae*
IV–IX ↓ K(4) [C(5) A4] G(2)

Halbparasit, 20–60 cm hoch, 1-jährig. Blütenstand: **einseitswendig**, lockerblütig. Tragblätter der Blüten: **mit > 5 mm langen begrannten Zähnen, bläulich bis violett überlaufen.** Blüten: **dunkelgelb**. Krone: 2-lippig. Oberlippe: seitlich zusammengedrückt. Unterlippe: mit 2 kleinen Höckern am Schlund. Früchte: Kapseln, 1–4-samig. Blätter: **20–50 mm breit**, ganzrandig.

In den Alpen *M. nemorosum*, *M. catalaunicum*, *M. italicum*, *M. subalpinum*, *M. vaudense* u. *M. velebiticum* (vgl. S. 735).

- **Staudenfluren, Wälder**
- einheimisch

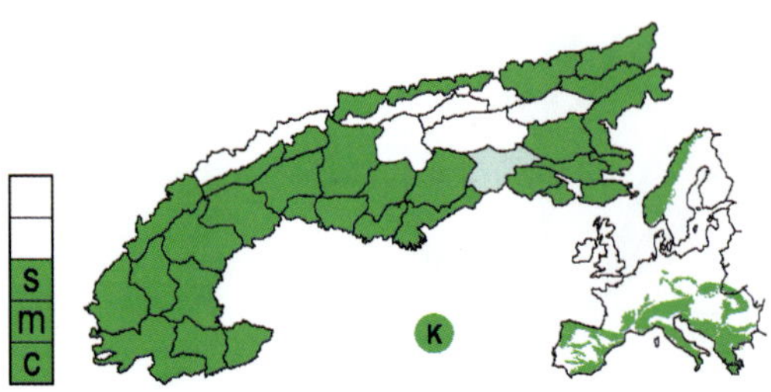

***Rhinanthus*:** 1-jährige Halbparasiten. Krone: 2-lippig. Oberlippe: helmförmig gebogen, distal 2-zähnig, Zähne meist bläulich-violett. Fruchtkelch: vergrößert. Früchte: Kapseln. Samen: stark abgeflacht, flügelartig gesäumt. Blätter: am Rand gezähnt. Blütenformel: ↓ K(4) [C(5) A4] G(2).

Rhinanthus glacialis Personnat schwach giftig (für Tiere)

Grannen-Klappertopf *Orobanchaceae*
V–X ↓ K(4) [C(5) A4] G(2)

10–60 cm hoch. Tragblätter der Blüten: **mit > 5 mm langen begrannten Zähnen, distale Zähne deutlich kleiner als die basalen.** Krone: 12–20 mm lang. Kronröhre: **aufwärts gebogen**. Schlund: **± offen**. Oberlippe: distale Zähne länger als breit, Zähne > 1,5 mm lang.

In den Alpen die subsp. *glacialis* u. *subalpinus* (vgl. S. 735).

- **subalpine o. alpine Rasen**, Schutt- o. Felsfluren, Zwergstrauchheiden, **Grünland**, Wälder
- an nährstoffarmen Standorten
- einheimisch

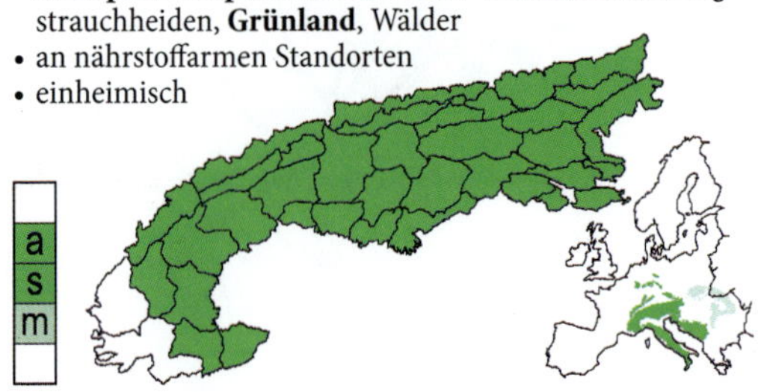

Rhinanthus ovifugus Chabert

Apenninen-Klappertopf *Orobanchaceae*
V–IX ↓ K(4) [C(5) A4] G(2)

10–30 cm hoch. Tragblätter der Blüten: **breit 3-eckig, ± so lang wie der Kelch, mit > 5 mm langen begrannten Zähnen, distale Zähne deutlich kleiner als die basalen**. Krone: 16–22 mm lang. Kronröhre: **± gerade**. Schlund: **± geschlossen**. Oberlippe: distale Zähne länger als breit, Zähne > 1,5 mm lang.

- **subalpine o. alpine Rasen**, Schutt- o. Felsfluren, **Grünland**, Wälder, Ruderalvegetation
- einheimisch

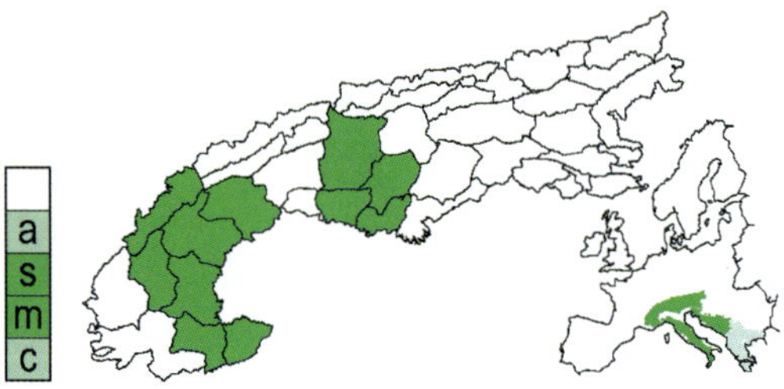

Rhinanthus pampaninii Chabert

Pampaninis Klappertopf *Orobanchaceae*
V–VII ↓ K(4) [C(5) A4] G(2)

20–80 cm hoch. Tragblätter der Blüten: **mit > 5 mm langen begrannten Zähnen, distale Zähne deutlich kleiner als die basalen, drüsig behaart**. Krone: 15–18 mm lang. Kronröhre: **± gerade**. Schlund: **± offen**. Oberlippe: distale Zähne länger als breit, Zähne > 1,5 mm lang. Kelchblätter: **drüsig behaart**.

- **Staudenfluren, Extensivgrünland o. Magerrasen, Wälder**
- an nährstoffarmen, basenreichen Standorten
- einheimisch (subendemisch)

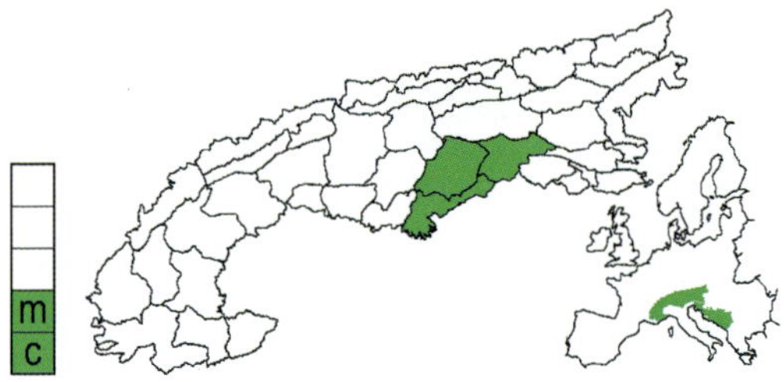

Rhinanthus alectorolophus (Scop.) Pollich

schwach giftig (für Tiere)

Zottiger Klappertopf *Orobanchaceae*
IV–IX ↓ K(4) [C(5) A4] G(2)

10–80 cm hoch. Tragblätter der Blüten: **mit < 5 mm langen unbegrannten Zähnen, distale Zähne etwas kleiner als die basalen, mit langen Haaren**. Krone: 18–24 mm lang. Kronröhre: **aufwärts gebogen**. Schlund: ± geschlossen. Oberlippe: distale Zähne länger als breit, Zähne > 1,5 mm lang. Kelchblätter: **dicht wollig behaart**. Stängel: oben dicht abstehend behaart.

In den Alpen die subsp. *alectorolophus* u. *freynii* (vgl. S. 735).

- Staudenfluren, **Grünland**, Wälder, Ruderalvegetation
- an basenreichen Standorten
- einheimisch

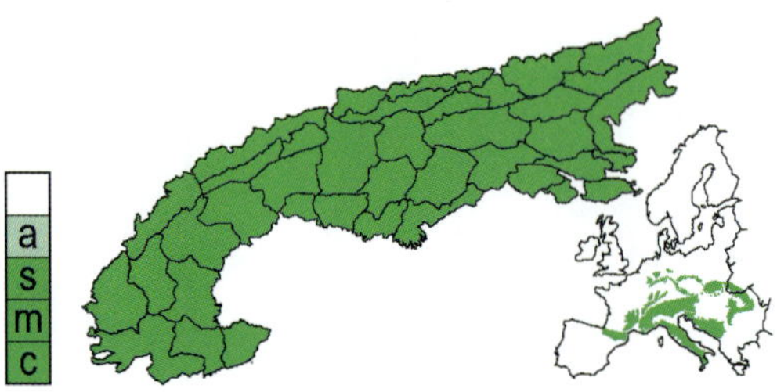

Rhinanthus alpinus Baumg.

Alpen-Klappertopf *Orobanchaceae*
V–VIII ↓ K(4) [C(5) A4] G(2)

10–50 cm hoch. Tragblätter der Blüten: **mit < 5 mm langen unbegrannten Zähnen, distale Zähne deutlich kleiner als die basalen**. Krone: 14–18 mm lang. Kronröhre: **plötzlich aufwärts gebogen**. Schlund: **± offen**. Oberlippe: distale Zähne länger als breit, Zähne > 1,5 mm lang. Blätter: am Rand meist stumpf gekerbt – Abgrenzung von *R. carinthiacus* problematisch (vgl. Fischer et al. 2008).

- Staudenfluren, **Grünland**, Wälder
- an nährstoffarmen, sauren Standorten
- einheimisch

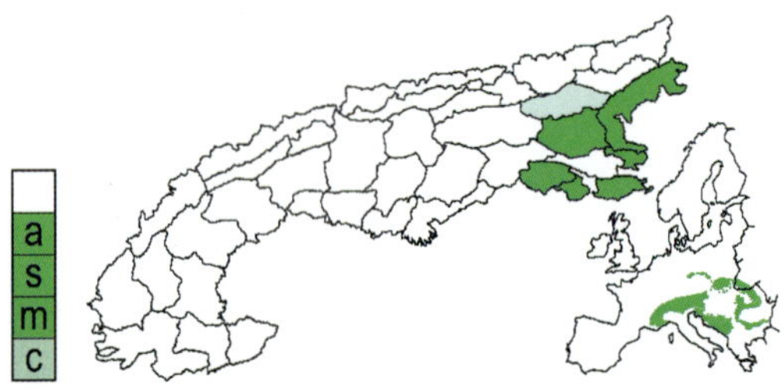

Rhinanthus antiquus (Sterneck) Schinz & Thell.

Bergamasker Klappertopf *Orobanchaceae*
VI–VIII ↓ K(4) [C(5) A4] G($\underline{2}$)

Bis 15 cm hoch. Tragblätter der Blüten: **distale Zähne kleiner als die basalen.** Krone: 12–18 mm lang. Oberlippe: **distale Zähne ± so lang wie breit, Zähne 0,8–1,2 mm lang.**

- **subalpine o. alpine Rasen, Grünland**
- an nährstoffarmen Standorten
- endemisch

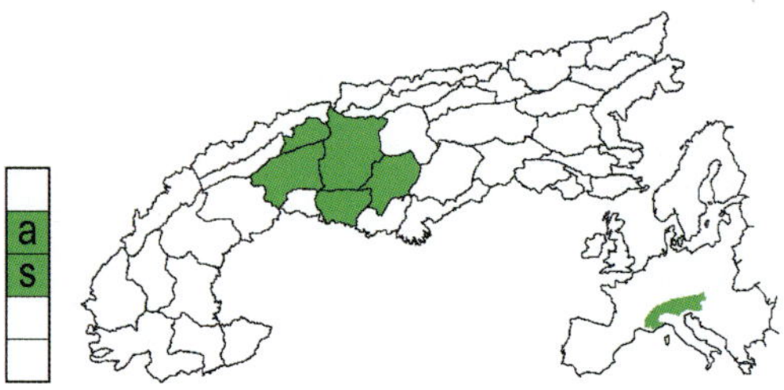

Rhinanthus burnatii (Chabert) Soó

Burnats Klappertopf *Orobanchaceae*
V–IX ↓ K(4) [C(5) A4] G($\underline{2}$)

20–40 cm hoch. Tragblätter der Blüten: **mit > 5 mm langen begrannten Zähnen, distale Zähne deutlich kleiner als die basalen**, behaart. Krone: 16–22 mm lang. Kronröhre: **aufwärts gebogen.** Schlund: **± geschlossen.** Oberlippe: distale Zähne länger als breit, Zähne > 1,5 mm lang. Kelchblätter: **drüsig behaart.**

- **Staudenfluren, Grünland, Wälder**
- an nährstoffarmen Standorten
- einheimisch

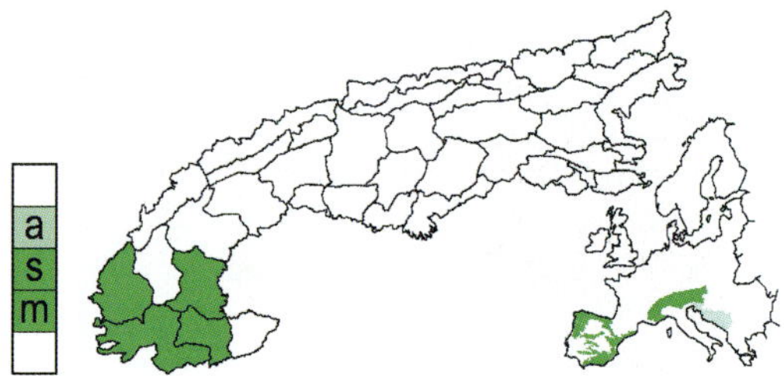

Rhinanthus carinthiacus Widder

Kärntner Klappertopf *Orobanchaceae*
V–VIII ↓ K(4) [C(5) A4] G($\underline{2}$)

Bis 50 cm hoch. Tragblätter der Blüten: **mit < 5 mm langen unbegrannten Zähnen, distale Zähne deutlich kleiner als die basalen.** Krone: 14–18 mm lang. Schlund: **± offen.** Oberlippe: distale Zähne länger als breit, Zähne > 1,5 mm lang. Kelchblätter: **drüsig behaart** – Abgrenzung von *R. alpinus* problematisch (vgl. Fischer et al. 2008).

- **subalpine o. alpine Rasen, Zwergstrauchheiden, Staudenfluren**
- an nährstoffarmen Standorten
- endemisch

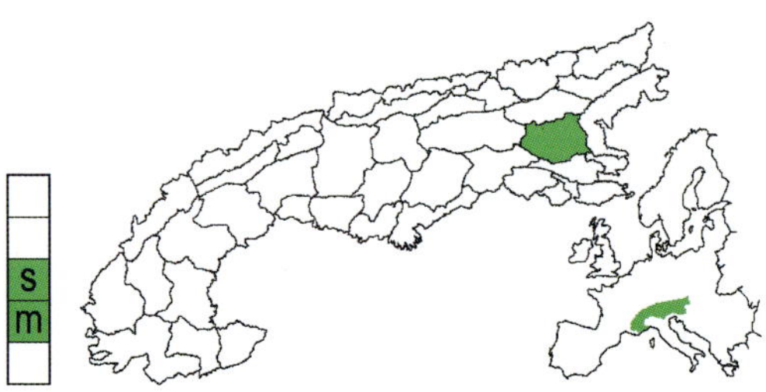

Rhinanthus minor L.

schwach giftig (für Tiere)

Kleiner Klappertopf *Orobanchaceae*
IV–IX ↓ K(4) [C(5) A4] G($\underline{2}$)

10–60 cm hoch. Tragblätter der Blüten: **mit < 5 mm langen unbegrannten Zähnen, distale Zähne etwas kleiner als die basalen.** Blüten: mit weißlichem *oder* bläulichem Höcker. Krone: 12–16 mm lang. Kronröhre: **± gerade, kürzer als der Kelch.** Schlund: **± offen.** Oberlippe: distale Zähne länger als breit, **Zähne 0,4–0,7 mm lang.**

- **subalpine o. alpine Rasen**, Moore o. Seggenriede, **Grünland**
- an nährstoffarmen Standorten
- einheimisch

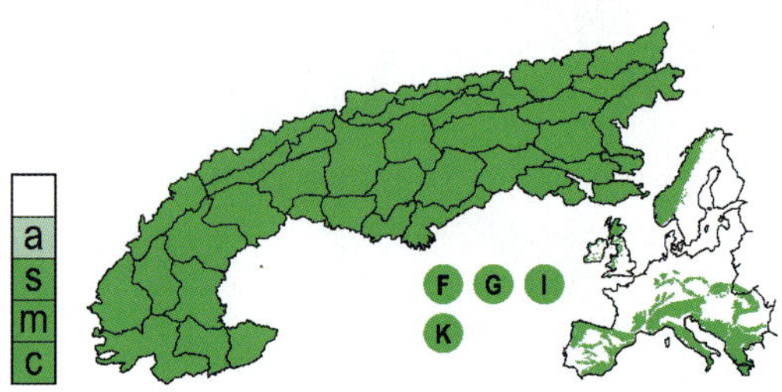

Bartsia alpina L.

Alpenhelm *Orobanchaceae*
V–VIII ↓ K(4) [C(5) A4] G(2)

Halbparasit, bis 30 cm hoch, **mehrjährig**. TRAGBLÄTTER DER BLÜTEN: **meist gräulich-violett, oft glänzend**. BLÜTEN: **trübviolett**. KRONE: **zuweilen nur undeutlich 2-lippig**, 14–25 mm lang. STAUBBLÄTTER: **weißlich behaart**. FRÜCHTE: Kapseln.

- **subalpine o. alpine Rasen**, Schutt- o. Felsfluren, Zwergstrauchheiden, Staudenfluren, Grünerlen- o. Legföhrengebüsche, **Quellfluren**, trockenfallende Ufer, **Moore o. Seggenriede**
- an nährstoffarmen, kalkreichen, wechselfeuchten bis nassen Standorten
- einheimisch

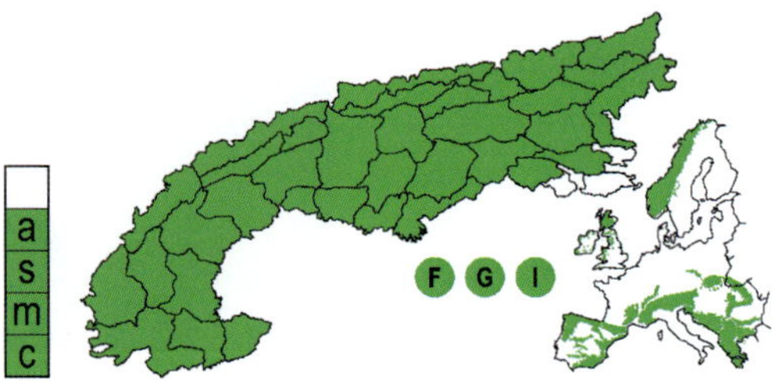

Euphrasia minima DC.

Zwerg-Augentrost *Orobanchaceae*
VI–IX ↓ K(4) [C(5) A4] G(2)

Bis 20 cm hoch. TRAGBLÄTTER DER BLÜTEN: **drüsenlos o. mit sitzenden Drüsen**. BLÜTEN: **gelblich *oder* weißlich**, selten violett, **< 2,5-mal so lang wie breit, beidseits je 2–4-zähnig, Zähne unbegrannt** KRONE: **5–8 mm lang**. GRIFFEL: **schon in jungen Blüten deutlich gekrümmt, kaum aus der Krone herausragend**. STÄNGEL: **mit > 3 Paaren Seitenäste**.

In den Alpen nur die subsp. *minima*.

- **subalpine o. alpine Rasen**, Schutt- o. Felsfluren, Zwergstrauchheiden, Wälder, Ruderalvegetation
- an nährstoffarmen, sauren Standorten
- einheimisch

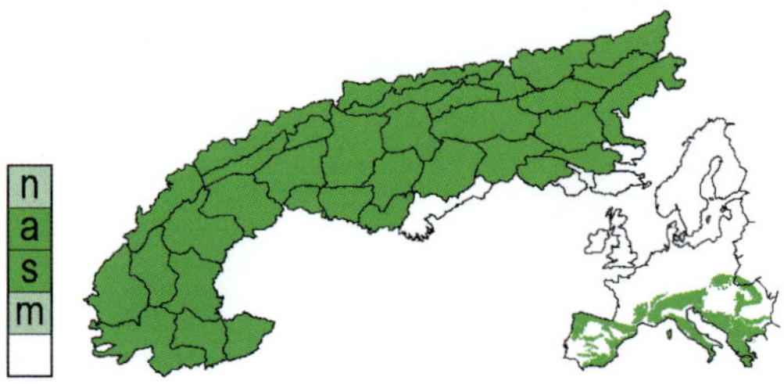

Euphrasia: 1-jährige Halbparasiten. KRONE: 2-lippig. OBERLIPPE: weißlich u. oft violett überlaufen, ± flach bis helmförmig, 2-zähnig, meist kürzer als die Unterlippe (Die Länge der Blüten bezieht sich auf ihre Oberseite). UNTERLIPPE: 3-lappig, meist weißlich, meist violett gestreift. SCHLUND: (und Basis der Unterlippe) meist mit gelblichem Fleck. STAUBBEUTEL: dunkelbraun bis violett. FRÜCHTE: Kapseln. BLÜTENFORMEL: ↓ K(4) [C(5) A4] G(2).

Euphrasia ultima J. Hartmann & Schönsw.

Ortler-Augentrost *Orobanchaceae*
IV–X ↓ K(4) [C(5) A4] G(2)

Bis 20 cm hoch. TRAGBLÄTTER DER BLÜTEN: behaart, **< 2,5-mal so lang wie breit, beidseits mit 1–2 Zähnen, Zähne unbegrannt**. KRONE: **4–6 mm lang**. GRIFFEL: **schon in jungen Blüten deutlich gekrümmt, kaum aus der Krone herausragend**. STÄNGEL: **mit < 3 Paaren Seitenäste**.

- subalpine o. alpine Rasen, **Schutt- o. Felsfluren**
- endemisch

Euphrasia picta Wimm.

Scheckiger Augentrost *Orobanchaceae*
VII–X ↓ K(4) [C(5) A4] G(2)

Bis 10 cm hoch. TRAGBLÄTTER DER BLÜTEN: **drüsenlos o. mit sitzenden Drüsen**, mit abgerundeter bis keilförmiger Basis, drüsenlos o. mit sitzenden Drüsen, **< 2,5-mal so lang wie breit, beidseits mit je 2–5 Zähnen, Zähne unbegrannt u. 0,5–2 mm lang**. KRONE: **7–11 mm lang**. OBERLIPPE: meist > 0,6-mal so lang wie die Unterlippe. GRIFFEL: erst in alten Blüten gekrümmt, **deutlich aus der Krone herausragend**.

- subalpine o. alpine Rasen, Moore o. Seggenriede, **Grünland**
- an nährstoffarmen Standorten
- einheimisch

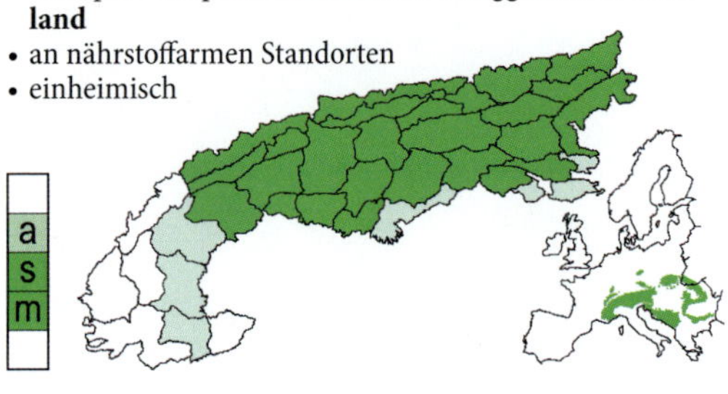

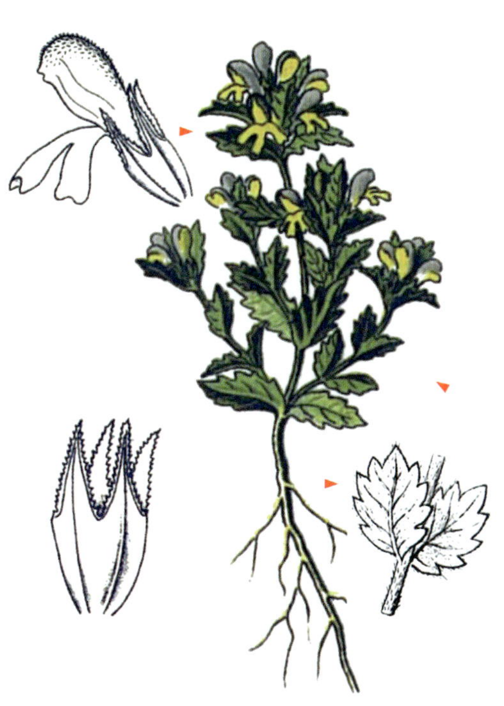

Euphrasia rostkoviana Hayne

Echter Augentrost *Orobanchaceae*
III–X ↓ K(4) [C(5) A4] G(2)

Bis 50 cm hoch. Tragblätter der Blüten: **mit gestielten Drüsen mit mehrzelligem Stiel**, mit abgerundeter bis keilförmiger Basis, mit gestielten Drüsen, **beidseits mit je 2–5 Zähnen**, **Zähne unbegrannt u. 0,5–2 mm lang**. Krone: **7–15 mm lang**. Oberlippe: meist > 0,6-mal so lang wie die Unterlippe. Griffel: erst in alten Blüten gekrümmt, **deutlich aus der Krone herausragend**. – Auch als *E. officinalis* subsp. *pratensis* aufgefasst.

Formenreiche Sippe.

- subalpine o. alpine Rasen, **Staudenfluren, Moore o. Seggenriede, Grünland**
- einheimisch

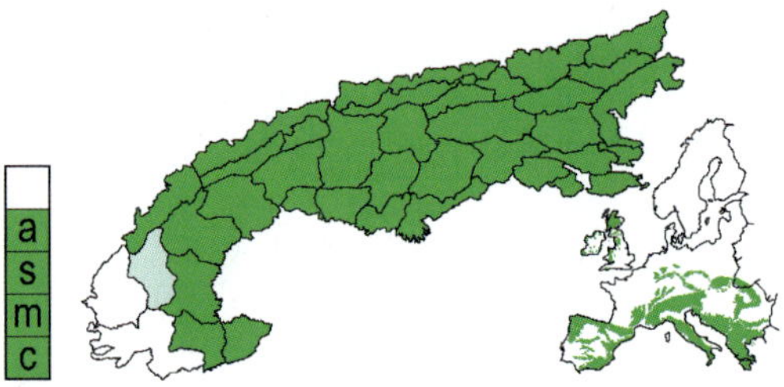

Euphrasia alpina Lam.

Alpen-Augentrost *Orobanchaceae*
V–X ↓ K(4) [C(5) A4] G(2)

Bis 25 cm hoch. Blütenstand: unterste Blüten am 3–10 Knoten. Blüten: Unterlippe hellviolett o. weißlich, ***ohne* Zähne 1,5–2,5-mal so lang wie breit**, beidseits mit je > 3 Zähnen, **Zähne: spitz o. mit (kurzer) Grannenspitze, meist 1,5–3 mm lang**. Krone: **7–15 mm lang**. Oberlippe: meist < 0,6-mal so lang wie die Unterlippe. Griffel: in jungen Blüten kaum, später deutlich gekrümmt, **deutlich aus der Krone herausragend**.

In den Alpen nur die subsp. *alpina*.

- **subalpine o. alpine Rasen**
- an nährstoffarmen, sauren Standorten
- einheimisch

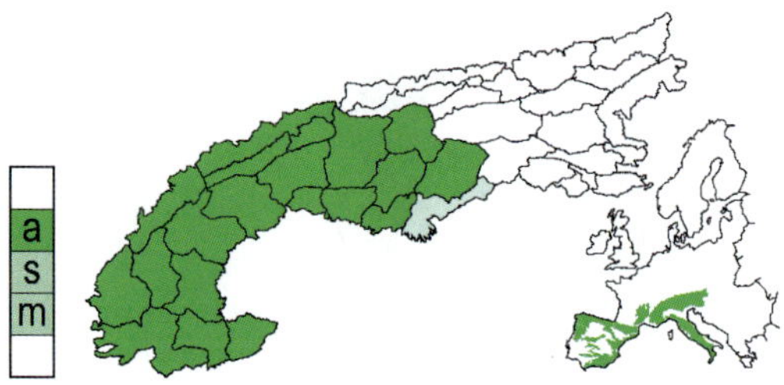

Euphrasia christii Favrat

Christs Augentrost *Orobanchaceae*
V–X ↓ K(4) [C(5) A4] G(2)

Bis 10 cm hoch. Blüten: **kräftig gelb u. oft violett-bräunlich überlaufen, Unterlippe kräftig gelb**. Krone: **7–15 mm lang**. Griffel: erst in alten Blüten gekrümmt, **deutlich aus der Krone herausragend**. Tragblätter der Blüten: **mit gestielten Drüsen mit mehrzelligem Stiel**, beidseits mit je 2–5 Zähnen, **Zähne: unbegrannt u. 0,5–2 mm lang**. – Auch als Unterart von *E. alpina* aufgefasst (vgl. Vitek 1985) – Auf dem unteren Bild ist rechts als Vergleich *E. minima* zu sehen.

- **subalpine o. alpine Rasen**
- an nährstoffarmen, sauren Standorten
- endemisch

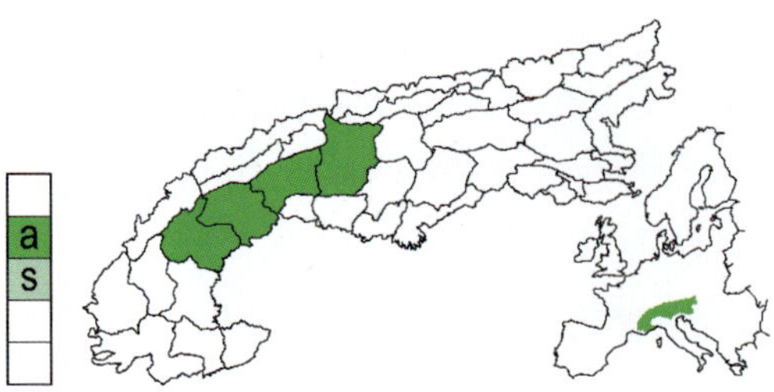

Euphrasia cisalpina Pugsley

Tessiner Augentrost *Orobanchaceae*
VI–X ↓ K(4) [C(5) A4] G(2)

Bis 45 cm hoch. Blütenstand: unterste Blüten am 10–20 Knoten. Krone: **7–15 mm lang**. Griffel: in jungen Blüten kaum, später deutlich gekrümmt. Tragblätter der Blüten: beidseits mit je > 3 Zähnen, **Zähne: spitz o. mit (kurzer) Grannenspitze**.

- **Zwergstrauchheiden, Extensivgrünland o. Magerrasen, Wälder**
- an nährstoffarmen, sauren Standorten
- endemisch

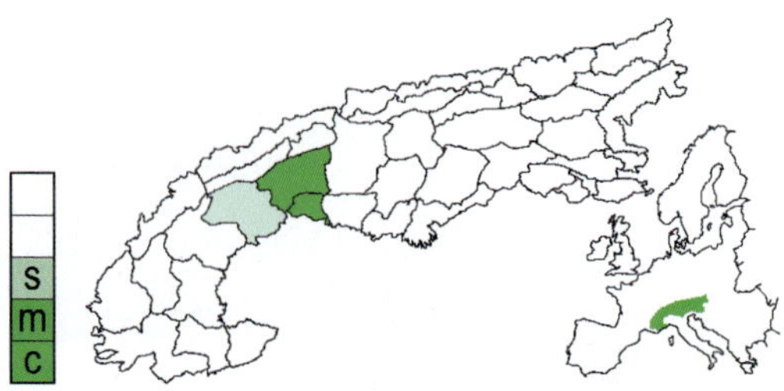

Euphrasia hirtella Reut.

Zottiger Augentrost *Orobanchaceae*
V–IX ↓ K(4) [C(5) A4] G(2)

Bis 25 cm hoch. Blütenstand: dichtblütig. Tragblätter der Blüten: **zumindest die oberen dicht gedrängt stehend, mit gestielten Drüsen mit mehrzelligem Stiel, beidseits je 5–11-zähnig, Zähne unbegrannt.** Krone: **3–10 mm lang.** Griffel: meist in jungen Blüten kaum, später deutlich gekrümmt, **kaum aus der Krone herausragend.** Stängel: nur basal verzweigt, mit steif aufrechten Seitenästen.

- **subalpine o. alpine Rasen**, Extensivgrünland, Zwergstrauchheiden
- an nährstoffarmen, oft trockenen Standorten
- einheimisch

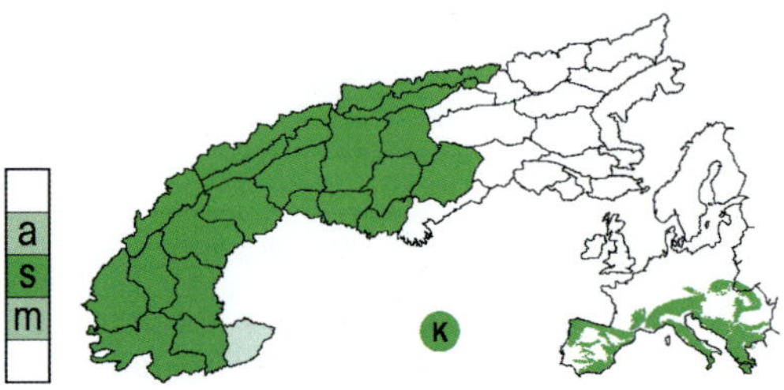

Euphrasia inopinata F. Ehrendorfer & E. Vitek

Unerwarteter Augentrost *Orobanchaceae*
VI–X ↓ K(4) [C(5) A4] G(2)

Bis 15 cm hoch. Tragblätter der Blüten: behaart, ***ohne* Zähne < 2,5-mal so lang wie breit, ohne Zähne 3–5 mm breit, beidseits je 2–4-zähnig, Zähne unbegrannt.** Krone: **4–8 mm lang.** Griffel: schon beim Aufblühen gekrümmt, **kaum aus der Krone herausragend.** Stängel: meist ohne Seitenäste.

- **subalpine o. alpine Rasen**
- an nährstoffarmen Standorten
- endemisch

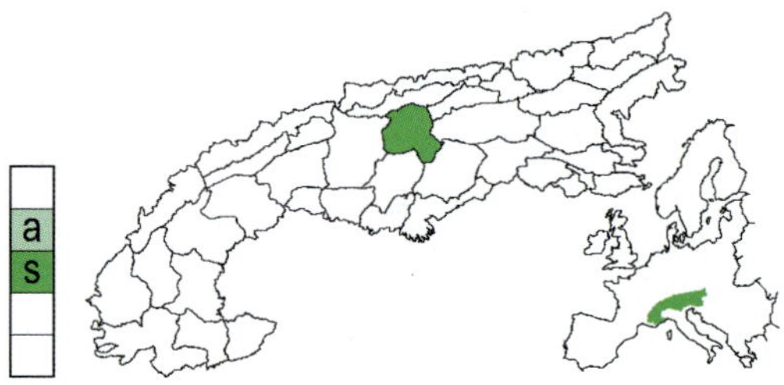

Euphrasia micrantha Rchb.

Schlanker Augentrost *Orobanchaceae*
VI–X ↓ K(4) [C(5) A4] G(2)

Bis 30 cm hoch. Pflanzen: **oft rötlich überlaufen.** Blütenstand: **Ähre meist lockerblütig.** Tragblätter der Blüten: **aufrecht, stark glänzend, *ohne* Zähne < 2,5-mal so lang wie breit,** am Rand beidseits mit je 2–5 Zähnen, **Zähne unbegrannt.** Krone: **3–7 mm lang.** Griffel: schon beim Aufblühen gekrümmt, **kaum aus der Krone herausragend.** Stängel: distal mit 2–10 Paaren dünner Seitenäste. Blätter: **Spreite 0,2–0,6 cm lang.**

- subalpine o. alpine Rasen, **Zwergstrauchheiden, Extensivgrünland o. Magerrasen, Wälder**
- an nährstoffarmen, sauren Standorten
- einheimisch

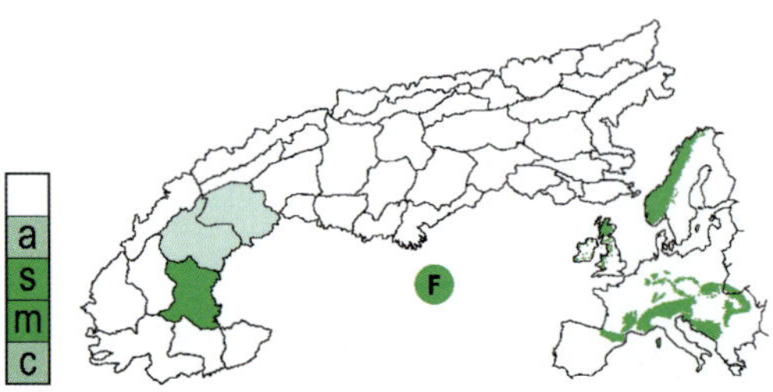

Euphrasia portae Wettst.

Portas Augentrost *Orobanchaceae*
VI–VIII ↓ K(4) [C(5) A4] G(2)

Bis 20 cm hoch. Krone: **7–9 mm lang.** Tragblätter der Blüten: ***ohne* Zähne > 2,5-mal so lang wie breit, beidseits meist mit je 3–5 Zähnen, Zähne spitz bis grannenspitzig, zumindest basale Zähne mit deutlichem Abstand.** Stängel: **mittlere Internodien 1–2-mal so lang wie die Blätter.**

In den Alpen v. a. die endemische subsp. *portae*.

- **Schutt- o. Felsfluren, Extensivgrünland o. Magerrasen**
- an nährstoffarmen, basenreichen, meist trockenen Standorten
- endemisch

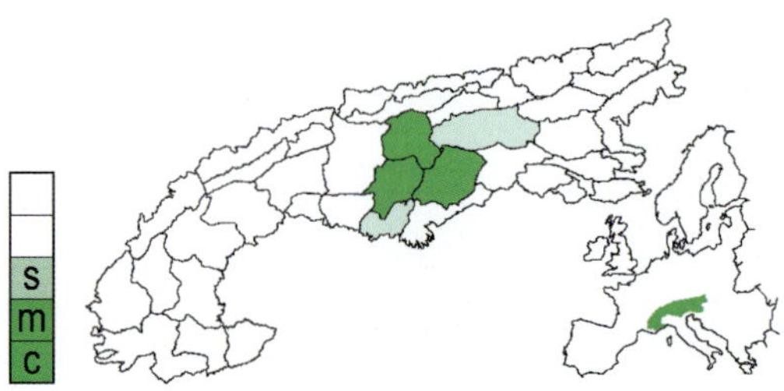

Euphrasia salisburgensis Funck

Salzburger Augentrost *Orobanchaceae*

VI–X ↓ K(4) [C(5) A4] G(2)

Bis 30 cm hoch. Pflanzen: **oft rötlich überlaufen.** Krone: **4–9 mm lang.** Tragblätter der Blüten: **ohne Zähne 4–7 mm breit, beidseits meist je > 3-zähnig, Zähne spitz bis grannenspitzig u. 1–2,5 mm lang, zumindest basale Zähne mit deutlichem Abstand zueinander.** Früchte: 6–8 mm lang, mindestens so lang wie der Kelch. Stängel: distal mit 1–10 Paaren kräftiger Seitenäste, **mittlere Internodien 2–4-mal so lang wie die Blätter.**

- **subalpine o. alpine Rasen,** Schutt- o. Felsfluren, Alluvionen, Legföhrengebüsche, **Extensivgrünland o. Magerrasen,** Wälder
- an nährstoffarmen, basenreichen Standorten
- einheimisch

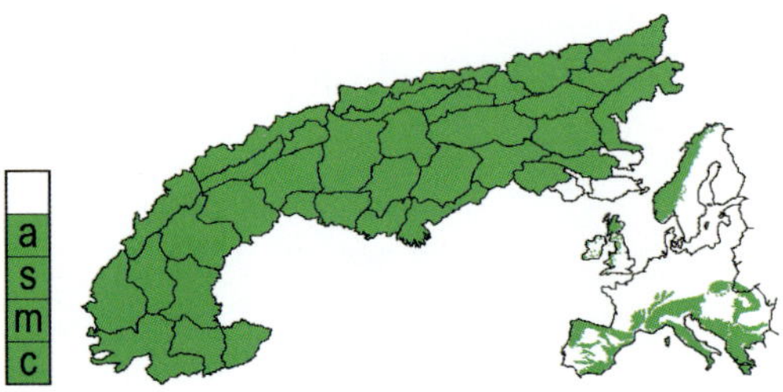

Euphrasia sinuata E. Vitek & F. Ehrendorfer

Buchten-Augentrost *Orobanchaceae*

VII–IX ↓ K(4) [C(5) A4] G(2)

Bis 15 cm hoch. Tragblätter der Blüten: behaart, ***ohne* Zähne < 2,5-mal so lang wie breit, beidseits je 2–4-zähnig.** Krone: **4–8 mm lang.** Griffel: schon beim Aufblühen gekrümmt, **kaum aus der Krone herausragend.** Stängel: mit < 3 Paaren Seitenäste.

- **subalpine o. alpine Rasen**
- an nährstoffarmen, kalkreichen Standorten
- endemisch

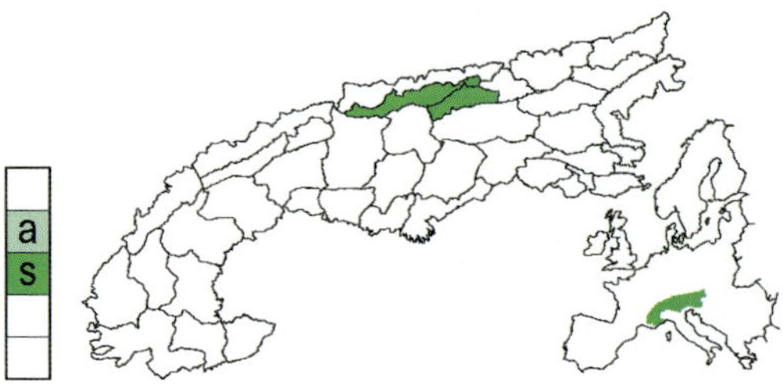

Euphrasia tricuspidata L.

Dreispitziger Augentrost *Orobanchaceae*

VI–IX ↓ K(4) [C(5) A4] G(2)

Bis 30 cm hoch. Tragblätter der Blüten: **länglich-lanzettlich, *ohne* Zähne 4–10-mal so lang wie breit, beidseits mit je ≤ 1 Zahn.** Krone: **9–13 mm lang.**

- **Schutt- o. Felsfluren,** Staudenfluren, Extensivgrünland o. Magerrasen
- an nährstoffarmen, kalkreichen, meist trockenen Standorten
- endemisch

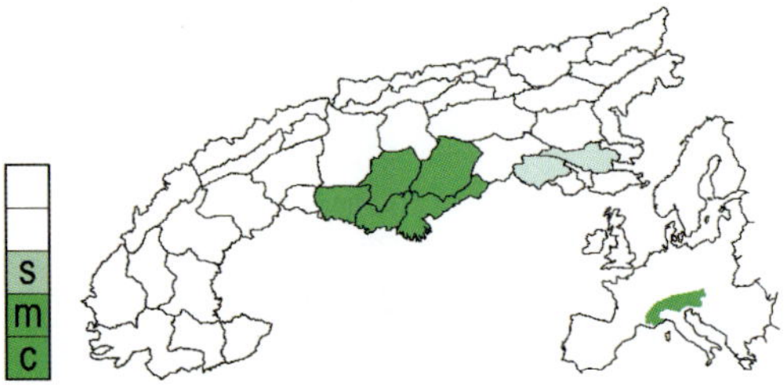

Tozzia alpina L.

Alpenrachen *Orobanchaceae*

V–VIII ↓ K(4) [C(5) A4] G(2)

Halbparasit, 10–50 cm hoch, **mehrjährig.** Blüten: **undeutlich 2-lippig, gelblich, mit rötlichen Punkten.** Blütenstiele: **3–10 mm lang.** Krone: **undeutlich 2-lippig,** 5–10 mm lang. Kronzipfel: **± senkrecht von der Kronröhre abstehend.** Früchte: Nüsse, 1-samig. Samen: *ohne* o. mit sehr schmalem flügelartigem Saum. Stängel: im QS 4-kantig.

In den Alpen nur die subsp. *alpina*.

- Schutt- o. Felsfluren, Alluvionen, **Zwergstrauchheiden,** Staudenfluren, **Grünerlengebüsche,** Grünland, Wälder
- an basenreichen Standorten
- einheimisch

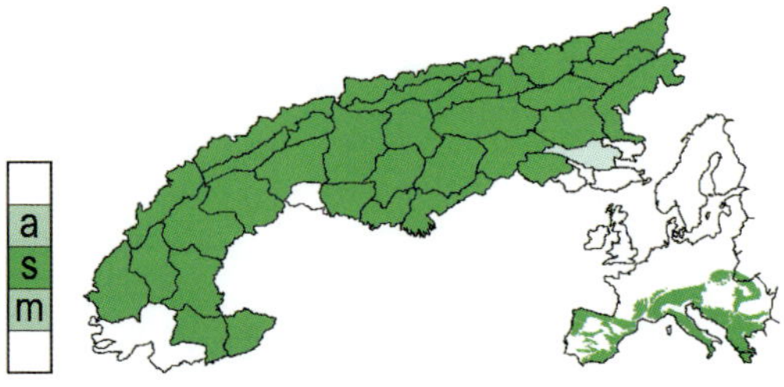

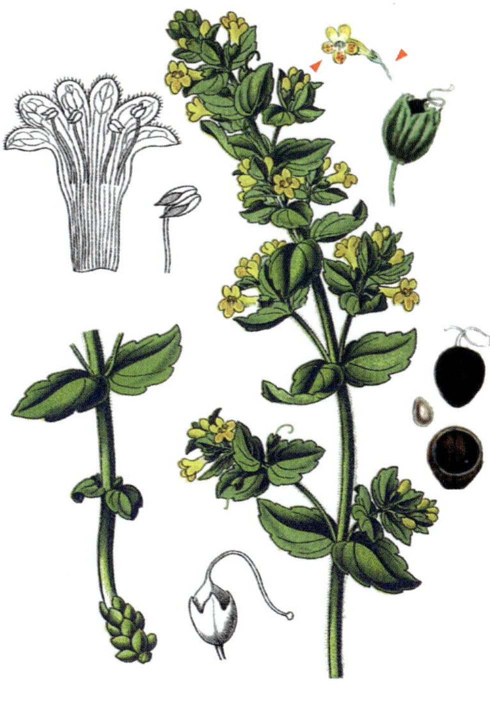

Odontites lanceolatus (Gaudin) Rchb.

Lanzettblättriger Zahntrost *Orobanchaceae*
VI–X ↓ K(4) [C(5) A4] G(2)

Halbparasit, 15–50 cm hoch, 1-jährig. Blütenstand: einseitswendig. Tragblätter der Blüten: **10–30 mm lang, länger als diese**. Blüten: **gelblich**. Krone: 2-lippig, **7–10 mm lang**. Oberlippe: flach bis helmförmig, mindestens so lang wie die Unterlippe. Unterlippe: 3-lappig. Kelchblätter: drüsig behaart. Früchte: Kapseln. Blätter: länglich bis lanzettlich, meist 4–10 mm breit, am Rand gezähnt.

In den Alpen nur die endemische subsp. *lanceolatus*.

- Staudenfluren, Extensivgrünland o. Magerrasen, Wälder, Ruderalvegetation
- an nährstoffarmen, basenreichen, trockenen Standorten
- einheimisch

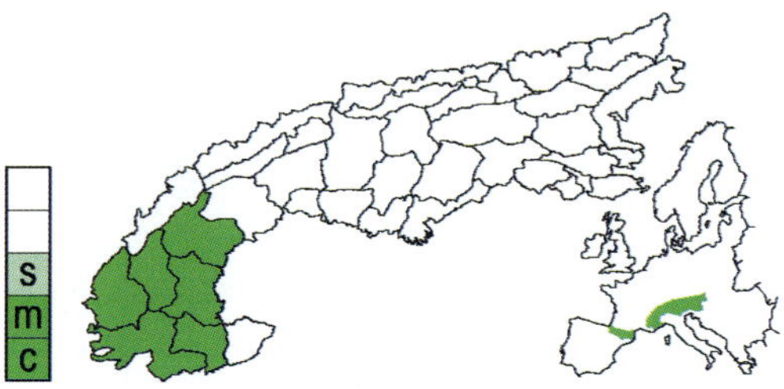

Pedicularis: 2- bis mehrjährige krautige Halbparasiten. Krone: 2-lippig. Früchte: Kapseln. Blätter: tief gelappt bis 2-fach gefiedert. Blütenformel: ↓ K(5) [C(5) A4] G(2).

Pedicularis comosa L.

Schopfiges Läusekraut *Orobanchaceae*
V–VII ↓ K(5) [C(5) A4] G(2)

20–50 cm hoch, mehrjährig. Blüten: **weißlich-gelblich**. Krone: 18–28 mm lang. Oberlippe: **ungeschnäbelt bis kurz geschnäbelt**; an der Spitze: **distal mit 2 kleinen Zähnen**. Kelchblätter: **häutig, kurzhaarig**. Kelchzipfel: kürzer als breit, distal abgerundet.

In den Alpen nur die subsp. *comosa*.

- **subalpine o. alpine Rasen, Extensivgrünland o. Magerrasen**
- einheimisch

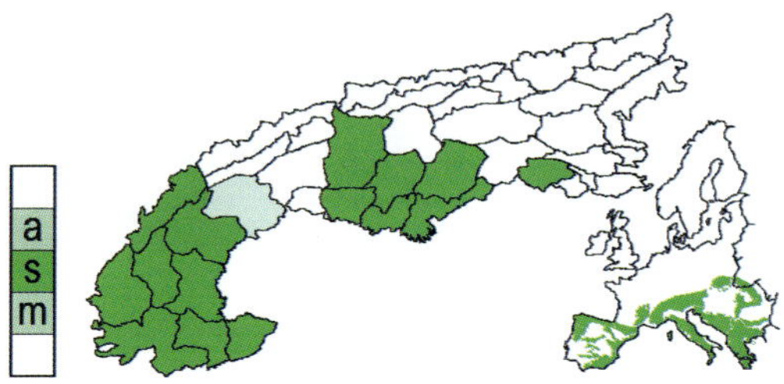

Pedicularis palustris L.

Sumpf-Läusekraut *Orobanchaceae*
IV–VIII ↓ K(5) [C(5) A4] G(2)

Bis 80 cm hoch, meist 2-jährig. Blütenstand: **10–25-blütig**. Blüten: **meist rötlich bis violett**, selten weißlich. Oberlippe: **ungeschnäbelt bis kurz geschnäbelt**; an der Spitze: **distal mit 2 kleinen Zähnen**. Unterlippe: am Rand bewimpert. Kelch: **10-zähnig**. Stängel: aufrecht. Blätter: fiederspaltig bis 2-fach gefiedert.

In den Alpen nur die subsp. *palustris*.

- **Moore o. Seggenriede**, Grünland
- an nährstoffarmen, nassen, zuweilen überfluteten Standorten
- einheimisch

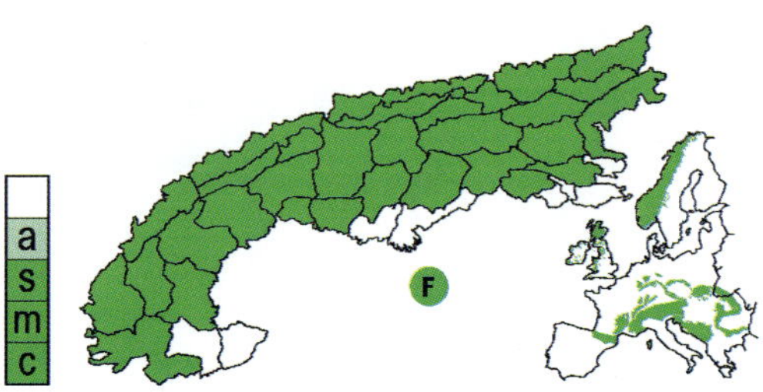

Pedicularis tuberosa L.

Knollen-Läusekraut *Orobanchaceae*
V–VIII ↓ K(5) [C(5) A4] G(2)

Bis 25 cm hoch, mehrjährig. Blütenstand: kaum länger als breit. Blüten: **weißlich-gelblich**. Krone: 12–22 mm lang. Oberlippe: **geschnäbelt**; Schnabel: **lang**. Kelchblätter: oberseits kahl, unterseits behaart. Kelchzipfel: **am Rand laubblattartig verbreitert**. Stängel: unten: ringsum behaart.

- **subalpine o. alpine Rasen**, Schutt- o. Felsfluren, Moore o. Seggenriede
- an nährstoffarmen, sauren Standorten
- einheimisch

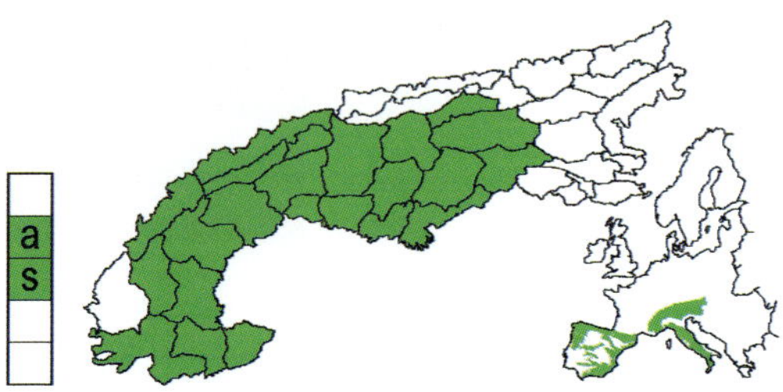

Pedicularis ascendens Gaudin

Aufsteigendes Läusekraut *Orobanchaceae*
VI–VIII ↓ K(5) [C(5) A4] G(2)

15–30 cm hoch, mehrjährig. Blütenstand: oft deutlich länger als breit. Blüten: **weißlich-gelblich.** Krone: 12–18 mm lang. Oberlippe: **geschnäbelt**; Schnabel: **lang**. Kelchblätter: kahl o. kurz behaart. Stängel: unten: 2-zeilig behaart.

- **subalpine o. alpine Rasen**
- an nährstoffarmen, kalkreichen Standorten
- einheimisch

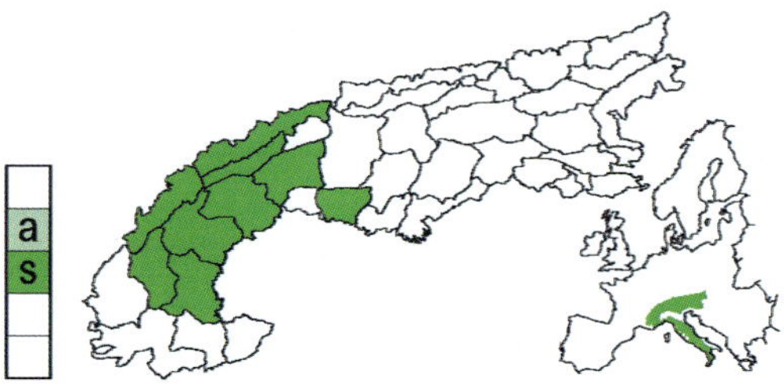

Pedicularis elongata A. Kern.

Langähriges Läusekraut *Orobanchaceae*
VI–VIII ↓ K(5) [C(5) A4] G(2)

15–40 cm hoch, mehrjährig. Blüten: **weißlich-gelblich.** Oberlippe: **geschnäbelt**; Schnabel: **lang.** Kelchzipfel: **am Rand laubblattartig verbreitert.** Stängel: unten: 2-zeilig behaart.

In den Alpen die subsp. *elongata* (endemisch) u. *julica* (endemisch) (vgl. S. 735).

- **subalpine o. alpine Rasen**, Legföhrengebüsche, Wälder
- an nährstoffarmen, basenreichen, trockenen Standorten
- endemisch

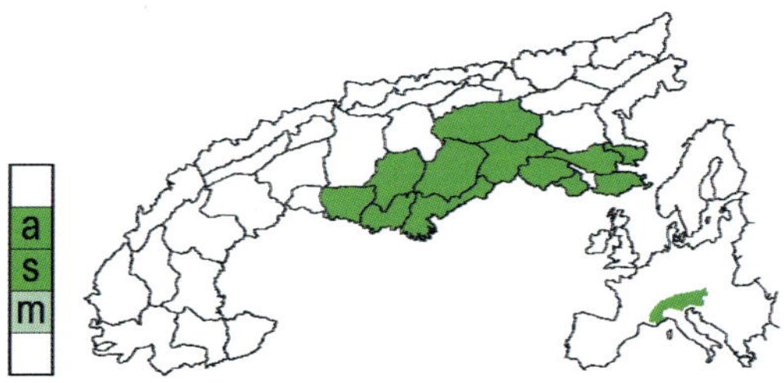

Pedicularis asplenifolia Willd.

Farnblättriges Läusekraut *Orobanchaceae*
VI–VIII ↓ K(5) [C(5) A4] G(2)

Bis 10 cm hoch, mehrjährig. Blütenstand: kaum länger als breit, 3–8-blütig. Blüten: die unteren deutlich gestielt, meist rötlich bis violett, selten weißlich. Krone: 12–20 mm lang. Oberlippe: **geschnäbelt**; Schnabel: **lang**. Kelchblätter: **lang abstehend behaart**.

- **subalpine o. alpine Rasen**, Schutt- o. Felsfluren
- an nährstoffarmen, basenreichen Standorten
- endemisch

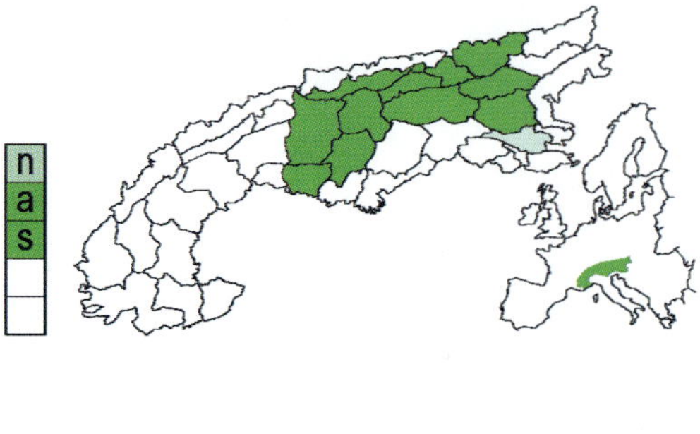

Pedicularis cenisia Gaudin

Mont-Cenis-Läusekraut *Orobanchaceae*
V–VIII ↓ K(5) [C(5) A4] G(2)

Bis 25 cm hoch, mehrjährig. Blüten: die unteren (fast) sitzend, meist rötlich bis violett, selten weißlich. Krone: 16–28 mm lang. Kronröhre: > 1,5-mal so lang wie der Kelch. Oberlippe: **geschnäbelt**; Schnabel: **lang, verschmälert**. Kelchblätter: **lang abstehend behaart**. Kelchzipfel: **am Rand laubblattartig verbreitert**. Stängel: meist mit 1–3 Laubblättern. Blätter: **meist mit weißlicher Grannenspitze**.

- **subalpine o. alpine Rasen**, Extensivgrünland o. Magerrasen
- an nährstoffarmen Standorten
- einheimisch

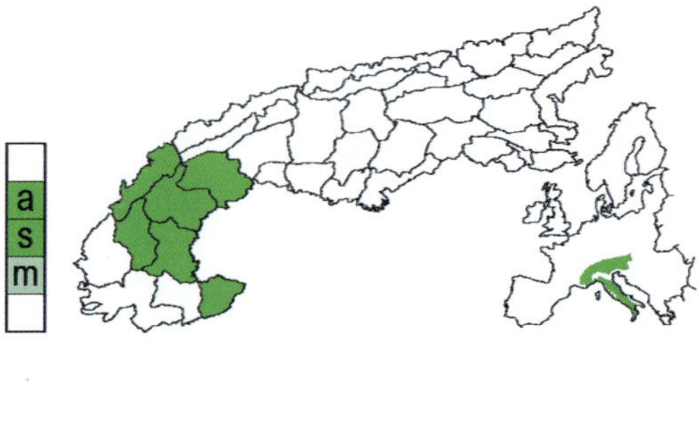

Pedicularis gyroflexa Vill.

Gedrehtes Läusekraut *Orobanchaceae*
V–VII ↓ K(5) [C(5) A4] G(2)

10–40 cm hoch, mehrjährig. Blütenstand: oft deutlich länger als breit. Blüten: die unteren (fast) sitzend, meist rötlich bis violett, selten weißlich. Krone: 18–32 mm lang. Kronröhre: < 1,5-mal so lang wie der Kelch. Oberlippe: **geschnäbelt**; Schnabel: **kurz, zylindrisch**. Kelchblätter: **kurz wollig behaart**. Kelchzipfel: **am Rand laubblattartig verbreitert**. Stängel: meist mit 1–3 Laubblättern. Blätter: meist *ohne* weißliche Grannenspitze.

- subalpine o. alpine Rasen, Schutt- o. Felsfluren, **Extensivgrünland o. Magerrasen**
- an nährstoffarmen, kalkreichen Standorten
- endemisch

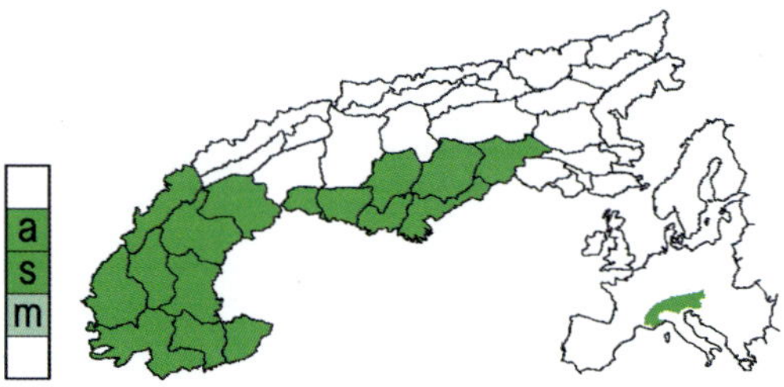

Pedicularis kerneri Dalla Torre

Kerners Läusekraut *Orobanchaceae*
VI–VIII ↓ K(5) [C(5) A4] G(2)

Bis 15 cm hoch, mehrjährig. Blütenstand: mehrere pro Pflanze, kaum länger als breit, 1–5-blütig. Blüten: die unteren deutlich gestielt, meist rötlich bis violett, selten weißlich. Krone: 14–22 mm lang. Oberlippe: **geschnäbelt**; Schnabel: **lang**. Kelchblätter: allenfalls auf den Nerven behaart. Kelchzipfel: **am Rand laubblattartig verbreitert**.

- **subalpine o. alpine Rasen**, Schutt- o. Felsfluren
- an nährstoffarmen, sauren Standorten
- einheimisch

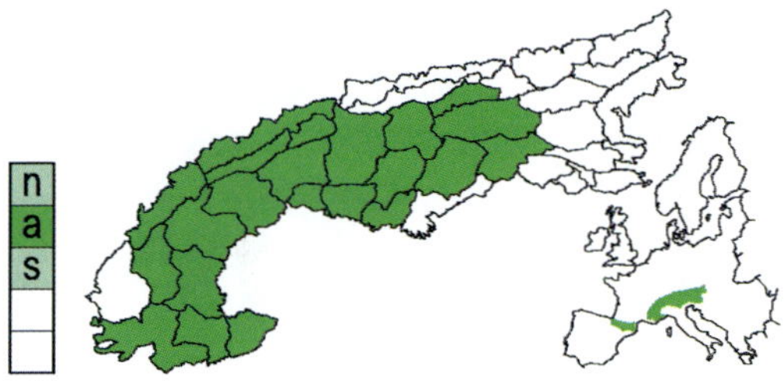

Pedicularis portenschlagii Rchb.

Zweiblütiges Läusekraut *Orobanchaceae*
V–VIII ↓ K(5) [C(5) A4] G(2)

Bis 10 cm hoch, mehrjährig. Blütenstand: pro Pflanze einer, in der Mitte der Rosette entspringend, 1–5-blütig. Blüten: die unteren deutlich gestielt, meist rötlich bis violett, selten weißlich. Krone: 18–28 mm lang. Oberlippe: **geschnäbelt**; an der Spitze: distal mit 2 kleinen Zähnen; Schnabel: **lang**. Kelchblätter: kahl o. kurz behaart. Kelchzipfel: **am Rand laubblattartig verbreitert**.

- **subalpine o. alpine Rasen**, Schutt- o. Felsfluren
- an nährstoffarmen, sauren Standorten
- endemisch

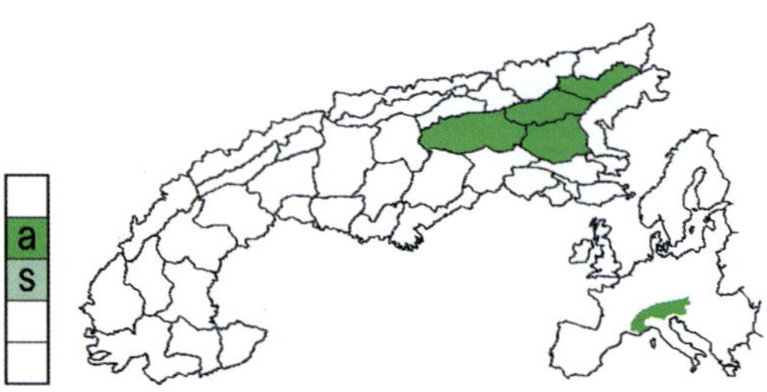

Pedicularis rostratocapitata Crantz

Kopfiges Läusekraut *Orobanchaceae*
V–VIII ↓ K(5) [C(5) A4] G(2)

Bis 25 cm hoch, mehrjährig. Blütenstand: kaum länger als breit, 3–8-blütig. Blüten: die unteren deutlich gestielt, **rötlich bis violett**. Krone: 14–28 mm lang. Oberlippe: **geschnäbelt**; an der Spitze: distal ungezähnt; Schnabel: **lang, sichelförmig gebogen**. Kelchblätter: kahl bis spärlich behaart. Kelchzipfel: gezähnt. Blattstellung: gegen- o. wechselständig. Blätter: gelappt bis 1-fach gefiedert.

In den Alpen die subsp. *rostratocapitata* u. *glabra* (endemisch) (vgl. S. 735).

- **subalpine o. alpine Rasen**, Schutt- o. Felsfluren
- an nährstoffarmen, kalkreichen Standorten
- einheimisch

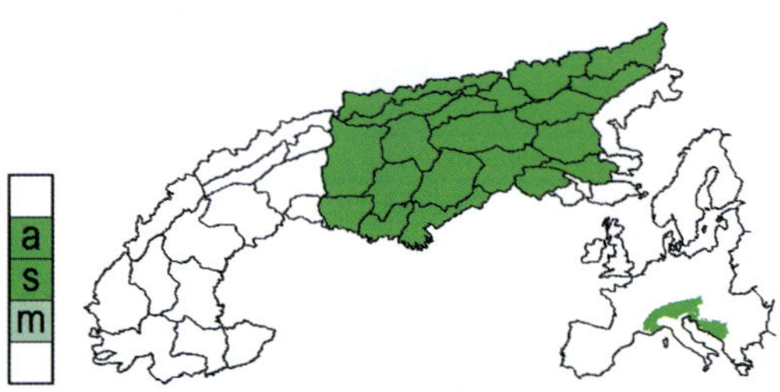

Pedicularis rostratospicata Crantz

Ähren-Läusekraut *Orobanchaceae*
VI–VIII ↓ K(5) [C(5) A4] G(2)

15–50 cm hoch, mehrjährig. Blütenstand: oft deutlich länger als breit. Blüten: die unteren (fast) sitzend, **meist rötlich bis violett**, selten weißlich. Krone: 10–18 mm lang. Oberlippe: **geschnäbelt**; an der Spitze: distal ungezähnt; Schnabel: **lang, sichelförmig gebogen**. Kelchblätter: **wollig behaart**. Kelchzipfel: **zumindest an den oberen Blüten ganzrandig**. Stängel: meist mit $\geq$ 3 Laubblättern. Blätter: gelappt bis 2-fach gefiedert.

In den Alpen die subsp. *rostratospicata* u. *helvetica* (endemisch) (vgl. S. 735).

- **subalpine o. alpine Rasen**, Schutt- o. Felsfluren
- an kalkreichen Standorten
- einheimisch

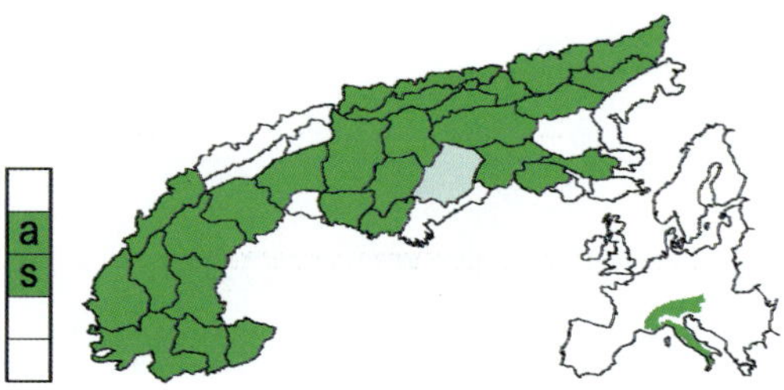

Pedicularis acaulis Scop.

Stängelloses Läusekraut *Orobanchaceae*
III–VII ↓ K(5) [C(5) A4] G(2)

Bis 10 cm hoch, mehrjährig. Blüten: meist rötlich bis violett, selten weißlich. Blütenstiele: **10–30 mm lang**. Krone: 30–40 mm lang. Oberlippe: **ungeschnäbelt**; an der Spitze: distal ungezähnt. Kelchblätter: behaart. Kelchzipfel: **am Rand laubblattartig verbreitert**. Stängel: (fast) fehlend.

- **Staudenfluren, Grünland, Wälder**
- an nährstoffarmen, kalkreichen Standorten
- einheimisch (subendemisch)

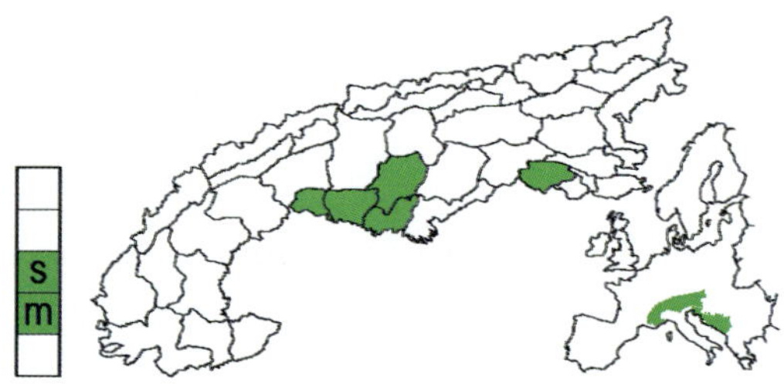

Pedicularis foliosa L.

Reichblättriges Läusekraut *Orobanchaceae*
V–VIII ↓ K(5) [C(5) A4] G(2)

15–50 cm hoch, mehrjährig. Tragblätter der Blüten: **fiederspaltig, die unteren deutlich länger als diese**. Blüten: **weißlich-gelblich, Oberlippe einfarbig gelblich**. Krone: 15–28 mm lang. Oberlippe: wollig behaart, **ungeschnäbelt**; an der Spitze: distal ungezähnt. Kelch: 5-zähnig. Kelchblätter: **häutig**, behaart. Blätter: **2–3-fach gefiedert, Spreite 8–35 cm lang, 2–10 cm breit**.

- **subalpine o. alpine Rasen**, Alluvionen, Staudenfluren, Grünerlen- o. Legföhrengebüsche, Grünland, Wälder
- an basenreichen Standorten
- einheimisch

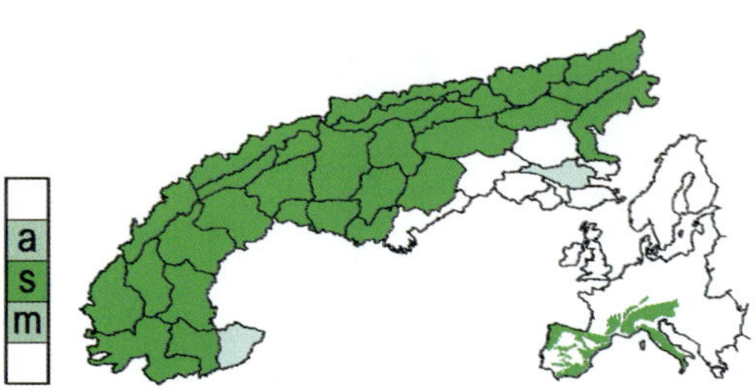

Pedicularis hacquetii Graf

Hacquets Läusekraut *Orobanchaceae*
VI–VIII ↓ K(5) [C(5) A4] G(2)

30–120 cm hoch, mehrjährig. Tragblätter der Blüten: **die unteren deutlich länger als diese**. Blüten: **weißlich-gelblich**. Krone: 16–28 mm lang. Oberlippe: kahl bis kurzhaarig, **ungeschnäbelt**; an der Spitze: distal ungezähnt. Kelch: **1-seitig zerschlitzt**. Kelchblätter: **wollig behaart**.

- subalpine o. alpine Rasen, Schutt- o. Felsfluren, **Staudenfluren**, Grünland, **Wälder**
- an nährstoffarmen, kalkreichen Standorten
- einheimisch

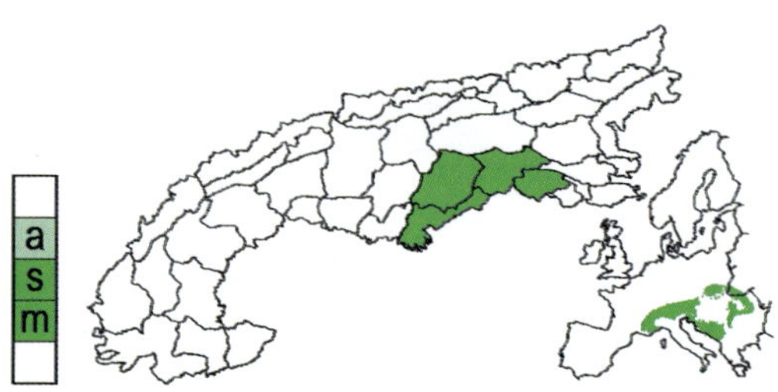

Pedicularis hoermanniana K. Malý

Hoermanns Läusekraut *Orobanchaceae*
IV–VIII ↓ K(5) [C(5) A4] G(2)

30–100 cm hoch, mehrjährig. Tragblätter der Blüten: **die unteren deutlich länger als diese.** Blüten: **weißlich-gelblich.** Krone: 16–28 mm lang. Oberlippe: kahl bis kurzhaarig, **ungeschnäbelt**; an der Spitze: distal ungezähnt. Kelch: 5-zähnig. Kelchblätter: **krautig**, behaart.

- **subalpine o. alpine Rasen**, Staudenfluren, **Grünland**, Wälder
- an nährstoffarmen, kalkreichen Standorten
- einheimisch

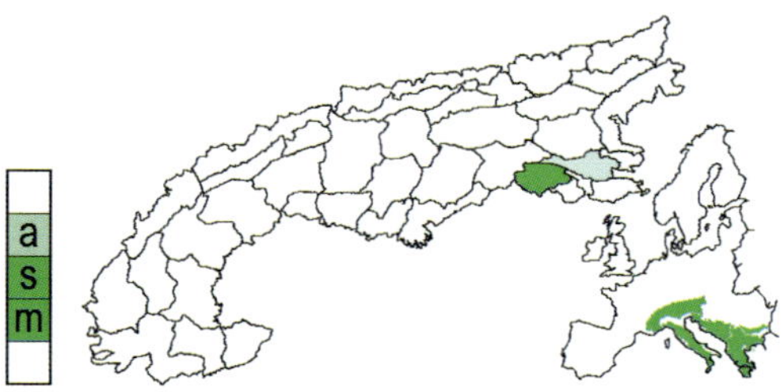

Pedicularis oederi Vahl

Buntes Läusekraut *Orobanchaceae*
V–VIII ↓ K(5) [C(5) A4] G(2)

Bis 20 cm hoch, mehrjährig. Tragblätter der Blüten: **ungeteilt, die unteren deutlich länger als diese.** Blüten: **gelblich, Oberlippe distal bräunlich-rötlich.** Krone: 10–28 mm lang. Oberlippe: **außen kahl, ungeschnäbelt**; an der Spitze: distal ungezähnt. Kelchblätter: behaart. Blätter: gelappt bis 1-fach gefiedert.

- **subalpine o. alpine Rasen**, Schutt- o. Felsfluren, Zwergstrauchheiden
- an nährstoffarmen, kalkreichen Standorten
- einheimisch

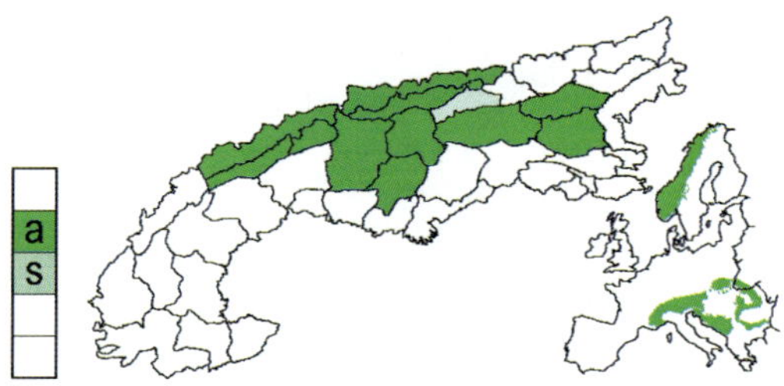

Pedicularis recutita L.

Gestutztes Läusekraut *Orobanchaceae*
VI–VIII ↓ K(5) [C(5) A4] G(2)

20–60 cm hoch, mehrjährig. Blütenstand: oft deutlich länger als breit. Blüten: **(hell) rötlich bis bräunlich.** Krone: 10–15 mm lang. Oberlippe: **ungeschnäbelt**; an der Spitze: distal ungezähnt. Kelchblätter: **auf der Fläche kahl**, allenfalls am Rand bewimpert. Blätter: gelappt bis 1-fach gefiedert.

- **subalpine o. alpine Rasen**, Alluvionen, **Staudenfluren, Grünerlengebüsche**, Moore o. Seggenriede
- an basenreichen Standorten
- endemisch

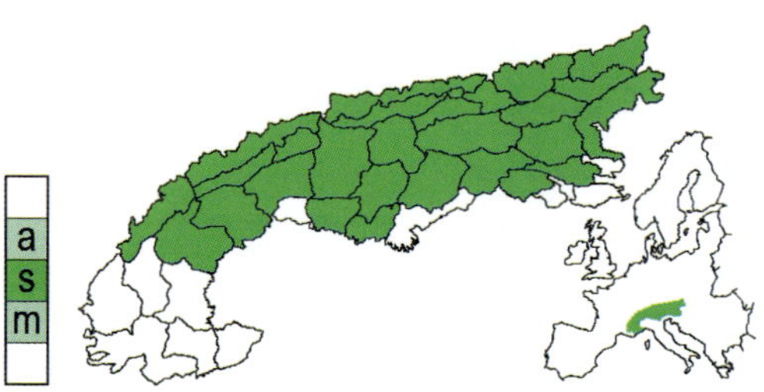

Pedicularis rosea Wulfen

Rosarotes Läusekraut *Orobanchaceae*
VI–VIII ↓ K(5) [C(5) A4] G(2)

Bis 20 cm hoch, mehrjährig. Blütenstand: kaum länger als breit, **weiß-wollig behaart.** Blüten: **meist rötlich bis violett**, selten weißlich. Krone: 10–18 mm lang. Oberlippe: **ungeschnäbelt**; an der Spitze: distal ungezähnt. Kelchblätter: behaart.

In den Alpen die subsp. *rosea* (endemisch) u. *allionii* (vgl. S. 736).

- **subalpine o. alpine Rasen**, Schutt- o. Felsfluren
- an nährstoffarmen Standorten
- einheimisch

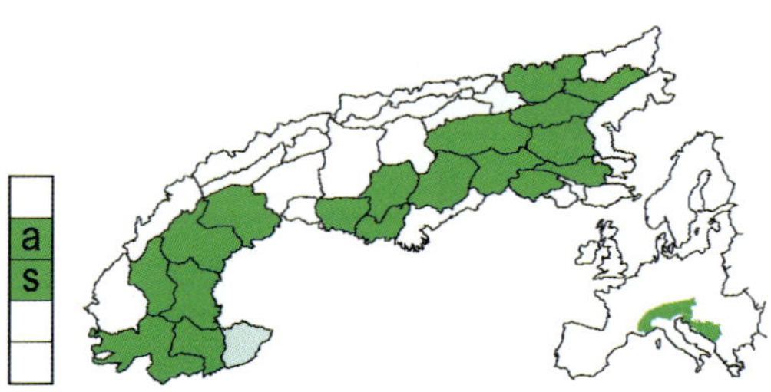

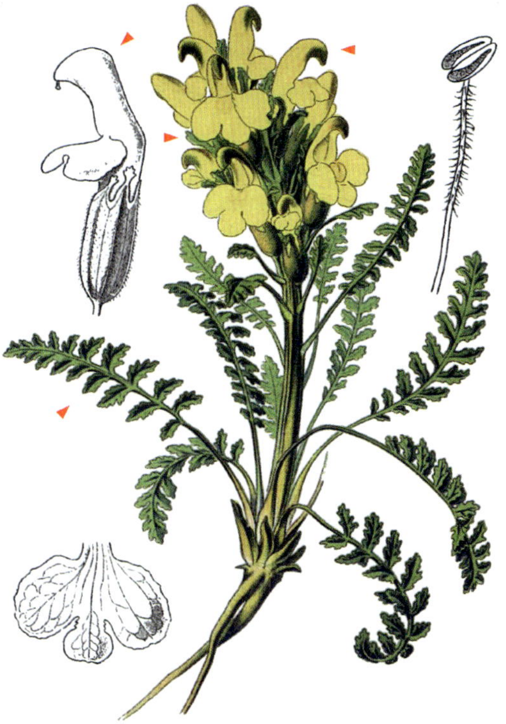

Pedicularis verticillata L.

Quirlblättriges Läusekraut *Orobanchaceae*
V–VIII ↓ K(5) [C(5) A4] G($\underline{2}$)

Bis 25 cm hoch, mehrjährig. BLÜTEN: **meist rötlich bis violett**, selten weißlich. KRONE: 10–18 mm lang. OBERLIPPE: **ungeschnäbelt**; AN DER SPITZE: distal ungezähnt. KELCHBLÄTTER: **behaart**. BLÄTTER: gelappt bis 1-fach gefiedert. OBERE STÄNGELBLÄTTER: **zu 3–4 quirlig**.

- **subalpine o. alpine Rasen**, Schutt- o. Felsfluren, **Moore o. Seggenriede**
- an nährstoffarmen, basenreichen Standorten
- einheimisch

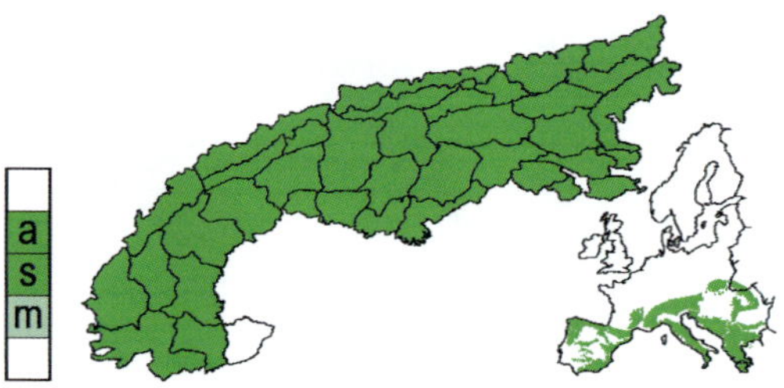

Campanula cespitosa Scop.

Rasige Glockenblume *Campanulaceae*
VII–IX ∗ K5 C(5) A5 G($\overline{3}$)

Bis 20 cm hoch, rasig, mehrjährig. BLÜTENSTAND: **1–5-blütig**. BLÜTEN: gestielt, glockig-trichterförmig, länger als breit, meist bläulich-violett. KRONE: 10–15 mm lang. KRONZIPFEL: < 0,5-mal so lang wie die Kronröhre. KELCHZIPFEL: **länglich-lineal**. FRÜCHTE: überhängend, **glatt**. GRUNDBLÄTTER: **zur Blütezeit vorhanden**, spatelförmig bis oval, gezähnt.

- **Schutt- o. Felsfluren**, Alluvionen, Wälder
- an nährstoffarmen, kalkreichen Standorten
- einheimisch (subendemisch)

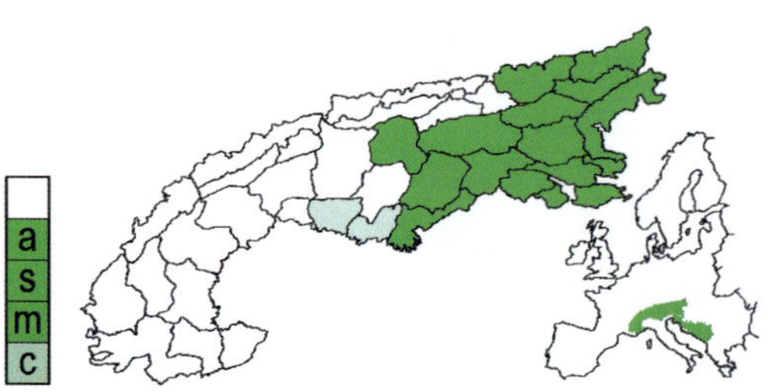

Campanula: Kräuter, oft mit Milchsaft. BLÜTEN: meist glockig-trichterförmig. FRÜCHTE: Kapseln, mit 3 meist basalen Öffnungen. BLÄTTER: wechselständig. BLÜTENFORMEL: ∗ K(5) C5 A10 G($\overline{3\text{-}5}$).

Campanula carnica Mert. & W. D. J. Koch

Karnische Glockenblume *Campanulaceae*
VI–VIII ∗ K5 C(5) A5 G($\overline{3}$)

10–40 cm hoch, mehrjährig. BLÜTEN: gestielt, glockig-trichterförmig, meist bläulich-violett. KRONE: 15–25 mm lang. KELCHBLÄTTER: 0,5–1-mal so lang wie die Krone. KELCHZIPFEL: **zurückgebogen, länglich-lineal**. BLÜTENKNOSPEN: **± überhängend**. FRÜCHTE: aufrecht, **mit Papillen**. STÄNGEL: **überhängend o. basal niederliegend**. GRUNDBLÄTTER: herzförmig bis rautenförmig, grob gezähnt.

- **Schutt- o. Felsfluren**
- an nährstoffarmen, kalkreichen Standorten
- einheimisch (subendemisch)

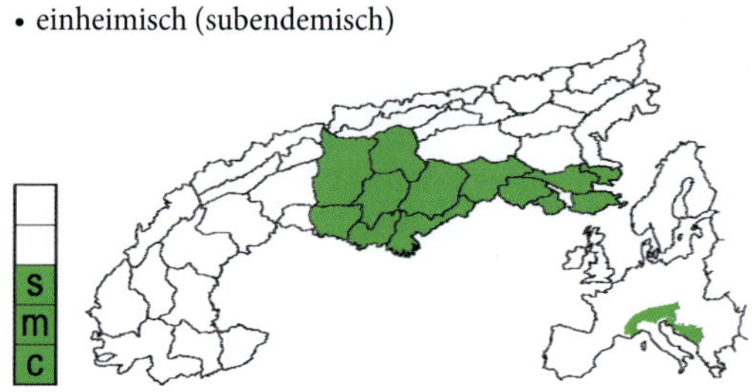

Campanula cochleariifolia Lam.

Zwerg-Glockenblume *Campanulaceae*
V–IX ∗ K5 C(5) A5 G($\overline{3}$)

Bis 15 cm hoch, rasig, mehrjährig. BLÜTENSTAND: **1–5-blütig**. BLÜTEN: gestielt, glockig-trichterförmig, ± so lang wie breit, meist hellblau. KRONE: 10–18 mm lang. KRONZIPFEL: < 0,5-mal so lang wie die Kronröhre. KELCHZIPFEL: **länglich-lineal**. FRUCHTSTIELE: **deutlich länger als die Kapsel mit Kelch**. FRÜCHTE: überhängend, **glatt**. STÄNGEL: **zur Blütezeit basal meist mit sterilen Rosettentrieben**; UNTEN: behaart. GRUNDBLÄTTER: **zur Blütezeit vorhanden**, oval bis rundlich. MITTLERE STÄNGELBLÄTTER: **lineal-lanzettlich**.

- subalpine o. alpine Rasen, **Schutt- o. Felsfluren, Alluvionen**
- an nährstoffarmen, basenreichen Standorten
- einheimisch

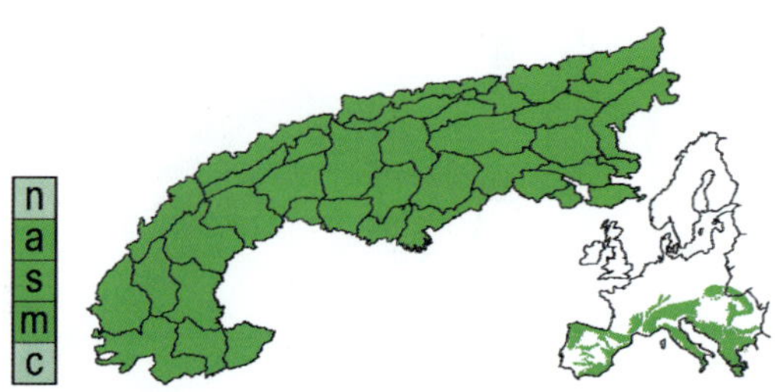

Campanula excisa Murith

Ausgeschnittene Glockenblume *Campanulaceae*
VI–VIII * K5 C(5) A5 G($\overline{3}$)

Bis 15 cm hoch, mehrjährig. Blüten: **meist einzeln**, gestielt, glockig-trichterförmig, meist bläulich-violett. Krone: 10–18 mm lang. Kronzipfel: **länglich-lanzettlich, mit abgerundeten basal verbreiterten Buchten**, 0,6–1-mal so lang wie die Kronröhre. Kelchzipfel: **länglich-lineal**. Früchte: überhängend. Stängel: basal niederliegend.

- subalpine o. alpine Rasen, **Schutt- o. Felsfluren**, Alluvionen
- an nährstoffarmen, sauren Standorten
- endemisch

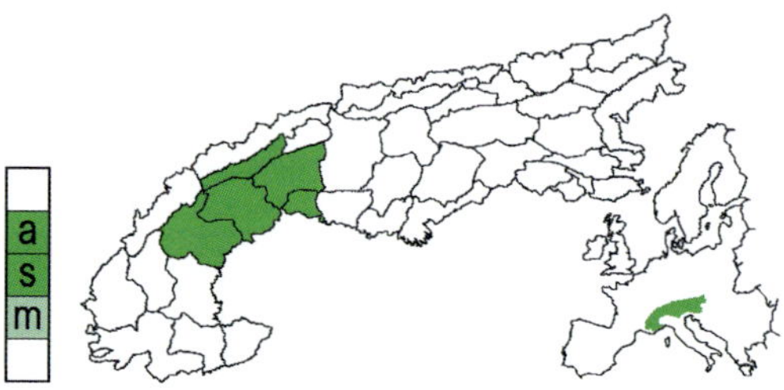

Campanula pulla L.

Dunkle Glockenblume *Campanulaceae*
V–VIII * K5 C(5) A5 G($\overline{3}$)

Bis 20 cm hoch, mehrjährig. Blütenstand: **1–3-blütig**. Blüten: gestielt, glockig-trichterförmig, meist dunkelblau-violett. Krone: 15–25 mm lang. Kronzipfel: < 0,5-mal so lang wie die Kronröhre. Kelchzipfel: **länglich-lineal**. Früchte: überhängend. Stängel: aufrecht. Grundblätter: **zur Blütezeit oft vergilbt**. mittlere Stängelblätter: **oval bis rautenförmig**.

- **Schutt- o. Felsfluren**, **Schneetälchen**
- an nährstoffarmen, kalkreichen Standorten
- endemisch

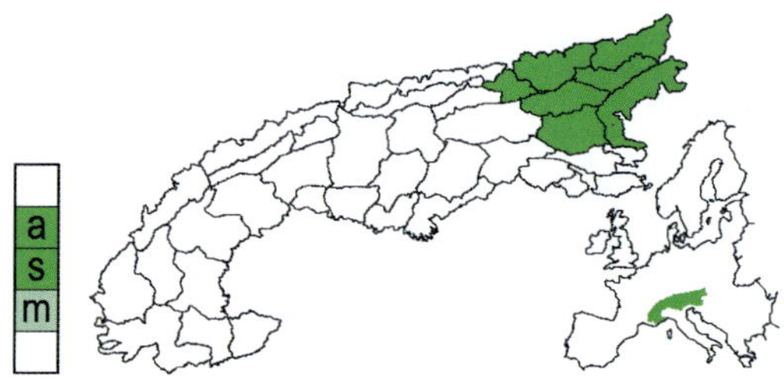

Campanula rhomboidalis L.

Rautenblättrige Glockenblume *Campanulaceae*
V–VIII * K5 C(5) A5 G($\overline{3}$)

20–80 cm hoch, mehrjährig. Blütenstand: meist ≥ 3-blütig. Blüten: gestielt, glockig-trichterförmig, meist bläulich-violett. Krone: 12–24 mm lang. Kronzipfel: < 0,5-mal so lang wie die Kronröhre. Kelchzipfel: **länglich-lineal**. Fruchtstiele: **kürzer bis etwas länger als die Kapsel mit Kelch**. Früchte: überhängend. Stängel: aufrecht. Blätter: **am Rand grob gezähnt**. untere Stängelblätter: **sitzend**. mittlere Stängelblätter: **oval bis rautenförmig**.

- Zwergstrauchheiden, Staudenfluren, Grünerlengebüsche, **Grünland**, Wälder
- an nährstoffreichen, basenreichen Standorten
- einheimisch

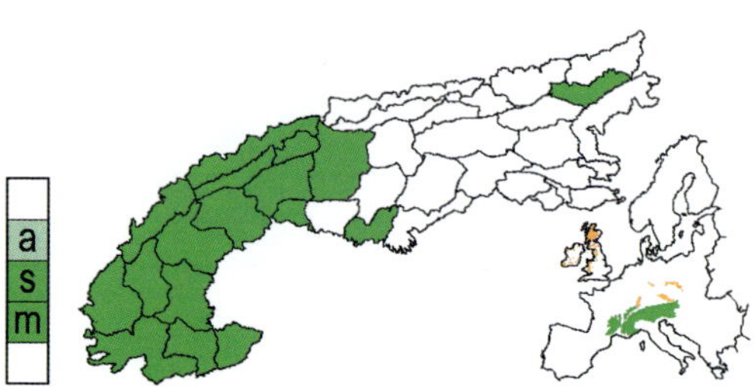

Campanula sabatia De Not.

Savona-Glockenblume *Campanulaceae*
V–VII * K5 C(5) A5 G($\overline{3}$)

20–50 cm hoch, mehrjährig. Blüten: gestielt, glockig-trichterförmig, meist bläulich-violett. Krone: 15–25 mm lang. Kelchzipfel: **aufwärts gebogen, länglich-lineal**. Blütenknospen: **aufrecht**. Früchte: aufrecht, **mit Papillen**. Stängel: aufrecht.

- **Schutt- o. Felsfluren**
- an nährstoffarmen, kalkreichen, trockenen Standorten
- endemisch

Campanula scheuchzeri Vill.

Scheuchzers Glockenblume *Campanulaceae*
VI–IX ∗ K5 C(5) A5 G($\overline{3}$)

10–30 cm hoch, mehrjährig. Blütenstand: **1–3-blütig**. Blüten: gestielt, glockig-trichterförmig, meist bläulich-violett. Krone: 15–30 mm lang. Kelchzipfel: **länglich-lineal**. Blütenknospen: **überhängend**. Fruchtstiele: **deutlich länger als die Kapsel mit Kelch**. Früchte: überhängend, **glatt**. Stängel: zur Blütezeit basal meist *ohne* sterile Rosettentriebe, unten meist kahl. Grundblätter: **zur Blütezeit oft vergilbt, oval bis herzförmig**. untere Stängelblätter: ungestielt. mittlere Stängelblätter: **lineal-lanzettlich, 3–12 mm breit, bewimpert**.

- **subalpine o. alpine Rasen**, Schutt- o. Felsfluren, Zwergstrauchheiden, **Staudenfluren**, **Grünerlen- o. Legföhrengebüsche**, **Grünland**, Wälder, Ruderalvegetation
- einheimisch

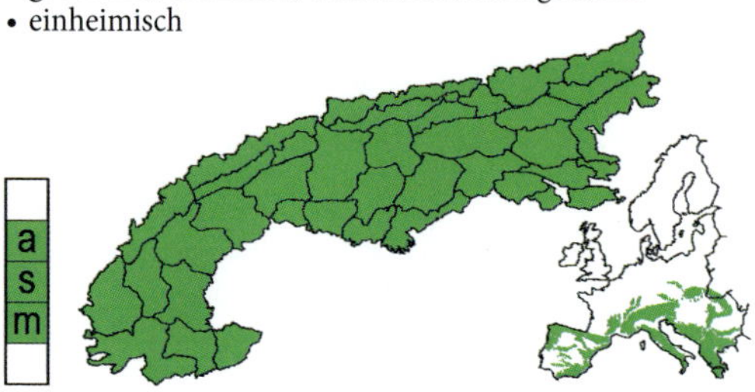

Campanula alpestris All.

Westalpen-Glockenblume *Campanulaceae*
V–IX ∗ K5 C(5) A5 G($\overline{3}$)

Bis 15 cm hoch, mehrjährig. Blütenstand: Blüten einzeln bis traubenartig. Blüten: gestielt, glockig-trichterförmig, **meist dunkelblau**. Krone: 30–40 mm lang. Kelchzipfel: **länglich-lanzettlich, ± 0,5-mal so lang wie die Krone**. Anhängsel der Kelchblätter: **4–6 mm lang**, oval. Stängel: basal niederliegend.

- subalpine o. alpine Rasen, **Schutt- o. Felsfluren**
- an nährstoffarmen, basenreichen Standorten
- einheimisch (subendemisch)

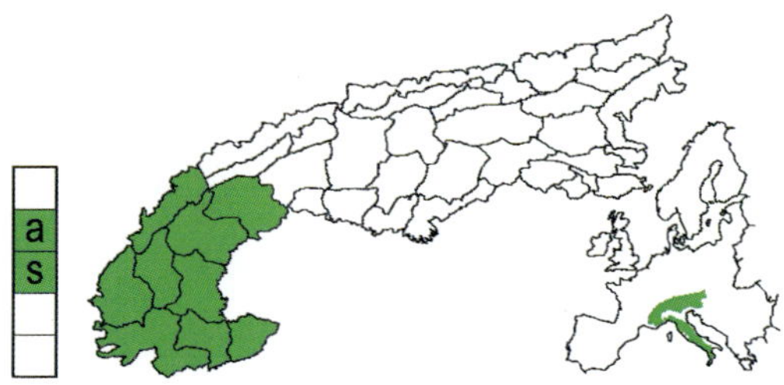

Campanula alpina Jacq.

Alpen-Glockenblume *Campanulaceae*
VI–VIII ∗ K5 C(5) A5 G($\overline{3}$)

Bis 20 cm hoch, 2- bis mehrjährig. Blütenstand: traubenartig. Blüten: gestielt, glockig-trichterförmig, meist bläulich-violett. Krone: 15–20 mm lang. Kelchzipfel: **länglich-lanzettlich, > 0,6-mal so lang wie die Krone**. Anhängsel der Kelchblätter: **< 1 mm lang**. Früchte: überhängend. Grundblätter: **länglich bis spatelförmig**.

- **subalpine o. alpine Rasen, Zwergstrauchheiden**
- an nährstoffarmen, sauren Standorten
- einheimisch

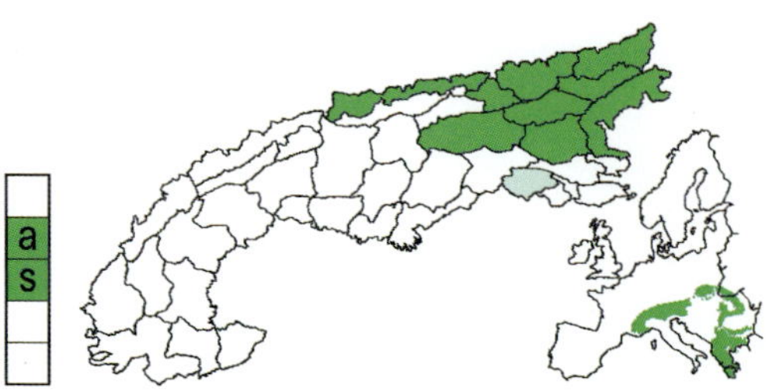

Campanula barbata L.

Bärtige Glockenblume *Campanulaceae*
V–VIII ∗ K5 C(5) A5 G($\overline{3}$)

10–40 cm hoch, mehrjährig. Blütenstand: traubenartig, **einseitswendig**. Blüten: gestielt, glockig-trichterförmig, **hellblau bis hellviolett**. Krone: 20–30 mm lang. Kronblätter: **innen lang behaart**. Kelchzipfel: **3-eckig, < 0,3-mal so lang wie die Krone**, basal 3–5 mm breit. Anhängsel der Kelchblätter: **1,5–3 mm lang**. Früchte: überhängend. Stängel: **zur Blütezeit basal meist mit sterilen Rosettentrieben**. Grundblätter: **rosettig**.

- **subalpine o. alpine Rasen, Zwergstrauchheiden**, Staudenfluren, Legföhrengebüsche, Grünland, **Wälder**
- an nährstoffarmen, sauren Standorten
- einheimisch

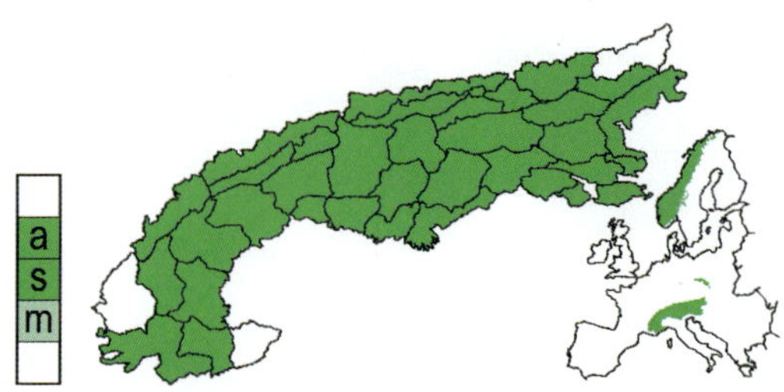

Campanula cenisia L.

Mont-Cenis Glockenblume *Campanulaceae*
VI–VIII ∗ K5 C(5) A5 G($\bar{3}$)

Bis 10 cm hoch, rasig, mehrjährig. Blüten: **einzeln**, gestielt, **meist hellblau**. Krone: **Kronzipfel ± ausgebreitet**, 10–20 mm ⌀. Kelchzipfel: **länglich-lanzettlich**. Früchte: aufrecht. Stängel: basal niederliegend. Blätter: **breit oval bis spatelförmig**. mittlere Stängelblätter: **länglich-oval bis lanzettlich**.

- subalpine o. alpine Rasen, **Schutt- o. Felsfluren**, Alluvionen
- an nährstoffarmen, basenreichen Standorten
- endemisch

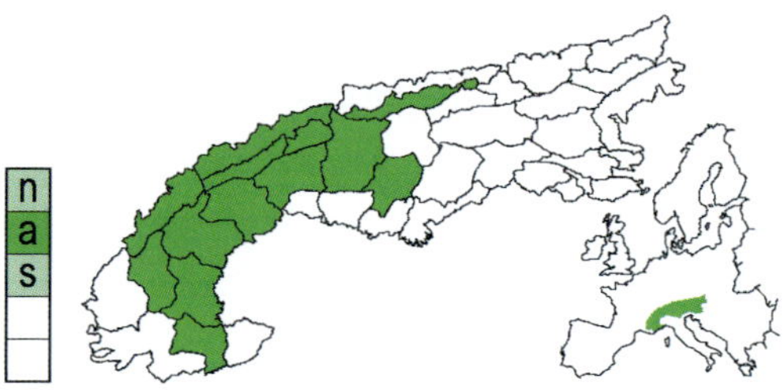

Campanula elatines L.

Piemonteser Glockenblume *Campanulaceae*
III–IX ∗ K5 C(5) A5 G($\bar{3}$)

Bis 30 cm hoch, mehrjährig. Blütenstand: lockerblütig, **meist ≥ 8-blütig**. Blüten: gestielt, glockig-trichterförmig, meist bläulich-violett. Krone: 10–20 mm ⌀. Kelchzipfel: **länglich-lanzettlich**, 3–6 mm lang. Stängel: niederliegend bis überhängend. Blätter: behaart, **am Rand spitz gesägt**; oberseits: grünlich; unterseits: grünlich.

- **Schutt- o. Felsfluren**
- an nährstoffarmen, sauren, meist trockenen Standorten
- endemisch

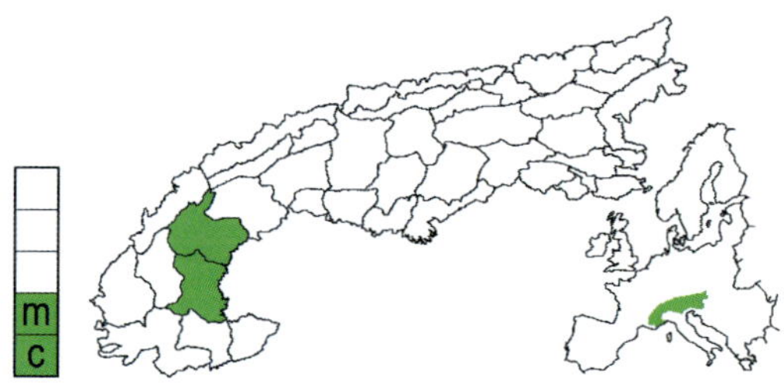

Campanula elatinoides Moretti

Insubrische Glockenblume *Campanulaceae*
V–VIII ∗ K5 C(5) A5 G($\bar{3}$)

Bis 15 cm hoch, mehrjährig. Blütenstand: dichtblütig, **meist ≥ 8-blütig**. Blüten: gestielt, glockig-trichterförmig, meist bläulich-violett. Krone: 10–20 mm ⌀. Kelchzipfel: **länglich-lanzettlich**, 3–6 mm lang. Stängel: niederliegend bis überhängend. Blätter: **weißlich wollig behaart, am Rand spitz gesägt**.

- **Schutt- o. Felsfluren**
- an nährstoffarmen, kalkreichen, trockenen Standorten
- endemisch

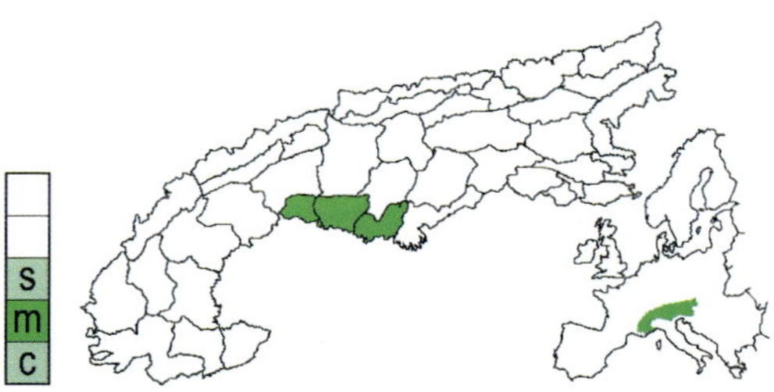

Campanula isophylla Moretti

Kap-Noli-Glockenblume *Campanulaceae*
VI–IX ∗ K5 C(5) A5 G($\bar{3}$)

Bis 20 cm hoch, mehrjährig. Blütenstand: doldenartig, mit verkürzten Internodien, meist ≥ 8-blütig. Blüten: lang gestielt, glockig-trichterförmig, meist bläulich-violett. Krone: 20–40 mm ⌀. Kelchzipfel: **länglich-lanzettlich**, 7–12 mm lang. Stängel: niederliegend bis überhängend. Blätter: **herzförmig**, am Rand seicht gezähnt.

- **auf (Küsten-) Felsen**
- an nährstoffarmen, kalkreichen, trockenen Standorten
- endemisch

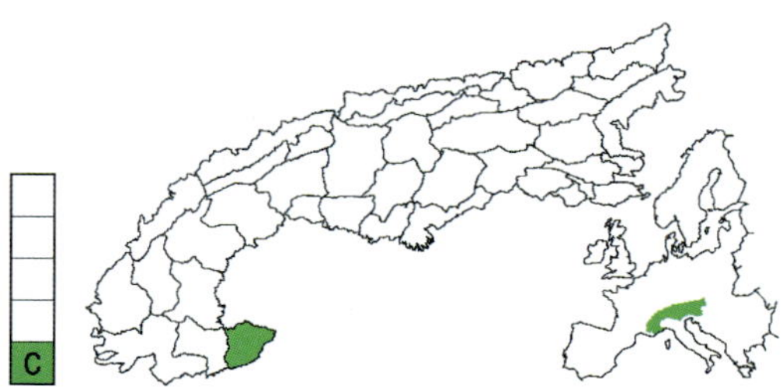

Campanula morettiana Rchb.

Dolomiten-Glockenblume *Campanulaceae*
VII–IX ∗ K5 C(5) A5 G($\overline{3}$)

Bis 10 cm hoch, mehrjährig. BLÜTENSTAND: **1–2-blütig**. BLÜTEN: gestielt, glockig-trichterförmig, meist bläulich-violett. KRONE: 16–30 mm lang. KELCHZIPFEL: **länglich-lanzettlich**. STÄNGEL: basal niederliegend. BLÄTTER: borstig behaart, am Rand gezähnt.

- **Schutt- o. Felsfluren**
- an nährstoffarmen, kalkreichen Standorten
- endemisch

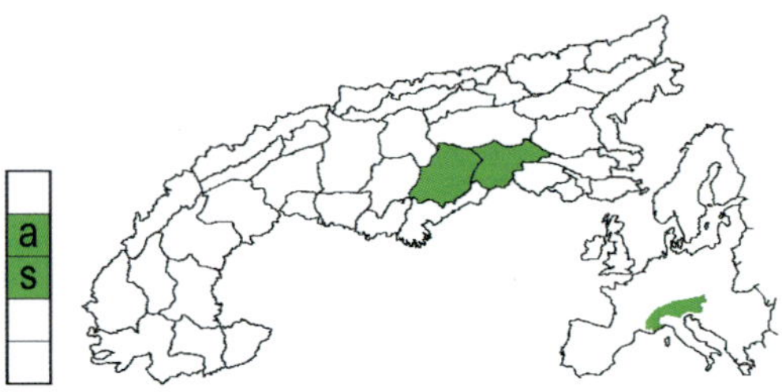

Campanula petraea L.

Felsen-Glockenblume *Campanulaceae*
V–IX ∗ K5 C(5) A5 G($\overline{3}$)

10–60 cm hoch, mehrjährig. BLÜTENSTAND: **ein endständiges Köpfchen**. BLÜTEN: **sitzend**, glockig-trichterförmig, **weißlich bis hellgelblich**. KRONE: 10–14 mm lang. GRIFFEL: **> 2-mal so lang wie die Krone**. BLÄTTER: UNTERSEITS: **gräulich bis weißlich filzig behaart**. GRUNDBLÄTTER: **lanzettlich bis oval**. – Inkl. *C. albicans*.

- **Schutt- o. Felsfluren**
- an nährstoffarmen, kalkreichen Standorten
- endemisch

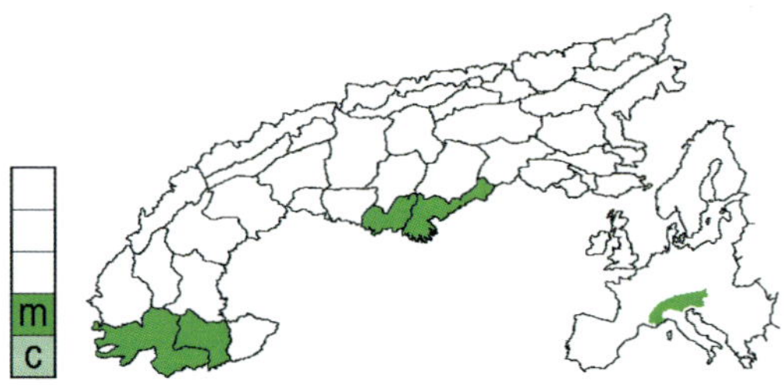

Campanula raineri Perp.

Rainers Glockenblume *Campanulaceae*
V–X ∗ K5 C(5) A5 G($\overline{3}$)

Bis 10 cm hoch, mehrjährig. BLÜTENSTAND: **1–5-blütig**. BLÜTEN: gestielt, glockig-trichterförmig, meist hellblau bis violett. KELCHZIPFEL: **länglich-lanzettlich**. STÄNGEL: niederliegend bis überhängend. BLÄTTER: kahl o. mit sehr kurzen Haaren, am Rand gezähnt. GRUNDBLÄTTER: spatelförmig bis oval.

- **Schutt- o. Felsfluren**
- an nährstoffarmen, kalkreichen Standorten
- endemisch

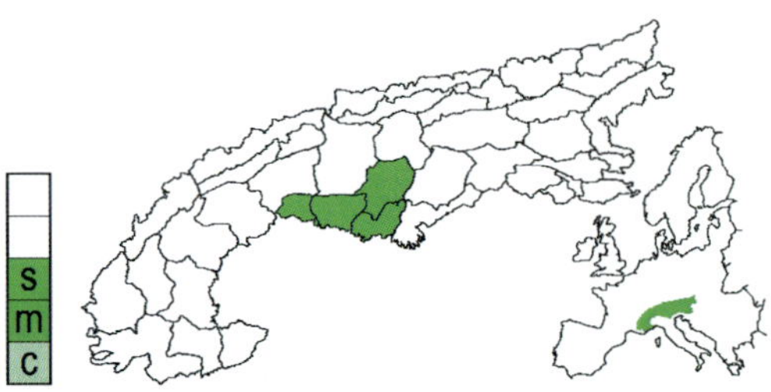

Campanula thyrsoides L.

Strauß-Glockenblume *Campanulaceae*
VI–VIII ∗ K5 C(5) A5 G($\overline{3}$)

10–40 cm hoch, mehrjährig. PFLANZEN: steif behaart. BLÜTENSTAND: **ährenrispenartig**. BLÜTEN: **sitzend**, glockig-trichterförmig, **hellgelb**. GRUNDBLÄTTER: **rosettig**.

- **subalpine o. alpine Rasen**, Schutt- o. Felsfluren, **Staudenfluren, Wälder**
- an basenreichen Standorten
- einheimisch

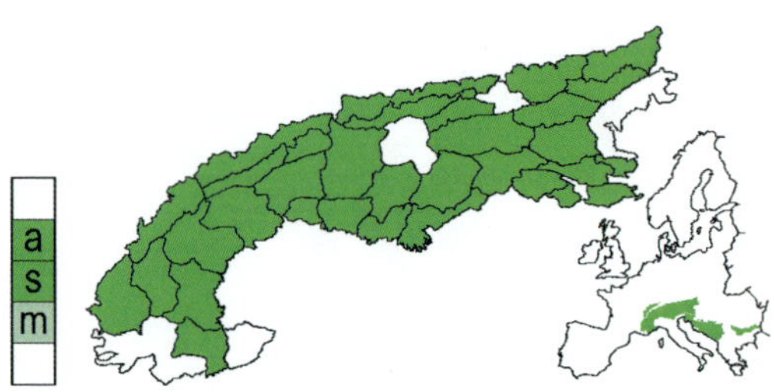

us

Campanula zoysii Wulfen

Zoys' Glockenblume *Campanulaceae*
VI–VIII ∗ K5 C(5) A5 G($\overline{3}$)

Bis 10 cm hoch, mehrjährig. Pflanzen: kahl. Blüten: gestielt, glockig-trichterförmig, meist bläulich-violett. Krone: bauchig erweitert, distal verschmälert. Kelchzipfel: **länglich-lanzettlich**. Stängel: basal niederliegend. Blätter: oval, **ganzrandig**.

- **Schutt- o. Felsfluren**
- an nährstoffarmen, kalkreichen Standorten
- endemisch

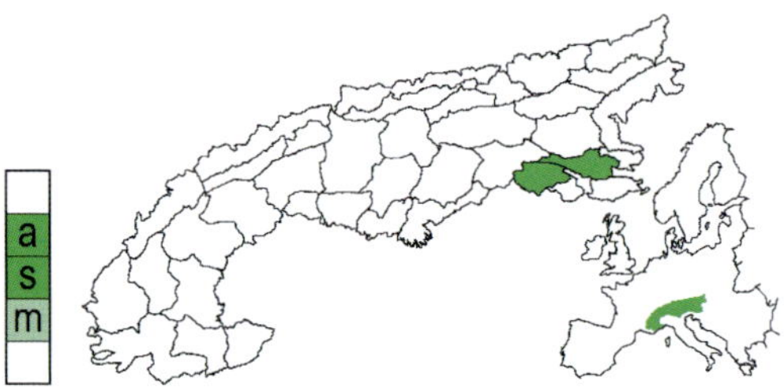

Physoplexis comosa (L.) Schur

Schopfrapunzel *Campanulaceae*
V–IX ∗ K5 C(5) A5 G($\overline{2}$)

Bis 15 cm hoch, mehrjährig. Pflanzen: oft mit Milchsaft. Blütenstand: **köpfchenartig, halb-kugelig bis kurz eiförmig**, 3–8 cm ⌀, meist 8–20-blütig. Tragblätter der Blüten: vorhanden. Blüten: kurz gestielt, **hellrot bis violett, distal dunkelviolett**. Krone: **basal erweitert, gebogen, 16–20 mm lang**. Kronzipfel: **auch während der Blüte miteinander verwachsen**, länglich-lineal. Narben: 2. Früchte: Kapseln. Stängel: basal niederliegend. Blätter: breit oval bis lanzettlich, grob gezähnt.

- **Schutt- o. Felsfluren**
- an nährstoffarmen, kalkreichen Standorten
- endemisch

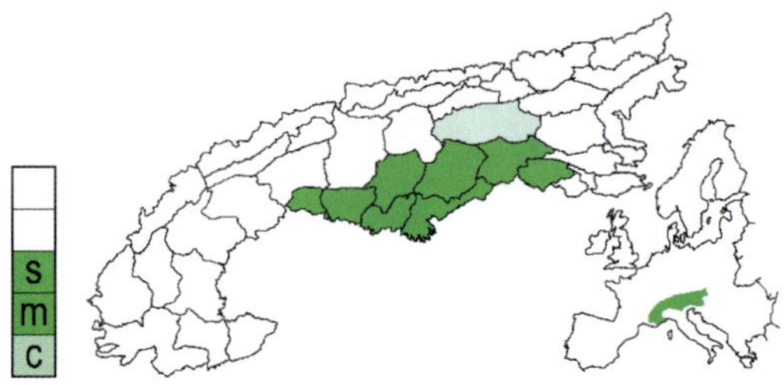

***Phyteuma*:** mehrjährige Kräuter, oft mit Milchsaft. Tragblätter der Blüten: vorhanden, oft klein. Blüten: sitzend. Krone: gebogen. Kronzipfel: länglich-lineal, zunächst miteinander verwachsen, später ± bis zum Grund aufreißend. Früchte: Kapseln. Blütenformel: ∗ K5 C(5) A5 G($\overline{2-3}$).

Phyteuma orbiculare L.

Kugelrapunzel *Campanulaceae*
V–IX ∗ K5 C(5) A5 G($\overline{2-3}$)

10–50 cm hoch. Blütenstand: **halb-kugelig bis kurz eiförmig, < 2,5 cm lang**, 2,5–3,5 cm ⌀. Hüllblätter: **länglich-oval bis lanzettlich**, > 2-mal so lang wie breit, **± so lang wie der Blütenstand**. Blüten: dunkelblau bis violett. Kelchzipfel: **2–3 mm lang**. Narben: **meist 3**. Grundblätter: **1,5–4-mal so lang wie breit**, länglich-lanzettlich bis herzförmig, gekerbt bis grob gesägt.

- **subalpine o. alpine Rasen**, Staudenfluren, Moore o. Seggenriede, **Grünland**, Wälder
- an nährstoffarmen, basenreichen Standorten
- einheimisch

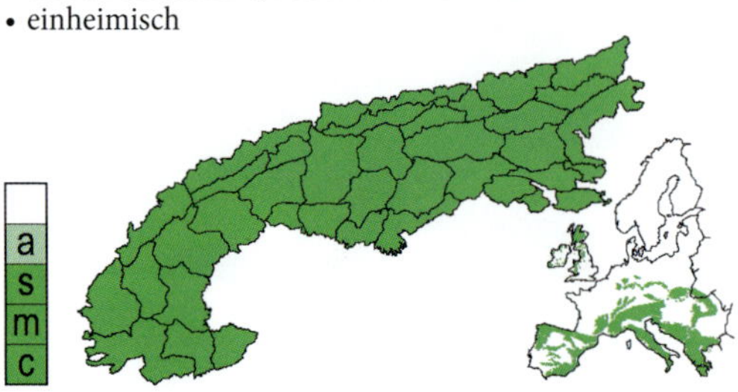

Phyteuma betonicifolium Vill.

Betonienblättrige Rapunzel *Campanulaceae*
V–IX ∗ K5 C(5) A5 G($\overline{2-3}$)

15–60 cm hoch. Blütenstand: **länglich-eiförmig bis zylindrisch, 2,5–10 cm lang**. Blüten: dunkelblau bis violett. Narben: **meist 3**. Blütenknospen: **± gerade**. Grundblätter: **2–6-mal so lang wie breit, länglich bis lanzettlich**.

- Schutt- o. Felsfluren, **Zwergstrauchheiden, Staudenfluren, Grünland, Wälder**
- an nährstoffarmen, sauren Standorten
- einheimisch (subendemisch)

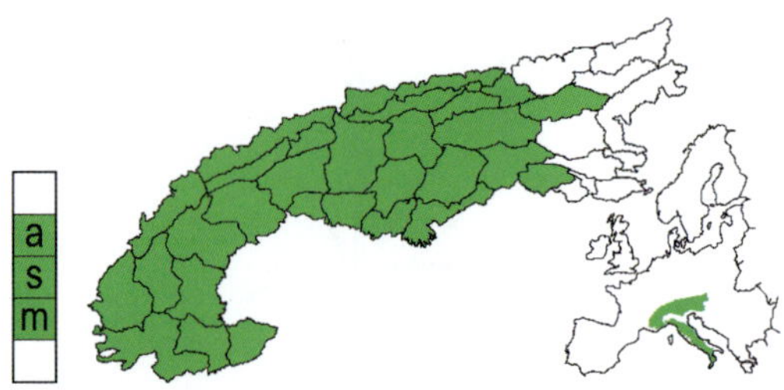

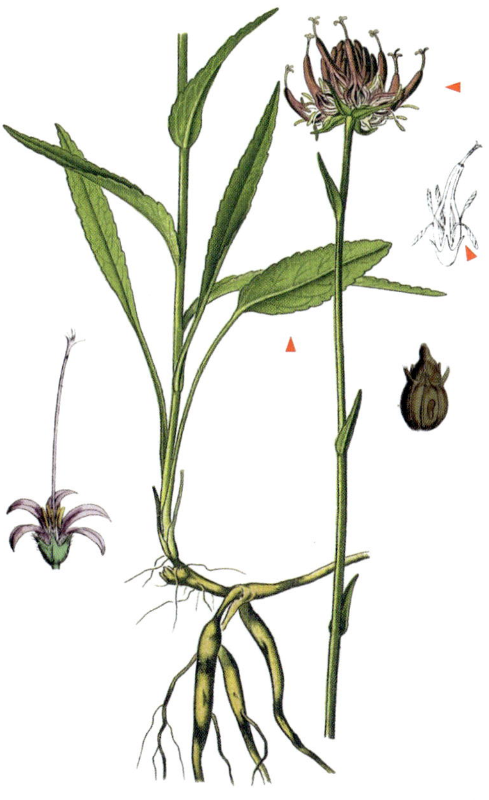

Phyteuma charmelii Vill.

Charmeils Rapunzel *Campanulaceae*
VI–IX ∗ K5 C(5) A5 G($\overline{2-3}$)

Bis 25 cm hoch. Blütenstand: **halb-kugelig bis kurz eiförmig, < 2,5 cm lang**, 1,2–2,5 cm ⌀. Hüllblätter: **lineal bis lanzettlich**. Blüten: dunkelblau bis violett. Narben: 2–3. Stängel: aufrecht. Grundblätter: **2–10-mal so lang wie breit, die untersten meist herzförmig**. mittlere Stängelblätter: **basal keilförmig verschmälert, ganzrandig bis seicht gezähnt**. – Inkl. *P. villarsii* (vgl. Schneeweiss et al. 2013).

- **Schutt- o. Felsfluren**
- an nährstoffarmen, basenreichen, meist trockenen Standorten
- einheimisch

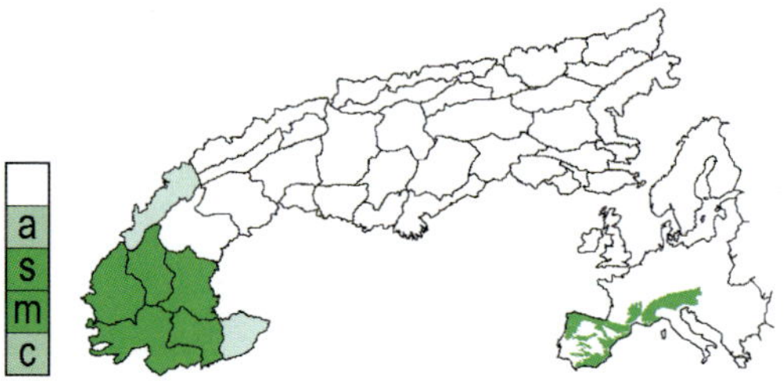

Phyteuma confusum A. Kern.

Zungenblättrige Rapunzel *Campanulaceae*
VI–IX ∗ K5 C(5) A5 G($\overline{3}$)

Bis 20 cm hoch. Blütenstand: **halb-kugelig bis kurz eiförmig, < 2,5 cm lang**, 1,5–2,5 cm ⌀, 5–20-blütig. Hüllblätter: **oval**. Blüten: dunkelblau bis violett. Narben: **3**. Stängel: aufrecht. Grundblätter: 3–10 cm lang, > **10-mal so lang wie breit, in der distalen Hälfte am breitesten**, länglich-lanzettlich bis spatelförmig.

- **subalpine o. alpine Rasen, Schutt- o. Felsfluren, Zwergstrauchheiden**
- an sauren Standorten
- einheimisch

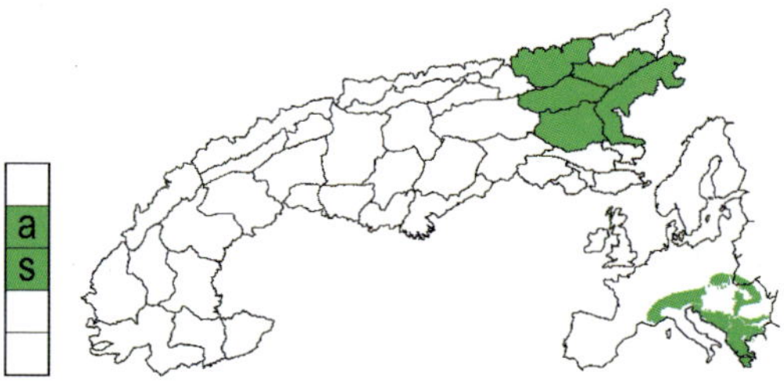

Phyteuma cordatum Balb.

Seealpen-Rapunzel *Campanulaceae*
V–VIII ∗ K5 C(5) A5 G($\overline{3}$)

10–30 cm hoch. Blütenstand: **halb-kugelig bis kurz zylindrisch, 1–5 cm lang**. Hüllblätter: **lineal bis lanzettlich, meist kürzer als der Blütenstand**. Blüten: bläulich-violett bis weißlich. Narben: **3**. Grundblätter: **breit oval bis herzförmig, basal ausgerandet**. obere Stängelblätter: **breit lanzettlich, (grob) gezähnt**.

- **Schutt- o. Felsfluren**, Extensivgrünland o. Magerrasen
- an nährstoffarmen, kalkreichen Standorten
- endemisch

Phyteuma globulariifolium Sternb. & Hoppe

Armblütige Rapunzel *Campanulaceae*
VI–X ∗ K5 C(5) A5 G($\overline{3}$)

Bis 10 cm hoch. Blütenstand: **halb-kugelig bis kurz eiförmig, < 2,5 cm lang**, 1–1,5 cm ⌀, 2–10-blütig. Hüllblätter: **oval**. Blüten: dunkelblau bis violett. Narben: 2–3. Stängel: basal niederliegend. Grundblätter: 1–5 cm lang, **< 10-mal so lang wie breit, in der distalen Hälfte am breitesten**, länglich-lanzettlich bis spatelförmig.

- **subalpine o. alpine Rasen, Schutt- o. Felsfluren**
- an nährstoffarmen, sauren Standorten
- einheimisch

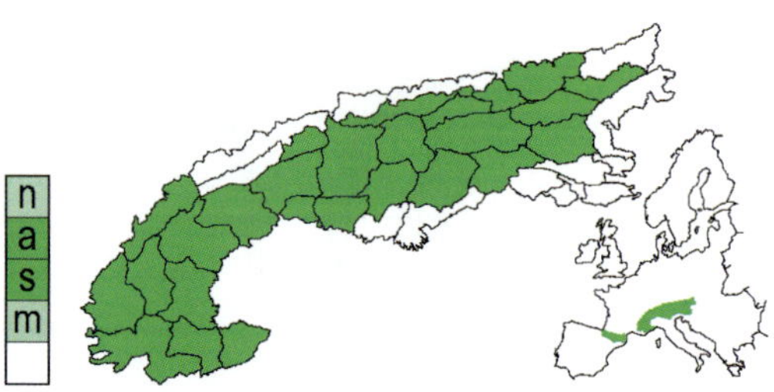

Phyteuma hedraianthifolium Rich. Schulz

Rätische Rapunzel *Campanulaceae*
VI–VIII ∗ K5 C(5) A5 G($\overline{2–3}$)

Bis 15 cm hoch. Blütenstand: **halb-kugelig bis kurz eiförmig, < 2,5 cm lang**, 1,5–3 cm ⌀. Hüllblätter: **lineal**. Blüten: dunkelblau bis violett. Narben: **meist 3**. Grundblätter: **> 8-mal so lang wie breit, lineal bis länglich**.

- subalpine o. alpine Rasen, **Schutt- o. Felsfluren**
- an nährstoffarmen, sauren Standorten
- endemisch

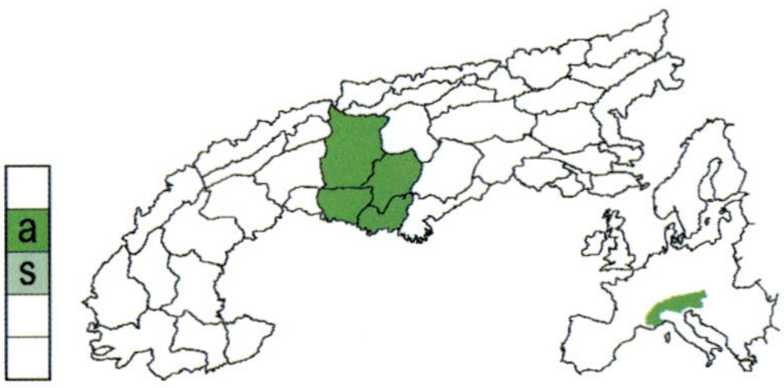

Phyteuma hemisphaericum L.

Halbkugelige Rapunzel *Campanulaceae*
VI–VIII ∗ K5 C(5) A5 G($\overline{2–3}$)

Bis 15 cm hoch. Blütenstand: **halb-kugelig bis kurz eiförmig, < 2,5 cm lang**, 1–2 cm ⌀. Hüllblätter: **lanzettlich bis oval**. Blüten: dunkelblau bis violett. Narben: **meist 3**. Grundblätter: **> 8-mal so lang wie breit, lineal bis länglich**.

- **subalpine o. alpine Rasen, Schutt- o. Felsfluren, Zwergstrauchheiden**
- an nährstoffarmen, sauren Standorten
- einheimisch

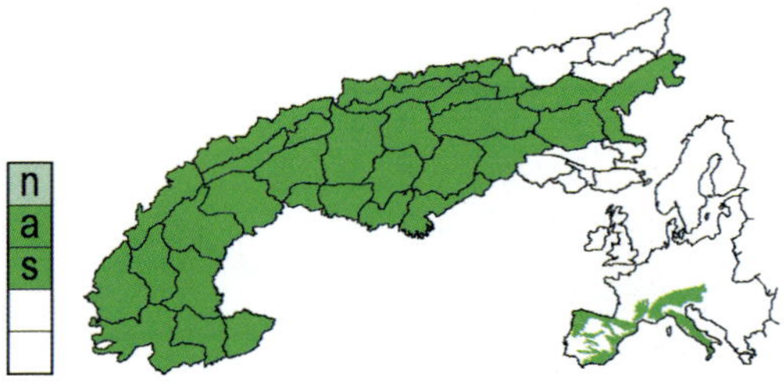

Phyteuma humile Gaudin

Niedrige Rapunzel *Campanulaceae*
VI–VIII ∗ K5 C(5) A5 G($\overline{2–3}$)

Bis 15 cm hoch. Blütenstand: **halb-kugelig bis kurz eiförmig, < 2,5 cm lang**, 1,5–3 cm ⌀. Hüllblätter: **lanzettlich bis oval**. Blüten: dunkelblau bis violett. Narben: **meist 3**. Grundblätter: **> 8-mal so lang wie breit, lineal bis länglich**.

- subalpine o. alpine Rasen, **Schutt- o. Felsfluren**
- an nährstoffarmen, sauren, auch serpentinhaltigen Standorten
- endemisch

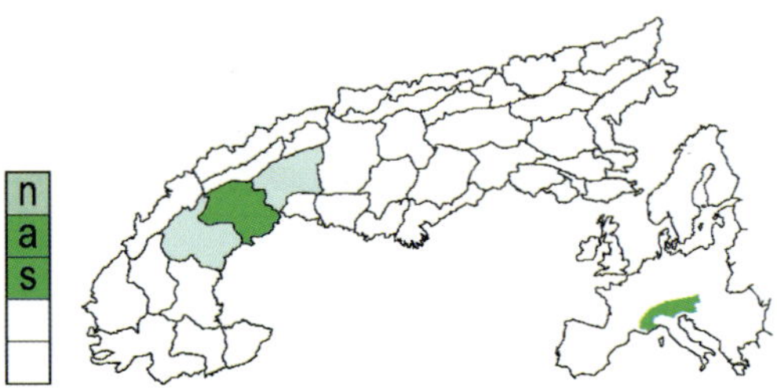

Phyteuma michelii All.

Westalpen-Rapunzel *Campanulaceae*
V–VIII ∗ K5 C(5) A5 G($\overline{2}$)

20–40 cm hoch. Blütenstand: **länglich-eiförmig bis kurz zylindrisch, 2–5 cm lang**. Blüten: dunkelblau bis violett. Narben: **2**. Blütenknospen: **± gerade**. Grundblätter: zur Blütezeit oft vergilbt o. fehlend, **2–6-mal so lang wie breit, länglich-lanzettlich bis herzförmig**.

- **subalpine o. alpine Rasen**, Schutt- o. Felsfluren
- an nährstoffarmen, sauren Standorten
- endemisch

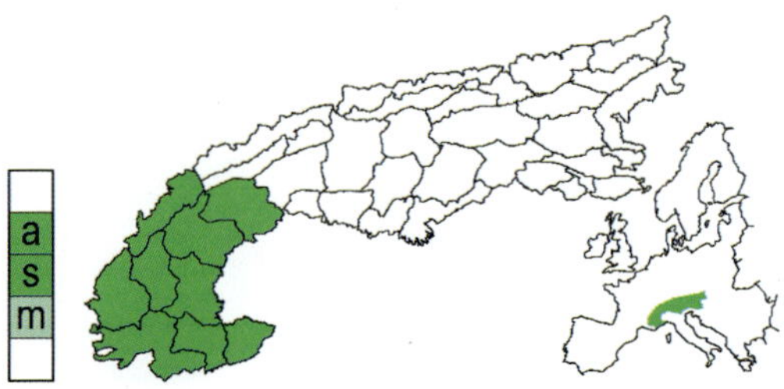

Phyteuma persicifolium Hoppe

Pfirsichblättrige Rapunzel *Campanulaceae*
VI–VIII ∗ K5 C(5) A5 $G(\overline{2})$

30–100 cm hoch. Blütenstand: **länglich-eiförmig bis zylindrisch, 2,5–10 cm lang.** Blüten: dunkelblau bis violett. Narben: **2.** Blütenknospen: **± gerade.** Grundblätter: zur Blütezeit vorhanden, **2–10-mal so lang wie breit, lineal bis länglich-lanzettlich.**

- subalpine o. alpine Rasen, **Staudenfluren, Grünland, Wälder**
- an nährstoffarmen, sauren Standorten
- einheimisch (subendemisch)

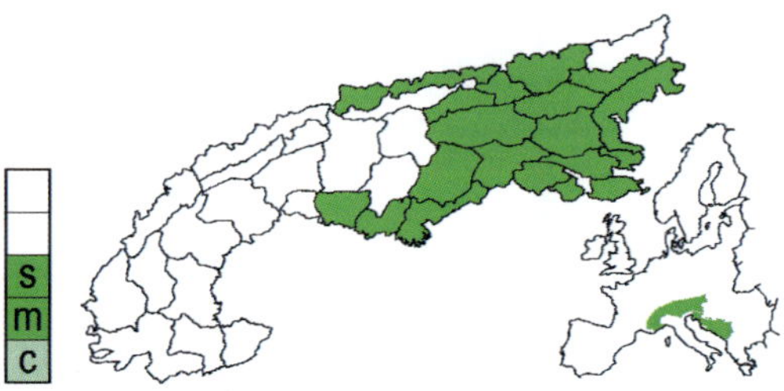

Phyteuma scheuchzeri All.

Scheuchzers Rapunzel *Campanulaceae*
V–IX ∗ K5 C(5) A5 $G(\overline{3})$

10–40 cm hoch. Blütenstand: **halb-kugelig bis kurz eiförmig, < 3,5 cm lang,** 2–3,5 cm ⌀. Hüllblätter: **lineal bis lanzettlich, das längste länger als der Blütenstand.** Blüten: dunkelblau bis violett. Narben: **3.** Grundblätter: **länglich-lanzettlich bis herzförmig.** obere Stängelblätter: schmal lanzettlich, meist seicht gezähnt.

In den Alpen die subsp. *scheuchzeri* (endemisch) u. *columnae* (vgl. S. 736).

- subalpine o. alpine Rasen, **Schutt- o. Felsfluren**
- an nährstoffarmen Standorten
- einheimisch

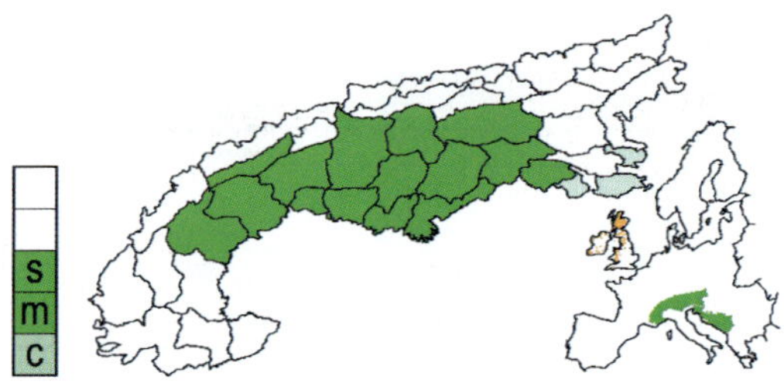

Phyteuma sieberi Spreng.

Dolomiten-Rapunzel *Campanulaceae*
VI–VIII ∗ K5 C(5) A5 $G(\overline{3})$

Bis 25 cm hoch. Blütenstand: **halb-kugelig bis kurz eiförmig, < 2,5 cm lang,** 1–2,5 cm ⌀. Hüllblätter: **breit oval bis lanzettlich,** 1–1,5-mal so lang wie breit, **meist kürzer als der Blütenstand,** deutlich gezähnt. Blüten: dunkelblau bis violett. Narben: **3.** Grundblätter: **länglich-lanzettlich bis herzförmig.**

- **subalpine o. alpine Rasen, Schutt- o. Felsfluren**
- an nährstoffarmen, kalkreichen Standorten
- endemisch (?)

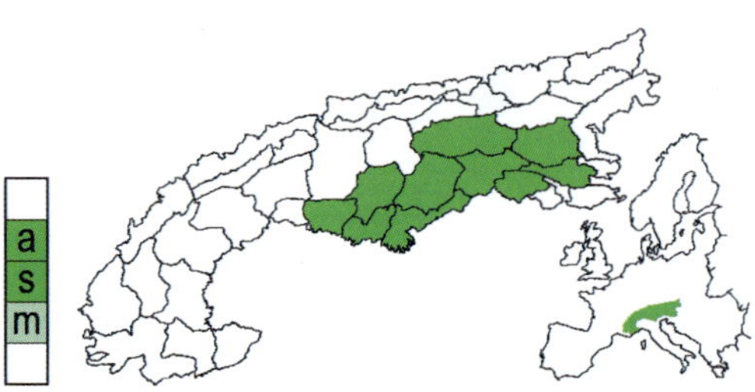

Berardia lanuginosa (Lam.) Fiori

Berardie *Asteraceae*
VI–X ∗ [P(5) A(5)] $G(\overline{2})$

Bis 15 cm hoch, mehrjährig. Pflanzen: **dicht gräulich-wollig behaart.** Blütenstand: **1 vom Hüllkelch umgebenes Köpfchen.** Köpfchen: **nur mit Röhrenblüten, 30–70 mm ⌀.** Hüllblätter: **3–4-reihig,** länglich-lanzettlich, spitz. Blüten: **(hell) gelb.** Früchte: 10–15 mm lang, gelblich, kahl. Pappus: 10–20 mm lang, **hellbraun.** Blätter: **oval bis herzförmig,** deutlich vom Stiel abgesetzt. Grundblätter: meist niederliegend.

- subalpine o. alpine Rasen, **Schutt- o. Felsfluren**
- an nährstoffarmen, basenreichen Standorten
- endemisch

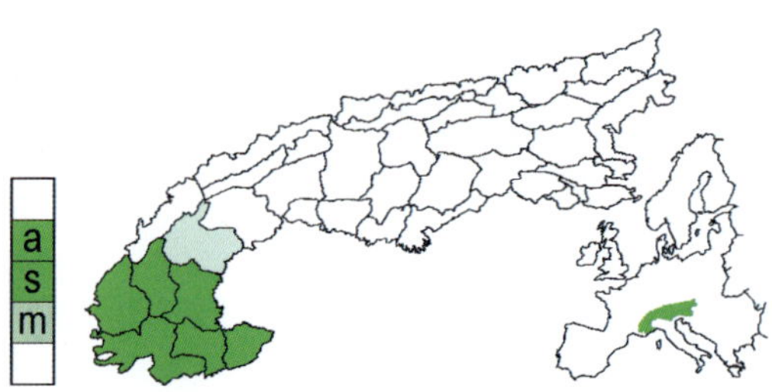

Carduus: distelartige Kräuter. Köpfchen: nur mit Röhrenblüten, mit Spreublättern bzw. -borsten. Kronröhre: distal mit 1-2 mm langer Erweiterung. Pappus: mit einfachen Borsten, basal ringförmig verwachsen, als Ganzes abfallend. Blütenformel: ∗ [P(5) A(5)] G($\bar{2}$).

Carduus aurosicus Chaix

Aurouze-Distel *Asteraceae*
VI–IX ∗ [P(5) A(5)] G($\bar{2}$)

10–30 cm hoch, mehrjährig. Blütenstand: in ähren- bis rispenartigem Gesamtblütenstand, **Köpfchen einzeln o. knäuelig genähert, meist < 3 Köpfchen pro Knäuel**. Köpfchen: 25–40 mm ⌀. Stängel: **zumindest oben stachelig geflügelt, Stacheln 3–7 mm lang**. Blätter: **fiederspaltig**; unterseits: **grau- bis blaugrün**, allenfalls auf den Nerven spärlich behaart.

- **Schutt- o. Felsfluren**, Extensivgrünland o. Magerrasen
- an nährstoffarmen, kalkreichen Standorten
- endemisch

Carduus defloratus L.

Alpen-Distel *Asteraceae*
V–IX ∗ [P(5) A(5)] G($\bar{2}$)

25–80 cm hoch, mehrjährig. Blütenstand: **Köpfchen meist einzeln**. Köpfchen: 15–30 mm ⌀. Stängel: **oben *nicht* stachelig geflügelt**. Blätter: beidseits mit je > 12 zuweilen stacheligen Zähnen; unterseits: **kahl bis spärlich behaart**.

In den Alpen die subsp. *defloratus*, *carlinifolius*, *glaucus*, *rhaeticus* (endemisch) u. *summanus* (vgl. S. 736).

- **subalpine o. alpine Rasen**, **Schutt- o. Felsfluren**, Zwergstrauchheiden, **Staudenfluren**, Legföhrengebüsche, **Extensivgrünland o. Magerrasen**, **Wälder**, Ruderalvegetation
- an basenreichen Standorten
- einheimisch

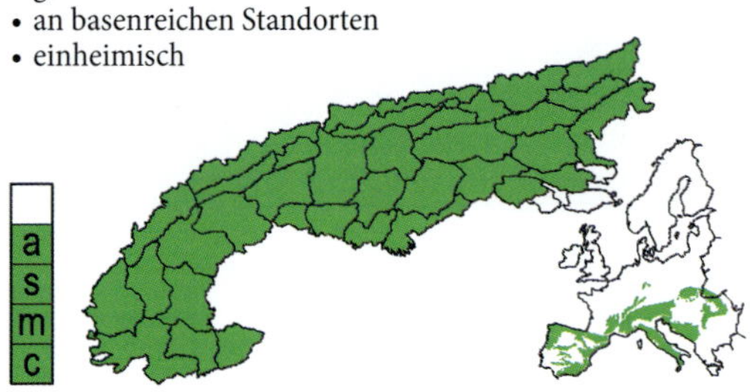

Carduus litigiosus Nocca & Balb.

Streit-Distel *Asteraceae*
III–VIII ∗ [P(5) A(5)] G($\bar{2}$)

30–100 cm hoch, mehrjährig. Blütenstand: **Köpfchen einzeln oder zu wenigen knäuelig genähert**. Köpfchen: 20–40 mm ⌀. Stängel: **zumindest oben stachelig geflügelt**. Blätter: **tief gelappt bis fiederspaltig**; unterseits: **oft graugrün, filzig behaart**.

In den Alpen die subsp. *litigiosus* u. *horridissimus* (vgl. S. 736).

- subalpine o. alpine Rasen, **Alluvionen**, **Extensivgrünland o. Magerrasen**, Wälder, **Macchien o. Garrigues**, **Ruderalvegetation**
- an trockenen Standorten
- einheimisch

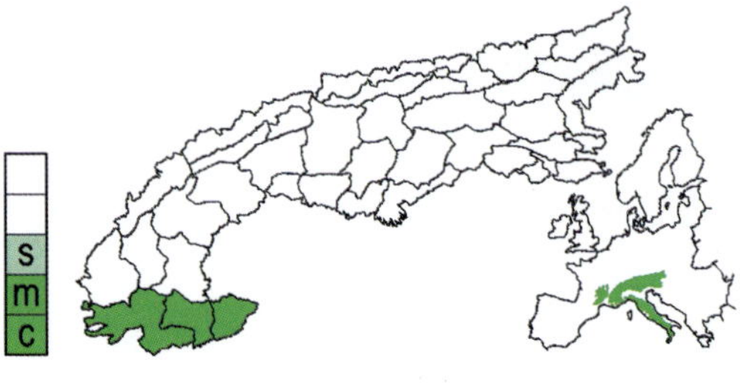

Carduus nutans L.

Nickende Distel *Asteraceae*
VI–IX ∗ [P(5) A(5)] G($\bar{2}$)

30–120 cm hoch, 2- bis mehrjährig. Blütenstand: meist überhängend, **Köpfchen meist einzeln**. Köpfchen: **30–80 mm ⌀**. Hüllblätter: **mit starrer, hakig gebogener bis zurückgebogener Spitze**. mittlere Hüllblätter: **oberhalb des ovalen Grundes eingeschnürt u. geknickt**. Stängel: **zumindest oben stachelig geflügelt**. Blätter: mit langen, derben Stacheln, **tief gelappt bis fiederspaltig**; unterseits: **zumindest auf den Nerven behaart**.

In den Alpen die subsp. *nutans*, *alpicola* (endemisch) u. *platylepis* (endemisch) (vgl. S. 736).

- Alluvionen, **Staudenfluren**, Grünland, Wälder, **Ruderalvegetation**
- an basenreichen, meist trockenen Standorten
- einheimisch

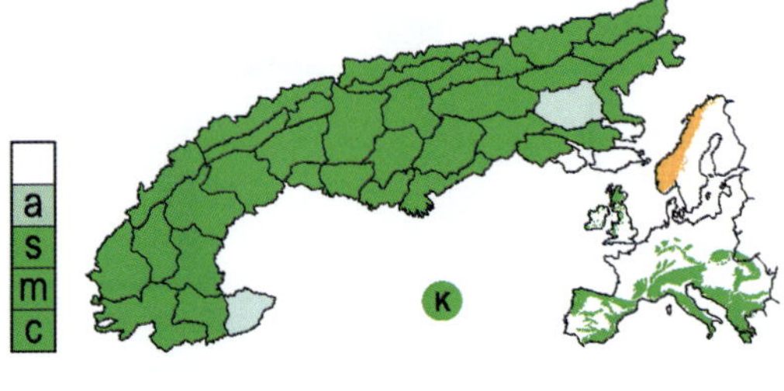

us

Carduus personata (L.) Jacq.

Kletten-Distel *Asteraceae*
VI–VIII ∗ [P(5) A(5)] G($\overline{2}$)

60–200 cm hoch, mehrjährig. Blütenstand: **Köpfchen meist knäuelig genähert, meist 3–5 Köpfchen pro Knäuel**. Köpfchen: 15–30 mm ⌀. Äussere Hüllblätter: länger als die inneren. Stängel: **zumindest oben stachelig geflügelt**. Blätter: **ungeteilt bis fiederspaltig**; unterseits: **meist graugrün, ± dicht behaart**. obere Stängelblätter: ungeteilt, am Rand gezähnt bis seicht gelappt, **basal abgerundet bis ausgerandet**.

In den Alpen nur die subsp. *personata* (?), Angaben von subsp. *albida* für Norditalien wohl fehlerhaft (vgl. AG Flora Italiana 2020ff).

- subalpine o. alpine Rasen, **Alluvionen**, Staudenfluren, **Extensivgrünland o. Magerrasen**, Wälder, **Macchien o. Garrigues**, **Ruderalvegetation**
- an nährstoffreichen, feuchten bis nassen Standorten
- einheimisch

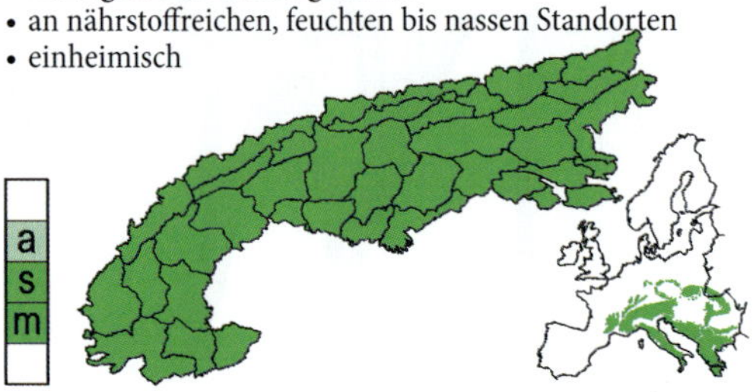

Cirsium: distelartige Kräuter. Köpfchen: nur mit Röhrenblüten, mit Spreublättern bzw. -borsten. Pappus: mehrreihig, mit verzweigten Borsten, basal ringförmig verwachsen, als Ganzes abfallend. Blütenformel: ∗ [P(5) A(5)] G($\overline{2}$).

Cirsium acaulon (L.) Scop.

Stängellose Kratzdistel *Asteraceae*
VI–IX ∗ [P(5) A(5)] G($\overline{2}$)

Bis 25 cm hoch. Blütenstand: Stängel 1- bis wenigköpfig. Köpfchen: 20–50 mm ⌀. Blüten: meist rötlich-violett. Stängel: fehlend bzw. < 10 cm lang. Blätter: **gelappt bis fiederspaltig**.

In den Alpen nur die subsp. *acaulon*.

- **subalpine o. alpine Rasen**, Zwergstrauchheiden, Staudenfluren, **Grünland**, Wälder, Ruderalvegetation
- an nährstoffarmen, basenreichen, meist trockenen Standorten
- einheimisch

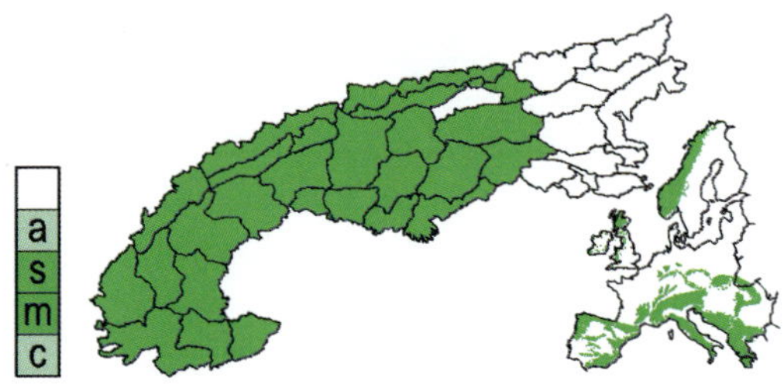

Cirsium carniolicum Scop.

Krainer Kratzdistel *Asteraceae*
V–VIII ∗ [P(5) A(5)] G($\overline{2}$)

30–120 cm hoch. Blütenstand: Köpfchen meist einzeln; Stiel: **mit zahlreichen bräunlich-rötlichen borstigen Haaren**. Köpfchen: 25–40 mm ⌀. Äussere Hüllblätter: am Rand mit Stacheln. Blüten: **(hell) gelb**. Blätter: Stacheln weich, **ungeteilt bis gelappt**.

In den Alpen nur die endemische subsp. *carniolicum*.

- **subalpine o. alpine Rasen**, Alluvionen, **Zwergstrauchheiden**, **Staudenfluren**, **Grünerlen- o. Legföhrengebüsche**, **Grünland**, **Wälder**
- an nährstoffreichen, basenreichen Standorten
- einheimisch

Cirsium spinosissimum (L.) Scop.

Alpen-Kratzdistel *Asteraceae*
VI–IX ∗ [P(5) A(5)] G($\overline{2}$)

15–80 cm hoch. Blütenstand: Köpfchen meist knäuelig genähert, **von gelblich-grünlichen Hochblättern umgeben, Hochblätter fiederspaltig, derb stachelig**. Köpfchen: 15–25 mm ⌀. Blüten: **weißlich-gelblich**. Stängel: **dicht beblättert**. Blätter: **Stacheln starr u. 3–15 mm lang, fiederspaltig**.

- **subalpine o. alpine Rasen**, **Schutt- o. Felsfluren**, Alluvionen, Schneetälchen, **Staudenfluren**
- an nährstoffreichen, basenreichen Standorten
- endemisch

us

Carlina acaulis L.

Silberdistel *Asteraceae*
VI–X ∗ [P(5) A(5)] G($\bar{2}$)

Bis 60 cm hoch, distelartig, mehrjährig. Köpfchen: nur mit Röhrenblüten, **30–100 mm ⌀**. Köpfchenboden: mit Spreublättern bzw. -borsten. Hüllblätter: trockenhäutig. innere Hüllblätter: abstehend bis ausgebreitet, **30–60 mm lang**, **silbrig bis gräulich-weißlich**. Äussere Hüllblätter: mit *mehreren* Stacheln. Blüten: **weißlich bis beige**. Pappus: mit verzweigten Borsten. Blätter: stachelig, fiederspaltig, Spreite 8–25 cm lang.

In den Alpen die subsp. *acaulis* u. *caulescens* (vgl. S. 736).

- **subalpine o. alpine Rasen**, Zwergstrauchheiden, Staudenfluren, Legföhrengebüsche, **Extensivgrünland o. Magerrasen**, Wälder, Ruderalvegetation
- an nährstoffarmen Standorten
- einheimisch

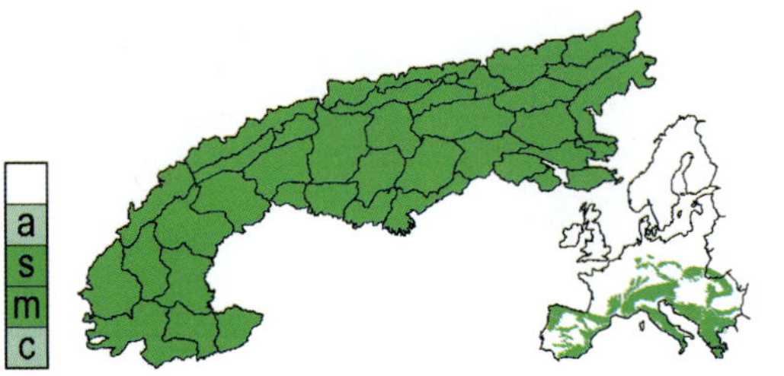

> *Centaurea*: Kräuter. Köpfchen: nur mit Röhrenblüten, mit Spreublättern bzw. -borsten. Blüten: meist rötlich-violett. Äussere Hüllblätter: distal meist mit trockenhäutigem Anhängsel. Pappus: oft reduziert o. fehlend. Blütenformel: ∗ [P(5) A(5)] G($\bar{2}$).

Centaurea uniflora Turra

Einköpfige Flockenblume *Asteraceae*
V–VIII ∗ [P(5) A(5)] G($\bar{2}$)

10–40 cm hoch, mehrjährig. Köpfchen: **einzeln**. Hülle: **16–22 mm ⌀**, einfarbig bräunlich. Äussere Hüllblätter: Anhängsel: bräunlich, **Mittelteil schmal 3-eckig bis lanzettlich**. Randblüten: **vergrößert**. Blätter: **graugrün**, **beidseitig filzig behaart**. obere Stängelblätter: **ungeteilt**, basal verschmälert, meist ganzrandig.

- **subalpine o. alpine Rasen**, Zwergstrauchheiden, Staudenfluren, **Grünland**, Wälder
- einheimisch

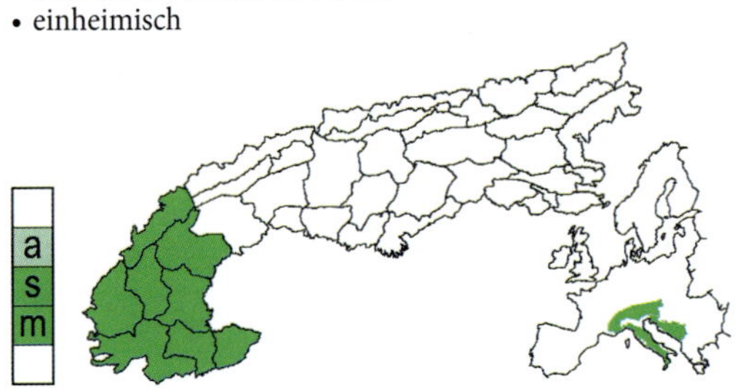

Centaurea nervosa Willd.

Federige Flockenblume *Asteraceae*
VI–VIII ∗ [P(5) A(5)] G($\bar{2}$)

10–40 cm hoch, mehrjährig. Köpfchen: **einzeln**. Hülle: **20–30 mm ⌀**, einfarbig bräunlich. Äussere Hüllblätter: Anhängsel: bräunlich, **Mittelteil schmal 3-eckig bis lanzettlich**. Randblüten: **vergrößert**. Blätter: behaart. obere Stängelblätter: **ungeteilt**, basal verbreitert, zuweilen (halb-) stängelumfassend, meist gezähnt. – Inkl. *C. flosculosa* (vgl. Tison & de Foucalt 2014).

In den Alpen nur die subsp. *nervosa*.

- **subalpine o. alpine Rasen**, Zwergstrauchheiden, Staudenfluren, **Legföhrengebüsche**, **Grünland**
- einheimisch

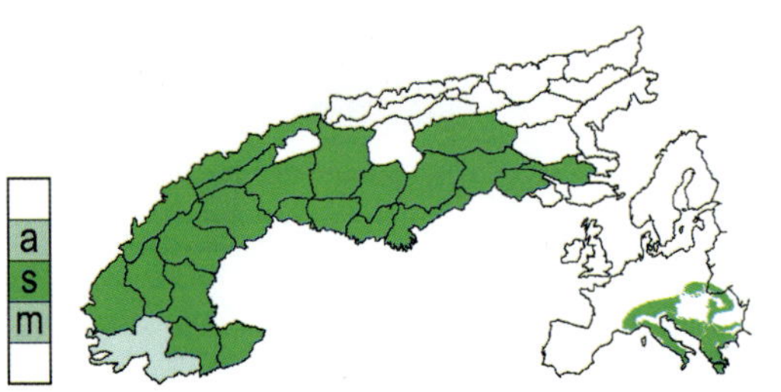

Centaurea rhaetica Moritzi

Rätische Flockenblume *Asteraceae*
V–VIII ∗ [P(5) A(5)] G($\bar{2}$)

10–40 cm hoch, mehrjährig. Köpfchen: **einzeln**. Hülle: **bräunlich-grünlich gefleckt**. Äussere Hüllblätter: Anhängsel: bräunlich, **Mittelteil schmal 3-eckig bis lanzettlich**. Randblüten: **vergrößert**. Stängel: basal niederliegend. Blätter: behaart. Grundblätter: lang gestielt, länglich bis lanzettlich. obere Stängelblätter: **ungeteilt**, basal verschmälert.

- Schutt- o. Felsfluren, **Zwergstrauchheiden**, **Legföhrengebüsche**, Grünland, Wälder
- an nährstoffarmen, kalkreichen, trockenen Standorten
- endemisch

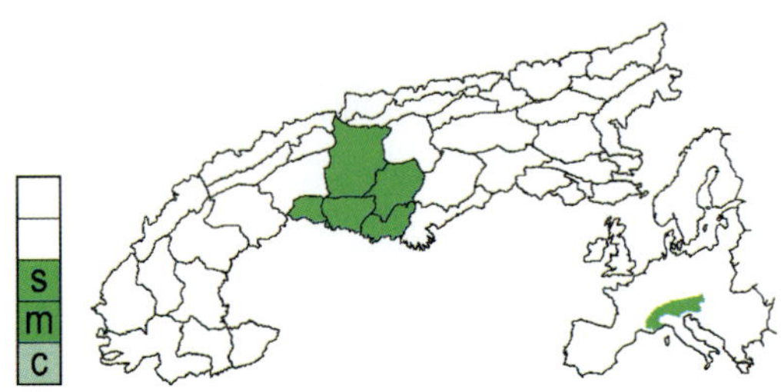

Centaurea leucophaea Jord.

Blassbraune Flockenblume *Asteraceae*
VI–X ∗ [P(5) A(5)] G($\overline{2}$)

20–80 cm hoch, meist 2-jährig. Hülle: 5–13 mm ⌀. Äussere Hüllblätter: Anhängsel: (sehr) kurz am Rand des Hüllblattes herablaufend, spitz, *nicht* stechend, **beidseits mit je 4–7 Fransen**; Fransen: hellbraun. Pappus: < 0,7-mal so lang wie die Frucht. Blätter: **weißlich filzig behaart**. obere Stängelblätter: **fiederspaltig**, ± spitz.

Formenreiche Sippe, u. a. mit der in den Seealpen endemischen subsp. *controversa*.

- **Schutt- o. Felsfluren**, Alluvionen, Staudenfluren, **Grünland, Wälder, Macchien o. Garrigues**, Ruderalvegetation
- an nährstoffarmen, basenreichen, trockenen Standorten
- einheimisch

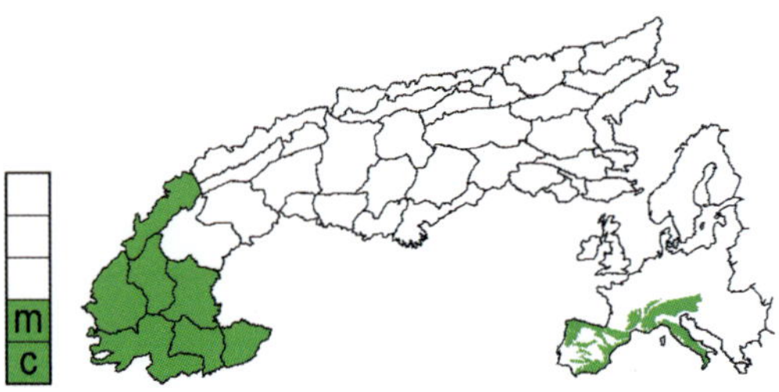

Centaurea valesiaca (DC.) Jord.

Walliser Flockenblume *Asteraceae*
VI–IX ∗ [P(5) A(5)] G($\overline{2}$)

20–50 cm hoch, meist 2-jährig. Hülle: 8–10 mm ⌀. Äussere Hüllblätter: Anhängsel: (sehr) kurz am Rand des Hüllblattes herablaufend, spitz, *nicht* stechend, **beidseits mit je 3–6 Fransen**; Fransen: hellbraun, basal verwachsen. Blätter: **graugrün**. obere Stängelblätter: **fiederspaltig**, ± spitz.

- **Schutt- o. Felsfluren**, Staudenfluren, Extensivgrünland o. Magerrasen, Wälder, Ruderalvegetation
- an trockenen Standorten
- endemisch

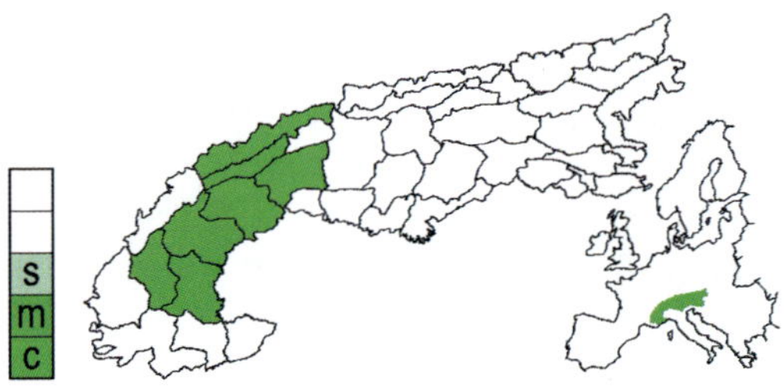

Centaurea jacea L.

Wiesen-Flockenblume *Asteraceae*
V–XI ∗ [P(5) A(5)] G($\overline{2}$)

20–120 cm hoch, mehrjährig. Äussere Hüllblätter: Anhängsel: **rundlich, Mittelteil breit 3-eckig**. Randblüten: **vergrößert**. Pappus: **fehlend *oder* aus wenigen kurzen Borsten bestehend**. obere Stängelblätter: **ungeteilt**.

In den Alpen die subsp. *jacea, angustifolia, gaudinii* u. *julica* (vgl. S. 736).

- **subalpine o. alpine Rasen, Schutt- o. Felsfluren, Zwergstrauchheiden, Staudenfluren**, Moore o. Seggenriede, **Grünland, Wälder, Ruderalvegetation**
- einheimisch

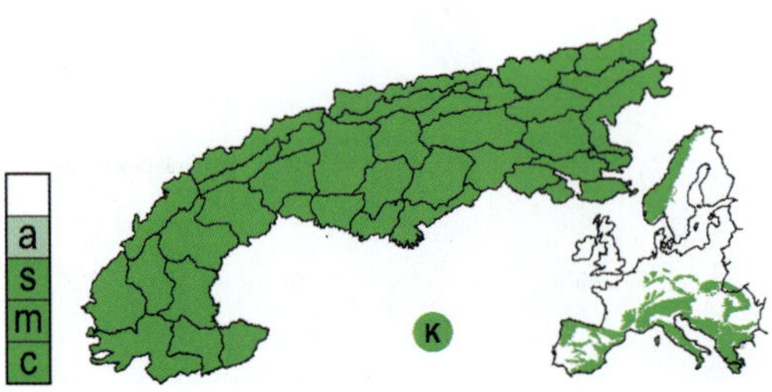

Centaurea dichroantha A. Kern.

Zweifarbige Flockenblume *Asteraceae*
VI–X ∗ [P(5) A(5)] G($\overline{2}$)

20–80 cm hoch, mehrjährig. Äussere Hüllblätter: Anhängsel: **Stachelspitze 1–2 mm lang, schwarz bis dunkelbraun, am Rand des Hüllblattes herablaufend**. Blüten: **hellgelb, oft rötlich überlaufen**. Pappus: **± 0,5-mal so lang wie die Frucht**. obere Stängelblätter: **fiederspaltig**, mit 2 mm breiten Abschnitten, **am Rand nach unten gerollt**.

- **Schutt- o. Felsfluren**, Alluvionen, Wälder
- an nährstoffarmen, kalkreichen, trockenen Standorten
- subendemisch

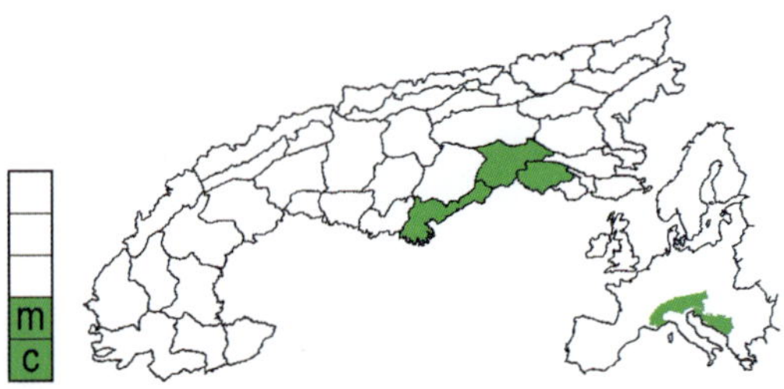

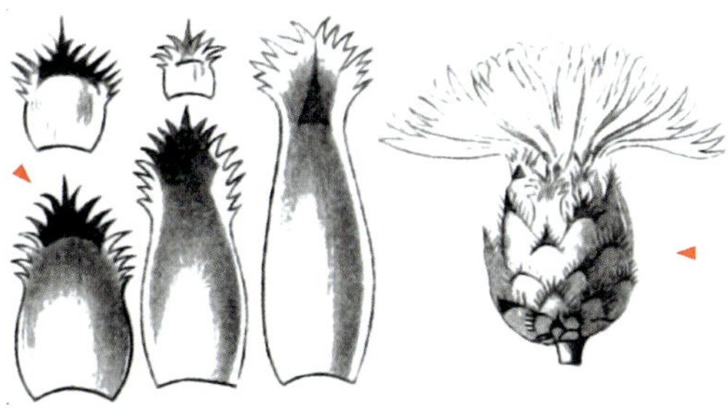

Centaurea jordaniana Godr. & Gren.

Jordans Flockenblume *Asteraceae*
VI–VIII * [P(5) A(5)] G($\overline{2}$)

Bis 30 cm hoch, mehrjährig. HÜLLE: **14–22 mm ⌀**. ÄUSSERE HÜLLBLÄTTER: ANHÄNGSEL: **am Rand des Hüllblattes herablaufend, mit langer gefranster Grannenspitze, Spitze deutlich zurückgebogen**. RANDBLÜTEN: **vergrößert**. PAPPUS: 0,5–1,5 mm lang. STÄNGEL: zumindest basal niederliegend. GRUNDBLÄTTER: gelappt bis fiederspaltig. OBERE STÄNGELBLÄTTER: ungeteilt bis seicht gelappt.

In den Alpen die subsp. *jordaniana* (endemisch), *aemilii* (endemisch), *balbisiana* (endemisch) u. *verguinii* (endemisch) (vgl. S. 737).

- **Schutt- o. Felsfluren, Staudenfluren, Extensivgrünland o. Magerrasen, Wälder**, Macchien o. Garrigues
- an nährstoffarmen Standorten
- endemisch

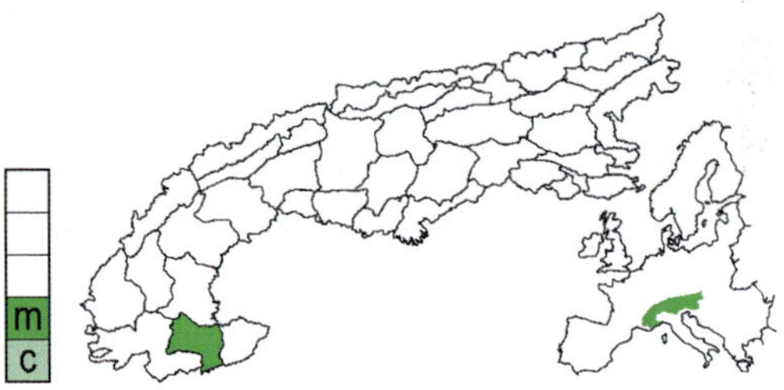

Centaurea scabiosa L.

Skabiosen-Flockenblume *Asteraceae*
VI–IX * [P(5) A(5)] G($\overline{2}$)

30–120 cm hoch, mehrjährig. KÖPFCHEN: 16–24 mm lang. HÜLLE: **14–40 mm ⌀**. ÄUSSERE HÜLLBLÄTTER: ANHÄNGSEL: **schwarz, oval bis lanzettlich, (sehr) kurz am Rand des Hüllblattes herablaufend, 1–8 mm lang, beidseits mit > 5 Fransen**. RANDBLÜTEN: **vergrößert**. BLÄTTER: grünlich, **fiederspaltig**. BLATTABSCHNITTE: breit lanzettlich. OBERE STÄNGELBLÄTTER: **gelappt bis fiederspaltig**.

In den Alpen die subsp. *scabiosa, alpestris, badensis, fritschii* u. *grinensis* (vgl. S. 737).

- **subalpine o. alpine Rasen, Schutt- o. Felsfluren**, Alluvionen, Zwergstrauchheiden, **Staudenfluren, Legföhrengebüsche, Grünland, Wälder**, Ruderalvegetation
- an basenreichen, meist trockenen Standorten
- einheimisch

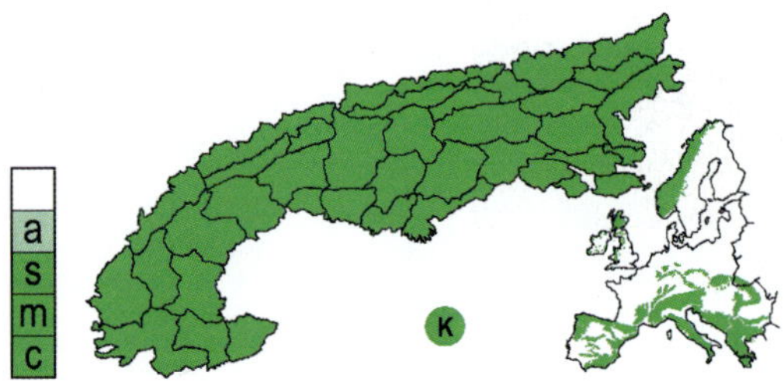

Rhaponticum heleniifolium Godr. & Gren.

Alantblättrige Bergscharte *Asteraceae*
IV–X * [P(5) A(5)] G($\overline{2}$)

30–150 cm hoch, mehrjährig. KÖPFCHEN: nur mit Röhrenblüten, 50–100 mm ⌀. KÖPFCHENBODEN: mit Spreublättern bzw. -borsten. ÄUSSERE HÜLLBLÄTTER: distal mit trockenhäutigem Anhängsel; ANHÄNGSEL: ± ganzrandig, häutig, bräunlich, glänzend. BLÜTEN: meist rötlich-violett. PAPPUS: **Borsten rau**, < 3-mal so lang wie die Frucht, bräunlich. BLÄTTER: OBERSEITS: grünlich; UNTERSEITS: weißlich-gräulich, filzig behaart. GRUNDBLÄTTER: **fiederspaltig; wenn ungeteilt: basal ausgerandet**.

In den Alpen die subsp. *heleniifolium* (endemisch) u. *bicknellii* (endemisch) (vgl. S. 737).

- **subalpine o. alpine Rasen, Schutt- o. Felsfluren, Staudenfluren**
- an nährstoffarmen, basenreichen Standorten
- endemisch

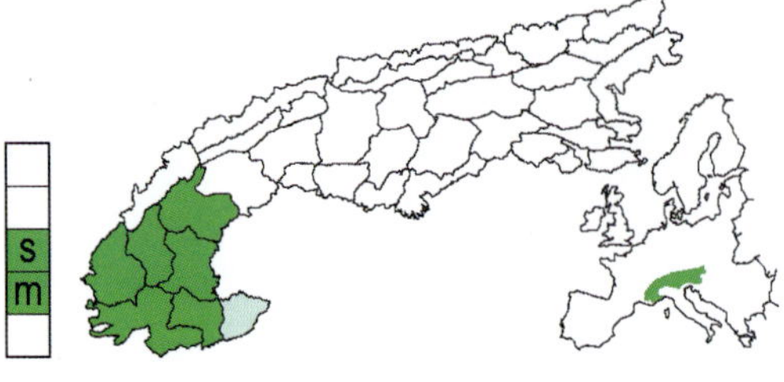

Rhaponticum scariosum Lam.

Lamarcks Bergscharte *Asteraceae*
VI–X * [P(5) A(5)] G($\overline{2}$)

30–150 cm hoch, mehrjährig. KÖPFCHEN: nur mit Röhrenblüten, 50–100 mm ⌀. KÖPFCHENBODEN: mit Spreublättern bzw. -borsten. ÄUSSERE HÜLLBLÄTTER: distal mit trockenhäutigem Anhängsel; ANHÄNGSEL: ± ganzrandig, häutig, bräunlich, glänzend. BLÜTEN: meist rötlich-violett. PAPPUS: **Borsten rau**, < 3-mal so lang wie die Frucht, bräunlich. BLÄTTER: OBERSEITS: grünlich; UNTERSEITS: weißlich-gräulich, filzig behaart. GRUNDBLÄTTER: **ungeteilt, Spreite allmählich in den Stiel übergehend, basal verschmälert**.

In den Alpen die subsp. *scariosum* (endemisch) u. *rhaponticum* (endemisch) (vgl. S. 737).

- **subalpine o. alpine Rasen, Schutt- o. Felsfluren**, Alluvionen, **Staudenfluren**, Grünerlen- o. Legföhrengebüsche
- endemisch

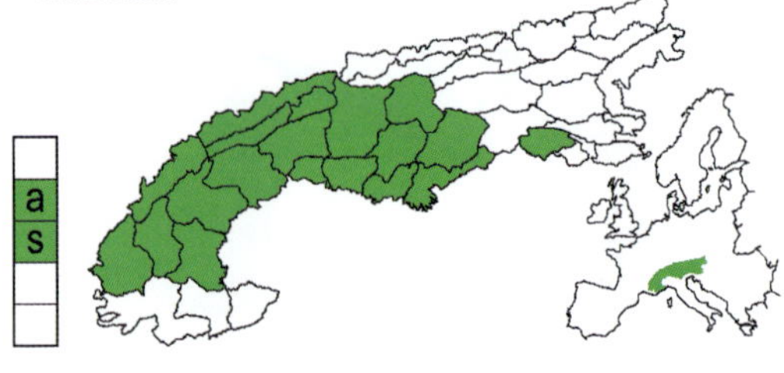

US

Serratula tinctoria L.

Färber-Scharte *Asteraceae*
VI–X ∗ [P(5) A(5)] G($\overline{2}$)

10–100 cm hoch, mehrjährig. Köpfchen: nur mit Röhrenblüten. Köpfchenboden: mit Spreublättern bzw. -borsten. Randblüten: *nicht* vergrößert. Blüten: **rötlich bis violett**. Pappus: **mehrreihig, innere Borsten länger als die äußeren**. Stängel: ***nicht* stachelig geflügelt**. Blätter: ungeteilt bis fiederspaltig.

In den Alpen die subsp. *tinctoria* u. *monticola* (vgl. S. 737).

- **subalpine o. alpine Rasen**, Zwergstrauchheiden, **Staudenfluren, Legföhrengebüsche, Moore o. Seggenriede, Grünland, Wälder**
- einheimisch

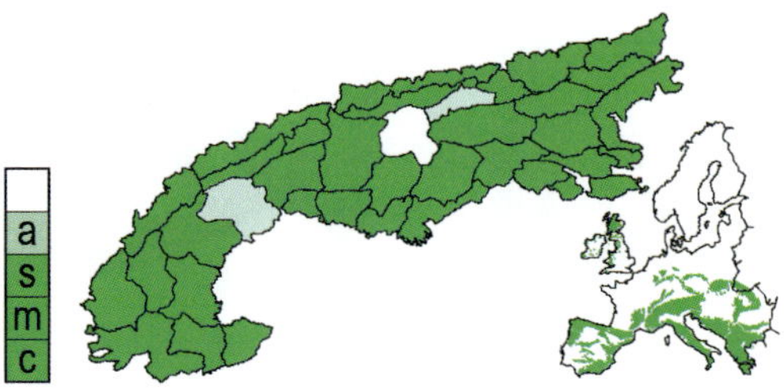

Saussurea: mehrjährige Kräuter. Köpfchen: nur mit Röhrenblüten, mit Spreublättern bzw. -borsten. Pappus: 2-reihig, mit verzweigten Borsten, innere Borsten länger als die äußeren. Blätter: ungeteilt. Blütenformel: ∗ [P(5) A(5)] G($\overline{2}$).

Saussurea pygmaea (Jacq.) Spreng.

Zwerg-Alpenscharte *Asteraceae*
VI–VIII ∗ [P(5) A(5)] G($\overline{2}$)

Bis 20 cm hoch. Blütenstand: **1 vom Hüllkelch umgebenes Köpfchen**. Köpfchen: **20–40 mm ⌀**. Stängel: **weißlich wollig behaart**. Grundblätter: **± sitzend, lineal bis lanzettlich**, basal allmählich verschmälert; oberseitig: **grünlich, kahl bis spärlich behaart**; unterseitig: **gräulich behaart**.

- **subalpine o. alpine Rasen**, Schutt- o. Felsfluren
- an nährstoffarmen, basenreichen Standorten
- einheimisch

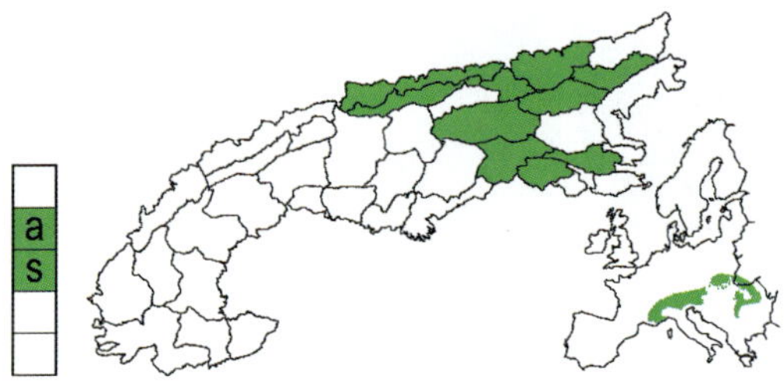

Saussurea alpina (L.) DC.

Echte Alpenscharte *Asteraceae*
VI–X ∗ [P(5) A(5)] G($\overline{2}$)

10–40 cm hoch. Blütenstand: Köpfchen oft knäuelig genährt. Köpfchen: 5–18 mm ⌀. Blattstiele: **schmal geflügelt**. Grundblätter: gestielt, **länglich bis lanzettlich**, basal allmählich verschmälert *oder* abgerundet bis seicht herzförmig; oberseitig: **grünlich, kahl bis spärlich behaart**; unterseitig: **gräulich behaart**.

- **subalpine o. alpine Rasen, Schutt- o. Felsfluren**, Zwergstrauchheiden, Moore o. Seggenriede
- meist an nährstoffarmen Standorten
- einheimisch

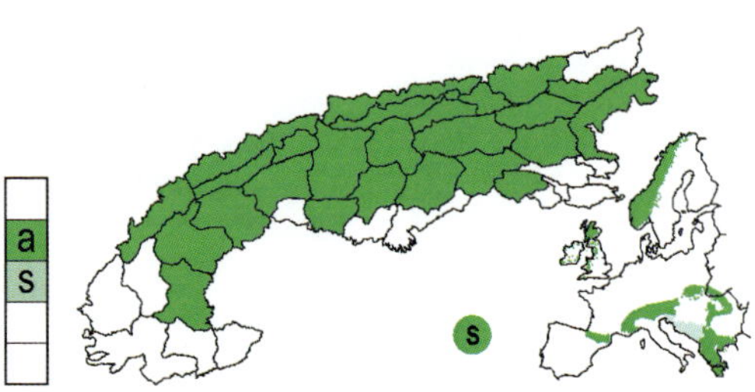

Saussurea depressa Gren.

Niedrige Alpenscharte *Asteraceae*
VI–X ∗ [P(5) A(5)] G($\overline{2}$)

Bis 10 cm hoch. Blütenstand: Köpfchen oft knäuelig genährt. Köpfchen: 5–18 mm ⌀. Stängel: basal niederliegend. Blattstiele: **schmal geflügelt**. Grundblätter: deutlich gestielt, **länglich bis lanzettlich**, basal allmählich verschmälert; oberseitig: **gräulich-weißlich behaart**; unterseitig: **gräulich-weißlich behaart**.

- **Schutt- o. Felsfluren**
- an nährstoffarmen, basenreichen Standorten
- endemisch

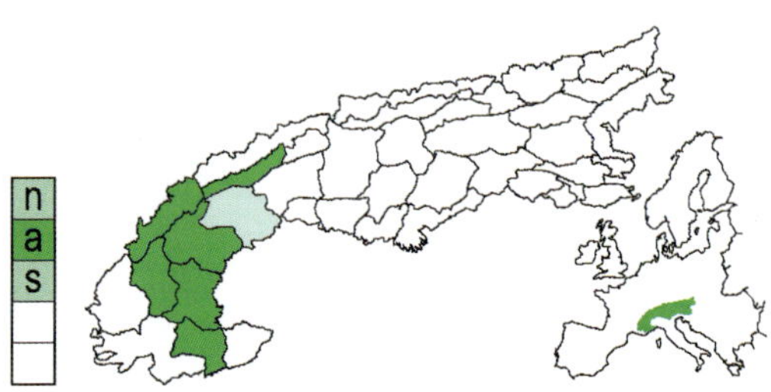

US

US

Saussurea discolor (Willd.) DC.

Zweifarbige Alpenscharte *Asteraceae*
VI–X * [P(5) A(5)] G($\overline{2}$)

10–40 cm hoch. Blütenstand: Köpfchen oft knäuelig genährt. Köpfchen: 5–18 mm ⌀. Stängel: aufrecht. Blattstiele: **ungeflügelt**. Grundblätter: deutlich gestielt, **herzförmig bis 3-eckig**, basal meist deutlich ausgerandet; oberseitig: **grünlich, kahl bis spärlich behaart**; unterseitig: **dicht weißlich filzig behaart**.

- **subalpine o. alpine Rasen**, **Schutt- o. Felsfluren**, Alluvionen
- an nährstoffarmen, basenreichen Standorten
- einheimisch

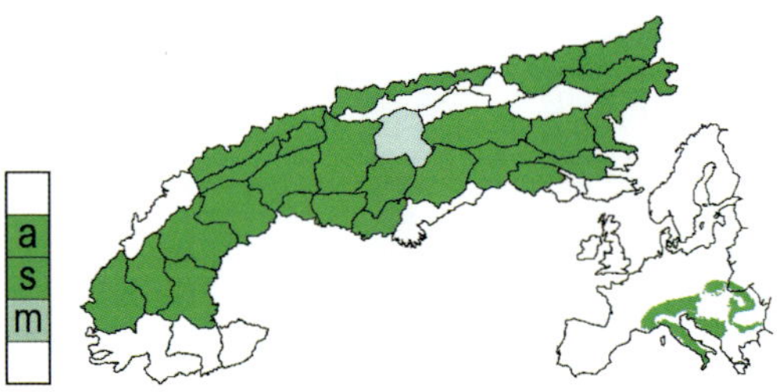

Crepis: Kräuter, mit Milchsaft. Köpfchen: nur mit Zungenblüten. Hüllblätter: meist 2-reihig, äußere kürzer als die inneren. Blüten: meist gelblich. Pappus: mehrreihig, einfach. Stängel: meist mit grundständiger Blattrosette. Blütenformel: ↓ [P(5) A(5)] G($\overline{2}$).

Crepis alpestris (Jacq.) Tausch

Voralpen-Pippau *Asteraceae*
V–VIII ↓ [P(5) A(5)] G($\overline{2}$)

10–30 cm hoch. Köpfchen: **meist einzeln**. Hüllblätter: **gräulich filzig behaart**. Griffel: gelblich. Früchte: distal verschmälert, 10–15-rippig. Pappus: flexibel, weißlich. Stängel: unbeblättert *oder* mit wenigen Laubblättern, **gräulich filzig behaart**. Blätter: **ungeteilt**, am Rand gezähnt.

- **subalpine o. alpine Rasen**, **Schutt- o. Felsfluren**, Alluvionen, Staudenfluren, **Extensivgrünland o. Magerrasen**, **Wälder**
- an nährstoffarmen, basenreichen Standorten
- einheimisch

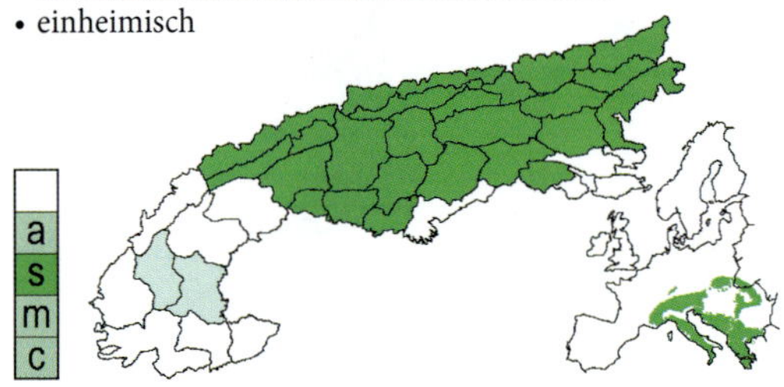

Crepis aurea (L.) Cass.

Gold-Pippau *Asteraceae*
V–IX ↓ [P(5) A(5)] G($\overline{2}$)

Bis 20 cm hoch. Köpfchen: **1–2 pro Stängel**. Blüten: **orange bis rötlich**. Früchte: distal verschmälert, ± 16-rippig. Pappus: flexibel, weißlich. Stängel: allenfalls mit wenigen kleinen Schuppenblättern. Blätter: **am Rand gezähnt bis gelappt**.

In den Alpen nur die subsp. *aurea*.

- **subalpine o. alpine Rasen**, Schutt- o. Felsfluren, Alluvionen, Schneetälchen, **Staudenfluren**, **Grünland**
- an nährstoffreichen Standorten
- einheimisch

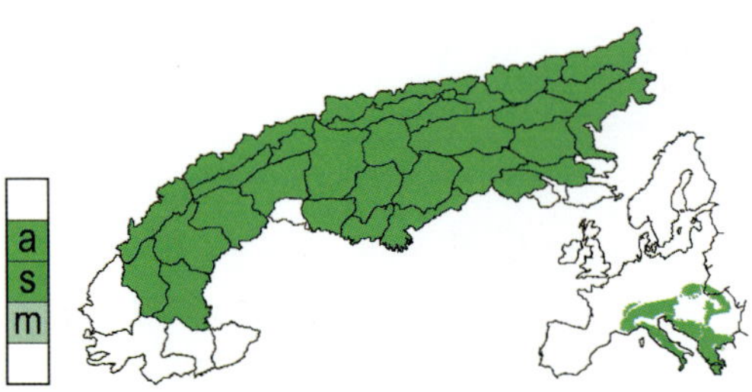

Crepis conyzifolia (Gouan) A. Kern.

Großköpfiger Pippau *Asteraceae*
VI–IX ↓ [P(5) A(5)] G($\overline{2}$)

15–40 cm hoch. Köpfchen: **≥ 4 pro Stängel**, 16–20 mm lang; Stiele: **unter dem Köpfchen (etwas) verdickt**. Hüllblätter: **drüsig behaart**. Griffel: gelblich. Früchte: distal verschmälert, ± 20-rippig. Pappus: flexibel, weißlich.

In den Alpen nur die subsp. *conyzifolia*.

- **subalpine o. alpine Rasen**, Schutt- o. Felsfluren, Zwergstrauchheiden, **Staudenfluren**, **Grünland**, Wälder
- an nährstoffarmen, sauren Standorten
- einheimisch

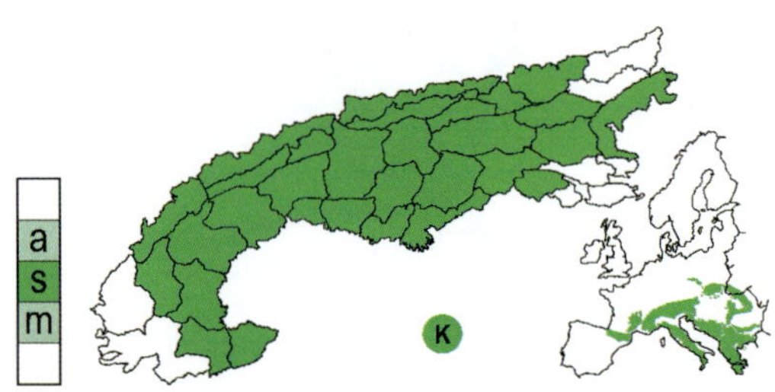

US

Crepis froelichiana Froel.

Frölichs Pippau *Asteraceae*
IV–VI ↓ [P(5) A(5)] G($\bar{2}$)

10–60 cm hoch. Köpfchen: **≥ 4 pro Stängel**. Blüten: **gelblich *oder* rosa bis weißlich**. Früchte: 4–6 mm lang, ± 20-rippig. Stängel: allenfalls mit wenigen kleinen Schuppenblättern. Blätter: spatelförmig bis oval, **ganzrandig bis gezähnt**.

In den Alpen die subsp. *froelichiana* (endemisch) u. *dinarica* (vgl. S. 737).

- **subalpine o. alpine Rasen, Schutt- o. Felsfluren, Staudenfluren, Legföhrengebüsche, Extensivgrünland o. Magerrasen, Wälder**
- an nährstoffarmen, kalkreichen Standorten
- einheimisch

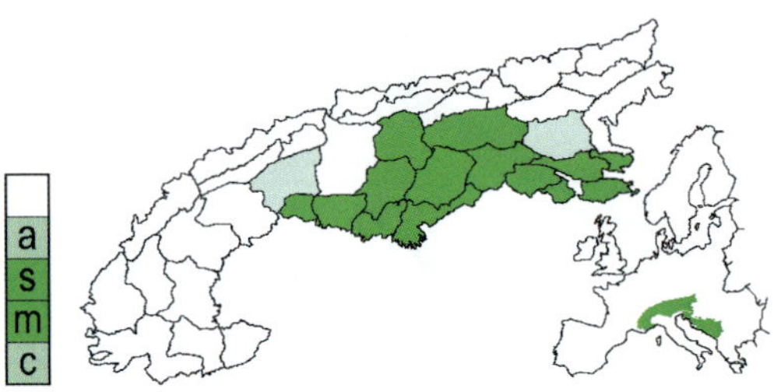

Crepis jacquinii Tausch

Jacquins Pippau *Asteraceae*
VI–VIII ↓ [P(5) A(5)] G($\bar{2}$)

Bis 30 cm hoch. Früchte: 4–6 mm lang, distal verschmälert. Pappus: **starr, zerbrechlich, gräulich bis gelblich**. Grundblätter: **ungeteilt bis gelappt**, länglich bis spatelförmig. mittlere Stängelblätter: **buchtig gezähnt, mit schmalen Seitenlappen**. obere Stängelblätter: **fiederspaltig**.

In den Alpen die subsp. *jacquinii* u. *kerneri* (vgl. S. 737).

- **subalpine o. alpine Rasen, Schutt- o. Felsfluren**, Alluvionen, **Zwergstrauchheiden**, Legföhrengebüsche
- an nährstoffarmen, kalkreichen Standorten
- einheimisch

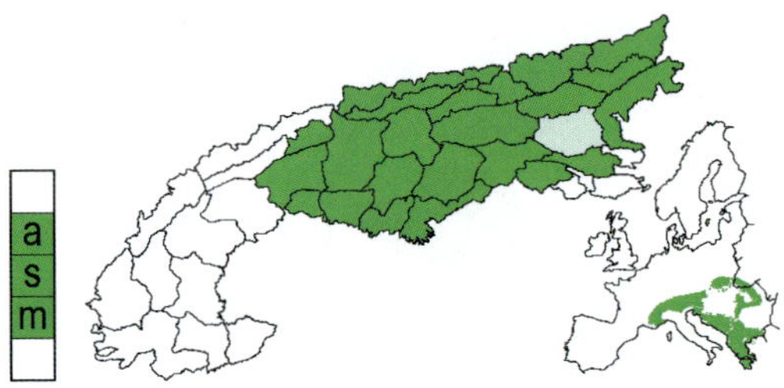

Crepis pontana (L.) Dalla Torre

Berg-Pippau *Asteraceae*
V–VIII ↓ [P(5) A(5)] G($\bar{2}$)

20–60 cm hoch. Köpfchen: **meist einzeln, 35–60 mm** ⌀; Stiele: **unter dem Köpfchen verdickt**. Hülle: 18–25 mm ⌀. Hüllblätter: **mit langen weißlichen Haaren**. Äussere Hüllblätter: ± 0,75-mal so lang wie die inneren. Griffel: gelblich. Früchte: 10–12 mm lang, distal gestutzt bis verschmälert. Pappus: **starr, zerbrechlich, gräulich bis gelblich**. Blätter: **ungeteilt**, ganzrandig bis gezähnt. obere Stängelblätter: **ungeteilt**.

- **subalpine o. alpine Rasen**, Zwergstrauchheiden, **Staudenfluren**, Wälder
- an basenreichen Standorten
- einheimisch

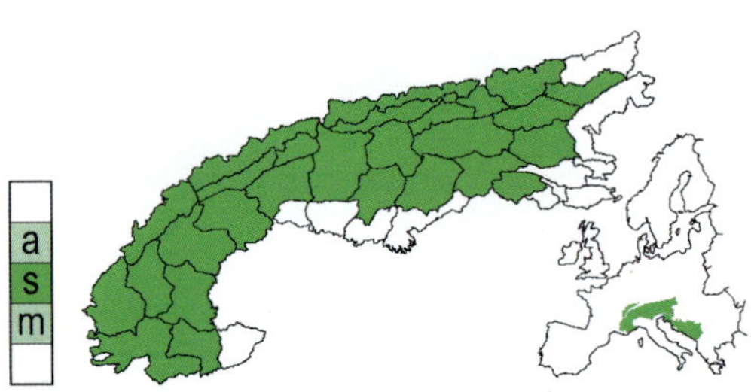

Crepis pygmaea L.

Zwerg-Pippau *Asteraceae*
VI–VIII ↓ [P(5) A(5)] G($\bar{2}$)

Bis 10 cm hoch. Köpfchen: **meist einzeln**. Hülle: 10–15 mm ⌀. Hüllblätter: **weißlich filzig behaart**. Früchte: 4–7 mm lang, 20–25-rippig. Pappus: flexibel, weißlich. Stängel: niederliegend. Blätter: oft blau- bzw. graugrün, **zunächst weißlich filzig, später verkahlend**.

- **Schutt- o. Felsfluren**
- an kalkreichen Standorten
- einheimisch

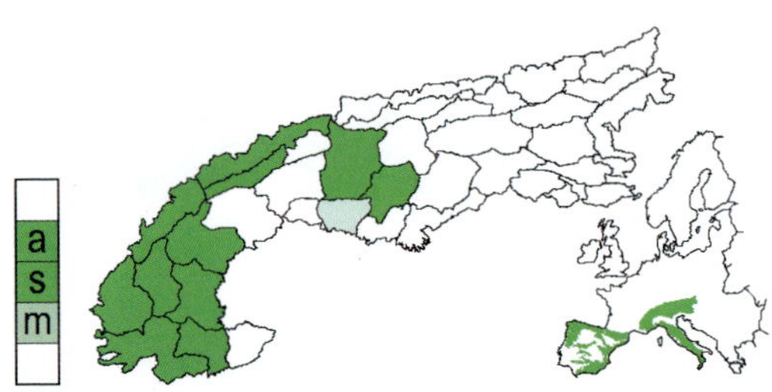

Crepis pyrenaica (L.) Greuter

Pyrenäen-Pippau *Asteraceae*
V–VIII ↓ [P(5) A(5)] G($\overline{2}$)

25–80 cm hoch. Köpfchen: **≥ 4 pro Stängel**, 14–18 mm lang, 25–50 mm ⌀; Stiele: unter dem Köpfchen *nicht* verdickt. Hüllblätter: **äußere u. innere ± gleich lang**, mit gräulichen Haaren, *ohne* Drüsenhaare. Äussere Hüllblätter: **± so lang wie die Inneren**. Griffel: gelblich. Früchte: distal gestutzt bis verschmälert, ± 20-rippig. Pappus: flexibel, weißlich. Stängel: zuweilen *ohne* grundständige Blattrosette.

- Zwergstrauchheiden, **Staudenfluren**, **Legföhrengebüsche**, **Grünland**, **Wälder**
- an nähstoffreichen Standorten
- einheimisch

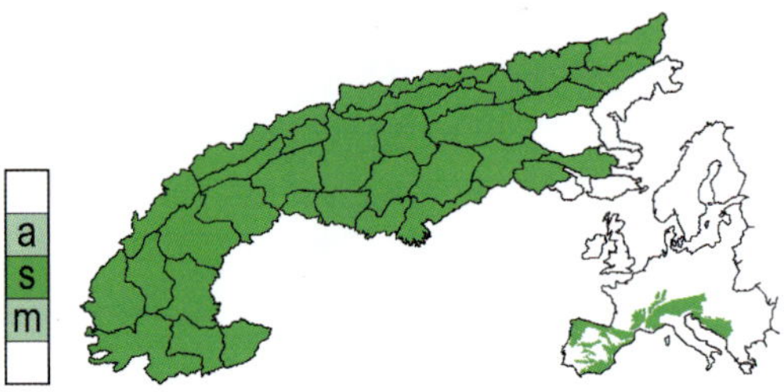

Crepis rhaetica Hegetschw.

Rätischer Pippau *Asteraceae*
VI–VIII ↓ [P(5) A(5)] G($\overline{2}$)

Bis 10 cm hoch. Köpfchen: **meist einzeln**, 10–20 mm ⌀. Hülle: 9–13 mm ⌀. Hüllblätter: mit langen Haaren. Äussere Hüllblätter: ± 0,5-mal so lang wie die inneren. Früchte: 6–8 mm lang. Pappus: flexibel, weißlich. Blätter: fast ganzrandig. obere Stängelblätter: **ungeteilt**.

- **subalpine o. alpine Rasen**, **Schutt- o. Felsfluren**
- an nährstoffarmen, basenreich Standorten
- endemisch

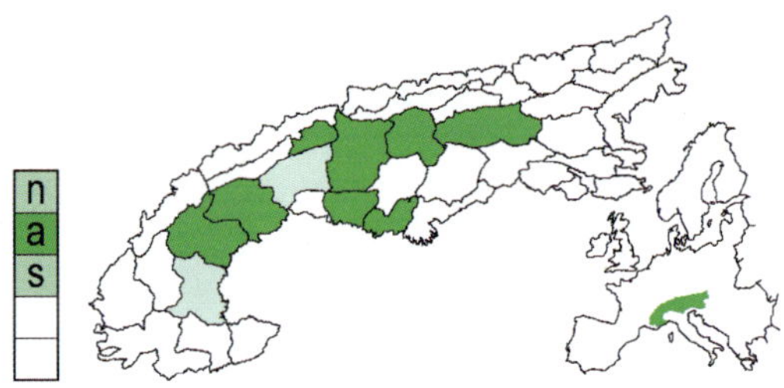

Crepis terglouensis (Hacq.) A. Kern.

Triglav-Pippau *Asteraceae*
VI–VIII ↓ [P(5) A(5)] G($\overline{2}$)

Bis 10 cm hoch. Köpfchen: **meist einzeln**. Hülle: 7–20 mm ⌀. Hüllblätter: **mit langen schwarzen Haaren**. Früchte: 3–5 mm lang, distal gestutzt bis verschmälert, 10–15-rippig. Pappus: flexibel, weißlich. Stängel: niederliegend, **mit abstehenden schwarzen Haaren**. Blätter: frischgrün, **gelappt bis fiederspaltig**.

- **subalpine o. alpine Rasen**, **Schutt- o. Felsfluren**
- an kalkreichen Standorten
- endemisch

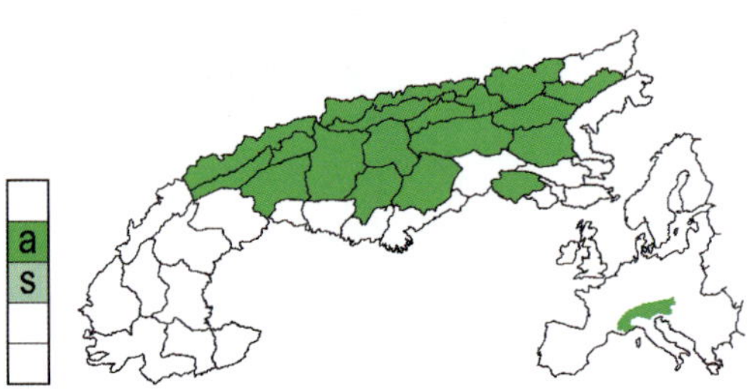

Tolpis staticifolia (All.) Sch. Bip.

Grasnelkenhabichtskraut *Asteraceae*
V–IX ↓ [P(5) A(5)] G($\overline{2}$)

15–40 cm hoch, **mehrjährig**. Pflanzen: mit Milchsaft. Köpfchen: 1–5 pro Stängel, nur mit Zungenblüten, **18–35 mm ⌀**. Hüllblätter: **meist 2-reihig**. Äussere Hüllblätter: **kürzer als die inneren**. Blüten: gelblich. Griffel: gelblich-grünlich. Früchte: *nicht* geschnäbelt, distal gestutzt, **Rippen distal einen ringförmigen Wulst bildend**. Pappus: einreihig, flexibel, **weißlich bis gräulich**. Stängel: **mit grundständiger Blattrosette**, **unbeblättert o. mit wenigen kleinen Laubblättern**, **gräulich filzig behaart**.

- **Schutt- o. Felsfluren**, **Alluvionen**, Staudenfluren, Wälder
- an nährstoffarmen, basenreichen Standorten
- einheimisch

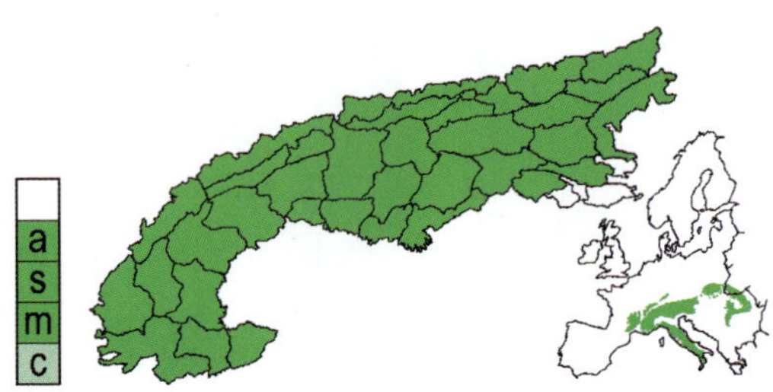

Willemetia stipitata (Jacq.) Dalla Torre

Gewöhnlicher Krönchenlattich *Asteraceae*
V–VIII ↓ [P(5) A(5)] G($\overline{2}$)

15–50 cm hoch, mehrjährig. PFLANZEN: mit Milchsaft. KÖPFCHEN: nur mit Zungenblüten. BLÜTEN: gelblich. ZUNGEN: länger als die Hülle. FRÜCHTE: **lang geschnäbelt, unter dem Schnabel mit 5 krönchenartigen Schuppen**. STÄNGEL: mit grundständiger Blattrosette, unbeblättert *oder* mit wenigen Laubblättern; OBEN: behaart. BLÄTTER: oft blau- bzw. graugrün, kahl. GRUNDBLÄTTER: länglich bis oval.

In den Alpen nur die subsp. *stipitata*.

- **Staudenfluren**, Grünerlengebüsche, **Quellfluren, trockenfallende Ufer, Moore o. Seggenriede, Grünland**
- an nassen Standorten
- einheimisch

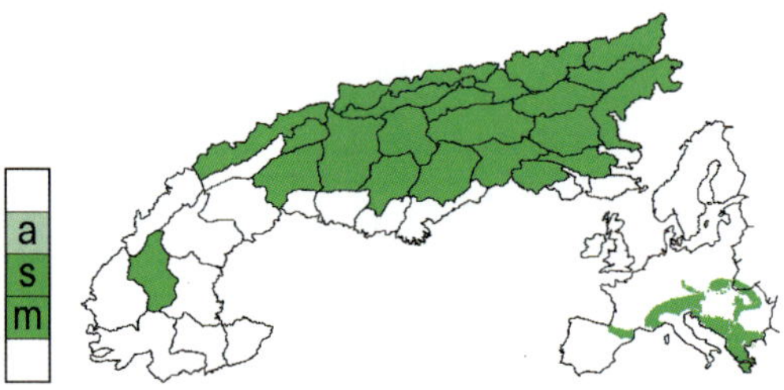

Schlagintweitia intybacea (All.) Griseb.

Weißliches Habichtskraut *Asteraceae*
VI–IX ↓ [P(5) A(5)] G($\overline{2}$)

Bis 30 cm hoch, mehrjährig. PFLANZEN: mit Milchsaft, **klebrig-drüsig behaart**. KÖPFCHEN: **1–5 pro Stängel**, nur mit Zungenblüten, 14–18 mm lang. HÜLLBLÄTTER: dachziegelartig, mit wenigen vielarmigen Haaren. ÄUSSERE HÜLLBLÄTTER: abstehend. BLÜTEN: **weißlich bis gelblich**. FRÜCHTE: distal gestutzt, Rippen distal einen ringförmigen Wulst bildend. PAPPUS: **starr, zerbrechlich**. STÄNGEL: **mit 8–18 Laubblättern**.

- subalpine o. alpine Rasen, **Schutt- o. Felsfluren**, Alluvionen, Zwergstrauchheiden, Wälder
- an nährstoffarmen Standorten
- einheimisch (subendemisch)

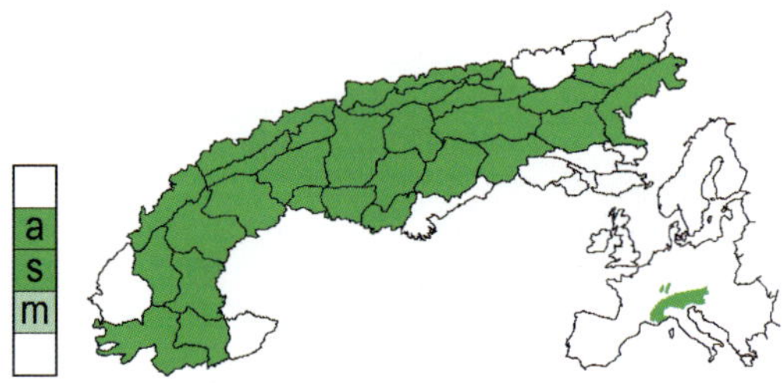

***Hieracium*:** Kräuter mit Milchsaft. KÖPFCHEN: nur mit Zungenblüten. HÜLLBLÄTTER: dachziegelartig angeordnet. BLÜTEN: meist gelblich. FRÜCHTE: distal gestutzt, meist 3-5 mm lang, gerippt, Rippen distal zu ringförmigem Wulst verwachsen. PAPPUS: einfach, starr, zerbrechlich, gräulich bis gelblich, innere u. äußere Borsten unterschiedlich lang. STÄNGEL: *ohne* oberirdische Ausläufer. BLÜTENFORMEL: ↓ [P(5) A(5)] G($\overline{2}$). – Im Folgenden wird eine Übersicht der Hauptarten der sich überwiegend apomiktisch fortpflanzenden Gattung gegeben.

Hieracium prenanthoides Vill.

Hasenlattich-Habichtskraut *Asteraceae*
VI–X ↓ [P(5) A(5)] G($\overline{2}$)

30–140 cm hoch. KÖPFCHEN: **6–20 pro Stängel**, 8–14 mm lang. HÜLLBLÄTTER: **mit vielarmigen Haaren**, Haare < 2,5 mm lang, **dicht drüsig behaart**, *ohne* o. mit wenigen ungeteilten Haaren. ZUNGENBLÜTEN: **bewimpert**. STÄNGEL: ***ohne* grundständige Blattrosette, mit 10–40 Laubblättern**. GRUNDBLÄTTER: basal allmählich in den Stiel verschmälert. MITTLERE STÄNGELBLÄTTER: **basal meist (halb-) stängelumfassend**.

- Zwergstrauchheiden, **Staudenfluren, Grünerlen- o. Legföhrengebüsche, Grünland**, Wälder
- einheimisch

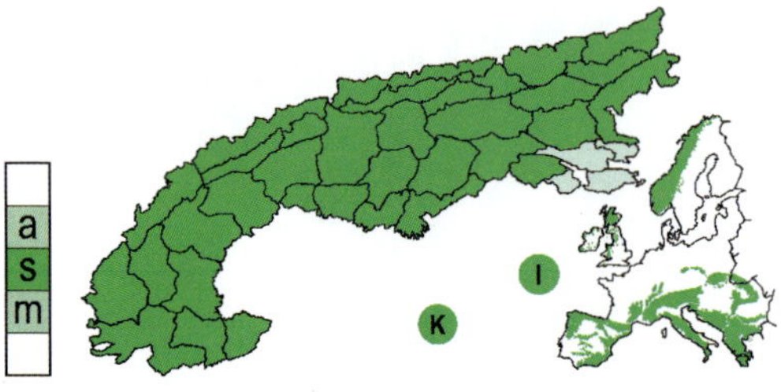

Hieracium alpinum L.

Alpen-Habichtskraut *Asteraceae*
VI–VIII ↓ [P(5) A(5)] G($\overline{2}$)

Bis 30 cm hoch. KÖPFCHEN: **meist 1–3 pro Stängel**, 10–20 mm lang. HÜLLBLÄTTER: ***ohne* vielarmige Haare, mit zahlreichen ungeteilten Haaren, dicht drüsig behaart**. ZUNGENBLÜTEN: **bewimpert**. FRÜCHTE: schwarz bis dunkelbraun. STÄNGEL: **mit grundständiger Blattrosette, meist außerdem mit 1–3 kleinen Hochblättern**. GRUNDBLÄTTER: frisch- bis blau- bzw. graugrün, basal allmählich in den Stiel verschmälert, fein gezähnt bis ganzrandig, behaart, **am Rand drüsig behaart**.

- **subalpine o. alpine Rasen, Zwergstrauchheiden**
- an nährstoffarmen, sauren Standorten
- einheimisch

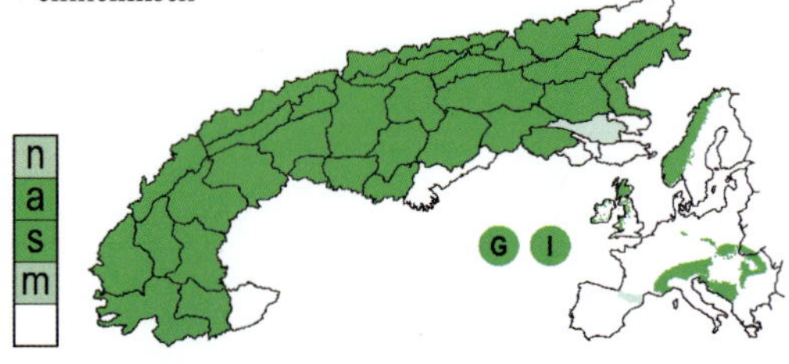

Hieracium amplexicaule L.

Stängelumfassendes Habichtskraut *Asteraceae*
V–VIII ↓ [P(5) A(5)] G($\overline{2}$)

10–50 cm hoch. PFLANZEN: **klebrig-drüsig behaart.** KÖPFCHEN: **2–25 pro Stängel,** 8–18 mm lang. HÜLLBLÄTTER: ***ohne* ungeteilte Haare, drüsig behaart, *ohne* vielarmige Haare.** ZUNGENBLÜTEN: **bewimpert.** STÄNGEL: **mit grundständiger Blattrosette, mit 3–8 Laubblättern.** GRUNDBLÄTTER: basal allmählich in den Stiel verschmälert, gezähnt bis buchtig gelappt, kahl bis behaart, **am Rand drüsig behaart.** MITTLERE STÄNGELBLÄTTER: **basal meist (halb-)stängelumfassend.**

- subalpine o. alpine Rasen, **Schutt- o. Felsfluren**
- an nährstoffarmen, meist trockenen Standorten
- einheimisch

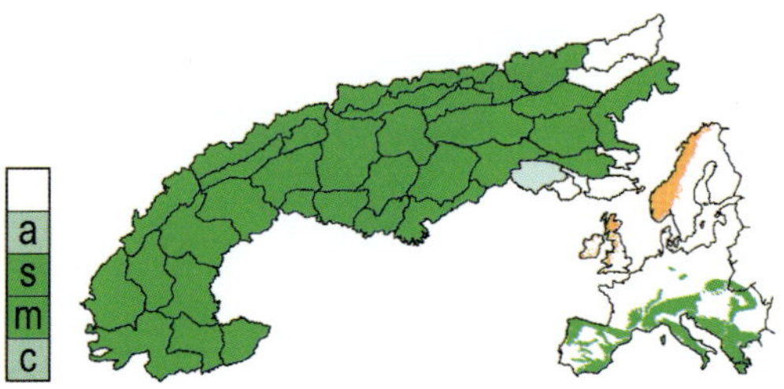

Hieracium bifidum Hornem.

Gabeliges Habichtskraut *Asteraceae*
V–IX ↓ [P(5) A(5)] G($\overline{2}$)

10–40 cm hoch. KÖPFCHEN: **2–15 pro Stängel,** 8–14 mm lang. KÖPFCHENBODEN: mit kurz gezähnten Grubenrändern. HÜLLBLÄTTER: **die kurzen äußeren abrupt in die längeren inneren übergehend, mit ungeteilten Haaren, mit vielarmigen Haaren.** ZUNGENBLÜTEN: kahl. STÄNGEL: **mit grundständiger Blattrosette, mit ≤ 2 Laubblättern.** GRUNDBLÄTTER: **gestielt, blau- bzw. graugrün, oft dunkel gefleckt, basal deutlich vom Stiel abgesetzt,** behaart.

- **subalpine o. alpine Rasen, Schutt- o. Felsfluren,** Alluvionen, Zwergstrauchheiden, **Staudenfluren, Extensivgrünland o. Magerrasen,** Wälder
- an nährstoffarmen, basenreichen Standorten
- einheimisch

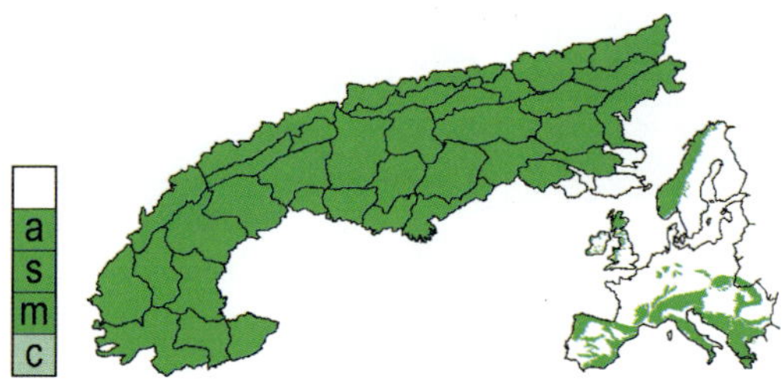

Hieracium bupleuroides C. C. Gmel.

Hasenohr-Habichtskraut *Asteraceae*
VI–IX ↓ [P(5) A(5)] G($\overline{2}$)

20–40 cm hoch. BLÜTENSTAND: vor allem oben verzweigt. KÖPFCHEN: **2–10 pro Stängel,** 10–16 mm lang. HÜLLBLÄTTER: **die äußeren allmählich in die inneren übergehend, mit ungeteilten Haaren, drüsig behaart, mit vielarmigen Haaren.** STÄNGEL: **mit grundständiger Blattrosette, mit 4–15 Laubblättern.** GRUNDBLÄTTER: zur Blütezeit 3–8, **blau- bzw. graugrün,** basal allmählich in den Stiel verschmälert, ganzrandig bis gezähnt. MITTLERE STÄNGELBLÄTTER: länglich-lanzettlich.

- subalpine o. alpine Rasen, **Schutt- o. Felsfluren,** Extensivgrünland o. Magerrasen, Wälder
- an nährstoffarmen, kalkreichen Standorten
- einheimisch

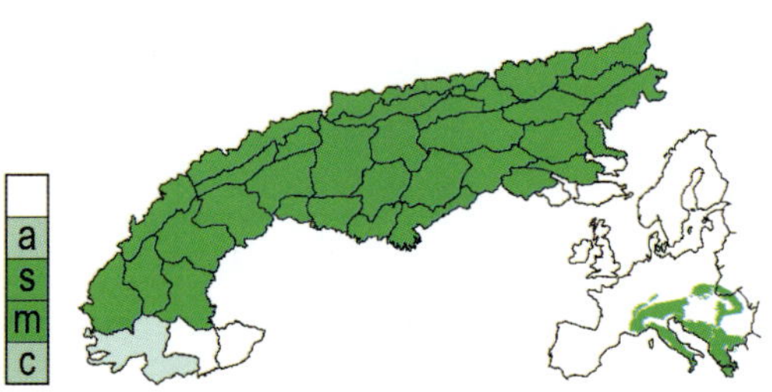

Hieracium humile Jacq.

Niedriges Habichtskraut *Asteraceae*
V–VIII ↓ [P(5) A(5)] G($\overline{2}$)

10–30 cm hoch. KÖPFCHEN: **2–10 pro Stängel,** 8–14 mm lang. HÜLLBLÄTTER: **mit ungeteilten Haaren, drüsig behaart.** ZUNGENBLÜTEN: kahl. STÄNGEL: oft schwach zickzackförmig gebogen, **mit grundständiger Blattrosette, mit 1–5 Laubblättern.** GRUNDBLÄTTER: **gestielt, blau- bzw. graugrün, oft dunkel gefleckt, basal deutlich vom Stiel abgesetzt,** entfernt gezähnt, drüsig behaart.

- **Schutt- o. Felsfluren, Extensivgrünland o. Magerrasen**
- an nährstoffarmen, kalkreichen Standorten
- einheimisch

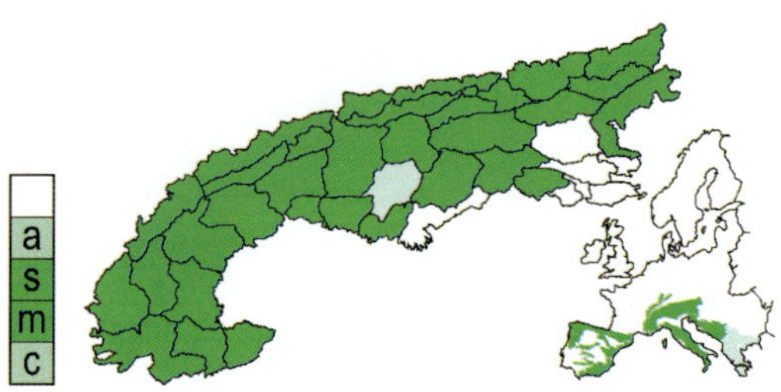

Hieracium murorum L.

Mauer-Habichtskraut *Asteraceae*
IV–IX ↓ [P(5) A(5)] G($\overline{2}$)

20–40 cm hoch. Köpfchen: **3–20 pro Stängel**, 8–12 mm lang. Köpfchenboden: mit kurz gezähnten Grubenrändern. Hüllblätter: **die kurzen äußeren abrupt in die längeren inneren übergehend**, meist *ohne* ungeteilte Haare, dicht drüsig behaart, oft mit vielarmigen Haaren. Zungenblüten: kahl. Stängel: **mit grundständiger Blattrosette, mit ≤ 3 Laubblättern**. Grundblätter: zur Blütezeit 3–10, **gestielt, blau- bzw. graugrün, oft dunkel gefleckt, basal deutlich vom Stiel abgesetzt**, behaart; oberseitig: behaart.

- subalpine o. alpine Rasen, **Schutt- o. Felsfluren**, Alluvionen, Zwergstrauchheiden, Staudenfluren, **Wälder**
- einheimisch

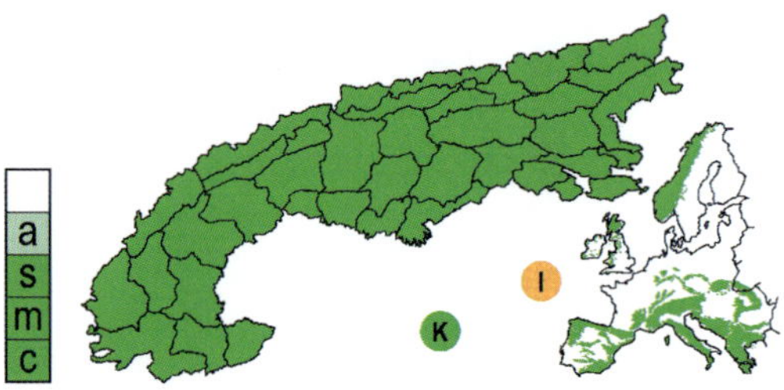

Hieracium pictum Pers.

Geflecktes Habichtskraut *Asteraceae*
V–VIII ↓ [P(5) A(5)] G($\overline{2}$)

20–60 cm hoch. Köpfchen: **meist ≥ 3 pro Stängel**. Hüllblätter: **mit ungeteilten Haaren, mit vielarmigen Haaren**. Stängel: **mit 1–2 Laubblättern**. Blätter: **blau- bzw. graugrün, meist gefleckt**. Grundblätter: zahlreich.

- **Schutt- o. Felsfluren, Extensivgrünland o. Magerrasen**, Wälder
- an trockenen Standorten
- einheimisch

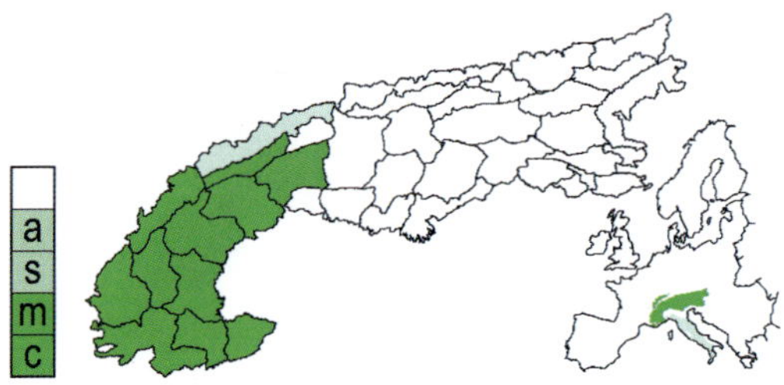

Hieracium piliferum Hoppe

Grauzottiges Habichtskraut *Asteraceae*
VI–VIII ↓ [P(5) A(5)] G($\overline{2}$)

Bis 20 cm hoch. Köpfchen: **meist 1–4 pro Stängel**, 10–16 mm lang. Köpfchenboden: mit kurz gezähnten Grubenrändern. Hüllblätter: **die äußeren allmählich in die inneren übergehend, mit ungeteilten Haaren, drüsig behaart, *ohne* vielarmige Haare, Haare 3–6 mm lang**. Zungenblüten: kahl. Stängel: **mit grundständiger Blattrosette, mit ≤ 2 Laubblättern**. Grundblätter: zahlreich, **blau- bzw. graugrün**, basal allmählich in den Stiel verschmälert, ganzrandig bis gezähnt, behaart.

- **subalpine o. alpine Rasen**, Schutt- o. Felsfluren, Zwergstrauchheiden
- an nährstoffarmen, sauren Standorten
- einheimisch

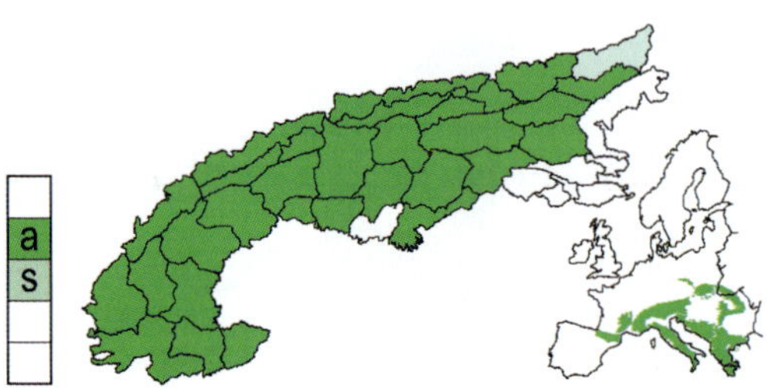

Hieracium pilosum Froel.

Weißhaariges Habichtskraut *Asteraceae*
VI–VIII ↓ [P(5) A(5)] G($\overline{2}$)

15–30 cm hoch. Pflanzen: **dicht lang weißhaarig**. Köpfchen: **2–8 pro Stängel**, 14–22 mm lang. Hüllblätter: **die äußeren allmählich in die inneren übergehend, mit ungeteilten Haaren, *ohne* vielarmige Haare, Haare 3–6 mm lang**. Zungenblüten: **bewimpert**. Stängel: **mit grundständiger Blattrosette, mit ≤ 10 Laubblättern**, dicht behaart, *ohne* o. mit wenigen Drüsenhaaren, mit zahlreichen langen Haaren. Grundblätter: **blau- bzw. graugrün**, basal wenig verschmälert, ganzrandig bis gezähnt.

- subalpine o. alpine Rasen, **Schutt- o. Felsfluren**
- an nährstoffarmen, kalkreichen Standorten
- einheimisch

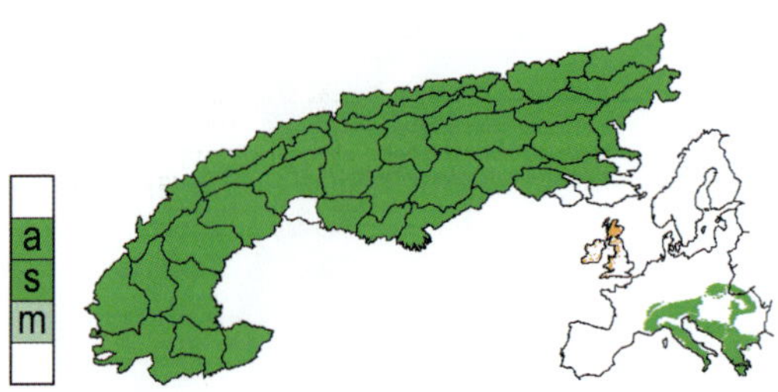

Hieracium porrifolium L.

Lauchblättriges Habichtskraut *Asteraceae*
VI–IX ↓ [P(5) A(5)] G($\bar{2}$)

30–60 cm hoch. Hüllblätter: **mit wenigen vielarmigen Haaren.** Stängel: **mit ≥ 3 Laubblättern.** Grundblätter: **1–4 mm breit, lineal bis länglich,** fast ganzrandig.

- **Schutt- o. Felsfluren, Alluvionen, Extensivgrünland o. Magerrasen**
- an kalkreichen, trockenen Standorten
- einheimisch (subendemisch)

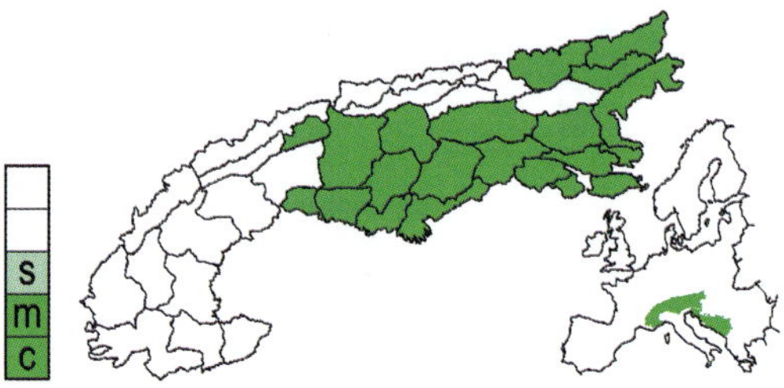

Hieracium schmidtii Tausch

Blasses Habichtskraut *Asteraceae*
IV–VIII ↓ [P(5) A(5)] G($\bar{2}$)

10–50 cm hoch. Köpfchen: **2–12 pro Stängel,** 10–14 mm lang. Köpfchenboden: mit lang gezähnten Grubenrändern. Hüllblätter: **die kurzen äußeren abrupt in die längeren inneren übergehend, mit vielarmigen Haaren,** *ohne* o. mit wenigen ungeteilten Haaren, mit kleinen Drüsen. Zungenblüten: **meist bewimpert.** Stängel: **mit grundständiger Blattrosette, mit ≤ 2 Laubblättern.** Grundblätter: **gestielt, blau- bzw. graugrün, oft dunkel gefleckt, basal deutlich vom Stiel abgesetzt, am Rand drüsig behaart.**

- **Schutt- o. Felsfluren,** Extensivgrünland o. Magerrasen, Wälder
- an nährstoffarmen, sauren, trockenen Standorten
- einheimisch

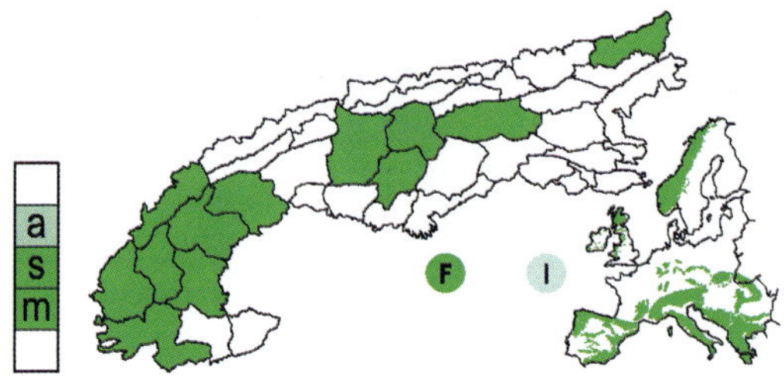

Hieracium sparsum Friv.

Zerstreutköpfiges Habichtskraut *Asteraceae*
VI–VIII ↓ [P(5) A(5)] G($\bar{2}$)

20–60 cm hoch. Köpfchen: **≥ 4 pro Stängel, in Knospe oft überhängend,** 20–35 mm lang. Hüllblätter: **fast 2-reihig.** Grundblätter: **blau- bzw. graugrün,** basal allmählich in den Stiel verschmälert.

- **subalpine o. alpine Rasen, Schutt- o. Felsfluren, Zwergstrauchheiden**
- an nährstoffarmen, sauren Standorten
- einheimisch

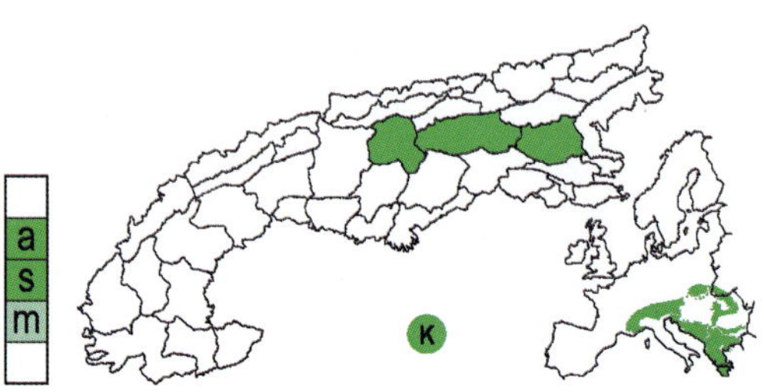

Hieracium tomentosum L.

Filziges Habichtskraut *Asteraceae*
V–VII ↓ [P(5) A(5)] G($\bar{2}$)

10–50 cm hoch. Köpfchen: **1–2 pro Stängel,** 20–35 mm lang. Hüllblätter: **Haare 3–6 mm lang.** Blütenstiele: **dicht weißlich filzig behaart.** Grundblätter: basal allmählich in den Stiel verschmälert.

- **subalpine o. alpine Rasen, Schutt- o. Felsfluren, Extensivgrünland o. Magerrasen, Wälder**
- an nährstoffarmen, trockenen Standorten
- einheimisch

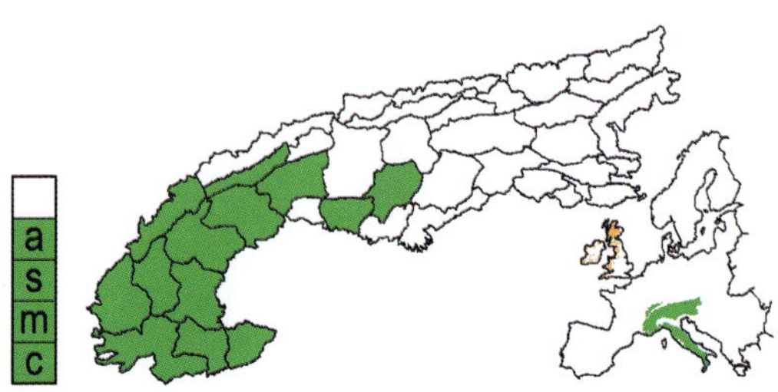

Hieracium umbellatum L.

Doldiges Habichtskraut *Asteraceae*
VI–X ↓ [P(5) A(5)] G($\overline{2}$)

10–120 cm hoch. Blütenstand: **Köpfchen in schirmförmigen Gesamtblütenstand mit verkürzten Internodien.** Köpfchen: **5–100 pro Stängel,** 8–12 mm lang. Hüllblätter: **die kurzen äußeren zurückgebogen u. deutlich von den längeren inneren verschieden, meist kahl.** Äussere Hüllblätter: meist abstehend. Zungenblüten: kahl. Stängel: ***ohne* grundständige Blattrosette, mit 10–70 Laubblättern.** Grundblätter: 4–15-mal so lang wie breit, basal wenig verschmälert. mittlere Stängelblätter: basal verschmälert.

- **Staudenfluren,** Extensivgrünland o. Magerrasen, **Wälder**
- an nährstoffarmen Standorten
- einheimisch

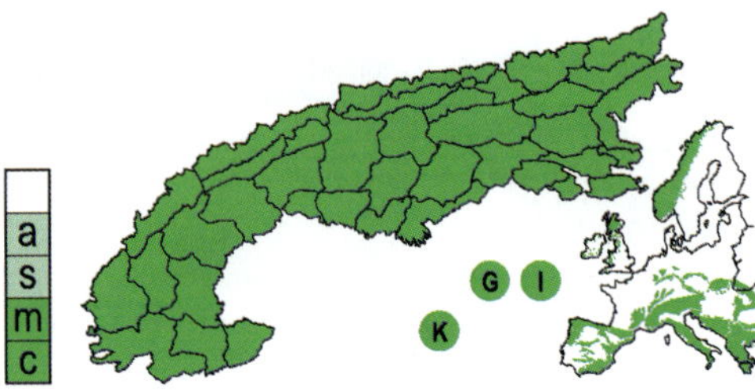

Hieracium villosum Jacq.

Zottiges Habichtskraut *Asteraceae*
VI–VIII ↓ [P(5) A(5)] G($\overline{2}$)

15–30 cm hoch. Pflanzen: **dicht mit langen weißlichen Haaren bedeckt.** Köpfchen: **2–8 pro Stängel,** 14–22 mm lang. Hüllblätter: **die äußeren allmählich in die inneren übergehend, mit ungeteilten Haaren, *ohne* vielarmige Haare, Haare 3–6 mm lang,** oft mit kleinen Drüsenhaaren. Stängel: **mit grundständiger Blattrosette, mit 3–15 Laubblättern,** dicht behaart. Grundblätter: zur Blütezeit ≤ 6, **blau- bzw. graugrün,** basal allmählich in den Stiel verschmälert, ganzrandig bis gezähnt.

- **subalpine o. alpine Rasen, Schutt- o. Felsfluren,** Zwergstrauchheiden, Staudenfluren, Legföhrengebüsche
- an nährstoffarmen, kalkreichen Standorten
- einheimisch

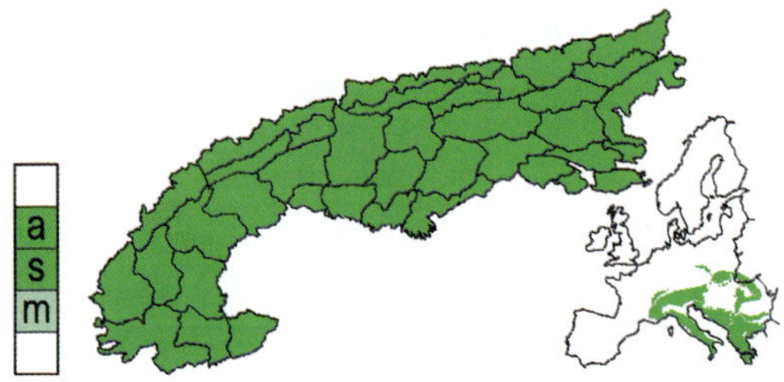

***Pilosella*:** Kräuter mit Milchsaft. Köpfchen: nur mit Zungenblüten. Hüllblätter: dachziegelartig angeordnet. Blüten: meist gelblich. Früchte: distal gestutzt, 1-3 mm lang, gerippt, Rippen enden in kurzem Zahn. Pappus: einfach, starr, zerbrechlich, gräulich bis gelblich, alle Borsten gleich lang. Blätter: ganzrandig bis schwach gezähnt, allmählich verschmälert. Blütenformel: ↓ [P(5) A(5)] G($\overline{2}$). – Im Folgenden wird eine Übersicht der Hauptarten der sich überwiegend apomiktisch fortpflanzenden Gattung gegeben.

Pilosella alpicola (Hoppe) F. W. Schultz & Sch. Bip.

Seidenhaariges Habichtskraut *Asteraceae*
VI–VIII ↓ [P(5) A(5)] G($\overline{2}$)

Bis 25 cm hoch. Köpfchen: **2–7 pro Stängel, 15–25 mm lang.** Hüllblätter: **mit zahlreichen weißlichen lang abstehenden Haaren.** Blüten: gelblich. Stängel: **mit ≤ 2 Laubblättern.** Ausläufer: kurz o. fehlend. Grundblätter: oberseitig: **mit vielarmigen Haaren.**

- **subalpine o. alpine Rasen,** Schutt- o. Felsfluren
- an nährstoffarmen, meist sauren Standorten
- einheimisch

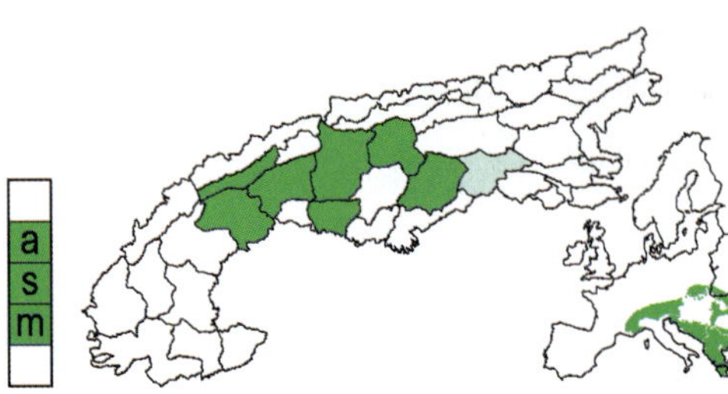

Pilosella aurantiaca (L.) F. W. Schultz & Sch. Bip.

Orangerotes Habichtskraut *Asteraceae*
V–VIII ↓ [P(5) A(5)] G($\overline{2}$)

20–70 cm hoch. Blütenstand: **Köpfchen in knäueligem bis doldenförmigen Gesamtblütenstand, mit verkürzten Internodien.** Köpfchen: **6–10 mm lang;** Stiele: 1–6 cm lang. Blüten: **orange bis rötlich.** Stängel: **mit 1–5 Laubblättern.** Grundblätter: oberseitig: dicht behaart, *ohne* vielarmige Haare; unterseitig: mit vielarmigen Haaren.

- **subalpine o. alpine Rasen,** Zwergstrauchheiden, Staudenfluren, **Grünland,** Ruderalvegetation
- an nährstoffarmen Standorten
- einheimisch

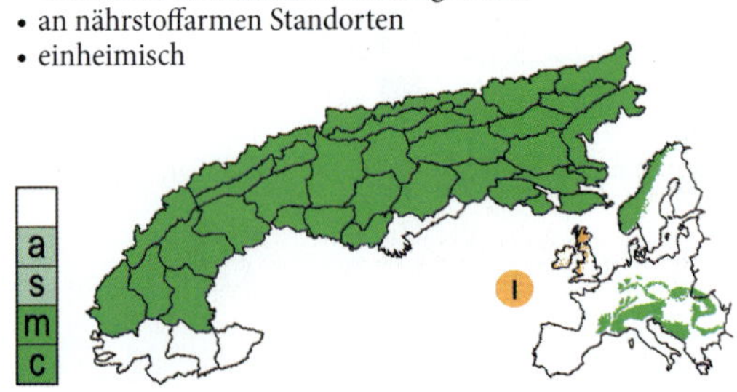

Pilosella cymosa (L.) F. W. Schultz & Sch. Bip.

Trugdoldiges Habichtskraut *Asteraceae*
IV–VIII ↓ [P(5) A(5)] G($\overline{2}$)

30–100 cm hoch. Blütenstand: **Köpfchen knäueligem bis doldenförmigen Gesamtblütenstand, mit verkürzten Internodien.** Köpfchen: **15–80 pro Stängel, 5–8 mm lang.** Hüllblätter: **drüsig behaart, mit vielarmigen Haaren,** *ohne* o. mit wenigen ungeteilten Haaren. Blüten: gelblich. Stängel: **mit 1–6 Laubblättern.** Grundblätter: unterseitig: lang behaart, mit vielarmigen Haaren.

- subalpine o. alpine Rasen, Zwergstrauchheiden, **Staudenfluren, Extensivgrünland o. Magerrasen,** Wälder, Ruderalvegetation
- an nährstoffarmen, basenreichen, meist trockenen Standorten
- einheimisch

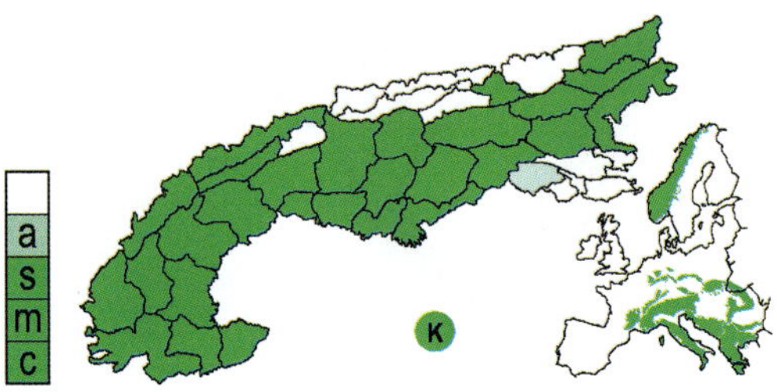

Pilosella glacialis (Reyn.) F. W. Schultz & Sch. Bip.

Gletscher-Habichtskraut *Asteraceae*
VI–VIII ↓ [P(5) A(5)] G($\overline{2}$)

10–40 cm hoch. Köpfchen: **2–8 pro Stängel, 6–10 mm lang.** Hüllblätter: **mit ungeteilten Haaren, mit vielarmigen Haaren,** oft drüsig behaart. Äussere Hüllblätter: < 1 mm breit. Blüten: gelblich. Stängel: **mit ≤ 2 Laubblättern.** Ausläufer: meist fehlend, < 5 cm lang. Grundblätter: unterseitig: mit vielarmigen Haaren.

- **subalpine o. alpine Rasen, Schutt- o. Felsfluren, Zwergstrauchheiden**
- an nährstoffarmen, meist sauren Standorten
- endemisch

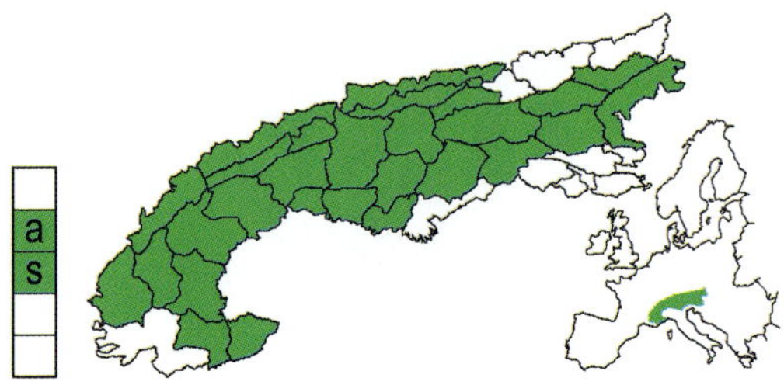

Pilosella hoppeana (Schult.) F. W. Schultz & Sch. Bip.

Hoppes Habichtskraut *Asteraceae*
IV–VIII ↓ [P(5) A(5)] G($\overline{2}$)

Bis 40 cm hoch. Blütenstand: **1 vom Hüllkelch umgebenes Köpfchen.** Köpfchen: **8–14 mm lang.** Hüllblätter: **drüsig behaart, mit vielarmigen Haaren,** *ohne* o. mit ungeteilten Haaren. Äussere Hüllblätter: 1,4–4 mm breit. Blüten: gelblich, **Randblüten außen oft rötlich.** Stängel: ***ohne* Laubblätter.** Ausläufer: oberirdisch, bis 10 cm lang, 1–2 mm ⌀. Grundblätter: oberseitig: *ohne* vielarmige Haare; unterseitig: **weißlich filzig,** mit vielarmigen Haaren.

- **subalpine o. alpine Rasen,** Staudenfluren, **Extensivgrünland o. Magerrasen,** Wälder
- an nährstoffarmen Standorten
- einheimisch

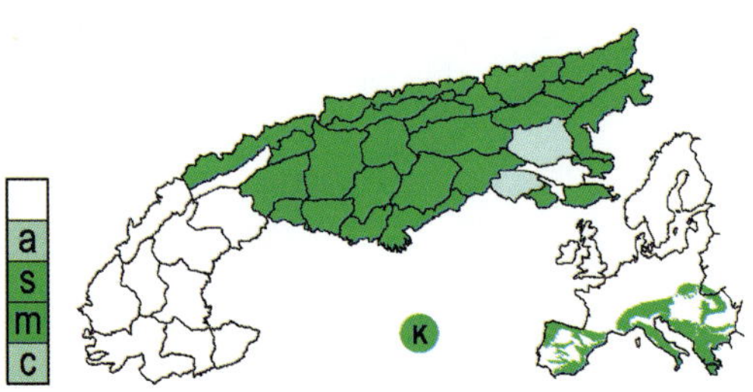

Pilosella lactucella (Wallr.) P. D. Sell & C. West

Öhrchen-Habichtskraut *Asteraceae*
IV–IX ↓ [P(5) A(5)] G($\overline{2}$)

Bis 50 cm hoch. Köpfchen: **2–7 pro Stängel, 4–8 mm lang;** Stiele: *ohne* ungeteilte Haare. Hüllblätter: **drüsig behaart, mit vielarmigen Haaren,** *ohne* o. mit wenigen ungeteilten Haaren. Äussere Hüllblätter: < 1,2 mm breit. Blüten: gelblich. Stängel: **mit 1–2 Laubblättern.** Ausläufer: bis 20 cm lang, 0,5–1,5 mm ⌀. Grundblätter: **blau- bzw. graugrün,** kahl bis spärlich behaart; unterseitig: ***ohne* vielarmige Haare.**

- **subalpine o. alpine Rasen,** Schutt- o. Felsfluren, Alluvionen, Zwergstrauchheiden, Moore o. Seggenriede, **Grünland,** Ruderalvegetation
- an nährstoffarmen Standorten
- einheimisch

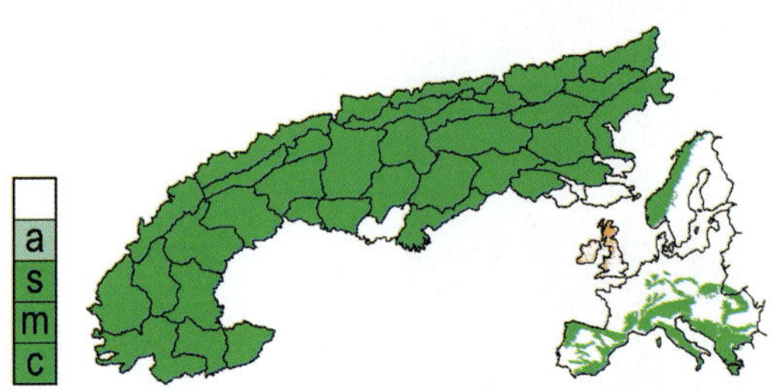

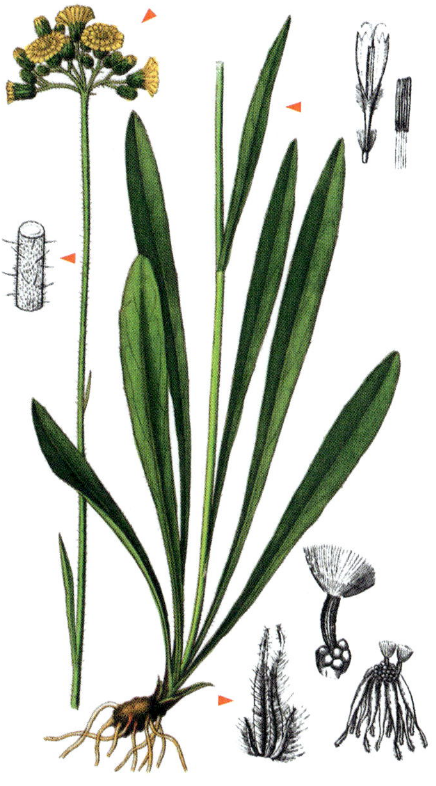

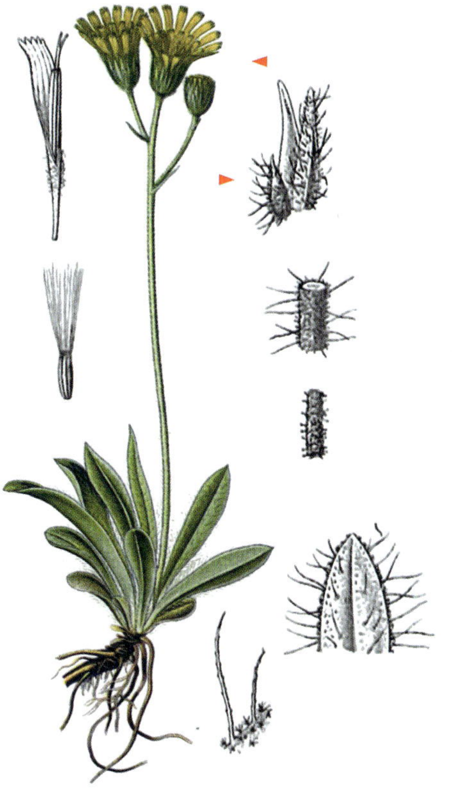

US

Pilosella officinarum Vaill.

Langhaariges Habichtskraut *Asteraceae*
VI–IX ↓ [P(5) A(5)] G($\overline{2}$)

Bis 40 cm hoch. Blütenstand: **1 vom Hüllkelch umgebenes Köpfchen.** Köpfchen: **6–13 mm lang.** Hüllblätter: **mit vielarmigen Haaren,** *ohne* o. mit wenigen ungeteilten Haaren, oft drüsig behaart. Äussere Hüllblätter: 0,5–2 mm breit. Blüten: gelblich, **Randblüten außen oft rötlich.** Stängel: ***ohne* Laubblätter.** Ausläufer: oberirdisch, 5–30 cm lang, < 1,5 mm ⌀, Blätter distal kleiner werdend. Grundblätter: meist blau- bzw. graugrün; oberseitig: **mit vielarmigen Haaren;** unterseitig: **gräulich bis weißlich filzig,** mit vielarmigen Haaren.

- **subalpine o. alpine Rasen,** Schutt- o. Felsfluren, **Alluvionen,** Zwergstrauchheiden, Moore o. Seggenriede, **Grünland, Wälder, Ruderalvegetation**
- an nährstoffarmen, meist trockenen Standorten
- einheimisch

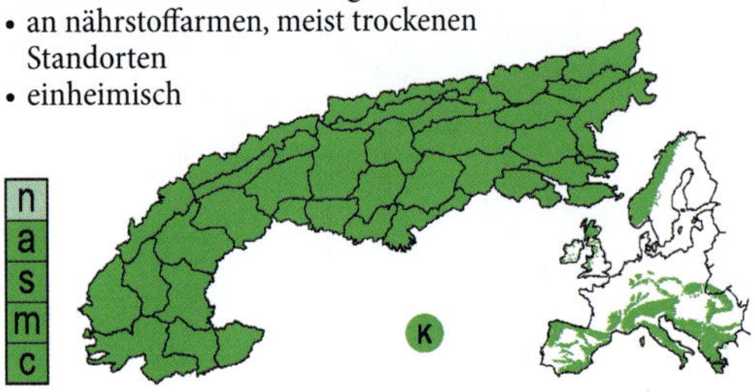

Pilosella peleteriana (Mérat) F. W. Schultz & Sch. Bip.

Lepeletiers Habichtskraut *Asteraceae*
IV–VII ↓ [P(5) A(5)] G($\overline{2}$)

Bis 30 cm hoch. Blütenstand: **1 vom Hüllkelch umgebenes Köpfchen.** Köpfchen: **8–14 mm lang.** Hüllblätter: **mit ungeteilten Haaren, mit vielarmigen Haaren,** oft drüsig behaart. Äussere Hüllblätter: 1,5–3 mm breit. Blüten: gelblich, **Randblüten außen oft rötlich.** Stängel: ***ohne* Laubblätter.** Ausläufer: oberirdisch, < 5 cm lang. Grundblätter: oberseitig: *ohne* vielarmige Haare; unterseitig: **weißlich filzig,** mit vielarmigen Haaren.

- **subalpine o. alpine Rasen, Schutt- o. Felsfluren,** Zwergstrauchheiden, Staudenfluren, **Extensivgrünland o. Magerrasen,** Wälder, Ruderalvegetation
- an nährstoffarmen, meist trockenen Standorten
- einheimisch

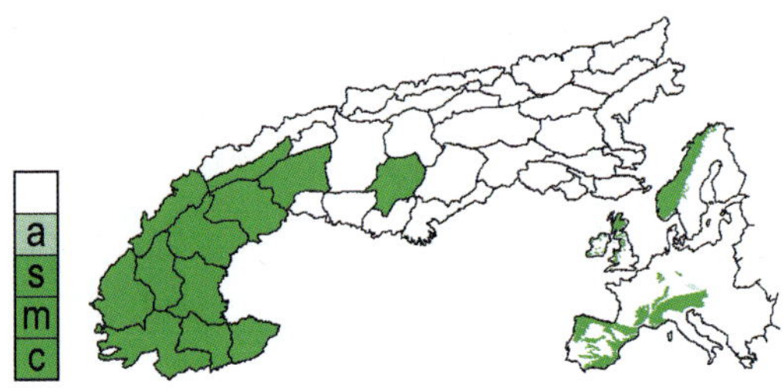

Pilosella sphaerocephala (Rchb.) F. W. Schultz & Sch. Bip.

Kugelköpfiges Habichtskraut *Asteraceae*
VI–VIII ↓ [P(5) A(5)] G($\overline{2}$)

10–30 cm hoch. Köpfchen: **2–6 pro Stängel, 7–11 mm lang.** Hüllblätter: **mit ungeteilten Haaren, drüsig behaart, mit vielarmigen Haaren, Haare 3–5 mm lang.** Äussere Hüllblätter: 1–1,5 mm breit. Blüten: gelblich, Randblüten außen nur selten rötlich. Stängel: ***ohne* o. mit 1 Laubblatt.** Ausläufer: < 5 cm lang, 0,5–2 mm ⌀, Blätter distal kleiner werdend. Grundblätter: oberseitig: **mit vielarmigen Haaren;** unterseitig: **grünlich bis gräulich filzig,** mit vielarmigen Haaren.

- **subalpine o. alpine Rasen, Schutt- o. Felsfluren, Zwergstrauchheiden, Grünland**
- an nährstoffarmen Standorten
- einheimisch

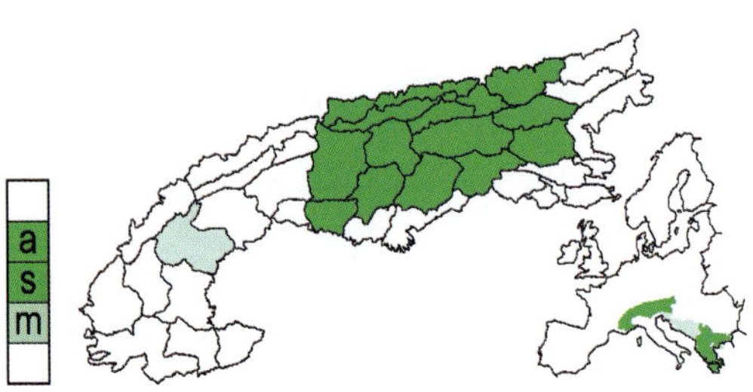

Hypochaeris facchiniana Ambrosi

Facchinis Ferkelkraut *Asteraceae*
V–VII ↓ [P(5) A(5)] G($\overline{2}$)

10–60 cm hoch, **1-jährig.** Pflanzen: mit Milchsaft. Blütenstand: **1 vom Hüllkelch umgebenes Köpfchen.** Köpfchen: nur mit Zungenblüten, 25–45 mm ⌀; Stiele: **nach oben hin deutlich verdickt,** behaart. Köpfchenboden: mit häutigen Spreublättern. Hüllblätter: meist mehrreihig. Äussere Hüllblätter: bewimpert. Blüten: gelblich. Früchte: lang geschnäbelt. Pappus: **1-reihig, alle Borsten gefiedert.** Stängel: mit grundständiger Blattrosette, **zuweilen mit Schuppenblättern.** Blätter: ungeteilt, am Rand gezähnt.

- **subalpine o. alpine Rasen,** Zwergstrauchheiden, **Extensivgrünland o. Magerrasen, Wälder**
- an nährstoffarmen, basenreichen Standorten
- endemisch

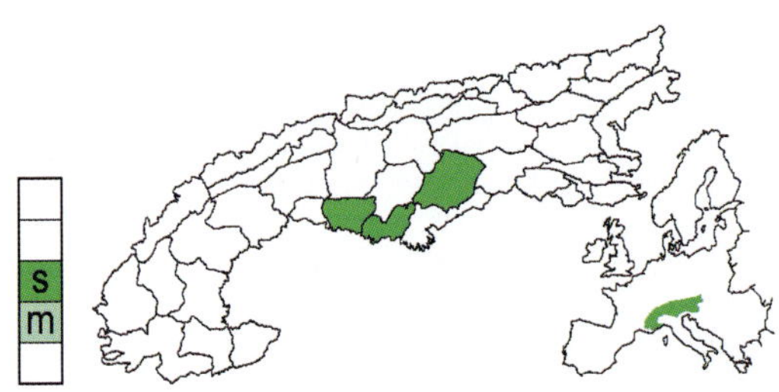

US

Hypochaeris uniflora Vill.

Einköpfiges Ferkelkraut *Asteraceae*
VI–IX ↓ [P(5) A(5)] G($\overline{2}$)

15–50 cm hoch, mehrjährig. Pflanzen: mit Milchsaft. Blütenstand: **1 vom Hüllkelch umgebenes Köpfchen**. Köpfchen: nur mit Zungenblüten, 40–70 mm ∅; Stiele: **nach oben hin deutlich verdickt**, oben borstig u. gräulich filzig behaart. Köpfchenboden: mit häutigen Spreublättern. Hüllblätter: meist mehrreihig. Äussere Hüllblätter: fransig bewimpert. Blüten: gelblich. Früchte: lang geschnäbelt. Pappus: **1-reihig, alle Borsten gefiedert**. Stängel: mit grundständiger Blattrosette, **zuweilen mit Schuppenblättern**. Blätter: ungeteilt, am Rand gezähnt.

- **subalpine o. alpine Rasen**, **Zwergstrauchheiden**, Grünland, Wälder
- an nährstoffarmen Standorten
- einheimisch

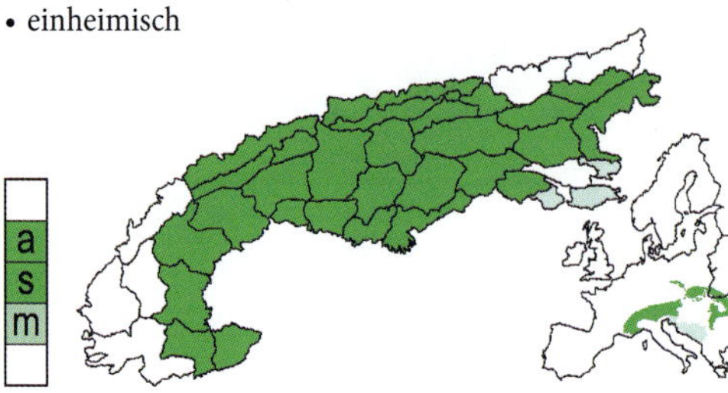

Hypochaeris maculata L.

Geflecktes Ferkelkraut *Asteraceae*
IV–VIII ↓ [P(5) A(5)] G($\overline{2}$)

30–100 cm hoch, mehrjährig. Pflanzen: mit Milchsaft. Köpfchen: **1–4 pro Stängel**, nur mit Zungenblüten, 40–50 mm ∅; Stiele: oben rauhaarig. Köpfchenboden: mit häutigen Spreublättern. Hüllblätter: meist mehrreihig. Äussere Hüllblätter: bewimpert. Blüten: gelblich. Früchte: lang geschnäbelt. Pappus: **1-reihig**, **alle Borsten gefiedert**. Stängel: mit grundständiger Blattrosette, **meist mit 1–2 kleinen Laubblättern**. Blätter: **meist rötlich bis bräunlich gefleckt**, ungeteilt, am Rand gezähnt.

In den Alpen nur die subsp. *maculata*.

- **subalpine o. alpine Rasen**, Zwergstrauchheiden, Staudenfluren, **Grünland**, Wälder
- meist an nährstoffarmen Standorten
- einheimisch

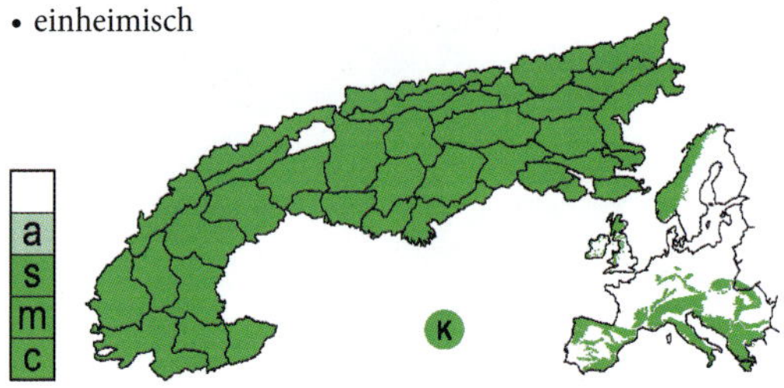

Lactuca alpina (L.) A. Gray

Alpen-Milchlattich *Asteraceae*
VI–IX ↓ [P(5) A(5)] G($\overline{2}$)

60–120 cm hoch, mehrjährig. Pflanzen: mit Milchsaft, **oben drüsig behaart**. Blütenstand: in trauben- bis rispenartigem Gesamtblütenstand, meist höher als breit, vielblütig. Köpfchen: nur mit Zungenblüten, 5–18-blütig. Hülle: meist ≥ 6-blättrig. Hüllblätter: 1–2 reihig. Blüten: **meist bläulich bis violett**. Früchte: ***nicht* geschnäbelt**, im QS kantig, mehrrippig. Pappus: 1–2-reihig, äußere Reihe der Borsten kurz. Blätter: **mit großem 3-eckigem bis spießförmigem Endlappen u. 1–3 Paaren kleiner Seitenlappen**, ± kahl.

- Alluvionen, **Staudenfluren**, **Grünerlen- o. Legföhrengebüsche**, Grünland, **Wälder**
- an nährstoffreichen Standorten
- einheimisch

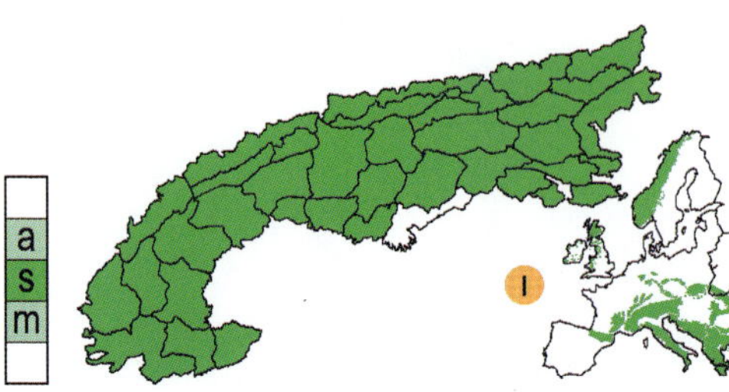

Leontodon: mehrjährige Kräuter mit Milchsaft. Blütenstand: meist 1 von Hüllkelch umgebenes Köpfchen, nur mit Zungenblüten. Hüllblätter: dachziegelartig. Blüten: gelblich. Pappus: 2-reihig (selten fehlend), innere Borsten verzweigt u. länger als die äußeren, gräulich-weißlich bis bräunlich. Stängel: mit grundständiger Blattrosette, oft mit Schuppenblättern. Blätter: mit mehrteiligen Haaren. Blütenformel: ↓ [P(5) A(5)] G($\overline{2}$).

Leontodon berinii (Bartl.) Roth

Berinis Löwenzahn *Asteraceae*
V–IX ↓ [P(5) A(5)] G($\overline{2}$)

Bis 20 cm hoch. Köpfchen: meist einzeln, selten 2. Stängel: mit ≤ 3 Schuppenblättern. Blätter: **mit ≥ 4-armigen Haaren**, **Haare fast ungestielt**, am Rand seicht gezähnt.

- **Alluvionen**, **Schutt- o. Felsfluren**
- endemisch

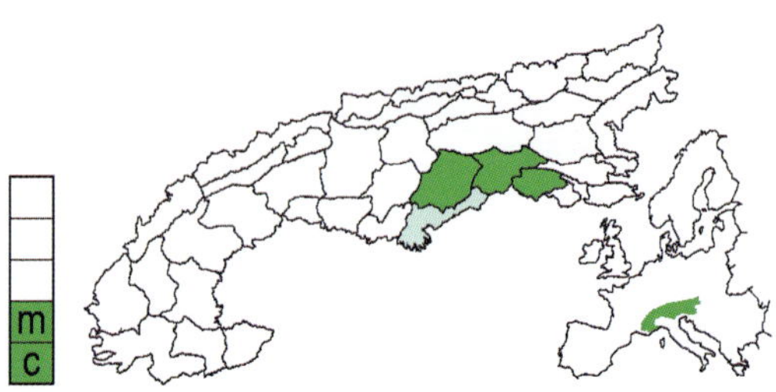

Leontodon hispidus L.

Steifhaariger Löwenzahn *Asteraceae*

V–X ↓ [P(5) A(5)] $G(\overline{2})$

10–80 cm hoch. BLÜTEN: **Zungenblüten außen oft bläulich-rötlich überlaufen.** FRÜCHTE: **die inneren geschnäbelt, die äußeren distal krönchenartig.** STÄNGEL: mit ≤ 2 Schuppenblättern. BLÄTTER: **mit 2–4-armigen Haaren, Haare < 1 mm lang**, Haare gestielt, am Rand gezähnt bis gelappt; UNTERSEITS: grünlich.

Formenreiche Sippe.

- subalpine o. alpine Rasen, Schutt- o. Felsfluren, Alluvionen, Zwergstrauchheiden, Moore o. Seggenriede, **Grünland**, Wälder, Ruderalvegetation
- einheimisch

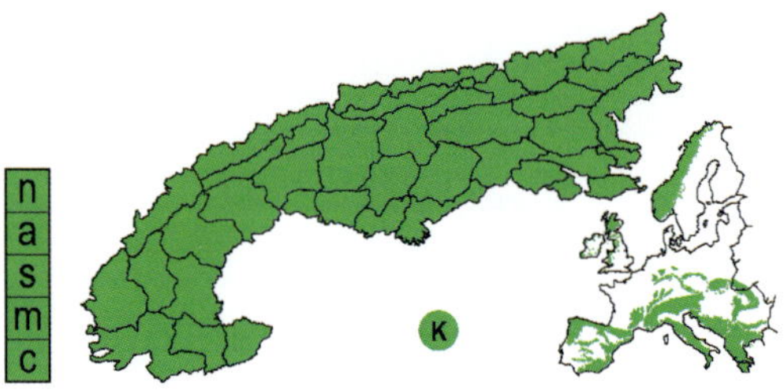

Leontodon tenuiflorus (Gaudin) Rchb.

Schmalköpfiger Löwenzahn *Asteraceae*

IV–VI ↓ [P(5) A(5)] $G(\overline{2})$

15–50 cm hoch. STÄNGEL: mit ≤ 2 Schuppenblättern. BLÄTTER: **mit 2–3-armigen Haaren**, Haare gestielt, ganzrandig bis seicht gezähnt.

- subalpine o. alpine Rasen, **Schutt- o. Felsfluren**, Alluvionen, Legföhrengebüsche, **Extensivgrünland o. Magerrasen**, **Wälder**
- an kalkreichen, trockenen Standorten
- endemisch

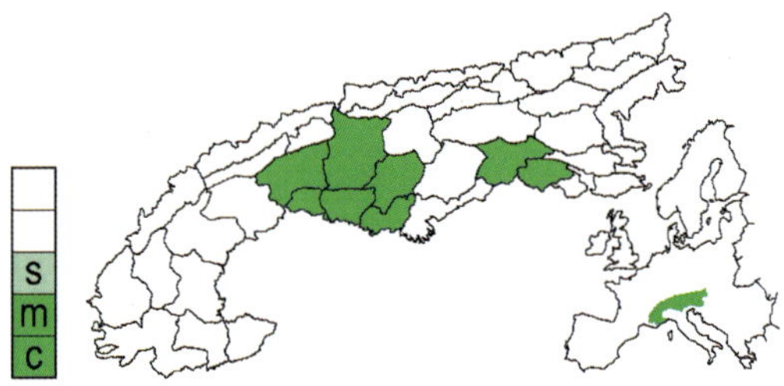

Scorzoneroides: mehrjährige Kräuter mit Milchsaft. KÖPFCHEN: nur mit Zungenblüten. HÜLLBLÄTTER: dachziegelartig. PAPPUS: 2-reihig, innere Borsten verzweigt, meist weißlich. STÄNGEL: mit grundständiger Blattrosette, *ohne* Laubblätter, oft mit Schuppenblättern. BLÄTTER: nur mit einfachen Haaren. BLÜTENFORMEL: ↓ [P(5) A(5)] $G(\overline{2})$.

Scorzoneroides helvetica (Mérat) Holub

Schweizer Schuppenlöwenzahn *Asteraceae*

VI–IX ↓ [P(5) A(5)] $G(\overline{2})$

10–40 cm hoch. BLÜTENSTAND: 1 vom Hüllkelch umgebenes Köpfchen. PAPPUS: **alle Borsten gefiedert, gelblich-weißlich.** STÄNGEL: unverzweigt, **mit 3–7 Schuppenblättern.**

- **subalpine o. alpine Rasen**, Schutt- o. Felsfluren, Alluvionen, Schneetälchen, **Zwergstrauchheiden**, Grünland, Wälder
- an nährstoffarmen, sauren Standorten
- einheimisch

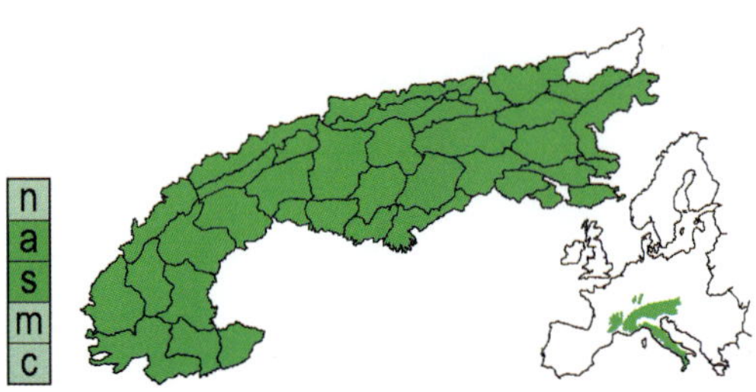

Scorzoneroides autumnalis (L.) Moench

Herbst-Schuppenlöwenzahn *Asteraceae*

VI–X ↓ [P(5) A(5)] $G(\overline{2})$

15–50 cm hoch. KÖPFCHEN: **1–7 pro Stängel.** HÜLLBLÄTTER: grünlich. BLÜTEN: **Zungenblüten außen meist rötlich überlaufen.** FRÜCHTE: **kurz geschnäbelt.** PAPPUS: **alle Borsten gefiedert, innere u. äußere Borsten gleich lang**, weißlich. STÄNGEL: **meist gabelig verzweigt, meist mit ≥ 6 Schuppenblättern.** BLÄTTER: **buchtig bis fiederspaltig.**

In den Alpen die subsp. *autumnalis* u. *borealis* (vgl. S. 737).

- Alluvionen, Staudenfluren, Moore o. Seggenriede, **Grünland, Ruderalvegetation**
- einheimisch

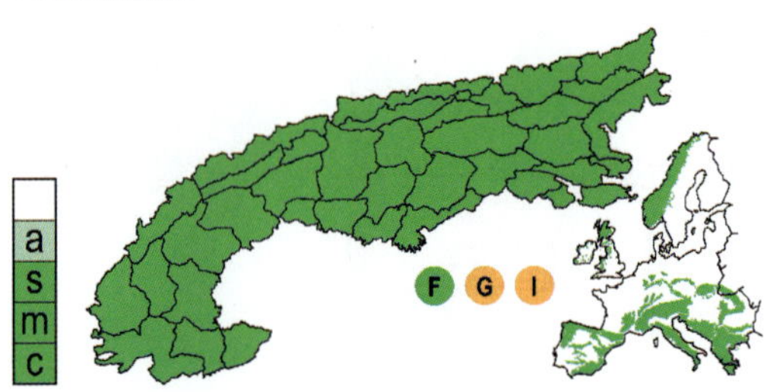

Scorzoneroides montana (Lam.) Holub

Berg-Schuppenlöwenzahn *Asteraceae*
VI–VIII ↓ [P(5) A(5)] G($\overline{2}$)

Bis 10 cm hoch. Blütenstand: **1 vom Hüllkelch umgebenes Köpfchen**. Köpfchen: Stiele: **unter den Köpfchen (etwas) verdickt**. Hüllblätter: grünlich, behaart. Pappus: **die inneren Borsten gefiedert, die äußeren meist gezähnt, äußere Borsten kürzer als die inneren**, weißlich. Stängel: **unverzweigt, mit ≤ 2 Schuppenblättern**. Blätter: **ungeteilt bis gelappt**.

In den Alpen die subsp. *montana* u. *breviscapa* (vgl. S. 738).

- subalpine o. alpine Rasen, **Schutt- o. Felsfluren**, Alluvionen, Schneetälchen
- an kalkreichen Standorten
- einheimisch

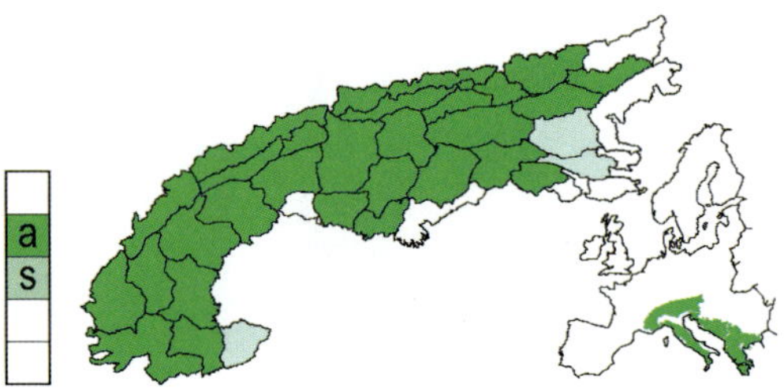

Scorzoneroides montaniformis (Widder) Gut.

Nordostalpen-Schuppenlöwenzahn *Asteraceae*
VI–VIII ↓ [P(5) A(5)] G($\overline{2}$)

Bis 10 cm hoch. Blütenstand: **1 vom Hüllkelch umgebenes Köpfchen**. Köpfchen: Stiele: unter den Köpfchen *nicht* verdickt. Hüllblätter: grünlich, mit langen ± schwarzen Haaren. Pappus: **die inneren Borsten gefiedert, die äußeren meist gezähnt, äußere Borsten kürzer als die inneren, gelblich-weißlich**. Stängel: **unverzweigt, mit ≤ 2 Schuppenblättern**. Blätter: **ungeteilt bis gelappt**.

- **Schutt- o. Felsfluren**, Schneetälchen
- an nährstoffarmen, basenreichen Standorten
- endemisch

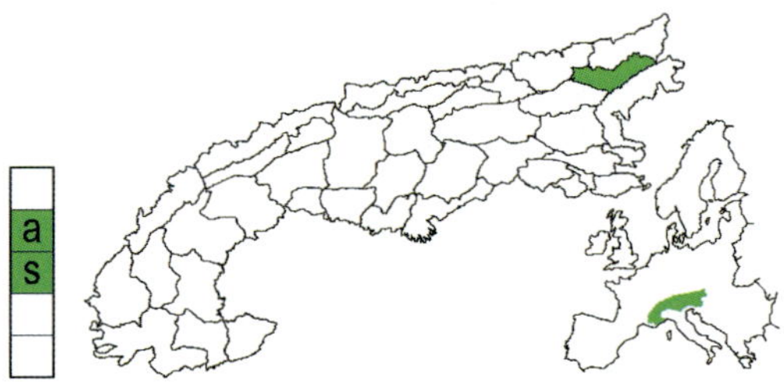

Prenanthes purpurea L.

Purpur-Lattich *Asteraceae*
VI–IX ↓ [P(5) A(5)] G($\overline{2}$)

50–150 cm hoch, mehrjährig. Pflanzen: mit Milchsaft. Köpfchen: **> 20 pro Stängel, überhängend**, nur mit Zungenblüten, **4–6-blütig**. Hülle: **meist 5–10-blättrig, 8–14 mm lang, meist < 3 mm ⌀**. Hüllblätter: **1–2 reihig**. Blüten: **rötlich bis violett**. Früchte: **im QS rundlich**. Blätter: **basal ausgerandet, (halb-)stängelumfassend**, kahl, am Rand entfernt gezähnt. Grundblätter: **mit großem 3-eckigen bis spießförmigem Endlappen u. wenigen kleineren Seitenlappen**. Mittlere Stängelblätter: ungeteilt, länglich-lanzettlich.

- Alluvionen, Zwergstrauchheiden, **Staudenfluren**, Grünerlen- o. Legföhrengebüsche, **Wälder**
- einheimisch

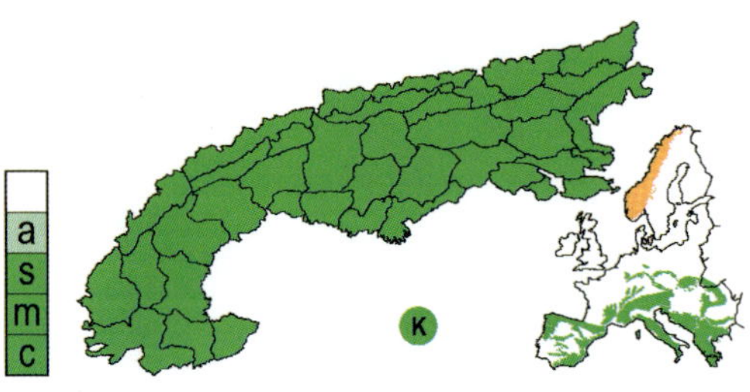

Scorzonera aristata DC.

Grannen-Schwarzwurzel *Asteraceae*
V–VIII ↓ [P(5) A(5)] G($\overline{2}$)

10–50 cm hoch, mehrjährig. Pflanzen: mit Milchsaft. Köpfchen: nur mit Zungenblüten, **40–50 mm ⌀**. Hüllblätter: dachziegelartig, äußere kürzer als die inneren. Randblüten: ± 2-mal so lang wie die Hüllblätter. Blüten: gelblich. Früchte: **Rippen rau bis stachelig**. Pappus: mit verzweigten Borsten, Borsten miteinander verflochten, ± so lang wie die Frucht, gräulich-weißlich. Stängel: **unverzweigt, *ohne* o. mit 1 (kleinen) Laubblatt**. Blätter: ungeteilt, **(scheinbar) parallelnervig**. Grundblätter: **1–3 mm breit, schmal länglich-lanzettlich**.

- **subalpine o. alpine Rasen**, Schutt- o. Felsfluren, **Grünland**
- an basenreichen Standorten
- einheimisch

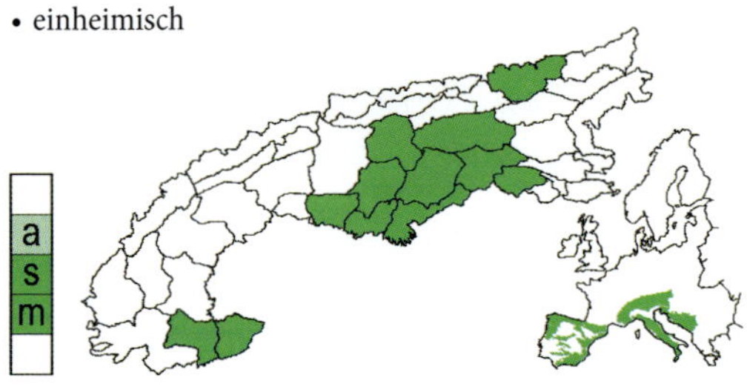

Podospermum roseum
(Waldst. & Kit.) Gemeinholzer & Greuter

Rosenrote Schwarzwurzel *Asteraceae*
IV–VI ↓ [P(5) A(5)] G($\overline{2}$)

10–50 cm hoch, **1-2-jährig**. PFLANZEN: mit Milchsaft. KÖPFCHEN: **meist einzeln**, nur mit Zungenblüten, **30–50 mm ⌀.** HÜLLE: > 15-blättrig. HÜLLBLÄTTER: dachziegelartig, äußere kürzer als die inneren. BLÜTEN: meist *ohne* Geruch, **rosa bis rötlich**. FRÜCHTE: Rippen zumindest distal rau. PAPPUS: mit verzweigten Borsten. BLÄTTER: im QS flach ausgebreitet, ungeteilt, lineal bis länglich-lanzettlich, **(scheinbar) parallelnervig**. GRUNDBLÄTTER: **2–8 mm breit**.

In den Alpen nur die subsp. *roseum*.

- **subalpine o. alpine Rasen**, **Legföhrengebüsche**, **Grünland**, Wälder
- an basenreichen Standorten
- einheimisch

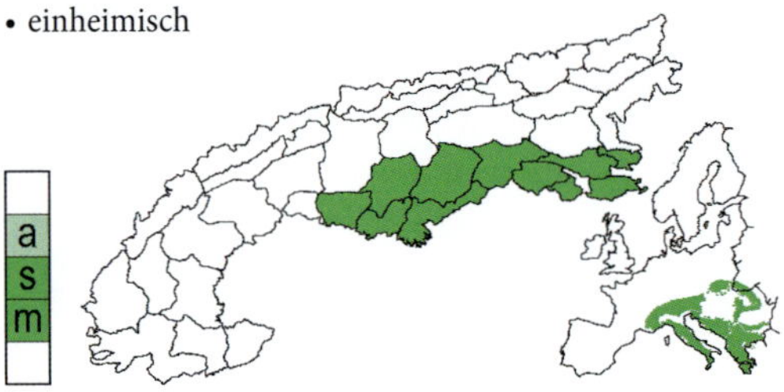

Taraxacum sect. *Alpestria* Soest

schwach giftig

Gebirgs-Löwenzahn *Asteraceae*
IV–VIII ↓ [P(5) A(5)] G($\overline{2}$)

Bis 30 cm hoch, kräftig. KÖPFCHEN: 20–30 mm lang. ÄUSSERE HÜLLBLÄTTER: **3-eckig, < 10 mm lang,** grünlich bis schwarz. BLÜTEN: **gold- bis orangegelb.** FRÜCHTE: Achäne meist 3,5–4,5 mm lang, **bräunlich bis rötlich *oder* gräulich bis beige, unterhalb des Schnabels meist zylindrisch**, Zylinder < 0,8 mm lang; SCHNABEL: 6–12 mm lang, ± 1,5-mal so lang wie die Frucht. BLÄTTER: tief gelappt, lanzettlich. GRUNDBLÄTTER: **meist aufrecht**.

Mehrere Dutzend schwer bestimmbare Taxa, deren Verbreitung oft nur ungenügend bekannt ist. Nach Štěpánek & Kirschner (2022) ist diese Sektion in *T. sect. Rhodocarpa* einzuordnen.

- **subalpine o. alpine Rasen**, **Schutt- o. Felsfluren**, Alluvionen, **Schneetälchen**, **Zwergstrauchheiden**, **Staudenfluren**, Moore o. Seggenriede, **Grünland**
- einheimisch

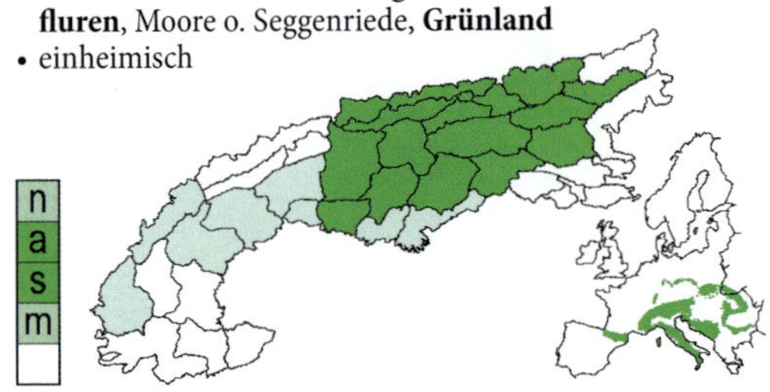

Taraxacum: mehrjährige Kräuter mit weißem Milchsaft. BLÜTENSTAND: 1 endständiges von Hüllkelch umgebenes Köpfchen auf hohlem Stiel. KÖPFCHEN: nur mit Zungenblüten. BLÜTEN: meist gelblich. FRÜCHTE: lang geschnäbelt. PAPPUS: mit einfachen Borsten, weiß, flexibel. BLÄTTER: alle in grundständiger Rosette. BLÜTENFORMEL: ↓ [P(5) A(5)] G($\overline{2}$). – Hier wird eine Übersicht der Sektionen der sich überwiegend apomiktisch fortpflanzenden Gattung gegeben. Die Zeichnungen zeigen teilweise Arten der jeweiligen Sektionen, die nicht in den Alpen vorkommen.

Taraxacum sect. *Alpina* G. E. Haglund

schwach giftig

Alpen-Löwenzahn *Asteraceae*
V–X ↓ [P(5) A(5)] G($\overline{2}$)

Bis 30 cm hoch. KÖPFCHEN: 20–30 mm lang. ÄUSSERE HÜLLBLÄTTER: **den inneren anliegend, lanzettlich bis oval, 4–8 mm lang**. FRÜCHTE: gräulich bis beige, **Zylinder bzw. Kegel unterhalb des Schnabels < 0,8 mm lang**; SCHNABEL: **3–6 mm lang, kürzer als die Frucht**, steif. GRUNDBLÄTTER: **meist niederliegend**.

Mehrere Dutzend schwer bestimmbare Taxa.

- subalpine o. alpine Rasen, **Schutt- o. Felsfluren**, **Schneetälchen**
- meist an feuchten bis nassen Standorten
- einheimisch

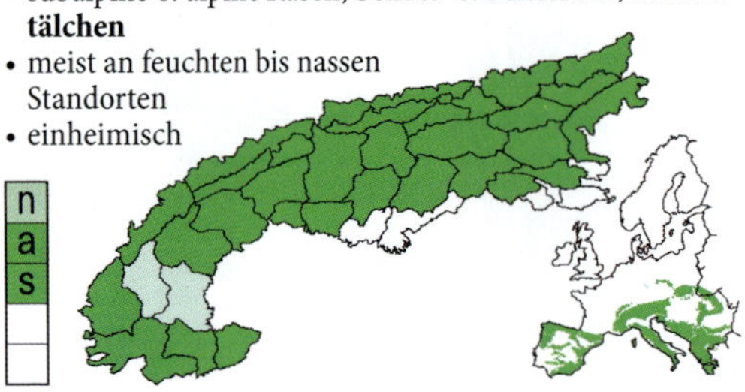

Taraxacum sect. *Arctica* Dahlst.

schwach giftig

Arktischer Löwenzahn *Asteraceae*
III–VIII ↓ [P(5) A(5)] G($\overline{2}$)

Bis 30 cm hoch. FRÜCHTE: **schwärzlich-bräunlich**; SCHNABEL: meist 3–6 mm lang, **kürzer als die Frucht**, steif.

In den Alpen kommt *T. reichenbachii* vor.

- **subalpine o. alpine Rasen**, **Schutt- o. Felsfluren**
- meist an nährstoffarmen, sauren Standorten
- einheimisch

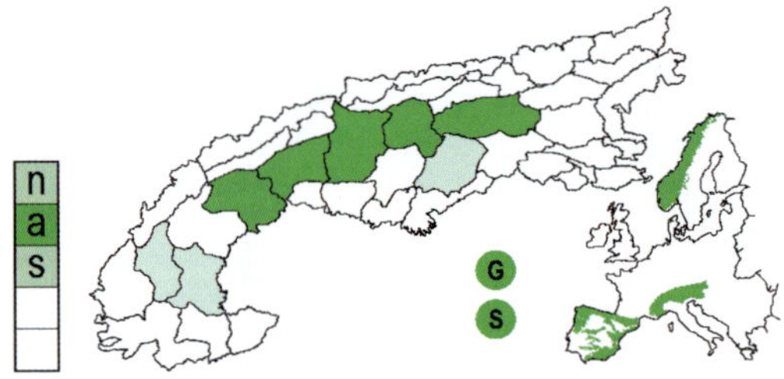

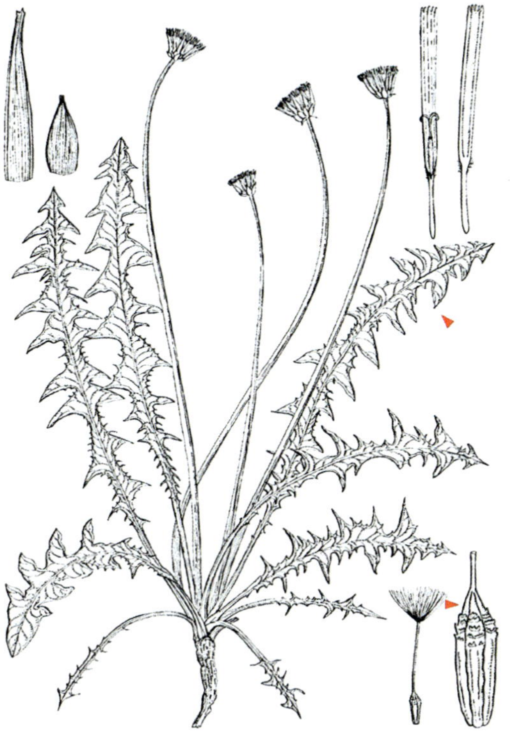

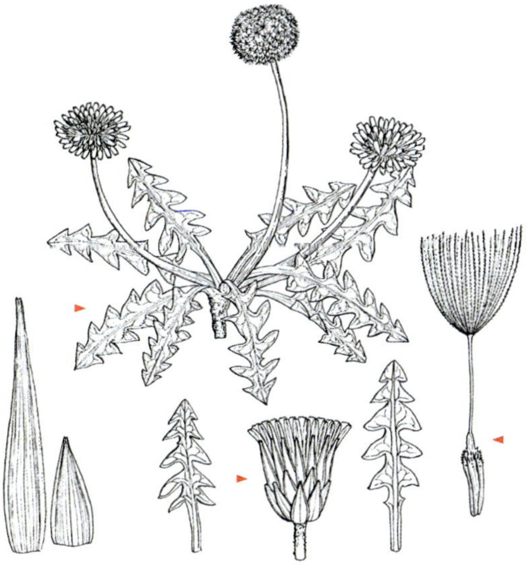

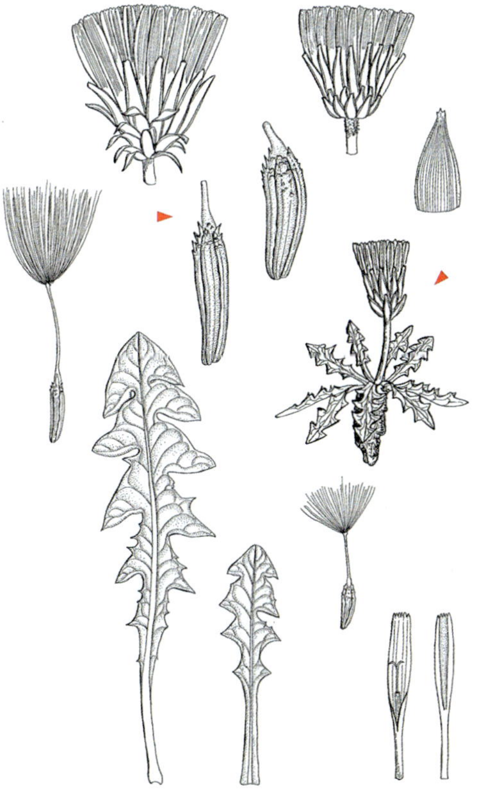

Taraxacum sect. *Borealia* Hand.-Mazz.

schwach giftig

Gehörnter Löwenzahn *Asteraceae*

III–VI ↓ [P(5) A(5)] $G(\overline{2})$

Bis 30 cm hoch. Hüllblätter: **unterhalb der Spitze verdickt**. Äussere Hüllblätter: *ohne* weißlichen Rand. Früchte: gräulich bis beige, selten rötlich. Blätter: gelappt bis fiederspaltig, **beidseits mit 1–4 Seitenlappen**.

In den Alpen kommen *T. gallicum*, *T. handelii*, *T. kraettlii*, *T. mazzettii* u. *T. melzerianum* (sowie *T. cimae-gallica*) vor.

- **subalpine o. alpine Rasen, Schutt- o. Felsfluren**
- meist an nährstoffarmen Standorten
- einheimisch

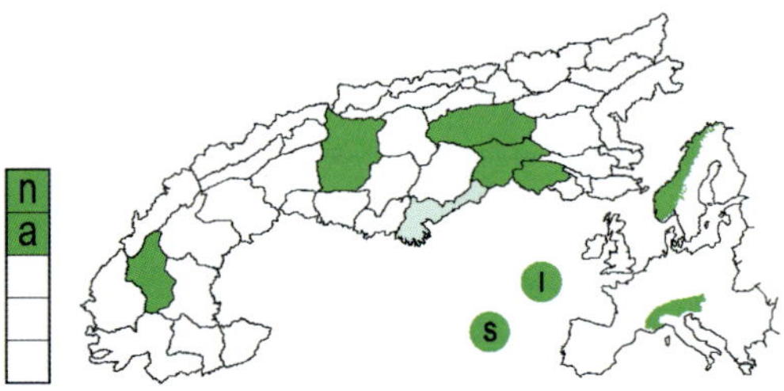

Taraxacum sect. *Cucullata* Soest

schwach giftig

Kapuzen-Löwenzahn *Asteraceae*

IV–VIII ↓ [P(5) A(5)] $G(\overline{2})$

Bis 30 cm hoch. Blüten: **gelblich bis beige**. Zungenblüten: **eingerollt, distal kapuzenförmig verwachsen**. Früchte: gräulich bis beige.

Mehrere schwer bestimmbare Taxa.

- subalpine o. alpine Rasen, Schutt- o. Felsfluren, Schneetälchen, **Staudenfluren, Grünerlengebüsche, Grünland**
- einheimisch

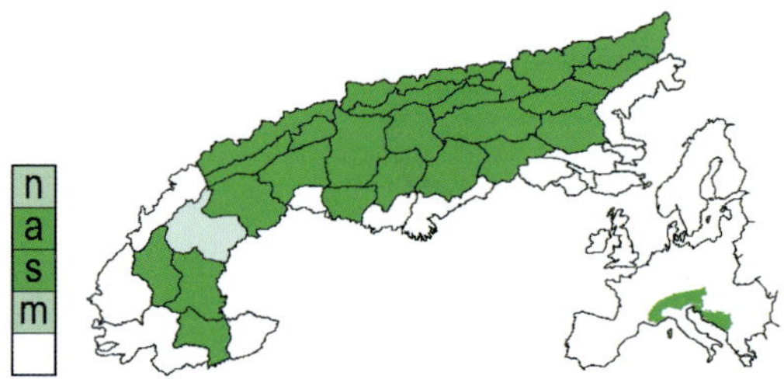

Taraxacum sect. *Fontana* Soest

schwach giftig

Quell-Löwenzahn *Asteraceae*

IV–VIII ↓ [P(5) A(5)] $G(\overline{2})$

Bis 30 cm hoch, **zart**. Köpfchen: 20–30 mm lang. Äussere Hüllblätter: **den inneren anliegend, 3-eckig**, grünlich. Blüten: **oft gold- bis orangegelb**. Früchte: Achäne meist > 3 mm lang, gräulich bis beige, **Zylinder bzw. Kegel unterhalb des Schnabels < 0,8 mm lang**; Schnabel: 6–14 mm lang. Blattstiele: **breit geflügelt**. Blätter: ungeteilt, lanzettlich bis oval, ganzrandig bis gezähnt. Grundblätter: **meist aufrecht**.

Ca. 20 schwer bestimmbare Taxa.

- **subalpine o. alpine Rasen, Schutt- o. Felsfluren, Staudenfluren, Quellfluren, trockenfallende Ufer, Moore o. Seggenriede, Grünland**
- an feuchten bis nassen Standorten
- einheimisch

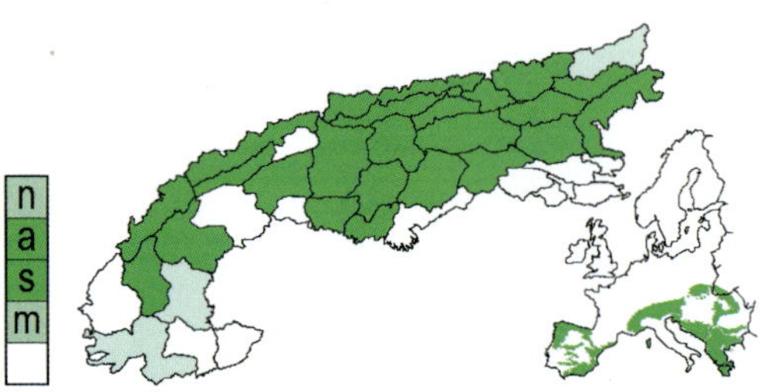

Taraxacum sect. *Obliqua* Dahlst.

schwach giftig

Dünen-Löwenzahn *Asteraceae*

III–VI ↓ [P(5) A(5)] $G(\overline{2})$

Bis 30 cm hoch. Hüllblätter: **unterhalb der Spitze verdickt**. Äussere Hüllblätter: **mit brauner Mittelrippe, mit breitem weißlichem Rand**. Blüten: **gold- bis orangegelb**. Zungenblüten: **zumindest distal eingerollt**. Früchte: gräulich bis beige, **unterhalb des Schnabels meist kegelförmig**. Stängel: krautig; unten: **meist von abgestorbener Laubblattscheide umgeben**. Blattstiele: **schmal**. Blätter: tief gelappt bis fiederspaltig.

Mehrere Dutzend schwer bestimmbare Taxa.

- **subalpine o. alpine Rasen, Schutt- o. Felsfluren, Extensivgrünland o. Magerrasen**
- meist an nährstoffarmen Standorten
- einheimisch

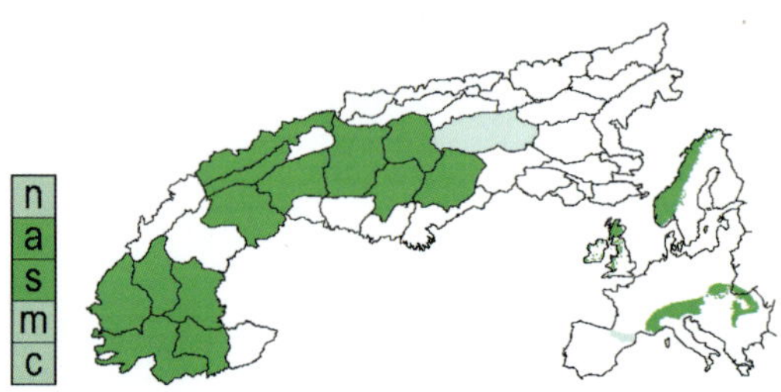

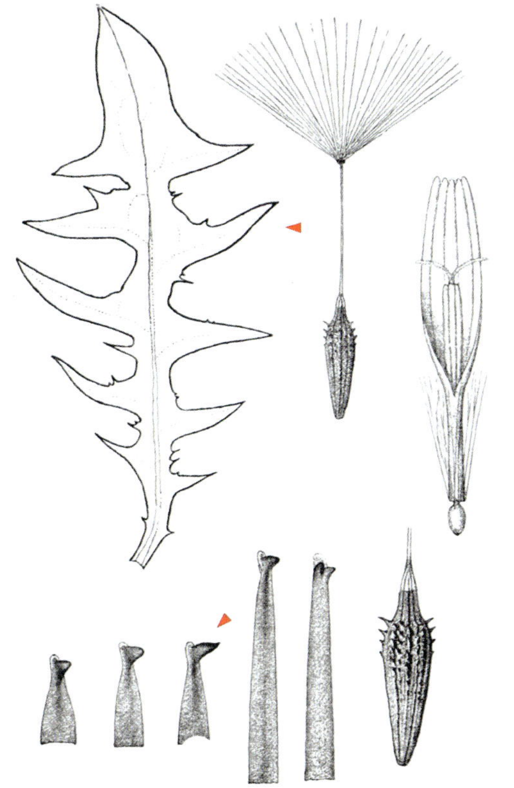

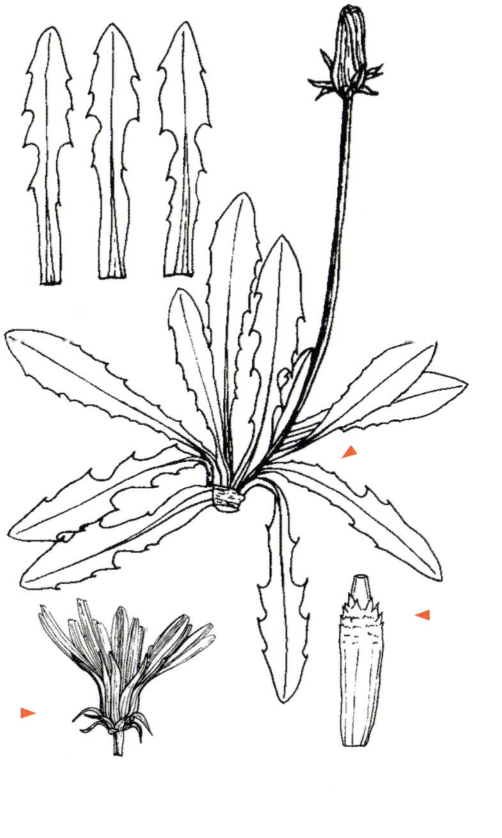

Taraxacum sect. *Rhodocarpa* Soest

schwach giftig

Schroeters Löwenzahn *Asteraceae*
III–VI ↓ [P(5) A(5)] G($\overline{2}$)

Bis 30 cm hoch. FRÜCHTE: **bräunlich bis rötlich, unterhalb des Schnabels kegelförmig, Kegel < 0,8 mm lang**. BLÄTTER: tief gelappt bis fiederspaltig.

In den Alpen kommen *T. rhodocarpum* u. *T. schroeterianum* vor. Nach Štěpánek & Kirschner (2022) ist auch die Sektion *T. sect. Alpestria* hier einzuordnen.

- **Moore o. Seggenriede**, Grünland
- meist an sauren, oft feuchten bis nassen Standorten
- einheimisch

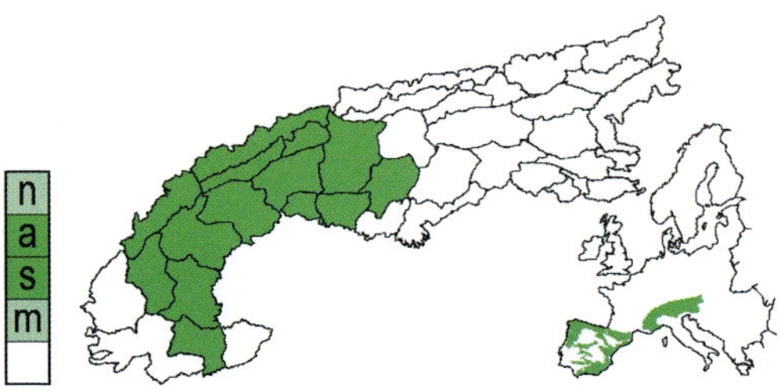

Taraxacum sect. *Taraxacum* F. H. Wigg.

schwach giftig

Wiesen-Löwenzahn *Asteraceae*
IV–VII ↓ [P(5) A(5)] G($\overline{2}$)

Bis 50 cm hoch, robust, kräftig. KÖPFCHEN: 20–30 mm lang. ÄUSSERE HÜLLBLÄTTER: **abstehend bis zurückgebogen, lineal-lanzettlich**, > 10 mm lang, grünlich bis schwarz. FRÜCHTE: Achäne meist < 4 mm lang, gräulich bis beige, **unterhalb des Schnabels meist kegelförmig, Kegel < 0,8 mm lang**; SCHNABEL: 6–14 mm lang. BLÄTTER: ungefleckt, meist tief gelappt bis fiederspaltig.

Mehrere Hundert schwer bestimmbare Taxa.

- subalpine o. alpine Rasen, Schutt- o. Felsfluren, Alluvionen, **Staudenfluren**, Moore o. Seggenriede, **Grünland**, **Wälder**, Äcker, **Ruderalvegetation**
- meist an nährstoffreichen Standorten
- einheimisch

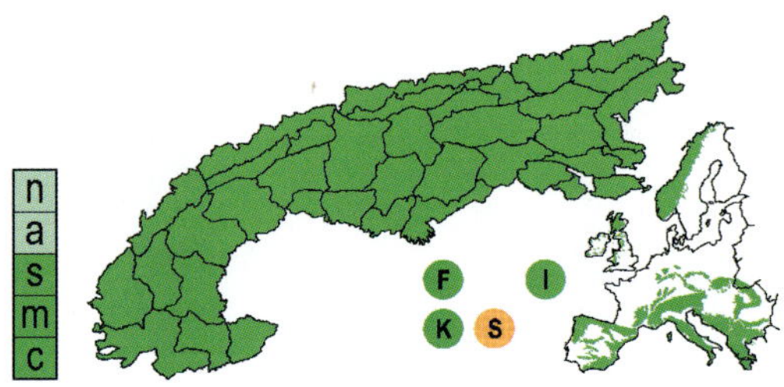

Tragopogon pratensis L.

Wiesen-Bocksbart *Asteraceae*
IV–VII ↓ [P(5) A(5)] G($\overline{2}$)

20–90 cm hoch, 2- bis mehrjährig. PFLANZEN: mit Milchsaft. KÖPFCHEN: nur mit Zungenblüten, **20–80 mm** ⌀; STIELE: unter dem Köpfchen nicht bis wenig verdickt. AUSSENHÜLLE: fehlend o. viel kürzer als die Hülle. HÜLLE: 6–14-blättrig. HÜLLBLÄTTER: 1-reihig, höchstens so lang wie die Blüten. BLÜTEN: gelblich. FRÜCHTE: **lang geschnäbelt, Achäne *ohne* Schnabel 15–20 mm lang**. PAPPUS: **mit verzweigten Borsten, Borsten miteinander verflochten**. BLÄTTER: ungeteilt, **lineal bis länglich, (scheinbar) parallelnervig**.

In den Alpen die subsp. *pratensis*, *minor* u. *orientalis* (vgl. S. 738).

- Staudenfluren, **Grünland**, Ruderalvegetation
- einheimisch

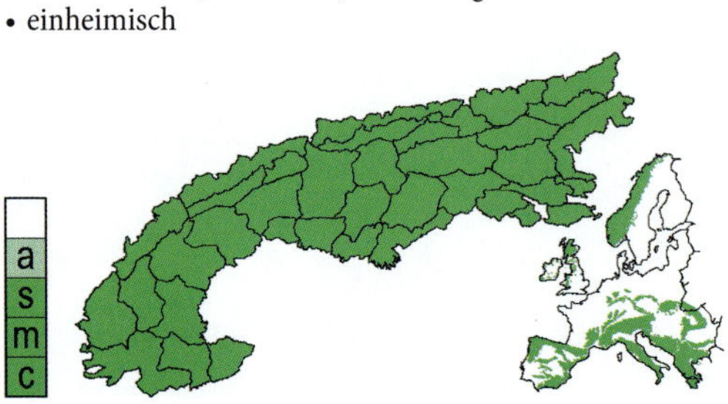

Adenostyles alliariae (Gouan) A. Kern.

Grauer Alpendost *Asteraceae*
VI–IX ∗ [P(5) A(5)] G($\overline{2}$)

50–120 cm hoch, mehrjährig. KÖPFCHEN: nur mit Röhrenblüten, **meist 3–5-blütig, 2–3 mm** ⌀. AUSSENHÜLLE: fehlend o. viel kürzer als die Hülle. HÜLLE: meist 2–6-blättrig. HÜLLBLÄTTER: 1-reihig, meist kahl. BLÜTEN: meist hellrot bis hellviolett. BLÄTTER: herz- bis nierenförmig, am Rand unregelmäßig gezähnt, Nervatur weitmaschig, Nerven wenig hervortretend; UNTERSEITS: graugrün, **dünn filzig behaart**. OBERE STÄNGELBLÄTTER: **sitzend *oder* gestielt, Spreite bzw. Stiel geöhrt bis (halb-)stängelumfassend**.

In den Alpen nur die subsp. *alliariae*.

- Schutt- o. Felsfluren, Alluvionen, Zwergstrauchheiden, **Staudenfluren, Grünerlen- o. Legföhrengebüsche**, Wälder
- an nährstoffreichen Standorten
- einheimisch

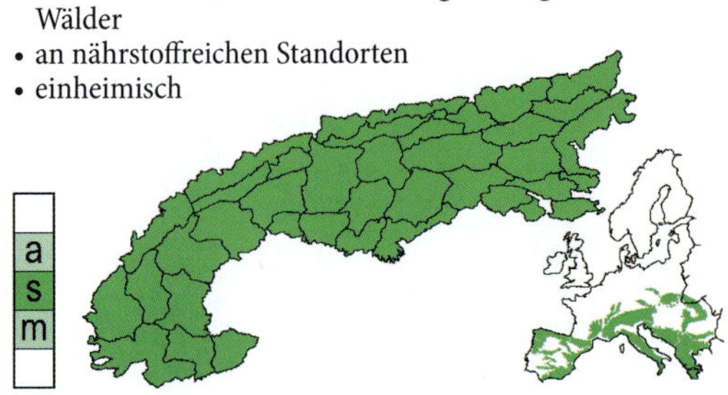

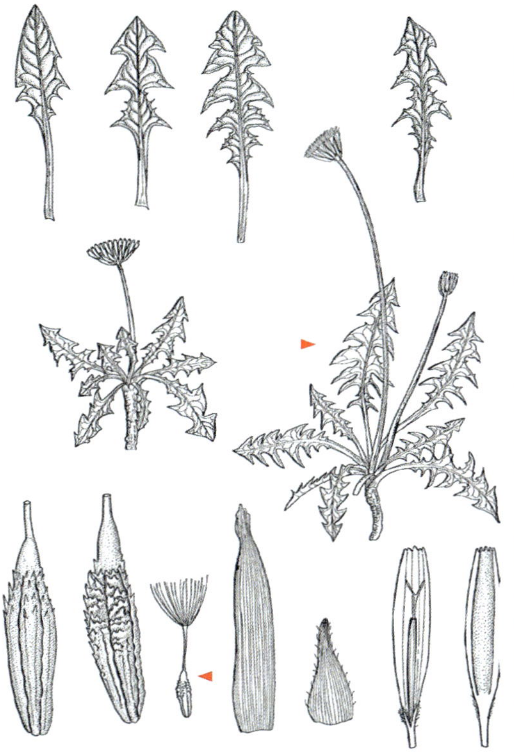

Adenostyles alpina (L.) Bluff & Fingerh.

Kahler Alpendost *Asteraceae*
VI–IX ∗ [P(5) A(5)] G($\overline{2}$)

40–100 cm hoch, mehrjährig. KÖPFCHEN: nur mit Röhrenblüten, **meist 2-3-blütig, 2–3 mm ⌀**. AUSSENHÜLLE: fehlend o. viel kürzer als die Hülle. HÜLLE: meist 2–6-blättrig. HÜLLBLÄTTER: 1-reihig, meist kahl. BLÜTEN: meist hellrot bis hellviolett. BLÄTTER: herz- bis nierenförmig, am Rand regelmäßig gezähnt, Nervatur engmaschig, Nerven deutlich hervortretend; UNTERSEITS: graugrün, **nur auf den Nerven behaart**. OBERE STÄNGELBLÄTTER: **gestielt, Stiel *nicht* geöhrt o. (halb-)stängelumfassend**.

In den Alpen nur die subsp. *alpina*.

- **Schutt- o. Felsfluren**, Alluvionen, **Staudenfluren**, Legföhrengebüsche, **Wälder**
- an basenreichen Standorten
- einheimisch

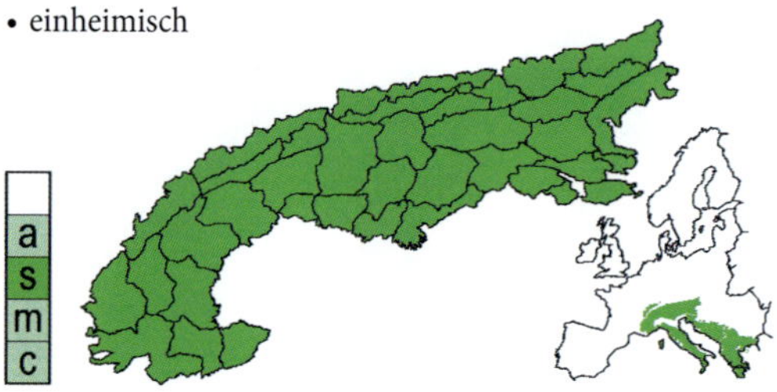

Adenostyles leucophylla (Willd.) Rchb.

Filziger Alpendost *Asteraceae*
VI–VIII ∗ [P(5) A(5)] G($\overline{2}$)

20–400 cm hoch, mehrjährig. KÖPFCHEN: nur mit Röhrenblüten, **12–35-blütig, 3–10 mm ⌀**. AUSSENHÜLLE: fehlend o. viel kürzer als die Hülle. HÜLLE: **7–10-blättrig**. HÜLLBLÄTTER: 1-reihig, **filzig behaart**. BLÜTEN: meist hellrot bis hellviolett. BLÄTTER: herz- bis nierenförmig, am Rand gezähnt; UNTERSEITS: graugrün, **dünn filzig behaart**. OBERE STÄNGELBLÄTTER: sitzend *oder* gestielt, **geöhrt bis (halb-)stängelumfassend**.

- **Schutt- o. Felsfluren**, Alluvionen
- an nährstoffarmen, meist sauren Standorten
- endemisch

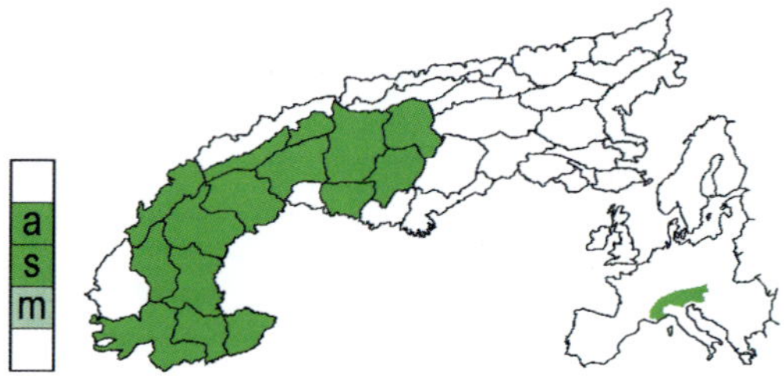

Doronicum: mehrjährige Kräuter. KÖPFCHEN: mit Röhren- u. Zungenblüten, Köpfchenboden (undeutlich) schüsselförmig. AUSSENHÜLLE: fehlend o. viel kürzer als die Hülle. HÜLLBLÄTTER: 2-reihig. BLÜTEN: gelblich. STÄNGELBLÄTTER: basal ausgerandet, meist (halb-) stängelumfassend. BLÜTENFORMEL: ∗ ↓ [P(5) A(5)] G($\overline{2}$).

Doronicum austriacum Jacq.

Österreichische Gämswurz *Asteraceae*
VI–VIII ∗ ↓ [P(5) A(5)] G($\overline{2}$)

30–150 cm hoch. KÖPFCHEN: **4–15 pro Stängel**, 40–70 mm ⌀. PAPPUS: **bei Röhrenblüten vorhanden, bei Zungenblüten fehlend**. STÄNGEL: OBEN: mit Drüsenhaaren. GRUNDBLÄTTER: **zur Blütezeit vergilbt o. fehlend, Spreite deutlich vom Blattstiel abgesetzt, basal ausgerandet**.

In den Alpen nur die subsp. *austriacum*.

- Schutt- o. Felsfluren, Alluvionen, Zwergstrauchheiden, **Staudenfluren, Legföhrengebüsche, Wälder**
- an nährstoffreichen Standorten
- einheimisch

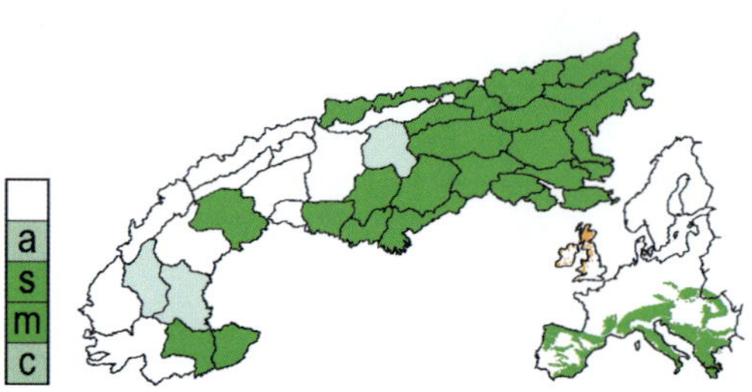

Doronicum cataractarum Widder

Gießbach-Gämswurz *Asteraceae*
VI–IX ∗ ↓ [P(5) A(5)] G($\overline{2}$)

80–140 cm hoch. KÖPFCHEN: **4–15 pro Stängel**, 40–80 mm ⌀. PAPPUS: **bei Röhrenblüten vorhanden, bei Zungenblüten fehlend**. STÄNGEL: **zerbrechlich**, > 5 mm ⌀, **hohl**. GRUNDBLÄTTER: **Spreite deutlich vom Blattstiel abgesetzt, basal ausgerandet**, gezähnt.

- **Schutt- o. Felsfluren**
- an nährstoffarmen, sauren, nassen, zuweilen überfluteten Standorten
- endemisch

US

US

Doronicum clusii (All.) Tausch

Clusius' Gämswurz *Asteraceae*
VI–IX ∗ ↓ [P(5) A(5)] G($\overline{2}$)

Bis 30 cm hoch. KÖPFCHEN: **1–3 pro Stängel**, 40–70 mm ⌀. PAPPUS: **bei allen Blüten vorhanden.** GRUNDBLÄTTER: **Spreite allmählich in den Blattstiel verschmälert, am Rand mit krausen Haaren.**

- **Schutt- o. Felsfluren, Schneetälchen**
- meist an sauren Standorten
- einheimisch

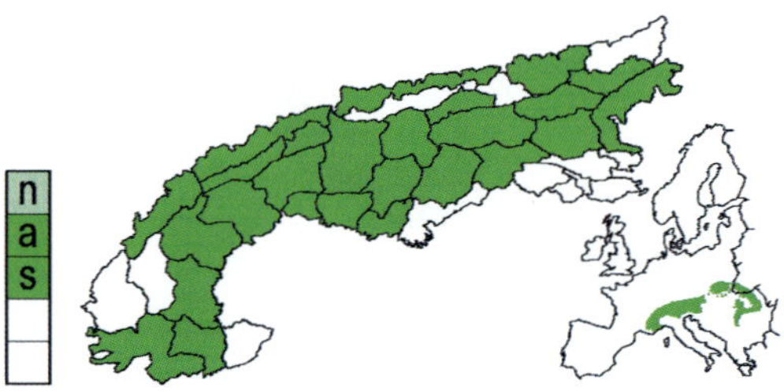

Doronicum columnae Ten.

Herzblättrige Gämswurz *Asteraceae*
IV–VIII ∗ ↓ [P(5) A(5)] G($\overline{2}$)

15–60 cm hoch. KÖPFCHEN: **1–3 pro Stängel**, 20–70 mm ⌀. PAPPUS: **bei Röhrenblüten vorhanden, bei Zungenblüten fehlend.** STÄNGEL: mit 3–4 Laubblättern. GRUNDBLÄTTER: gestielt, **Spreite deutlich vom Blattstiel abgesetzt**, herz- bis nierenförmig, **basal ausgerandet**, grob gezähnt.

- **Schutt- o. Felsfluren, Zwergstrauchheiden, Staudenfluren, Grünerlen- o. Legföhrengebüsche**, Wälder
- an nährstoffreichen, basenreichen Standorten
- einheimisch

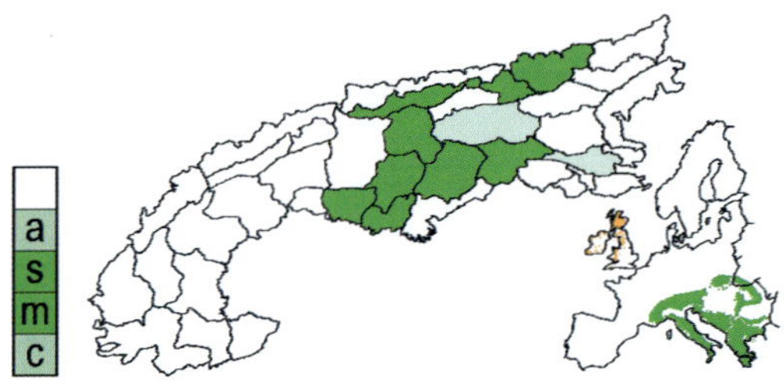

Doronicum glaciale (Wulfen) Nyman

Gletscher-Gämswurz *Asteraceae*
VI–VIII ∗ ↓ [P(5) A(5)] G($\overline{2}$)

Bis 25 cm hoch. BLÜTENSTAND: **1 vom Hüllkelch umgebenes Köpfchen.** KÖPFCHEN: 30–80 mm ⌀. PAPPUS: **bei allen Blüten vorhanden.** GRUNDBLÄTTER: gestielt, **Spreite allmählich in den Blattstiel verschmälert**, länglich bis spatelförmig, am Rand mit langen Wimpern.

In den Alpen die subsp. *glaciale* (endemisch) u. *calcareum* (endemisch) (vgl. S. 738).

- **Schutt- o. Felsfluren, Schneetälchen**, Legföhrengebüsche
- an basenreichen Standorten
- endemisch

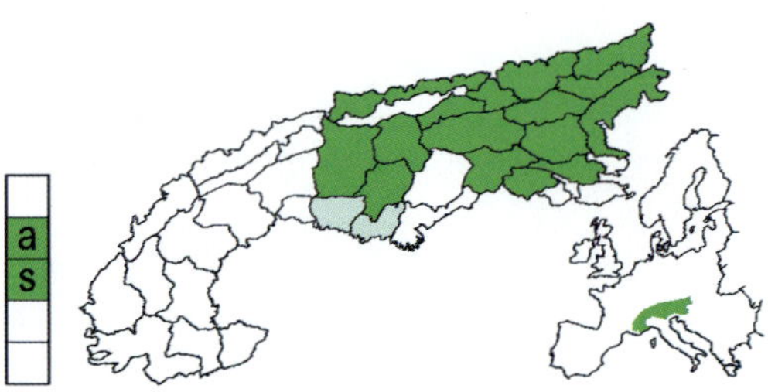

Doronicum grandiflorum Lam.

Großblütige Gämswurz *Asteraceae*
VI–VIII ∗ ↓ [P(5) A(5)] G($\overline{2}$)

Bis 60 cm hoch. KÖPFCHEN: **1–3 pro Stängel**, 30–70 mm ⌀. PAPPUS: **bei allen Blüten vorhanden.** GRUNDBLÄTTER: gestielt, **Spreite deutlich vom Blattstiel abgesetzt**, breit oval, **basal abgerundet bis verschmälert.**

In den Alpen nur die subsp. *grandiflorum*.

- subalpine o. alpine Rasen, **Schutt- o. Felsfluren**, Schneetälchen, Staudenfluren
- an basenreichen Standorten
- einheimisch

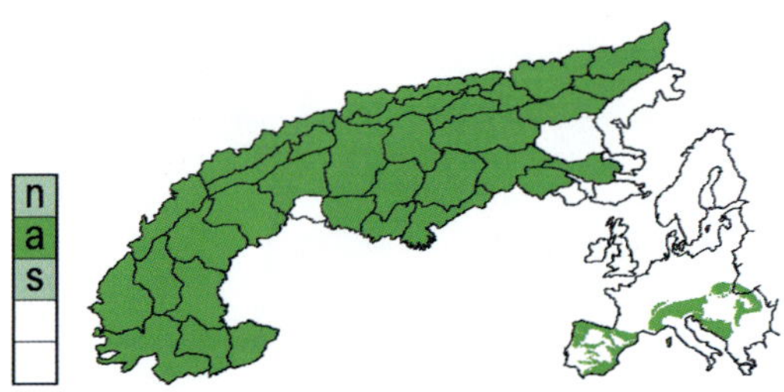

Homogyne alpina (L.) Cass.

Gewöhnlicher Alpenlattich *Asteraceae*
IV–VIII ∗ [P(5) A(5)] G($\bar{2}$)

15–30 cm hoch, mehrjährig. Blütenstand: **1 vom Hüllkelch umgebenes Köpfchen.** Köpfchen: **lang gestielt**, nur mit Röhrenblüten. Aussenhülle: fehlend o. viel kürzer als die Hülle. Hüllblätter: 1-reihig. Blüten: **rosa bis rötlich.** Stängel: mit grundständiger Blattrosette, *ohne* Blätter *oder* mit 1–3 kleinen Blättern. Blätter: lang gestielt, **nierenförmig, 12–40 mm breit**; unterseits: grünlich, **kahl bis spärlich behaart.**

- **subalpine o. alpine Rasen**, Schutt- o. Felsfluren, Schneetälchen, **Zwergstrauchheiden**, Staudenfluren, **Grünerlen- o. Legföhrengebüsche**, Moore o. Seggenriede, Grünland, Wälder
- an nährstoffarmen Standorten
- einheimisch

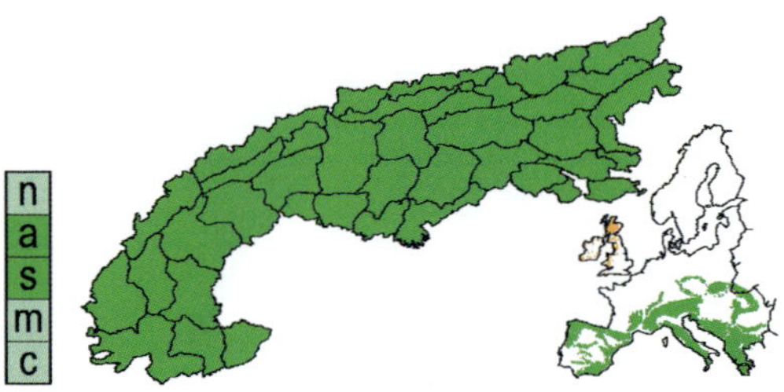

Homogyne discolor (Jacq.) Cass.

Zweifarbiger Alpenlattich *Asteraceae*
V–VIII ∗ [P(5) A(5)] G($\bar{2}$)

15–25 cm hoch, mehrjährig. Blütenstand: **1 vom Hüllkelch umgebenes Köpfchen.** Köpfchen: **lang gestielt**, nur mit Röhrenblüten. Aussenhülle: fehlend o. viel kürzer als die Hülle. Hüllblätter: 1-reihig. Blüten: **rosa bis rötlich.** Stängel: mit grundständiger Blattrosette, *ohne* Blätter *oder* mit 1–3 kleinen Blättern. Blätter: lang gestielt, **rundlich bis nierenförmig, 8–20 mm breit**; unterseits: **weißlich filzig.**

- **subalpine o. alpine Rasen, Schutt- o. Felsfluren, Schneetälchen, Zwergstrauchheiden, Grünerlengebüsche**, Moore o. Seggenriede, **Grünland**, Wälder
- an basenreichen Standorten
- einheimisch

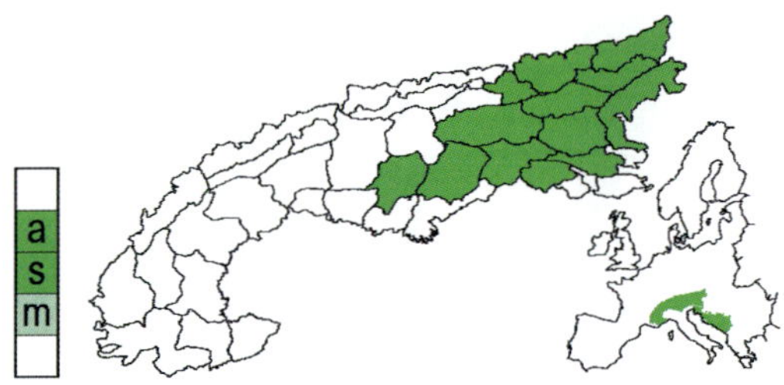

Petasites paradoxus (Retz.) Baumg. schwach giftig

Alpen-Pestwurz *Asteraceae*
III–V ♂ ∗ [P(5) A(5)] | ♀ ∗ P(5) G($\bar{2}$)

15–60 cm hoch, mehrjährig. Pflanzen: meist 2-häusig. Köpfchen: meist nur mit Röhrenblüten. Aussenhülle: fehlend o. viel kürzer als die Hülle. Hüllblätter: 1-reihig. Blüten: **rötlich bis weißlich.** Stängel: mit grundständiger Blattrosette, mit kleinen z.T. schuppenförmigen Blättern. Grundblätter: *nach* den Blüten erscheinend, **10–20 cm breit**, rundlich bis herzförmig, **mit offener Basalbucht**, doppelt gezähnt; unterseitig: **dicht weißlich filzig.**

- subalpine o. alpine Rasen, **Schutt- o. Felsfluren, Alluvionen**, Staudenfluren, Wälder
- an basenreichen Standorten
- einheimisch

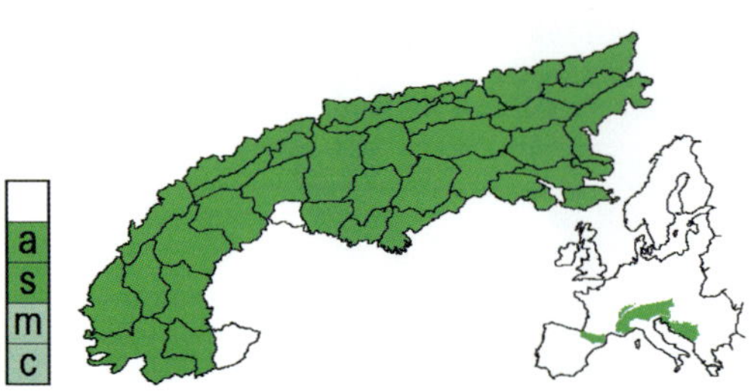

Jacobaea carniolica (Willd.) Schrank giftig

Krainer Greiskraut *Asteraceae*
VI–IX ∗ ↓ [P(5) A(5)] G($\bar{2}$)

5–20 cm hoch, mehrjährig. Köpfchen: meist 6–20 pro Stängel, mit Röhren- u. 2–6 Zungenblüten, 10–15 mm ⌀. Aussenhülle: kürzer als die Hülle. Hülle: 6–10-blättrig. Hüllblätter: 1-reihig, distal schwarz. Blüten: gelblich-orange. Röhrenblüten: 6–12 mm lang. Zungenblüten: 3-zähnig. Blätter: **kahl bis spärlich behaart.** Grundblätter: **ungeteilt bis gelappt, Seitenfiedern meist ganzrandig u. ± so lang wie breit.** – In alpinen Rasen.

- **Schutt- o. Felsfluren, Zwergstrauchheiden**
- an nährstoffarmen, sauren Standorten
- einheimisch

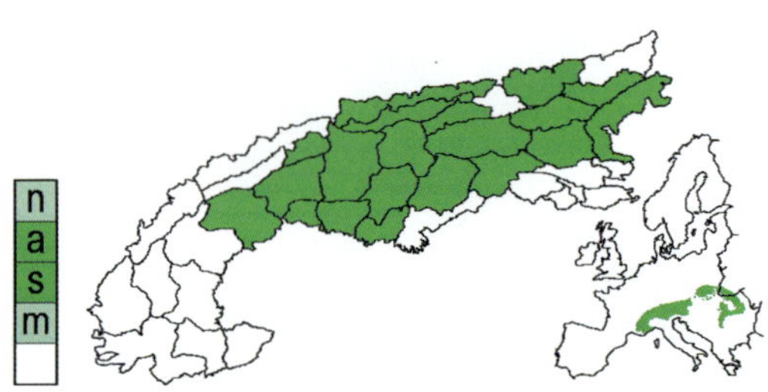

US

US

US

Jacobaea insubrica
(Chenevard) Galasso & Bartolucci

giftig

Insubrisches Greiskraut *Asteraceae*
VI–IX * ↓ [P(5) A(5)] G($\overline{2}$)

5–20 cm hoch, mehrjährig. Köpfchen: **2–6 pro Stängel**, mit Röhren- u. 2–6 Zungenblüten, 10–15 mm ⌀. Aussenhülle: kürzer als die Hülle. Hülle: 6–10-blättrig. Hüllblätter: 1-reihig, distal schwarz. Blüten: gelblich-orange. Röhrenblüten: 6–12 mm lang. Zungenblüten: 3-zähnig. Blätter: **dicht weißlich behaart**. Grundblätter: **(fast) ganzrandig bis fiederspaltig**.

- **Schutt- o. Felsfluren**, Zwergstrauchheiden, **Extensivgrünland o. Magerrasen**
- an nährstoffarmen, meist sauren, trockenen Standorten
- endemisch

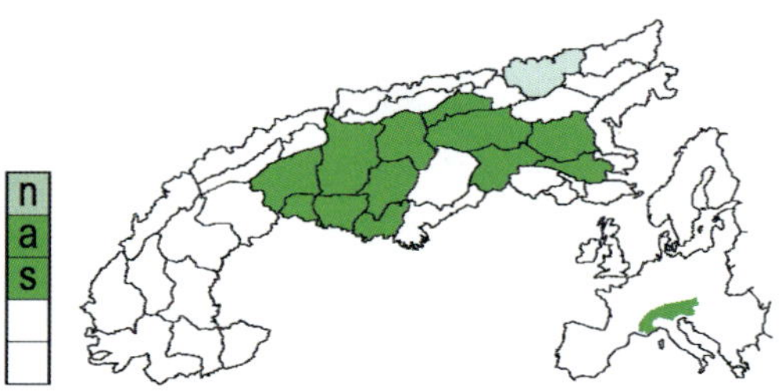

Jacobaea disjuncta
(Flatscher & al.) Galasso & Bartolucc

giftig

Grünliches Greiskraut *Asteraceae*
V–VIII * ↓ [P(5) A(5)] G($\overline{2}$)

5–20 cm hoch, mehrjährig. Köpfchen: meist 6–20 pro Stängel, mit Röhren- u. 2–6 Zungenblüten, 10–15 mm ⌀. Aussenhülle: kürzer als die Hülle. Hülle: 6–10-blättrig. Hüllblätter: 1-reihig, distal schwarz. Blüten: gelblich-orange. Röhrenblüten: 6–12 mm lang. Zungenblüten: 3-zähnig. Blätter: **kahl bis spärlich behaart**. Grundblätter: **fiederspaltig, Seitenfiedern ihrerseits fiederspaltig u. länger als breit**. – In alpinen Rasen.

- **subalpine o. alpine Rasen, Schutt- o. Felsfluren, Zwergstrauchheiden**
- an nährstoffarmen Standorten
- endemisch

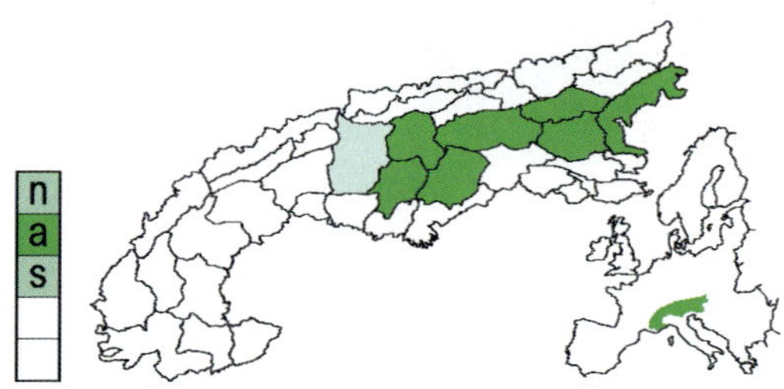

Jacobaea incana (L.) Veldkamp

giftig

Graues Greiskraut *Asteraceae*
VI–IX * ↓ [P(5) A(5)] G($\overline{2}$)

5–20 cm hoch, mehrjährig. Köpfchen: meist 6–20 pro Stängel, mit Röhren- u. 2–6 Zungenblüten, 10–15 mm ⌀. Aussenhülle: kürzer als die Hülle. Hülle: **6–10-blättrig**. Hüllblätter: 1-reihig, distal schwarz. Blüten: gelblich-orange. Röhrenblüten: 6–12 mm lang. Zungenblüten: 3-zähnig. Früchte: **distal behaart**. Blätter: **alle dicht weißlich bis gräulich filzig behaart**. Grundblätter: **fiederspaltig, mit schmalen Seitenfiedern**.

- **Schutt- o. Felsfluren**, Alluvionen, **Zwergstrauchheiden, Extensivgrünland o. Magerrasen**
- an nährstoffarmen, sauren Standorten
- einheimisch

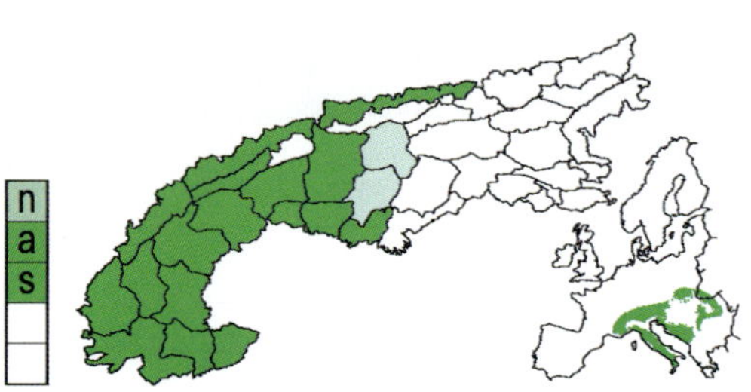

Jacobaea norica
(Flatscher & al.) Galasso & Bartolucc

giftig

Norisches Greiskraut *Asteraceae*
V–VIII * ↓ [P(5) A(5)] G($\overline{2}$)

Bis 10 cm hoch, mehrjährig. Köpfchen: meist 6–20 pro Stängel, mit Röhren- u. 2–6 Zungenblüten, 10–15 mm ⌀. Aussenhülle: kürzer als die Hülle. Hülle: 6–10-blättrig. Hüllblätter: 1-reihig, distal schwarz. Blüten: gelblich-orange. Röhrenblüten: **4–7 mm lang**. Zungenblüten: 3-zähnig. Blätter: **kahl bis spärlich behaart**. Grundblätter: **(fast) ganzrandig bis fiederspaltig**. – An offenen Felsstandorten.

- **subalpine o. alpine Rasen, Schutt- o. Felsfluren**
- an nährstoffarmen, sauren, trockenen Standorten
- endemisch

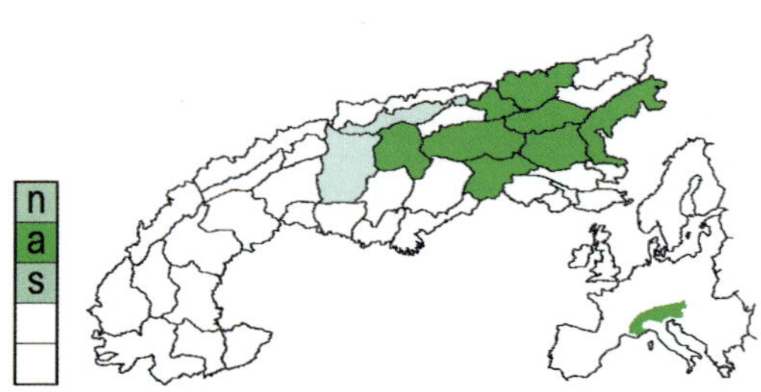

Jacobaea persoonii (De Not.) Pelser

giftig

Persoons Greiskraut *Asteraceae*

VII–IX ∗ ↓ [P(5) A(5)] G($\overline{2}$)

Bis 20 cm hoch, mehrjährig. Köpfchen: ≥ 2 pro Stängel, **nur mit Röhrenblüten**, 8–10 mm ⌀. Außenhülle: kürzer als die Hülle. Hüllblätter: 1-reihig, distal schwarz. Blüten: gelblich-orange. Zungenblüten: **fehlen**, 3-zähnig. Früchte: **zumindest distal behaart**. Grundblätter: **gelappt bis fiederspaltig**, weißlich bis grau filzig behaart. Stängelblätter: gelappt bis fiederspaltig. obere Stängelblätter: gelappt bis fiederspaltig.

- **Schutt- o. Felsfluren**
- an nährstoffarmen, meist sauren Standorten
- endemisch

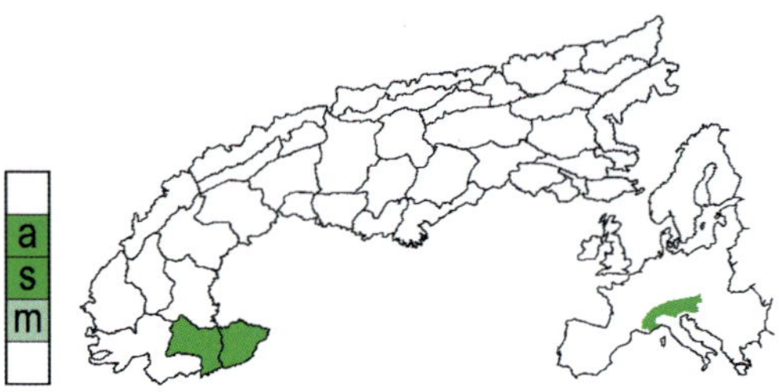

Jacobaea uniflora (All.) Veldkamp

giftig

Einköpfiges Greiskraut *Asteraceae*

VI–VIII ∗ ↓ [P(5) A(5)] G($\overline{2}$)

Bis 15 cm hoch, mehrjährig. Blütenstand: **1 vom Hüllkelch umgebenes Köpfchen**. Köpfchen: **mit Röhren- u. 10–16 Zungenblüten, 20–30 mm** ⌀. Außenhülle: kürzer als die Hülle. Hülle: 1–3-blättrig. Hüllblätter: 1-reihig, distal schwarz. Blüten: gelblich-orange. Zungenblüten: 3-zähnig. Früchte: **zumindest distal behaart**. Grundblätter: **ungeteilt bis gelappt**, weißlich bis grau filzig behaart. Stängelblätter: ungeteilt. obere Stängelblätter: ungeteilt.

- **subalpine o. alpine Rasen**, **Schutt- o. Felsfluren**, Alluvionen
- an nährstoffarmen, sauren Standorten
- endemisch

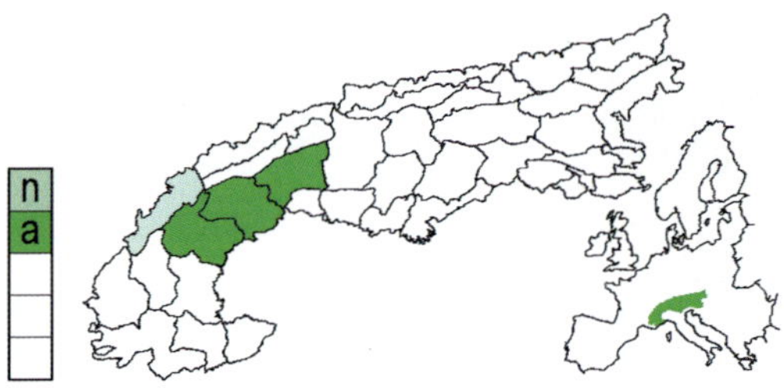

Jacobaea abrotanifolia (L.) Moench

giftig

Eberreisblättriges Greiskraut *Asteraceae*

VI–X ∗ ↓ [P(5) A(5)] G($\overline{2}$)

15–40 cm hoch, mehrjährig. Köpfchen: ≥ 5 pro Stängel, **mit Röhren- u. mit ± 13 Zungenblüten**. Außenhülle: kürzer als die Hülle. Hülle: **± 21-blättrig**. Hüllblätter: 1-reihig, distal schwarz. Blüten: gelblich-orange bis rötlich. Zungenblüten: 3-zähnig. Blätter: oft überwinternd grün, **fiederspaltig bis gefiedert**. Blattabschnitte: **schmal länglich bis lanzettlich**.

In den Alpen die subsp. *abrotanifolia* u. *tiroliensis* (endemisch) (vgl. S. 738).

- **subalpine o. alpine Rasen**, Schutt- o. Felsfluren, **Zwergstrauchheiden**, Staudenfluren, **Legföhrengebüsche**, Wälder
- meist an nährstoffarmen, oft basenreichen Standorten
- einheimisch

Jacobaea alpina (L.) Moench

stark giftig

Alpen-Greiskraut *Asteraceae*

VI–IX ∗ ↓ [P(5) A(5)] G($\overline{2}$)

30–100 cm hoch, mehrjährig. Köpfchen: ≥ 5 pro Stängel, **mit Röhren- u. 12–18 Zungenblüten, 25–45 mm** ⌀. Außenhülle: kürzer als die Hülle. Hüllblätter: 1-reihig, distal schwarz. Blüten: gelblich. Zungenblüten: 3-zähnig. Blätter: **ungeteilt**; unterseits: **meist graugrün, oft dicht behaart**. untere Stängelblätter: **herzförmig bis 3-eckig, meist > 15 cm breit, basal ausgerandet**. obere Stängelblätter: mit ungeflügeltem Stiel, **1,2–2-mal so lang wie breit**.

- **Staudenfluren**, **Grünerlengebüsche**, Grünland
- an nährstoffreichen, basenreichen Standorten
- einheimisch

Senecio rupestris Waldst. & Kit. giftig

Felsen-Greiskraut *Asteraceae*

IV–IX ∗ ↓ [P(5) A(5)] G($\overline{2}$)

20–60 cm hoch, 1-jährig. Köpfchen: ≥ 5 pro Stängel, **mit Röhren- u. ± 13 Zungenblüten, 15–20 mm** ⌀. Aussenhülle: 6–14-blättrig, ± 0,2-mal so lang wie die Hülle. Hülle: ± 21-blättrig. Hüllblätter: 1-reihig, distal schwarz. Blüten: gelblich. Zungenblüten: 3-zähnig. Früchte: behaart. Pappus: leicht abfallend. Blätter: **tief gelappt bis gefiedert**.

- **Schutt- o. Felsfluren, Alluvionen, Staudenfluren, Legföhrengebüsche, Wälder**
- an nährstoffreichen Standorten
- einheimisch

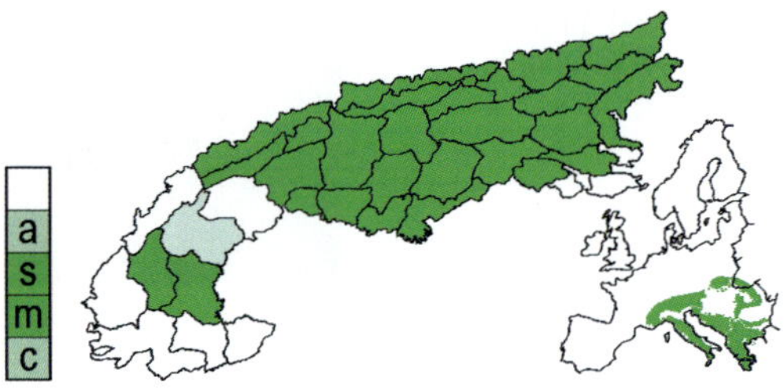

Senecio fontanicola Grulich & Hodálová giftig

Quell-Greiskraut *Asteraceae*

V–VIII ∗ ↓ [P(5) A(5)] G($\overline{2}$)

50–150 cm hoch, mehrjährig. Köpfchen: ≥ 5 pro Stängel, **mit Röhren- u. meist 6–7 Zungenblüten, 15–20 mm** ⌀. Aussenhülle: **5–8-blättrig**, kürzer als die Hülle. Hülle: meist 6–8 mm lang. Hüllblätter: distal schwarz. Zungenblüten: 3-zähnig. Stängel: kahl. Blätter: derb; unterseits: kahl. Grundblätter: 15–40 cm lang, **2–6 cm breit, allmählich in den Stiel verschmälert**.

- **Moore o. Seggenriede**
- an nährstoffarmen, kalkreichen, nassen, zuweilen überfluteten Standorten
- subendemisch

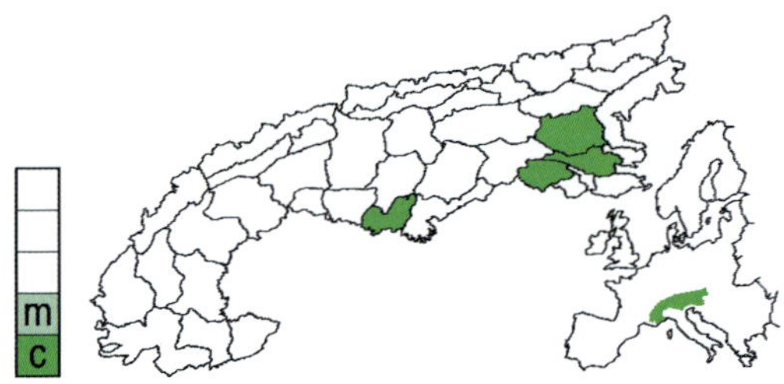

Senecio doronicum (L.) L. giftig

Gämswurz-Greiskraut *Asteraceae*

VI–VIII ∗ ↓ [P(5) A(5)] G($\overline{2}$)

20–40 cm hoch, mehrjährig. Köpfchen: **1–3 pro Stängel, mit Röhren- u. ± 10–22 Zungenblüten, 35–65 mm** ⌀. Aussenhülle: **≥ 10-blättrig**, 0,8–1-mal so lang wie die Hülle. Hüllblätter: 1–2-reihig, **äußere > 70 % so lang wie die inneren**, distal schwarz, **basal kaum breiter als distal**. Zungenblüten: gelblich bis orange, 3-zähnig. Blätter: derb, frischgrün, **ungeteilt**, lanzettlich bis oval, am Rand gezähnt, **Zähne gerade abstehend**. untere Stängelblätter: basal abgerundet bis verschmälert.

In der alpinen Stufe v. a. die subsp. *doronicum*.

- **subalpine o. alpine Rasen, Schutt- o. Felsfluren, Zwergstrauchheiden**, Staudenfluren, **Legföhrengebüsche**
- an nährstoffarmen, basenreichen Standorten
- einheimisch

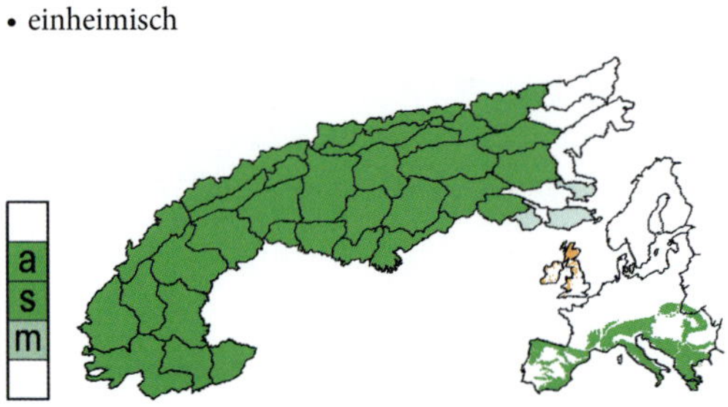

Senecio provincialis (L.) Druce giftig

Provence-Greiskraut *Asteraceae*

IV–VI ∗ ↓ [P(5) A(5)] G($\overline{2}$)

20–40 cm hoch, mehrjährig. Köpfchen: **1–3 pro Stängel, mit Röhren- u. ± 10–22 Zungenblüten, 20–30 mm** ⌀. Aussenhülle: **≥ 10-blättrig**, ± 0,5. mal so lang wie die Hülle. Hüllblätter: 1–2-reihig, **äußere < 70 % so lang wie die inneren**, distal schwarz, **basal deutlich breiter als distal**. Zungenblüten: gelblich bis orange, 3-zähnig. Blätter: derb, frischgrün, **ungeteilt**, lanzettlich bis oval. untere Stängelblätter: basal abgerundet bis verschmälert.

- subalpine o. alpine Rasen, Schutt- o. Felsfluren, **Extensivgrünland o. Magerrasen**, Wälder
- an nährstoffarmen, basenreichen Standorten
- einheimisch

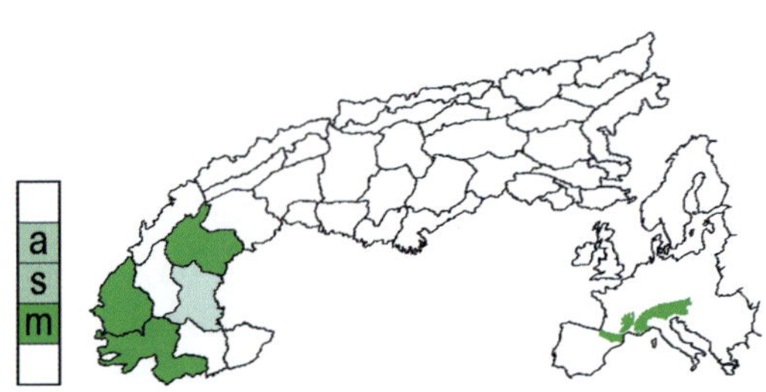

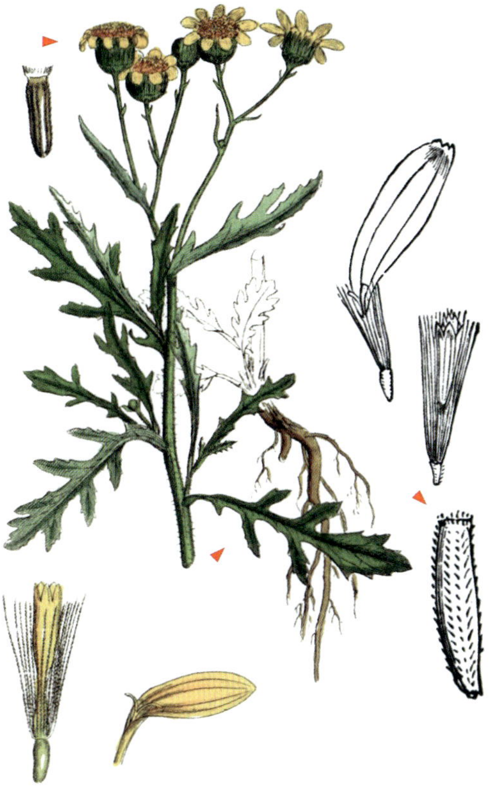

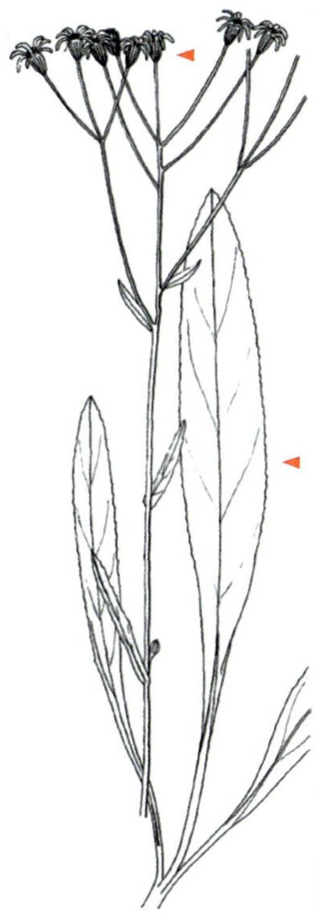

Tephroseris balbisiana (DC.) Holub

Balbis Greiskraut *Asteraceae*
IV–VII $* \downarrow [P(5)\ A(5)]\ G(\overline{2})$

30–100 cm hoch, mehrjährig. PFLANZEN: **kahl bis spärlich behaart**. AUSSENHÜLLE: fehlend. HÜLLE: **± 13-blättrig**. HÜLLBLÄTTER: 1-reihig. BLÜTEN: gelblich. ZUNGENBLÜTEN: 3-zähnig. FRÜCHTE: kahl. GRUNDBLÄTTER: **20–45 cm lang**, ungeteilt bis gelappt, **grob gezähnt**.

- **Staudenfluren, trockenfallende Ufer, Moore o. Seggenriede**
- an nährstoffarmen, feuchten bis nassen Standorten
- einheimisch (subendemisch)

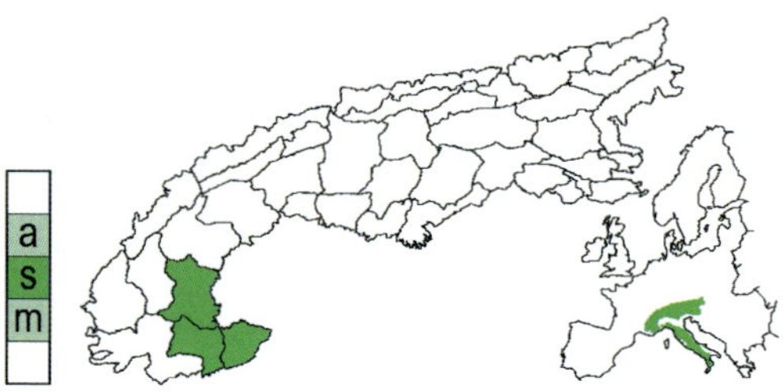

Tephroseris integrifolia (L.) Holub

Steppen-Greiskraut *Asteraceae*
IV–VII $* \downarrow [P(5)\ A(5)]\ G(\overline{2})$

15–60 cm hoch, mehrjährig. KÖPFCHEN: meist mit ± 13 Zungenblüten, **6–8 mm lang, 15–25 mm ⌀**. AUSSENHÜLLE: fehlend. HÜLLE: ± 21-blättrig. HÜLLBLÄTTER: 1-reihig. RÖHRENBLÜTEN: gelblich. ZUNGENBLÜTEN: 3-zähnig. FRÜCHTE: behaart. BLÄTTER: **beidseits behaart, ganzrandig bis entfernt gezähnt**. GRUNDBLÄTTER: ungeteilt, ganzrandig bis entfernt gezähnt.

In der alpinen Stufe v. a. die subsp. *integrifolia, capitata* u. *serpentini* (endemisch) (vgl. S. 738).

- **subalpine o. alpine Rasen**, Schutt- o. Felsfluren, Staudenfluren, **Extensivgrünland o. Magerrasen, Wälder**
- an nährstoffarmen, basenreichen Standorten
- einheimisch

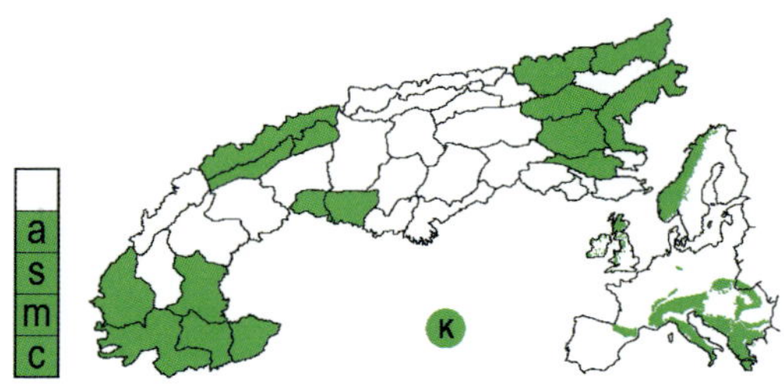

Tephroseris longifolia (Jacq.) Griseb. & Schenk

Langblättriges Greiskraut *Asteraceae*
IV–VIII $* \downarrow [P(5)\ A(5)]\ G(\overline{2})$

20–100 cm hoch, mehrjährig. KÖPFCHEN: **mit Röhren- u. 18–21 Zungenblüten, 8–12 mm lang, 30–40 mm ⌀**. AUSSENHÜLLE: fehlend. HÜLLBLÄTTER: 1-reihig. BLÜTEN: gelblich. ZUNGENBLÜTEN: 3-zähnig. GRUNDBLÄTTER: **zur Blütezeit vergilbt o. fehlend**, ungeteilt, gezähnt.

In den Alpen die subsp. *longifolia, gaudinii* u. *pseudocrispa* (endemisch) (vgl. S. 738).

- Schutt- o. Felsfluren, Alluvionen, **Schneetälchen**, Zwergstrauchheiden, Staudenfluren, Grünerlengebüsche, Grünland, **Wälder**
- meist an nährstoffreichen, oft basenreichen Standorten
- einheimisch

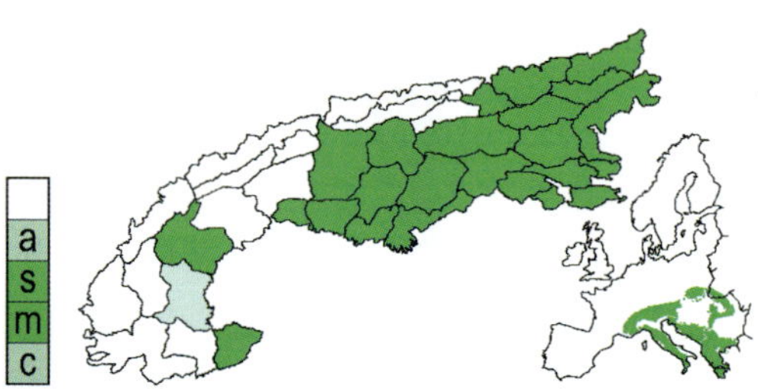

Tussilago farfara L.

giftig

Huflattich *Asteraceae*
II–V $* \downarrow [P(5)\ A(5)]\ G(\overline{2})$

Bis 30 cm hoch, mehrjährig. BLÜTENSTAND: 1 vom Hüllkelch umgebenes Köpfchen; STIEL: **nur mit Schuppenblättern**, Schuppenblätter meist rötlich bis bräunlich überlaufen. KÖPFCHEN: mit Röhren- *und* Zungenblüten. BLÜTEN: **gelblich**. ZUNGENBLÜTEN: 3-zähnig. AUSLÄUFER: **unterirdisch, bis 2 m lang**. BLATTSTIELE: **im QS u-förmig**. GRUNDBLÄTTER: ***nach* den Blüten erscheinend, 8–35 cm breit, rundlich bis nierenförmig, mit offener Basalbucht, mit wenigen kleinen Zähnen**; UNTERSEITIG: **weißlich filzig behaart**.

- **Schutt- o. Felsfluren, Alluvionen, Staudenfluren**, Grünland, **Wälder, Ruderalvegetation**
- an basenreichen Standorten
- einheimisch

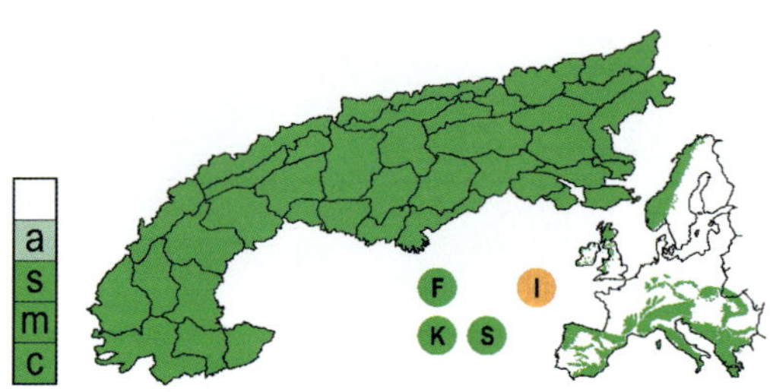

Achillea: Kräuter. Köpfchen: mit Röhren- u. Zungenblüten, mit Spreublättern. Blüten: meist weißlich, selten gelb. Zungenblüten: breit oval. Früchte: Pappus fehlend bzw. als kleines Krönchen ausgebildet. Blütenformel: ∗ ↓ [P(5) A(5)] G($\overline{2}$).

Achillea atrata L.

Schwarzrandige Schafgarbe *Asteraceae*

VI–IX ∗ ↓ [P(5) A(5)] G($\overline{2}$)

Bis 25 cm hoch. Köpfchen: meist ≥ 3 pro Stängel, **mit Röhren- u. 6–14 Zungenblüten**, 4–8 mm lang, 11–16 mm ⌀. Zungen: **5–7 mm lang, länger als die Hüllblätter**. Blätter: **1-2-fach fiederspaltig, basale Fiedern oft ungeteilt**, kahl bis spärlich behaart. Rhachis: **1–2 mm breit**. Blattabschnitte: **0,5–1,5 mm breit**. mittlere Stängelblätter: > 2-mal so lang wie breit.

- subalpine o. alpine Rasen, **Schutt- o. Felsfluren**, Staudenfluren
- an basenreichen Standorten
- endemisch

Achillea clavennae L.

Clavennas Schafgarbe *Asteraceae*

VI–IX ∗ ↓ [P(5) A(5)] G($\overline{2}$)

10–25 cm hoch. Köpfchen: meist ≥ 3 pro Stängel, **mit Röhren- u. 5–20 Zungenblüten**, 4–8 mm lang. Hüllblätter: **mit schwarz- bis dunkelbraunem Hautrand**. Zungen: **länger als die Hüllblätter**. Stängel: im QS kantig; unten: **meist dicht behaart**. Blätter: **1-2-fach fiederspaltig, dicht anliegend weißlich bis gräulich behaart**. Rhachis: **2–5 mm breit**. Blattabschnitte: **1–4 mm breit**. mittlere Stängelblätter: > 2-mal so lang wie breit.

- **subalpine o. alpine Rasen, Schutt- o. Felsfluren**
- an nährstoffarmen, basenreichen Standorten
- einheimisch

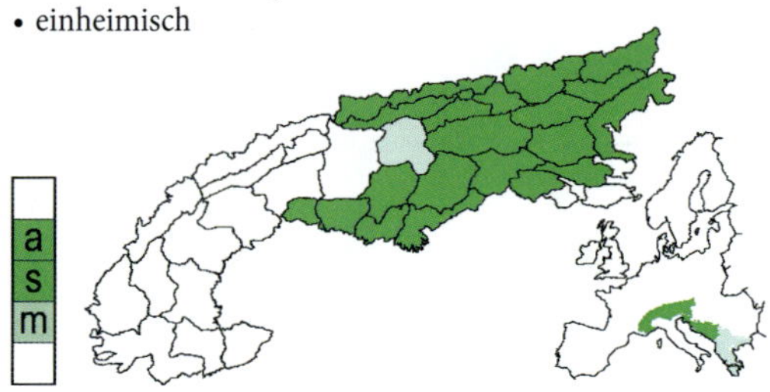

Achillea clusiana Tausch

Clusius-Schafgarbe *Asteraceae*

VI–X ∗ ↓ [P(5) A(5)] G($\overline{2}$)

10–30 cm hoch. Köpfchen: meist ≥ 3 pro Stängel, **mit Röhren- u. 6–14 Zungenblüten**, 4–8 mm lang, 9–12 mm ⌀. Zungen: **3–5 mm lang, länger als die Hüllblätter**. Blätter: **2-3-fach fiederspaltig**, aromatisch riechend, kahl bis spärlich behaart. Rhachis: **1–2 mm breit**. Blattabschnitte: **0,4–0,8 mm breit**. mittlere Stängelblätter: > 2-mal so lang wie breit.

- subalpine o. alpine Rasen, **Schutt- o. Felsfluren**, Schneetälchen
- an kalkreichen Standorten
- endemisch

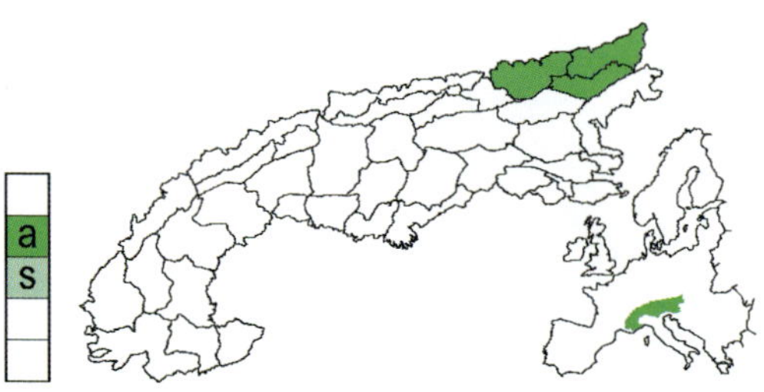

Achillea erba-rotta All.

Einfachblättrige Schafgarbe *Asteraceae*

VI–IX ∗ ↓ [P(5) A(5)] G($\overline{2}$)

Bis 20 cm hoch. Köpfchen: meist ≥ 3 pro Stängel, **mit Röhren- u. 5–8 Zungenblüten**, 4–8 mm lang. Zungen: **länger als die Hüllblätter**. Blätter: **drüsig punktiert, 1-fach fiederspaltig**, aromatisch riechend, kahl bis spärlich behaart. Rhachis: **1–2 mm breit**. Blattabschnitte: **0,5–1,5 mm breit**. mittlere Stängelblätter: > 2-mal so lang wie breit.

In den Alpen die subsp. *erba-rotta* (endemisch) u. *moschata* (endemisch) (vgl. S. 738).

- **subalpine o. alpine Rasen, Schutt- o. Felsfluren**, Alluvionen
- an nährstoffarmen, sauren Standorten
- endemisch

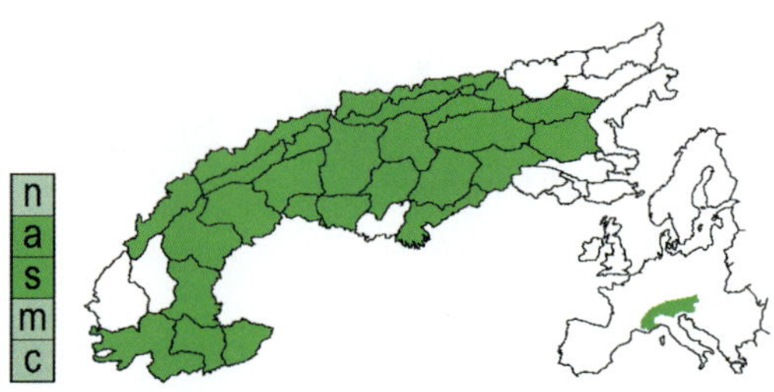

Achillea macrophylla L.

Großblättrige Schafgarbe *Asteraceae*
VI–IX ∗ ↓ [P(5) A(5)] G($\overline{2}$)

30–120 cm hoch. Köpfchen: meist ≥ 3 pro Stängel, mit Röhren- u. 5–8 Zungenblüten, 4–8 mm lang. Zungen: **< 6 mm lang, länger als die Hüllblätter**. Blätter: **1-2-fach fiederspaltig**, meist 10–14-teilig, kahl bis spärlich behaart. Blattabschnitte: spitz gesägt, **5–12 mm breit**. Grundblätter: mit lanzettlichen Blattabschnitten. mittlere Stängelblätter: **< 2-mal so lang wie breit**.

- **Staudenfluren, Grünerlengebüsche, Wälder**
- an nährstoffreichen Standorten
- einheimisch

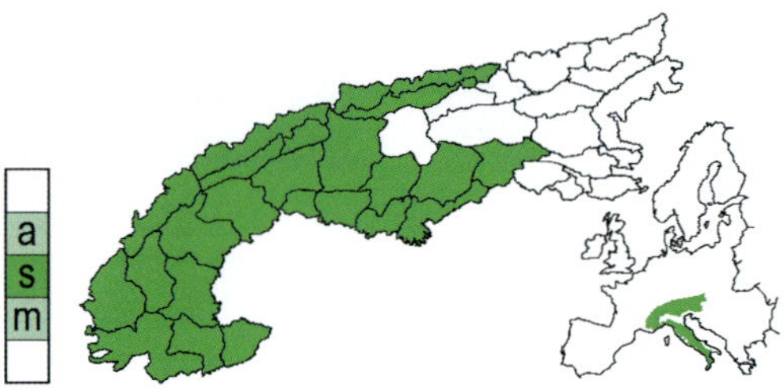

Achillea nana L.

Zwerg-Schafgarbe *Asteraceae*
VI–IX ∗ ↓ [P(5) A(5)] G($\overline{2}$)

Bis 10 cm hoch. Köpfchen: meist ≥ 3 pro Stängel. Zungen: **< 6 mm lang, ± 0,5-mal so lang wie die Hülle**. Stängel: im QS rundlich; unten: **meist dicht behaart**. Blätter: aromatisch riechend, **dicht abstehend behaart**.

- subalpine o. alpine Rasen, **Schutt- o. Felsfluren**, Alluvionen
- an nährstoffarmen Standorten
- endemisch

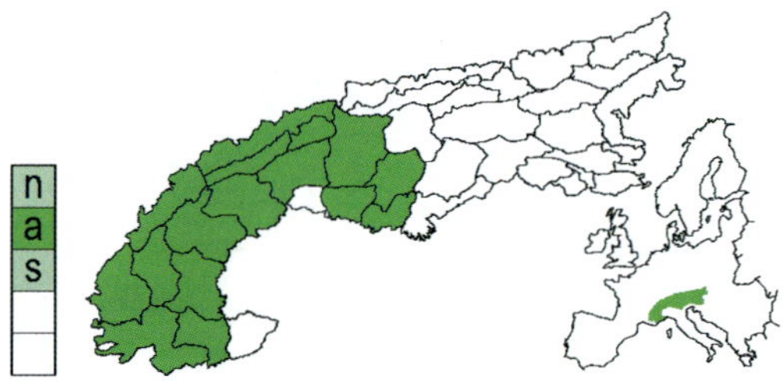

Achillea oxyloba (DC.) Sch. Bip.

Dolomiten-Schafgarbe *Asteraceae*
VI–IX ∗ ↓ [P(5) A(5)] G($\overline{2}$)

10–25 cm hoch. Köpfchen: **meist einzeln**. Zungen: **> 6 mm lang, länger als die Hüllblätter**. Blätter: kahl bis spärlich behaart.

In den Alpen nur die endemische subsp. *oxyloba*.

- subalpine o. alpine Rasen, **Schutt- o. Felsfluren**, Alluvionen
- an nährstoffarmen, kalkreichen Standorten
- einheimisch

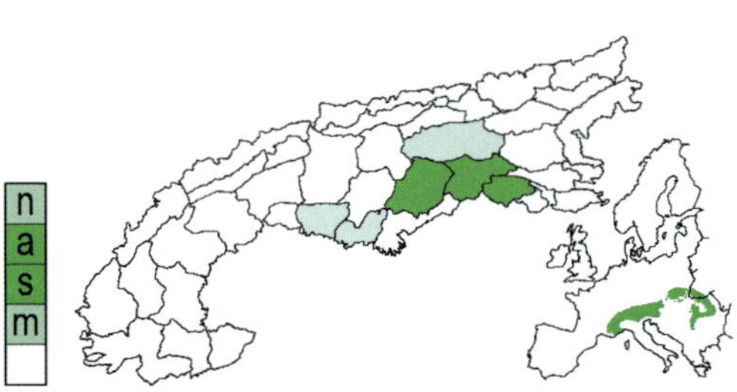

Achillea millefolium L.

Gewöhnliche Schafgarbe *Asteraceae*
V–XI ∗ ↓ [P(5) A(5)] G($\overline{2}$)

15–120 cm hoch. Blütenstand: Hauptschirm 4–15 cm ⌀. Köpfchen: mit Röhren- u. 4–8 Zungenblüten, 2–6 mm lang. Zungenblüten: **Perigonröhre höchstens so lang wie die Zunge**. Zungen: **kürzer als die Hüllblätter**. Blätter: **2–3-fach fiederspaltig**. Grundblätter: **in der distalen Hälfte am breitesten**. untere Stängelblätter: ± sitzend.

In der alpinen Stufe v. a. die subsp. *millefolium* u. *sudetica* (vgl. S. 738).

- **subalpine o. alpine Rasen, Schutt- o. Felsfluren**, Zwergstrauchheiden, **Staudenfluren**, Legföhrengebüsche, **Grünland, Wälder**, Äcker, **Ruderalvegetation**
- einheimisch

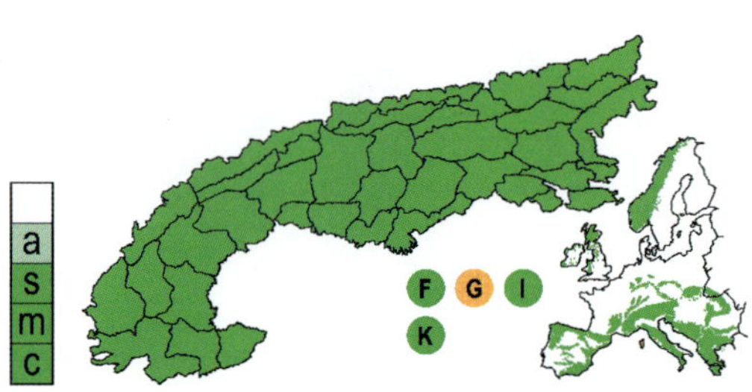

Achillea distans Willd.

Große Schafgarbe *Asteraceae*
VI–IX ∗ ↓ [P(5) A(5)] G($\overline{2}$)

40–100 cm hoch. Blütenstand: Hauptschirm 4–10 cm ⌀. Köpfchen: mit Röhren- u. 4–8 Zungenblüten, 2–6 mm lang. Zungenblüten: **Perigonröhre höchstens so lang wie die Zunge**. Zungen: **kürzer als die Hüllblätter**. Blätter: 1–2-fach fiederspaltig. Rhachis: geflügelt, meist gezähnt, 2–5 mm breit. Grundblätter: **in der Mitte am breitesteten**. mittlere Stängelblätter: **3–8-mal so lang wie breit**.

In den Alpen die subsp. *distans* u. *stricta* (vgl. S. 738).

- **subalpine o. alpine Rasen, Schutt- o. Felsfluren, Staudenfluren**, Grünerlengebüsche, **Grünland, Wälder**
- an nährstoffreichen Standorten
- einheimisch

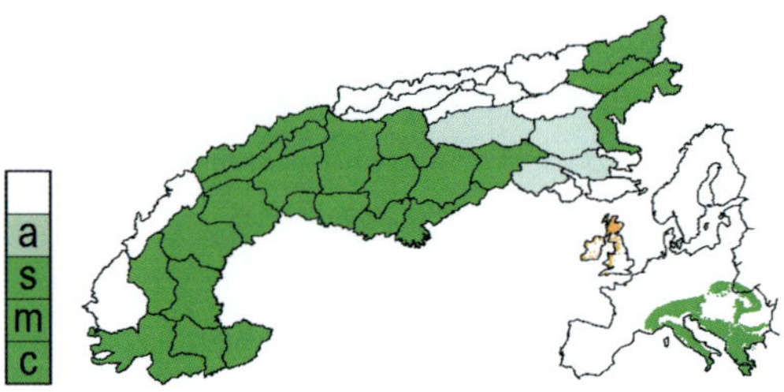

Artemisia: Kräuter o. Sträucher. Köpfchen: nur mit Röhrenblüten. Hüllblätter: dachziegelartig, äußere kürzer als die inneren. Pappus: fehlend. Blütenformel: ∗ [P(5) A(5)] G($\overline{2}$).

Artemisia umbelliformis Lam.

Echte Edelraute *Asteraceae*
VI–IX ∗ [P(5) A(5)] G($\overline{2}$)

Bis 20 cm hoch. Köpfchen: meist aufrecht, 10–50-blütig, 3–7 mm lang, 3–5 mm ⌀. Hüllblätter: mit breitem Hautrand, **filzig behaart**. Randblüten: ⚥. Blüten: meist hellgelb. Zungenblüten: behaart. Früchte: **meist drüsig behaart**. Blätter: aromatisch riechend, **silbrig-gräulich filzig behaart**. Blattabschnitte: **1–6 mm breit**.

In den Alpen die subsp. *umbelliformis* u. *eriantha* (vgl. S. 738).

- **subalpine o. alpine Rasen, Schutt- o. Felsfluren**
- an nährstoffarmen, meist trockenen Standorten
- einheimisch

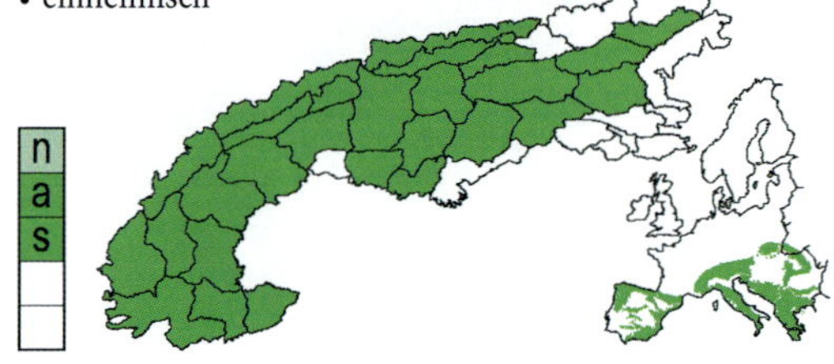

Artemisia atrata Lam.

Schwarzer Alpenbeifuß *Asteraceae*
VI–IX ∗ [P(5) A(5)] G($\overline{2}$)

10–40 cm hoch. Köpfchen: 5–8 mm lang. Köpfchenboden: kahl. Randblüten: ⚥. Blüten: meist gelblich. Blätter: behaart. Grundblätter: **2-fach fiederspaltig**. mittlere Stängelblätter: **2–4-fach fiederspaltig**.

- **subalpine o. alpine Rasen**, Schutt- o. Felsfluren
- an nährstoffarmen, kalkreichen, trockenen Standorten
- einheimisch

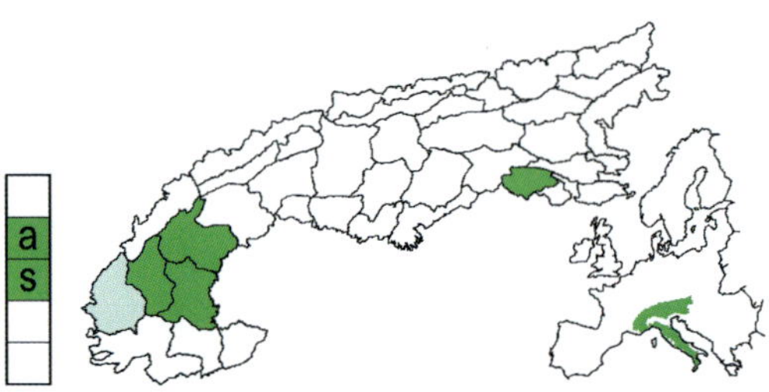

Artemisia vulgaris L.

Gewöhnlicher Beifuß *Asteraceae*
VI–XII ∗ [P(5) A(5)] G($\overline{2}$)

60–250 cm hoch. Köpfchen: 2–6 mm ⌀. Köpfchenboden: kahl. Hüllblätter: **oval, filzig behaart**. Randblüten: ⚥. Blüten: meist bräunlich bis rötlich. Blätter: oberseits: **dunkelgrün, kahl bis spärlich behaart**; unterseits: **weißlich, filzig behaart**. Blattabschnitte: **länglich-lanzettlich, > 2 mm breit**. untere Stängelblätter: **ungeteilt bis fiederspaltig, mit Öhrchen an der Basis des Blattstiels**. mittlere Stängelblätter: **1–3-fach fiederspaltig**. obere Stängelblätter: **mit lanzettlichen, am Rand tief-gesägten Blattabschnitten**.

- **Alluvionen**, Staudenfluren, Wälder, **Äcker**, Macchien o. Garrigues, **Ruderalvegetation**
- an nährstoffreichen Standorten
- einheimisch

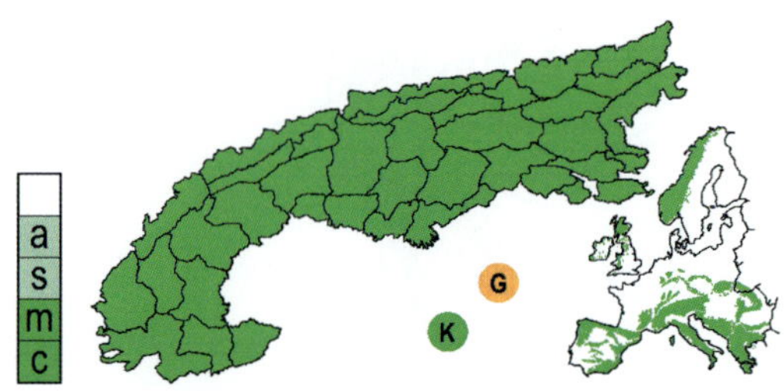

os
us

Artemisia genipi Stechm.

Schwarze Edelraute *Asteraceae*
VI–IX ∗ [P(5) A(5)] G($\overline{2}$)

Bis 15 cm hoch. Köpfchen: 10–20-blütig, 2–4 mm lang, 3–5 mm ⌀. Köpfchenboden: kahl. Hüllblätter: **dicht behaart**. Randblüten: ⚥. Blüten: meist gelblich. Zungenblüten: kahl o. behaart. Blätter: **dicht filzig behaart**. mittlere Stängelblätter: **1-fach fiederspaltig**. – Inkl. der nur schlecht charakterisierten subsp. *foliosa* (vgl. Orsenigo et al. 2013).

In den Alpen nur die subsp. *genipi* (endemisch).

- **subalpine o. alpine Rasen, Schutt- o. Felsfluren**, Alluvionen
- an nährstoffarmen Standorten
- endemisch

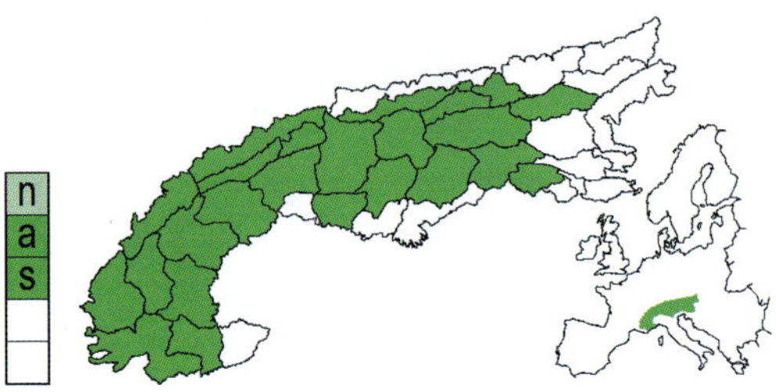

Artemisia glacialis L.

Gletscher-Edelraute *Asteraceae*
VI–IX ∗ [P(5) A(5)] G($\overline{2}$)

Bis 20 cm hoch. Köpfchen: meist aufrecht, 20–50-blütig, 4–7 mm lang, 4–6 mm ⌀. Köpfchenboden: behaart. Hüllblätter: mit breitem Hautrand, **filzig behaart**. Randblüten: ⚥. Blüten: gelb. Zungenblüten: kahl. Früchte: kahl. Blätter: **gräulich- bis weißlich filzig behaart**. Grundblätter: 1–2-fach fiederspaltig.

- subalpine o. alpine Rasen, **Schutt- o. Felsfluren**
- an trockenen Standorten
- endemisch

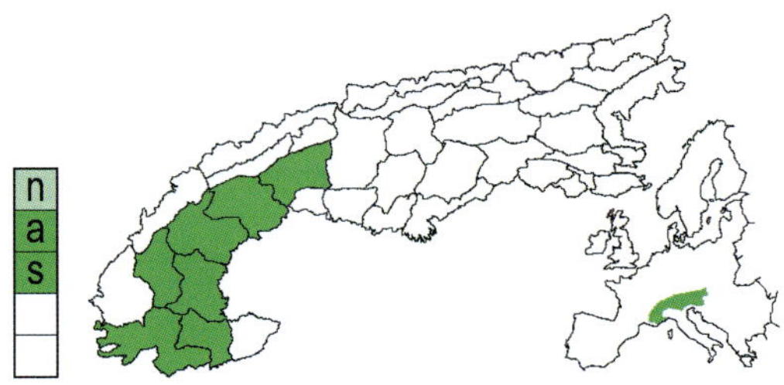

Artemisia nitida Bertol.

Glänzende Edelraute *Asteraceae*
VII–IX ∗ [P(5) A(5)] G($\overline{2}$)

10–40 cm hoch. Köpfchen: oft überhängend, > 20-blütig, 5–8 mm lang. Köpfchenboden: behaart. Hüllblätter: mit breitem Hautrand, **anliegend silbrig glänzend behaart**. Randblüten: ⚥. Blüten: meist hellgelb. Zungenblüten: behaart. Früchte: kahl. Blätter: aromatisch riechend, **gräulich glänzend anliegend behaart**.

- **subalpine o. alpine Rasen, Schutt- o. Felsfluren**
- an nährstoffarmen, kalkreichen Standorten
- einheimisch

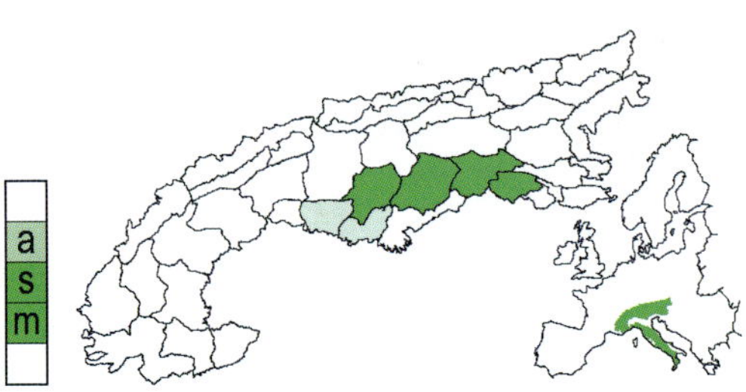

Artemisia nivalis Braun-Blanq.

Schnee-Edelraute *Asteraceae*
VI–IX ∗ [P(5) A(5)] G($\overline{2}$)

Bis 10 cm hoch. Pflanzen: **kahl**. Köpfchen: meist aufrecht, 10–20-blütig, 2–4 mm lang, 2–3 mm ⌀. Köpfchenboden: kahl. Hüllblätter: **kahl**. Randblüten: ⚥. Blüten: meist gelblich. Blätter: **kahl**. Grundblätter: 1–2-fach fiederspaltig. mittlere Stängelblätter: **ungeteilt bis 1-fach fiederspaltig**.

- **Schutt- o. Felsfluren**
- an nährstoffarmen Standorten
- endemisch

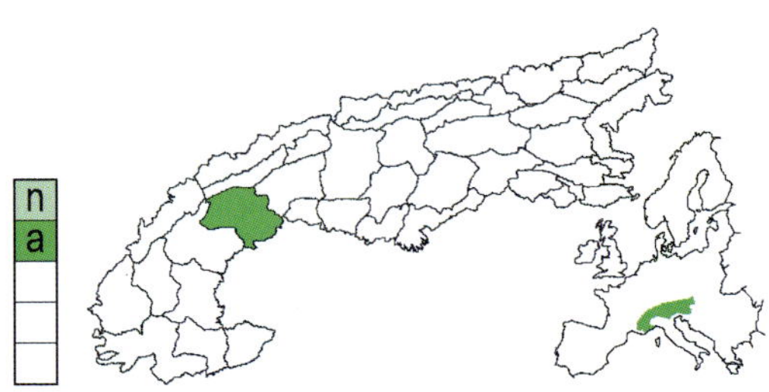

Artemisia campestris L.

Feld-Beifuß *Asteraceae*
VII–X ∗ [P(5) A(5)] G($\overline{2}$)

Bis 80 cm hoch. Hüllblätter: **kahl**. Randblüten: ⚥. Blüten: meist gelblich. Stängel: basal meist verholzt. Blätter: **1–3-fach fiederspaltig**, oft verkahlend. Blattabschnitte: **bis 1,5 mm breit**. untere Stängelblätter: **mit Öhrchen an der Basis des Blattstiels**.

In den Alpen die subsp. *campestris*, *alpina* (endemisch) u. *borealis* (vgl. S. 738).

- subalpine o. alpine Rasen, **Schutt- o. Felsfluren**, Alluvionen, Zwergstrauchheiden, **Extensivgrünland o. Magerrasen**, Wälder, **Ruderalvegetation**
- an nährstoffarmen, meist trockenen Standorten
- einheimisch

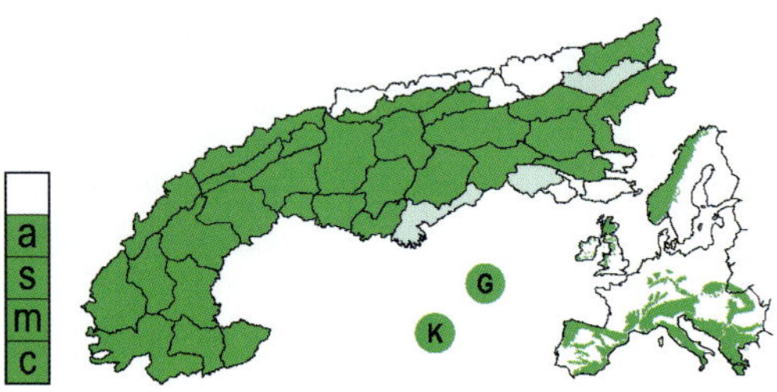

Artemisia vallesiaca All.

Walliser Wermut *Asteraceae*
VII–X ∗ [P(5) A(5)] G($\overline{2}$)

10–50 cm hoch. Köpfchen: 3–5 mm lang, 2–3 mm ⌀. Hüllblätter: **filzig behaart**. Randblüten: fadenförmig, ♀. Blüten: meist gelblich. Blätter: aromatisch riechend, **gräulich bis weißlich filzig behaart**.

- **Extensivgrünland o. Magerrasen**, Wälder, Ruderalvegetation
- an kalkreichen, trockenen Standorten
- endemisch

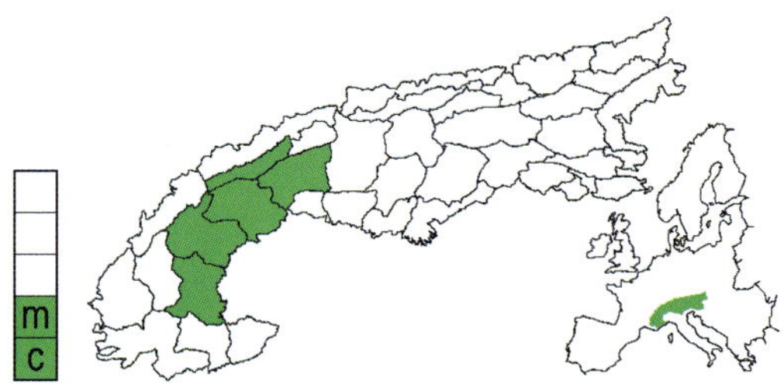

Anthemis cretica L.

Berg-Hundskamille *Asteraceae*
IV–VIII ∗ ↓ [P(5) A(5)] G($\overline{2}$)

Bis 60 cm hoch, **mehrjährig**. Köpfchen: **einzeln bis wenige**, mit Röhren- *und* Zungenblüten. Köpfchenboden: **gewölbt bis halbkugelig**, innen markig, **mit Spreublättern**; Spreublätter: weich, lanzettlich. Hüllblätter: mehrreihig. Röhrenblüten: gelblich. Zungenblüten: weißlich, meist fertil, 3-zähnig. Zungen: länglich-lineal. Früchte: **im QS rundlich bis 4-kantig**. Pappus: fehlend. Stängel: basal meist verholzt, basal meist mit sterilen Trieben. Blätter: **drüsig punktiert**, 1–2-fach fiederspaltig, behaart.

In den Alpen die subsp. *carpatica* u. *gerardiana* (vgl. S. 739).

- subalpine o. alpine Rasen, **Schutt- o. Felsfluren**, **Extensivgrünland o. Magerrasen**, **Macchien o. Garrigues**
- an nährstoffarmen, meist trockenen Standorten
- einheimisch

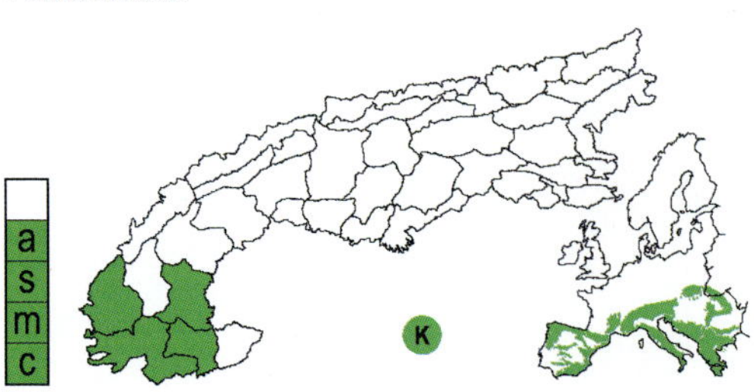

Leucanthemopsis alpina (L.) Heywood

Alpenmargerite *Asteraceae*
VI–VIII ∗ ↓ [P(5) A(5)] G($\overline{2}$)

Bis 15 cm hoch, **mehrjährig**. Blütenstand: **1 vom Hüllkelch umgebenes Köpfchen**. Köpfchen: **lang gestielt**, mit Röhren- *und* Zungenblüten, 18–25 mm ⌀. Hüllblätter: dachziegelartig, äußere kürzer als die inneren, **mit schwarzem Hautrand**. Röhrenblüten: gelblich. Zungenblüten: 3-zähnig. Früchte: distal mit kleinem schuppenartigem Krönchen. Pappus: fehlend. Stängel: basal niederliegend, mit 1–4 Schuppenblättern. obere Stängelblätter: ungeteilt, länglich-lanzettlich.

In den Alpen die subsp. *alpina*, *cuneifolia*, *minima* u. *pseudotomentosa* (endemisch), (vgl. Tomasello & Oberprieler 2017) (vgl. S. 739).

- **Schutt- o. Felsfluren**, **Alluvionen**, **Schneetälchen**, Zwergstrauchheiden, **Extensivgrünland o. Magerrasen**
- an nährstoffarmen, sauren Standorten
- einheimisch

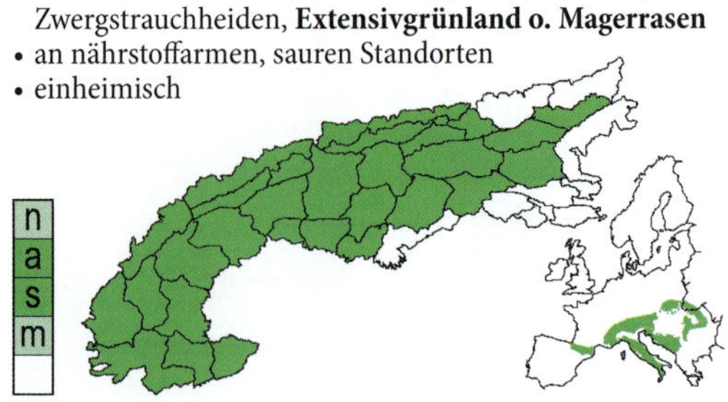

***Leucanthemum*:** mehrjährige Kräuter. Köpfchen: mit Röhren- u. Zungenblüten. Hüllblätter: dachziegelartig, äußere kürzer als die inneren. Röhrenblüten: gelblich. Zungenblüten: fast immer weißlich. Früchte: distal mit Krönchen. Pappus: fehlend. Blütenformel: ∗ ↓ [P(5) A(5)] $G(\overline{2})$.

Leucanthemum atratum (Jacq.) DC.

Schwarzrand-Margerite *Asteraceae*
V–X ∗ ↓ [P(5) A(5)] $G(\overline{2})$

Bis 50 cm hoch. Köpfchen: **meist einzeln**, mit Röhren- *und* Zungenblüten. Hüllblätter: dunkelgrün, **mit schwarzem Hautrand**. Früchte: **alle distal mit Krönchen**. mittlere Stängelblätter: **grob gezähnt bis gelappt**, Zähne breit 3-eckig.

- **subalpine o. alpine Rasen, Schutt- o. Felsfluren**, Alluvionen, **Schneetälchen**
- an nährstoffarmen, kalkreichen Standorten
- endemisch

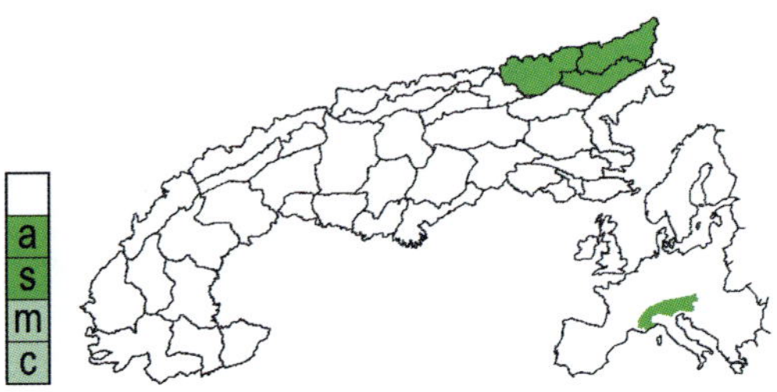

Leucanthemum coronopifolium Vill.

Krähenfußblättrige Schwarzrand-Margerite *Asteraceae*
VI–IX ∗ ↓ [P(5) A(5)] $G(\overline{2})$

Bis 50 cm hoch. Köpfchen: **meist einzeln**, mit Röhren- *und* Zungenblüten. Hüllblätter: dunkelgrün, **mit schwarzem Hautrand**. Zungenblüten: weißlich. Früchte: **alle distal mit Krönchen**.

In den Alpen die subsp. *coronopifolium* u. *ceratophylloides* (vgl. S. 739).

- **subalpine o. alpine Rasen, Schutt- o. Felsfluren, Alluvionen, Staudenfluren**, Legföhrengebüsche, **Wälder**
- an nährstoffarmen Standorten
- einheimisch

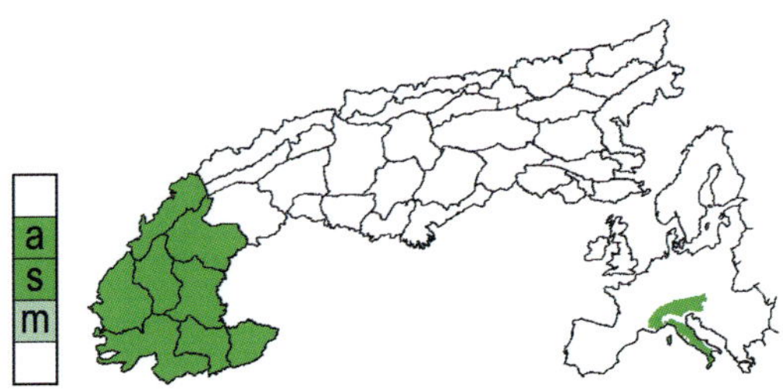

Leucanthemum halleri (Vitman) Ducommun

Hallers Schwarzrand-Margerite *Asteraceae*
VI–X ∗ ↓ [P(5) A(5)] $G(\overline{2})$

10–30 cm hoch. Köpfchen: **meist einzeln**, mit Röhren- *und* Zungenblüten. Hüllblätter: dunkelgrün, **mit schwarzem Hautrand**. Früchte: **alle distal mit Krönchen**. mittlere Stängelblätter: **grob gezähnt bis gelappt**, ± lanzettlich, ohne Zähne > 2 mm breit, **in der Mitte am breitesten, basal verschmälert bis abgerundet**, Zähne schmal-lanzettlich.

- **subalpine o. alpine Rasen, Schutt- o. Felsfluren**, Alluvionen
- an nährstoffarmen, kalkreichen Standorten
- endemisch

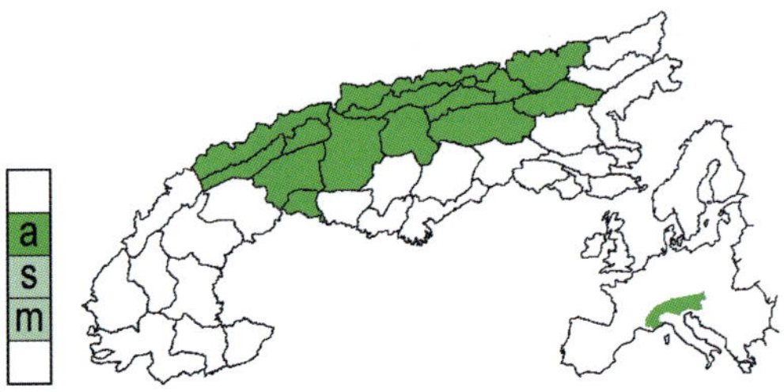

Leucanthemum lithopolitanicum (E. Mayer) Pol.

Kamnik-Schwarzrand-Margerite *Asteraceae*
VI–IX ∗ ↓ [P(5) A(5)] $G(\overline{2})$

Bis 10 cm hoch. Köpfchen: **meist einzeln**, mit Röhren- *und* Zungenblüten. Hüllblätter: dunkelgrün, **mit schwarzem Hautrand**. Früchte: **alle distal mit Krönchen**. Grundblätter: **lang gestielt**. mittlere Stängelblätter: **grob gezähnt bis gelappt**, ± lineal, ohne Zähne ± 2 mm breit, Zähne schmal-lanzettlich.

- **subalpine o. alpine Rasen, Schutt- o. Felsfluren**, Alluvionen
- an nährstoffarmen, kalkreichen, trockenen Standorten
- endemisch

Leucanthemum vulgare (Vaill.) Lam.

Frühe Margerite *Asteraceae*
V–X * ↓ [P(5) A(5)] G($\overline{2}$)

20–100 cm hoch. Köpfchen: **oft mehrere**, mit Röhren- *und* Zungenblüten. Hüllblätter: **mit hellbraunem Hautrand.** Früchte: **alle distal abgerundet.** Stängel: **meist verzweigt.** mittlere Stängelblätter: basal fiederspaltig u. (halb-)stängelumfassend, **im oberen Drittel am breitesten, in der Mitte verschmälert, basal verbreitert.**

Formenreiche Sippe.

- Schutt- o. Felsfluren, Alluvionen, Zwergstrauchheiden, Staudenfluren, **Grünland**, Wälder, **Äcker**, **Ruderalvegetation**
- einheimisch

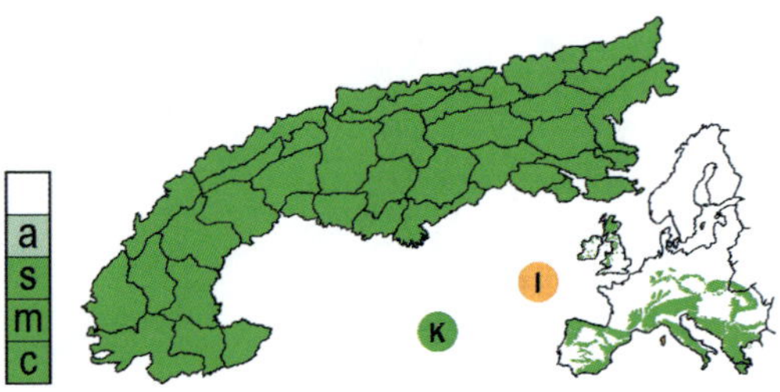

Leucanthemum adustum (W. D. J. Koch) Gremli

Berg-Margerite *Asteraceae*
VI–X * ↓ [P(5) A(5)] G($\overline{2}$)

20–50 cm hoch. Köpfchen: **meist einzeln**, mit Röhren- *und* Zungenblüten. Hüllblätter: **mit dunkelbraunem Hautrand.** Früchte: **alle distal abgerundet.** Stängel: **unverzweigt.** Grundblätter: lanzettlich. Stängelblätter: distal abgerundet. mittlere Stängelblätter: **basal ganzrandig bis gezähnt,** > 5 mm breit, **in der Mitte am breitesten, basal verschmälert bis abgerundet.**

In den Alpen die subsp. *adustum* u. *margaritae* (vgl. S. 739).

- **subalpine o. alpine Rasen, Schutt- o. Felsfluren,** Alluvionen, Zwergstrauchheiden, **Staudenfluren,** Legföhrengebüsche, **Grünland, Wälder,** Äcker, Ruderalvegetation
- an nährstoffarmen Standorten
- einheimisch

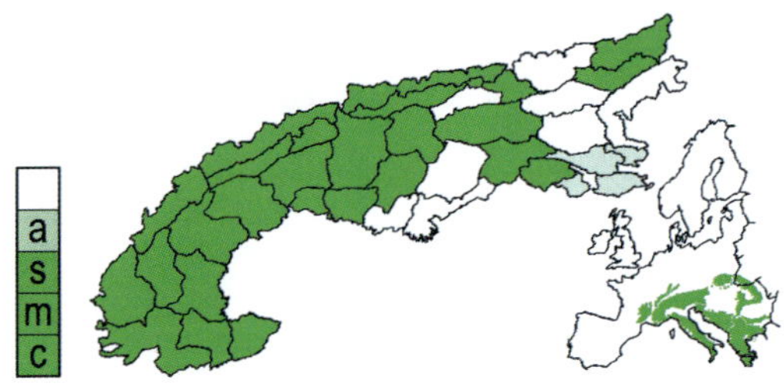

Leucanthemum cuneifolium H. J. Coste

Keilblättrige Margerite *Asteraceae*
V–X * ↓ [P(5) A(5)] G($\overline{2}$)

10–100 cm hoch. Köpfchen: mit Röhren- *und* Zungenblüten. Hüllblätter: **mit dunkelbraunem Hautrand.** Früchte: **der Röhrenblüten distal abgerundet, der Zungenblüten distal mit Krönchen.** Grundblätter: lanzettlich. Stängelblätter: distal abgerundet. mittlere Stängelblätter: **basal ganzrandig bis gezähnt,** > 5 mm breit, **basal verschmälert bis abgerundet.**

- **subalpine o. alpine Rasen,** Staudenfluren, **Extensivgrünland o. Magerrasen, Wälder**
- an nährstoffarmen, basenreichen Standorten
- endemisch

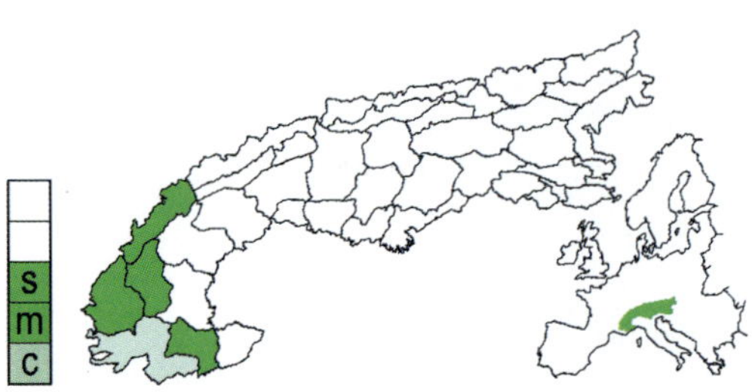

Leucanthemum burnatii Briq. & Cavill.

Burnats Margerite *Asteraceae*
V–X * ↓ [P(5) A(5)] G($\overline{2}$)

10–25 cm hoch. Köpfchen: mit Röhren- *und* Zungenblüten. Hüllblätter: mit dunkelbraunem Hautrand. Früchte: **der Röhrenblüten distal abgerundet, der Zungenblüten distal gefranst.** Stängel: krautig; unten: **meist von weißhäutiger Laubblattscheide umgeben.** Blätter: **schmal länglich-lanzettlich, ganzrandig o. mit wenigen Zähnen.**

- **Schutt- o. Felsfluren,** Zwergstrauchheiden, **Extensivgrünland o. Magerrasen**
- an nährstoffarmen, kalkreichen, trockenen Standorten
- einheimisch (subendemisch)

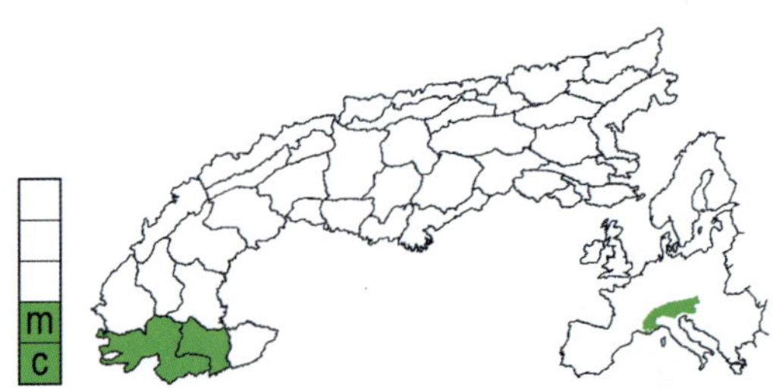

Leucanthemum virgatum (Desr.) Clos

Strahlenlose Margerite *Asteraceae*
V–X ∗ ↓ [P(5) A(5)] G($\overline{2}$)

10–40 cm hoch. KÖPFCHEN: **Zungenblüten fehlend o. sehr klein**. ZUNGENBLÜTEN: **wenn vorhanden: gelblich**. FRÜCHTE: **distal abgerundet**. GRUNDBLÄTTER: **spatelförmig bis oval**, gezähnt. OBERE STÄNGELBLÄTTER: **länglich-lanzettlich**, spitz gesägt.

- Schutt- o. Felsfluren, **Staudenfluren**, **Wälder**, Äcker, Ruderalvegetation
- an basenreichen Standorten
- endemisch

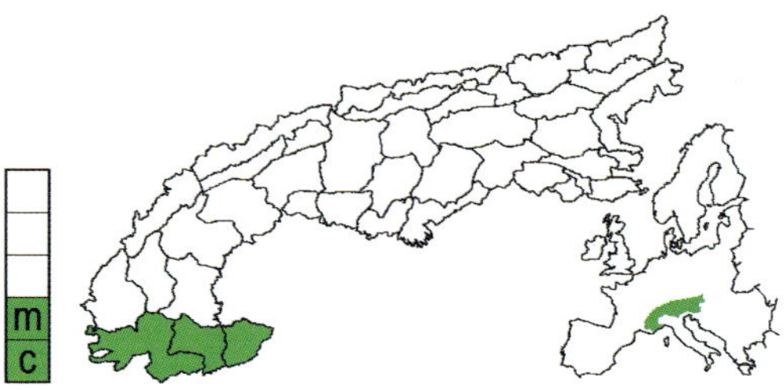

Bellidiastrum michelii Cass.

Alpenmaßlieb *Asteraceae*
III–IX ∗ ↓ [P(5) A(5)] G($\overline{2}$)

10–30 cm hoch, **mehrjährig**. BLÜTENSTAND: 1 vom Hüllkelch umgebenes Köpfchen. KÖPFCHEN: mit Röhren- *und* Zungenblüten. HÜLLBLÄTTER: 2- bis mehrreihig, innere u. äußere ± gleich lang, **± spitz**. RÖHRENBLÜTEN: gelblich bis bräunlich. ZUNGENBLÜTEN: **weißlich**, zuweilen rötlich-violett überlaufen, meist 1-reihig. PAPPUS: **mit ungeteilten Borsten**. STÄNGEL: **mit grundständiger Blattrosette, *ohne* Laubblätter**.

- Staudenfluren, Quellfluren, Moore o. Seggenriede, **Extensivgrünland o. Magerrasen**, **Wälder**, Ruderalvegetation
- an basenreichen Standorten
- einheimisch

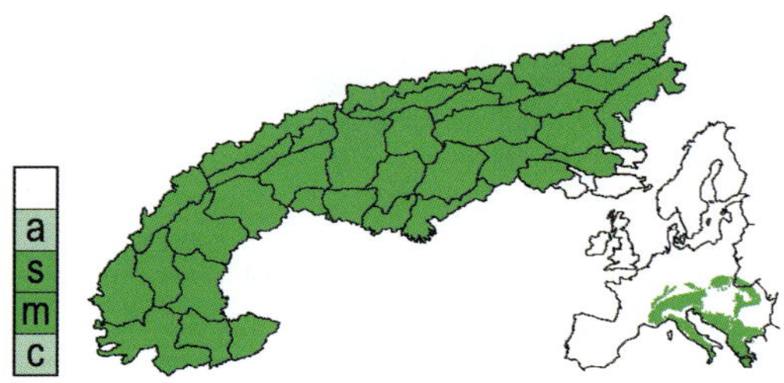

Aster alpinus L.

Alpen-Aster *Asteraceae*
V–VIII ∗ ↓ [P(5) A(5)] G($\overline{2}$)

Bis 25 cm hoch, mehrjährig. KÖPFCHEN: **meist einzeln**, mit Röhren- *und* Zungenblüten, 25–60 mm ⌀. HÜLLBLÄTTER: 2- bis mehrreihig, innere u. äußere ± gleich lang. RÖHRENBLÜTEN: gelblich bis bräunlich. ZUNGENBLÜTEN: **meist bläulich bis violett**, meist 1-reihig. ZUNGEN: > 1,5-mal so lang wie die Röhrenblüten, meist > 1 mm breit, länglich-lanzettlich. STÄNGEL: **mit grundständiger Blattrosette**, mit Laubblättern. BLÄTTER: **in der distale Hälfte am breitesten, ganzrandig**.

- **subalpine o. alpine Rasen**, Schutt- o. Felsfluren, Zwergstrauchheiden, Extensivgrünland o. Magerrasen, Wälder
- an nährstoffarmen Standorten
- einheimisch

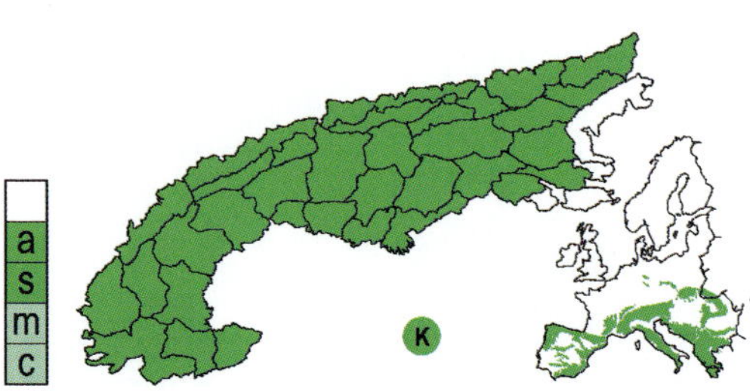

Erigeron: Kräuter. HÜLLBLÄTTER: 2- bis mehrreihig, innere u. äußere ± gleich lang. ZUNGENBLÜTEN: 2- bis mehrreihig; Zunge < 1 mm breit, schmal lineal. BLÜTENFORMEL: ∗ ↓ [P(5) A(5)] G($\overline{2}$).

Erigeron alpinus L.

Alpen-Berufkraut *Asteraceae*
VI–IX ∗ ↓ [P(5) A(5)] G($\overline{2}$)

KÖPFCHEN: 1–15 pro Stängel, **mit engröhrigen fadenförmigen ♀ Blüten zwischen den Röhren- u. Zungenblüten**, 14–30 mm ⌀. ZUNGENBLÜTEN: **weißlich *oder* rötlich bis violett**. PAPPUS: **1–2-reihig**, an den Röhrenblüten innen mit langen u. außen mit kurzen Borsten. BLÄTTER: **auch auf der Fläche behaart**.

In den Alpen die subsp. *alpinus* u. *intermedius* (vgl. S. 739).

- **subalpine o. alpine Rasen**, Schutt- o. Felsfluren, Grünland
- an nährstoffarmen Standorten
- einheimisch

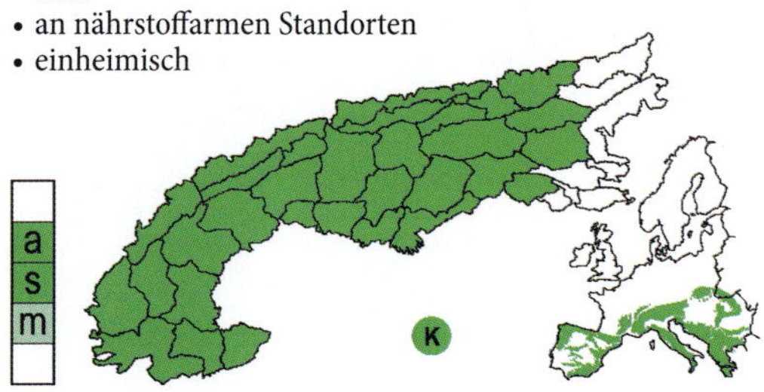

Erigeron neglectus A. Kern.

Verkanntes Berufkraut *Asteraceae*
VI–VIII ∗ ↓ [P(5) A(5)] G($\overline{2}$)

10–20 cm hoch. Köpfchen: **einzeln, mit engröhrigen fadenförmigen ♀ Blüten zwischen den Röhren- u. Zungenblüten**, 14–30 mm ⌀. Zungenblüten: **weißlich *oder* rötlich bis violett**. Pappus: **1-reihig**. Blätter: **auf der Fläche kahl**, am Rand bewimpert.

- **subalpine o. alpine Rasen**, Schutt- o. Felsfluren
- an nährstoffarmen, kalkreichen Standorten
- endemisch

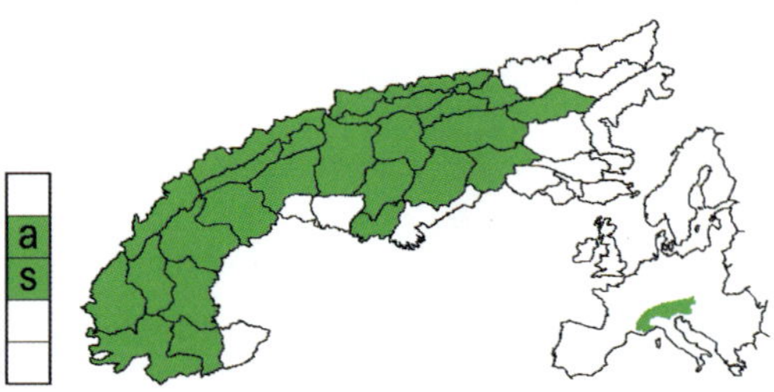

Erigeron atticus Vill.

Drüsiges Berufkraut *Asteraceae*
VI–X ∗ ↓ [P(5) A(5)] G($\overline{2}$)

20–60 cm hoch. Köpfchen: 2–20 pro Stängel, mit Röhren- *und* Zungenblüten, 14–30 mm ⌀. Zungenblüten: **weißlich *oder* rötlich bis violett**. Zungen: 3–5 mm länger als die Hülle. Stängel: aufrecht, steif, meist dicht beblättert, **drüsig behaart**.

- **subalpine o. alpine Rasen**, Schutt- o. Felsfluren, Grünland
- an nährstoffarmen Standorten
- einheimisch

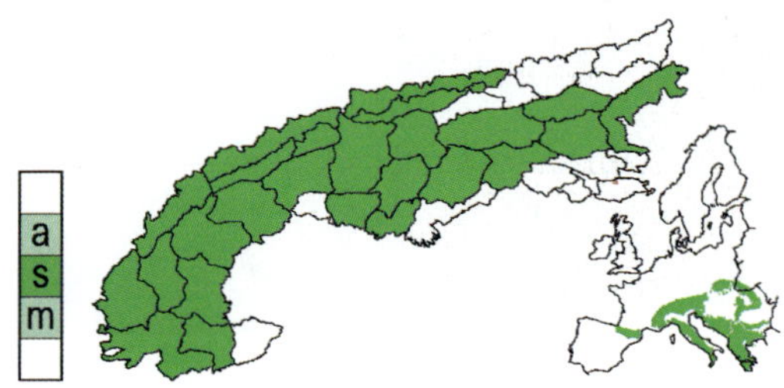

Erigeron glabratus Bluff & Fingerh.

Kahles Berufkraut *Asteraceae*
VI–IX ∗ ↓ [P(5) A(5)] G($\overline{2}$)

Bis 30 cm hoch. Blütenstand: in trauben- bis rispenartigem Gesamtblütenstand. Köpfchen: **1–6 pro Stängel**, mit Röhren- *und* Zungenblüten, 12–30 mm ⌀. Hüllblätter: kahl bis spärlich behaart. Röhrenblüten: **oft rötlich bis violett überlaufen**. Pappus: 1-reihig.

In den Alpen die subsp. *glabratus* u. *candidus* (endemisch) (vgl. S. 739).

- **subalpine o. alpine Rasen**, **Schutt- o. Felsfluren**, Alluvionen
- an nährstoffarmen, kalkreichen Standorten
- einheimisch

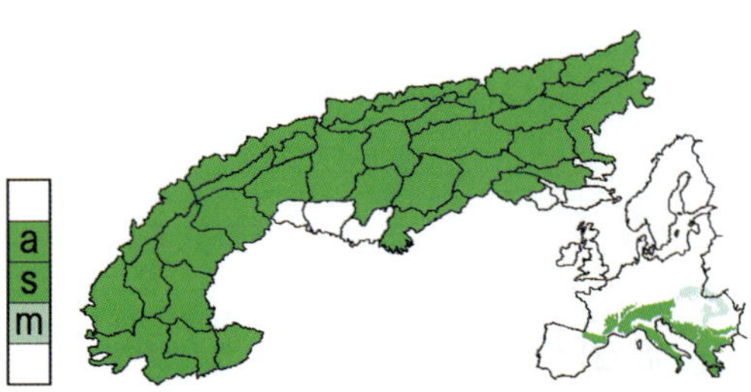

Erigeron schleicheri Gremli

Felsen-Berufkraut *Asteraceae*
VI–VIII ∗ ↓ [P(5) A(5)] G($\overline{2}$)

Bis 30 cm hoch. Blütenstand: 1 vom Hüllkelch umgebenes Köpfchen. Köpfchen: einzeln, mit Röhren- *und* Zungenblüten, 14–30 mm ⌀. Zungenblüten: **weißlich *oder* rötlich bis violett**. Zungen: 5–8 mm länger als die Hülle. Stängel: basal oft niederliegend, meist locker beblättert, **drüsig behaart**.

- subalpine o. alpine Rasen, **Schutt- o. Felsfluren**
- an nährstoffarmen, trockenen Standorten
- einheimisch

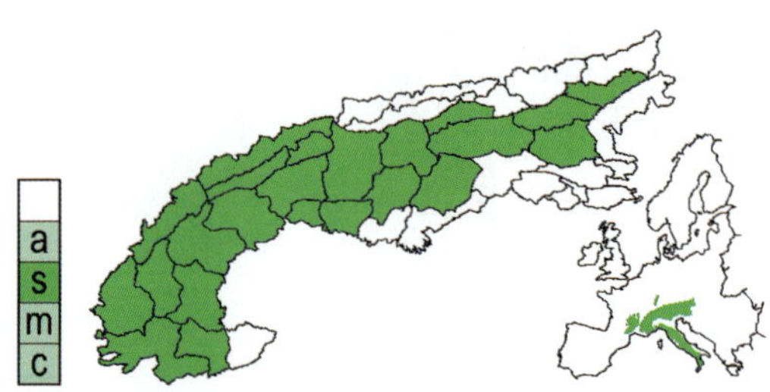

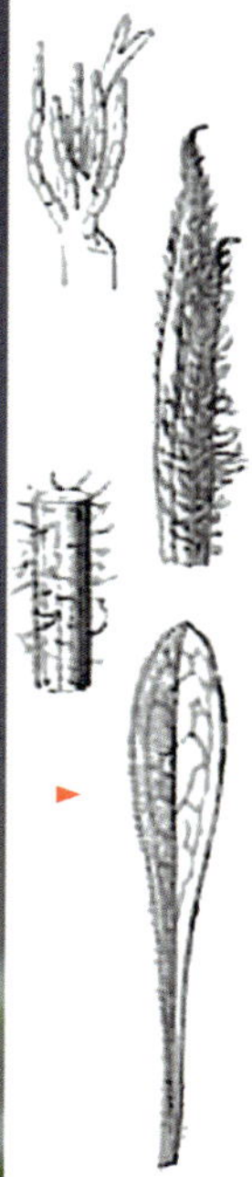

Erigeron uniflorus L.

Einköpfiges Berufkraut *Asteraceae*
VI–X ∗ ↓ [P(5) A(5)] G($\bar{2}$)

Bis 15 cm hoch. KÖPFCHEN: **einzeln**, mit Röhren- *und* Zungenblüten, 10–30 mm ⌀. HÜLLBLÄTTER: **unterseits wollig-filzig behaart**. RÖHRENBLÜTEN: **oft rötlich bis violett überlaufen**. ZUNGENBLÜTEN: **weißlich *oder* rötlich bis violett**. PAPPUS: 1–2-reihig, an den Röhrenblüten innen mit langen u. außen mit kurzen Borsten.

In den Alpen nur die subsp. *uniflorus*.

- **subalpine o. alpine Rasen**, Schutt- o. Felsfluren
- an nährstoffarmen Standorten
- einheimisch

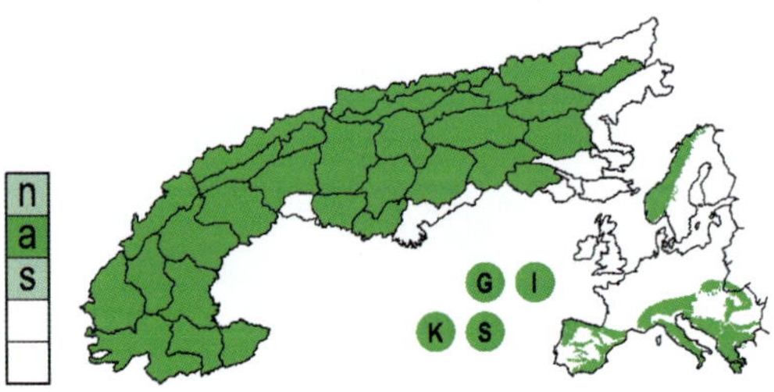

Solidago virgaurea L.

Gewöhnliche Goldrute *Asteraceae*
VI–X ∗ ↓ [P(5) A(5)] G($\bar{2}$)

Bis 100 cm hoch, mehrjährig. BLÜTENSTAND: aufrecht. KÖPFCHEN: **mit Röhren- u. < 10 Zungenblüten**. HÜLLBLÄTTER: zuweilen dachziegelartig, äußere kürzer als die inneren. BLÜTEN: gelblich. ZUNGEN: **deutlich länger als die Hülle**. BLÄTTER: ganzrandig o. entfernt gezähnt.

In den Alpen die subsp. *virgaurea* u. *minuta* (vgl. S. 739).

- **subalpine o. alpine Rasen, Schutt- o. Felsfluren**, Alluvionen, **Zwergstrauchheiden, Staudenfluren**, Legföhrengebüsche, Grünland, **Wälder**, Ruderalvegetation
- einheimisch

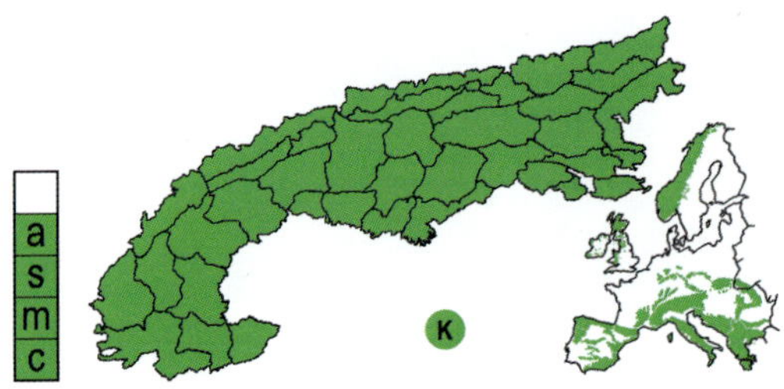

Antennaria carpatica (Wahlenb.) Bluff & Fingerh.

Karpaten-Katzenpfötchen *Asteraceae*
V–VIII ♂ ∗ [P(5) A(5)] | ♀ ∗ P(5) G($\bar{2}$)

Bis 20 cm hoch, mehrjährig. PFLANZEN: **2-häusig**. BLÜTENSTAND: in kompaktem Gesamtblütenstand. KÖPFCHEN: nur mit Röhrenblüten, 5–14 mm ⌀. HÜLLBLÄTTER: dachziegelartig, äußere kürzer als die inneren, trockenhäutig, kahl. INNERE HÜLLBLÄTTER: oft abstehend bis ausgebreitet. ÄUSSERE HÜLLBLÄTTER: **mit bräunlichen Anhängseln**. STÄNGEL: **basal *ohne* Rosettentriebe**. AUSLÄUFER: **fehlend**.

In den Alpen nur die subsp. *helvetica*.

- **subalpine o. alpine Rasen**, Schutt- o. Felsfluren, Zwergstrauchheiden
- an nährstoffarmen Standorten
- einheimisch

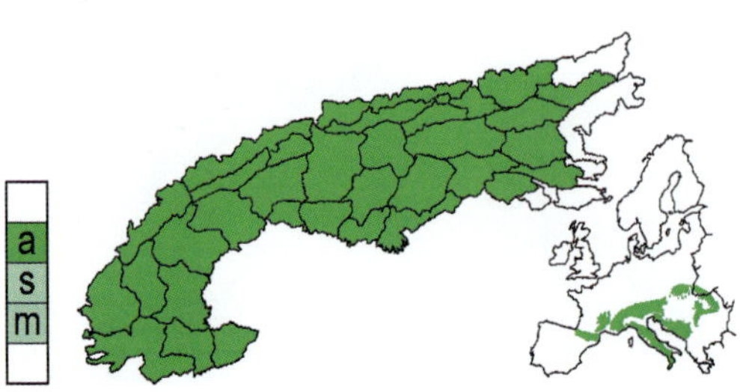

Antennaria dioica (L.) Gaertn.

Gewöhnliches Katzenpfötchen *Asteraceae*
IV–VII ♂ ∗ [P(5) A(5)] | ♀ ∗ P(5) G($\bar{2}$)

Bis 30 cm hoch, mehrjährig. PFLANZEN: **2-häusig**. BLÜTENSTAND: in kompaktem Gesamtblütenstand. KÖPFCHEN: nur mit Röhrenblüten, 5–14 mm ⌀. HÜLLBLÄTTER: dachziegelartig, äußere kürzer als die inneren, trockenhäutig, kahl. INNERE HÜLLBLÄTTER: oft abstehend bis ausgebreitet. ÄUSSERE HÜLLBLÄTTER: **mit weißlichen (♂ Pflanzen) *oder* rötlichen Anhängseln (♀ Pflanzen)**. STÄNGEL: **basal mit sterilen Rosettentrieben mit ± spatelförmigen Blättern**. AUSLÄUFER: **oberirdisch**.

- **subalpine o. alpine Rasen, Schutt- o. Felsfluren, Zwergstrauchheiden**, Staudenfluren, **Grünland, Wälder**
- an nährstoffarmen, sauren Standorten
- einheimisch

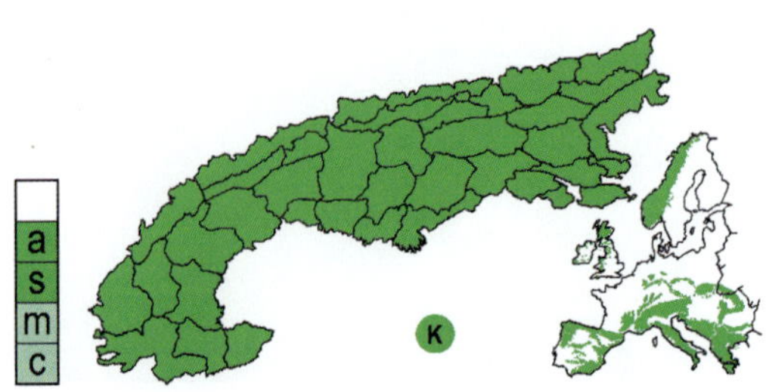

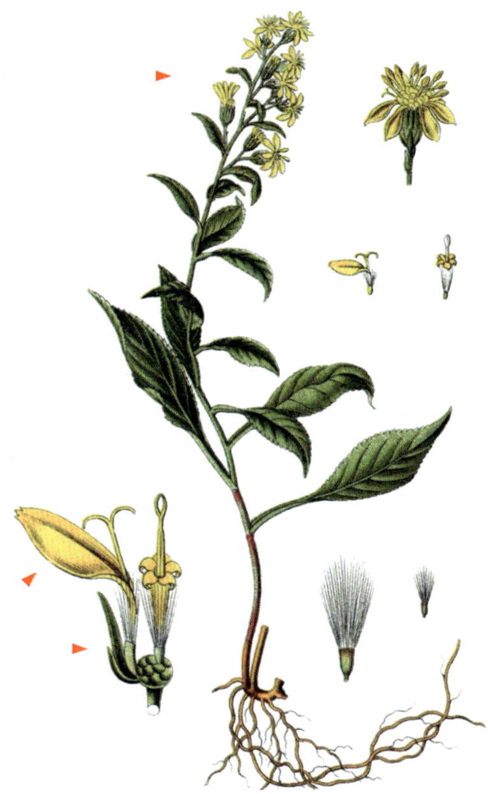

Gnaphalium hoppeanum W. D. J. Koch

Hoppes Ruhrkraut *Asteraceae*
VI–VIII ∗ [P(5) A(5)] G($\overline{2}$)

Bis 10 cm hoch, mehrjährig. Blütenstand: von Hüllkelch umgebene Köpfchen, **in kurzen dicht gedrängtem Gesamtblütenstand**. Köpfchen: **2–12 pro Stängel**, nur mit Röhrenblüten. Hüllblätter: dachziegelartig, äußere bis 0,5-mal so lang wie die inneren, trockenhäutig, **meist schwarz bis dunkelbraun**, allenfalls basal filzig. Pappus: Borsten basal *nicht* miteinander verwachsen, 2–5 mm lang. Stängel: ± einzeln. Blätter: **1–4 mm breit**.

- subalpine o. alpine Rasen, **Schutt- o. Felsfluren**, Alluvionen, Schneetälchen
- an kalkreichen Standorten
- einheimisch

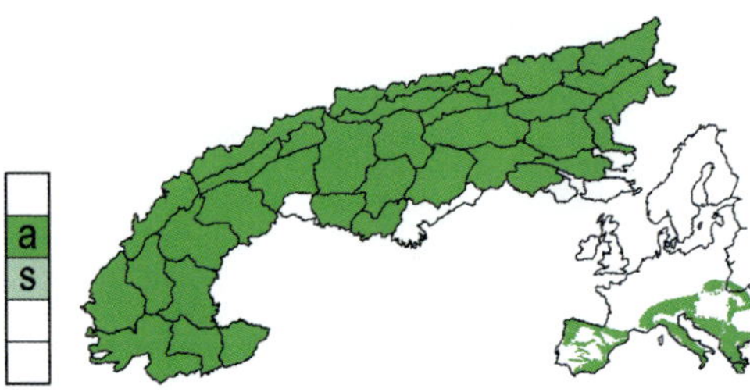

Gnaphalium supinum L.

Zwerg-Ruhrkraut *Asteraceae*
V–IX ∗ [P(5) A(5)] G($\overline{2}$)

Bis 10 cm hoch, dichtrasig, mehrjährig. Blütenstand: von Hüllkelch umgebene Köpfchen, **in kurzen dicht gedrängtem Gesamtblütenstand**, zuweilen von den oberen Stängelblättern überragt. Köpfchen: **2–12 pro Stängel**, nur mit Röhrenblüten. Hüllblätter: dachziegelartig, äußere ± 0,7-mal so lang wie die inneren, trockenhäutig, **hellbraun**, allenfalls basal filzig. Pappus: Borsten basal *nicht* miteinander verwachsen, 2–5 mm lang. Blätter: **0,8–2 mm breit**.

- **subalpine o. alpine Rasen**, **Schutt- o. Felsfluren**, Alluvionen, **Schneetälchen**
- an sauren Standorten
- einheimisch

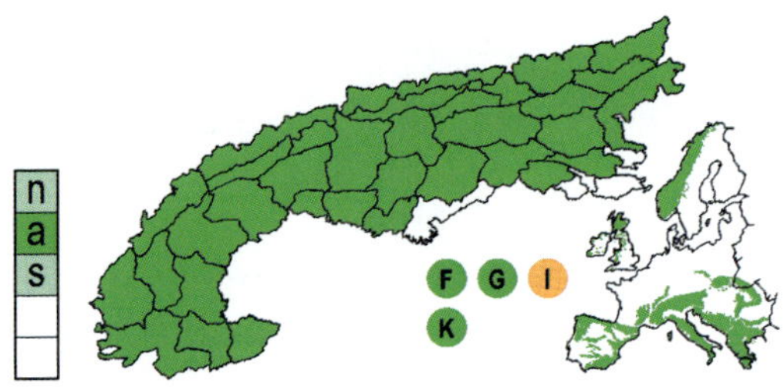

Gnaphalium norvegicum Gunnerus

Norwegisches Ruhrkraut *Asteraceae*
VI–IX ∗ [P(5) A(5)] G($\overline{2}$)

10–40 cm hoch, 2- bis mehrjährig. Blütenstand: von Hüllkelch umgebene Köpfchen, **in länglichem Gesamtblütenstand**. Köpfchen: **≥ 12 pro Stängel, 2–3 pro Knäuel**, nur mit Röhrenblüten. Hüllblätter: dachziegelartig, äußere kürzer als die inneren, trockenhäutig, **grünlich bis dunkelbraun, mit dunklem Rand**, ganzrandig, allenfalls basal filzig. Pappus: **Borsten basal miteinander verwachsen**, 2–5 mm lang. Blätter: **5–10 mm breit**. mittlere Stängelblätter: 3-nervig.

- **subalpine o. alpine Rasen**, Zwergstrauchheiden, **Staudenfluren**, Grünerlengebüsche
- meist an sauren Standorten
- einheimisch

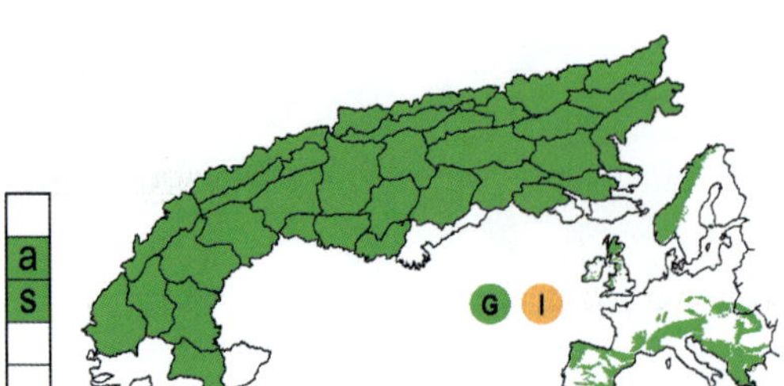

Gnaphalium sylvaticum L.

Wald-Ruhrkraut *Asteraceae*
VI–IX ∗ [P(5) A(5)] G($\overline{2}$)

10–60 cm hoch, mehrjährig. Blütenstand: von Hüllkelch umgebene Köpfchen, **in länglichem Gesamtblütenstand**. Köpfchen: **≥ 12 pro Stängel, 2–8 pro Knäuel**, nur mit Röhrenblüten. Hüllblätter: dachziegelartig, äußere kürzer als die inneren, trockenhäutig, **grünlich bis dunkelbraun, mit hellem Rand**, am Rand gezähnt bis zerschlitzt, allenfalls basal filzig. Pappus: **Borsten basal miteinander verwachsen**, 2–5 mm lang. Blätter: **2–5 mm breit**. mittlere Stängelblätter: 1-nervig.

- **Zwergstrauchheiden, Staudenfluren, Extensivgrünland o. Magerrasen, Wälder**
- meist an sauren Standorten
- einheimisch

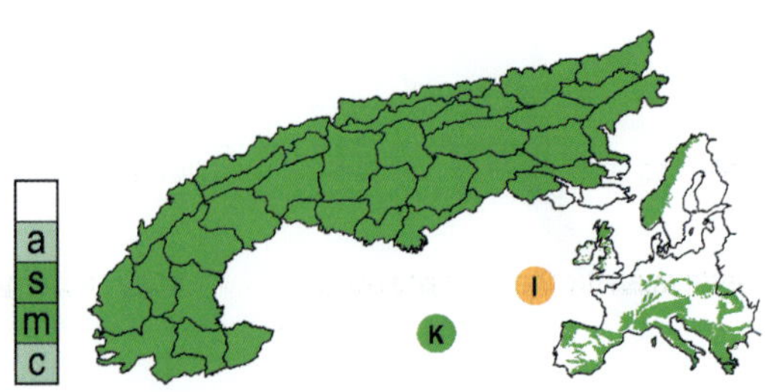

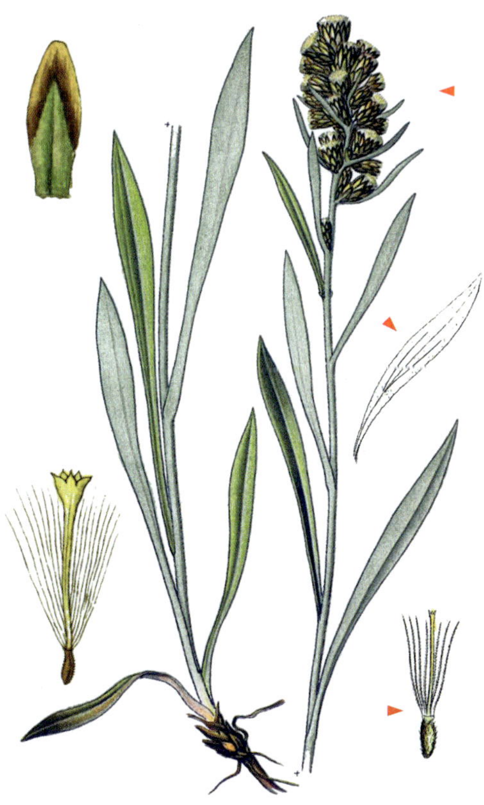

Leontopodium nivale (Ten.) Hand.-Mazz.

Edelweiß *Asteraceae*
VI–X ∗ [P(5) A(5)] G($\overline{2}$)

Bis 20 cm hoch, mehrjährig. Pflanzen: **gräulich bis weißlich wollig-filzig behaart**. Blütenstand: von Hüllkelch umgebene Köpfchen, **mehrere am Stängelende dicht zusammengedrängte Köpfchen, von sternförmig ausgebreiteten, weißlich filzigen Hochblättern umgeben**. Köpfchen: nur mit Röhrenblüten. Hüllblätter: dachziegelartig, äußere kürzer als die inneren, **dicht wollig behaart**. Blüten: meist grünlich-gelblich, zuweilen rötlich überlaufen.

In den Alpen nur die subsp. *alpinum*.

- **subalpine o. alpine Rasen**, Schutt- o. Felsfluren, Alluvionen
- an nährstoffarmen, basenreichen Standorten
- einheimisch

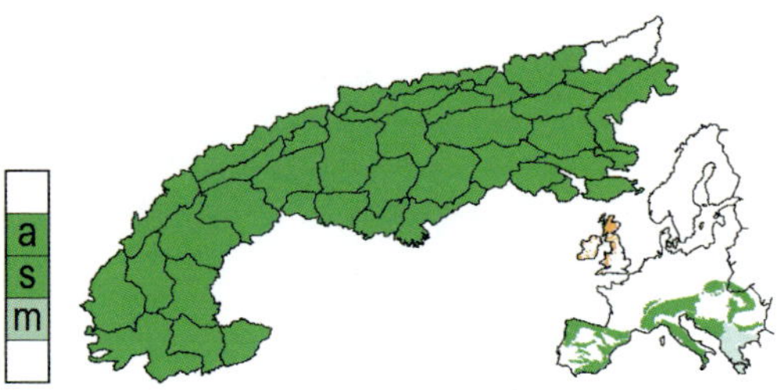

Arnica montana L. schwach giftig

Berg-Wohlverleih *Asteraceae*
V–VIII ∗ ↓ [P(5) A(5)] G($\overline{2}$)

20–60 cm hoch, **mehrjährig**. Blütenstand: **Stängel 1- bis wenigköpfig**. Köpfchen: mit Röhren- *und* Zungenblüten, **40–90 mm ⌀**. Köpfchenboden: **mit Spreublättern bzw. -borsten**. Blüten: gelblich. Zungenblüten: 3-zähnig. Stängel: mit grundständiger Blattrosette. Blattstellung: **gegenständig**. Blätter: länglich bis oval, **ganzrandig**.

In den Alpen nur die subsp. *montana*.

- subalpine o. alpine Rasen, **Zwergstrauchheiden**, Staudenfluren, Moore o. Seggenriede, **Extensivgrünland o. Magerrasen**, Wälder
- an nährstoffarmen, sauren Standorten
- einheimisch

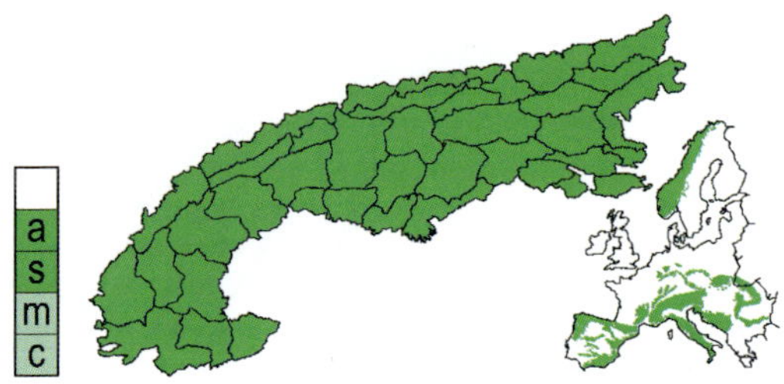

Xerolekia speciosissima (L.) Anderb.

Prächtige Telekie *Asteraceae*
V–VII ∗ ↓ [P(5) A(5)] G($\overline{2}$)

15–50 cm hoch, mehrjährig. Köpfchen: **einzeln**, mit Röhren- *und* Zungenblüten. Köpfchenboden: **mit Spreublättern**. Hüllblätter: schmal lanzettlich, spitz. Blüten: gelblich. Zungenblüten: 1-reihig angeordnet. Früchte: **distal mit krönchenartigen Schuppen, behaart, Randfrüchte im QS rundlich**. Pappus: **fehlend**. Blätter: **> 50 mm breit**. Obere Stängelblätter: derb, ungeteilt, **basal ausgerandet, fein drüsig gezähnt**.

- **Schutt- o. Felsfluren, Extensivgrünland o. Magerrasen**, Wälder
- an nährstoffarmen, kalkreichen Standorten
- endemisch

Sambucus racemosa L. schwach giftig

Roter Holunder *Adoxaceae*
III–VI ∗ K(5) [C(5) A(5)] G($\overline{3}$)

Meist strauchförmig, bis 5 m hoch. Blütenstand: aufrecht, **schmal pyramiden- bis eiförmig, meist höher als breit**, 3–8 cm ⌀. Blüten: weißlich. Staubbeutel: gelblich. Früchte: Steinfrüchte, 1–3-samig, 3–6 mm ⌀, **rötlich**. Seitenäste: **mit bräunlichem bis gelblichem Mark**. Jungtriebe: warzig. Blattstellung: gegenständig. Blätter: ***gleichzeitig* mit den Blüten erscheinend**, gefiedert, 5–7-teilig. Fiederblättchen: sitzend bis kurz gestielt. Nebenblätter: klein, früh abfallend, dann ihre Narben sichtbar.

In den Alpen nur die subsp. *racemosa*.

- **Schutt- o. Felsfluren, Legföhrengebüsche, Wälder**
- an nährstoffreichen Standorten
- einheimisch

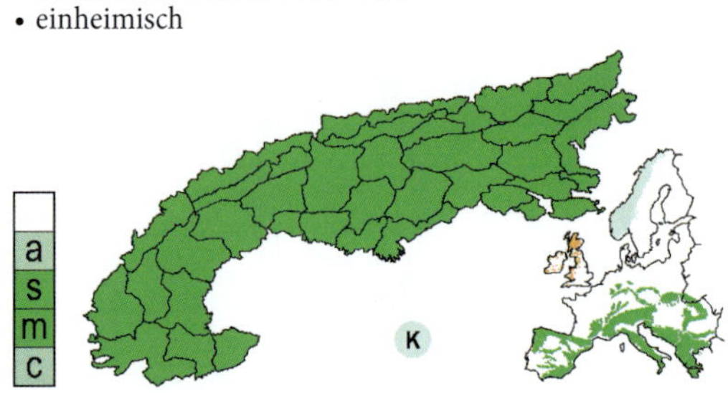

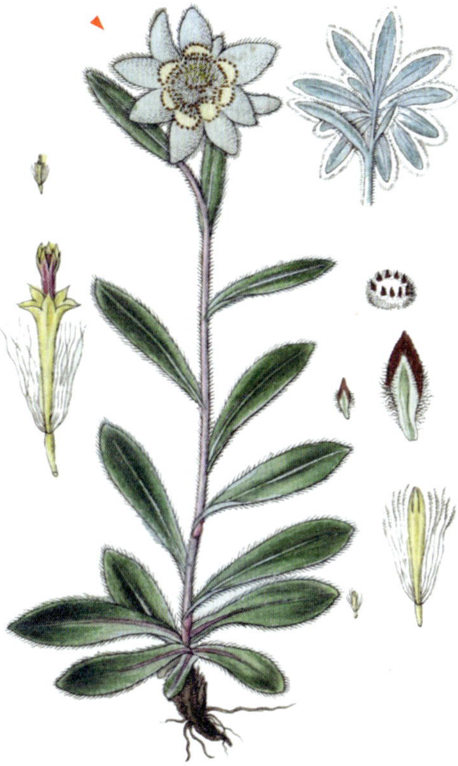

Lonicera alpigena L.

giftig

Alpen-Heckenkirsche *Caprifoliaceae*
IV–VIII ↓ K(5) C(5) A5 G($\bar{2}$)

Strauch, 40–150 cm hoch. BLÜTENSTAND: **gestielt, 2-blütig**; STIEL: **3–4 cm lang, > 2-mal so lang wie die Blüten**; TRAGBLÄTTER: gegenüberstehende *nicht* verwachsen. BLÜTEN: sitzend, auf gemeinsamem Stiel, meist rötlich, v. a. basal auch gelblich, selten weißlich. FRÜCHTE: **Doppelbeeren, auf > 50 & der Länge miteinander verwachsen, rötlich**. SEITENÄSTE: im QS markig. BLATTSTELLUNG: gegenständig. BLÄTTER: gegenüberliegende durch eine Linie verbunden, ganzrandig.

- **Schutt- o. Felsfluren**, Zwergstrauchheiden, Staudenfluren, Grünerlengebüsche, **Wälder**
- an basenreichen Standorten
- einheimisch

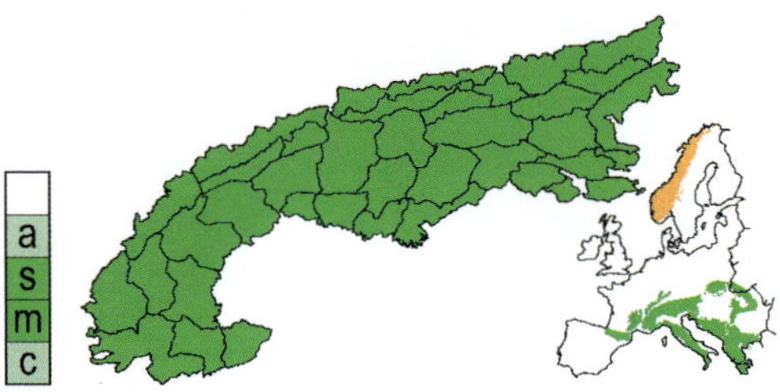

Lonicera caerulea L.

giftig

Blaue Heckenkirsche *Caprifoliaceae*
III–V ↓ K(5) C(5) A5 G($\bar{2}$)

Strauch, 50–150 cm hoch. BLÜTENSTAND: **2-blütig**; STIEL: **0,5–1,2 cm lang, kürzer o. wenig länger als die Blüten**; TRAGBLÄTTER: gegenüberstehende *nicht* verwachsen. BLÜTEN: sitzend, auf gemeinsamem Stiel, schwach zygomorph bis radiärsymmetrisch, weißlich bis gelblich. FRÜCHTE: **Doppelbeeren, auf > 50 & der Länge miteinander verwachsen, schwarz bis bläulich**. SEITENÄSTE: im QS markig. BLATTSTELLUNG: gegenständig. BLÄTTER: gegenüberliegende durch eine Linie verbunden, ganzrandig.

In den Alpen nur die subsp. *caerulea*.

- **Schutt- o. Felsfluren**, **Zwergstrauchheiden**, Grünerlen- o. Legföhrengebüsche, Moore o. Seggenriede, **Wälder**
- an nährstoffarmen, sauren, feuchten bis nassen Standorten
- einheimisch

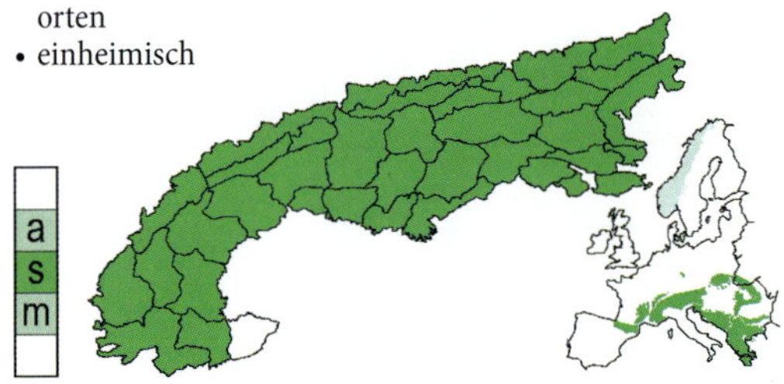

Knautia: meist mehrjährige Kräuter. BLÜTENSTAND: köpfchenartig, *ohne* Spreublätter, zuweilen behaart. BLÜTEN: radiärsymmetrisch, Randblüten vergrößert u. ± zygomorph, mit 6-16 Kelchborsten. BLÄTTER: gegenständig. BLÜTENFORMEL: ∗ ↓ K(4-5) C(4) A4 G($\bar{2}$).

Knautia dipsacifolia Kreutzer

Wald-Witwenblume *Caprifoliaceae*
V–X ∗ ↓ K(4–5) C(4) A4 G($\bar{2}$)

40–100 cm hoch. KÖPFCHEN: 25–40 mm ⌀. BLÜTEN: rötlich-violett. KELCHBORSTEN: 8. AUSLÄUFER: unterirdisch, am Ende mit einem Blühtrieb. BLÄTTER: **ungeteilt**; UNTERSEITS: kahl bis spärlich behaart. MITTLERE STÄNGELBLÄTTER: gezähnt. OBERE STÄNGELBLÄTTER: sitzend, **ungeteilt**, in der distalen Hälfte am breitesten. – Inkl. *K. subcanescens* (vgl. Tison & de Foucalt 2014).

In den Alpen die subsp. *dipsacifolia* u. *sixtina* (endemisch) (vgl. S. 739).

- subalpine o. alpine Rasen, Alluvionen, Zwergstrauchheiden, **Staudenfluren**, Legföhrengebüsche, **Grünland**, **Wälder**
- einheimisch

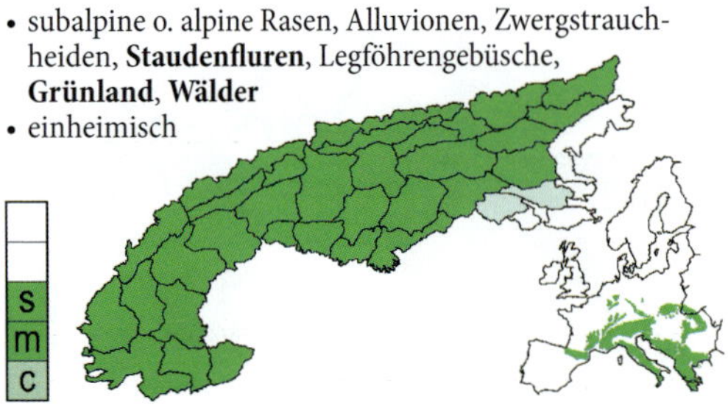

Knautia norica Ehrend.

Norische Witwenblume *Caprifoliaceae*
V–X ∗ ↓ K(4–5) C(4) A4 G($\bar{2}$)

15–40 cm hoch. KÖPFCHEN: 25–40 mm ⌀. RANDBLÜTEN: vergrößert. BLÜTEN: rötlich-violett. KELCHBORSTEN: 8–10. BLÄTTER: **zumindest einige Stängelblätter gefiedert**; UNTERSEITS: filzig behaart. GRUNDBLÄTTER: **zur Blütezeit vergilbt o. fehlend**. UNTERE STÄNGELBLÄTTER: lanzettlich-oval. MITTLERE STÄNGELBLÄTTER: **2–6-teilig**, Endlappen ± so lang wie die übrige Spreite. OBERE STÄNGELBLÄTTER: **basal keilförmig bis abgerundet**.

- Schutt- o. Felsfluren, Extensivgrünland o. Magerrasen, **Wälder**
- an nährstoffarmen, basenreichen, auch serpentinhaltigen Standorten
- endemisch

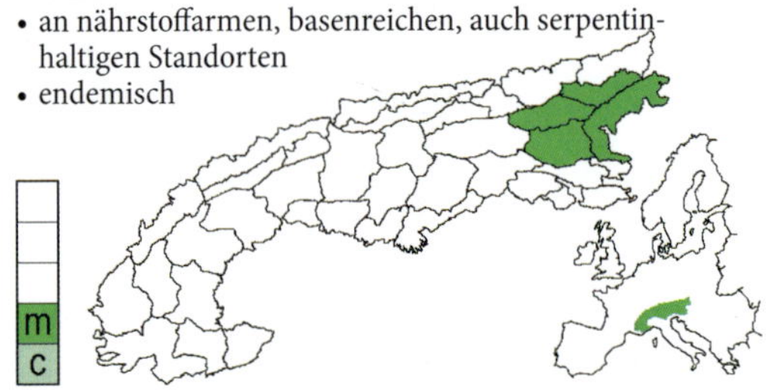

Knautia baldensis Borbás

Monte-Baldo-Witwenblume *Caprifoliaceae*
V–X ∗ ↓ K(4–5) C(4) A4 G($\overline{2}$)

20–80 cm hoch. Köpfchen: 35–45 mm ⌀. Randblüten: vergrößert. Blüten: rötlich-violett. Kelchborsten: 7–9. Blätter: **ungeteilt**, ganzrandig bis gezähnt. mittlere Stängelblätter: (undeutlich) gezähnt, beidseits mit je < 10 Zähnen. obere Stängelblätter: **basal abgerundet bis herzförmig, oft (halb-)stängelumfassend.**

- **Staudenfluren**, Grünland, **Wälder**
- an basenreichen Standorten
- endemisch

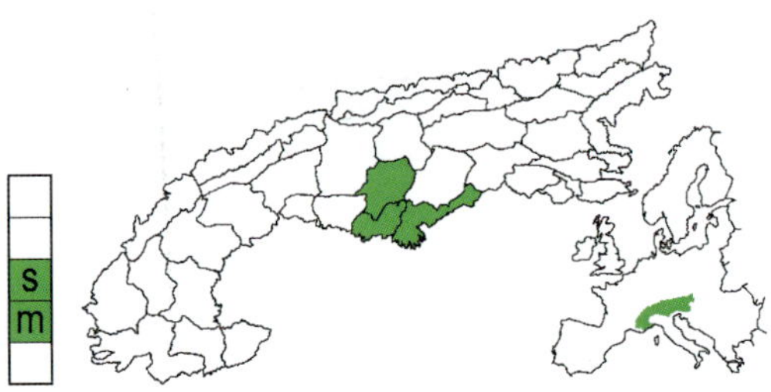

Knautia carinthiaca Ehrend.

Kärntner Witwenblume *Caprifoliaceae*
V–VIII ∗ ↓ K(4–5) C(4) A4 G($\overline{2}$)

15–40 cm hoch. Blütenstand: Stiel: *ohne* Drüsenhaare. Köpfchen: 20–30 mm ⌀. Randblüten: vergrößert. Blüten: hellrötlich-violett. Kelchborsten: 6–8. Blätter: **zumindest einige Stängelblätter gefiedert**; unterseits: filzig behaart. untere Stängelblätter: länglich-lanzettlich. obere Stängelblätter: **basal keilförmig bis abgerundet.**

- Schutt- o. Felsfluren, Extensivgrünland o. Magerrasen, **Wälder**
- an nährstoffarmen, kalkreichen Standorten
- endemisch

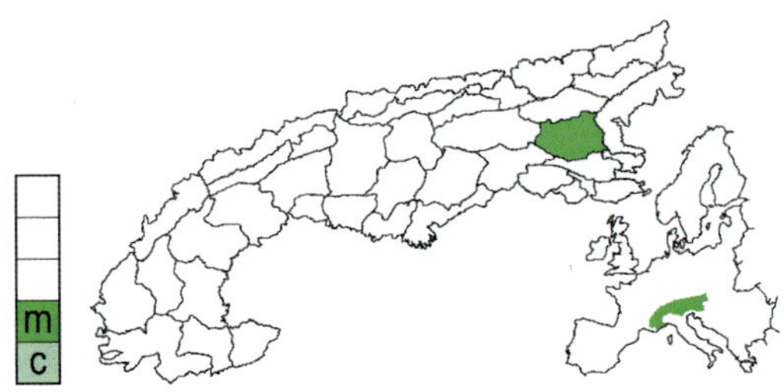

Knautia mollis Jord.

Weiche Witwenblume *Caprifoliaceae*
VI–VIII ∗ ↓ K(4–5) C(4) A4 G($\overline{2}$)

20–60 cm hoch. Blütenstand: Stiel: **drüsig behaart.** Köpfchen: 20–50 mm ⌀. Randblüten: vergrößert. Blüten: rötlich-violett. Kelchborsten: 8–10. Blätter: **zumindest einige Stängelblätter gefiedert**; unterseits: filzig behaart. untere Stängelblätter: lanzettlich-oval. mittlere Stängelblätter: **4–10-teilig**, Endlappen kürzer als die übrige Spreite. obere Stängelblätter: **basal keilförmig bis abgerundet.**

- subalpine o. alpine Rasen, Alluvionen, **Staudenfluren, Extensivgrünland o. Magerrasen, Wälder**
- an nährstoffarmen Standorten
- endemisch

Knautia persicina A. Kern.

Pfirsichrote Witwenblume *Caprifoliaceae*
VI–VIII ∗ ↓ K(4–5) C(4) A4 G($\overline{2}$)

20–60 cm hoch. Blütenstand: Stiel: *ohne* Drüsenhaare. Köpfchen: 20–50 mm ⌀. Randblüten: vergrößert. Blüten: meist rötlich. Kelchborsten: 8–16. Blätter: **zumindest einige Stängelblätter gefiedert**; unterseits: filzig behaart. obere Stängelblätter: **basal meist abgerundet bis herzförmig, oft (halb-)stängelumfassend.**

- **subalpine o. alpine Rasen, Schutt- o. Felsfluren**, Zwergstrauchheiden, Extensivgrünland o. Magerrasen
- an nährstoffarmen, kalkreichen Standorten
- endemisch

Knautia ressmannii (Pacher) Briq.

Ressmanns Witwenblume *Caprifoliaceae*
V–IX ∗ ↓ K(4–5) C(4) A4 G($\overline{2}$)

30–100 cm hoch. KÖPFCHEN: 25–40 mm ⌀. RANDBLÜTEN: vergrößert. BLÜTEN: rötlich-violett. BLÄTTER: **ungeteilt**; UNTERSEITS: behaart. UNTERE STÄNGELBLÄTTER: < 5-mal so lang wie breit, behaart. MITTLERE STÄNGELBLÄTTER: (undeutlich) gezähnt, beidseits mit je < 10 Zähnen. OBERE STÄNGELBLÄTTER: **basal abgerundet bis herzförmig, oft (halb-) stängelumfassend**.

- Schutt- o. Felsfluren, Extensivgrünland o. Magerrasen, **Wälder**
- an nährstoffarmen, kalkreichen Standorten
- endemisch (?)

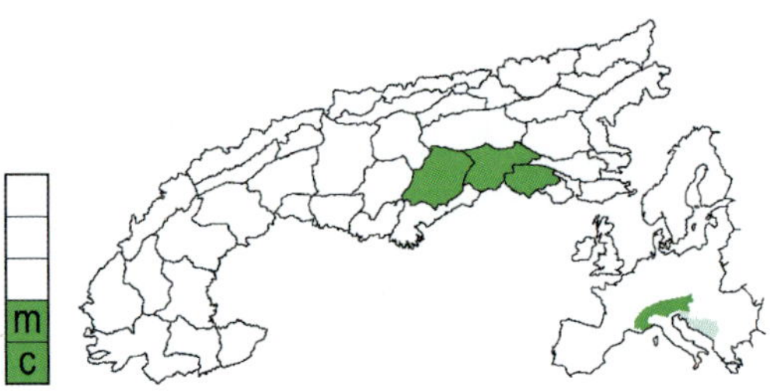

Knautia transalpina (H. Christ) Briq.

Südalpen-Witwenblume *Caprifoliaceae*
VI–VIII ∗ ↓ K(4–5) C(4) A4 G($\overline{2}$)

20–80 cm hoch. BLÜTENSTAND: STIEL: **drüsig behaart**. KÖPFCHEN: 15–25 mm ⌀. RANDBLÜTEN: vergrößert. BLÜTEN: hellrötlich-violett. BLÄTTER: **zumindest einige Stängelblätter gefiedert**; UNTERSEITS: filzig behaart. UNTERE STÄNGELBLÄTTER: lanzettlich-oval. MITTLERE STÄNGELBLÄTTER: **2–6-teilig**, Endlappen ± so lang wie die übrige Spreite, oberseits spärlich kurzhaarig. OBERE STÄNGELBLÄTTER: **basal keilförmig bis abgerundet**.

- **subalpine o. alpine Rasen, Zwergstrauchheiden, Staudenfluren, Grünland, Wälder**
- an nährstoffarmen, kalkreichen Standorten
- einheimisch (subendemisch)

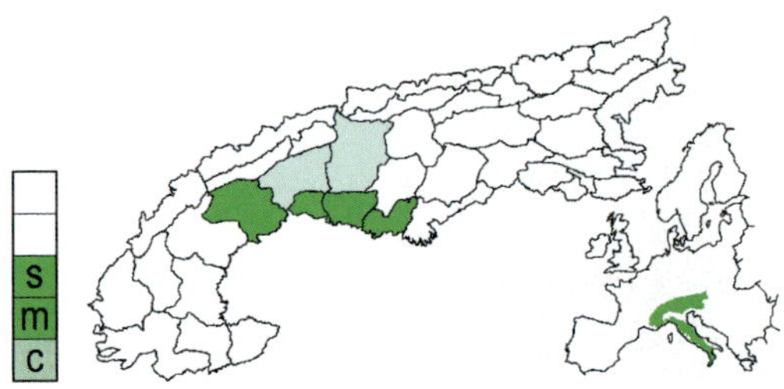

Knautia velutina Briq.

Samt-Witwenblume *Caprifoliaceae*
VI–VIII ∗ ↓ K(4–5) C(4) A4 G($\overline{2}$)

20–60 cm hoch. BLÜTENSTAND: STIEL: **drüsig behaart**. KÖPFCHEN: 20–40 mm ⌀. RANDBLÜTEN: vergrößert. BLÜTEN: rötlich-violett. BLÄTTER: **zumindest einige Stängelblätter gefiedert**; UNTERSEITS: filzig behaart. UNTERE STÄNGELBLÄTTER: lanzettlich-oval. MITTLERE STÄNGELBLÄTTER: **2–6-teilig**, Endlappen ± so lang wie die übrige Spreite, **oberseits dicht kurzhaarig**. OBERE STÄNGELBLÄTTER: **basal keilförmig bis abgerundet**.

- **subalpine o. alpine Rasen, Schutt- o. Felsfluren**, Zwergstrauchheiden, Extensivgrünland o. Magerrasen
- an kalkreichen, trockenen Standorten
- endemisch

Cephalaria alpina (L.) Roem. & Schult.

Alpen-Schuppenkopf *Caprifoliaceae*
V–VIII ∗ ↓ K(4) C(4) A(4) G($\overline{2}$)

30–200 cm hoch, **mehrjährig**. KÖPFCHENBODEN: mit Spreublättern. KÖPFCHEN: SPREUBLÄTTER: ± so lang wie die Blüten. HÜLLBLÄTTER: **≥ 3-reihig**, ***nicht*** verwachsen, spitz, **mit langen Haaren**. RANDBLÜTEN: **kaum vergrößert**. AUSSENKELCH: **8-zähnig**. BLÜTEN: radiärsymmetrisch bis zygomorph, **weißlich-gelblich**. KRONRÖHRE: 6–12 mm lang. KELCHBORSTEN: 8. BLATTSTELLUNG: gegenständig. BLÄTTER: **gefiedert**.

- Schutt- o. Felsfluren, **Staudenfluren**, **Wälder**
- an basenreichen Standorten
- einheimisch (subendemisch)

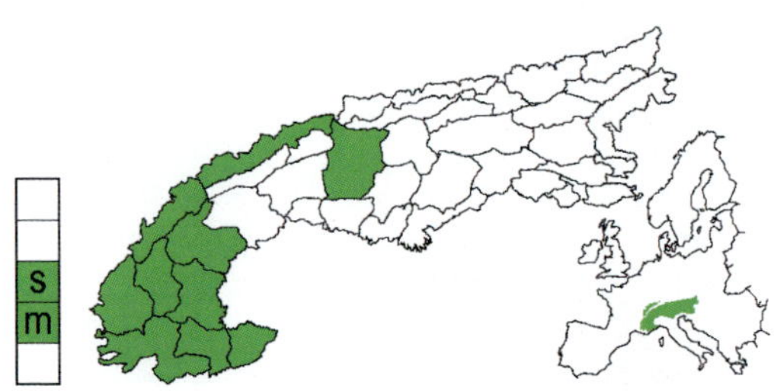

***Scabiosa*:** mehrjährige Kräuter. BLÜTENSTAND: köpfchenartig, *mit* Spreublättern. HÜLLBLÄTTER: 1-3-reihig. AUSSENKELCH: distal mit Hautrand, mit 8 Längsfurchen, BLÜTEN: radiärsymmetrisch, Randblüten vergrößert u. ± zygomorph, mit 4-5 (selten weniger) Kelchborsten. BLÄTTER: gegenständig, Stängelblätter fiederspaltig bis gefiedert. BLÜTENFORMEL: ∗ ↓ K(4-5) C(5) A4 G($\overline{2}$).

Scabiosa lucida Vill.

Glänzende Skabiose *Caprifoliaceae*
VI–IX ∗ ↓ K(4–5) C(5) A4 G($\overline{2}$)

10–60 cm hoch. KELCHBORSTEN: **5, im QS gekielt, 5–10 mm lang, meist 3–5-mal so lang wie der Saum des Außenkelchs, dunkelbraun bis schwarz.** BLÄTTER: (schwach) glänzend. GRUNDBLÄTTER: **ungeteilt**, grünlich, glänzend, **kahl**.

In der alpinen Stufe v. a. die subsp. *lucida*.

- **subalpine o. alpine Rasen, Schutt- o. Felsfluren, Staudenfluren**, Extensivgrünland o. Magerrasen, **Wälder**
- an nährstoffarmen, basenreichen Standorten
- einheimisch

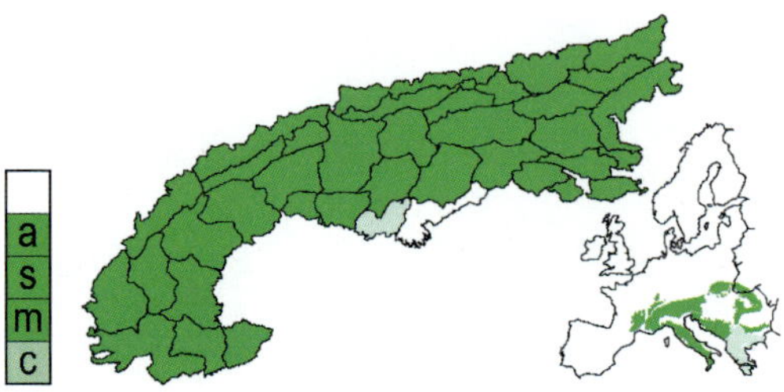

Scabiosa velenovskyana Bobrov

Velenovskys Skabiose *Caprifoliaceae*
V–IX ∗ ↓ K(4–5) C(5) A4 G($\overline{2}$)

Bis 25 cm hoch. KÖPFCHEN: meist 1–2 pro Stängel. KELCHBORSTEN: **4–6 mm lang**. BLÄTTER: matt. GRUNDBLÄTTER: **ungeteilt bis fiederspaltig**, gräulich-grünlich, **dicht behaart**. MITTLERE STÄNGELBLÄTTER: **Endlappen 3–6-mal so breit wie die anderen.**

- subalpine o. alpine Rasen, Zwergstrauchheiden, Staudenfluren, **Extensivgrünland o. Magerrasen**, Wälder
- an nährstoffarmen, basenreichen Standorten
- einheimisch

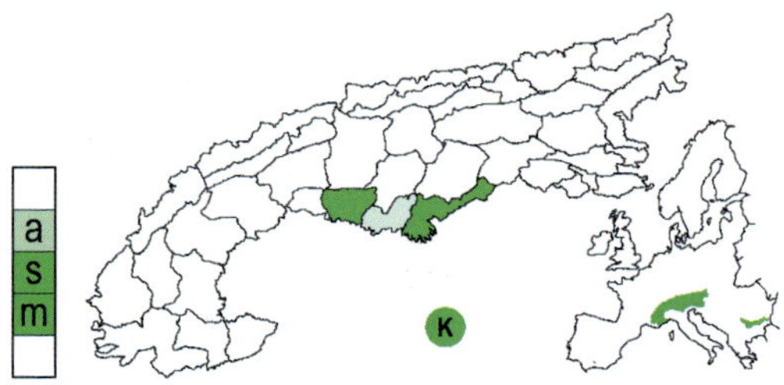

Scabiosa pyrenaica All.

Piemonteser Skabiose *Caprifoliaceae*
VI–IX ∗ ↓ K(4–5) C(5) A4 G($\overline{2}$)

20–80 cm hoch. KÖPFCHEN: 1–2 pro Stängel, 20–35 mm ⌀. KELCHBORSTEN: 4–5, **2,5–6 mm lang.** BLÄTTER: matt. GRUNDBLÄTTER: ungeteilt bis fiederspaltig, gräulich-grünlich, **dicht behaart.** MITTLERE STÄNGELBLÄTTER: Blattabschnitte lanzettlich.

- **subalpine o. alpine Rasen, Schutt- o. Felsfluren**, Zwergstrauchheiden, **Extensivgrünland o. Magerrasen**, Wälder
- an nährstoffarmen, sauren Standorten
- einheimisch

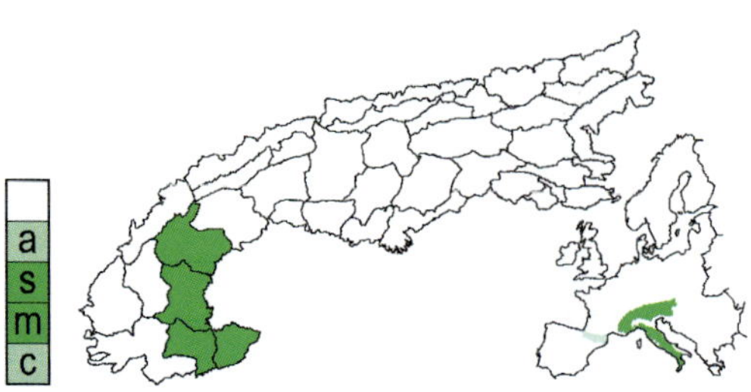

Scabiosa vestina W. D. J. Koch

Val-Vestino-Skabiose *Caprifoliaceae*
VII–X ∗ ↓ K(4–5) C(5) A4 G($\overline{2}$)

10–40 cm hoch. KÖPFCHEN: 15–30 mm ⌀. KELCHBORSTEN: 4–5, **6–7 mm lang, 5–9-mal so lang wie der Saum des Außenkelchs.** GRUNDBLÄTTER: **ungeteilt, kahl.**

- subalpine o. alpine Rasen, **Schutt- o. Felsfluren, Extensivgrünland o. Magerrasen**
- an nährstoffarmen, kalkreichen Standorten
- endemisch

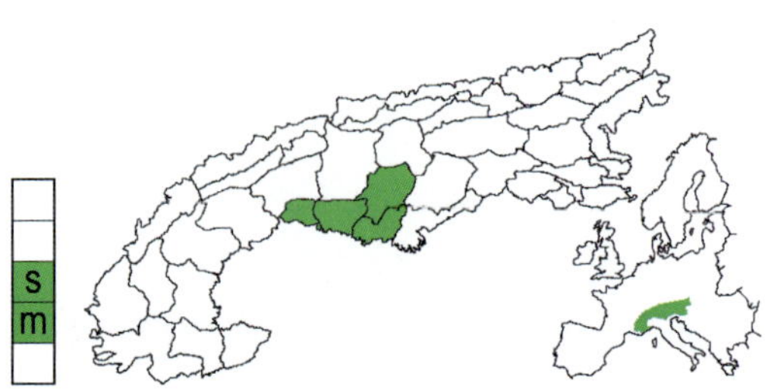

Valeriana excelsa Poir.

schwach giftig

Kriech-Baldrian *Caprifoliaceae*
IV–VIII ♃ K(5) C(5) A3 G($\overline{2}$)

30–200 cm hoch, mehrjährig. BLÜTEN: undeutlich asymmetrisch, weißlich bis hellrosa. FRÜCHTE: 3–6 mm lang, distal mit fedriger Haarkrone. STÄNGEL: zu mehreren. BLATTSTELLUNG: gegenständig. BLÄTTER: **alle gefiedert**. FIEDERBLÄTTCHEN: basal allenfalls undeutlich an der Rhachis herablaufend. ENDFIEDER: meist breiter als die Seitenfiedern.

Formenreich, in der alpinen Stufe wohl v. a. die subsp. *versifolia*.

- **Alluvionen, Staudenfluren**, Legföhrengebüsche, **trockenfallende Ufer, Grünland, Wälder**
- an nährstoffreichen, feuchten bis nassen, zuweilen überfluteten Standorten
- einheimisch

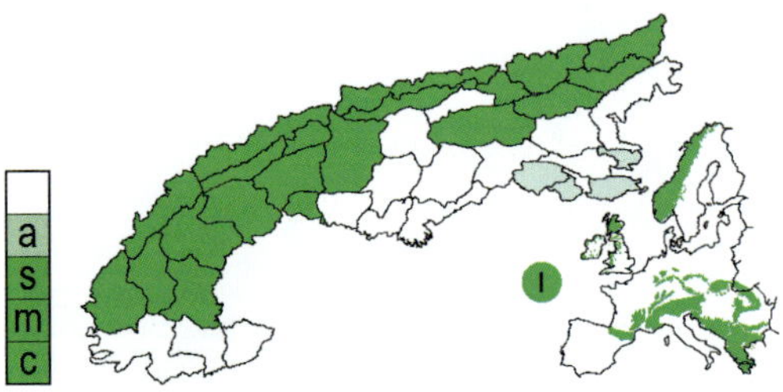

Valeriana celtica L.

Keltischer Baldrian *Caprifoliaceae*
VI–VIII ♃ K(5) C(5) A3 G($\overline{2}$)

Bis 25 cm hoch, mehrjährig. BLÜTENSTAND: viel länger als breit. BLÜTEN: undeutlich asymmetrisch, weißlich bis gelblich, zuweilen rötlich überlaufen. FRÜCHTE: 2,5–4 mm lang, distal mit fedriger Haarkrone. BLATTSTELLUNG: gegenständig. GRUNDBLÄTTER: **länglich bis lanzettlich, ± ganzrandig**. OBERE STÄNGELBLÄTTER: **ungeteilt, länglich-lineal, ± ganzrandig**.

In den Alpen die subsp. *celtica* (endemisch) u. *norica* (endemisch) (vgl. S. 739).

- **subalpine o. alpine Rasen**, Schutt- o. Felsfluren, Zwergstrauchheiden
- an nährstoffarmen, sauren Standorten
- endemisch

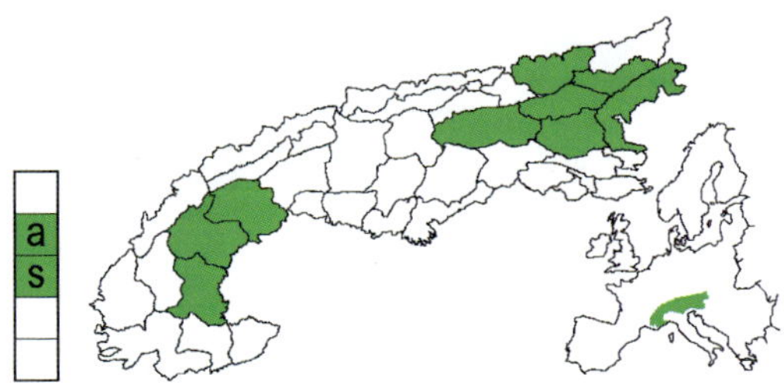

Valeriana elongata Jacq.

Ostalpen-Baldrian *Caprifoliaceae*
V–VIII ♃ K(5) C(5) A3 G($\overline{2}$)

Bis 25 cm hoch, mehrjährig. BLÜTENSTAND: viel länger als breit. BLÜTEN: undeutlich asymmetrisch, grünlich bis gelblich, zuweilen rötlich überlaufen. FRÜCHTE: distal mit fedriger Haarkrone. BLATTSTELLUNG: gegenständig. GRUNDBLÄTTER: **lanzettlich bis oval, ± ganzrandig**. OBERE STÄNGELBLÄTTER: **ungeteilt, oval bis lanzettlich, grob gezähnt**.

- **Schutt- o. Felsfluren**
- an kalkreichen Standorten
- endemisch

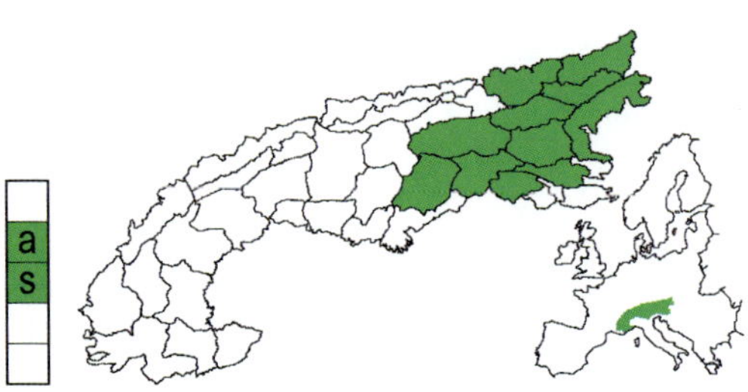

Valeriana montana L.

Berg-Baldrian *Caprifoliaceae*
III–VIII ♃ K(5) C(5) A3 G($\overline{2}$)

20–60 cm hoch, mehrjährig. BLÜTEN: meist ⚥ *und* 1-geschlechtig, undeutlich asymmetrisch, weißlich bis rosa. FRÜCHTE: distal mit fedriger Haarkrone. STÄNGEL: **mit 6–18 Laubblättern**; UNTEN: behaart. BLATTSTELLUNG: gegenständig. GRUNDBLÄTTER: Spreite allmählich in den Blattstiel übergehend, ungeteilt, **spatelförmig bis oval.** OBERE STÄNGELBLÄTTER: **ungeteilt, breit lanzettlich bis oval**, allenfalls das oberste Paar länglich-lineal, **ganzrandig bis seicht gezähnt**.

- **subalpine o. alpine Rasen, Schutt- o. Felsfluren**, Alluvionen, Staudenfluren, Grünerlen- o. Legföhrengebüsche, Wälder
- an nährstoffarmen, kalkreichen Standorten
- einheimisch

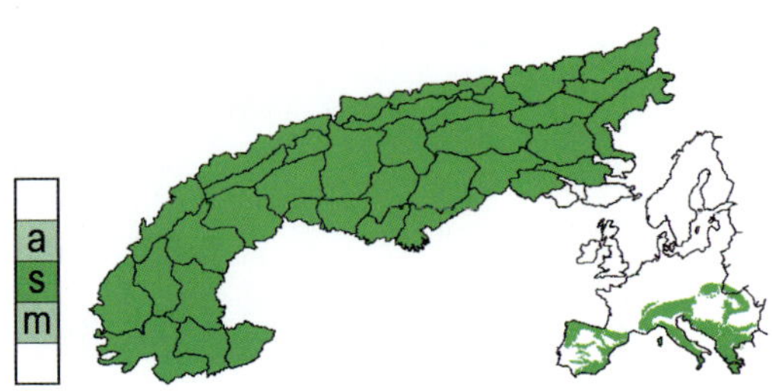

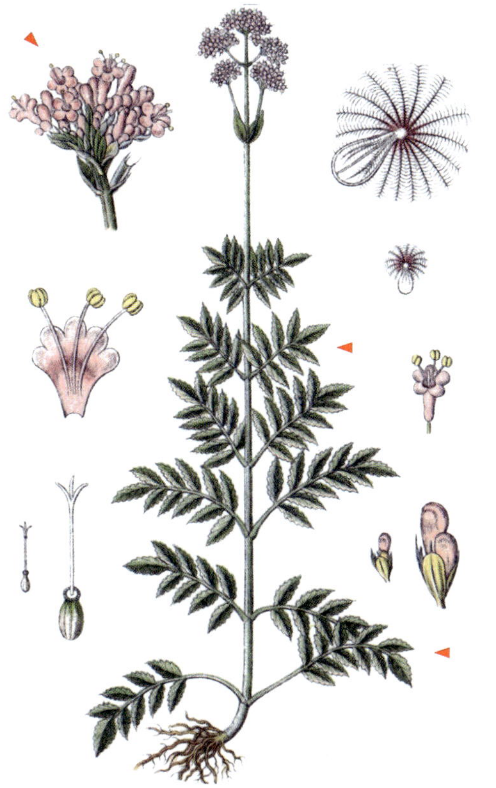

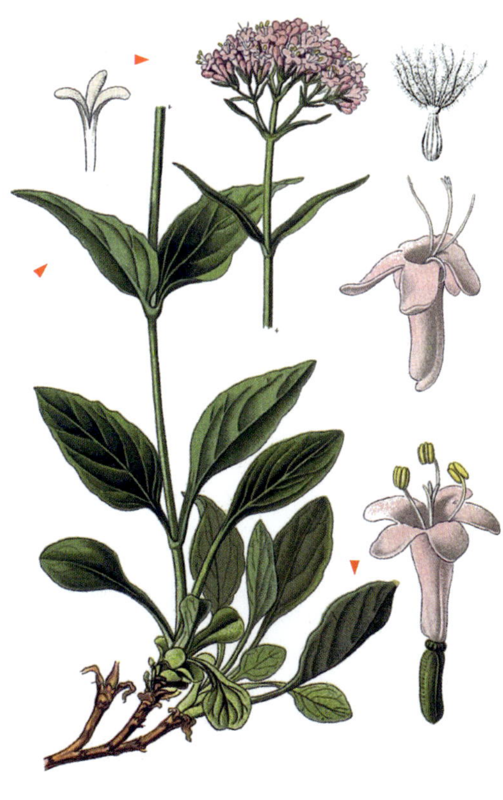

Valeriana saliunca All.

Weidenblättriger Baldrian *Caprifoliaceae*
VI–VIII ♃ K(5) C(5) A3 $G(\bar{2})$

Bis 15 cm hoch, mehrjährig. BLÜTENSTAND: kugelig bis kurz eiförmig. BLÜTEN: undeutlich asymmetrisch, weißlich bis rosa. FRÜCHTE: distal mit fedriger Haarkrone. STÄNGEL: ± aufrecht, **mit ≤ 2 Laubblättern**. BLATTSTELLUNG: gegenständig. GRUNDBLÄTTER: **länglich-lanzettlich bis oval-spatelförmig**. OBERE STÄNGELBLÄTTER: **ungeteilt, länglich-lineal**.

- **subalpine o. alpine Rasen, Schutt- o. Felsfluren**
- an nährstoffarmen, basenreichen Standorten
- einheimisch

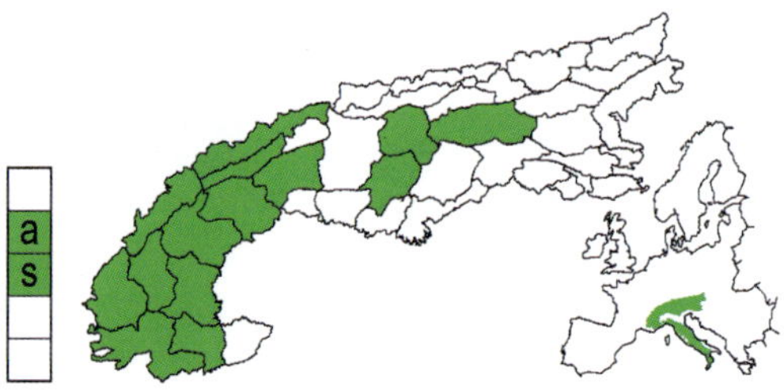

Valeriana saxatilis L.

Felsen-Baldrian *Caprifoliaceae*
V–VIII ♃ K(5) C(5) A3 $G(\bar{2})$

Bis 30 cm hoch, mehrjährig. BLÜTEN: meist ⚥ *und* 1-geschlechtig, undeutlich asymmetrisch, weißlich. FRÜCHTE: distal mit fedriger Haarkrone. STÄNGEL: **mit 2 Laubblättern**; UNTEN: kahl. BLATTSTELLUNG: gegenständig. GRUNDBLÄTTER: Spreite allmählich in den Blattstiel übergehend, **ungeteilt**, länglich bis oval. OBERE STÄNGELBLÄTTER: **ungeteilt, länglich-lineal**.

In den Alpen nur die endemische subsp. *saxatilis*.

- **subalpine o. alpine Rasen, Schutt- o. Felsfluren**
- an nährstoffarmen, kalkreichen Standorten
- einheimisch

Valeriana supina Ard.

Zwerg-Baldrian *Caprifoliaceae*
VI–VIII ♃ K(5) C(5) A3 $G(\bar{2})$

Bis 15 cm hoch, mehrjährig. BLÜTENSTAND: kugelig bis kurz eiförmig. BLÜTEN: meist ⚥ *und* 1-geschlechtig, undeutlich asymmetrisch, weißlich bis rosa. FRÜCHTE: distal mit fedriger Haarkrone. STÄNGEL: niederliegend, **mit ≥ 6 Laubblättern**. BLATTSTELLUNG: gegenständig. GRUNDBLÄTTER: Spreite allmählich in den Blattstiel übergehend, **ungeteilt, spatelförmig bis oval**. OBERE STÄNGELBLÄTTER: **ungeteilt, länglich bis oval**.

- **Schutt- o. Felsfluren**, Schneetälchen
- an kalkreichen Standorten
- endemisch

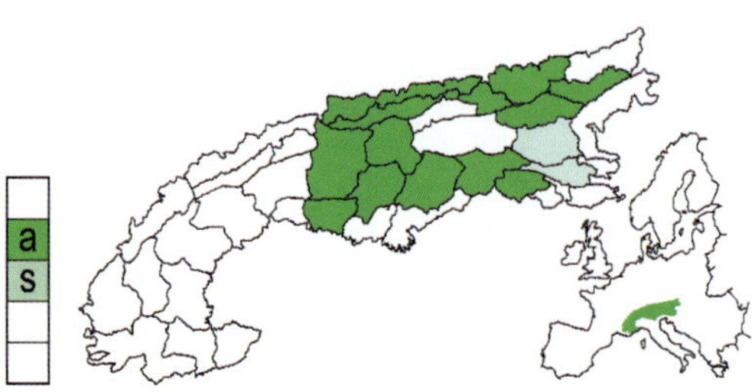

Valeriana tripteris L.

Dreiblättriger Baldrian *Caprifoliaceae*
III–VII ♃ K(5) C(5) A3 $G(\bar{2})$

10–60 cm hoch, mehrjährig. BLÜTEN: meist ⚥ *und* 1-geschlechtig, undeutlich asymmetrisch, weißlich bis hellrosa. FRÜCHTE: distal mit fedriger Haarkrone. BLATTSTELLUNG: gegenständig. GRUNDBLÄTTER: **Spreite deutlich vom Blattstiel abgesetzt, ungeteilt, spatelförmig bis oval, basal oft grob gesägt.** OBERE STÄNGELBLÄTTER: **3–5-zählig gefiedert, Fiederblättchen grob gesägt.**

In den Alpen nur die subsp. *tripteris*.

- **Schutt- o. Felsfluren**, Alluvionen, Zwergstrauchheiden, Staudenfluren, Legföhrengebüsche, Wälder
- an nährstoffarmen Standorten
- einheimisch

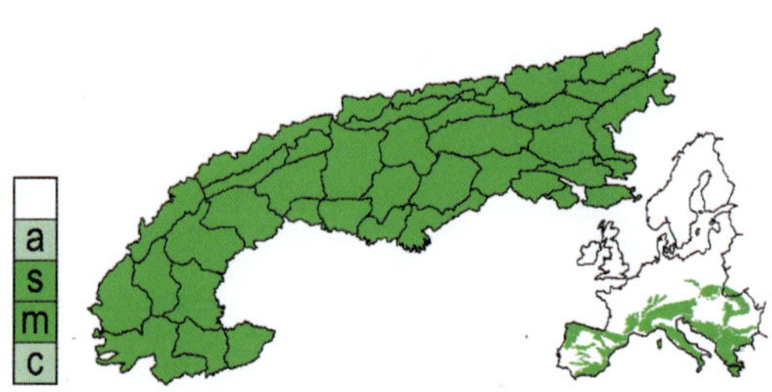

Astrantia bavarica F. W. Schultz

Bayerische Sterndolde *Apiaceae*
V–IX ∗ K(5) C(5) A5 G($\overline{2}$)

20–50 cm hoch, mehrjährig. Blütenstand: köpfchenförmige Dolden. Hülle: 8–25-blättrig, länger als die Dolden. Hüllblätter: **häutig, dünn**, kaum netznervig, weißlich bis rosa *oder* grünlich. Blüten: weißlich, zuweilen rötlich-violett überlaufen. Kelchblätter: **0,5–1,2 mm lang**. Kelchzipfel: **lanzettlich bis oval, abgerundet**, zuweilen mit kurzer aufgesetzter Spitze. Grundblätter: **2–10 cm breit, handförmig gelappt, meist 5-teilig**.

- **subalpine o. alpine Rasen**, **Zwergstrauchheiden**, Staudenfluren, Legföhrengebüsche, Wälder
- an basenreichen Standorten
- endemisch

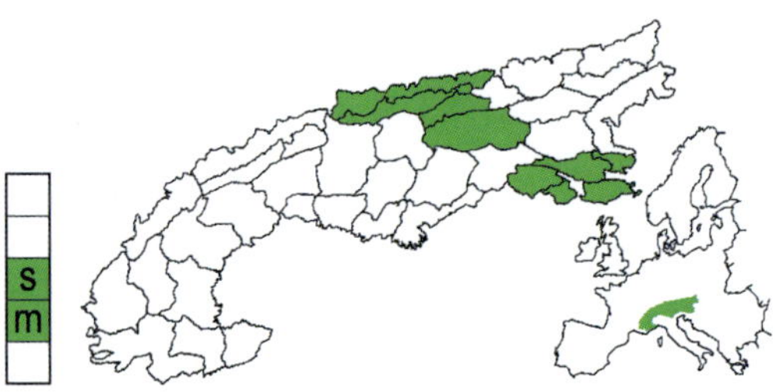

Astrantia major L.

Große Sterndolde *Apiaceae*
V–VIII ∗ K(5) C(5) A5 G($\overline{2}$)

30–100 cm hoch, mehrjährig. Blütenstand: köpfchenförmige Dolden. Hülle: 8–25-blättrig. Hüllblätter: **derb, netznervig**, weißlich *oder* grünlich, oval bis spatelförmig. Blüten: weißlich, zuweilen rötlich-violett überlaufen. Kelchzipfel: **schmal lanzettlich, lang zugespitzt**. Grundblätter: **5–20 cm breit**, handförmig gelappt, **3–7-teilig**.

In den Alpen die subsp. *major* u. *involucrata* (vgl. S. 739).

- **subalpine o. alpine Rasen**, Alluvionen, Zwergstrauchheiden, **Staudenfluren**, Grünerlengebüsche, **Grünland**, Wälder
- an basenreichen Standorten
- einheimisch

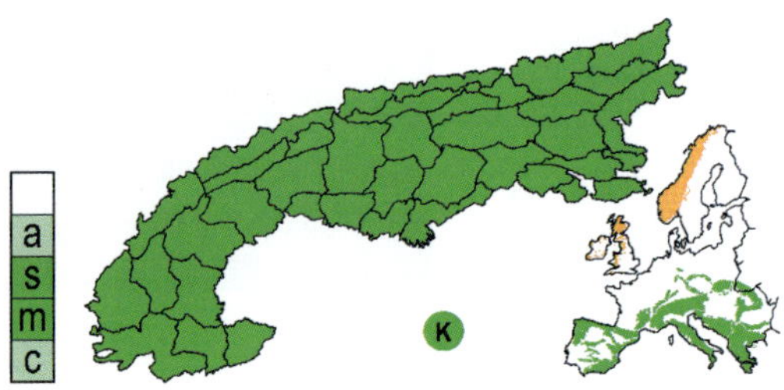

Astrantia minor L.

Kleine Sterndolde *Apiaceae*
VI–VIII ∗ K(5) C(5) A5 G($\overline{2}$)

20–40 cm hoch, mehrjährig. Blütenstand: köpfchenförmige Dolden. Hülle: 8–25-blättrig, **4–8 mm lang**, ± so lang die Dolden. Hüllblätter: **häutig, dünn**, kaum netznervig. Blüten: weißlich, zuweilen rötlich-violett überlaufen. Kelchzipfel: **lanzettlich bis oval, abgerundet**, zuweilen mit kurzer aufgesetzter Spitze. Grundblätter: **2–10 cm breit, handförmig fiederspaltig bis gefiedert, 5–9-teilig**.

- **subalpine o. alpine Rasen**, Schutt- o. Felsfluren, Alluvionen, **Zwergstrauchheiden**, Staudenfluren, Grünerlengebüsche, **Wälder**
- an nährstoffarmen, sauren Standorten
- einheimisch

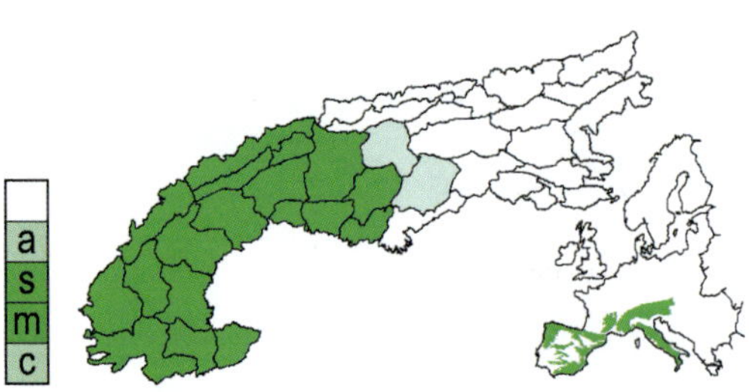

Eryngium alpinum L.

Alpen-Mannstreu *Apiaceae*
VI–IX ∗ K(5) C(5) A5 G($\overline{2}$)

30–100 cm hoch, mehrjährig. Blütenstand: köpfchenförmige Dolden. Köpfchen: **bläulich bis violett überlaufen**, eiförmig bis kurz zylindrisch, 40–80 mm lang. Hülle: 10–30-blättrig. Hüllblätter: fiederspaltig, steif begrannt bis stachelig. Blüten: bläulich bis gräulich. Kelchzipfel: in eine Stachelspitze auslaufend. Grundblätter: **ungeteilt, herzförmig bis 3-eckig**, am Rand gezähnt.

- **subalpine o. alpine Rasen**, **Staudenfluren**, Grünland, Ruderalvegetation
- einheimisch

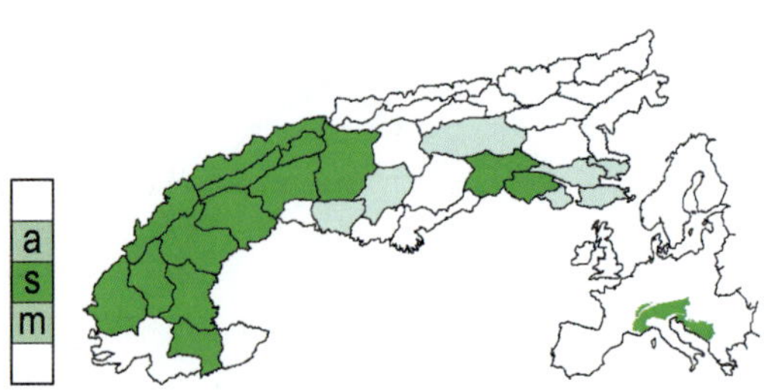

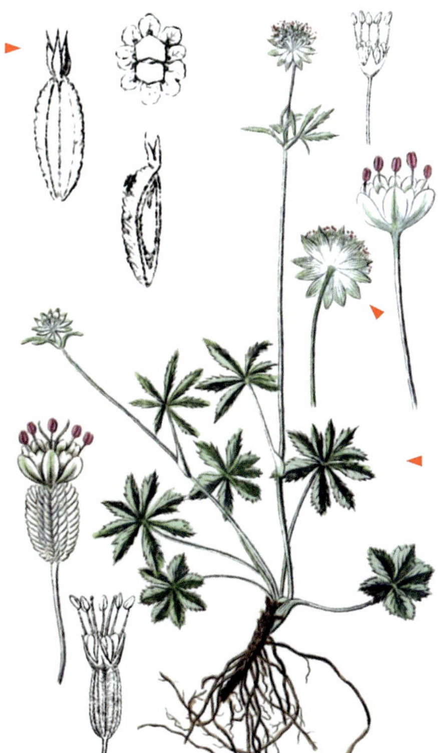

Eryngium spinalba Vill.

Weißstachelige Mannstreu *Apiaceae*
V–IX ∗ K(5) C(5) A5 G($\overline{2}$)

20–80 cm hoch, mehrjährig. Blütenstand: köpfchenförmige Dolden. Köpfchen: **weißlich-gräulich**, eiförmig bis kurz zylindrisch, 40–80 mm lang. Hülle: 10–30-blättrig. Hüllblätter: gelappt bis fiederspaltig, steif begrannt bis stachelig. Blüten: weißlich bis gräulich-bläulich. Grundblätter: **derb bis starr, gelappt bis fiederspaltig**, am Rand dornig gezähnt.

- **subalpine o. alpine Rasen**, Schutt- o. Felsfluren, **Extensivgrünland o. Magerrasen**, Wälder
- endemisch

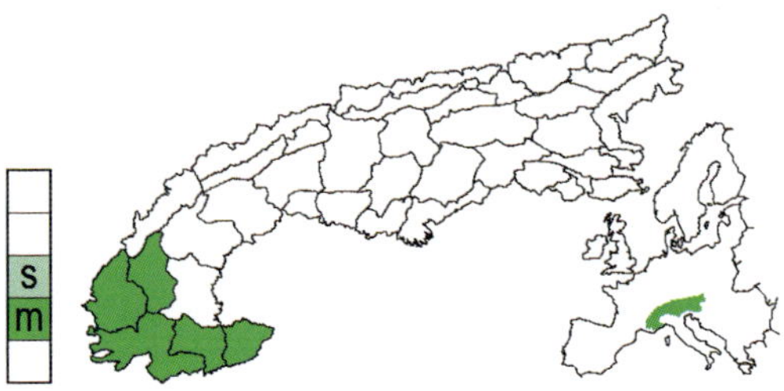

Bupleurum: Blütenstand: Doppeldolden. Blüten: meist gelblich-grünlich. Kelchblätter: fehlend bzw. als schmaler Saum ausgebildet. Blätter: ungeteilt, oft (scheinbar) parallelnervig. Blütenformel: ∗ K(5) C(5) A5 G($\overline{2}$).

Bupleurum alpigenum Jord. & Fourr.

Alpen-Hasenohr *Apiaceae*
VI–IX ∗ K(5) C(5) A5 G($\overline{2}$)

20–80 cm hoch, 1-jährig. Hülle: 2–6-blättrig. Hüllchenblätter: **schmal lanzettlich, < 2 mm breit, begrannt.** Dolden: 3–15-strahlig. Stängel: meist mit ≥ 2 Laubblättern. Blätter: (scheinbar) parallelnervig. Grundblätter: **sitzend, lineal bis länglich.** obere Stängelblätter: sitzend, **oval, basal verbreitert.**

- **Staudenfluren, Grünland, Wälder**
- an nährstoffarmen, kalkreichen Standorten
- endemisch

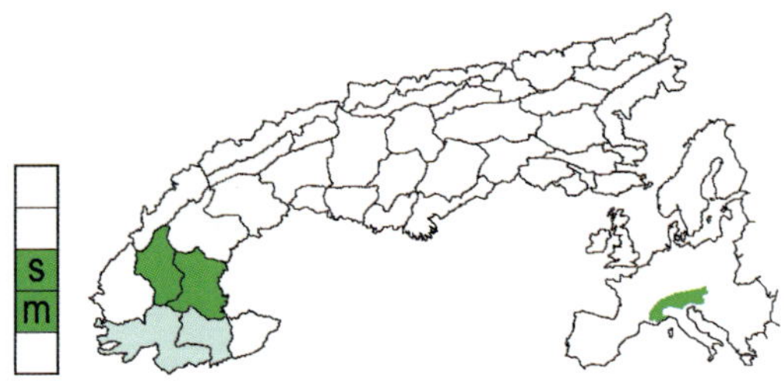

Bupleurum falcatum L.

Sichelblättriges Hasenohr *Apiaceae*
VI–X ∗ K(5) C(5) A5 G($\overline{2}$)

20–100 cm hoch, mehrjährig. Hülle: 2–6-blättrig. Hüllchenblätter: **schmal lanzettlich, < 2 mm breit, begrannt**, grünlich. Dolden: 3–15-strahlig. Früchte: glatt. Stängel: meist mit ≥ 2 Laubblättern. Blätter: 5–7-nervig, mit Zwischennerven, (scheinbar) parallelnervig. Grundblätter: zur Fruchtzeit vorhanden. obere Stängelblätter: sitzend, sitzend.

In den Alpen die subsp. *falcatum* u. *cernuum* (vgl. S. 740).

- **subalpine o. alpine Rasen, Schutt- o. Felsfluren, Staudenfluren**, Extensivgrünland o. Magerrasen, **Wälder**
- an nährstoffarmen, kalkreichen, meist trockenen Standorten
- einheimisch

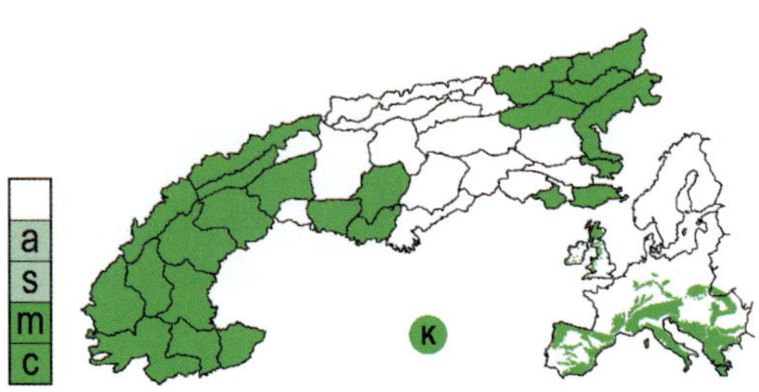

Bupleurum petraeum L.

Felsen-Hasenohr *Apiaceae*
VI–X ∗ K(5) C(5) A5 G($\overline{2}$)

Bis 30 cm hoch, mehrjährig. Hülle: 2–6-blättrig. Hüllchen: 4–10-blättrig. Hüllchenblätter: **die Dolden basal ± kelchartig einhüllend, breit lanzettlich-oval, > 2 mm breit.** Dolden: 4–15-strahlig. Stängel: Laubblätter meist fehlend, selten 1–2; unten: **von abgestorbener Laubblattscheide umgeben.** Blätter: (scheinbar) parallelnervig. Grundblätter: länglich bis lanzettlich. obere Stängelblätter: **basal verbreitert**, ± stängelumfassend.

- subalpine o. alpine Rasen, **Schutt- o. Felsfluren**, Extensivgrünland o. Magerrasen
- an nährstoffarmen, basenreichen, meist trockenen Standorten
- endemisch

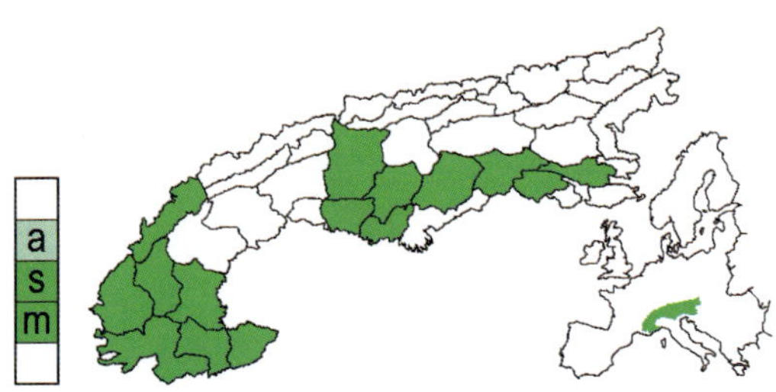

Bupleurum ranunculoides L.

Hahnenfuß-Hasenohr *Apiaceae*
VI–VIII ∗ K(5) C(5) A5 G($\overline{2}$)

10–50 cm hoch, mehrjährig. Hülle: 3-blättrig. Hüllchen: 3–6-blättrig. Hüllchenblätter: **die Dolden basal ± kelchartig einhüllend, breit lanzettlich-oval**, meist > 2 mm breit, **mit (kurzer) Spitze, meist gelblich-grünlich**. Dolden: 3–15-strahlig. Früchte: glatt. Stängel: meist mit ≥ 2 Laubblättern. Blätter: (scheinbar) parallelnervig. Grundblätter: zur Fruchtzeit vorhanden, lineal bis länglich-lanzettlich. obere Stängelblätter: **oval, basal verbreitert**, ± stängelumfassend.

In den Alpen die subsp. *ranunculoides* u. *telonense* (vgl. S. 740).

- **subalpine o. alpine Rasen**, Schutt- o. Felsfluren, Extensivgrünland o. Magerrasen
- an nährstoffarmen, kalkreichen Standorten
- einheimisch

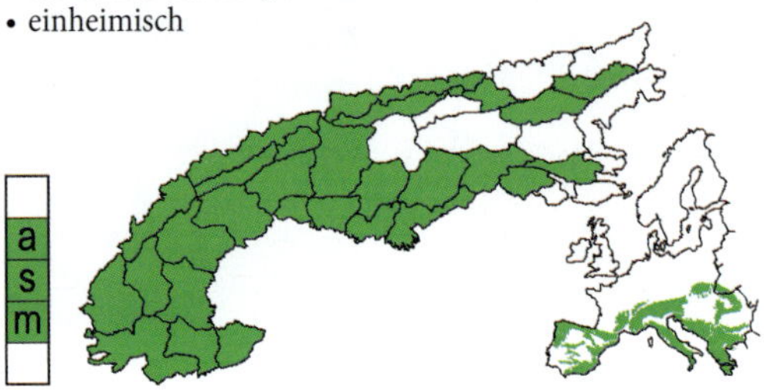

Bupleurum stellatum L.

Stern-Hasenohr *Apiaceae*
VI–VIII ∗ K(5) C(5) A5 G($\overline{2}$)

20–40 cm hoch, mehrjährig. Hülle: 2–6-blättrig. Hüllchen: 6–14-blättrig. Hüllchenblätter: **± vollständig verwachsen, die Dolden basal ± kelchartig einhüllend, breit lanzettlich-oval, > 2 mm breit**. Dolden: 3–8-strahlig. Früchte: glatt. Stängel: Laubblätter fehlend o. 1–2; unten: **von abgestorbener Laubblattscheide umgeben**. Blätter: **Grundblätter ± fiedernervig**. Grundblätter: zur Fruchtzeit vorhanden, länglich bis lanzettlich.

- **subalpine o. alpine Rasen, Schutt- o. Felsfluren**
- an sauren Standorten
- einheimisch

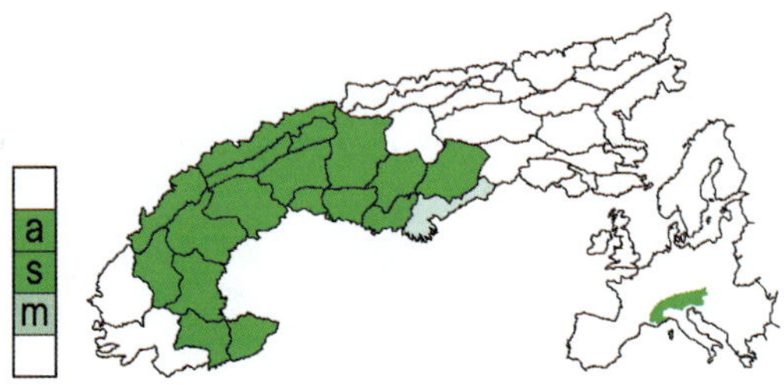

Carum carvi L.

Wiesen-Kümmel *Apiaceae*
IV–VIII ∗ K(5) C(5) A5 G($\overline{2}$)

30–80 cm hoch, meist 2-jährig. Hülle: **fehlend o. ≤ 3-blättrig**. Hüllchen: **fehlend**. Blüten: weißlich, zuweilen rötlich überlaufen. Kelchblätter: fehlend bzw. als schmaler Saum ausgebildet. Früchte: kahl, auf dem Rücken gerippt. Blätter: **2–3-fach fiederspaltig, basal mit nebenblattartig abgesetztem vielzipfeligen Fiederabschnitt**, nach Kümmel riechend. Blattabschnitte: lineal, ± gegenständig an der Rhachis angeordnet.

- subalpine o. alpine Rasen, Alluvionen, Staudenfluren, **Grünland**, Wälder
- einheimisch

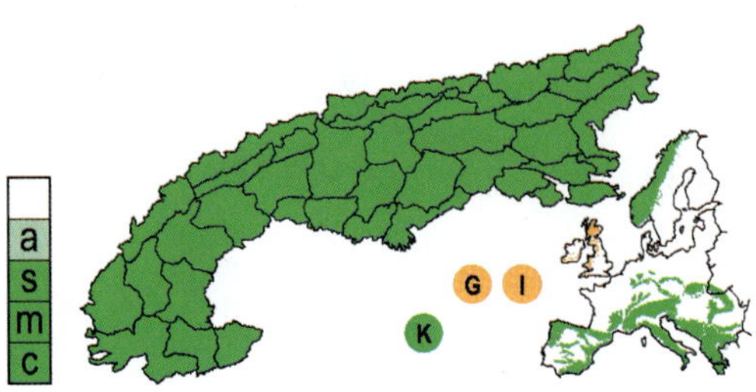

Ligusticum ferulaceum All.

Piemonteser Mutterwurz *Apiaceae*
V–VII ∗ K(5) C(5) A5 G($\overline{2}$)

20–60 cm hoch, mehrjährig. Blütenstand: **meist > 3 Doppeldolden pro Stängel**. Hülle: **4–12-blättrig**. Hüllblätter: **meist fiederspaltig**. Dolden: **15–25-strahlig**. Blüten: weißlich, zuweilen rötlich überlaufen. Kelchblätter: fehlend bzw. als schmaler Saum ausgebildet. Früchte: kahl, auf dem Rücken gerippt. Stängel: meist verzweigt, **mit ≥ 2 Laubblättern**; unten: **von abgestorbener Laubblattscheide umgeben**. Blätter: **3–4-fach gefiedert**.

- subalpine o. alpine Rasen, **Schutt- o. Felsfluren**
- an nährstoffarmen, kalkreichen, meist trockenen Standorten
- einheimisch (subendemisch)

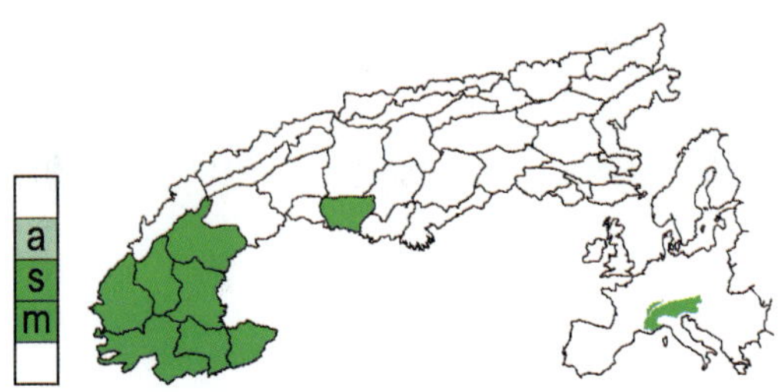

Ligusticum mutellina (L.) Crantz

Alpen-Mutterwurz *Apiaceae*
V–VIII ∗ K(5) C(5) A5 G($\overline{2}$)

10–50 cm hoch, mehrjährig. BLÜTENSTAND: **meist 2–3 Doppeldolden pro Stängel**. HÜLLE: **meist fehlend**. HÜLLBLÄTTER: ungeteilt. HÜLLCHEN: ≥ 3-blättrig. HÜLLCHENBLÄTTER: meist mit Hautrand. DOLDEN: **5–15-strahlig**. BLÜTEN: weißlich, meist rötlich überlaufen. KELCHBLÄTTER: fehlend bzw. als schmaler Saum ausgebildet. FRÜCHTE: kahl, auf dem Rücken gerippt, **ungeflügelt**. STÄNGEL: meist unverzweigt, **meist mit 1–2 Laubblättern**; UNTEN: **von abgestorbener Laubblattscheide umgeben**. BLÄTTER: **2–3-fach gefiedert**. BLATTABSCHNITTE: lineal bis lanzettlich.

- **subalpine o. alpine Rasen**, Schutt- o. Felsfluren, Alluvionen, Schneetälchen, Staudenfluren, Grünerlengebüsche, Moore o. Seggenriede, Grünland, Wälder
- einheimisch

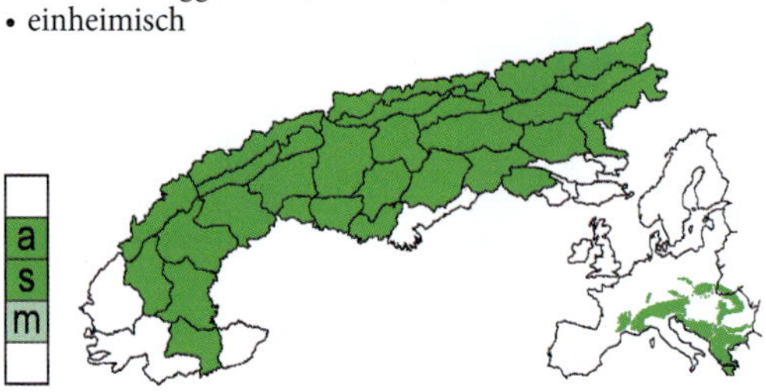

Ligusticum mutellinoides (Crantz) Vill.

Zwerg-Mutterwurz *Apiaceae*
VI–VIII ∗ K(5) C(5) A5 G($\overline{2}$)

Bis 15 cm hoch, mehrjährig. BLÜTENSTAND: **meist nur 1 Doppeldolde pro Stängel**. HÜLLE: **4–12-blättrig**. HÜLLBLÄTTER: **2–5-spaltig**. HÜLLCHEN: 4–12-blättrig. HÜLLCHENBLÄTTER: meist mit Hautrand. DOLDEN: **8–35-strahlig**. BLÜTEN: weißlich, zuweilen rötlich überlaufen. KELCHBLÄTTER: fehlend bzw. als schmaler Saum ausgebildet. FRÜCHTE: kahl, **am Rand geflügelt**. STÄNGEL: unverzweigt, **meist *ohne* Blätter**; UNTEN: *ohne* abgestorbene Laubblattscheide. BLÄTTER: **2–3-fach gefiedert**. BLATTABSCHNITTE: lineal bis lanzettlich.

- **subalpine o. alpine Rasen**, Schutt- o. Felsfluren
- an nährstoffarmen, sauren Standorten
- einheimisch

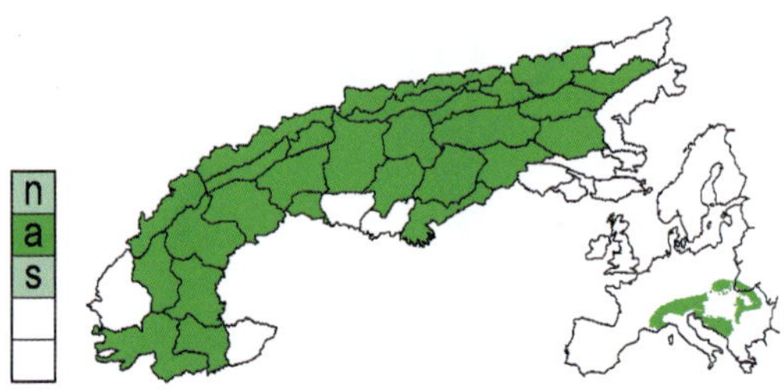

Meum athamanticum Jacq.

Bärwurz *Apiaceae*
IV–VII ∗ K(5) C(5) A5 G($\overline{2}$)

15–50 cm hoch, mehrjährig. HÜLLE: ≤ 8-blättrig. HÜLLCHEN: 3–10-blättrig. DOLDEN: 5–18-strahlig. BLÜTEN: weißlich, zuweilen rötlich überlaufen. KELCHBLÄTTER: fehlend bzw. als schmaler Saum ausgebildet. FRÜCHTE: kahl, mit glatten Rippen. STÄNGEL: Stängelglieder 20–50 mm lang; UNTEN: **von abgestorbener Laubblattscheide umgeben**. BLÄTTER: **2–3-fach gefiedert**, stark aromatisch riechend. FIEDERBLÄTTCHEN: **< 0,3 mm breit**. BLATTABSCHNITTE: **haarfein-fadenförmig**.

- subalpine o. alpine Rasen, Schutt- o. Felsfluren, Zwergstrauchheiden, Legföhrengebüsche, **Grünland**
- an nährstoffarmen, sauren Standorten
- einheimisch

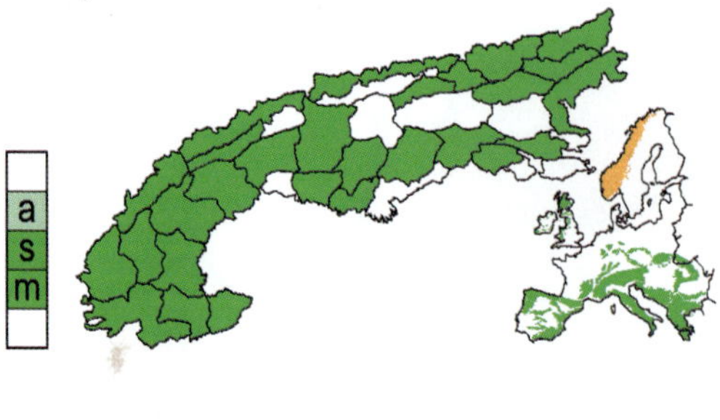

Pimpinella: Kräuter. HÜLLE: ≤ 2-blättrig. HÜLLCHEN: ≤ 2-blättrig. KELCHBLÄTTER: fehlend bzw. als schmaler Saum ausgebildet. FRÜCHTE: schmal eiförmig, 2-6 mm lang, kahl. BLÜTENFORMEL: ∗ K(5) C(5) A5 G($\overline{2}$).

Pimpinella saxifraga L.

Kleine Bibernelle *Apiaceae*
VI–IX ∗ K(5) C(5) A5 G($\overline{2}$)

Bis 60 cm hoch. BLÜTEN: meist weißlich. KRONBLÄTTER: **unterseits behaart**. GRIFFEL: **kürzer als der Fruchtknoten**. TEILFRÜCHTE: **im QS deutlich kantig**. STÄNGEL: **im QS rundlich, oft mit feinen Rillen, Haare kurz u. gerade**. GRUNDBLÄTTER: 1-fach gefiedert, mit ovalen bis lanzettlichen Fiederblättchen. MITTLERE STÄNGELBLÄTTER: fiederspaltig bis gefiedert, mit schmalen länglich-lanzettlichen Blattabschnitten.

- Alluvionen, Staudenfluren, **Extensivgrünland o. Magerrasen**, Wälder, Ruderalvegetation
- an nährstoffarmen, meist trockenen Standorten
- einheimisch

Pimpinella alpina Host

Alpen-Bibernelle *Apiaceae*
VI–IX ∗ K(5) C(5) A5 $G(\overline{2})$

Bis 60 cm hoch. PFLANZEN: kahl. BLÜTEN: meist weißlich. KRONBLÄTTER: kahl. GRIFFEL: **kürzer als der Fruchtknoten**. TEILFRÜCHTE: **im QS deutlich kantig**. STÄNGEL: **im QS kantig gerillt**; UNTEN: **von abgestorbener Laubblattscheide umgeben**. BLÄTTER: **kahl**. GRUNDBLÄTTER: 1-fach gefiedert, mit ovalen bis lanzettlichen Fiederblättchen. MITTLERE STÄNGELBLÄTTER: fiederspaltig bis gefiedert, mit schmalen länglich-lanzettlichen Blattabschnitten.

- subalpine o. alpine Rasen, **Schutt- o. Felsfluren**, Staudenfluren, Extensivgrünland o. Magerrasen
- an nährstoffarmen, kalkreichen Standorten
- einheimisch

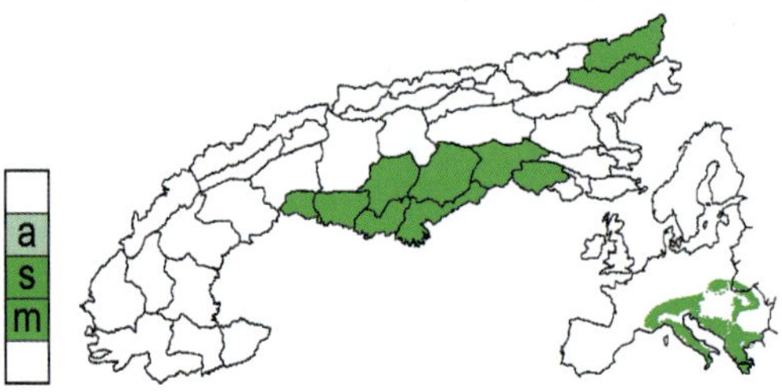

Pimpinella major (L.) Huds.

Große Bibernelle *Apiaceae*
V–IX ∗ K(5) C(5) A5 $G(\overline{2})$

20–100 cm hoch. BLÜTEN: weißlich bis rötlich. GRIFFEL: **(fast) so lang wie o. länger als der Fruchtknoten**. TEILFRÜCHTE: **im QS abgerundet bis stumpfkantig**. STÄNGEL: **im QS kantig, gefurcht, meist hohl**. BLÄTTER: **meist 1-fach gefiedert**, mit ovalen bis lanzettlichen Fiederblättchen. FIEDERBLÄTTCHEN: **die basalen (kurz) gestielt**.

In den Alpen die subsp. *major* u. *rubra* (vgl. S. 740).

- subalpine o. alpine Rasen, Alluvionen, **Staudenfluren, Grünerlengebüsche, Grünland, Wälder**
- einheimisch

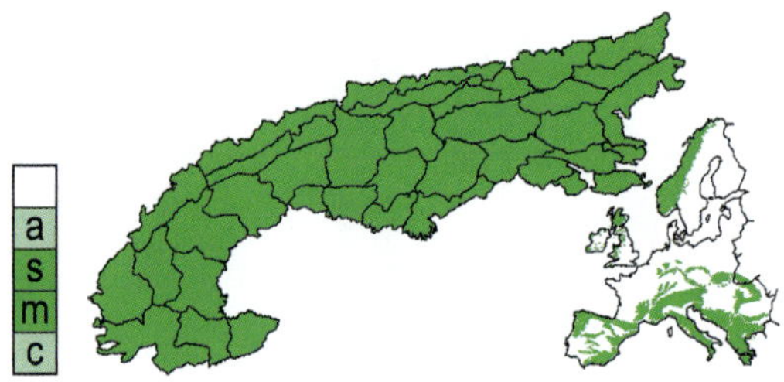

Molopospermum peloponnesiacum (L.) W. D. J. Koch

Striemensame *Apiaceae*
V–VII ∗ K(5) C(5) A5 $G(\overline{2})$

60–180 cm hoch, mehrjährig. BLÜTENSTAND: Seitendolden meist mit ♂ Blüten. HÜLLE: meist 6–9-blättrig. HÜLLBLÄTTER: **an den Seitendolden gezähnt bis fiederspaltig**. HÜLLCHEN: meist 6–9-blättrig. DOLDEN: 15–40-strahlig. BLÜTEN: weißlich o. gelblich-grünlich. KELCHBLÄTTER: deutlich entwickelt. FRÜCHTE: länglich-eiförmig, 10–14 mm lang. STÄNGEL: **hohl**. BLÄTTER: 2–4-fach gefiedert o. fiederspaltig, unangenehm riechend, **mit Stiel bis 100 cm lang**. BLATTABSCHNITTE: lang zugespitzt.

In den Alpen die subsp. *peloponnesiacum* u. *bauhini* (vgl. S. 740).

- Schutt- o. Felsfluren, **Staudenfluren**, Grünland, **Wälder**
- an nährstoffarmen Standorten
- einheimisch

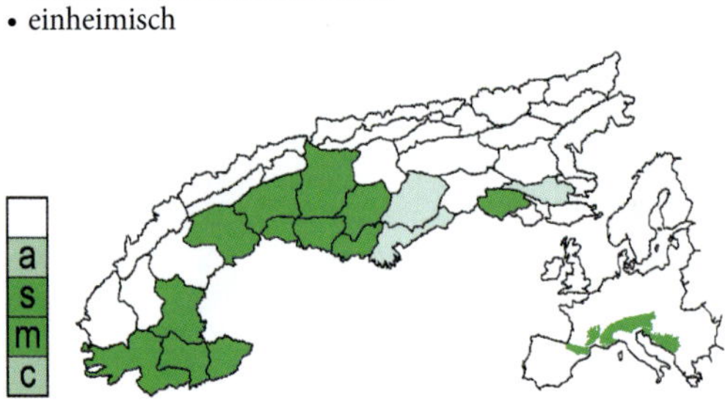

Athamanta cretensis L.

Gewöhnliche Augenwurz *Apiaceae*
IV–VIII ∗ K(5) C(5) A5 $G(\overline{2})$

10–40 cm hoch, mehrjährig. HÜLLE: ≤ 5-blättrig. HÜLLCHEN: ≥ 3-blättrig. DOLDEN: **4–15-strahlig**. DOLDENSTRAHLEN: mit krausen Haaren. BLÜTEN: weißlich. KRONBLÄTTER: behaart. KELCHBLÄTTER: deutlich entwickelt. FRÜCHTE: unter dem Griffelpolster verschmälert, lang abstehend behaart. STÄNGEL: behaart. BLÄTTER: 2–3-fach gefiedert. BLATTABSCHNITTE: länglich-lineal, **3–8 mm lang**.

- **subalpine o. alpine Rasen, Schutt- o. Felsfluren**
- an nährstoffarmen, kalkreichen Standorten
- einheimisch

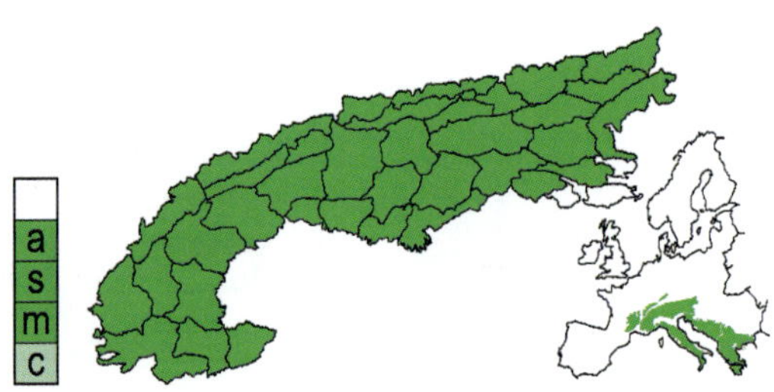

Athamanta turbith (L.) Brot.

Feinblättrige Augenwurz *Apiaceae*
V–VII $* K(5)\ C(5)\ A5\ G(\overline{2})$

30–60 cm hoch, mehrjährig. Hülle: ≤ 8-blättrig. Hüllchen: ≥ 3-blättrig. Dolden: **15–40-strahlig**. Doldenstrahlen: **mit kurzen geraden Haaren**. Blüten: weißlich. Kelchblätter: deutlich entwickelt. Früchte: unter dem Griffelpolster verschmälert, lang abstehend behaart. Blätter: 2–3-fach gefiedert. Blattabschnitte: länglich-lineal, **8–35 mm lang**.

In den Alpen nur die subsp. *turbith*.

- subalpine o. alpine Rasen, **Schutt- o. Felsfluren**
- an nährstoffarmen, kalkreichen, trockenen Standorten
- einheimisch

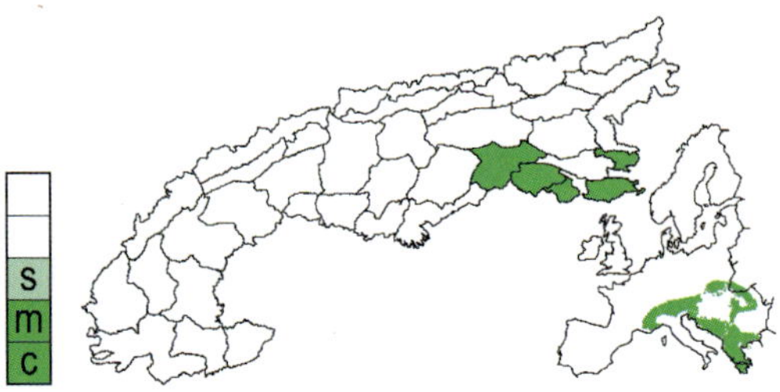

Athamanta vestina A. Kern.

Val-Vestino-Augenwurz *Apiaceae*
IV–VIII $* K(5)\ C(5)\ A5\ G(\overline{2})$

Bis 40 cm hoch, mehrjährig. Blütenstand: mit zahlreichen seitenständigen Dolden. Hüllchen: ≥ 3-blättrig. Dolden: **15–25-strahlig**. Doldenstrahlen: **mit krausen Haaren**. Blüten: weißlich. Kelchblätter: deutlich entwickelt. Früchte: unter dem Griffelpolster verschmälert, lang abstehend behaart. Blätter: 2–3-fach gefiedert. Blattabschnitte: **< 10 mm lang**.

- **Schutt- o. Felsfluren**, Wälder
- an nährstoffarmen, kalkreichen, feuchten Standorten
- endemisch

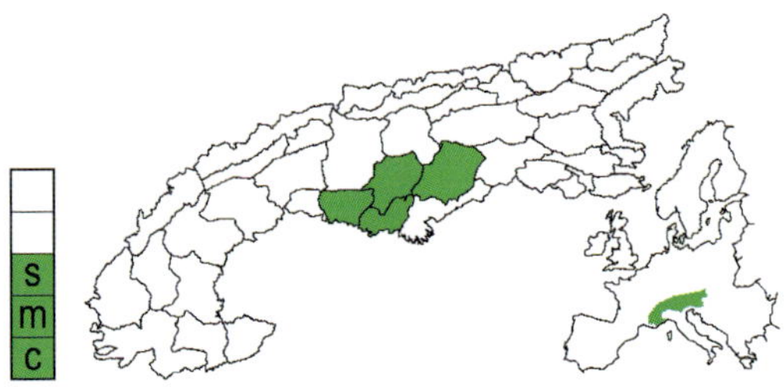

Chaerophyllum hirsutum L.

Berg-Kälberkropf *Apiaceae*
IV–VIII $* K(5)\ C(5)\ A5\ G(\overline{2})$

50–120 cm hoch, mehrjährig. Hülle: **fehlend o. ≤ 2-blättrig**. Hüllchen: **meist 4–12-blättrig**. Blüten: weißlich, zuweilen rötlich überlaufen. Kronblätter: bewimpert. Kelchblätter: fehlend bzw. als schmaler Saum ausgebildet. Früchte: **Fruchthalter distal < 30 % gespalten**. Stängel: **meist borstig behaart**. Blätter: 2–3-fach gefiedert, meist borstig behaart. Fiederblättchen: oval bis breit lanzettlich.

In den Alpen nur die subsp. *hirsutum*.

- **Alluvionen**, **Staudenfluren**, Grünerlengebüsche, Grünland, Wälder
- an feuchten bis nassen Standorten
- einheimisch

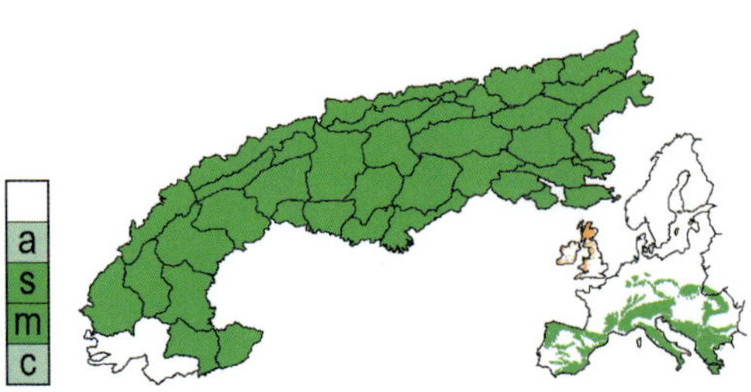

Chaerophyllum elegans Gaudin

Zierlicher Kälberkropf *Apiaceae*
V–VIII $* K(5)\ C(5)\ A5\ G(\overline{2})$

30–120 cm hoch, mehrjährig. Blütenstand: **seitenständige Dolden gegenständig o. quirlig**. Hülle: **fehlend o. ≤ 2-blättrig**. Hüllchen: **meist 4–12-blättrig**. Blüten: weißlich, zuweilen rötlich überlaufen. Kronblätter: bewimpert. Kelchblätter: fehlend bzw. als schmaler Saum ausgebildet. Früchte: **Fruchthalter distal > 50% gespalten**. Stängel: **mit weichen Haaren**. Blätter: 2–3-fach gefiedert, mit weichen Haaren. Fiederblättchen: lanzettlich.

- Alluvionen, **Staudenfluren**, **Grünerlengebüsche**
- an nährstoffreichen, meist sauren Standorten
- endemisch

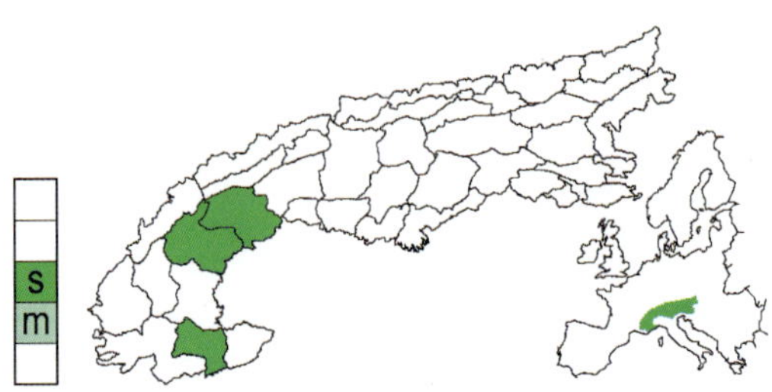

Chaerophyllum villarsii W. D. J. Koch

Villars' Kälberkropf *Apiaceae*
V–VIII ∗ K(5) C(5) A5 G($\overline{2}$)

50–120 cm hoch, mehrjährig. Blütenstand: seitenständige Dolden wechselständig. Hülle: **fehlend o. ≤ 2-blättrig**. Hüllchen: **meist 4–12-blättrig**. Blüten: weißlich, zuweilen rötlich überlaufen. Kronblätter: bewimpert. Kelchblätter: fehlend bzw. als schmaler Saum ausgebildet. Früchte: **Fruchthalter distal > 50% gespalten**, 6–25 mm lang. Stängel: **borstig behaart**. Blätter: 2–3-fach gefiedert, **unterste Fieder 1. Ordnung viel kleiner als der Rest der Spreite**, borstig behaart. Fiederblättchen: oval bis breit lanzettlich.

- **subalpine o. alpine Rasen**, Schutt- o. Felsfluren, Alluvionen, **Staudenfluren**, Grünerlen- o. Legföhrengebüsche, **Grünland**, **Wälder**, Ruderalvegetation
- an nährstoffreichen Standorten
- einheimisch

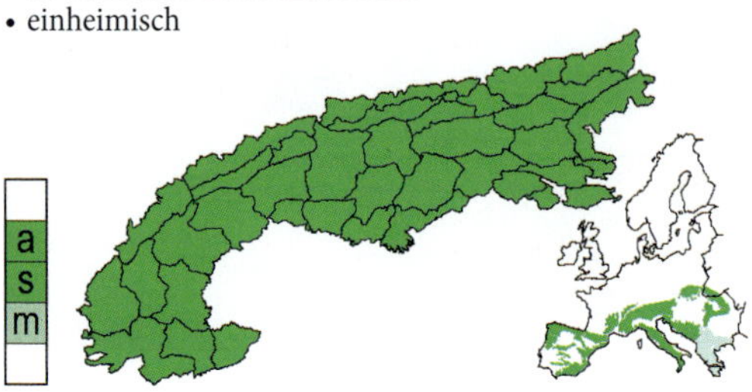

Laserpitium halleri Crantz

Hallers Laserkraut *Apiaceae*
V–VII ∗ K(5) C(5) A5 G($\overline{2}$)

50–120 cm hoch, mehrjährig. Hülle: ≤ 3-blättrig. Hüllblätter: **bewimpert**. Dolden: 15–50-strahlig. Blüten: weißlich, oft rötlich überlaufen. Kelchblätter: deutlich entwickelt. Früchte: auf dem Rücken mit ± flügelartigen Rippen, am Rand geflügelt. Stängel: markig; unten: von abgestorbener Laubblattscheide umgeben. Blätter: meist 3–5-fach gefiedert, **mit zahlreichen Blattabschnitten**. Fiederblättchen: **länglich bis lanzettlich**, **< 1 mm breit**, **gezähnt bis gelappt**.

In den Alpen nur die endemische subsp. *halleri*.

- **subalpine o. alpine Rasen**, Schutt- o. Felsfluren, Zwergstrauchheiden, Grünland, Wälder
- an nährstoffarmen Standorten
- einheimisch

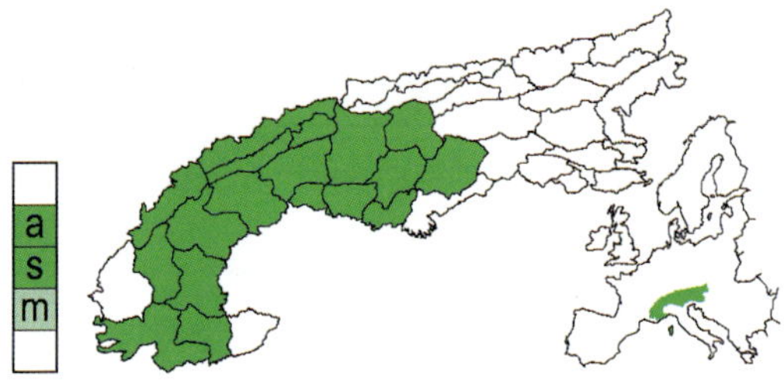

Laserpitium krapfii Crantz

Krapfis Laserkraut *Apiaceae*
V–VIII ∗ K(5) C(5) A5 G($\overline{2}$)

50–120 cm hoch, mehrjährig. Hülle: 5-blättrig, früh abfallend. Hüllblätter: kahl. Dolden: 5–25-strahlig. Blüten: **meist gelblich-grünlich**. Kelchblätter: deutlich entwickelt. Früchte: auf dem Rücken mit ± flügelartigen Rippen, am Rand geflügelt. Stängel: markig; unten: von abgestorbener Laubblattscheide umgeben. Blätter: 2–3-fach gefiedert, **3-teilig**. Fiederblättchen: **oval, am Rand gezähnt bis gelappt**. obere Blattscheiden: **aufgeblasen**.

In den Alpen nur die subsp. *gaudinii*.

- subalpine o. alpine Rasen, **Schutt- o. Felsfluren**, Legföhrengebüsche, Extensivgrünland o. Magerrasen, **Wälder**
- an nährstoffarmen Standorten
- einheimisch

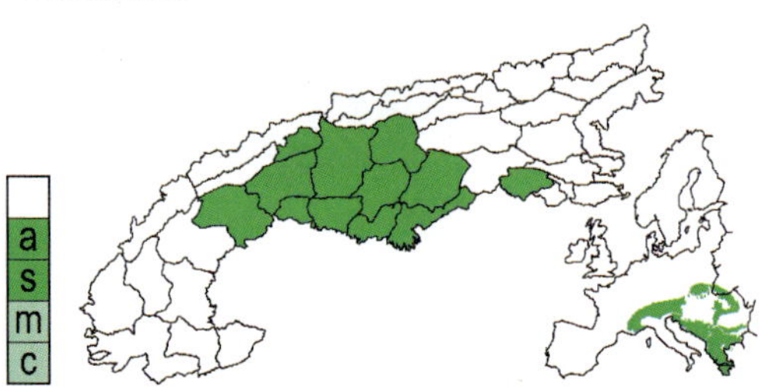

Laserpitium latifolium L.

Breitblättriges Laserkraut *Apiaceae*
VI–VIII ∗ K(5) C(5) A5 G($\overline{2}$)

50–150 cm hoch, mehrjährig. Hülle: ≤ 3-blättrig. Hüllblätter: kahl. Dolden: 15–60-strahlig. Blüten: weißlich, zuweilen rötlich überlaufen. Kelchblätter: deutlich entwickelt. Früchte: auf dem Rücken mit ± flügelartigen Rippen, am Rand geflügelt. Stängel: im QS rundlich, oft mit feinen Rillen, markig; unten: von abgestorbener Laubblattscheide umgeben. Blätter: 2–3-fach gefiedert, **3-teilig**. Fiederblättchen: oval bis herzförmig, **basal ausgerandet, am Rand gezähnt**. obere Blattscheiden: **aufgeblasen**.

In den Alpen nur die subsp. *latifolium*.

- **subalpine o. alpine Rasen**, **Schutt- o. Felsfluren**, **Staudenfluren**, Legföhrengebüsche, Wälder
- meist an nährstoffarmen, oft kalkreichen Standorten
- einheimisch

Laserpitium nitidum Zanted.

Glänzendes Laserkraut *Apiaceae*
V–VII ∗ K(5) C(5) A5 G($\overline{2}$)

30–80 cm hoch, mehrjährig. HÜLLE: ≤ 3-blättrig. HÜLLBLÄTTER: **bewimpert**. DOLDEN: 15–40-strahlig. BLÜTEN: weißlich. KELCHBLÄTTER: deutlich entwickelt. FRÜCHTE: auf dem Rücken mit ± flügelartigen Rippen, am Rand geflügelt. STÄNGEL: markig; UNTEN: von abgestorbener Laubblattscheide umgeben. BLÄTTER: 2–3-fach gefiedert; UNTERSEITS: **mit steifen Borsten**. FIEDERBLÄTTCHEN: **oval, am Rand gezähnt**.

- **subalpine o. alpine Rasen**, Schutt- o. Felsfluren, **Zwergstrauchheiden**, Staudenfluren, **Legföhrengebüsche, Wälder**
- an nährstoffarmen, basenreichen Standorten
- endemisch

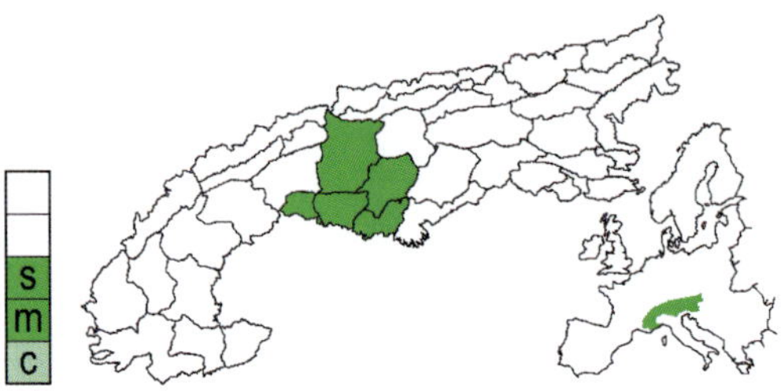

Laserpitium peucedanoides L.

Haarstrang-Laserkraut *Apiaceae*
V–VIII ∗ K(5) C(5) A5 G($\overline{2}$)

10–50 cm hoch, mehrjährig. HÜLLE: ≤ 3-blättrig. HÜLLBLÄTTER: kahl. DOLDEN: 2–15-strahlig. BLÜTEN: weißlich. KELCHBLÄTTER: deutlich entwickelt. FRÜCHTE: auf dem Rücken mit ± flügelartigen Rippen, am Rand geflügelt. STÄNGEL: markig; UNTEN: von abgestorbener Laubblattscheide umgeben. BLÄTTER: 2–3-fach gefiedert, **3-teilig**. FIEDERBLÄTTCHEN: **lanzettlich, 2–12 mm breit, ganzrandig**.

- **subalpine o. alpine Rasen**, Schutt- o. Felsfluren, Staudenfluren, Legföhrengebüsche, Wälder
- an nährstoffarmen, basenreichen Standorten
- einheimisch

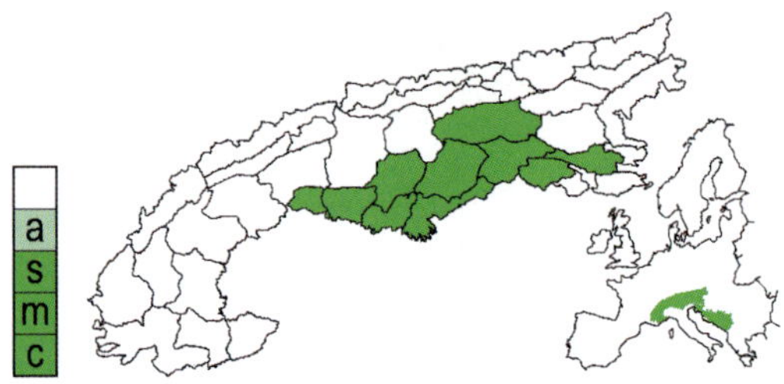

Laserpitium siler L.

Berg-Laserkraut *Apiaceae*
V–VIII ∗ K(5) C(5) A5 G($\overline{2}$)

30–100 cm hoch, mehrjährig. HÜLLE: ≤ 3-blättrig. HÜLLBLÄTTER: kahl. DOLDEN: 20–60-strahlig. BLÜTEN: weißlich, zuweilen rötlich überlaufen. KELCHBLÄTTER: deutlich entwickelt. FRÜCHTE: auf dem Rücken mit ± flügelartigen Rippen, am Rand geflügelt. STÄNGEL: im QS rundlich, oft mit feinen Rillen, markig; UNTEN: von abgestorbener Laubblattscheide umgeben. BLÄTTER: 2–4-fach gefiedert. FIEDERBLÄTTCHEN: **länglich bis lanzettlich, 5–12 mm breit, ganzrandig**. OBERE BLATTSCHEIDEN: **aufgeblasen**.

In den Alpen nur die subsp. *siler*.

- **subalpine o. alpine Rasen**, Schutt- o. Felsfluren, Staudenfluren, Legföhrengebüsche, Extensivgrünland o. Magerrasen, Wälder
- an nährstoffarmen, kalkreichen Standorten
- einheimisch

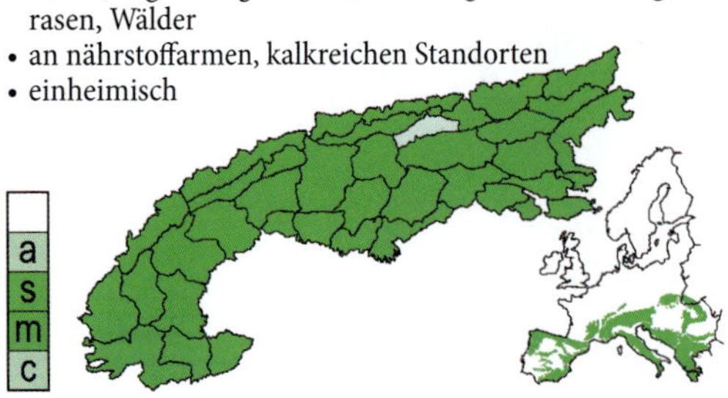

Peucedanum austriacum (Jacq.) W. D. J. Koch

Österreichischer Haarstrang *Apiaceae*
VI–VIII ∗ K(5) C(5) A5 G($\overline{2}$)

30–120 cm hoch, mehrjährig. HÜLLE: ≥ **3-blättrig**. HÜLLBLÄTTER: zurückgebogen. BLÜTEN: **weißlich**. FRÜCHTE: 6–9 mm lang, im QS abgeflacht, am Rand geflügelt, Flügel 1,5–2 mm breit. STÄNGEL: markig; UNTEN: von abgestorbener Laubblattscheide umgeben. BLÄTTER: **2–3-fach gefiedert**. FIEDERBLÄTTCHEN: spitzwinklig von der Rhachis abstehend, **länglich bis lanzettlich**. BLATTABSCHNITTE: **Endzipfel zusammenneigend u. 2–5-mal so lang wie breit, < 2 mm breit**.

- **subalpine o. alpine Rasen, Schutt- o. Felsfluren, Staudenfluren, Extensivgrünland o. Magerrasen**, Wälder, Ruderalvegetation
- an kalkreichen, trockenen Standorten
- einheimisch

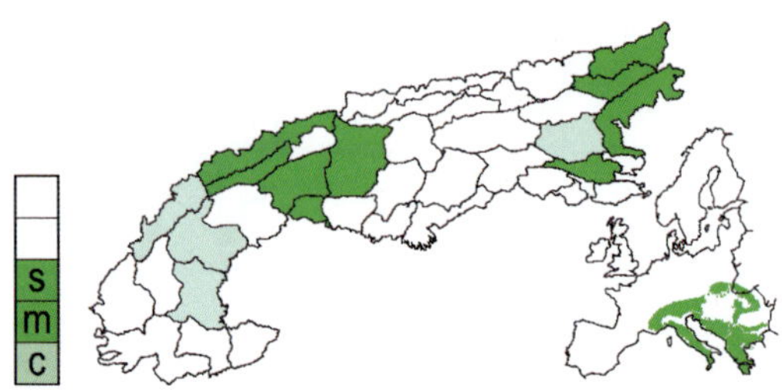

Peucedanum rablense W. D. J. Koch

Raibler Haarstrang *Apiaceae*
VI–X ∗ K(5) C(5) A5 G($\bar{2}$)

30–120 cm hoch, mehrjährig. Hülle: **≥ 3-blättrig**. Hüllblätter: zurückgebogen. Blüten: **innen weißlich, außen rosa**. Früchte: 6–9 mm lang, im QS abgeflacht, am Rand geflügelt, Flügel 1,5–2 mm breit. Stängel: markig; unten: von abgestorbener Laubblattscheide umgeben. Blätter: **2–3-fach gefiedert**. Fiederblättchen: spitzwinklig von der Rhachis abstehend, **länglich bis lanzettlich**. Blattabschnitte: **Endzipfel spreizend u. 5–30-mal so lang wie breit, < 2 mm breit**.

- **Staudenfluren, Extensivgrünland o. Magerrasen**, Wälder
- an kalkreichen Standorten
- endemisch

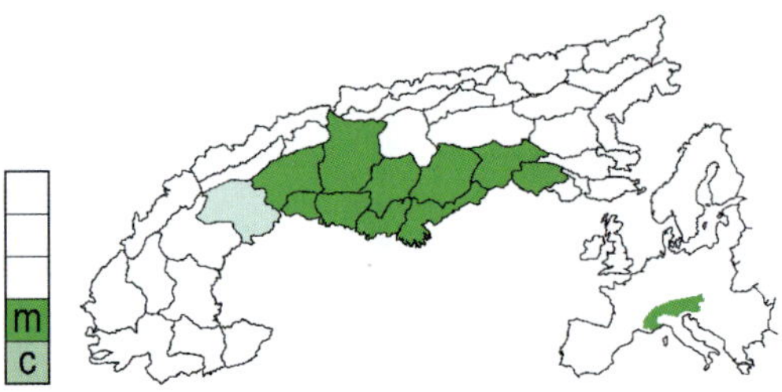

Peucedanum ostruthium (L.) W. D. J. Koch

Meisterwurz *Apiaceae*
VI–VIII ∗ K(5) C(5) A5 G($\bar{2}$)

30–100 cm hoch, mehrjährig. Hülle: **fehlend o. 1-blättrig**. Hüllchen: ≤ 2-blättrig. Blüten: weißlich. Kelchblätter: fehlend bzw. als schmaler Saum ausgebildet. Früchte: im QS abgeflacht, am Rand geflügelt. Stängel: im QS rundlich, oft mit feinen Rillen, **hohl**; unten: von abgestorbener Laubblattscheide umgeben. Blätter: **1–2-fach gefiedert, 3-teilig**. Fiederblättchen: **breit oval bis lanzettlich-rautenförmig, > 10 mm breit**.

- subalpine o. alpine Rasen, **Schutt- o. Felsfluren, Alluvionen**, Zwergstrauchheiden, **Staudenfluren, Grünerlen- o. Legföhrengebüsche, Wälder**, Ruderalvegetation
- an nährstoffreichen Standorten
- einheimisch

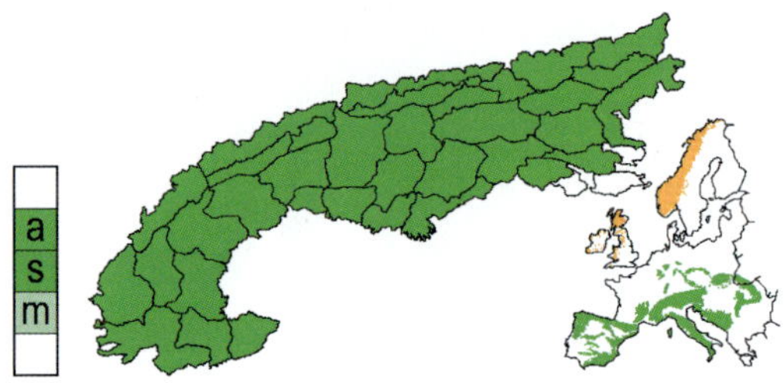

Seseli annuum L.

Steppen-Bergfenchel *Apiaceae*
VI–X ∗ K(5) C(5) A5 G($\bar{2}$)

10–100 cm hoch, 1- bis mehrjährig. Hülle: fehlend o. ≤ 2-blättrig. Hüllchen: ≥ 3-blättrig. Dolden: 10–40-strahlig. Doldenstrahlen: behaart. Blüten: weißlich, zuweilen rötlich überlaufen. Kelchblätter: deutlich entwickelt. Früchte: eiförmig bis kurz zylindrisch. Stängel: **im QS rundlich, oft mit feinen Rillen**; unten: von abgestorbener Laubblattscheide umgeben. Blätter: 2–3-fach gefiedert. Fiederblättchen: **Blättchen 1. Ordnung gestielt, ± 1 mm breit**.

In der alpinen Stufe v. a. die endemische subsp. *carvifolium*.

- Staudenfluren, **Extensivgrünland o. Magerrasen**, Wälder, Ruderalvegetation
- an nährstoffarmen, kalkreichen, meist trockenen Standorten
- einheimisch

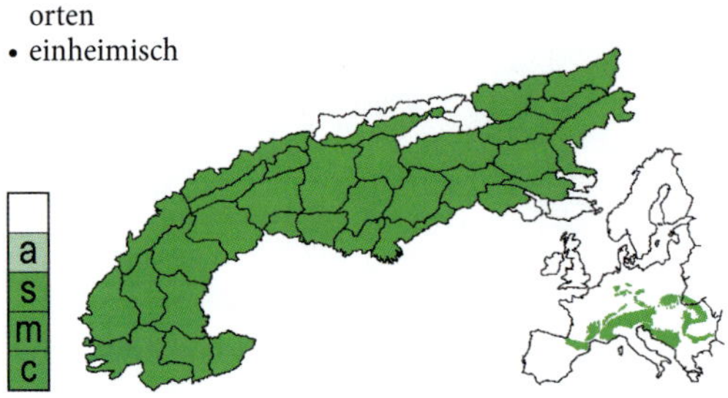

Seseli libanotis (L.) W. D. J. Koch

Hirschheil-Bergfenchel *Apiaceae*
VI–X ∗ K(5) C(5) A5 G($\bar{2}$)

60–100 cm hoch, mehrjährig. Hülle: **≥ 3-blättrig**. Hüllchen: ≥ 2-blättrig. Dolden: 15–50-strahlig. Blüten: weißlich, zuweilen rötlich überlaufen. Kelchblätter: deutlich entwickelt. Früchte: eiförmig bis kurz zylindrisch. Stängel: **im QS kantig, gefurcht**; unten: von abgestorbener Laubblattscheide umgeben. Blätter: 2–3-fach gefiedert. Fiederblättchen: **Blättchen 1. Ordnung ungestielt, > 2 mm breit**.

- subalpine o. alpine Rasen, **Schutt- o. Felsfluren, Staudenfluren, Extensivgrünland o. Magerrasen**, Wälder, Macchien o. Garrigues, Ruderalvegetation
- an nährstoffarmen, basenreichen, meist trockenen Standorten
- einheimisch

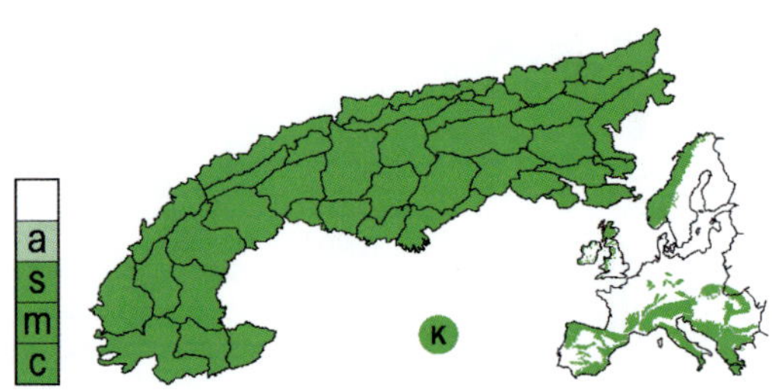

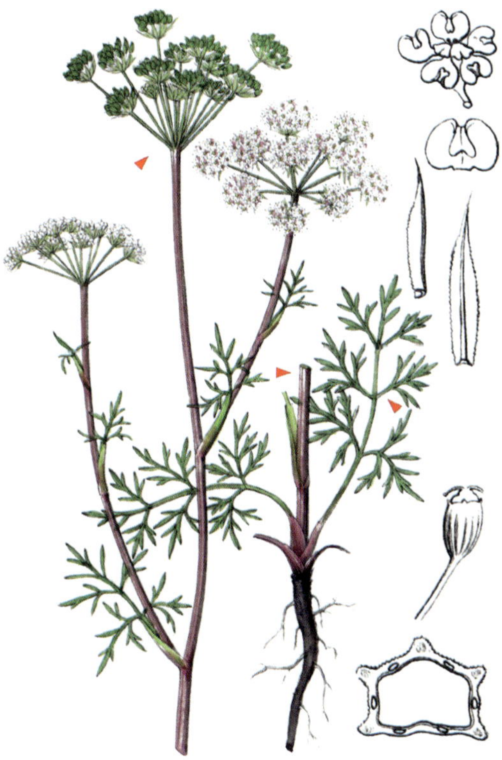

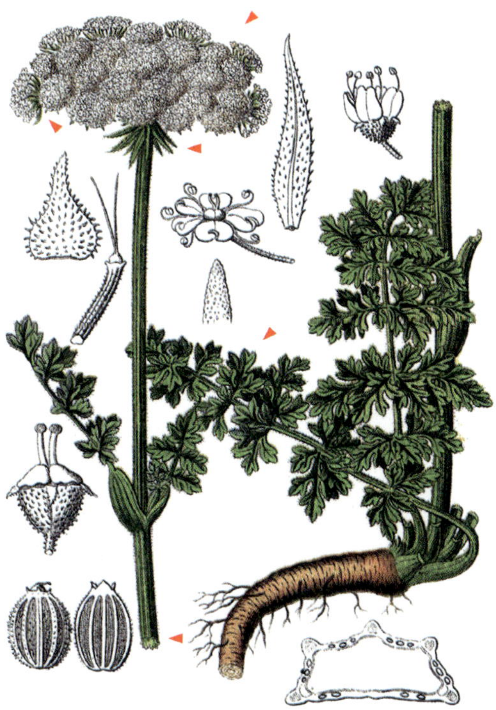

Trinia glauca (L.) Dumort.

Blaugrüner Faserschirm *Apiaceae*
III–VI ♂ ∗ K5 C5 A5 | ♀ ∗ K5 C5 G($\overline{2}$)

15–50 cm hoch, 2- bis mehrjährig. Pflanzen: **meist 2-häusig, blau- bis graugrün, kahl.** Dolden: 4–8-strahlig. Blüten: weißlich o. rötlich, ♂ **oft mit grünlichem,** ♀ **oft mit rötlichem Mittelstreifen.** Kelchblätter: fehlend bzw. als schmaler Saum ausgebildet. Früchte: kahl. Stängel: **auch basal verzweigt**; unten: **von abgestorbener Laubblattscheide umgeben.** Blätter: **1-fach gefiedert.** Blattabschnitte: länglich-lineal.

In den Alpen die subsp. *glauca* u. *carniolica* (vgl. S. 740).

- **subalpine o. alpine Rasen, Schutt- o. Felsfluren, Extensivgrünland o. Magerrasen,** Wälder, **Macchien o. Garrigues, Ruderalvegetation**
- an nährstoffarmen, basenreichen, trockenen Standorten
- einheimisch

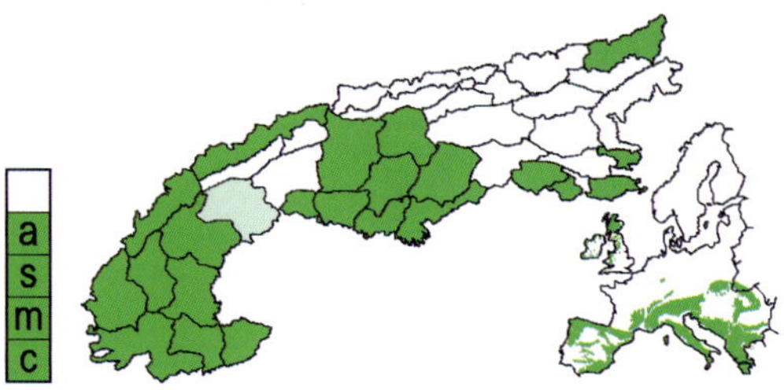

Heracleum austriacum L. kann Hautreizungen verursachen

Österreichischer Bärenklau *Apiaceae*
VI–IX ∗ K(5) C(5) A5 G($\overline{2}$)

10–60 cm hoch, mehrjährig. Hülle: ≤ **2-blättrig.** Hüllchen: ≥ 3-blättrig. Dolden: **6–15-strahlig,** < 10 cm ⌀. Randblüten: **vergrößert.** Kelchblätter: deutlich entwickelt. Früchte: im QS abgeflacht, am Rand geflügelt. Stängel: **im QS mit Rillen o. undeutlichen Furchen, basal 2–4 mm** ⌀, kahl *oder* behaart, *nicht* steifborstig. Blätter: meist 1-fach gefiedert, **untere Seitenlappen sitzend bis kurz gestielt, mit Stiel < 60 cm lang,** meist behaart. Fiederblättchen: oft gelappt.

In den Alpen die subsp. *austriacum* (endemisch) u. *siifolium* (endemisch) (vgl. S. 740).

- **subalpine o. alpine Rasen, Schutt- o. Felsfluren, Staudenfluren,** Grünerlengebüsche, Grünland
- an basenreichen Standorten
- endemisch

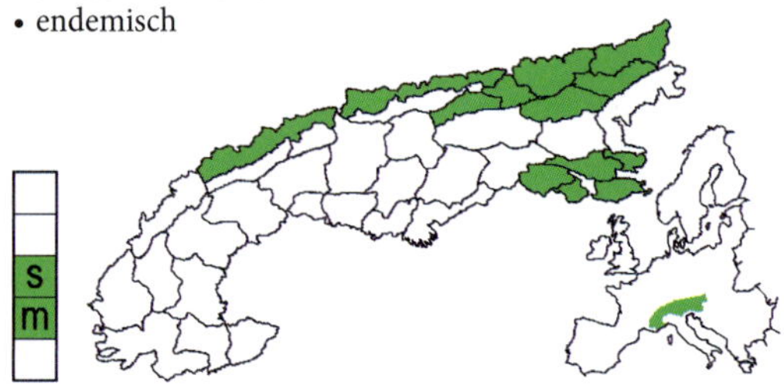

Heracleum pumilum Vill. kann Hautreizungen verursachen

Zwerg-Bärenklau *Apiaceae*
VII–X ∗ K(5) C(5) A5 G($\overline{2}$)

10–30 cm hoch, mehrjährig. Hülle: meist fehlend. Dolden: 2–6-strahlig. Blüten: weißlich, oft rötlich überlaufen. Früchte: im QS abgeflacht, am Rand geflügelt. Blätter: 2-fach fiederspaltig bis gefiedert, **mit Stiel < 30 cm lang, kahl.**

- **Schutt- o. Felsfluren**
- an nährstoffarmen, kalkreichen Standorten
- endemisch

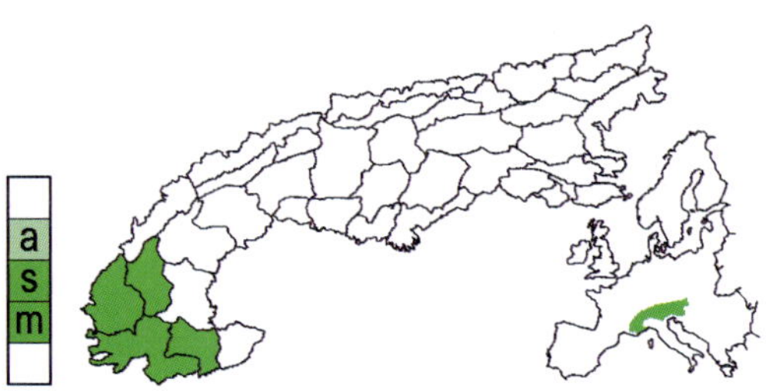

Heracleum sphondylium L. kann Hautreizungen verursachen

Gewöhnlicher Bärenklau *Apiaceae*
V–X ∗ K(5) C(5) A5 G($\overline{2}$)

40–200 cm hoch, mehrjährig. Hülle: **fehlend o. ≤ 6-blättrig.** Hüllchen: ≥ 3-blättrig. Dolden: **8–50-strahlig.** Randblüten: oft deutlich vergrößert. Blüten: zuweilen rötlich überlaufen. Kelchblätter: fehlend bzw. als schmaler Saum ausgebildet. Früchte: im QS abgeflacht, am Rand geflügelt. Stängel: **im QS gefurcht, basal 12–45 mm** ⌀, mit steifen Borsten. Blätter: **untere Seitenlappen deutlich gestielt, mit Stiel bis 120 cm lang;** unterseits: behaart. Fiederblättchen: oft gelappt.

In den Alpen die subsp. *sphondylium*, *elegans* u. *pyrenaicum* (vgl. S. 740).

- **subalpine o. alpine Rasen, Schutt- o. Felsfluren, Alluvionen, Staudenfluren, Grünerlen- o. Legföhrengebüsche, Grünland, Wälder,** Ruderalvegetation
- an nährstoffreichen Standorten
- einheimisch

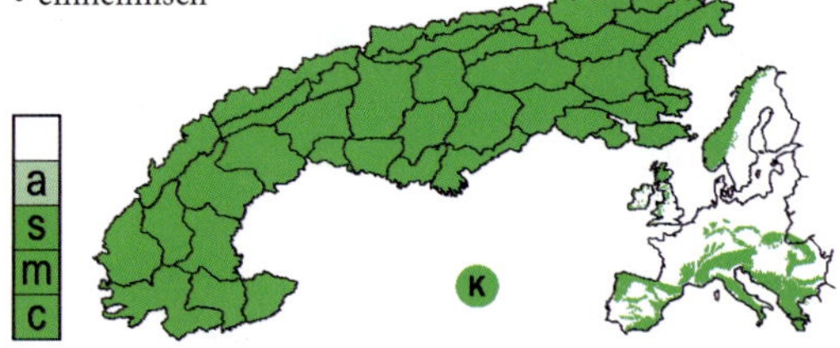

Unterarten und weitere Taxa

Cystopteridaceae

Cystopteris fragilis (S. 118)
subsp. *fragilis* (Eigentlicher Zerbrechlicher Blasenfarn) – einheimisch: bis 60 cm hoch. SPOREN: stachelig. BLÄTTER: bis 50 cm lang. FIEDERBLÄTTCHEN: letzter Ordnung oval bis lanzettlich, distal gezähnt.

subsp. *alpina* (Lam.) Hartm. (Alpen-Blasenfarn) – einheimisch: bis 40 cm hoch. SPOREN: stachelig. BLÄTTER: bis 40 cm lang. FIEDERBLÄTTCHEN: letzter Ordnung länglich-lineal, distal abgerundet bis ausgerandet.

subsp. *dickieana* (R. Sim) Hyl. (Runzelsporiger Blasenfarn) – einheimisch: bis 40 cm hoch. SPOREN: mit Leisten. BLÄTTER: bis 30 cm lang. FIEDERBLÄTTCHEN: letzter Ordnung oval bis lanzettlich, distal gezähnt. Selten.

Aspleniaceae

Asplenium adulterinum (S. 118)
subsp. *adulterinum* (Eigentlicher Braungrünstieliger Streifenfarn) – einheimisch: BLÄTTER: aufrecht o. niederliegend, bis 35 cm lang. FIEDERBLÄTTCHEN: am Rand undeutlich bis deutlich gekerbt. Auf sauren Standorten.

subsp. *presolanense* Mokry & al. (Presolana-Streifenfarn) – endemisch: BLÄTTER: niederliegend, < 25-teilig, bis 20 cm lang. FIEDERBLÄTTCHEN: sich berührend oder überdeckend, ganzrandig bis undeutlich gekerbt. In den Bergamasker Alpen, auf kalkreichen Standorten.

Asplenium ruta-muraria (S. 120)
subsp. *ruta-muraria* (Eigentliche Mauerraute) – einheimisch: SPOREN: 40–52 µm lang.

subsp. *dolomiticum* Lovis & Reichst. (Dolomit-Mauerraute) – einheimisch: SPOREN: 30–42 µm lang. In den südlichen Alpen u. im Apennin.

Asplenium trichomanes (S. 122)
subsp. *trichomanes* (Eigentlicher Braunstieliger Streifenfarn) – einheimisch: SPOREN: hellbraun. RHIZOMSCHUPPEN: rotbraun, *ohne* Anhängsel. BLATTSTIELE: Schuppen < 3,5 mm lang. RHACHIS: auf ganzer Länge rotbraun. FIEDERBLÄTTCHEN: die mittleren oval bis rundlich. V. a. auf sauren Standorten.

subsp. *quadrivalens* D. E. Mey. (Tetraploider Braunstieliger Streifenfarn) – einheimisch: SPOREN: meist dunkelbraun. RHIZOMSCHUPPEN: dunkelbraun, mit mehrzelligen Anhängseln. BLATTSTIELE: Schuppen 3,5–5 mm lang. RHACHIS: auf ganzer Länge meist dunkelbraun. FIEDERBLÄTTCHEN: die mittleren länglich bis oval.

Pinaceae

Pinus mugo (S. 128)
subsp. *mugo* (Leg-Föhre) – einheimisch: Stets strauchförmig, bis 3 m hoch. ZAPFEN: Stiel ± gerade u. in der Mitte inseriert, symmetrisch. SAMENSCHUPPEN: *nicht* verdickt, Schild flach bis schwach gewölbt. Hochmontan bis subalpin, in Gebüschen.

subsp. *rotundata* (Link) Janch. & H. Neumayer (Moor-Spirke) – einheimisch: Strauch- o. baumförmig, bis 15 m hoch. ZAPFEN: Stiel gebogen u. exzentrisch inseriert, basal asymmetrisch. SAMENSCHUPPEN: verdickt, Schild deutlich gewölbt *oder* mit schwach hakenförmig gebogenem Fortsatz. In Mooren u. Moorwäldern.

Cupressaceae

Juniperus communis (S. 132)
subsp. *communis* (Eigentlicher Wacholder) – einheimisch: Baum- o. strauchförmig, bis 20 m hoch. ZAPFEN: 0,4–1,2 cm lang, kürzer als die Blätter. STÄNGEL: aufrecht. BLÄTTER: ± gerade abstehend, 1–1,5 mm breit. Planar bis montan.

subsp. *nana* Syme (Alpen-Wacholder) – einheimisch: bis 1 m hoher Zwergstrauch. ZAPFEN: 0,4–1 cm lang, ± so lang wie die Blätter. STÄNGEL: niederliegend. BLÄTTER: aufwärts gebogen, 1,5–2 mm breit. Subalpin bis alpin.

Liliaceae

Fritillaria tubaeformis (S. 136)
subsp. *tubaeformis* (Eigentliche Alpen-Schachblume) – endemisch: BLÜTEN: dunkelrot, selten schwach gemustert. STAUBBEUTEL: meist 5,5–8 mm lang. FRUCHTKNOTEN: 6–10 mm lang. In den Südlichen Westalpen.

subsp. *moggridgei* (Boiss. & Reut. ex Planch.) Rix (Moggridges Alpen-Schachblume) – endemisch: BLÜTEN: gelblich, zuweilen mit rötlichen Flecken, schachbrettartig gemustert. STAUBBEUTEL: meist 8–15 mm lang. FRUCHTKNOTEN: 8–12 mm lang. In den Südlichen Westalpen.

Iridaceae

Crocus vernus (S. 146)
subsp. *vernus* (Eigentlicher Frühlings-Krokus) – einheimisch: PERIGONZIPFEL: rötlich bis violett, auch weißlich, 15–60 mm lang, 8–20 mm breit. GRIFFEL: meist länger als die Staubblätter. Im Grünland u. Wäldern, planar bis montan (subalpin), häufig kultiviert u. verwildert.

subsp. *albiflorus* (Kit. ex Schult.) Ces. (Alpen-Frühlings-Krokus) – einheimisch: PERIGONZIPFEL: meist weißlich, 15–25 mm lang, 5–10 mm breit. GRIFFEL: höchstens so lang wie die Staubblätter. Montan bis alpin, v. a. in subalpinen o. alpinen Rasen, selten kultiviert.

Iris pallida (S. 148)
subsp. *pallida* (Eigentliche Blassviolette Schwertlilie) – einheimisch: BLÜTENSTAND: 3–10-blütig. BLÜTEN: hellviolett, zuweilen mit farblich abweichender Aderung. Urspr. aus den Dinarischen Gebirgen.

subsp. *cengialti* (Ambrosi ex A. Kern.) Foster (Cengio-Alto-Schwertlilie) – endemisch: BLÜTENSTAND: ≤ 2-blütig. BLÜTEN: dunkelblau bis violett. In den Südlichen Ostalpen.

Orchidaceae

Epipactis helleborine (S. 148)
subsp. *helleborine* (Eigentliche Breitblättrige Sumpfwurz) – einheimisch: BLÜTENSTAND: lockerblütig. BLÜTEN: VORDERES LIPPENGLIED: breiter als lang. STÄNGEL: meist einzeln, basal meist grünlich, mit 4–12 Laubblättern; STÄNGELGLIEDER: 2–3-mal so lang wie die Internodien. BLÄTTER: oval, 6–18 cm lang, 30–70 mm breit. Planar bis subalpin.

subsp. ***leutei*** (Robatsch) Kreutz (Leutes Sumpfwurz) – endemisch: BLÜTEN: LIPPE: Einschnürung sehr schmal. STÄNGEL: basal rötlich-violett überlaufen; STÄNGELBLÄTTER: 2–3-mal so lang wie die Internodien. BLÄTTER: 6–18 cm lang, 20–70 mm breit. In Wäldern.

subsp. ***orbicularis*** (K. Richt.) E. Klein (Kurzblättrige Sumpfwurz) – einheimisch: BLÜTENSTAND: dichtblütig. BLÜTEN: VORDERES LIPPENGLIED: länger als breit. STÄNGEL: meist zu mehreren, mit 3–6 Laubblättern; STÄNGELBLÄTTER: ± so lang wie die Internodien. BLÄTTER: oval bis rundlich, 2–8 cm lang, 20–50 mm breit. Planar bis subalpin.

Orchis mascula (S. 150)
subsp. ***mascula*** (Eigentliche Manns-Orchis) – einheimisch: ÄUSSERE PERIGONBLÄTTER: distal abgerundet bis kurz zugespitzt; MITTELLAPPEN: ± so lang wie die Seitenlappen.

subsp. ***speciosa*** (Mutel) Hegi (Bannertragende Manns-Orchis) – einheimisch: ÄUSSERE PERIGONBLÄTTER: lang zugespitzt; MITTELLAPPEN: 1,5–2-mal so lang wie die Seitenlappen.

Pseudorchis albida (S. 156)
subsp. ***albida*** (Eigentliches Weißzüngel) – einheimisch: BLÜTENSTAND: meist 30–100-blütig. BLÜTEN: hellgelblich-grünlich bis weißlich, Sporn meist weißlich; LIPPE: MITTELLAPPEN: deutlich länger als die Seitenlappen; SEITENLAPPEN: ± 0,7 mm lang. STÄNGEL: mit 4–8 Laubblättern.

subsp. ***tricuspis*** (Beck) E. Klein (Dreizipfliges Weißzüngel) – einheimisch: BLÜTENSTAND: meist 20–30-blütig. BLÜTEN: hellgelblich, Sporn meist hellgelb; LIPPE: MITTELLAPPEN: ± so lang wie die Seitenlappen; SEITENLAPPEN: ± 1,4 mm lang. STÄNGEL: mit 3–4 Laubblättern. Sehr selten.

Juncaceae

Luzula luzuloides (S. 164)
subsp. ***luzuloides*** (Eigentliche Weißliche Hainsimse) – einheimisch: PERIGONBLÄTTER: gräulich-weißlich, meist 2–3 mm lang. FRÜCHTE: (hell) braun. AUSLÄUFER: ± 5 cm lang. Collin bis subalpin.

subsp. ***rubella*** (Hoppe ex Mert. & W. D. J. Koch) Holub (Kupfer-Hainsimse) – einheimisch: PERIGONBLÄTTER: bräunlich-rötlich, meist 3–4 mm lang. FRÜCHTE: dunkelbraun. AUSLÄUFER: 3–4 cm lang. Montan bis alpin.

Luzula sylvatica (S. 166)
subsp. ***sylvatica*** (Eigentliche Wald-Hainsimse) – einheimisch: 30–100 cm hoch. PERIGONBLÄTTER: innere ± so lang wie die Kapsel. GRUNDBLÄTTER: 8–20 mm breit. Collin bis montan.

subsp. ***sieberi*** (Tausch) K. Richt. (Siebers Hainsimse) – einheimisch: 20–60 cm hoch. PERIGONBLÄTTER: innere länger als die Kapsel. GRUNDBLÄTTER: 4–8 mm breit. Nur in den Alpen, hochmontan bis subalpin.

Luzula spicata (S. 168)
subsp. ***spicata*** (Eigentliche Ährige Hainsimse) – einheimisch: 10–30 cm hoch. STAUBFÄDEN: meist 0,5–0,8 mm lang. FRÜCHTE: 2–2,6 mm lang.

subsp. ***conglomerata*** (W. D. J. Koch) Murr (Veränderliche Ährige Hainsimse) – einheimisch: bis 15 cm hoch. STAUBFÄDEN: 0,3–0,6 mm lang. FRÜCHTE: 1,5–2 mm lang.

Cyperaceae

Carex curvula (S. 170)
subsp. ***curvula*** (Eigentliche Krumm-Segge) – einheimisch: TRAGBLÄTTER DER ♀ BLÜTEN: dunkelbraun. WURZELN: hellbraun bis gelblich. BLÄTTER: im QS v-förmig. Auf sauren Standorten.

subsp. ***rosae*** Gilomen (Rosas Krumm-Segge) – einheimisch: TRAGBLÄTTER DER ♀ BLÜTEN: hellbraun bis gelblich. WURZELN: braun. BLÄTTER: im QS u-förmig. Auf kalkreichen Standorten.

Carex atrata (S. 184)
subsp. ***atrata*** (Eigentliche Geschwärzte Segge) – einheimisch: 10–30 cm hoch. ♀ ÄHRCHEN: 10–20 mm lang. UNTERE ÄHRCHEN: meist überhängend. UTRICULUS: 3–4 mm lang, gelblich-bräunlich. STÄNGEL: oben glatt. BLÄTTER: 3–8 mm breit. Subalpin bis alpin.

subsp. ***aterrima*** (Hoppe) Čelak. (Rußgeschwärzte Segge) – einheimisch: 30–60 cm hoch. ♀ ÄHRCHEN: 15–40 mm lang. UNTERE ÄHRCHEN: aufrecht abstehend. UTRICULUS: 4–5 mm lang, dunkelviolett bis schwarz. STÄNGEL: oben rau. BLÄTTER: 5–12 mm breit. Montan bis alpin.

Carex norvegica (S. 186)
subsp. ***norvegica*** (Eigentliche Norwegische Segge) – einheimisch: UTRICULUS: deutlich vom Schnabel abgesetzt, 1,5–2,5 mm lang, 1,2–1,5-mal so lang wie das Tragblatt.

subsp. ***pusteriana*** (Kalela) Chater (Pustertaler Segge) – endemisch: UTRICULUS: allmählich in den Schnabel übergehend, 2,5–3,5 mm lang, ± 2-mal so lang wie das Tragblatt. In den Ostalpen.

Poaceae

Avenula pubescens (S. 204)
subsp. ***pubescens*** (Eigentlicher Flaumiger Wiesenhafer) – einheimisch: ÄHRCHEN: 2–3-blütig, 10–15 mm lang. DECKSPELZEN: 9–16 mm lang. BLÄTTER: abstehend behaart. UNTERE BLATTSCHEIDEN: meist behaart. Planar bis montan.

subsp. ***laevigata*** (Schur) Holub (Glatter Wiesenhafer) – einheimisch: ÄHRCHEN: 3–4-blütig, 15–25 mm lang. DECKSPELZEN: 15–20 mm lang. BLÄTTER: kahl. UNTERE BLATTSCHEIDEN: kahl. Subalpin bis alpin.

Helictochloa adsurgens (S. 204)
subsp. ***adsurgens*** (Eigentlicher Mittlerer Wiesenhafer) – einheimisch: BLÜTENSTAND: mit 10–25 Ährchen. DECKSPELZEN: Nerven vor dem Rand endend. AUSLÄUFER: meist 10–30 cm lang. BLÄTTER DER ERNEUERUNGSSPROSSE: 4–9 mm breit, mit 17–21 Leitbündeln. In den Ostalpen u. benachbarten Gebirgen, collin bis subalpin, in Trockenrasen.

subsp. ***ausserdorferi*** (Asch. & Graebn.) Romero Zarco (Ausserdorfers Wiesenhafer) – endemisch: BLÜTENSTAND: mit 5–8 Ährchen. DECKSPELZEN: Nerven bis zum Rand reichend. AUSLÄUFER: meist < 10 cm lang. BLÄTTER DER ERNEUERUNGSSPROSSE: 2–3 mm breit, mit 15–17 Leitbündeln. In den Ostalpen, montan bis alpin, in Zwergstrauchheiden, auf Felsen.

Helictochloa praeusta (S. 204)
subsp. ***praeusta*** (Eigentlicher Alpen-Wiesenhafer) – einheimisch: 30–70 cm hoch. STÄNGEL: derb, meist aufrecht. BLÄTTER DER ERNEUERUNGSSPROSSE: 2–3 mm ⌀, mit 13–15 Leitbündeln. V. a. montan bis subalpin.

subsp. ***pseudoviolacea*** (Dalla Torre) H. Scholz (Violetter Alpen-Wiesenhafer) – endemisch: 10–40 cm hoch. STÄNGEL: zart, meist überhängend. BLÄTTER DER ERNEUERUNGSSPROSSE: 1,5–2 mm ⌀, mit 9–13 Leitbündeln. Subalpin bis alpin.

Koeleria pyramidata (S. 208)
subsp. ***pyramidata*** (Eigentliche Pyramiden-Kammschmiele) – einheimisch: BLÜTENSTAND: meist > 1 cm ⌀. STÄNGEL: meist spärlich behaart. BLÄTTER: im QS meist flach ausgebreitet. Planar bis subalpin.

subsp. ***montana*** (Hausm.) Domin (Alpen-Pyramiden-Kammschmiele) – einheimisch: BLÜTENSTAND: meist < 1 cm ⌀. ÄHRCHEN: meist violett überlaufen. STÄNGEL: kahl. BLÄTTER: im QS meist zusammengerollt. In den Südlichen Ostalpen u. Dinarischen Gebirgen, montan bis subalpin.

Koeleria vallesiana (S. 212)
subsp. ***vallesiana*** (Eigentliche Walliser Kammschmiele) – einheimisch: DECKSPELZEN: meist kahl. STÄNGEL: OBEN: kahl bis behaart. Collin bis subalpin.

subsp. ***alpicola*** (Gren. & Godr.) Asch. & Graebn. (Westalpen-Kammschmiele) – endemisch (?): DECKSPELZEN: meist behaart. STÄNGEL: OBEN: dicht behaart. In den Westalpen, hochmontan bis alpin.

Trisetum flavescens (S. 214)
subsp. ***flavescens*** (Eigentlicher Goldhafer) – einheimisch: BLÜTENSTAND: lockerblütig. ÄHRCHEN: zur Fruchtreife beige, selten violett überlaufen. BLÄTTER: meist 2–5 mm breit. Planar bis montan.

subsp. ***purpurascens*** (DC.) Arcang. (Rötlicher Goldhafer) – einheimisch: BLÜTENSTAND: dichtblütig. ÄHRCHEN: zur Fruchtreife violett. BLÄTTER: 5–10 mm breit. Subalpin bis alpin.

Milium effusum (S. 218)
subsp. ***effusum*** (Eigentliche Waldhirse) – einheimisch: BLÜTENSTAND: ausgebreitet, meist 15–30 cm lang, 6–20 cm ⌀, sehr lockerblütig. BLÄTTER: 7–15 mm breit. Planar bis montan.

subsp. ***alpicola*** Chrtek (Alpen-Waldhirse) – einheimisch: BLÜTENSTAND: zusammengezogen, meist 10–15 cm lang, 2–6 cm ⌀, dichtblütig. BLÄTTER: 5–7 mm breit. Hochmontan bis alpin.

Dactylis glomerata (S. 220)
subsp. ***glomerata*** (Eigentliches Knäuelgras) – einheimisch: Pflanzen graugrün. BLÜTENSTAND: Ährchen pro Rispenast in ± zahlreichen Knäueln. DECKSPELZEN: am Kiel lang behaart, auf der Fläche rau bis kurz behaart, Haare 0,5 mm lang. LIGULA: distal spitz. Planar bis alpin.

subsp. ***reichenbachii*** (Dalla Torre & Sarnth.) Stebbins & D. Zohary (Reichenbachs Knäuelgras) – endemisch: BLÜTENSTAND: Ährchen pro Rispenast in 1 Knäuel. DECKSPELZEN: Haare 0,5 mm lang. LIGULA: distal abgerundet. In den südlichen Alpen, montan, an trockenen Standorten.

subsp. ***slovenica*** (Domin) Domin (Slovakisches Knäuelgras) – einheimisch: Pflanzen graugrün. BLÜTENSTAND: Ährchen pro Rispenast ± zahlreichen Knäueln. DECKSPELZEN: am Kiel lang behaart, auf der Fläche glatt u. kahl. STÄNGEL: UNTEN: knollig verdickt. In den Südlichen Ostalpen u. Karpaten, collin bis subalpin, in Bergwiesen.

Leucopoa pulchella (S. 220)
subsp. ***pulchella*** (Eigentlicher Schöner Schwingel) – subendemisch: rasig. BLÄTTER DER ERNEUERUNGSSPROSSE: flach ausgebreitet, mit 13–21 Leitbündeln, alle Sklerenchymstränge durchgehend, d. h. auch auf der Oberseite der Blätter.

subsp. ***jurana*** (Gren.) H. Scholz & Foggi (Jura-Schwingel) – subendemisch: horstförmig. BLÄTTER DER ERNEUERUNGSSPROSSE: gefaltet bis rinnig, mit 11–13 Leitbündeln, durchgehende Sklerenchymstränge nur über den 3 größten Leitbündeln. Selten.

Festuca rubra (S. 226)
subsp. ***rubra*** (Eigentlicher Rot-Schwingel) – einheimisch: BLÄTTER DER ERNEUERUNGSSPROSSE: weich, kahl. o. weich behaart, dunkelgrün, Sklerenchymringe ± gleich dick.

subsp. ***juncea*** (Hack.) K. Richt. (Binsen-Schwingel) – einheimisch: BLÄTTER DER ERNEUERUNGSSPROSSE: derb, dicht borstig behaart, grau- bis blaugrün, Sklerenchymringe ± ungleich dick.

Festuca trichophylla (S. 226)
subsp. ***trichophylla*** (Eigentlicher Haarblättriger Schwingel) – einheimisch: lockerrasig. BLÜTENSTAND: lang. ÄHRCHEN: 8–10 mm lang. BLÄTTER DER ERNEUERUNGSSPROSSE: meist < 0,4 mm ⌀. Planar bis subalpin, an feuchten bis nassen Standorten.

subsp. ***asperifolia*** (St. Yves) Al-Bermani (Raublättriger Schwingel) – einheimisch: dichtrasig. BLÜTENSTAND: kurz. ÄHRCHEN: 7–9 mm lang. BLÄTTER DER ERNEUERUNGSSPROSSE: 0,4–1 mm ⌀. Collin bis alpin, an frischen bis trockenen Standorten.

Festuca versicolor (S. 232)
subsp. ***brachystachys*** (Hack.) Markgr. Dann. (Kurzähriger Schwingel) – endemisch: ÄHRCHENSTIELE: kahl, glatt. ÄHRCHEN: meist grünlich, meist violett überlaufen. DECKSPELZE: lang zugespitzt, kurz begrannt. ERNEUERUNGSSPROSSE: meist 0,7–1,1 mm ⌀. Subalpin bis alpin.

subsp. ***pallidula*** (Hack.) Markgr. Dann. (Blasser Schwingel) – endemisch: ÄHRCHENSTIELE: rau bis kurz behaart. ÄHRCHEN: meist bräunlich. VORSPELZEN: auf den Kielen bewimpert. DECKSPELZE: kurz zugespitzt, unbegrannt. ERNEUERUNGSSPROSSE: meist 0,5–0,7 mm ⌀. Montan bis subalpin.

Schedonorus pratensis (S. 240)
subsp. ***pratensis*** (Eigentlicher Wiesen-Schwingel) – einheimisch: ÄHRCHEN: 8–15 mm lang. DECKSPELZEN: 5–7 mm lang, 1-spitzig, unbegrannt. BLÄTTER: 3–5 mm breit. LIGULA: meist 0,3–1 mm lang. UNTERE BLATTSCHEIDEN: bis unten offen.

subsp. ***apenninus*** (De Not.) H. Scholz & Valdés (Apenninen-Schwingel) – einheimisch: ÄHRCHEN: 10–20 mm lang. DECKSPELZEN: 7–9 mm lang, 2-spitzig; GRANNE: 2–4 mm lang, gerade. BLÄTTER: 4–8 mm breit. LIGULA: < 0,3 mm lang. UNTERE BLATTSCHEIDEN: bis zur Mitte geschlossen.

Danthonia decumbens (S. 252)
subsp. ***decumbens*** (Eigentliches Dreizahngras) – einheimisch: horstförmig. CHROMOSOMENSATZ: 2n = 36. V. a. in den Westalpen, v. a. auf sauren Standorten.

subsp. ***decipiens*** O. Schwarz & Bässler (Täuschendes Dreizahngras) – einheimisch: lockerrasig. CHROMOSOMENSATZ: 2n = 24. V. a. in den Ostalpen, v. a. auf kalkreichen Standorten.

Ranunculaceae

Aconitum napellus (S. 258)
subsp. *lusitanicum* Rouy (Portugiesischer Blauer Eisenhut) – einheimisch: BLÜTENSTAND: rispenartig, deutlich verzweigt. BLATTABSCHNITTE: meist 3–6 mm breit.

subsp. *vulgare* Rouy & Foucaud (Gewöhnlicher Blauer Eisenhut) – einheimisch: BLÜTENSTAND: trauben- bis rispenartig, wenig verzweigt. BLATTABSCHNITTE: 1–3 mm breit.

Aconitum degenii (S. 262)
subsp. *degenii* (Eigentlicher Rispiger Eisenhut) – einheimisch: FRUCHTKNOTEN: 3, kahl.

subsp. *valesiacum* (Gáyer) Mucher (Walliser Eisenhut) – endemisch: FRUCHTKNOTEN: 5, dicht behaart. In den Westalpen.

Aconitum lycoctonum (S. 262)
subsp. *neapolitanum* (Ten.) Nyman (Neapolitanischer Eisenhut) – einheimisch: MITTLERE STÄNGELBLÄTTER: fiederspaltig bis gefiedert, 7–9-teilig, fast bis zur Basis eingeschnitten, Abschnitte viel länger als breit u. lang zugespitzt.

subsp. *vulparia* (Spreng.) Ces. (Wolfs-Eisenhut) – einheimisch: MITTLERE STÄNGELBLÄTTER: fiederspaltig, 4–5-teilig, < 80 % tief eingeschnitten, Abschnitte kaum länger als breit u. kurz zugespitzt.

Delphinium elatum (S. 262)
subsp. *elatum* (Eigentlicher Hoher Rittersporn) – einheimisch: BLÜTENSTIELE: kahl. PERIGONBLÄTTER: außen kahl. INNERE PERIGONBLÄTTER: ± lanzettlich. ÄUSSERE PERIGONBLÄTTER: 1,5–2,5-mal so lang wie breit. NEKTARBLÄTTER: schwarz bis schwärzlich-braun. In den Alpen nur im Steirischen Randgebirge.

subsp. *austriacum* Pawł. (Österreichischer Rittersporn) – endemisch: TRAGBLÄTTER DER BLÜTEN: zumindest die unteren geteilt, länger als die Blütenstiele. PERIGONBLÄTTER: nach der Blüte abfallend. NEKTARBLÄTTER: bläulich *oder* gelblich-weißlich. TRAGBLÄTTER DER UNTEREN BLÜTEN: fiederspaltig, länger als die Blütenstiele.

subsp. *helveticum* Pawł. (Schweizer Rittersporn) – endemisch: BLÜTENSTIELE: kahl. PERIGONBLÄTTER: außen kahl. INNERE PERIGONBLÄTTER: ± oval. ÄUSSERE PERIGONBLÄTTER: 2,5–4-mal so lang wie breit. NEKTARBLÄTTER: schwarz bis schwärzlich-braun.

subsp. *macropetalum* Starm. (Deferegger Hoher Rittersporn) – endemisch: BLÜTENSTIELE: behaart, *nur* mit drüsenlosen Haaren. PERIGONBLÄTTER: außen behaart, *nur* mit drüsenlosen Haaren. NEKTARBLÄTTER: schwarz bis schwärzlich-braun. In den Westlichen Tauernalpen. – Nach Stör et al. (2023) handelt es sich eher um Verwilderungen einer anderen *Delphinium*-Art (gilt auch für *D. apolanum*).

subsp. *polatschekii* Starm. (Polatschecks Hoher Rittersporn) – endemisch: BLÜTENSTIELE: behaart, *auch* mit gelben Drüsenhaaren. PERIGONBLÄTTER: außen behaart, *auch* mit gelben Drüsenhaaren. NEKTARBLÄTTER: Nektarblätter schwarz bis schwärzlich-braun.

subsp. *tiroliense* (Dalla Torre) Hegi (Tiroler Rittersporn) – endemisch: BLÜTENSTIELE: behaart, *ausschließlich* mit gelben Drüsenhaaren. PERIGONBLÄTTER: außen behaart, *ausschließlich* mit gelben Drüsenhaaren. NEKTARBLÄTTER: schwarz bis schwärzlich-braun.

Helleborus niger (S. 264)
subsp. *niger* (Eigentliche Christrose) – einheimisch: PERIGONBLÄTTER: breit oval. BLATTABSCHNITTE: länglich-keilförmig, zumindest distal gezähnt, Zähne allenfalls kurz stachelspitzig. In den Alpen u. benachbarten Gebirgen.

subsp. *macranthus* (Freyn) Schiffn. (Großblütige Christrose) – endemisch: PERIGONBLÄTTER: oval. BLATTABSCHNITTE: breit lanzettlich, am Rand gezähnt, Zähne lang stachelspitzig. In den zentralen südlichen Alpen.

Pulsatilla alpina (S. 266)
subsp. *alpina* (Eigentliche Alpen-Küchenschelle) – einheimisch: Mit Fruchtstand 30–70 cm hoch. BLÜTEN: meist 40–55 mm ⌀, weißlich. AUSLÄUFER: unterirdisch. GRUNDBLÄTTER: am Rand zur Fruchtzeit kahl, Spreite gegen den Stiel meist abgewinkelt, mit 15–20 Blattabschnitten, Teilung der Endfieder *nicht* bis zur Rhachis reichend; Blattabschnitte ± 10 mm lang u. 5 mm breit.

subsp. *alba* Zämelis & Paegle (Österreicher Alpen-Küchenschelle) – einheimisch: Mit Fruchtstand 10–30 cm hoch. BLÜTEN: meist 35–45 mm ⌀, weißlich; STÄNGEL: unten von abgestorbener Laubblattscheide umgeben. AUSLÄUFER: unterirdisch. GRUNDBLÄTTER: am Rand zur Fruchtzeit kahl, Spreite gegen den Stiel meist *nicht* abgewinkelt, mit 3–15 Blattabschnitten; Teilung der Endfieder bis zur Rhachis reichend; Blattabschnitte ± 12 mm lang u. 6 mm breit.

subsp. *apiifolia* (Scop.) Nyman (Gelbe Alpen-Küchenschelle) – einheimisch: Mit Fruchtstand 30–70 cm hoch. BLÜTEN: meist 30–50 mm ⌀, hellgelb. AUSLÄUFER: unterirdisch. GRUNDBLÄTTER: Spreite gegen den Stiel meist *nicht* abgewinkelt, mit 8–12 Blattabschnitten, Blattabschnitte ± 20 mm lang u. 15 mm breit, Blattabschnitte letzter Ordnung am Rand mit 10–15 Zähnen.

subsp. *austroalpina* D. M. Moser (Südliche Alpen-Küchenschelle) – einheimisch: Mit Fruchtstand 30–70 cm hoch. BLÜTEN: meist 50–70 mm ⌀, weißlich. BLÜTENSTIELE: zur Fruchtzeit > 15 cm lang. AUSLÄUFER: unterirdisch. GRUNDBLÄTTER: am Rand zur Fruchtzeit behaart, Teilung der Endfieder *nicht* bis zur Rhachis reichend, mit 10–15 Blattabschnitten, Blattabschnitte ± 20 mm lang u. 10 mm breit.

subsp. *cottianaea* (Beauverd) D. M. Moser (Cottische Alpen-Küchenschelle) – endemisch: Mit Fruchtstand 30–70 cm hoch. BLÜTEN: meist 75–90 mm ⌀, weißlich. AUSLÄUFER: unterirdisch. GRUNDBLÄTTER: am Rand zur Fruchtzeit behaart, mit 15–20 Blattabschnitten, Blattabschnitte ± 10 mm lang u. 5 mm breit.

subsp. *millefoliata* (Bertol.) D. M. Moser (Vielzipflige Alpen-Küchenschelle) – einheimisch: Mit Fruchtstand 10–30 cm hoch. BLÜTEN: meist 55–60 mm ⌀, weißlich, selten hellgelb; STÄNGEL: unten *ohne* abgestorbene Laubblattscheide. AUSLÄUFER: fehlend. GRUNDBLÄTTER: am Rand zur Fruchtzeit behaart, mit > 20 Blattabschnitten, Blattabschnitte ± 12 mm lang u. 8 mm breit, Blattabschnitte 3. Ordnung am Rand mit 4–8 Zähnen.

subsp. *schneebergensis* D. M. Moser (Schneeberger Alpen-Küchenschelle) – endemisch: Mit Fruchtstand 30–70 cm hoch. BLÜTEN: meist 40–55 mm ⌀, weißlich. BLÜTENSTIELE: zur Fruchtzeit 5–6 cm lang. AUSLÄUFER: unterirdisch. GRUNDBLÄTTER: am Rand zur Fruchtzeit behaart, mit 4–10 Blattabschnitten, Teilung der Endfieder *nicht* bis zur Rhachis reichend, Blattabschnitte ± 40 mm lang u. 25 mm breit.

Pulsatilla halleri (S. 268)
subsp. *halleri* (Eigentliche Haller-Küchenschelle) – endemisch: PERIGONBLÄTTER: meist 20–30 mm lang. GRUNDBLÄTTER: 2-3-fach gefiedert, mit 3–5 Blattabschnitten.

subsp. *styriaca* (Pritz.) Zämelis (Steirische Küchenschelle) – endemisch: PERIGONBLÄTTER: meist 40–50 mm lang. GRUNDBLÄTTER: 1-2-fach gefiedert, mit 7–20 Blattabschnitten, Blattabschnitte ± 6–12 mm breit.

Ranunculus alpestris (S. 270)
subsp. *alpestris* (Eigentlicher Alpen-Hahnenfuß) – einheimisch: GRUNDBLÄTTER: 3–5-teilig gelappt bis fiederspaltig, Blattabschnitte ± gestielt, länglich-lineal, glänzend, Mittellappen > 2,5 mm breit.

subsp. *traunfellneri* (Hoppe) P. Fourn. (Traunfellners Hahnenfuß) – endemisch: GRUNDBLÄTTER: 3-teilig gelappt bis fiederspaltig, Blattabschnitte sitzend, ± keilförmig, matt, Mittellappen < 2 mm breit.

Ranunculus kuepferi (S. 272)
subsp. *kuepferi* (Eigentlicher Kuepfers Hahnenfuß) – einheimisch: KRONBLÄTTER: meist 5. STAUBBLÄTTER: mehr als Fruchtblätter. POLLEN: fertil. Diploide Sippe.

subsp. *orientalis* W. Huber (Östlicher Kuepfers Hahnenfuß) – einheimisch: KRONBLÄTTER: meist < 5. STAUBBLÄTTER: meist weniger als Fruchtblätter. POLLEN: meist steril. Polyploide Sippe.

Ranunculus acris (S. 276)
subsp. *acris* (Eigentlicher Scharfer Hahnenfuß) – einheimisch: 30–60 cm hoch. AUSLÄUFER: < 1 cm lang. BLÄTTER: Blattabschnitte zu > 66 % eingeschnitten. OBERE STÄNGELBLÄTTER: Blattabschnitte länglich-lineal, > 7-mal so lang wie breit.

subsp. *friesianus* (Jord.) Syme (Fries' Hahnenfuß) – einheimisch: 50–120 cm hoch. AUSLÄUFER: 3–10 cm lang. BLÄTTER: Blattabschnitte zu < 66 % eingeschnitten. OBERE STÄNGELBLÄTTER: Blattabschnitte länglich bis oval, < 7-mal so lang wie breit.

Ranunculus bulbosus (S. 278)
subsp. *bulbosus* (Eigentlicher Knolliger Hahnenfuß) – einheimisch: WURZELN: *nicht* knollig verdickt. STÄNGEL: basal knollig verdickt.

subsp. *aleae* (Willk.) Rouy & Foucaud (Aleas Hahnenfuß) – einheimisch: WURZELN: knollig verdickt, Knollen 1,5–6 mm ⌀. STÄNGEL: basal meist *nicht* verdickt.

Saxifragaceae

Saxifraga hostii (S. 282)
subsp. *hostii* (Eigentlicher Host-Steinbrech) – subendemisch: GRUNDBLÄTTER: distal abgerundet; ROSETTEN: 4–15 cm ⌀. In den Südlichen Ostalpen u. Dinarischen Gebirgen.

subsp. *rhaetica* (A. Kern.) Braun-Blanq. (Rätischer Steinbrech) – endemisch: GRUNDBLÄTTER: ± spitz; ROSETTEN: 4–8 cm ⌀. In den südlichen Zentral- u. Ostalpen.

Saxifraga cuneifolia (S. 284)
subsp. *cuneifolia* (Eigentlicher Keilblättriger Steinbrech) – subendemisch: BLÜTENSTAND: ≤ 10-blütig. BLÜTEN: zuweilen mit 1 orangen Punkt pro Kronblatt. KRONBLÄTTER: 2–4 mm lang. BLÄTTER: auch die größeren allmählich in den Stiel verschmälert; AM RAND: mit beidseits je 1–3 Zähnen, Zähne klein. In den Seealpen, Ligurischen Alpen u. im nördlich Apennin, v. a. auf sauren Standorten.

subsp. *robusta* D. A. Webb (Großer Keilblättriger Steinbrech) – einheimisch: BLÜTENSTAND: oft ≥ 10-blütig. BLÜTEN: zuweilen mit 1 orangen Punkt pro Kronblatt. KRONBLÄTTER: 3–5 mm lang. BLÄTTER: die größeren mit deutlich abgegrenztem Stiel; AM RAND: mit beidseits je 3–6 Zähnen, Zähne groß. In den Alpen u. benachbarten Gebirgen, v. a. auf kalkreichen Standorten.

Saxifraga exarata (S. 284)
subsp. *exarata* (Eigentlicher Furchen-Steinbrech) – endemisch: GRUNDBLÄTTER: ungeteilt oder 3–5-teilig. V. a. auf sauren Standorten.

subsp. *carniolica* (Huter) Jalas (Krainer Steinbrech) – endemisch: GRUNDBLÄTTER: 3-teilig. In den Julischen Alpen u. Kärntnerisch-Slowenischen Alpen.

subsp. *delphinensis* (Ravaud) Kerguélen (Dauphiné Steinbrech) – endemisch: GRUNDBLÄTTER: 3–5-teilig. In den Südlichen Westalpen, auf kalkreichen Standorten.

Saxifraga oppositifolia (S. 290)
subsp. *oppositifolia* (Eigentlicher Gegenblättriger Steinbrech) – einheimisch: ± lockerrasig. KRONBLÄTTER: meist 5–12 mm lang. KELCHBLÄTTER: bewimpert, ohne Drüsen. STÄNGEL: mit (etwas) verlängerten Internodien. BLÄTTER: länglich, > 2,5 mm lang, distal ± spitz, unterseits ± deutlich gekielt, meist mit 1 (3) Kalkdrüsen nahe der Spitze, distal deutlich verdickt, allenfalls an der Spitze etwas zurückgebogen.

subsp. *blepharophylla* (Hayek) Vollmann (Wimperblättriger Steinbrech) – endemisch: ± lockerrasig. KELCHBLÄTTER: bewimpert, *ohne* Drüsen. STÄNGEL: mit (etwas) verlängerten Internodien. BLÄTTER: oft spatelförmig, distal abgerundet, am ganzen Rand lang bewimpert, unterseits kaum gekielt, meist mit 1 Kalkdrüse nahe der Spitze, distal kaum verdickt, allenfalls an der Spitze etwas zurückgebogen.

subsp. *rudolphiana* (Hornsch.) Nyman (Rudolphis Steinbrech) – endemisch: dichtrasig bis polsterförmig. KRONBLÄTTER: meist 4–7 mm lang. KELCHBLÄTTER: zumindest einige drüsig bewimpert. STÄNGEL: mit kurzen Internodien. BLÄTTER: < 2 mm lang, distal abgerundet, distal deutlich zurückgebogen.

Saxifraga retusa (S. 290)
subsp. *retusa* (Eigentlicher Gestutzter Steinbrech) – einheimisch: KELCHBLÄTTER: kahl.

subsp. *augustana* (Vacc.) P. Fourn. (Aostatal-Steinbrech) – endemisch: KELCHBLÄTTER: drüsig behaart. In den Südlichen Westalpen.

Saxifraga moschata (S. 292)
subsp. *moschata* (Eigentlicher Moschus-Steinbrech) – einheimisch: GRUNDBLÄTTER: 3-teilig. Auf kalkreichen Standorten.

subsp. *allionii* (Gaudin) Pignatti (Allionis Moschus-Steinbrech) – endemisch (?): GRUNDBLÄTTER: 3–5-teilig. In den Dauphiné-Alpen, Grajischen Alpen u. Lepontinischen Alpen.

Crassulaceae

Sedum atratum (S. 304)
subsp. *atratum* (Eigentlicher Dunkler Mauerpfeffer) – einheimisch: Pflanzen meist rötlich überlaufen. BLÜTEN: meist rötlich.

subsp. *carinthiacum* (Pacher) D. A. Webb (Kärntner Mauerpfeffer) – einheimisch: Pflanzen selten rötlich überlaufen. BLÜTEN: weißlich bis grünlich-gelblich. In den Ostalpen u. benachbarten Gebirgen.

Jovibarba globifera (S. 308)
subsp. *allionii* (Jord. & Fourr.) J. Parn. (Allionis Fransenhauswurz) – endemisch: GRUNDBLÄTTER: zusammenneigend, schmäler als die Stängelblätter, in der distalen Hälfte am breitesten, distal oft bräunlich-rötlich, auf der Fläche kahl; ROSETTEN: 2–4 cm ⌀. In den Südlichen Westalpen.

subsp. *arenaria* (W. D. J. Koch) J. Parn. (Gewöhnliche Sand-Fransenhauswurz) – endemisch: KELCHBLÄTTER: auf der Fläche mit Drüsenhaaren. BLÄTTER: am Rand mit 0,2–0,4 mm langen Wimpern. GRUNDBLÄTTER: zusammenneigend, breiter als die Stängelblätter, 8–15 cm lang, auf der Fläche meist kahl. In den südlichen Zentral- u. Ostalpen.

subsp. *pseudohirta* (Leute) Letz (Behaarte Sand-Fransenhauswurz) – endemisch: KELCHBLÄTTER: auf der Fläche kahl. BLÄTTER: am Rand mit 0,4–0,8 mm langen Wimpern. GRUNDBLÄTTER: ausgebreitet, eine ± offene Rosette bildend, breiter als die Stängelblätter, 14–20 cm lang, auf der Fläche kahl. MITTLERE STÄNGELBLÄTTER: schmäler als die Rosettenblätter. In den Westlichen Tauernalpen.

Sempervivum montanum (S. 310)
subsp. *montanum* (Eigentliche Berg-Hauswurz) – einheimisch: GRUNDBLÄTTER: < 12 mm lang. ROSETTEN: 1–2 cm ⌀. In den Alpen u. benachbarten Gebirgen.

subsp. *burnatii* (Hayek) Wettst. (Burnats Berg-Hauswurz) – einheimisch: GRUNDBLÄTTER: > 12 mm lang, ± 8 mm breit, distal grünlich; ROSETTEN: 2–5 cm ⌀. In den Südlichen Westalpen.

subsp. *stiriacum* Hayek (Steirische Berg-Hauswurz) – endemisch: GRUNDBLÄTTER: > 12 mm lang, ± 5 mm breit, distal rötlich; ROSETTEN: 2–5 cm ⌀. In den Ostalpen.

Sempervivum wulfenii (S. 312)
subsp. *wulfenii* (Eigentliche Wulfen-Hauswurz) – endemisch: GRUNDBLÄTTER: auf der Fläche kahl. In den Ostalpen.

subsp. *juvanii* (Strgar) Favarger & J. Parn. (Juvanis Hauswurz) – endemisch: GRUNDBLÄTTER: auf der Fläche drüsig behaart. In den Julischen Alpen.

Fabaceae

Anthyllis vulneraria (S. 314)
subsp. *alpestris* (Schult.) Asch. & Graebn. (Alpen-Wundklee) – einheimisch: bis 30 cm hoch; TRAGBLÄTTER DER KÖPFCHEN: mit lineal-lanzettlichen Fiederblättchen. BLÜTEN: gelblich. KELCHBLÄTTER: 12–18 mm lang, meist abstehend behaart, Haare gräulich-weißlich. STÄNGEL: krautig, dünn, meist unverzweigt, vor allem unten beblättert, mit 1–4 Laubblättern. BLÄTTER: 3–9-teilig. GRUNDBLÄTTER: Endfieder deutlich größer als die Seitenfiedern, meist nur die Endfieder ausgebildet.

subsp. *carpatica* (Pant.) Nyman (Karpaten-Wundklee) – einheimisch: 10–60 cm hoch; TRAGBLÄTTER DER KÖPFCHEN: mit lineal-lanzettlichen Fiederblättchen. BLÜTEN: gelblich. KELCHBLÄTTER: 8–12 mm lang, meist anliegend behaart, Haare hellgelblich. STÄNGEL: krautig, dünn, meist unverzweigt, vor allem unten beblättert, mit 1–4 Laubblättern. BLÄTTER: 3–9-teilig. GRUNDBLÄTTER: Endfieder deutlich größer als die Seitenfiedern.

subsp. *vulnerarioides* (All.) Arcang. (Falscher Wundklee) – einheimisch: 30–90 cm hoch; TRAGBLÄTTER DER KÖPFCHEN: mit lanzettlichen Fiederblättchen. KÖPFCHEN: 20–25 mm ⌀. BLÜTEN: rötlich o. gelblich, Fahne meist heller o. rötlich-violett. KELCHBLÄTTER: 6–12 mm lang. STÄNGEL: basal verholzt, allenfalls basal niederliegend, meist wenig verzweigt, unten abstehend behaart *oder* kahl. BLÄTTER: 3–17-teilig. GRUNDBLÄTTER: Endfieder allenfalls etwas größer als die Seitenfiedern. In den Südlichen Westalpen u. benachbarten Gebirgen.

Oxytropis campestris (S. 318)
subsp. *campestris* (Eigentlicher Alpen-Spitzkiel) – einheimisch: BLÜTEN: meist gelblich-weißlich, zuweilen violett überlaufen. FAHNE: Platte ± 2-mal so lang wie breit. In den Alpen u. benachbarten Gebirgen.

subsp. *tyroliensis* (Fritsch) Leins & Merxm. (Tiroler Alpen-Spitzkiel) – endemisch: BLÜTEN: meist weißlich, violett überlaufen, Schiffchen mit violetten Flecken. FAHNE: Platte < 2-mal so lang wie breit. In den Zentral- u. Ostalpen.

Oxytropis halleri (S. 318)
subsp. *halleri* (Eigentlicher Haller-Spitzkiel) – einheimisch: STIEL DES BLÜTENSTANDES: anliegend bis aufrecht abstehend behaart; 1–2 mm ⌀. BLÜTEN: meist rötlich bis violett. In den Zentral- u. Ostalpen.

subsp. *velutina* (Schur) O. Schwarz (Samtiger Spitzkiel) – endemisch: STIEL DES BLÜTENSTANDES: abstehend behaart; 2–3 mm ⌀. BLÜTEN: hellviolett bis rötlich-violett. In den Zentral- u. Westalpen, in inneralpinen Trockentälern.

Astragalus vesicarius (S. 324)
subsp. *vesicarius* (Eigentlicher Blasen-Tragant) – einheimisch: BLÜTEN: weißlich bis rötlich-violett, ± einfarbig. FAHNE: distal ausgerandet. KELCHBLÄTTER: 6–16 mm lang. BLÄTTER: dicht anliegend behaart. In den Alpen u. benachbarten Gebirgen.

subsp. *carniolicus* (A. Kern.) Chater (Kärntner Blasen-Tragant) – einheimisch: BLÜTEN: weißlich-gelblich bis rötlich-violett, ± einfarbig. FAHNE: distal abgerundet. KELCHBLÄTTER: meist 8–10 mm lang. In den Julischen Alpen u. benachbarten Gebirgen.

subsp. *pastellianus* (Pollini) Arcang. (Monte-Pastello-Tragant) – endemisch: BLÜTEN: gelblich, zuweilen rötlich überlaufen. KELCHBLÄTTER: meist 10–12 mm lang. BLÄTTER: locker anliegend behaart. In den Cottischen, Penninischen u. Grajischen Alpen sowie den Venetischen Voralpen, selten.

Hedysarum hedysaroides (S. 326)
subsp. *hedysaroides* (Eigentlicher Alpen-Süßklee) – einheimisch: KELCHZIPFEL: 1–3 mm lang. BLÄTTER: meist 9–13-teilig. In den Alpen u. benachbarten Gebirgen.

subsp. *exaltatum* (A. Kern.) Žertová (Hoher Alpen-Süßklee) – endemisch: KELCHZIPFEL: 3–5 mm lang. BLÄTTER: meist 13–23-teilig. In den Südlichen Ostalpen.

Onobrychis arenaria (S. 326)
subsp. *arenaria* (Eigentliche Sand-Esparsette) – einheimisch: BLÜTEN: hellrot. KRONE: 8–10 mm lang. In den Alpen u. benachbarten Gebirgen.

subsp. *taurerica* Hand. Mazz. (Tauern-Esparsette) – endemisch: BLÜTEN: hellrot bis weißlich. KRONE: 10–12 mm lang. In den Westlichen Tauernalpen.

Trifolium montanum (S. 330)
subsp. *montanum* (Eigentlicher Berg-Klee) – einheimisch: 20–50 cm hoch. BLÜTEN: meist weißlich. KRONE: 7–9 mm lang. KELCHZIPFEL: unterer länger als die übrigen. STÄNGEL: meist aufrecht. Planar bis subalpin.

subsp. *rupestre* (Ten.) Nyman (Felsen-Berg-Klee) – einheimisch: bis 15 cm hoch. BLÜTEN: rosa. KRONE: 10–12 mm lang. KELCHZIPFEL: ± gleich lang. STÄNGEL: zumindest basal niederliegend. In den Südlichen Westalpen u. im Apennin, subalpin, v. a. auf sauren Standorten.

Rosaceae

Spiraea decumbens (S. 356)
subsp. *decumbens* (Eigentlicher Niederliegender Spierstrauch) – endemisch: JUNGTRIEBE: kahl. BLÄTTER: basal keilförmig, distal deutlich gezähnt; OBERSEITS: dunkelgrün; UNTERSEITS: blau- bis graugrün, kahl bis spärlich behaart. In den Karnischen u. Julischen Alpen.

subsp. *tomentosa* (Poech) Dostál (Hacquets Spierstrauch) – subendemisch: JUNGTRIEBE: behaart. BLÄTTER: basal abgerundet, distal schwach gezähnt; OBERSEITS: gräulich; UNTERSEITS: gräulich, dicht filzig behaart. In den Dolomiten (?), Venetischen Voralpen, den Karnischen u. Julischen Alpen sowie den Dinarischen Gebirgen (Dakskobler 2023).

Hypericaceae

Hypericum richeri (S. 360)
subsp. *richeri* (Eigentliches Richers Johanniskraut) – einheimisch: KELCH: am Rand schwarz drüsig-gezähnt, Drüsen 0,5–1 mm lang. BLÄTTER: ± spitz. In den Westalpen u. benachbarten Gebirgen.

subsp. *grisebachii* (Boiss.) Nyman (Grisebachs Johanniskraut) – einheimisch: KELCH: am Rand schwarz drüsig-gezähnt, Drüsen < 0,5 mm lang. BLÄTTER: ± distal abgerundet. In den Julischen Alpen u. benachbarten Gebirgen.

Violaceae

Viola lutea (S. 362)
subsp. *lutea* (Eigentliches Gelbes Alpen-Stiefmütterchen) – einheimisch: UNTERES KRONBLATT: meist 1–1,5 cm breit. STÄNGEL: < 1 mm ⌀. BLÄTTER: dicht behaart. UNTERE NEBENBLÄTTER: meist 6–9-teilig, Mittellappen 1–1,5 mm breit. In den Nördlichen Westalpen u. benachbarten Gebirgen, v. a. auf basenreichen Standorten.

subsp. *sudetica* (Willd.) Nyman (Gelbes Sudeten-Stiefmütterchen) – einheimisch: UNTERES KRONBLATT: meist 1,5–2 cm breit. STÄNGEL: > 1 mm ⌀. BLÄTTER: kahl bis spärlich behaart. UNTERE NEBENBLÄTTER: meist 4–6-teilig, Mittellappen 1,5–3 mm breit. In den Niederen Tauern (selten) u. Karpaten, v. a. auf sauren Standorten.

Viola calcarata (S. 362)
subsp. *calcarata* (Eigentliches Langsporniges Stiefmütterchen) – endemisch: BLÜTEN: einzeln, meist dunkelviolett. SPORN: 8–18 mm lang, länger als die Kronblätter. UNTERE NEBENBLÄTTER: ungeteilt, 10–15 mm lang.

subsp. *cavillieri* (W. Becker) Negodi (Cavilliers Stiefmütterchen) – subendemisch: BLÜTENSTAND: 1–3-blütig. BLÜTEN: bläulich-violett o. gelb. SPORN: 8–15 mm lang, ± so lang wie die Kronblätter. KELCHBLÄTTER: 9–14 mm lang. UNTERE NEBENBLÄTTER: gelappt bis gefiedert, 10–60 mm lang, Endlappen bis 5 cm lang. In den Seealpen u. Ligurischen Alpen sowie im Apennin.

subsp. *villarsiana* (Schult.) Merxm. (Villars' Stiefmütterchen) – endemisch: BLÜTENSTAND: 1–3-blütig. BLÜTEN: bläulich-violett o. gelb. SPORN: 8–18 mm lang, länger als die Kronblätter. UNTERE NEBENBLÄTTER: gelappt bis gefiedert, 10–15 mm lang. In den Südlichen Westalpen.

subsp. *zoysii* (Wulfen) Murb. (Zoys' Stiefmütterchen) – einheimisch: BLÜTEN: einzeln, gelblich. SPORN: 8–18 mm lang, länger als die Kronblätter. UNTERE NEBENBLÄTTER: ungeteilt, 10–15 mm lang. In den Südlichen Ostalpen sowie den Dinarischen Gebirgen.

Euphorbiaceae

Euphorbia variabilis (S. 378)
subsp. *variabilis* (Eigentliche Veränderliche Wolfsmilch) – endemisch: HÜLLCHENBLÄTTER: untere länger als die Stängelblätter. SAMEN: 1,5–2,5 mm ⌀. In den zentralen südlichen Alpen.

subsp. *valliniana* (Belli) Jauzein (Vallinos Wolfsmilch) – endemisch: HÜLLCHENBLÄTTER: untere kürzer als die Stängelblätter. SAMEN: 2,5–3 mm ⌀. BLÄTTER: distal ausgerandet. In den Südlichen Westalpen.

Cistaceae

Helianthemum nummularium (S. 390)
subsp. *glabrum* (W. D. J. Koch) Wilczek (Kahles Sonnenröschen) – einheimisch: KRONBLÄTTER: 10–16 mm lang. KELCHBLÄTTER: die größeren 6–14 mm lang. BLÄTTER: UNTERSEITS: allenfalls am Rand u. auf den Nerven behaart.

subsp. *grandiflorum* (Scop.) Schinz & Thell. (Großblütiges Sonnenröschen) – einheimisch: KRONBLÄTTER: 10–20 mm lang. KELCHBLÄTTER: die größeren 6–14 mm lang. BLÄTTER: UNTERSEITS: kahl bis zerstreut behaart.

subsp. *tomentosum* (Scop.) Schinz & Thell. (Filziges Sonnenröschen) – einheimisch: KRONBLÄTTER: 10–16 mm lang. KELCHBLÄTTER: die größeren 5–9 mm lang. BLÄTTER: UNTERSEITS: gräulich, behaart.

Brassicaceae

Brassica repanda (S. 400)
subsp. *repanda* (Eigentlicher Ausgebreiteter Kohl) – endemisch: KRONBLÄTTER: 6–15 mm lang. FRÜCHTE: ± gerade, in der Mitte am breitesten, deutlich vom Schnabel abgesetzt, 15–50 mm lang, 3–5 mm breit. STÄNGEL: zumindest basal niederliegend, am Rand meist bewimpert. In den Südlichen Westalpen.

subsp. *glabrescens* (Poldini) Gómez Campo (Kahler Kohl) – subendemisch: KRONBLÄTTER: 6–10 mm lang. FRÜCHTE: gebogen, in der distalen Hälfte am breitesten, allmählich in den Schnabel übergehend, 20–60 mm lang, 1–3 mm breit. BLÄTTER: distal mit 1 Borstenhaar. An der Grenze zwischen den Venetischen Voralpen u. den Karnischen Alpen (u. deren Vorland).

Biscutella laevigata (S. 402)
subsp. *laevigata* (Eigentliches Glattes Brillenschötchen) – einheimisch: GRUNDBLÄTTER: meist 8–12 mm breit, zuweilen bis 20 mm breit, 3,5–12 cm lang, deutlich behaart (inkl. subsp. *lucida*).

subsp. *austriaca* (Jord.) Mach. Laur. (Österreichisches Brillenschötchen) – einheimisch: GRUNDBLÄTTER: 7–10 mm breit, 3,5–6 cm lang.

Arabis alpina (S. 404)
subsp. *alpina* (Eigentliche Alpen-Gänsekresse) – einheimisch: Pflanzen ± borstig behaart. KRONBLÄTTER: allmählich in den Nagel verschmälert, 6–10 mm lang, 2–4 mm

breit. KELCHBLÄTTER: 3–5 mm lang. FRÜCHTE: 20–40 mm lang. BLÄTTER: grünlich.

subsp. *caucasica* (Willd.) Briq. (Kaukasische Gänsekresse) – einheimisch: Pflanzen weiß- bis graufilzig behaart. KRONBLÄTTER: plötzlich in den Nagel verschmälert, 8–18 mm lang, 5–8 mm breit. KELCHBLÄTTER: 4–8 mm lang. FRÜCHTE: 40–80 mm lang. BLÄTTER: gräulich. Zuweilen kultiviert u. verwildert.

Draba aizoides (S. 408)
subsp. *aizoides* (Eigentliches Immergrünes Felsenblümchen) – einheimisch: FRÜCHTE: 3–9 mm lang, kahl o. am Rand bewimpert. GRUNDBLÄTTER: oft zusammenneigend.

subsp. *beckeri* (A. Kern.) Hörandl & Gutermann (Beckers Felsenblümchen) – einheimisch: FRÜCHTE: 7–13 mm lang, meist behaart. GRUNDBLÄTTER: meist spreizend. In den Niederösterreichischen Voralpen, dem Steirischen Randgebirge sowie den Karpaten, meist montan.

Iberis aurosica (S. 416)
subsp. *aurosica* (Eigentliche Aurouze-Schleifenblume) – endemisch: bis 40 cm hoch. FRÜCHTE: Spitzen der distalen Anhänge zusammenneigend. STÄNGEL: vor allem unten beblättert. BLÄTTER: länglich bis spatelförmig, breit, oft mit kurzen Haaren. In den Provenzalischen Alpen u. Voralpen.

subsp. *nana* (All.) Moreno (Zwerg-Schleifenblume) – endemisch: bis 15 cm hoch. FRÜCHTE: Spitzen der distalen Anhänge auseinanderspreizend. STÄNGEL: ± gleichmäßig beblättert. BLÄTTER: länglich, schmal, kahl. In den Südlichen Westalpen.

Hornungia alpina (S. 418)
subsp. *alpina* (Eigentliche Alpen-Gamskresse) – einheimisch: KRONBLÄTTER: plötzlich in den Nagel verschmälert, meist 3,5–5 mm lang, meist 2–3 mm breit. GRIFFEL: meist 0,2–0,5 mm lang. FRUCHTSTAND: lang. FRÜCHTE: 4–5 mm lang. GRUNDBLÄTTER: überwiegend 5–11-teilig.

subsp. *austroalpina* (Trpin) O. Appel (Südalpen-Gamskresse) – endemisch: KRONBLÄTTER: allmählich in den Nagel verschmälert, meist 2,5–4 mm lang, meist 1–2 mm breit. GRIFFEL: meist 0,1–0,2 mm lang. FRUCHTSTAND: kurz. FRÜCHTE: 3–4 mm lang. GRUNDBLÄTTER: überwiegend 3–7-teilig. In den Südlichen Ostalpen.

subsp. *brevicaulis* (Sprengel) O. Appel (Kurzstänglige Gamskresse) – einheimisch: KRONBLÄTTER: allmählich in den Nagel verschmälert, meist 2,5–4 mm lang, meist 1–2 mm breit. GRIFFEL: meist 0,2–0,5 mm lang. FRUCHTSTAND: kurz. FRÜCHTE: 2–4 mm lang. GRUNDBLÄTTER: überwiegend 3–7-teilig.

Arabidopsis halleri (S. 420)
subsp. *halleri* (Eigentliche Haller-Schaumkresse) – einheimisch: 15–50 cm hoch. BLÜTEN: meist weißlich, selten hellviolett. FRUCHTSTIELE: 5–10 mm lang. AUSLÄUFER: meist kurz. OBERE STÄNGELBLÄTTER: ganzrandig.

subsp. *ovirensis* (Wulfen) O'Kane & Al-Shehbaz (Karawanken Schaumkresse) – einheimisch: bis 20 cm hoch. BLÜTEN: violett. FRUCHTSTIELE: 10–15 mm lang. AUSLÄUFER: meist lang. OBERE STÄNGELBLÄTTER: gezähnt. In den Südlichen Ostalpen u. Karpaten.

Cardamine amara (S. 422)
subsp. *amara* (Eigentliches Bitteres Schaumkraut) – einheimisch: STÄNGEL: meist mit 2–8 Laubblättern. UNTERE STÄNGELBLÄTTER: meist 5–9-teilig. Planar bis alpin.

subsp. *austriaca* L. Marhold (Österreichisches Schaumkraut) – einheimisch: STÄNGEL: meist mit 5–15 Laubblättern. UNTERE STÄNGELBLÄTTER: meist 9–21-teilig. In den Zentral- u. Ostalpen u. benachbarten Gebirgen, planar bis submontan.

Alyssum wulfenianum (S. 428)
subsp. *wulfenianum* (Eigentliches Wulfen-Steinkraut) – endemisch: KRONBLÄTTER: außen kahl, 5,5–6,5 mm lang. GRIFFEL: 2–3 mm lang. FRÜCHTE: 6–7 mm lang. GRUNDBLÄTTER: allmählich in den Stiel verschmälert, länglich bis lanzettlich. In den Karnischen u. Julischen Alpen.

subsp. *ovirense* (A. Kern.) Magauer, Schönswetter & Frajman (Karawanken-Steinkraut) – endemisch: KRONBLÄTTER: außen mit vielarmigen Haaren, 6–8 mm lang. GRIFFEL: 2,5–3,5 mm lang. FRÜCHTE: 6,5–9 mm lang. GRUNDBLÄTTER: plötzlich in den Stiel verschmälert, spatelförmig bis oval. In den Südlichen Alpen u. Dinarischen Gebirgen.

Erysimum sylvestre (S. 430)
subsp. *sylvestre* (Eigentlicher Felsen-Schöterich) – einheimisch: BLÜTEN: gelblich. KRONBLÄTTER: unterseits zuweilen behaart, 16–22 mm lang. FRÜCHTE: aufrecht abstehend, Winkel zwischen reifer Schote u. Hauptachse des Blütenstandes < 50°. GRUNDBLÄTTER: fast sitzend.

subsp. *aurantiacum* (Leyb.) P. W. Ball (Orangefarbiger Schöterich) – endemisch: BLÜTEN: meist orange. KRONBLÄTTER: unterseits kahl, 12–20 mm lang. FRÜCHTE: ± waagerecht abstehend, Winkel zwischen reifer Schote u. Hauptachse des Blütenstandes > 50°. GRUNDBLÄTTER: gestielt, Stiel < 0,5-mal so lang wie die Spreite.

Santalaceae

Thesium pyrenaicum (S. 434)
subsp. *pyrenaicum* (Eigentliches Pyrenäen-Leinblatt) – einheimisch: 10–50 cm hoch. BLÜTENSTAND: lockerblütig. PERIGONBLÄTTER: 3–4 mm lang. STÄNGEL: aufrecht. In den Nördlichen Ostalpen fehlend, v. a. montan.

subsp. *grandiflorum* (A. DC.) Hendrych (Großblütiges Leinblatt) – einheimisch: 10–20 cm hoch. BLÜTENSTAND: dichtblütig. PERIGONBLÄTTER: 6–8 mm lang. STÄNGEL: basal ± niederliegend. In den Ostalpen u. Dinarischen Gebirgen, v. a. subalpin u. alpin.

Polygonaceae

Rumex acetosella (S. 436)
subsp. *acetosella* (Eigentlicher Kleiner Sauer-Ampfer) – einheimisch: INNERE PERIGONBLÄTTER: sich leicht von der Frucht lösend. FRÜCHTE: breiter als lang. UNTERE STÄNGELBLÄTTER: basal mit 1 Paar spießförmiger Seitenlappen.

subsp. *acetoselloides* (Balansa) Den Nijs (Südöstlicher Kleiner Sauerampfer) – einheimisch: INNERE PERIGONBLÄTTER: sich leicht von der Frucht lösend. FRÜCHTE: breiter als lang. UNTERE STÄNGELBLÄTTER: basal mit ≥ 2 Paaren spießförmiger Seitenlappen.

subsp. *angiocarpus* (Murb.) Murb. (Hüllfrüchtiger Sauer-Ampfer) – einheimisch: INNERE PERIGONBLÄTTER: mit der Frucht fest verwachsen. FRÜCHTE: länger als breit. UNTERE STÄNGELBLÄTTER: basal mit 1 Paar spießförmiger Seitenlappen.

Caryophyllaceae

Paronychia kapela (S. 440)
subsp. *kapela* (Eigentliches Kapela-Nagelkraut) – einheimisch: STÄNGEL: ± dicht stehend. BLÄTTER AN STERILEN ÄSTEN: 0,2–0,3 cm lang, 1–1,5 mm breit, 2–3,5-mal so lang wie breit. NEBENBLÄTTER: meist etwas länger als die Blätter.

subsp. *serpyllifolia* (Chaix) Graebn. (Quendelblättriges Nagelkraut) – einheimisch: STÄNGEL: ± locker stehend. BLÄTTER AN STERILEN ÄSTEN: 0,3–0,6 cm lang, 1,6–3,5 mm breit, 1–2-mal so lang wie breit. NEBENBLÄTTER: meist kürzer als die Blätter. Inkl. der hexaploiden, morphologisch nicht sicher unterscheidbaren subsp. *galloprovincialis*, in den Südlichen Westalpen u. Pyrenäen.

Arenaria ciliata (S. 442)
subsp. *ciliata* (Eigentliches Bewimpertes Sandkraut) – einheimisch: BLÜTEN: meist einzeln. BLÄTTER: 3–4-mal so lang wie breit, am ganzen Rand bewimpert.

subsp. *bernensis* Favarger (Berner Sandkraut) – endemisch: BLÄTTER: 2–3-mal so lang wie breit, in der basalen Hälfte bewimpert, distal kahl.

Cerastium arvense (S. 446)
subsp. *strictum* Gaudin (Steifes Acker-Hornkraut) – einheimisch: dichtrasig. TRAGBLÄTTER DER BLÜTEN: am Rand bewimpert. KRONBLÄTTER: 8–11 mm lang. KELCHBLÄTTER: 5–7 mm lang. BLÄTTER: im QS flach ausgebreitet, 0,6–1,6 cm lang, 1–4 mm breit.

subsp. *suffruticosum* (L.) Nyman (Verholzendes Acker-Hornkraut) – einheimisch: Halbstrauch. TRAGBLÄTTER DER BLÜTEN: am Rand kahl. BLÄTTER: im QS zusammengerollt bis rinnig, derb, lineal bis länglich, bis 2 cm lang, < 1 mm breit. V. a. in den südlichen Alpen.

Cerastium carinthiacum (S. 446)
subsp. *carinthiacum* (Eigentliches Kärntner Hornkraut) – endemisch: TRAGBLÄTTER DER BLÜTEN: zumindest die oberen mit breitem Hautrand. BLÄTTER: (fast) kahl; OBERSEITS: glänzend. In den Ostalpen.

subsp. *austroalpinum* (Kunz) Janch. (Südalpen-Hornkraut) – endemisch: TRAGBLÄTTER DER BLÜTEN: krautig, *ohne* Hautrand, allenfalls distal häutig. BLÄTTER: drüsig behaart. In den Südlichen Ostalpen.

Cerastium fontanum (S. 446)
subsp. *fontanum* (Eigentliches Quell-Hornkraut) – einheimisch: TRAGBLÄTTER DER BLÜTEN: die unteren oft krautig u. *ohne* Hautrand, die oberen mit Hautrand. KRONBLÄTTER: ± 1,3-mal so lang wie die Kelchblätter. KELCHBLÄTTER: 6–10 mm lang. FRÜCHTE: 12–20 mm lang. BLÄTTER: 1–2,5 cm lang, 5–15 mm breit. Äcker, Wiesen.

subsp. *lucorum* (Schur) Soó (Großfrüchtiges Hornkraut) – einheimisch: Pflanzen dicht drüsenhaarig. TRAGBLÄTTER DER BLÜTEN: alle mit Hautrand. KRONBLÄTTER: ± so lang wie die Kelchblätter. KELCHBLÄTTER: 6–10 mm lang. FRÜCHTE: 12–20 mm lang. BLÄTTER: 2,5–7 cm lang, 12–30 mm breit. An feuchten schattigen Standorten, selten.

subsp. *vulgare* (Hartm.) Greuter & Burdet (Gewöhnliches Hornkraut) – einheimisch: Pflanzen dicht behaart, *ohne* o. mit wenigen Drüsenhaaren. TRAGBLÄTTER DER BLÜTEN: alle mit Hautrand. KRONBLÄTTER: ± 1,3-mal so lang wie die Kelchblätter. KELCHBLÄTTER: 4–6 mm lang. FRÜCHTE: 6–12 mm lang. BLÄTTER: 1–2,5 cm lang, 3–12 mm breit. Subalpin bis alpin.

Holosteum umbellatum (S. 450)
subsp. *umbellatum* (Eigentliche Spurre) – einheimisch: TRAGBLÄTTER DER BLÜTEN: kahl. STAUBBLÄTTER: meist 5. STÄNGEL: drüsig behaart.

subsp. *hirsutum* (Mutel) Breistr. (Behaarte Spurre) – endemisch: TRAGBLÄTTER DER BLÜTEN: behaart. STAUBBLÄTTER: 10. STÄNGEL: *ohne* Drüsenhaare. In den Seealpen u. Provenzalischen Alpen u. Voralpen, auf kalkreichen Standorten.

Minuartia cherlerioides (S. 452)
subsp. *cherlerioides* (Eigentliche Mannsschild-Miere) – endemisch: BLÄTTER: kahl.

subsp. *rionii* (Gremli) Friedrich (Rions-Miere) – endemisch: BLÄTTER: behaart.

Dianthus furcatus (S. 466)
subsp. *furcatus* (Eigentliche Gabel-Nelke) – endemisch: 15–40 cm hoch. KRONE: 20–25 mm ⌀. KELCH: distal (undeutlich) verschmälert, 15–18 mm lang, 2–3 mm ⌀. STÄNGEL: mit > 2 Laubblättern. In den Südlichen Westalpen.

subsp. *dissimilis* (Burnat) Pignatti (Unähnliche Gabel-Nelke) – endemisch: 15–40 cm hoch. KRONE: 10–18 mm ⌀. KELCH: zylindrisch, 15–18 mm lang, 4–5 mm ⌀. STÄNGEL: mit > 2 Laubblättern. In den Seealpen u. Cottischen Alpen.

subsp. *lereschii* (Burnat) Pignatti (Leresches Gabel-Nelke) – endemisch: bis 15 cm hoch. KELCHBLÄTTER: 10–13 mm lang. STÄNGEL: mit 2 Laubblättern. In den Grajischen Alpen.

Silene vulgaris (S. 472)
subsp. *vulgaris* (Eigentliches Leimkraut) – einheimisch: meist 30–100 cm hoch. NEBENKRONE: meist fehlend. STÄNGEL: 5–25-blütig, Stängel, aufrecht. STÄNGELBLÄTTER: 3–15 cm lang, basal abgerundet bis ausgerandet.

subsp. *glareosa* (Jord.) Marsden-Jones & Turrill (Geröll-Leimkraut) – einheimisch: 10–30 cm hoch. NEBENKRONE: vorhanden. STÄNGEL: 2–7-blütig, zumindest basal niederliegend. STÄNGELBLÄTTER: länglich-lanzettlich, 1–3 cm lang, basal abgerundet bis ausgerandet. Subalpin bis alpin, auf kalkreichen Standorten.

subsp. *prostrata* (Gaudin) Schinz & Thell. (Niederliegendes Leimkraut) – einheimisch: 10–30 cm hoch. NEBENKRONE: meist fehlend. STÄNGEL: 1–3-blütig, zumindest basal niederliegend. STÄNGELBLÄTTER: oval bis rundlich, basal verschmälert.

Silene vallesia (S. 474)
subsp. *vallesia* (Eigentliches Walliser Leimkraut) – endemisch: BLÜTEN: innen rosa, außen rötlich. KELCHBLÄTTER: 20–25 mm lang. MITTLERE STÄNGELBLÄTTER: zumindest die längsten > 1 cm lang, 3–10 mm breit, kaum kleiner als die Grundblätter. Auf sauren Standorten.

subsp. *graminea* (Rchb.) Nyman (Grasblättriges Leimkraut) – einheimisch: BLÜTEN: violett bis rötlich o. weißlich. KELCHBLÄTTER: 12–20 mm lang. MITTLERE STÄNGELBLÄTTER: alle < 1 cm lang, 2–3 mm breit, deutlich kleiner als die Grundblätter. Auf kalkreichen Standorten.

Silene acaulis (S. 474)
subsp. *acaulis* (Eigentliches Stängelloses Leimkraut) – einheimisch: BLÜTENSTIELE: 8–35 mm lang. KELCHBLÄTTER: 5–10 mm lang. FRÜCHTE: ± eiförmig, deutlich länger als der Kelch. BLÄTTER: 6–12 mm lang. Auf kalkreichen Standorten.

subsp. *bryoides* (Jord.) Nyman (Silikat-Stängelloses Leimkraut) – einheimisch: Blütenstiele: 1–6 mm lang. Kelchblätter: 3–6 mm lang. Früchte: ± kugelig, kaum länger als der Kelch. Blätter: 4–8 mm lang. Auf sauren Standorten.

Primulaceae

Primula farinosa (S. 478)
subsp. *farinosa* (Eigentliche Mehl-Primel) – einheimisch: Blätter: unterseits deutlich mehlig bestäubt.

subsp. *alpigena* O. Schwarz (Südalpen Mehl-Primel) – einheimisch: Blätter: unterseits nicht o. spärlich mehlig bestäubt. In den südlichen Alpen u. benachbarten Gebirgen.

Primula auricula (S. 488)
subsp. *auricula* (Eigentliche Alpen-Aurikel) – einheimisch: Blüten: hellgelb. Blätter: (schwach) sukkulent, spärlich drüsig behaart, Drüsenhaare < 0,2 mm lang; unterseits: zuweilen mehlig bestäubt. V. a. in den nördlichen Alpen u. Karpaten.

subsp. *balbisii* (Lehm.) Nyman (Balbis' Aurikel) – einheimisch: Blüten: dunkelgelb. Blätter: drüsig behaart, Drüsenhaare 0,3–0,4 mm lang; unterseits: kaum mehlig bestäubt. In den südlichen Alpen u. benachbarten Gebirgen.

Primula elatior (S. 488)
subsp. *elatior* (Eigentliche Hohe Schlüsselblume) – einheimisch: Blüten: > 20 mm ⌀. Kelchzipfel: 3–8 mm lang, > 2-mal so lang wie die Kelchröhre; oberseits: deutlich runzelig. Collin bis alpin.

subsp. *intricata* (Gren. & Godr.) Widmer (Südliche Schlüsselblume) – einheimisch: Blüten: < 20 mm ⌀. Kelchzipfel: 2–3 mm lang, < 2-mal so lang wie die Kelchröhre; oberseits: schwach runzelig. In den südlichen Alpen u. benachbarten Gebirgen, collin bis subalpin.

Androsace adfinis (S. 492)
subsp. *adfinis* (Eigentlicher Fleischroter Mannsschild) – endemisch: Blütenstand: 5–10-blütig. Blüten: weißlich. Blätter: 1–3 cm lang, 2,5–3,5 mm breit, ganzrandig bis seicht gezähnt. In den Südlichen Westalpen, meist auf sauren Standorten.

subsp. *brigantiaca* (Jord. & Fourr.) Kress (Briançon-Mannsschild) – endemisch: Blütenstand: 3–7-blütig. Blüten: meist (hell-)rötlich-violett, selten weißlich. Krone: 5–8 mm ⌀. Blätter: 1–3 cm lang, 1,5–2 mm breit, seicht gezähnt u. unterseits knorpelig verdickt. In den Westalpen.

subsp. *puberula* (Jord. & Fourr.) Kress (Flaumiger Fleischroter Mannsschild) – endemisch: Blütenstand: 2–7-blütig. Blüten: weißlich. Krone: 5–6 mm ⌀. Blätter: 0,6–2 cm lang, 1–2 mm breit, ganzrandig. In den Westalpen, auf sauren Standorten.

Androsace vitaliana (S. 500)
subsp. *vitaliana* (Eigentliche Vital-Goldprimel) – einheimisch: Blätter: oberseits kahl; unterseits: mit vielarmigen Haaren.

subsp. *cinerea* (Sünd.) Kress (Graue Goldprimel) – einheimisch: Blätter: oberseits mit zahlreichen vielarmigen Haaren; unterseits: mit zahlreichen vielarmigen Haaren. In den Südlichen Westalpen.

subsp. *sesleri* (Sünd.) Kress (Seslers Goldprimel) – endemisch: Blätter: kahl. In den Südlichen Ostalpen.

Gentianaceae

Gentiana brachyphylla (S. 516)
subsp. *brachyphylla* (Eigentlicher Kurzblättriger Enzian) – einheimisch: Blüten: kurz gestielt. Kronröhre: 2–3 mm ⌀. Kelchröhre: schmal geflügelt. Auf sauren Standorten.

subsp. *favratii* (Rittener) Tutin (Favrats Enzian) – einheimisch: Blüten: sitzend. Kronröhre: 4–6 mm ⌀. Kelchröhre: ungeflügelt. Auf kalkreichen Standorten.

Gentiana pumila (S. 516)
subsp. *pumila* (Eigentlicher Zwerg-Enzian) – einheimisch: Krone: 15–25 mm lang. Kelchblätter: 11–14 mm lang. Grundblätter: ± so lang wie die Stängelblätter. In den Ostalpen, subalpin u. alpin, auf kalkreichen Standorten.

subsp. *delphinensis* (Beauverd) P. Fourn. (Dauphiné-Enzian) – endemisch: Krone: 20–25 mm lang. Kelchblätter: 16–20 mm lang. Stängel: mit 2–6 Laubblättern. Grundblätter: > 2-mal so lang wie die Stängelblätter. In den Südlichen Westalpen, montan bis alpin.

Gentiana terglouensis (S. 516)
subsp. *terglouensis* (Eigentlicher Triglav-Enzian) – endemisch: Kelchzipfel: > 0,5-mal so lang wie die Kelchröhre. In den Südlichen Ostalpen.

subsp. *schleicheri* (Vacc.) Tutin (Schleichers Enzian) – endemisch: Kelchzipfel: 0,2–0,4-mal so lang wie die Kelchröhre. In den Südlichen Westalpen.

Gentiana verna (S. 518)
subsp. *verna* (Eigentlicher Frühlings-Enzian) – einheimisch: Kelchröhre: mit 0,5–1,5 mm breiten Flügeln. Grundblätter: < 3-mal so lang wie breit. In trockenem Grünland.

subsp. *tergestina* (Beck) Hayek (Triester Enzian) – einheimisch: Kelchröhre: mit 1,5–4 mm breiten Flügeln. Grundblätter: > 3-mal so lang wie breit. In den Ostalpen u. benachbarten Gebirgen, collin bis subalpin, in Kalktrockenrasen.

Gentiana clusii (S. 520)
subsp. *clusii* (Eigentlicher Kalk-Glocken-Enzian) – einheimisch: Kelchzipfel: 3-eckig.

subsp. *undulatifolia* Sünd. (Wellblatt Kalk-Glocken-Enzian) – einheimisch: Kelchzipfel: lanzettlich. In den südlichen Alpen u. im Apennin.

Gentiana froelichii (S. 522)
subsp. *froelichii* (Eigentlicher Karawanken-Enzian) – endemisch: Kelchzipfel: 4–8 mm lang. Staubbeutel: meist 3–4,5 mm lang. Grundblätter: lanzettlich bis oval, meist 3–6-mal so lang wie breit.

subsp. *zenarii* (Jan) F. Martini & L. Poldini (Silvia Zenaris Enzian) – endemisch: Kelchzipfel: 7–11 mm lang. Staubbeutel: meist 4,5–6 mm lang. Grundblätter: länglich bis lanzettlich, meist 6–12-mal so lang wie breit.

Gentiana burseri (S. 522)
subsp. *actinocalyx* Polidori (Gelappktelchiger Enzian) – endemisch: 40–100 cm hoch. Krone: 20–40 mm lang. Kelch: mit 3–8 ungleich großen Zähnen. In den Seealpen u. Ligurischen Alpen.

subsp. *villarsii* (Griseb.) Rouy (Villars' Enzian) – endemisch: 20–60 cm hoch. Krone: 15–40 mm lang. Kelch: ungeteilt o. mit 1–2 großen Zähnen. In den Südlichen Westalpen.

Gentiana lutea (S. 522)
subsp. *lutea* (Eigentlicher Gelber Enzian) – einheimisch: TRAGBLÄTTER DER KNÄUEL: höchstens so lang wie diese, grünlich. STAUBBEUTEL: frei. V. a. montan bis alpin.

subsp. *symphyandra* (Murb.) Hayek (Verwachsenstaubblättriger Enzian) – subendemisch: STAUBBEUTEL: miteinander verwachsen. In den Venetischen Voralpen, den Julischen u. Karnischen Alpen sowie den Dinarischen Gebirgen, v. a. collin bis subalpin.

subsp. *vardjanii* Wraber (Vardjans Enzian) – endemisch: TRAGBLÄTTER DER KNÄUEL: deutlich länger als diese, gelblich-grünlich. STAUBBEUTEL: frei. In den Südlichen Ostalpen, v. a. montan bis subalpin.

Boraginaceae

Cerinthe minor (S. 534)
subsp. *minor* (Eigentliche Kleine Wachsblume) – einheimisch: 1–2-jährig. BLÜTENSTIELE: glatt. FRÜCHTE: bräunlich. Planar bis montan.

subsp. *auriculata* (Ten.) Domac (Kleinohrige Wachsblume) – einheimisch: mehrjährig. BLÜTENSTIELE: rau. FRÜCHTE: schwarz. In den Südlichen Westalpen u. benachbarten Gebirgen, montan bis alpin, in Hochstaudenfluren.

Myosotis arvensis (S. 540)
subsp. *arvensis* (Eigentliches Acker-Vergissmeinnicht) – einheimisch: KRONE: 2–4 mm ⌀. KELCHBLÄTTER: behaart, Haare < 0,4 mm lang. FRUCHTKNOTEN: < 5 mm lang.

subsp. *umbrata* (Rouy) O. Schwarz (Hain-Vergissmeinnicht) – einheimisch: KRONE: 4–6 mm ⌀. KELCHBLÄTTER: behaart, Haare 0,5–0,7 mm lang. FRUCHTKNOTEN: > 6 mm lang. In Wäldern, Gebüschen u. Säumen.

Myosotis decumbens (S. 540)
subsp. *decumbens* (Eigentliches Niederliegendes Vergissmeinnicht) – einheimisch: KRONRÖHRE: 0,8–1,5-mal so lang wie der Kelch. GRIFFEL: kürzer als die Kronröhre. Collin bis subalpin.

subsp. *kerneri* (Dalla Torre & Sarnth.) Grau (Kerners Vergissmeinnicht) – einheimisch: KRONRÖHRE: > 2-mal so lang wie der Kelch. STAUBBLÄTTER: kürzer als die Kronröhre. GRIFFEL: länger als die Kronröhre. In den Ostalpen u. Karpaten, montan bis subalpin.

subsp. *variabilis* (Angelis) Grau (Steirisches Vergissmeinnicht) – einheimisch: KRONRÖHRE: > 2-mal so lang wie der Kelch. STAUBBLÄTTER: (etwas) länger als die Kronröhre. GRIFFEL: länger als die Kronröhre. In den Ostalpen u. Karpaten, montan bis alpin.

Plantaginaceae

Plantago atrata (S. 542)
subsp. *atrata* (Eigentlicher Berg-Wegerich) – einheimisch: bis 20 cm hoch. STAUBBLÄTTER: 1,5–2,5 mm lang. BLÄTTER: kahl bis spärlich behaart. Montan bis alpin.

subsp. *fuscescens* (Jord.) Pilger (Bräunlicher Wegerich) – einheimisch: bis 40 cm hoch. STAUBBLÄTTER: 3–3,5 mm lang. BLÄTTER: dicht behaart. V. a. in den südlichen Alpen, montan bis subalpin.

Linaria alpina (S. 544)
subsp. *alpina* (Eigentliches Alpen-Leinkraut) – einheimisch: bis 10 cm hoch. OBERLIPPE: distal ausgerandet bis gelappt, Lappen < 2-mal so lang wie breit. SPORN: im QS abgeflacht. KELCHZIPFEL: (breit) oval. SAMEN: 1–2 mm lang. Montan bis nival.

subsp. *petraea* (Jord.) Rouy (Jura-Leinkraut) – einheimisch: 10–20 cm hoch. OBERLIPPE: distal (tief) gelappt, Lappen 2–3-mal so lang wie breit. SPORN: im QS rundlich. KELCHZIPFEL: (schmal-) lanzettlich. SAMEN: 2,5–4 mm lang. In den Zentralalpen fehlend, überwiegend montan.

***Callitriche palustris* agg.** (S. 546)
Callitriche palustris L. (Sumpf-Wasserstern) – einheimisch: Wasser- o. Sumpfpflanze. TEILFRÜCHTE: im LS eiförmig, 0,8–1,4 mm lang, 0,6–1 mm breit, länger als breit, im QS nur oben geflügelt. STÄNGEL: 10–50 cm lang.

Callitriche cophocarpa Sendtn. (Stumpffrüchtiger Wasserstern) – einheimisch: Wasser- o. Sumpfpflanze. NARBEN: aufrecht. TEILFRÜCHTE: im LS rundlich, 0,7–1,4 mm lang, breiter als lang, im QS rundlich bis kantig. STÄNGEL: 10–25 cm lang.

Callitriche hamulata W. D. J. Koch (Haken-Wasserstern) – einheimisch: Im Boden wurzelnde Wasserpflanze, bildet selten auch Landformen aus. NARBEN: zurückgebogen, der Frucht anliegend. TEILFRÜCHTE: im LS rundlich, 1,2–1,6 mm lang, breiter als lang, im QS scharf-kantig bis geflügelt. STÄNGEL: 20–80 cm lang.

Veronica serpyllifolia (S. 548)
subsp. *serpyllifolia* (Eigentlicher Quendel-Ehrenpreis) – einheimisch: BLÜTENSTAND: zur Blütezeit 5–10 cm lang, meist 20–50-blütig. BLÜTEN: bläulich. KRONE: 5–7 mm ⌀. BLÄTTER: lanzettlich bis oval, Spreite meist 1–2,5 cm lang, 1,5–2,5-mal so lang wie breit. Collin bis alpin.

subsp. *humifusa* (Dicks.) Syme (Gebirgs-Quendel-Ehrenpreis) – einheimisch: BLÜTENSTAND: zur Blütezeit < 5 cm lang, meist 5–20-blütig. BLÜTEN: weißlich. KRONE: 6–9 mm ⌀. BLÄTTER: oval bis rundlich, Spreite 0,5–1,2 cm lang, 1–1,7-mal so lang wie breit. Montan bis alpin.

Veronica chamaedrys (S. 548)
subsp. *chamaedrys* (Eigentlicher Gamander-Ehrenpreis) – einheimisch: KELCHBLÄTTER: Haare 0,6–1,4 mm lang, meist mit Drüsenhaaren. BLÄTTER: dunkelgrün, meist matt. Collin bis alpin.

subsp. *micans* M. A. Fisch. (Glanz Gamander-Ehrenpreis) – endemisch: KELCHBLÄTTER: Haare 0,3–0,8 mm lang, stets drüsenlos. BLÄTTER: frischgrün, meist glänzend. V. a. in den Ostalpen, montan bis subalpin.

Lentibulariaceae

Pinguicula grandiflora (S. 554)
subsp. *grandiflora* (Eigentliches Großblütiges Fettkraut) – einheimisch: KRONE: mit Sporn 25–35 mm lang. KELCHZIPFEL: oval, kurz.

subsp. *rosea* (Mutel) Casper (Rosa-Fettkraut) – endemisch: KRONE: mit Sporn 20–30 mm lang. KELCHZIPFEL: länglich-lanzettlich, lang.

Lamiaceae

Stachys officinalis (S. 558)
subsp. *officinalis* (Eigentliche Echte Betonie) – einheimisch: Blütenstand: Knäuel, in dichter Scheinähre. Stängel: locker abstehend behaart. untere Stängelblätter: basal ausgerandet.

subsp. *serotina* (Host) Hayek (Späte Betonie) – einheimisch: Blütenstand: Knäuel, in lockerer Scheinähre. Stängel: dicht abstehend behaart. untere Stängelblätter: basal gerade bis abgerundet. In den Südlichen Ostalpen u. Dinarischen Gebirgen.

Salvia pratensis (S. 564)
subsp. *pratensis* (Eigentlicher Wiesen-Salbei) – einheimisch: Pflanze: mit wenigen Drüsenhaaren. Tragblätter der Blüten: abstehend bis zurückgeschlagen, grünlich. Oberlippe der Krone: lang, sichelförmig gebogen.

subsp. *bertolonii* (Vis.) Soó (Bertolonis Wiesen-Salbei) – einheimisch: Pflanze: mit zahlreichen Drüsenhaaren. Tragblätter der Blüten: ± aufrecht, meist rötlich-violett überlaufen. Oberlippe der Krone: kurz, ± gerade.

Thymus praecox (S. 564)
subsp. *praecox* (Eigentlicher Frühblühender Thymian) – einheimisch: Stängel: allseits behaart. Blätter: 0,3–1,2 cm lang, obere u. untere ± gleich groß. Collin bis subalpin.

subsp. *polytrichus* (A. Kern. ex Borbás) Jalas (Gebirgs-Thymian) – einheimisch: Stängel: an 2 Seiten behaart. Blätter: bis 1,5 cm lang, die oberen größer als die unteren; unterseits: Seitennerven *keinen* verdickten Randnerv bildend. Subalpin bis alpin.

subsp. *widderi* (Ronniger ex Machule) P. A. Schmidt (Widders Thymian) – endemisch: Stängel: an 2 Seiten behaart. Blätter: bis 1,5 cm lang, die oberen größer als die unteren; unterseits: Seitennerven einen verdickten Randnerv bildend. In den Steirischen Nordalpen, collin bis montan, in Kiefernwäldern.

Thymus pulegioides (S. 566)
subsp. *pulegioides* (Eigentlicher Arznei-Thymian) – einheimisch: Stängel: im QS scharf 4-kantig, nur an den Kanten behaart, Haare lang, abstehend. Blätter: nach oben ± gleich groß bleibend, beidseits behaart.

subsp. *pannonicus* (All.) Kerguélen (Steppen-Thymian) – einheimisch: Stängel: im QS stumpf 4-kantig bis rundlich, allseits behaart.

Orobanchaceae

***Melampyrum nemorosum* agg.** (S. 568)
Melampyrum nemorosum L. (Hain-Wachtelweizen) – einheimisch: Tragblätter der Blüten: mit > 5 mm langen begrannten Zähnen, mit breiter Spitze. Schlund: ± geschlossen. Kelchblätter: wollig behaart, Haare > 0,4 mm lang. Kelchzipfel: 4–6 mm lang.

Melampyrum catalaunicum Freyn (Katalaunischer Wachtelweizen) – einheimisch: Tragblätter der Blüten: mit > 5 mm langen begrannten Zähnen, mit langer schmaler Spitze. Krone: 14–16 mm lang. Schlund: ± geschlossen. Kelchblätter: mit zur Basis gerichteten anliegenden Haaren, Haare > 0,4 mm lang. Kelchzipfel: 6–9 mm lang. In den Südlichen Westalpen u. benachbarten Gebirgen.

Melampyrum italicum Soó (Italienischer Wachtelweizen) – einheimisch: Tragblätter der Blüten: mit > 5 mm langen begrannten Zähnen. Krone: 14–16 mm lang. Schlund: ± geschlossen. Kelchblätter: behaart, Haare < 0,4 mm lang. Kelchzipfel: 7–10 mm lang. V. a. in den südlichen Alpen.

Melampyrum subalpinum (Jur.) A. Kern. (Schmalblatt-Wachtelweizen) – einheimisch: Tragblätter der Blüten: mit > 5 mm langen begrannten Zähnen. Krone: 15–20 mm lang. Schlund: ± offen. Kelchblätter: auf den Nerven lang behaart, Haare > 0,4 mm lang. Kelchzipfel: 4–6 mm lang. In den Ostalpen.

Melampyrum vaudense (Ronniger) Soó (Waadtländer Wachtelweizen) – endemisch (?): Tragblätter der Blüten: mit > 5 mm langen begrannten Zähnen. Krone: 16–20 mm lang. Schlund: ± geschlossen. Kelchblätter: kahl bis spärlich behaart, Haare < 0,4 mm lang. Kelchzipfel: 4–6 mm lang. V. a. in den Südlichen Westalpen.

Melampyrum velebiticum Borbás (Velebit-Wachtelweizen) – einheimisch: Tragblätter der Blüten: ganzrandig o. mit 1–2 Zähnen. Krone: 18–22 mm lang. Schlund: ± offen. Kelchblätter: behaart, Haare < 0,4 mm lang. Kelchzipfel: 4–6 mm lang. V. a. in den südlichen Alpen.

Rhinanthus glacialis (S. 568)
subsp. *glacialis* (Eigentlicher Grannen-Klappertopf) – einheimisch: Blätter: 2–8 mm breit. In den Alpen u. benachbarten Gebirgen.

subsp. *subalpinus* (Sterneck) Dostál (Hochlagen Begrannter Klappertopf) – einheimisch: Blätter: 5–12 mm breit. In den Alpen, subalpin u. alpin.

Rhinanthus alectorolophus (S. 570)
subsp. *alectorolophus* (Eigentlicher Zottiger Klappertopf) – einheimisch: 10–80 cm hoch. Oberlippe: nach unten zeigend. Kelchblätter: zumindest einige Haare > 0,5 mm lang.

subsp. *freynii* (Sterneck) Hartl (Freyns Klappertopf) – einheimisch: 10–60 cm hoch. Oberlippe: nach vorne zeigend. Kelchblätter: Haare < 0,2 mm lang.

Pedicularis elongata (S. 584)
subsp. *elongata* (Eigentliches Langähriges Läusekraut) – endemisch: Krone: 10–18 mm lang. Kelchblätter: oberseits behaart, unterseits kahl o. auf den Nerven behaart.

subsp. *julica* (E. Mayer) Hartl (Julisches Läusekraut) – endemisch: Krone: 12–20 mm lang. Kelchblätter: oberseits langhaarig, unterseits langhaarig.

Pedicularis rostratocapitata (S. 586)
subsp. *rostratocapitata* (Eigentliches Kopfiges Läusekraut) – einheimisch: Kronblätter: Unterlippe am Rand bewimpert. In den Zentral- u. Ostalpen u. benachbarten Gebirgen.

subsp. *glabra* Kunz (Glattes Kopfiges Läusekraut) – endemisch: Kronblätter: Unterlippe am Rand kahl. In den Bergamasker Alpen u. Voralpen.

Pedicularis rostratospicata (S. 588)
subsp. *rostratospicata* (Eigentliches Ähren-Läusekraut) – einheimisch: Kelchzipfel: an den unteren Blüten ganzrandig. In den Ostalpen u. benachbarten Gebirgen.

subsp. *helvetica* (Steininger) O. Schwarz (Schweizer Läusekraut) – endemisch: Kelchzipfel: an den unteren Blüten fein gesägt. In den Zentral- u. Westalpen.

Pedicularis rosea (S. 590)
subsp. *rosea* (Eigentliches Rosarotes Läusekraut) – endemisch: GRUNDBLÄTTER: mit ± 3-eckigen Fiederblättchen, oft rötlich überlaufen. In den Ostalpen, auf kalkreichen Standorten.

subsp. *allionii* (Rchb. f.) E. Mayer (Allionis Läusekraut) – einheimisch: GRUNDBLÄTTER: mit schmalen ± lanzettlichen Fiederblättchen, meist grünlich. In den Westalpen u. Pyrenäen.

Campanulaceae

Phyteuma scheuchzeri (S. 608)
subsp. *scheuchzeri* (Eigentliche Scheuchzer-Rapunzel) – endemisch: GRUNDBLÄTTER: lanzettlich bis oval, basal ausgerandet. In den Zentral- u. Südlichen Westalpen, evtl. in den Dinarischen Gebirgen.

subsp. *columnae* (Gaudin) Bech. (Horn-Rapunzel) – einheimisch: GRUNDBLÄTTER: länglich bis lanzettlich, basal keilförmig verschmälert. In den südlichen Alpen.

Asteraceae

Carduus defloratus (S. 610)
subsp. *defloratus* (Eigentliche Alpen-Distel) – einheimisch: MITTLERE HÜLLBLÄTTER: länglich-lanzettlich, oberhalb des Grundes *nicht* eingeschnürt, spitz. FRÜCHTE: undeutlich 5-spitzig. BLÄTTER: mit ± stacheligen Zähnen, Zähne 2–5 mm lang, untere oft ungeteilt, obere fiederspaltig. UNTERE STÄNGELBLÄTTER: ungeteilt. Collin bis alpin.

subsp. *carlinifolius* (Lam.) Ces. (Eberwurzblättrige Alpen-Distel) – einheimisch: MITTLERE HÜLLBLÄTTER: oberhalb des Grundes *nicht* eingeschnürt. BLÄTTER: mit ± stacheligen Zähnen, Zähne 1–2 mm lang, frischgrün, gelappt bis fiederspaltig. In den Südlichen Westalpen u. benachbarten Gebirgen, collin bis alpin.

subsp. *glaucus* (Rchb. f.) Nyman (Blaugrüne Alpen-Distel) – einheimisch: MITTLERE HÜLLBLÄTTER: oberhalb des Grundes *nicht* eingeschnürt. BLÄTTER: mit ± weichen Zähnen, Zähne 1–2 mm lang, (schwach) sukkulent, frischgrün, ungeteilt, kahl. In den Ostalpen u. Karpaten, collin bis montan, auf kalkreichen Standorten.

subsp. *rhaeticus* (DC.) Murr (Rätische Alpen-Distel) – endemisch: MITTLERE HÜLLBLÄTTER: oval, oberhalb des Grundes *nicht* eingeschnürt, abgerundet. FRÜCHTE: distal gestutzt bis abgerundet. BLÄTTER: im QS stark kraus gewellt, mit zahlreichen derben u. stechenden Stacheln, frischgrün, gelappt bis fiederspaltig. V. a. in den Zentralalpen, collin bis alpin, v. a. auf sauren Standorten.

subsp. *summanus* (Pollini) Arcang. (Dickblättrige Alpen-Distel) – subendemisch: MITTLERE HÜLLBLÄTTER: oval, oberhalb des Grundes (undeutlich) eingeschnürt, spitz. FRÜCHTE: distal gestutzt bis abgerundet. BLÄTTER: mit ± weichen Zähnen, Zähne 1–2 mm lang, (schwach) sukkulent, blau- bzw. graugrün, ungeteilt, kahl. In den Zentral- u. Ostalpen, wohl auch in den Dinarischen Gebirgen, collin bis alpin, v. a. auf kalkreichen Standorten.

Carduus litigiosus (S. 610)
subsp. *litigiosus* (Eigentliche Streit-Distel) – einheimisch: STÄNGEL: Stacheln 2–5 mm lang. In den Südlichen Westalpen u. im Apennin.

subsp. *horridissimus* (Briq. & Cavill.) Franco (Vielstachlige Streit-Distel) – subendemisch: STÄNGEL: Stacheln 10–15 mm lang. In den Seealpen u. Ligurischen Alpen sowie der Provence.

Carduus nutans (S. 610)
subsp. *nutans* (Eigentliche Nickende Distel) – einheimisch: BLÜTENSTAND: meist überhängend, locker spinnwebig behaart. KÖPFCHEN: 30–50 mm ⌀. MITTLERE HÜLLBLÄTTER: oberhalb des ovalen Grundes deutlich eingeschnürt u. geknickt, basaler Teil (länglich-)oval, distaler Teil 2–3 mm breit u. höchstens so breit wie der basale, distaler Teil allmählich zugespitzt u. mit > 3 mm langer Stachelspitze, am Rand mit > 4 mm langen Stacheln; UNTERSEITS: meist locker behaart. Collin bis subalpin.

subsp. *alpicola* (Gillot) Chass. & Arènes (Alpine Nickende Distel) – endemisch: BLÜTENSTAND: meist überhängend, dicht spinnwebig behaart. KÖPFCHEN: 50–80 mm ⌀. MITTLERE HÜLLBLÄTTER: oberhalb des ovalen Grundes deutlich eingeschnürt u. geknickt, basaler Teil (länglich-)oval, distaler Teil 5–8 mm breit u. breiter als der basale, distal allmählich zugespitzt u. mit > 3 mm langer Stachelspitze, am Rand mit > 4 mm langen Stacheln; UNTERSEITS: dicht wollig behaart. In den Südlichen Westalpen, subalpin bis alpin.

subsp. *platylepis* (Rchb. & Saut.) Nyman (Flachschuppige Nickende Distel) – endemisch: BLÜTENSTAND: meist aufrecht. KÖPFCHEN: 30–80 mm ⌀. MITTLERE HÜLLBLÄTTER: oberhalb des ovalen Grundes undeutlich eingeschnürt u. geknickt, basal breit oval, distaler Teil 5–8 mm breit u. breiter als der basale, distaler Teil plötzlich zugespitzt um mit < 3 mm langer Stachelspitze. ÄUSSERE HÜLLBLÄTTER: meist anliegend, am Rand mit < 3 mm langen Stacheln; UNTERSEITS: dicht wollig behaart. V. a. in den Zentralalpen, collin bis subalpin.

Carlina acaulis (S. 614)
subsp. *acaulis* (Eigentliche Silberdistel) – einheimisch: bis 15 cm hoch. STÄNGEL: meist gestaucht, kurz bis (scheinbar) fehlend, Köpfchen direkt auf der Rosette sitzend. BLÄTTER: flach bis schwach kraus gewellt. FIEDERBLÄTTCHEN: mittlere zu < 50 % eingeschnitten, basal nicht verschmälert; ENDFIEDER: basal > 6 mm breit.

subsp. *caulescens* (Lam.) Schübl. & G. Martens (Krausblatt-Silberdistel) – einheimisch: 20–60 cm hoch. STÄNGEL: meist gestreckt u. deutlich entwickelt. BLÄTTER: stark kraus gewellt, Fiederabschnitt mit breitem Grund. FIEDERBLÄTTCHEN: mittlere zu > 50 % eingeschnitten, basal verschmälert, ENDFIEDER: basal < 6 mm breit.

Centaurea jacea (S. 616)
subsp. *jacea* (Eigentliche Wiesen-Flockenblume) – einheimisch: Pflanzen 20–80 cm hoch, grünlich, kahl bis spärlich kurzhaarig; ANHÄNGSEL DER ÄUSSEREN HÜLLBLÄTTER: meist schwarz bis dunkelbraun, 2–4 mm lang, mit Fransen. STÄNGEL: allenfalls in der distalen Hälfte verzweigt. MITTLERE STÄNGELBLÄTTER: < 8-mal so lang wie breit. Planar bis subalpin.

subsp. *angustifolia* (DC.) Gremli (Schmalblättrige Wiesen-Flockenblume) – einheimisch: Pflanzen 80–120 cm hoch, graugrün, locker spinnwebig bis filzig behaart, oft verkahlend; ANHÄNGSEL DER ÄUSSEREN HÜLLBLÄTTER: meist schwarz bis dunkelbraun, mit weißlichem Rand, 2–4 mm lang, mit Fransen. STÄNGEL: auch basal verzweigt, mit zahlreichen Seitenzweigen. UNTERE STÄNGELBLÄTTER: meist ungeteilt. MITTLERE STÄNGELBLÄTTER: meist 3–4 mm breit, > 8-mal so lang wie breit.

subsp. *gaudinii* (Boiss. & Reut.) Gremli (Gaudins Wiesen-Flockenblume) – einheimisch: Pflanzen 20–80 cm hoch, dicht weißlich filzig behaart; ANHÄNGSEL DER ÄUSSEREN HÜLLBLÄTTER: meist weißlich, meist 5 mm lang, mit Fransen. STÄNGEL: allenfalls in der distalen Hälfte verzweigt. MITTLERE STÄNGELBLÄTTER: < 8-mal so lang wie breit. V. a. in den südlichen Alpen, collin bis subalpin.

subsp. *julica* (Hayek) Greuter (Julische Flockenblume) – subendemisch: Pflanzen 20–60 cm hoch. ANHÄNGSEL DER ÄUSSEREN HÜLLBLÄTTER: schwarz bis dunkelbraun *oder* weißlich, oft *ohne* Fransen. STÄNGEL: allenfalls in der distalen Hälfte verzweigt, mit wenigen Seitenzweigen. MITTLERE STÄNGELBLÄTTER: < 8-mal so lang wie breit. V. a. in den Julischen u. Karnischen Alpen, montan bis subalpin, v. a. auf kalkreichen Standorten.

Centaurea jordaniana (S. 618)
subsp. *jordaniana* (Eigentliche Jordan-Flockenblume) – endemisch: HÜLLE: länger als breit, bräunlich-grün gescheckt. BLÄTTER: weißlich filzig behaart. OBERE STÄNGELBLÄTTER: basal verschmälert, *nicht* (halb-)stängelumfassend. Auf sauren Standorten.

subsp. *aemilii* (Briq.) Kerguélen (Burnats Flockenblume) – endemisch: HÜLLE: ± so lang wie breit, bräunlich. BLÄTTER: weißlich filzig behaart. OBERE STÄNGELBLÄTTER: basal verschmälert, *nicht* (halb-)stängelumfassend. Auf kalkreichen Standorten.

subsp. *balbisiana* (Soldano) Kerguélen (Balbis Flockenblume) – endemisch: HÜLLE: bräunlich-grün gescheckt. BLÄTTER: weißlich filzig behaart. OBERE STÄNGELBLÄTTER: basal verbreitert, (halb-)stängelumfassend. Auf kalkreichen Standorten.

subsp. *verguinii* (Briq. & Cavill.) Kerguélen (Verguins Flockenblume) – endemisch: HÜLLE: bräunlich. BLÄTTER: graufilzig behaart. OBERE STÄNGELBLÄTTER: basal verbreitert, (halb-)stängelumfassend. Auf sauren Standorten.

Centaurea scabiosa (S. 618)
subsp. *scabiosa* (Eigentliche Skabiosen-Flockenblume) – einheimisch: 30–120 cm hoch. KÖPFCHEN: meist mehrere. HÜLLE: 18–25 mm ⌀, schwarz-grün gescheckt. MITTLERE HÜLLBLÄTTER: ± 3-eckig, beidseits mit 8–12 Fransen; ANHÄNGSEL DER ÄUSSEREN HÜLLBLÄTTER: 3-eckig, 1–5 mm lang, beidseits mit 5–15 Fransen. RANDBLÜTEN: vergrößert. STÄNGEL: nur in der distalen Hälfte verzweigt, mit wenigen (meist 1–2) Seitenzweigen. BLÄTTER: beidseits rau. Planar bis hochmontan.

subsp. *alpestris* (Hegetschw.) Nyman (Alpen-Skabiosen-Flockenblume) – einheimisch: 30–70 cm hoch. KÖPFCHEN: 1–3 pro Stängel, meist einzeln. HÜLLE: meist 20–40 mm ⌀, schwarz; ANHÄNGSEL DER ÄUSSEREN HÜLLBLÄTTER: 5–8 mm lang, beidseits mit > 15 Fransen. RANDBLÜTEN: vergrößert. Subalpin u. alpin.

subsp. *badensis* (Tratt.) Gugler (Badener Skabiosen-Flockenblume) – einheimisch: 40–120 cm hoch. KÖPFCHEN: 1–3 pro Stängel. HÜLLE: > 14 mm ⌀, schwarz-grün gescheckt. ANHÄNGSEL DER ÄUSSEREN HÜLLBLÄTTER: 1–5 mm lang, beidseits mit 5–15 Fransen. RANDBLÜTEN: vergrößert. In den Niederösterreichischen Voralpen u. Karpaten, collin bis montan, auf kalkreichen Standorten.

subsp. *fritschii* (Hayek) Hayek (Fritschs Flockenblume) – einheimisch: 40–120 cm hoch. KÖPFCHEN: meist mehrere. HÜLLE: 14–18 mm ⌀, schwarz-grün gescheckt. ANHÄNGSEL DER ÄUSSEREN HÜLLBLÄTTER: 1–5 mm lang, beidseits mit 5–15 Fransen. RANDBLÜTEN: vergrößert. STÄNGEL: wenig verzweigt. In den Südlichen Ostalpen u. benachbarten Gebirgen, collin bis montan.

subsp. *grinensis* (Reut.) Nyman (Grigna-Skabiosen-Flockenblume) – einheimisch: 60–200 cm hoch. KÖPFCHEN: meist mehrere. HÜLLE: 14–18 mm ⌀, schwarz-grün gescheckt. ANHÄNGSEL DER ÄUSSEREN HÜLLBLÄTTER: 1–5 mm lang, beidseits mit 5–15 Fransen. RANDBLÜTEN: kaum vergrößert. STÄNGEL: stark verzweigt. In den südlichen West- u. Zentralalpen u. im Jura, collin bis subalpin, v. a. auf kalkreichen Standorten.

Rhaponticum heleniifolium (S. 618)
subsp. *heleniifolium* (Eigentliche Alantblättrige Bergscharte) – endemisch: GRUNDBLÄTTER: ungeteilt, selten basal 2-lappig, deutlich vom Stiel abgesetzt. In den Südlichen Westalpen, montan bis subalpin.

subsp. *bicknellii* (Briq.) Greuter (Bicknells Bergscharte) – endemisch: GRUNDBLÄTTER: fiederspaltig, mit regelmäßig angeordneten Blattabschnitten. In den Seealpen u. Ligurischen Alpen, subalpin, auf trockenen Standorten.

Rhaponticum scariosum (S. 618)
subsp. *scariosum* (Eigentliche Lamarck-Bergscharte) – endemisch: KÖPFCHEN: 60–100 mm ⌀. In den Westalpen, subalpin bis alpin, v. a. auf sauren Standorten.

subsp. *rhaponticum* (L.) Greuter (Gewöhnliche Bergscharte) – endemisch: KÖPFCHEN: 50–70 mm ⌀. In den Zentral- u. Ostalpen, montan bis subalpin, v. a. auf basenreichen Standorten.

Serratula tinctoria (S. 620)
subsp. *tinctoria* (Eigentliche Färber-Scharte) – einheimisch: 20–100 cm hoch. HÜLLE: 4–6 mm ⌀. FRÜCHTE: ± 5 mm lang. GRUNDBLÄTTER: lang gestielt. Collin bis montan.

subsp. *monticola* (Boreau) Berher (Großköpfige Färber-Scharte) – einheimisch: 10–40 cm hoch. HÜLLE: meist 8–12 mm ⌀. FRÜCHTE: ± 7 mm lang. GRUNDBLÄTTER: kurz gestielt. In den West- u. Südlichen Ostalpen u. benachbarten Gebirgen, montan bis alpin.

Crepis froelichiana (S. 624)
subsp. *froelichiana* (Eigentlicher Frölich-Pippau) – endemisch: BLÜTEN: gelblich. In den zentralen südlichen Alpen, collin bis subalpin.

subsp. *dinarica* (Beck) Gutermann (Fleischroter Pippau) – einheimisch: BLÜTEN: rosa bis weißlich. In den Südlichen Ostalpen u. Dinarischen Gebirgen, montan bis subalpin.

Crepis jacquinii (S. 624)
subsp. *jacquinii* (Eigentlicher Jacquins Pippau) – einheimisch: KÖPFCHEN: 3–5 pro Stängel. HÜLLE: 8–12 mm ⌀. HÜLLBLÄTTER: überwiegend mit weißlichen Haaren. GRUNDBLÄTTER: lanzettlich bis spatelförmig, meist entfernt gezähnt. In den Nördlichen Ostalpen u. Karpaten, montan bis alpin.

subsp. *kerneri* (Rech. f.) Merxm. (Kerners Pippau) – einheimisch: KÖPFCHEN: 1–2 pro Stängel. HÜLLE: 10–14 mm ⌀. HÜLLBLÄTTER: mit langen schwarzen Haaren. GRUNDBLÄTTER: lineal bis länglich, gelappt. In den Zentral- u. Ostalpen sowie den Dinarischen Gebirgen, subalpin bis alpin.

Scorzoneroides autumnalis (S. 644)
subsp. *autumnalis* (Eigentlicher Herbst-Schuppenlöwenzahn) – einheimisch: KÖPFCHEN: meist 2–7 pro Stängel. HÜLLBLÄTTER: locker weißlich behaart. FRÜCHTE: kurz geschnäbelt.

subsp. *borealis* (Ball) Greuter (Nördlicher Herbst-Schuppenlöwenzahn) – einheimisch: KÖPFCHEN: oft einzeln.

Hüllblätter: ± dicht schwärzlich behaart. Früchte: *nicht* geschnäbelt.

Scorzoneroides montana (S. 646)
subsp. *montana* (Eigentlicher Berg-Schuppenlöwenzahn) – einheimisch: Hüllblätter: mit langen ± gräulichen Haaren. V. a. in den Westalpen.

subsp. *breviscapa* (DC.) Greuter (Schwarzhaariger Berg-Schuppenlöwenzahn) – einheimisch: Hüllblätter: mit langen ± schwarzen Haaren. In den Ostalpen u. im Apennin.

Tragopogon pratensis (S. 652)
subsp. *pratensis* (Eigentlicher Wiesen-Bocksbart) – einheimisch: Köpfchen: meist 20–40 mm ⌀. Blüten: hellgelb. Früchte: Randfrüchte ± glatt. In den Zentral- u. Westalpen u. benachbarten Gebirgen, planar bis alpin.

subsp. *minor* (Mill.) Hartm. (Kleiner Wiesen-Bocksbart) – einheimisch: Köpfchen: meist 20–40 mm ⌀. Blüten: hellgelb. Früchte: Randfrüchte rau bis stachelig. In den Südlichen Westalpen u. benachbarten Gebirgen, planar bis montan.

subsp. *orientalis* (L.) Čelak. (Östlicher Wiesen-Bocksbart) – einheimisch: Köpfchen: 50–80 mm ⌀. Blüten: goldgelb. Früchte: Randfrüchte rau bis stachelig. Planar bis subalpin.

Doronicum glaciale (S. 656)
subsp. *glaciale* (Eigentliche Gletscher-Gämswurz) – endemisch: Hüllblätter: am Rand kurz drüsig. Grundblätter: am Rand kurz drüsig.

subsp. *calcareum* (Vierh.) Hegi (Kalk-Gletscher-Gämswurz) – endemisch: Hüllblätter: am Rand *ohne* Drüsen. Grundblätter: am Rand *ohne* Drüsen. In den Nördlichen Ostalpen, auf kalkreichen Standorten.

Jacobaea abrotanifolia (S. 662)
subsp. *abrotanifolia* (Eigentliches Eberreisblättriges Greiskraut) – einheimisch: Zungenblüten: gelblich-orange. V. a. in den Zentral- u. Ostalpen sowie benachbarten Gebirgen, auf kalkreichen Standorten.

subsp. *tiroliensis* (Dalla Torre) B. Nord. & Greuter (Tiroler Greiskraut) – endemisch: Zungenblüten: rötlich bis orange. V. a. in den Ostalpen, auf sauren Standorten.

Tephroseris integrifolia (S. 666)
subsp. *integrifolia* (Eigentliches Steppen-Greiskraut) – einheimisch: Pflanzen 20–60 cm hoch. Hüllblätter: gelblich-grünlich. Zungenblüten: gelblich. Stängel: oben: verkahlend. Collin bis alpin, v. a. auf basenreichen Standorten.

subsp. *capitata* (Wahlenb.) B. Nord. (Kopfiges Greiskraut) – einheimisch: Pflanzen 15–30 cm hoch. Köpfchen: dicht stehend. Hüllblätter: grünlich. Zungenblüten: gelblich bis kräftig rot. Stängel: oben: dicht weißwollig behaart. Subalpin bis alpin, v. a. auf basenreichen Standorten.

subsp. *serpentini* (Gáyer) B. Nord. (Serpentin-Greiskraut) – endemisch: Pflanzen 20–60 cm hoch. Hüllblätter: grünlich. Zungenblüten: gelblich, oft orange überlaufen. Stängel: oben: verkahlend. Im Steirischen Randgebirge, collin, auf trockenen kalk- u. serpentinhaltigen Standorten.

Tephroseris longifolia (S. 666)
subsp. *longifolia* (Eigentliches Langblättriges Greiskraut) – einheimisch: Pflanzen dicht drüsig behaart. Köpfchen: 30–40 mm ⌀. Hülle: 21-blättrig. Hüllblätter: distal oft rötlich. Früchte: kahl. Grundblätter: (seicht) gezähnt. mittlere Stängelblätter: basal mit breit geflügeltem Stiel. In den Ostalpen u. in den Dinarischen Gebirgen, collin bis montan.

subsp. *gaudinii* (Gremli) Kerguélen (Gaudins Greiskraut) – einheimisch: Pflanzen spärlich drüsig behaart. Köpfchen: 20–30 mm ⌀. Hülle: 13-blättrig. Früchte: ± behaart. Grundblätter: (seicht) gezähnt. mittlere Stängelblätter: basal stielartig verschmälert. Montan bis subalpin.

subsp. *pseudocrispa* (Fiori) Greuter (Cividale-Greiskraut) – endemisch: Pflanzen spärlich drüsig behaart. Köpfchen: 20–30 mm ⌀. Hülle: 13-blättrig. Früchte: ± behaart. Grundblätter: basal ausgerandet, gezähnt. mittlere Stängelblätter: basal stielartig verschmälert. In den Südlichen Ostalpen u. in den Dinarischen Gebirgen, montan bis subalpin.

Achillea erba-rotta (S. 668)
subsp. *erba-rotta* (Eigentliche Einfachblättrige Schafgarbe) – endemisch: Blätter: ungeteilt, spatelförmig, am Rand distal gezähnt. In den Südlichen Westalpen.

subsp. *moschata* (Wulfen) Vacc. (Moschus-Schafgarbe) – endemisch: Blätter: 1-fach fiederspaltig. In den Nördlichen West- u. Ostalpen.

Achillea millefolium (S. 670)
subsp. *millefolium* (Eigentliche Schafgarbe) – einheimisch: 20–120 cm hoch. Hüllblätter: mit schmalem hellbraunem Rand. Zungenblüten: nur selten rötlich überlaufen. Stängel: meist unverzweigt. Planar bis alpin.

subsp. *sudetica* (Opiz) Oborny (Sudetische Schafgarbe) – einheimisch: 15–60 cm hoch. Hüllblätter: mit (breitem) braunem bis schwarzbraunem Rand. Zungenblüten: meist rötlich überlaufen. Stängel: zuweilen verzweigt. Montan bis alpin.

Achillea distans (S. 672)
subsp. *distans* (Eigentliche Große Schafgarbe) – einheimisch: Blüten: oft rötlich überlaufen. Stängel: mittlere Internodien *nicht* deutlich gestaucht. Rhachis: 1–2 mm breit geflügelt. mittlere Stängelblätter: 4–8-mal so lang wie breit. Collin bis subalpin.

subsp. *stricta* (Gremli) Janch. (Steife Schafgarbe) – einheimisch: Blüten: selten rötlich überlaufen. Stängel: mittlere Internodien oft deutlich gestaucht. Rhachis: 2–5 mm breit geflügelt. mittlere Stängelblätter: 3–6-mal so lang wie breit. Montan bis alpin.

Artemisia umbelliformis (S. 672)
subsp. *umbelliformis* (Eigentliche Echte Edelraute) – einheimisch: Köpfchen: 10–20-blütig, 3–5 mm lang. Köpfchenboden: behaart. Grundblätter: ± handförmig gelappt bis gefingert. Subalpin bis nival.

subsp. *eriantha* (Ten.) Vallès-Xirau & Oliva Brañas (Wollköpfige Edelraute) – einheimisch: Köpfchen: 20–50-blütig, 4–7 mm lang. Köpfchenboden: kahl. Grundblätter: 2–3-fach fiederspaltig. mittlere Stängelblätter: ungeteilt bis 1-fach fiederspaltig. V. a. in den Westalpen u. benachbarten Gebirgen, subalpin bis alpin.

Artemisia campestris (S. 676)
subsp. *campestris* (Eigentlicher Feld-Beifuß) – einheimisch: 25–80 cm hoch. Köpfchen: 1,5–3 mm lang, 1–3 mm ⌀. Blätter: verkahlend. Blattabschnitte: ± 1 mm breit. Planar bis montan, an trockenen Standorten.

subsp. *alpina* (DC.) Arcang. (Alpen-Beifuß) – endemisch: bis 25 cm hoch. Blütenstand: untere Seitenäste mit > 3 Köpfchen. Köpfchen: 3–5 mm lang, 3–4 mm ⌀.

Hüllblätter: mit breitem Hautrand. Blätter: ± anliegend behaart. Blattabschnitte: bis 1,5 mm breit. Subalpin bis alpin, an trockenen Standorten.

subsp. *borealis* (Pall.) H. M. Hall & Clem. (Nordischer Beifuß) – einheimisch: bis 25 cm hoch. Blütenstand: untere Seitenäste mit ≤3 Köpfchen. Köpfchen: 3–5 mm lang, 4–6 mm ⌀. Hüllblätter: *ohne* Hautrand. Blätter: filzig behaart. Blattabschnitte: bis 1,5 mm breit. V. a. in den südlichen Alpen, subalpin bis alpin.

Anthemis cretica (S. 676)
subsp. *carpatica* (Willd.) Grierson (Karpaten-Hundskamille) – einheimisch: krautig, < 25 cm hoch. Köpfchen: 30–45 mm ⌀; Spreublätter: mit dunkel gezähnter Spitze. Hüllblätter: mit dunkelbraunem bis schwarzem Hautrand. V. a. in den Ostalpen u. benachbarten Gebirgen, alpin.

subsp. *gerardiana* (Jord.) Greuter (Gerards Hundskamille) – endemisch (?): Halbstrauch o. krautig, 20–60 cm hoch. Köpfchen: 15–25 mm ⌀. Hüllblätter: mit hellem Hautrand. V. a. in den Südlichen Westalpen u. der Provence, planar bis collin.

Leucanthemopsis alpina (S. 676)
subsp. *alpina* (Eigentliche Alpenmargerite) – einheimisch: Zungenblüten: *nicht* rötlich überlaufen. Blätter: am Rand gelappt bis fiederspaltig, Blattabschnitte > 2-mal länger als der Mittelteil der Spreite, 7–9-zähnig, Spreite 2–3 cm lang, kahl. V. a. in den Zentral- u. Westalpen.

subsp. *cuneifolia* (Murr) Tomasello & Oberpr. (Keilblättrige Alpenmargerite) – einheimisch: Zungenblüten: *nicht* rötlich überlaufen. Blätter: am Rand grob gezähnt bis gelappt, Blattabschnitte 1,5–2-mal länger als der Mittelteil der Spreite, 7–9-zähnig, Spreite 2–3 cm lang, kahl. V. a. in den Zentral- u. Ostalpen.

subsp. *minima* (Vill.) Holub (Zwerg-Alpenmargerite) – einheimisch: Zungenblüten: *nicht* rötlich überlaufen. Blätter: am Rand gelappt bis fiederspaltig, Blattabschnitte > 2-mal länger als der Mittelteil der Spreite, 5–7-zähnig, Spreite meist 1,5–2 cm lang, behaart. In den Westalpen u. Pyrenäen.

subsp. *pseudotomentosa* (Fiori) Tomasello & Oberpr. (Behaarte Alpenmargerite) – endemisch: Zungenblüten: meist rötlich überlaufen. Blätter: am Rand gelappt bis fiederspaltig, Blattabschnitte > 2-mal länger als der Mittelteil der Spreite, 7–9-zähnig, Spreite 2–3 cm lang, filzig behaart. In den Seealpen.

Leucanthemum coronopifolium (S. 678)
subsp. *coronopifolium* (Eigentliche Krähenfußblättrige Schwarzrand-Margerite) – einheimisch: Mittlere Stängelblätter: grob gezähnt bis gelappt. In den Westalpen u. benachbarten Gebirgen.

subsp. *ceratophylloides* (All.) Vogt & Greuter (Hornblattartige Schwarzrand-Margerite) – einheimisch: Mittlere Stängelblätter: fiederspaltig, mit länglich-lanzettlichen Blattabschnitten. In den Südlichen Westalpen u. im Apennin.

Leucanthemum adustum (S. 680)
subsp. *adustum* (Eigentliche Berg-Margerite) – einheimisch: Stängel: unten behaart. In Schutt- u. Felsfluren, collin bis alpin.

subsp. *margaritae* (Jáv.) Holub (Östliche Berg-Margerite) – einheimisch: Stängel: unten kahl. In den Ostalpen u. benachbarten Gebirgen, in Kiefernwäldern, planar bis montan.

Erigeron alpinus (S. 682)
subsp. *alpinus* (Eigentliches Alpen-Berufkraut) – einheimisch: Meist bis 15 cm hoch. Köpfchen: meist 1–3 pro Stängel.

subsp. *intermedius* (Rchb.) Pawł. (Hohes Alpen-Berufkraut) – einheimisch: bis 40 cm hoch. Köpfchen: meist 3–15 pro Stängel.

Erigeron glabratus (S. 684)
subsp. *glabratus* (Eigentliches Kahles Berufkraut) – einheimisch: bis 30 cm hoch. Köpfchen: 2–6 pro Stängel, 14–30 mm ⌀. Zungenblüten: violett bis rosa. Montan bis alpin.

subsp. *candidus* (Widder) W. Huber (Koralpen-Berufkraut) – endemisch: bis 20 cm hoch. Köpfchen: einzeln, ± 15 mm ⌀. Zungenblüten: weißlich. Auf der Koralpe (Steirisches Randgebirge), subalpin bis alpin, auf kalkreichen Standorten.

Solidago virgaurea (S. 686)
subsp. *virgaurea* (Eigentliche Goldrute) – einheimisch: bis 100 cm hoch. Blütenstand: Köpfchen meist in rispenartigem Gesamtblütenstand. Köpfchen: 5–8 mm lang, 10–15 mm ⌀. Blätter: 3–4-mal so lang wie breit. Planar bis subalpin, v. a. im Wäldern, seltener im Grünland.

subsp. *minuta* (L.) Arcang. (Alpen-Goldrute) – einheimisch: bis 40 cm hoch. Blütenstand: Köpfchen meist in traubenartigem Gesamtblütenstand. Köpfchen: 8–12 mm lang, 15–22 mm ⌀. Blüten: gelblich. Blätter: 4–6-mal so lang wie breit. Montan bis alpin, v. a. in nährstoffarmen Grünland u. Zwergstrauchheiden.

Caprifoliaceae

Knautia dipsacifolia (S. 692)
subsp. *dipsacifolia* (Eigentliche Wald-Witwenblume) – einheimisch: Blütenstand: Stiel: drüsig behaart; Stängel: unten behaart. untere Stängelblätter: behaart. obere Stängelblätter: auf den Nerven u. am Rand behaart, lanzettlich-oval, basal abgerundet bis herzförmig, oft (halb-) stängelumfassend, gezähnt. Planar bis subalpin.

subsp. *sixtina* (Briq.) Ehrend. (Savoyer Witwenblume) – endemisch: Stängel: unten verkahlend. untere Stängelblätter: verkahlend. obere Stängelblätter: kahl, länglich-lanzettlich, basal verschmälert, ± ganzrandig. V. a. in den Südlichen Westalpen, montan bis subalpin, im Grünland, v. a. auf kalkreichen Standorten.

Valeriana celtica (S. 700)
subsp. *celtica* (Eigentlicher Keltischer Baldrian) – endemisch: Früchte: 2,5–4 mm lang, 0,5–1,5 mm breit. Grundblätter: 1–7 mm breit, meist 3-nervig. In den Westalpen.

subsp. *norica* Vierh. (Norischer Baldrian) – endemisch: Früchte: < 3,5 mm lang, < 1 mm breit. Grundblätter: 10–12 mm breit, meist 5-nervig. In den Ostalpen.

Apiaceae

Astrantia major (S. 704)
subsp. *major* (Eigentliche Große Sterndolde) – einheimisch: Hülle: ± 2-mal so lang wie die Dolde. Hüllblätter: *nicht* rötlich überlaufen, kürzer o. nur wenig länger als die Dolde. Kelchblätter: 1–2 mm lang, kürzer bis wenig länger als die Kronblätter.

subsp. *involucrata* (W. D. J. Koch) Ces. (Kärntner Sterndolde) – einheimisch: Hülle: ± so lang wie die Dolde. Hüllblätter: oft rötlich überlaufen, ± 2-mal so lang wie die Dolde. KELCHBLÄTTER: 2–3 mm lang, deutlich länger als die Kronblätter. V. a. in den Ostalpen sowie benachbarten Gebirgen.

Bupleurum falcatum (S. 706)
subsp. *falcatum* (Eigentliches Sichelblättriges Hasenohr) – einheimisch: OBERE STÄNGELBLÄTTER: lanzettlich-oval bis spatelförmig, basal verschmälert. GRUNDBLÄTTER: gestielt. Planar bis subalpin.

subsp. *cernuum* (Ten.) Arcang. (Nickendes Hasenohr) – einheimisch: OBERE STÄNGELBLÄTTER: länglich-lanzettlich, basal (undeutlich) verbreitert, ± stängelumfassend. GRUNDBLÄTTER: sitzend. V. a. in den Westalpen u. benachbarten Gebirgen, montan bis alpin.

Bupleurum ranunculoides (S. 708)
subsp. *ranunculoides* (Eigentliches Hahnenfuß-Hasenohr) – einheimisch: STÄNGEL: unverzweigt o. wenig verzweigt. GRUNDBLÄTTER: lineal bis länglich-lanzettlich, flach ausgebreitet o. eingerollt. Collin bis alpin.

subsp. *telonense* (Timb. Lagr.) Coste (Toulon-Hasenohr) – einheimisch: STÄNGEL: stark verzweigt. GRUNDBLÄTTER: länglich-lineal, eingerollt. V. a. in den südlichen Alpen, selten, planar bis collin, an trockenen Standorten.

Pimpinella major (S. 712)
subsp. *major* (Eigentliche Große Bibernelle) – einheimisch: 50–100 cm hoch. BLÜTEN: weißlich bis hellrosa. Planar bis montan.

subsp. *rubra* (Schleich.) O. Schwarz (Rotblütige Bibernelle) – einheimisch: 20–50 cm hoch. BLÜTEN: dunkelrosa. Montan bis alpin.

Molopospermum peloponnesiacum (S. 712)
subsp. *peloponnesiacum* (Eigentlicher Striemensame) – einheimisch: BLÜTEN: gelblich-grünlich. In den Seealpen sowie im Zentralmassiv u. den Pyrenäen.

subsp. *bauhini* I. Ullmann (Bauhins Striemensame) – endemisch (?): BLÜTEN: weißlich. V. a. in den südlichen Alpen u. benachbarten Gebirgen.

Trinia glauca (S. 722)
subsp. *glauca* (Eigentlicher Blaugrüner Faserschirm) – einheimisch: HÜLLE: fehlend. HÜLLCHEN: fehlend. FRUCHTSTIELE: 2–5-mal so lang wie die Frucht. BLATTABSCHNITTE: Mittelnerv undeutlich.

subsp. *carniolica* (Janch.) H. Wolff (Krainer Faserschirm) – einheimisch: HÜLLE: 1–3-blättrig. HÜLLCHEN: 1–3-blättrig. FRUCHTSTIELE: < 1,5-mal so lang wie die Frucht. BLATTABSCHNITTE: Mittelnerv deutlich. In den Julischen Alpen sowie den Dinarischen Gebirgen u. Karpaten.

Heracleum austriacum (S. 722)
subsp. *austriacum* (Eigentlicher Österreichischer Bärenklau) – endemisch: BLÜTEN: weißlich. In den Nördlichen Ostalpen.

subsp. *siifolium* (Scop.) Nyman (Merkblättriger Bärenklau) – endemisch: BLÜTEN: rosa o. rötlich überlaufen. In den Julischen u. Kärntnerisch-Slowenischen Alpen.

Heracleum sphondylium (S. 722)
subsp. *sphondylium* (Eigentlicher Bärenklau) – einheimisch: 40–180 cm hoch. BLÄTTER: größere Stängelblätter 3-zählig gelappt. GRUNDBLÄTTER: gefiedert.

subsp. *elegans* (Jacq.) Schübl. & G. Martens (Berg-Bärenklau) – einheimisch: 100–200 cm hoch. BLÄTTER: größere Stängelblätter gefiedert, mit 5–9 Blättchen. GRUNDBLÄTTER: gelappt bis fiederspaltig, Abschnitte distal spitz; UNTERSEITIG: zwischen den Nerven kahl. In Gebirgswiesen u. Hochstaudenfluren.

subsp. *pyrenaicum* (Lam.) Bonnier & Layens (Pyrenäen-Bärenklau) – einheimisch: 50–150 cm hoch. GRUNDBLÄTTER: gelappt bis fiederspaltig, Abschnitte distal spitz; UNTERSEITIG: zwischen den Nerven behaart. In den südlichen Alpen u. benachbarten Gebirgen, subalpin u. alpin, auf kalkreichen Standorten.

Literatur

Aeschimann, D., K. Lauber, D. Moser & J. P. Theurillat (2004): Flora alpina: Ein Atlas sämtlicher 4500 Gefässpflanzen der Alpen. 3 Bände. Bern: Haupt.

AG FAB (Hrsg.) (2022ff): AG FAB. Flora Alpina Bergamasca. – Online-Ressource: app.floralpinabergamasca.net – zuletzt abgerufen am: 29.05.24.

AG Flora Italiana (Hrsg.) (2020ff): AG Flora Italiana. Flora Italiana. – Online-Ressource: luirig.altervista.org – zuletzt abgerufen am: 09.03.24.

AG Floristische Kartierung Österreichs (2024): Verbreitungsdaten zur Flora von Österreich. – Leitung der AG: L. Schratt-Ehrendorfer. Persönliche Mitteilung. Wien.

Aichner, G., T. Wilhelm & F. Festi (2022): Die Gattung Alchemilla L. (Rosaceae) in Südtirol. – In: Gredleriana 22: 5-84.

Albach, D. C., H. M. Meudt & B. Oxelman (2005): Piecing together the „new" Plantaginaceae. – In: American Journal of Botany 92: 297–315.

Alexiu, V. (2013): Carpathian endemic taxa in the Argeş County. – In: Current Trends in Natural Sciences (University of Pitesti) 2: 45–55.

Al-Shehbaz, I. A. (2014): A synopsis of the genus Noccaea (Coluteocarpeae, Brassicaceae). – In: Harvard papers in Botany 19: 25–51.

Angiosperm Phylogeny Group (2016): An update of the Angiosperm Phylogeny Group classification for the orders and families of flowering plants: APG IV. – In: Botanical Journal of the Linnean Society, 181: 1-20.

Arrigioni, P. V. (2014): Revisione tassonomica e corologica del genere Polygala in Italia. – In: Informatore Botanico Italianom 46: 2014.

Association Tela Botanica (Hrsg.) (2020ff): Tela Botanica. – Online-Ressource: www.tela-botanica.org – zuletzt abgerufen am: 09.03.24.

Bačič, T. & J. D. Koce (2019): Diversification and distribution patterns of Luzula sect. Luzula (Juncaceae) in the Eastern Alps: a cytogenetic approach combined with extensive herbarium revisions. – In: Alpine Botany 129: 149–161.

Barberá, P, C. Romero-Zarco & C. Aedo (2017): Taxonomic Revision of Trisetum Section Acrospelion (Poaceae: Pooideae: Aveninae) from Eurasia. – In: Systematic Botabny 42: 1-28.

Baumann, K. (2008): Kohlröschen – mehr als nur Nigritella nigra. – In: Der Palmengarten 72: 119–126.

Bertel, C., O. Buchner, P. Schönswetter, B. Frajma & G. Neuner (2016): Environmentally induced and (epi-)genetically based physiological trait differentiation between Heliosperma pusillum and its polytopically evolved ecologically divergent descendent, H. veselskyi (Caryophyllaceae: Sileneae). – In: Botanical Journal of the Linnean Society 182: 658–669.

Bertolini, P. Z., C. Ru & M. Tomaselli (2013): Riesame dei caratteri distintivi di Pinguicula arvetii Genty (Lentibulariaceae) e segnalazione di nuove stazioni in Piemonte. – In: Rivista piemontese di Storia naturale 34: 109–114.

Böcher, T. W., K. Holmen & K. Jakobsen (1978): Grønlands Flora. 3. Auflage. Kopenhagen: Haase.

Bojanský, V. & A. Fargašová (2007): Atlas of seeds and fruits of Central and East-European flora. The Carpathian Mountains region. Dordrecht: Springer.

Bonnier, G. E. M. (Begr.) (1912–1935): Flore complète illustrée en couleurs de France, Suisse et Belgique. 13 Bände. Neuchatel: Delachaux.

Botanische Staatssammlung München und SNSB IT Center (Hrsg.) (2015ff): Bayernflora. – Online-Ressource: www.bayernflora.de – zuletzt abgerufen am: 31.07.24.

Boucher, F., C. Dentant, S. Ibanez, T. Capblancq, M. Boleda, L. Boulangeat, J. Smyčka, C. Roquet & S. Lavergne (2021): Discovery of cryptic plant diversity on the rooftops of the Alps. – In: Scientific Reports 11: 11128.

British Geological Survey (2020): The BGS Rock Classification Scheme. – Online-Ressource: www.bgs.ac.uk – zuletzt abgerufen am: 06.07.24.

BSBI (Hrsg.) (2007ff): Botanical Society of Britain & Ireland. Taxonomy Database. – Online-Ressource: https://bsbi.org/maps-and-data – zuletzt abgerufen am: 31.07.21.

Bundesamt für Naturschutz (Hrsg.) (2003ff): FloraWeb. – Online-Ressource: www.floraweb.de – zuletzt abgerufen am: 11.02.22.

Bundesanstalt für Geowissenschaften und Rohstoffe (Hrsg.) (2003): IGME 5000: The 1: 5 Million International Geological Map of Europe and Adjacent Areas. – Online-Ressource: www.bgr.bund.de – zuletzt abgerufen am: 06.07.24.

Calvo, J., I. Álvarez, C. Aedo & P. B. Pelser (2013): A phylogenetic analysis and new delimitation of Senecio sect. Crociseris (Compositae: Senecioneae), with evidence of intergeneric hybridization. – In: Taxon 62: 127–140.

Casper, S. J. & J. Steiger (2001): A new Pinguicula (Lentibulariaceae) from the pre-alpine region of northern Italy (Friuli-Venezia Giulia): Pinguicula poldinii Steiger et Casper spec. nov. – In: Wulfenia 8: 27–37.

Castroviejo, S., M. Laínz, G. L. González, P. Montserrat, F. M. Garmendia, J. Paiva & L. Villar (Hrsg.) (1986ff): Flora ibérica: plantas vasculares de la Península Ibérica e Islas Baleares. 21 Bände. Madrid: Real Jardín Botánico.

Chase, M. W., J. L. Reveal & M. F. Michael (2009): A subfamilial classification for the expanded asparagalean families Amaryllidaceae, Asparagaceae and Xanthorrhoeaceae. – In: Botanical Journal of the Linnean Society 161: 132–136.

Chen, J. H., H. Sun, J. Wen & Y. P. Yang (2010): Molecular Phylogeny of Salix L. (Salicaceae) Inferred from Three Chloroplast Datasets and Its Systematic Implications. – In: Taxon 59: 29–37.

Chlumský, J. (2016): Dispersal, distribution and genetic diversity of Melampyrum subalpinum group. Ph. D. Thesis. České Budějovice: University of South Bohemia, Faculty of Science, School of Doctoral Studies in Biological Sciences.

Christenhusz, M. J. M., J. L. Reveal, A. Farjon, M. F. Gardner, R. R. Mill & M. W. Chase (2011): A new classification and linear sequence of extant gymnosperms. – In: Phytotaxa 19 (1): 55–70.

Conert, H. J. (2000): Pareys Gräserbuch – Die Gräser Deutschlands erkennen und bestimmen. Berlin: Parey.

Conti, F., G. Abbate, A. Alessandro & C. Blasi (Hrsg.) (2005): An annotated checklist of the Italian vascular flora. Rom: Ministero dell'Ambiente e della Tutela del Territorio.

Dakskobler, I. (2015): Nova nahajališča in fitocenološka oznaka rastišč nekaterih redkih semenk v Sloveniji in severovzhodni Italiji (New localities and phytosociological characteristics of sites of selected rare phanerogams in Slovenia and north-eastern Italy). – In: Hladnikia 35: 3-25.

Dakskobler, I. (2023): Spiraea decumbens Koch subsp. tomentosa (Poech) Dostál, novelty for the flora of Slovenia and the Dinaric Alps. – In: Hacquetica 22: 107–116.

Dakskobler, I., B. Anderle, B. & B. Vreš (2013): Salvia saccardiana, Orobanche alsatica in nekatere druge novosti v flori Slovenije (Salvia saccardiana, Orobanche alsatica and some other novelities in the flora of Slovenia). – In: Folia biologica et geologica 54: 107–122.

De Castro, O., M. Innangi, A. Di Maio, B. Menale, G. Bacchetta, M. Pires, V. Noble, G. Gestri, F. Conti & L. Peruzzi (2016): Disentangling phylogenetic relationships in a hotspot of diversity: The butterworts (Pinguicula L., Lentibulariaceae) endemic to Italy. – In: Plos one 11: e0167610.

Delarze, R., Y. Gonseth, S. Eggenberg & M. Vust (2015): Lebensräume der Schweiz. 3. Auflage. Bern: Ott.

Dengler, J., F. Jansen, O. Chusova, E. Hüllbusch, M. P. Nobis, K. Van Meerbeek, I. Axmanová, H. H. Bruun, M. Chytrý, R. Guarino, G. Karrer, K. Moeys, T. Raus, M. J. Steinbauer, L. Tichý, T. Tyler, K. Batsatsashvili, C. Bita-Nicolae, Y. Didukh, M. Diekmann, T. Englisch, E. Fernández-Pascual, D. Frank, U. Graf, M. Hájek, S. D. Jelaska, B. Jiménez-Alfaro, P. Julve, G. Nakhutsrishvili, W. A. Ozinga, E. K. Ruprecht, U. Šilc, J. P. Theurillat & F. Gillet (2023): Ecological Indicator Values for Europe (EIVE) 1.0. – In: Vegetation Classification and Survey 4: 7–29.

Department of Botany and Zoology of the Masaryk University Brno (Hrsg.) (2024f): Pladias, Database of the Czech Flora and Vegetation. – Online-Ressource: www.pladias.cz – zuletzt abgerufen am: 09.03.24.

Dickoré, W. B. & G. Kasperek (2010): Species of Cotoneaster (Rosaceae, Maloideae) indigenous to, naturalising or commonly cultivated in Central Europe. – In: Willdenowia 40: 13–45.

Dillenberger, M. S. & J. W. Kadereit (2012): Two new combinations in Adenostyles (Asteraceae, Senecioneae), a conspectus of the genus and key to its species and subspecies. – In: Willdenowia 42: 57–61.

Dillenberger, M. S. & J. W. Kadereit (2015): A revision of Facchinia (Minuartia sl, Caryophyllaceae). – In: Edinburgh Journal of Botany 72: 353–389.

Dobes, C. & J. Paule (2010): A comprehensive chloroplast D-based phylogeny of the genus Potentilla (Rosaceae): implications for its geographic origin, phylogeography and generic circumscription. – In: Molecular Phylogenetics and Evolution 56: 156–75.

Dorsey, B. L., T. Haevermans, X. Aubriot, J. J. Morawetz, R. Riina, V. W. Steinmann & P. E. Berry (2013): Phylogenetics, morphological evolution, and classification of Euphorbia subgenus Euphorbia. – In: Taxon 62: 291–315.

Drábková, L. Z. (2010): Phylogenetic Relationships within Juncaceae: Evidence from all three Genomic Compartments with Notes to the Morphology. – In: Seberg, O., G. Petersen, A.S. Barford & J.I. Davis: Diversity, phylogeny, and evolution in the monocotyledons: 389–416. Aarhus: Aarhus University Press.

Dressler, S., T. Gregor, F. H. Hellwig, H. Korsch, K. Wesche, J. Wesenberg & C. M. Ritz (2015): Bestimmungskritische Taxa der deutschen Flora. – Online-Ressource: http://webapp.senckenberg.de/bestikri – zuletzt abgerufen am: 31.07.24.

Ehrendorfer, F., M. H. J. Barfuss, J.-F. Manen & G. M. Schneeweiss (2018): Phylogeny, character evolution and spatiotemporal diversification of the species-rich and world-wide distributed tribe Rubieae (Rubiaceae). – In: PLoS ONE 13: e0207615.

Eliáš, P., D. Dítě, J. Kliment, R. Hrivnák & V. Feráková (2015): Red list of ferns and flowering plants of Slovakia (5th Edition). – In: Biologia 70 218–228.

Ellenberg H. & C. Leuschner (2010): Vegetation Mitteleuropas mit den Alpen. 6. Auflage. Stuttgart: Ulmer.

Ellenberg, H., H. E. Weber, R. Düll, V. Wirth, W. Werner & D. Paulißen (1992): Zeigerwerte von Pflanzen in Mitteleuropa. Scripta Geobotanica 18. Göttingen: Goltze.

Ellison, N. W., A. Liston, J. J. Steiner & N. L. Taylor (2006): Molecular phylogenetics of the clover genus (Trifolium-Leguminosae). – In: Molecular Phylogenetics and Evolution 39: 688–705.

Euro+Med (Hrsg.) (2006ff): Euro+Med PlantBase – the information resource for Euro-Mediterranean plant diversity. – Online-Ressource: https://europlusmed.org/ – zuletzt abgerufen am: 29.05.24.

Fabiszewski, J. & P. Kwiatkowski (2002): Threatened vascular plants of the Sudeten Mountains. – In: Acta Botanicorum Poloniae 71: 339–350.

Fassou, G., N. Korotkova, A. Nersesyan, M. A. Koch, P. Dimopoulos & T. Borsch (2022): Taxonomy of Dianthus (Caryophyllaceae) – overall phylogenetic relationships and assessment of species diversity based on a first comprehensive checklist of the genus. – In: PhytoKeys 196: 91–214.

Fateryga, A. V., V. V. Fateryga, I. V. Sokolova, S. A. Svirin, A. V. Yena & P. E. Yevseyenkov (2020): Is Holosteum glutinosum (M. Bieb.) Fisch. et C. A. Mey. (Caryophyllaceae: Alsinoideae) just a subtaxon of H. umbellatum L. or a distinct species? – In: Turcaninovia 23: 50–64.

Fenaroli, F. & B. Moraldo (2003): Viola culminis, una nuova specie delle Prealpi bresciane (Lombardia N-Italia). – In: Natura Bresciana 33: 21–29.

Fenaroli, F. & F. Martini (1992): Moehringia concarenae: une novelle espèce des Préalpes Orobiennes (Lombardie, N-Italie). – In: Candollea 47: 21–30.

Fior, S. & P. O. Karis (2007): Phylogeny, evolution and systematics of Moehringia (Caryophyllaceae) as inferred from molecular and morphological data: a case of homology reassessment. – In: Cladistics 23: 362–372.

Fischer, M. A., K. Oswald & W. Adler (2008): Exkursionsflora für Österreich, Liechtenstein und Südtirol. 3. Auflage. Linz: Biologiezentrum der Oberösterreichischen Landesmuseen (auch frühere Auflagen).

Flatscher, R., P. E. García, K. Hülber, M. Sonnleitner, M. Winkler, J. Saukel, G. M. Schneeweiss & P. Schönswetter (2015): Underestimated diversity in one of the world's best studied mountain ranges: the polyploid complex of Senecio carniolicus (Asteraceae) contains four species in the European Alps. – In: Phytotaxa 213: 1-21.

Flinck, K. E., J. Fryer, B. Hylmö, J. Zeller & L. Garraud (1998): Cotoneaster raboutensis, espèce nouvelle de l'ouest des Alpes, et révision du genre Cotoneaster dans les Alpes françaises. – In: Publications de la Société Linnéenne de Lyon 67: 272–282.

Flora Italiana (Hrsg.) (2006ff): Flora Italiana. – Online-Ressource: https://luirig.altervista.org/ – zuletzt abgerufen am: 15.11.23.

Foelsche, W. (2014): Die Gattung Nigritella im Lichte neuerer genetischer Untersuchungen mit besonderer Berücksichtigung von Nigritella miniata. – In: Joannea Botanik 11: 89–160.

Foggi, B. & G. Rossi (1996): A survey of the genus Festuca L. (Poaceae) in Italy. I. The species of the summit flora in the Tuscan-Emilian Apennines and Apuan Alps. – In: Willdenowia 26: 183–215.

Foggi, B., G. Parolo, P. Šmarda, A. Coppi, L. Lastrucci, D. Lakušic, R. Eastwood & G. Rossi (2012): Revision of the Festuca alpina group (Festuca section Festuca, Poaceae) in Europe. – In: Botanical Journal of the Linnaean Society 170: 618–639.

Foggi, B., G. Rossi & G. Parolo (2007): Il genere Festuca ei generi affini per la nuova „Flora critica d'Italia". – In: Informatore Botanico Italiano 39: 193–232.

Foggi, B., G. Rossi & M. A. Signorini (1999): The Festuca violacea aggregate (Poaceae) in the Alps and Apennines (central southern Europe). – In: Canadian Journal of Botany 77: 989–1013.

Frajman, B., I. Rešetnik, M. Niketić, F. Ehrendorfer & P. Schönswetter (2016): Patterns of rapid diversification in heteroploid Knautia sect. Trichera (Caprifoliaceae, Dipsacoideae), one of the most intricate taxa of the European flora. – In: BMC Evolutionary Biology 16: 1-20.

Friesen, N., R. M. Fritsch & F. R. Blattner (2006): Phylogeny and new intrageneric classification of Allium (Alliaceae) based on nuclear rD ITS sequences. – In: Aliso 22: 372–395.

Frohne D. & H. J. Pfänder (2004): Giftpflanzen. Ein Handbuch für Apotheker, Ärzte, Toxikologen und Biologen. 5. Auflage. Stuttgart: Wissenschaftliche Verlagsgesellschaft.

Fröhner, S. E. (2002): Die Rolle von Lokalendemiten in der Gattung Alchemilla L. (Rosaceae) in Mitteleuropa. – In: Berichte der Bayerischen Botanischen Gesellschaft 72: 133–147.

Fröhner, S. E. (2004): Sechs Kärntner Alchemilla-Sippen (Rosaceae) neu für Österreich. – In: Wulfenia 11: 29–44.

Fröhner, S. E. (2005): Neue Alchemilla-Arten (Rosaceae) aus den südlichen Alpen. – In: Wulfenia 12: 35–51.

Garcke, C. A. F. (1908ff): llustrierte Flora von Deutschland. Singhofen: Parey (auch folgende Auflagen).

GBIF (Hrsg.) (2020ff): The Global Biodiversity Information Facility. – Online-Ressource: www.gbif.org – zuletzt abgerufen am: 05.03.21.

Giupponi, L. & A. Giorgi (2019): A contribution to the knowledge of Linaria tonzigii Lona, a steno-endemic species of the Orobie Bergamasche Regional Park (Italian Alps). – In: Eco. Mont 11: 16–24.

GIZ Bonn (2020ff): Informationen über Giftpflanzen. Informationszentrale gegen Vergiftungen, Zentrum für Kinderheilkunde, Universitätsklinikum Bonn. – Online-Ressource: https://gizbonn.de/giftzentrale-bonn/pflanzen – zuletzt abgerufen am: 05.03.21.

Gonzalo, R., C. Aedo & M. A. García (2013): Taxonomic revision of the Eurasian Stipa subsections Stipa and Tirsae (Poaceae). – In: Systematic Botany 38: 344–378.

Gottschlich, G. (2019): Taxonomische und nomenklatorische Änderungen in der Gattung Hieracium für die Neuauflage der „Exkursionsflora für Österreich und die gesamten Ostalpen". – In: Neilreichia 10: 56–68.

Gottschlich, G. (2020): Synopse der für Deutschland nachgewiesenen Arten und Unterarten der Gattung Hieracium s. l. (Hieracium s. str. und Pilosella), aufgeschlüsselt nach Vorkommen in den einzelnen Bundesländern. – In: Forum Geobotanicum 9: 1-59.

Götz, T. (2022): Exkursionsflora der Alpen und angrenzender Gebiete. – Online-Ressource: www.tkgoetz.homepage.t-online.de/Alpenflorahp.pdf – zuletzt abgerufen am: 20.12.23.

Graf, J. (1975): Tafelwerk zur Pflanzensystematik. München: Lehmann.

Grass Phylogeny Working Group – N. P. Barker, L. G. Clark, J. I. Davis, M. R. Duvall, G. F. Guala, C. Hsiao, E. A. Kellogg & H. P. Linde (2001): Phylogeny and Subfamilial Classification of the Grasses (Poaceae). – In: Annals of the Missouri Botanical Garden 88: 373–457.

Gregor, T. (2015ff): Hieracium. In: Dressler, S., T. Gregor, F. H. Hellwig, H. Korsch, K. Wesche, K., J. Wesenberg, C. M. Ritz. Bestimmungskritische Taxa der deutschen Flora. – Online-Ressource: http://webapp.senckenberg.de/bestikri – zuletzt abgerufen am: 31.07.21.

Greimler, J. & C. G. Jang (2003): Gentianella sect. Gentianella (Gentianaceae) in den Ostalpen. Mit einem illustrierten Bestimmungsschlüssel. – In: Neilreichia 2-3: 209–234.

Greimler, J. & W. Till (2012): Gentianella insubrica and G. germanica s.l. (Gentianaceae) in the western Alps. – In: Annalen des naturhistorischen Museums Wien, Serie B 113: 109–117.

Greimler, J., B. Hermanowski & C. G. Jang (2004): A re-evaluation of morphological characters in European Gentianella section Gentianella (Gentianaceae). – In: Plant Systematics and Evolution 248: 143–169.

Greimler, J., J. M. Park & H. Schneeweiss (2011): Gentianella (Gentianaceae): A model taxon for evolution in the Alps. – In: Taxon 60: 427–435.

Hartinger, A. & K. W. von Dalla Torre (1806ff): Atlas der Alpenflora. München: Deutscher Alpenverein (auch folgende Auflagen).

Hartmann, J., L. Silbernagl, G. M. Schneeweiss, M. H. Barfuss, H. Weiss-Schneeweiss & P. Schönswetter (2022): Euphrasia ultima, a new locally endemic diploid species from the Ortler/Ortles range (Italy), is a close relative of widespread allotetraploid E. minima. – In: Plant Biosystems 156: 893–907.

Hegi, G. (Begr.) (1908ff): Illustrierte Flora von Mittel-Europa. Mit besonderer Berücksichtigung von Deutschland, Österreich und der Schweiz. Zahlreiche Bände in drei Auflagen. München: Lehmanns; Singhofen: Parey. Berlin: Blackwell; Jena: Weisdorn.

Hess, H. E., E. Landolt, R. Hirzel & M. Baltisberger (1991): Bestimmungsschlüssel zur Flora der Schweiz und angrenzender Gebiete. Basel: Birkhäuser.

Hörandl, E. & W. Gutermann (1995): Draba aizoides subsp. beckeri (Brassicaceae). – In: Phyton 35: 83–101.

Hörandl, E. (1992): Die Gattung Salix in Österreich mit Berücksichtigung angrenzender Gebiete. Abhandlungen der zoologisch-botanischen Gesellschaft in Österreich 27. Wien: Zoologisch-botanische Gesellschaft in Österreich.

Hörandl, E. (2022): Die Ranunculaceae der Flora von Zentraleuropa: Ranunculus. – Online-Ressource: www.flora-deutschlands.de. DOI: https://doi.org/10.21248/gups.66917 – zuletzt abgerufen am: 06.12.23.

Hoskovec, L. (Hrsg.) (2016ff): Botany.cz. – Online-Ressource: www.botany.cz – zuletzt abgerufen am: 11.02.22.

Hübl, E. (2021): Caucasus and Alps a floristical comparison. – In: Bocconca 29: 121–156.

Iamonico, D. (2013): Italian endemic Caryophyllaceae: a review. – In: Lagascalia 33: 275–298.

Info Flora (Hrsg.) (2020ff): Info Flora. Das nationale Daten- und Informationszentrum der Schweizer Flora. – Online-Ressource: www.infoflora.ch – zuletzt abgerufen am: 18.01.22.

Institut für Veterinärpharmakologie und -toxikologie (Hrsg.) (2020ff): Giftpflanzen. – Online-Ressource: www.giftpflanzen.ch – zuletzt abgerufen am: 05.03.21.

Jäger, E. J., F. Ebel, P. Hanelt & K. Müller (Hrsg.) (2008): Exkursionsflora von Deutschland. Krautige Zier- und Nutzpflanzen. Rothmaler Band 5. Berlin: Spektrum.

Jiménez-Mejías, P., M. Hahn, K. Lueders, J. R. Starr, B. H. Brown, B. N. Chouinard, K.-S. Chung, M. Escudero, B. A. Ford, K. A. Ford, S. Gebauer, B. Gehrke, M. H. Hoffmann, X.-F. Jin, J. Jung, S. Kim, M. Luceño, E. Maguilla, S. Martín-Bravo, M. Míguez, A. Molina, R. F. C. Naczi, J. E. Pender, A. A. Reznicek, T. Villaverde, M. J. Waterway, K. L. Wilson, J.-C. Yang, S. Zhang, A. L. Hipp & E. H. Roalson (2016): Megaphylogenetic Specimen-level Approaches to the Carex (Cyperaceae) Phylogeny using ITS, ETS, and matK Sequences: Implications for Classification. – In: Systematic Botany 41: 500–518.

Just, A., J. Gourvil, J. Millet, V. Boullet, T. Milon, I. Mandon & B. Dutrève (2015): SIFlore, a dataset of geographical distribution of vascular plants covering five centuries of knowledge in France: Results of a collaborative project coordinated by the Federation of the National Botanical Conservatories. – In: PhytoKeys 29: 47–60.

Kadereit, J. W. (2024): The uneven distribution of refugial endemics across the European Alps suggests a threefold role of climate in speciation of refugial populations. – In: Alpine Botany: https://doi.org/10.1007/s00035-024-00306-y.

Käsermann, C. & D. M. Moser (1999): Fiches pratiques pour la conservation – Plantes à fleurs et fougères. (situation octobre 1999). – In: L'environnement pratique. Bern: Office fédéral de l'environnement.

Kazempour Osaloo, S., A. A. Maassoumi & N. Murakami (2005): Molecular systematics of the Old World Astragalus (Fabaceae) as inferred from nrD ITS sequence data. – In: Brittonia 57: 367–381.

Kenicer, G. J., T. Kajita, R. T. Pennington & J. Murata (2005): Systematics and biogeography of Lathyrus (Leguminosae) based on internal transcribed spacer and cpD sequence data. – In: American Journal of Botany 92: 1199–1209.

Kirchmeier, P., L. Meierott & K. Jung (2023): Taraxacum sect. Borealia Hand.-Mazz. in den Alpen. – In: Forum geobotanicum 11: 35–56.

Kirchner, O., E. Loew & C. Schröter (Hrsg.) (1904ff): Lebensgeschichte der Blütenpflanzen Mitteleuropas. 4 Bände. Stuttgart: Ulmer.

Kirkbride, J. H., C. R. Gunn & M. J. Dallwitz (2006ff): Family Guide for Fruits and Seeds. – Online-Ressource: https://nt.ars-grin.gov/seedsfruits/rptSeedsFruitsFam.cfm – zuletzt abgerufen am: 31.07.21.

Klein, E. (2005): Versuch einer Gliederung der Gattung Epipactis Zinn (Orchidaceae-Neottieae). – In: Journal Europäischer Orchideen 37: 121–130.

Koch, M. A. & I. A. Al-Shehbaz (2009): Molecular systematics and evolution of „wild" crucifers (Brassicaceae or Cruciferae). – In: S. K. Gupta: Biology and breeding of Crucifers: 1-19.

Körner, C. (2011): Coldest places on earth with angiosperm plant life. – In: Alpine Botany 121, 11–22.

Korneck, D., M. Schnittler, F. Klingenstein, G. Ludwig, G., M. Takla, U. Bohn & R. May (1998): Warum verarmt unsere Flora? Auswertung der Roten Liste der Farn- und Blütenpflanzen Deutschlands. – In: Schriftenreihe für Vegetationskunde 29: 299–444.

Landolt, E., B. Bäumler, A. Erhardt, O. Hegg, F. Klötzli, W. Lämmler, M. Nobis, K. Rudmann-Maurer, F. H. Schweingruber, J. P. Theurillat, E. Urmi, M. Vust & T. Wohlgemuth (2010): Flora indicativa. Ökologische Zeigerwerte und biologische Kennzeichen zur Flora der Schweiz und der Alpen. 2. Auflage. Bertn: Haupt.

Lattanzi, E. (2012): Distribution of species of the genus Rosa (Rosaceae) in Italy. – In: Bocconea 24: 277–284.

Lauber, K., G. Wagner & A. Gygax (2024): Flora Helvetica. 7. Auflage. Bern: Haupt (auch frühere Auflagen).

Lega, M., S. Fior, F. Prosser, A. Bertolli, M. Li & C. Varotto (2012): Application of the unified species concept reveals distinct lineages for disjunct endemics of the Brassica repanda (Brassicaceae) complex. – In: Biological Journal of the Linnaean Society 106: 482–497.

Legume Phylogeny Working Group (2017): A new subfamily classification of the Leguminosae based on a taxonomically comprehensive phylogeny. – In: Taxon 66: 44–77.

Leskinen, E. & C. Alström-Rapport (1999): Molecular phylogeny of Salicaceae and closely related Flacourtiaceae: Evidence from 5.8 S, ITS 1 and ITS 2 of the rD. – In: Plant Systematics & Evolution 215: 209–227.

Li, Q. Q., S. D. Zhou, X. J., He, Y. Yu, Y. C. Zhang & X. Q. Wei (2010): Phylogeny and biogeography of Allium (Amaryllidaceae: Allieae) based on nuclear ribosomal internal transcribed spacer and chloroplast rps16 sequences, focusing on the inclusion of species endemic to China. – In: Annals of Botany 106: 709–733.

Magauer, M., P. Schönswetter, T. S. Jang & B. Frajman (2014): Disentangling relationships within the disjunctly distributed Alyssum ovirense / A. wulfenianum group (Brassicaceae), including description of a novel species from the north-eastern Alps. – In: Botanical Journal of the Linnean Society 176: 486–505.

Marazzi, S. (2005): Atlante orografico delle Alpi. SOIUSA – Suddivisione orografica internazionale unificata del Sistema Alpino. Scarmagno: Priuli & Verlucca.

Marcussen, T. (2003): A new violet species (Violaceae) from the south-west Alps. – In: Botanical Journal of the Linnean Society 142: 119–123.

Marcussen, T., H. E. Ballard, J. Danihelka, A. R. Flores, M. V. Nicola & J. M. A. Watson (2022): A Revised Phylogenetic Classification for Viola (Violaceae). – In: Plants 11; 2224. doi: https://doi.org/10.3390/plants11172224.

Martini, F. & L. Poldini (1988): Gentiana froelichii subsp. zenarii (Gentianaceae), a new subspecies from the Carnic Pre-Alps (NE Italy). – In: Willdenowia 18: 19–27.

Martini, F. (1989): L'endemismo vegetale nel Friuli-Venezia Giulia – The endemic flora of Friuli-Venezia Giulia. – In: Biogeographia – The Journal of Integrative Biogeography 13: 339–390.

Melzer, H. (1967): Helictotrichon petzense, spec. Nova – ein neu entdeckter Endemit der südöstlichen Kalkalpen. – In: Österreichische Botanische Zeitschrift 114: 307–319.

Messerschmid, T. F. E., J. T. Klein, G. Kadereit & J. W. Kadereit (2020): Linnaeus's folly-phylogeny, evolution and classification of Sedum (Crassulaceae) and Crassulaceae subfamily Sempervivoideae. – In: Taxon 69: 892–926.

Meyer, F. K. (2006): Kritische Revision der „Thlaspi"-Arten Europas, Afrikas und Vorderasiens. Spezieller Teil. IX. Noccaea Moench. – In: Haussknechtia 12: 1–341.

Mitka, J., A. Novikov & W. K. Rottensteiner (2022): The taxonomic circumscription of Aconitum subgenus Aconitum (Ranunculaceae) in Europe. – In: Webbia 76: 11–45.

Moore, A. & M. S. Dillenberger (2017): A conspectus of the genus Cherleria (Minuartia s.l., Caryophyllaceae). – In: Willenowia 47: 5-14.

Mort, M. E., D. E. Soltis, P. S. Soltis, J. Francisco-Ortega & A. Santos-Guerra (2001): Phylogenetic relationships and evolution of Crassulaceae inferred from matK sequence data. – In: American Journal of Botany 88: 76–91.

Moser, D. M. (2003): Sippendifferenzierung der Pulsatilla alpina (L.) Delarbre im Alpenraum. – In: Candollea 58: 45–61.

Mucciarelli, M., D. Ferrazzini & P. Belletti (2014): Genetic Variability and Population Divergence in the Rare Fritillaria tubiformis subsp. moggridgei Rix(Liliaceae) as Revealed by RAPD Analysis. – In: PlosOne 9: e101967.

Mucciarelli, M., P. Rosso, V. Noble, F. Bartolucci & L. Peruzzi (2016): A morphometric study and taxonomic revision of Fritillaria tubaeformis species complex (Liliaceae). – In: Plant Systematics and Evolution 302: 1329–1343.

Mucina, L., H. Bültmann, K. Dierßen, J. P. Theurillat, T. Raus, A. Čarni, K. Sumberova, W. Willner, J. Dengler, R. Gavilan, G. M. Milan Chytry, M. Hajek, R. Di Pietro, D. Iakushenko, J. Pallas, F. J. A. Daniels, E. Bergmeier, A. Santos Guerra, N. Ermakov, M. Valachovic, J. H. J. Schaminee, T. Lysenko, Y. P. Didukh, S. Pignatti, J. S. Rodwell, J. Capelo, H. E. Weber, A. Solomeshch, P. Dimopoulos, C. Aguiar, S. M. Hennekens & L. Tichý (2016): Vegetation of Europe: hierarchical floristic classification system of vascular plant, bryophyte, lichen, and algal communities. – In: Applied vegetation science 19: 3-264.

Müller, F., C. M. Ritz, E. Welk & K. Wesche (Hrsg.) (2021): Exkursionsflora von Deutschland. Gefäßpflanzen Grundband. 22. Auflage. Berlin: Springer Spektrum (auch frühere Auflagen).

Naturmuseum Südtirol (Hrsg.) (2022ff): FloraFaunaSüdTirol. – Online-Ressource: www.florafauna.it – zuletzt abgerufen am: 13.05.24.

Netzwerk Phytodiversität Deutschland & Bundesamt für Naturschutz (Hrsg.) (2013): Verbreitungsatlas der Farn- und Blütenpflanzen Deutschlands. Münster: Landwirtschaftsverlag.

Nikulin, V. Y., S. B. Gontcharova, R. Stephenson & A. A. Gontcharov (2016): Phylogenetic relationships between Sedum L. and related genera (Crassulaceae) based on ITS rD sequence comparisons. – In: Flora 224: 218–229.

Oberdorfer, E., A. Schwabe & T. Müller (2001): Pflanzensoziologische Exkursionsflora. 8. Auflage. Stuttgart: Ulmer (auch frühere Auflagen).

Ockendorn, D. J. (1971): Taxonomy of the Linum perenne group in Europe. – In: Watsonia 8: 205–235.

Olmstead, R. G. (Hrsg.) (2005ff): A Synoptical Classification of the Lamiales. Vers. 2. – Online-Ressource: www.depts.washington.edu/phylo/classifications/Lamiales.vers.2.pdf – zuletzt abgerufen am: 16.09.21.

Orsenigo, S., A. Selvaggi, M. Bovio, L. Poggio, F. Prosser, T. Wilhalm, G. Parolo, C. Lasen, M. Castello & G. Rossi (2013): Artemisia genipi Weber ex Stechm. – In: Informatore Botanico Italiano 45: 124–126.

Oxelman, B., A. Rautenberg, M. Thollesson, A. Larsson, B. Frajman, F. Eggens, A. Petri, M. Töpel & A. Brandtberg-Falkman (2013): Sileneae taxonomy and systematics. – Online-Ressource: http://www.sileneae.info – zuletzt abgerufen am: 16.09.21.

Pan, D., P. Schönswetter, T. Moser, E. Vitek & G. M. Schneeweiss (2019): Ancestral remnants or peripheral segregates? Phylogenetic relationships of two narrowly endemic Euphrasia species (Orobanchaceae) from the eastern European Alps. – In: AoB Plants 11: plz007.

Panero, J. L. & V. A. Funk (2002): Toward a phylogenetic subfamilial classification for the Compositae (Asteraceae). – In: Proceedings of the Biological Society of Washington 115: 909–922.

Parolly & Rohwer (Hrsg.) (2019): Schmeil – Fitschen. Die Flora Deutschlands und angrenzender Länder. 97. Auflage. Wiebelsheim: Quelle & Meyer (auch frühere Auflagen).

Paun, O., C. Lehnebach, P. J. Lockhart & E. Hörandl (2005): Phylogenetic Relationships and Biogeography of Ranunculus and Allied Genera (Ranunculaceae) in the Mediterranean Region and in the European Alpine System. – In: Taxon 54: 911–930.

Peruzzi, L., G. Domina, F. Bartolucci, G. S. Galasso, S. Peccenini, F. M. Raimondo, A. Albano, A. Alessandrini, E. Banfi, G. Barberis, L. Bernardo, M. Bovio, S. Brullo, G. Brundu, A. Brunu, I. Camarda, L. Carta, F. Contí, A. Croce, D. Iamonico, M. Iberite, G. Iiriti, D. Longo, S. Marsili, P. Medagli, A. Pistarino, C. Salmeneri, A. Santagelo, E. Scassellati, F. Selvi, A. Soldano, A. Stinca, M. Villani, R. P. Wagensommer & N. G. Passalacqua (2015): An inventory of the names of vascular plants endemic to Italy, their loci classici and types. – In: Phytotaxa 196: 1-217.

Podlech, D. (2008): The genus Astragalus L. (Fabaceae) in Europe with exclusion of the former Soviet Union. – In: Feddes Repertorium 119: 310–387.

Pfiffner, O. A. (2024): Geologie der Alpen. 4. Auflage. Stuttgart: UTB.

Polatschek, A. (2013): Revision der Gattung Erysimum (Cruciferae): Teil 5. Nord-, West-, Zentraleuropa, Rumänien und westliche Balkan-Halbinsel bis Albanien. – In: Annalen des Naturhistorischen Museums in Wien. Serie B für Botanik und Zoologie 115: 75–218.

Potter, D., T. Eriksson, R. C. Evans, S. Oh, J. E. E. Smedmark, D. R. Morgan, M. Kerr, K. R. Robertson, M. Arsenault, T. A. Dickinson & C. S. Campbell (2007): Phylogeny and classification of Rosaceae. – In: Plant Systematics and Evolution 266, 2007: 5-43.

Prosser, F. & A. Bertolli (2008): A new species of Gentiana sect. Calathianae (Gentianaceae) from the Brenta Group, European Alps, Italy. – In: Willdenowia 38: 423–431.

Prosser, F. & S. Scortegagna (1998): Primula recubariensis, a new species of Primula sect. Auricula Duby endemic to the SE Prealps, Italy. – In: Willdenowia 28: 27–46.

Pteridophyte Phylogeny Group (2016): A community-derived classification for extant lycophytes and ferns. – In: Journal of Systematica and Evolution 54: 563–603.

Raffaelli, M. & L. Baldoin (1997): Il complesso di Biscutella laevigata L. (Cruciferae) in Italia. – In: Webbia 52: 87–128.

Puppi, G. & G. Cristofolini (1996): Systematics of the Complex Pulmonaria saccharata – P. vallarsae and Related Species (Boraginaceae). – In: Webbia 51: 1-20.

Ramos-Gutiérrez, I., H. Lima, S. Pajarón, C. Romero-Zarco, L. Sáez, L. Pataro, R. Molina-Venegas, M. Á. Rodriguez & J. C. Moreno-Saiz (2021): Atlas of the vascular flora of the Iberian Peninsula biodiversity hotspot (AFLIBER). – In: Global Ecology and Biogeography 30: 1951–1957.

Rasmussen, F. N. (1999): The Development of Orchid Classification. – In: A. M. Pridgeon, P. Cribb, M. W. Chase & F. N. Rasmussen (Hrsg.): Genera Orchidacearum 1: 3-12. Oxford: Oxford University Press.

Raunkiær, C. C. (1934): The Life Forms of Plants and Statistical Plant Geography. Oxford: Oxford University Press.

Reduron, J. P., W. K. Rottensteiner & C. Scheuer (2016): Beiträge zur Flora von Istrien V: The Istrian Apiaceae: a new determination key, distribution maps, and a list of specimens housed in the herbarium GZU. – In: Fritschiana 81: 1-80.

Reichenbach, H. G. L. (1850–1912): Icones florae Germanicae et Helveticae. 2. Auflage. 24 Bände. Leipzig: Hofmeister.

Riina, R., J. A. Peirson, D. V. Geltman, J. Molero, B. Frajman, A. Pahlevani, L. Barres, J. J. Morawetz, Y. Salmaki, S. Zarre, A. Kryukov, P. V. Bruyns & P. E. Berry (2013): A worldwide molecular phylogeny and classification of the leafy spurges, Euphorbia subgenus Esula (Euphorbiaceae). – In: Taxon 62: 316–342.

Roalson, E. (2005): Phylogenetic Relationships in the Juncaceae Inferred from Nuclear Ribosomal D Internal Transcribed Spacer Sequence Data. – In: International Journal of Plant Sciences 166: 397–413.

Rojas-Andres, B. M. & M. M. Martínez-Ortega (2016): Taxonomic revision of Veronica subsection Pentasepalae (Veronica, Plantaginaceae sensu APG III). – In: Phytotaxa 285: 1-100.

Roquet, C., L. Sáez, J. Aldasoro, A. Susanna, M. Alarcón & M. Garcia-Jacas (2008): Natural delineation, molecular phylogeny and floral evolution in Campanula. – In: Systematic Botany 33: 203–217.

Sabatini, F. M., J. Lenoir et al. (2021): sPlotOpen – An environmentally balanced, open-access, global dataset of vegetation plots. – In: Global Ecology and Biogeography 30: 1740–1764.

Sauerbier, H. & W. Langer (2017): Endemische Alpenpflanzen. Weikersheim: Margraf.

Scheen, A.-C., M. Bendiksby, O. Ryding, C. Mathiesen, V. A. Albert & C. Lindqvist (2010): Molecular Phylogenetics, Character Evolution, and Suprageneric Classification of Lamioideae (Lamiaceae). – In: Annals of the Missouri Botanical Garden 97: 191–217.

Schneeweiss, G. M., C. Pachschwöll, A. Tribsch, P. Schönswetter, M. H. J. Barfuss, K. Esfeld, H. Weiss-Schneeweiss & M. Thiv (2013): Molecular phylogenetic analyses identify Alpine differentiation and dysploid chromosome number changes as major forces for the evolution of the European endemic Phyteuma (Campanulaceae). – In: Molecular Phylogentics and Evolution 69: 634-652.

Schönswetter, P., H. Solstad, G. P. Escobar & R. Elven (2009): A combined molecular and morphological approach to the taxonomically intricate European mountain plant Papaver alpinum s.l. (Papaveraceae) — taxa or informal phylogeographical groups? – In: Taxon 58: 1326–1348.

Schratt-Ehrendorfer, L., H. Niklfeld, C. Schröck & O. Stöhr (Hrsg.) (2022): Rote Liste der Farn- und Blütenpflanzen Österreichs. 3. Auflage. – In: Stapfia 114: 1-367.

Seguinot, J., S. Ivy-Ochs, G. Jouvet, M. Huss, M. Funk & F. Preusser (2018): Modelling last glacial cycle ice dynamics in the Alps. – In: The Cryosphere 12: 3265–3285. https://doi.org/10.5194/tc-12-3265-2018.

Simpson, D. A., C. A. Furness, T. R. Hodkinson, A. M. Muasya & M. W. Chase (2003): Phylogenetic relationships in Cyperaceae subfamily Mapanioideae inferred from pollen and plastid D sequence data. – In: American Journal of Botany Volume 90: 1071–1086.

Šingliarová, B., I. Hodálová & P. Mráz (2011): Biosystematic study of the diploid-polyploid Pilosella alpicola group with variation in breeding system: Patterns and processes. – In: Taxon 60: 450–470.

Snethlage, M. A., J. Geschke, E. M. Spehn, A. Ranipeta, N. G. Yoccoz, Ch. Körner, W. Jetz, M. Fischer & D. Urbach (2022): GMBA Mountain Inventory v2. – Online-Ressource: GMBA-EarthEnv. https://doi.org/10.48601/earthenv-t9k2-1407 – zuletzt abgerufen am: 13.05.24. Version 2.

Société de la Flore Valdôtaine (Hrsg.) (2022ff): Flora vascolare della Valle d'Aosta. – Online-Ressource: http://floravda.it – zuletzt abgerufen am: 13.05.24.

Soreng, R. J., G. Davidse, P. M. Peterson, F. O. Zuloaga, E. J. Judziewicz, T. S. Filgueiras, O. Morrone & K. Romaschenko (2017): A worldwide phylogenetic classification of the Poaceae (Gramineae) II: An update and a comparison of two 2015 classifications. – In: Journal of Systematics and Evolution 55: 259–290.

Španiel S, K. Kaplan, M. Bovio, L. Mártonfiová & V. Cetlová (2018): Alyssum rossetii (Brassicaceae), a new species from the Aosta Valley in Italy based on morphological and genome size data. – In: Phytotaxa 360: 269–281.

Španiel, S., P. Juillerat, K. Kaplan, M. Bovio, B. Bäumler, M. Perret, L. Mártonfiová & J. Zozomová-Lihová (2023): Out of the Balkans and Anatolia to the Western Alps? Surprising phylogenetic implications for two endemic Alyssum (Brassicaceae) species: A. cognense sp. nov. and A. rossetii. – In: Botanical Journal of the Linnean Society 201: 286–308.

Starmühler, W. (2001): Systematik und Verbreitung der Gattung Delphinium (Ranunculaceae) in Österreich. – In: Verhandlungen der Zoologisch-Botanischen Gesellschaft in Österreich 138: 95–118.

Štech, M. (2006): Was ist Melampyrum subalpinum, M. angustissimum und M. bohemicum? – In: Neilreichia 4: 221–234.

Štěpánek, J. & J. Kirschner (2022): Taraxacum rhodocarpum and T. schroeterianum (Asteraceae, Crepidinae) are not synonyms, and T. sect. Rhodocarpa is the correct name for T. sect. Alpestria. – In: Phytotaxa 548: 295–300.

Stöhr, O., C. Langer, S. Legniti, S. Gewolf, M. Thalinger & K. Pagitz (2023): Ergebnisse der gezielten Nachsuche ausgewählter Pflanzenarten in Osttirol. – In: Neilreichia 13-14: 51-90.

Sturm, J. (Begr.) (1796ff): Flora von Deutschland in Abbildungen nach der Natur. Nürnberg: Sturm (auch folgende Auflagen).

't Hart, H. (1983): Micro-endemism in Sedum (Crassulaceae): the sibling species S. alsinefolium All. and S. fragrans spec. nov. from the French-Italian Alps. – In: Botanica Helvetica 93: 269–280.

Tampucci, D., F. Mangili & M. Caccianiga (2014): Viola comollia Massara. – In: Informatore Botanico Italiano 46: 285–321.

Tashev, A., R. Höllriegel & M. A. Fischer (2015): Pulsatilla styriaca (Ranunculaceae) is a new species for the Bulgarian flora, and conspecific with P. subslavica. – In: Neilreichia 7: 119–155.

Tison, J. M. & B. de Foucalt (Hrsg.) (2014): Flora Gallica. Meze: Biotope.

Tkach, N. M. Röser, G. Miehe, A. N. Muellner-Riehl, J. Ebersbach A. Favre & M. H. Hoffmann (2015): Molecular phylogenetics, morphology and a revised classification of the complex genus Saxifraga (Saxifragaceae). – In: Taxon 64: 1159–1187.

Tomasello, S. & C. Oberprieler (2017): Frozen ploidies: a phylogeographical analysis of the Leucanthemopsis alpina polyploid complex (Asteraceae, Anthemideae). – In: Botanical Journal of the Linnean Society 183: 211–235.

Turland, N. J., J. H. Wiersema, F. R. Barrie, W. Greuter, D. L. Hawksworth, P. S. Herendeen, S. Knapp, W.-H. Kusber, D.-Z. Li, K. Marhold, T. W. May, J. McNeill, A. M. Monro, J. Prado, M. J. Price & G. F. Smith (Hrsg.) (2018): International Code of Nomenclature for algae, fungi, and plants (Melbourne Code). Glashütten: Goeltze.

Uhlemann, I. (2023): Taraxacum section Crocea (= Taraxacum section Fontana, Asteraceae, Crepidinae) in the European Alps. – In: Neilreichia 13-14: 195-226.

van Ham, R. C. H. & H. 't Henk (1998): Phylogenetic relationships in the Crassulaceae inferred from chloroplast D restriction-site variation. – In: American Journal of Botany 85: 123–134.

Vitek, E. (1985): Evolution alpiner Populationen von Euphrasia (Scrophulariaceae): E. alpina und E. christii. – In: Plant Systematics & Evolution 149: 1–18.

von Schlechtendal, D. F. L. (Hrsg.) (1840ff): Flora von Deutschland. 24 Bände. Jena: Mauke (auch folgende Auflagen).

Vouillamoz, P. J. (1999): Inventaire critique, nombre chromosomique et chorologie d'Onosma helvetica (A. DC.) Boissier et Onosma pseudoarenaria Schur s.l. (Boraginaceae) en Suisse. – In: Bulletin de la Murithienne 117: 45-60.

Vreš, B., A. Seliškar & I. Dakskobler (2012): The phytosociological position of Senecio fontanicola Grulich & Hodálová, a rare and endangered species endemic to the Eastern Alps, in the successional sere on the montane wetland Zelenci (NW Slovenia). – In: Wulfenia 19: 1-14.

Wallosek, C. (1999): The acidophilous taxa of the Festuca varia group in the Alps: new studies on taxonomy and phytosociology. – In: Folia Geobotanica 34: 47–75.

Warwick, S. I., K. Mummenhoff, C. A. Sauder, M. A. Koch & I. A. Al-Shehbaz (2010): Closing the gaps: phylogenetic relationships in the Brassicaceae based on D sequence data of nuclear ribosomal ITS region. – In: Plant Systematics and Evolution 285: 209–232.

WFO (Hrsg.) (2020ff): World Flora Online. – Online-Ressource: www.worldfloraonline.org – zuletzt abgerufen am: 21.08.2024.

Wikispecies (Hrsg.) (2004ff): Wikispecies. – Online-Ressource: https://species.wikimedia.org – zuletzt abgerufen am: 31.07.21.

Wohlgemuth, T., K. Boschi & P. Longatti (1999ff): Swiss Web Flora. – Online-Ressource: https://www.wsl.ch/land/products/webflora/floramodul1-de.html – zuletzt abgerufen am: 12.01.09.

Wu, J., T. Nyman, D.-C. Wang, G. Argus, Yang, Y.-P. & J.-H. Chen (2015): Phylogeny of Salix subgenus Salix s.l. (Salicaceae): delimitation, biogeography, and reticulate evolution. – In: BMC Evolutionary Biology 15: 311.

Zhang, L. B. & J. W. Kadereit (2004): Classification of Primula sect. Auricula (Primulaceae) based on two molecular data sets (ITS, AFLPs), morphology and geographical distribution. – In: Botanical Journal of the Linnean Society 146: 1–26.

Zhang, L. B., H. P. Comes & J. W. Kadereit (2001): Phylogeny and quaternary history of the European montane/alpine endemic Soldanella (Primulaceae) based on ITS and AFLP variation. – In: American Journal of Botany 88: 2331–2345.

Zidorn, C. (2003): Bemerkenswerte Gefäßspflanzenfunde in Nordtirol, Südtirol und Vorarlberg. – In: Berichte des Naturwissenschaftlich-medizinischen Vereins Innsbruck 90: 127–134.

Bildquellenverzeichnis

Die Fotos und Zeichnungen in den einleitenden Kapiteln sowie die Verbreitungskarten und Höhendiagramme der Artbeschreibungen stammen, soweit nicht anders gekennzeichnet, vom Autor. Die Pflanzen-Illustrationen und Fotos beruhen auf geprüften, gesäuberten, um Merkmalspfeile ergänzten und in vielen Fällen neu zusammengestellten Abbildungen aus den im Folgenden genannten Quellen. In vielen Fällen wurden bei der Zusammenstellung der Illustrationen Abbildungen aus mehreren Bildquellen verwendet. Beim Verlag (buch@pustet.at) kann ein nach den Pflanzennamen sortiertes Bildquellenverzeichnis angefordert werden. Die Lizenzbedingungen der unter Creativ Common Lizenzen (CC) veröffentlichten Bilder finden sich unter https://creativecommons.org/licenses/.

Acta Horti Bergani (1907).
- *Taraxacum* sect. *Cucullata*

AG Pflanzenökologie (Hrsg.) Goethe Universität Frankfurt, Fachbereich Biowissenschaften, Diasporen-Datenbank (Fotos: B. Kramer). – Lizenz: CC BY SA 4.0.
- *Anthoxanthum alpinum (rechts unten), Helictotrichon parlatorei (rechts unten), Onobrychis montana (rechts unten)*

Allioni, C. (1785): Flora Pedemontana. 3 Bände. Augustae Taurinorum: Briolus.
- *Isatis allionii, Ligusticum ferulaceum, Oreochloa seslerioides, Potentilla valderia, Saxifraga pedemontana, Silene cordifolia, Viola argenteria*

Andrews, H. C. (1802-1809): Coloured engravings of heaths. 4 Bände. London: Bensley.
- *Dianthus alpinus*

Annales de flore et de pomone (1832-1847).
- *Fritillaria involucrata*

Anthelme, Fabien (Fotos). – Lizenz: CC BY SA 4.0.
- *Androsace saussurei*

Antoine, F. (1840): Die Coniferen nach Lambert, Loudon und Anderen. 11 Bände. Wien: Beck'sche Universitätsbuchhandlung.
- *Pinus uncinata*

Archiv für die Botanik (1796-1805).
- *Taraxacum* sect. *Borealia*

Arduino, P. (1764): Animadversiones botanicarum specimen alterum. Venetiis: Sansoniana.
- *Noccaea minima*

Auvray, G. & V. Malécot (2013): A revision of Cytisus sections alburnoides, spartopsis and verzinum (Genisteae, Fabaceae). – In: Edinburgh Journal of Botany 70: 61-120. – Bildrechte: © Royal Botanic Garden Edinburgh – Abdruck mit freundlicher Genehmigung.
- *Cytisus ardoinii, C. sauzeanus*

Baillon, H. E. (1866-1895): Histoire des plantes. 13 Bände. Paris: Librairie Hachette.
- *Androsace obtusifolia, Iberis sempervirens, Paronychia kapela*

Balbis, G. B. (1803-1804): Miscellanea botanica. Turin.
- *Poa molinerii*

Bas, Yves (Fotos). – Lizenz: CC BY 4.0.
- *Androsace delphinensis*

Bellone, Giacomo (Fotos): www.actaplantarum.org. – Bildrechte: © Giacomo Bellone – Abdruck mit freundlicher Genehmigung.
- *Jacobaea persoonii*

Berg, Christian (Fotos). – Bildrechte. © Christian Berg – Abdruck mit freundlicher Genehmigung.
- *Arabis stellulata (rechts unten), Pimpinella alpina (rechts mittig, rechts unten), Scorzoneroides montaniformis*

Blackwell, E. (1750-1773): Herbarium Blackwellianum. 6 Bände. Norimbergae: Fleischmanni.
- *Carlina acaulis*

Boissier, E. (1839-1845): Voyage botanique dans le midi d'Espagne. 2 Bände. Paris: Gide et Cie.
- *Lepidium villarsii*

Bonnier, G. E. M. (Begr.) (1912-1935): Flore complète illustrée en couleurs de France, Suisse et Belgique. 13 Bände. Neuchatel: Delachaux.
- *Agrostis schleicheri, Allium scaberrimum, Aquilegia atrata, Arabidopsis pedemontana, Artemisia atrata, Asplenium jahandiezii, Brassica montana, Campanula petraea, Carduus aurosicus, C. litigiosus, Centaurea rhaetica, Dianthus furcatus, Eryngium spinalba, Euphorbia hyberna, Fritillaria tubaeformis, Galium saxosum, Gentiana angustifolia, G. burseri, Helictotrichon parlatorei, H. sedenense, H. sempervirens, H. setaceum, Laserpitium halleri, Lepidium villarsii, Ligusticum ferulaceum, Lilium pomponium, Luzula pediformis, Micromeria marginata, Poa perconcinna, Potentilla grammopetala, P. nivalis, Primula latifolia, Rhaponticum heleniifolium, Saxifraga cochlearis, Scabiosa pyrenaica, Sempervivum calcareum, Senecio provincialis, Tephroseris balbisiana*

Bulletin de la Société botanique de France (1854-1892).
- *Aethionema thomasianum*

Bulliard, P. (1776-1781): Flora Parisiensis. 5 Bände. Paris: Didot.
- *Pedicularis palustris*

Buttler, K. P. (1969): Draba dolomitica, eine übersehene Art der Dolomiten und der Brenneralpen (Merkmale-Verbreitung-Verwandtschaft). – In: Mitteilungen der Botanischen Staatssammlung München 8: 539-566. – Bildrechte: © Botanische Staatssammlung München – Abdruck mit freundlicher Genehmigung.
- *Draba dolomitica*

Castroviejo, S., M. Laínz, G. L. González, P. Montserrat, F. M. Garmendia, J. Paiva & L. Villar (Hrsg.) (1986ff): Flora ibérica: plantas vasculares de la Península Ibérica e Islas Baleares. 21 Bände. Madrid: Real Jardín Botánico. – Bildrechte: © Real Jardín Botánico Madrid – Abdruck mit freundlicher Genehmigung.
- *Aconitum burnatii, Alopecurus gerardi, Alyssum cuneifolium, Koeleria cenisia, K. vallesiana, Rhinanthus burnatii, Senecio provincialis, Taraxacum* sect. *Alpestria, T.* sect. *Alpina, T.* sect. *Arctica, T.* sect. *Rhodocarpa*

Cavanilles, A. J. (1791-1801): Icones et descriptiones plantarum. Matriti: Gayguer.
- *Arenaria grandiflora*

Chytrý, M. (Fotos): Department of Botany and Zoology, Masaryk University, Brno, Czech Republic. – Bildrechte: © Milan Chytrý – Abdruck mit freundlicher Genehmigung.
- *Arabis sudetica, Berardia lanuginosa*

Colla, L. A. (1835-1837): Icones plantarum rariorum herbarium pedemontanum. Turin: Typis Regiis.
- *Arabis allionii, Draba aspera, Potentilla grammopetala*

Colnago, Franco (Fotos). – Bildrechte: © Franco Colnago – Abdruck mit freundlicher Genehmigung.
- *Saxifraga presolanensis*

Correvon, H. (1899ff): Atlas de la flore alpine. Publié par le Club alpin allemand et autrichien. 5 Bände. Genf: Georg & Co. (auch folgende Auflagen).
- *Primula wulfeniana*

Coste, H. (1900-1906): Flore descriptive et illustrée de la France, de la Corse et des contrées limitrophes. 3 Bände. Paris: Klincksieck.
- *Agrostis schleicheri, Crepis pygmaea, Dianthus subacaulis, Euphrasia hirtella, Fritillaria tubaeformis, Galium anisophyllon, Gentiana alpina, Helictotrichon sedenense, H. setaceum, Heracleum pumilum, Hypericum nummularium, H. richeri, Isatis allionii, Luzula pediformis, Ononis cristata, Oxytropis neglecta, Poa perconcinna, Thymus nervosus, T. praecox, Trifolium saxatile, Veronica allionii*

Curtis Botanical Magazine (1801-1920).
- *Arabis allionii, Arenaria purpurascens, Aster alpinus, Astragalus vesicarius, Campanula alpestris, Crocus versicolor, Gentiana burseri, Iberis aurosica, Noccaea cepaeifolia, Saxifraga callosa, S. florulenta, Silene elisabethae*

Curtis, W. (1777-1798): Flora Londinensis, or, Plates and descriptions of such plants as grow wild in the environs of London. 6 Bände. London: Curtis.
- *Montia fontana, Sedum dasyphyllum*

de Coincy, A. (1893-1901): Ecloga plantarum hispanicarum. 5 Bände. Paris: Masson.
- *Globularia repens, Teucrium pyrenaicum*

de Saint-Hilaire, A. F. C. P. (1824a): Histoire des plantes les plus remarquables du Brésil. Paris: Belin.
- *Heliosperma pusillum*

Debruille, Frédéric (Fotos). – Bildrechte: © Frédéric Debruille – Abdruck mit freundlicher Genehmigung.
- *Oxytropis amethystea*

Delessert, B. & A. P. de Candolle (1820-1846): Icones selectae plantarum. Parisiis: Fortin Masson et Sociorum.
- *Cardamine plumierii*

Desfontaines, R. L. (1798-1799): Flora Atlantica. 2 Bände. Paris: Desgrange.
- *Laserpitium peucedanoides*

Dickson, R. W. & S. Edwards (1812): The new botanic garden. London: Stockdale.
- *Hylotelephium anacampseros*

Dietrich, A. G. (1833-1844): Flora regni borussici. 12 Bände. Berlin: Oehmigke.
- *Euphorbia cyparissias, Hieracium schmidtii, Pilosella cymosa, P. peleteriana, Pulsatilla alpina, Seseli annuum, Tofieldia calyculata*

Dodart, D. (1788): Recueil des plantes gravées par ordre du roi Louis XIV. 3 Bände. Paris: Imprimerie Impériale.
- *Delphinium elatum*

Dotti, L. (Fotos). – Bildrechte: © Lorenzo Dotti – Abdruck mit freundlicher Genehmigung.
- *Androsace vesulensis*

Duhamel du Monceau, H. L. (1755-1768ff): Traité des arbres et arbustes. 2 Bände. Paris: Michel & Bertrand (auch folgende Auflagen).
- *Globularia repens, Pinus uncinata*

Edwards Botanical Register (1829-1844).
- *Delphinium dubium*

Engler, A. (1900-1937): Das Pflanzenreich: regni vegetablilis conspectus. 102 Bände. Leipzig: Engelmann.
- *Androsace chaixii, Bupleurum ranunculoides, Carex austroalpina, C. davalliana, C. foetida, C. liparocarpos, C. norvegica, Coincya richeri, Hieracium sparsum, Peucedanum austriacum, Rapistrum rugosum, Saxifraga androsacea, S. aphylla, S. aspera, S. cochlearis, S. cotyledon, S. crustata, S. cuneifolia, S. depressa, S. hostii, S. muscoides, S. pedemontana, S. presolanensis, S. seguieri, S. valdensis, Soldanella pusilla*

Fenaroli, F. & B. Moraldo (2003): Viola culminis, una nuova specie delle Prealpi bresciane (Lombardia N-Italia). – In: Natura Bresciana 33: 21-29. – Bildrechte: © Natural Science Museum of Brescia – Abdruck mit freundlicher Genehmigung.
- *Viola culminis*

Fenaroli, F. & F. Martini (1992): Moehringia concarenae: une novelle espèce des Préalpes Orobiennes (Lombardie, N-Italie). – In: Candollea 47: 21-30. – Bildrechte: © Conservatoire et Jardin botaniques de Genève – Abdruck mit freundlicher Genehmigung.
- *Moehringia concarenae*

Fiori, A. (1921): Iconographia Florae Italica – Flora Italiana Illustrata. Val di Pesa: Sansoniana.
- *Allium insubricum, Arenaria cinerea, Euphorbia variabilis, Galium pusillum, Gypsophila papillosa, Hormathophylla ligustica, Medicago pironae, Paronychia polygonifolia, Pilosella alpicola, Potentilla saxifraga, Primula tyrolensis, Ranunculus kuepferi, Saxifraga diapensioides, Trichophorum pumilum, Veronica allionii*

Fitch, W. H., W. G. Smith et al. (Begr.) (1880ff): llustrations of the British flora. 5. Auflage. London: Reeve & Co. (auch folgende Auflagen).
- *Agrostis rupestris, Ajuga pyramidalis, Alyssum alyssoides, Arabis alpina, A. ciliata, Arenaria ciliata, Artemisia campestris, Astragalus alpinus, Athyrium distentifolium, Briza media, Cotoneaster integerrimus, Draba incana, Epilobium anagallidifolium, Equisetum variegatum, Gentianella campestris, Huperzia selago, Juncus articulatus, J. biglumis, J. castaneus, J. filiformis, Koeleria macrantha, Poa alpina, P. laxa, P. minor, P. nemoralis, Polystichum lonchitis, Sagina saginoides, Salix hegetschweileri, Saussurea alpina, Saxifraga cernua, Sedum villosum, Senecio rupestris, Silene suecica, Woodsia ilvensis*

Fitch, Walter Hood (1817-1892): Botanischer Illustrator.
- *Allium narcissiflorum, Androsace pubescens, Eritrichium nanum, Myosotis sylvatica, Oxytropis campestris, Sedum dasyphyllum, Senecio doronicum*

Flahault, C. (1906): Nouvelle flore coloriée de poche des Alpes et des Pyrénées. 3 Bände. Paris: Klicksieck.
- *Androsace obtusifolia, Artemisia atrata, Cephalaria alpina, Dianthus subacaulis, Gentiana alpina, G. burseri, G. utriculosa, Hypericum nummularium, Lathyrus laevigatus, Ononis cristata, Oxytropis neglecta, Phyteuma charmelii, Pinguicula grandiflora, P. longifolia, Soldanella pusilla, Teucrium pyrenaicum, Valeriana saliunca, Veronica allionii, Vicia pyrenaica*

Flinck, K. E. (Fotos). – Bildrechte: © K. E. Flinck – Abdruck mit freundlicher Genehmigung.
- *Cotoneaster raboutensis*

Flinck, K. E., J. Fryer, B. Hylmö, J. Zeller & L. Garraud (1998): Cotoneaster raboutensis, espèce nouvelle de l'ouest des Alpes, et révision du genre Cotoneaster dans les Alpes françaises. – In: Publications de la Société Linnéenne de Lyon 67: 272-282: – Bildrechte: © Société Linnéenne de Lyon – Abdruck mit freundlicher Genehmigung.
- *Cotoneaster raboutensis*

Foggi, Bruno (University of Florence)), Graziano Rossi (University of Pavia) & Anne Maury (2024). – Bildrechte: © Bruno Foggi et al. – Abdruck mit freundlicher Genehmigung.
- *Festuca acuminata, F. airoides, F. alpestris, F. alpina, F. austrodolomitica, F. bauzanina, F. calva, F. flavescens, F. guinochetii, F. halleri, F. heteromalla, F. heterophylla, F. intercedens, F. laevigata, F. luedii, F. melanopsis, F. nigrescens, F. nitida, F. norica, F. picturata, F. plonkae, F. pseudodura, F. pseudovaria, F. quadriflora, F. rhaetica, F. rubra, F. rupicaprina, F. scabriculmis, F. stenantha, F. ticinensis, F. trichophylla, F. violacea, F. winnebachensis, Leucopoa laxa, L. pulchella, Patzkea paniculata*

Gartenflora (1852-1940).
- *Aquilegia einseleana*

Gesellschaft Kräuterkenner (Hrsg.) (1778-1794): Plantarum indigenarum et exoticarum icones ad vivum coloratae. Wien: Hochenleiter.
- *Androsace alpina, Papaver alpinum, Primula integrifolia*

Grabner, Uwe (Fotos). – Bildrechte: © Uwe Grabner – Abdruck mit freundlicher Genehmigung.
- *Gymnadenia buschmanniae, G. lithopolitanica, G. rubra (links unten, mittig unten), G. stiriaca, G. widderi*

Greinwald, Roland (Fotos). – Bildrechte: © Dr. Roland Greinwald – Abdruck mit freundlicher Genehmigung.
- *Artemisia nivalis, Noccaea corymbosa*

Grulich, V. & I. Hodálová (1994): The Senecio doria group (Asteraceae-Senecioneae) in Central and Southeastern Europe. – In: Phyton 34: 247-265. – Bildrechte: © Verlag Ferdinand Berger & Söhne – Abdruck mit freundlicher Genehmigung.
- *Senecio fontanicola*

Hacker, Patrick (Fotos). – Lizenz: CC BY 4.0.
- *Gentianella austriaca*

Hart, James Turpin (1835-1899): Botanischer Illustrator.
- *Erigeron atticus*

Hartinger, A. & K. W. von Dalla Torre (1806ff): Atlas der Alpenflora. München: Deutscher Alpenverein (auch folgende Auflagen).
- *Achillea nana, A. oxyloba, Ajuga pyramidalis, Alyssum wulfenianum, Androsace hausmannii, Arabis caerulea, Artemisia nitida, A. umbelliformis, Astrantia minor, Clinopodium alpinum, Crepis pontana, C. pygmaea, C. rhaetica, Dianthus alpinus, Doronicum austriacum, Erysimum jugicolum, Galium megalospermum, Gentiana clusii, Globularia cordifolia, Hypochaeris uniflora, Leucanthemopsis alpina, Linum alpinum, Moehringia glaucovirens, M. muscosa, Oxytropis lapponica, Phyteuma betonicifolium, P. scheuchzeri, Potentilla aurea, P. crantzii, Primula clusiana, P. farinosa, Ranunculus bilobus, Rhamnus pumila, Rhinanthus glacialis, Rhododendron hirsutum, Rosa pendulina, Saxifraga bryoides, S. paradoxa, Sedum atratum, Sorbus chamaemespilus, Tolpis staticifolia, Valeriana montana, Viola cenisia, Willemetia stipitata*

Hartmann (Fotos und Zeichnung): Botanische Illustratorin. – Bildrechte: © Julia Hartmann – Abdruck mit freundlicher Genehmigung.
- *Euphrasia ultima*

Hayne, F. G. (Begr.) (1805-1856): Getreue Darstellung und Beschreibung der in der Arzneykunde gebräuchlichen Gewächse. 13 Bände. Berlin.
- *Aconitum tauricum, A. variegatum*

Hegi, G. (Begr.) (1908-1931): Illustrierte Flora von Mittel-Europa. Mit besonderer Berücksichtigung von Deutschland, Österreich und der Schweiz. 1. Auflage. 13 Bände. München: Lehmanns.
- *Alchemilla* sect. *Splendentes, Androsace alpina, A. brevis, A. hausmannii, A. pubescens, A. wulfeniana, Arabis pumila, A. vochinensis, Callianthemum coriandrifolium, Chaerophyllum elegans, C. villarsii, Epilobium collinum, Erigeron neglectus, Euphrasia hirtella, E. picta, Gentiana terglouensis, Gentianella aspera, G. nana, G. ramosa, Hieracium porrifolium, H. tomentosum, Laserpitium halleri, Leucanthemum atratum, Molopospermum peloponnesiacum, Onobrychis montana, Pilosella alpicola, P. glacialis, P. hoppeana, P. peleteriana, Potentilla grammopetala, Silene vallesia, Soldanella austriaca, Thymus praecox, Trisetum argenteum*

Herbier général de l'amateur (1814-1850).
- *Primula allionii*

Heyland, Jean Cristoph (1792-1866): Botanischer Illustrator.
- *Aethionema saxatile*

Hooker, W. J. (1823-1827): Exotic flora, containing figures and descriptions of new, rare or otherwise interesting exotic plants. 3 Bände. Edinburgh: Blackwood.
- *Braya alpina*

Hooker, W. J. (1829-1840): Flora boreali-americana. 2 Bände. London: Bohn.
- *Woodsia pulchella*

Hooker, William Jackson (1785-1865): Botanischer Illustrator.
- *Papaver croceum, Potentilla nivea, Ranunculus montanus*

Hörandl, E. (1992): Die Gattung Salix in Österreich mit Berücksichtigung angrenzender Gebiete. Abhandlungen der zoologisch-botanischen Gesellschaft in Österreich 27. Wien: Zoologisch-botanische Gesellschaft in Österreich. – Bildrechte: © Zoologisch-botanische Gesellschaft Österreich & Elvira Hörandl – Abdruck mit freundlicher Genehmigung.
- *Salix laggeri*

Host, N. T. (1801-1809): Icones et descriptiones graminum austriacorum. 4 Bände. Wien: Schmidt.
- *Ochlopoa supina, Stipa pennata*

Host, N. T. (1828): Salix. Wien: Straus.
- *Salix appendiculata, S. foetida*

Hulhoven, Réginald (Meneerke bloem) (Fotos). – Lizenz: CC BY SA 3.0.
- *Asperula rupicola*

JACQ consortium (2004ff): Virtual Herbaria Website (Fotos). – Online-Ressource: www.jacq.org – zuletzt abgerufen am: 10.08.24. – Lizenz: CC BY 4.0.
- *Cochlearia excelsa (unten), Pimpinella alpina (links, rechts oben)*

Jaume Saint-Hilaire, J. H. (1828-1833): La flore et la pomone francaises. 6 Bände. Paris.
- *Alchemilla* sect. *Plicatae, Arenaria grandiflora, Carduus personata, Centaurea leucophaea, C. uniflora, Cephalaria alpina, Gentiana bavarica, G. nivalis, Horminum pyrenaicum, Rhaponticum scariosum, Rhododendron ferrugineum, Viola biflora, V. calcarata*

Jordan, A. (1846-1849): Observations sur plusieurs plantes de nouvelles. Paris: Maison.
- *Noccaea virens*

Journal de botanique (Paris; Hrsg.: N. A. Desvaux) (1813-1816). Paris.
- *Dianthus subacaulis*

Journal of Botany (1863-1922).
- *Carex ornithopoda*

Jutzi, Michael (Fotos). – Bildrechte: © Michael Jutzi – Abdruck mit freundlicher Genehmigung.
- *Rhinanthus antiquus*

Kerner von Marilaun, A. J. (1878): Monographia Pulmonarium. Oeniponte: Wagner.
- *Pulmonaria vallarsae*

Kesl, Michael (Fotos). – Bildrechte: © Michael Kesl – Abdruck mit freundlicher Genehmigung.
- *Cardamine rivularis*

Köckinger, H. (2003): Saxifraga styriaca spec. nova (Saxifragaceae) – ein Endemit der östlichen Niederen Tauern (Steiermark, Österreich). – In: Phyton 43: 79-108. – Bildrechte: © Verlag Ferdinand Berger & Söhne – Abdruck mit freundlicher Genehmigung.
- *Saxifraga styriaca*

Kohl, F. G. (1891-1895): Die officinellen Pflanzen der Pharmacopoea Germanica. Leipzig: Barth.
- *Pimpinella saxifraga*

Köhler, H. A. (Begr.) (1883-1898ff): Köhler's Medizinal-Pflanzen in naturgetreuen Abbildungen mit kurz erläuterndem Texte. 4 Bände. Gera: Köhler (auch folgende Auflagen).
- *Achillea millefolium, Arctostaphylos uva-ursi, Artemisia vulgaris, Carum carvi, Convallaria majalis, Dryopteris filix-mas, Elytrigia repens, Juniperus communis, J. sabina, Larix decidua, Peucedanum ostruthium, Picea abies, Rubus idaeus, Taraxacum* sect. *Taraxacum, Veratrum album*

Kops, J. (Begr.) (1800-1934): Flora Batava. 28 Bände. Amsterdam: Sepp en Zoon.
- *Carex dioica, Deschampsia cespitosa, Doronicum glaciale, Erysimum hieracifolium, Lamium purpureum, Lolium multiflorum, Pilosella aurantiaca, P. lactucella, Poa chaixii, Rapistrum rugosum, Salix caprea, S. hegetschweileri, Teucrium montanum, Viola lutea*

Krajina, V. (1930): Monografická studie druhů Festuca varia (Haenke) a Festuca versicolor (Tausch) Krajina. – In: Publications de la Faculte des Scienes de L'Universite Charles 106. 61 Seiten.
- *Festuca versicolor*

Krauss, J. C. (1802ff): Afbeeldingen der fraaiste, meest uitheemsche boomen en heesters. Amsterdam: Allart.
- *Cotoneaster integerrimus, Rhodothamnus chamaecistus*

L'Héritier de Brutelle, C. L. & P. J. Redouté (1787-1788): Geraniologia. Paris: Didot.
- *Geranium rivulare*

Lambert, A. B. (1803-1824ff): A description of the genus Pinus. 2 Bände. London: White (auch folgende Auflagen).
- *Pinus mugo*

Lautenschlager-Fleury, D. & E. Lautenschlager-Fleury (1986): Salix laggeri Wimmer – Monografie einer wenig bekannten Weide. - In: Bauhinia 8: 149-156. – Bildrechte: © Basler Botanische Gesellschaft – Abdruck mit freundlicher Genehmigung.
- *Salix laggeri*

Lindman, C. A. M. (1901-1905ff): Bilder ur Nordens Flora. 4 Bände. Stockholm: Wahlström & Widstrand (auch folgende Auflagen).
- *Antennaria carpatica, Asperugo procumbens, Astragalus norvegicus, Gentianella campestris, Isoetes lacustris, Lactuca alpina, Loiseleuria procumbens, Molinia caerulea, Polypodium vulgare, Pseudorchis albida, Ranunculus glacialis, R. platanifolius, Rorippa islandica, Rubus saxatilis, Saussurea alpina, Saxifraga aizoides, S. cernua, S. cotyledon, S. oppositifolia, Selaginella selaginoides, Silene acaulis, S. vulgaris, Viola biflora*

Ljaž (Fotos). – Lizenz: CC BY 4.0.
- *Draba aspera (links unten), Leucanthemum lithopolitanicum, Pedicularis hoermanniana*

Longo, Daniela (Fotos): www.actaplantarum.org. – Bildrechte: © Daniela Longo – Abdruck mit freundlicher Genehmigung.
- *Hesperis inodora*

Losch, F. (1905ff): Kräuterbuch. Unsere Heilpflanzen in Wort und Bild. Esslingen & München: Schreiber (auch folgende Auflagen).
- *Athamanta cretensis*

Lounsberry, A. & E. Rowan (1900): A guide to the trees. Toronto: Briggs.
- *Salix glaucosericea*

Magauer, Marianne: Botanische Illustratorin. – Bildrechte: © Marianne Magauer – Abdruck mit freundlicher Genehmigung.
- *Alyssum neglectum*

Maubert, Louis Joseph Édouard (1806-1879): Botanischer Illustrator.
- *Dianthus barbatus*

Maw, G. (1886): A monograph of the genus Crocus. London: Dulau & Co.
- *Crocus vernus, C. versicolor*

Memoires de la Société de physique et d'histoire naturelle de Genève (1923-1994).
- *Arabidopsis pedemontana*

Merath, Ingeborg (Fotos). – Lizenz: CC BY 4.0.
- *Isatis allionii*

Merxmüller, H. & J. Grau (1967): Moehringia-Studien. – In: Mitteilungen der Botanischen Staatssammlung München 6: 257-273. – Bildrechte: © Botanische Staatssammlung München – Abdruck mit freundlicher Genehmigung.
- *Moehringia intermedia*

Merxmüller, H. & W. Gutermann (1957): Eine neue Moehringien-Sippe aus den Südalpen. – In: Phyton 7: 1-7. – Bildrechte: © Verlag Ferdinand Berger & Söhne – Abdruck mit freundlicher Genehmigung.
- *Moehringia markgrafii*

Moggridge, J. T. (1871): Flora of Mentone and to a Winter Flora of the Rivierira. London: Reeve & Co.
- *Androsace chaixii, Fritillaria involucrata, Primula allionii*

Mologni, Andrea (Fotos). – Lizenz: CC BY SA 4.0.
- *Knautia transalpina*

Moro, Andrea (Fotos). – Lizenz: CC BY SA 4.0.
- *Euphrasia picta*

Mouillefert, P. (1892-1898): Traité des arbres et arbrissaux, forestiers, industriels et d'ornement. 2 Bände. Paris: Klincksieck.
- *Prunus brigantina*

Nils (Fotos). – Lizenz: CC BY 4.0.
- *Androsace vandellii (oben)*

Oeder, G. C. (Begr.) (1766-1883): Flora Danica. 17 Bände. Kopenhagen: Möller.
- *Botrychium lanceolatum, Dianthus superbus, Draba norvegica, Dryopteris expansa, Equisetum variegatum, Euphrasia micrantha, Festuca vivipara, Luzula glabrata, Oxytropis lapponica, Poa glauca, Saxifraga hieraciifolia, Sparganium angustifolium, S. hyperboreum, Stuckenia filiformis*

Oltmanns, F. (1927): Pflanzenleben des Schwarzwaldes. Freiburg: Badischer Schwarzwaldverein.
- *Adenostyles alliariae*

Onofri, Davide (Fotos): Club Aquile Rampanti. – Bildrechte: © Davide Onofri – Abdruck mit freundlicher Genehmigung.
- *Androsace brevis, Callianthemum kernerianum, Delphinium dubium, Draba aspera (rechts unten), Gentianella insubrica (oben), Moehringia dielsiana (links, rechts unten)*

Oskamp, D. L., A. Ypey, J. Zorn & S. Jan (1796-1800): Afbeeldingen der artseny-gewassen met derzelver Nederduitsche en Latynsche beschryvingen. Amsterdam: Sepp.
- *Rhododendron ferrugineum*

Palpurina, Salsa (Fotos). – Lizenz: CC BY 4.0.
- *Hieracium sparsum*

Peganum (Fotos). – Lizenz: CC BY SA 2.0.
- *Athamanta vestina (oben)*

Prosser, F. & A. Bertolli (2008): A new species of Gentiana sect. Calathianae (Gentianaceae) from the Brenta Group, European Alps, Italy. – In: Willdenowia 38: 423-431. – Bildrechte: © Botanischer Garten and Botanische Museum Berlin – Abdruck mit freundlicher Genehmigung.
- *Gentiana brentae*

Prosser, F. & S. Scortegagna (1998): Primula recubariensis, a new species of Primula sect. Auricula Duby endemic to the SE Prealps, Italy. – In: Willdenowia 28: 27-46. – Bildrechte: © Botanischer Garten and Botanische Museum Berlin – Abdruck mit freundlicher Genehmigung.
- *Primula albensis*

Raffaelli, M. & L. Baldoin (1997): Il complesso di Biscutella laevigata L. (Cruciferae) in Italia. – In: Webbia 52: 87-128. – Bildrechte: © Webbia – Journal of Plant Taxonomy and Geography, Abdruck mit freundlicher Genehmigung.
- *Biscutella ossolana*

Raffaelli, M. (1986): Biscutella brevicaulis Jordan, specie nuova per la Flora italiana. – In: Webbia 39: 409-416. – Bildrechte: © Webbia – Journal of Plant Taxonomy and Geography, Abdruck mit freundlicher Genehmigung.
- *Biscutella brevicaulis*

Reichenbach, H. G. L. (1820): Monographia generis Aconiti. Leipzig: Vogel.
- *Aconitum angustifolium*

Reichenbach, H. G. L. (1823-1832): Iconographia botanica seu plantae criticae. 10 Bände. Leipzig: Hofmeister.
- *Achillea clusiana, Alyssum wulfenianum, Anthemis cretica, Bupleurum stellatum, Campanula cenisia, C. isophylla, C. petraea, C. raineri, Centaurea nervosa, C. uniflora, Coronilla vaginalis, Descurainia tanacetifolia, Erysimum sylvestre, Helianthemum alpestre, Leontodon berinii, Moehringia bavarica, Papaver croceum, Phyteuma betonicifolium, P. hemisphaericum, P. michelii, P. scheuchzeri, P. sieberi, Pilosella cymosa, Pinguicula grandiflora, Primula carniolica, P. hirsuta, P. integrifolia, P. minima, P. villosa, Scabiosa lucida, Sedum alpestre, S. annuum, Silene elisabethae, Stachys alopecuros, S. pradica, Swertia perennis, Tephroseris integrifolia, T. longifolia, Xerolekia speciosissima*

Reichenbach, H. G. L. (1850-1912): Icones florae Germanicae et Helveticae. 2. Auflage. 24 Bände. Leipzig: Hofmeister.
- *Artemisia vallesiaca, Campanula isophylla, Carduus aurosicus, Cerastium pedunculatum, C. subtriflorum, Epilobium collinum, E. nutans, Galeopsis reuteri, Galium tendae, Hieracium pictum, Leontodon berinii, L. tenuiflorus, Odontites lanceolatus, Peucedanum rablense, Phyteuma charmelii, Pinguicula leptoceras, Primula tyrolensis, Rhaponticum heleniifolium, Saxifraga adscendens, S. carpatica, S. diapensioides, S. facchinii, S. retusa, S. squarrosa, Scabiosa vestina, Viola argenteria, Xerolekia speciosissima*

Reichenbach, Heinrich Gustav (1824-1889): Botanischer Illustrator.
- *Erysimum hieracifolium*

Riva, Riccardo (Fotos). – Lizenz: CC BY 4.0.
- *Gentianella insubrica (unten)*

Rohweder, Karsten (Fotos). – Lizenz: CC BY 4.0.
- *Arabis stellulata (rechts oben), Draba ladina*

Rosenwirth, Maria und Wolfgang (Fotos): www.rosenwirth-dia.de. – Bildrechte: © Maria & Wolfgang Rosenwirth – Abdruck mit freundlicher Genehmigung.
- *Saxifraga tombeanensis, Viola comollia*

Rydberg, P. A. (1898): A monograph of the North American Potentilleae. Lancaster, PA: New Era Printing.
- *Potentilla multifida, P. nivea*

Saboureau, Flavien (Fotos). – Lizenz: CC BY 4.0.
- *Aconitum burnatii, Galium saxosum, Heracleum pumilum*

Sauberer, Norbert (Fotos). – Bildrechte: © Norbert Sauberer – Abdruck mit freundlicher Genehmigung.
- *Festuca versicolor, Helictochloa praeusta (oben, unten)*

Sauer, W. (1979): Beitrag zu Kenntnis der Gattung Pulmonaria in Bayern: Kritische Sippen, Verbreitung und allgemeine Hinweise auf die Arealbildung. – In: Berichte der Bayerischen Botanischen Gesellschaft 50: 127-160. – Bildrechte: © Bayerische Botanische Gesellschaft & W. Sauer – Abdruck mit freundlicher Genehmigung.
- *Pulmonaria carnica, P. kerneri*

Schkuhr, C. (1801): Beschreibung und Abbildung der theils bekannten, theils noch nicht beschriebenen Arten von Riedgräsern. 2 Bände. Wittenberg.
- *Carex parviflora*

Schott, H. W. (1852): Wilde Blendlinge Österreichischer Primeln. Wien: Gerold & Sohn.
- *Primula clusiana, P. spectabilis, P. wulfeniana*

Schott, H. W. (1852b): Skizzen Österreichischer Ranunkelen sectionis Allophanes. Wien.
- *Callianthemum anemonoides, Ranunculus crenatus*

Seboth, J. & F. Graf (1879-1884): Die Alpenpflanzen nach der Natur gemalt. 4 Bände. Prag: Temposky.
- *Achillea clavennae, Androsace wulfeniana, Helianthemum alpestre, Hypochaeris uniflora, Polygala alpestris, Polystichum lonchitis, Scorzoneroides helvetica, Soldanella austriaca*

Sibthorp, J. & J. E. Smith (1806-1840): Flora Graeca. 10 Bände. London: Taylor.
- *Astragalus depressus, A. sempervirens, Ballota frutescens, Iberis sempervirens, Odontarrhena argentea, Teucrium lucidum*

Smith, Matilda (1854-1926): Botanische Illustratorin.
- *Campanula excisa, C. zoysii, Cytisus emeriflorus, Physoplexis comosa*

Sonnleitner, Michaela (Fotos). – Bildrechte: © Michaela Sonnleitner – Abdruck mit freundlicher Genehmigung.
- *Jacobaea carniolica, J. disjuncta, J. insubrica, J. norica*

Sowerby, J. E. (Begr.) (1790-1813ff): English Botany. 36 Bände. London: R. Hardwicke (auch folgende Auflagen).
- *Achillea distans, Alyssum alyssoides, Botrychium lunaria, Cerastium latifolium, Cystopteris fragilis, Dryopteris dilatata, D. villarii, Epilobium alsinifolium, Equisetum arvense, Erigeron alpinus, Euphrasia micrantha, Geranium sylvaticum, Gnaphalium norvegicum, Hieracium amplexicaule, Hippocrepis comosa, Hypericum maculatum, Hypochaeris maculata, Juncus biglumis, Leontodon hispidus, Leucanthemum adustum, Lotus corniculatus, Lycopodium annotinum, L. clavatum, Noccaea virens, Oxytropis halleri, Phyteuma orbiculare, Pilosella aurantiaca, Polystichum lonchitis, Sagina saginoides, Saxifraga cernua, Senecio rupestris, Silene suecica, Tragopogon pratensis, Trifolium repens, Trinia glauca, Viola palustris, V. rupestris, Woodsia alpina*

Spach, E. (1834-1847): Histoire naturelle des végétaux, Atlas. Paris: Librairie encyclopédique de Roret.
- *Gentiana cruciata*

Steiermärkisches Landesmuseum Joanneum (Hrsg.) Steiermärkisches Landesmuseum Joanneum: (Fotos) – Online-Ressource: www.gbif.org. – Lizenz: CC BY SA 4.0.
- *Cochlearia excelsa (mittig)*

Step, E., B. Herincq, W. Watson & D. Bois (1896-1897): Favourite flowers of garden and greenhouse. 4 Bände. London: Partridge.
- *Dianthus barbatus, Gentiana acaulis*

Sturm, J. (Begr.) (1796ff): Flora von Deutschland in Abbildungen nach der Natur. Nürnberg: Sturm (auch folgende Auflagen).
- *Achillea erba-rotta, A. nana, Adenostyles alpina, Alchemilla* sect. *Alchemilla, A.* sect. *Calycinae, Arabis alpina, A. caerulea, Arctostaphylos alpinus, Armeria alpina, Aster alpinus, Astragalus australis, A. frigidus, A. leontinus, A. penduliflorus, Astrantia minor, Bellardiochloa variegata, Blitum bonus-henricus, Campanula pulla, C. rhomboidalis, Cardamine alpina, Carduus defloratus, Carex caryophyllea, C. davalliana, C. dioica, C. pallescens, Cerinthe glabra, C. minor, Cirsium acaulon, Crepis alpestris, C. aurea, C. froelichiana, C. jacquinii, C. pyrenaica, Cytisus hirsutus, Daphne petraea, Dianthus alpinus, Draba aizoides, D. dubia, D. fladnizensis, D. incana, D. sauteri, D. stellata, D. tomentosa, Dryas octopetala, Eleocharis quinqueflora, Empetrum hermaphroditum, Epilobium alpestre, E. fleischeri, E. palustre, Erica carnea, Eritrichium nanum, Gentiana acaulis, G. angustifolia, G. asclepiadea, G. brachyphylla, G. frigida, G. pneumonanthe, G. verna, Gentianella amarella, G. ciliata, G. nana, G. tenella, Geranium phaeum, Geum montanum, G. reptans, Gnaphalium norvegicum, G. supinum, Hackelia deflexa, Helianthemum nummularium, Hieracium alpinum, H. murorum, H. piliferum, H. villosum, Holosteum umbellatum, Hornungia alpina, H. pauciflora, Iris pallida, Jacobaea abrotanifolia, Juncus castaneus, J. filiformis, Koeleria hirsuta, Laserpitium latifolium, Leontopodium nivale, Leucanthemum atratum, L. vulgare, Luzula alpina, L. lutea, L. luzuloides, L. multiflora, L. nivea, L. sylvatica, Matthiola fruticulosa, Minuartia austriaca, M. verna, Myosotis alpestris, M. sylvatica, Nepeta nepetella, Noccaea alpestris, N. brachypetala, N. caerulescens, N. rotundifolia, Odontarrhena alpestris,*

Oxyria digyna, Oxytropis jacquinii, O. triflora, Paederota bonarota, P. lutea, Petasites paradoxus, Petrocallis pyrenaica, Phleum alpinum, Pinguicula alpina, Plantago atrata, P. major, P. maritima, P. media, Potentilla caulescens, P. erecta, P. frigida, P. grandiflora, P. nitida, Prenanthes purpurea, Primula farinosa, P. glutinosa, P. halleri, P. integrifolia, Pulsatilla alpina, Pyrola minor, P. rotundifolia, Ranunculus breyninus, R. bulbosus, R. carinthiacus, R. peltatus, R. pygmaeus, R. thora, Rhinanthus minor, Rhizobotrya alpina, Ribes petraeum, Rosa pendulina, Rubus saxatilis, Rumex acetosella, Salix alpina, S. glabra, S. helvetica, S. reticulata, Saponaria lutea, Saxifraga adscendens, S. androsacea, S. aphylla, S. aspera, S. burseriana, S. cuneifolia, S. hohenwartii, S. moschata, S. muscoides, S. mutata, S. paniculata, S. pedemontana, S. retusa, S. rotundifolia, S. sedoides, Scleranthus perennis, Scorzonera aristata, Scorzoneroides autumnalis, Serratula tinctoria, Seseli annuum, S. libanotis, Sesleria sphaerocephala, Sibbaldia procumbens, Silene rupestris, Solidago virgaurea, Spiraea decumbens, Stachys alpina, Stipa pennata, Tephroseris longifolia, Thalictrum aquilegiifolium, Thymus pulegioides, Tofieldia calyculata, T. pusilla, Tozzia alpina, Trifolium badium, T. noricum, T. pallescens, T. pratense, Triglochin palustris, Trisetum alpestre, Vaccinium uliginosum, Valeriana celtica, V. elongata, V. excelsa, Veronica alpina, V. aphylla, V. fruticans, V. serpyllifolia, Vicia cracca, Viola pinnata, Wulfenia carinthiaca

Svensk Botanik (1803-1843).
- *Briza media, Lonicera caerulea, Pinguicula alpina, Salix herbacea*

Sweet, R. (1823-1837): The British flower garden. 3 Bände. London: Simpkin.
- *Primula glaucescens*

Sweet, R. (1825-1830): Cistinae. The Natural Order of Cistus. London: Ridgeway.
- *Helianthemum lunulatum*

Tackenberg, Oliver (Fotos). – Bildrechte: © Oliver Tackenberg – Abdruck mit freundlicher Genehmigung.
- *Achillea clavennae, Acis fabrei, A. nicaeensis, Aconitum tauricum, Aethionema thomasianum, Alchemilla* sect. *Coriaceae, A.* sect. *Decumbentes, A.* sect. *Splendentes, A.* sect. *Ultravulgares, Allium insubricum, A. kermesinum, Alyssum cognense, A. cuneifolium, A. neglectum, A. orophilum, A. rossetii, Androsace adfinis, A. lactea, A. vandellii (unten), Anthoxanthum alpinum (links, oben rechts), Aquilegia atrata, Arabis soyeri, A. stellulata (links, rechts mittig), Arenaria cinerea, A. huteri, A. multicaulis, Artemisia glacialis, A. nitida, A. vallesiaca, Asperula hexaphylla, Asplenium adulterinum, A. jahandiezii, Astragalus depressus, Astrantia bavarica, Athamanta vestina (mittig, unten), Ballota frutescens, Biscutella brevicaulis, B. ossolana, Bupleurum alpigenum, Campanula barbata, C. carnica, C. cenisia, C. elatinoides, C. sabatia, Carduus litigiosus, Carex austroalpina, Centaurea dichroantha, C. jordaniana, C. leucophaea, C. rhaetica, C. valesiaca, Cerastium carinthiacum, C. eriophorum, C. julicum, C. lineare, C. pedunculatum, C. subtriflorum, C. uniflorum, Cherleria langii, Coincya richeri, Cotoneaster delphinensis, Crepis froelichiana, Cytisus ardoinii, C. sauzeanus, Dianthus furcatus, D. sternbergii, Doronicum cataractarum, Draba dolomitica, Erigeron glabratus, E. neglectus, E. schleicheri, Erodium rodiei, Eryngium alpinum, E. spinalba, Erysimum montosicolum, E. sylvestre, Euphorbia austriaca, E. hyberna, E. saxatilis, E. triflora, E. variabilis, Euphrasia hirtella, E. portae, E. salisburgensis (links unten), Festuca breistrofferi, F. eggleri, F. vivipara, Fritillaria burnatii, Galium anisophyllon, G. baldense, G. margaritaceum, G. megalospermum, G. meliodorum, G. montis-arerae, G. noricum, G. pseudohelveticum, G. pusillum, G. tendae, G. truniacum, Gentiana brentae, G. ligustica, G. rostanii, G. utriculosa, Gentianella anisodonta, G. aspera, G. engadinensis, G. pilosa, G. ramosa, Globularia repens, Gymnadenia archiducis-joannis, G. austriaca, G. corneliana, G. rhellicani, G. rubra (oben, rechts unten), Gypsophila papillosa, Hedysarum boutignyanum, Helianthemum lunulatum, Helictochloa adsurgens, H. praeusta (mittig), Helictotrichon parlatorei (rechts oben), H. petzense, H. sedenense, H. sempervirens, Herniaria alpina, Hieracium pilosum, Hormathophylla ligustica, Hylotelephium anacampseros, Hypochaeris facchiniana, Jacobaea uniflora, Knautia baldensis, K. carinthiaca, K. mollis, K. norica, K. persicina, K. ressmannii, K. velutina, Koeleria cenisia, K. eriostachya, K. macrantha, K. vallesiana, Laserpitium halleri, Leucanthemum burnatii, L. cuneifolium, L. virgatum, Lilium pomponium, Linaria tonzigii, Lotus alpinus, Medicago pironae, Micromeria marginata, Minuartia graminifolia, M. grignensis, M. rostrata, Moehringia bavarica, M. concarenae, M. dielsiana (rechts oben), M. insubrica, M. intermedia, M. lebrunii, M. markgrafii, M. sedoides, Noccaea minima, N. sylvia, Onobrychis montana (oben), Ononis cristata, Onosma helvetica, Oreochloa seslerioides, Oxytropis helvetica, Paronychia kapela, P. polygonifolia, Pedicularis cenisia, P. elongata, P. gyroflexa, P. kerneri, Peucedanum rablense, Phyteuma confusum, P. cordatum, P. hedraianthifolium, P. persicifolium, Pilosella alpicola, P. hoppeana, Pinguicula arvetii, P. longifolia, P. poldinii, Poa angustifolia, P. glauca, P. molinerii, P. perconcinna, Polygala alpina, Potentilla delphinensis, P. multifida, P. nivalis, P. saxifraga, P. valderia, Primula albensis, P. daonensis, P. glutinosa, P. hirsuta, P. latifolia, P. marginata, P. pedemontana, Pulmonaria australis, P. carnica, P. kerneri, P. stiriaca, P. vallarsae, Pulsatilla halleri, Ranunculus kuepferi, R. venetus, Rhinanthus burnatii, R. ovifugus, R. pampaninii, Rosa montana, R. rhaetica, R. uriensis, Rumex nebroides, Salix breviserrata, S. glaucosericea, S. laggeri, S. mielichhoferi, Salvia saccardiana, Sanguisorba dodecandra, Saussurea depressa, Saxifraga aspera, S. berica, S. cochlearis, S. depressa, S. hostii, S. styriaca, S. valdensis, Scabiosa pyrenaica, S. velenovskyana, S. vestina, Scorzoneroides montana, Sedum alsinefolium, S. fragrans, Sempervivum calcareum, S. dolomiticum, S. grandiflorum, S. pittonii, Senecio fontanicola, Sesleria leucocephala, Silene campanula, S. cordifolia, Soldanella hungarica (links, rechts unten), Spiraea decumbens, Stipa styriaca, Taraxacum* sect. *Obliqua, Tephroseris balbisiana, Thalictrum foetidum, Thymus nervosus, T. praecox, Trichophorum pumilum, Trifolium pallescens, T. saxatile, Valeriana saliunca, Vicia pyrenaica, Viola cenisia, V. culminis, V. dubyana, V. laricicola, V. thomasiana, V. valderia*

The botanical cabinet (1817-1833).
- *Astragalus leontinus, Gentiana alpina, Primula villosa*

The Garden (1871-1927).
- *Geum reptans, Tephroseris balbisiana*

The journal of the Linnean society – Botany (1865-1924).
- *Androsace chamaejasme*

Thomé, O. W. (1885ff): Flora von Deutschland, Österreich und der Schweiz. Gera: Zezschwitz (auch folgende Auflagen).
- *Androsace helvetica, Antennaria dioica, Callitriche palustris, Cynoglossum officinale, Empetrum hermaphroditum, Ephedra distachya, Lotus corniculatus, Meum athamanticum, Ranunculus acris, Salix hastata, S. serpillifolia, Veratrum lobelianum*

Uhlemann, I. (2023): Taraxacum section Crocea (= Taraxacum section Fontana, Asteraceae, Crepidinae) in the European Alps. – In: Neilreichia 13-14: 195-226. – Bildrechte: © Verein zur Erforschung der Flora Österreichs – Abdruck mit freundlicher Genehmigung.
- *Taraxacum* sect. *Fontana*

van Houtte, L. B. (1845-1880): Flore des serres et des jardin de l'Europe. 23 Bände. Gent: van Houtte.
- *Rhodothamnus chamaecistus*

Vietz, F. B. (1800-1822ff): Icones plantarum medico-oeconomico-technologicarum. 3 Bände. Wien: Schalbaecher (auch folgende Auflagen).
- *Aconitum variegatum*

Villars, D. (1786-1789): Histoire des plantes de Dauphinaé. 3 Bände. Grenoble.
- *Berardia lanuginosa*

Vitek, Ernst (Fotos). – Bildrechte: © Ernst Vitek – Abdruck mit freundlicher Genehmigung.
- *Euphrasia alpina, E. christii, E. cisalpina, E. inopinata, E. salisburgensis (rechts unten), E. sinuata*

von Hayek, A. (1901): Die Centaurea-Arten Österreich-Ungarns. – In: Denkschriften der Akademie der Wissenschaften Wien, Mathematisch-Naturwissschaftliche Classe 72: 583-773.
- *Centaurea dichroantha*

von Jacquin, N. J. (1773-1778): Florae Austriaceae. 5 Bände. Vindobonae: Kaliwoda.
- *Molopospermum peloponnesiacum, Saxifraga caesia*

von Jacquin, N. J. (1781-1793): Icones plantarum rariorum. 3 Bände. Vindobonae: Wappler.
- *Alopecurus gerardi, Athamanta turbith, Prunus brigantina, Saxifraga mutata*

von Jacquin, Nikolaus Joseph (1727-1817): Botanischer Illustrator.
- *Androsace chamaejasme, Artemisia glacialis, Aster alpinus, Astrantia bavarica, Bupleurum petraeum, Carduus personata, Chaerophyllum hirsutum, Eryngium alpinum, Euphorbia saxatilis, Gentiana pumila, Hedysarum hedysaroides, Laserpitium siler, Oreochloa disticha, Peucedanum austriacum, Plantago alpina, Primula auricula, Sesleria sphaerocephala*

von Ledebour, C. F. (1829-1834): Icones plantarum novarum vel imperfecte cognitarum floram Rossicam, imprimis Altaicam, illustrantes. Riga: Deubner.
- *Androsace villosa, Ligusticum mutellinoides, Valeriana saliunca*

von Schlechtendal, D. F. L. (Hrsg.) (1840ff): Flora von Deutschland. 24 Bände. Jena: Mauke (auch folgende Auflagen).
- *Achillea atrata, A. clusiana, A. distans, A. erba-rotta, A. macrophylla, A. oxyloba, Aconitum degenii, A. lycoctonum, A. napellus, A. pilipes, A. variegatum, Adenostyles alliariae, A. leucophylla, Agrostis alpina, A. capillaris, A. rupestris, A. schraderiana, A. stolonifera, Ajuga pyramidalis, Allium schoenoprasum, A. strictum, A. victorialis, Alnus viridis, Alopecurus aequalis, A. pratensis, Alyssum wulfenianum, Androsace alpina, A. chamaejasme, A. lactea, A. obtusifolia, A. pubescens, A. villosa, A. vitaliana, Anemonastrum narcissiflorum, Antennaria carpatica, A. dioica, Anthemis cretica, Anthoxanthum odoratum, Anthyllis vulneraria, Aquilegia alpina, Arabidopsis halleri, Arabis alpina, A. caerulea, A. ciliata, A. pumila, A. serpillifolia, A. soyeri, A. vochinensis, Arenaria biflora, A. ciliata, A. grandiflora, A. serpyllifolia, Armeria alpina, Arnica montana, Artemisia campestris, A. genipi, Asplenium fissum, A. ruta-muraria, A. seelosii, A. septentrionale, A. trichomanes, A. viride, Astragalus alpinus, A. frigidus, A. norvegicus, A. sempervirens, Astrantia major, Athamanta cretensis, A. turbith, Athyrium distentifolium, A. filix-femina, Avenella flexuosa, Avenula pubescens, Bartsia alpina, Bellidiastrum michelii, Betula nana, Biscutella laevigata, Bistorta vivipara, Blysmus compressus, Bromus hordeaceus, Bupleurum falcatum, B. petraeum, B. ranunculoides, B. stellatum, Calamagrostis varia, C. villosa, Callianthemum anemonoides, Calluna vulgaris, Caltha palustris, Campanula alpina, C. barbata, C. cenisia, C. cespitosa, C. cochleariifolia, C. elatines, C. elatinoides, C. morettiana, C. raineri, C. scheuchzeri, C. thyrsoides, Capsella bursa-pastoris, Cardamine alpina, C. amara, C. asarifolia, C. plumierii, C. resedifolia, Carduus nutans, C. personata, Carex atrata, C. atrofusca, C. baldensis, C. bicolor, C. bigelowii, C. brachystachys, C. brunnescens, C. capillaris, C. curvula, C. echinata, C. ericetorum, C. ferruginea, C. fimbriata, C. firma, C. flacca, C. flava, C. foetida, C. frigida, C. fuliginosa, C. halleriana, C. humilis, C. lachenalii, C. leporina, C. limosa, C. liparocarpos, C. magellanica, C. maritima, C. microglochin, C. mucronata, C. nigra, C. norvegica, C. ornithopoda, C. pallescens, C. panicea, C. parviflora, C. rostrata, C. rupestris, C. sempervirens, C. vaginata, Carlina acaulis, Centaurea jacea, C. nervosa, C. scabiosa, Cerastium arvense, C. cerastoides, C. fontanum, C. latifolium, Chaerophyllum elegans, C. hirsutum, C. villarsii, Chamorchis alpina, Chenopodium album, Cherleria biflora, C. laricifolia, C. rupestris, C. sedoides, Chrysosplenium alternifolium, Cirsium acaulon, C. carniolicum, C. spinosissimum, Clinopodium alpinum, Coincya monensis, Colchicum alpinum, C. bulbocodium, Coronilla vaginalis, Crepis conyzifolia, C. jacquinii, C. pyrenaica, C. terglouensis, Cryptogramma crispa, Cynoglossum officinale, Cytisus emeriflorus, Dactylis glomerata, Dactylorhiza maculata, D. viridis, Danthonia decumbens, Daphne cneorum, D. mezereum, D. striata, Delphinium elatum, Deschampsia cespitosa, Descurainia tanacetifolia, Dianthus barbatus, D. glacialis, D. pavonius, D. superbus, D. sylvestris, Doronicum austriacum, D. clusii, D. columnae, D. glaciale, D. grandiflorum, Draba hoppeana, D. incana, D. siliquosa, Elymus caninus, Epilobium anagallidifolium, E. angustifolium, E. fleischeri, Epipactis helleborine, Equisetum arvense, Erigeron uniflorus, Eriophorum angustifolium, E. latifolium, E. scheuchzeri, E. vaginatum, Erysimum hieracifolium, E. humile, E. rhaeticum, Euphorbia cyparissias, E. saxatilis, Euphrasia minima, E. rostkoviana, E. salisburgensis, E. tricuspidata, Festuca varia, Fritillaria meleagris, Gagea liotardii, Galium baldense, Gentiana asclepiadea, G. bavarica, G. cruciata, G. frigida, G. froelichii, G. lutea, G. pannonica, G. pneumonanthe, G. prostrata, G. pumila, G. punctata, G. purpurea, G. terglouensis, G. verna, Gentianella germanica, G. nana, G. tenella, Geranium argenteum, G. phaeum, G. rivulare, Geum montanum, G. rivale, Globularia cordifolia, G. nudicaulis, Gnaphalium hoppeanum, G. norvegicum, G. supinum, G. sylvaticum, Gymnadenia conopsea, G. odoratissima, Gymnocarpium dryopteris, Gypsophila repens, Hedysarum hedysaroides, Helictochloa pratensis, H. versicolor, Heliosperma alpestre, Helleborus niger, Heracleum austriacum, H. sphondylium, Hieracium alpinum, H. bifidum, H. bupleuroides, H. humile, H. porrifolium, H. prenanthoides,*

H. tomentosum, H. umbellatum, H. villosum, Hippocrepis comosa, Homogyne alpina, H. discolor, Huperzia selago, Hypericum richeri, Jacobaea alpina, J. incana, J. uniflora, Jovibarba globifera, Juncus alpinoarticulatus, J. arcticus, J. articulatus, J. jacquinii, J. monanthos, J. trifidus, J. triglumis, Kernera saxatilis, Knautia dipsacifolia, Kobresia myosuroides, K. simpliciuscula, Koeleria pyramidata, Lamium purpureum, Laserpitium nitidum, L. peucedanoides, L. siler, Lathyrus laevigatus, Leontodon hispidus, Leucanthemopsis alpina, Leucanthemum adustum, L. atratum, L. coronopifolium, L. halleri, Ligusticum ferulaceum, L. mutellina, L. mutellinoides, Linaria alpina, Linum alpinum, Lloydia serotina, Lolium perenne, Lomatogonium carinthiacum, Lonicera alpigena, Luzula alpinopilosa, L. glabrata, L. spicata, L. sudetica, Lycopodium alpinum, Melampyrum nemorosum, Meum athamanticum, Milium effusum, Minuartia austriaca, M. cherlerioides, M. recurva, M. rostrata, M. verna, M. villarii, Moehringia ciliata, M. diversifolia, M. muscosa, M. villosa, Molinia caerulea, Molopospermum peloponnesiacum, Murbeckiella pinnatifida, Myosotis arvensis, M. decumbens, Nardus stricta, Noccaea cepaeifolia, Ochlopoa annua, Onobrychis arenaria, Onosma helvetica, Orchis mascula, Oreochloa disticha, Oxytropis campestris, O. foetida, O. jacquinii, O. lapponica, O. triflora, Paederota lutea, Papaver alpinum, Paradisea liliastrum, Parnassia palustris, Pedicularis acaulis, P. ascendens, P. asplenifolia, P. comosa, P. foliosa, P. hacquetii, P. oederi, P. portenschlagii, P. recutita, P. rosea, P. rostratocapitata, P. rostratospicata, P. tuberosa, P. verticillata, Petasites paradoxus, Peucedanum austriacum, Phegopteris connectilis, Phleum hirsutum, P. rhaeticum, Physoplexis comosa, Phyteuma globulariifolium, P. hemisphaericum, P. humile, P. michelii, P. orbiculare, P. scheuchzeri, P. sieberi, Pilosella glacialis, P. officinarum, P. sphaerocephala, Pimpinella major, P. saxifraga, Pinguicula vulgaris, Pinus cembra, P. uncinata, Plantago alpina, P. lanceolata, Poa alpina, P. cenisia, P. chaixii, P. laxa, P. minor, P. nemoralis, P. pratensis, P. pumila, Polygala chamaebuxus, Polygonatum verticillatum, Potamogeton praelongus, Potentilla aurea, P. brauneana, P. caulescens, P. clusiana, P. crantzii, Primula allionii, P. auricula, P. carniolica, P. daonensis, P. elatior, P. glutinosa, P. hirsuta, P. minima, P. pedemontana, P. spectabilis, Pseudofumaria lutea, Pseudorchis albida, Pulsatilla alpina, P. vernalis, Ranunculus aconitifolius, R. acris, R. alpestris, R. auricomus coll., R. bulbosus, R. crenatus, R. glacialis, R. hybridus, R. parnassiifolius, R. seguieri, R. trichophyllus, R. villarsii, Rhaponticum scariosum, Rhinanthus alectorolophus, R. alpinus, R. minor, Rhodiola rosea, Rhododendron ferrugineum, R. hirsutum, Rhodothamnus chamaecistus, Ribes petraeum, Rosa pendulina, Rumex alpinus, R. arifolius, R. nivalis, R. scutatus, Sagina glabra, Salix appendiculata, S. caesia, S. caprea, S. herbacea, S. reticulata, S. retusa, S. waldsteiniana, Salvia pratensis, Sambucus racemosa, Sanguisorba officinalis, Saponaria lutea, S. pumila, Saussurea alpina, S. discolor, S. pygmaea, Saxifraga adscendens, S. aizoides, S. androsacea, S. aphylla, S. arachnoidea, S. biflora, S. bryoides, S. caesia, S. cotyledon, S. crustata, S. exarata, S. hostii, S. paradoxa, S. sedoides, S. seguieri, S. squarrosa, S. stellaris, S. tenella, S. vandellii, Scabiosa lucida, Schedonorus pratensis, Schlagintweitia intybacea, Scorzonera aristata, Scorzoneroides autumnalis, Scutellaria alpina, Sedum album, S. alpestre, S. annuum, S. atratum, S. villosum, Selaginella helvetica, Sempervivum arachnoideum, S. montanum, S. tectorum, S. wulfenii, Serratula tinctoria, Sesleria caerulea, S. ovata, Sideritis hyssopifolia, Silene rupestris, S. saxifraga, S. vallesia, Soldanella alpina, S. minima, Sorbus chamaemespilus, Sparganium angustifolium, Stachys alopecuros, S. alpina, S. officinalis, S. pradica, Streptopus amplexifolius, Swertia perennis, Tephroseris integrifolia, T. longifolia, Teucrium montanum, Thalictrum alpinum, T. aquilegiifolium, T. foetidum, T. minus, Thesium alpinum, T. pyrenaicum, Tolpis staticifolia, Tozzia alpina, Tragopogon pratensis, Traunsteinera globosa, Trichophorum alpinum, T. cespitosum, Trifolium alpestre, T. alpinum, T. montanum, T. noricum, T. pratense, T. repens, T. saxatile, T. thalii, Trinia glauca, Trisetum argenteum, T. distichophyllum, T. flavescens, T. spicatum, Trollius europaeus, Tussilago farfara, Vaccinium myrtillus, V. vitis-idaea, Valeriana celtica, V. elongata, V. montana, V. saxatilis, V. supina, V. tripteris, Veronica aphylla, V. beccabunga, V. bellidioides, V. chamaedrys, V. fruticans, V. fruticulosa, Vicia cracca, Viola alpina, V. calcarata, Willemetia stipitata, Woodsia ilvensis, W. pulchella

Wagner, H. (Fotos). – Bildrechte: © Naturhistorisches Museum Wien, Botanische Abteilung: Botanik-im-Bild – Abdruck mit freundlicher Genehmigung.
- *Draba pacheri, Rhinanthus carinthiacus*

Waldstein-Wartenberg, F. de Paula & P. von Kitaibel (1799-1812): Descriptiones et icones plantarum rariorum Hungariae. 3 Bände. Wien: Schmidt.
- *Laserpitium krapfii, Podospermum roseum, Scabiosa lucida, Scutellaria alpina*

Willkomm, H. M. (1852-1856): Icones et descriptiones plantarum novarum criticarum et rariorum Europae austro-occidentalis praecipue Hispaniae. 2 Bände. Lipsia: Payne.
- *Arenaria cinerea, Dianthus furcatus*

Willkomm, H. M. (1881-1885): Illustrationes florae Hispaniae insularumque Balearium. 2 Bände. Stuttgart: Schweizerbart.
- *Allium scaberrimum, Brassica repanda*

Winkler, E. (1854): Sämmtliche Giftgewächse Deutschlands: naturgetreu dargestellt und allgemein fasslich beschrieben. 3. Auflage. Leipzig: Voigt.
- *Aconitum lycoctonum, Daphne cneorum, Pedicularis palustris*

Winkler, M. (1900): Sudetenflora. Dresden: Heinrich.
- *Crepis conyzifolia*

Witte, H. (1868): Flora. Afbeeldingen en beschrijvingen van boomen, heesters, éénjarige planten, enz., voorkomende in de Nederlandsche tuinen. Groningen: Wolters.
- *Gentiana acaulis*

Xaver, Franz (Fotos). – Lizenz: CC BY SA 4.0.
- *Cochlearia excelsa (oben)*

Xulescu, G. (Fotos). – Lizenz: CC BY SA 2.0.
- *Soldanella hungarica (rechts oben)*

Zorn, J. (1781ff): Icones plantarum medicinalium. 5 Bände. Nürnberg: Raspische Buchhandlung.
- *Aconitum degenii*

Glossar

Abteilung: Eine Abteilung bezeichnet in der Pflanzensystematik eine große, monophyletische Pflanzengruppe. Der Abteilung übergeordnet ist das Reich, ihr untergeordnet die Klasse. Der wissenschaftliche Name von Abteilungen des Pflanzenreichs endet auf ›phyta‹, z. B. bei den *Tracheophyta* – Gefäßpflanzen.
Achäne: Eine Achäne ist eine einsamige Nuss, die aus zwei Fruchtblättern eines unterständigen Fruchtknotens entsteht (z. B. bei *Matricaria recutita* – Echte Kamille und anderen *Asteraceae* – Korbblütengewächsen).
Achselbart: Ein Achselbart ist ein Haarbüschel, das sich in den Verzweigungen der Nerven der Unterseite von Laubblättern befindet (z. B. bei *Tilia platyphyllos* – Sommerlinde).
Achsenbecher: Ein Achsenbecher (Blütenbecher, Hypanthium) ist eine krug- bis röhrenförmig ausgebildete Blütenachse (z. B. bei *Epilobium* – Weidenröschen oder *Alchemilla* – Frauenmantel). Häufig geht der Achsenbecher nahtlos in den Kelch bzw. eine Kelchröhre über.
adossierte Blattstellung: Bei der adossierten Blattstellung steht das Vorblatt des Seitensprosses zwischen Hauptachse und Seitenspross (siehe auch transversale Blattstellung). Adossierte Vorblätter sind für Einkeimblättrige typisch, so kann z. B. die obere Hüllspelze im Ährchen der *Poaceae* – Süßgräser als adossiertes Vorblatt der Ährchenachse gedeutet werden.
Aerenchym: Ein Aerenchym ist ein interzellularenreiches Durchlüftungsgewebe. Es ist vor allem in Sprossachsen, Wurzeln oder Blattstielen von Wasserpflanzen und Pflanzen nasser Böden ausgebildet (z. B. in der Sprossachse von *Juncus effusus* – Flatter-Binse).
Aggregat: Als Aggregat (Sammelart, Abkürzung: ›agg.‹) wird eine Artengruppe bezeichnet, die aus mehreren, meist nur schwer unterscheidbaren Arten besteht (z. B. *Sorbus latifolia* agg. – Bastard-Mehlbeere).
Agriophyt: Agriophyten sind eingebürgerte, nicht-heimische Pflanzenarten (also Archäophyten oder Neophyten), die auch in naturnaher Vegetation vorkommen (z. B. *Castanea sativa* – Ess-Kastanie).
Ährchen: Ein Ährchen ist ein ährenartiger Teilblütenstand, der vor allem bei den *Poaceae* – Süßgräsern und *Cyperaceae* – Sauergräsern zu finden ist. Bei den *Poaceae* sitzen an der Basis des Ährchens typischerweise zwei Hüllspelzen (z. B. bei *Avena sativa* – Saat-Hafer).
Ährchenachse: Die Ährchenachse ist die Hauptachse eines Ährchens. Bei den *Poaceae* – Süßgräsern beginnt die Ährchenachse oberhalb der Hüllspelzen.
Ährchenstiel: Der Ährchenstiel ist der Stiel eines Ährchen. Bei den *Poaceae* – Süßgräsern befindet sich der Ährchenstiel unterhalb der Hüllspelzen.
Ähre: Eine Ähre ist ein Blütenstand, in dem die Blüten einzeln und ungestielt an der unverzweigten Hauptachse sitzen (z. B. bei *Plantago major* – Breit-Wegerich) (siehe auch Ährchen, Ährengras).
Ährenachse: Die Ährenachse ist die Hauptachse einer Ähre, an der die Blüten (bzw. Ährchen bei Ährengräsern) entspringen.
Ährengras: Ein Ährengras hat einen zusammengesetzten ährenartigen Blütenstand, bei dem sich anstelle der Blüten Ährchen befinden (z. B. bei *Lolium multiflorum* – Vielblütiges Weidelgras).
Ährenrispe: Eine Ährenrispe ist ein Blütenstand, dessen Verzweigungen einer Rispe entsprechen, bei dem die Blütenstiele (bzw. Ährchenstiele) aber so kurz sind, dass er einer Ähre ähnelt (z. B. bei *Phleum pratense* – Wiesen-Lieschgras). Der Begriff Ährenrispe wird vor allem bei den *Poaceae* – Süßgräsern verwendet.
Allorhizie: Allorhize Wurzelsysteme bestehen aus verzweigten Wurzeln (bei den meisten Zweikeimblättrigen).
alpin: Als alpin bezeichnet man die Höhenstufe oberhalb der geschlossenen Waldgrenze. Sie ist in den (deutschen) Alpen, je nach Standort, oberhalb von 1 800 bis 2 500 m zu finden.
Androeceum: Als Androeceum wird die Gesamtheit der Staubblätter einer Blüte bezeichnet.
Anemochorie: Anemochorie bezeichnet die Ausbreitung durch Wind. An die Anemochorie angepasste Pflanzenarten haben oft Diasporen, die lang behaart sind (z. B. bei *Salix* – Weide), die flügelartige Strukturen aufweisen (z. B. bei *Acer* – Ahorn) oder die sehr klein sind (z. B. bei *Epipactis* – Ständelwurz und vielen anderen *Orchidaceae* – Orchideengewächse).
Angiospermae: siehe Bedecktsamer
annuelle Pflanze: siehe einjährige Pflanze
Anthere: siehe Staubbeutel
Anulus: Als Anulus wird eine ringförmige Struktur an Sporangien bezeichnet, an der sich diese öffnen und die Sporen freigesetzt werden (z. B. bei *Dryopteris* – Wurmfarn).
Apfelfrucht: Eine Apfelfrucht besteht aus 2–5 Fruchtblättern, die *nicht* untereinander, aber mit der Innenwand des krugförmigen Blütenbodens verwachsen sind. Der Blütenboden von Apfelfrüchten vergrößert sich während der Fruchtreife, wird fleischig und schließt dann die Fruchtblätter ein. Das Fruchtfleisch wird somit vom Blütenboden gebildet, während die Fruchtblätter das Kerngehäuse bilden (z. B. bei *Malus pumila* – Kultur-Apfel, *Pyrus communis* – Kultur-Birne, *Sorbus aucuparia* – Vogelbeere und anderen *Rosaceae* – Rosengewächsen).
apokarper Fruchtknoten: siehe apokarpes Gynoeceum
apokarpes Gynoeceum: Bei einem apokarpen (chorikarpen) Gynoeceum sind die Fruchtblätter frei, d. h. nicht miteinander verwachsen: entweder findet sich in der Blüte nur ein 1-blättriger Fruchtknoten (z. B. bei *Consolida* – Rittersporn) oder es gibt mehrere, *nicht* miteinander verwachsene Fruchtblätter, aus denen einzeln ausgebreitete Diasporen entstehen (z. B. bei *Geum urbanum* – Gewöhnliche Nelkenwurz) (siehe auch coenokarpes Gynoeceum).
Archäophyt: Als Archäophyten werden Pflanzen bezeichnet, die in einem Gebiet *nicht* einheimisch sind, sondern durch den Menschen *vor* 1492 dorthin gebracht wurden (z. B. gilt *Centaurea cyanus* – Kornblume in Deutschland als Archäophyt). Je nach Einbürgerungsgrad unterscheidet man Agriophyten, Epökophyten und Ephemerophyten (siehe auch einheimische Arten, Neophyten, invasive Arten).
Arillus: Als Arillus wird ein fleischiger Auswuchs an der Basis von Samen bezeichnet, der i. d. R. der Anlockung von Tieren zum Zwecke der Samenausbreitung dient. Z. B. dient der rote Arillus bei *Taxus baccata* – Europäische Eibe der Anlockung von Vögeln oder das Elaiosom bei *Euphorbia verrucosa* – Warzen-Wolfsmilch der Anlockung von Ameisen.
Art: Die Art (Spezies) ist die Grundeinheit der biologischen Systematik. Allerdings gibt es unterschiedliche Definitionen des Artbegriffs. Häufig wird der biologische Artbegriff verwendet, nach dem eine Art eine Gruppe natürlicher Populationen ist, die sich untereinander kreuzen können und von anderen Gruppen reproduktiv isoliert sind. Gerade im Pflanzenreich ist der biologische Artbegriff aber nicht unproblematisch, u. a., weil es zahlreiche sich rein ungeschlechtig (apomiktisch) fortpflanzende Taxa gibt (z. B. viele Arten der Gattung *Hieracium* – Habichtskraut) und es außerdem häufig zu Kreuzungen zwischen üblicherweise als Art aufgefassten Taxa kommt (z. B. bei *Salix* – Weiden). Arten werden gemäß der binären Nomenklatur benannt (z. B. *Quercus petraea* – Trauben-Eiche).
asymmetrische Blüte: Asymmetrische Blüten sind weder spiegelsymmetrisch noch drehsymmetrisch. Sie sind relativ selten ausgebildet, z. B. bei *Valeriana officinalis* – Arznei-Baldrian, dessen Blüten einen einseitig angelegten Sporn besitzen.

Atemwurzel: Atemwurzeln (Pneumatophoren) sind die Erdoberfläche erreichende Wurzeln. Sie werden vor allem von Bäumen dauerhaft nasser Standorte ausgebildet und dienen der Sauerstoffversorgung der Wurzeln in sauerstoffarmen Böden. Atemwurzeln weisen in der Regel Lentizellen und ein Aerenchym auf (z. B. die knieförmig ausgebildeten Atemwurzeln bei *Taxodium distichum* – Echte Sumpfzypresse).
aufgesetzte Spitze: Die Spitze eines Blattes wird als aufgesetzt bezeichnet, wenn aus einem ansonsten abgerundeten Blattende plötzlich und ohne Übergang eine (Stachel-)Spitze entspringt.
ausgerandet: Als ausgerandet (eingeschnitten) werden Blattenden bezeichnet, die an der Spitze tief eingekerbt bis gelappt sind.
Ausläufer: Als Ausläufer bezeichnet man horizontal wachsende und am oder im Boden kriechende Seitensprosse von Pflanzen. Oberirdische Ausläufer nennt man Stolone (z. B. bei *Fragaria vesca* – Wald-Erdbeere), unterirdische werden als Rhizome bezeichnet (z. B. bei *Elymus repens* – Quecke).
Außenhülle: Als Außenhülle werden die äußeren Blätter des Hüllkelchs der *Asteraceae* – Korbblütengewächse bezeichnet, wenn sie sich morphologisch deutlich von den inneren Blättern des Hüllkelchs unterscheiden oder etwas entfernt davon stehen (z. B. bei *Senecio jacobaea* – Jakobsgreiskraut).
Außenkelch: Ein Außenkelch ist ein sich unterhalb der Kelchblätter befindender Kreis aus kelchblattartigen Hochblättern (z. B. bei *Potentilla erecta* – Blutwurz und anderen *Rosaceae* – Rosengewächsen).
axilläre Verzweigung: Bei der axillären Verzweigung erfolgt die Verzweigung der Sprossachse aus den Achseln von Tragblättern. Bei Samenpflanzen gelten, im Gegensatz zu den Farnpflanzen, *alle* Verzweigungen als axillär.
Balg: Ein Balg ist eine Öffnungsfrucht (z. B. bei *Consolida* – Rittersporn) bzw. ein sich öffnendes Früchtchen (z. B. bei *Trollius* – Trollblume). Ein Balg wird aus einem Fruchtblatt gebildet und öffnet sich bei der Fruchtreife nur an der Bauchnaht.
basal: Als basal bezeichnet man den Bereich eines Organs, welcher der Basis der Sprossachse am nächsten steht (siehe auch distal).
Bauchnaht: Als Bauchnaht wird die Verwachsungsnaht der beiden Ränder eines Fruchtblattes bezeichnet.
Baum: Als Baum werden verholzte Pflanzen bezeichnet, die mit einem basal *nicht* verzweigten Stamm wachsen, an dessen distalem Ende sich eine Krone mit verzweigten Ästen befindet.
Bedecktsamer: Die *Angiospermae* – Bedecktsamer bilden die größte und evolutiv fortschrittlichste Gruppe innerhalb der Samenpflanzen, die unter anderem durch das Vorhandensein von Fruchtblättern gekennzeichnet ist. Vertreter ursprünglicher Taxa sind z. B. die *Magnoliaceae* – Magnoliengewächse oder die *Aristolochiaceae* – Osterluzeigewächse, abgeleitete Taxa sind z. B. *Campanulaceae* – Glockenblumengewächse oder *Asteraceae* – Korbblütengewächse.
Beere: Eine Beere ist eine Schließfrucht mit fleischig-saftigem Fruchtfleisch (genauer: Endo- oder Mesokarp) und häutigem Exokarp (z. B. bei *Vaccinium* – Heidelbeere).
Beiknospe: Wenn in den Achseln eines Tragblattes mehrere Knospen zu finden sind, nennt man die zusätzlichen Knospen Beiknospen. Stehen diese vertikal über der Hauptknospe, handelt es sich um seriale Beiknospen (z. B. bei *Lonicera* – Heckenkirsche), stehen sie horizontal neben der Hauptknospe, spricht man von lateralen Beiknospen (z. B. im Blütenstand von *Musa* – Banane).
Bewehrung: Pflanzen mit Dornen, Stacheln oder stechenden Haaren (Brennhaaren) werden als bewehrt bezeichnet.
binäre Nomenklatur: Die wissenschaftliche Benennung von Arten erfolgt gemäß den Regeln der binären Nomenklatur, die von Carl von Linné eingeführt wurden. Der Name einer Art besteht demnach aus zwei Teilen, dem Namen der Gattung (z. B. *Fagus* für die Gattung der Buchen) und einem Art-Epitheton (z. B. *sylvatica*). Außerdem wird der (abgekürzte) Autor:innen-Name angegeben, mit dem die Wissenschaftler:innen genannt werden, welche die Art zuerst beschrieben haben (z. B. ›L.‹ für Carl von Linné). Üblicherweise werden Gattungsname und Art-Epitheton kursiv gesetzt. Der vollständige wissenschaftliche Name der Rotbuche ist demnach *Fagus sylvatica* L.
Blatt: Das Blatt ist eines der drei Grundorgane von Kormophyten. Als Laubblatt dient es vor allem der Fotosynthese, bei einigen Arten haben Blätter aber auch weitere Aufgaben übernommen. Je nach Lage und Funktion werden eine Vielzahl unterschiedlicher Blatttypen unterschieden: u. a. Keimblatt, Primärblatt, Folgeblatt, Laubblatt, Niederblatt, Knospenschuppe, Hochblatt, Blütenhüllblatt, Tepale, Kelchblatt, Kronblatt, Nektarblatt, Staubblatt, Fruchtblatt, Tragblatt, Deckblatt, Vorblatt.
Blattachsel: Als Blattachsel wird bei Samenpflanzen der Bereich der Sprossachse direkt oberhalb der Ansatzstelle von Blättern (bzw. Blattstielen) bezeichnet, aus dem bei Samenpflanzen die Verzweigung der Sprossachse erfolgt (axilläre Verzweigung).
Blattbasis: Als Blattbasis (Blattgrund) wird der basale Abschnitt von Blättern bezeichnet, der den Übergang zur Sprossachse darstellt.
Blättchen: Als Blättchen bezeichnet man die blattähnlichen Organe von Moosen oder die einzelnen Abschnitte von gefiederten Blättern (besser: Fiederblättchen).
Blattgrund: siehe Blattbasis
Blatthäutchen: Das Blatthäutchen (Ligula) ist ein meist kragenförmiges Häutchen am Übergang zwischen Blatt und Sprossachse, welches nur bei manchen Artengruppen ausgebildet ist (z. B. bei *Dactylis* – Knäuelgras und anderen *Poaceae* – Süßgräsern). Die Ligula kann auch haarförmig ausgebildet sein (z. B. bei *Phragmites* – Schilf).
Blattnarbe: Als Blattnarben bezeichnet man die Narben an der Sprossachse, die entstehen, wenn die Blätter abfallen. Blattnarben erlauben oft Rückschlüsse auf die Blattstellung, selbst wenn die Blätter bereits abgefallen sind.
Blattnerv: Als Blattnerven werden die Leitbündel der Blätter bezeichnet. Die Blattnerven sind oft gut sichtbar, weil sie durch Festigungsgewebe verdickt sind. Je nach Verzweigung der Nerven unterscheidet man gabelnervige, parallelnervige und fiedernervige bzw. netznervige Blätter.
Blattscheide: Die Blattscheide ist ein Auswuchs des Blattgrundes, der die Sprossachse als häutige Scheide umgibt. Sie ist nur bei manchen Artengruppen ausgebildet, so z. B. bei *Rumex* – Ampfer (siehe auch Ochrea), *Poaceae* – Süßgräsern oder *Cyperaceae* – Sauergräsern.
Blattspindel: siehe Rhachis
Blattstellung: Die Blattstellung beschreibt die Anordnung der (Laub-)Blätter an der Sprossachse. Unterschieden werden vor allem die wirtelige Blattstellung, die gegenständige Blattstellung sowie die wechselständige Blattstellung, zu der die spiralige Blattstellung und die zweizeilige Blattstellung gehören.
Blattstiel: Der Blattstiel befindet sich zwischen Sprossachse bzw. Blattgrund und Spreite und ist meist schmal-lineal und deutlich von der Spreite abgesetzt (z. B. bei *Acer* – Ahorn). Bei anderen Arten geht der Blattstiel allmählich in die Spreite über (z. B. bei *Taraxacum* – Löwenzahn) oder fehlt komplett (z. B. bei den *Poaceae* – Süßgräsern).
Blume: Als Blume wird in der Botanik eine bestäubungsbiologische Einheit bezeichnet. Bei den meisten Arten entspricht die bestäubungsbiologische Einheit einer Blüte. Eine Blüte kann aber auch aus mehreren bestäubungsbiologischen Einheiten bestehen (z. B. bei *Iris* – Iris) oder mehrere Blüten fungieren gemeinsam als bestäubungsbiologische Einheit (Pseudanthium, z. B. bei vielen *Asteraceae* – Korbblütengewächsen).

Blütchen: Als Blütchen werden die Blüten der *Poaceae* – Süßgräser bezeichnet, die in ein- bis vielblütigen Ährchen angeordnet sind. Die Süßgräser werden durch Wind bestäubt und haben stark reduzierte und hochspezialisierte Blüten, die stark vom normalen Blüten-Bauplan abweichen. Nach einer der beiden gängigen Interpretationen der Süßgrasblüte steht an der Basis der Blüte die Deckspelze, die als Tragblatt der Blüte gedeutet wird und damit nicht zur Blüte im engeren Sinne gehört. Das unterste Blütenorgan ist eine (meist zweispitzige) Vorspelze, die als zwei miteinander verwachsene Perigonblätter des äußeren Kreises gedeutet wird. Das dritte Perigonblatt fehlt. Als nächste Organe kommen 2 (3) Schwellkörper (Lodiculae), die durch Aufnahme bzw. Abgabe von Wasser das Öffnen und Schließen der Blüten bewirken. Die Schwellkörper werden als umgewandelte Perigonblätter des inneren Kreises gedeutet. Im Inneren der Blüte folgen 3 (2) Staubblätter und ein oberständiger, einsamiger Fruchtknoten, der aus 2–3 Fruchtblättern gebildet wird und 2 (3) endständige Narben aufweist. Die Hüllspelzen sind nicht Bestandteil der Blüte, sondern stehen an der Basis des Ährchens.
Blüte: Eine Blüte ist ein Kurztrieb, der im Dienste der sexuellen Fortpflanzung steht und i. d. R. aus männlichen (Staubblätter) und/oder weiblichen (Fruchtblätter) Fortpflanzungsorganen sowie aus Blütenhüllblättern besteht. Die Blütenorgane werden zusammenfassend als Blütenblätter bezeichnet und sind meist in Wirteln angeordnet. Ein Staubblatt entspricht einem Mikrosporophyll und ein Fruchtblatt einem Makrosporophyll, sodass die Blüte auch als Sporophyllstand begrenzten Wachstums definiert werden kann.
Blütenachse: Die Blütenachse (Blütenboden) ist der auf den Blütenstiel folgende Abschnitt der Sprossachse, an dem die Blütenblätter stehen. Bei den meisten Arten ist die Blütenachse kurz und kaum als solche erkennbar, bei anderen ist sie auffällig verlängert oder verbreitert (z. B. bei *Myosurus minimus* – Kleines Mäuseschwänzchen). Ist sie krug- oder röhrenförmig ausgebildet, spricht man von einem Blütenbecher oder Achsenbecher (Hypanthium) (z. B. bei *Epilobium* – Weidenröschen).
Blütenbecher: siehe Achsenbecher
Blütenblatt: Als Blütenblätter werden die meist in Wirteln angeordneten Organe in der Blüte bezeichnet: i. d. R. handelt es sich dabei um männliche (Staubblätter) und weibliche (Fruchtblätter) Fortpflanzungsorgane sowie um sterile Blütenhüllblätter, die in Kelchblätter und Kronblätter differenziert sein können.
Blütenboden: siehe Blütenachse
Blütenformel: Die für die Bestimmung wichtigsten Merkmale einer Blüte werden in einer Blütenformel zusammengefasst. Beispielsweise lautet die Blütenformel eines typischen Lippenblütlers ↓ K(5) [C(5) A4] G(2) (siehe auch Kapitel ›Blütenformel‹)
Blütenhüllblatt: Blütenhüllblatt ist die Bezeichnung für die sterilen Blattorgane der Blütenhülle. Die Blütenhülle ist oft aus sich morphologisch unterscheidenden Kelchblättern und Kronblättern aufgebaut (z. B. bei *Rosa* – Rose). Sind Kelch- und Kronblätter gleichartig (z. B. bei *Tulipa* – Tulpe) *oder* ist nur Kreis von Blütenhüllblättern vorhanden (z. B. bei *Scleranthus* – Knäuel), spricht man von Perigonblättern (Tepalen). Zuweilen sind auch sterile und kronblattartig ausgebildete Staubblätter (Staminodien) am Aufbau der Blütenhülle beteiligt (z. B. bei einigen *Ranunculaceae* – Hahnenfußgewächsen).
Blütenhülle: siehe Perianth
Blütenknospe: Blütenknospen sind die Knospen, aus denen sich Blüten entwickeln.
Blütenstand: Ein Blütenstand ist der (laubblattlose) Abschnitt von Sprossachsen, der eine Gruppe von Blüten umfasst und ein charakteristisches Verzweigungsmuster aufweist (z. B. Ähre, Traube, Rispe, Dolde). Blütenstände können endständig sein oder in der Achsel von Tragblättern stehen. In vielen Blütenständen finden sich Hochblätter.
Blütenstandstiel: Der Blütenstandstiel ist der gemeinsame Stiel eines Blütenstandes.
Blütenstiel: Der Blütenstiel ist der unverzweigte Sprossabschnitt zwischen einer Blüte und ihrem Tragblatt.
Borke: Als Borke bezeichnet man das tertiäre Abschlussgewebe des Stammes von Gehölzen, dass bei den meisten Bäumen und einigen Sträuchern zu finden ist. Nach Epidermis und Rinde ist es das dritte Abschlussgewebe, welches angelegt wird, wenn die Rinde durch das Dickenwachstum aufreißt. Je nach Struktur werden unterschiedliche Borkentypen unterschieden: längsrissige Borke (z. B. bei *Robinia* – Robinie), querrissige Borke (z. B. bei *Prunus avium* – Vogelkirsche), netzartige Borke (z. B. bei *Quercus* – Eiche) und schuppige Borke (z. B. bei *Platanus x hispanica* – Gewöhnliche Platane). Die Borkentypen gehen bei vielen Taxa fließend ineinander über und ändern sich oft auch mit dem Alter, sodass sie als Bestimmungsmerkmal nur bedingt geeignet sind.
Borste: Als Borsten werden derbe, steife Haare bezeichnet (z. B. im Blütenstand von *Setaria* – Borstenhirse).
borstenförmiges Blatt: Borstenförmige Blätter sind sehr schmal (meist weniger als 2 mm breit). Ihre Spreite ist zusammengerollt oder stark gefaltet und kann nicht (oder nur sehr schwer) entfaltet werden, ohne das Blatt zu beschädigen (z. B. bei *Festuca ovina* – Schafschwingel).
Braktee: siehe Hochblatt
Brennhaar: Ein Brennhaar ist ein Haar, das durch Freisetzung chemischer Wirkstoffe bzw. Widerhaken ein Brennen auf der Haut verursacht. Brennhaare dienen dem Schutz vor Herbivoren (z. B. bei *Urtica* – Brennnessel).
Brutknospe: Eine Brutknospe (Bulbille) ist ein spezialisierter Kurztrieb, welcher sich von der Elternpflanze lösen kann und der Ausbreitung und vegetativen Vermehrung dient (z. B. bei *Cardamine bulbifera* – Zwiebelzahnwurz).
Brutzwiebel: Als Brutzwiebeln werden Zwiebeln bezeichnet, die in Blattachseln oder im Bereich des Blütenstands gebildet werden. Brutzwiebeln können sich, wie auch Brutknospen, von der Elternpflanze lösen und dienen der Ausbreitung und vegetativen Vermehrung (z. B. bei *Allium vineale* – Weinbergslauch).
Bulbille: siehe Brutknospe
Calyx: siehe Kelch
Carnivore Pflanze: siehe Insektivore Pflanze
Carpelle: siehe Fruchtblatt
Chamaephyt: Chamaephyt bezeichnet eine der Lebensformen nach Raunkiaer: die Innovationsknospen befinden sich ca. 10–50 cm über dem Boden und sind in kalten Gebieten im Winter typischerweise von einer Schneedecke geschützt. Chamaephyten können verholzt oder krautig sein. Es handelt sich um Zwergsträucher (z. B. *Erica tetralix* – Glockenheide), Halbsträucher (z. B. *Vaccinium myrtillus* – Blaubeere) oder Kräuter (z. B. *Galeobdolon luteum* – Goldnessel).
Chlorophyll: Als Chlorophyll (Blattgrün) werden jene grünen Farbstoffe, die zentraler Bestandteil des Fotosyntheseapparates von Pflanzen sind.
chorikarpes Gynoeceum: siehe apokarpes Gynoeceum
coenokarpes Gynoeceum: Bei einem coenokarpen Gynoeceum sind mehrere Fruchtblätter zu einem Fruchtknoten verwachsen, dieser kann entweder einfächrig (parakarp) (z. B. bei *Viola* – Veilchen) oder mehrfächrig (synkarp) (z. B. bei *Allium* – Lauch) ausgebildet sein (siehe auch apokarpes Gynoeceum).
collin: Mit collin wird die Höhenstufe des Hügellandes bezeichnet.
Cormophyt: siehe Kormophyt
Cormus: siehe Kormus
Corolla: siehe Krone
cymöser Blütenstand: siehe Zyme
dachziegelartige Beblätterung: Bei dachziegelartiger Beblätterung stehen die Blätter in mehreren Reihen dicht und regelmäßig nebeneinander, sodass keine Zwischenräume entstehen (z. B. im Hüllkelch von *Leucanthemum* – Margerite).

Deckblatt: siehe Tragblatt
Deckelkapsel: Deckelkapseln sind Öffnungsfrüchte, die sich öffnen, indem der obere Teil der Kapsel, meist entlang einer vordefinierten Sollbruchstelle, abfällt und dann die Samen ausgestreut werden (z. B. bei *Anagallis* – Gauchheil) (siehe auch Spaltkapsel, Porenkapsel).
Deckschuppe: Als Deckschuppe wird das Tragblatt der Blüte von Nacktsamern bezeichnet. In den Zapfen sind Deckschuppen und Samenschuppen meist verwachsen.
Deckspelze: Als Deckpelzen werden spelzenartige Tragblätter der Blüten bezeichnet (z. B. bei *Poaceae* – Süßgräsern oder *Cyperaceae* – Sauergräsern). Bei den Süßgräsern ist die Deckspelze die untere und typischerweise größere Spelze an der Basis eines Blütchens (siehe auch Vorspelze). Die Deckspelze ist zuweilen begrannt (z. B. bei *Bromus* – Trespe).
dekussierte Blattstellung: siehe gegenständige Blattstellung
Diaspore: Diasporen sind die Ausbreitungseinheiten von Pflanzen. Als Diasporen können sowohl Samen (z. B. bei *Papaver* – Mohn), Früchte (z. B. bei *Vaccinium myrtillus* – Blaubeere), Sammelfrüchte (z. B. bei *Fragaria* – Erdbeere) als auch Fruchtstände (z. B. bei *Tilia* – Linde) fungieren. Häufig gehören außerdem weitere Organe bzw. Anhängsel zu den Ausbreitungseinheiten (z. B. die Vorblätter bei *Atriplex* – Melde).
Dichasium: Ein Dichasium ist ein zymöser Blütenstand, dessen Hauptachse mit einer Blüte abschließt und dessen Wachstum von zwei Seitenzweigen fortgesetzt wird (z. B. bei *Stellaria* – Sternmiere und anderen *Caryophyllaceae* – Nelkengewächsen).
dichotome Nervatur: siehe gabelnervig
Dikotyle: Als Dikotyle (auch Dikotyledonae – Zweikeimblättrige) wird eine Pflanzengruppe innerhalb der Bedecktsamer bezeichnet, die durch zwei Keimblätter (und zahlreiche weitere Merkmale) gekennzeichnet ist.
Diskus: Als Diskus wird eine an der Basis des Fruchtknotens sitzende, meist ringförmige Nektardrüse bezeichnet (z. B. bei *Acer* – Ahorn).
distal: Als distal bezeichnet man den Bereich eines Organs, der am weitesten von der Basis der Sprossachse entfernt ist (siehe auch basal).
disymmetrische Blüte: Durch disymmetrische Blüten lassen sich genau zwei Symmetrie-Ebenen legen (z. B. bei *Brassica* – Kohl und anderen *Brassicaceae* – Kreuzblütlern).
Döldchen: Als Döldchen werden die Dolden zweiter Ordnung in den Doppeldolden der *Apiaceae* – Doldengewächse bezeichnet.
Dolde: Eine Dolde ist ein endständiger, racemöser, einfach verzweigter Blütenstand, bei dem an einem Knoten mehr als zwei gestielte Blüten in den Achseln von (manchmal fehlenden) wirtelig angeordneten Hochblättern stehen (z. B. bei *Hedera* – Efeu).
Doppelbeere: Als Doppelbeere werden Scheinfrüchte bezeichnet, die von zwei miteinander verwachsenen Beeren gebildet werden (z. B. bei *Lonicera caerulea* – Blaue Heckenkirsche).
Doppeldolde: Eine Doppeldolde ist ein mehrfach verzweigter Blütenstand, der aus Dolden aufgebaut ist, bei denen anstelle der Blüten Dolden, die als Döldchen (Dolden zweiter Ordnung) bezeichnet werden, stehen (z. B. bei *Heracleum* – Bärenklau und anderen *Apiaceae* – Doldengewächsen).
Doppelrinne: Bei einigen *Poaceae* – Süßgräsern mit gefalteter Knospenlage ist die Blattspreite auf der Oberseite links *und* rechts des Mittelnervs rinnenartig vertieft. Dies wird als Doppelrinne oder ›Skispur‹ bezeichnet (z. B. bei *Poa pratensis* – Wiesen-Rispengras).
doppelt gezähnter Blattrand: Bei einem doppelt gezähnten Blattrand finden sich am Blattrand unterschiedlich große Zähne (z. B. bei *Corylus avellana* – Gewöhnliche Hasel).
Dorn: Dornen sind spitze, stechende und meist vollständig verholzte Organe wie Kurztriebe (z. B. bei *Crataegus* – Weißdorn) oder umgewandelte (Neben-)Blätter (z. B. bei *Robinia* – Robinie).
drehsymmetrische Blüte: In einer drehsymmetrischen Blüte lassen sich die Blütenblätter nur durch Drehung um die Blütenachse und nicht durch Spiegelung zur Deckung bringen (z. B. bei *Vinca* – Immergrün).
Drüse: Drüsen scheiden aktiv Substanzen in die Umwelt aus. Bei Pflanzen handelt es sich meist um Nektardrüsen, die in den Blüten zu finden sind (z. B. bei *Helleborus* – Nieswurz). Drüsen können aber auch außerhalb von Blüten vorkommen, z. B. als extraflorale Nektarien (z. B. am Übergang zwischen Blattstiel und Spreite bei *Prunus avium* – Vogel-Kirsche) oder als Kalkdrüsen (z. B. an den Blättern von *Saxifraga paniculata* – Rispen-Steinbrech).
Drüsenhaar: Als Drüsenhaare bezeichnet man Haare, die als Drüsen fungieren.
Dysochorie: Dysochorie bezeichnet die Ausbreitung durch Tiere, bei der die Diasporen von Tieren gesammelt, transportiert, versteckt und dann (teilweise) vergessen werden (z. B. Ausbreitung von Eicheln oder Pinien-Samen durch Eichhörnchen oder Tannenhäher).
Eichel: Als Eichel werden die an der Basis von einer Fruchthülle (Cupula) umgebenen Nussfrüchte von *Quercus* – Eiche) bezeichnet.
Einblattfrucht: Eine Einblattfrucht wird aus einem Fruchtblatt gebildet (z. B. die Hülsen der *Fabaceae* – Schmetterlingsblütler oder die Bälge der *Ranunculaceae* – Hahnenfußgewächse).
einfaches Blatt: Bei einfachen (ungeteilten) Blättern ist die Spreite *nicht* in separate Fiederblättchen zerteilt, sondern bildet eine zusammenhängende Einheit (z. B. bei *Fagus* – Buche). Die Spreite kann allerdings durch Buchten in Blattlappen gegliedert sein (z. B. bei *Quercus* – Eiche).
einfaches Haar: Ein einfaches Haar besteht aus einer Zelle und ist nicht geteilt oder gegliedert.
eingeschlechtige Blüte: In eingeschlechtigen Blüten finden sich nur weibliche (Fruchtblätter) *oder* männliche (Staubblätter) Fortpflanzungsorgane (z. B. bei *Corylus* – Gewöhnliche Hasel). Zuweilen ist das jeweils andere Geschlecht angelegt, aber nicht fertil (z. B. häufig bei *Acer platanoides* – Spitzahorn).
eingeschnitten: Als eingeschnitten (ausgerandet) werden Blattenden bezeichnet, die an der Spitze tief eingekerbt bis gelappt sind.
einhäusig: Eine einhäusige Pflanze hat sowohl rein weibliche Blüten (mit Fruchtblättern) als auch rein männliche Blüten (mit Staubblättern) (z. B. bei *Corylus* – Gewöhnliche Hasel). Zuweilen ist das andere Geschlecht zwar angelegt, aber nicht fertil (z. B. häufig bei *Acer platanoides* – Spitzahorn).
einheimische Art: Als einheimisch werden Pflanzenarten bezeichnet, die in einem Gebiet einheimisch sind, also *nicht* erst durch den Menschen dorthin gebracht wurden (z. B. *Corylus* – Gewöhnliche Hasel in Deutschland) (siehe auch Archäophyt, Neophyt, invasive Art).
einjährige Pflanze: Einjährige Pflanzen (annuelle Pflanzen, Therophyten) sterben nach spätestens einem Jahr ab und überdauern die ungünstige Jahreszeit als Same (z. B. *Hordeum* – Gerste und andere Getreide).
Elaiosom: Ein Elaiosom ist ein fleischiges, nährstoffreiches (häufig fetthaltiges) Anhängsel an Samen, welches der Anlockung von Ameisen dient, die sich vom Elaiosom ernähren und dabei die Samen ausbreiten (z. B. bei vielen Arten der Gattungen *Viola* – Veilchen oder *Euphorbia* – Wolfsmilch).
Endknospe: Die Endknospe (Terminalknospe) ist die Knospe am distalen Ende eines Sprosses. Bei monopodial wachsenden Gehölzen setzt die Endknospe das Wachstum fort, während sie sich bei sympodial wachsenden Gehölzen zu einer Blüte (oder einem Blütenstand) entwickelt oder verkümmert (siehe auch Seitenknospe).
Endokarp: Das Endokarp ist die innere Schicht der Fruchtwand (Perikarp).

Endosperm: Endosperm ist ein Nährgewebe in Samen, welches den Embryo umgibt. Es entsteht aus befruchteten Zellen, enthält also genetische Information von beiden Eltern. Endosperm ist bei den meisten Pflanzengruppen entwickelt, fehlt aber z. B. bei den *Orchidaceae* – Orchideengewächsen (siehe auch Perisperm).
Endozoochorie: Als Endozoochorie bezeichnet man die Ausbreitung durch Tiere, bei der die Diasporen von Tieren gefressen, verdaut, transportiert und ausgeschieden werden (z. B. Ausbreitung von Früchten von *Sorbus aucuparia* – Eberesche durch Vögel).
Ephemerophyt: Ephemerophyten sind nicht-heimische Pflanzenarten (meist Neophyten), die im Bezugsgebiet nur sporadisch vorkommen und keine dauerhaften Populationen aufbauen (z. B. *Helianthus annuus* – Einjährige Sonnenblume in Deutschland).
Epidermis: Die Epidermis ist das primäre Abschlussgewebe von Sprossachsen und Blättern, bei Wurzeln wird das Abschlussgewebe als Rhizodermis bezeichnet. Die Epidermis von Pflanzen ist normalerweise einschichtig und enthält kein Chlorophyll.
Epiparasit: Epiparasiten sind (fast) chlorophylllose Parasiten, die ihre Nährstoffe (inklusiv der Kohlenhydrate) unter Vermittlung einer dritten Art (meist eines Pilzes) aus anderen Wirtspflanzen beziehen (z. B. *Neottia nidus-avis* – Vogel-Nestwurz). Früher wurden diese Arten als Saprophyten oder mycotrophe Arten bezeichnet.
Epiphyt: Epiphyten sind auf Bäumen (oder Sträuchern) wachsende Pflanzen. Epiphyten sind im winterkalten Klima Mitteleuropas vergleichsweise selten (z. B. der Parasit *Viscum* – Mistel; zuweilen auch *Polypodium* – Tüpfelfarn).
Epizoochorie: Als Epizoochorie bezeichnet man die Ausbreitung durch Tiere, bei der die Diasporen an der Oberfläche von Tieren haften (z. B. an Fell, Federn, Haut, Füßen) und darin transportiert werden, bevor sie herabfallen (z. B. Ausbreitung der hakigen Früchte von *Daucus carota* – Wilde Möhre durch Säugetiere).
Epökophyt: Epökophyten sind eingebürgerte, nicht-heimische Pflanzenarten (also Archäophyten oder Neophyten), die nur auf von Menschen geschaffenen Standorten vorkommen und in naturnaher Vegetation fehlen (z. B. *Agrostemma githago* – Gewöhnliche Kornrade, die in Deutschland z. B. in Getreideäckern vorkommt).
Erneuerungsspross: Als Erneuerungssprosse werden die Sprosse mit aktiven Knospen bezeichnet. Bei den *Poaceae* – Süßgräsern finden sich die Erneuerungssprosse an der Basis der älteren Grashalme. Ihre Blätter können wichtige Bestimmungsmerkmale liefern (z. B. bei *Festuca* – Schwingel) (siehe auch Knospenlage).
eusporangiat: Bei einem eusporangiaten Farn besteht die Wand der Sporangien aus mehreren Zellschichten (z. B. bei *Botrychium* – Mondraute und anderen *Ophioglossaceae* – Natternzungengewächsen).
Exokarp: Das Exokarp ist die äußere Schicht der Fruchtwand (Perikarp).
extraflorales Nektarium: Ein extraflorales Nektarium befindet sich außerhalb des Blütenbereichs. Bei *Prunus avium* – Vogel-Kirsche befinden sich z. B. am Übergang zwischen Blattstiel und Spreite Nektardrüsen.
Fahne: Als Fahne wird das obere Kronblatt bei Schmetterlingsblüten bezeichnet, welches oft vergrößert ist und nach oben absteht (z. B. bei *Cytisus scoparius* – Besenginster und anderen *Fabaceae* – Schmetterlingsblütlern).
Familie: Der Begriff ›Familie‹ wird in der Pflanzensystematik verwendet, um eine monophyletische Gruppe von nahe verwandten Sippen zu kennzeichnen. Der Familie übergeordnet ist die Ordnung, ihr untergeordnet die Gattung. Die wissenschaftlichen Namen von Pflanzenfamilien enden auf ›ceae‹ (z. B. bei den *Poaceae* – Süßgräsern).
Fangblase: Als Fangblasen werden die Fallen bei einigen im Wasser oder auf dauerhaft nassen Böden wachsenden insektivoren Pflanzen bezeichnet. Bei *Utricularia* – Wasserschlauch handelt sich um umgewandelte Blätter, die wenige Millimeter große, blasenartige Hohlräume ausbilden, in denen ein Unterdruck aufgebaut wird. Bei Berührung der Fühlborsten öffnen und schließen sich die Deckel der Fangblasen blitzartig und saugen dabei Beutetiere ein, die anschließend enzymatisch verdaut werden.
Farnpflanze: Die Farnpflanzen (*Pteridophyta* – Farne i. w. S.) umfassen die *Equisetopsida* – Schachtelhalme, *Selaginellales* – Moosfarne, *Lycopodiales* – Bärlappe, *Isoetales* – Brachsenkräuter sowie die *Ophioglossales* – Natterzungenartigen und die *Polypodiopsida* – Farne i. e. S.
Fiederblättchen: Als Fiederblättchen bezeichnet man die separaten, nur durch die Rhachis miteinander verbundenen Spreitenabschnitte bei zusammengesetzten Blättern (z. B. bei *Fraxinus* – Esche).
fiedernervig: Bei der Fiedernervatur sind die Nerven des Blattes ein- bis mehrfach verzweigt (typisch für Zweikeimblättrige, z. B. bei *Quercus* – Eiche). Wenn deutliche Querverbindungen zwischen den Nerven erkennbar sind, spricht man häufig von Netznervatur.
Filament: siehe Staubfaden
fingerförmig geteilte Spreite: Arten mit fingerförmig geteilten (gefingerten) Spreiten haben zusammengesetzte Blätter, deren Spreite in separate Fiederblättchen aufgeteilt ist, die wie die Finger einer Hand strahlig von einem Punkt ausgehen. Die Fiederblättchen sind dabei nur durch die Rhachis und *nicht* durch flächig ausgebildete Spreitenabschnitte miteinander verbunden (z. B. bei *Aesculus* – Rosskastanie).
Flächenblatt: Flächenblätter sind die auf der Oberseite (selten auf der Unterseite) der Sprossachse stehenden Blätter. Der Begriff wird angewendet, wenn die Blätter in deutlichen Zeilen angeordnet sind (z. B. bei *Selaginella* – Moosfarn) (siehe auch Seitenblatt).
fleischige Frucht: Fleischige Früchte besitzen ein meist saftiges Fruchtfleisch, welches in der Regel der Anlockung von Tieren zur endozoochoren Samenausbreitung dient. Es handelt es sich um Beeren (z. B. bei *Ribes* – Stachelbeere), Steinfrüchte (z. B. bei *Prunus* – Kirsche), Panzerbeeren (z. B. bei *Bryonia* – Zaunrübe), Sammelfrüchte mit Fruchtfleisch (z. B. bei *Fragaria* – Erdbeere) sowie um fleischige Fruchtstände (z. B. bei *Morus* – Maulbeere). Die fleischigen Samenstände einiger Nacktsamer (z. B. bei *Juniperus* – Wacholder) sind definitionsgemäß keine Früchte.
Flügel: Die seitlich abstehenden Kronblätter der Schmetterlingsblüten werden als Flügel bezeichnet (z. B. bei *Cytisus scoparius* – Besenginster und anderen *Fabaceae* – Schmetterlingsblütlern). Außerdem wird der Begriff auch für weitere flügelartige Strukturen verwendet (z. B. an den Früchten von *Acer* – Ahorn oder an der Sprossachse von *Cirsium vulgare* – Gewöhnliche Kratzdistel).
Folgeblatt: Als Folgeblätter werden die Laubblätter bezeichnet, die sich nach den Keimblättern und Primärblättern entwickeln.
freies Blatt: Freie Blätter sind *nicht* miteinander verwachsen. Meist bezieht sich der Begriff auf Blütenblätter. Z. B. sind bei *Rosa* – Rose alle Blütenblätter (Kronblätter, Kelchblätter, Staubblätter und Fruchtblätter) frei.
Frucht: Als Frucht bezeichnet man die Blüte von bedecktsamigen Blütenpflanzen im Zustand der Samenreife: Sie besteht aus dem Samen und den meist schlauchförmigen Fruchtblättern, in denen die Samen gebildet werden.
Fruchtblatt: Das Fruchtblatt (Carpell, Karpell) ist ein schlauchförmig verwachsenes, von einem Blatt abzuleitendes Organ innerhalb der Blüte von Bedecktsamern, in dessen Inneren die Samenanlagen entstehen. Das Fruchtblatt entspricht einem Megasporophyll.

Früchtchen: Mit Begriff ›Früchtchen‹ im engeren Sinne werden die aus einem apokarpen Gynoeceum entstehenden Früchtchen verstanden (z. B. bei *Geum* – Nelkenwurz oder *Potentilla* – Fingerkraut). Man unterscheidet v. a. Nüsschen (z. B. bei *Fragaria* – Erdbeere), Steinfrüchtchen (z. B. bei *Rubus* – Brombeere) oder Bälge (z. B. bei *Trollius* – Trollblume). Im weiteren Sinne umfasst der Begriff auch die aus einer Spaltfrucht entstehenden Teilfrüchte.
Fruchtfleisch: Bei fleischigen Früchten sind die Samen bzw. Steinkerne von saftigem Fruchtfleisch umgeben, welches in der Regel der Anlockung von Tieren zur endozoochoren Samenausbreitung dient.
Fruchthalter: Als Fruchthalter (Karpophor) wird das Verbindungsstück zwischen den beiden Hälften der Spaltfrucht der *Apiaceae* – Doldengewächse bezeichnet (z. B. bei *Anthriscus* – Kerbel).
Fruchthülle: Als Fruchthülle wird eine aus sterilen Blattorganen gebildete Hülle bezeichnet, welche die Frucht umgibt (z. B. bei *Ostrya* – Hopfenbuche).
Fruchtknoten: Der Fruchtknoten ist der basale, bauchige Teil des Stempels, in dem sich die Samenanlagen befinden.
Fruchtstand: Ein Fruchtstand ist der oft endständige Abschnitt von Sprossachsen, der eine Gruppe von Früchten enthält und meist ein charakteristisches Verzweigungsmuster aufweist. Bei einigen Arten (z. B. bei *Tilia* – Linde) fungieren die Fruchtstände als Ausbreitungseinheit. Die Klassifizierung der Fruchtstände entspricht der der Blütenstände.
Fruchtverband: Von einem Fruchtverband spricht man, wenn die Früchte mehrerer Blüten eine zusammenhängende Einheit bilden (z. B. bei *Ananas* – Ananas, *Morus* – Maulbeere).
Fruchtwand: siehe Perikarp
Fühlborste: Fühlborsten findet man im Pflanzenreich bei insektivoren Pflanzenarten. Sie ermöglichen es den Pflanzen, die Annäherung eines Tieres zu bemerken und darauf zu reagieren (z. B. bei *Utricularia* – Wasserschlauch).
Funiculus: siehe Samenstiel
Gabelhaar: Gabelhaare sind Haare, die an der Spitze gabelig geteilt sind (z. B. bei *Camelina microcarpa* – Kleinfrüchtiger Leindotter).
gabelnervig: Als gabelnervig bezeichnet man Blätter mit dichotom verzweigten Nerven (z. B. bei *Ginkgo biloba* – Ginkgo und einigen Farnen i. e. S.).
Gameten: Gameten sind Zellen, aus denen nach einer Befruchtung ein Nachkomme entsteht. Bei Pflanzen handelt es sich meist um Eizellen (weibliche Gameten) und Spermazellen (männliche Gameten).
Gametophyt: Gametophyten sind Organismen, welche sich durch Gameten fortpflanzen. Im Gegensatz dazu pflanzen sich Sporophyten durch Sporen fort.
Gattung: Der Begriff Gattung wird in der Pflanzensystematik verwendet, um eine monophyletische Gruppe von nahe verwandten Sippen zu kennzeichnen, z. B. *Quercus* – Eiche). Der Gattung übergeordnet ist die Familie, ihr untergeordnet die Art. Der Name der Gattung bildet nach der binären Nomenklatur den ersten Teil des wissenschaftlichen Artnamens, z. B. bei *Quercus petraea* – Trauben-Eiche).
Gaumen: Als Gaumen wird eine Aufwölbung der Unterlippe bei Lippenblüten bezeichnet, die den Schlund teilweise (z. B. bei *Chaenorhinum minus* – Kleines Leinkraut) oder komplett (z. B. bei *Linaria vulgaris* – Gewöhnliches Leinkraut) verschließen kann.
gefaltete Knospenlage: siehe Knospenlage
gefiederte Spreite: Bei Blättern mit gefiederten Spreiten ist die Spreite in separate Fiederblättchen aufgeteilt, die Fiederblättchen sind nur durch die Rhachis miteinander verbunden. Es handelt sich also um zusammengesetzte Blätter (z. B. bei *Fraxinus* – Esche).
gefingerte Spreite: siehe fingerförmig geteilte Spreite
gegenständige Blattstellung: Bei der gegenständigen (dekussierten) Blattstellung stehen an jedem Knoten zwei Blätter, die Blätter an den aufeinanderfolgenden Knoten stehen fast immer in einem 90°-Winkel zueinander (gekreuzt-gegenständige Blattstellung, z. B. bei *Lamium* – Taubnessel und anderen *Lamiaceae* – Lippenblütlern) (siehe auch wechselständige Blattstellung, wirtelige Blattstellung).
gekerbter Blattrand: Ein gekerbter Blattrand ist durch abgerundete (stumpfe) Zähne gekennzeichnet (z. B. bei *Glechoma hederacea* – Efeu-Gunderman) (siehe auch gesägter Blattrand und gezähnter Blattrand).
gekniete Granne: Eine gekniete Granne ist in zwei Teile gegliedert, Untergranne und Obergranne bilden dabei einen sich von 180° unterscheidenden Winkel.
gekreuzt-gegenständige Blattstellung: siehe gegenständige Blattstellung
gelappte Spreite: Bei einer gelappten Spreite ist die Spreite durch Buchten oder Einschnitte gegliedert. Die Spreite bildet dabei eine zusammenhängende Einheit und ist nicht in separate Fiederblättchen aufgeteilt (z. B. bei *Quercus robur* – Stiel-Eiche). Im Unterschied z. Blättern mit gezähntem Rand sind die Einschnitte tiefer und erreichen mindestens ca. 25 % der Spreitenbreite.
genageltes Kronblatt: Als genagelt bezeichnet man ein Kronblatt, dessen basales Ende (der Nagel) schmal und lang ausgezogen ist und dadurch stielartig wirkt, während das distale Ende (die Platte) breit und flächig ausgebildet ist (z. B. bei *Dianthus* – Nelke oder *Geranium* – Storchschnabel).
Geophyt: Geophyt bezeichnet eine der Lebensformen nach Raunkiaer: die oberirdischen Pflanzenteile sterben im Winter ab, während die Innovationsknospen im Boden überdauern. Je nach Art der unterirdischen Organe werden Zwiebelgeophyten (z. B. *Lilium* – Lilie), Rhizomgeophyten (z. B. *Anemone* – Windröschen), Knollengeophyten (z. B. *Ranunculus ficaria* – Scharbockskraut) und Wurzelgeophyten (z. B. *Cirsium arvense* – Acker-Kratzdistel) unterschieden.
Germinule: Als Germinule wird der Teil von Diasporen (Ausbreitungseinheiten) bezeichnet, der den Samen enthält. Bei Arten mit leicht abbrechenden Anhängen besteht die Germinule nur aus einem Teil der Diaspore (z. B. Samen *ohne* Haarschopf bei *Populus* – Pappel). Fehlen fragile Anhänge sind Diaspore und Germinule oft identisch (z. B. die Samen von *Agrostemma* – Kornrade).
gerollte Knospenlage: siehe Knospenlage
gesägter Blattrand: Ein gesägter Blattrand ist durch spitze Zähne gekennzeichnet (z. B. bei *Carpinus* – Hainbuche) (siehe auch gekerbter Blattrand, gezähnter Blattrand, gelappte Spreite).
gezähnter Blattrand: Ein gezähnter Blattrand hat Einschnitte oder Kerben, die nicht tiefer als ca. 25 % der Breite der Spreite reichen (vgl. gelappte Spreite). Es wird unterschieden zwischen gekerbtem Blattrand (mit stumpfen bzw. abgerundeten Zähnen, z. B. bei *Glechoma hederacea* – Efeu-Gunderman) und gesägtem Blattrand (mit spitzen Zähnen, z. B. bei *Carpinus* – Hainbuche).
Gliederhaare: Gliederhaare bestehen aus mehreren Zellen (z. B. im Blütenstand von *Medicago arabica* – Arabischer Schneckenklee).
glockenförmige Blüte: Bei glocken- oder trichterförmigen Blüten sind die Blütenhüllblätter zu einer sich nach oben erweiternden Röhre verwachsen, die nicht (kaum) länger als breit ist (z. B. bei *Campanula* – Glockenblume) (vgl. auch Röhrenblüte).
Granne: Grannen sind schlanke, borstenartige Anhänge von Blattorganen, die deutlich von der Spreite abgesetzt sind (z. B. die Grannen der Deckspelze bei *Hordeum* – Gerste und anderen *Poaceae* – Süßgräsern).
Grannenspitze: Eine Grannenspitze ist eine lange dünne Spitze von Blattorganen, diese ist aber (im Gegensatz zur Granne) *nicht* deutlich von der Spreite abgesetzt, sondern geht allmählich in diese über (z. B. an den Blättern und Kronblättern von *Galium mollugo* – Gemeines Labkraut).

Grasartige: Der Begriff *Grasartige* i. e. S. umfasst die *Poaceae* – Süßgräser, *Cyperaceae* – Sauergräser, *Juncaceae* – Binsen. Im weiteren Sinn werden darunter alle Arten mit grasartigem Habitus verstanden (z. B. auch *Plantago lanceolata* – Spitz-Wegerich).
Griffel: Der Griffel ist ein verlängerter Abschnitt des Stempels zwischen Fruchtknoten und Narbe (z. B. bei *Crocus* – Krokus), der Griffel kann fehlen oder sehr kurz sein (z. B. bei *Tulipa* – Tulpe).
Griffelkanal: Bei Hagebutten, den Früchten von *Rosa* – Rose, bildet die Blütenachse eine krugartige Frucht, die an der Spitze offen ist. Die Öffnung, aus der meist die Griffel ragen, wird als Griffelkanal bezeichnet.
Griffelpolster: Als Griffelpolster wird eine meist ringförmige Nektardrüse bezeichnet, die zwischen Fruchtknoten und der Basis des Griffels sitzt (z. B. bei *Ammi* – Sichelmöhre und anderen *Apiaceae* – Doldengewächsen).
Grundachse: Der basale Abschnitt der Sprossachse wird zuweilen als Grundachse bezeichnet, insbesondere, wenn diese spezielle Anpassungen zeigt: z. B. findet sich bei *Fragaria* – Erdbeere eine kriechende Grundachse (Rhizom).
Grundblatt: Als Grundblätter werden die unteren Blätter an der Sprossachse bezeichnet. Grundblätter sind zuweilen rosettig angeordnet und unterscheiden sich morphologisch oft von den folgenden Stängelblättern (z. B. bei *Verbascum* – Königskerze).
Gymnospermae: siehe Nacktsamer
Gymnostemium: Das Gymnostemium (Säule) ist eine säulenartige Struktur in den Blüten der *Orchidaceae* – Orchideengewächse, welche durch Verwachsung von Fruchtblättern und Staubblättern entsteht.
Gynoeceum: Als Gynoeceum wird die Gesamtheit der Fruchtblätter einer Blüte bezeichnet.
Haar: Ein Haar ist ein Auswuchs der Epidermis. Je nach Morphologie und Funktion unterscheidet man z. B. einfache Haare, Gliederhaare, Gabelhaare, Sternhaare, Kletterhaare, Brennhaare, Drüsenhaare.
Habitus: Als Habitus wird das äußere Erscheinungsbild eines Organismus bezeichnet.
Haftwurzel: Einige Kletterpflanzen, z. B. *Hedera helix* – Gewöhnlicher Efeu, haben spezielle Luftwurzeln ausgebildet, mit denen sie sich an anderen Pflanzen oder Substrat wie Felsen oder Mauern festhalten können.
Hagebutte: Als Hagebutte wird die Frucht von *Rosa* – Rose bezeichnet. Es handelt sich um eine Sammelnussfrucht mit einer fleischigen, krugförmigen Blütenachse (Achsenbecher). Die Öffnung an der Spitze der Hagebutte wird als Griffelkanal bezeichnet.
Halbparasit: Als Halbparasiten (Hemiparasiten) werden Pflanzen bezeichnet, die ihren Wirtspflanzen mithilfe spezieller Saugorgane (Haustorien) Wasser und Nährsalze entziehen. Halbparasiten sind grün, betreiben also selbst Fotosynthese (z. B. *Viscum* – Mistel oder *Melampyrum* – Wachtelweizen).
Halbrosettenpflanze: Halbrosettenpflanzen haben eine grundständige Rosette *und* eine beblätterte Sprossachse (z. B. *Verbascum* – Königskerze).
Halbstrauch: Halbsträucher sind nur an ihrer Basis verholzt, die oberen Seitenäste bleiben krautig und sterben im Winter ab (z. B. *Vaccinium myrtillus* – Blaubeere).
Halbtrockenrasen: Halbtrockenrasen sind extensiv genutzte, artenreiche Grünlandökosysteme. Sie sind auf trockenen Böden zu finden und werden meist durch Beweidung und/oder Mahd offengehalten. Auf kalkreichem Untergrund handelt es sich oft um Kalkmagerrasen bezeichnet, auf sandigen Böden um Sandmagerrasen.
handförmig gelappte Spreite: Eine handförmig gelappte Spreite ist durch Buchten oder Einschnitte gegliedert, die wie die Finger einer Hand von einem zentralen Punkt ausgehen. Die Spreite bildet dabei eine zusammenhängende Einheit und ist *nicht* in separate Fiederblättchen aufgeteilt (z. B. bei *Acer campestre* – Feld-Ahorn).
haplochlamydeische Blüte: Haplochlamydeische Blüten haben ein einfaches Perigon, d. h. es ist nur ein Kreis von Blütenhüllblättern ausgebildet
Haustorium: Als Haustorien werden die Saugorgane von parasitär lebenden Blütenpflanzen bezeichnet (z. B. bei *Cuscuta* – Seide oder *Viscum* – Mistel).
Helm: Als Helm bezeichnet man die bei manchen Lippenblüten deutlich gewölbte Oberlippe, die über den anderen Blütenorganen steht (z. B. bei *Orchis militaris* – Helm-Knabenkraut).
Hemerochorie: Der Begriff Hemerochorie umfasst alle Formen der Samenausbreitung durch den Menschen bzw. seine Tätigkeiten (z. B. die unbeabsichtigte Verschleppung von Früchten von *Ambrosia artemisiifolia* – Beifußblättrige Ambrosie in verunreinigtem Vogelfutter).
Hemikryptophyt: Hemikryptophyt bezeichnet eine der Lebensformen nach Raunkiaer: die Innovationsknospen befinden sich direkt an der Bodenoberfläche und sind im Winter durch die Streuschicht oder absterbende Pflanzenteile geschützt (z. B. *Alopecurus pratensis* – Wiesen-Fuchsschwanzgras).
Hemiparasit: siehe Halbparasit
Herbivor: Herbivoren sind Pflanzenfresser.
heterochlamydeische Blüte: Heterochlamydeische Blüten sind in Kelch und Krone gegliedert
Heterosporie: Von Heterosporie spricht man bei Sporenpflanzen (Algen, Farne, Moose), die morphologisch unterschiedliche Typen von Sporen (Mikrosporen, Megasporen) produzieren (z. B. bei *Selaginella* – Moosfarn) (siehe auch Isosporie).
Hilum: siehe Nabel
Hochblatt: Als Hochblatt werden Blätter bezeichnet, die im Bereich der Blüten oder Blütenstände stehen und sich in Farbe, Größe oder Morphologie deutlich von den Laubblättern unterscheiden. So wird die auffällige, große weiße Spatha um den Blütenstand von *Arum* – Aronstab von einem Hochblatt gebildet. Hochblätter können aber auch klein und schuppenartig sein (z. B. die Hüllchenblätter der *Apiaceae* – Doldengewächse).
Höhenstufe: Höhenstufen beschreiben die Abhängigkeit von Vegetation (und Fauna) von der Höhe über dem Meer. Die wichtigsten Höhenstufen sind: collin, montan, subalpin und alpin.
Holoparasit: siehe Vollparasit
homochlamydeische Blüte: Homochlamydeische Blüten haben ein Perigon, d. h. sie sind nicht in Kelch und Krone gegliedert.
Homorhizie: Homorhiz sind Wurzelsysteme, die aus gleichwertigen, oft unverzweigten Wurzeln bestehen, sodass die meisten Wurzeln direkt an der Sprossachse beginnen (z. B. bei *Poaceae* – Süßgräsern und den meisten Monocotylen – Einkeimblättrigen).
Honigblatt: siehe Nektarblatt
Horstpflanze: Horstpflanzen haben zahlreiche, aufrecht wachsende Sprossachsen, die dicht gedrängt zusammenstehen. Die Pflanzen sind meist grasartig (z. B. *Festuca ovina* – Schafschwingel oder *Carex paniculata* – Rispen-Segge).
Hüllchen: Als Hüllchen bezeichnet man die Hochblätter unterhalb der Döldchenstrahlen (Dolden zweiter Ordnung) bei den *Apiaceae* – Doldengewächsen.
Hülle: Als Hülle bezeichnet man meist dichtstehende Hochblätter im Bereich des Blütenstandes. Bei den *Apiaceae* – Doldengewächsen bezieht sich der Begriff auf die Hochblätter unterhalb der Doldenstrahlen (Dolden erster Ordnung). Bei den *Asteraceae* – Korbblütengewächsen sind die Hochblätter unterhalb der Köpfchen gemeint, welche den Hüllkelch bilden.
Hüllkelch: Bei den *Apiaceae* – Doldengewächsen bezieht sich der Begriff Hüllkelch auf die Hochblätter unterhalb der

Doldenstrahlen (Dolden erster Ordnung). Bei den *Asteraceae* – Korbblütengewächsen sind mit Hüllkelch die Hochblätter unterhalb der Köpfchen gemeint, die auch als Hüllkelch bezeichnet werden.

Hüllspelze: Als Hüllspelzen werden zwei Spelzen an der Basis des Ährchens der *Poaceae* – Süßgräser bezeichnet (z. B. bei Hafer – *Avena*), selten ist nur eine Hüllspelze ausgebildet (z. B. bei *Lolium* – Weidelgras). Die untere Hüllspelze wird als Tragblatt des Ährchens, die obere als adossiertes Vorblatt der Ährchenachse gedeutet.

Hülse: Die Hülse ist eine Öffnungsfrucht, die aus einem Fruchtblatt besteht, welches sich an Bauchnaht *und* Rückennaht öffnet (z. B. bei *Robinia* – Robinie und anderen Schmetterlingsblütlern).

Hybride: Als Hybride bezeichnet man Organismen, die durch Kreuzung von Eltern unterschiedlicher Taxa entstanden sind. Im wissenschaftlichen Namen werden Hybride häufig durch ›x‹ bzw. ›X‹ gekennzeichnet. Die Eltern gehören meist einer Gattung an (z. B. ist *Salix* x *sepulcralis* eine Kreuzung aus *Salix alba* und *Salix babylonica*). Es sind aber auch Hybride bekannt, deren Eltern aus unterschiedlichen Gattungen stammen: so ist z. B. X *Calammophila baltica* aus einer Kreuzung aus *Ammophila arenaria* und *Calamagrostis epigejos* entstanden.

Hydathode: Eine Hydathode ist eine drüsenartige Struktur (meist eine umgewandelte Spaltöffnung) aus welcher Wasser ausgeschieden wird (z. B. an den Blattspitzen von *Alchemilla* – Frauenmantel).

Hydrochorie: Hydrochorie bezeichnet die Ausbreitung durch Wasser (z. B. die Ausbreitung der schwimmfähigen Diasporen von *Carex* – Segge).

Hydrophyt: Hydrophyt (Wasserpflanze) bezeichnet eine der Lebensformen nach Raunkiaer: es handelt sich um Sumpf- und Wasserpflanzen, deren Innovationsknospen unter Wasser überdauern (z. B. *Nymphaea* – Seerose).

Hypanthium: siehe Achsenbecher

immergrünes Blatt: Immergrüne Blätter werden mehrere Jahre alt, sind im Sommer wie im Winter grün und meistens derb (z. B. bei *Hedera* – Efeu).

Indusium: Als Indusium wird ein Häutchen bezeichnet, das bei vielen Farnen i. e. S. den Sorus einhüllt (z. B. bei *Dryopteris* – Wurmfarn).

Innovationsknospe: Als Innovationsknospen (Winterknospen) werden die Knospen bezeichnet, die den Winter überdauern und aus der die Pflanze in der nächsten Vegetationsperiode neu austreiben kann.

Insektenbestäubung: Von Insektenbestäubung spricht man, wenn die Pollen durch Insekten von einer Blüte zur anderen transportiert werden. Viele insektenbestäubte Blüten bieten den Insekten Nektar (z. B. *Lamium* – Taubnessel) oder Pollen (z. B. bei *Magnolia* – Magnolie) als Nahrung und locken sie durch auffällig gefärbte Kronblätter (z. B. bei *Ranunculus* – Hahnenfuß) bzw. Geruch (z. B. bei *Berberis* – Berberitze) an.

Insektivore Pflanze: Insektivore Pflanzen decken einen Teil ihres Nährstoffbedarfs, vor allem bezüglich Stickstoff und Phosphor, durch Fangen und Verdauen von Tieren, überwiegend Insekten. Alle insektivoren Pflanzen sind chlorophyllhaltig und betreiben Fotosynthese (z. B. *Drosera* – Sonnentau).

Internodium: Als Internodien (Stängelglieder) werden die Abschnitte der Sprossachse bezeichnet, an denen keine Blätter sitzen, wenn sie sich deutlich von den Bereichen unterscheiden, an denen die Blätter sitzen (siehe Knoten) (z. B. bei *Poaceae* – Süßgräsern).

invasive Art: Als invasiv werden Neophyten bezeichnet, die sich gegenwärtig (stark) ausbreiten und die zumindest potenziell unerwünschte Auswirkungen auf die Umwelt (bzw. den Menschen) haben können (z. B. die aus Nordamerika stammende Beifußblättrige Ambrosie – *Ambrosia artemisiifolia*, deren Pollen hochallergen ist).

Isosporie: Von Isosporie spricht man bei Sporenpflanzen (Algen, Farne, Moose), die nur einen Typ von Sporen produzieren (siehe auch Heterosporie).

Kalkdrüse: Mit Hilfe von Kalkdrüsen können Pflanzen überschüssiges Kalzium ausscheiden. Kalkdrüsen finden sich vor allem bei Pflanzen kalkreicher Standorte (z. B. an den Blättern von *Saxifraga paniculata* – Rispen-Steinbrech).

Kallus: Als Kallus wird der untere Teil der Deckspelze der Blütchen der *Poaceae* – Süßgräser bezeichnet, der die Ährchenachse umschließt.

Kapsel: Kapseln sind Öffnungsfrüchte, die aus mehreren Fruchtblättern bestehen und sich während der Fruchtreife öffnen, um die Samen freizusetzen. Nach ihrem Öffnungsmechanismus unterscheidet man Spaltkapseln (z. B. bei *Epilobium* – Weidenröschen), Deckelkapseln (z. B. bei *Anagallis* – Gauchheil) und Porenkapseln (z. B. bei *Papaver* – Mohn).

Karpell: siehe Fruchtblatt

Karpophor: siehe Fruchthalter

Karyopse: Als Karyopsen bezeichnet man die einsamigen Nussfrüchte der *Poaceae* – Süßgräser, die von einem oberständigen, mehrblättrigen Fruchtknoten gebildet werden.

Kätzchen: Als Kätzchen werden dichte, trauben- bis ährenartige Blüten- und Fruchtstände bezeichnet, die aus zahlreichen, unscheinbaren Einzelblüten bestehen (z. B. bei *Salix* – Weide).

Keimblatt: Als Keimblätter werden die ersten Blätter des keimenden Embryos bezeichnet, die meist einfacher gebaut sind als die folgenden Blätter. Bei Einkeimblättrigen ist meist ein Keimblatt sichtbar, bei Zweikeimblättrigen sind es meist zwei (siehe auch Primärblatt, Folgeblatt).

Kelch: Als Kelch (Calyx) wird die Gesamtheit der Kelchblätter einer Blüte bezeichnet.

Kelchblatt: Als Kelchblätter (Sepalen) werden die äußeren (meist unauffällig) gestalteten Blütenhüllblätter bezeichnet, wenn die Blütenhüllblätter des inneren und äußeren Kreises unterschiedlich gestaltet sind (siehe auch Perigon).

Kiefernartige: siehe Nadelbäume

Kiel: Als Kiel bezeichnet man kielförmige Strukturen, meist auf der Unterseite von Blattorganen. Sie werden meist von verstärkten Blattnerven gebildet (z. B. bei Blättern von *Dactylis* – Knäuelgras).

Klade: Eine Klade ist eine ranglose monophyletische Abstammungsgemeinschaft.

Klasse: Der Begriff Klasse wird in der Pflanzensystematik verwendet, um eine große monophyletische Gruppe von Sippen zu kennzeichnen. Der Klasse übergeordnet ist die Abteilung, ihr untergeordnet die Ordnung. Die wissenschaftlichen Namen von Pflanzenklassen enden auf ›opsida‹, z. B. bei den *Magnoliopsida* – Bedecktsamern.

Klause: Als Klausen bezeichnet man die einsamigen Spaltfrüchte, die aus einem 2-blättrigen Fruchtknoten durch Einziehen von Scheidewänden entstehen (z. B. bei *Cynoglossum* – Hundszunge und anderen *Boraginaceae* – Raublattgewächsen).

Klebkörper: Als Klebkörper bezeichnet man eine klebende, oft scheibenförmige Struktur am Stielchen der Pollinarien vieler *Orchidaceae* – Orchideengewächse. Der Klebkörper dient der Anheftung der Pollinarien (und den darin enthaltenen Pollen) an bestäubende Insekten.

Kletterhaar: Als Kletterhaare werden nach unten gerichtete oder widerhakige Haare bezeichnet, mit denen sich Kletterpflanzen an anderen Pflanzen oder Substrat wie Felsen oder Mauern festhalten (z. B. bei *Humulus lupulus* – Gewöhnlicher Hopfen).

Kletterpflanze: Kletterpflanzen haben keine selbsttragende Sprossachse, sondern stützten sich mithilfe von Ranken (z. B. bei *Vitis* – Wein), Haftwurzeln (z. B. bei *Hedera* – Efeu), Widerhaken (z. B. bei *Galium aparine* – Kletten-Labkraut), Kletterhaaren (z. B. bei *Humulus lupulus* – Gewöhnlicher

Hopfen) oder einer windenden Sprossachse (z. B. bei *Calystegia* – Zaunwinde) an anderen Pflanzen oder Substrat wie Felsen oder Mauern ab, um besser ans Licht zu gelangen.
Kletterwurzel: siehe Haftwurzel
Knäuel: Knäuel ist ein Sammelbegriff für dicht stehende, blattachselständige Blütenstände. Oft handelt es sich um Rispen, Thyrsen oder Zymen (z. B. bei *Rumex* – Ampfer).
Knolle: Knollen sind verdickte Speicherorgane, die vor allem im Bereich der Sprossachsen oder Wurzeln gebildet werden (z. B. bei *Corydalis* – Lerchensporn).
Knospe: Als Knospe wird der juvenile Zustand von Sprossachsen bezeichnet. In Knospen hat das Längenwachstum noch nicht begonnen, oft sind aber bereits Blätter (bzw. Knospenschuppen) angelegt und schützen das Bildungsgewebe an der Spitze. Nach Funktion und Lage werden Blütenknospen, Innovationsknospen, Seitenknospen und Endknospen unterschieden.
Knospenlage: Als Knospenlage wird die Form des Querschnittes von Blättern in Knospen bzw. im juvenilen Zustand bezeichnet. Sie stellt ein wichtiges vegetatives Bestimmungsmerkmal bei den *Poaceae* – Süßgräsern dar und kann am besten an Erneuerungssprossen untersucht werden. Es werden gerollte Knospenlage (z. B. bei *Bromus hordeaceus* – Weiche Trespe) und gefaltete Knospenlage (z. B. bei *Dactylis glomerata* – Gewöhnliches Knäuelgras) unterschieden.
Knospenschuppe: Knospenschuppen sind die meist kleinen, schuppenförmigen Blätter, welche Knospen, v. a. Innovationsknospen, vor Kälte und Trockenheit schützen.
Knoten: Als Knoten (Nodium) werden die Abschnitte der Sprossachse bezeichnet, an denen die Blätter sitzen, wenn sie auffallend verdickt und stabil gebaut sind und sich deutlich von den dazwischenliegenden, i. d. R. hohlen Abschnitten (Internodien) unterscheiden (z. B. bei *Poaceae* – Süßgräsern).
Kolben: Kolben sind Blütenstände, bei denen die Blüten ungestielt an einer ± fleischig verdickten Hauptachse sitzen (z. B. bei *Zea* – Mais).
Koniferen: siehe Nadelbäume
Köpfchen: Köpfchen sind dichtblütige, oft kugelige bis kurzeiförmige Blütenstände, die meist endständig an der Sprossachse angeordnet sind (z. B. bei *Jasione* – Sandglöckchen). Oft bildet ein Köpfchen eine bestäubungsbiologische Einheit (siehe auch Blume, Pseudanthium).
Körbchen: Als Körbchen wird ein meist scheiben- bis köpfchenförmiger Blütenstand bezeichnet, bei dem die Blüten von einer gemeinsamen Hülle aus meist grünlichen, dicht stehenden Hochblättern umgeben sind (z. B. bei *Carduus* – Distel und anderen *Asteraceae* – Korbblütengewächsen).
Korkpore: Korkporen (Lentizellen) sind kleine Bereiche der Rinde bzw. Borke von Gehölzen, in denen die oberste Zellschicht aufreißt, was einen verbesserten Gasaustausch ermöglicht. Meist entwickelt sich darunter ein lockeres Gewebe aus abgestorbenen Korkzellen (z. B. bei *Sambucus* – Holunder).
Kormophyt: Kormophyten (Cormopyhten) sind Pflanzen, die aus Sprossachse, Blättern und Wurzeln aufgebaut sind. Es handelt sich um Bärlappe, Farne, Nacktsamer oder Bedecktsamer.
Kormus: Der Kormus bezeichnet den Grundbauplan von Kormophyten, der aus den Grundorgane Sprossachse, Blatt und Wurzel aufgebaut ist.
Kronblatt: Kronblätter sind der innere (meist auffällig gestaltete) Kreis von Blütenhüllblättern, wenn die Blütenhüllblätter des inneren und äußeren Kreises unterschiedlich gestaltet sind (Perigon). Die Kronblätter werden auch Petalen genannt.
Krone: Krone bezeichnet die Gesamtheit der Kronblätter einer Blüte.
krugförmige Blüte: siehe glockenförmige Blüte
Kurztrieb: Ein Kurztrieb ist ein Sprossabschnitt, dessen Längenwachstum (im Vergleich zum Langtrieb) stark reduziert ist, sodass Blätter (bzw. Blüten) deshalb dicht gedrängt (oft scheinbar wirtelig) angeordnet sind. Der Begriff wird vor allem verwendet, um das Wachstum von Gehölzen zu beschreiben (z. B. bei *Prunus* – Kirsche).
laminale Plazentation: Bei der laminalen Plazentation sitzen die Samenanlagen auf der gesamten Fläche der Fruchtblätter (z. B. bei *Nymphaea* – Seerose).
längliche Spreite: Bei einer länglichen Spreite ist die Spreite mindestens ca. 3–4-mal länger als breit (z. B. bei *Salix alba* – Silber-Weide).
Langtrieb: Ein Langtrieb ist ein Sprossabschnitt mit deutlichem Längenwachstum (im Vergleich zum Kurztrieb). Der Begriff wird vor allem verwendet, um das Wachstum von Gehölzen zu beschreiben.
lanzettliche Spreite: Eine lanzettliche Spreite ist sowohl zur Blattbasis als auch zur Spitze hin verschmälert (z. B. bei *Betula pendula* – Hängebirke).
laterale Beiknospen: Wenn in den Achseln eines Tragblattes mehrere Knospen zu finden sind, nennt man diese zusätzlichen Knospen Beiknospen. Stehen diese horizontal neben der Hauptknospe handelt es sich um lateral angeordnete Beiknospen (z. B. im Blütenstand von *Musa* – Banane und bei anderen Einkeimblättrigen) (siehe auch seriale Beiknospen).
Laubblatt: Als Laubblätter werden die ›normal‹ ausgebildeten Blätter an der Sprossachse bezeichnet, die vor allem der Fotosynthese dienen (siehe auch Blatt).
Lebensform: Als Lebensform wird die durch den Bauplan der Pflanze weitgehend vorgegebene, durch die Umwelt aber noch modifizierbare äußere Gestalt von Pflanzen bezeichnet. Es gibt hierzu eine Vielzahl unterschiedlicher Klassifikationen, bewährt hat sich vor allem das System von Raunkiaer, welches auf der Lage der Überdauerungsorgane (Innovationsknospen) beruht: Chamaephyt, Geophyt, Hemikryptophyt, Hydrophyt, Phanerophyt, Therophyt.
Leitbündel: Leitbündel sind die auf den Transport von Wasser, Nährstoffen und Assimilaten spezialisierten Gewebe von Pflanzen. Typischerweise bestehen sie aus lang gestreckten Zellen, die ein von den Wurzeln bis in die Blätter reichendes Kanalsystem bilden. Wichtige Gewebe in den Leitbündeln sind Xylem und Phloem. Das Xylem ist für den Wassertransport aus den Wurzeln in die Blätter zuständig und besteht vor allem aus abgestorbenen, verholzten Zellen (Tracheen bzw. Tracheiden). Das Phloem ist für Transport von Assimilaten von den Blättern in die Zellen bzw. Speicherorgane zuständig. Es besteht vor allem aus nicht verholzten, lebenden Zellen (z. B. Siebröhren). Leitbündel, z. B. in den Blattnerven, sind außerdem oft mit Festigungsgewebe assoziiert, oft in Form von Sklerenchymscheiden oder Sklerenchymsträngen.
Lentizelle: siehe Korkpore
leptosporangiat: Bei einem leptosporangiaten Farn besteht die Wand der Sporangien aus einer Zellschicht (z. B. bei *Dryopteris* – Wurmfarm).
Liane: Eine Liane ist eine verholzende Kletterpflanze (z. B. *Hedera helix* – Gewöhnlicher Efeu).
Ligula: siehe Blatthäutchen
lineale Spreite: Bei einer linealen Spreite verlaufen die Blattränder (fast) parallel. Die Spreite ist länglich, das heißt (viel) mehr als 3–4-mal länger als breit (z. B. bei *Abies* – Tanne oder *Salix eleagnos* – Lavendel-Weide).
Lippenblüte: Bei den verwachsenen und zygomorphen Lippenblüten bilden die Kron- bzw. Perigonblätter eine Oberlippe und Unterlippe aus (z. B. bei *Lamium* – Taubnessel oder anderen Lippenblütlern). Zuweilen ist die Oberlippe helmförmig (z. B. bei *Aconitum* – Eisenhut) oder es ist nur eine Lippe (meist die Unterlippe) ausgebildet (z. B. bei *Ajuga* – Günsel).
Lodiculae: Im Blütchen der *Poaceae* – Süßgräser finden sich 2 (3) Schwellkörper (Lodiculae), die durch Aufnahme bzw. Abgabe von Wasser das Öffnen und Schließen der Deckspelze

bewirken. Die Schwellkörper werden als umgewandelte Perigonblätter des inneren Kreises gedeutet.
Magerrasen: Als Magerrasen werden artenreiche, nährstoffarme Grünlandökosysteme bezeichnet (siehe auch Trockenrasen, Halbtrockenrasen).
Makrophyll: siehe Megaphyll
Makrospore: siehe Megaspore
Makrosporophyll: siehe Megasporophyll
marginale Plazentation: Bei der marginalen Plazentation sitzen die Samenanlagen nahe der Bauchnaht am Rand eines Fruchtblattes (z. B. bei *Drimys* – Winterrinde).
maskierte Röhrenblüte: Bei einer maskierten Röhrenblüte sind die Blütenhüllblätter zu einer länglichen Röhre verwachsen, die durch Auswüchse der Kronblätter verdeckt ist, sodass der Nektar *nicht* direkt zugänglich ist (z. B. bei *Linaria vulgaris* – Gewöhnliches Leinkraut).
Megaphyll: Als Megaphyll (Makrophyll) bezeichnet man die Blätter der Samenpflanzen und Farne i. e. S. Megaphylle sind dadurch gekennzeichnet, dass sie in der Regel mehr als ein Leitbündel haben und ihre Spreite aus mehreren Zellschichten besteht (siehe auch Mikrophyll).
Megaspore: Bei heterosporen Pflanzen werden die größeren Sporen, aus denen meist weibliche Gametophyten entstehen, als Megasporen (Makrosporen) bezeichnet (z. B. bei *Selaginella* – Moosfarn).
Megasporophyll: Ein Megasporophyll (Makrosporophyll) ist ein Sporophyll, an dem Megasporen ausgebildet werden (z. B. bei *Selaginella* – Moosfarn). Das Fruchtblatt der Bedecktsamer und die Samenschuppe der Nacktsamer entsprechen einem Megasporophyll.
mehrfach gefiederte Spreite: Bei mehrfach gefiederten Spreiten sind die Fiederblättchen erster Ordnung ihrerseits mindestens 1-mal gefiedert. Z. B. hat *Chaerophyllum temulum* – Hecken-Kälberkropf 2–3-fach gefiederte Blätter.
Mesokarp: Das Mesokarp ist die mittlere Schicht der Fruchtwand (Perikarp).
Mikrophyll: Als Mikrophyll bezeichnet man Blätter, die nur ein unverzweigtes Leitbündel haben. Sie sind meist klein und einfach gebaut und ihre Spreite ist meist nur eine oder wenige Zellschichten dick (z. B. bei Bärlappen, Schachtelhalmen). Die Blätter der Samenpflanzen sind hingegen als Megaphylle ausgebildet.
Mikrospore: Bei heterosporen Pflanzen werden die kleineren Sporen, aus denen meist männliche Gametophyten entstehen, als Mikrosporen bezeichnet (z. B. bei *Selaginella* – Moosfarn).
Mikrosporophyll: Das Mikrosporophyll ist ein Sporophyll, an dem Mikrosporen gebildet werden (z. B. bei *Selaginella* – Moosfarn). Das Staubblatt der Samenpflanzen entspricht einem Mikrosporophyll.
Milchsaft: Als Milchsaft wird weißer oder farbiger, oft giftiger Saft bezeichnet, der bei Verletzungen aus Sprossachsen oder Blättern (seltener auch aus Wurzeln) austritt und die Wunde rasch verschließt (z. B. bei *Euphorbia* – Wolfsmilch).
Mittelrippe: Die Mittelrippe ist der mittlere Blattnerv.
mittelständiger Fruchtknoten: Bei einem mittelständigen Fruchtknoten ist der Fruchtknoten teilweise in den Blütenboden eingesenkt (z. B. bei *Saxifraga bryoides* – Moos-Steinbrech). Zuweilen werden Fruchtknoten auch als mittelständig bezeichnet, wenn sie in einem von der Blütenachse gebildeten Krug stehen (z. B. bei *Prunus* – Kirsche) (siehe auch Achsenbecher, oberständiger Fruchtknoten, unterständiger Fruchtknoten).
Monochasium: Ein Monochasium ist ein zymöser Blütenstand, dessen Hauptachse mit einer Blüte abschließt und dessen Wachstum von einem Seitenzweig fortgesetzt wird. Man unterscheidet vor allem Schraubel (z. B. bei *Myosotis* – Vergissmeinnicht) und Wickel (z. B. bei *Echium* – Natternkopf).
Monokotyledonae: Die Monokotyledonae bzw. Monokotyle – Einkeimblättrige sind eine monophyletische Gruppe innerhalb der *Angiospermae* –Bedecktsamer, die ein Keimblatt haben und durch zahlreiche weitere Merkmale (z. B. Parallelnervatur der Blätter) gekennzeichnet sind (z. B. *Lilium* – Lilie).
Monophyllum: Ein Monophylum (monophyletische Gruppe) umfasst genau die Taxa, die auf einen gemeinsamen Vorfahren zurückgehen.
monopodiale Verzweigung: Bei der monopodialen Verzweigung wird das Wachstum der Sprossachse nach dem Winter vom Haupttrieb fortgesetzt. Der Begriff wird hauptsächlich dazu verwendet, das Wachstum von Gehölzen zu beschreiben (z. B. bei *Araucaria* – Araukarie und anderen Nadelbäumen).
montan: Montan bezeichnet die Höhenstufe des Berglandes, in der natürlicherweise Wälder dominieren. Sie reicht in Deutschland in den Mittelgebirgen von etwa 300 bis maximal 1 500 m und in den Alpen von etwa 700 bis 1 850 m.
Morphologie: Die Morphologie beschreibt die äußere Gestalt und Struktur.
mycotrophe Pflanze: siehe Epiparasit
Nabel: Als Nabel (Hilum) wird die Ansatzstelle des Samenstiels (Funiculus) am Samen bezeichnet. Der Nabel ist bei vielen Arten auch noch an bereits ausgestreuten Samen durch eine andere Farbe oder Oberflächenstruktur erkennbar (z. B. bei *Brassica napus* – Raps).
Nacktsamer: Die *Gymnospermae* – Nacktsamer sind eine Gruppe innerhalb der Samenpflanzen, die sich unter anderem dadurch auszeichnet, dass die Samen auf der Oberfläche von Blättern gebildet werden, während schlauchförmig verwachsene Fruchtblätter fehlen. Die Nacktsamer umfassen die *Ginkgoopsida* – Ginkgogewächse, *Pinopsida* – Nadelgehölze sowie die *Cycadopsida* – Palmfarne.
Nadelbäume: Die *Pinopsida* – Nadelbäume (Koniferen, Kiefernartige, Nadelgehölze) sind die größte, heute noch lebende Pflanzengruppe der Nacktsamer (z. B. *Pinus* – Kiefer, *Abies* – Tanne, *Larix* – Lärche).
Nadelblatt: Als Nadelblätter werden lange, dünne Blätter mit parallelen Rändern und einer linealen Spreite bezeichnet, die man bei vielen Nadelbäumen findet (z. B. bei *Pinus* – Kiefer).
Nagel: Als Nagel bezeichnet man das schmale, lang ausgezogene und dadurch stielartig wirkende basale Ende von genagelten Kronblättern (z. B. bei *Geranium pratense* – Wiesen-Storchschnabel) (siehe auch Platte).
Narbe: Die Narbe ist der (meist) distale Abschnitt des Stempels, welcher der Aufnahme der Pollen dient.
Naturraum: Als Naturraum wird eine durch Umweltfaktoren wie Klima, Relief, Wasserhaushalt, Boden, geologischer Bau und die Biosphäre charakterisierte Landschaftseinheit verstanden (z. B. die Rhön).
Nebenblatt: Nebenblätter sind (meist) blattartige Auswüchse des Blattgrundes am Übergang zwischen Blattstiel und Sprossachse (z. B. bei *Salix* – Weide). Die Ligula der *Poaceae* – Süßgräser und Ochrea der *Polygonaceae* – Knöterichgewächse können von Nebenblättern abgeleitet werden.
Nebenkrone: Als Nebenkrone werden Auswüchse der Oberseite der Kronblätter bezeichnet. Meist findet man sie bei genagelten Kronblättern am Übergang zwischen Nagel und Platte (z. B. bei *Narcissus* – Narzisse).
Nebenzwiebel: siehe Tochterzwiebel
Nektarblatt: Ein Nektarblatt (Honigblatt) ist ein Blütenblatt, das eine Nektardrüse besitzt (z. B. bei *Ranunculus* – Hahnenfuß).
Nektardrüse: Nektardrüsen (Nektarien) sind nektarproduzierende Drüsen. Sie sind oft in den Blüten (z. B. bei *Helleborus* – Nieswurz), aber auch als extraflorale Nektarien z. B. an Blättern zu finden (z. B. bei *Prunus avium* – Vogelkirsche).
Nektarium: siehe Nektardrüse
Neophyt: Als Neophyten werden Pflanzen bezeichnet, die in einem Gebiet *nicht* ursprünglich vorkamen, sondern erst ab 1492 durch den Menschen in das betreffende Gebiet gebracht wurden (z. B. *Senecio canadensis* in Deutschland). Je

nach Einbürgerungsgrad unterscheidet man Agriophyten, Epökophyten und Ephemerophyten (siehe auch invasive Art, Archäophyt, einheimische Art).
Nervatur: Als Nervatur wird die Gesamtheit der Nerven (Leitbündel) eines Blattes bezeichnet. Man unterscheidet unter anderem Blätter mit Fiedernervatur (Netznervatur) (bei den meisten Zweikeimblättrigen, z. B. bei *Quercus* – Eiche), Parallelnervatur (bei den meisten Einkeimblättrigen, z. B. bei *Deschampsia caespitosa* – Rasen-Schmiele) und gabelnerviger (dichotomer) Nervatur (bei vielen Farnen und Nacktsamern, z. B. *Ginkgo*).
netznervig: siehe fiedernervig
Niederblatt: Als Niederblätter werden einfach gebaute, oft schuppenartige Blätter außerhalb des Blütenstandes bezeichnet (z. B. am Rhizom von *Phragmites* – Schilf)
Nodium: siehe Knoten
nom. cons. prop.: Nom. cons. prop. ist die Abkürzung für ›nomen conservandum propositus‹. Damit wird ein Pflanzenname bezeichnet, der weiterhin benutzt werden kann, obwohl dies den Nomenklaturregeln widersprechen könnte (z. B. *Rumex acetosa* L. nom. cons. prop.).
Nomenklaturregeln: Nomenklaturregeln sind international einheitliche Regeln zur wissenschaftlich korrekten und eindeutigen Benennung von Lebewesen (siehe auch binäre Nomenklatur).
Nucellus: Der Nucellus ist eine mikroskopisch kleine Struktur im Fruchtknoten von Samenpflanzen, in dem die Samen entstehen. Aus seinen äußeren Schichten, den Integumenten, entwickelt sich die Samenschale (Testa). Der Nucellus entspricht dem Megasporangium der Farnpflanzen.
Nuss: Eine Nuss ist eine Frucht mit hartem (holzigem) Perikarp, fleischiges Fruchtfleisch fehlt (z. B. die Eichel bei *Quercus* – Eiche).
Nüsschen: Als Nüsschen werden die Früchtchen einer Sammelfrucht bezeichnet, wenn sie während der Fruchtreife geschlossen bleiben und ein hartes Perikarp haben (z. B. bei *Ranunculus* – Hahnenfuß).
Obergranne: Als Obergranne bezeichnet man den oberen, distalen Teil einer Granne, wenn sich dieser deutlich vom unteren Teil abgrenzen lässt (z. B. bei *Poaceae* – Süßgräsern mit geknieten Grannen wie *Arrhenatherum* – Glatthafer).
oberständiger Fruchtknoten: Bei einem oberständigen Fruchtknoten liegt die Basis des Fruchtknotens oberhalb der Ansatzstelle der Blütenhüllblätter (z. B. bei *Lilium* – Lilie) (siehe auch mittelständiger Fruchtknoten, unterständiger Fruchtknoten).
Ochrea: Eine Ochrea ist eine Blattscheide, die aus Nebenblättern gebildet wird (z. B. bei *Polygonum* – Knöterich).
offene Blüte: Offene Blüten haben ausgebreitete Kron- bzw. Perigonblätter, sodass Pollen bzw. Nektar für die Bestäuber einfach zugänglich sind. Die Kron- bzw. Perigonblätter sind oft frei und die Blüten meist radiärsymmetrisch (z. B. bei *Ranunculus* – Hahnenfuß).
Öffnungsfrucht: Öffnungsfrüchte (Streufrüchte) öffnen sich während der Fruchtreife und setzen die Samen frei: Es handelt sich um Kapseln (z. B. bei *Agrostemma* – Kornrade), Hülsen (z. B. bei *Vicia* – Wicke) oder Bälge (z. B. bei *Trollius* – Trollblume).
Öhrchen: Als Öhrchen (Blattöhrchen) werden kleine Auswüchse des Blattgrundes verstanden, welche die Sprossachse ganz oder teilweise umfassen (z. B. bei *Triticum* – Weizen). Seltener sind Öhrchen nach oben gerichtet (z. B. bei *Festuca ovina* – Schaf-Schwingel).
Ombrochorie: Als Ombrochorie bezeichnet man die Ausbreitung durch Regentropfen, bei der fallende Regentropfen die Mutterpflanze so stark erschüttern, dass die Diasporen einige Zentimeter weit weggeschleudert werden (z. B. bei *Prunella vulgaris* – Gewöhnliche Braunelle).
Ordnung: Der Begriff Ordnung wird in der Pflanzensystematik verwendet, um eine große monophyletische Gruppe von Sippen zu kennzeichnen. Der Ordnung übergeordnet ist die Klasse, ihr untergeordnet die Familie. Die wissenschaftlichen Namen von Pflanzenordnungen enden auf ›ales‹, z. B. bei den *Nymphaeales* – Seerosenartigen.
p. p.: p. p. ist die Abkürzung für ›pro parte‹ und wird bei taxonomischen Bezeichnungen verwendet, um zu verdeutlichen, dass nur ein Teil der betreffenden Sippe gemeint ist.
paarig gefiederte Spreite: Eine paarig gefiederte Spreite hat eine gerade Anzahl von Fiederblättchen, die Endfieder fehlt oder ist zu Ranken oder Dornen umgewandelt (z. B. bei *Vicia* – Wicke).
Panzerbeere: Panzerbeeren sind kürbis- oder melonenartige Früchte, deren saftiges Fruchtfleisch (Mesokarp) von einer harten Außenschicht (Exokarp) geschützt ist (z. B. bei vielen *Cucurbitaceae* – Kürbisgewächsen).
Papille: Als Papillen bezeichnet man kleine, meist rundliche, warzenähnliche Erhebungen (oder Haare) auf der Oberfläche von Blättern, Sprossachsen, Früchten oder Samen (z. B. bei den Samen von *Arenaria serpyllifolia* – Quendel-Sandkraut).
Pappus: Als Pappus wird der umgewandelte Kelch bei den *Asteraceae* – Korbblütengewächsen bezeichnet. Er sitzt über dem unterständigen Fruchtknoten und kann aus gefiederten Haaren (z. B. bei *Tragopogon* – Bocksbart), Borsten (z. B. bei *Centaurea* – Flockenblumen), Haken (z. B. bei *Bidens* – Zweizahn) oder kleinen Schuppen (z. B. bei *Leucanthemum* – Margerite) bestehen.
parakarper Fruchtknoten: Bei einem parakarpen Fruchtknoten sind mehrere Fruchtblätter zu einem Fruchtknoten verwachsen, in dem ein zentrales Fach ausgebildet ist, in welchem die Samen sitzen (z. B. bei *Agrostemma* – Kornrade).
parallelnervig: Bei der Parallelnervatur sind die Nerven des Blattes zueinander parallel ausgerichtet und haben keine (sichtbaren) Verzweigungen oder Querverbindungen (bei fast allen Einkeimblättrigen).
Parasiten: Parasiten ernähren sich von einem Wirtsorganismus, ohne dass dieser dabei obligat getötet wird. Bei Blütenpflanzen wird zwischen Vollparasiten (Holoparasiten, z. B. *Orobanche* – Sommerwurz) und Halbparasiten (Hemiparasiten, z. B. *Rhinanthus* – Klappertopf) unterschieden (siehe auch Epiparasiten).
parietale Plazentation: Bei der parietalen Plazentation ragen die Samenanlagen in mehreren Reihen vom Rand in das zentrale Fruchtknotenfach hinein (z. B. bei *Cucurbitaceae* – Kürbisgewächsen).
Perianth: Die Blütenhülle wird als Perianth bezeichnet.
Perigon: Als Perigon wird die Gesamtheit der Blütenhüllblätter einer Blüte bezeichnet, wenn diese *nicht* in Kelch- und Kronblätter differenziert sind.
Perigonblatt: Wenn der innere und äußere Kreis der Blütenhüllblätter gleich gestaltet ist *oder* nur ein Kreis von Blütenhüllblättern vorhanden ist, werden die Blütenhüllblätter als Perigonblätter oder Tepalen bezeichnet (z. B. bei *Lilium* – Lilie). Blüten mit Perigon sind haplo- bzw. homochlamydeisch.
Perikarp: Als Perikarp (Fruchtwand) wird das den Samen umhüllende Gewebe der Frucht bezeichnet, häufig sind drei Schichten erkennbar: Endokarp, Mesokarp und Exokarp.
Perisperm: Das Perisperm ist ein Nährgewebe im Samen mancher Pflanzen, das den Embryo umgibt und das von Zellen des Nucellus (der zur Mutterpflanze gehört) gebildet wird (z. B. bei vielen *Caryophyllaceae* – Nelkengewächsen) (siehe auch Endosperm).
Petale: siehe Kronblatt
Pfahlwurzel: Eine senkrecht nach unten wachsende und meist dicke Wurzel wird als Pfahlwurzel bezeichnet (z. B. bei *Taraxacum* – Löwenzahn).
pfeilförmige Spreite: Bei einer pfeilförmigen Spreite ist die Spreite länglich und spitz, der Blattgrund tief ausgerandet und die basalen Blattzipfel *nicht* deutlich außen gerichtet (z. B. bei *Rumex acetosa* – Großer Sauerampfer) (siehe auch spießförmige Spreite).

Phanerophyt: Phanerophyt bezeichnet eine der Lebensformen nach Raunkiaer, bei der sich die Innovationsknospen über der durchschnittlichen Höhe der Schneedecke befinden: Es handelt sich um Bäume (z. B. *Fagus sylvatica* – Rotbuche), Sträucher (z. B. *Corylus avellana* – Gewöhnliche Hasel) oder Lianen (z. B. *Hedera* – Efeu).
Phänologie: Die Phänologie befasst sich mit den im Jahresablauf periodisch wiederkehrenden Entwicklungen in der Natur, z. B. den Blühperioden von Pflanzen.
Phyllokladium: Phyllokladien sind umgewandelte Sprossachsen, die abgeflacht sind und in nennenswertem Umfang Fotosynthese betreiben (z. B. bei *Asparagus* – Spargel).
pinselartige Blüte: Pinselartige Blüten haben lange, auffällige Staubblätter, die weit aus den Blüten herausragen. Meist fehlt die Blütenhülle oder ist reduziert (z. B. bei *Salix* – Weide).
planar: Als planar wird die Höhenstufe des Flachlandes bezeichnet.
Platte: Als Platte bezeichnet man das breite und flächig ausgebildete distale Ende von genagelten Kronblättern (z. B. bei *Geranium pratense* – Wiesen-Storchschnabel) (siehe auch Nagel).
Plazentation: Plazentation beschreibt die Lage der Samenanlagen innerhalb des Fruchtknotens. U. a. werden unterschieden: laminale Plazentation, marginale Plazentation, parietale Plazentation und zentrale Plazentation.
Pleiochasium: Als Pleiochasium wird ein zymöser Blütenstand bezeichnet, dessen Hauptachse mit einer Blüte abschließt und dessen Wachstum von mehreren Seitenzweigen fortgesetzt wird (z. B. bei *Euphorbia* – Wolfsmilch).
Pneumatophor: siehe Atemwurzel
Pollen: Pollen werden in den Staubblättern durch meiotische Teilung gebildet, keimen auf dem Fruchtblatt aus und befruchten dann die Eizelle.
Pollensack: Als Pollensäcke werden die vier Fächer von Staubbeuteln bezeichnet, in denen die Pollen gebildet werden. Ein Pollensack entspricht einem Mikrosporangium.
Pollinarium: Ein Pollinarium umfasst das Pollinium und sein Anheftеorgan (Stielchen bzw. Klebkörper). Pollinarien finden sich bei vielen *Orchidaceae* – Orchideengewächsen und dienen der Ausbreitung der Pollen bzw. Bestäubung.
Pollinium: Als Pollinium wird das aus zusammenklebenden Pollen bestehende Paket bezeichnet, das bei vielen *Orchidaceae* – Orchideengewächsen der Verbreitung der Pollen bzw. Bestäubung dient.
Polsterpflanze: Polsterpflanzen sind niedrigwüchsige Pflanzen, deren Sprossachsen dicht gedrängt stehen und eine kompakte Einheit bilden. Die Wuchsform ist eine Anpassung an extremes Klima, z. B. bei *Saxifraga oppositifolia* – Roter Steinbrech als Anpassung an Trockenheit und Kälte in der alpinen Höhenstufe.
Porenkapsel: Porenkapseln sind Öffnungsfrüchte, die sich öffnen, indem an vordefinierten Stellen Löcher entstehen, aus denen die Samen herausfallen (z. B. bei *Papaver* – Mohn) (siehe auch Deckelkapsel, Spaltkapsel).
präalpin: Präalpin bezeichnet die montane (und subalpine) Höhenstufe der süd-, mittel- und osteuropäischen Gebirge ohne die Alpen.
Primärblatt: Als Primärblätter werden die ersten, auf das Keimblatt folgenden, oft einfach gebauten Laubblätter bezeichnet (siehe auch Folgeblatt).
proterandrisch: siehe vormännliche Blüte
proterogyn: siehe vorweibliche Blüte
Pseudanthium: siehe Scheinblüte
Pseudoviviparie: Bei der Pseudoviviparie entstehen im Blütenstand vegetativ gebildete Brutknospen, die bereits zu keimen beginnen, während sie noch mit der Mutterpflanze verbunden sind (z. B. bei *Poa bulbosa* – Zwiebel-Rispengras).
Quirl: Als Quirl i. e. S. werden wirtelig angeordnete, meist blattachselständige Blütenstände bezeichnet. Bei den meisten Pflanzenarten (z. B. vielen *Lamiaceae* – Lippenblütlern) handelt es sich aber nicht um Quirle i. e. S., sondern um Scheinquirle, die eigentlich als Zymen bzw. Thyrsen anzusprechen sind (siehe auch Knäuel, wirtelige Blattstellung).
quirlige Blattstellung: siehe wirtelige Blattstellung
racemöser Blütenstand: Als racemös bezeichnet man Blütenstände, die von einer durchgehenden Hauptachse gebildet werden (siehe auch Zyme). Hierzu zählen u. a. endständige Blüten (z. B. bei *Tulipa* – Tulpe), Trauben (z. B. bei *Sinapis* – Senf und anderen *Brassicaceae* – Kreuzblütlern), Rispen (z. B. bei *Poa* – Rispengras) oder Dolden (z. B. bei *Hedera* – Efeu). Dieser Verzweigungstyp entspricht der monopodialen Verzweigung bei Gehölzen.
radiärsymmetrische Blüte: Durch radiärsymmetrische Blüten lassen sich mehr als zwei Symmetrie-Ebenen legen (z. B. bei *Tulipa* – Tulpe).
Randblüte: Als Randblüten werden die randständigen Blüten eines kompakten Blütenstandes (z. B. Körbchen, Dolde) bezeichnet, besonders dann, wenn sie sich von den zentral stehenden Blüten unterscheiden (z. B. die weißen randlich stehenden Zungenblüten bei *Bellis* – Gänseblümchen oder die vergrößerten Randblüten bei *Viburnum opulus* – Gewöhnlicher Schneeball).
Ranke: Als Ranke werden umgewandelte Sprosse (z. B. bei *Vitis* – Wein) oder Blätter (z. B. bei *Lathyrus* – Platterbse) bezeichnet, mit deren Hilfe Kletterpflanzen sich an anderen Pflanzen oder Substrat wie Felsen oder Mauern festhalten.
Rapellum: Das Rapellum (Rahmen) ist ein Teil der Schote der *Brassicaceae* – Kreuzblütler. Es wird von zwei schmalen Fruchtblättern gebildet, an denen sich auch die Samenanlagen befinden. Bei der Fruchtreife bleibt das Rapellum gemeinsam mit einer falschen Scheidewand in der Regel stehen, während die von zwei sterilen Fruchtblättern gebildeten Fruchtklappen oft abfallen (z. B. bei *Lunaria* – Silberblatt).
rautenförmige Spreite: Bei einer rautenförmigen Spreite hat die Spreite die Form einer Raute (z. B. bei einigen Blättern von *Betula pendula* – Hängebirke).
Reich: Der Begriff Reich wird in der Systematik verwendet, um eine große monophyletische Gruppe von Sippen zu kennzeichnen, z. B. die *Plantae* (Pflanzen, Pflanzenreich). Das Reich ist die oberste Ebene der Systematik, ihr untergeordnet ist die Abteilung.
Rhachis: Als Rhachis (Blattspindel) wird bei zusammengesetzten Blättern der der Mittelrippe entsprechende Abschnitt bezeichnet, welcher die einzelnen Fiederblättchen miteinander verbindet.
Rhizom: Als Rhizom werden unterirdisch wachsende Ausläufer bezeichnet (z. B. bei *Anemone* – Windröschen).
Rinde: Als Rinde bezeichnet man das sekundäre Abschlussgewebe an Stamm und Ästen von Gehölzen. Die Rinde wird angelegt, wenn das primäre Abschlussgewebe, die Epidermis, durch das Dickenwachstum aufreißt. Die Rinde ist meist glatt und wenig strukturiert und wird bei den meisten Bäumen im Alter durch die Borke (tertiäres Abschlussgewebe) abgelöst. Nur bei wenigen Arten bleibt die Rinde lange erhalten (z. B. bei *Fagus* – Buche).
Rispe: Eine Rispe ist ein racemöser Blütenstand, der mehrfach verzweigt ist und der aus einzeln stehenden, gestielten Blüten zusammengesetzt ist (z. B. bei *Syringa* – Flieder). Bei Rispengräsern stehen anstelle der Blüten Ährchen (z. B. bei *Poa* – Rispengras).
Röhrenblüte: Bei Röhrenblüten sind die Blütenhüllblätter zu einer langen Röhre verwachsen (z. B. bei *Crocus* – Krokus oder den Röhrenblüten der *Asteraceae* – Korbblütengewächse).
Rosette: Von einer Rosette spricht man, wenn viele Laubblätter dicht gedrängt am Grunde der Sprossachse angeordnet sind. Die Blattstellung in der Rosette ist meist wechselständig, allerdings ist das Längenwachstum der Sprossachse im Bereich der Rosette unterdrückt, sodass die Blätter scheinbar wirtelig stehen. Man unterscheidet Rosettenpflanzen (z. B. *Taraxacum* – Löwenzahn) und Halbrosettenpflanzen (z. B. *Verbascum* – Königskerze).

Rosettenpflanze: Bei Rosettenpflanzen sind *alle* Laubblätter in einer grundständigen Rosette angeordnet, die Sprossachse ist blattlos (z. B. *Taraxacum* – Löwenzahn) oder mit allenfalls kleinen Schuppenblättern besetzt (z. B. *Hieracium pilosella* – Kleines Habichtskraut) (siehe auch Halbrosettenpflanze).
Rostellum: Als Rostellum bezeichnet man den sterilen, mittleren Teil der Narbe bei den *Orchidaceae* – Orchideengewächsen, welcher die Narbe von den Pollinarien trennt. Am Rostellum können Klebkörper ausgebildet sein, die über ein Stielchen mit den Pollinarien verbunden sind.
Rückennaht: Die Rückennaht entspricht dem zentralen Leitbündel eines Fruchtblattes. Hülsen öffnen sich an Rücken- *und* Bauchnaht (z. B. bei *Robinia* – Robinie und anderen *Fabaceae* – Schmetterlingsblütlern).
Ruderalpflanze: Ruderalpflanzen wachsen an von Menschen geschaffenen und meist häufig gestörten Standorten wie Straßenrändern (z. B. *Hordeum murinum* – Mäusegerste).
s. l.: s. l. ist die Abkürzung für ›sensu lato‹ und bedeutet ›im weiteren Sinn‹.
s. str.: s. str. ist die Abkürzung für ›sensu strictu‹ und bedeutet ›im engeren Sinn‹.
Same: Samen dienen der Ausbreitung und Vermehrung. Sie sind typischerweise aus Embryo, Nährgewebe und Samenschale (Testa) aufgebaut.
Samenanlage: Aus der Samenanlage entwickelt sich nach der Befruchtung der Samen. Die Samenanlage befindet sich bei Bedecktsamern im Fruchtblatt und bei Nacktsamern auf der Samenschuppe und entspricht dem von Integumenten umhüllten Megasporangium.
Samenpflanzen: Die Samenpflanzen sind die evolutiv fortschrittlichste Gruppe der Landpflanzen, welche die *Angiospermae* – Bedecktsamer und *Gymnospermae* – Nacktsamer umfasst.
Samenschale: siehe Testa
Samenschuppe: Als Samenschuppe wird das Megasporophyll der Nacktsamer bezeichnet. Im Zapfen ist sie meist mit dem Tragblatt der weiblichen Blüte (Deckschuppe) verwachsen.
Samenstand: Der Zapfen der Nacktsamer kann (in Analogie zum Fruchtstand) als Samenstand bezeichnet werden, weil die Nacktsamer per Definition keine Früchte haben.
Samenstiel: Als Samenstiel (Funiculus) bezeichnet man die Verbindung zwischen Samen (bzw. den Samenanlagen) und der Plazenta des Fruchtblattes.
Sammelbeerenfrucht: Bei einer Sammelbeerenfrucht verwachsen die zur Blütezeit zunächst *nicht* miteinander verwachsenen Fruchtblätter während der Fruchtreife zu einer strukturellen Einheit. Die Früchtchen entsprechen im Aufbau ihrer Fruchtwand einer Beere (z. B. bei *Morus* – Maulbeere).
Sammelfrucht: Bei einer Sammelfrucht verwachsen die zur Blütezeit zunächst *nicht* miteinander verwachsenen Fruchtblätter während der Fruchtreife zu einer strukturellen Einheit. Man unterscheidet u. a. Sammelnussfrüchte (z. B. bei *Fragaria* – Erdbeere), Sammelsteinfrüchte (z. B. bei *Rubus* – Brombeere) und Sammelbeerenfrüchte (z. B. bei *Morus* – Maulbeere).
Sammelnussfrucht: Bei einer Sammelnussfrucht verwachsen die zur Blütezeit zunächst *nicht* miteinander verwachsenen Fruchtblätter während der Fruchtreife zu einer strukturellen Einheit. Die Früchtchen entsprechen im Aufbau ihrer Fruchtwand einer Nuss (z. B. bei *Fragaria* – Erdbeere).
Sammelsteinfrucht: Bei einer Sammelsteinfrucht verwachsen die zur Blütezeit zunächst *nicht* miteinander verwachsenen Fruchtblätter während der Fruchtreife zu einer strukturellen Einheit. Die Früchtchen entsprechen im Aufbau ihrer Fruchtwand einer Steinfrucht (z. B. bei *Rubus* – Brombeere).
Saprophyt: siehe Epiparasit
Sarcotesta: Als Sarcotesta bezeichnet man eine fleischige Schicht der Samenschale (z. B. die äußeren Schichten der Samen von *Ginkgo* oder vielen *Cycadopsida* – Palmfarnen) (siehe auch Sklerotesta).
Säule: siehe Gymnostemium
Scheinblüte: Als Scheinblüte (Pseudanthium) bezeichnet man Blütenstände, bei denen mehrere Blüten eng zusammenstehen und als bestäubungsbiologische Einheit (Blume) fungieren (z. B. bei *Bellis* – Gänseblümchen und anderen *Asteraceae* – Korbblütengewächsen).
Scheinfrucht: Von einer Scheinfrucht spricht man bei Sammelfrüchten oder Fruchtverbänden, wenn an der Ausbildung der Diasporen nicht nur die Frucht im engeren Sinne, sondern auch weitere Gewebe beteiligt sind (z. B. die Blütenachse bei *Fragaria* – Erdbeere oder ganze Fruchtstände bei *Morus* – Maulbeere).
Schiffchen: Als Schiffchen werden die beiden unteren Kronblätter bei Schmetterlingsblüten bezeichnet. Die beiden das Schiffchen bildenden Kronblätter sind oft verwachsen und bilden eine kahnförmige Röhre (z. B. bei *Cytisus scoparius* – Besenginster und anderen *Fabaceae* – Schmetterlingsblütlern).
Schirmrispe: Eine Schirmrispe ist eine Rispe, die durch Streckung der Seitenäste und Verkürzung der Hauptachse eine ebene bis leicht gewölbte, schirmförmige Oberfläche aufweist (z. B. bei *Sambucus nigra* – Schwarzer Holunder oder *Achillea* – Schafgarbe).
Schließfrucht: Bei einer Schließfrucht sind die Samen von einer trockenen, pergamentartigen bis verholzten Fruchtwand umgeben, die während der Fruchtreife geschlossen bleibt. Es handelt sich u. a. um Beeren (z. B. bei *Vaccinium* – Heidelbeere), Steinfrüchte (z. B. bei *Prunus* – Kirsche), Nüsse (z. B. bei *Quercus* – Eiche), Nüsschen (z. B. bei *Ranunculus* – Hahnenfuß), Achänen (z. B. bei *Ambrosia* – Ambrosie und anderen *Asteraceae* – Korbblütengewächsen) und Karyopsen (z. B. bei *Setaria* – Borstenhirse und anderen *Poaceae* – Süßgräsern).
Schlund: Den Übergangsbereich zwischen Kronröhre und Kronzipfeln bezeichnet man bei verwachsenblättrigen Blüten als Schlund (z. B. bei *Myosotis* – Vergissmeinnicht).
Schlundschuppen: Als Schlundschuppen werden schuppenartige Strukturen, Haare, Falten oder Auswüchse am Übergangsbereich zwischen Kronröhre und Kronzipfeln bezeichnet (z. B. bei *Myosotis* – Vergissmeinnicht).
Schmetterlingsblüte: Eine Schmetterlingsblüte ist eine zygomorphe Blüte, bei der die seitlichen Kronblätter (Flügel) seitlich von den beiden unteren (Schiffchen) und dem oberen (Fahne) abstehen (z. B. bei *Cytisus scoparius* – Besenginster und anderen *Fabaceae* – Schmetterlingsblütlern).
Schötchen: Ein Schötchen ist eine Schote i. w. S. (Frucht der *Brassicaceae* – Kreuzblütler), die weniger als 3-mal so lang wie breit ist (z. B. bei *Draba* – Hungerblümchen oder *Biscutella* – Brillenschötchen).
Schote: Als Schote wird die Öffnungsfrucht bei den *Brassicaceae* – Kreuzblütlern bezeichnet. Diese besteht aus vier (nach älteren Deutungen aus zwei) Fruchtblättern: zwei schmale Fruchtblätter sind fertil und bilden den Rahmen (Rapellum), an dem die Plazenta mit den Samenanlagen sitzt. Die zwei breiten Fruchtblätter sind steril und lösen sich meist zur Fruchtreife als Klappen von der Frucht. Die meist ausgebildete Scheidewand wird *nicht* aus einem Fruchtblatt gebildet und wird deshalb als falsche Scheidewand bezeichnet. Oft wird auch zwischen Schote i. e. S. (Frucht mindestens 3-mal so lang wie breit, z. B. bei *Erysimum* – Schöterich) und Schötchen (Frucht höchstens 3-mal so lang wie breit, z. B. bei *Thlaspi* – Hellerkraut) unterschieden.
Schraubel: Ein Schraubel ist ein zymöser Blütenstand, dessen Hauptachse mit einer Endblüte abschließt und dessen Wachstum von einem Seitenspross fortgeführt wird (Monochasium). Dabei stehen die Blüten immer auf einer Seite, sodass oft ein einseitig überhängender Blütenstand entsteht (z. B. bei *Myosotis* – Vergissmeinnicht) (siehe auch Wickel).
Schuppenblatt: Bei einem Schuppenblatt ist die Blattspreite reduziert, oft handelt es sich um trockene Spelzen (z. B. im Blütenstand der *Poaceae* – Süßgräser) oder um stark redu-

zierte Blätter im Bereich der Sprossachse (z. B. am Blütenstandsschaft von *Tussilago farfara* – Huflattich).
Schwellkörper: siehe Lodiculae
Schwiele: Als Schwielen werden knorpelartige Verdickungen an den inneren Perigonblättern (Valven) bei einigen Arten der Gattung *Rumex* – Ampfer bezeichnet (z. B. bei *Rumex conglomeratus* – Knäuelblütiger Ampfer).
sect.: sect. ist die Abkürzung für ›Sektion‹
Seitenblatt: Seitenblätter sind die an der Seite der Sprossachse stehenden Blätter. Der Begriff wird angewendet, wenn die Blätter in deutlichen Zeilen angeordnet sind (z. B. bei *Selaginella* – Moosfarn) (siehe auch Flächenblatt).
Seitenknospe: Aus Seitenknospen, die in den Achseln von Tragblättern stehen, entwickeln sich Seitensprosse (siehe auch Endknospe).
Seitenspross: Als Seitensprosse bezeichnet man die Sprosse, die sich aus Seitenknospen, also aus den Achseln von Tragblättern entwickeln und *nicht* aus der Endknospe.
Sektion: Sektion (Abkürzung: ›sect.‹) ist die Bezeichnung für eine eng miteinander verwandte Pflanzengruppe. Der Sektion übergeordnet ist die (Unter-)Gattung, ihr untergeordnet die Art. Die hierarchische Rangstufe der Sektion wird vor allem bei artenreichen und taxonomisch schwierigen Sippen wie *Taraxacum* – Löwenzahn oder *Rubus* – Brombeere verwendet.
Sepale: siehe Kelchblatt
seriale Beiknospen: Wenn in den Achseln eines Tragblattes mehrere Knospen zu finden sind, nennt man diese zusätzlichen Knospen Beiknospen. Stehen diese vertikal über der Hauptknospe, handelt es sich um serial angeordnete Beiknospen (z. B. bei *Lonicera* – Heckenkirsche) (siehe auch laterale Beiknospen).
Sippe: siehe Taxon
Sklerenchym: Sklerenchym ist Festigungsgewebe, das verholzt ist. Es ist beispielsweise in den Sprossachsen der meisten Pflanzen zu finden. In Blättern ist es fast immer in den Blattnerven zu finden. Das Festigungsgewebe kann als Sklerenchymstrang oder Sklerenchymscheide ausgebildet sein.
Sklerenchymscheide: Als Sklerenchymscheide wird Festigungsgewebe bezeichnet, das ein anderes Gewebe als ± geschlossene Scheide umgibt (z. B. in den Blättern von *Festuca ovina* s. str. – Schafschwingel) (siehe auch Sklerenchymstrang).
Sklerenchymstrang: Sklerenchymstränge sind Festigungsgewebe, die in länglichen, meist voneinander isolierten Strängen vorliegen (z. B. in den Blättern von *Deschampsia caespitosa* – Rasenschmiele) (siehe auch Sklerenchymscheide).
Sklerotesta: Als Sklerotesta bezeichnet man eine verholzte Schicht der Samenschale (Testa) (z. B. die innere Schicht der Samen von *Ginkgo*) (siehe auch Sarcotesta).
sommergrünes Blatt: Sommergrüne Blätter treiben im Frühjahr (oder Sommer) aus und sterben im Herbst (oder Winter) desselben Jahres wieder ab (z. B. bei *Fagus* – Buche).
Sommersaat: Sommersaat bezieht sich auf die Aussaat der Sommerfrüchte, welche im Frühjahr ausgesät werden.
Sorus: Als Sori bezeichnet man Gruppen von Sporangien, die bei den meisten Farnen i. e. S. auf der Unterseite der Wedel zu finden sind (z. B. bei *Dryopteris* – Wurmfarn).
Spaltfrucht: Bei einer Spaltfrucht (Zerfallsfrucht) zerfällt die zunächst zusammenhängende Frucht bei der Fruchtreife in mehrere Teilfrüchte, die i. d. R. unabhängig voneinander ausgebreitet werden (z. B. bei *Ammi* – Sichelmöhre und anderen *Apiaceae* – Doldengewächsen, *Acer* – Ahorn oder *Malva* – Malve).
Spaltkapsel: Spaltkapseln sind Öffnungsfrüchte, bei denen während der Fruchtreife (meist) an den Seiten Spalte bzw. Risse entstehen, aus denen die Samen herausfallen (z. B. bei *Epilobium* – Weidenröschen) (siehe auch Deckelkapsel, Porenkapsel).
spatelförmige Spreite: Eine spatelförmige Spreite ist am distalen Ende verbreitert (z. B. bei *Bellis* – Gänseblümchen).
Speicherwurzel: Speicherwurzeln dienen der Speicherung von Nährstoffen und sind meist verdickt (z. B. bei *Daucus* – Möhre).
Spelze: Eine Spelze ist ein trockenes, pergamentartiges Hochblatt im Bereich des Blütenstandes (z. B. die Hüllspelzen an der Basis der Ährchen der *Poaceae* – Süßgräser).
Spezies: siehe Art
spießförmige Spreite: Bei einer spießförmigen Spreite ist die Spreite länglich und meist spitz, der Blattgrund tief ausgerandet und die basalen Blattzipfel nach außen gerichtet (z. B. bei *Rumex acetosella* – Kleiner Sauerampfer) (siehe auch pfeilförmige Spreite).
Spindel: siehe Rhachis
spiralige Blattstellung: Bei der spiraligen Blattstellung steht an jedem Knoten nur ein Blatt (wechselständige Blattstellung) und die Blätter sind in Spiralen an der Sprossachse angeordnet (z. B. bei *Salix alba* – Silber-Weide).
spiralige Blüte: In spiraligen Blüten sind Blütenhüllblätter, Staub- bzw. Fruchtblätter *nicht* wirtelig, sondern spiralig angeordnet. Blüten, bei denen alle Blütenorgane spiralig angeordnet sind, sind v. a. bei ursprünglichen Pflanzengruppen wie *Magnolia* – Magnolie anzutreffen. Spiralig angeordnete Fruchtblätter finden sich z. B. bei *Myosurus minimus* – Kleines Mäuseschwänzchen und anderen *Ranunculaceae* – Hahnenfußgewächsen.
Spirre: Eine Spirre (Trichterrispe) ist ein rispig verzweigter Blütenstand, bei dem die basalen Äste des Blütenstandes verlängert sind und die distalen deutlich überragen, sodass ein Trichter entsteht (z. B. bei *Filipendula* – Mädesüß oder vielen *Juncaceae* – Binsengewächsen).
Sporangium: In Sporangien werden Sporen gebildet. Wenn unterschiedliche Sporentypen ausgebildet werden, unterscheidet man Mikrosporangien und Megasporangien. Bei den Farnen i. e. S. sind die Sporangien meist auf der Blattunterseite von Sporophyllen angeordnet. Bei den Schachtelhalmen finden sich Sporangien an den Enden der Sprossachsen auf der Unterseite von tischförmigen Sporophyllen. Bei den Bärlappgewächsen finden sich die Sporangien auf der Oberseite von blättchenartigen Sporophyllen, die meist in endständigen Sporophyllständen (die einer Blüte entsprechen) angeordnet sind. Bei den Samenpflanzen entspricht ein Pollensack des Staubbeutels einem Mikrosporangium und der Nucellus im Inneren des Fruchtblatts einem Megasporangium.
Spore: Sporen sind Zellen, aus denen sich ohne Befruchtung ein Nachkomme entwickeln kann. Bei einigen Farnen, z. B. bei *Lycopodium* – Bärlapp (im Prinzip aber auch bei den Samenpflanzen) gibt es zwei Typen von Sporen, die großen Sporen nennt man Makro- oder Megasporen, die kleinen Mikrosporen.
Sporn: Als Sporn bezeichnet man eine sackartige Ausstülpung an der Basis von Blüten mit verwachsenen Kronblättern, an deren Grund meist Nektardrüsen sitzen (z. B. bei *Consolida* – Rittersporn).
Sporokarp: Als Sporokarp bezeichnet man einen kugeligen bis eiförmigen Sporangienbehälter (z. B. bei Schwimmfarnen wie *Salvinia* oder *Azolla*).
Sporophyll: Ein Sporophyll ist ein Blatt, an dem in Sporangien Sporen ausgebildet werden. Wenn unterschiedliche Sporentypen ausgebildet werden, unterscheidet man Mikrosporophylle und Megasporophylle. Bei den Farnen i. e. S. ähneln die Sporophylle meist den normalen Wedeln, nur dass auf der Blattunterseite Sporangien zu finden sind. Man spricht deshalb auch von Sporo-Trophophyllen. Bei den Schachtelhalmen sind tischförmige Sporophylle am Ende der Sprossachsen zu finden, die sich deutlich von den Trophophyllen unterscheiden. Bei den Bärlappgewächsen finden sich meist endständige Sporophyllstände (die einer Blüte entsprechen). Bei den Samenpflanzen entspricht das Staubblatt einem Mikrosporophyll und das Fruchtblatt einem Megasporophyll (siehe auch Trophophyll, Sporo-Trophophyll).

Sporophyllstand: Wenn die Sporophylle an einem speziellen Abschnitt der Sprossachse angeordnet sind, der deutlich von den Sprossabschnitten abgesetzt ist, an denen die Trophophylle sitzen, spricht man von einem Sporophyllstand. Wenn Sporophyllstände ein begrenztes Wachstum haben, d. h. mit einem Sporophyll enden, können sie auch als Blüten bezeichnet werden.
Sporophyt: Sporophyten sind Organismen, welche sich durch Sporen fortpflanzen. Im Gegensatz dazu pflanzen sich Gametophyten durch Gameten fort.
Sporo-Trophophyll: Ein Sporo-Trophophyll ist ein Blatt, an welchem Sporen gebildet werden, das aber auch in nennenswertem Umfang Fotosynthese betreibt (z. B. bei *Osmunda regalis* – Königsfarn). Der Begriff wird vor allem verwendet, um unterschiedliche Blatttypen bei Farnen zu charakterisieren (siehe auch Sporophyll, Trophophyll).
Spreite: Als Spreite bezeichnet man den flächig ausgebildeten Abschnitt von Blättern, welcher bei Laubblättern vor allem der Fotosynthese dient.
Spreitengrund: Als Spreitengrund (Spreitenbasis) wird der basale Abschnitt der Blattspreite bezeichnet.
Spreizklimmer: Spreizklimmer sind Kletterpflanzen, die sich mithilfe von nach unten gerichteten oder hakenförmigen Haaren (Kletterhaaren) bzw. spreizenden Seitenästen an anderen Pflanzen oder Substrat wie Felsen oder Mauern abstützen können (z. B. *Galium aparine* – Kletten-Labkraut).
Spreublatt: Als Spreublätter werden schuppenförmige Tragblätter der Blüten bezeichnet, die auf dem Boden der Köpfchen bei einigen *Asteraceae* – Korbblütengewächsen zu finden sind (z. B. bei *Helianthus* – Sonnenblume).
Spreuschuppen: Bei Farnen werden flächenhaft ausgebildete Haare als Spreuschuppen bezeichnet, die vor allem im Bereich des Blattstiels, der Spindel, aber auch an der Spreite vorkommen können.
Sprossachse: Die Sprossachse (Stängel, bei Bäumen Stamm) ist eines der drei Grundorgane von Kormophyten und dient vor allem dazu, Blätter (und Blüten) in eine günstige Position zu bringen.
Stachel: Ein Stachel ist ein spitzer Auswuchs, meist an Blättern oder Sprossachsen. Stacheln sind (im Gegensatz zu Dornen) nicht komplett verholzt und können meist relativ leicht abgebrochen werden (z. B. bei *Rosa* – Rose).
Stamen: siehe Staubblatt
Staminodium: Staminodien sind sterile Staubblätter, in denen sich kein Pollen entwickelt. Die Staubbeutel können dabei verkümmert sein oder komplett fehlen (z. B. bei *Parnassia palustris* – Sumpf-Herzblatt).
Stammsukkulente: Pflanzen mit verdickten Sprossachsen, in denen Wasser gespeichert wird, werden als Stammsukkulente bezeichnet. Stammsukkulenz ist in Mitteleuropa bei nur wenigen Arten anzutreffen, z. B. (scheinbar) bei *Salicornia* – Queller. Sie kommt außerdem, zusätzlich zur häufiger vorkommenden Blattsukkulenz, auch bei einigen *Crassulaceae* – Dickblattgewächsen vor.
Stängel: siehe Sprossachse
Stängelglied: siehe Internodium
Staubbeutel: Als Staubbeutel (Anthere) bezeichnet man den distalen, fertilen Abschnitt der Staubblätter, in dem die Pollen gebildet werden. Staubbeutel bestehen meist aus zwei Theken mit je zwei Pollensäcken.
Staubblatt: Das Staubblatt (Stamen) ist ein von einem Blatt abzuleitendes Organ innerhalb der Blüte, in welchem sich die Pollen entwickeln. Ein Staubblatt entspricht einem Mikrosporophyll und ist typischerweise in Staubfäden (Filament) und zwei Staubbeutel (Antheren) gegliedert. Jeder Staubbeutel besteht aus zwei Theken, die durch ein steriles Mittelstück (Konnektiv) miteinander verbunden sind. Jede Theka besteht wiederum aus 2 Pollensäcken.
Staubfaden: Als Staubfaden (Filament) bezeichnet man den basalen, sterilen Stiel der Staubblätter.
Steinfrucht: Eine Steinfrucht hat ein häutchenartiges Exokarp, ein fleischiges Mesokarp und ein hartes Endokarp. Der zentrale Kern, der aus Endokarp und dem Samen besteht, wird als Steinkern bezeichnet (z. B. bei *Prunus* – Kirsche und anderem Steinobst).
Steinfrüchtchen: Als Steinfrüchtchen werden die Früchtchen einer Sammelfrucht bezeichnet, wenn sie ein häutchenartiges Exokarp, ein fleischiges Mesokarp und ein hartes Endokarp aufweisen (z. B. bei *Rubus* – Brombeere).
Steinkern: Als Steinkern bezeichnet man den inneren, harten Kern von Steinfrüchten, der vom holzigen Endokarp gebildet wird und den Samen enthält (z. B. bei *Prunus* – Kirsche und anderem Steinobst).
Steinzelle: Als Steinzellen werden verholzte Zellen bezeichnet, die eine ± kugelige Form haben, also nicht länglich-faserartig ausgebildet sind (z. B. in den Früchten von *Pyrus* – Birne).
Stempel: Als Stempel bezeichnet man das von den verwachsenen Fruchtblättern gebildete Gynoeceum, wenn es in Fruchtknoten, Griffel und Narbe differenziert ist.
Steppenroller: Steppenroller sind Pflanzen, bei denen oberirdische Pflanzenteile abbrechen und durch den Wind verweht werden können (z. B. *Eryngium campestre* – Feld-Mannstreu).
Sternhaar: Sternhaare sind an ihrem Ende in mehrere Abschnitte aufgespalten (z. B. am Blatt von *Quercus* – Eiche oder bei *Hippophaë* – Sanddorn).
stieltellerförmige Blüte: Bei den Kronblättern der stieltellerförmigen Blüten sind die Spitzen der Kronblätter ± waagerecht (tellerförmig) ausgebreitet und deutlich vom unteren Abschnitt abgesetzt. Die Krone kann dabei verwachsen (z. B. bei *Gentiana verna* – Frühlingsenzian) oder frei (z. B. bei *Geranium* – Storchschnabel) sein.
Stipel: siehe Nebenblatt
Stockausschlag: Stockausschlag bezeichnet die Fähigkeit mancher Gehölze, nach dem Verlust der Sprossachse aus dem Stumpf neu auszutreiben (z. B. bei *Corylus* – Gewöhnliche Hasel).
Stolon: Als Stolone bezeichnet man auf der Erdoberfläche, also oberirdisch, kriechende Ausläufer (z. B. bei *Fragaria* – Erdbeere).
Stomium: Die mundförmige Öffnung der Sporangien der *Ophioglossaceae* – Natternzungengewächse wird als Stomium bezeichnet.
Strauch: Als Strauch werden verholzte Pflanzen bezeichnet, die mit mehreren Stämmen wachsen bzw. bei denen sich die verholzte Sprossachse bereits vom Boden an verzweigt *und* die demzufolge *nicht* in Stamm und Krone gegliedert sind.
Streufrucht: siehe Öffnungsfrucht
subalpin: Als subalpin wird die Höhenstufe im Bereich der Waldgrenze bezeichnet. Sie ist in den (deutschen) Alpen – je nach Standort – zwischen 1 500 bis 2 500 m zu finden.
subg.: subg. ist die Abkürzung für ›Subgenus‹ (Untergattung)
subsp.: subsp. ist die Abkürzung für ›Subspecies‹ (Unterart)
sukkulent: Als sukkulent werden Pflanzen bezeichnet, die in ihren Organen (in Mitteleuropa meist in den Blättern) größere Mengen Wasser speichern können (z. B. bei *Sedum* – Fetthenne).
sympodiale Verzweigung: Bei der sympodialen Verzweigung wird das Wachstum der Sprossachse nach dem Winter von Seitenknospen bzw. -zweigen fortgesetzt (z. B. bei *Tilia* – Linde). Der Begriff wird hauptsächlich dazu verwendet, das Wachstum von Gehölzen zu beschreiben.
synkarper Fruchtknoten: In einem synkarpen Fruchtknoten sind mehrere Fruchtblätter so miteinander verwachsen, dass der Fruchtknoten in mehrere separate Fächer aufgeteilt ist, in denen sich die Samen befinden (z. B. bei *Lilium* – Lilie).
Systematik: Die biologische Systematik beschäftigt sich vor allem mit der Klassifikation, Benennung und Bestimmung von Organismen. Zur Klassifikation wird in der Regel ein

hierarchisches System verwendet, dessen wichtigste Rangstufen Art, Gattung, Familie, Ordnung, Klasse, Abteilung und Reich sind. Die Benennung der Taxa folgt der binären Nomenklatur.
Tauchblatt: Als Tauchblatt werden die sich ± komplett unter Wasser befindlichen Blätter von Wasserpflanzen bezeichnet (z. B. bei *Ranunculus trichophyllus* – Haarblättriger Wasserhahnenfuß).
Taxon: Taxon (Sippe) bezeichnet eine als systematische Einheit anerkannte Gruppe unabhängig von der Rangstufe.
Taxonomie: Die Taxonomie ist eine Disziplin der biologischen Systematik, die sich mit der Klassifikation, Benennung und Einteilung der Organismen beschäftigt.
Teilfrucht: Als Teilfrüchte werden die bei Zerfall einer Spaltfrucht entstehenden Teile bezeichnet (z. B. bei *Ammi* – Sichelmöhre und anderen *Apiaceae* – Doldengewächsen, *Acer* – Ahorn oder *Malva* – Malve).
Tepale: siehe Perigonblatt
Terminalknospe: siehe Endknospe
Testa: Als Testa wird die Schale von Samen bezeichnet. Sie entwickelt sich aus den äußeren Schichten (Integumenten) des Nucellus.
Theka: siehe Pollensack
Therophyt: Therophyt bezeichnet eine der Lebensformen nach Raunkiaer: der Lebenszyklus ist auf eine Vegetationsperiode beschränkt, die ungünstige Jahreszeit wird als Same (z. B. *Papaver* – Mohn), oder mithilfe von sich von der Mutterpflanze lösenden Überdauerungsknospen (z. B. Turionen bei *Trapa* – Wassernuss) überdauert (siehe auch einjährige Pflanze).
Thyrsus: Ein Thyrsus ist ein zusammengesetzter Blütenstand, bei dem mehrere Zymen an einer monopodial wachsenden Hauptachse stehen.
tief gelappte Spreite: Eine tief gelappte Spreite ist durch Buchten oder Einschnitte gegliedert, die tiefer als ca. 50 % der Breite der Spreite reichen. Die Spreite bildet dabei eine zusammenhängende Einheit und ist nicht in separate Fiederblättchen aufgeteilt (z. B. bei *Quercus rubra* – Roteiche).
Tochterzwiebel: Als Tochterzwiebel (Nebenzwiebel) werden seitlich von der Hauptachse gebildete Zwiebeln bezeichnet (z. B. bei *Allium sativum* – Knoblauch).
Tragblatt: Als Tragblätter werden die Blätter bezeichnet, in deren Achsel ein Seitenspross bzw. eine Blüte steht. Das Tragblatt einer Blüte wird auch als Deckblatt bezeichnet.
transversale Blattstellung: Bei der transversalen Blattstellung stehen zwei gegenständig angeordnete Vorblätter seitlich zur Hauptachse. Transversal angeordnete Vorblätter sind für Zweikeimblättrige typisch und sind z. B. bei *Nerium* – Oleander gut erkennbar (siehe auch adossierte Blattstellung).
Traube: Eine Traube ist ein endständiger, einfacher, racemöser Blütenstand, bei dem die Blüten gestielt und einzeln an der unverzweigten Hauptachse des Blütenstandes stehen (z. B. bei *Sinapis* – Senf und anderen *Brassicaceae* – Kreuzblütlern).
Tribus: Der Begriff Tribus wird in der Pflanzensystematik verwendet, um eine monophyletische Gruppe von verwandten Sippen innerhalb von großen Familien zu kennzeichnen. Dem Tribus übergeordnet ist die (Unter-)Familie, ihr untergeordnet die Gattung. Die wissenschaftlichen Namen von Pflanzentriben endet auf ›-eae‹, z. B. gehören die Gattung *Prunus* – Kirsche zum Tribus *Amygdaleae* innerhalb der Unterfamilie *Spiraeoideae* der Familie der *Rosaceae* – Rosengewächse.
trichterförmige Blüte: siehe glockenförmige Blüte
Trichterrispe: siehe Spirre
Trockenrasen: Trockenrasen sind natürlicherweise waldfreie und meist artenreiche Grünlandökosysteme auf extrem trockenen Böden.
Trophophyll: Ein Trophophyll ist ein Blatt, welches hauptsächlich im Dienste der Fotosynthese steht und *nicht* der generativen Vermehrung dient. Der Begriff wird vor allem verwendet, um unterschiedliche Blatttypen bei Farnen zu charakterisieren (z. B. bei *Blechnum* – Rippenfarn) (siehe auch Sporophyll, Sporo-Trophophyll).
Turion: Als Turionen werden die sich von der Mutterpflanze ablösenden und auf den Gewässergrund absinkenden Überdauerungsknospen von Wasserpflanzen bezeichnet (z. B. bei *Trapa* – Wassernuss).
Überhälter: Als Überhälter bezeichnet man einzeln stehende Bäume, die auf Verjüngungsflächen im Wald, oder in Hecken, stehen gelassen werden und die aufkommende Nachbarbäume überragen.
überwinternd grünes Blatt: Überwinternd grüne Blätter sind auch im Winter grün, sterben aber im Laufe der folgenden Vegetationsperiode ab (z. B. bei *Stellaria media* – Vogelmiere). Sie sind meist deutlich weniger derb als immergrüne Blätter. Bei vielen Arten ist nur ein Teil der Blätter wintergrün (meist die Grundblätter), während die Stängelblätter sommergrün sind.
unpaarig gefiederte Spreite: Eine unpaarig gefiederte Spreite hat eine ungerade Anzahl von Fiederblättchen, eine Endfieder ist also vorhanden (z. B. bei *Fraxinus* – Esche).
Unterart: Der Begriff Unterart (Abkürzung: ›subsp.‹) wird in der Pflanzensystematik verwendet, um nahe verwandte Sippen zu unterscheiden, die zu einer Art gehören. Z. B. können bei *Juniperus communis* die Unterarten *Juniperus communis* subsp. *communis* L. – Gewöhnlicher Wacholder und *Juniperus communis* subsp. *nana* (Willd.) Syme – Zwerg-Wacholder unterschieden werden.
unterbrochen gefiederte Spreite: Eine unterbrochen gefiederte Spreite ist eine spezielle Form eines gefiederten Blattes, bei dem größere und kleinere Fiederblätter abwechselnd an der Rhachis stehen (z. B. bei *Filipendula* – Mädesüß und einigen anderen *Rosaceae* – Rosengewächsen).
Untergranne: Als Untergranne bezeichnet man den unteren, basalen Teil einer Granne, wenn sich dieser deutlich vom oberen, distalen Teil abgrenzen lässt. Bei vielen *Poaceae* – Süßgräsern mit geknieten Grannen ist die Untergranne gedreht (z. B. bei *Arrhenatherum* – Glatthafer).
unterständiger Fruchtknoten: Bei einem unterständigen Fruchtknoten liegt die Ansatzstelle der Blütenhüllblätter oberhalb des Fruchtknotens (z. B. bei *Galanthus* – Schneeglöckchen) (siehe auch oberständiger Fruchtknoten, mittelständiger Fruchtknoten).
Utriculus: Als Utriculus wird ein schlauch- bis krugförmiges Hochblatt bei *Carex* – Seggen bezeichnet, welches die Frucht umschließt, sodass ein luftgefüllter Hohlraum entsteht und die Diasporen schwimmfähig sind und durch Wasser ausgebreitet werden können.
Valve: Als Valven werden die inneren Perigonblätter bei *Rumex* – Ampfer bezeichnet.
vegetative Diasporen: Unter vegetativen Diasporen versteht man Ausbreitungseinheiten, die nicht durch sexuelle Rekombination und meist außerhalb von Blüten gebildet werden (z. B. die blattachselständigen Bulbillen bei *Cardamine bulbifera* – Zwiebelzahnwurz).
verwachsenes Blatt: Verwachsene Laubblätter sind mit der Sprossachse verwachsen (z. B. bei *Lonicera* – Geißblatt). Sie laufen an der Sprossachse herab (z. B. bei *Echium* – Natternkopf und anderen *Boraginaceae* – Raublattgewächsen oder umfassen sie (z. B. bei *Bupleurum rotundifolium* – Rundblättriges Hasenohr). Blütenblätter werden als verwachsen bezeichnet, wenn sie miteinander verwachsen sind. Verwachsene Kronblätter sind z. B. typisch für *Gentiana* – Enzian, verwachsene Kelchblätter für *Dianthus* – Nelke, verwachsene Fruchtblätter für *Papaver* – Mohn und verwachsene Staubblätter für *Malva* – Malve. Bei manchen Arten sind außerdem die Staubfäden mit den Kronblättern verwachsen (z. B. bei *Gentiana verna* – Frühlings-Enzian).
Viviparie: Von (echter) Viviparie spricht man in der Botanik, wenn die Samen bereits zu keimen beginnen, wenn sie noch

mit der Mutterpflanze verbunden sind (z. B. bei *Rhizophora mangle* – Rote Mangrove) (siehe auch Pseudoviviparie).
Vollparasit: Vollparasiten (Holoparasiten) sind chlorophylllos und entziehen ihren Wirtspflanzen mithilfe spezieller Saugorgane (Haustorien) Wasser, Nährsalze *und* Assimilate (z. B. *Orobanche* – Sommerwurz).
Vorblatt: Als Vorblatt werden die ersten 1–2 Blätter an einem Seitenspross bezeichnet. Sie zeichnen sich durch eine besondere Blattstellung und oft durch eine besondere Morphologie (sie sind oft schuppenartig) aus. Bei den meisten Einkeimblättrigen findet sich nur ein Vorblatt, das zwischen Hauptachse und Seitenspross steht (adossiertes Vorblatt), bei den meisten Zweikeimblättrigen finden sich zwei Vorblätter, die gegenständig angeordnet sind und dabei seitlich zur Hauptachse stehen (transversale Vorblätter).
vormännliche Blüte: In einer vormännlichen (proterandischen) Blüte reifen zuerst die Staubblätter und erst danach die Fruchtblätter (typisch für die meisten Samenpflanzen).
vorsommergrünes Blatt: Bei vorsommergrünen Blättern vergilben die Laubblätter während des Frühjahrs (oder Frühsommers), werden rückgebildet und sind im Sommer nicht mehr sichtbar (z. B. bei *Anemone nemorosa* – Busch-Windröschen und andere Frühjahrsgeophyten).
Vorspelze: Als Vorspelze wird das obere und typischerweise kleinere Hochblatt an der Basis der Blütchen der *Poaceae* – Süßgräser bezeichnet. Die Vorspelze wird meist als adossiertes Vorblatt der Ährchenachse gedeutet.
vorweibliche Blüte: In einer vorweiblichen (proterogynen) Blüte reifen zuerst die Fruchtblätter und erst danach die Staubblätter (z. B. bei *Atropa* – Tollkirsche).
Wasserpflanze: siehe Hydrophyt
wechselständige Blattstellung: Bei der wechselständigen Blattstellung steht an jedem Knoten nur ein Blatt. Je nach Ausrichtung der Blätter wird unterschieden zwischen der spiraligen Blattstellung und der zweizeiligen Blattstellung (siehe auch gegenständige Blattstellung, wirtelige Blattstellung).
Wedel: Als Wedel werden die Blätter der Farne i. e. S. bezeichnet.
Weideunkraut: Als Weideunkräuter werden Pflanzenarten bezeichnet, die sich auf beweidetem, aber schlecht gemanagtem Grünland ausbreiten können, weil sie vom Vieh gemieden werden und deshalb gegenüber regelmäßig gefressenen Pflanzen Konkurrenzvorteile erlangen. Oft sind die Weideunkräuter bewehrt (z. B. *Prunus spinosa* – Schlehe), habe derbe und wenig nahrhafte Blätter (z. B. *Nardus stricta* – Borstgras) oder schmecken schlecht bzw. sind giftig (z. B. *Gentiana lutea* – Gelber Enzian).
Wickel: Ein Wickel ist ein zymöser Blütenstand, dessen Hauptachse mit einer Endblüte abschließt und dessen Wachstum von einem Seitenspross fortgeführt wird (Monochasium). Dabei stehen die Blüten abwechselnd links und rechts der Hauptachse (z. B. bei *Echium* – Natternkopf und anderen Raublattgewächsen) (siehe auch Schraubel).
Wimper: Als Wimpern bezeichnet man ± elastische Haare, die ± regelmäßig und gerade vom Blattrand abstehen (z. B. bei *Bromus erectus* – Aufrechte Trespe) (vgl. auch Borste).
Windbestäubung: Von Windbestäubung spricht man, wenn die Pollen durch Wind von einer Blüte zur anderen transportiert werden. Viele windbestäubte Blüten zeichnen sich durch eine fehlende oder reduzierte Blütenhülle, lang gestielte Staubblätter und eine fedrige Narbe aus (z. B. bei *Poaceae* – Süßgräsern, *Fagus* – Buche).
wintergrünes Blatt: siehe überwinternd grünes Blatt
Winterknospe: siehe Innovationsknospe
Wintersaat: Wintersaat bezieht sich auf die Aussaat der Winterfrüchte, welche im Herbst ausgesät werden.
Wintersteher: Als Wintersteher bezeichnet man Pflanzen, deren Früchte den Winter über an der Pflanze verbleiben und die über einen langen Zeitraum ausgestreut werden (z. B. *Fraxinus excelsior* – Gewöhnliche Esche).
wirtelige Blattstellung: Bei der wirteligen (quirligen) Blattstellung stehen an jedem Knoten mehr als zwei Blätter (z. B. bei *Galium odoratum* – Waldmeister) (siehe auch gegenständige Blattstellung, wechselständige Blattstellung).
Wurzel: Die Wurzel ist eines der drei Grundorgane von Kormophyten, das vor allem der Nährstoffaufnahme und Verankerung im Boden dient.
Wurzelstock: Als Wurzelstock wird hier der Übergangsbereich zwischen Wurzel und Sprossachse bezeichnet.
Zapfen: Als Zapfen bezeichnet im Allgemeinen einen Fruchtstand, bei dem die Früchte ungestielt an einer verdickten, holzigen Hauptachse sitzen (z. B. bei *Alnus* – Erle). Meist bezieht sich der Begriff auf den weiblichen Blüten- und Samenstand der Nacktsamer: Hier steht in der Achsel der Deckschuppe (die einem Tragblatt entspricht) eine stark reduzierte Blüte, die nur aus einer Samenschuppe (die einem Megasporophyll entspricht) mit meist zwei Samenanlagen besteht. Zuweilen wird der Begriff Zapfen auch fälschlicherweise für die männlichen Blüten der Nacktsamer verwendet.
Zapfenspindel: Als Zapfenspindel wird die verholzte Hauptachse der Zapfen von Nadelbäumen bezeichnet. Bei *Abies* – Tanne bleibt die Zapfenspindel aufrecht am Baum stehen, weil sich die Samenschuppen zur Fruchtreife von ihr lösen. Bei den meisten anderen Nadelbäumen (z. B. bei *Picea* – Fichte) lösen sich die Samenschuppen *nicht* von der Zapfenspindel und die Zapfen fallen als Ganzes ab.
zentrale Plazentation: Bei der zentralen Plazentation ragen die Samenanlagen in mehreren Reihen vom Zentrum in den Fruchtknoten hinein (z. B. bei *Primula* – Primel und anderen *Primulaceae* – Primelgewächsen).
Zerfallsfrucht: siehe Spaltfrucht
Zoochorie: Als Zoochorie bezeichnet man die Ausbreitung durch Tiere. Man unterscheidet unter anderem Epizoochorie, Endozoochorie und Dysochorie.
Zungenblüte: Eine Zungenblüte ist eine zygomorphe Blüte, bei der ein oder mehrere Blütenhüllblätter eine längliche, zungen- bzw. fahnenartige Form haben. Zungenblüten sind vor allem bei den *Asteraceae* – Korbblütengewächsen zu finden (siehe auch Röhrenblüten) und steht dann in dichten Köpfchen bzw. Körbchen, die oft wie eine einzelne Blüte wirken (z. B. bei *Taraxacum* – Löwenzahn oder *Bellis* – Gänseblümchen).
zusammengesetztes Blatt: Bei zusammengesetzten Blättern ist die Spreite in separate, nur über die Rhachis miteinander verbundene Fiederblättchen aufgeteilt (z. B. bei *Fraxinus* – Esche).
zweihäusig: Bei zweihäusigen Pflanzen gibt es sowohl rein weibliche Pflanzen (alle Blüten nur mit Fruchtblättern) als auch rein männliche Pflanzen (alle Blüten nur mit Staubblättern) (z. B. bei *Salix* – Weide). Zuweilen ist das jeweils andere Geschlecht angelegt, aber nicht fertil.
Zweikeimblättrige: siehe Dikotyle
zweizeilige Blattstellung: Bei der zweizeiligen Blattstellung steht an jedem Knoten nur ein Blatt (wechselständige Blattstellung) und die Blätter sind in zwei Zeilen ausgerichtet und stehen oft ± waagerecht von der Sprossachse ab (z. B. bei *Taxus* – Eibe). Bei vielen Gehölzen ist an Schattenzweigen eine ± zweizeilige Blattstellung ausgebildet, während an Sonnenzweigen eine ± spiralige Blattstellung ausgebildet ist.
Zwergstrauch: Als Zwergsträucher werden niedrige, bis ca. 100 cm hoch werdende Sträucher und Halbsträucher bezeichnet (z. B. *Calluna* – Besenheide).
Zwiebel: Als Zwiebeln werden Speicherorgane bezeichnet, welche die Nährstoffe in meist fleischigen Niederblättern und/oder Blattbasen speichern, die an einer verkürzten Sprossachse stehen. Meist werden Zwiebeln unterirdisch gebildet (z. B. bei *Allium* – Zwiebel). Brutzwiebeln können aber auch oberirdisch angelegt werden (z. B. bei *Allium oleraceum* – Gemüse-Lauch).
zwittrige Blüte: In einer zwittrigen-Blüte sind sowohl Fruchtblätter (weiblich) als auch Staubblätter (männlich)

zu finden. Oft sind die beiden Geschlechter aber nicht gleichzeitig reif (z. B. bei *Lilium* – Lilie).

zygomorphe Blüte: Durch zygomorphe Blüten lässt sich genau eine Symmetrie-Ebene legen (z. B. bei *Lamium* – Taubnessel).

Zyme: Als Zymen bezeichnet man Blütenstände, deren Hauptachse mit einer Blüte abschließen, während das Wachstum des Blütenstandes von einem (Monochasium), zwei (Dichasium) oder mehreren (Pleiochasium) Seitenzweigen fortgesetzt wird (siehe auch racemöser Blütenstand). Dieser Verzweigungstyp entspricht der sympodialen Verzweigung von Gehölzen.

Register der Pflanzennamen

Im Register sind die gültigen wissenschaftlichen Namen, die gebräuchlichen Synonyme und die deutschen Namen der in dieser Flora berücksichtigten Familien, Gattungen und Arten enthalten. Wissenschaftliche Namen sind kursiv und Familiennamen fett gedruckt. Die Seitenzahlen verweisen auf die Artbeschreibungen, bei Familien wird zusätzlich auf die entsprechende Seite der Bestimmungstabellen verwiesen.

Editorische Notiz

Die Inhalte dieses Buches wurden mit größtmöglicher Sorgfalt erstellt und auf ihre Richtigkeit und korrekte Darstellung überprüft. Es wird aber keine Garantie, Gewähr oder Haftung für die Richtigkeit, Vollständigkeit und Aktualität dieser Informationen übernommen.

Der Autor

Dr. Oliver Tackenberg ist freiberuflich arbeitender Biologe. Zuvor war er an der Goethe-Universität Frankfurt tätig und leitete dort unter anderem Bestimmungsübungen für Pflanzen.

Impressum

Bibliografische Information der Deutschen Nationalbibliothek
Die Deutsche Nationalbibliothek verzeichnet diese Publikation in der Deutschen Nationalbibliografie; detaillierte bibliografische Daten sind im Internet über http://dnb.d-nb.de abrufbar.

Korrektorat: Anja Zachhuber
Grafik und Produktion: Christin Albert
Druck: Belvédère Art Books, Niederlande
Gedruckt in der EU

ISBN: 978-3-7025-1134-0
www.pustet.at

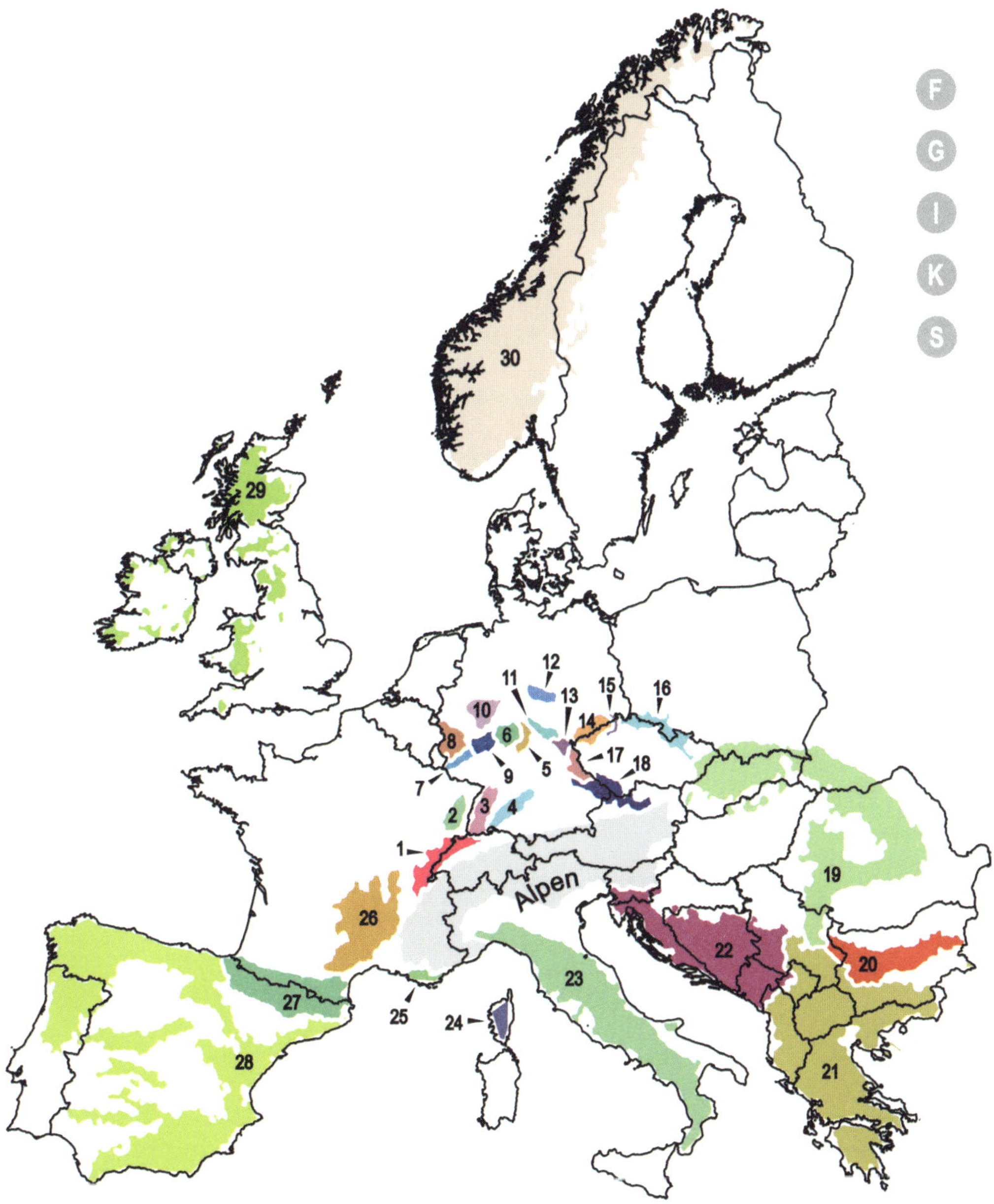

1: Jura
2: Vogesen
3: Schwarzwald
4: Schwäbische Alb
5: Rhön
6: Vogelsberg
7: Hunsrück
8: Eifel
9: Taunus
10: Sauerland
11: Thüringer Gebirge
12: Harz
13: Fichtelgebirge
14: Erzgebirge
15: Elbsandsteingebirge
16: Sudeten
17: Oberpfälzer Wald
18: Bayerischer Wald u. Böhmerwald
19: Karpaten
20: Balkangebirge
21: Südosteuropäische Gebirge
22: Dinarische Gebirge
23: Apennin
24: Gebirge auf Korsika
25: Provenzalische Gebirge
26: Zentralmassiv
27: Pyrenäen
28: Südwesteuropäische Gebirge
29: Gebirge der Britischen Inseln
30: Skandinavische Gebirge
F: Gebirge der Färöer
G: Gebirge auf Grönland
I: Gebirge auf Island
K: Kaukasus
S: Gebirge auf Spitzbergen

Register der Pflanzenfamilien (wissenschaftliche Namen)